U0611969

典藏版 夜航船

［明］张岱 著　王阳 译

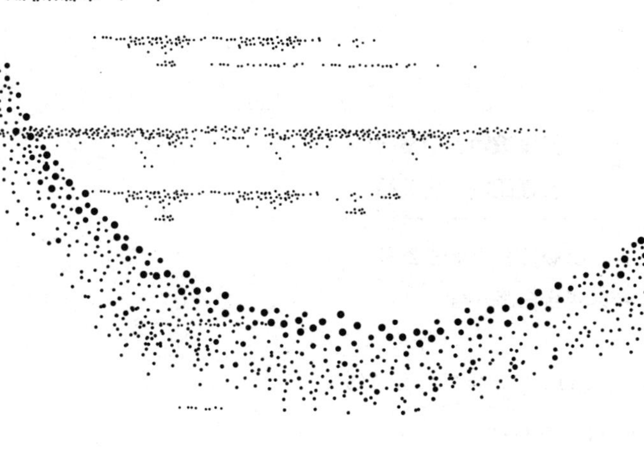

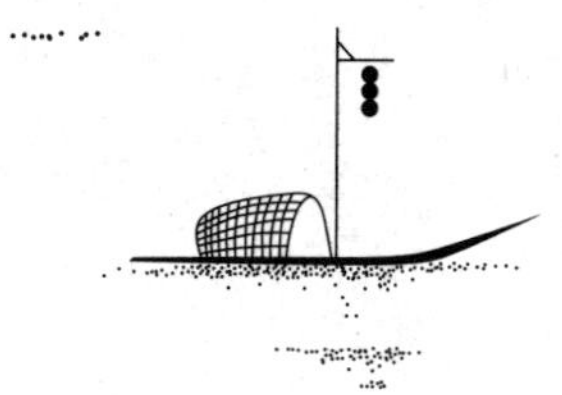

北京理工大学出版社
BEIJING INSTITUTE OF TECHNOLOGY PRESS

图书在版编目（CIP）数据

夜航船 / (明) 张岱著；王阳译 . — 北京：北京理工大学出版社，2021.6（2025.6 重印）

ISBN 978-7-5682-9635-9

Ⅰ . ①夜… Ⅱ . ①张… ②王… Ⅲ . ①笔记—中国—明代②中国历史—史料—明代 Ⅳ . ① K248.066

中国版本图书馆 CIP 数据核字（2021）第 047063 号

责任编辑：李慧智　　**文案编辑**：李慧智
责任校对：刘亚男　　**责任印制**：施胜娟

出版发行 / 北京理工大学出版社有限责任公司
社　　址 / 北京市丰台区四合庄路 6 号
邮　　编 / 100070
电　　话 / （010）68944439（学术售后服务热线）
网　　址 / http: //www.bitpress.com.cn

版 印 次 / 2025 年 6 月第 1 版第 11 次印刷
印　　刷 / 三河市金元印装有限公司
开　　本 / 710mm × 1000mm　1/16
印　　张 / 60
字　　数 / 1000 千字
定　　价 / 159.00 元

译者序

江浙水乡，河流星罗棋布，弯弯的月牙儿挂在天上，一艘小船在水面徐徐前行。河流带来了蓬勃的经济，也带来了繁荣的文化。

在古代，读书是一件十分奢侈的事儿。不过，余姚的后生们却没有这样的烦恼。这一带十分富庶，后生们大多博览群书，都是饱学之士，萍水相逢的文人们聚到一起，自然是要赛学问的。

"你知道九天是什么吗？"

"你知道二十八宿的名字吗？"

"你知道各代帝王的陵寝在哪儿吗？"

……

诸如此类的问题，实在数不胜数，细碎而又烦琐，即使最博学的人也难以招架。于是，张岱就把这些中国文化常识汇总到一起，写成了《夜航船》。

虽然是用古文写成，但这部书绝不高深莫测，晦涩难懂。只有有趣的灵魂才能写出有趣的书。张岱的有趣来源于他独特的经历和博闻强识。

张岱出生于官宦世家，身世显赫：曾祖父张元忭是隆庆五年（1571年）的状元，王阳明的再传弟子；父亲张耀芳时任山东鲁王长史；曾外祖父陶大顺任右副都御史，巡抚广西；徐渭、陈继儒、陈洪绶等名震一时的大儒都是他的朋友。

张岱的经历和曹雪芹很像。年轻时，他无心功名，把所有的时间都花在兴趣上，他迷恋弹琴，就自己建了琴社；迷恋斗鸡，就办了斗鸡社；迷恋花灯，就想要自己做出一个几十年不坏的灯笼；迷恋书，就"聚书四十年，不下三万卷"；迷恋唱戏，就自己编剧写词，甚至"披挂上阵"，轰动一时。

这些年少轻狂的经历都让他成为一个博学而有趣的人。作为明清时代最有代表性的文人之一，有人把他和陶渊明相提并论，称“前有陶渊明，后有张宗子”。

明朝灭亡后，一切繁华都成了梦幻泡影。晚年的张岱隐居山中，从红尘中抽身，一心著书立说，成为一个“苦行僧”式的人物。

69岁时，张岱曾在山居中写下《自为墓志铭》一文。文中，他回顾了自己的一生，遍数所有著作，却唯独没有提到《夜航船》。

这部书就像被父亲遗忘的孩子一样，静静地躺在尘封的故纸堆中，一躺就是三百多年。直到20世纪60年代，才有人在某位江南富商的藏书中发现了清代观术斋的手抄本，《夜航船》这部张岱所有作品中规模最大、涵盖领域最广的旷世巨著才得以重见天日，和所有读者见面。

张岱虽然自谦，说自己所记的都是些粗浅无聊的事，难免贻笑大方，事实上却绝非如此。为了撰写《夜航船》，他遍寻古籍，记录各地传闻，考据翔实，内容丰富。

《夜航船》全书涵盖20大类，125小类，共计4248个传统文化常识。从天文地理到古玩奇器，从珍禽异兽到诸子百家，从宫廷秘闻到草木花卉，从三教九流到鬼魅神异，算得上一本传统文化的百科全书。

书中最多的就是常识性内容，比如九天、三光、三才、纳音五行、五星聚奎等，可作为传统文化的启蒙读本和百科词典。

除此之外，作者还在书中对大量神话传说进行了考证，如“日落九乌”一条中推翻了后羿射日的说法。“像凤”一条则煞有介事地提供了凤鸟的辨别方法——共有五种像凤鸟的鸟类，只有红色较多的才是“李逵”，其他都是“李鬼”。就像“屠龙术”一样，这法子不一定有用，却绝对有趣，让人忍俊不禁。

由于本书实在过于庞杂，原本又经过抄写，难免出现纰漏。我们查阅了大量资料，对错误部分进行了修改。另外，第二十卷内容涉及请神驱鬼、画符念咒一类的方术，也一并做了删除处理。

几百个不眠之夜，翻阅古卷、字斟句酌，唯一的希望便是不辜负这部奇书，不辜负众读者。让我们点一盏明灯，泛一叶孤舟，一起跟随张岱，踏上夜航船。

王阳

2021年3月

自序

天下学问，惟夜航船中最难对付。盖村夫俗子，其学问皆预先备办，如瀛洲十八学士、云台二十八将之类，稍差其姓名，辄掩口笑之。彼盖不知十八学士、二十八将虽失记其姓名，实无害于学问文理，而反谓错落一人，则可耻孰甚。故道听途说，只办口头数十个名氏，便为博学才子矣。余因想吾八越，惟余姚风俗，后生小子，无不读书，及至二十无成，然后习为手艺。故凡百工贱业，其《性理》《纲鉴》，皆全部烂熟，偶问及一事，则人名、官爵、年号、地方枚举之，未尝少错。学问之富，真是两脚书厨，而其无益于文理考校，与彼目不识丁之人无以异也。或曰："信如此言，则古人姓名总不必记忆矣。"余曰："不然。姓名有不关于文理，不记不妨，如八元、八恺、厨、俊、顾、及之类是也。有关于文理者，不可不记，如四岳、三老、臧穀、徐夫人之类是也。"

昔有一僧人，与一士子同宿夜航船。士子高谈阔论，僧畏慑，拳足而寝。僧人听其语有破绽，乃曰："请问相公，澹台灭明是一个人、两个人？"士子曰："是两个人。"僧曰："这等，尧舜是一个人、两个人？"士子曰："自然是一个人！"僧乃笑曰："这等说起来，且待小僧伸伸脚。"余所记载，皆眼前极肤浅之事，吾辈聊且记取，但勿使僧人伸脚则可已矣。故即命其名曰《夜航船》。

古剑陶庵老人 张岱书

【译文】天下的学问，只有夜航船中的最难对付。因为乡下人的学问都是提前准备好的，比如瀛洲十八学士、云台二十八将之类，姓名稍微有点差错，他们就会掩嘴偷笑。他们大概不知道，就算记不住瀛洲十八学士和云台二十八将的姓名，对学问和做文章根本不会有什么影响，反而认为错漏了一个人，就会十分可耻。所以通过道听途说，只要能说出几十个古人的姓名，就算是博学的才子了。我于是想起我们八越地区，只有余姚的风俗是这样：后生和孩童，没有一个不读书的，到二十岁仍然学业无成，然后再学手艺。故而几乎所有的从事手工业等行业的人，对于《性理》和《纲鉴》这类书籍，全都滚瓜烂熟，偶尔问起某件事，他们对人名、官爵、年号、地名都能一一列举，鲜少有出错的。这些人学问之丰富，真算得上两脚书架，但这些学问对于做文章和考证却一点用处都没有，和目不识丁的人没有什么不同。有人说："照你这么说，那古人的名字就不需要记了。"我说："当然不是。有的名字和做文章没有关系，不记也罢。比如八元、八恺、八厨、八俊、八顾、八及之类的就是这样。有的和做文章有关系，不能不记，比如四岳、三老、臧榖、徐夫人之类的就是这样。"

昔日有个僧人，和一个士子同睡在夜航船中。士子一路上高谈阔论，僧人有些畏服，就把脚蜷起来睡。忽然，僧人听到士子的话里有些破绽，于是问道："请问相公，澹台灭明是一个人还是两个人的名字？"士子说："是两个人。"僧人又问："这样的话，尧舜是一个人还是两个人的名字？"士子说："当然是一个人！"僧人于是笑着说："这样说起来，就让小僧我伸伸脚吧。"我所记载的，都是眼前极为肤浅的事，希望我们这些文人姑且记一下，只要不至于让僧人伸脚就可以了。所以我把这本书命名为《夜航船》。

古剑陶庵老人 张岱

目 录

卷一 天文部

风云 /021

雨 /026

雷电霓虹 /031

卷三 人物部

仪制 / 151

名臣 / 158

卷四 考古部

卷五 伦类部

君臣 /225

父子 /236

附：各方称谓 /254

夫妇 /255

婿 / 272

兄弟 / 276

嫂叔 /285

姊妹 /286

师徒 先辈 /289

朋友 /296

奴婢 /304

卷六 选举部

制科 /310

滥爵 /332

官制 /334

宰相 参政 /348

尚书 部曹 卿寺 /351

宫詹 学士 翰苑 /354

州县 /376

学官 /387

卷七 政事部

受职　/ 422

致仕　遗爱　/ 423

降黜　贪鄙　/ 428

卷八 文学部

歌赋 /467

书简 /470

字学 /472

书画 /479

不学 / 491

文具 / 494

卷九 礼乐部

礼制（祭祀三）　/ 525

律吕　/ 534

乐律　/ 541

卷十 兵刑部

刑法 /571

卷十一　日用部

饮食 /607

卷十二　宝玩部

金玉　/625

珍宝　/629

玩器 /635

卷十三 容貌部

形体 /641

妇女 /662

卷十四 九流部

道教 /675

佛教 /695

医 /714

历代名医图赞 /720

相 /721

葬 /726

卜算 /728

拆字、杂技 /733

卷十五　外国部

卷十六　植物部

花卉 / 773

卷十七 四灵部

飞禽 / 780

走兽 / 795

鳞介 / 815

虫豸 / 828

卷十八　荒唐部

鬼神　/839

怪异　/852

卷十九　物理部

卷一　天文部

象纬

九天　东方苍天，南方炎天，西方浩天，北方玄天，东北旻天，西北幽天，西南朱天，东南阳天，中央钧天。

【译文】东方叫苍天，南方叫炎天，西方叫浩天，北方叫玄天，东北叫旻天，西北叫幽天，西南叫朱天，东南叫阳天，中央叫钧天。

三光　日、月、星谓之三光。

【译文】太阳、月亮、星星统称“三光”。

七政　日、月合金、木、水、火、土五星谓之七政，又谓之七曜。

【译文】太阳、月亮与金星、木星、水星、火星、土星五大行星统称“七政”，也称“七曜”。

七襄　日月所止舍，一日更七次，谓之七襄。

太阳和月亮所停的地方，一天要变化七次，这叫作“七襄”。

二十八宿　东方七宿：角，木蛟；亢，金龙；氐，土貉；房，日兔；心，月狐；尾，火虎；箕，水豹。

北方七宿：斗，木獬；牛，金牛；女，土蝠；虚，日鼠；危，月燕；室，火猪；壁，水貐。

西方七宿：奎，木狼；娄，金狗；胃，土雉；昴，日鸡；毕，月乌；觜，火猴；参，水猿。

南方七宿：井，木犴；鬼，金羊；柳，土獐；星，日马；张，月鹿；翼，火蛇；轸，水蚓。

【译文】东方是青龙七宿，分别是：角，木蛟；亢，金龙；氐，土貉；房，日兔；心，月狐；尾，火虎；箕，水豹。

北方是玄武七宿，分别是：斗，木獬；牛，金牛；女，土蝠；虚，日鼠；危，月燕；室，火猪；壁，水貐。

西方是白虎七宿，分别是：奎，木狼；娄，金狗；胃，土雉；昴，日鸡；毕，月乌；觜，火猴；参，水猿。

南方是朱雀七宿，分别是：井，木犴；鬼，金羊；柳，土獐；星，日马；张，月鹿；翼，火蛇；轸，水蚓。

分野　角、亢、氐：郑，兖州。房、心：宋，豫州。尾、箕：燕，幽州。斗、牛、女：吴，扬州。虚、危：齐，青州。室、壁：卫，并州。奎、娄、胃：鲁，徐州。昴、毕：赵，冀州。觜、参：晋，益州。井、鬼：秦，雍州。柳、星、张：周，三河。翼、轸：楚，荆州。

【译文】角、亢、氐三个星宿在地面上对应的国家和州分别是郑国和兖州。房、心两个星宿在地面上对应的国家和州分别是宋国和豫州。尾、箕两个星宿在地面上对应的国家和州分别是燕国和幽州。斗、女、牛三个星宿在地面上对应的国家和州分别是吴国和扬州。虚、危两个星宿在地面上对应的国家和州分别是齐国和青州。室、壁两个星宿在地面上对应的国家和州分别是卫国和并州。奎、娄、胃三个星宿在地面上对应的国家和州分别是鲁国和徐州。昴、毕两个星宿在地面上对应的国家和州分别是赵国和冀州。觜、参两个星宿在地面上对应的国家和州分别是晋国和益州。井、鬼两个星宿在地面上对应的国家和州分别是秦国和雍州。柳、星、张三个星宿在地面上对应的国家和州分别是周国和三河州。翼、轸两个星宿在地面上对应的国家和州分别是楚国和荆州。

纳音五行　甲子乙丑海中金，丙寅丁卯炉中火，戊辰己巳大林木，庚午辛未路旁土，壬申癸酉剑锋金，甲戌乙亥山头火，丙子丁丑涧下水，戊寅己卯城头土，庚辰辛巳金蜡金，壬午癸未杨柳木，甲申乙酉泉中水，丙戌丁亥屋上土，戊子己丑霹雳火，庚寅辛卯松柏木，壬辰癸巳长流水，甲午乙未沙中金，丙申丁酉山下火，戊戌己亥平地水，庚子辛丑壁上土，壬寅癸卯金箔金，甲辰乙巳覆灯火，丙午丁未天河水，戊申己酉大驿土，庚戌辛亥钗钏金，壬子癸丑桑柘木，甲寅乙卯大溪水，丙辰丁巳沙中土，戊午己未天上火，庚申辛酉石榴木，壬戌癸亥大海水。

【译文】纳音五行是假借古代的五音和十二音律，由十天干和十二地支加以组合，再以五行为序，排列如下：甲子乙丑海中金，丙寅丁卯炉中火，戊辰己巳大林木，庚午辛未路旁土，壬申癸酉剑锋金，甲戌乙亥山头火，丙子丁丑涧下水，戊寅己卯城头土，庚辰辛巳金蜡金，壬午癸未杨柳木，甲申乙酉泉中水，丙戌丁亥屋上土，戊子己丑霹雳火，庚寅辛卯松柏木，壬辰癸巳长流水，甲午乙未沙中金，丙申丁酉山下火，戊戌己亥平地水，庚子辛丑壁上土，壬寅癸卯金箔金，甲辰乙巳覆灯火，丙午丁未天河水，戊申己酉大驿土，庚戌辛亥钗钏金，壬子癸丑桑柘木，甲寅乙卯大溪水，丙辰丁巳沙中土，戊午己未天上火，庚申辛酉石榴木，壬戌癸亥大海水。

天裂地动 天裂阳不足，地动阴有余。

【译文】天裂是因为阳气不足，地震是因为阴气过剩。

梁太清二年六月，天裂于西北，长十尺，阔二丈，光出如电，声若雷。

【译文】南朝梁太清二年（548年）六月，西北方发生天裂，裂缝长达十尺，宽两丈，有闪电一样的光从中射出，响声如雷。

唐中和三年，浙西天鸣，声如转磨，无云而雨。无形有声，谓之妖鼓；无云而雨，谓之天泣。

【译文】唐中和三年（883年），浙西地区的天上传来巨大的轰鸣声，声音如同推磨，天上没有云却下起了雨。没有形却有声音，叫作妖鼓；没有云却下雨，叫作天泣。

忧天坠 《列子》：杞国有人常忧天坠，身无所寄，至废寝食。比人心多过虑，犹如杞人忧天。

【译文】《列子》记载：古时候杞国有个人经常担心天会塌下来，无处躲藏，担心到废寝忘食的地步。现在多用来比喻人过度担忧，就好像杞人忧天。

三才 天、地、人谓之三才。混沌之气，轻清为天，重浊为地。天为阳，地为阴。人禀阴阳之气，生生不息，与天地参，故曰三才。

【译文】天、地、人被称为三才。混沌之气，轻清者上升为天，重浊者下降为地。天属阳，地属阴。人禀承阴阳之气，生生不息，与天地并列，所以称作三才。

回天 天者，君象；回者，言挽回君心也。唐太宗欲修洛阳宫，张玄素谏，止之。魏征曰："张公有回天之力。"

【译文】天是帝王的象征，回说的是挽回帝王的心意。唐太宗想要修建洛阳宫，张玄素劝谏制止了这个计划。魏征说："张公有挽回严重局势的能力。"

戴天 《礼记》：君父之仇，不共戴天。兄弟之仇，不反兵革。交游之仇，不与同国。

【译文】《礼记》记载：对于君王和父亲的仇人，要与他不共戴天。对于兄弟的仇人，不能放下手中的武器。对于朋友的仇人，不与他们同在一个国家。

补天 女娲氏炼石补天。

【译文】女娲氏曾烧炼五色石修补残破的天。

如天 《通鉴》：帝尧其仁如天，其智如神，就之如日，望之如云。

【译文】《资治通鉴》记载：尧帝的仁爱就像天一样，智慧如同神明，靠近他就像靠近太阳一样温暖，站在远处看他就像白云一样高远。

补天浴日之功 宋赵鼎疏曰：顷者陛下遣张浚出使川陕，国势百倍于今，浚有补天浴日之功，陛下有砺河之誓，终致物议以被窜逐。臣无浚之功，而当此重任，去朝廷远，恐好恶是非，行复纷纷于聪明之下矣。

【译文】宋朝赵鼎在奏疏中说：过去陛下派张浚出使川陕，国势是现在的百倍，张浚有补天和浴日一样的功绩，陛下也有带砺河山的誓言，最终张浚还是因为非议被免官流放。微臣没有张浚的功勋，却要担此重任，远离朝廷，怕别人对我的好恶与是非的言论，又要纷纷传入您的耳中，呈现在您的眼前了。

二天 后汉苏章为冀州刺史，行部。有故人清河守，赃奸。章至，设酒叙欢。守曰："人皆有一天，我独有二天。"章曰："今日与故人饮，私恩也；明日冀州按事，公法也。"遂正其罪。

【译文】东汉的苏章担任冀州刺史巡视郡县考核下属时，发现有个老朋友在清河做太守，做了些贪赃枉法的事情。于是苏章到清河，设宴跟老朋友叙旧。太守说：“人人都有一个天，我却有两个天。”苏章说：“今天和老朋友喝酒，是私人的情分；明天到冀州依法从事，这是公法。”于是将那人依法治了罪。

焚香祝天　后唐明宗登极之年，每于宫中焚香祝天曰：“某，胡人，因乱为众所推，愿天早生圣人，为生民主。”

【译文】后唐明宗登基那一年，经常在宫里焚香向上天祈祷：“我只是个胡人，因为乱世而被众人推选为皇帝，愿上天早日降生圣人，能够为天下百姓做主。”

威侮五行　《通鉴》：帝启立，有扈氏无道，威侮五行，怠弃三正。启征之，大战于甘，灭之。

【译文】《资治通鉴》记载：夏启登基之后，有扈氏无道，对上天不敬，有违天、地、人的正道，夏启带大军前去征讨，在甘地大战一场，最终打败了有扈氏。

五星会天　《通鉴》：颛顼作历，以孟春之月为元。是岁正月朔旦立春，五星会于天，历营室。

【译文】《资治通鉴》记载：颛顼帝制作历法，以春季的第一个月作为一年的开始。这一年正月初一是立春，五大行星在天上汇聚，经过营室星。

五星聚奎　宋太祖乾德五年，五星聚于奎。初，窦俨与卢多逊、杨徽之周显德中同为谏官。俨善推步星历，尝曰：“丁卯岁五星聚奎，自此天下始太平。二拾遗见之，俨不与也。”

【译文】宋太祖乾德五年（967年），五大行星汇聚在奎宿。当初，窦俨与卢多逊、杨徽之在五代后周显德年间同为谏官。窦俨擅长推算星历，他曾经说：“丁卯年五大行星汇聚在奎宿，从此天下太平。两位拾遗大人还能看到，我就看不到了。”

五星斗明　神宗万历四十七年，五星斗于东方。杜松、刘綎全军战没于浑河及马家寨等处。

【译文】明神宗万历四十七年（1619年），五大行星在东方比斗。当年，杜松、刘綎在浑河和马家寨等地全军覆没。

日 月

东隅、桑榆 东隅，日出之地；桑榆，日入之地。

【译文】东隅是日出的地方，桑榆是日落的地方。

及时、过时 日拂扶桑，谓之及时。日经细柳，谓之过时。

【译文】太阳拂过扶桑树时，叫作“及时”。太阳经过细柳时，叫作“过时”。

龙豼 《天文志》：日月会于龙豼尾。（豼音斗。）

【译文】《天文志》记载：太阳和月亮在龙豼之尾交会。

日名 《广雅》：日初出为旭，日昕曰晞，日温曰煦；日在午曰亭午，在未曰昳，日晚曰旰，日将落曰晡。

【译文】《广雅》记载：太阳初升时叫作“旭”，太阳将要升起时叫作“晞”，阳光温暖叫作“煦”；太阳升到中天时叫作“亭午”，太阳西斜时叫作“昳”，傍晚时叫作“旰”，太阳将落时叫作“晡”。

日食、月食 《天官书》曰：日月薄蚀，日月之交。月行黄道，而日为掩，则日食。是曰阴胜阳，其变重。月行在望，与日冲，月入于暗之内，则月食。是曰阳胜阴，其变轻。圣人扶阳而尊君曰：“日，君道也。”于其食，谨书而备戒之。日食为失德，月食为失刑。

【译文】《天官书》记载：日食和月食是由日月相交引起的。月亮在黄道运行，把太阳遮住，就会出现日食。这叫作阴胜阳，属于重大异变。月亮在望运行，与太阳相冲，月亮进入阴影之中，就会出现月食。这叫作阳胜阴，属于轻微异变。圣人匡扶阳气而尊敬君王说：“太阳属于君王之道。”对于日食，一定要谨慎记录并且加以戒备。日食是因为君王德不明，月食是因为君王对内亲外戚威严变弱。

日落九乌 乌最难射。一日而落九乌，言羿之善射也。后以为羿射落九日，非是。

【译文】乌鸦是最难射中的。一天射落九只乌鸦，是说后羿善于射箭。后人以为是后羿射落九个太阳，并不是这样。

向日取火 阳燧以铜为之，形如镜，向日则火生，以艾承之则得火。

【译文】阳燧是用铜做成的，形状和镜子一样，对着太阳就可以取火，用艾草放在下面就能得到火。

夸父追日 《列子》：夸父不量力，欲追日影，逐之于旸谷之阳际，渴欲得饮。赴河饮不足，将北走大泽中，道渴而死。

【译文】《列子》记载：夸父不自量力，想要追赶太阳的影子，追到旸谷时，口渴难耐。到黄河边没有喝饱，又前往北方的大泽，在路上便渴死了。

鲁戈返日 鲁阳公与韩构战，战酣日暮，援戈挥之，日返三舍。又，虞公与夏战，日欲落，以剑指日，日返不落。

【译文】鲁阳公和韩国交战，激战正酣时，天色渐晚，鲁阳公挥戈指向太阳，太阳便往回退了三个星宿的位置。另外，虞公与夏国交战时，太阳将要落山，虞公以剑指日，太阳便退了回去没有落下。

白虹贯日 荆轲入秦刺秦皇，燕太子丹送之易水上，精诚格天，白虹贯日。

【译文】荆轲将要去秦国刺杀秦始皇，燕国太子丹送他到易水河边，其至诚之心感动上天，有一道白色长虹从太阳穿过。

田夫献曝 《列子》：宋国有田夫曝日而背暖，顾谓其妻曰："负日之暄，人莫知其美者，以献吾君，必有重赏。"人皆笑之。

【译文】《列子》记载：宋国有一个农夫晒太阳感觉背部温暖舒服，回去对他的妻子说："晒太阳这样舒服，却没有人知道，我把这个秘密告诉君王，必定能够得到重赏。"人们都嘲笑他。

白驹过隙 《魏豹传》：人生易老，如白驹过隙。（白驹，日影也。）

【译文】《魏豹传》记载：人生易老，就像日影飞快地驰过缝隙，一闪即逝。（白驹，说的是太阳的影子。）

黄绵袄 冬月之日，有"黄绵袄"之称。

【译文】冬天的太阳也被称为"黄绵袄"。

薄蚀朒朓 薄，无光也。蚀，亏缺也。朔见东方曰朒，晦见西方曰朓。

（朒音肉。朓音挑。）

【译文】薄是没有光亮的意思。蚀是亏损缺失的意思。每月初一在东方看到的月亮叫作“朒”，每月最后一天在西方看到的月亮叫作“朓”。

生明生魄　朏未成明，魄始成魄。月初三则生明也，月十六则生魄也。

【译文】每月初三月亮还不是很亮，等到月亮有魄时才能生出光明。月亮到每月初三才开始有光亮，到了每月十六才能生出魄。

翟天师　乾祐间尝于江岸玩月，或问：“此中何所有？”翟笑曰：“可随吾指观之。”俄见月规半天，琼楼玉宇烂然。数息间，不复见矣。

【译文】后汉乾祐年间，翟天师曾经在江岸边赏月，有人问他：“月亮里面有什么？”翟天师笑着说：“你可以随着我手指的方向观看。”片刻之后，只见半圆的月亮挂在半空，里面琼楼玉宇清晰可见。瞬息间就再也看不到了。

月中有物　尹思遣儿视月中有物，知兵乱。

【译文】尹思派他的儿子去看月亮中是否有异物，知道天下将有兵乱。

日时　《淮南子》：日出于旸谷，浴于咸池，拂于扶桑，是谓晨明。登于扶桑，爰始将行，是谓朏明。至于曲阿，是谓朝明。临于曾泉，是谓早食。次于桑野，是谓晏食。臻于衡阳，是谓禺中。对于昆吾，是谓正中。靡于鸟次，是谓小迁。至于悲谷，是谓晡时。回于女纪，是谓大迁。经于虞渊，是谓高舂。顿于连石，是谓下舂。至于悲泉，爰止羲和，爰息六螭，是谓悬车。薄于虞泉，是谓黄昏。沦于蒙谷，是谓定昏。日入崦嵫，经细柳入虞泉之汜，曙于蒙谷之浦，垂景在树端，谓之桑榆。

【译文】《淮南子》记载：太阳从旸谷出来，在咸池沐浴，拂过扶桑，叫作“晨明”。登上扶桑，将要升起时，叫作“朏明”。到达曲阿时，叫作“朝明”。升到曾泉时，叫作“早食”。停留在桑野时，叫作“晏食”。到达衡阳时，叫作“禺中”。到达与昆吾相对的位置时，叫作“正中”。接触到鸟次山时，叫作“小迁”。到达悲谷时，叫作“晡时”。回到女纪时，叫作“大迁”。经过虞渊时，叫作“高舂”。停在连石山时，叫作“下舂”。到达悲泉时，让羲和暂止，六螭暂歇，叫作“悬车”。靠近虞泉时，叫作“黄昏”。沉入蒙谷时，叫作“定昏”。太阳落入崦嵫山，经过细柳进入虞泉边，在蒙谷之滨散发光亮，在树顶垂下光影，叫作“桑榆”。

日再中天 《汉书》：新垣平文帝时，上言日当再中，臣以候知之。居顷之，日果再中。

【译文】《汉书》记载：汉文帝时，新垣平上书说："太阳今天会两次升到中天，我是通过占验天象知道的。"过了一会儿，太阳果然再次回到中天。

月相 《释名》：月，阙也。言满则复阙也。晦，灰也。月死而灰[①]，月光尽似之也。朔，苏也。月死后苏生也。弦，月半之名也。其形一旁曲，一旁直，若张弓弦也。望，月满之名也。日在东，月在西，遥相望也。

【译文】《释名》记载："月"是残缺的意思，说的是月亮圆了又缺。"晦"是灰暗的意思，月亮在月末的时候被遮住而变灰，月光也是灰暗的。"朔"是复苏的意思，说的是月光晦暗之后再次复苏。"弦"是月亮半圆时的名字，说的是月亮的形状一边弯一边直，就像拉开弦的弓。"望"是月圆时的名字，说的是太阳在东，月亮在西，遥遥相望。

蟾蜍 月中三足物也。王充《论衡》：羿请不死之药于西王母，其妻嫦娥窃之奔月，是为蟾蜍。

【译文】蟾蜍是月亮中三只脚的怪物。王充《论衡》记载：后羿向西王母求来不死药，他的妻子嫦娥偷服之后飞到月亮上，化为蟾蜍。

月桂 《酉阳杂俎》：月桂高五百丈，有一人常伐之，树创随合。其人姓吴名刚，西河人，学仙有过，谪令伐桂。桂下有玉兔杵药。

【译文】《酉阳杂俎》记载：月亮中的桂树高五百丈，有个人一直在那里砍树，砍过之后创口马上愈合。那个人姓吴名刚，西河人，因为学习仙术犯了过错，被判罚到月亮中砍桂树。桂树下有只玉兔在捣药。

爱日 言子爱父母，当如爱日之诚。

【译文】爱日说的是子女爱父母，应该像爱太阳一样至诚。

日光摩荡 周主遣赵匡胤率兵御辽北汉，癸卯发汴京。苗训，善观天文，见日下复有一日，黑光摩荡者久之，指示楚昭辅曰："此天命也。"是夕，次陈桥，遂有黄袍加身之变。

【译文】后周国主派赵匡胤率军抵御辽国和北汉，癸卯日从汴京出发。苗

---

① 《钦定古今图书集成》为"火死为灰"。——编者注

训善于观测天象，见太阳下还有另一个太阳，有黑色的光晕久久环绕其上，指着它对楚昭辅说："这是天命啊。"这一天夜里，赵匡胤到达陈桥，便发生了黄袍加身的政变。

日为太阳之精　《广雅》：阳精外发，故日以昼明。羲和，日御也。日中有金乌。《通鉴》：太昊有圣象，日月之明。

【译文】《广雅》记载：阳气的精华外放，所以太阳会在白天如此明亮。羲和是为太阳驾车的神。太阳的金光中有三足乌。《资治通鉴》记载：太昊有圣人的气象，犹如日月那样明亮。

日出而作　尧时有老人，含哺鼓腹，击壤而歌，曰："日出而作，日入而息；凿井而饮，耕田而食，帝力何有于我哉？"

【译文】尧帝时期有个老人，嘴里含着食物，手拍着肚子，一边玩击壤游戏一边唱道："日出之后开始劳作，日落后回家休息；自己打井喝水，自己种地吃饭，帝王对我有什么用呢？"

日亡乃亡　桀尝自言："吾有天下，如天之有日；日亡，吾乃亡耳！"

【译文】夏桀曾经说："我拥有天下，就像天上有太阳一样；什么时候太阳消亡，我才会灭亡！"

如冬夏之日　夏日烈，冬日温。赵盾为人，严而可畏，故比如夏日。赵衰为人，和而可爱，故比如冬日。

【译文】夏天的阳光强烈，冬天的阳光温暖。赵盾的为人，严厉而使人感到畏惧，所以人们把他比作夏天的太阳。赵衰为人，温和而令人喜爱，所以人们把他比作冬天的太阳。

东隅桑榆　冯异大破赤眉，光武降书劳之曰："始虽垂翅回谿，终能奋翼渑池，可谓失之东隅，收之桑榆。"

【译文】冯异大破赤眉军，光武帝下诏慰劳他说："你一开始虽然在回谿收敛羽翼，最终却在渑池展翅高飞，可谓'失之东隅，收之桑榆'。"

蜀犬吠日　柳文：庸、蜀之南，恒雨少日，日出则群犬吠之。

【译文】柳宗元在文章中说：庸地、蜀地南部常年下雨，很少能看到太阳，太阳出来之后，那里的狗都对着太阳狂叫。

日食在晦　汉建武七年三月晦，日食，诏上书不得言圣。郑兴上疏曰："顷年日食，每多在晦。先时而合，皆月行疾也。日君象，月臣象。君亢急，则臣促迫，故月行疾。"时帝躬勤政事，颇伤严急，故兴奏及之。

【译文】东汉建武七年（31年）三月的最后一天发生日食，光武帝下诏要求群臣在上书时不得使用"圣"字。郑兴上疏说："这几年经常发生日食，大多在晦日。太阳和月亮提前重合，全因月亮走得太快。太阳是君王的象征，月亮是臣子的象征。如果君主过度急切，臣子处理事情就会过于严急，所以月亮行得很快。"那时光武帝勤于政事，颇有些严厉急迫，所以郑兴才会在奏疏中这样说。

太阴　《史记》：太阴之精上为月。《淮南子》：月御曰望舒，亦曰纤阿，中有玉兔。

【译文】《史记》记载：天地间阴气的精华上升成为月亮。《淮南子》记载：月御神叫望舒，也叫纤阿，月亮中有玉兔。

瑶光贯月　《通鉴》：昌意娶蜀山氏之女曰女枢，感瑶光贯月之祥，生颛顼高阳氏于若水。

【译文】《资治通鉴》记载：昌意娶蜀山氏的女儿女枢，女枢看到瑶光星穿过月亮的祥瑞，在若水生下颛顼帝高阳氏。

月食五星　崇祯十一年四月己酉夜，荧惑去月仅七八寸，至晓逆行，尾八度掩于月，丁卯退至尾，初度渐入心宿。杨嗣昌上疏言："古今变异，月食五星，史不绝书，然亦观其时。昔汉光武帝建武二十三年，月食火星，明年呼韩单于款五原塞。明帝永平二年，月食火星，皇后马氏德冠后宫，明年图画功臣于云台。唐宪宗元和七年，月食荧惑。明年兴师，连年兵败。今者月食火星，犹幸在尾，内则阴宫，外则阴国。皇上修德召和，必有灾而不害者。"然实考嗣昌所引年月俱谬。

【译文】崇祯十一年（1638年）四月己酉日夜，火星距离月亮只有七八寸的距离，天亮之后开始逆行，尾宿八次被月亮遮住，丁卯日退到尾宿，后来又慢慢进入心宿。杨嗣昌上奏疏说："古今发生的天象异变，月亮吞食五星的事情史书上经常有记载，但也要观察具体的情势。当初汉光武帝建武二十三年（47年），月亮吞食火星，第二年呼韩邪单于在五原塞归顺。汉明帝永平二年

（59年），月亮吞食火星，皇后马氏德行冠绝后宫，第二年在云台挂上了功臣画像。唐宪宗元和七年（812年），月亮吞食火星。第二年发兵，连年败北。现在月亮又一次吞食火星，幸好只在尾宿，内则对后宫不利，外则对国家不利。皇上应该修养德行以求和谐，必然有灾而无害。”然而经过考证，杨嗣昌所引用的内容中年月都是错误的。

论月 徐穉，年九岁，尝月下戏，人语之曰：“若令月中无物，当极明耶？”穉曰：“不然。譬如人眼中有瞳子，无此必不明。”

【译文】徐穉九岁那年，曾在月下嬉戏，有人对他说：“如果月亮中没有东西，就会更加明亮吧？”徐穉说：“不对。好比人的眼中有瞳仁，如果没有的话一定就不明亮了。”

如月之初 后汉黄琬，祖父琼，为太尉，以日食状闻。太后诏问所食多少，琼对未知所况。琬年七岁，时在旁，曰：“何不言日食之余，如月之初。”琼大惊，即以其言对。

【译文】东汉黄琬的祖父黄琼任太尉，有一次向宫里报告日食的情况，太后下诏问太阳被侵食多少，黄琼说：“不知道具体情况。”当时黄琬七岁，正好在旁边，于是说道：“为什么不说日食剩下的部分，就像每月初一的月亮呢？”黄琼十分惊讶，就用黄琬说的进行奏对了。

赋初一夜月 苏福八岁时，赋《初一夜月》诗，云：“气朔盈虚又一初，嫦娥底事半分无。却于无处分明有，恰似先天太极图。”

【译文】苏福八岁时，作了一首诗《初一夜月》：“气朔盈虚又一初，嫦娥底事半分无。却于无处分明有，恰似先天太极图。”

吴牛喘月 《风俗通》：吴牛苦于日，故见月而喘。

【译文】《风俗通》记载：吴地的牛苦于日晒，所以见到月亮后以为是太阳，仍喘息不止。

命咏新月 明太祖见太孙顶颅侧，乃曰：“半边月儿。”一夕，太子、太孙侍，太祖命咏新月。懿文云：“昨夜严滩失钓钩，何人移上碧云头？虽然未得团圆相，也有清光遍九州。”太孙云：“谁将玉指甲，掐破碧天痕。影落江湖里，蛟龙未敢吞。”太祖谓“未得团圆”“影落江湖”，皆非吉兆。

【译文】明太祖见太孙头顶颅骨长得有些偏斜，就说："这是半边月牙儿。"一天晚上，太子和太孙服侍在旁，太祖命令他们作诗咏新月。懿文的诗句是："昨夜严滩失钓钩，何人移上碧云头？虽然未得团圆相，也有清光遍九州。"太孙的诗句是："谁将玉指甲，掐破碧天痕。影落江湖里，蛟龙未敢吞。"太祖说"未得团圆""影落江湖"都不是吉祥的征兆。

星

北斗七星　第一天枢，第二璇，第三玑，第四权，第五玉衡，第六开阳，第七瑶光。第一至第四为魁，第五至第七为杓，合之为斗。按《道藏经》：七星，一贪狼，二巨门，三禄存，四文曲，五廉贞，六武曲，七破军，堪舆家用此。

【译文】北斗七星第一颗叫天枢，第二颗叫璇，第三颗叫玑，第四颗叫权，第五颗叫玉衡，第六颗叫开阳，第七颗叫瑶光。第一颗星到第四颗星是斗头，第五颗星到第七颗星是斗柄，合在一起就是斗。按照《道藏经》中所说：北斗七星，第一颗是贪狼星，第二颗是巨门星，第三颗是禄存星，第四颗是文曲星，第五颗是廉贞星，第六颗是武曲星，第七颗是破军星，堪舆家用的是这套说法。

斗柄东，则天下皆春；斗柄南，则天下皆夏；斗柄西，则天下皆秋；斗柄北，则天下皆冬。

【译文】北斗七星斗柄指向东方时，春天就会到来；斗柄指向南方时，夏天就会到来；斗柄指向西方时，秋天就会到来；斗柄指向北方时，冬天就会到来。

三能三台　《史记》：中宫、文昌下六星，两两相比，名曰三能。台，三台。色齐，君臣和；不齐，为乖戾。

【译文】《史记》记载：中宫星区和文昌星区下有六颗星，两两相对，叫作"三能"，也称"三台"。三台光亮相同，则君臣和谐；光亮不同，则君臣相悖。

泰阶六符 泰阶，三台也。每台二星，凡六星。符，六星之符验也。三台，乃天之三阶。经曰：泰阶者，天之三阶也。上阶为天子，中阶为诸侯、公卿、大夫，下阶为士、庶人。

【译文】泰阶指的是三台。每一台有两颗星，共六颗。“符”是六星星象的征兆。三台是天上的三层台阶。《黄帝泰阶六符经》记载：泰阶指的是天上的三层台阶，上阶代表天子，中阶代表诸侯、公卿和大夫，下阶代表士和普通百姓。

景星 景星形如半月，王者政教无私，则景星见。

【译文】景星的形状如同半月，君王发布政令和施行教化不徇私心，景星就会出现。

始影琯朗 女星旁一小星，名始影，妇女于夏至夜候而祭之，得好颜色。始影南，并肩一星，名琯朗，男子于冬至夜候而祭之，得好智慧。

【译文】女星旁边有一颗小星星，名叫“始影”，妇女在夏至那天夜里等它出现后祭拜，可以获得上好的容貌。“始影”南边有一颗并列的星星，叫作“琯朗”，男子在冬至那天夜里等它出现之后祭拜，能够得到智慧。

参商 高辛氏二子，长阏伯，次沉实，自相争斗。帝乃迁长于商丘，主商，昏见；迁次于大夏，主参，晓见。二星永不相见。

【译文】高辛氏有两个儿子，长子叫阏伯，次子叫沉实，自相争斗。高辛氏于是把长子迁到商丘，主商星，晚上出现；把次子迁到大夏，主参星，白天出现。两颗星永远不会相见。

启明、长庚 长庚即太白金星，朝见东方，曰启明；夕见西方，曰长庚。

【译文】长庚就是太白金星，早晨在东方出现，叫作启明星；晚上在西方出现，叫作长庚星。

太白经天 太白，阴星，昼当伏，昼见即为经天；若经天，则天下草昧，人更主，是谓乱纪，人民流亡。

【译文】太白星是阴星，白天不会出现，如果白天出现就是“经天”；太白经天如果出现，就会天下大乱，百姓更换君主，这就叫作“乱纪”，百姓流离失所。

三阶　应劭曰："上阶上星为男主，下星为女主；中阶上星为三公，下星为卿大夫；下阶上星为上士，下星为庶人。三阶平则天下太平，三阶不平则百姓不宁，故曰六符。"

【译文】应劭说："上阶的上星为君主，下星为皇后；中阶上星为三公，下星为九卿及众位官员；下阶上星为士人，下星为百姓。三阶如果平列则天下太平，三阶如果不平百姓就会不得安宁，所以叫六符。"

星象　《晋志》：角二星，为天关，其间天门也，其内天庭也。故黄道经其中，七曜之所行。左角为理，主刑；右角为将，主兵。亢四星，天子内朝，天下之礼法也，亦为疏庙，主疾疫。氐四星，为天根，王者之宿宫，又为后妃之府，将有淫欲之事，氐先动。房四星为明堂，天子布政之堂室也，亦四辅也。又为四表，中间为天衢，亦为天关，黄道之所经也。七曜繇乎天衢，则天下和平，亦天驷，为天马，主车驾，亦曰天厩，又主开闭，为蓄藏之所由。又北小星为钩钤，房之钤键，天之管钥，明而近房，天下同心。心三星，天王正位也。中星曰明堂，天子位，为大辰，主天下之赏罚。前星为太子，后星为庶子。尾九星，后宫之场，亦为九子，色欲均明，大小相承，则后宫有叙。箕四星，为天津，后宫后妃之府，一曰天箕，主八风，凡日月宿在箕、东壁、翼者，风起北方，又主口舌。南斗六星，天庙也，为丞相太宰之位，酌量政事之宜，褒贤进良，禀授爵禄，又主兵。牵牛六星，天之关梁，主牺牲。其北二星，一曰即路，一曰聚火。又曰：上一星主道路，次二星主关梁，次三星主南越。须女四星，天之少府也，妇女之位，主布帛裁置、嫁娶。虚二星，冢宰之象也，主邑居庙堂祭祀之事，又主死丧。危三星，主天府，天市架屋，动则土功起。营室二星，为太庙天子之宫也，主土功事。东壁二星，主文章，天下图书之秘府。西方奎十六星，天之武库也，主以兵禁暴。娄三星，亦为天狱，主苑牧牺牲供给郊祀。胃三星，天之厨藏，五谷之仓也，又名大梁，主仓廪。昴七星，天之耳目也，主西方，又为旄头，胡星也，又主丧，主狱。昴、毕间二星，为天衢，三光之道也，主伺候关梁。毕八星，状如掩兔之毕，主边兵，主弋猎，又主刑罚。觜觿三星，在参之右角，如鼎足形，主天之关，又为三军之候。参七星，白兽之体。中三星横列者，三将军也。南方东井八星，天之南门，黄道所经，为天之亭侯，主水衡事。鬼五星，天之目也，主视明察奸谋。中央一星，曰积尸，摇动失色则病疾。柳八星，天之厨宰，主尚食，和滋味。

昴七星，一曰天都，主衣裳文绣。张六星，主珍宝宗庙之用，及衣服天厨饮食赏赉之事。翼二十二星，为天子之乐府，又主夷狄远宾负海之客，明则礼乐兴，四夷来宾。轸四星，为冢宰辅臣也，主车骑足用，亦主风，有军出入，皆占于轸。

【译文】《晋书》记载：角宿中的两颗星，叫作“天关”，中间是天门，天门之内便是天庭。黄道从其中经过，七曜也要经过这里。左角一星为理，主管刑事；右角一星为将，主管军事。亢宿中有四颗星，是天子的内朝，天下礼仪法度所在的地方，也称“疏庙”，主管疾病和瘟疫。氐宿中的四颗星叫作“天根”，是帝王的寝宫，也是众后妃的府邸，宫中将有淫乱之事时，氐宿便会发生异动。房宿四颗星为明堂，是皇帝施政的地方，也称“四辅”或“四表”，中间为上天之路，也是天门，黄道会经过这里。七曜由天路经过，则天下太平。房宿也称“天驷”，即为天马，主管君王的车驾，也叫“天厩”，主管开放与闭合，乃帝王积蓄储藏必须经过的地方。北边两颗小星叫作钩、钤，是房宿的关键所在，也是天体的钥匙和锁子，如果它们明亮而接近房宿时，则会天下同心。心宿有三颗星，是天王就位之处。中间一颗星叫作“明堂”，是心宿的天子之位，主管天下赏罚之事。前面的一颗星为太子，后面的一颗星为庶子。尾宿九颗星是后宫所在之地，也称“九子”，如果九颗星色彩均匀明亮，大小衔接，后宫就会秩序井然。箕宿有四颗星，也叫“天津”，是后宫和后妃所在的地方，一称“天箕”，主管八方之风，只要日、月停留在箕宿、东壁（壁宿）和翼宿时，北方就会起风，箕宿也主管口舌之争。南斗（斗宿）有六颗星，是天子的庙堂所在，是丞相和太宰的位置，用于商议政事，褒奖、举荐贤良，授予官爵和俸禄，也主管军事。牵牛座有六颗星，是上天的关口和桥梁所在，主管祭祀用品。牵牛座北边有两颗星，一颗叫“即路”，一颗叫“聚火”。另一种说法认为，最上面的一颗星主管道路，下面的两颗星主管关口和桥梁，再下面的三颗星主管南越之地。须女宿有四颗星，是天上的少府，是妇女所在的位置，主管布帛的剪裁、置办和婚嫁之事。虚宿有两颗星代表太宰，主管住宅、庙堂和祭祀之事，也主管风云、死亡和丧葬之事。危宿有三颗星，主管天府和天市的房屋建造，危宿若动，则会出现大兴土木之事。营室宿有两颗星，是太庙和天子的宫殿所在，主管工程建造之事。东壁（壁宿）有两颗星，主管文章，是收藏天下图书的秘府。西方奎宿有十六颗星，是天上的武库，主管兵禁之事。娄宿有三颗星，为天上的牢狱，主管帝王花园及饲养祭祀所用的动物，供郊祀之用。胃宿有三颗星，是天上的厨房和存储室，存储五谷的仓库，也叫“大梁”，主管仓库。昴宿有七颗星，是上天的耳朵和眼睛，主管西方，又叫“旄头”，是胡人的星宿，也主管丧事和刑狱之事。昴宿和毕宿之间有两颗星是天街，是日、月、星三光的道路，主管对关口和桥梁的修护。毕宿有八颗星，形状就像捕兔用的网子，主管边疆军事和打猎，也主管刑罚。觜嶲（觜宿）有三颗星，在参宿的右角，像三足鼎一样，主管天上的关口，也是三军的斥候。参宿有七颗星，如同白兽的身体。中间横列的三颗星是三位将军。南方东井（井宿）有八颗星，是天上的南门，黄道经过的地方，也是天上的亭候，主管水利之事。鬼宿有五颗星，是上天的眼睛，主管明察奸计和阴谋。中央有一颗星，名叫“积尸”，闪烁或者变暗就会招来疾病。柳宿八颗星，是天上的厨宰，主管帝王膳食，调和五味。昴宿有七颗星，也叫“天都”，主管衣服和纹绣。张宿有六颗星，主管珍宝和宗庙所用之物，以及衣物、厨房、饮食和赏赐之事。翼宿有二十二颗星，是上天的乐府，也主管四夷及海外远来之宾客，翼宿明亮，礼乐教化就会兴盛，四夷都会前来朝拜。轸宿有四颗星，是冢宰辅臣，主管车辆和马匹的使用，也主管风，有军队出入都是通过轸宿进行占卜。

荧惑守心　荧惑，火星也。守心，谓行经心度，住而不过也。宋景公时，荧惑守心。公问子韦，对曰：“祸当君，可移之相。”公曰：“相，吾辅也。不可！”曰：“移之民。”曰：“民死，吾谁与为君？”曰：“移之岁。”曰：“岁饥则民死。”子韦曰：“君有至德之言三，荧惑必三徙。”果徙三舍。

【译文】荧惑星指火星。守心，指的是火星行经心宿时，停留而不过。宋景公时发生了荧惑守心现象。宋景公问计于子韦，子韦说：“这是君王之祸，可以转移到宰相身上。”宋景公说：“宰相是我的辅臣，不可如此！”子韦说：“可以转移到百姓身上。”宋景公说：“百姓如果死了，我还去给谁做君王？”子韦又说：“可以转移到农事之上。”宋景公说：“收成不好，百姓就会死亡。”子韦说：“君王有三次盛德之言，荧惑星必然会三次迁徙。”后来，火星果然移动了三座星宿的位置。

岁星　岁星，木星也。所居之国为福，所对之国为凶。福主丰稔，凶主饥荒。一曰：岁星所在之国，有称兵伐之者必败。

【译文】岁星就是木星。它所停留的国家会有福泽，所对的国家则会有灾难。福泽带来富足，灾祸带来饥荒。又有一说：岁星所在的国家，若有国家兴兵前来攻打，必败。

彗星 彗星曰长星，亦曰欃枪。芒角四射者曰孛，芒角长如帚曰彗，极长者曰蚩尤旗。

【译文】彗星也叫长星、欃枪。芒角光芒四射的叫作“孛星”，芒角长如扫帚的叫作“彗星”，芒角极长的叫作“蚩尤旗”。

金星 金星一月移一宫，木星一岁移一宫，水星一月移一宫，火星两月移一宫，土星二十八月移一宫。

【译文】金星一个月移动一宫，木星一年移动一宫，水星一个月移动一宫，火星两个月移动一宫，土星二十八个月移动一宫。

客星犯牛斗 有人居海上，每年八月，见浮槎到岸，乃赍粮，乘之。至一处，见妇人织机，其夫牵牛饮水次。问：“此是何处？”答曰：“归问严君平。”君平曰：“是日客星犯牛斗，即尔至处。”

【译文】有个人住在海岛上，每年八月都有一个木筏来到岸边，这人便带着粮食上了木筏。漂到一个地方，见有一个妇人在织布，她的丈夫牵着牛在河边饮水，于是上前问道：“这里是什么地方？”妇人答道：“你回去问严君平。”这人回去之后，严君平告诉他：“那天有客星冲犯牵牛星，就是你到达的地方。”

问使者何日发 汉和帝时，遣使者二人，微行至蜀。李郃为郡侯吏，出酒共饮，问曰：“君来时，知二使者以何日发行？”二人怪问其故，郃曰：“见有二使星入益部耳。”自此名著。

【译文】汉和帝时，曾经派遣两位使者微服入蜀地巡视。李郃当时在蜀地做官，便设宴与两位使者共饮。席间，李郃问他们：“两位从京城来的时候，可知两位入蜀使者何时出发？”两人觉得十分奇怪，就问他如何得知，李郃说：“我看到有两个使星进入益州。”从此之后，李郃名声大振。

五星奎聚 宋乾德五年三月，五星聚于奎。初，窦俨与卢多逊、杨徽之，周显德中同为谏官，俨善推步星历，尝曰：“丁卯岁五星聚奎，自此天下始太平。二拾遗见之，俨不与也。”吕氏中曰：“奎星固太平之象，而实重启斯文之兆也。文治精华，已露于斯矣。”

【译文】宋太祖乾德五年（967年）三月，五大行星聚集于奎宿。当初，窦俨、卢多逊和杨徽之在后周显德年间同为谏官，窦俨善于推算天象历法，曾经对两人说：“丁卯年五大行星会在奎宿聚集，从此之后天下太平。两位拾遗大人能够看到，我就没这个福分了。”吕中说：“奎星本是太平的象征，实际上也是重启斯文的征兆。我朝文治的光彩，在此时已初露端倪。”

德星 颍川陈寔、荀淑，俱率子弟宴集一堂。太史奏德星聚颍，五百里内必有贤人会合。

【译文】东汉时，颍川陈寔、荀淑一起带着全家子弟宴集一堂。太史令上奏称德星聚于颍川，五百里之内必有贤人聚会。

客星犯御座 光武引严光入内，论道旧故，相对累日。因共偃卧，光以足加帝腹上。明日，太史奏客星犯御座甚急。帝笑曰：“朕与故人严子陵共卧耳。”

【译文】东汉光武帝带严光进入皇宫，论往日的交情，一连谈了好几天。于是共同安寝，严光把脚放在了光武帝的腹部。第二天，太史令上奏称客星侵犯御座，情况十分紧急。光武帝笑着说：“这是因为朕和故人严子陵共寝之故。”

晨星 刘禹锡曰：“落落如晨星之相望。”谓故人寥落，如早晨之星，甚稀少也。

【译文】刘禹锡说：“落落如晨星之相望。”意思是旧交日渐凋零，就像晨星一样十分稀少。

望星星降 何讽于书中得一发卷，规四寸许，如环而无端，用力绝之，两头滴水。方士曰：“此名脉望，蠹鱼三食神仙字，则化为此。夜持向天，规中望星，星立降，可求丹服食也。”

【译文】书生何讽从书中得到一卷绕成圈状的头发，半径有四寸多，像一个没有头的圆环，用力扯断之后，两头有水滴落。方士对他说：“这东西名叫脉望，蠹鱼在蛀书时三次吞食书中的‘神仙’二字，就会化为此物。夜里手持圆环从环心向天空望星，望到的星君马上就会降下，可以向他求仙丹服食。”

吞坠星 五代汤悦，自少颖悟。尝见飞星堕水盘中，掬而吞之，文思日丽。仕南唐，拜相。凡书檄制诰，皆出其手。

【译文】五代时期的汤悦，从小就聪慧过人。他曾经看到一颗流星坠入水盘中，于是从盆中捧起吞食，自此文才日益华丽，后来出仕南唐，做到宰相。所有文书、诏令，全都出自他的手笔。

上应列宿 馆陶公主为子求郎，不许，赐钱十万缗。汉明帝谓群臣曰："郎官上应列宿，出宰百里，苟非其人，则民受其殃。"

【译文】馆陶公主想要为儿子求取郎官的职位，被皇帝拒绝后赐给她十万缗钱。汉明帝对群臣说："郎官对应天上的众星宿，管理着上百里的土地，如果所用之人不够称职，遭殃的是百姓。"

文曲犯帝座 明景清建文中为御史大夫。文皇即位，清独委蛇侍朝，文皇颇疑之。时星者奏文曲犯帝座甚急，色赤。是日，清衣绯入。遂收清，得所带剑，不屈死，死后精灵犹见。

【译文】明建文年间，景清在朝中任御史大夫。朱棣即位之后，景清仍顺从地随侍在旁，朱棣对他十分怀疑。当时星官上奏文曲星变为红色，侵犯帝星，状况十分紧急。恰在这天，景清穿红衣上朝，朱棣命人将其拿下，从他身上搜出一把宝剑，景清宁死不屈，被杀后魂魄仍然时常出现。

星长竟天 唐天祐二年彗星长竟天。宋徽宗五年，有星孛于西方，长竟天。明成化七年，彗星见。正德元年，彗星见，参井侵太微垣。万历四十六年，东方有白气，长竟天，其占为彗象，辽阳震报相踵。天启元年，土星逆入井宿。

【译文】唐天祐二年（905年），有一颗彗星横贯天际。宋徽宗崇宁五年（1106年），有一颗光芒四射的彗星出现在西方，横贯天际。明成化七年（1471年），有彗星出现。正德元年（1506年），有彗星出现，参星、井星侵入太微星。万历四十六年（1618年），东方有白气出现，横贯天际，占卜显示其为彗星，辽阳地震的报告接踵而至。天启元年（1621年），土星逆行进入井宿。

星飞星陨 宋徽宗元年正月朔，流星自西南入尾抵距星，其光烛地。是夕，有赤气起东北，亘西方，中出白气二，将散，复有黑气在旁。任伯雨言：

时方孟春，而赤气起于暮夜之幽，以天道人事推之，此宫禁阴谋下干上之证也。散而为白，而白主兵，此夷狄窃发之证也。明成化二十三年，有飞星流，光芒烛地。正德元年，陨星如雨。崇祯十七年，星入月中。占曰："国破君亡。"

【译文】宋徽宗建中靖国元年（1101年）正月初一，一颗流星从西南进入尾宿抵达距星，光芒照亮大地。这天夜里，有红色气体从东北而起，横贯西方，接着有两道白气从中出现，即将消失时，又有两道黑气在旁边出现。任伯雨说："刚到孟春时节，就有红气出现在幽暗的深夜之中，以天道和人事来推算，这是宫中有以下犯上阴谋的征兆。红气散为白气，白色象征兵器，这是蛮夷暗中发兵的征兆。"明成化二十三年（1487年），有流星出现，光芒照亮大地。正德元年（1506年），流星如雨而落。崇祯十七年（1644年），流星侵入月亮。占卜的结果为"国家灭亡，君主死去"。

风　云

风神、云神　风神名封十八姨，又名冯异。云神名云将。

【译文】风神的名字叫封十八姨，又名冯异。云神的名字叫云将。

八风　八风，八节之风，立春条风（赦小过，出稽留），春分明庶风（正封疆，修田畴），立夏清明风（出币帛，礼诸侯），夏至景风（辨大将，封有功），立秋凉风（报土功，祀四郊），秋分阊阖风（解悬垂，琴瑟不张），立冬不周风（修宫室，完边城），冬至广汉风（诛有罪，断大刑）。

【译文】八风指八个节气时的风：立春为条风（宜赦免小的过错，释放狱中滞留的囚犯），春分为明庶风（宜勘测封疆边界，修理田埂），立夏为清明风（宜赐予诸侯钱币和布帛），夏至为景风（宜辨别大将，封赏有功之人），立秋为凉风（宜上报土地开垦与庄稼收成情况，祭祀四郊），秋分为阊阖风（宜解下悬挂的乐器，收藏琴瑟），立冬为不周风（宜修缮宫室，维护边城），冬至为广汉风（宜诛杀有罪之人，断决重大刑狱案件）。

四时风 郎仁宝曰：春之风，自下升上，纸鸢因之以起。夏之风，横行空中，故树杪多风声。秋之风，自上而下，木叶因之以陨。冬之风，着土而行，是以吼地而生寒。

【译文】郎仁宝《七修类稿》中记载："春天的风，从下面升起，风筝可以凭借它飞起来。夏天的风，从空中横向刮来，所以树梢上会有风声。秋天的风从上往下吹，树叶会被它吹落。冬天的风，贴着地面吹过，所以地面会发出吼声，人会觉得寒冷。"

少女风 管辂过清河，倪太守以天旱为忧。辂曰："树上已有少女微风，树间已有阳鸟和鸣。其雨至矣。"果如其言。

【译文】管辂经过清河时，倪太守正在为天旱感到忧心忡忡。管辂对他说："树梢已经有少女般的微风出现，树林中也有阳鸟鸣叫，雨马上就要来了。"后来果然下雨了。

飓风 《岭表录》：飓风之作，多在初秋，作则海潮溢，俗谓之飓母风。

【译文】《岭表录》记载：飓风多出现在初秋时节，到来时海潮四溢，俗称"飓母风"。

石尤风 石氏女为尤郎妇。尤为商远出，妻阻之，不从。郎出不归，石病且死，曰："吾恨不能阻郎行。后有商贾远行者，吾当作大风以阻之。"自后行旅遇逆风，曰："此石尤风也。"

【译文】石氏女是尤郎的妻子。尤郎出远门经商，妻子劝阻他，他不听劝告，出去后便再也没有回来，石氏得了很严重的病，临死前说："我恨自己没有阻止丈夫远行。以后若有商贾远行，我便要化作大风来阻止他。"从此之后，行旅在外的人遭遇大风，都会说："这是石尤风。"

羊角风 《庄子》："大鹏起于北溟，而徙南溟也，抟扶摇羊角而上者九万里。"宋熙宁间，武城有旋风如羊角，拔木，官舍卷入云中，人民坠地死。

【译文】《庄子》记载："大鹏从北溟起飞，将要迁徙到南溟，乘着羊角一样的风直上九万里高空。"宋朝熙宁年间，武城刮起如同羊角一样的旋风，将树木连根拔起，官府的房子也被卷入云中，不少百姓被卷入空中皆坠地而死。

风名 《尔雅》：南方谓之凯风，东方谓之谷风，北方谓之凉风，西方谓之泰风。焚轮谓之颓，扶摇谓之猋。风与火为庉。回风为飘。日出而风谓之暴。风而雨为霾。阴日风为曀。猛风曰飕，凉风曰飀，微风曰飈，小风曰飕。

【译文】《尔雅》记载：南风叫作“凯风”，东风叫作“谷风”，北风叫作“凉风”，西风叫作“泰风”。龙卷风叫作“颓”，旋风叫作“猋”。风助火势为“庉”。回风叫“飘”。日出之风叫作“暴”。雨时之风叫作“霾”。阴天的风叫作“曀”。猛烈之风叫“飕”，凉风叫“飀”，微风叫“飈”，小风叫“飕”。

花信风 宋徐师川云：“一百五日寒食雨，二十四番花信风。”《岁时记》曰：“一月二气六候，自小寒至谷雨。四月八气二十四候，每候五日，以一花之风信应之。”

【译文】宋朝的徐师川在诗中说：“一百五日寒食雨，二十四番花信风。”《岁时记》记载：一个月有两个节气六个节候，从小寒到谷雨。四个月有八个节气二十四个节候，每个节候五天，用某一种花的花信风来对应它们。

泰山云 《公羊传》：泰山之云，触石而起，肤寸而合，不崇朝而雨天下。

【译文】《公羊传》记载：泰山上的云，碰到石头就会升起，细小的云气聚集在一起，一会儿工夫就能布雨天下。

卿云 若云非云，若烟非烟，郁郁纷纷，萧索轮菌，谓之庆云。王者德至于山陵，则卿云出。《春秋繁露》：“人君修德，则矞云见。”云五色为卿，三色为矞。

【译文】像云却不是云，像烟却不是烟，云气浓烈而茂盛，萧索而盘曲，叫作“庆云”。君王的仁德泽被山陵，卿云就会出现。《春秋繁露》记载：“君王修养道德，矞云就会出现。”五色云是“卿云”，三色云是“矞云”。

沆瀣 夜半清气从北方起者，谓之沆瀣。

【译文】半夜从北方升起的清气，叫作“沆瀣”。

神瀵 《列子》言：“神瀵即《易》所谓山泽气相蒸，云兴而为雨也。”陈希夷诗：“倏尔火轮煎地脉，愕然神瀵涌山椒。”

【译文】《列子》记载："神瀵就是《易经》中说的'深山与河流中的空气相互激荡，化为云雨'。"陈希夷作诗云："倏尔火轮煎地脉，愕然神瀵涌山椒。"

白云孤飞 狄仁杰尝赴并州法掾，登太行山，见白云孤飞，泣曰："吾亲舍其下。"

【译文】狄仁杰曾经赴任并州法掾，登太行山时，看到白云独自飘在空中，哭着说："我的父母便住在那片白云之下。"

五色云 宋韩琦，弱冠及第，方传胪时，太史奏："五色云现。"出入将相，为一代名臣。

【译文】宋代韩琦，二十岁便进士及第，殿试唱名时，太史令上奏说："有五色祥云出现。"后来，韩琦果然出将入相，成为一代名臣。

风 天地之使也，大块之噫气，阴阳之怒而为风也。《洛神赋》："屏翳收风。"屏翳，风师也，又名飞廉；飞廉，神禽，即箕主也。又曰："箕主簸扬，能致风雨。"

【译文】风是天地的使者，大地的呼吸，阴阳两气激荡而成。《洛神赋》记载："屏翳收风。"屏翳就是风师，也叫"飞廉"，飞廉是一种神鸟，就是箕宿之主。又有说法："箕宿主管颠簸动荡，能呼风唤雨。"

风霾 明天启间，魏阉肆毒，风霾旱魃，赤地千里，京师地震，火灾焚烧，震压死伤甚惨。崇祯十七年正月朔，大风霾。占曰："风从乾起主暴。"兵破城。三月丙申，大风霾，昼晦。

【译文】明朝天启年间，魏忠贤荼毒天下，狂风大作，旱魃四起，大地荒芜，京城因地震和火灾焚烧，死伤惨重。崇祯十七年（1644年）正月初一，狂风肆虐。负责占卜的官员上奏说："风从乾卦起，预示有暴行。"后来果然李自成的大军攻破了京城。三月丙申日，大风霾再起，白天尽暗。

风木悲 《春秋》：皋鱼宦游列国，归而母卒，泣曰："树欲静而风不息，子欲养而亲不在。"遂自刎死。

【译文】《春秋》记载：皋鱼周游列国做官，回乡之后母亲已经去世，他哭着说："树想要静止，风却不停地刮；子女想要赡养父母，父母却已经离去。”于是自刎而死。

歌南风之诗 大舜弹五弦之琴，歌南风之诗，曰：“南风之熏兮，可以解吾民之愠兮；南风之时兮，可以阜吾民之财兮。”

【译文】舜帝弹奏五弦琴，唱《南风》之诗：“温和的南风啊，可以消除我的百姓心中的烦恼；南风适时吹来啊，可以使我的百姓生活富足。”

占风知赦 汉河内张成善风角，推占当赦，教子杀人。司隶李膺督促收捕，既而逢宥获免，膺愈愤疾，竟按杀之。

【译文】汉代河内人张成善于以五音占四方之风来定吉凶，有一次，他推算出马上就要大赦，就让儿子去杀人。司隶李膺督促衙役将他捉拿归案，不久果然遇到大赦获免，李膺十分愤怒，竟然依照律例将其斩杀。

祭风破操 操连船舰于赤壁，周瑜用黄盖火攻之策。时隆冬无东南风，诸葛孔明筑坛而祭，应期风至，大破曹兵。

【译文】曹操将战船用锁链连接，陈兵赤壁，周瑜想用黄盖火攻的计策，无奈当时正值隆冬，没有东南风可供利用，诸葛亮便筑坛祭天，东南风如期而至，大破曹军。

云霞 云，山川之气也。日旁彩云名霞，东西二方赤色，亦曰霞。《易经》：“云从龙，风从虎。”孔子曰：“于我如浮云。”

【译文】云是山川之气聚集而成。太阳旁边的彩云叫作“霞”，东西两个方向的红色的云朵也叫“霞”。《易经》说：“云跟随龙，风跟随虎。”孔子说：“不义之财对我来说就像浮云一样。”

云出无心 陶词：“云无心而出岫。”

【译文】陶渊明《归去来兮辞》写道：“云无心而出岫。”

占云 二至、二分，望云色以卜岁之丰凶水旱。

【译文】夏至、冬至、春分和秋分之时，观望云色可以占卜一年的收成和灾祸。

行云 楚襄王游于高唐，梦一女曰：“妾在巫山之阳，高丘之上，朝为行云，暮为行雨。”彼旦视之，如其言。

【译文】楚襄王在高唐游玩，梦到一个女子对他说："我在巫山南边，高丘山之上，白天化为行云，晚上化为降雨。"第二天早晨一看，果然跟她说的一样。

落霞 王勃《滕王阁赋》："落霞与孤鹜齐飞。"后一士子夜泊江中，闻水中吟，此士曰："何不云'落霞孤鹜齐飞，秋水长天一色'？"鬼遂绝。

【译文】王勃在《滕王阁赋》中说："落霞与孤鹜齐飞。"后来有一个士子晚上停泊在江中，听到水中有吟诵此句的声音，便说道："为什么不说'落霞孤鹜齐飞，秋水长天一色'？"那鬼便消失了。

飓风 《岭表录》：飓风之作，多在初秋，作则海潮溢，俗谓之飓母风。明正德七年，流贼刘大等舟至通州狼山，遇飓风大作，舟覆，贼尽死。

【译文】《岭表录》记载：飓风多在初秋出现，出现时海潮四溢，俗称"飓母风"。明朝正德七年（1512年），流贼刘大等人乘船到通州狼山，碰到飓风大作，船被大风吹翻，贼人全部死于海上。

雨

雨神、雨师 雨神名漭浘本郎，雨师名萍翳。

【译文】雨神名叫漭浘本郎，雨师名叫萍翳。

商羊舞 齐有一足鸟，舞于殿前。齐侯问于孔子，孔子曰："此鸟名商羊。儿童有谣曰：'天将大雨，商羊鼓舞。'是为大雨之兆。"后果然。

【译文】春秋时期，齐国有只一足鸟在殿前起舞。齐侯就这件事请教孔子，孔子说："这种鸟名叫商羊。有童谣唱道：'天将大雨，商羊鼓舞。'这是要下大雨的征兆。"后来果然如此。

石燕飞 《湘州记》：零陵山有石燕，遇风雨则起飞舞，雨止还为石。

【译文】《湘州记》记载：零陵山中有一只石燕，遇到风雨就会在空中飞舞，雨停之后又会变成石头。

洗兵雨　武王伐纣，风霁而乘以大雨。散宜生谏曰："非妖与？"武王曰："非也，天洗兵也。"

【译文】周武王讨伐商纣时，风停之后又开始下大雨。散宜生劝谏道："这不是妖怪所为吗？"武王说："并非如此，这是上天在为我们清洗兵器啊。"

雨工　唐柳毅，过洞庭，见女子牧羊道畔，怪而问之。女曰："非羊也。此雨工雷霆之类也。"遂为女致书龙宫，妻毅以女。今为洞庭君。

【译文】唐代柳毅经过洞庭湖边时，见到有一个女子在路边放羊，觉得非常奇怪，便上前询问。女子说："这不是羊，而是雨工雷霆之类的神物。"柳毅替女子到龙宫送信，龙王便将此女嫁与他。现在柳毅是洞庭湖神。

蜥蜴致雨　关中求雨，寻蜥蜴十数，置瓮中，童男女咒曰："蜥蜴蜥蜴，兴云吐雾，致雨滂沱，放汝归去。"宋咸平时用此法祷雨，屡验。

【译文】关中地区求雨时，要寻找十条蜥蜴放在瓮中，童男童女一起念咒："蜥蜴蜥蜴，兴云吐雾，致雨滂沱，放汝归去。"宋代咸平年间用这种方法祈雨，每次都十分灵验。

液雨、澍雨、雨汁　于小春月内雨为液雨。时雨为澍雨。雨雪杂下为雨汁。

【译文】小春月内下的雨叫"液雨"。应时而下的雨叫"澍雨"。雨雪交加叫"雨汁"。

御史雨　唐平原有冤狱，天久不雨。颜真卿为御史，按行部邑决狱而雨，号"御史雨"。

【译文】唐代时平原地区发生冤狱，天上久久没有雨水落下。颜真卿时任御史，到地方巡查，重新审理判决冤狱之后立刻有雨，称为"御史雨"。

随车雨　宋陈戬知处州，时大旱，公下车，雨遂沾足，人谓之随车雨。

【译文】宋代陈戬到处州任知州时，适逢大旱，陈戬到任之后，雨水立刻打湿双脚，人们称之为"随车雨"。

三年不雨　于公，东海郡决曹，决狱平恕。海州孝妇少寡，无子，姑欲嫁之，不肯。姑自经。姑女诬告孝妇，捕治，狱成。于公以为冤，太守竟杀之，郡中三年苦旱。后守听于公言，徒步往祭，立雨。

【译文】于公在东海郡担任决曹一职，审理案件时十分公正仁慈。当时海州有个孝顺的媳妇，年纪轻轻便守了寡，无儿无女，婆婆想让她改嫁，孝妇不肯，婆婆便自杀了。小姑到衙门诬告孝妇，官府审理认为孝妇有罪，将她定罪收狱。于公认为这件案子有冤屈，但太守还是杀了她，东海郡因此干旱三年。后来，太守听从了于公的建议，徒步前往孝妇墓祭祀，立刻降雨。

侍郎雨　正统九年，浙江台宁等府久旱，民多疾疫。上遣礼部右侍郎王英，赍香帛往祀南镇。英至绍兴，大雨，水深二尺。祭祀之夕，雨止见星。次日，又大雨，田野沾足。人皆曰："此侍郎雨也。"

【译文】明英宗正统九年（1444年），浙江的台州和宁波等府久旱无雨，很多百姓都患上了流行的疫病。明英宗派遣礼部右侍郎王英带着香和布帛到南镇祭祀。王英到达绍兴时，天降大雨，水深二尺。祭祀当晚，大雨停歇，天上出现繁星。第二天又降大雨，田野间的泥土沾满双足。人们都说："这是侍郎雨啊。"

雨雹如斗　汉方储，官太常。永元中郊祀，储言且有天变，宜更择日，上不从。已而风日晴畅。郊还，责其欺罔，因饮鸩死。须臾，雨雹大如斗，死者千计。上使召储，无及矣。

【译文】东汉时，方储任太常一职。永元年间，汉和帝要到郊外祭祀，方储说马上就会变天，应该择日再去，汉和帝不听。这天风和日丽。郊祀回来之后，皇帝斥责方储欺骗君王，方储就喝毒酒自杀了。片刻之后，像斗一样大的冰雹从天而降，砸死数千人。皇帝让人召方储觐见，却已经来不及了。

冒雨剪韭　郭林宗友人夜至，冒雨剪韭作炊饼。杜诗："夜雨剪春韭。"

【译文】郭林宗有个朋友晚上来访，他冒雨剪韭菜做炊饼来招待客人。杜甫有诗句曰："夜雨剪春韭。"

雨粟雨金钱　仓颉造字成，天雨粟，鬼夜哭。大禹时，天雨金三日。翁仲儒家极贫，天雨金十饼，称巨富。熊衮至孝，父母死，不能葬，呼天号泣，天雨钱十万，以终其葬事。

【译文】仓颉造字成功后，天上有粟雨落下，鬼在夜里哭泣。大禹时期，天上下了三天的金雨。翁仲儒家里非常贫穷，天上落下十枚金饼，成为巨富之家。熊衮非常孝顺，父母去世后没有钱埋葬，对着天大声号哭，天上便落下十万钱，让他完成丧事。

雨 《大戴经》云：天地积阴，温则为雨。雹，雨冰也，盛阳雨水温暖，阴气胁之不相入，则转而为雹。

【译文】《大戴经》记载：天地间积聚的阴气，一升温就成了雨。雹是天上下冰，在大太阳下的雨水温度高，阴气与它属性不同，无法融入其中，就会转变成冰雹。

毕星好雨 月行西南入于毕，则多雨。《易》曰："云行雨施，品物流形。"俗云："雨三日以往为霖。"小雨曰霡霂，大雨曰雱霈，久雨为霪雨，亦曰天漏。

【译文】月亮在西南方运行进入毕宿，雨水就会比较多。《易经》记载："云朵飘行，雨水散落，孕育万物。"俗话说："雨下三天以上叫作霖。"小雨叫"霡霂"，大雨叫"雱霈"，时间比较久的雨叫"霪雨"，也叫"天漏"。

祷雨 汤有七年之旱，太史占之曰："当以人祷。"汤曰："吾所为请雨者，民也。若以人祷，吾请自当。"遂斋戒，剪发断爪，素车白马，身婴白茅，以为牺牲，祷于桑林之野，以六事自责曰："政不节欤？民失职欤？宫室崇欤？女谒盛欤？苞苴行欤？谗夫昌欤？"言未已，大雨，方数千里。

【译文】商汤时期出现七年大旱，太史令占卜之后奏报："应该用人作为祭品求雨。"商汤说："我求雨的目的全是为了百姓，要是需要用人作为祭品，那就用我吧。"于是斋戒，剪掉头发和指甲，乘坐白马拉的没有装饰的马车，身插白茅，用自己作为祭品，在桑林之野用六件事责问自己："是我的政令无度，还是我治理民众没有尽职？是我的宫室过于奢侈，还是我的后宫人数太多？是朝中贿赂盛行，还是奸臣太多？"他的话还没有说完，大雨从天而降，笼罩了数千里的地方。

霖雨放宫人 宋开宝五年，大雨，河决。太祖谓宰相曰："霖雨不止，得非时政所阙？朕恐掖庭幽闭者众。"因告谕后宫："有愿归其家者，具以情言。"得百名，悉厚赐遣之。

【译文】宋代开宝五年（972年），天降大雨，黄河决堤。宋太祖对宰相说："大雨不止，是不是我的政令有所失误？朕担心是后宫幽闭的宫女太多了。"于是下诏书告知后宫："有愿意回家的，可以实情相报。"有一百多名宫女都想要回家，太祖重赏之后放她们出宫了。

上图得雨 宋神宗七年，大旱，岁饥，征敛苛急，流民扶携塞道，羸疾无完衣，或茹木实草根，至身被锁械，而负瓦揭木，卖以偿官，累累不绝。监安上门郑侠乃绘所见为图，发马递上之言："陛下亲臣图，以行臣之言，一日不雨，乞斩臣，以正欺君之罪。"帝见图长叹，寝不能寐。翌旦，命罢新法十八事。民闻之，欢呼相贺。是日，大雨，远近沾洽。

【译文】宋神宗熙宁七年（1074年），大旱，饥荒严重，朝廷横征暴敛，路上全是扶老携幼的流亡百姓，衣不蔽体，病体瘦弱，有人吃树木的果实和草根充饥，至于身披枷锁、卖掉房子来偿还官债的人更是累累不绝。安上门的监门官郑侠就把所看到的场景画成一张图，让快马递交给皇帝，并附言道："陛下请亲眼查看我图上所画，按照我说的方法行事，如果一天之内不下雨，请陛下斩下我的首级，以欺君之罪论处。"皇帝看到图后长叹不止，夜不能寐。第二天就下令废除新法十八条。百姓听说之后，欢呼着互相道贺。这一天，天降大雨，远近之处雨水充足。

商霖 宋徽宗时，蔡京久盗国柄，中外怨疾。商英能立异同，更称为贤，帝因人望而相之。时久旱，彗星中天，商英受命，是夕，彗不见。明日，雨。帝喜书"商霖"二字赐之。

【译文】宋徽宗时期，蔡京窃取国家大权，朝廷上下都十分怨恨愤慨。商英因为不阿权贵，能够提出异议，被人们称赞为贤臣，皇帝因为他的名望让他做了宰相。当时天下久旱，有彗星出现在天上，商英做了宰相之后，当天晚上彗星就不见了。第二天就开始下雨。皇帝十分高兴，便写了"商霖"两字送给他。

兵道雨 明蔡懋德，以参政备兵真定。天久旱，尺寸土皆焦。懋德祷雨辄应，属邑民争迎之。祷所至，即雨，民欢呼曰"兵道雨"。

【译文】明朝蔡懋德以参政的职位率军驻守真定。当时久旱无雨，每一寸土地都像被烧焦了一样。懋德每次祈雨全都应验，属地的百姓争相欢迎他。蔡懋德所到之处，马上就会有雨降下，百姓欢呼雀跃，称为"兵道雨"。

大雹示警　周孝王命秦非子主马于汧、渭之间，马大蕃息，王封为附庸之君，邑于秦，使续伯益后。其日大雨雹，牛马死，江汉俱冻。明天启二年，大雨雹着屋，瓦碛俱碎，禾稼多伤。

【译文】周孝王命令秦非子在汧水和渭水之间养马，马匹繁殖得十分旺盛，周孝王便封秦非子为附庸的小国君，食邑在秦地，让他继承先祖伯益的宗脉。当天天降大冰雹，很多牛马都被砸死，长江和汉水全部冻结。明朝天启二年（1622年），大冰雹落向屋顶，瓦片全都被砸碎，庄稼大部分都被砸伤。

雨血　元顺帝二年正月朔，雨血于汴梁，著衣皆赤。

【译文】元顺帝元统二年（1334年）正月初一，汴梁城下起了血雨，人们身上的衣服都被染成了红色。

雷 电 霓虹

雷神、电神、霓虹　雷神名丰隆；电神名缺列；虹霓，一名挈贰，一名天弓，一名蝃蝀。

【译文】雷神名叫丰隆，电神名叫缺列，霓虹又称挈贰、天弓、蝃蝀。

雷候　仲春之月，雷乃发声，始电。蛰虫咸动，启户始出。仲秋之月，雷始收声，蛰虫坏户。《传》曰：雷八月入地百八十日。

【译文】农历二月，雷声和闪电才开始出现。泥土中蛰伏的虫子全都开始活动，从洞穴里爬出。农历八月，雷声开始消失，虫子们开始用泥土堵塞洞穴，准备冬眠。《易传》记载：雷神八月会进入地下一百八十天。

闻雷造墓　三国王裒父仪，以直言忤司马昭，见杀。裒终身未尝西向而坐，示不臣晋也。庐墓悲号，流涕着树，树为之枯。读《诗》至"哀哀父母"则三复呜咽，门人辄废《蓼莪》。母存日，畏雷，殁后，每雷震，即造墓，曰："裒在此。"

【译文】三国时期王裒的父亲王仪，因为直言冒犯司马昭被杀。王裒终身没有向西而坐，表示自己不愿臣服晋朝。他在父亲陵墓旁的屋子里哭泣，眼泪流到树上，连树都枯死了。王裒读《诗经》读到“哀哀父母”时，哭泣不止，他的门人便再也不读《蓼莪》了。他的母亲生前害怕雷声，去世之后，每逢打雷，王裒便到母亲的坟前说：“我在这里呢。”

霹雳破倚柱　《世说》：夏侯玄尝倚柱读书，时暴雨，霹雳破所倚柱，衣服焦然，神色无变，读书如故。与《晋纪》诸葛诞事相同。

【译文】《世说新语》记载：夏侯玄曾经靠着柱子读书，时逢暴雨，霹雳将柱子劈断，连衣服都烧焦了，夏侯玄面不改色，依然读书。这件事和《晋纪》中所记载的诸葛诞之事相同。

附宝感孕　《世纪》：神农氏之末少典[①]氏娶附宝，见大电光绕北斗枢星照郊，感附宝孕，二十月生黄帝于寿丘。

【译文】《帝王世纪》记载：神农氏的后代少典娶附宝为妻，附宝看到有巨大的电光环绕天枢星，照亮郊野，感应怀孕，怀胎二十个月才在寿丘生下黄帝。

斥雷　《南唐书》：陆昭符，金陵人，开宝中为常州刺史。一日，坐厅事，雷雨猝至，电光如金蛇绕案，吏卒皆震仆，昭符神色自若，抚案叱之，雷电遽散。得铁索，重百斤，徐命举索纳库中。

【译文】《南唐书》记载：金陵人陆昭符开宝年间在常州做刺史。有一天，他坐在衙门处理政事，突然雷雨交加，电光如同金蛇一样缠绕桌案，小吏和兵卒全都被震得扑倒在地，陆昭符神色自若，手扶桌案厉声呵斥，雷电突然消失。地上出现一根铁索，重达百斤，陆昭符从容地命人把铁索收纳到仓库里。

孔子告天　孔子作《春秋》，制《孝经》，书成，告备于天，天乃洪郁起白雾摩地，赤虹自上而下，化为黄玉，长者三尺，上有刻文，孔子拜而受之。

【译文】孔子编著《春秋》，制成《孝经》，书成之后向上天报告，天上便升起一团浓密的白雾，一直垂到地面，有红色的光华从天上落下，化作一块黄玉，长三尺，上面刻有文字，孔子跪拜之后领受了它。

天投蜺　汉灵帝时，有黑气堕温德殿中，大如车盖，隆起奋迅，五色，有头，体长十余丈，形貌如龙。上问蔡邕，对曰：“所谓天投蜺也，不见足尾，

---

① 查《帝王世纪》为“少典”，另见后面词条“虹绕虹临”中说到“少昊，黄帝之子”。

不得称龙。”占曰：“天子内惑女色，外无忠臣，兵革将起。”

【译文】汉灵帝时，有黑色的气体落入温德殿中，起初只有车盖大小，之后快速隆起，变为五色，有头，长达十几丈，外貌长得和龙很像。皇帝就这件事问蔡邕，蔡邕说：“这就是所谓的‘天投蜺’，没有看到爪子和尾巴，所以不能叫它龙。”占卜之后的结果为：“天子在宫廷内被女色所迷，在外没有忠臣，马上就会有战争发生。”

英灵冈 雷州英灵冈，相传雷出于此。《国史补》：雷州春夏多雷，秋日则伏地中，其状如彘，或取而食之。又府城西南有雷公庙，每岁乡人造雷鼓雷车送入庙中，或以鱼彘同食者，立有霆震。

【译文】传说天雷就是从雷州的英灵冈出来的。《国史补》记载：雷州春夏两季多雷，秋天就会潜伏到地下，样子和猪一样，有人曾经把它抓来吃掉。另外，府城西南部有一座雷公庙，每年当地人都要制造雷鼓雷车送进庙里，如果有人将鱼肉和猪肉同吃，马上就会有雷霆出现。

感雷精 《论衡》曰：子路感雷精而生，故好事①。

【译文】《论衡》记载：子路是母亲感应雷电精气而生的，所以喜欢生事。

雷神 曹州泽中有雷神，龙身而人首，鼓其腹则鸣。《史记》：“舜渔于雷泽。”即此。

【译文】曹州的沼泽里有雷神，龙身人面，敲它的肚子就会有鸣叫声传出。《史记》记载：“舜帝在雷泽捕鱼。”说的就是这里。

占虹霓诗 彭友信以贡至京师，遇上微行，占《虹霓》诗二句云：“谁把青红线两条，和云和雨系天腰。”命友信续之，应声曰：“玉皇昨夜銮舆出，万里长空驾彩桥。”上大悦，问其籍，命翌晨候于竹桥，同入朝。友信如言，候久不至，遂入朝。上召问故，以实对。上曰：“此秀才有学有行。”遂授北平布政使。

【译文】彭友信因为被地方推选为贡生到了京城，正好碰到皇帝微服出访，随口吟出《虹霓》两句诗：“谁把青红线两条，和云和雨系天腰。”命令

① 王充《论衡》曰：“子路感雷精而生，尚刚好勇……”——编者注

彭友信为他续诗，彭友信应声吟道："玉皇昨夜銮舆出，万里长空驾彩桥。"皇帝大喜，问了他的籍贯，让他第二天清晨在竹桥等候，一起上朝。彭友信按照约定等了很长时间都没有等到皇帝，就一个人去了朝堂。皇帝召见问他原因，他以实情相告。皇帝说："这个秀才有学问，也有德行。"于是授予他北平布政使的官职。

雷神名 雷，阴阳薄动，生物者也。又黔雷，天上造化神名。电，雷光也，阴阳激耀也。霹雳，雷之急激者。闪电曰雷鞭。唐诗："雷车电作鞭。"又电神，名列缺。《思玄赋》："列缺晔其照夜。"

【译文】雷是阴阳两气激荡而产生的。另外，黔雷也是天上造物主的名字。电是雷发出的光芒，也是阴阳两气激荡所产生的。雷中最激烈的叫作"霹雳"。闪电叫作"雷鞭"。唐诗中有"雷车电作鞭"的诗句。另外，电神的名字叫列缺。《思玄赋》曰："列缺晔其照夜。"

律令 《资暇录》：律令是雷边捷鬼，善走，与雷相疾连，故符咒云："急急如律令。"

【译文】《资暇录》记载：律令是雷神身边善于行走的小鬼，行动迅疾，与雷相关联，所以念符咒的时候要说"急急如律令"。

阿香 《搜神记》：永和中，有人暮宿道旁女子家。夜半闻小儿呼："阿香！官唤汝推雷车。"忽骤雷雨。明日视宿家，乃一新冢。

【译文】《搜神记》记载：汉朝永和年间，有个人晚上投宿在路边女子家里。半夜里突然听到小孩大喊："阿香！官家让你去推雷车。"片刻之后就雷雨交加。第二天再看昨晚住的房子，原来是一座新坟。

谢仙 《国史》：祥符中，岳州玉仙观为天火所焚，惟留一柱，有"谢仙火"三字，倒书而刻之。何仙姑云："谢仙，雷部，司掌火。"

【译文】《国史》记载：北宋祥符年间，岳州的玉仙观被天火焚烧，只剩下一根柱子，有"谢仙火"三个字倒着刻在柱子上。何仙姑说："谢仙是雷神座下掌管火的神仙。"

雷震而生 陈时，雷州民陈氏获一卵，围及尺余，携归。忽一日，雷震而开，生子，有文在手，曰"雷州"。及长，名文玉，后拜本州刺史，多惠政。

没而灵异，立庙以祀。

【译文】陈朝时，雷州陈氏得到一颗蛋，周长有一尺多，将它带回家中。忽然有一天，这颗蛋被天雷震开，生出一个孩子，手上纹着“雷州”两个字。长大之后取名文玉，后来做到本州的刺史，实施了很多造福百姓的政策。去世之后还常常显灵，当地人就建庙来祭祀他。

霹雳斗　齐神武道逢雷雨，前有浮图一所，使薛孤延视之。未至三十步，震烧浮图。薛大声喝杀，绕浮图走，火遂灭。及还，须发皆焦。

【译文】北齐神武帝高欢在路上碰到雷雨，看到前面有一座寺庙，就让薛孤延前去查看。还没走三十步，寺庙突然被雷火点燃。薛孤延大声喊杀，绕着寺庙奔跑，火就熄灭了。等到他回来的时候，头发和胡须都被烧焦了。

雷同　《论语谶》：雷震百里，声相附也，谓言语之符合，如闻雷声之相同也。

【译文】《论语谶》记载：雷发出的响声震彻百里，声音到哪里都是一样的。现在用“雷同”来表示语言相同，就像听到的雷声相同一样。

冬月必雷　《隋史》：马湖府西，万岁征西南夷过此，镌“雷番山”三字于石。山中草有毒，经过头畜，必笼其口，行人亦必缄默，若或高声，虽冬月必有雷震之应。

【译文】《隋史》记载：马湖府的西面有一座山，皇帝征讨西南夷时曾经从这里经过，在山石上刻下“雷番山”三个字。山里的草有毒，牲畜从这里经过时，必须把它们的嘴笼住，行人经过时也要保持沉默，如果有人高声说话，即使是在冬天也会有雷声作为回应。

暴雷震死　商武乙无道，为偶人，谓之天神。与博不胜，而戮之[1]。为革囊盛血，仰射之，谓之射天。猎于河渭之间，暴雷震死。

【译文】商朝的君王武乙是个无道之君，他做了一个木偶，称为天神。他和木偶赌博，木偶没有赢，就把它砍了。又用皮革盛血，用弓箭仰射血囊，称为射天。后来，武乙在黄河与渭水间打猎时，被天雷劈死了。

---

① 据《史记·殷本纪》：“帝武乙无道，为偶人，谓之天神。与之博，令人为行。天神不胜，乃僇辱之。”与底本有出入。——编者注

假雷击人 《广舆记》：铅山人某，常悦东邻妇某氏，挑之，不从。值其夫寝疾，天大雷雨，乃着花衣为两翼，跃入邻家，奋铁椎杀之，仍跃而出。妇以其夫真遭雷击也。服除，其人遣媒求娶。妇因改适，伉俪甚笃。一日，妇检箱箧，得所谓花衣两翼者，怪其异制。其人笑曰："当年若非此衣，安得汝为妻！"因叙事始末。妇亦佯笑。俟其出，抱衣诉官，论绞。绞之日，雷大发，身首异处，若肢裂者。

【译文】《广舆记》记载：铅山有个人，平常喜欢东面邻家的妻子某氏，于是前去挑逗，妇人不从。当时正好妇人的丈夫卧病在床，天上下了很大的雷雨，这人就穿着花衣服作为翅膀，从墙上跳到邻居家，用铁锥杀了妇人的丈夫，之后仍跳跃而出。妇人以为自己的丈夫真的被雷劈了。服丧的日子过去之后，那人便遣媒人前去提亲。妇人就改嫁于他，夫妻感情很好。有一天，妇人翻检箱子，发现了那件像翅膀的花衣服，好奇丈夫做了这件奇怪的东西。丈夫笑着说："当年要不是这件衣服，哪里能娶你为妻啊！"于是就把那件事的经过告诉了妇人。妇人假装笑意。等到丈夫出门后，她便抱着衣服去衙门告官，其夫被判了绞刑。行刑那天，天上雷声大震，此人身首异处，好像被肢解了一样。

虹霓 虹，蝃蝀也。阴气起而阳气不应则为虹。又音绛，亦螮蝀也。《诗经》："蝃蝀在东。"霓，屈虹也。《说文》：阴气也。通作"蜺"。《天文志》："抱珥虹蜺。"一云雄曰虹，雌曰霓。沈约《郊居赋》："雌霓连蜷。"《西京赋》："直螮蝀以高居。"又朝西暮东，东晴西雨。

【译文】虹就是"蝃蝀"，阴气升起，阳气没有顺合就成了虹。又称"绛"，也叫"螮蝀"。《诗经》中有"蝃蝀在东"的诗句。霓就是弯曲的虹。《说文》中它是阴气，通"蜺"。《天文志》中则有"抱珥虹蜺"的说法。有一种说法认为雄的叫"虹"，雌的叫"霓"。沈约《郊居赋》中有"雌霓连蜷"的句子，《西京赋》中有"直螮蝀以高居"的句子。另外，霓虹早晨在西边出现，日暮后则在东边出现，在东边时为晴天，在西边时则会下雨。

虹绕虹临 《通鉴》：太昊之母履巨人迹，意有动，虹且绕之，因娠而生帝于成纪。少昊，黄帝之子，母曰嫘祖，感大星如虹，下临华渚之祥而生。

【译文】《资治通鉴》记载：太昊的母亲踩巨人的足迹之后，心中一动，有彩虹围绕着她，因此怀孕，后来在成纪生下太昊。少昊是黄帝的儿子，他的母亲叫"嫘祖"，也是感应到像彩虹一样巨大的星星降临到华渚的祥瑞，生下了少昊。

雪 霜

雪神、霜神 雪神名滕六，霜神名青女。

【译文】雪神名叫滕六，霜神名叫青女。

滕六降雪 唐萧志忠为晋州刺史，欲出猎。有樵者见群兽，哀请于九冥使者（山神）。使者曰："若令滕六降雪，巽二起风，则使君不出矣。"天未明，风雪大作，萧果不出。

【译文】唐代时，萧志忠在晋州做刺史，想要出去打猎。一个樵夫在山上看到一群野兽正在哀求九冥使者（山神）。山神对它们说："如果能让滕六降一场雪，巽二刮起一场风，刺史大人就不会出来打猎了。"第二天天还没亮，突然风雪大作，萧志忠果然没有出去。

霙 《韩诗外传》："凡草木花多五出，雪花独六出。阴极之数，立春则五出矣。雪花曰霙。"

【译文】《韩诗外传》记载："大部分草木开出的花都有五个花瓣，只有雪花有六个花瓣。所以六是阴气最盛的数字，立春之后五瓣的雪花就出现了。雪花也叫'霙'。"

柳絮因风 晋谢太傅大雪家宴，子女侍坐。公曰："白雪纷纷何所似？"兄子朗曰："撒盐空中差可拟。"兄女道韫曰："不若柳絮因风起。"公大称赏。

【译文】晋朝太傅谢安在大雪天摆家宴，家中子女都在旁陪坐。谢安说："白雪纷纷扬扬像什么呢？"兄长的儿子谢朗说："跟把盐撒在空中差不多吧。"兄长的女儿谢道韫说："不如说像被风吹舞的柳絮。"谢安大加赞赏。

雪水烹茶 宋陶穀得党家姬，遇雪，取雪水烹茶，谓姬曰："党家亦知此味否？"姬曰："彼武夫安有此？但知于锦帐中饮羊羔酒耳。"公为一笑。

【译文】宋代陶穀得了一个太尉党进家的丫鬟，时逢雪天，陶穀取雪水煮茶，对丫鬟说："党太尉也知道这种味道吗？"丫鬟说："他一介武夫，哪里懂这些？只知道在锦帐里喝羊羔酒而已。"陶穀为之一笑。

欲仙去　越人王冕，当天大雪，赤脚登炉峰，四顾大呼曰："天地皆白玉合成，使人心胆澄澈，便欲仙去！"

【译文】越地有个叫王冕的人，在大雪天里光脚登上香炉峰，四处眺望大喊："天地都是白玉做成的，使人心中一片清明，想要飞仙而去！"

剡溪雪　王子猷居山阴，于雪夜棹小舟往剡溪访戴安道，未到门而返。仆问之，答曰："乘兴而来，兴尽而返，何必见戴？"

【译文】王徽之（字子猷）住在山阴时，在雪夜里驾小舟前往剡溪拜访戴安道，还没到门口就返回了。仆人问他缘由，他答道："乘着兴致而来，尽兴之后返回，何必非要见到戴安道呢？"

卧雪　袁安遇大雪，闭门僵卧。洛阳令行部，见民家皆除雪出。至安门，无行迹。疑安已死，急令人除雪入户，见安僵卧。问安何以不出。安曰："大雪人皆饿，不宜干人。"令贤之，举为孝廉。

【译文】袁安遇到大雪天时，关闭大门，僵卧在床上。洛阳令巡查属地时，见到百姓都出门扫雪了。到袁安门前时，没有看到活动的迹象。他怀疑袁安已经死了，马上命人扫去积雪，进入大门之后，看到袁安僵卧在床，就问他为什么不出去，袁安说："大雪天大家都很饿，我不想去打扰别人。"洛阳令认为他很贤明，便推荐他为孝廉。

嚼梅咽雪　铁脚道人，尝爱赤脚走雪中，兴发则朗诵《南华·秋水篇》，嚼梅花满口，和雪咽之，曰："吾欲寒香沁入心骨。"

【译文】铁脚道人经常喜欢光着脚走在雪中，兴致勃发时就会朗诵《南华·秋水篇》，嚼着满口的梅花，就着雪一起咽到肚子里说："我想让雪的寒意和梅花的香气渗入心骨。"

神仙中人　晋王恭尝披鹤氅涉雪而行，孟旭见之，曰："此真神仙中人也。"

【译文】晋代王恭曾经披着鹤氅在雪中行走，孟旭见了之后说："这真是神仙中人啊。”

大雪践约　环州蕃部奴讹者，素倔强，未尝出谒郡守。闻种世衡至，出迎。世衡约明日造其帐。是夕大雪，深三尺。左右曰：“地险不可往！”世衡曰：“吾方结诸羌以信，讵可失期？”遂缘险而入。奴讹讶曰：“公乃不疑我耶！”率部落罗拜听命。

【译文】环州有个羌人部落，族长名叫奴讹，向来倔强，从来没有拜见过郡守。他听说种世衡来了，便主动出去迎接。种世衡和他约定第二天去他帐里拜访。到了这一天夜里，天降大雪，深达三尺。身边的人对种世衡说：“路上危险不能去啊！”种世衡说：“我刚要用信义来团结羌人，怎么能够失信于人呢？”于是涉险而去。奴讹惊讶地说：“您竟然不怀疑我！”当下便率领部落众人围着种世衡叩拜表示听命。

雪夜入蔡州　李愬乘雪夜入蔡州，搅乱鹅鸭池，及军声达于吴元济卧榻，仓卒惊起，围而擒之。

【译文】李愬趁着雪夜攻入蔡州，惊扰池子里的鹅和鸭子乱叫，等军队的声音传到吴元济的床边时，他才受惊仓促起身，却被士兵们包围抓住了。

踏雪寻梅　郑綮情怀旷达，常冒雪骑驴寻梅，曰：“吾诗思在灞桥风雪中驴背上。”

【译文】郑綮情怀开朗豁达，曾经冒雪骑驴寻找梅花，还说：“我的诗思在灞桥风雪中的驴背上。”

雪　《大戴经》云：天地积阴，寒则为雪。《汜胜之书》：雪为五谷之精。又云“冬雪兆丰年”。故冬雪为瑞雪。诗有“宜瑞不宜多”之句。

【译文】《大戴经》记载：天地间阴气聚积，天气寒冷时就成了雪。《汜胜之书》记载：雪是五谷的精华。又说“冬雪兆丰年”。因此冬雪也叫“瑞雪”。诗中有“宜瑞不宜多”的句子。

啮雪咽毡　苏武持节使匈奴。幽武大窖中，啮雪咽毡，数日不死，匈奴神之。

【译文】苏武拿着汉朝的使节出使匈奴，被匈奴人幽禁在地窖中，吃雪解渴，咽毡充饥，几天都没有死，匈奴人以为他是神人。

映雪读书 孙康家贫，好学，尝于冬夜映雪读书。

【译文】孙康家里很穷，却喜欢学习，曾经在冬天夜里映着雪光读书。

雪夜幸普家 宋太祖数微行过功臣家。一日大雪，伺夜，普意太祖不出。久之，闻叩门声，普亟出，太祖立风雪中。

【译文】宋太祖曾多次微服造访功臣家里。有一天下大雪，等到夜里，赵普想着太祖应该不会出宫。过了很久，突然听到一阵敲门声，赵普赶紧出来看，只见宋太祖站在风雪之中。

霜 露之所结也。《大戴礼》云：霜露阴阳之气，阴气盛则凝而为霜。《易》曰：履霜，坚冰至。《诗》："岐节贯秋霜。"

【译文】霜是露水结成的。《大戴礼》记载：霜和露水都是阴阳之气，阴气旺盛时，露水就会凝结为霜。《易经》记载：脚下踩着霜，想到结冰的日子就要到来了。《诗经》也有"岐节贯秋霜"的句子。

五月降霜 《白帖》：邹衍事燕惠王，尽忠。左右谮之，王系之狱。衍仰天而哭，五月为之降霜。

【译文】《白氏六帖》记载：邹衍侍奉燕惠王十分忠心，却被燕惠王左右的人诬陷入狱。邹衍仰天大哭，五月里居然降下寒霜。

露 雾 冰

露 露一名天乳，一名天酒。

【译文】露又称天乳、天酒。

花露 杨太真每宿酒初消，多苦肺热。凌晨，至后苑，傍花口吸花露以润肺。

【译文】杨贵妃每次宿醉的酒意刚刚消除，总是被肺热所苦。凌晨时分，她总要到后花园，在花旁吸吮花露来润肺。

仙人掌露 汉武帝建柏梁台，高五十丈，以铜柱置仙人掌，擎玉盘，以承云表之露，和玉屑服之，以求仙也。

【译文】汉武帝曾经建造了一座柏梁台，高度有五十丈，在铜柱上放置了仙人的手掌，仙人的手掌上放着一个玉盘，用来承接云层表面的露水，将露水和玉石的碎屑混合在一起服食，希望用这种方式成仙。

露 夜气着物为露。《玉篇》曰：“天之津液，下所润万物也。”

【译文】夜晚的气附着在物体上就会成为露水。《玉篇》记载：“天上的津液，降到人间可以润泽万物。”

雾 地气上天不应也。《元命苞》曰：“阴阳乱为雾，气蒙冒覆地之物。”

【译文】地上的阴气想要升到天上，却没有成功，就变成了雾。《春秋元命苞》记载：“阴气和阳气相混成为雾，雾气能够遮蔽覆盖在大地上的物体。”

冰 冬水所结。天寒地冻，则水凝结而坚也。

【译文】冰是冬天的水凝结形成的。天寒地冻，水就会凝结而变得坚固。

甘露 梁绍，贵县人，以孝名，有甘露着松树上。后为广东提刑干官[①]。苏轼询知状，为署其斋曰“甘露”，林曰“瑞松”，其读书处曰“薰风”。

【译文】贵县人梁绍因为孝道而闻名，有甘露附着在他家里的松树上。后来梁绍做了广东的提刑干官。苏轼询问得知他的状况，就为他居住的地方题名“甘露”，松林题名“瑞松”，读书的地方题名“薰风”。

作十里雾 神农氏世衰，诸侯相侵伐，炎帝榆罔弗能征。轩辕修德治兵，以征不享。与蚩尤战于涿鹿，蚩尤作雾十里，以迷轩辕，乃以指南车擒杀之。

【译文】神农氏后期逐渐衰落，诸侯之间互相征伐，最后一任炎帝榆罔没有能力征讨。黄帝轩辕氏修养道德、治理兵戈，用来征伐不来朝拜的诸侯。后来，他和蚩尤在涿鹿大战，蚩尤用法术起十里的大雾，想要把黄帝困在里面，黄帝用指南车走出大雾，擒获蚩尤并杀了他。

---

① 此段作者语焉不详。据元代佚名《氏族大全》卷九“十阴·下·梁”：“……梁绍，仕宋为广东提干，事母孝，母病，挂冠归。及卒，庐墓，手植松柏，号碧林亭。甘露降，芝草生。东坡在海外，闻其孝节，往见之，易其亭曰甘露亭，松曰瑞松，皆为亲题。”

伐冰之家 卿大夫以上丧祭，用冰者也。

【译文】卿大夫以上的家族在丧葬和祭祀时使用冰，所以叫作伐冰之家。

冰人冰泮 晋令狐策梦立冰上，与冰下人语。索占之，曰："为阳语阴，媒介事也。当为人作媒，冰泮成婚。"后太守田豹为子求张嘉贞女，使策为媒，果于仲春成婚。故今称媒人亦曰冰人。《诗经》曰："迨其冰泮。"

【译文】晋代令狐策梦到自己站在冰上，和冰下面的人说话。请人占卜，占卜之人告诉他："阳间的人和阴间的人说话，这是媒介之类的事情。当是你要为人做媒，在冰开始融化的时候就会成婚。"后来太守田豹为自己的儿子求娶张嘉贞的女儿，让令狐策做媒，果然在农历二月成婚。所以现在的人也把媒人叫作冰人。《诗经》中说的"迨其冰泮"也是这个意思。

冰生于水 《荀子》："冰生于水而寒于水。"比后进之过于先生也。

【译文】《荀子》中说："冰是由水生成的却比水更加寒冷。"这句话用来比喻后进之人超过了自己的老师。

冰山 唐杨国忠为右相，或劝陕郡进士张彖谒国忠，曰："见之，富贵立可图。"彖曰："君辈倚杨右相若泰山，吾以为冰山耳。若皎日既出，君辈得无失所恃乎？"遂隐居嵩山。

【译文】唐玄宗时期，杨国忠任右丞相，有人劝陕郡进士张彖去拜访杨国忠，并且告诉他："只要拜见右相，马上就能得到荣华富贵。"张彖说："你们依仗杨右相，就像依靠泰山一样，我却觉得他像一座冰山。如果有一天太阳出来，你们不就失去依靠了吗？"于是便隐居到了嵩山。

冰柱 明正德十年，文安县，一日河水忽僵立，风色甚寒，冻结为柱，高围俱五丈，中空而旁穴。数日，流贼过县，乡民走入穴中避之，赖以保全者，何啻百万！

【译文】明代正德十年（1515年），文安县有一天河水突然直直地立了起来，紧接着刮起了大风，河水被冻成了冰柱，高和周长都有五丈，中间是空的，旁边还有很多洞穴。几天后，流窜的盗贼经过文安县，百姓们都逃到洞穴中避难，靠这种方法保全性命的何止百万人！

时令

律吕 六律属阳，十一月黄钟，正月太蔟，三月姑洗，五月蕤宾，七月夷则，九月无射；六吕属阴，十二月大吕，二月夹钟，四月仲吕，六月林钟，八月南吕，十月应钟。

【译文】六律属阳，十一月是“黄钟”，正月是“太蔟”，三月是“姑洗”，五月是“蕤宾”，七月是“夷则”，九月是“无射”；六吕属阴，十二月是“大吕”，二月是“夹钟”，四月是“仲吕”，六月是“林钟”，八月是“南宫”，十月是“应钟”。

十干 甲曰阏逢，乙曰旃蒙，丙曰柔兆，丁曰强圉，戊曰著雍，己曰屠维，庚曰上章，辛曰重光，壬曰玄黓，癸曰昭阳。

【译文】甲叫作“阏逢”，乙叫作“旃蒙”，丙叫作“柔兆”，丁叫作“强圉”，戊叫作“著雍”，己叫作“屠维”，庚叫作“上章”，辛叫作“重光”，壬叫作“玄黓”，癸叫作“昭阳”。

十二支 子曰困敦，丑曰赤奋，寅曰摄提，卯曰单阏，辰曰执徐，巳曰大荒落，午曰敦牂，未曰协洽，申曰涒滩，酉曰作噩，戌曰阉茂，亥曰大渊献。

【译文】子叫作“困敦”，丑叫作“赤奋”，寅叫作“摄提”，卯叫作“单阏”，辰叫作“执徐”，巳叫作“大荒落”，午叫作“敦牂”，未叫作“协洽”，申叫作“涒滩”，酉叫作“作噩”，戌叫作“阉茂”，亥叫作“大渊献”。

十二肖 子鼠无胆，丑牛无上齿，寅虎无颈，卯兔无唇，辰龙无耳，巳蛇无足，午马无下齿，未羊无瞳，申猴无脾，酉鸡无外肾，戌狗无胃，亥猪无筋。鼠前四爪、后五爪，虎五爪，龙五爪，马单蹄，猴五爪，狗五爪，故属阳。牛两爪，兔缺唇，蛇双舌，羊分蹄、四爪，鸡四爪，猪四爪，故属阴。

【译文】子鼠没有胆，丑牛没有上边的牙齿，寅虎没有脖颈，卯兔没有嘴唇，辰龙没有耳朵，巳蛇没有足，午马没有下面的牙齿，未羊没有瞳孔，申猴没有脾脏，酉鸡没有外肾，戌狗没有胃，亥猪没有筋。老鼠前足有四爪、后足有五爪，虎有五爪，龙有五爪，马蹄是单瓣的，猴有五爪，狗有五爪，所以属阳。牛有两爪，兔子缺少嘴唇，蛇的舌头分叉，羊的蹄子是双瓣的，有四个，鸡有四爪，猪有四爪，所以属阴。

十二月名 三春曰陬月、如月、宿月。三夏曰余月、皋月、旦月。三秋曰相月、壮月、玄月。三冬曰阳月、辜月、涂月。

【译文】春天的三个月分别叫作“陬月”“如月”和“宿月”。夏天的三个月分别叫作“余月”“皋月”和“旦月”。秋天的三个月分别叫作“相月”“壮月”和“玄月”。冬天的三个月分别叫作“阳月”“辜月”和“涂月”。

节水 正月解冻水，二月白苹水，三月桃花水，四月瓜蔓水，五月麦黄水，六月山矾水，七月豆花水，八月荻苗水，九月霜降水，十月复槽水，十一月走凌水，十二月感凌水。

【译文】正月的水叫“解冻水”，二月的水叫“白苹水”，三月的水叫“桃花水”，四月的水叫“瓜蔓水”，五月的水叫“麦黄水”，六月的水叫“山矾水”，七月的水叫“豆花水”，八月的水叫“荻苗水”，九月的水叫“霜降水”，十月的水叫“复槽水”，十一月的水叫“走凌水”，十二月的水叫“感凌水”。

二十四节 伏羲始立八节；周公始定二十四节，以合二十四气。

【译文】伏羲开始创立了八个节气；到周公时制定了二十四节，用来适应二十四气。

节气 立春正月节，雨水正月中；惊蛰二月节，春分二月中；清明三月节，谷雨三月中；立夏四月节，小满四月中；芒种五月节，夏至五月中；小暑六月节，大暑六月中；立秋七月节，处暑七月中；白露八月节，秋分八月中；寒露九月节，霜降九月中；立冬十月节，小雪十月中；大雪十一月节，冬至十一月中；小寒十二月节，大寒十二月中。

【译文】立春是正月节，雨水是正月中；惊蛰是二月节，春分是二月中；清明是三月节，谷雨是三月中；立夏是四月节，小满是四月中；芒种是五月节，夏至是五月中；小暑是六月节，大暑是六月中；立秋是七月节，处暑是七月中；白露是八月节，秋分是八月中；寒露是九月节，霜降是九月中；立冬是十月节，小雪是十月中；大雪是十一月节，冬至是十一月中；小寒是十二月节，大寒是十二月中。

改岁　唐虞纪岁曰载，夏改载曰岁，商改岁曰祀，周改祀曰年，秦改年曰遂。

【译文】唐尧和虞舜时纪年叫“载”，夏代改“载”为“岁”，商代改“岁”为“祀”，周代改“祀”为“年”，秦代改“年”为“遂”。

百六阳九　《律历志》：凡四千六百一十七岁为一元。一元之中有上元、中元、下元。九度，阳厄五、阴厄四。初入元，百六岁有阳厄，故曰百六阳九。

【译文】《汉书·律历志》记载：总计四千六百一十七年为一元。一元中有上元、中元和下元。一元中有九次大灾难，其中阳灾五次，阴灾四次。刚进入一元时，一百零六年有一次阳灾，所以叫作“百六阳九”。

甲子　尧元年至万历元年癸酉，三千九百六十二年，六十七甲子。

【译文】从尧帝元年到明代万历元年（1573年）癸酉，共计三千九百六十二年，六十七个甲子。

上元　洪武十七年甲子为中元，正统九年甲子为下元，弘治十七年甲子为上元，嘉靖四十三年甲子为中元，天启四年甲子为下元。

【译文】明代洪武十七年（1384年）甲子为中元，正统九年（1444年）甲子为下元。弘治十七年（1504年）甲子为上元，嘉靖四十三年（1564年）甲子为中元，天启四年（1624年）甲子为下元。

浃旬浃辰　十日则天干一周，故曰浃旬。十二日则地支一周，故曰浃辰。

【译文】用干支纪日时，每过十天天干就循环一次，所以叫作“浃旬”。十二天地支循环一次，所以叫作“浃辰”。

三余　谓冬者岁之余，夜者日之余，雨者月[①]之余。魏董遇以三余读书。

【译文】冬天是一年的剩余，夜晚是白天的剩余，雨天是月的剩余。三国时期魏国的董遇就是用“三余”的时间读书。

丙夜　五夜即五更，分甲乙丙丁戊也。故三更谓之丙夜。

【译文】五夜就是五更，分为甲、乙、丙、丁、戊。所以三更叫作

---

① 此处“月”依《三国志·王肃传注》应为“时”。——编者注

“丙夜”。

月忌　俗以初五、十四、廿三为月忌，盖三日乃河图数之中宫五数也。五为君象，故庶民不敢用之。

【译文】民间习俗把每月的初五、十四和二十三作为月忌，大概是因为这三天是河图数里面五黄占据中宫的日子。五是君王的象征，所以庶民不敢使用。

闰月　冬至后余一日，则闰正月；余二日，则闰二月；余十二日，则闰十二月；若十三日，则不闰矣。

【译文】冬至日至月底如果还剩下一天，第二年就会闰正月；如果剩下两天，第二年就会闰二月；如果剩下十二天，第二年就会闰十二月；如果剩下十三天，就不会出现闰月了。

四离四绝　春分、秋分、冬至、夏至前一日，谓之四离。立春、立夏、立秋、立冬前一日，谓之四绝。

【译文】春分、秋分、冬至和夏至的前一天，合称“四离”。立春、立夏、立秋和立冬的前一天，合称“四绝”。

大往亡　立春后六日，惊蛰后十三日，清明后二十日，立夏后七日，芒种后十五日，小暑后二十三日，立秋后八日，白露后十七日，寒露后二十三日，立冬后九日，大雪后十九日，小寒后二十六日，谓往亡。

【译文】立春后第六天，惊蛰后第十三天，清明后第二十天，立夏后第七天，芒种后第十五天，小暑后第二十三天，立秋后第八天，白露后第十七天，寒露后第二十三天，立冬后第九天，大雪后第十九天，小寒后第二十六天，叫作“往亡”（即不吉利的日子）。

百忌日　甲不开仓，乙不栽植，丙不修灶，丁不剃头，戊不受田，己不破券，庚不经络，辛不合酱，壬不决水，癸不词讼。子不问卜，丑不冠带，寅不祭祀，卯不穿井，辰不哭泣，巳不远行，午不苫盖，未不服药，申不安床，酉不会客，戌不吃狗，亥不嫁娶。

【译文】逢甲的日子不开仓，逢乙的日子不栽植物，逢丙的日子不修炉灶，逢丁的日子不剃头，逢戊的日子不买卖田地，逢己的日子不花钱，逢庚的日子不看病，逢辛的日子不做酱，逢壬的日子不开闸放水，逢癸的日子不诉讼。逢子的日子不占卜问卦，逢丑的日子不戴帽子，逢寅的日子不祭祀，逢卯的日子不打井，逢辰的日子不哭泣，逢巳的日子不远行，逢午的日子不修建房屋，逢未的日子不吃药，逢申的日子不安放床位，逢酉的日子不会客，逢戌的日子不吃狗肉，逢亥的日子不嫁娶。

改火　燧人掌火。春取榆柳之火，夏取枣杏之火，秋取柞楢之火，冬取槐檀之火。

【译文】燧人氏掌管火。春天用榆木和柳木取火，夏天用枣木和杏木取火，秋天用柞木和楢木取火，冬天用槐木和檀木取火。

五行分旺　东方乘震而司春，其帝太皞，其神句芒，其日甲乙。甲乙属木，木旺于春，其色青，故春曰青帝。南方居离而司夏，其帝炎帝，其神祝融，其日丙丁。丙丁属火，火旺于夏，其色赤，故夏曰赤帝。西方当兑而司秋，其帝少皞，其神蓐收，其日庚辛。庚辛属金，金旺于秋，其色白，故秋曰白帝。北方乘坎而司冬，其帝颛顼，其神玄冥，其日壬癸。壬癸属水，水旺于冬，其色黑，故冬曰黑帝。中央属土，黄帝乘权，其日为戊己。戊己属土，土旺于四时，其色黄。

【译文】东方处在八卦中震卦的位置，掌管春天，东方天帝是太皞伏羲氏，天神是句芒，春天在天干中属于甲乙。甲乙五行属木，木在春天比较旺盛，颜色为青色，所以春帝太皞也叫作“青帝”。南方处在离卦的位置，掌管夏天，南方天帝是炎帝神农氏，天神是祝融，夏天在天干中属于丙丁。丙丁五行属火，火在夏天比较旺盛，颜色为赤红色，所以夏帝也叫“赤帝”。西方在兑卦的位置上，掌管秋天，西方天帝是少皞青阳氏，天神是蓐收，秋天在天干中属于庚辛。庚辛五行属金，金在秋天比较旺盛，颜色为白色，所以秋帝也叫“白帝”。北方处在坎卦的位置上，掌管冬天，北方天帝是颛顼高阳氏，天神是玄冥，冬天在天干中属于壬癸。壬癸五行属水，水在冬天比较旺盛，颜色为黑色，所以冬帝也叫“黑帝”。中央五行属土，是黄帝掌管的地方，在天干中属于戊己。戊己五行属土，土在四个季节都比较旺盛，颜色是黄色。

天时长短　每年小满后，累日而进，积三十日为夏至，而一阴生，天时渐短。小寒后累日而进，积三十日为冬至，而一阳生，日晷初长。《周礼》注：

冬至日在牵牛，景长一丈二尺，夏至日在东井，景长五寸。

【译文】每年小满过后，连日向前，累计三十天后就是夏至，这时就会生出一阴，白天的时间就慢慢缩短了。小寒过后连日向前，累计三十天就是冬至，这时就会生出一阳，白天开始一天比一天长。《周礼》注记载：冬至日太阳在牵牛宿，影子长一丈二尺，夏至日太阳在东井宿，影子长五寸。

玉烛　《尔雅》：“四时和谓之玉烛。”谓言道光照也。

【译文】《尔雅》记载：“四时之气和畅叫作‘玉烛’。”这是说就像玉烛的光芒照耀一样。

月分三浣　上旬曰上浣，中旬曰中浣，下旬曰下浣。浣，沐浴也。古制：朝臣十日一给假，一月三给，为浣沐之期。

【译文】每月上旬叫作“上浣”，中旬叫作“中浣”，下旬叫作“下浣”。浣是沐浴的意思。古代的制度：朝臣每十天给一次假期，一个月给三次假期，这是用来沐浴的日子。

朝三暮四　《庄子》：狙公养狙，曰：“与若芧栗[①]也，朝三暮四。”众狙皆怒。又曰：“朝四暮三。”众狙皆喜。

【译文】《庄子》记载：狙公养了很多猕猴，有一天狙公对它们说：“早上给你们三个芧栗，晚上给你们四个吧。”猴子们全都很愤怒。狙公又说：“那就早上四个，晚上三个吧。”众猴全都大喜。

寒岁燠年　东周懦弱，政失之舒，故衰周无寒岁。嬴氏凶残，政失之急，故暴秦无燠年。

【译文】东周比较懦弱，政治的缺点是太过宽松，所以衰落之后的周朝没有寒冷的年岁。秦始皇嬴政十分凶残，政治上的缺点是太过严苛，所以残暴的秦朝没有温暖的年岁。

当惜分阴　《晋书》：陶侃曰：“大禹圣人，乃惜寸阴。至于凡人，当惜分阴，无使日月其除也。”

【译文】《晋书》记载：陶侃说：“大禹是圣人，尚且珍惜每一寸光阴。到了凡人这里，就应该珍惜每一分光阴，不能让时间白白流逝。”

---

① “芧栗”依《梦溪笔谈》应为“茅栗”。——编者注

春

邹律回春　刘向《别录》：燕有寒谷，黍稷不生，邹衍吹律，暖气乃至，草木皆生。

【译文】刘向《别录》记载：燕地有寒谷，黍和稷都无法生长，后来邹衍在那里吹奏律管，才慢慢生出暖气，草木都开始生长。

端月　《索隐》曰："秦二世二年正月，以避秦始皇讳，改名端月，至汉始易。"

【译文】《索隐》中记载："秦二世二年（前208年）正月，为了避秦始皇名字中'政'字的讳，把正月改名为端月，到汉朝才改回来。"

春盘　楚俗立春日，门贴宜春字。唐人立春日作春饼、生菜，号春盘。

【译文】楚地的风俗，每到立春那天，门上都要贴"宜春"二字。唐代人在立春那天要制作春饼、生菜，叫作"春盘"。

元日　伏羲置元日。汉武置岁元、月元、时元。

【译文】伏羲设立元日。汉武帝设置岁元、月元和时元。

贺正　汉高祖十月定秦，遂为岁首。七年，长乐宫成，制群臣朝贺仪，改用夏正。建寅之月，则元日贺，始高祖。

【译文】汉高祖十月灭秦，于是把十月作为一年的开始。汉高祖七年，长乐宫建成，制定了群臣参拜皇帝的仪式，改用夏历。正月初一贺岁是从汉高祖开始的。

元日至八日　东方朔占曰：正月元日至八日，一鸡，二犬，三豕，四羊，五马，六牛，七人，八谷。其日晴明，主所生之物繁衍，阴雨则夭折。

【译文】东方朔占卜说：正月初一至正月初八，第一天代表鸡，第二天代表狗，第三天代表猪，第四天代表羊，第五天代表马，第六天代表牛，第七天代表人，第八天代表谷物。如果那一天天气晴朗，预示着代表那一天的生物就会繁衍生息；如果那一天天阴下雨，预示着代表那一天的生物就会夭折。

人日　宋富郑公于正月七日朝见，真宗劳之曰："今日卿至，可谓人日。"

【译文】宋代郑国公富弼在正月初七朝见皇帝，宋真宗慰劳他说："今天爱卿来了，所以今天可以说是'人日'了。"

天庆节 宋真宗以正月三日为天庆节。

【译文】宋真宗把每年的正月初三定为"天庆节"。

赠华胜 晋，人日造华胜相遗，剪彩缕金插鬓。

【译文】晋代时，人们会在人日制作女子用的花形首饰"华胜"相互赠送，剪下彩色丝线，和金丝一起插在鬓角上。

悬羊磔鸡 元旦县官悬羊头于门，又磔鸡覆之。草木萌动，羊啮百草，鸡啄五谷，杀之以助生气也。

【译文】元旦时县官会把羊头挂在门上，再剁一些鸡肉覆盖在上面。春天草木发芽，而羊吃百草，鸡吃五谷，所以要杀羊和鸡来助长草木的生机。

桃符 黄帝于元旦立桃板，门上画神荼、郁垒。尧时献重明鸟如鸡，国人利宝鸡。户上悬苇索，插符。三代异尚：夏插茭苇，即今插芝麻秸；殷螺首以谨闭塞也，一名椒图；周桃梗。

【译文】黄帝在元旦这一天会立起桃板，门上画神荼和郁垒两位门神。尧帝时有人进献重明鸟，样子和鸡长得很像，国人都很喜欢它，认为它是宝鸡。当时的人还会在门上悬挂芦苇编成的绳索，上面插上符。夏、商、周三代的风尚又有不同：夏朝插茭苇，就是现在的芝麻秸秆；商朝把螺首（龙子椒图的头像）装饰在门上，用来严守门户，也叫"椒图"；周朝则使用桃枝。

屠苏酒 屠苏，庵名。汉时有人居草庵造酒，除夕以药囊浸酒中，辟除百病，故元旦饮之。其饮法：先少者，后老者。以少者得岁，故先之；老者失岁，故后之。

【译文】屠苏是草庵的名字。汉代时，有人居住在这座草庵里造酒，除夕时就把药囊浸泡在酒里，可以祛除百病，所以要在元旦喝。屠苏酒的喝法是：年轻人在前，老人在后。因为年轻人又长大了一岁，所以先喝；老人又失去了一岁，所以后喝。

椒觞 元日取椒置酒中饮之，谓之椒觞。以椒为玉衡星精，服之令人却老。

【译文】正月初一那天把椒放在酒中来喝，叫作“椒觞”。因为椒是玉衡星精，喝了之后可以让人不老。

迎春 周制迎春。唐中宗制迎春彩花。

【译文】周代创制了迎春仪式。唐中宗创制了迎春仪式上使用的彩花。

五辛盘 元日取五木煎汤沐浴，令人至老发黑。道家谓青木香为五香，亦云五木。庾诗：“聊倾柏叶酒，试奠五辛盘。”

【译文】正月初一这天用五木煮水沐浴，可以让人的头发到老都保持黑色。道家把青木香叫作五香，也叫五木。南朝梁代的庾信在诗里写道：“聊倾柏叶酒，试奠五辛盘。”

火城 元日晓漏前，宰州三司金吾以桦烛数百炬，拥马前后如城，谓之火城。

【译文】正月初一天亮之前，治理各州的三司衙门和金吾军要点燃数百支用桦木皮做成的蜡烛，簇拥着太守进入城中，叫作“火城”。

元夕放灯 以正月十五天官生日放天灯，七月十五水官生日放河灯，十月十五地官生日放街灯。宋太宗淳化元年六月丙午诏，罢中元、下元两夜灯。

【译文】因为正月十五这天是天官的生日，所以要放天灯；七月十五是水官的生日，所以要放河灯；十月十五是地官的生日，所以要放街灯。宋太宗在淳化元年（990年）六月丙午日下诏，废除了中元和下元两夜的放灯活动。

买灯 上元张灯，止三夜，其十七、十八始于钱镠王入贡疏买两夜灯。乾德五年正月有诏：“上元张灯，旧止三夜。朝廷无事，区宇乂安，方当年谷之丰登，宜纵士民之行乐。其令开封府更放十七、十八两夜灯。”

【译文】上元节张挂彩灯原本只有三夜，正月十七、正月十八继续张灯始于钱镠王，他曾经向皇帝进献贡疏买两夜的张灯权。乾德五年（967年）正月，赵匡胤下诏说：“上元节张灯，原来只有三夜。现在朝廷无事，国家安宁，加上五谷丰登，应该让士民们好好行乐。命令开封府增加正月十七和正月十八两夜张灯。”

广陵灯 唐玄宗元夕与天师叶靖能登虹桥，往广陵看灯。士女望见，以为神仙。帝敕伶人奏《霓裳曲》。数日后，广陵果奏其事。

【译文】唐玄宗在正月十五夜里和天师叶靖能登上彩虹桥，前往广陵城看灯。百姓远远望见，都以为是神仙。唐玄宗就命令伶人弹奏《霓裳曲》。几天后，广陵官员果然奏报了这件事。

踏歌入云 唐睿宗于安福门外作灯树，高二十丈，宫女千数，并长安少妇千余人，衣锦绣，于灯轮下踏歌三日，令朝士作歌，以纪其胜。歌中有“踏歌声调入云中”之句。

【译文】唐睿宗在安福门外制作了一棵灯树，高度足有二十丈，他命令一千多名宫女，加上长安城里的一千多名少妇，穿着锦绣华服，一起在灯轮下载歌载舞，又命令朝中的文士作诗来记载这一盛况。歌中有“踏歌声调入云中”这样的句子。

金吾不禁 《西京杂记》：“西都京城街衢，有执金吾晓夜传呼，以禁止夜行，惟正月十五敕金吾弛禁，前后各一日，谓之放夜。”

【译文】《西京杂记》记载：“西都长安城的街道中，每天都有执金吾日夜宣告，来禁止人们晚上出行，只有正月十五晚上，皇帝才会命令金吾放松禁令，前后各一天，叫作‘放夜’。”

刚卯[①] 正月卯日，佩刚卯辟邪。唐制：正月下旬送穷，晦日湔裳。

【译文】正月的卯日，要在衣服上佩戴刚卯来辟邪。按照唐朝的制度，正月下旬送穷神，最后一天洗衣服。

卜紫姑 紫姑，人家侍妾，为大妇所杀，置之厕中。后人作其形于厕，元夕迎之，能占农事及桑叶贵贱。

【译文】紫姑原来是大户人家的侍妾，后来被大夫人所杀，尸体被扔到厕所。后来，人们便制作了她的样子放在厕所中，在正月十五夜里迎接她，能够占卜农作物的收成和桑叶的价格。

青藜照读 元夕人皆游赏，独刘向在天禄阁校书。太乙真人以青藜杖燃火照之。

---

① 《汉书·王莽传》：“正月刚卯，金刀之利，皆不得行。”颜师古注：“刚卯，以正月卯日作佩之，长三寸，广一寸，四方；或用玉，或用金，或用桃，着革带佩之。”底本“卯刚”应为笔误。——编者注

【译文】正月十五这天夜里，所有人都在外面游玩，只有刘向一个人在天禄阁校对书籍。太乙真人就用青藜杖点火为他照明。

耗磨日　正月十六日谓之耗磨日，人皆饮酒，官司不令开库。

【译文】正月十六这天叫作“耗磨日”，每个人都喝酒（享受清闲），官府和各衙门也不会下令打开库房（皆停业饮酒）。

天穿日　正月二十日为天穿，以红彩系饼饵投屋上，谓之补天。

【译文】正月二十日是“天穿日”，要用红色的绳子绑住饼饵扔到屋顶上，叫作“补天”。

水湄度厄　元日至晦日，士女悉湔裳，酹[①]酒于水湄，以为度厄。

【译文】正月从初一到最后一天，百姓们都要到河边洗衣服，并且要在那里祭酒，用来辟灾度厄。

雨水　前此为霜为雪，水气凝结。立春后，天气下降，当为雨水。

【译文】雨水节气之前水的形式都是霜或者雪，这些都是水气凝结形成的。立春之后，天上的水汽下降，就会形成雨水。

中和节　唐李泌以二月朔为中和节，以青囊盛百谷瓜果种相问遗，酿宜春酒，祭句芒神，百官进农书。

【译文】唐代大臣李泌把二月初一定为中和节，这一天，人们要用青色的布囊装上谷物和瓜果种子互相问候赠送，还要酿造宜春酒，祭祀句芒神，百官要向皇帝进献农书。

磔鸡　魏文帝制，春分磔鸡，祀厉殃。

【译文】按魏文帝时的制度，人们要在春分这天杀鸡来祭祀厉殃神。

花朝　二月十二日谓之花朝。俗传是日为百花生日。徐文长考是十五日，谓的确不差。东京以是日为扑蝶会。

【译文】二月十二日叫作“花朝”，民间传说这天是百花的生日。徐文长经过考证认为应该是二月十五日，我认为的确是这样。宋代东京汴梁把这一天

---

① 隋代杜台卿《玉烛宝典》卷一：“元日至于月晦，民并为酺食渡水，士女悉湔裳酹酒于水湄，以为度厄。”底本“酌酒”应为“酹酒”笔误。——编者注

作为扑蝶会。

勾龙 《左传》：共工氏有子曰勾龙，能平水土。故祀以为社神，于仲春祭之。

【译文】《左传》记载：共工氏有个儿子叫作勾龙，能够治理水土。所以人们把他当作社神，在每年的农历二月来祭祀。

清明 清明万物齐于巽。巽，洁也，齐也。清明取洁齐之义。

【译文】清明时节，万物都因为东南风而繁茂生长。时当巽位，万物清洁、整齐。清明就是取洁净整齐的意思。

谷雨 谷雨，言滋五谷之雨也。

【译文】谷雨的意思是滋润五谷的雨水。

传火 唐制，清明取火以赐近臣。韩翃诗："日暮汉宫传蜡烛，轻烟散入五侯家。"

【译文】唐朝的制度，清明时皇帝要取火来赐给亲近的臣子。唐代韩翃在诗中就写过"日暮汉宫传蜡烛，轻烟散入五侯家"的句子。

探春 《天宝遗事》：都人士女，至春时，郊外为探春之宴。

【译文】《天宝遗事》记载：城市中的男女，每到春天时，总要到郊外举行探春宴。

飞英会 范蜀公居许，作长啸堂，前有荼蘼，花时宴客，有花落酒杯中，饮以大白，举座无遗，谓飞英会。

【译文】范镇在许地居住时，曾经建造长啸堂，堂前种有荼蘼花，每到花开时，范镇就在花架下宴请客人，有花瓣飘落到酒杯里，就要喝一大杯酒，在座的宾客没有一个遗漏的，叫作"飞英会"。

斗花 长安春时，盛于游赏。士女斗花，栽插以奇多者为胜。皆用多金市名花，以备春时之斗。

【译文】长安城每到春天时，非常盛行游览赏花的活动。这时，人们总要斗花。栽培各种奇花异草，种类多的人就能获得胜利。所以，当时的人都用重金买名花，预备着到春天斗花时使用。

花裀　开元时，学士许慎，春日宴客花圃，不张幄设座，使童仆聚落花铺坐下，曰："吾自有花裀。"

【译文】唐代开元年间，学士许慎春天在花圃中宴请宾客，不搭帐篷也不设置座位，只让小仆人把落花聚集在一起，坐在上面说："我自有用花做成的垫子。"

移春槛　开元中，富家至春时，以各花植木槛中，下设轮脚，挽以彩，所至牵引，以供观赏，号移春槛。

【译文】唐代开元年间，富贵人家每到春天，就把各种花朵种在木制的栅栏里，下面装上轮子，绑上彩带，牵引着走到各处，供人观赏，叫作"移春槛"。

护花铃　宁王春时纫红丝为绳，缀金铃，系花梢。有鸟雀翔集，则令园吏掣铃索以惊之，号护花铃。

【译文】唐代时，宁王李宪在春天总要把红丝搓成绳子，坠上金铃铛，绑在花的枝梢上面。每当有鸟雀飞翔聚集时，他就命令园丁拉动带有铃铛的绳索惊吓它们，称之为"护花铃"。

治聋酒　《石林诗话》：世言社日饮酒治耳聋。五代李涛，有《春社从李昉求酒》诗："社公今日没心情，为乞治聋酒一瓶。"

【译文】《石林诗话》记载：世人传言在社日这一天喝酒能够治疗耳聋。五代时期李涛曾经写过一首《春社从李昉求酒》，诗中就有"社公今日没心情，为乞治聋酒一瓶"的句子。

罢社　汉王修年七岁，母以社日亡。来岁社，修哭之哀，邻父老皆为之罢社。

【译文】汉代王修七岁那年，母亲在社日那天去世。第二年社日，王修哭得极其哀痛，邻居和父老乡亲全都为他停止了社日的活动。

禁火　《十六国春秋》：石勒下令寒食不许禁火。后有冰雹之异，徐元曰："介子推帝乡之神也，历代所尊，未宜替也。"勒从之，令并州复寒食如故。

【译文】《十六国春秋》记载：后赵高祖石勒曾经下令寒食节不许禁火。

后来有冰雹从天而降，徐元对他说："介子推是帝乡的神灵，历代的帝王都尊奉他，不适宜更替。"石勒听从了他的建议，下令并州像以前一样过寒食节。

寒食 冬至后一百六日谓之寒食，以介子推是日焚死，晋文公禁火而志痛也。

【译文】冬至后第一百零六天叫作"寒食"，因为介子推在这天被火烧死，晋文公于是用禁火来纪念这件令人痛心的事。

雕卵 周制，季春雕卵斗鸡子，始为寒食戏。玄宗制：寒食秋千舞。后唐庄宗制：寒食出祭。

【译文】周朝的制度：春天的最后一个月，要在鸡蛋壳上雕刻花纹进行比试，作为寒食节的游戏。唐玄宗时的制度：寒食节要荡秋千。后唐庄宗时的制度：寒食节要出门祭祀。

拜墓 唐制，清明拔河戏、踏青，士大夫拜墓。

【译文】唐朝时的制度，清明时要进行拔河比赛和踏青，士大夫要去祭拜祖墓。

上巳 洛阳上巳日，妇女以荠花蘸油，祝而洒之水上，若成龙凤花卉之状则吉，曰油花卜。

【译文】洛阳在上巳日这一天，妇女们要用荠菜花蘸上油，祈祷之后洒在水上，如果呈现出龙凤或者花卉的形状就认为很吉利，叫作"油花卜"。

祓禊 祓禊起于汉成帝。三月上巳日，官民皆祓禊于东流水上。禊者，洁也，于水上盥洁之也。巳者，止也，邪疾已去，祈介祉也。

【译文】祓禊的习俗是从汉成帝时期开始的。三月的上巳日，无论官民都要在东流的河水上进行祓禊。禊是清洁的意思，在水里洗净身体。巳的意思是止，疾病和邪恶已经祛除，还要祈祷获得更大的福祉。

踏青 三月上巳，赐宴曲江，都人于江头禊饮，践踏青草，曰踏青，侍臣于是日进踏青履。王通叟诗："结伴踏青去好，平头鞋子小双鸾。"

【译文】三月上巳日，皇帝要在曲江赐宴，官员和百姓都要在江边举行禊饮宴会，在青草上踩踏，叫作"踏青"。这一天，侍奉皇帝的廷臣要进献踏青履。王通叟就曾经在词中写过"结伴踏青去好，平头鞋子小双鸾"的句子。

柳圈 唐制，上巳祓禊，赐侍臣细柳圈，云："带之免虿毒瘟疫。"今小儿清明戴柳圈，本此。

【译文】唐朝时的制度，上巳日举行祓禊，皇帝会赐给侍臣细柳做成的圈，并且说："带上之后可以免除毒虫和瘟疫的侵害。"现在让小孩在清明时节戴柳圈就是源于这里。

除禊 周公制，上巳女巫禊于水上。郑制，上巳溱洧祓除，秉兰招魂续魄。

【译文】周公时期的制度，上巳日女巫会在水上进行禊事。郑国的制度，上巳日在溱水和洧水上举行祓除的仪式，手执兰花为死去的人招魂续魄。

流觞 兰亭流觞曲水，不始于兰亭。周公卜洛邑，因流水以泛酒，故诗曰："羽觞随波。"

【译文】王羲之在兰亭举行的流觞曲水，其实不是从兰亭开始的。周公在卜择洛邑作为都城时，就曾经用流水来漂浮酒杯，所以《诗经》中有"羽觞随波"的句子。

观灯赐钞 永乐十年元宵，赐文武群臣宴，听臣民赴午门外观鳌山三日，遂岁以为常。时尚书夏元吉侍母观鳌山，上命中官赍钞二百锭，即其家赐之，曰："以为贤母欢也。"

【译文】明代永乐十年（1412年）元宵节，皇帝赐宴文武群臣，听凭官员和百姓到午门外观看鳌山三天，于是后来每年都成为常例。当时尚书夏元吉侍奉母亲一起观看鳌山，皇上便命令宫中宦官带着二百锭银子，到夏元吉家里赏赐给他说："这是为了讨贤母的欢心。"

社无定期 一云春分后戊日为春社，秋分后戊日为秋社。春社燕来，秋社燕去。一云立春立秋后第五戊为社日。

【译文】社日没有固定的日期，一种说法认为春分后的第一个戊日是春社，秋分后的第一个戊日是秋社。春社这天燕子归来，秋社那日燕子离去。另一种说法认为立春和立秋后的第五个戊日才是社日。

梅花点额 刘宋寿阳公主，人日卧含章殿檐下，梅花点额上，愈媚。因仿之，而贴梅花钿。

【译文】南北朝时期刘宋的寿阳公主，人日那天卧在含章殿的屋檐下，有梅花飘落在她的额头上，显得更加妩媚了。人们都开始效仿她，在额头上贴梅花钿。

桑叶贵贱 三月十六晴则贵，阴雨则贱。谚曰：“三月十六暗毵毵，桑叶载去又载来。”

【译文】三月十六日如果天晴，桑叶的价钱就会比较高，如果天阴下雨就会比较便宜。有一句谚语说：“三月十六这天阴云密布，桑叶载出去又得载回来。”

夏

天祺节 宋真宗以四月一日为天祺节。

【译文】宋真宗规定每年的四月一日为天祺节。

麦秋 《月令》：麦秋至。蔡邕《章句》曰：百谷各以生为春，熟为秋。故麦以夏为秋。

【译文】《月令》中记载：麦秋到来。东汉蔡邕在《章句》中说：谷物生长叫作“春”，成熟叫作“秋”。所以麦子把夏天当作“秋”。

浴佛 王钦若于四月八日作放生会。《荆楚岁时记》：四月八日建斋，作龙华会，浴佛。

【译文】宋代大臣王钦若在四月八日举行放生会。《荆楚岁时记》记载：四月八日要斋戒，举行龙华会，为佛像沐浴。

小满 四月中小满后，阴一日生一分，积三十分，而成一昼，为夏至。四月乾之终，谓之满者，言阴气自此而生发也。又孟夏万物生长稍得盈满，故云小满。

【译文】四月中旬小满过后，阴气一天生出一分，累积三十分之后，就会成为一个白昼，就到了夏至。四月是“乾”的终结，之所以称为满，是说阴气从此开始生发。又因为农历四月万物生长得稍微充盈了一点，所以称为“小满”。

黴黰　黴黰，一作霉黰。俗云：早间芒种晚间黴。又云：夏至落雨主重黴，小暑落雨主三黴。

【译文】黴黰，也叫作霉黰。俗语说：早上还是芒种，到了晚上就发霉了。还有一种说法：夏至那天下雨会有两层霉，小暑那天下雨则会有三层霉。

躤（音札）柳　五月五日，士人于郊野或演武场走马较射，谓之躤柳。

【译文】五月五日这一天，士大夫要在郊外或者演武场骑马比试射术，叫作“躤柳”。

制百药　午日午时，斗柄正掩五鬼，于此时制百药，无不灵验。

【译文】端午日正午十二点，北斗星的斗柄正好掩住鬼宿的第五颗星，在这个时候制作各种药物，没有不灵验的。

采艾　师旷制，五日采艾占病。齐景公制，五日百索悬臂及钗头符。

【译文】春秋时期晋国乐师师旷创制的方法，五月五日这天采集艾草来占测疾病。齐景公创立的制度，五月五日在手臂上悬挂很多绳索和用来辟邪的钗头符。

续命缕　午日以五彩丝系臂上，谓之续命缕，辟兵及鬼，令人不病。

【译文】端午节这天用五彩丝带绑在手臂上，称为“续命缕”，可以躲避兵器和鬼怪的伤害，让人不生疾病。

角黍　屈原午日投汨罗，楚人以竹筒贮米，投水祭之。有欧回者，见三闾大夫曰：“君所祭物，多为蛟龙所夺，须裹以楝树叶，五彩丝缚之，可免龙患。”故后人制为角黍。一曰唐天宝中，宫中五日造粉团角食，以小角弓射之，中者方食，故曰角黍。

【译文】屈原在端午节这天投汨罗江自尽，楚人便用竹筒装上米，投到水里祭祀他。有个叫欧回的人，见到屈原，屈原对他说：“你们的祭品，多数都被蛟龙夺走了，必须在外面裹上楝树的叶子，再用五彩丝线绑上，可以避免蛟龙之患。”所以后人把祭品制作成角黍。另一种说法是唐代天宝年间，宫里在五月初五用粉团制作角食，再用小角弓去射，射中的人才能吃，所以叫作

"角黍"。

竞渡 屈原以五日死，楚人以舟楫拯之，谓之竞渡。又曰：五日投角黍以祭屈原，恐为蛟龙所夺，故为龙舟以逐之。

【译文】屈原在五月初五这天去世，楚地的人划着船去救他，称为"竞渡"。又有一说：五月初五这一天把角黍投到江里来祭祀屈原，怕这些角黍被蛟龙夺走，所以划龙舟来驱逐它们。

五瑞 端阳日以石榴、葵花、菖蒲、艾叶、黄栀花插瓶中，谓之五瑞，辟除不祥。

【译文】端午节这天把石榴、葵花、菖蒲、艾叶和黄栀花插在瓶子里，称为"五瑞"，可以祛除不祥的东西。

五毒 蛇、虎、蜈蚣、蝎、蟾蜍，谓之五毒。官家或绘之宫扇，或织之袍缎，午日服用之，以辟瘟气。

【译文】蛇、虎、蜈蚣、蝎和蟾蜍合起来称为"五毒"。官宦人家或把它们画在宫扇上，或把它们绣在绸缎制成的袍子上，等到端午节这天穿上或使用这些物件，可以辟除瘟气。

赐枭羹 《郊祀志》：汉令郡国进枭鸟，五日为羹，赐百官，以恶鸟故食之，以辟诸恶也。

【译文】《汉书·郊祀志》记载：汉代命令各郡国进献猫头鹰，在端午节这天做成肉羹，赐予百官，因为它是恶鸟所以要吃掉它，用来辟除各种邪恶之物。

浴兰汤 五月五日蓄兰为汤以沐浴。《楚辞·离骚》："浴兰汤兮沐芳华。"

【译文】五月五日这天把兰花积聚在一起烧水沐浴。《楚辞·离骚》中就有"浴兰汤兮沐芳华"的句子。

天贶节 宋祥符四年，诏六月六日天书再降，为天贶节。

【译文】宋代大中祥符四年（1011年），真宗皇帝下诏书称六月六日有天书再次降世，所以规定这一天为"天贶节"。

夏至数九 一九和二九，扇子不离手；三九二十七，饮水甜如蜜；四九三十六，拭汗如出浴；五九四十五，头带黄叶舞；六九五十四，乘凉入佛寺；七九六十三，床头寻被单；八九七十二，思量盖夹被；九九八十一，家家打炭墼（音吉）。

【译文】一九和二九，扇子不离手；三九二十七，饮水甜如蜜；四九三十六，拭汗如出浴；五九四十五，头带黄叶舞；六九五十四，乘凉入佛寺；七九六十三，床头寻被单；八九七十二，想着盖夹被；九九八十一，家家打炭墼。

赐肉 《汉书》：伏日诏赐诸郎肉，东方朔拔剑割肉，谓其同官曰："伏日宜早归，请受赐。"即怀肉而去。

【译文】《汉书》记载：皇帝在入伏的第一天要下诏给众位郎官赐肉，东方朔拔剑割肉，对同行的官员说："伏日应该早点回家，让我先接受皇上的赏赐吧。"随后把肉揣进怀里就走了。

三伏 立春、立夏、立冬皆以相生而代。至于立秋，以金代火。金畏火，故至庚日必伏。盖庚者金也。夏至后第三庚为初伏，四庚为中伏，立秋后初庚为末伏。秦穆公于是日进辟恶饼。

【译文】立春、立夏和立冬都是用五行相生的原理来更替。至于立秋，则是用金代火。因为庚属金，金畏惧火，所以到庚日必须避伏。夏至后的第三个庚日进入初伏，第四个庚日进入中伏，立秋后的第一个庚日进入末伏。秦穆公在这一天要进食"辟恶饼"。

天中节 《提要录》：端午为天中节。又曰蒲节，以是日用菖蒲泛酒故耳。

【译文】《提要录》记载：端午节为天中节，又叫"蒲节"，因为这一天要用菖蒲来泡酒，所以得名。

竹醉日 五月十日为竹醉日。是日移竹易活。又三伏内斫竹则不蛀。

【译文】五月十日是竹醉日。这一天移植竹子容易成活。另外，三伏天砍伐的竹子不会被虫蛀。

秋

一叶知秋　《淮南子》："一叶落而天下知秋。"古诗："梧桐一叶落，天下尽知秋。"

【译文】《淮南子》记载："一片叶子飘落，全天下都知道秋天来了。"古诗中也有"梧桐一叶落，天下尽知秋"的句子。

鹊桥　《淮南子》：七月七夕，乌鹊填河成桥，以渡织女，谓与牛郎相会也。

【译文】《淮南子》记载：七月七日夜里，乌鹊会在银河上搭成一座桥，让织女渡过银河，与牛郎相会。

得金梭　蔡州丁氏女精于女工，每七夕祷以酒果，忽见流星坠筵中。明日，瓜上得金梭。自是巧思益进。

【译文】蔡州有个姓丁的女子非常擅长女工，每年七月七日夜里都要用酒和水果来祈祷，有一天她忽然看到有一颗流星坠落在桌上。第二天，她从瓜上得到一枚金梭。从此之后，构思便越发精巧了。

晒衣　七月七日，诸阮庭中晒衣，无非锦绣。阮咸以长竿摽大布犊鼻裈于上，曰："未能免俗，聊复尔尔。"

【译文】七月七日这天，阮家众人都在院子中晾晒衣物，这些衣物全都是用锦绣织成的。阮咸用长竿挑着粗布短裤晾在院子里说："我也不能免俗，姑且也应付一下。"

晒书　郝隆七月七日，见富家皆晒曝衣锦，郝隆乃出日中仰卧。人问其故，曰："我晒腹中书耳。"

【译文】七月七日这天，东晋名士郝隆见富贵人家都在晾晒锦绣衣物，于是走到太阳底下仰面躺在地上。有人问他为什么要这样做，郝隆说："我在晒肚子里的书呢。"

乞巧　唐玄宗以七夕牛女相会，命宫中作高台，陈瓜果于上。宫人暗中以七孔针引彩线穿之，以乞天巧，穿过者以为得巧。又以蜘蛛纳小金盒中，至晓，开视蛛丝之稀密，又为得巧之多寡。

【译文】唐玄宗因为牛郎和织女在七夕相会，所以命人在宫里建造了一座高台，在上面陈列瓜果。宫里的人暗自以七孔针穿上彩线，用来向上天祈求心灵手巧，能够穿过的人就算是得到了“巧”。又把蜘蛛关在小金盒里，到第二天早上，打开盒子查看蛛丝的浓密程度，视为得到“巧”的多少。

化生　七夕，以蜡作婴儿，浮水中以为戏，为妇人生子之祥，谓之化生。

【译文】七月七日夜里，用蜡烛制作婴儿塑像，再使它漂浮在水中游戏，作为妇女生孩子的好兆头，叫作“化生”。

吉庆花　薛瑶英，于七月七日剪轻彩，作连理花千余朵，以阳起石染之，当午散于庭中，随风而上，遍空中，如五色云霞，久之方散，谓之渡河吉庆花，藉以乞巧。

【译文】唐代权臣元载的宠姬薛瑶英，在七月七日这天剪下颜色清淡的彩色绸缎，做成上千朵连理花，再用阳起石漂染，在中午散在院子中，让它们随风飞舞，遍布空中，就像五彩云霞一样，很久才会散去，称为“渡河吉庆花”，借以祈求上天传授心灵手巧的手艺。

摩睺罗　摩睺罗，泥孩儿也。有极巧饰以金珠者，七夕用以馈送，以作天仙送子之祥。

【译文】摩睺罗就是泥娃娃。有的制作极为精巧，要用金珠作为装饰，七夕这天用来赠送给别人，作为天仙送子的祥瑞。

盂兰会　目连尊者见其母落饿鬼道，以钵盛饭飧之，入口即成灰炭，目连白佛求救。佛于七月十五日设兰盆大会，焰口咒食，其母乃得脱饿鬼之苦。

【译文】目连尊者看到自己的母亲落入饿鬼道，就用钵盛饭来喂她，没想到饭到嘴里就变成了灰炭。目连尊者把这件事告诉了佛祖，向他求救。佛祖便在七月十五日这天设立兰盆大会，给饿鬼念经超度并施舍食物，目连尊者的母亲才得以解脱饿鬼之苦。

处暑　处，上声，止也，息也。谓暑气将于此时止息之也。白露，秋属金；白，金色也。

【译文】处字在古汉语四声中属于上声，意思是停止和休息。处暑是说暑气将在这个时候停止。秋五行属金，金是白色，所以叫作白露。

天炙 八月一日以朱墨点小儿额，谓之天炙，以厌疫。

【译文】八月一日这天把红色的墨汁点在小孩的额头上，称为“天炙”，用来驱逐瘟疫。

游月宫 开元二年八月十五夜，明皇与天师申元之游月宫，及至，见大府，榜曰“广寒清虚之府”，翠色冷光相射，极寒，不可少留。前见素娥十余人，皆皓衣，乘白鸾，笑舞于广寒大桂树之下，音乐清丽。明皇制《霓裳羽衣曲》以记之。一说叶静能，一说罗公远，事凡三见。

【译文】唐开元二年（714年）八月十五日夜里，唐明皇和天师申元之一起去月宫游玩，到了月宫之后，两人看到一座宏伟的宫殿，门头匾额上写着“广寒清虚之府”，翠色和冷光相互映射，极其寒冷，无法停留。再往前走，看到有十几个仙女，全都穿着白色的衣服，乘着白色的鸾鸟，在广寒宫的大桂树下欢笑起舞，音乐清新脱俗。回去之后，唐明皇就创制了《霓裳羽衣曲》用来记录它。还有一种说法认为和唐明皇同行的是叶静能，另一种说法是罗公远，这件事一共有三种不同的说法。

登峰玩月 赵知微有道术。中秋积阴不解，众惜良辰。知微曰：“可借酒肴，登天柱峰玩月。”既出门，天色开霁。及登峰，月色如昼，会饮至月落方归。下山则凄风苦雨，阴晦如故。

【译文】赵知微会道术。一年中秋，天上阴云密布，众人都为这样的良辰吉日却阴天觉得惋惜。赵知微说：“我们可以带着酒菜去天柱峰赏月。”刚刚出门，天色就放晴了。等到登上天柱峰时，月色像白昼一样明亮，众人一起喝到月亮落下才回家。等到下山后，大家才发现天气仍然是凄风苦雨，和之前一样阴沉。

中秋无月 俗云：“云掩中秋月，雨打上元灯。”二者皆煞风景之事，故对举言之，非连属语，以卜上元之灯也。今人多误。

【译文】俗话说：“云掩中秋月，雨打上元灯。”这两件都是很煞风景的事，所以把它们并列在一起说，并不是什么有因果联系的话，用来预测上元灯节的天气，实际上是现在大多数人的误解。

重阳 九为阳数，其日与月并应，故曰重阳。汉宫人贾佩兰九日食饵，饮菊花酒，长寿。

【译文】九是阳数，九月九日这天，日期和月份全都是九，所以叫作“重阳”。汉代宫女贾佩兰在九月九日这天吃蓬草做的糕饼，喝菊花酒，得以长寿。

登高　费长房语桓景曰：“九月九日，汝家有大灾，急作绛袋，盛茱萸系臂上，登高山，饮菊花酒，此祸可消。”景如其言，举家登山。至夕还，鸡犬皆暴死。长房曰：“代之矣。”今人登高，本此。

【译文】费长房对桓景说：“九月九日这天，你家里会有大灾发生，应该马上制作红色的袋子，在里面放上茱萸后绑在手臂上，登上高山，饮菊花酒，可以消除这场祸事。”桓景按照他的吩咐，全家一起登上高山。到晚上回家时，家里的鸡犬都暴毙而亡。费长房对他说：“这是鸡犬代替你们死了。”现在的人在重阳节这天登高，就是源于这里。

落帽　孟嘉为桓温参军，重九日宴姑孰龙山，风吹落帽。温敕左右勿言，良久取之还，令孙盛作文嘲之。

【译文】孟嘉在做桓温的参军时，有一年的重阳节，桓温在姑孰龙山设宴，突然一阵风吹落了孟嘉的帽子。桓温命令手下人不要告诉他，过了很久才把帽子取来归还，还让孙盛写了一篇文章来嘲笑他。

白衣送酒　陶潜九月九日无酒，宅边有菊，采之盈把，坐其侧。久而望见白衣人至，乃王弘送酒使也，就便酌酒，大醉而归。

【译文】陶渊明九月九日这天没有酒喝，他见房子旁边有很多菊花，就采了满满一把，坐在边上。过了很久，他远远望见有一个穿着白衣的人到来，原来是王弘派来给他送酒的使者，于是立刻倒酒喝了起来，大醉而归。

游戏马台　宋武帝为宋公时，在彭城，九月九日游项羽戏马台。今相仍为故事。

【译文】宋武帝还是宋公时，居住在彭城，在九月九日这天游览项羽戏马台。现在仍然延续这一风俗。

茱萸酒　汉武帝宫人，九月九日皆饮茱萸菊花酒，令人长寿。

【译文】汉武帝时期的后宫中人，九月九日这一天都会喝茱萸菊花酒，可以使人长寿。

观涛 风俗：八月望日，广陵曲江观涛；浙江于十八日看戏潮。

【译文】民间风俗：八月十五日这天，要在广陵的曲江观看潮水；浙江则是在八月十八日观看弄潮儿戏潮。

九日开杜鹃 唐周宝镇润州，知鹤林寺杜鹃花奇绝，谓殷七七曰："可使顷刻开花，副重九乎？"殷曰："诺。"及九日，果烂熳如春，宝游赏后，花忽不见。

【译文】唐代周宝镇守润州时，得知鹤林寺的杜鹃花神奇绝妙，于是对道士殷七七说："你能让它立刻开花，来应和重阳节的气氛吗？"殷七七说："可以。"等到重阳节那天，杜鹃花果然开放，烂漫如同春天一样，周宝游赏后，这些花忽然就看不到了。

九日飞升 汉张陵在富川山修道，晋永和九年九月九日，登白霞山飞升，惟遗丹灶、药臼于山下。

【译文】汉朝张陵在富川山修炼道术，晋朝永和九年（353年）九月九日，他登上白霞山飞升成仙，只有炼丹的炉灶和捣药的工具留在了山下。

冬

十月朝 宋制，十月朔拜墓，有司进暖炭，民间作暖炉会。

【译文】宋朝制度，十月初一寒衣节要祭拜先祖，官吏要进献炭火，民间要举办暖炉会。

亚岁 魏晋冬至日受万国百僚称贺，少杀其仪，亚于岁朝，故曰亚岁。

【译文】魏晋时期，冬至日这天皇帝要接受万国和百官们的朝贺，所用的仪式稍微低一些，仅次于过年时的朝贺，所以叫作"亚岁"。

日长一线 魏晋宫中女工刺绣，以线揆日长短，冬至后比常添一线之功，故曰日长一线。

【译文】魏晋时期宫中的女工在刺绣时，用线来测量时日的长短，冬至过后总要比平常多做一根线的活计，所以叫作“日长一线”。

冬至数九　一九和二九，相唤不出手。三九二十七，笆头吹觱篥。四九三十六，夜眠如露宿。五九四十五，太阳开门户。六九五十四，笆头抽嫩刺。七九六十三，破絮担头担。八九七十二，黄狗相阳地。九九八十一，犁耙一齐出。

【译文】一九和二九，相唤不出手。三九二十七，笆头吹觱篥。四九三十六，夜眠如露宿。五九四十五，太阳开门户。六九五十四，笆头抽嫩刺。七九六十三，破絮担头担。八九七十二，黄狗相阳地。九九八十一，犁耙一齐出。

嘉平节　秦人以十二月为嘉平节，民间以酒果馈遗，谓之节礼。

【译文】秦朝的人把十二月作为嘉平节，民间用酒水和果子互相赠送，称为“节礼”。

腊八粥　宋制，十二月八日浴佛，送七宝五味粥，谓之腊八粥。

【译文】宋朝的制度：十二月八日举行浴佛仪式，赠送七宝五味粥，称为“腊八粥”。

傩神逐疫　颛顼氏有三子亡而为疫鬼，一居江中为疟鬼，一居山谷为魍魉，一匿人家室隅中惊小儿。于是除夕制为傩神，赤帻玄衣朱裳，蒙以熊皮，执戈持盾以逐之，其祟乃绝。

【译文】颛顼帝有三个儿子死后变成了疫鬼，一个居住在江里称为疟鬼，一个居住在山谷中称为魍魉，一个藏在人们房子的角落里专门吓唬小孩。于是，人们便在除夕这天制作傩神，为它包上红色的头巾，穿上黑色的上衣和红色的裤子，再蒙上熊皮，一手执戈一手执盾来驱逐它们，这些鬼物才消失不见。

土牛　周公制土牛，以纳音设色，出城外丑地送寒。今于立春日前迎春，设太岁土牛像，以送寒气。

【译文】周公制作土牛，用纳音五行来为它涂色，再把它送到城外边远偏僻的地方以送走寒气。现在在立春前一天迎春，设立太岁和土牛的雕像，用来送走寒气。

神荼郁垒 黄帝时，有兄弟二人，名神荼、郁垒，能执鬼除疫。后世祀以为神。

【译文】黄帝时期，有兄弟二人，名叫神荼、郁垒，能够捉鬼除疫。后世便把他们当作神灵祭祀。

爆竹 上古西方深山中有恶鬼，长丈余，名山魈，人犯之即病寒热，畏爆竹声。除夕，人以竹烧火中，毕剥有声，则惊走。今人代以火炮。

【译文】上古时期，西方的深山中有一只恶鬼，长一丈多，名叫"山魈"，人如果触犯了它就会得寒热病。山魈害怕爆竹声，除夕夜里，人们便把竹子放在火中烧，发出噼里啪啦的声音，山魈就会受到惊吓逃走。现在人们用鞭炮来代替烧竹子。

粈（音松）盆 除夕，各家于街心烧火，杂以爆竹，谓之粈盆。视其火色明暗，以卜来岁祲祥。

【译文】除夕夜，每家每户都要在街心烧火，在火中放上爆竹，称为"粈盆"。通过观察火光的明暗程度来预测来年的祸福。

商陆火 裴度除夕围炉守岁叹老，迨晓不寐，炉中商陆火凡数添之。

【译文】唐代裴度在除夕夜围在火炉旁边感叹衰老，一直到早上还不睡觉，炉子中的燃料商陆根已经添加了很多次。

祭诗文 贾岛常于岁除，取一年所作诗文，以酒脯祭之，曰："劳吾精神，以此补之。"

【译文】唐代诗人贾岛经常在除夕夜，把一年中所作的诗和文章全部取出来，用酒和肉脯来祭祀它们，并且说："你们消耗我的精力，正好用酒肉来弥补一下。"

火炬照田 吴中村落，除夕燃火炬，缚长竿杪以照田，烂然盈野，以祈来岁之熟。

【译文】吴地的村落，人们在除夕夜总要点燃火炬，绑在长竿顶端用来照耀田地，光芒遍布田野，以祈祷来年五谷丰登。

卖痴呆 吴俗分岁罢，小儿绕街呼叫："卖汝痴，卖汝呆，谁来买？"

【译文】吴地有个风俗，过完除夕之后，孩子会绕着街道呼喊："卖汝痴，卖汝呆，谁来买？”

火山 隋炀帝于除夜设火山数十座，用沉香木根，每一山焚沉香数车，火光暗则以甲煎沃之，焰起数丈，香闻十数里，尝一夜用沉香二百余乘，甲煎二百余石。

【译文】隋炀帝在除夕夜设置火山数十座，用沉香木的根作为燃料，每座山焚烧沉香几车，火光黯淡之后就灌入香料甲煎，火焰蹿起好几丈高，十几里外都能闻到香气，曾经一夜之间烧掉沉香两百多车，甲煎二百多石。

历律

定气运 黄帝受《河图》，始设灵台。羲和占日，常仪占月，车区占星气，伶伦造律吕，大挠作甲子，隶首造算数。容成总六术，以定气运。

【译文】黄帝得到《河图》之后，开始设立灵台。羲和观测太阳的运行，常仪观测月亮的运行，车区观测星气的变化，伶伦创造了乐律，大挠创造了甲子，隶首创造了算数。荣成将这六种术法总结到一起，来判定气运。

历纪 少昊使玄鸟氏司分，伯赵氏司至，青鸟氏司起，丹鸟氏司闭。颛顼受之，以孟春建寅为元，始为历宗。尧使羲仲叔主春夏，和仲叔主秋冬，以闰月正四时，始为历纪。

【译文】少昊氏让玄鸟氏掌管春分和秋分，让伯赵氏掌管夏至和冬至，让青鸟氏掌管立春和立夏，让丹鸟氏掌管立秋和立冬。颛顼帝沿用了这种制度，把农历正月作为一年的开始，成为历法的开创者。尧帝让羲仲、羲叔分别掌管春季和夏季，让和仲、和叔分别掌管秋季和冬季，用闰月来调整四季，开始作为历纪。

历元 黄帝始为历元，起辛卯，高阳氏起乙卯。舜用戊午，夏用丙寅，殷用甲寅，周用丁巳，秦用乙卯。汉作《太初历》元以丁丑。夏、商、周以三统改正朔。三代而下，造历者各有增创，如《太初》起之以律，而候气于黄钟，《大衍》符之以《易》，而较数于分秒，《授时》准之以晷，而测验于仪象。

【译文】黄帝时开始创建历元，从辛卯算起，高阳氏从乙卯开始算起。舜帝使用戊午作为开端，夏朝用丙寅，商朝用甲寅，周朝用丁巳，秦朝用乙卯。汉朝制作《太初历》，把丁丑作为开端。夏、商、周三代都以自己的历法改变了前代新年的起始日。三代之后，创造历法的人又各有增加和创新，比如《太初历》用音律来起历，用黄钟来划分节气，《大衍历》与《易经》相符，精确到了分秒，《授时历》以日晷作为标准，用仪象来进行测验。

造历 黄帝迎日推筴，尧闰月成岁。舜在璇玑玉衡。三代历无定法，周秦闰余乖次。刘歆造《三统历》，而是非始定。东汉李梵造《四分历》，而仪式方备。刘洪造《乾象历》，始悟月行迟速。魏黄初间始以日食课其疏密。杨伟造《景初历》，始立交食起亏术。又何承天造《元嘉历》，始悟朔望及弦皆定大小余，及以晷影验气。又祖冲之造《大明历》，始悟太阳有岁差之数，极星去不动之处一度余。又张子信始悟日月交道有表里，五星有迟速留逆。又张胄玄造《大业历》，始立五星入气加减法，及日应食不食术。刘焯造《七曜历》，始悟日行有盈缩，及立推黄道月道。又傅仁均造《戊寅元历》，颇采旧历，始用定制。又李淳风造《麟德历》，始为总法，用进朔以避晦晨月见。又一行造《大衍历》，始以朔有四大三小，定九服轨满交食之异，及创立岁星差合术。又徐昂造《宣明历》，始悟日食有气刻时三差。又边冈《崇玄历》，始立相减相乘法，以求黄道月道。又王朴《钦天历》，始变五星法，迟留逆行，舒亟有渐。又周琮造《明天历》，始悟日法积年自然之数。又姚舜辅造《纪元历》，始悟食甚泛余差数。以上计千一百八十二年。创法有三家，汉洛下闳（洛姓，下闳名）始取法黄钟律数创历（律容一龠，积八十一寸，则一日之分也）。唐僧一行（姓张名遂）始改从大易蓍策数修历（本易大衍以四十九分为算）。晋虞喜始立岁次，以五十年退一度。何承天为太过进之。刘焯取二家中数折之。至元郭守敬始测景验气，积六十年奇退一度，始定差法。

【译文】黄帝用蓍草推算未来的节气和历数，尧帝设立闰月来调和四季成为一岁。舜帝在璇玑上设置玉衡。夏、商、周三代历法没有定数，周代和秦代的闰月的次数杂乱无序。西汉刘歆创制《三统历》，历法的是非才开始确定下来。东汉李梵创制《四分历》，测定历日的法式和制度才算完备。东汉刘洪创制《乾象历》时，才知道月亮运行的速度。魏国黄初年间才开始用日食来检测历法的精密程度。魏国杨伟创制《景初历》，才开始创立日食和月食的测算方法。南朝何承天创制《元嘉历》时，才知道月晦、月满和弦月都可以决定大、小余（大余即不满一甲余下的日数，小余即不满一日余下的分数），以及用日晷的影子长短来检验节气。到祖冲之创制《大明历》时，才知道太阳运行的轨迹每年都会有极小的变动，和上一年有一度多的偏差。到北魏张子信时，才知道日月运行的轨迹交点有表里的区别，五大行星的运行也有快慢顺逆的变化。到隋代张胄玄创制《大业历》时，才开始创立把五大行星运行加入节气计算的加减法，以及“月应食不食术”。到刘焯创制《七曜历》时，才知道太阳的运行有差别，创立了推算太阳运行的黄道和月亮运行的月道变化的方法。到唐代傅仁均创制《戊寅元历》时，大量采用旧历中的方法，开始使用定朔的制度。到李淳风创制《麟德历》时，使用总法，用进朔的方法来避免晦日那天早晨出现月亮。到僧一行创制《大衍历》时，才开始使用四大三小朔日的方法，确定了九服之间晷影差异的计算方法，以及创立岁星术和差合术。到徐昂创制《宣明历》时，才知道日食有气差、刻差和时差三种差别。到边冈创制《崇玄历》时，才创立了用相减相乘的方法来测算黄道和月道。到五代王朴创制《钦天历》时，才开始变更五星法，五大行星的迟滞、停留、逆行和运行速度有了计算方法。到宋代周琮创制《明天历》时，才知道累积天数来积累年数。到姚舜辅创制《纪元历》时，才知道日食、月食的食甚时刻、泛余和气差、刻差、时差等差数的计算方法。以上总计一千一百八十二年。创制观测方法的共有三人，汉代洛下闳（姓洛，名下闳）最早使用黄钟宫和律数来创制历法（律管可容一龠，长度为九寸，累积八十一寸，就是一天的分界）。唐代僧一行（姓张，名璲）开始改从《易经》中蓍草的数量来修改历数的方法（根据《易经》中大衍数的四十九分来计算）。晋代虞喜才开始创立岁次，五十年退一度。何承天认为退得太多要进一些。刘焯取两家的中间数值折中。到元代郭守敬开始观测日影来检验节气，累积六十年有余则退一度，这才确定了差值计算方法。

改历 按自黄帝讫秦末凡六改，汉高讫汉末凡五改，隋文讫隋末凡十三改，唐高讫周末凡十六改，宋太祖讫宋末凡十八改，金熙宗讫元末凡三改。而法，西汉莫善于《太初》；东汉莫善于《四分》；由魏至隋莫善于《皇极》；在唐则称《大衍》，在五代则称《钦天》；至元授时，郭守敬立仪测验，较古精密。

【译文】从黄帝到秦朝末年，总共改变六次历法；从汉高祖到汉末，总共改变五次历法；从隋文帝到隋朝末年，总共改变十三次历法；从唐高祖到五代周朝末年，总共改变十六次历法；从宋太祖到宋朝末年，总共改变十八次历法；从金熙宗到元朝末年，总共改变三次历法。这些历法中，西汉最好的莫过于《太初历》，东汉最好的莫过于《四分历》，从魏朝到隋朝最好的莫过于《皇极历》，唐朝最好的是《大衍历》，五代最好的是《钦天历》，到元朝元授年间郭守敬使用仪器进行测验，比古法更加精密。

仪象 黄帝命成容作盖天，舜察玑衡（以璇为玑，用以转动为玑，以玉为管。横置其中为衡）。颛顼始为浑仪，尧复之，浑仪遭秦灭。洛下闳始复经营运仪，鲜于妄人又度之。耿寿昌始铸为象。张衡仪始为内规外规。李淳风仪表里三重。洛下闳为员仪，梁令瓒为游仪，郭守敬为简仪、仰仪。后汉有铜仪，后魏有铁仪，李淳风有木浑仪，唐明皇有水浑天。张衡始造候风地动仪（形似樽，外有八龙衔丸，震则机发，吐丸下，蟾蜍承之）。伏羲始作土圭测影，伊尹作水准，得日晷辨方向。黄帝始为刻漏，夏商宣其制为漏箭。宋燕肃作水秤。周公始分更点。宋太祖闻陈抟怕五更头之言，始去前后二点。

【译文】黄帝命令成容制造盖天仪，舜帝开始以玑衡观测天象（一种仪器，用玉石制作成玑，玑是用来转动的部件，再把玉做成管，横放在玑的中间作为衡）。颛顼帝开始制造浑天仪，尧帝又制作了一次，后来浑天仪被秦国破坏。到西汉时，洛下闳重新开始制造浑天仪，鲜于妄人曾经检测过它。西汉耿寿昌开始用铜铸造出了浑天仪。张衡制造的浑天仪才开始有内规和外规。唐代李淳风的浑天仪有表里三层。洛下闳制造了圆形的浑天仪，唐梁令瓒制造了黄道游仪，郭守敬制造了简仪和仰仪。后汉有铜仪，后魏有铁仪，李淳风制造木制浑天仪，唐玄宗时制造水制浑天仪。张衡开始制造候风地动仪（外形和酒樽很像，外面镶着八条嘴里衔着铜球的龙，遇到地震时就会触发内部机关，龙会吐出嘴里的铜球，掉到下面的蟾蜍嘴里）。伏羲最早制作土圭用来观测日影，伊尹制造水准仪，用日晷来辨别方位。黄帝时制造了刻漏计时器，夏商发扬这一制作而制造了漏箭。宋朝燕肃制造了水秤。周公开始划分五更五点。宋太祖听了陈抟“寒在五更头”的预言之后，就把五更的前后两个更点取消了。

卷二　地理部

疆域

九州　人皇氏兄弟九人，分天下为九州，梁、兖、青、徐、荆、雍、冀、豫、扬是也。至舜时，以冀、青地广，分冀东恒山之地为并州，分东北之医无闾之地为幽州，又分青之东北为登州，共成十二州。

【译文】人皇氏有兄弟九人，把天下分成九州，分别是梁州、兖州、青州、徐州、荆州、雍州、冀州、豫州和扬州。到舜帝时，因为冀州和青州的地界比较广大，又把冀州东部恒山这片地方分为并州，把冀州东北部医无闾那片地方分成幽州，又把青州东北部分为登州，共同构成十二州。

历代方舆　商九州，周亦九州。秦分天下为三十六郡，汉分天下为十三部。三国蜀制巴蜀，置二州。吴北据江、南尽海，置五州。魏据中原，置十二州。晋制十九州。唐分十道，玄宗分十五道。宋分二十三路，元置十二省，又分天下为二十三道。明分两直隶、十三省。

【译文】商朝有九州，周朝也有九州。秦朝把天下分为三十六郡，汉朝把天下分为十三部。到三国时期，蜀国统治巴蜀地区，设置两州。吴国占据了北到长江、南至大海的地方，设置五州。魏国占据中原，设置十二州。晋朝设置十九州。唐朝分为十道，到唐玄宗时分为十五道。宋朝将天下分为二十三路，元朝设置十二省，又把天下分为二十三道。明朝分为两直隶地区和十三行省。

吴越疆界　钱镠王以苏州平望为界，据浙闽，共一十四州。

【译文】五代吴越国钱镠王以苏州的平望作为边界，占据浙江和福建地区，共计十四州。

古扬州 古扬州所辖之地：南直隶、浙江、福建、广东、广西、江西，凡六省。

【译文】古代扬州管辖的地方，包括南直隶、浙江、福建、广东、广西和江西，共计六个省。

古会稽 古会稽所辖之地，浙江除温、台，九府：杭、嘉、湖、处、宁、绍、金、衢、严；福建除福州，七府：漳、泉、汀、兴、建、延、邵；南直隶苏、松、常、镇四府，共二十府。会稽郡驻匝苏州府。

【译文】古会稽郡所管辖的地区，包括浙江省除温州、台州之外的九个府，即杭州、嘉兴、湖州、处州、宁波、绍兴、金华、衢州和严州；福建省除福州之外的七个府，即漳州、泉州、汀州、兴化、建宁、延平和邵武；加上南直隶地区的苏州、松江、常州和镇江四个府，共计二十个府。会稽郡的治所在苏州府。

二周 镐京为西周，洛阳为东周。

【译文】镐京作为西周的都城，洛阳则作为东周的都城。

两都 前汉都长安，曰西都；东汉都洛阳，曰东都。

【译文】西汉在长安建都，称为“西都”；东汉在洛阳建都，称为“东都”。

蜀三都 成都、新都、广都。

【译文】蜀国有三座都城，成都、新都和广都。

魏五都 魏因汉祚都洛阳，以谯为先人本国，许昌为汉之所居，长安为西京之遗迹，邺为王业之本基，故号五都。

【译文】魏国沿袭东汉国祚建都洛阳，又认为谯郡是本国祖先居住的地方，许昌是汉献帝居住的地方，长安是汉代西京的遗迹，邺下是建立王霸之业的根基，所以号称五都。

三辅 长安以京兆、冯翊、扶风为三辅；宋都汴梁，以郑州、滑州、汝州为三辅。

【译文】汉代长安城把京兆、冯翊和扶风三个地方作为三辅地区；宋代都城汴梁，把郑州、滑州和汝州作为三辅地区。

三亳　曹州考城县曰北亳，西京谷熟县曰南亳，西京偃师县曰西亳。

【译文】殷商时期，曹州的考城县被称为北亳，西京的谷熟县被称为南亳，西京的偃师县被称为西亳。

三吴　苏州曰东吴，润州曰中吴，湖州曰西吴。

【译文】苏州被称为东吴，润州被称为中吴，湖州被称为西吴。

三楚　江陵曰南楚，徐州曰西楚，苏州曰东楚。

【译文】江陵被称为南楚，徐州被称为西楚，苏州被称为东楚。

三齐　临淄曰东齐，博阳曰济北，蓬州即墨曰胶东。

【译文】临淄被称为东齐，博阳被称为济北，蓬州的即墨被称为胶东。

三蜀　成都为蜀都，汉高分置汉广，汉武分置犍为。

【译文】成都是蜀国的都城，汉高祖时曾在这里分设汉广郡，汉武帝时分设犍为郡。

三晋　赵都邯郸，魏都大梁，韩都郑，三家皆晋卿，故曰三晋。

【译文】春秋时期，赵国建都邯郸，魏国建都大梁，韩国建都新郑，这三个国家原来都是晋国的臣属，所以被称为“三晋”。

三秦　章邯都废丘，司马欣都栎阳，董翳都高奴，三人皆秦降将，项羽分关中地以王之，曰三秦。

【译文】章邯建都废丘，司马欣建都栎阳，董翳建都高奴，这三个人都是秦朝的降将，项羽将关中地区一分为三给他们封王，所以叫作“三秦”。

三虢　夏阳[①]曰北虢，荥阳曰东虢，雍州曰西虢。

【译文】建都夏阳的是北虢国，建都荥阳的是东虢国，建都雍州的是西虢国。

三越　吴越杭州，闽越福州，南越广州。

① 底本为“太阳”，应为笔误。——编者注

【译文】吴越指杭州，闽越指福州，南越指广州。

三巴 渝州为巴中，绵州为巴西，归夔、鱼复、云安为巴东。

【译文】渝州是巴中，绵州是巴西，归夔、鱼复、云安共同组成巴东。

三湘 曰湘乡，曰湘潭，曰湘原，在湖南，属潭州。

【译文】三湘是指湘乡、湘潭和湘原，地处湖南，属于潭州管辖。

三河 周都曰河南，商都曰河内，尧都曰河东。

【译文】周朝的都城被称为河南，商朝的都城被称为河内，尧帝的都城被称为河东。

四京 开封曰东京，河内曰西京，应天曰南京，大名曰北京。

【译文】北宋时，开封府被称为东京，河内郡被称为西京，应天府被称为南京，大名府被称为北京。

四辅 唐都长安，以同州、华州、岐州、蒲州为四辅。

【译文】唐代建都长安，以同州、华州、岐州和蒲州作为四辅之地。

四川 成都为西川，潼州为东川，利州为北川，夔州为南川。

【译文】成都是西川，潼州是东川，利州是北川，夔州是南川。

五服 《禹贡》：五服，曰甸服、侯服、绥服、要服、荒服，每服五百里，计二千五百里。

【译文】《禹贡》记载：五服是甸服、侯服、绥服、要服和荒服，每服五百里，五服共计两千五百里。

九服 周九服，曰侯服、甸服、男服、采服、卫服、蛮服、夷服、镇服、藩服，谓之服者，责以服事天子为职也。

【译文】周代的九服是侯服、甸服、男服、采服、卫服、蛮服、夷服、镇服和藩服。之所以叫作“服”，是因为九服的职责就是服侍天子。

百二山河 秦地险固，二万人，足当诸侯百万人，故曰百二山河。

【译文】秦国地理位置险要而坚固，两万人就足以抵挡诸侯的百万大军，所以称为“百二山河”。

九边　明朝设以限华夷。洪武初设重镇六，曰宣府，曰大同，曰甘肃，曰辽东，曰延绥，曰宁夏；永乐初增设蓟州；正统间又增榆林、固原，是为九边。

【译文】明朝设立九边用来作为中华和外族的边界。洪武初年设立宣府、大同、甘肃、辽东、延绥、宁夏六座重镇；永乐初年增设蓟州；正统年间又增设榆林、固原，这些就是“九边”。

六关　直隶三关，曰居庸，曰紫荆，曰倒马。山西三关，曰雁门，曰宁武，曰偏头。

【译文】直隶三关指的是居庸关、紫荆关和倒马关。山西三关指的是雁门关、宁武关和偏头关。

陶唐九州　冀州，《禹贡》：帝都之地三面距河，时盖黄河由冀入海也。《释名》：冀州，其地有险有易，乱则冀治，弱则冀强，荒则冀丰也。《春秋元命苞》曰：昴、毕之间为天街，散为冀州，分为赵国，立为常山。

【译文】冀州，《禹贡》记载：冀州是帝都所在的地方，三面临河，因为当时的黄河大概从冀州入海。《释名》记载：冀州有险要的地方，也有平坦的地方，天下大乱时就希冀能够获得安宁，国弱就会希冀强大，遇到荒年就会希冀丰收。《春秋元命苞》记载：昴宿和毕宿之间是天街二星，精气散落到人间成为冀州，分野在赵国，矗立成为常山。

兖州，《禹贡》：济河惟兖州。谓东南据济，西北距河，盖冀之东南也。《元命苞》曰：五星流为兖州。兖之言端也，言阳精端，其气纤杀，分为郑国。

【译文】兖州，《禹贡》记载：济水和黄河之间是兖州。说的是它东南方濒临济水，西北靠着黄河，大概位置在冀州的东南方。《春秋元命苞》记载：五大行星的精气流到人间成为兖州。“兖”的意思是“端”，说的是这里阳气纯正，气息细微凋落，分野在郑国。

青州，《禹贡》：海岱惟青州。谓东北距海，西南距岱，又在兖之东也。《释名》：青州在东，取生物而青也。《元命苞》曰：虚危之精，流为青州，分为齐国，立为莱山。

【译文】青州，《禹贡》记载：大海和泰山之间是青州。说的是它东北临海，西南靠着泰山，位置在兖州的东边。《释名》记载：青州在东方，取万物生长的青色为名。《春秋元命苞》记载：虚宿和危宿的精气流入人间，成为青州，分野在齐国，矗立成为莱山。

徐州，《禹贡》：海岱及淮惟徐州。谓东至海，北至岱，南至淮，又在青州之南也。《元命苞》曰：天弓星司弓弩，流为徐州，别为鲁国。徐之为舒也，言阴牧内雨，安详也。

【译文】徐州，《禹贡》记载：大海、泰山和淮水之间是徐州。说的是徐州东至大海，北至泰山，南至淮水，位置在青州的南边。《春秋元命苞》记载：天弓星掌管弓和弩，精气流入人间成为徐州，分野在鲁国。“徐”的意思是“舒”，说的是这里北边可以放牧，内部湿润多雨，安宁祥和。

扬州，《禹贡》：淮海惟扬州。谓北至淮，东南至海。又曰：江南之气躁劲，厥性轻扬也。《元命苞》曰：牵牛流为扬州，分为越国，立为扬山。

【译文】扬州，《禹贡》记载：淮水和大海之间是扬州。说的是它北至淮水，东南濒临大海。书中还记载：“长江之南的气息暴躁强悍，所以那里的人性格轻浮张扬。”《春秋元命苞》记载：牵牛星的精气流到人间成为扬州，分野在越国，矗立成为扬山。

荆州，《禹贡》：荆及衡阳惟荆州。谓北距南条前山，南包衡山之阳，盖在扬州之西，而豫州之西南也。《释名》：荆，警也。南蛮数为寇逆，言当警备之也。《元命苞》曰：轸星散为荆州，分为楚国。

【译文】荆州，《禹贡》记载：荆山和衡阳之间是荆州。说的是这里北靠南条前山，南边包括衡山之南，大概位置在扬州的西方、豫州的西南方。《释名》记载：“荆”的意思是“警”。南方蛮夷多次侵袭反叛，“警”是说应该警戒和防备他们。《春秋元命苞》记载：轸星的精气散入人间成为荆州，分野在楚国。

豫州，《禹贡》：荆河惟豫州。谓西南至南条荆山，北距大河，盖在冀州之南，荆州之北，徐、兖之西也。《元命苞》曰：钩钤星别为豫州。言地在九州之中，所在常安豫也。

【译文】豫州，《禹贡》记载：荆山和黄河之间是豫州。说的是豫州西南至南条荆山，北临黄河，大概位置在冀州的南边，荆州的北边，徐州和兖的西边。《春秋元命苞》记载：钩钤星对应豫州。说的是这里在九州的中心，所在之处平日里安宁祥和。

梁州，《禹贡》：华阳黑水惟梁州。谓东距华山之南，西距黑水，盖在雍州之南，荆州之西也。以西方属金，其气强梁，故曰梁州。当夏殷，为蛮夷之国，至周始并入雍州。

【译文】梁州，《禹贡》记载：华山南麓和黑水之间是梁州。说的是这里东至华山之南，向西濒临黑水，大概位置在雍州的南边、荆州的西边。因为西方五行属金，气息强悍凶暴，所以叫作“梁州”。在夏朝和殷商时期，这里是蛮夷的国家，到周朝才合并到雍州。

雍州，《禹贡》：黑水西河惟雍州。谓西距黑水，东距西河，盖在冀州之西，梁州之北。《太康地记》：雍州并得梁州之地，西北之位，阳所不及，阴气雍阏，故取名焉。《元命苞》曰：东井鬼星，散为雍州，分为秦国。

【译文】雍州，《禹贡》记载：黑水和西河之间是雍州。说的是这里西临黑水，东临西河，大概位置在冀州的西边、梁州的北边。《太康地记》记载：周代雍州合并了梁州的土地，这里地处西北，阳气不足，阴气淤积，所以取名雍州。《春秋元命苞》记载：东井星和鬼星的精气散落成为雍州，分野在秦国。

虞十二州 九州之外，分设并州，则盖冀之东北医无闾之余地也。《元命苞》曰：营室星流为并州，分为郑国，立为朋山。并之言诚也。精舍交并，其气勇抗。诚，信也。

【译文】虞舜在九州之外，又设立了并州，大概就在冀州东北医无闾之外的地方。《春秋元命苞》记载：营室星的精华流为并州，分野在郑国，矗立而成朋山。“并”的意思是“诚”。精气与心交合，所以气息勇敢而抗直。诚就是诚信的意思。

幽州，即冀东恒山诸地，盖在北幽昧之地也。《元命苞》曰：箕星散为幽州，分为燕国。

【译文】幽州，就是冀州东部恒山等地，大概位置在北部昏暗不明的地方。《春秋元命苞》记载：箕星的精华散落成为幽州，分野在燕国。

营州，即青之东北、辽东等处。《释名》：齐卫之地，于天文属营室，故取其名。盖舜为冀、青地广而分之也。

【译文】营州，就是青州的东北部、辽东等地。《释名》记载：齐国和卫国之地，在天文上对应营室星，所以得名。大概是因为舜帝觉得冀州和青州地域广阔，所以分出营州。

周九州 东南曰扬州，其山镇曰会稽，其薮泽曰具区，其川三江，其浸五湖（彭蠡、洞庭、青草、太湖、丹阳也），其利金、锡、竹箭，其民二男五女（盖通以一州之民计之，二分为男，五分为女也），其畜鸟兽，其谷宜稻。

【译文】周朝国都洛邑的东南部叫作扬州，其地最有名的大山是会稽山，其地的大泽叫作具区，其地的大河是三江，其地有五座大湖（彭蠡湖、洞庭湖、青草湖、太湖、丹阳湖），其地盛产金、锡和细竹，其地的居民二男五女（就是统计一州的居民，两分为男性，五分为女性），其地可以畜养鸟兽，其地适宜种植的谷物是水稻。

正南曰荆州，其山镇曰衡山，其薮泽曰云梦，其川江、汉，其浸颍、湛，其利丹、银、齿、革，其民一男二女，其畜鸟兽，其谷宜稻。

【译文】洛邑的正南方叫作荆州，其地最有名的大山是衡山，其地的大泽叫作云梦泽，其地的河流是江、汉，其地的湖泊是颍水、湛水，其地盛产丹砂、银、象牙和皮革，其地居民一分是男性，两分是女性，其地可以畜养鸟兽，其地适宜种植的谷物是水稻。

河南曰豫州，其山镇曰华山，其薮泽曰圃田，其川荥、雒，其浸波、溠（音诈），其利材、漆、丝、枲，其民二男二女，其畜宜六扰（鸡、豚、犬、马、牛、羊也），其谷宜五种（稻、黍、稷、麦、菽也）。

【译文】黄河之南叫作豫州，其地最有名的大山是华山，其地的大泽叫作圃田，其地的大河是荥水、雒水，其地湖泊是波、溠，其地盛产木材、漆、蚕丝和木制家具，其地的百姓两分为男性，两分为女性，其地可以畜养“六扰”（即鸡、猪、狗、马、牛、羊），其地适宜种植的谷物有五种（即稻、黍、稷、麦、菽）。

正东曰青州，其山镇曰沂山，其薮泽曰望诸，其川淮、泗。其浸沂、沭，其利蒲、鱼，其民二男二女，其畜鸡狗，其谷宜稻麦。

【译文】洛邑的正东方叫作青州，其地最有名的大山叫作沂山，其地的大泽叫作望诸，其地的大河是淮水、泗水。其地的大湖是沂、沭，其地盛产蒲草和鱼类，其地的居民二分为男性，二分为女性，其地畜养的牲畜是鸡和狗，其地适宜生长的谷物是水稻和麦子。

河东曰兖州，其山镇曰泰山，其薮泽曰大野，其川河、泲，其浸卢、维，其利蒲鱼，其民三男三女，其畜六扰，其谷宜四种。

【译文】黄河之东叫作兖州，其地最有名的大山是泰山，其地的大泽叫作大野，其地的大河是黄河、泲水，其地的湖是卢、维，其地盛产蒲草和鱼类，其地的居民三分为男性，三分为女性，其地畜养的牲畜是六扰，其地适宜种植的谷物有四种。

正西曰雍州，其山镇曰岳山，其薮泽曰弦蒲（在汧阳），其川泾、汭，其浸渭、洛，其利玉石，其民三男二女，其畜宜牛马，其谷宜黍、稷。

【译文】洛邑的正西方叫作雍州，其地最有名的大山是岳山，其地的大泽叫作弦蒲（位置在汧阳），其地的河流是泾水、汭水，其地的湖泊是渭、洛，其地盛产玉石，其地的居民三分为男性，两分为女性，其地畜养的牲畜是牛和马，其地适宜生长的谷物是黍、稷。

东北曰幽州，其山镇曰医无闾（辽东），其薮泽曰貕养（在莱阳），其川河、泲，其浸菑、时（莱芜、殷阳），其利鱼盐，其民一男三女，其畜牛、马、羊、豕，其谷宜黍、麦、稻。

【译文】洛邑的东北方叫作幽州，其地最有名的大山是医无闾（位于辽东），其地的大泽叫作貕养（位于莱阳），其地的河流是黄河、泲水，其地的湖泊是菑、时（分别位于莱芜、殷阳），其地盛产鱼类和盐，其地的百姓一分为男性，三分为女性，其地畜养的牲畜是牛、马、羊、猪，其地适宜种植的谷物是黍、麦、稻。

河内曰冀州，其山镇曰霍山，其薮泽曰扬纡，其川漳，其浸汾、潞（汾出汾阳，潞出归德），其利松柏，其民五男三女，其畜牛、羊，其谷宜黍、稷。

【译文】黄河以内叫作冀州，其地最有名的大山叫作霍山，其地的大泽叫作扬纡，其地的大河是漳水，其地的湖泊是汾、潞（汾出自汾阳，潞出自归德），其地盛产松树和柏树，其地的百姓五分为男性，三分为女性，其地畜养的牲畜是牛、羊，其地适宜种植的谷物是黍、稷。

正北曰并州，其山镇曰恒山，其薮泽曰昭余祁（在邬），其川虖池、呕夷，其浸涞、易，其利布泉，其民二男三女，其畜牛、马、犬、豕、羊，其谷宜五种。

【译文】洛邑的正北方叫作并州，其地最有名的大山是恒山，其地的大泽叫作昭余祁（位于邬），其地的河流是虖池、呕夷，其地的湖泊是涞、易，其地盛产钱币“布泉”，其地的居民二分为男性，三分为女性，其地畜养的牲畜是牛、马、狗、猪、羊，其地适宜种植的谷物有五种。

秦三十六郡 始皇初并天下，罢诸侯，置守尉，遂分天下为三十六郡，每郡置一守、一丞、两尉以典之。郡名曰内史、三川、河东、南阳、南郡、九江、鄣郡、会稽、颍川、砀郡、泗水、薛郡、东郡、琅琊、齐郡、上谷、渔阳、北平、辽西、辽东、代郡、巨鹿、邯郸、上党、太原、云中、九原、雁门、上郡、陇西、北地、汉中、巴郡、蜀郡、黔中、长沙。后又置闽中、南海、桂林、象郡四郡。凡四十郡。

【译文】秦始皇刚刚统一天下之时，罢免各地诸侯，设置守尉，于是将天下分成三十六郡，每郡设置一名郡守、一名郡丞、两名郡尉来治理。三十六郡的名称是：内史郡、三川郡、河东郡、南阳郡、南郡、九江郡、鄣郡、会稽郡、颍川郡、砀郡、泗水郡、薛郡、东郡、琅琊郡、齐郡、上谷郡、渔阳郡、北平郡、辽西郡、辽东郡、代郡、巨鹿郡、邯郸郡、上党郡、太原郡、云中郡、九原郡、雁门郡、上郡、陇西郡、北地郡、汉中郡、巴郡、蜀郡、黔中郡、长沙郡。后来又设置了闽中郡、南海郡、桂林郡、象郡四郡。总计四十郡。

汉十三部 汉分天下为十三部，每部置刺史，领天下郡国一百三。

【译文】汉代将天下分为十三部，每部设置刺史，用这种方式来统治天下一百零三个郡国。

司隶校尉（领京兆、扶风、冯翊、弘农、河东、河内、河南七郡） 豫州刺史（领颍川、汝南、沛郡、梁国、鲁国五郡） 冀州刺史（领魏郡、巨鹿、常山、清河、广平、真定、中山、信都、河间、赵国十郡） 兖州刺史（领陈留、东郡、山阳、济阴、泰山、城阳、东平七郡） 徐州刺史（领琅琊、东海、临淮、泗水、楚国五郡） 青州刺史（领平原、千乘、济南、齐郡、北海、东莱、胶东、高密、菑川九郡） 荆州刺史（领南阳、南郡、江夏、桂阳、武陵、零陵、广陵、长沙八郡） 扬州刺史（领镇江、九江、会稽、丹阳、豫章、六安六郡） 益州刺史（领汉中、广汉、巴郡、蜀郡、犍为、越嶲、牂牁、益州八郡） 凉州刺史（领安定、北城、陇西、武威、金城、天水、武都、长掖、酒泉、敦煌十郡） 并州刺史（领太原、上党、上郡、西河、朔方、五原、云中、定襄、雁门九郡） 幽州刺史（领涿郡、渤海、代郡、上谷、渔阳、北平、辽西、辽东、广阳、乐浪、玄菟十一郡） 交州刺史（领海南、郁林、苍梧、交趾、合浦、九真、日南七郡）。

【译文】司隶校尉（统领京兆、扶风、冯翊、弘农、河东、河内、河南七郡） 豫州刺史（统领颍川、汝南、沛郡、梁国、鲁国五郡） 冀州刺史（统领魏郡、巨鹿、常山、清河、广平、真定、中山、信都、河间、赵国十郡） 兖州刺史（统领陈留、东郡、山阳、济阴、泰山、城阳、东平七郡） 徐州刺史（统领琅琊、东海、临淮、泗水、楚国五郡） 青州刺史（统领平原、千乘、济南、齐郡、北海、东莱、胶东、高密、菑川九郡） 荆州刺史（统领南阳、南郡、江夏、桂阳、武陵、零陵、广陵、长沙八郡） 扬州刺史（统领镇江、九江、会稽、丹阳、豫章、六安六郡） 益州刺史（统领汉中、广汉、巴郡、蜀郡、犍为、越嶲、牂牁、益州八郡） 凉州刺史（统领安定、北城、陇西、武威、金城、天水、武都、长掖、酒泉、敦煌十郡） 并州刺史（统领太原、上党、上郡、西河、朔方、五原、云中、定襄、雁门九郡） 幽州刺史（统领涿郡、渤海、代郡、上谷、渔阳、北平、辽西、辽东、广阳、乐浪、玄菟十一郡） 交州刺史（统领海南、郁林、苍梧、交趾、合浦、九真、日南七郡）。

三国州郡 蜀汉全制巴蜀，置二郡，曰益州（成都）、曰梁州（汉中），有郡二十。先主初置九郡，曰巴东、曰巴西、曰梓潼、曰河阳、曰文山、曰汉嘉、曰朱提、曰云南、曰涪陵，并得旧汉，曰巴郡、曰广汉、曰犍为、曰牂牁、曰越嶲、曰益州、曰汉中、曰永昌、曰南安、曰武都。

【译文】蜀汉统治巴蜀全境，设置了两个郡，即益州（成都）和梁州（汉中），下辖二十个郡。先主刘备最初设置了九个郡：巴东郡、巴西郡、梓潼郡、河阳郡、文山郡、汉嘉郡、朱提郡、云南郡、涪陵郡，合并得到旧汉土地后，设置巴郡、广汉郡、犍为郡、牂牁郡、越嶲郡、益州郡、汉中郡、永昌郡、南安郡、武都郡。

孙吴北据江南尽海，置州五，曰交州（安南）、曰广州（南海）、曰荆州（江陵）、曰郢州（江夏）、曰扬州（丹阳）。孙权置临贺、武昌、朱厓、新安、卢陵五郡。孙亮又置临川、临海、衡阳、湘东四郡。孙休又置天门、建平、合浦三郡。孙皓置始安、始兴、邵陵、安成、新昌、武平、九德、吴兴、平阳、桂林、荥阳十一郡。因立宜阳一郡，并汉十八郡，共四十三郡。

【译文】孙吴占据了长江之南直到大海的地区，设置五个州：交州（安南）、广州（南海）、荆州（江陵）、郢州（江夏）、扬州（丹阳）。孙权设置了临贺郡、武昌郡、朱厓郡、新安郡、卢陵郡五个郡。孙亮又设置了临川郡、临海郡、衡阳郡、湘东郡四个郡。孙休又设置了天门郡、建平郡、合浦郡三个郡。孙皓设置始安郡、始兴郡、邵陵郡、安成郡、新昌郡、武平郡、九德郡、吴兴郡、平阳郡、桂林郡、荥阳郡十一个郡。因为后来又设立宜阳郡，合并了汉朝十八个郡，所以孙吴共计四十三个郡。

魏据中原，有州十二，曰司隶（河南）、曰豫州（谯）、曰荆州（襄阳）、曰兖州（武威）、曰青州（临淄）、曰徐州（彭城）、曰凉州（天水）、曰秦州（上邽）、曰冀州（代郡）、曰幽州（范阳）、曰并州（晋阳）、曰扬州（寿春）。

【译文】魏国占据中原，有十二个州，分别为司隶（河南）、豫州（谯）、荆州（襄阳）、兖州（武威）、青州（临淄）、徐州（彭城）、凉州（天水）、秦州（上邽）、冀州（代郡）、幽州（范阳）、并州（晋阳）、扬州（寿春）。

晋十九州 曰司州（河南）、曰兖州（濮阳）、曰豫州（项城）、曰冀州（赵郡）、曰并州（晋阳）、曰青州（临淄）、曰徐州（彭城）、曰荆州（江陵）、曰扬州（初寿春，后建业）、曰雍州（京兆）、曰秦州（上邽）、曰益州（成都）、曰梁州（南郑）、曰宁州（云南）、曰幽州（范阳）、曰平州（昌黎）、曰交州（番禺）、曰凉州（武威）。

【译文】晋朝有十九个州，分别为司州（河南）、兖州（濮阳）、豫州（项城）、冀州（赵郡）、并州（晋阳）、青州（临淄）、徐州（彭城）、荆州（江陵）、扬州（最初在寿春，后改为建业）、雍州（京兆）、秦州（上邽）、益州（成都）、梁州（南郑）、宁州（云南）、幽州（范阳）、平州（昌黎）、交州（番禺）、凉州（武威）。

唐十道 自晋荡阴败，复南北分争，州郡割裂，宋、齐、梁、陈狃于江左，隋氏虽能混一，而享祚不长。至唐太宗肇造区夏，并有州郡，始因山以形便，分天下为十道，曰关内、曰河南、曰河东、曰河北、曰山南、曰陇右、曰淮南、曰江南、曰剑南、曰岭南。贞观十五年大簿，凡州府三百五十八。玄宗开元初，又分为十五道，曰京畿（西京）、曰都畿（东都）、曰关内（京官遥领）、曰河南（陈留）、曰河北（魏郡）、曰陇右（西平）、曰山南东（襄阳）、曰山南西（汉中）、曰江南东（吴郡）、曰江南西（豫章）、曰剑南

（蜀郡）、曰淮南（广陵）、曰黔中（贵州）、曰岭南（南海）。

【译文】自从晋朝荡阴兵败，天下又恢复到南北分争的局面，州郡分裂，宋、齐、梁、陈四朝偏安江东地区，隋朝虽然能够统一天下，国祚却不长久。到唐太宗始建中原，统一各州郡，才开始根据山形的便利，将天下分为十道，分别为关内、河南、河东、河北、山南、陇右、淮南、江南、剑南、岭南。根据贞观十五年（641年）的案卷记录，共有州府三百五十八个。唐玄宗开元初年，又分为十五道，分别是京畿（西京）、都畿（东都）、关内（京官遥领）、河南（陈留）、河北（魏郡）、陇右（西平）、山南东（襄阳）、山南西（汉中）、江南东（吴郡）、江南西（豫章）、剑南（蜀郡）、淮南（广陵）、黔中（贵州）、岭南（南海）。

宋二十三路　太宗分天下为十五路，至仁宗又分为二十三路，曰京东东路、京东西路，曰京西南路、京西北路，曰河北东路、河北西路，曰陕西路，曰秦凤路，曰河东路，曰淮南东路、淮南西路，曰两浙路，曰江南东路、江南西路，曰荆湖南路、荆湖北路，曰成都路，曰梓州路，曰利州路，曰夔州路，曰福建路，曰广南东路、广南西路。

【译文】宋太宗将天下分成十五路，到宋仁宗时又分成二十三路，分别为京东东路、京东西路，京西南路、京西北路，河北东路、河北西路，陕西路，秦凤路，河东路，淮南东路、淮南西路，两浙路，江南东路、江南西路，荆湖南路、荆湖北路，成都路，梓州路，利州路，夔州路，福建路，广南东路、广南西路。

元十二省　元建中书省十二，辖天下州郡，曰都省（治腹里路）、曰河南行省（汴梁）、曰湖广行省（武昌）、曰浙江行省（杭州）、曰江西行省（龙兴）、曰陕西行省（京兆）、曰四川行省（成都）、曰云南行省（中庆）、曰辽阳行省（辽东）、曰镇东行省（高丽）、曰甘肃行省（甘州）、曰岭北行省（和州）。又分天下为二十二道。

【译文】元朝建立了十二个中书省，来管辖天下的州郡，分别是都省（治理京都周边的郡县）、河南行省（汴梁）、湖广行省（武昌）、浙江行省（杭州）、江西行省（龙兴）、陕西行省（京兆）、四川行省（成都）、云南行省（中庆）、辽阳行省（辽东）、镇东行省（高丽）、甘肃行省（甘州）、岭北行省（和州）。又把天下分为二十二道。

明两直隶十三省 北直隶八府，十七州，一百一十六县，赋六十万一千。（北京在顺天。）南直隶十四府，十七州，九十六县，赋五百九十九万五千。（南京在应天。）河南八府，十州，九十六县，赋二百四十一万四千。（省城在开封。）陕西八府，二十二州，九十五县，赋一百九十二万九千。（省城在西安。）山东六府，十五州，八十九县，赋二百八十五万一千。（省城在济南。）湖广十五府，十六州，一百零七县，赋二百十六万七千。（省城在武昌。）浙江十一府，一州，七十五县，赋二百五十一万。（省城在杭州。）江西十三府，一州，七十七县，赋二百五十二万八千。（省城在南昌。）福建八府，五十七县，赋一百一十万一千。（省城在福州。）山西五府，二十州，七十八县，赋二百二十七万四千。（省城在太原。）四川八府，二十州，一百零七县，赋一百二十万六千。（省城在成都。）广东十府，八州，七十五县，赋一百一万七千。（省城在广州。）广西十一府，四十七州，五十三县，赋四十三万一千。（省城在桂林。）云南十四府，四十一州，三十县，赋一十四万。（省城在云南。）贵州八府，六州，六县，赋四万七千。（省城在贵阳。）

【译文】北直隶共有八个府，十七个州，一百一十六个县，共有人口六十万一千户。（北京在顺天府。）南直隶共有十四个府，十七个州，九十六个县，共有人口五百九十九万五千户。（南京在应天府。）河南共有八个府，十个州，九十六个县，共有人口二百四十一万四千户。（省城在开封。）陕西共有八个府，二十二个州，九十五个县，共有人口一百九十二万九千户。（省城在西安。）山东共有六个府，十五个州，八十九个县，共有人口二百八十五万一千户。（省城在济南。）湖广共有十五个府，十六个州，一百零七个县，共有人口二百十六万七千户。（省城在武昌。）浙江共有十一个府，一个州，七十五个县，共有人口二百五十一万户。（省城在杭州。）江西共有十三个府，一个州，七十七个县，共有人口二百五十二万八千户。（省城在南昌。）福建共有八个府，五十七个县，共有人口一百一十万一千户。（省城在福州。）山西共有五个府，二十个州，七十八个县，共有人口二百二十七万四千户。（省城在太原。）四川共有八个府，二十个州，一百零七个县，共有人口一百二十万六千户。（省城在成都。）广东共有十个府，八个州，七十五个县，共有人口一百一万七千户。（省城在广州。）广西共有十一个府，四十七个州，五十三个县，共有人口四十三万一千户。（省城在桂林。）云南共有十四个府，四十一个州，三十个县，共有人口十四万户。（省城在云南。）贵州共有八个府，六个州，六个县，共有总计四万七千户。（省城在贵阳。）

建都

伏羲都陈（今河南陈州）。神农亦都陈，或曰曲阜（今山东曲阜县）。黄帝都涿鹿（今顺天府涿州），少昊都曲阜。颛顼都帝丘（今山东濮州[1]）。帝喾都亳（今河南偃师县）。帝尧都平阳（今山西平阳县）。虞舜都蒲阪（今平阳蒲州）。夏禹都安邑（今平阳夏县）。商汤都亳。

【译文】伏羲建都于陈（今河南省周口市）。神农也建都于陈，另有一说为曲阜（今山东省曲阜市）。黄帝建都于涿鹿（今河北省涿州市），少昊建都于曲阜。颛顼建都于帝丘（今河南省濮阳市）。帝喾建都于亳（今河南省偃师市）。帝尧建都于平阳（今山西省临汾市）。虞舜建都于蒲阪（今山西省永济市）。夏禹建都于安邑（今山西省运城市夏县）。商汤建都于亳。

周都丰镐（今陕西长安县，是谓关中）。周平王迁洛阳（今河南洛阳县）。秦都咸阳（今西安府咸阳县）。汉都洛阳，因娄敬说，西迁长安。东汉都洛阳。魏因汉祚，亦都洛阳。蜀汉都成都（今四川成都府）。吴初居镇江，都武昌（今湖广武昌府），后迁建业（今南直应天府）。西晋都洛阳。东晋都建业，元帝东渡，避愍帝讳，改名建康。宋、齐、梁、陈俱都建康。元魏初居云中（今大同府怀仁县），后迁洛阳。

【译文】周朝建都于丰镐（今陕西省西安市长安区）。周平王迁都于洛阳（今河南省洛阳市）。秦朝建都于咸阳（今陕西省咸阳市）。汉朝建都于洛阳，因为娄敬的劝说，后来西迁到长安。东汉建都于洛阳。魏沿袭汉朝国祚，也建都于洛阳。蜀汉建都于成都（今四川省成都市）。吴国起初的治所在镇江，建都于武昌（今湖北省武汉市武昌区），后来迁都于建业（今江苏省南京市）。西晋建都于洛阳。东晋建都于建业，晋元帝东渡之后，为了避晋愍帝的

---

① 帝王遗址在今河南省濮阳市，“山东濮州”应为笔误。——编者注

讳，改名建康。宋、齐、梁、陈全部建都于建康。北魏起初建都于云中（今山西省大同市），后来迁都于洛阳。

北齐都邺（今河南彰德府）。西魏都长安关中。后周都长安。隋都长安，炀帝以巡幸，徙都洛阳。唐都长安。梁都汴（今河南开封府）。后唐、后晋、汉、周、宋俱都汴。南宋都临安（今杭州府）。元都大都（今顺天府）。明都建康，永乐迁于北平，即元之大都也。

【译文】北齐建都于邺（今河南省安阳市）。西魏建都于长安关中。后周建都于长安。隋朝建都于长安，隋炀帝为方便巡幸江南，迁都洛阳。唐朝建都于长安。梁建都于汴梁（今河南省开封市）。后唐、后晋、汉、周、宋全部建都于汴梁。南宋建都于临安（今浙江省杭州市）。元建都于大都（今北京市）。明建都于建康，永乐年间迁都于北平，就是元朝的大都。

地名

萑苻（音完蒲，郑地） 龙兑（兑音夺，赵地） 连谷（谷音斛，楚地） 方与（音防预，赵地） 番易（音婆阳，楚地） 曲逆（逆音遇，汉邑，陈平封曲逆侯） 庱亭（庱音逞，吴兴有庱亭） 葰人（葰，数瓦切，县在上党） 越巂（巂音髓，郡府，在蜀地） 阌乡（阌音文，县名，在虢） 盩厔（音周质，在西安，水曲曰盩，山曲曰厔） 鄜（音孚，在陕西延安府） 毋丘（毋音贯，地在济阳南） 祋栩（音兔户，在冯翊） 朐䏰（音瞿门，本虫名，巴郡多此虫，因为邑名） 酂（音赞，在南阳，萧何封酂侯）

【译文】萑苻（音完蒲，郑国之地） 龙兑（兑音夺，赵国之地） 连轂（轂音斛，楚国之地） 方与（音防预，赵国之地） 番易（音婆阳，楚国之地） 曲逆（逆音遇，汉朝封邑，陈平封曲逆侯） 庱亭（庱音逞，吴兴有个地方叫庱亭） 葰人（葰数瓦切，其县属于上党） 越嶲（嶲音髓，郡府，在蜀地） 阌乡（阌音文，县名，位置在虢国） 盩厔（音周质，位置在西安，水流弯曲叫作“盩”，山势蜿蜒叫作“厔”） 鄜（音孚，位置在陕西延安府） 毌丘（毌音贯，位置在济阳南部） 祋栩（音兔户，位置在冯翊） 朐䏰（音瞿门，本来是虫的名字，巴郡这种虫比较多，因此用它做了邑名） 酂

（音赞，在南阳，萧何被封为酂侯）

缑氏（缑音沟，山名、邑名，本义剑头缠丝）　牂牁（音臧柯，郡名）　允吾（音铅牙，谷名，在陇西）　裴（音肥，邑名）　须句（须音渠，地在鲁东平）　衍氏（音权精，又宜音，县名）　令支（音零岐，县名）　郫（音埤，一在晋，一在成都）　不其（其音箕）　祝其（其音基）　敦煌（音屯黄，郡名）　冤句（音冤勾，在曹州，今废）　临朐（朐音渠，县名，在山东）　令居（令音连，邑名）　虑虒（音卢夷，县名）　罕开（音罕牵，羌地）　取虑（音趋闾，县名，在临淮）

【译文】缑氏（缑音沟，是山名，也是邑名，本来的意思是剑头上缠的丝线）　牂牁（音臧柯，郡名）　允吾（音铅牙，谷名，位于陇西）　裴（音肥，邑名）　须句（须音渠，位置在鲁国的东平）　衍氏（音权精，也可以读作本来的音，县名）　令支（音零岐，县名）　郫（音埤，一个在晋国，一个在成都）　不其（其音箕）　祝其（其音基）　敦煌（音屯黄，郡名）　冤句（音冤勾，在曹州，现在已经废除了）　临朐（朐音渠，县名，在山东）　令居（令音连，邑名）　虑虒（音卢夷，县名）　罕开（音罕牵，是羌人的领地）　取虑（音趋闾，县名，位于临淮）

黑尿（音眉拟）　禚（音灼，齐地）　句鼆（冥上声，鲁邑）　枹罕（音夫谦，县名）　鄑城（鄑音资，齐地）　鄄城（鄄音绢，卫地）　射洪（音石红，县名）　崞（音郭，县名）　先零（零音连）　沭阳（沭音术，县名）　虒祈（音思奇，地名）　窦丘（窦音胜，鲁地）　句绎（音勾亦，邾地）　盱眙（音虚宜，县名）　都庞（庞音龙，邑名）　繁畤（畤音止，邑名）　澶渊（澶音禅，今开州）　檇李（檇音醉，在嘉兴）　郎疃（疃音枕）　犍为（犍音乾，蜀郡名）　厍穰（厍音糜）　厹犹（音仇由，邑名）　毋掇（音无拙，县属益州）

【译文】黑尿（音眉拟）　禚（音灼，齐国的地方）　句鼆（冥读上声，鲁国的一个邑）　枹罕（音夫谦，县名）　鄑城（鄑音资，位于齐国）　鄄城（鄄音绢，位于卫国）　射洪（音石红，县名）　崞（音郭，县名）　先零（零音连）　沭阳（沭音术，县名）　虒祈（音思奇，地名）　窦丘（窦音胜，位于鲁国）　句绎（音勾亦，位于邾国）　盱眙（音虚宜，县名）　都庞（庞音龙，邑名）　繁畤（畤音止，邑名）　澶渊（澶音禅，现在的河南濮阳）　檇李（檇音醉，位于嘉兴）　郎疃（疃音枕）　犍为（犍音乾，蜀国的

郡名） 厍穰（厍音糜） 厹犹（音仇由，邑名） 毋掇（音无拙，属于益州的一个县）

泊罗（泊音博，县名） 虹县（虹音降） 苴芊（音斜米） 徙（音斯，邑名） 岢岚（音可娄，州名，近太原） 鄃县（鄃音疾，县名，在清河） 祊（音崩，郑地） 渑池（渑音免，县在河南） 衺（音侈，上声，宋地） 趡（翠，上声，鲁地） 夫童（童音中） 儋州（儋音丹） 酅（尸圭切，邑在齐东） 菆（其寄切） 宁母（音宁某，鲁地） 鄠杜（音户古，汉陂令县，属凤翔） 郪丘（郪音西，齐地） 虚朾（音区汀，宋地） 鳆觓（觓音求，地名）

【译文】泊罗（泊音博，县名） 虹县（虹音降） 苴芊（音斜米） 徙（音斯，邑名） 岢岚（音可娄，州名，在太原附近） 鄃县（鄃音疾，县名，位于清河） 祊（音崩，位于郑国） 渑池（渑音免，渑池县位于河南） 衺（音侈，读上声，位于宋国） 趡（音翠，读上声，位于鲁国） 夫童（童音中） 儋州（儋音丹） 酅（尸圭切，此邑位于齐国东部） 菆（其寄切） 宁母（音宁某，位于鲁国） 鄠杜（音户古，汉朝的陂令县，属于凤翔） 郪丘（郪音西，位于齐国） 虚朾（音区汀，位于宋国） 鳆觓（觓音求，地名）

僰邛（僰音匐，地名，在犍为） 鄬（于轨切，郑地） 狸脤（音剎蜃） 邿（音诗，鲁地） 皋（由去声，郑地） 橐皋（皋，章夜切，在淮南） 涪（音浮，州名，在重庆府） 叶县（叶音涉） 泷水（泷音商，县名） 朱提（音殊时，邑名） 承阳（承音蒸） 余汗（汗音干） 番禾（番音盘） 栎阳（栎音约，邑名） 平舆（舆音玉） 郯城（音谈，县名） 沙羡（羡音夷） 莲勺（莲音辇，邑名） 不羹（音郎，邑名） 堵阳（堵音者，邑名） 渑淄（音承脂，县名） 沁（音倩，山西沁州） 新淦（淦音干，县名） 隆虑（音林闾，邑名） 霅川（霅音靸，湖州） 阳夏（夏音贾） 睢州（睢音虽） 会稽（会音贵，邑名）

【译文】僰邛（僰音匐，地名，位于犍为） 鄬（于轨切，位于郑国） 狸脤（音剎蜃） 邿（音诗，位于鲁国） 皋（由，去声，位于郑国） 橐皋（皋，章夜切，位于淮南） 涪（音浮，州名，位于重庆府） 叶县（叶音涉） 泷水（泷音商，县名） 朱提（音殊时，邑名） 承阳（承音蒸） 余汗（汗音干） 番禾（番音盘） 栎阳（栎音约，邑名） 平舆（舆音玉） 郯城（音谈，县名） 沙羡（羡音夷） 莲勺（莲音辇，邑名） 不羹（音郎，邑名） 堵阳（堵音者，邑名） 渑淄（音承脂，县名） 沁（音倩，位于山西沁州） 新淦（淦音干，县名） 隆虑（音林闾，邑名） 霅川（霅音靸，位于湖州） 阳夏（夏音贾） 睢州（睢音虽） 会稽（会音贵，邑名）

山水异名 昆仑一名昆岑。君山一名娲宫。武当一名篸岭。普陀一名梅岑。青城一名天谷。大复一名胎簪。衡山一名芝冈。齐云一名白岳。东海一名岱渊。

【译文】昆仑又名昆岑。君山又名娲宫。武当又名篸岭。普陀又名梅岑。青城又名天谷。大复又名胎簪。衡山又名芝冈。齐云又名白岳。东海又名岱渊。

古迹

赤县神州 《古今通论》：东南方五千里，名曰赤县神州，中有和美乡，方三千里，五岳之城，帝王之宅，圣贤所居也。

【译文】《古今通论》记载：东南方五千里，有个赤县神州，其中有个和美之地，方圆三千里，那里是五岳的城郭，帝王的宫殿，圣贤居住的地方。

枌榆社 汉高帝祷于丰枌榆社，帝之故乡也。高帝以丰沛为其汤沐之邑，令世世无有所予。

【译文】汉高祖在丰地的枌榆社向神灵祈祷，那里是他的故乡。汉高祖把丰邑和沛县作为自己的封邑，下令那里的百姓世世代代都不用缴纳赋税。

新丰 太上皇居深宫，以生平所好，皆贩徒少年、酤酒卖饼、斗鸡蹴踘之辈，今皆无此，故怏怏不乐。高祖乃作新丰，移旧乡里。命匠人胡宽悉仿其衢巷门闾，士女老幼相携路首，各认其门而入。放牛羊鸡犬于通途，亦各识其家。上皇大悦。

【译文】汉高祖的父亲居住在深宫之中，因为他平生所喜欢的都是小贩少年、卖酒卖饼、斗鸡玩蹴鞠的人，现在皇宫中一个也没有，所以有些闷闷不乐。汉高祖于是建造新丰，把原来的乡里人全都搬迁到这里。又命令工匠胡宽全部仿造原来的街道、巷弄和门牌来制作新丰的建筑，男女老少相互扶持着站在路口，寻找各自的家门进入。又把牛羊鸡犬放到路上，它们也都认识自己的家。太上皇大为高兴。

洋川 洋川者，戚夫人之所生处也，高祖得而罢之。夫人思慕本乡，追求洋川。高帝为驿致长安，蠲复其乡，更名曰县。又故目其地为洋川，用表夫人诞载之休祥也。

【译文】所谓的洋川，就是戚夫人出生的地方，汉高祖得到天下后就撤销了那里的建制。戚夫人思念自己的故乡，请求恢复洋川的名字。汉高祖为了这件事专门从驿站到达长安，恢复了洋川乡的建制，改为县。仍称那里为洋川，用来表彰出生并养育戚夫人的祥瑞。

桑梓地 祖父植桑梓以遗其子孙，子孙思其祖泽，不忍剪伐。故《诗》曰："维桑维梓，必恭敬止。"

【译文】祖父种植桑树和梓树留给自己的子孙，子孙感念先祖的恩泽，不忍心砍伐。所以《诗经》里面有"维桑维梓，必恭敬止"的句子。

汉寿亭侯 汉寿在四川保宁府广元县。汉封关公为汉寿亭侯，即此地。后人称寿亭侯者误。

【译文】汉寿位于四川保宁府广元县。蜀汉封关羽为汉寿亭侯，说的就是这里。后人称"寿亭侯"是错误的。

度索寻橦 度索，以绳索相引而度也。寻橦者，植两木于两岸，以绳贯其中，上有一木筒，所谓橦也。人缚橦上，以手缘索而进，以达彼岸，有人解之，所谓寻橦也。

【译文】度索，是一种用绳索连接两端使人渡河的方法。寻橦的意思是，在两岸栽下两根木杆，用绳索贯穿其间，上面有一个木桶，这就是所谓的"橦"。把人绑在橦上，用手拉着绳索前进，到达彼岸，之后有人帮他把绳索解下，这就是所谓的"寻橦"。

井陉道 韩信与张耳将兵击赵，李左车说赵王曰："井陉道险，车不得方轨，骑不能成列。愿假臣三万人，从间道绝其辎重，两将之头可致之麾下。”

【译文】韩信和张耳将要出兵攻打赵国，李左车游说赵王：“井陉道路凶险，车不能并轨，骑兵不能成列。请给我三万兵马，从小路断绝他们的粮道，两位敌将的头颅便可以送到您的帐下了。”

九折坂 汉王阳为益州牧，至九折坂，叹曰：“奉先人遗体，奈何数乘此险！”后王尊至此，曰：“此非王阳所畏处耶？”乃叱其御，历险而上。后人以王阳不失为孝子，王尊不失为忠臣。

【译文】汉代王阳赴任益州牧，到九折坂时，感叹道：“我接受先人留下的身体，奈何要数次冒这样的危险！”后来王尊到了这里，说：“这不就是王阳畏惧的地方吗？”于是呵斥自己的坐骑，冒险而上。后人认为王阳虽然畏惧危险，但仍然算得上孝子，王尊则算得上一位忠臣。

赤地青野 地空无物曰赤地。野无人民无禾稻曰青野。

【译文】地上空无一物叫作“赤地”。田野上没有百姓，也没有庄稼，叫作“青野”。

息壤 古地名，有二：一在荆州；一在永州，地中不可犯畚锸，犯者立死。

【译文】息壤是古代的地名，有两处：一处在荆州，一处在永州，地中不能挖运泥土，违犯的人马上就会死去。

解池盐 不必煎煮。居人疏地为畦，决水灌其中，俟南风起，此盐即成。故大舜歌曰：“南风之时兮，可以阜吾民之财兮。”

【译文】解池的盐不需要使用煎煮的方式就能获得。当地人把地整理成小块，放水灌入里面，等到南风起时，盐就会制成。所以大舜歌唱道：“南风之时兮，可以阜吾民之财兮。”

保俶塔 钱忠懿王名俶，入朝，恐其羁留，作塔以保之。称名，尊天子也。今误作“保叔”，不知者遂有“保叔缘何不保夫”之句。

【译文】钱忠懿王名字叫钱俶，有一次入京朝见天子时，害怕自己被羁押在京，所以就建造了保俶塔来祈求平安。之所以用钱俶的名字来命名，是为了尊崇宋朝皇帝。现在的人把它误称为“保叔”，不知道的人就有了“保叔缘何不保夫”的说法。

沩汭（音规芮） 河东有二泉，南流曰沩，北流曰汭。《尚书》：“厘降二女于沩汭。”

【译文】河东有两眼泉，向南流的叫作“沩”，向北流的叫作“汭”。《尚书》记载：“尧把自己的两个女儿下嫁到沩汭。”

孔林 自泰山发脉，石骨走二百里，至曲阜结穴，洙、泗二水会于其前，孔林数百亩，筑城围之。城以外皆孔氏子孙，围绕列葬，三千年来，未尝易处。南门正对峄山，石羊石虎皆低小，埋土中。伯鱼墓，孔子所葬，南面居中，前有享堂，堂右横去数十武，为宣圣墓。墓坐一小阜，右有小屋三楹，上书“子贡庐墓处”。墓前近案，对一小山，其前即葬子思父子孙三墓，所隔不远，马鬣之封不用石砌，土堆而已。林中树以千数，惟一楷木老本，有石碑刻“子贡手植楷”，其下小楷生植甚繁。此外合抱之树皆异种，鲁人世世无能辨其名者，盖孔子弟子异国人，皆持其国中树来种者。林以内不生荆棘，并无刺人之草。

【译文】孔林龙脉从泰山开始起脉，岩石组成的龙骨向前延伸二百里，到曲阜生旺之气聚集在一起形成龙穴，洙水、泗水在龙穴前交汇。孔林有几百亩，人们建筑城墙把它围在里面。城外全都是孔氏家族子孙的坟墓，围绕着孔林按辈分埋葬，三千年以来，没有换过其他地方。南门正对峄山，石羊和石虎全都十分矮小，埋在土里。孔子儿子伯鱼的墓是孔子亲手埋葬的，面向南方，位于孔林中央，前面建有享堂，享堂向右横走数十步是孔子墓。墓坐落在一个小丘上，右边有三间小屋，屋子上写着“子贡庐墓处”。墓前靠近祭案，有一座小山，山前就是埋葬子思父、子、孙的三个墓，相隔不远，封土的形状如同马鬣，没有使用石头堆砌，只是土堆而已。孔林中有上千棵树，只有一棵古老的楷树，前面有块石碑刻着“子贡手植楷”，树下有小楷树生长得十分繁茂。除此之外，凡是合抱的树都是些奇异的品种，鲁地世世代代没有能辨别它们名字的人，大概是因为孔子的弟子都是异国的人，全都拿着自己国家的树来到这里种植。孔林内不生荆棘，也没有刺人的草。

土著（音着） 言着土地而有常居者，非流寓迁徙之人也。今人误读为注。

【译文】意思是说在某地常年居住的人，而不是居无定所、四处迁徙的人。现在的人把“著”误读为“注”。

雒邑 汉光武定居洛邑。汉以火德王，忌水，故去“水”而加“隹”，改洛为雒。后魏以土德王，以水得土而流，土得水而柔，故又除“隹”加“水”。

【译文】东汉光武帝定居洛邑。汉朝以火德称王，忌讳水，所以去掉“水”加“隹”，把“洛”改为“雒”。后来北魏以土德称王，因为水得到土就可以流动，土得到水就变得肥沃，所以又去掉“隹”而加上“水”。

京观 谓高丘如京；观，阙形也。古人杀贼，战捷陈尸，必筑京观，以为藏尸之地。古之战场所在有之。

【译文】“京”说的是京观的形状和高丘一样；“观”说的是城门两边高台的形状。古人杀死敌人，战胜之后将他们的尸体陈列，必然会建造京观，作为储藏尸体的地方。古代的战场遗址往往有京观。

玉门关 汉班超久在绝域，年老思归，上书曰：“臣不愿到酒泉郡，但愿生入玉门关。”

【译文】汉朝班超长期生活在西域，年老之后想要回到家乡，于是上书皇帝说：“我不奢望能够回到酒泉郡，只要能够活着进入玉门关就可以了。”

雁门关 在大同府马邑县。北雁入塞，必衔芦一根，掷之关门，然后飞入，如纳税然，芦柴堆积如山。设有芦政主事，岁进芦银以万计。

【译文】雁门关在大同府的马邑县。北归的大雁进入边塞时，嘴里总要衔一根芦苇，扔到雁门关的大门下，然后才飞入关内，就像缴纳赋税一样，芦苇秆堆积如山。雁门关设置芦政主事，每年上缴的芦柴银钱就有上万。

夏国 扬州漕河东岸有墓表，题曰：“夏国公墓道。”夏音虔，与夏字相类，少一发笔，下作“又”，行人遂误为夏国公。盖明顾公玉之封号，赐地葬此也。

【译文】扬州漕河的东岸有一块墓表，上面题着“夏国公墓道”五个字。“夏”读作“虔”，和“夏”字类似，少一撇，下面写作“又”，经过的人于是误以为是夏国公。其实这是明代顾玉的封号，朝廷赏赐他这块地方作为墓地。

鱼米之地 唐田澄《蜀城》诗："地富鱼为米。"故称沃土为鱼米之地。

【译文】唐朝田澄在《蜀城》诗里写道："地富鱼为米。"所以把肥沃的土地称为"鱼米之地"。

漏泽园 创始于宋元丰间，立为埋葬之所，取"泽及枯骨，不使有遗漏"之义也。明初，令民间立义冢。天顺四年，令郡县皆置漏泽园。

【译文】漏泽园始创于宋朝元丰年间，被设立为埋葬死人的地方，取"恩泽遍及枯骨，不使它们有所遗漏"的意思。明朝初年，朝廷下令民间设立收埋无主尸骸的墓地。天顺四年（1460年），朝廷又下令各郡县全部设置漏泽园。

㕲亭（音欧亭） 汉蒋澄封㕲亭侯。今溧阳有㕲山。

【译文】汉朝蒋澄曾被封为㕲亭侯。现在溧阳有座山叫"㕲山"。

鬼门关 在交趾南。其地多瘴疠，去者罕得生还。谚曰："鬼门关，十去九不还。"

【译文】鬼门关在交趾南部。那里瘴气弥漫，去到鬼门关的人很少有能够活着回来的。当地有谚语说："鬼门关，十去九不还。"

铁瓮城 在镇江，孙权所筑。

【译文】铁瓮城在镇江，是孙权建起的。

邗沟 在扬州，夫差所开。

【译文】邗沟在扬州，是吴王夫差开凿的。

女阳亭 在崇德县。勾践入吴时，夫人产女于此亭。及吴灭后，乃名女阳，更就李为女儿乡。

【译文】女阳亭在崇德县。越王勾践进入吴国时，他的夫人在这里生下女儿。等到吴国灭亡后，勾践便给它取名"女阳"，改"就李"为"女儿乡"。

崖州为大 宋丁谓贬崖州司户，常语客曰："天下州郡孰为大？"客曰："京师也。"谓曰："朝廷宰相今为崖州司户，则惟崖州为大也。"

【译文】宋朝丁谓被贬为崖州司户，经常对客人说："天下的州郡哪个最大？"客人说："当然是京师。"丁谓说："朝廷的宰相现在在崖州做司户，就只有崖州最大。"

戒石铭 宋高宗绍兴二年六月，颁黄庭坚所书《戒石铭》于州县，令刻石，文曰："尔俸尔禄，民膏民脂。下民易虐，上天难欺。"

【译文】宋高宗绍兴二年（1132年）六月，朝廷把黄庭坚写的《戒石铭》颁布到各州县，命令各地刻到石头上，上面写着："尔俸尔禄，民膏民脂。下民易虐，上天难欺。"

悲田院 《唐会要》曰：开元五年，宋璟、苏颋请建"悲田院"，使乞儿养病，给以廪食。亦曰"贫子院"。

【译文】《唐会要》记载：开元五年（717年），宋璟、苏颋请求建造"悲田院"，让乞丐可以在这里养病，由朝廷供给饮食。也叫"贫子院"。

筑城 周公筑洛阳城，公孙鞅筑咸阳城，伍员筑苏城。范蠡筑越城，张仪筑成都城，萧何筑长安城，孙权筑建康城、泗州城，王审知筑福州城，钱镠筑杭城。

【译文】周公建造了洛阳城，公孙鞅建造了咸阳城，伍员建造了苏城。范蠡建造了越城，张仪建造了成都城，萧何建造了长安城，孙权建造了建康城、泗州城，王审知建造了福州城，钱镠建造了杭城。

燕长城 燕始城上谷至辽东。赵始城雁门至灵州。秦始皇补筑，始名长城。北齐文宣帝复筑长城。汉武帝复筑辽东城。

【译文】燕国始建长城上谷至辽东段。赵国始建长城雁门至灵州段。秦始皇补建之后，才开始称为长城。北齐文宣帝又开始建造长城。汉武帝又建造了辽东的长城。

开险 司马错开巴蜀，秦昭王开义渠，赵武灵王开代、楼烦、白羊，燕惠王开辽东，秦始皇开朔方，汉彭吴开秽貊，唐蒙开邛僰、夜郎、牂牁、越巂，庄助开东瓯、西越，卫青开阴山。

【译文】司马错开拓了巴蜀之地，秦昭王开拓了义渠，赵武灵王开拓了代地、楼烦、白羊，燕惠王开拓了辽东，秦始皇开拓了朔方之地，汉朝彭吴开拓了秽貊，唐蒙开拓了邛僰、夜郎、牂牁、越巂，庄助开拓了东瓯、西越，卫青开拓了阴山。

胜国 灭人之国曰胜国，言为我所胜之国也。《左氏》曰："胜国者，绝其社稷，有其土地。”

【译文】灭亡别的国家叫作“胜国”，意思是被我战胜的国家。《左传》记载：“胜国的意思就是绝断他的祭祀，占有他的土地。”

支无祁 大禹治水，至桐柏山，获水兽，名支无祁，形似猕猴，力逾九象，人不可视。乃命庚辰锁于龟山之下，淮水乃安。唐永泰初，有渔人入水，见大铁索，锁一青猿，昏睡不醒，涎沫腥秽，不可近。

【译文】大禹治水时，到达桐柏山，捕获一头水兽，名叫支无祁，外形和猕猴长得很像，力量比九头大象还要大，人们都不敢看它。大禹就命令庚辰把它锁在龟山下，淮水这才安宁。唐朝永泰初年，有一个渔夫进入水中，看到一条大铁索，上面锁着一只青色猿猴，昏睡不醒，口水十分腥臭污秽，无法靠近。

雷峰塔 在钱塘西湖净寺前，南屏之支麓也，昔有雷就者居之，故名。上有塔，遭回禄，今存其残塔半株。

【译文】雷峰塔在钱塘西湖净慧寺的前面，在南屏山的支脉上，昔日曾有一个叫雷就的人居住在这里，因此得名。山上有塔，曾经遭到火灾焚毁，现在只剩下半座残塔了。

雪窦 在奉化县。唐时雪窦禅师居之鸟窠，衣褶寂然不动。

【译文】雪窦在奉化县。唐朝时雪窦禅师曾经居住在鸟巢里，连衣服的褶子都一动不动。

岳林寺 在奉化。布袋和尚道场，其钵盂佛迹尚在。

【译文】岳林寺在奉化。这里曾是布袋和尚的道场，他的钵盂和留下的佛迹现在还能够看到。

虎丘 吴王阖闾死，治葬，穿土为川，积壤为丘，铜棺三重，以黄金珠玉为凫雁。葬三月，金精上腾为白虎，蹲踞山顶，因名虎丘。

【译文】吴王阖闾死后，为他置办丧事，挖土作为墓道，累土成山，用铜做的铜棺有三层，外面用黄金、珠宝和玉石做成的野鸭和大雁作为装饰。埋葬三月之后，黄金的精气上升成为白虎，盘踞在山顶，所以取名“虎丘”。

坑儒谷 在临潼。秦始皇密令冬月种瓜于骊山谷中，温处皆熟。诏博士诸生说之。前后七百人，言人人殊，则皆使往视，因伏机陷之，后人号“坑儒谷”。

【译文】坑儒谷在临潼。秦始皇秘密下令农历十一月把瓜种在骊山的山谷中，温暖的地方瓜全部成熟。然后下诏让博士和儒生们前去解释这一现象。前后去了七百人，每个人的说法都不一样，最后秦始皇让这些人前去观看，顺势埋伏机关将这些人全部埋葬，后人称这里为“坑儒谷”。

鹤林寺 在润州，有马素塔。米元章爱其松石深秀，誓以来生为寺伽蓝，呵护名胜。公殁时，鹤林伽蓝无故自倒。里人知公欲践夙愿，遂塑其像于寺之左偏。

【译文】鹤林寺在润州，寺里有一座马素塔。宋朝米芾喜欢这里的松石和幽静，发誓来生一定要做寺里的伽蓝神，保护名胜。米芾去世时，鹤林寺的伽蓝神像突然无缘无故地倒地。乡里人知道米芾想要践行自己的愿望，就给他塑了一尊像放在寺庙的左边。

祖堂 在应天府治南。唐法融和尚得道于此，为南宗第一祖师，在山房禅定，有百鸟献花，故又名献花岩。

【译文】祖堂在应天府治下的南边。唐朝法融和尚曾经在这里得道成佛，是南宗的第一祖师。他在山房禅定时，有百鸟飞来献花，所以也叫“献花岩”。

雨花台 梁武帝时，有云光法师讲经于此，天花乱坠，故名雨花。

【译文】梁武帝时期，有一位云光法师曾经在这里讲经，当时天上有花瓣纷纷飘落，所以取名“雨花”。

飞来峰 在杭州虎林山之前。晋时西僧叹曰：“此是天竺国灵鹫山之小岭，不知何日飞来？”因名之飞来峰。

【译文】飞来峰在杭州虎林山的前面。晋朝时有西方僧侣感叹道：“这是天竺国灵鹫山的小山，不知道什么时候飞到这里来的？”因此取名“飞来峰”。

躲婆弄 在绍兴蕺山下，王右军居此。有老妪鬻扇，右军为题其扇，媪有愠色。及出，人竞买之。他日，媪又持扇乞书，右军避去。故其下有题扇桥、躲婆弄。

【译文】躲婆弄在绍兴蕺山脚下，王羲之曾经住在这里。有个老妇人卖扇子，王羲之为她在扇面上题字，老妇人脸上有些生气的神色。等到她出去卖的时候，人们都争着买扇子。又一天，老妇人再次拿着扇子让王羲之题字，王羲之便躲了起来。所以山下有“题扇桥”和“躲婆弄”。

笔飞楼 在蕺山之麓。王右军于此写《黄庭经》，笔从空中飞去。今其地有笔飞楼址。

【译文】笔飞楼在蕺山山麓。王羲之曾经在这里写《黄庭经》，笔突然从空中飞走。现在这里有笔飞楼的遗址。

樵风径 在会稽平水。汉郑弘少时采薪，得一遗箭。顷之，有老人觅箭，还之，问弘何欲，弘知其神人，答曰：“常患若耶溪载薪为难，愿朝南风，暮北风。”后果如其言。

【译文】樵风径在会稽郡平水。汉朝郑弘少年时曾经在这里打柴，捡到一支他人丢失的箭。过了一会儿，有一个老人来找箭，郑弘就还给了他。老人问郑弘有什么想要的，郑弘知道他是神人，回答：“我时常忧虑若耶溪在运载木柴时会有困难，想让这里早上刮南风，晚上刮北风。”后来果然跟他说的一样。

雷门 即绍兴府城之五云门。《会稽志》：雷门上有大鼓，声闻洛阳。后鼓破，有二鹳从鼓中飞出，声遂不远。

【译文】雷门就是绍兴府城的五云门。《会稽志》记载：雷门上有一个大鼓，声音能一直传到洛阳。后来鼓破了，有两只鹳鸟从鼓里飞出，声音就再也传不远了。

兰渚 在绍兴府城南二十五里。晋永和九年上巳日，王右军与谢安、孙绰、许询辈四十一人会此修禊事。今传有流觞曲水、兰亭故址。

【译文】兰渚在绍兴府城南二十五里的地方。东晋永和九年（353年）上巳日，王羲之曾经和谢安、孙绰、许询等四十一人在这里集会举行修禊的活动。现在这里还有流觞曲水和兰亭的遗址。

西陵 在萧山。一名固陵。范蠡治兵于此，言可固守，因名。

【译文】西陵在萧山。也叫固陵。范蠡曾经在这里管理军队，说这里可以固守，因此得名。

箪醪河　在绍兴府西。勾践行师日，有献壶浆者，跪而受之，取覆上流水中，命士卒乘流而饮。人百其勇，一战遂有吴国，因以名之。

【译文】箪醪河在绍兴府西部。勾践出兵的那一天，有人进献酒浆，勾践跪地接受，并把它倒在河水的上游，命令士兵们到河边喝水。每个人都有了以一敌百的勇武，一战就占领了吴国，这条河因此得名“箪醪河”。

浴龙河　在绍兴西门外。宋理宗与弟芮，少时同浴于河。鄞人余天锡卧舟中，梦二龙负舟，起视之，则二小儿缘舟戏。问之，知是宗室，遂与史弥远言其异，卒嗣帝位。

【译文】浴龙河在绍兴府城西门外。宋理宗赵昀和他的弟弟赵芮小时候曾经一起在这条河里沐浴。鄞人余天锡当时在舟里睡觉，梦到两条龙驮着自己的船，起身查看，原来是两个小孩扒着船边嬉戏。一问才知道是宗室子弟，于是就对当时的权相史弥远说了这件异事，最终赵昀继承了皇位。

沉酿堰　在山阴柯山之前。郑弘应举赴洛，亲友饯于此，以钱投水，依价量水饮之，各醉而去。

【译文】沉酿堰在山阴县柯山的前面。郑弘去洛阳科考时，亲朋好友们曾经在这里为他饯行，他们把钱扔到河水中，再根据扔钱的多少从河里取水喝，最后都大醉而去。

曹娥碑　在曹娥江浒。汉上虞令度尚所立，尚弟子邯郸淳所撰，蔡邕题“黄绢幼妇外孙齑臼”，隐“绝妙好辞”四字。魏武问杨修曰：“解否？”修曰：“解。”魏武曰：“卿勿言。”行三十里始悟，乃叹曰：“吾不如卿三十里。”（按：魏武不曾过钱塘，所见碑应是拓本。）

【译文】曹娥碑在曹娥江边，是汉朝上虞县令度尚所立，度尚的弟子邯郸淳撰写的碑文，蔡邕题写的“黄绢幼妇外孙齑臼”，里面隐藏着“绝妙好辞”四个字。魏武帝曹操曾经问杨修：“你知道这是什么意思吗？”杨修说：“知道。”曹操又问：“你不要说。”一直走了三十里曹操才领悟其中的意思，于是叹息道：“我比你差三十里啊。”（按：魏武帝没有去过钱塘，他看到的应该是拓本。）

钱塘 梁开平四年，钱武肃王始筑捍海塘，在候潮门外，潮水昼夜冲击，版筑不就。王命强弩数百以射潮头，潮水东击西陵，海塘遂就。

【译文】梁开平四年（910年），钱武肃王开始修筑捍海塘，在候潮门的外面，潮水不分昼夜地冲击堤坝，捍海塘根本无法筑成。武肃王便命令数百名弓箭手用箭射潮头，潮水便向东去冲击西陵，捍海塘这才建好。

桃源 晋时有渔人乘舟捕鱼，缘溪行，忘路远近，见洞口桃花，舍舟入。其中土地开朗，民居稠杂，鸡犬桑麻，怡然自乐。渔人惊问，云是先世避秦来此，遂与外隔。问今是何世，不知有汉，无论魏晋。渔人出，乃属曰："不足为外人道也。"

【译文】晋朝时，有个渔夫乘船捕鱼，沿着溪水前行，忘记了路途的远近，看到有一个开满桃花的洞口，于是舍弃小舟走了进去。洞里的土地开阔，居民稠密，畜养鸡犬，种植桑麻，快乐安逸。渔夫惊讶地问这是什么地方，那里的人说自己的先人为了躲避秦朝的统治来到这里，于是便与世隔绝。还问渔夫现在是什么朝代，居然不知道有汉朝，更不用说魏晋了。渔夫出来后，那里的人嘱咐他："没必要向外人说起这里。"

牛渚矶 在姑孰。水深不可测。相传其下多怪物，温峤燃犀角照之，须臾，见水族奇形怪状，有乘车马、着赤衣者。是夜，峤梦一人谓曰："与君幽明道隔，何事相窘？"峤觉而恶之。未几，以齿疾拔齿，中风而卒。

【译文】牛渚矶在姑孰。那里的水深不可测。传闻水下有很多奇怪的生物，温峤曾经点燃犀角照看，片刻之后，只见水里的生物奇形怪状，有乘着马车的，有穿着红色衣服的。这天夜里，温峤梦到一个人对他说："我们和你阴阳相隔，为什么要让我们陷入窘境？"温峤醒来之后觉得很不舒服，不久就因为牙疼拔牙，中风而死。

秦淮 杜宇始凿巫峡，汉武帝凿曲江，张九龄凿梅岭。秦始皇厌天子气掘淮流，西入江（《禹贡》：东入海），始名秦淮。隋炀帝东游，穿河，自京口至余杭。六朝自云阳凿运渎，径至建康，始复禹通渠故道，穿通济渠，为后世通漕转运。

【译文】杜宇最早开凿巫峡，汉武帝开凿曲江，张九龄开凿梅岭。秦始皇为了克制天子之气而掘断淮水，从此淮水向西汇入长江（《禹贡》记载：淮水向东流入大海），才开始有秦淮的说法。隋炀帝为了东游方便，开凿运河，从京口一直到余杭。六朝时期曾经从云阳开凿运河，一直到建康，这才恢复了大禹开凿的通渠旧道，又开凿了通济渠，成为后世漕运的重要水道。

泰山 泰山上有金箧玉策，能知人年寿修短。汉武帝探策得十八，倒读曰八十。后寿果八十。

【译文】泰山上有用金子做成的匣和用玉做成的签，能够知道人寿命的长短。汉武帝曾经抽签看到自己的寿命是十八，倒着读却是八十。后来果然活到八十岁。

八咏楼 在金华府府治西南，即沈约玄畅楼也。宋守冯伉更今名。

【译文】八咏楼在金华府治所的西南方，就是沈约的玄畅楼。宋代太守冯伉将其改成了现在的名字。

古蜀国 今成都府。蜀之先，自黄帝子曰昌意，娶蜀山氏女，生帝喾，乃封其支庶于蜀。历夏商，始称王，首名蚕丛，次曰柏灌，次曰鱼凫。

【译文】古蜀国就是现在的成都府。蜀国人的祖先，起自黄帝的儿子昌意，娶蜀山氏的女儿，生下帝喾，于是将他的后人分封到了蜀地。经历了夏、商两代才称王，第一个王叫蚕丛，第二个王叫柏灌，第三个王叫鱼凫。

八阵图 在新都牟弥镇。孔明八阵图凡三：在夔州者六十有四，方阵法也；在牟弥者一百二十有八，当头阵法也；在棋盘市者二百五十有六，下营法也。（又：沔之定军山下亦有之，夜常闻金鼓声。）

【译文】八阵图在新都牟弥镇。诸葛亮八阵图一共有三处：在夔州的有六十四阵，属于方阵法；在牟弥的有一百二十八阵，属于当头阵法；在棋盘市的有二百五十六阵，属于下营法。（另外：沔水的定军山下也有八阵图，夜里经常能够听到击鼓鸣金的声音。）

神女庙 在巫山。楚襄王游于高唐，梦一妇人曰："妾在巫山之阳，高丘之阻，朝为行云，暮为行雨。"比旦视之，如其言，遂立庙。

【译文】神女庙在巫山。楚襄王曾经在高唐游玩，梦里见到一个妇人对他说："我在巫山的南面，高山之上，早上是云，晚上是雨。"等第二天看时，果然跟她说的一样，于是为她建了一座庙。

华表柱 辽阳城内鼓楼东，昔丁令威家此，学道得仙，化鹤来归，止华表柱，以味画表，云："有鸟有鸟丁令威，去家千岁今始归。城郭虽是人民非，何不学仙冢累累。"

【译文】辽阳城内的鼓楼东边，曾经是丁令威的家。他学习道术后修炼成仙，变成仙鹤归来，停在华表柱上，用嘴在上面写字说："有鸟有鸟丁令威，去家千岁今始归。城郭虽是人民非，何不学仙冢累累。"

麦饭亭 在滹沱河上，冯异进光武麦饭处。无蒌亭在饶阳，冯异进豆粥处。

【译文】麦饭亭在滹沱河上，这里是冯异给汉光武帝进献麦饭的地方。无蒌亭在饶阳，是冯异给光武帝进献豆粥的地方。

柏人城 在唐山。汉高祖过此，欲宿，心动，问县何名。曰："柏人。"高祖曰："柏人者，迫于人也。"不宿而去。

【译文】柏人城在唐山。汉高祖从这里经过时，想要留宿，忽然心中一动，问这里是什么县。有人回答："柏人县。"高祖说："柏人的意思就是被人所迫。"于是没有在这里留宿就走了。

孟姜石 山海卫长城北，石上有妇人迹，相传为秦时孟姜女寻夫之地。

【译文】孟姜石在山海卫长城的北部，石头上有妇人的足迹，相传这是秦朝时孟姜女寻找丈夫的地方。

九层台 《太平》按《说苑》：晋献公筑九层台，其臣荀息谏曰："臣能累十二棋子加卵于上。"公曰："危哉。"遂止。其役遗址尚存。

【译文】《太平御览》引用《说苑》中的记载：晋献公曾经要建造一座九层高台，他的臣子荀息劝谏说："我能够把十二枚棋子垒在鸡蛋上。"晋献公说："这实在是一件危险的事。"于是停止了建造九层台的工程。现在还能看到这项工程的遗址。

虒祁宫 在曲沃。《左传》：晋作虒祁宫，而诸侯畔，谓此。卫灵公之晋，晋平公置酒于虒祁，令师涓奏靡靡之乐。师旷曰："此必得之濮上，乃亡国之声也，不可听！"

【译文】虒祁宫在曲沃。《左传》记载：晋国建造虒祁宫，于是诸侯反叛，说的就是这里。卫灵公来到晋国，晋平公在虒祁宫设宴款待他，命令乐师师涓弹奏柔弱、颓靡的音乐。师旷说："这必定是从卫国濮上那里得来的曲子，这可是亡国的音乐，绝对不能听！"

三冈四镇 俱在大同应州。赵霸冈在城东，黄花冈在城西，护驾冈在城南。安边镇在城东，大罗镇在城南，司马镇在城西，神武镇在城北。元好问诗："南北东西俱是名，三冈四镇护全城。"

【译文】三冈四镇都在大同的应州。赵霸冈在城东，黄花冈在城西，护驾冈在城南。安边镇在城东，大罗镇在城南，司马镇在城西，神武镇在城北。元好问就曾经写过"南北东西俱是名，三冈四镇护全城"的诗句。

桑林 在阳城。汤有七年之旱，祷雨于此，至今多桑。

【译文】桑林在阳城。商汤时期有持续七年的旱灾，汤曾经在这里祈雨，至今这里仍然有很多桑树。

天绘亭 在平乐府治。一日，郡守欲易名，忽从土中得片石，云："予择胜得此亭，名曰天绘。后某年月日，当有俗子易名清晖者。"遂已。

【译文】天绘亭在平乐府治。有一天，郡守想要给亭子改名，忽然从土里得到一个石片，上面写着："我选择风景秀丽的地方建造了这座亭子，取名'天绘'。后来的某年某月，会有一个俗人想要给这里改名为'清晖'。"太守便打消了改名的念头。

洛阳桥 在泉州府城东北，跨洛阳江，一名万安桥。郡守蔡襄建，长三百六十丈，广丈有五尺。先是海渡岁溺死者无算，襄欲垒石为梁，虑潮漫，不可以人力胜。乃遗檄海神，遣一吏往。吏酣饮，睡于海厓，半日潮落而醒，则文书已易封矣。归呈襄，启之，惟一"醋"字。襄悟曰："神其令我廿一日酉时兴工乎？"至期，潮果退舍。凡八日夕而功成，费金钱一千四百万。

【译文】洛阳桥在泉州府城的东北方，横跨洛阳江，又名万安桥。洛阳桥是郡守蔡襄修建的，长三百六十丈，宽一丈五尺。在修建这座桥之前，每年都有无数人因为渡海而死，蔡襄想要用石头建造一座桥，又担心被潮水患漫，仅凭人力恐怕很难建成。于是给海神写了一封文书，派遣吏员送去。谁知该吏员喝醉了酒，躺在海边睡着了，睡了半天直到潮水落下才醒，文书却已经被换了信封。他拿着文书回去，蔡襄打开之后，上面只写了一个"醋"字。蔡襄恍然大悟说："难道这是海神让我二十一日酉时开始施工吗？"到了那一天，潮水果然往后退。一共建造八天八夜之后，桥总算建成了，前后耗费金钱一千四百万。

社仓 在崇安。宋乾道中，县大饥，朱文公请于郡，得粟六百石赈给之，秋成，民偿粟于官，因乞留里中立社仓，夏贷冬收，以为常规。文公自作记。后请颁其法于天下。

【译文】社仓在崇安。宋乾道年间，崇安县闹饥荒，朱熹向郡里请求赈灾，得到粟六百石赈济灾民，秋天有了收成，百姓要把粮食偿还给官府，朱熹又请求把这些粮食留在里中并在这里设置社仓，夏天可以把仓里的粮食借给百姓，冬天归还，并将此设为日常规定。朱熹亲自写了文章来记载这件事。后来又请求朝廷将这种方法颁布天下。

五羊城 即广州府城。初有五仙人骑五色羊至此，故名。

【译文】五羊城就是广州府城。当初有五位仙人骑着五色羊到达这里，所以以此为名。

梅花村 罗浮飞云峰侧。赵师雄，一日薄暮，于林间见美人淡妆素服，行且近。师雄与语，芳香袭人，因扣酒家共饮。少顷，一绿衣童来，且歌且舞。师雄醉而卧。久之，东方已白，视大梅树下，翠羽啾啾，参横月落，但惆怅而已。

【译文】梅花村在罗浮山飞云峰的边上。有个叫赵师雄的人，一天傍晚在树林中见到一个化着淡妆、穿着朴素衣服的美人，向他慢慢走近。赵师雄和她说话，只觉得芳香袭人，于是便去敲酒家的门和美女共饮。片刻之后，进来一个穿着绿色衣服的孩子，载歌载舞。赵师雄便醉倒了。过了很久，东方天色渐亮，赵师雄看到自己躺在大梅树下，翠鸟啾啾地鸣叫，参星横斜，月影已落，只剩下惆怅而已。

滕王阁 南昌府城章江门上。唐高宗子元婴封滕王时建。都督阎伯屿重九宴宾僚于阁，欲夸其婿吴子章才，令宿构序。时王勃省父经此与宴。阎请众宾序，至勃不辞。阎恚甚，密令吏得句即报，至"落霞秋水"句，叹曰："此天才也！"其婿惭而退。

【译文】滕王阁在南昌府的章江门上，是唐高宗的儿子李元婴被封为滕王时建造的。都督阎伯屿在重阳节曾经在这里大宴宾客臣僚，想要夸耀自己女婿吴子章的才学，便让他提前一天写了一篇文章。当时王勃看望自己的父亲经过这里也参加了宴会。席上，阎伯屿请众位宾客写文章，到了王勃这里他却没有推辞。阎伯屿感到十分愤怒，便去了另一个房间，秘密命令吏员看到王勃写的句子后就马上前来报告，到“落霞与孤鹜齐飞，秋水共长天一色”这句时，阎伯屿感叹道：“这真是一个天才啊！”他的女婿也惭愧地退出了宴会。

岳阳楼　岳州西门，滕子京建楼，范希文记，苏子美书，邵竦篆，称四绝。

【译文】岳阳楼在岳州城西门，为滕宗谅（子京）所建，范仲淹曾经为它写过记文，由苏舜钦手写，邵竦篆刻，所以称为“四绝”。

巴丘山　岳州府城南。羿屠巴蛇于洞庭，积骨为丘，故名。

【译文】巴丘山在岳州府城的南边。羿曾经在洞庭射杀巴蛇，蛇骨垒成山丘，因此得名。

山川

九山　会稽山、衡山、华山、沂山、岱山、岳山、医无闾山、霍山、恒山。

【译文】：九山指会稽山、衡山、华山、沂山、岱山、岳山、医无闾山、霍山、恒山。

九泽　大陆泽、雷夏泽、彭蠡泽、云梦泽、震泽、菏泽、孟潴泽、湶泽、具区泽。

【译文】九泽指大陆泽、雷夏泽、彭蠡泽、云梦泽、震泽、菏泽、孟潴泽、湶泽、具区泽。

五岳　东岳泰山，山东济南府泰安州。南岳衡山，湖广衡州府衡山县。中岳嵩山，河南河南府登封县。西岳华山，陕西西安府华阴县。北岳恒山，山西大同府浑源县。

【译文】东岳泰山，位于山东济南府泰安州（今泰安市）。南岳衡山，位于湖广衡州府衡山县。中岳嵩山，位于河南河南府登封县（今登封市）。西岳华山，位于陕西西安府华阴县（今华阴市）。北岳恒山，位于山西大同府浑源县。

九河 曰徒骇、曰太史、曰马颊、曰覆釜、曰胡苏、曰简、曰絜、曰钩盘、曰鬲津。

【译文】九河指徒骇河、太史河、马颊河、覆釜河、胡苏河、简河、絜河、钩盘河、鬲津河。

五镇 东镇沂山，东安公，在沂州。南镇会稽山，永兴公，在绍兴。中镇霍山，应圣公，在晋州。西镇吴山，成德公，在陇州。北镇医无闾山，广宁公，在营州。

【译文】东镇指沂山，其山神被封为东安公，位于沂州。南镇指会稽山，其山神被封为永兴公，位于绍兴。中镇指霍山，其山神被封为应圣公，位于晋州。西镇指吴山，其山神被封为成德公，位于陇州。北镇指医无闾山，其山神被封为广宁公，位于营州。

五湖 一洞庭，二青草，三鄱阳，四丹阳，五太湖。一曰五湖者，太湖之别名也，一名震泽，一名笠泽。

【译文】五湖指洞庭湖、青草湖、鄱阳湖、丹阳湖、太湖。另一种说法认为五湖是太湖的别称，又称“震泽”和“笠泽”。

四渎 四渎者，江、淮、河、济是也。禹平水土，名曰四渎。《礼记》：天子祭天下名山、大川：五岳视三公，四渎视诸侯。

【译文】四渎就是长江、淮河、黄河和济水。大禹治水时，给它们起名“四渎”。《礼记》记载：皇帝祭祀天下的名山、大川：五岳视为三公，四渎视为诸侯。

四海 天地四方，皆海水相通，九戎、八蛮、九夷、八狄，形类不同，总而言之，谓之四海。渤澥者，又东海之别支也。

【译文】天地之间的四方都是与海水连通的，九戎、八蛮、九夷、八狄之人，虽然外貌上有所不同，但总的说起来，都可以称为“四海”。所谓的“渤澥”，是东海的一部分。

三岛　东海之尽谓之沧海，其中有蓬莱、方丈、瀛洲三神山，金银为宫阙，神仙所居。

【译文】东海的尽头叫作“沧海”，那里有蓬莱、方丈和瀛洲三座神山，山上有用金银建造的宫殿，是神仙居住的地方。

五山　渤海之东有大壑，名归墟，其中有岱舆、员峤、方壶、瀛洲、蓬莱五山。

【译文】渤海的东部有一个巨大的沟壑，名叫归墟，里面有岱舆、员峤、方壶、瀛洲、蓬莱五座仙山。

三江　三江者，松江、娄江、东江也。其分流处，曰三江口。

【译文】三江指松江、娄江和东江，它们分流的地方叫作“三江口”。

三泖　在松江府。俗传近山泾者为上泖，近泖桥者为中泖，自泖桥而上萦绕百余里曰长泖，是谓三泖。

【译文】三泖在松江府。民间传言靠近山泾的是上泖，靠近泖桥的是中泖，从泖桥往上萦绕一百多里的是长泖，这就是所谓的“三泖”。

昆仑山　在西番。山极高峻，积雪至夏不消，延亘五百余里，黄河经其南。

【译文】昆仑山在西番。山势极其高耸险峻，山上的积雪到夏季都不会消融，山势绵延五百多里，黄河流经昆仑山的南部。

黄河　在西番。其水从地涌出，百余泓，东北汇为大泽。又东流为赤宾河，合忽兰诸河，始名黄河。从东北至陕西、兰州，始入中国。元招讨使都实始穷河源。

【译文】黄河在西番。河水从地下涌出，有一百多股水流，向东北汇集成为大湖。又向东流成为赤宾河，与忽兰诸河汇合后，才称为黄河。从东北流经陕西、兰州，黄河才流入中原。元代的招讨使都实是第一个到达黄河源头的人。

华山　韩昌黎夏日登华山之岭，顾见其险绝，恐栗，度不可下，据崖大哭，掷遗书为诀。华阴令搭木架数层，给其醉，以毡裹縋下之。

【译文】韩愈（昌黎）在某夏日登上华山的高峰，回头看到山势险恶奇绝，心生恐惧，想着自己可能下不去了，就靠在山崖上大哭起来，还往山下投掷遗书作为诀别。华阴县令知道后，让人用木头搭起了几层的架子，哄着韩愈喝醉之后，拿毛毡裹住他用绳子把他放了下去。

匡庐山　在南康府。周时匡裕兄弟七人结庐隐此，故名。志中言有二胜，开元漱玉亭、栖贤三峡桥，内有白鹿洞，为朱晦庵读书处。今另设学校，以教习诸生。

【译文】匡庐山在南康府。周代时匡裕兄弟七人曾经在这里建造住宅隐居，因此得名。地方志中说这里有两处名胜：开元漱玉亭、栖贤三峡桥，里面还有白鹿洞，那是朱熹（晦庵）曾经读书的地方。现在县令又在这里设立了学校，用来教育学生。

武夷山　在崇安。高峰三十有六，道书第十六洞天，当有神人降此，自称武夷君。又《列仙传》：篯铿二子，长曰武，次曰夷，故名。

【译文】武夷山在崇安。有三十六座高峰，也是道书中说的第十六洞天，这里当时有神人降临，自称“武夷君”。另外，《列仙传》记载：彭祖（篯铿）有两个儿子，一个叫“武”，一个叫“夷”，武夷山因此得名。

龙虎山　在贵溪。两石峙，如龙昂虎踞，即上清宫也。世为张道陵所居，上有壁鲁洞，即天师得异书处。

【译文】龙虎山在贵溪。山上有两块大石对峙，就像真龙昂首、猛虎雄踞一样，这里就是上清宫所在的地方。世世代代都是张道陵居住的地方，上面还有“壁鲁洞”，就是张天师得到天书的地方。

嚾务（音权旄）山　在柏人城之东北。《尚书》言：舜纳于大麓，迅雷风烈，弗迷。即此。

【译文】嚾务山在柏人城东北。《尚书》记载：舜帝进入大山里，雷声阵阵、狂风大作，他也没有迷路。说的就是这里。

华不注（“不”音“夫”，与“跗”同）　言此山孤秀，如花跗之注于水也。《九域志》云：大明湖望华不注山，如在水中。

【译文】华不注说的是这座山孤拔秀丽，就像花萼在水中一样。《九域志》记载：在大明湖远望华不注山，就像在水中一样。

白岳山　在休宁县。一名齐云，岩上有石钟楼、石鼓楼、香炉峰、烛台峰，皆奇景。上供玄帝像，云是百鸟衔泥所塑，灵应异常，人称小武当。时时有王灵官响山鞭，声如霹雳。

【译文】白岳山在休宁县，又名“齐云山”，山上有石钟楼、石鼓楼、香炉峰、烛台峰，全都是奇异的景致。山上还供着玄帝的雕像，传说是百鸟衔泥雕塑而成的，十分灵验，被人称为“小武当”。山里时常能够听到王灵官抽响山鞭惩罚邪恶的声音，听起来就像霹雳一样。

镇江三山　一曰北固，一曰金山，一曰焦山。焦山者，汉末隐士焦光隐此，故名。上有《瘗鹤铭》，陶隐居所书，雷火断之，今坠江岸。

【译文】镇江三山指的是北固山、金山、焦山。之所以叫作焦山，是因为汉代隐士焦光曾经隐居在这里，因此得名。山上有《瘗鹤铭》，是陶弘景写的，后来被雷火烧断，现在已经坠落到江岸了。

八公山　在寿州。淮南王安与宾客八公修炼于此。谢玄陈兵淝水，苻坚望见八公山草木，风声鹤唳，皆为晋兵。

【译文】八公山在寿州。汉代淮南王刘安曾经和八位宾客在这里修仙。东晋谢玄在淝水部署军队，前秦苻坚远远看到八公山上的草木摇动，风声和白鹤的叫声，以为都是东晋的军队。

天童山　在鄞县。晋僧义兴卓锡于此，有童子给役薪水，久之辞去，曰：“吾太白神也，上帝命侍左右。”言讫不见。遂名太白山，又名天童山。

【译文】天童山在鄞县。晋朝僧人义兴曾经居住在这里，有一个童子照料他的日常生活，时间长了想要告辞离去，并对他说：“我是天上的神仙太白金星，天帝命令我侍奉您左右。”说完之后就不见了。于是就给这座山起名“太白山”，又称“天童山”。

招宝山　在定海。天气晴朗，朝鲜、日本诸国，一望可见。山中有棋子坪，以白饭撒之得白子，以黑豆撒之得黑子。

【译文】招宝山在定海。天气晴朗时，朝鲜和日本等国，一眼就能望见。山里有一处棋子坪，把白米撒在上面就能得到白色棋子，把黑豆撒在上面就能得到黑色棋子。

翁洲山 在定海。徐偃王所居。勾践欲封夫差于甬东，即此地也。唐开元中置翁山县。

【译文】翁洲山在定海。这里是周朝徐国国君徐偃王曾经居住的地方。勾践想把夫差册封在甬东，就是这里。唐朝开元年间曾经在这里设置了翁山县。

鸡鸣山 在应天府东，旧名鸡笼山。雷次宗开馆于此，齐高宗常就次宗受《左氏春秋》。

【译文】鸡鸣山在应天府东边，旧称鸡笼山。南朝雷次宗曾经在这里开馆讲学，齐高宗经常来这里听他讲《左氏春秋》。

牛首山 在祖堂之北，上有二峰相对，如牛角，故名。晋王导曰："此天阙也。"又名天阙山。

【译文】牛首山在祖堂的北边，上面有两座山峰相对，就像牛角一样，因此得名。晋朝王导说："这里是天阙。"所以又名"天阙山"。

摄山 在应天府治东北，产摄生草。上有千佛岩、栖霞寺，即明僧绍舍宅。

【译文】摄山在应天府治所的东北方，盛产摄生草。山上还有千佛岩和栖霞寺，就是明代僧人绍舍居住的地方。

茅山 在句容，初名句曲山。茅君得道于此，更今名。上有三峰，三茅君各占其一，谓之三茅峰。三峰之北，曰玉晨观，即所谓金陵地肺也。

【译文】茅山在句容，本来的名字叫"句曲山"。茅君曾经在这里得道成仙，所以改名"茅山"。山上有三座高峰，三位茅君各占一座，叫作"三茅峰"。三茅峰的北边是玉晨观，就是所谓的"金陵地肺"。

莫愁湖 三山门外。昔有妓卢莫愁家此，故名。

【译文】莫愁湖在三门山外。原来有个叫卢莫愁的妓女住在这里，因此得名。

天台山 上应台星，高一万八千丈，周八百里，从昙花亭麓视石梁瀑布，如在天半上。有琼台玉阙诸景，旧名金庭洞天。

【译文】天台山对应天上的三台星，高一万八千丈，方圆八百里，在昙花亭脚下看石梁瀑布，就像挂在半空中一样。山上还有琼台、玉阙等景观，原来的名字叫“金庭洞天”。

天姥山 在浙之新昌县。李太白梦游天姥，即此。近产茶，名天姥茶。

【译文】天姥山在浙江新昌县。李白曾经在梦中游览天姥，说的就是这里。近来山上盛产茶叶，名叫“天姥茶”。

文公山 在尤溪。朱晦庵父松，为尤溪尉，任满，假馆于郑氏。建炎庚戌九月，朱子生，所对二山，草木繁密，野烧焚之，山形露出“文公”二字。

【译文】文公山在尤溪。朱熹的父亲朱松曾经在这里担任尤溪尉，任期满后，租了郑氏家的房子，招一些学童教书。宋建炎三年（1130年）九月，朱熹出生，郑氏家的屋子正对着两座山，山上草木十分繁密茂盛，（传说朱熹出生前一天）这些草木被野火焚烧，光秃秃的山显出“文公”两个字的形状。

云谷山 在建阳。群峰上蟠，中阜下踞，虽当晴昼，白云纷入，则咫尺不可辨。朱文公作草堂其中，榜曰“晦庵”。

【译文】云谷山在建阳。众多高峰环绕其上，略低的山丘盘踞其下，即使是在晴朗的白天，白云也会聚集在山上，咫尺之间也无法看清东西。朱熹在山中建造了一座草堂，并在草堂的门匾上题写了“晦庵”两字。

钟山 在分宜。晋时，雨后有大钟从山峡流出，验其铭，乃秦时所造，故名钟山。后有渔人，山下得一铎，摇之，声如霹雳，山岳动摇。渔人惧，沉之水。或曰：此秦始皇驱山铎也。

【译文】钟山在分宜。晋朝时，有一个大钟在雨后从山峡里流出，查验钟上面的铭文，原来是秦朝时铸造的，于是将这里命名为“钟山”。后来有一个渔夫，在山下得到一个大铃，摇动之后，发出的声音就像霹雳一样，就连山岳也跟着摇动。渔夫十分害怕，就把它扔到了水里。有人说：这是秦始皇的“驱山铎”。

寒石山 唐寒山、拾得二僧居此。丰干和尚谓闾丘太守曰：“寒山、拾得，是文殊、普贤后身。”太守往谒之，二人笑曰：“丰干饶舌。”遂隐入石中，不复出。

【译文】唐朝的寒山和拾得两位僧人在这里居住。丰干和尚对闾丘太守说：“寒山、拾得两位僧人是文殊菩萨、普贤菩萨的化身。”太守于是前往拜访，两人笑着说：“这个丰干真是多嘴多舌。”于是隐身到山石里，不再出来了。

石镜山 在临安。有圆石如镜，钱镠少时照之，冠冕俨然王者。唐昭宗封为衣锦山。镠常于此宴故老，木石皆披锦绣。

【译文】石镜山在临安。山上有一块圆形石头，光滑如镜，钱镠小时候曾经用它照过，镜中的自己赫然是王者的样子。唐昭宗曾经册封这里为“衣锦山”。钱镠经常在这里宴请老友，还要给山上的树和石头全都披上锦绣。

宛委山 在会稽禹穴之前。上有石匮，大禹发之，得赤珪如日，碧珪如月，长一尺二寸。又传禹治水毕，藏金简玉字之书于此。

【译文】宛委山在会稽山禹穴的前面。山上有一个石盒，大禹打开之后，得到一件像太阳一样殷红的玉珪，还有一件像月亮一样澄碧的玉珪，长一尺两寸。又有传言说大禹治水结束后，便把黄金做成书简、宝玉做成字的书藏在这里。

宝山 一名攒宫。在会稽县东南。宋高、孝、光、宁、理、度六陵在焉。元妖僧杨琏真伽发诸陵，唐珏潜收陵骨，瘗于兰亭山之冬青树下，陵骨得以无恙，独理宗头大如斗，不敢更换，元人取作溺器。我太祖得之沙漠，复归本陵，有石碑记其事。

【译文】宝山又名“攒宫”，在会稽县东南部。宋高宗、宋孝宗、宋光宗、宋宁宗、宋理宗、宋度宗的陵墓都在这里。元朝妖僧杨琏真伽打开了这些陵墓，唐珏便把陵墓中的遗骨暗中藏了起来，埋在兰亭山的冬青树下，这些遗骨才得以安然无恙，只有宋理宗的头骨像斗一样大，唐珏不敢擅自更换，被元朝人拿去做了夜壶。我朝太祖从沙漠中找到之后，又把它放回到了本来的陵墓中，有一块石碑上记载着这件事。

越城中八山 卧龙、蕺山、火珠、白马、峨眉、鲍郎、彭山、怪山。更有黄琢山，在华严寺后，人不及知。峨眉山，在轩亭北首民居之内，今指土谷寺神桌下小石为峨眉山者，非是。怪山在府治东南，《水经注》云：是山自琅琊东武海中一夕飞来，居民怪之，故曰怪山。上有灵鳗井，鳗大如柱，能致风雨。越王筑台其上，以观云气。

【译文】越城中八山指的是卧龙山、蕺山、火珠山、白马山、峨眉山、鲍郎山、彭山、怪山。还有一座黄琢山，在华严寺的后面，很少有人知道。峨眉山在轩亭北边百姓的住宅里，现在把土谷寺神桌下面的小石头称为峨眉山的说法是错误的。怪山在府治所的东南边，《水经注》记载：这座山从琅琊山东边的武海中一夜之间飞来，当地的居民都觉得奇怪，所以给它起名“怪山”。山上有一口灵鳗井，里面的鳗鱼像柱子一样大，能够呼风唤雨。越王曾经在山上筑造了一座高台，用来观察云气。

尾闾 台州宁海县东，海中水湍急，陷为大涡者十余处，百凡浮物，近之则溺。

【译文】尾闾在台州宁海县东部，海中水流湍急，有十几个地方都下陷成为巨大的漩涡，所有漂浮在水面上的东西，只要靠近就会被吸入。

瓠子河 汉武帝元光三年，河决顿丘，复决濮阳，瓠子泛郡十六，发卒数万人塞瓠子河。天子自临决河，沉白马玉璧于河，筑室其上，名防宣宫。

【译文】汉武帝元光三年（前132年），黄河在顿丘决口，又在濮阳决口，瓠子河冲毁了十六个郡，朝廷征招几万人堵塞瓠子河。皇帝亲自来到决口的河边，把白马和玉璧沉入河中，并且在河边建造了宫殿，起名“防宣宫”。

钱塘潮 朝夕两至，初三日起水，二十日落水。每月十八潮大，八月十八潮尤大。有《候潮歌》曰：“午未未未申，寅卯卯辰辰，巳巳巳午午，朔望一般轮。”

【译文】钱塘江在早上和晚上有两次潮水，初三起潮，二十日落潮。每月十八的潮水为一月的最大潮，八月十八的潮水全年最大。有一首《候潮歌》这样唱道：“午未未未申，寅卯卯辰辰，巳巳巳午午，朔望一般轮。”

磻溪 在凤翔府宝鸡县。吕望钓此，得一鱼，腹有璜玉，文曰：“周受命，吕氏佐。”今石上隐隐见两膝痕。

【译文】磻溪在凤翔府宝鸡县（今宝鸡市）。姜太公吕望曾经在这里垂钓，得到一条鱼，鱼腹中有一块璜玉，上面写着：“周受命，吕氏佐。”现在石头上还能隐约看到两膝的痕迹。

滟滪堆 在瞿唐峡口。有孤石，冬出水二十余丈，夏即没入水中。土人云："滟滪大如象，瞿唐不可上；滟滪大如马，瞿唐不可下。"以为水候。庾子舆奉父榇还巴东，至瞿唐，水壮。子舆哀号，峡水骤退，舟得安行。人为之语曰："滟滪如幞本不通，瞿唐水退为庾公。"

【译文】滟滪堆在瞿唐峡口。那里有一块孤立的大石，冬季能够露出水面二十多丈，夏季就会淹没到水中。当地人有一句俗语："滟滪大如象，瞿唐不可上；滟滪大如马，瞿唐不可下。"这块石头被用来作为水势大小的标志。南朝庾子舆护送父亲的棺木回巴东时，到达瞿唐峡，水势迅猛。庾子舆悲哀地号哭，峡水突然退了下去，他的船得以安全行驶。有人就说："滟滪堆大小如同头幞，本来无法通行，瞿唐峡的水之所以消退，是为了成全庾子舆的孝道。"

三峡 瞿唐峡与西陵峡、巫山峡，世称三峡，连亘七百里，重岩叠障，隐蔽天日，非亭午、夜分，不见日月。《水经》云杜宇所凿。

【译文】瞿唐峡与西陵峡、巫山峡，被世人合称三峡，连绵横亘七百里，重重叠叠的岩石和山峰把天上的太阳都遮蔽起来了，如果不在正午和半夜时分，根本看不到太阳和月亮。《水经注》记载这里是杜宇开凿的。

烂柯山 衢州府城南。一名石室。道书谓青霞第八洞天。晋樵者王质入山，见二童子弈，质置斧而观。童子与质一物，如枣核，食之不饥。局终，示质曰："汝斧柯烂矣。"质归家，已百岁矣。

【译文】烂柯山在衢州府城南边。也叫"石室山"。是道书上说的"青霞第八洞天"。晋朝有个叫王质的樵夫在山里看到两个童子下棋，王质便放下斧子在一旁观看。童子送给王质一个东西，形状和枣核很像，吃了之后可以使人感觉不到饥饿。棋局结束之后，那童子对王质说："你的斧柄已经烂了。"王质回到家里之后，才知道已经过了一百年了。

江郎山 在江山。世传江氏兄弟三人登其巅，化为石，故名。山顶有池，产碧莲、金鲫。

【译文】江郎山在江山。世间传闻有江氏兄弟三人曾经登到山顶，化为山石，因此得名。山顶上有一座池塘，盛产碧绿的莲花和金色的鲫鱼。

金华山　府城北。金星与婺女星争华，故名。又名长山，周三百六十余里，其最胜者曰金华洞，道书第三十六洞天。

【译文】金华山在府城北边。金星与婺女星争放光华，因此得名。金华山又名长山，方圆三百六十多里，其中最有名的地方是金华洞，就是道书里说的第三十六洞天。

四明山　在余姚县。高三万八千丈，周二百一十里，由鄞小溪入，则称东四明；由余姚白水入，则称西四明；由奉化雪窦入，则直谓之四明。道经第九洞天也。峰凡二百八十有二，中有峰曰芙蓉，有汉隶刻石上，曰“四明山心”。其右有石窗。

【译文】四明山在余姚县（今余姚市）。高三万八千丈，方圆二百一十里，从鄞县（今宁波市鄞州区）的小溪入山，就称为“东四明”；从余姚的白水入山，就称为“西四明”；从奉化县（今宁波市奉化区）的雪窦入山，就直接称为“四明”。这里就是道经中说的“第九洞天”。四明山有二百八十二座山峰，中间有座叫芙蓉的山峰，上面有用汉隶刻成的“四明山心”四字。它的右边还有石窗。

天水池　在重庆江津县。邑人春月游此，竞于池中摸石祈嗣，得石者生男，得瓦者生女，颇验。

【译文】天水池在重庆江津县（今重庆市江津区）。本地人春季到这里游玩，都争着从水里摸出石头祈求子嗣，摸到石头的人生下男孩，摸到瓦片的人生下女孩，十分灵验。

大瀼水　在奉节县。杜甫诗“瀼东瀼西一万家”，即此。郡人龙澄，尝于瀼中见一石盒，探取之，获玉印五，文字非世间篆籀。忽有神人诧曰：“玉印乃上帝所宝，昔授禹治水，水治复藏名山大川。今守护不谨耳！可亟投元处。”澄如其言。后登上第。

【译文】大灌水在奉节县。杜甫诗里说的“瀼水之东加上瀼水之西有一万户人家”就是这里。郡里有个叫龙澄的人，曾经在瀼水里发现一个石盒，探入水中取出之后，获得五枚玉印，上面的文字不是世间篆文和籀文。忽然有一个神仙诧异地说：“这玉印乃是天帝的宝物，昔日授予大禹用来治水，水患平息后便把它们藏到了名山大川中。现在看来是守护得不够严谨啊！应该马上把它们扔到原来的地方。”龙澄依言行事，后来在科举考试中取得了很高的名次。

牛心山　龙安府城之东。梁李龙迁葬此。武后时凿断山脉。玄宗幸蜀，有老人苏垣奏：“龙州牛山，国之祖墓，今日蒙尘，乃则天掘凿所致也。”玄宗命刺史修筑如旧。未几，诛禄山。

【译文】牛心山在龙安府城的东边。梁代李龙的坟墓曾经被迁移到这里。武则天时曾将山上的龙脉凿断。唐玄宗逃到西蜀时，有个叫苏垣的老人上奏说：“龙州牛心山是我朝的祖墓，无奈现在蒙尘，这是武则天凿断龙脉导致的。”唐玄宗于是命令刺史将这里修筑成原来的样子。没过多久，安禄山就被诛杀了。

峨眉山　眉州城南，来自岷山，连冈叠障，延袤三百余里，至此突起三峰，其二峰对峙，宛若娥眉[①]。

【译文】峨眉山在眉州城南边，来自岷山山脉，山岗和峰峦重重叠叠，绵延三百多里，到这里耸立起三座山峰，其中两座山峰呈对峙之势，就像一对女人的眉毛。

磨针溪　彭山象耳山下，相传李白读书山中，学未成，弃去。过是溪，逢老媪方磨铁杵，白问故，媪曰：“欲作针耳。”白感其言，遂卒业。

【译文】磨针溪在彭山象耳山下，相传李白曾经在山里读书，学业未成便放弃出走。经过这条溪水时，碰到一个老妇人正在磨铁杵，李白问她缘故，老妇人说：“我想要把它磨成一根针。”李白有感于她的话，于是回去完成了学业。

长白山　在开原东北千余里。横亘千里，其巅有潭，周八十里，深不可测，南流为鸭绿江，北流为混同江。

【译文】长白山在开原东北一千多里的地方。山势横亘千里，山顶有一个水潭，周长八十里，潭水深不可测，向南流成为鸭绿江，向北流成为混同江。

太行山　怀庆府城北。王烈入山，忽闻山北雷声，往视之，裂开数百丈，石间一孔径尺，中有青泥流出，烈取抟，即坚凝，气味如香粳饭。

【译文】太行山在怀庆府城北。王烈有一次进山时，突然听到山北有打雷

---

① 底本为“峨眉”，应为笔误。——编者注

的声音，前往查看，只见山体裂开几百丈，石头的中间有一个直径一尺左右的洞，有青泥从里面流出，王烈取了一些青泥捏成球状，泥球马上就凝固了，还散发出如同香米饭一样的气味。

神农涧　在温县。神农采药至此，以杖画地，遂成涧。

【译文】神农涧在温县。神农采药时到达这里，用手杖在地上画了一下，就成了水涧。

卧龙岗　南阳府城西南。即诸葛亮躬耕处，有三顾桥。

【译文】卧龙岗在南阳府城西南方。就是诸葛亮躬身耕作的地方，那里还有一座“三顾桥”。

丹水　在内乡县。《抱朴子》云：水有丹鱼，先夏至十日，夜伺之，鱼皆浮水，赤光如火，取其血涂足，可步行水上。

【译文】丹水在内乡县。《抱朴子》记载：水里有一种叫作丹鱼的鱼类，距离夏至还有十天时，夜里在暗中等候，水里的鱼会全部浮出水面，发出的红色光芒就像火一样，用它们的血涂在脚上，可以在水面步行。

天中山　汝宁府城北。在天地之中，故名。自古考日影测分数，莫正于此。

【译文】天中山在汝宁府城北边。因为在天地的正中间，所以得名“天中”。自古以来想要考查日影长短用来推算天象，没有比这里更准确的了。

金龙池　在平阳府城西南。晋永嘉中，有韩媪偶拾一巨卵，归育之，得婴儿，字曰“橛”。方四岁，刘渊筑平阳城不就，募能城者。橛因变为蛇，令媪举灰志其后，曰：“凭灰筑城，城可立就。”果然，渊怪之，遂投入山穴间，露尾数寸，忽有泉涌出，成此池。

【译文】金龙池在平阳府城西南方。晋朝永嘉年间，有一位姓韩的老妇人无意间捡到一枚巨蛋，回家之后将它孵化，得到一个婴儿，于是给他起名叫“橛”。这个孩子四岁时，后汉国的开国皇帝刘渊正在建造平阳城，但怎么都建不好，于是向民间招募善于筑城的人。韩橛于是变为蛇，让老妇人拿着灰在他后面做标记，并说：“凭借着灰撒下的标记筑城，这座城马上就能建好。”后来果然跟他说的一样，刘渊感到十分奇怪，就把他放到了山中的洞穴里，只留下几寸尾巴在外面，忽然有泉水涌出，就成了这座池。

五台山 在五台县。五峰高出云汉，文殊师利所居。曰“清凉山”，即此。

【译文】五台山在五台县。这里有五座山峰高出云霄之外，是文殊师利菩萨居住的地方。人们说的“清凉山”就是这里。

尼山 曲阜接泗水邹县界。颜氏祷此，而孔子生。记云：“颜氏升之谷，草木之叶皆上起；降之谷，草木之叶皆下垂。”

【译文】尼山在曲阜和泗水相交的邹县境内。颜氏在这里祈祷后生下孔子。《孔氏祖庭广记》记载：“颜氏从山谷上去时，草木的叶子也全都跟着一起向上翘起；颜氏下山谷时，草木的叶子都跟着垂下。”

雷泽 在曹州。泽中有雷神，龙身而人颊，鼓其腹则鸣。《史记》：“舜渔于雷泽。”即此。

【译文】雷泽在曹州。泽中有雷神居住，长着龙身人脸，用手拍打他的腹部就会发出雷鸣声。《史记》记载：“舜帝曾经在雷泽捕鱼。”说的就是这里。

鸣犊河 在高唐。孔子将西见赵简子，闻杀窦鸣犊，临河而叹，因名。

【译文】鸣犊河在高唐。孔子将要西行见赵简子，听到赵简子杀害窦鸣犊的消息，于是在河边悲叹，这里因此得名“鸣犊”。

濮水 濮州上有庄周钓台。昔师延为纣作靡靡之乐。武王伐纣，师延自投濮水而死。后卫灵公夜止濮上，闻鼓琴声，召师涓听之。师涓曰：“此亡国之音也。”

【译文】濮州上有庄周钓鱼的台子。昔日乐师师延曾经为纣王创作靡软颓废的乐曲。周武王伐纣时，师延投濮水自尽。后来卫灵公在夜里到达濮水岸边，听到有弹琴的声音，于是召唤师涓来听，师涓说：“这是亡国之音啊。”

牛山 临淄。齐景公登牛山，流涕曰：“美哉国乎！若何去此而死也？”艾孔、梁丘据皆从而泣，晏子独笑。公问故，对曰：“使贤者不死，则太公、桓公常守之矣。勇者不死，则庄公、灵公常守之矣，吾君安得此位乎？至于君独欲常守，是不仁也。二子从而泣，是谄谀也。见此二者，臣所以窃笑。”公举觞自罚，罚二臣者。

【译文】牛山在临淄。齐景公曾经登上牛山，流着眼泪说：“我的国家是多么美丽啊！我为什么要离开这里而去死呢？”艾孔和梁丘全都跟着哭泣，只有晏子在笑。齐景公问其原因，晏子回答：“假如贤明的人不死，那太公和桓公就能永远守护我们的国家了。假如勇敢的人不死，那么庄公和灵公也能永远守护国家，大王您又怎么能够得到齐王的位置呢？至于您想要独自守着国家，这是不仁的表现。两位臣子跟随您一起哭泣，这是谄媚的表现。我因为看到这两件事，所以发笑。”齐景公举起酒杯自罚一杯，又罚了艾孔和梁丘据各一杯。

愚公谷　临淄愚公山之北。齐桓公逐鹿至此，问一老父：“何以名愚公谷？”对曰：“臣畜牸牛生犊，卖犊而买驹。少年谓牛不能生马，遂持驹去。邻人以臣为愚，故名。”

【译文】愚公谷在临淄愚公山的北边。齐桓公曾经追逐一头鹿来到这里，问一位老人：“这里为什么叫愚公谷？”那位老人回答：“我养了一头母牛，生下的牛犊被我卖掉买了一匹马驹。一位年轻人说牛是不可能生下马的，于是就把马驹牵走了。附近的人觉得我很愚笨，所以叫这里‘愚公谷’。”

九华山　青阳，旧名九子山。李白谓“九峰似莲华”，乃更今名。刘梦得尝爱终南、太华，以为此外无奇；爱女几、荆山，以为此外无秀。及见九华，深悔前言之失也。

【译文】九华山在青阳，以前叫“九子山”。李白诗中写过“九峰似莲华”，于是就改成了现在的名字。刘禹锡非常喜欢终南山和太华山，认为除了这两座山之外天下再无奇山；也非常喜爱女几山和荆山，认为除了这两座山之外天下再也没有秀丽的山了。等他看到九华山之后，才对以前言语上的过失感到深深的懊悔。

禹祁山　姑苏城西，相传禹导吴江以泄具区，会诸侯于此。

【译文】禹祁山在姑苏城的西边，相传大禹治水时把吴江的水泄入具区泽（即太湖），曾经在这里大会诸侯。

洞庭山　姑苏城西太湖中，一名包山，道书第九洞天。苏子美记：“有峰七十二，惟洞庭称雄。”

【译文】洞庭山在姑苏城西边的太湖中，也叫“包山”，道书上说的“第九洞天”就是这里。苏舜钦记载：“有七十二座峰，只有洞庭山可以称雄。”

孔望山　海州。孔子问官于郯子，尝登此望海。

【译文】孔望山在海州。孔子向郯子请教关于官制的问题，曾经登上孔望山远眺大海。

夹谷山　在赣榆。即孔子会齐侯处。

【译文】夹谷山在赣榆。就是孔子会见齐侯的地方。

硕项湖　在安东。秦时童谣云：“城门有血，当陷没。”有老姆忧惧，每旦往视。门者知其故，以血涂门，姆见之，即走。须臾，大水至，城果陷。高齐时，湖尝涸，城址尚存。

【译文】硕项湖在安东（今江苏省淮安市涟水县）。秦朝时有一首童谣唱道：“城门有血，当陷没。”一位老妇人感到十分担忧害怕，每天早上都要去城门查看。门吏知道其中的缘故，就用血涂在门上，老妇人见到之后，立刻逃跑了。片刻之后，洪水到来，城果然被淹没了。北齐时期，硕项湖曾经干涸过，城池的遗址还在。

龙穴山　六安上有张龙公祠，记云：张路斯，颍上人，仕唐为宣城令，生九子，尝语其妻曰：“吾龙也。蓼人郑祥远亦龙也，据吾池。屡与之战，不胜，明日取决，令吾子射系鬣以青绡者郑也，绛绡者吾也。”子遂射中青绡者，郑怒，投合肥西山死。即今龙穴。

【译文】六安山上有一座张龙公祠堂，碑记上写着：张路斯是颍上人，在唐代曾经做过宣城县令，生下九个儿子，他曾经对妻子说：“我其实是神龙。蓼地的郑祥远也是龙，占据了我的巢穴。我和他战斗过很多次，都不是他的对手，明天我要和他决一死战，让我的儿子用弓箭射那条龙鬣上系着青色绡带的龙，那就是郑祥远，系着深红色绡带的是我。”他的儿子于是用弓箭射中系着青色绡带的龙，郑祥远大怒，逃到合肥的西山后就死了。那里就是现在的“龙穴山”。

巢湖　合肥。世传江水暴涨，沟有巨鱼万斤，三日而死，合郡食之。独一姥不食。忽遇老叟，曰：“此吾子也。汝不食其肉。吾可亡报耶？东门石龟目赤，城当陷。”姥曰往窥之。有稚子戏以朱傅龟目。姥见，急登山，而城陷，周四百余里。

【译文】巢湖在合肥。世间传言有一次江水暴涨，沟里有一条万斤重的巨鱼，三日后就死了，整个郡的人一起来吃鱼肉。只有一个老妇人不吃。后来，她在路上忽然碰到一个老人说：“这是我的儿子。你不吃他的肉，我又怎么能不报答你呢？东门外石龟的眼睛如果变红了，这座城就要陷落了。”老妇前往城门查看。一个小孩把朱砂涂在石龟的眼睛上，石龟眼睛变红了。老妇看到之后，急忙登到山顶，城池周围四百余里全都被水淹没了。

滇池 云南府城南。一名昆明池，周五百余里，产千叶莲。《史记》：“滇水源广末狭，有水倒流，故曰滇。”

【译文】滇池在云南府城的南边。也叫“昆明池”，占地五百多里，盛产千叶莲。《史记》记载：“滇水的源头宽广，下游却很狭窄，有的地方水会倒流，所以称为‘滇’。”

金马山 云南府城东，世传金马隐现于上。往西则碧鸡山，峰峦秀拔，为诸山长。俯瞰滇池，一碧万顷。汉宣帝时，方士言益州有金马碧鸡可祭祷而致，乃遣王褒入蜀。

【译文】金马山在云南府城的东边，世间传言有一匹金马隐隐约约地出现在山上。往西走是碧鸡山，山峰秀丽挺拔，是诸多山峰中最高的。从山上俯瞰滇池，能够看到万顷碧波的景象。汉宣帝时，有一位方士说益州有金马和碧鸡，可以通过祭祀和祈祷获得，皇帝于是派遣王褒进入蜀地。

大庾岭 南雄府城北。一名梅岭。张九龄开凿成路，行者便之。上有云封寺、白猿洞。卢多逊南迁岭上，憩一酒家，问其姓，妪曰：“我中州仕族，有子为宰相卢多逊挟私窜以死。我且寓此岭，候其来。”多逊仓皇避去。

【译文】大庾岭在南雄府城的北边。也叫“梅岭”。唐朝宰相张九龄在这里开凿了一条道路，为行路的人提供便利。山上有云封寺和白猿洞。卢多逊被贬官南方来到大庾岭上，在一个酒家休息，问起店家姓名，老妇人说：“我本是中州的官宦人家，有个儿子被宰相卢多逊假公济私害死。我就只能住在这座岭上，等着他过来。”卢多逊仓皇逃走。

罗浮山 在博罗。高三千六百丈，周三百余里，岭十五，峰四百三十二，洞八，大小石楼三，登之可望海。又有璇房瑶宫七十二所。《南越志》：罗浮第三十一岭半是巨竹，皆七八围，节长丈二，叶似芭蕉，谓之龙葱竹。

【译文】罗浮山在博罗。高三千六百丈，方圆三百多里，有十五座山岭，四百三十二座山峰，八个山洞，大小石楼三座，登上之后可以远望大海。山上还有神仙居住的璇房瑶宫七十二所。《南越志》记载：罗浮山第三十一座山岭上有一半都是巨大的竹子，都有七八围那么粗，一节就有一丈二那么长，叶子像芭蕉叶那么大，叫作“龙葱竹”。

鳄溪 在潮州府城东。一名恶溪。溪有鳄鱼，身黄色，四足，修尾，状如鼍，举止疾，口森锯齿，往往为人害。鹿行崖上，群鳄鸣吼，鹿怖坠岸，鳄即蚕食。

【译文】鳄溪在潮州府城的东边。也叫“恶溪”。溪中有鳄鱼，身体是黄色，有四条腿，尾巴修长，形状和鼍龙很像，行动十分迅速，口中密布着锯齿，经常伤害人类。有鹿从山崖上经过时，溪中的群鳄就一起吼叫，鹿因为害怕从山崖坠下，马上就会被鳄鱼蚕食。

石钟山 在湖口。下临深潭，微风鼓浪，水石相搏，响若洪钟。苏轼尝泛舟醉此。

【译文】石钟山在湖口。下面有一座深潭，微风吹起波浪，潭水和石头相击，发出的声音就像洪钟一样。苏轼曾经在这里泛舟醉酒。

麻姑山 在建昌府城西。上有瀑布、龙岩、丹霞洞、碧莲池，皆奇境也。周四百余里，中多平地可耕。道书三十六洞天之一。麻姑修炼于此。

【译文】麻姑山在建昌府城的西边。山上有瀑布、龙岩、丹霞洞和碧莲池，全都是奇特的景象。方圆有四百多里，其中有很多平地可以用来耕种。麻姑山也是道书中说的“三十六洞天”之一。麻姑曾经在这里修炼。

曲江池 西安府城东南。汉武帝凿，每赐宴臣僚于此，池备彩舟，惟宰相学士登焉。宋子京尝夜饮曲江，偶寒，命取半臂，十余宠各送一枚，子京恐有去取，不敢服，冒寒而归。

【译文】曲江池在西安府城的东南方，是汉武帝开凿的。他经常在这里赐宴群臣，池里有彩舟，只有宰相和学士才能登船。宋朝宋祁（子京）曾经夜里在曲江喝酒，突然感到有些寒冷，就命令下人取半袖来穿，十几个宠妾各自送来一条，宋祁怕在取舍时得罪宠妾，一件也不敢穿，只能冒着寒风回家。

岐山 一名天柱山。《禹贡》：导汧及岐。太王邑于岐山之下，文王时凤鸣岐山，皆此。

【译文】岐山也叫“天柱山”。《禹贡》记载：大禹曾经将汧水疏导到岐山。周太王曾经把族人迁到岐山脚下，周文王时的“凤鸣岐山”说的就是这里。

君子津 大同，古东胜州界上。汉桓帝时，有大贾赍金至，死此，津长埋之。贾子寻父丧至，悉还其金。帝闻之曰：“君子也。”遂以名津。

【译文】君子津在大同，古代东胜州境内。汉桓帝时期，有一个大商人带着钱财死在这里，此地的长官便将他埋葬了。后来商人的儿子寻找父亲来到这里，长官便把所有的钱财都还给了他。皇帝听到这件事之后感叹道：“这位官员真是个君子啊。”于是就用“君子”来命名这里。

柳毅井 在君山。唐柳毅下第归，至泾阳，道遇牧羊妇，泣曰：“妾洞庭君小女，嫁泾川次郎，为婢所谮，见黜至此，敢寄尺牍。洞庭之阴有大橘树，击树三，当有应者。”毅如其言。忽见一叟引至灵虚殿，取书以进。洞庭君泣曰：“老夫之罪。”顷之，有赤龙拥一红妆至，即寄书女也。宴毅碧云宫，洞庭君弟钱唐君曰：“泾阳嫠妇欲托高义为姻。”毅不敢当，辞去。后再娶卢氏，即龙女也。

【译文】柳毅井在君山。唐朝时柳毅落第回乡，到达泾阳时，在路上碰到一个放羊的女子哭着对他说：“我是洞庭湖龙王的小女儿，父亲将我嫁给泾川龙王的次子，因为被奴婢毁谤，被贬黜到这里，敢请您为我寄一封家书。洞庭湖南边有一棵大橘树，叩击树身三下，应该就会有人回应。”柳毅按照她的吩咐行事。忽然出现一个老叟把他带到灵虚殿，柳毅取出书信递给龙王。洞庭龙王哭着说：“这是我的罪过啊。”片刻之后，有一条红龙护送着一个姑娘进来，正是那位托柳毅寄信的女子。龙王在碧云宫设宴款待柳毅，洞庭龙王的弟弟钱唐龙王说：“想要将泾阳龙被丈夫抛弃的女儿嫁给你这样高义的人。”柳毅不敢答应，告辞而去。后来他又娶了卢氏为妻，正是这位龙女。

泉石

八功德水 一清、二冷、三香、四柔、五甘、六净、七不噎、八除病。北京西山、南京灵谷，皆取此义。

【译文】八功德水中有八种殊胜：一要清澈、二要甘洌、三要清香、四要柔和、五要甘甜、六要干净、七要不噎人、八要能治病。北京的西山和南京的灵谷，都是取这个意思。

斟溪 在连州。一日十溢十竭。

【译文】斟溪在连州。一天之内会十次满溢又十次枯竭。

潮泉 在安宁州。一日三溢三竭。

【译文】潮泉在安宁州。一天之内三次满溢三次枯竭。

漏勺 在贵阳城外。一日百盈百涸，应铜壶漏刻。

【译文】漏勺在贵阳城外。一天之内一百次盈满一百次干涸，正好和铜壶上的漏刻对应。

中冷泉 在扬子江心。李德裕为相，有奉使者至金陵，命置中冷水一壶。其人忘却。至石头城，及汲以献李。饮之，曰："此颇似石头城下水。"其人谢过，不敢隐。

【译文】中冷泉在扬子江心。唐朝李德裕在做宰相时，有一位使者要去金陵，李德裕让他在泉中取一壶冷水。那使者却忘了这件事。等到达石头城时，使者随便打了一壶水献给李德裕。李德裕喝了一口，对使者说："这水和石头城下的很像。"那人赶紧请罪，不敢隐瞒。

惠山泉 在无锡县锡山。旧名九龙山，有泉出石穴。陆羽品之，谓天下第二泉。

【译文】惠山泉在无锡县（今无锡市）锡山。原来叫"九龙山"，山上有泉水从石穴中流出。陆羽品尝之后，把它称为"天下第二泉"。

趵突泉 在济南。平地上水趵起数尺，看水者以水之高下，卜其休咎。

【译文】趵突泉在济南。平地上的水跃起几尺高，用泉水占卜的人可以根据水柱的高低来判断吉凶祸福。

范公泉 在青州府。范仲淹知青州，有惠政，溪侧忽涌醴泉，遂以范公名之。今医家汲水丸药，号青州白丸子。

【译文】范公泉在青州府。范仲淹在青州做知州时，施行了很多利于百姓的政策，溪水旁边忽然涌出一眼甘泉，当地人就用“范公”来命名它。现在的医生从泉中取水来制作药丸，称为“青州白丸子”。

妒女泉 在并州。妇女不得靓妆彩服至其地，必致风雨。

【译文】妒女泉在并州。妇女不可以化妆、穿漂亮的衣服来这里，如果这样出现在妒女泉，就一定会招来风雨。

阿井水 在东阿县。以黑驴皮，取其水煎成膏，即名“阿胶”。

【译文】阿井水在东阿县（今东阿市）。从井中取水把黑驴皮熬成膏，就叫作“阿胶”。

虎跑泉 在钱塘。唐元和十四年，性空大师栖禅其中，以无水欲去。有二虎跑山出泉甘洌，乃建虎跑寺。观泉者，僧为举梵呗，泉即觱沸而出。

【译文】虎跑泉在钱塘。唐朝元和十四年（819年），性空大师在这里坐禅，因为这里没有水而想要离开。后来，有两头老虎在山上刨土，居然刨出一眼甘洌的泉水，于是就在这里建造了“虎跑寺”。如果有人想要看泉水，寺里的僧人只要为它念经，泉水就会马上涌出。

六一泉 在孤山之南。宋元祐六年，东坡与惠勤上人同哭欧阳公处也。勤上人讲堂初构，阙地得泉，东坡为作《泉铭》。以两人皆列欧公门下，此泉方出，适哭公讣，名以六一，犹见公也。参寥泉在智果寺。东坡泉在昌县。醉翁亭侧，亦有六一泉。

【译文】六一泉在孤山的南边。宋朝元祐六年（1091年），苏东坡和惠勤上人曾在这里一起为欧阳修痛哭。惠勤上人刚刚在这里建好讲堂时，从地上挖出了一眼甘泉，苏东坡为它写了一首《泉铭》。因为两个人都是欧阳修的学生，这眼泉刚刚出水，欧阳修去世的讣告就到了，所以用“六一”来命名它，就像是看到了六一居士欧阳修一样。另外，智果寺有参寥泉。昌县有一眼东坡泉。醉翁亭的边上，也有一眼“六一泉”。

夜合石 新昌东北洞山寺水口，有二石，高丈余，土人言二石夜间常合为一。

【译文】新昌东北洞山寺的出水口，有两块石头，高度有一丈多，当地人说这两块石头在夜里经常合在一起。

热石 临武有热石，状如常石，而气如炽炭，置物其上立焦。

【译文】临武有一块热石，样子和普通的石头一样，但是散发出的气息却像烧红的火炭一样，把东西放在上面就会立刻烧焦。

松化石 松树至五百年，一夜风雷化为石质，其树皮松节，毫忽不爽。唐道士马自然指延真观松当化为石，一夕果化。

【译文】松树长到五百年，经过一夜的狂风和雷霆就会变成石头，树皮和树的枝节却一点也不会走样。唐朝道士马自然曾经指着延真观的一棵松树，说它应该会化成石头，一夜之后果然如此。

望夫石 武昌山有石，状如人。俗传贞妇之夫从役远征，妇携子送至此，立望其夫而死，尸化为石。

【译文】武昌山有一块石头，形状和人一样。民间传闻有一位忠贞妇人的丈夫出征去了远方，妇人带着自己的孩子把他送到这里，站在山上望着自己的丈夫，竟然就这样死去了，后来她的尸体化为石头。

醒酒石 唐李文饶于平泉庄，聚天下珍木怪石，有醒酒石，尤所钟爱。其属子孙曰："以平泉庄一木一石与人者，非吾子孙也。"后其孙延古守祖训，与张全义争此石，卒为所杀。

【译文】唐朝李德裕（文饶）在自己的平泉庄，搜集汇聚了天下很多珍贵的树木和怪异的石头，其中有一块"醒酒石"，李德裕尤其喜欢。他叮嘱子孙："谁要是把平泉庄的一根草木或者一块石头送给别人，就不是我的子孙。"后来他的孙子李延古遵守祖训，和张全义争夺"醒酒石"，最后被杀掉了。

赤心石 武后时争献祥瑞。洛滨居民，有得石而剖之中赤者，献于后，曰："是石有赤心。"李昭德曰："此石有赤心，其余岂皆谋反也！"

【译文】武则天时，臣民们都争着向她进献祥瑞。有个住在洛河边的居民无意间得到一块石头，剖开之后发现里面是红色的，于是把它进献给武则天，并对她说：“这块石头有一颗赤胆忠心。”李昭德听了之后说：“这石头有一颗丹心，那其余的石头难道都要谋反！”

十九泉 在严滩钓台下。陆羽品天下泉味，谓此泉当居第十九。

【译文】十九泉在严滩的钓台下面。陆羽品天下泉水的味道，说这里的泉水应该排在第十九位。

一指石 在桐庐县缀岩谷间，以指抵之则动，故名。

【译文】一指石在桐庐县缀岩谷里面，用手指戳它就会动，因此得名。

鱼石 涪州江心有石，上刻双鱼，每鱼三十六鳞，旁有石秤石斗，现则岁丰。

【译文】涪州的江心有一块石头，上面刻着两条鱼，每条鱼有三十六个鳞片，旁边还放着石头制成的秤和斗，它们出现的时候这年就会丰收。

龙井 在汤阴。相传孙登尝寓此。岁旱，农夫祷于龙洞，得雨。登曰：“此病龙雨也，安能苏禾稼乎？”嗅之果腥秽。龙时背生疽，变一老翁，求登治，曰：“痊当有报。”不数日，大雨，见石中裂开一井，其水湛然，即龙穿此以报也。

【译文】龙井在汤阴。传说孙吴时期的孙登曾经住在这里。那年天下大旱，农夫们就到龙洞祈雨，天上便降下雨来。孙登说：“这是病龙下的雨，怎么能够使庄稼生长呢？”一闻果然腥臭无比。原来，当时龙背上长了一个恶疮，听到孙登这样说就变成老翁请求他救治，并对他说：“如果我能够痊愈必然会报答您的恩德。”没过几天，天降大雨，孙登看到岩石中裂开出现一口水井，井水十分清澈，这就是那条龙凿出来用以报答孙登的。

温泉 在汝州城西者，武后尝幸此。其侧又有冷泉。顺天府汤山下有泉，四时常温，浴之愈疾。遵化亦有汤泉。阜平有二泉，一温一冷。云南安宁温泉，色如碧玉，可鉴毛发。骊山西绣岭下有温泉。

【译文】汝州城西有一眼温泉，武则天经常到那里沐浴。温泉的旁边还有一眼冷泉。顺天府的汤山下有一眼泉，一年四季水都是温热的，在那里洗浴可以治愈疾病。遵化也有温泉。阜平有两眼泉，一个是温泉，一个是冷泉。云南安宁有一眼温泉，泉水的颜色像碧玉一样翠绿，就连人的毛发在水里都映照得十分清楚。骊山西绣岭下也有一眼温泉。

玉泉 在玉泉山下。泉出石罅间，因凿石为螭头，泉从螭口出，鸣若杂佩，色若素练，味极甘美，潴而为池，广可三丈，流于西湖，遂为燕山八景之一。

【译文】玉泉在玉泉山下。泉水从石头的缝隙间涌出，于是顺势把石头雕刻成了螭头的样子，泉水从螭口中流出，声音就像连接在一起的各种玉佩相击发出的声音一样，泉水的颜色就像白色的绢帛一样，味道非常甜美，流出的泉水积蓄成池，有三丈宽，池水流入西湖，就成了“燕山八景”之一。

神农井 在长子羊头山，即神农得佳谷处。

【译文】神农井在长子羊头山，这里就是神农氏得到上好谷物的地方。

杜康泉 舜祠东庑下，康汲此以酿酒。或以中冷水及惠山泉称之，一升重二十四铢，是泉较轻一铢。

【译文】杜康泉在舜祠的东廊下，杜康曾经在这里打水酿酒。有人曾经用中冷泉的水和惠山泉的水来称重比较，发现这些泉水一升重二十四铢，杜康泉的水却要轻一铢。

金鸡石 建德草堂寺之北，罗隐常过此，戏题曰：“金鸡不向五更啼。”石遂迸裂，有鸡飞鸣而去。

【译文】金鸡石在建德草堂寺的北边，罗隐曾经从这里经过，开玩笑题诗：“金鸡不向五更啼。”谁知石头马上迸裂，里面出现一只金鸡鸣叫着飞走了。

玉乳泉 丹阳刘伯刍，论此水为天下第四泉。

【译文】丹阳的刘伯刍认为玉乳泉是天下第四泉。

绿珠井 在博白双角山下，梁氏女绿珠生此。汲饮者产女必丽色。容县有杨妃井，因妃生此而名。郁林有司命井，甘淡半之，可给阖境。

【译文】绿珠井在博白双角山下，梁氏的女儿绿珠就出生在这里。喝了从井里打出的水，生下女儿的容貌必然会十分美丽。另外，容县有一口杨妃井，是因为杨贵妃在那里出生而得名。郁林有一口司命井，井水一半甘甜、一半清淡，可以供给境内的所有人。

龙焙泉　建宁凤凰山下，一名御泉。宋时取此水造茶入贡。

【译文】龙焙泉在建宁的凤凰山下，也叫“御泉”。宋朝时曾经在这里取水制作茶叶作为贡品。

仁义石　建阳二石对立，左曰仁，右曰义。

【译文】建阳有两块石头对立，左边的石头叫作“仁”，右边的石头叫作“义”。

一滴泉　在广信南岩。泉自石窦中出，四时不竭。宋朱熹诗有：“一窍有灵通地脉，平空无雨滴天浆。”

【译文】一滴泉在广信的南岩。泉水从石洞中涌出，一年四季都不会枯竭。宋朝朱熹在诗中写道：“一窍有灵地脉，平空无雨滴天浆。”

谷帘泉　南康府城西。泉水如帘，布岩而下者三十余派。陆羽品其味为天下第一。

【译文】谷帘泉在南康府城的西边（今庐山市境内）。泉水像帘子一样，从岩石上落下的有三十多处。陆羽品尝这里的泉水后认为它的味道是天下第一。

玉女洞　盩厔。洞有飞泉，甘且洌。苏轼过此，汲两瓶去。恐后复取为从者所绐，乃破竹作券，使寺僧藏之，以为往来之信，戏曰“调水符”。

【译文】玉女洞在盩厔。洞里有一眼飞泉，泉水甘甜而清洌。苏轼从这里经过，打了两瓶泉水离开。他怕以后还要派人过去打水，就把竹子剖开做成了契据，让寺里的僧人收藏，作为来往的信物，戏称为“调水符”。

画山石　宁州石上有文，灿然若战马状，无异画图。故名。

【译文】宁州的一块石头上有纹路，俨然就是战马的形状，跟画上去的没有什么区别。所以就用“画山石”来命名它。

山鸡石　宝鸡陈仓山下有石，似山鸡状，晨鸣山巅，声闻三十里。

【译文】宝鸡陈仓山下有一块石头，形状和山鸡很像，早晨还会在山顶打鸣，声音可以传三十里。

石泉　井陉有石泉，隋妙阳公主久疾，浴此遂愈。

【译文】井陉有一眼石泉，隋朝妙阳公主病了很久，在这里沐浴之后就痊愈了。

瀑布泉 庐州开先寺。李白诗："挂流三百丈，喷壑数十里。"

【译文】瀑布泉在庐州开先寺。李白在诗中写道："挂流三百丈，喷壑数十里。"

醴泉 在新喻。黄庭坚尝饮此，叹曰："惜陆鸿渐辈不及知也。"题曰"醴泉"。

【译文】醴泉在新喻。黄庭坚曾经在喝过这里的水之后感叹道："可惜陆羽（鸿渐）那些人无法知晓了。"于是为它题字"醴泉"。

卓锡泉 在大庾岭。唐僧卢能被众僧夺衣钵，追至大庾岭，渴甚。能以锡卓石，泉涌清甘，众骇而退。

【译文】卓锡泉在大庾岭。唐朝僧人卢能曾经被其他僧人抢走僧衣和饭钵，一路追到大庾岭，感到十分口渴。卢能就把锡杖立在石头上，马上就有甘甜的泉水涌出，众人看到之后全都惊恐地逃走了。

愈痞泉 鹤庆府城东南，有温泉。每三月，郡人有痞疾者浴此即愈。

【译文】鹤庆府城的东南方有一眼温泉。每年三月，郡里患有痞疾（腹内郁结成块的病）的百姓只要在这里沐浴，就能马上痊愈。

景致

泰山四观 日观，鸡一鸣，见日始欲出，长三丈所。秦观，望见长安。吴观，望见会稽。周观，望见齐西北。

【译文】泰山有四大奇观，第一是日观，公鸡一打鸣，太阳将要出来时，能够看到长有三丈多。第二是秦观，能够看到长安城。第三是吴观，能够望见会稽山。第四是周观，能够望到齐地的西北方。

燕山八景 蓟门飞雨、瑶岛春阴、太液秋风、卢沟晓月、居庸叠翠、玉泉垂虹、道陵夕照、西山晴雪。

【译文】燕山八景分别是：蓟门飞雨、瑶岛春阴、太液秋风、卢沟晓月、居庸叠翠、玉泉垂虹、道陵夕照、西山晴雪。

关中八景　辋川烟雨、渭城朝云、骊城晚照、灞桥风雪、杜曲春游、咸阳晚渡、蓝水飞琼、终南叠翠。

【译文】关中八景分别是：辋川烟雨、渭城朝云、骊城晚照、灞桥风雪、杜曲春游、咸阳晚渡、蓝水飞琼、终南叠翠。

桃源八景　桃川仙隐、白马雪涛、绿萝晴昼、梅溪烟雨、浔阳古寺、楚山春晓、沅江夜月、潼坊晓渡。

【译文】桃源八景分别是：桃川仙隐、白马雪涛、绿萝晴昼、梅溪烟雨、浔阳古寺、楚山春晓、沅江夜月、潼坊晓渡。

姑孰十咏　姑孰溪、丹阳湖、谢公宅、凌歊台、桓公井、慈母竹、望夫石、牛渚矶、灵墟山、天门山。

【译文】唐代诗人李白在组诗《姑孰十咏》中歌颂了姑孰县的十大景观，分别是：姑孰溪、丹阳湖、谢公宅、凌歊台、桓公井、慈母竹、望夫石、牛渚矶、灵墟山、天门山。

潇湘八景　烟寺晚钟、沧江夜雨、平沙落雁、远浦归帆、洞庭秋月、渔村夕照、山市晴岚、江天暮雪。

【译文】潇湘八景分别是：烟寺晚钟、沧江夜雨、平沙落雁、远浦归帆、洞庭秋月、渔村夕照、山市晴岚、江天暮雪。

越州十景　秦望观海、炉峰看雪、兰亭修禊、禹穴探奇、土城习舞、镜湖泛月、怪山瞻云、吼山云石、云门竹筏、汤闸秋涛。

【译文】越州十景分别是：秦望观海、炉峰看雪、兰亭修禊、禹穴探奇、土城习舞、镜湖泛月、怪山瞻云、吼山云石、云门竹筏、汤闸秋涛。

西湖十景　两峰插云、三潭印月、断桥残雪、南屏晚钟、苏堤春晓、曲院荷风、柳浪闻莺、雷峰夕照、平湖秋月、花港观鱼。

【译文】西湖十景分别是：两峰插云、三潭印月、断桥残雪、南屏晚钟、苏堤春晓、曲院荷风、柳浪闻莺、雷峰夕照、平湖秋月、花港观鱼。

雁荡山 顶有一湖，春雁归时，尝宿于此。内有七十七峰，在温州乐清县。谢康乐剔隐搜奇，足迹所不能到。至宋祥符，造玉清宫，伐木至此，乃始知名。

【译文】雁荡山顶有一座湖，春天大雁回归时，经常在这里留宿。湖里有七十七座山峰，在温州的乐清县。谢灵运虽然擅长发现隐境、搜罗奇景，但他的足迹也不能到达这里。到宋朝大中祥符年间，宋真宗要建造玉清宫，工人们到这里砍伐树木，人们才开始知道它的名字。

大龙湫 雁荡山西，有谷曰大龙湫，瀑布自绝壁泻下，高五千丈，随风旋转，变态百出。更有峰曰小龙湫，从岩洞中飞流而下，高三千丈。

【译文】雁荡山的西侧，有一个叫作“大龙湫”的山谷，瀑布从绝壁上泻流而下，高度足有五千丈，水流随着风旋转，变化出各种各样的姿态。还有一座叫“小龙湫”的山峰，有瀑布从岩洞里飞流直下，高度有三千丈。

玉甑峰 在乐清。峰峦奇，岩洞棱层，莹白如玉，世称白玉洞天。

【译文】玉甑峰在乐清。峰峦奇特，岩洞高耸突兀，晶莹洁白如同美玉，被世人称为“白玉洞天”。

嵊浦 在嵊县剡溪，近画图山。《会稽三赋》“嵊县溪山入画图”，即此。

【译文】嵊浦在嵊县剡溪，和画图山离得很近。宋朝王十朋在《会稽三赋》中写的“嵊县溪山入画图”，说的就是这里。

海市 登州海中，有云气如楼台殿阁、城郭人民、车马往来之状，谓之海市。苏轼知登州，被召将去，以不见海市为恨，祷于海神，次日遂见。

【译文】登州的大海中，有云气聚集形成楼台宫殿、城池百姓、车马来往的形状，称为“海市”。苏轼做登州知州时，被召回京将要离去，因为再也看不到海市而感到遗憾，于是向海神祈祷，第二天就看到了。

瓯江 在温州府城北。东至盘石村，会于海洋，是曰瓯江。常有蜃气结为楼台城橹，忽为旗帜甲马锦幔。

【译文】瓯江在温州府城的北边。江水向东流到盘石村，汇入海洋，这就是瓯江。这里经常有蜃气汇聚形成楼台、城郭和船舶的形状，忽然又变成旗帜、甲马和锦制的帐幕。

山市 在淄州焕山。相传嘉靖二十三年，县令张其辉过之，天将明，忽见山上城堞翼然，楼阁巍焕，俄有人物往来，与海市无异。

【译文】山市在淄州的焕山。据传在嘉靖二十三年（1544年），县令张其辉从这里经过，天马上就要亮了，他忽然看到山上城郭高耸舒展，楼阁高大灿烂，片刻之后还有人物来往走动，跟海市一样。

神灯 余姚龙泉山，当春夏烟雨晦冥，见神灯一二盏，忽然化为几千万盏，燃山熠谷，数时方灭。

【译文】余姚的龙泉山上，在春季和夏季烟云雨雾晦暗的时候，能够看到一两盏神灯，忽然变化成几千万盏，燃遍整座山峰，照耀整个山谷，几个时辰才会熄灭。

火井 在阿速州。烟来火出。投以竹木则焚。邛有火井，以外火投之，生焰，光照数里。

【译文】火井在阿速州（今新疆阿克苏市）。有烟从外面进入井里时，就会有火从里面冒出。把竹子或者木头扔进井里就会马上燃烧起来。邛地也有一口火井，从外面把火扔进里面，马上就会生出火焰，火光能够照亮方圆几里的地方。

山灯 四川蓬州，现凡五处。初不过三四点，渐至数十，在蓬山者尤异，土人呼为圣灯。彭山北平山，亦夜见五色神灯。

【译文】山灯在四川蓬州，现在一共有五处。最初只不过有三四点火光，慢慢地就会变成几十点，在蓬山的更加奇异，当地人称之为“圣灯”。彭山和北平山在夜里也能看到五色神灯。

商山 商州。即四皓隐处，一名商洛山。开元时，高太素避居山中，建六逍遥馆，曰晴夏晚云、中秋午月、冬日初出、春雪未融、暑簟清风、夜阶急雨。

【译文】商山在商州。这里就是汉代“四皓”隐居的地方，也叫“商洛山”。开元年间，高太素曾在山里避世隐居，建造了六座逍遥馆，分别叫作晴夏晚云、中秋午月、冬日初出、春雪未融、暑簟清风、夜阶急雨。

唤鱼潭 青神中岩，即诺距罗尊者道场，上有唤鱼潭，客至抚掌，鱼辄群出。

【译文】唤鱼潭在眉山的青神中岩，也就是诺距罗尊者的道场，上面有一个唤鱼潭，游客到这里一拍手，潭水里的鱼就会成群结队地跃出水面。

山庄 崇仁浮石岩，三岩鼎立，中贯一溪，可容舫。宋尚书何异辟为山庄，表其胜迹五十余所，题曰“三山小隐”。理宗书“衮庵”二大字赐之，异揭于方壶室。洪迈有记。

【译文】崇仁有浮石岩，三块岩石鼎力，中间贯出一条溪流，可以容纳船只通过。宋朝尚书何异将它开辟成为山庄，发现了这里五十多处风景优美的地方，题字“三山小隐”。宋理宗写了“衮庵”两个大字赏赐给他，被何异挂在“方壶室”。洪迈曾经为它写过一篇记文。

八镜台 在赣州府城上。东望七闽，南眺五岭。苏轼赋诗八章。

【译文】八镜台在赣州府城的上面。站在八镜台上，可以向东望到七闽，向南望见五岭。苏轼曾经为它赋诗八首。

辋川别业 蓝田，宋之问建，后为王维庄。辋水通竹洲花坞，日与裴秀才迪，浮舟赋诗，斋中惟茶铛、酒臼、经案、绳床而已。为关中八景之一。

【译文】辋川别业在蓝田，是宋之问修建的，后来成为王维的庄园。庄园里的辋水可以通到竹洲与花坞，王维经常和秀才裴迪一起同游，乘舟赋诗，书斋里只有茶铛、酒臼、经案、绳床这几件简单的东西而已。辋川别业是关中八景之一。

逍遥别业 骊山鹦鹉谷，韦嗣立建。中宗尝幸此，封为逍遥公。上赋诗勒石，令从臣应制。张说序云：“丘壑夔龙，衣冠巢许。”

【译文】逍遥别业在骊山的鹦鹉谷，是唐朝韦嗣立修建的。唐中宗曾经来过这里，封韦嗣立为逍遥公。中宗写了一首诗刻在石头上，下令众臣子作诗应和。张说在序文里写道：“栖居在山谷之中的夔龙，做官的巢父和许由。”

湟川八景 雪溪春涨、龙潭飞雨、楞伽晓月、静福寒林、巾峰远眺、秀岩滴翠、圭峰墓霭、岩湖叠巘。

【译文】湟川八景分别是：雪溪春涨、龙潭飞雨、楞伽晓月、静福寒林、巾峰远眺、秀岩滴翠、圭峰墓霭、岩湖叠巘。

卷三　人物部

帝王附：后妃、太子、公主

王　天皇始称皇，伏羲始称帝，夏、商、周始称王。神农母安登感天而生，始称天子。文王始称世子。秦始皇始尊父庄襄王为太上皇。周制称王妃为王后。秦称皇帝，遂称皇后。汉武帝始尊祖母窦为太皇太后。魏称诸王母为太妃。晋元帝始称生母为皇太妃。

【译文】从天皇氏开始称为“皇”，从伏羲氏开始称为“帝”，从夏、商、周开始称为“王”。神农氏的母亲安登感应上天生下儿子，开始称为“天子”，从周文王开始有“世子”的称呼。秦始皇开始尊称父亲庄襄王为“太上皇”。周朝的制度把“王妃”称为“王后”。秦朝时开始称为“皇帝”，于是才有了“皇后”的称呼。汉武帝开始尊称祖母窦太后为“太皇太后”。魏国称诸王的母亲为“太妃”。晋元帝开始称自己的生母为“皇太妃”。

当宁　《礼记》：天子当宁而立。诸公东面，诸侯西面曰朝。宁，门屏间。

【译文】《礼记》记载：天子站在“宁”的位置。公卿们面向东方站立，诸侯面向西方站立，叫作“朝”。宁，就是门与屏之间。

皇帝　古或称皇或称帝。秦始皇自谓德过三王，功高五帝，乃更号曰皇帝。命曰制，令曰诏，自称曰朕。（古者称朕，上下共之。咎繇与帝言称朕；屈原曰“朕皇考”。至秦独以为尊。）

【译文】皇帝在古代被称为“皇”或者“帝”。秦始皇称自己的功劳和德行超过了三皇五帝，于是改称号为“皇帝”。皇帝的任命叫作“制”，命令叫作“诏”，自称为“朕”。（古人自称为“朕”，不管是上级还是下级都可以使用。皋陶在和帝王说话时自称为“朕”；屈原在《离骚》里也写过“朕皇考”。到秦朝之后才只有皇帝可以使用。）

山呼 汉武帝登嵩山，帝与左右吏卒咸闻呼万岁者三。后人袭之，遂名“山呼”。

【译文】汉武帝登上嵩山时，和陪同左右的官员一起听到山里有呼喊“万岁”的声音，一共三次。后来人们就沿袭了这种说法，于是使用“山呼”的说法。

大宝 圣人之大宝曰位。何以守位，曰仁。

【译文】圣人最宝贵的东西就是帝位。如何能够守住帝位呢？只能用“仁”。

神器 天下者，神明之器也。《王命论》曰：神器有命，不可以智力求。

【译文】天下是神明的神器。《王命论》记载：神器的归属遵循天命，无法用智慧和力量强求。

龙飞 新主登极曰龙飞，取《易经》“飞龙在天，利见大人”。盖乾九五为君位，故云。《华林集》：“位以龙飞，文以虎变。”

【译文】新的天子登基叫作“龙飞”，取自《易经》中的“飞龙在天，利见大人”。因为乾卦的九五爻是君王的位置，所以这样说。《华林集》记载：“位以龙飞，文以虎变。”

虎拜 群臣觐君曰虎拜。《诗经》：“虎拜稽首，天子万寿。”谓召穆公虎既拜，受王命之辞，而祝天子以万寿也。

【译文】群臣觐见天子叫作“虎拜”。《诗经》记载：“虎拜稽首，天子万寿。”说的是召穆公姬虎拜周天子，接受册封和赏赐，并祝天子万寿无疆。

如丝如纶 《礼记》：“王言如丝，其出如纶。”注：纶，绶也。言王言始出之，小如丝；群臣举之，若绶之大。故皇帝之言谓之纶音。皇后之命又曰懿旨，懿，美也。

【译文】《礼记》记载：“王言如丝，其出如纶。”注解中说：纶就是绶带。这句话是说帝王刚刚说出来的话，就像丝线一样小；臣子们在执行时，却像绶带那样大。所以把皇帝说的话叫作“纶音”。皇后的命令又叫“懿旨”，“懿”是“美”的意思。

元首　《书经》“元首明哉，股肱良哉。”言君乃臣之元首，臣乃君之股肱，君明则臣自良。

【译文】《书经》记载：“元首明哉，股肱良哉。”这句话说的是君王是臣子的元首，臣子是君王的得力助手。君主贤明，臣子自然就贤良。

麟趾龙种　《诗经》：“麟之趾，振振公子。”唐诗：“元帅归龙种。”俱誉宗藩也。

【译文】《诗经》记载：“麟之趾，振振公子。”唐代杜甫的诗中也有“元帅归龙种”的句子。这些都是赞誉宗室和藩王的。

玉牒　帝胄之谱名玉牒。韩文：“明德镂白玉之牒。”又宗人府曰玉牒所。

【译文】帝王家的族谱叫作“玉牒”。韩愈的文章中曾经写过：“明德镂白玉之牒。”另外，宗人府是存放玉牒的地方。

邦贞国贰　《礼记》：“一人元良，万邦之贞。”太子之谓也。高允曰：“太子，国之储贰。”

【译文】《礼记》记载：“一个人至善至德，万邦都能够安定。”这句话说的是太子。高允说：“太子是国家的储贰。”

日重光　崔豹《古今注》：汉明帝为太子时，乐人歌诗四章以赞美之，其一日重光，其二月重轮，其三星重辉，其四海重润。

【译文】晋代崔豹《古今注》记载：汉明帝在做太子的时候，乐师作了四首诗歌来赞美他，第一首是《日重光》，第二首是《月重轮》，第三首是《星重辉》，第四首是《海重润》。

逍遥晚岁　《唐书》：高祖谓裴寂曰：“公为宗臣，我为太上皇，逍遥晚岁，不亦善乎？”

【译文】《唐书》记载：唐高祖曾经对裴寂说：“你是功成名就的功臣，我是太上皇，咱们一起逍遥快活地度过晚年，岂不是十分美好？”

女中尧舜 高琼赞宋宣仁太后曰："笃生圣后，女中尧舜。"

【译文】高琼赞颂宋代宣仁太后："太后生而得天独厚，实在是女子中的尧和舜啊。"

县公主 汉制：皇女皆封县公主，诸王女皆封乡亭公主，承王女、宗女者封仪宾、封郡马。

【译文】汉朝制度：皇帝的女儿都封为县公主，王爷们的女儿都封为乡亭公主，继承王位之人的女儿和宗室的女儿都封为仪宾和郡马。

官家 李侍读仲容侍真宗饮，命饮巨觥。仲容曰："告官家免巨觥。"上问："卿之称朕何谓官家？"对曰："五帝官天下，三王家天下，兼三五之德，故称官家。"

【译文】侍读学士李仲容有一次侍奉宋真宗喝酒，真宗命令他喝一大杯酒。李仲容说："请官家免了臣这一大杯酒。"真宗问道："爱卿为什么用'官家'来称呼朕呢？"李仲容回答："上古五帝把天下当作官有的，到了三王大禹、商汤、周文王时期天下成了本家的，皇上兼具五帝和三王的德行，所以臣称呼您为'官家'。"

县官 《霍光传》称天子为县官。

【译文】《史记·霍光传》中把天子称为"县官"。

华祝 尧观于华，华封人曰："嘻！请祝圣人多富、多寿、多男子。"

【译文】尧帝到华地视察时，华地司徒的属官封人说："啊！请允许我祝圣明的天子多富、多寿、多男子。"

陛下 陛，阶也。天子必有近臣，执兵器陈于陛侧，以戒不虞。谓之陛下者，群臣与天子言，不敢指斥天子，故呼在陛下者而告之，因卑达尊之义也。上书亦如之。

【译文】"陛"是台阶的意思。天子必然会有侍卫，手执兵器站在台阶的旁边，以防万一。之所以用"陛下"来称呼天子，是因为群臣在和皇帝说话时，不敢直接称呼皇帝，所以就让站在台阶下的臣子给皇帝传话，用来表示地位低下的人给地位尊贵的人传达信息的意思。群臣在给皇帝上书时也要使用"陛下"的称呼。

秉箓握符　《东都赋》曰："圣王握乾符，阐坤珍，披皇图，稽帝文。"乾符，赤伏符箓也。坤珍，洛书也。皇图，图谶也。帝文，天文也。

【译文】班固《东都赋》记载："圣王手握乾符，阐明坤珍，接受皇图，稽拜帝文。"乾符是帝王受命于天的符箓，坤珍就是《洛书》，皇图指的是预言帝王将要登基的图谶，帝文指的是天书。

行在　蔡邕《独断》谓天子以天下为家，车舆所至之处，皆曰行在，谓行幸之所在也。

【译文】东汉蔡邕在《独断》中说天子把天下当作自己的家，车驾到达的地方都叫作"行在"，说的是帝王行幸所在的地方。

天潢　《曹固表》："王孙公子，疏派天潢，宜亲宗室，强干弱枝。"

【译文】《曹固表》记载："王孙公子都是帝王的后裔，应该多亲近宗室子弟，强壮树干，削弱树枝。"

警跸　唐太宗即位，数骑射，孙伏伽谏曰："天子禁卫九重，出也警，入也跸。"警，戒肃也。跸，清道也。

【译文】唐太宗即位后，经常出去骑马射箭，孙伏伽劝谏他说："天子有九重警卫，出去时应该'警'，回来时应该'跸'。""警"是戒备森严的意思。"跸"是清路开道的意思。

璇宫椒房　帝少昊母星娥处于璇宫，以椒涂壁，取其温和，以辟恶气。一曰取椒实繁衍之义。

【译文】少昊帝的母亲星娥居住在璇宫，把花椒涂抹在墙壁上，取它性气温和，可以辟除邪恶之气。另一种说法是取花椒籽繁衍兴盛的意思。

妃　黄帝立四妃，夏增三三，为九嫔；殷增三九，为二十七世妇；周增九九，为八十一御妻。魏明帝置淑妃，宋武帝置贵妃，隋炀帝置德妃，唐置贤妃，汉武帝置婕妤，汉元帝置昭仪，汉光武置贵人，晋武帝置才人。

【译文】黄帝立了四个妃子，夏朝增加到九个嫔妃；殷商增加到二十七个世妇；周朝增加到八十一个御妻。魏明帝增设了淑妃，宋武帝增设了贵妃，隋炀帝增设了德妃，唐朝增设了贤妃，汉武帝增设了婕妤，汉元帝增设了昭仪，汉光武增设了贵人，晋武帝增设了才人。

前星 《晋书·天文志》："心三星，天王正位也。中星曰明堂，天子位。前星为太子，后星为庶子。"

【译文】《晋书·天文志》："心宿有三颗星，是天王星的正位。中间一颗星叫作'明堂'，代表天子的位置。前面的一颗星代表太子，后面的一颗星代表皇帝的庶子。"

少海 《山海经》："无皋[①]之上，南望幼海。"注：幼海，即少海也。天子比大海，太子比少海。

【译文】《山海经》记载："站在无皋山上，南望幼海。"注解说：幼海就是少海。如果把天子比作大海，太子就是少海。

青宫 东明山有宫，青石为墙，门有银榜，以青石碧镂，题曰"天地长男之宫"。故太子名青宫，又曰东宫。

【译文】东明山上有一座宫殿，用青石筑墙，门上有一块银匾，用青色的玉石镂刻成字，上面题着"天地长男之宫"。所以太子被称为"青宫"，又称"东宫"。

公主 天子嫁女，不亲主婚，命同姓诸侯主之，故称公主。若诸侯，则自主之，故称翁主。娶公主者，曰尚。娶翁主者，曰承。周始称公主，汉始称姊妹长公主，武帝始称姑太长公主，唐宪宗始称王女县主，睿宗始封女代国。秦以后始称尚主，舅姑下于妇。王珪始制坐受妇礼。魏始拜尚主者驸马。驸马都尉本汉武帝置，掌御马。

【译文】天子嫁女儿时，不会亲自主持婚礼，而是命令同姓的诸侯主持，所以皇帝的女儿称为"公主"。如果是诸侯嫁女儿，就会自己主持婚礼，所以称为"翁主"。娶公主的人叫作"尚"。娶翁主的人叫作"承"。周朝才开始有"公主"的称呼，汉代才开始称呼皇帝的姊妹为"长公主"，汉武帝时才开始称呼皇帝的姑姑为"太长公主"，唐宪宗时才开始称诸王的女儿为"县主"，唐睿宗时才开始把代国封给自己的女儿。秦朝以后才开始有"尚主"的说法，公主出嫁时，公公和婆婆都要跪拜儿媳妇。到北宋王珪时，才制定了公婆坐着接受公主儿媳妇拜见的礼仪。魏国才开始给公主的丈夫一个"驸马"的头衔。驸马都尉这个官职本来是汉武帝设置的掌管御马的官员。

---

① 底本为"元皋"，应为笔误。

女官　周始制女史，佐内治。汉制女官十四等，数百人。唐设六局、二十四司，官九十人，女史五十余人。

【译文】周朝才开始设置女史，用来辅佐王后治理内宫事务。汉朝的制度，女官分为十四个等级，共有几百人。唐朝设置六局和二十四司，共有女官九十人，女史五十多人。

宗室　周公始置中士奠世系。唐玄宗始诏李衢、林宝撰玉牒百十卷。宋真宗始崇皇属籍。周始建宗盟，选宗中之长为正。唐宗室始期亲加皇属，外任不着姓。宋神宗始换授，始外官加姓，始诏宗室应举。

【译文】周公开始设置中士来建立帝王世系。唐玄宗开始下诏命令李衢和林宝撰写了一百一十卷左右的《皇唐玉牒》。宋真宗时期才开始尊崇皇家的属籍。周朝开始建立宗盟，选宗族中年长的人作为宗正。唐朝时才开始把宗室的人算作皇帝的亲属，如果是外任的地方官则不使用皇家的姓。宋神宗开始按照宗室弟子的才能调任官职，外任官员也能够使用皇家的姓，并且下诏允许宗室弟子参加科举考试。

五行迭王　太昊配木，以木德王天下，色尚青。炎帝配火，以火德王天下，色尚赤。黄帝配土，以土德王天下，色尚黄。少昊配金，以金德王天下，色尚白。颛顼配水，以水德王天下，色尚黑。

【译文】太昊与木相配，以木德得到天下，崇尚青色。炎帝与火相配，以火德得到天下，颜色尚红。黄帝与土相配，以土德得到天下，崇尚黄色。少昊与金相配，以金德得到天下，崇尚白色。颛顼与水相配，以水德得到天下，崇尚黑色。

建元　古者只有纪年，未有年号。汉武帝建元元年，后王年号盖始于此。帝王改元亦未曾有，秦惠文十四年更为元年，是为改元之始。黄帝始制国号加有字，汉加大字。汉文帝始制年号用一字，武帝始用二字。

【译文】古时只有纪年，没有年号。汉武帝建立了第一个年号“建元”，后来皇帝的年号都是从这里开始的。帝王改元的事情原来也没有过，秦惠文王将“公”改为“王”，把十四年改为元年，这是改元的开始。黄帝开始制定在国号前加“有”字，汉代则加“大”字。汉文帝刚开始制定年号时只用一个字，汉武帝开始使用两个字。

国祚 五帝：伏羲一百一十五年。神农一百四十年，传七世，共三百七十五年。黄帝一百年。少昊（皞）八十四年。颛顼七十八年，帝喾七十年。帝挚九年。帝尧七十二年。帝舜六十一年。

【译文】五帝：伏羲享国祚一百一十五年。神农享国祚一百四十年，传承七世，共三百七十五年。黄帝享国祚一百年。少昊享国祚八十四年。颛顼享国祚七十八年，帝喾享国祚七十年。帝挚享国祚九年。帝尧享国祚七十二年。帝舜享国祚六十一年。

三王：夏禹十七世，共四百五十八年。商汤二十八世，共六百四十四年。周三十七世，共八百七十三年。

【译文】三王：夏禹传十七世，共享国祚四百五十八年。商汤传二十八世，共享国祚六百四十四年。周传三十七世，共享国祚八百七十三年。

秦三世，共三十九年。

【译文】秦朝传承三世，共享国祚三十九年。

西汉十一世，共二百三十一年。东汉十四世，共一百九十六年。蜀汉二世，共四十四年。

【译文】西汉传承十一世，共享国祚二百三十一年。东汉传承十四世，共享国祚一百九十六年。蜀汉传承二世，共享国祚四十四年。

晋四世，共五十二年。东晋十一世，共一百五年。前五代共一百六十九年。唐二十世，共二百九十年。后五代共五十六年。北宋九世，共一百六十八年。南宋九世，共一百五十五年。

【译文】西晋传承四世，共享国祚五十二年。东晋传承十一世，共享国祚一百零五年。前五代共有一百六十九年。唐传承二十世，共享国祚二百九十年。后五代共享国祚五十六年。北宋传承九世，共享国祚一百六十八年。南宋传承九世，共享国祚一百五十五年。

元十世，共八十九年。

【译文】元传承十世，共享国祚八十九年。

皇明国祚 洪武三十一年，建文四年，永乐二十二年，洪熙一年，宣德十年，正统十四年，景泰八年，天顺八年，成化二十三年，弘治十八年，正德十六年，嘉靖四十五年，隆庆六年，万历四十八年，天启七年，崇祯十七年，共二百八十二年。历朝御讳：太祖（元璋），惠宗（允炆），成祖（棣），仁宗（高炽），宣宗（瞻基），英宗（祁镇），景帝（祁钰），宪宗（见深），孝宗（祐樘），武宗（厚照），世宗（厚熜），穆宗（载垕），神宗（翊钧），光宗（常洛），熹宗（由校），思宗（由检）。

【译文】洪武共有三十一年，建文共有四年，永乐共有二十二年，洪熙共有一年，宣德共有十年，正统共有十四年，景泰共有八年，天顺共有八年，成化共有二十三年，弘治共有十八年，正德共有十六年，嘉靖共有四十五年，隆庆共有六年，万历共有四十八年，天启共有七年，崇祯共有十七年，一共二百八十二年。历朝皇帝分别为：明太祖（朱元璋），明惠宗（朱允炆），明成祖（朱棣），明仁宗（朱高炽），明宣宗（朱瞻基），明英宗（朱祁镇），明景帝（朱祁钰），明宪宗（朱见深），明孝宗（朱祐樘），明武宗（朱厚照），明世宗（朱厚熜），明穆宗（朱载垕），明神宗（朱翊钧），明光宗（朱常洛），明熹宗（朱由校），明思宗（朱由检）。

前五代　南朝宋刘裕八世，历六十年。齐萧道成七世，历二十三年。梁萧衍四世，历五十七年。后梁萧詧（昭明太子之子）三世，历三十三年。隋杨坚四世，历三十九年。北朝元魏拓跋珪十二世，历一百四十九年。西魏拓跋修四世，历二十四年。东魏拓跋善见一世，历十七年。北齐高洋（魏丞相高欢之子）五世，历二十九年。后周宇文觉（魏冢宰宇文泰之子）五世，历二十六年。

【译文】南朝宋刘裕传承八世，历经六十年。齐萧道成传承七世，历经二十三年。梁萧衍传承四世，历经五十七年。后梁萧詧（昭明太子的儿子）传承三世，历经三十三年。隋杨坚传承四世，历经三十九年。北朝元魏拓跋珪传承十二世，历经一百四十九年。西魏拓跋修传承四世，历经二十四年。东魏拓跋善见只有一世，历经十七年。北齐高洋（东魏丞相高欢的儿子）传承五世，历经二十九年。后周宇文觉（西魏宰相宇文泰的儿子）传承五世，历经二十六年。

后五代　梁朱温二世，历十七年。后唐李存勖（本姓朱邪氏，沙陀人，先世事唐，赐姓李）四世，历十四年。后晋石敬瑭二世，历十一年。后汉刘暠初名知远，三世，历四年。北汉刘崇，高祖之弟四世，历三十年。后周郭威，邢州人，传内侄柴荣，三世，历十年。

【译文】后梁朱温传承二世，历经十七年。后唐李存勖（本来姓朱邪氏，沙陀人，他的祖先世代都在唐朝为官，被皇帝赐姓李）传承四世，历经十四年。后晋石敬瑭传承二世，历经十一年。后汉刘暠起初名叫刘知远，传承三世，历经四年。北汉皇帝刘崇，后汉高祖刘知远的弟弟，传承四世，历经三十年。后周的开国皇帝郭威，邢州人，后来把帝位传给妻子的侄子柴荣，传承三世，历经十年。

五胡乱华　汉刘渊，匈奴人也；后赵石勒，武乡羯人也；后秦姚弋仲，赤亭羌人也；前秦苻洪，氐人也；后燕慕容垂，鲜卑人也。总曰“五胡乱华”。

【译文】后汉皇帝刘渊是匈奴人，后赵皇帝石勒是武乡的羯人，后秦皇帝姚弋仲是赤亭的羌人，前秦皇帝苻洪是氐人，后燕皇帝慕容垂是鲜卑人。合称“五胡乱华”。

蜀汉　蜀汉之继东汉，非特名义而已，实炎祚之正统也。按《异苑》记：蜀有火井，汉室之盛则赫炽。桓灵之际火势渐微，孔明窥而复盛。至景曜元年，人以烛投之而灭，其年蜀并于魏，是亦一征也。

【译文】蜀汉继承东汉，并不是只在名义上而已，实际上乃是火德国祚的正统。根据《异苑》记载：蜀地有一口火井，汉朝兴盛时里面的火就会十分炽热。汉桓帝和汉灵帝时期井里的火光就慢慢变得微弱了，等到孔明看过一次之后井里的火又重新旺盛了起来。到景曜元年（258年），有人把蜡烛扔进井里，里面的火竟然灭了，这一年正好蜀国被魏国吞并，这也是一个征兆。

年号　**西汉**　武帝：建元、元光、元朔、元狩、元鼎、太初、征和、后元；昭帝：始元、元凤、元平；宣帝：本始、地节、元康、神爵、五凤、甘露、黄龙；元帝：初元、永光、建昭、竟宁；成帝：建始、河平、阳朔、鸿嘉、永始、元延、绥和；哀帝：建平、元寿；平帝：元始；孺子婴：居摄、初始。

【译文】**西汉**　武帝：建元、元光、元朔、元狩、元鼎、太初、征和、后元；昭帝：始元、元凤、元平；宣帝：本始、地节、元康、神爵、五凤、甘露、黄龙；元帝：初元、永光、建昭、竟宁；成帝：建始、河平、阳朔、鸿嘉、永始、元延、绥和；哀帝：建平、元寿；平帝：元始；孺子婴：居摄、初始。

东汉　光武：建武、中元；明帝：永平；章帝：建初、元和、章和；和帝：永元、元兴；殇帝：延平；安帝：永初、元初、永宁、建光、延光；顺帝：永建、阳嘉、永和、汉安、建康；冲帝：永嘉；质帝：本初；桓帝：建和、和平、元嘉、永兴、永寿、延熹、永康；灵帝：建宁、熹平、光和、中平；献帝：初平、兴平、建安。

【译文】**东汉** 光武帝：建武、中元；汉明帝：永平；汉章帝：建初、元和、章和；汉和帝：永元、元兴；汉殇帝：延平；汉安帝：永初、元初、永宁、建光、延光；汉顺帝：永建、阳嘉、永和、汉安、建康；汉冲帝：永嘉；汉质帝：本初；汉桓帝：建和、和平、元嘉、永兴、永寿、延熹、永康；汉灵帝：建宁、熹平、光和、中平；汉献帝：初平、兴平、建安。

后汉 昭烈帝：章武；后帝：建兴、延熙、景曜、炎兴。

【译文】**后汉** 汉昭烈帝：章武；后帝：建兴、延熙、景曜、炎兴。

西晋 武帝：泰始、咸宁、泰康；惠帝：永熙、元康、永康、永宁、太安、永兴、光熙；怀帝：永嘉；愍帝：建兴。

【译文】**西晋** 晋武帝：泰始、咸宁、泰康；晋惠帝：永熙、元康、永康、永宁、太安、永兴、光熙；晋怀帝：永嘉；晋愍帝：建兴。

东晋 元帝：建武、大兴、永昌；明帝：太宁；成帝：咸和、咸康；康帝：建元；穆帝：永和、升平；哀帝：隆和、兴宁；帝奕：太和；简文帝：咸安；孝武帝：宁康、太元；安帝：隆安、元兴、义熙；恭帝：元熙。

【译文】**东晋** 晋元帝：建武、大兴、永昌；晋明帝：太宁；晋成帝：咸和、咸康；晋康帝：建元；晋穆帝：永和、升平；晋哀帝：隆和、兴宁；帝奕：太和；简文帝：咸安；孝武帝：宁康、太元；安帝：隆安、元兴、义熙；恭帝：元熙。

南北朝 宋 武帝：永初；少帝：景平；文帝：元嘉；孝武帝：孝建、大明；废帝：景和；明帝：泰始、泰豫；苍梧王：元徽；顺帝：昇明。

【译文】**南北朝 南宋** 武帝：永初；少帝：景平；文帝：元嘉；孝武帝：孝建、大明；废帝：景和；明帝：泰始、泰豫；苍梧王：元徽；顺帝：昇明。

齐 高帝：建元；武帝：永明；明帝：建武；东昏侯：中兴。

【译文】**南齐** 高帝：建元；武帝：永明；明帝：建武；东昏侯：中兴。

梁 武帝：天监、普通、大通、中大通、大同、中大同、太清；简文帝：大宝；元帝：承圣；敬帝：绍泰、太平。

【译文】**南梁** 武帝：天监、普通、大通、中大通、大同、中大同、太清；简文帝：大宝；元帝：承圣；敬帝：绍泰、太平。

陈　武帝：永定；文帝：天嘉、天康；临海王：光大；宣帝：太建；后主：至德、祯明。

【译文】**南陈**　武帝：永定；文帝：天嘉、天康；临海王：光大；宣帝：太建；后主：至德、祯明。

隋　文帝：开皇、仁寿；炀帝：大业；恭帝：义宁。

【译文】**隋朝**　隋文帝：开皇、仁寿；隋炀帝：大业；隋恭帝：义宁。

唐　高祖：武德；太宗：贞观；高宗：永徽、显庆、龙朔、麟德、乾封、总章、咸亨、上元、仪凤、调露、永隆、开曜、永淳、弘道；中宗：嗣圣、神龙、景隆；睿宗：景云、太极；玄宗：开元、天宝；肃宗：至德、乾元、上元、宝应；代宗：广德、永泰、大历；德宗：建中、兴元；顺宗：永贞；宪宗：元和；穆宗：长庆；敬宗：宝历；文宗：太和、开成；武宗：会昌；宣宗：太中；懿宗：咸通；僖宗：乾符、广明、中和、光启、文德；昭宗：龙纪、大顺、景福、乾宁、光化、天复、天祐；昭宣帝：天祐。

【译文】**唐朝**　唐高祖：武德；唐太宗：贞观；唐高宗：永徽、显庆、龙朔、麟德、乾封、总章、咸亨、上元、仪凤、调露、永隆、开曜、永淳、弘道；唐中宗：嗣圣、神龙、景隆；唐睿宗：景云、太极；唐玄宗：开元、天宝；唐肃宗：至德、乾元、上元、宝应；唐代宗：广德、永泰、大历；唐德宗：建中、兴元；唐顺宗：永贞；唐宪宗：元和；唐穆宗：长庆；唐敬宗：宝历；唐文宗：太和、开成；唐武宗：会昌；唐宣宗：太中；唐懿宗：咸通；唐僖宗：乾符、广明、中和、光启、文德；唐昭宗：龙纪、大顺、景福、乾宁、光化、天复、天祐；昭宣帝：天祐。

后五代　梁　太祖：开平、乾化；均王：贞明、龙德。

【译文】**后五代　后梁**　太祖：开平、乾化；均王：贞明、龙德。

唐　庄宗：同光；明宗：天成、长兴；闵帝：应顺；潞王：清泰。

【译文】**后唐**　庄宗：同光；明宗：天成、长兴；闵帝：应顺；潞王：清泰。

晋　高祖：天福；齐王：开运。

【译文】**后晋**　高祖：天福；齐王：开运。

汉　高祖：乾祐；隐帝：乾祐。

【译文】**后汉**　高祖：乾祐；隐帝：乾祐。

周　太祖：广顺；世宗：显德；恭帝：显德。

【译文】**后周**　太祖：广顺；世宗：显德；恭帝：显德。

宋　太祖：乾德、开宝；太宗：太平兴国、雍熙、端拱、淳化、至道；真宗：咸平、景德、大中祥符、天禧、乾兴；仁宗：天圣、明道、景祐、宝元、康定、庆历；英宗：治平；神宗：熙宁；哲宗：元祐、绍圣、元符；徽宗：建中靖国、崇宁、大观、政和、重和、宣和；钦宗：靖康。

【译文】**北宋**　宋太祖：乾德、开宝；宋太宗：太平兴国、雍熙、端拱、淳化、至道；宋真宗：咸平、景德、大中祥符、天禧、乾兴；宋仁宗：天圣、明道、景祐、宝元、康定、庆历；宋英宗：治平；宋神宗：熙宁；宋哲宗：元祐、绍圣、元符；宋徽宗：建中靖国、崇宁、大观、政和、重和、宣和；宋钦宗：靖康。

南宋　高宗：建炎、绍兴；孝宗：隆兴、乾道、淳熙；光宗：绍熙；宁宗：庆元、嘉泰、开熙、嘉定；理宗：宝庆、绍定、端平、嘉熙、淳祐、开庆、景定；度宗：咸淳；恭宗：德祐；端宗：景炎；帝昺：祥兴。

【译文】**南宋**　宋高宗：建炎、绍兴；宋孝宗：隆兴、乾道、淳熙；宋光宗：绍熙；宋宁宗：庆元、嘉泰、开熙、嘉定；宋理宗：宝庆、绍定、端平、嘉熙、淳祐、开庆、景定；宋度宗：咸淳；宋恭宗：德祐；宋端宗：景炎；宋帝昺：祥兴。

元　世祖：至元；成宗：元贞、大德；武宗：至大；仁宗：皇庆、延祐；英宗：至治；泰定帝：泰定、致和；明宗：天历；文宗：天历、至顺；顺帝：元统、至元、至正。

【译文】**元朝**　元世祖：至元；元成宗：元贞、大德；元武宗：至大；元仁宗：皇庆、延祐；元英宗：至治；泰定帝：泰定、致和；元明宗：天历；元文宗：天历、至顺；元顺帝：元统、至元、至正。

陵寝　盘古，青县。女娲，阌乡。伏羲，陈州。神农，曲阜。黄帝，中都。少昊，曲阜。颛顼，高阳。帝喾，滑县。高阳氏，东昌。华胥氏，蓝田。帝尧，东平。帝舜，永州。大禹，会稽。

【译文】盘古陵在青县。女娲陵在阌乡。伏羲陵在陈州。神农陵在曲阜。黄帝陵在中都。少昊陵在曲阜。颛顼陵在高阳。帝喾陵在滑县。高阳氏陵在东昌。华胥氏陵在蓝田。帝尧陵在东平。帝舜陵在永州。大禹陵在会稽山。

夏：太康，太康；成汤，偃师；太甲，济南；殷：中宗，内黄；商高宗，西华。

【译文】夏朝皇帝的陵寝：太康陵在太康；成汤陵在偃师；太甲陵在济南；殷中宗陵在内黄；商高宗陵在西华。

周：文、武、成康，咸阳；威烈王，河南；昭王，少室。

【译文】周朝文王、武王、成康的陵墓都在咸阳；威烈王陵墓在河南；昭王陵墓在少室山。

秦：始皇，骊山。

【译文】秦始皇的陵墓在骊山。

汉：高祖，长陵，咸阳；文帝，西安；武帝，兴平；景帝，咸阳；宣帝，长安；光武，原陵、孟津；明帝，洛阳；昭烈，成都。

【译文】汉高祖葬在长陵，位于咸阳；汉文帝的陵墓在西安；汉武帝的陵墓在兴平；汉景帝的陵墓在咸阳；汉宣帝的陵墓在长安；汉光武帝葬在原陵，位于孟津；汉明帝的陵墓在洛阳；汉昭烈帝陵在成都。

隋文，武功。

【译文】隋文帝的陵墓在武功。

晋：元帝，江宁；晋十一帝陵，上元。

【译文】晋元帝的陵墓在江宁，其余十一位晋朝皇帝的陵墓都在上元。

吴大帝，钟山；吴景帝，太平。

【译文】吴大帝孙权的陵墓在钟山，吴景帝的陵墓在太平。

齐：高、武、明，丹阳。

【译文】后齐高帝、武帝、明帝的陵墓都在丹阳。

梁：武、简文，丹阳。陈文帝，武功；陈高祖，高要。隋炀帝，扬州。

【译文】梁武帝、简文帝的陵墓都在丹阳。陈文帝的陵墓在武功；陈高祖的陵墓在高要。隋炀帝的陵墓在扬州。

唐：高祖，三原；太宗，九嵕山；宪宗，满城；宣宗，景阳；中宗，偃师。

【译文】唐高祖的陵墓在三原；唐太宗的陵墓在九嵕山；唐宪宗的陵墓在满城；唐宣宗的陵墓在景阳；唐中宗的陵墓在偃师。

西魏武帝，富平；石勒，顺德。

【译文】西魏武帝的陵墓在富平；石勒的陵墓在顺德。

宋：太祖，昌陵；太宗，熙陵；真宗，定陵；仁宗，昭陵。俱巩县。

【译文】宋太祖葬在昌陵；宋太宗葬在熙陵；宋真宗葬在定陵；宋仁宗葬在昭陵。全都在巩县。

南宋：高、孝、光、宁、理、度，会稽；宋三陵，钦陵、庆陵、安陵，保定；宋端宗，厓山；徽宗，五国城。

【译文】南宋高宗、孝宗、光宗、宁宗、理宗、度宗的陵墓都在会稽；宋三陵指钦陵、庆陵、安陵，都在保定；宋端宗的陵墓在厓山；宋徽宗的陵墓在五国城。

辽太祖，宁远卫。

【译文】辽太祖的陵墓在宁远卫。

明：洪武皇帝孝陵，江宁；永乐，长陵；洪熙，献陵；宣德，景陵；正统，裕陵；成化，茂陵；弘治，泰陵；正德，康陵；嘉靖，永陵；隆庆，昭陵；万历，庆陵；泰昌，定陵；天启，德陵；崇祯，思陵。俱顺天天寿山。建文君自滇还，迎入南内，号老佛，卒葬西山。碑曰“天下大师之墓”。

【译文】洪武皇帝葬在孝陵，位于江宁；永乐皇帝葬在长陵；洪熙皇帝葬在献陵；宣德皇帝葬在景陵；正统皇帝葬在裕陵；成化皇帝葬在茂陵；弘治皇帝葬在泰陵；正德皇帝葬在康陵；嘉靖皇帝葬在永陵；隆庆皇帝葬在昭陵；万历皇帝葬在庆陵；泰昌皇帝葬在定陵；天启皇帝葬在德陵；崇祯皇帝葬在思陵。全都在顺天府天寿山。建文帝朱允炆从云南回来后，被人迎到南内，自号“老佛”，去世后被埋葬在西山。墓碑上刻着“天下大师之墓”。

仪制

黄屋左纛　黄屋，黄盖也。左纛，以牦牛尾为旗纛，列之左也。

【译文】黄屋指帝王乘舆顶部的黄色华盖。左纛指用牦牛的尾巴做成的旗帜，布置在乘舆的左侧。

羽葆　聚五采羽为幢，建于车上，天子之仪卫也。

【译文】羽葆是用五彩羽毛制成的华盖，竖立在车上，作为皇帝出行的仪仗。

九旂 画日月曰常，画蛟龙曰旂。通帛曰旃，杂帛曰物。画熊虎曰旗，画鸟隼曰旟，画龟龙曰旐。全羽曰旞，析羽曰旌。

【译文】画着日月的旗帜叫作“常”，画着蛟龙的旗帜叫作“旂”。用纯色丝帛制成的旗帜叫作“旃”，用多种颜色丝帛制成的旗帜叫作“物”。画着熊和虎的旗帜叫作“旗”，画着鸟和隼的旗帜叫作“旟”，画着龟和龙的旗帜叫作“旐”。系着完整的五色羽毛的旗帜叫作“旞”，系着穗状彩色羽毛的旗帜叫作“旌”。

卤簿 车驾出行，羽仪导护，谓之卤簿。卤，大盾也，所以捍蔽，部位之次，皆着之于簿。五兵盾在外，余兵在内。以大盾领一部之人，故名卤簿。

【译文】皇帝的车驾出行时，要使用羽翼仪仗进行引导和保护，叫作“卤簿”。“卤”是盾牌，可以起到保护和隐蔽的作用，仪仗的位置和次序，都会记录在册。五个持盾的士兵在外侧，其余的士兵在内侧。一个持大盾的士兵带领一部的人，所以称为“卤簿”。

髦头 武祖问髦头之义，彭权对曰：“《秦纪》云：国有奇怪，触山截水，无不崩溃，惟畏髦头。故使武士服之，卫至尊也。”

【译文】晋武帝问“髦头”是什么意思，彭权答道：“《史记·秦本纪》记载：国内有一种奇异的怪物，触碰到山，山就会崩塌，触碰到水，水就会溃散，这怪物唯独畏惧髦头。所以让武士披发扮成髦头，用来保卫帝王。”

传国玺 秦始皇以卞和玉制传国玺，命李斯篆文。其文曰：“受命于天，既寿永昌。”相传卞和玉制为三印，一传国玺，一天师印，一茅山道士印。

【译文】秦始皇用卞和玉制成传国玉玺，命令李斯篆文铭刻。上面写着：“受命于天，既寿永昌。”相传用卞和玉制成的印章一共有三枚，一是传国玉玺，二是天师印，三是茅山道士印。

十二章 日、月、星、辰、山龙、华虫六者绘之于衣，宗彝、藻、火、粉米、黼、黻绣之于裳，所谓十二章也。华虫，雉也。宗彝，虎蜼。藻，水草。黼，若斧形，取其断也。黻，为两巳相背，取其辨也。

【译文】把日、月、星、辰、山龙、华虫六种图案画在上衣，把宗彝、藻、火、粉米、黼、黻六种图案绣在下裳，就是所谓的“十二章”。华虫就是雉鸡。宗彝就是虎和长尾猴。藻是一种水草。黼的形状和斧子很像，取决断的意思。黻像两个背着的“巳”字，取明辨是非的意思。

皇后六服 袆衣（袆音挥。色玄，刻绘为翚。从王祭先王之服。翚亦音辉）。

【译文】袆衣（“袆”读作“挥”。黑色，上面画着五彩山鸡的图案。袆衣是皇后跟随皇帝祭祀先皇时穿着的服装。“翚”也读作“辉”）。

揄狄（揄音遥。色青，刻绘为揄。从王祭先公之服）。

【译文】揄狄（“揄”读作“遥”。青色，上面镂刻绘画着五彩山鸡的图案。揄狄是皇后跟随皇帝祭祀祖先时穿着的服装）。

阙狄（色赤。刻绘为翟。从王祭群小祀之服）。

【译文】阙狄（红色。镂刻绘画着山鸡的图案。阙狄是皇后跟随皇帝祭祀山川、土地之神时穿着的服装）。

鞠衣（色黄。告桑之服）。展衣（色白。以礼见王及宾客之服）。褖衣（色黑。进御见王之服）。

【译文】鞠衣（黄色。是祭告桑叶初生时穿着的服装）。展衣（白色。朝见皇帝和会见宾客时穿着的服装）。褖衣（黑色。拜见君王时穿的服装）。

九门 天子一关门，二远郊门，三近郊门，四城门，五皋门，六库门，七雉门，八应门，九路门。

【译文】天子宫禁设置九重门，分别是关门、远郊门、近郊门、城门、皋门、库门、雉门、应门、路门。

丹墀 《西京赋》曰：“右平左墄，青琐丹墀。”（注：天子赤墀列为九级，中分左右，有齿介之，右则平之，令辇得上阶也。）

【译文】《西京赋》记载：“右平左墄，青琐丹墀。”（注解：觐见天子的红色台阶共有九级，从中间分成左右两边，左边有台阶，右边则是平的，可以让车驾在上面行驶。）

尺一 天子诏曰尺一。汉制：简一尺一寸。中行说教匈奴以尺二演示报汉。

【译文】皇帝的诏书叫作“尺一”。汉朝制度：竹简的规格是一尺一寸。

投靠匈奴的太监中行说教唆匈奴人用一尺二寸的竹简给汉文帝回信以示倨傲。

金根车　天子所乘之车曰金根，驾六马。有五色安车，有五色立车，各一，皆驾四马，是为五时副车。

【译文】皇帝乘坐的车驾叫作“金根”，驾六匹马。还有五种颜色的坐乘之车和五种颜色的立乘之车，每种颜色各一辆，全部驾四匹马，作为跟随皇帝出行的副车。

鹤禁　太子所居之宫，白鹤守之，凡人不得辄入，故曰鹤禁。

【译文】太子居住的宫殿，有白鹤守卫，平常人不能擅自进入，所以叫作“鹤禁”。

九府圜法　圜法，即钱法也。天子九府，曰泉府、大府、王府、内府、外府、天府、职内、职金、职币，皆掌钱帛之府也。

【译文】圜法就是铸造钱币的制度。皇帝设置的九府分别是泉府、大府、王府、内府、外府、天府、职内、职金、职币，都是掌管钱币的机构。

五库　天子五库，曰车库、兵库、祭器库、乐器库、宴器库。

【译文】皇帝设置的五库分别是车库、兵库、祭器库、乐器库、宴器库。

黼扆　天子坐，则黼扆列在后，如背负之也。黼扆，形如屏风，画斧而无柄，设而不用，取金斧断割之义。

【译文】天子入座时，就会有黼扆放置在身后，像背负在后面一样。黼扆的形状和屏风很像，上面画着斧子却没有斧柄，放在那里不用，取斧子可以决断、裁切的意思。

象魏　宫门双阙悬法象，其状巍然高大，曰象魏。

【译文】皇宫门口的一对高台上悬挂着典章教令，形制雄伟高大，叫作“象魏”。

列土分茅　天子大社，以五色土为坛，封诸侯，各以其色与之，帱以黄土（黄取王者覆被四方之义），苴以白茅（白茅取其洁也），归而立社，谓之列土分茅。

【译文】皇帝建造的祭祀用的大社，用五色土建造祭坛，分封诸侯，将对应颜色的土赐给他们，外面用黄土覆盖（黄土取王者之德覆盖四方的意思），再用白茅草包裹（白茅取洁净的意思），诸侯回国之后要把它放置在祭坛中，叫作“列土分茅”。

枫宸 汉宫殿前多植枫树，故曰枫宸。一名紫宸。

【译文】汉代宫殿前种植了很多枫树，所以叫作“枫宸”，又叫“紫宸”。

罘罳（音环思） 《注》：罘罳，伏思也。君退至内廷，思维机务，故曰罘罳。

【译文】《汉仪注》记载：“罘罳”就是“伏思”的意思。君王回到内宫之后，还在思虑机要事务，所以叫作“罘罳”。

金马 汉武帝得大宛马，以铜铸其像，立于署门，名金马门。《扬雄传》：“历金马，上玉堂。”翰林官称玉堂金马。

【译文】汉武帝曾经得到一匹大宛马，给它铸造了一个铜像，立在宫门口，这座门于是改名“金马门”。《汉书·扬雄传》记载：“经过金马，走上玉堂。”翰林官被称为“玉堂金马”。

黄牛白腹 公孙述废铜钱置铁钱。蜀中童谣曰：“黄牛白腹，五铢当复。”言王莽称黄，述自号白。五铢，汉钱也。言天下当复还刘氏。

【译文】公孙述曾经废弃铜钱而使用铁钱。蜀地的童谣中唱道：“黄牛白腹，五铢当复。”说的是王莽自称为“黄”，公孙述自称为“白”。“五铢”是汉代使用的钱币。这句童谣是说天下将要归还给刘氏。

两观 古者帝王每门树两观于其前，所以标表宫门也。其上可居，登之可以观远，故谓之观。

【译文】古代的帝王在每座宫门建造树立两座望楼，用来作为宫门的标志。望楼上可以居住，登上之后可以眺望远处，所以称为“观”。

琼林、大盈 唐德宗起琼林、大盈等库，以储私钱。陆贽谏，不听。后朱泚之乱，罄于兵火。

【译文】唐德宗曾经打开琼林、大盈等官库，用来储藏他自己的私人钱财。陆贽前去劝谏，德宗不听。后来朱泚叛乱，这些钱财全部毁于战火。

泽宫 天子习射之地。泽，取择贤之义也。

【译文】泽宫是天子练习射箭的地方。泽是取“选择贤良”的意思。

水晶宫 大秦国中有五宫殿，皆以水晶为柱，故名水晶宫。

【译文】大秦国有五座宫殿，全都用水晶作为柱子，所以叫作“水晶宫”。

桥门 汉明帝幸辟雍，冠带缙绅之人，环桥门而观者，以亿万计。

【译文】汉明帝驾临辟雍，那里戴冠束带的缙绅们都围着桥门观看，人数极多。

虎闱 晋武帝临辟雍，立国子监以育士庶，名之曰虎闱，又名虎观。

【译文】晋武帝驾临辟雍，设立了国子监用来教育士人和百姓，取名“虎闱”，也叫“虎观”。

石渠 汉施雠，甘露中拜博士，与五经诸儒，论异同于石渠阁。

【译文】汉代施雠，在甘露年间官拜博士，和学习五经的儒生们在石渠阁中辩论经学的异同。

凤诏 后赵石季龙，置戏马观，观上安诏书，用五色纸，衔于木凤口而颁行之。凤五色漆画，咮脚皆用金。

【译文】后赵皇帝石虎建造了一座戏马观，在观上放置诏书，把用五色纸书写的诏书衔在木制凤凰的口中颁行天下。凤凰用五种颜色的漆涂画，嘴和脚都是用金子制成的。

紫泥 阶州武都紫水有泥，其色紫而粘，贡之，用封玺书，故诏诰曰紫泥封。

【译文】阶州武都的紫水中有一种泥，颜色也是紫的，而且黏性很强，作为贡品进献给皇帝之后，被用来封玺书的口，所以诏书和诰书都被称为“紫泥封”。

黄麻 敕书旧用白纸，唐高宗以白纸多蠹，改用黄麻。拜除将相，其制书皆用黄麻。黄麻者，以黄蘖染纸，取其辟蠹也。

【译文】敕书原来使用白纸进行书写，唐高宗时因为白纸经常被虫蛀，所以改用黄麻。皇帝在拜授宰相和将军等官职时，书写任命书都是用黄麻。黄麻就是用黄蘖染成的纸张，取其可以避免虫蛀。

内官 成周始为寺人。秦始皇初立中车府，置令。魏文帝置殿中制监。隋置内侍省，始以监为太监，加少监、监正。秦六局，置尚衣、尚冠等官。

【译文】周成王开始设置寺人。秦始皇开始设立中车府，并设置官职中车令。魏文帝设置官职殿中制监。隋朝设立了内侍省，开始把监称为“太监”，并增加了少监和监正。秦朝设立六局，并设置了尚衣、尚冠等官职。

仪仗 神农始为仪仗，秦汉始为导护，五代始为宫中导从。黄帝制钺，秦始皇改为镗（即斧）。晋武帝制干枪，元帝加仪刀、仪镗、斑剑。

【译文】神农氏开始设立帝王仪仗，秦汉时期才开始设置向导和护卫，五代时设立宫中导从。黄帝创制了钺，秦始皇将其改为镗（就是斧）。晋武帝创制了干枪，晋元帝时加入了仪刀、仪镗、斑剑。

黄帝制麾、制曲盖。吕尚制华盖。黄帝始警跸。周制鸣鞭。黄帝制旗，天子出，大牙建于前。周制，树旗表门。陶谷始备岳渎、日星、龙象、大神诸旗。

【译文】黄帝创制了麾和曲盖。吕尚创制了华盖。黄帝时开始有警戒和清道的仪仗。周朝创制鸣鞭。黄帝创制了旗，天子在出行时，要让装饰着象牙的旗帜走在前面。周朝的制度，树立旗帜来代表大门。宋代陶谷开始设置画有岳渎、日星、龙象、大神等形象的旗帜。

尧始制车驾，周改鸾驾。

【译文】尧帝开始创制皇帝出行的车驾，周朝改为鸾驾。

晋文公制左右虞候掖驾。汉武帝佽飞驾前。周公始制属车悬豹尾。唐始加豹尾于卤簿。

【译文】晋文公创制了左右虞候扶持皇帝车驾的制度。汉武帝让掌弋射的武官佽飞走在帝王车驾的前面。周公开始创制从属车辆悬挂豹尾的制度。唐代开始把豹尾加在卤簿仪仗后面。

周公置记里鼓车。隋文帝制行漏车。秦始皇兼车服始饰器为金根车，上施华盖相风乌，制辟恶车前导，更定大驾、法驾。周制：步辇以人组挽。秦始皇去其轮为舆，以人荷。汉制：后宫羊车以人牵。宋制：檐子以竿牵。汉制皇屋。宋制棕榈屋，即逍遥车。

【译文】周公设置了用来记录里程的鼓车。隋文帝创制了装有计时器械的行漏车。秦始皇对出行的车驾进行装饰，称为“金根车”，上面设置了华盖和相风乌，创制“辟恶车”作为前导，还重新制定了大驾和法驾的形制。周朝制度：皇帝出行的步辇要用一队人来牵引。秦始皇将步辇的轮子去除改为“舆”，用人来抬。汉代制度：在后宫使用的羊车用人来进行牵引。宋代制度：皇帝乘坐的檐子要用竹竿来抬。汉朝创制了皇帝乘坐的皇屋。宋代创制了皇帝乘坐的棕榈屋，就是所谓的“逍遥车”。

汉武帝制十二障扇。唐玄宗制上殿索扇，阎则先奏，以宦官升陛执扇。

【译文】汉武帝创制了十二障扇。唐玄宗创制了皇帝上殿需要打扇的制度，阎则先奏报皇帝，请求让宦官登上台阶为皇帝执扇。

戒不虞　《汉官仪》：属车八十一乘，作三行。《尚书》：“御史乘之。”最后一乘悬豹尾于竿，豹尾过后，执金吾方罢屯解围，所以戒不虞也。

【译文】《汉官仪》记载：皇帝出行时从属的车有八十一辆，排成三行。《尚书》记载：“这些车辆是御史乘坐的。”最后一辆车上要把豹尾悬挂在竿子上，等悬挂豹尾的车辆走过之后，执金吾卫才能分散阵型，解除警戒，这是为了防止意外发生。

名臣

六佐　伏羲六佐：金提主化俗，鸟鸣主建福，视默主灾恶，纪通主中职，仲起主陵陆，阳侯主江海。

【译文】伏羲氏有六位辅佐他的大臣：金提主管德化和风俗，鸟鸣主管祈福，视默主管灾祸，纪通主管朝中事务，仲起主管山陵和平地，阳侯主管江海。

六相　轩辕六相：风后、力牧、太山、稽、常先、大鸿。得六相而天下治。

【译文】轩辕氏有六位宰相，分别是风后、力牧、太山、稽、常先、大鸿。得到这六位宰相之后天下便得到了治理。

八元（元，善也） 高辛氏有才子八人：伯奋、仲堪、叔献、季仲、伯虎、仲熊、叔豹、季狸，天下之民谓之八元。

【译文】帝喾高辛氏有八位有才能的儿子，分别是伯奋、仲堪、叔献、季仲、伯虎、仲熊、叔豹、季狸，天下的百姓称他们为“八元”。

八恺（恺，和也） 高阳氏有才子八人：苍舒、隤敳（音皑）、梼戭（音稠演）、大临、龙降、庭坚、仲容、叔达，天下谓之八恺。

【译文】颛顼高阳氏有八位有才能的儿子，分别是苍舒、隤敳（音皑）、梼戭（音稠演）、大临、龙降、庭坚、仲容、叔达，天下人把他们称为“八恺”。

四凶 帝鸿氏有不才子曰浑沌（即驩兜），少昊氏有不才子曰穷奇（即共工），颛顼氏有不才子曰梼杌（即鲧），缙云氏有不才子曰饕餮（即三苗），谓之四凶。

【译文】帝鸿氏有个不成材的儿子叫浑沌（即驩兜），少昊氏有个不成材的儿子叫穷奇（即共工），颛顼氏个不成材的儿子叫梼杌（即鲧），缙云氏有个不成材的儿子叫饕餮（即三苗），四人合称“四凶”。

五臣 舜有臣五人：禹、稷、契、皋陶、伯益。

【译文】舜帝有五位贤臣，分别是禹、稷、契、皋陶、伯益。

九官 舜命九官：禹、契、稷、伯益、皋陶、夔、龙、垂、伯夷。

【译文】舜帝任命了九个贤能的官员，分别是禹、契、稷、伯益、皋陶、夔、龙、垂、伯夷。

十乱 武王有乱臣十人：太公望、周公旦、召公奭、毕公高、闳夭、散宜生、南公适、荣公、太颠、邑姜。

【译文】周武王有能够治乱的能臣十人，分别是太公望、周公旦、召公奭、毕公高、闳夭、散宜生、南公适、荣公、太颠、邑姜。

八士 周有八士：伯达、伯适、仲突、仲忽、叔夜、叔夏、季随、季騧。

【译文】周朝有八位贤士，分别是伯达、伯适、仲突、仲忽、叔夜、叔夏、季随、季騧。

四皓 东园公（姓辕名秉字宣明）、绮里季（姓朱名晖字文季）、夏黄公（姓崔名廓字少通）、角里先生（姓周名述字元道），隐于商山，谓之商山四皓。

【译文】东园公（姓辕名秉字宣明）、绮里季（姓朱名晖字文季）、夏黄公（姓崔名廓字少通）、角里先生（姓周名述字元道），这四人在商山隐居，被称为“商山四皓”。

淮阳一老 汉应曜，隐于淮阳，与四皓并征，曜独不至。时人语曰：“商山四皓，不如淮阳一老。”

【译文】汉朝应曜隐居在淮阳，和“商山四皓”一起被朝廷征召，只有应曜没有到。当时的人都说：“商山四皓，不如淮阳一个老人。”

三良 秦子车氏三子：奄息、仲行、鍼虎。秦穆公死，命以为殉，国人为赋《黄鸟》之诗以哀之。

【译文】秦国的子车氏有三个儿子：奄息、仲行和鍼虎。秦穆公死后，三个人都被选择为他殉葬，秦国的人为他们作《黄鸟》一诗进行哀悼。

十八元功 汉高祖封功臣十八人，萧何为首，曹参次之，其下张敖、周勃、樊哙、郦商、奚涓、夏侯婴、灌婴、傅宽、靳歙、王陵、陈武、王吸、薛欧、周昌、丁夏、虫达。

【译文】汉高祖有功臣十八人，萧何居首功，曹参排在第二，排在后面的依次是张敖、周勃、樊哙、郦商、奚涓、夏侯婴、灌婴、傅宽、靳歙、王陵、陈武、王吸、薛欧、周昌、丁夏、虫达。

麒麟阁十一人 汉宣帝以夷狄宾服，思股肱之美，乃图画其人于麒麟阁，共十一人，唯霍光不名，曰大司马、大将军博陆侯姓霍氏。其次张安世、韩增、赵充国、魏相、丙吉、杜延年、刘德、梁丘贺、萧望之、苏武。

【译文】汉宣帝因为四夷宾服，感念臣子们的功劳，就让人画了他们的画像悬挂在麒麟阁，一共有十一人，只有霍光不使用姓名，而是称为“大司马、大将军博陆侯姓霍氏”。排在后面的依次是张安世、韩增、赵充国、魏相、丙吉、杜延年、刘德、梁丘贺、萧望之、苏武。

云台二十八将 汉光武思中兴功臣，乃画二十八将于南宫云台，其位次以邓禹为首，次马成、吴汉、王梁、贾复、陈俊、耿弇、杜茂、寇恂、傅俊、岑彭、坚镡、冯异、王霸、朱祐、任光、祭遵、李忠、景丹、万修、盖延、邳彤、铫期、刘植、耿纯、臧宫、马武、刘隆，后又益以王常、李通、窦融、卓茂，共三十二人。马援以椒房不与。

【译文】东汉光武帝感念中兴功臣们的功劳，于是让人画了二十八位开国将军的画像悬挂在南宫的云台，邓禹的位次被排列在第一位，后面依次是马成、吴汉、王梁、贾复、陈俊、耿弇、杜茂、寇恂、傅俊、岑彭、坚镡、冯异、王霸、朱祐、任光、祭遵、李忠、景丹、万修、盖延、邳彤、铫期、刘植、耿纯、臧宫、马武、刘隆，后来又增加了王常、李通、窦融、卓茂，共计三十二人。只有马援因为是皇后的亲属所以没有列入。

十八学士 唐高祖以秦王世民功高，令开府置属，秦王乃开馆于宫西，延四方文学之士，杜如晦、房玄龄、虞世南、褚亮、姚思廉、李玄道、蔡允恭、薛元敬、颜相时、苏勖、于志宁、苏世长、薛收、李守素、陆德明、孔颖达、盖文达、许敬宗，使库直阎立本图像。预其选者，时人谓之登瀛洲。

【译文】唐高祖因为秦王李世民的功勋卓著，便让他开设属于自己的府衙，并且招募属官，李世民于是在皇宫的西边开馆，招纳天下博学之士，杜如晦、房玄龄、虞世南、褚亮、姚思廉、李玄道、蔡允恭、薛元敬、颜相时、苏勖、于志宁、苏世长、薛收、李守素、陆德明、孔颖达、盖文达、许敬宗等人都是当时招纳的，李世民又让库直阎立本为他们画像。这些被选中的人，被当时的人称为“登瀛洲”。

凌烟阁二十四人 唐太宗图其功臣于凌烟阁，长孙无忌、赵郡王孝恭、杜如晦、魏徵、房玄龄、高士廉、尉迟敬德、李靖、萧瑀、段志玄、刘弘基、屈突通、殷开山、柴绍、长孙顺德、张亮、侯君集、张公谨、程知节、虞世南、刘政会、唐俭、李世勣、秦叔宝，共二十四人。

【译文】唐太宗将自己的功臣画像悬挂在凌烟阁中，这些人分别是长孙无忌、赵郡王孝恭、杜如晦、魏徵、房玄龄、高士廉、尉迟敬德、李靖、萧瑀、段志玄、刘弘基、屈突通、殷开山、柴绍、长孙顺德、张亮、侯君集、张公谨、程知节、虞世南、刘政会、唐俭、李世勣、秦叔宝，共计二十四人。

三君　三君（君者言一世之所宗也）：窦武、陈蕃、刘淑，为三君。

【译文】三君（“君”说的是一世所敬仰的人）：窦武、陈蕃、刘淑合称“三君”。

八俊　八俊（俊者言一世之英也）：李膺、荀昱、杜密、王畅、刘祐、魏朗、赵典、朱寓，为八俊。

【译文】八俊（“俊”说的是一世的英才）：李膺、荀昱、杜密、王畅、刘祐、魏朗、赵典、朱寓合称“八俊”。

八顾　八顾（顾者能以德行引人者也）：郭泰、范滂、尹勋、巴肃、宗慈、夏馥、蔡衍、羊陟，为八顾。

【译文】八顾（“顾”说的是能够以自己的德行引导世人的人）：郭泰、范滂、尹勋、巴肃、宗慈、夏馥、蔡衍、羊陟合称“八顾”。

八及　八及（及者言使人之所追从者也）：张俭、翟超、岑晊、范康、刘表、陈翔、孔昱、檀敷，为八及。

【译文】八及（“及”说的是能够使人追随、跟从的人）：张俭、翟超、岑晊、范康、刘表、陈翔、孔昱、檀敷合称“八及”。

八厨　八厨（厨者能以财救人者也）：度尚、张邈、刘儒、胡毋班、秦周、蕃向、王章、王考，为八厨。

【译文】八厨（“厨”的意思是能够用自己的钱财救助别人的人）：度尚、张邈、刘儒、胡毋班、秦周、蕃向、王章、王考合称“八厨”。

八友　齐王之子开西邸延宾客，范云、萧琛、任昉、王融、萧衍、谢朓、沈约、陆倕，并以文学见称，故曰八友。

【译文】齐武帝的儿子开设西邸来招揽门客，其中范云、萧琛、任昉、王融、萧衍、谢朓、沈约、陆倕八人都以文学闻名，所以合称“八友”。

浔阳三隐　周续之入庐山，事远公；刘遗民遁迹匡山；陶渊明不应诏命。人称“浔阳三隐”。

【译文】周续之隐居庐山，侍奉慧远禅师；刘遗民隐居匡山；陶渊明不接受朝廷诏命。这三人被人们称为“浔阳三隐”。

竹林七贤　嵇康、阮籍、山涛、向秀、刘伶、王戎、阮咸为竹林七贤，日以酣饮为事。颜延之作《五君咏》，独述阮步兵、嵇中散、刘参军、阮始平、向尚侍，而山涛、王戎以贵显被黜。

【译文】嵇康、阮籍、山涛、向秀、刘伶、王戎、阮咸合称“竹林七贤”，他们每天把喝酒当作最重要的事。颜延之曾经写过一首《五君咏》，里面只写了阮籍、嵇康、刘伶、阮咸、向秀五个人，山涛和王戎则因为是显贵而被删去。

竹溪六逸　李白少有逸才，与鲁中诸生孔巢父、韩准、裴政、张叔明、陶沔，隐于徂徕山，终日沉饮，号竹溪六逸。

【译文】李白少年时就有出众的才华，曾经和鲁地的几位书生孔巢父、韩准、裴政、张叔明、陶沔隐居在徂徕山，整天沉醉于饮酒，号称“竹溪六逸”。

虎溪三笑　慧远禅师隐庐山，送客至虎溪即止。一日，送陶渊明、陆静修，与语道合，不觉过虎溪，因大笑。世传《三笑图》。

【译文】慧远禅师隐居在庐山，每次把客人送到虎溪就止步了。有一天，他送陶渊明和陆静修，和他们聊得十分投机，不知不觉就过了虎溪，三人于是大笑。这件事有《三笑图》传世。

何氏三高　梁何胤二兄求、点，并栖遁世，谓何氏三高。或乘柴车，或蹑草履，恣心所适，致醉而归。时人谓之通隐。

【译文】梁代的何胤与自己的两位兄长何求、何点一起遁世隐居，被称为“何氏三高”。他们有时乘坐柴车，有时穿着草鞋四处游玩，过得随心所欲，直到喝醉之后才肯回家。当时的人说他们是“通隐”。

饮中八仙　李白、贺知章、李适之、汝阳王琎、崔宗之、苏晋、张旭、焦遂。杜甫有《饮中八仙歌》。

【译文】饮中八仙指的是李白、贺知章、李适之、汝阳王李琎、崔宗之、苏晋、张旭、焦遂。杜甫还专门写过一首《饮中八仙歌》。

荀氏八龙　荀淑，颍川人，有八子，俭、绲（音魂）、靖、焘、汪、爽、肃、敷。县令范康曰：昔高阳氏有才子八人，遂署其里为高阳里。时人号荀氏八龙。

【译文】荀淑是颍川人，有八个儿子：荀俭、荀绲（音魂）、荀靖、荀焘、荀汪、荀爽、荀肃、荀敷。县令范康说：昔日高阳氏有八个有才华的儿子，于是便给他们居住的里门署名“高阳里”。当时的人都称他们为“荀氏八龙”。

河东三凤 薛元敬与收及族兄德音齐名，世称河东三凤。收为长雏、德音为鸑鷟，元敬年少为鹓雏。

【译文】薛元敬、薛收和族兄薛德音齐名，被世人称为“河东三凤”。薛收是长雏，薛德音是鸑鷟，薛元敬是鹓雏。

马氏五常 马良字季常，兄弟五人，并有才名。时人语曰：“马氏五常，白眉最良。”

【译文】马良字季常，有兄弟五人，都很有才华和名望。当时的人说：“马氏兄弟五人，白眉品行和学问最好。”

香山九老 白居易、胡杲、吉旼、郑据、刘真台、卢慎、张浑，年俱七十以上。狄兼谟、卢贞未及七十，白香山重其品，亦拉入会，日饮于龙门寺。时人称香山九老。

【译文】白乐天、胡杲、吉旼、郑据、刘真台、卢慎、张浑，年龄都在七十岁以上。狄兼谟、卢贞不到七十岁，但白居易看重他们的品行，也让他们一起加入集会，每天都在龙门寺喝酒。这九人被当时的人们称为“香山九老”。

洛社耆英 文潞公慕香山九老，乃集洛中年德高者为耆英会，就资圣院建大厦，曰耆英堂，命闽人郑奂画像其中，共十二人，文彦博、富弼、席汝言、王尚恭、赵丙、刘况、冯行己、楚建中、王谨言、张问、张焘、王拱辰。独司马光年未七十，潞公用香山狄兼谟故事，请温公入社。

【译文】潞国公文彦博仰慕“香山九老”，于是把洛阳德高望重的老人聚集在一起举办耆英会，就在资圣院建造一座高大的房屋，命名为“耆英堂”，又让闽地人郑奂为众人画像张挂在里面，一共有十二人：文彦博、富弼、席汝言、王尚恭、赵丙、刘况、冯行己、楚建中、王谨言、张问、张焘、王拱辰。只有司马光的年龄不到七十岁，文彦博便援引“香山九老”狄兼谟的旧例，请温公司马光加入集会。

白莲社　远公与十八贤同修净土，以书招渊明。答曰："弟子嗜酒，许饮即赴矣。"远公许之，遂造焉。勉令入社，渊明攒眉而去。谢灵运求入莲社，远公以灵运心杂，却之。

【译文】慧远禅师和十八位贤士一起修炼净土法门，用书信招陶渊明过来。陶渊明回信说："弟子喜欢喝酒，如果允许饮酒我就过去。"慧远答应了他这个请求，陶渊明就去了他那里。慧远又勉强他加入自己的白莲社，陶渊明皱着眉头走了。后来，谢灵运请求加入白莲社，慧远因为谢灵运心中有杂念，就拒绝了他。

建安七才子　徐干、陈琳、阮瑀、应玚、刘桢、孔融、王粲，皆好文章，号建安七才子。

【译文】徐干、陈琳、阮瑀、应玚、刘桢、孔融、王粲，都写得一手好文章，被人合称为"建安七才子"。

兰亭禊社　王右军兰亭修禊，与孙绰、许询辈四十二人，大会于此。是日不成诗，王大令辈一十六人，各罚酒三觥，如金谷酒数。

【译文】王羲之在兰亭举办修禊会，和孙绰、许询等四十二人在这里举行盛大的集会。这一天王大令等十六人都没有作出诗，各罚了三杯酒，和在金谷园集会罚酒的数量一样。

西园雅集十六人　苏东坡、王晋卿、蔡天启、李端叔、苏子由、黄鲁直、晁无咎、张文潜、郑靖老、秦少游、陈碧虚、王仲至、圆通大师、刘巨济，李伯时画《西园雅集图》，而米元章书记其上。

【译文】西园雅集十六人指苏东坡、王晋卿、蔡天启、李端叔、苏子由、黄鲁直、晁无咎、张文潜、郑靖老、秦少游、陈碧虚、王仲至、圆通大师、刘巨济，李伯时专门画了一幅《西园雅集图》，米芾在画上手书记文。

四杰　唐王勃、杨炯、卢照邻、骆宾王，皆以文章齐名天下，号为四杰。

【译文】唐代王勃、杨炯、卢照邻、骆宾王，都因为文章而同时闻名天下，被称为"四杰"。

铛脚刺史　唐大鼎守沧州，郑德本守瀛州，贾敦颐守冀州，皆有治名，故河北称为铛脚刺史。

【译文】唐代薛大鼎镇守沧州，郑德本镇守瀛州，贾敦颐镇守冀州，都因为颇有政绩而获得了好名声，三地的位置和铛脚的样子很像，所以三人被河北人称为“铛脚刺史”。

易水三侠 燕丹送荆轲易水之上，高渐离击筑而歌，宋如意和之。《国策》《史记》俱无如意名。陶靖节《咏荆轲》诗，有“渐离击悲筑，宋意唱高声”，与《水经注》俱有之。

【译文】燕国太子丹把荆轲送到易水边，高渐离鼓筑高歌，宋如意在一旁应和。《战国策》《史记》中都没有记载宋如意的名字。陶渊明在《咏荆轲》诗里有“渐离击悲筑，宋意唱高声”的诗句，《水经注》里也有相同的记载。

五马 南齐柳元伯之子五人，皆领五州，五马参差于庭。殷文圭启云：“荀家门内罗列八龙，柳氏庭前参差五马。”

【译文】南齐柳元伯有五个儿子，分别做了五个州的刺史，经常有五辆马车错落停放在院子里。殷文圭在文章里写道：“荀家门内罗列着八条龙，柳氏门前参差停着五辆马车。”

窦氏五龙 宋窦仪字可象，蓟州渔阳人。父禹钧在周为谏议大夫，五子曰仪、俨、侃、偁、僖，相继登科。时人谓之窦氏五龙。又曰燕山五桂。

【译文】宋代窦仪字可象，蓟州渔阳人。父亲窦禹钧当过后周的谏议大夫，五个儿子窦仪、窦俨、窦侃、窦偁、窦僖都先后考中科举。当时的人称他们为“窦氏五龙”，又叫“燕山五桂”。

汉三杰 张良、韩信、萧何。

【译文】汉三杰指的是张良、韩信、萧何。

程门四先生 谢良佐、游酢、吕大临、杨时。

【译文】程门四先生指的是谢良佐、游酢、吕大临、杨时。

四贤一不肖 范仲淹、余靖、尹洙、欧阳修，谓之四贤。高若讷谓之一不肖。

【译文】范仲淹、余靖、尹洙、欧阳修合称为“四贤”。高若讷被称为“一不肖”。

睢阳五老 宋冯平与杜衍、王焕章、毕世长、朱贯，咸以耆德挂冠，优游桑梓间。暇日宴集，赋诗云：“醉游春圃烟霞暖，吟听秋潭水石寒。”时人谓之睢阳五老。

【译文】宋代的冯平与杜衍、王焕章、毕世长、朱贯都因为德高望重而辞官，在故乡过着悠闲的日子。闲暇的时候就在一起宴饮聚会，作诗写道：“喝醉后游览春圃烟霞使人温暖，边吟诗边听秋潭中的水流声感到石头都是寒冷的。”当时的人称他们为“睢阳五老”。

昭勋阁二十四人 宋理宗宝庆二年，图功臣神像于昭勋阁，赵普、曹彬、薛居正、石熙载、潘美、李沆、王旦、李继隆、王曾、吕夷简、曹玮、韩琦、曾公亮、富弼、司马光、韩忠彦、吕颐浩、赵鼎、韩世忠、张浚、陈康伯、史浩、葛邲、赵汝愚，凡二十四人。

【译文】宋理宗宝庆二年（1226年），理宗命画师画功臣的神像悬挂在昭勋阁，这些功臣有赵普、曹彬、薛居正、石熙载、潘美、李沆、王旦、李继隆、王曾、吕夷简、曹玮、韩琦、曾公亮、富弼、司马光、韩忠彦、吕颐浩、赵鼎、韩世忠、张浚、陈康伯、史浩、葛邲、赵汝愚，共计二十四人。

二十四孝 大舜耕田，汉文尝药，曾参啮指，闵损推车，子路负米，董永卖身，剡子鹿乳，江革行佣，陆绩怀橘，山南乳姑，吴猛饱蚊，王祥卧冰，郭巨埋儿，杨香搤虎，寿昌寻母，黔娄尝粪，老莱戏彩，蔡顺拾椹，黄香扇枕，姜诗跃鲤，王裒泣墓，丁兰刻母，孟宗泣竹，庭坚涤皿。

【译文】二十四孝指的是：大舜耕田，汉文尝药，曾参啮指，闵损推车，子路负米，董永卖身，剡子鹿乳，江革行佣，陆绩怀橘，山南乳姑，吴猛饱蚊，王祥卧冰，郭巨埋儿，杨香搤虎，寿昌寻母，黔娄尝粪，老莱戏彩，蔡顺拾椹，黄香扇枕，姜诗跃鲤，王裒泣墓，丁兰刻母，孟宗泣竹，庭坚涤皿。

三珠树 王勃六岁能文，与兄勔、勮竞爽。杜易简奇之曰：“此王氏三珠树也。”勃凡命草，先磨墨数升，引被覆面而卧，忽起书之，不加点窜，人谓之腹稿。

【译文】王勃六岁时就能写文章，能与兄长王勔、王勮媲美。杜易简惊奇地说：“这是王氏的三珠树啊。”王勃每次起草文章时，总要先磨好几升墨汁，用被子蒙脸躺在床上，突然坐起来就写，写出的文章根本不需要修改和润饰，被人称为“腹稿”。

北京三杰　唐富嘉谟与吴少微、魏谷倚者，并负文辞，时称“北京三杰”。天下文章浮俚不竞，独少微、嘉谟本经术，雅厚雄迈，人争慕之。号吴体。

【译文】唐朝富嘉谟与吴少微、魏郡人谷倚都很有文采，被当时的人称为“北京三杰”。那时天下的文章都粗鄙浮华、萎靡不振，只有吴少微、富嘉谟精通经学，写出的文章高雅厚重、雄壮豪迈，被人争相模仿，被称为“吴体”。

五子科第　黄汝楫，方腊犯境，汝楫出财物二万缗，赎被掠士女千人。夜梦神告曰：“上帝以汝活人多，赐五子科第。”其后子开、阁、阅、闻、閤，皆登科。

【译文】黄汝楫在方腊进犯边境时，出二万缗赎回被掠的男女数千人。夜里睡觉时，他梦到有神灵对他说：“天帝因为你救活很多人，赐你五个儿子全部科举及第。”后来，他的儿子黄开、黄阁、黄阅、黄闻、黄閤果然全都考中科举。

四豪　列国赵平原君胜，齐孟尝君田文，楚春申君黄歇，魏信陵君无忌，称“四豪”。

【译文】战国时期，赵国的平原君赵胜，齐国的孟尝君田文，楚国的春申君黄歇，魏国的信陵君无忌，合称“四豪”。

张氏五龙　南北朝张镜与严延之邻居，延之每酣饮，喧呼不绝，而镜寂无言声。一日与客谈，延之从篱落取胡床坐，听辞言清远，心服之，谓客曰：“彼中有人。”自是不复酣叫。镜兄弟五人俱名士，时号“五龙”。

【译文】南北朝时期，张镜与严延之是邻居，严延之每次喝醉酒之后都要不停地大喊大叫，而张镜却一言不发。有一次张镜和客人交谈时，严延之从篱笆那里拿了一个小板凳坐在旁边，听到张镜的话语清雅高远，心里十分佩服，就对客人说：“那里有个人。”从此严延之喝醉酒之后再也不叫喊了。张镜的五个兄弟都是名士，被当时的人称为“五龙”。

河东三绝　唐徐洪，蒲州司兵参军。时司户韦暠善判，司工李登善书，洪善属辞，号“河东三绝”。

【译文】唐代徐洪担任蒲州司兵参军。当时司户韦暠善于断案，司工李登善于书法，徐洪善于写文章，合称“河东三绝”。

兖州八伯 羊曼，祜从孙，任达嗜酒，与阮放等八人友善，时称阮放为宏伯，郗鉴为方伯，胡毋辅之为达伯，卞壶为裁伯，蔡谟为朗伯，阮孚为诞伯，刘绥为委伯，而曼为黯伯，号“兖州八伯”，又号为“八达”。

【译文】羊曼是羊祜的从孙，性格开朗，非常喜欢喝酒，和阮放等八人关系很好，当时的人们称阮放为“宏伯”，郗鉴为“方伯”，胡毋辅之为“达伯”，卞壶为“裁伯”，蔡谟为“朗伯”，阮孚为“诞伯”，刘绥为“委伯”，而羊曼则被称为“黯伯”，合称“兖州八伯”，又称为“八达”。

五忠 刘韐，崇安人，其先自京兆徙闽，子孙仕宋，得谥“忠”者五人，世号“五忠”。刘氏以学士使金，金人留之，自缢，谥忠显。长子子羽官枢密，首荐吴玠、吴璘可大用，中兴战功居多，子羽之力也。

【译文】刘韐是崇安人，他的先祖曾从京兆府迁徙到福建，子孙都在宋朝做官，得到谥号“忠”的有五个人，世称“五忠”。刘韐以学士的身份出使金国，被金国人羁押，上吊自尽，被朝廷追谥“忠显”。他的大儿子刘子羽官至枢密使，首先举荐吴玠、吴璘可以大用，两位将军在南宋中兴战争中立下汗马功劳，这都是刘子羽的功劳。

九牧林氏 唐林披，官太子詹事。子九人，俱刺史，号“九牧林氏”，而藻、蕴尤知名。

【译文】唐朝林披任太子詹事。他有九个儿子，全都做了刺史，被称为“九牧林氏”，其中以林藻和林蕴的名声最大。

八子并通籍 明许进仕至吏部尚书，谥襄毅。子诰南，户部尚书，谥庄敏；赞，大学士，谥文简；论，兵部尚书。其八子并通籍，海内莫京焉。

【译文】明代许进官至吏部尚书，谥号“襄毅”。他的儿子许诰南官至户部尚书，谥号“庄敏”；许赞官至大学士，谥号“文简”；许论官至兵部尚书。他的八个儿子全部进士及第做了官，四海之内没有比他们家族更加兴盛的了。

一门仕宦 宗资，南阳人，世居宛。一门仕宦，至卿相者三十四人，东汉时无与比者。

【译文】宗资是南阳人，世代居住在宛。家族中都是做官的人，官至卿相的有三十四个人，东汉时没有人能和他们相提并论。

附：奸佞大臣

历代奸佞 夏帝启元年，有扈氏无道，威侮五行，怠弃三正。启征之，大战于甘，灭之。

【译文】夏朝帝启元年，有扈氏是个无道的君主，凌虐侮慢世间万物，怠惰荒废天道。夏启起兵攻打他，双方在甘地展开大战，最终有扈氏被消灭。

夏帝相权归后羿，为羿所逐。羿臣寒浞杀羿自立，而弑帝相。相后缗，有仍国君之女，方娠，奔归有仍，生少康。夏之旧臣靡举兵杀浞而立少康焉。

【译文】夏朝皇帝相的权力被后羿把持，后帝相被后羿驱逐。后羿的大臣寒浞将后羿杀死自立为王，又杀死了帝相。帝相的皇后缗是有仍国君的女儿，当时刚刚怀孕，于是逃回有仍国，生下少康。后来，夏朝原来的大臣靡起兵杀死寒浞并立少康为皇帝。

周成王幼，周公摄政。管叔、蔡叔、霍叔流言曰："公将不利于孺子。"既而与武庚同反，周公乃作《大诰》，奉王命以讨平之。

【译文】周成王年幼时，由周公负责管理国家大事。管叔、蔡叔、霍叔散布传言说："周公要做不利于幼王的事情。"然后以此为借口和武庚同时谋反，周公于是写了一篇《大诰》，奉周成王的命令讨伐他们并平息了叛乱。

吴太宰伯嚭，受越赂，而许越行成，复谗杀伍员，以亡吴国。

【译文】吴国的太宰伯嚭收取越国的贿赂，允许越国和谈，后来又用谗言杀害伍子胥，使吴国灭亡。

晋大夫魏斯、赵籍、韩虔，三分晋地。田氏伐姜而有齐国，皆周天子坏礼，而宠命之也。

【译文】晋国的大夫魏斯、赵籍、韩虔三人，将晋国的土地一分为三。田氏伐姜之后建立齐国，这些都是周天子破坏礼制、加恩特赐而任命的结果。

秦李斯请：史官非秦记皆烧之，偶语《诗》《书》者弃市，以古非今者族，所不烧者医药、卜筮、种树之书。若欲有学法令，以吏为师。制曰："可。"遂坑儒四百六十余人。始皇崩于沙丘，赵高与斯诈为遗诏，废死太子扶苏，立胡亥为太子，是为二世。高恃恩专恣，恐斯以为言，族诛斯，而自为丞相。及章邯军败，恐罪其身，乃与其婿咸阳令阎乐，谋弑二世于望夷宫，立子婴为秦王。子婴与其子二人刺杀高，夷其三族。

【译文】秦朝的李斯向皇帝请命：只要不是秦朝史官记录的史书，全部都要烧毁，有偶然提及《诗经》《尚书》的人全部都要在闹市正法，用古代的制度来非议当朝制度的要灭族，不烧的书籍只有和医药、卜筮、种树相关的。如果要学习法令，就要让官吏来作为老师。秦始皇下旨说："可以。"于是坑杀儒士四百六十多人。后来，秦始皇在沙丘驾崩，赵高和李斯写了一封假的遗诏，废除并杀死太子扶苏，立胡亥为太子，他就是秦二世。赵高凭借着秦二世的恩宠在朝中独断专行，恣意妄为，他害怕李斯有意见，就杀害了李斯全族，自己做了宰相。到章邯兵败时，赵高怕牵连自己，于是和自己的女婿咸阳令阎乐在望夷宫谋杀了秦二世，立子婴为秦王。子婴和自己的两个儿子刺杀赵高后，诛灭了他的三族。

楚项王将丁公逐窘汉王彭城西，短兵接，汉王急，顾谓丁公曰："两贤岂相厄哉！"丁公乃还。汉王即帝位，丁公谒见。帝以徇军中，曰："丁公为项王臣不忠，使项王失天下。"遂斩之。

【译文】西楚霸王项羽手下的大将丁公追赶窘困逃跑的汉王刘邦来到彭城的西边，短兵相接，刘邦十分着急，回头对丁公说："两个贤人怎么可以相互残杀呢！"丁公于是就回去了。刘邦登基做了皇帝之后，丁公前来拜见。刘邦把他带到军中示众，说："丁公在给项羽做臣子的时候不忠心，使得项王失去了天下。"随后就把他斩杀了。

汉田蚡为丞相，骄侈极欲，金玉、妇女、狗马、声乐、玩好，不可胜计。入奏事，所言皆听。荐人或起家至二千石，权移人主。上曰："君除吏尽未？吾亦欲除吏。"尝请考工地为宅，武帝曰："君何不遂取武库？"是后乃稍退。

【译文】汉代田蚡在做丞相时，日子过得穷奢极欲，金玉、妇女、狗马、声乐、玩好等物，根本无法计算数量。入朝奏事，所说的话全部都被皇帝采纳。可以把一个普通人举荐到领两千石俸禄的高官位置，皇帝的权力都转移到了他手上。皇帝还对他说过："你想提拔的官员有没有任命完？我也想提拔一些人做官。"他还请求皇帝把考工官署的地给他建造宅邸，汉武帝说："你为什么不把武库也一起取走呢？"这件事后田蚡才稍微有些收敛。

赵人江充初为赵敬肃王客，得罪亡，诣阙告赵太子阴事。太子坐废，上召充与语，大悦，拜为直指绣衣使者，使督察贵戚。近臣与太子有隙，因言上疾，祟在巫蛊。于是上以充治巫蛊狱。充云："于太子宫得木人尤多，又有帛书，所言不道。"持太子甚急。太子发长乐宫卫卒收捕充等，斩之。太子亦自经。后武帝感田千秋言，族灭充家。

【译文】赵国人江充一开始是赵敬肃王的门客，因为犯罪而逃亡，到朝廷告发了赵国太子不可告人之事。后来赵太子被废黜，皇帝召见江充说话，龙颜大悦，于是封江充为直指绣衣使者，让他监督和检查贵戚。当时有个亲近皇帝的臣子和太子有些嫌隙，就上书说皇帝的病是有人用巫蛊诅咒作祟。汉武帝于是命令江充负责办理巫蛊案。江充说："在太子宫里发现的木人尤其多，还有一些帛书，上面写的都是一些大逆不道的话。"武帝大怒，让人紧急搜捕太子。太子发动长乐宫的护卫士兵逮捕江充等人斩杀。太子也自尽身亡。后来，汉武帝被田千秋说的话所触动，又诛灭了江充全族。

汉昭帝初，左将军上官桀亦受遗诏辅少主，其子安有女，即霍光外孙，安因光欲内之，光以其幼，不听。安遂因帝姊盖长公主内入宫为婕妤，月余立为皇后，于是怨光而德盖主。知燕王旦以帝兄不得立，亦怨望，乃令人诈为燕王上书，欲共执退光。书奏，光不敢入。上召光入，免冠顿首，上曰："将军冠！朕知是书诈也，将军无罪。将军调校尉未十日，燕王何以知之？"是时帝年十四，左右皆惊，而上书者果亡。后谋令长公主置酒请光，伏兵格杀之，因废帝。会盖主舍人知其谋以告，捕桀、安等族诛之。盖主亦自杀。

【译文】汉昭帝初年，左将军上官桀也接受遗诏任命辅佐少主，他的儿子上官安有个女儿，就是霍光的外孙女，上官安想要靠着霍光的关系把自己的女儿嫁给皇帝，霍光以年龄尚幼为理由拒绝了。后来，上官安又靠着昭帝的姐姐盖长公主把女儿送到宫里做了婕妤，一个多月之后就被立为皇后，因为这件事，上官安对霍光十分怨恨，感激盖长公主的恩德。他知道燕王刘旦因为没有得到帝位，也有很大的怨气，于是就让人假托燕王的名字给皇帝上书，想要让皇帝治霍光的罪，逼他辞官。奏书交上去后，霍光吓得不敢入朝。皇帝召霍光觐见，霍光摘下帽子叩头辞官谢罪。皇上对他说："将军请戴上帽子！我知道这封奏书是假的，将军没有罪。您调任校尉还不到十天，燕王怎么会知道这件事呢？”这时汉昭帝才十四岁而已，左右的臣子都十分惊奇，没过多久，上书的人果然逃走了。后来，上官安又想让盖长公主设宴请霍光前来，趁机埋伏士兵杀死霍光，接着废除皇帝。恰好盖长公主府里舍人知道了这个阴谋，并且将其告发，皇帝于是下令抓捕上官桀、上官安等人，并且诛杀了他们的全族。盖长公主也自尽了。

汉元帝以史高领尚书事，弘恭、石显典枢机。萧望之等建白，以为宜罢中书宦官，应古不近刑人之义。由是大与高、恭、显忤。恭、显因奏望之与周堪、刘更生朋党，请召致廷尉。上初不允，强而可其奏。望之饮鸩自杀。上闻之惊，拊手曰：“曩固疑其不就狱，果然杀吾贤相！”

【译文】汉元帝让史高兼管尚书的职责，弘恭和石显也参加机要大事的决策。萧望之等人建议皇帝说，应当罢免宦官中书令的职务，按照古代帝王不亲近宦官的原则行事。萧望之因为这件事和史高、弘恭、石显产生了很大的矛盾。弘恭、石显于是上奏说萧望之与周堪、刘更生结为朋党，请皇帝把他们召集到廷尉进行处理。汉元帝刚开始不答应，后来勉强答应了他的奏议。萧望之知道后就喝毒酒自杀了。汉元帝听到这个消息十分震惊，拍着手说：“我本来就怀疑他不肯去监狱，现在看来果然这些人杀害了我的贤相啊！”

汉成帝委政王凤，悉封诸舅，王谭、王商、王立、王根、王逢时为列侯。谷永阴欲自托于凤，乃曰：“骨肉大臣有申伯之志，无重合安阳博陆之乱。”以推颂之。时上书言灾异之应，多讥切王氏专政所致。上亲问张禹，禹曰：“灾变之意，深远难见，新学小生乱道误人。”戴永嘉断曰：“王氏代汉，始于杜钦、谷永，成于张禹、孔光，终于刘歆。此数子皆号称儒者，以贤良直谏为名，以通经学古为贤，假托经术，缘饰古义，以售奸邪，以济谀佞，依凭宠禄，以苟富贵，相与误国如此，曾鄙夫小人不若也！”

【译文】汉成帝把政务交给王凤处理，把自己的几个舅舅全部封官，王谭、王商、王立、王根、王逢全都封为列侯。谷永私下想要依托于王凤，于是对他说：“您是与皇上有骨肉关系的大臣，却只有申伯的忠心，没有重合侯莽通、安阳侯上官桀、博陆侯霍禹那样作乱的心。”以推崇和歌颂王凤。当时有人上奏书说天灾和异变的事，大多都劝谏皇帝说是王氏专权导致的。汉成帝就这件事询问张禹，张禹说：“灾害和天象异变所预示的意思，深邃悠远，难以洞察，这都是那些经验不足的后生乱说用来误导人的话。”戴永嘉认为：“王氏代替汉朝而拥有天下，开始于杜钦、谷永，成熟于张禹、孔光，成就于刘歆。这几个人都号称自己是儒生，以贤良和敢于直言劝谏来赚取名声，以通习经籍、效仿古人为贤，假托经学，随意修饰古人之意，来辅助奸邪之人，帮助谀佞之辈，靠着皇帝的恩宠，苟求富贵，彼此勾连，误国到这种程度，就连人品卑鄙、见识浅薄的小人都比不上！”

汉平帝五年五月，策命安汉公王莽以九锡。十二月，莽因腊日上椒酒，置毒酒中。帝有疾，莽作策请命于泰畤，愿以身代，藏策金縢，置于前殿，敕诸公莫敢言。已而帝崩，群臣纪逡、郇越、郇相、唐林、唐遵、扬雄、谷永、刘歆、孔光等奏太后，请安汉公摄皇帝位，诏曰：“可。”寻即真天子位。定号曰新，僭位十八年，汉兵杀之。

【译文】汉平帝五年（5年）五月，皇帝通过策书赐给安汉公王莽九锡。十二月，王莽趁着腊日进献椒酒，把毒药放置在酒中。汉平帝生病之后，王莽作策书到泰畤请命，愿意代替皇帝去死，并把策书藏在金属制作的柜子中，放置在前殿，命令其他人不要说话。后来汉平帝驾崩，群臣纪逡、郇越、郇相、唐林、唐遵、扬雄、谷永、刘歆、孔光等奏请太后，请王莽就任“摄皇帝”，太后下诏说：“可以。”于是王莽便立刻即天子位。定国号为“新”，僭越皇位共十八年，后来被汉兵所杀。

汉章帝宠任窦宪，宪以贱直请夺沁水公主田园，寻以争权刺杀都乡侯畅。窦太后使击匈奴赎罪，以致兄弟专权。和帝与中常侍郑众密求故事，勒兵收捕，迫宪自杀。窦氏虽除，而寺人之权从兹盛矣。

【译文】汉章帝宠信窦宪，窦宪先是以极低的价钱夺取了沁水公主的田产，不久又因为争权刺杀了都乡侯刘畅。窦太后让他进攻匈奴赎罪，导致窦氏兄弟专权。后来，汉和帝与中常侍郑众秘密搜寻古代皇帝诛杀舅父的先例，随后布置士兵将窦宪抓捕，逼迫他自杀。窦氏外戚虽然被铲除了，但宦官的权力从此开始却越来越大了。

汉安帝崩，阎太后临朝，欲久专国政。与阎显等定策，立幼年济北惠王子懿，未几，薨。中常侍孙程、王康等十九人，谋迎济阴王即皇帝位，是为顺帝。诛阎显，迁太后，封孙程等皆为列侯，世称十九侯。

【译文】汉安帝驾崩后，阎太后临朝称制，想要长期把持国政。于是和阎显等人制定计策，立年幼的济北惠王的儿子刘懿为皇帝，可是没过多久，刘懿就驾崩了。后来，中常侍孙程、王康等十九人密谋迎接济阴王即皇帝位，这就是汉顺帝。汉顺帝诛杀了阎显，将阎太后贬黜，封孙程等人为列侯，世称“十九侯”。

汉顺帝崩，太子炳立，才二岁，梁太后临朝，在位一年。征渤海孝王子缵即位，年八岁，生而聪慧，尝因朝会，目梁冀曰：“此跋扈将军。”冀闻恶之，置毒于煮饼而弑之，在位一年。冀迎蠡吾侯志即帝位，是为桓帝。梁冀一门，前后七侯、三皇氏、六贵人、二大将军，尚公主者三人，其余卿、将、尹、校五十七人。冀专擅威柄，凶恣日积，威行内外，天子拱手，不得有所亲与。桓帝不平，乃与中常侍单超、徐璜等议，诛杀之。封单超等五人为县侯，世谓之五侯。是时梁氏虽除，五侯肆虐，贤人君子忠愤激烈，卒成党锢之祸矣。

【译文】汉顺帝驾崩后，太子刘炳被立为皇帝，当时才两岁，由梁太后临朝称制，在位一年。后来又征召渤海孝王的儿子刘缵即位，那年他只有八岁，从小就十分聪慧，曾经在朝会上看着权臣梁冀说：“这是跋扈将军。”梁冀听后十分厌恶，把毒药放在煮饼中将他杀害了，刘缵在位只有一年。梁冀又迎接蠡吾侯刘志即皇帝位，这就是汉桓帝。梁冀家族，前后有七人封侯、三个皇氏、六个贵人、两个大将军，娶公主为妻的共有三人，其余担任卿、将、尹、校等官职的共计五十七人。梁冀擅权专政，日益凶暴，在朝廷内外作威作福，就连天子都束手无策，连一个亲近的人都没有。汉桓帝感到愤愤不平，于是与中常侍单超、徐璜等人商议，诛杀了梁冀。并封单超等五人为县侯，世人称之为“五侯”。这个时候梁氏虽然被铲除了，“五侯”却又开始随意残杀迫害、清除异己，贤人和君子忠心忧愤、壮怀激烈，最终酿成“党锢之祸”。

汉桓帝无子，窦太后立解渎亭侯苌之子宏，是为灵帝。时中常侍曹节、王甫等共相朋结，谄事太后，太后信之。陈蕃、窦武疾焉。会有日食之变，武乃白太后诛曹节等，太后犹豫未忍。曹节召尚书，胁使作诏板，拜王甫为黄门，令持节捕收武等。武不受诏，执蕃送北寺狱杀之。王甫将虎贲、羽林等合千余人围武，武自杀。宦官愈横流毒。缙绅、忠臣、义士骈首就戮。灵帝崩，皇子辩即位，何太后临朝。中军校尉袁绍劝太后兄何进悉诛宦官，进白太后，不听。绍等又为画策，召四方猛将，使并引兵向阙，以胁太后。进然之。召董卓将兵诣京，卓未至，进为中常侍张让等矫诏所杀。袁绍闻进被杀，乃勒兵捕诸宦者，无少长杀尽之。张让势迫，遂将帝与陈留王协出谷门。让投河而死。董卓至，以王为贤，废帝而立陈留王协，是为献帝。董卓擅政，浊乱宫禁，关东州郡皆起兵以讨卓。卓遂迁都以避，乃烧焚宫庙官府，劫迁天子入都长安。司徒王允、司隶校尉黄琬，使吕布诛卓，百姓歌舞于道。

【译文】汉桓帝没有儿子，窦太后便立解渎亭侯刘苌的儿子刘宏为皇帝，这就是汉灵帝。当时中常侍曹节、王甫等人共同结成朋党，谄媚太后，太后对他们十分信任。陈蕃、窦武对这件事感到痛心疾首。正好当时有日食发生，窦武于是告诉太后，应该诛杀曹节等人，窦太后犹豫不忍。曹节知道后，找来尚书，胁迫他写诏书，任命王甫为黄门，命令他持天子节杖抓捕窦武等人。窦武拒不奉诏，他们便抓捕陈蕃送到北寺狱中杀害了。王甫带领着虎贲军、羽林军等合计一千多人包围窦武，迫使窦武自杀。这件事后，宦官的危害更加严重了。缙绅、忠臣、义士纷纷被杀。汉灵帝驾崩后，皇子刘辩即位，何太后临朝称制。中军校尉袁绍劝说太后的兄长何进将宦官全部诛杀，何进入朝告诉太后，却被拒绝了。袁绍等人又为何进出谋划策，招纳天下猛将，让他们带着士兵去宫门外，以胁迫太后。何进同意了这个计划。于是召董卓带着兵马来到京城，董卓还没有到，何进就被中常侍张让等人伪造诏书杀害了。袁绍听说何进被杀，于是带领兵马逮捕了宦官，无论老幼全部杀光。张让被形势所迫，就胁迫着皇帝和陈留王一起从谷门逃出。张让投河自尽。董卓到来后，认为陈留王比较贤能，于是废汉灵帝，改立陈留王刘协为皇帝，这就是汉献帝。后来，董卓把持朝政，秽乱后宫，关东的州郡全都起兵讨伐董卓。董卓想通过迁都来躲避，就焚烧了洛阳城的宫殿、庙宇和官府，挟持天子迁都长安。司徒王允和司隶校尉黄琬设计使吕布诛杀董卓，百姓都在路上载歌载舞地庆祝。

王允欲悉诛卓党，卓部将李傕、郭汜等攻长安，杀王允。杨奉、韩暹奉车驾至雒阳。曹操劫迁于许，挟天子以令诸侯，杖杀伏后，久蓄无君之心，畏于名义，欲学周文王，以欺后世。子丕始篡位，奉汉帝为山阳公，汉室遂亡。

【译文】王允想要诛杀董卓的全部党羽，董卓的部将李傕、郭汜等人攻入长安，将王允杀死。杨奉、韩暹护送着天子的车驾到达雒阳。曹操挟持天子迁都许昌，又挟持天子来命令诸侯，将伏皇后用木杖打死，心里早就暗藏了废除皇帝的心思，又害怕背负弑君的名义，想要学习周文王，欺骗后世之人。一直到曹操的儿子曹丕才篡位称帝，奉汉献帝为“山阳公”，汉朝到这里就灭亡了。

蜀汉宦官黄皓便辟佞慧，后主爱之。初畏董允，不敢为非。允卒，而陈祗代允为侍中。祗与皓相表里，皓始预政。魏司马昭大兴入寇，姜维奏：遣左右车骑张翼、廖化督诸军分护阳安关口，及阴平之桥头，以防未然。黄皓信巫鬼，谓敌终不自致，启帝寝其事，群臣莫知。邓艾果冒阴平险僻而入，汉兵不意魏兵卒至，百姓扰扰。谯周劝帝出降，国遂亡。

【译文】蜀汉的宦官黄皓擅于奔走钻营，为人谄媚狡猾，深得后主喜爱。起初他害怕董允，不敢为非作歹。董允死后，陈祗代替他做了侍中。陈祗与黄皓相互勾结，里应外合，黄皓才开始干预政事。魏国司马昭兴兵进犯，姜维上奏说：派遣左右车骑将军张翼、廖化指挥诸军分别守住阳安关口和阴平桥头，以防患于未然。黄皓相信巫术占卜之事，说敌人最终不会到来，就启奏皇帝把这件事压了下去，群臣都不知道。后来，邓艾果然冒险从阴平险要的地方进入蜀地，蜀汉士兵没想到魏国士兵会突然到达，百姓也纷纷扰扰乱成一团。谯周劝说后主出城投降，蜀汉就灭亡了。

魏曹爽用何晏、邓飏、丁谧之谋，太后于永宁宫专擅朝政。司马懿称疾，不与政事，阴与其子昭谋诛爽及晏、飏等，而自操国柄。懿卒，以其子师为大将军。师废主芳，迎立高贵乡公髦。师卒，封其弟昭为晋公，加九锡。魏主髦见威权日去，不胜其忿，曰："司马昭之心，路人所知也。吾不能坐受废辱，今日当自出讨之。"遂拔剑升辇，率殿中宿卫、苍头、官僮，鼓噪而出，为昭党贾充、成济刺殒于车下。追废髦为庶人，迎立常道乡公璜为主。昭卒，子炎嗣晋王篡位，奉魏主为陈留王。自懿及炎，其弑逆不道，比操之处献帝尤甚，人谓之"天报"。

【译文】魏国曹爽用何晏、邓飏、丁谧的计策，让太后在永宁宫把持朝政。司马懿称病不朝，不参与国家的政事，却秘密与儿子司马昭设计诛杀了曹爽、何晏、邓飏等人，由自己把持朝政。司马懿去世后，他的儿子司马师做了大将军。司马师废除国主曹芳，迎立高贵乡公曹髦为帝。司马师去世后，他的弟弟司马昭被封为晋公，赐予"九锡"之礼。魏主曹髦见自己的权力和威望日渐衰弱，十分愤懑地说："司马昭心里在想什么，就连过路人都知道。我不能坐在这里等待被废受辱，今天就要亲自讨伐他。"于是拔出宝剑，升起步辇，率领宫殿中的宿卫、苍头、官僮等人，呐喊着冲了出去，却被司马昭的党羽贾充、成济刺死在车下。这件事之后，司马昭将曹髦废为庶人，迎立常道乡公曹璜为国主。司马昭死后，他的儿子司马炎继承晋王并篡夺了皇位，封魏主曹璜为"陈留王"。从司马懿到司马炎，他们弑君谋逆的无道行为，比曹操处置汉献帝的行为还要严重，人们称之为"天报"。

孙吴孙琳废主亮为会稽王，迎立琅琊王休。休殂，侄皓立。皓骄愎残虐，深于桀纣，降于晋，封归命侯。贾充谓皓曰："闻君在南方凿人目，剥人面皮，此何等刑也？"皓曰："人臣有弑其君及奸回不忠者，则加此刑耳。"充默然深愧。

【译文】孙吴的孙琳将国主孙亮废为"会稽王"，迎立琅琊王孙休为王。孙休死后，侄子孙皓又被立为国主。孙皓傲慢固执、残忍暴虐的程度比夏桀和商纣还要严重，孙皓投降西晋后，被封为"归命侯"。曾亲手杀死魏帝曹髦的贾充对孙皓说："我听说你在南方时挖出人的眼珠，剥下人的面皮，这是什么样的刑罚？"孙皓说："为人臣子如果有杀害君主以及奸邪不忠的人，就要使用这样的刑罚来惩治他。"贾充听完默然无语，深感惭愧。

晋世祖后父杨骏交通请谒，势倾内外。世祖崩，惠帝立。贾后凶悍，欲干预政事，而为骏所抑，遂构骏以谋反，杀之，废太后。寻贾后毒杀太子。赵王伦、孙秀等起兵杀后，赵王篡位。齐王冏等起兵讨伦，杀之，乘舆反正。齐王既得志，骄奢擅权，中外失望。河间王颙、成都王颖等，起兵讨齐王冏，杀之，以颖为太弟。河间王将张方废太弟颖，更立豫章王炽为皇太弟，是为怀帝，后为刘聪所执而遇害。

【译文】晋世祖皇后的父亲杨骏结党营私，权倾朝野内外。世祖驾崩后，晋惠帝即位。皇后贾南风十分凶悍，想要干预朝廷的政事，却被杨骏压制，就用谋反罪来构陷杨骏，将他杀死，并废除杨太后。不久之后，贾南风又毒杀太子。赵王司马伦、孙秀等人起兵杀死皇后，赵王篡位登基。齐王司马冏等人又起兵讨伐司马伦，并将他杀死，晋惠帝又重新得到了皇位。齐王得志之后，变得骄奢淫逸，擅权专政，朝廷内外都对他感到十分失望。河间王司马颙、成都王司马颖等人，起兵讨伐齐王司马冏，将他杀死，拥立司马颖做了储君皇太弟。后来，河间王的将领张方又废除了司马颖皇太弟的身份，改立豫章王司马炽为皇太弟，他就是晋怀帝，后来被刘聪挟持遇害。

东晋王敦与刘隗、刁协构难，欲除君侧之患。上疏罪状，举兵据石头："吾不复得为盛德事矣。"元帝命刁协、刘隗、戴渊帅众攻石头，协、隗俱败。帝令公卿百官诣石头见敦，以敦为丞相，都督中外诸军事。吕猗说敦收周𫖮、戴渊，杀之，不朝天子，竟还武昌。明帝元年，敦疾甚，司徒导率子弟为发哀，众以为信死，于是腾诏下敦府，列敦罪恶。敦见诏甚怒，而病转笃，不能自将，以兄含帅众五万，奄至江宁。明帝帅诸军袭击，大破之，敦寻卒。敦党悉平。乃发敦瘗出尸，跽而斩之。

【译文】东晋的王敦与刘隗、刁协结下仇怨，想要除掉君王身边的祸患。于是上奏书列举了刘隗、刁协的罪状，带兵占领石头城说：“我不会再做品德高尚的事情了。”晋元帝命令刁协、刘隗、戴渊率兵攻打石头城，刁协和刘隗都被打败了。晋元帝命令朝中的公卿和官员到石头城去拜见王敦，拜王敦为丞相，监督和掌管中外军事。吕猗说服王敦收押了周顗、戴渊，并将他们杀死，不去朝见天子，回到武昌去了。晋明帝元年（323年），王敦病得很厉害，司徒王导带领着家中的子弟为他举行哀悼仪式，众人以为王敦真的死了，于是就把文书传达到了王敦府上，上面列举着他的罪状。王敦看到诏书后非常愤怒，病得更加严重了，无法亲自带兵打仗，于是让兄长王含率五万大军，忽然打到江宁。晋明帝亲自率领大军抵抗王含部队，并将其打败，王敦不久便死了。他的同党也全部被平定。后来，晋明帝竟打开王敦的坟墓，挖出尸体，使他双膝跪地然后将其斩首。

晋成帝二年，庾亮以苏峻在历阳终为祸乱，下诏征之。峻不应命，知祖约怨望，与其连兵讨亮。率众至蒋陵，攻青溪，卞壶死之，因风纵火烧台省，亮奔走浔阳。峻兵入台城，府藏一空。温峤、陶侃、郗鉴等起兵讨峻。峻闻四方兵起，逼迁帝于石头。侃等攻峻，杀之，祖约奔后赵。

【译文】晋成帝二年（327年），庾亮认为苏峻在历阳最终一定会成为祸乱，于是下诏书征召他入朝觐见。苏峻不听从诏命，他知道祖约对庾亮也有怨气，于是就和他联合起来讨伐庾亮。率军到达蒋陵，攻占青溪，卞壶就死在这里，叛军又顺着风势放火焚烧官府，庾亮也逃到了浔阳。苏峻率兵进入台城，把府库中贮藏的财物抢劫一空。温峤、陶侃、郗鉴等人起兵讨伐苏峻。苏峻听到四方都是讨伐自己的军队，又逼迫着皇帝迁到石头城。陶侃等人进攻苏峻并将他杀死，祖约则投奔了后赵。

晋帝奕五年，大司马桓温阴蓄不臣之志，尝抚枕叹曰：“男子不能流芳百世，亦当遗臭万年。”及枋头之败，威名顿挫。郗超谓温曰：“明公不为伊、霍之举者，无以立大威权。”温然之。遂诣建康，宣太后令，废帝奕为东海王，立会稽王昱，是为简文帝。温卒，使弟冲领其众。冲既代温居任，尽忠王室。

【译文】晋废帝司马奕太和五年（370年），大司马桓温心中暗藏谋逆之心，他曾经拍着枕头叹道：“男儿如果不能流芳百世，也应该遗臭万年。”到枋头之战兵败后，他的威名立刻受挫。郗超对桓温说：“您如果不做伊尹和霍光那样的事，就没法在朝廷里竖立威信，包揽大权。”桓温觉得他说得很对。于是到达建康宣布太后懿旨，废除晋帝司马奕为东海王，改立会稽王司马昱为帝，这就是简文帝。桓温死后，让他的弟弟桓冲带领他的军队。桓冲虽然是代替哥哥接任，但一生都尽忠职守，忠于王室。

晋烈宗时，南郡公桓玄负其才地，以雄豪自处。朝廷疑而不用。年二十三，诏拜太子洗马，后出补义兴太守，郁郁不得志，叹曰：“父为九州伯，儿为五湖长。”遂弃官归。后篡安帝位，登御坐，而床忽陷，群臣失色。殷仲文曰：“将由圣德深厚，地不能载。”玄大悦。后为刘裕破斩之。

【译文】晋烈宗时，南郡公桓玄自负才能和门第，以英雄豪杰自居。朝廷对他有所疑虑，所以不用他做官。桓玄二十三岁时，被皇帝下诏拜为太子洗马，后来又出任义兴太守，时常郁郁不得志，感叹说：“父亲是九州的首领，儿子却只能做五湖的长官。”于是弃官还乡。后来他篡夺了晋安帝的皇位，在登上皇位时，御座却忽然塌了，群臣大惊失色。殷仲文说：“这是陛下的圣德深沉厚重，连大地都不能承载。”桓玄龙颜大悦。后来他被刘裕打败斩杀了。

刘宋徐羡之、檀道济等废宋王义符，寻弒之。太子劭弒君义隆。寿寂之弒君业。萧道成弒苍梧王昱，弒准。

【译文】刘宋的徐羡之、檀道济等人废掉宋王刘义符，不久之后又杀了他。太子刘劭杀害自己的父王刘义隆。寿寂之杀害君王刘子业。萧道成杀害苍梧王刘昱，又杀害了宋顺帝刘准。

齐西昌侯鸾弒君昭业，迎立昭文，寻复废为海陵王，而自即位，是为明帝。太子宝卷立，为萧衍所弒。

【译文】南齐西昌侯萧鸾杀害君主萧昭业，迎立萧昭文为王，随后萧昭文又被废为海陵王，萧鸾自己做了皇帝，他就是齐明帝。后来太子萧宝卷即位后，又被萧衍所杀。

梁武帝为侯景所饿死。简文帝纲为侯景所弒。世祖绎降魏被弒。敬帝为陈霸先所弒。

【译文】梁武帝被侯景饿死。简文帝萧纲被侯景所杀。梁世祖萧绎向北魏投降后被杀。梁敬帝被陈霸先所杀。

隋杨广杀兄谋为皇太子，后弒父坚而自立。后巡狩扬州，天下兵起。内史侍郎虞世基以帝恶闻贼盗，诸郡县有告败求救者，世基辄抑损不以闻。由是盗贼遍海内，陷没郡县，帝皆弗之知也。后为宇文化及所弒。

【译文】隋炀帝杨广谋杀自己的兄长成为皇太子，后来又杀害父亲杨坚自立为帝。后来他巡幸扬州时，天下叛军四起。内史侍郎虞世基认为隋炀帝讨厌听到反叛的消息，各郡县有报告战败和请求救援的公文，虞世基全都压下或者直接毁坏，不让隋炀帝知道。于是叛军遍布天下，攻陷郡县，隋炀帝全都不知道。后来，虞世基被宇文化及所杀。

隋晋阳宫监裴寂与晋阳令刘文静等谋，夜醉李渊，以晋阳宫人侍渊，劫渊起兵。

【译文】隋朝晋阳宫监裴寂与晋阳令刘文静等人密谋，夜里把李渊灌醉，让晋阳宫的宫人侍奉李渊，劫持李渊起兵谋反。

唐太宗尝止树下，爱之，宇文士及从而誉之不已。太宗正色曰："魏徵尝劝我远佞人，我不知佞人为谁。意疑是汝，今果不谬！"

【译文】唐太宗曾经在树下休息，十分喜欢这棵树，宇文士及就顺着太宗的话对它大加赞誉。唐太宗严肃地说："魏徵曾经劝我远离奸佞小人，我不知道小人是谁。一直怀疑是你，现在看来果然不差！"

唐太宗太子承乾，喜声色田猎，所为奢靡。魏王泰多艺能，有宠于上，潜有夺嫡之志。太子知之，阴养刺客纥干、承基等，谋杀魏王泰。会承基坐事系狱，上变，告太子谋反，敕中书门下参鞫之，反形已具，废为庶人，侯君集等皆伏诛。乃立晋王治为皇太子。

【译文】唐太宗的太子李承乾，喜欢淫声女色和游弋打猎，日子过得奢侈而靡乱。魏王李泰却多才多艺，很受太宗的恩宠，心里有夺取太子之位的想法。太子知道后，私下豢养了刺客纥干、承基等人，想要谋杀魏王李泰。当时正好碰上承基因为犯法被关进监狱，于是改变了想法，告发太子谋反，太宗便敕令中书省和门下省共同审理这件案子，最后查出谋反证据确凿，太子被废为庶人，侯君集等人也全部伏法被杀。太宗于是立晋王李治为皇太子。

唐高宗欲立太宗才人武氏为后，褚遂良固执不可。上问于李勣，勣曰："陛下家事，何必更问外人？"许敬宗宣言于朝，曰："田舍翁多收十斛麦，尚欲易妇，况天子立一后，何预诸人事，而妄生异议乎？"遂废王皇后、萧淑妃为庶人，命李勣玺绶，册皇后武氏。

【译文】唐高宗想要立唐太宗的才人武则天为皇后，褚遂良坚决反对。皇帝于是又问李勣，李勣说："这是陛下自己的家事，何必要问外人呢？"许敬宗在上朝时也公开表示："普通的农夫多收了十斛麦子，都想要换个老婆，何况是天子想要立一个皇后，和其他人有什么关系，而要无端生出这么多反对意见呢？”于是唐高宗废掉王皇后、贬萧淑妃为庶人，命令李勣带着玺印，册封武则天为皇后。

唐武太后因宗室大臣怨望，欲诛戮威之，乃盛开告密之门。胡人索元礼因告密擢为游击将军，令按制狱。元礼性残忍，推一人，必令引数十百人。又周兴、来俊臣之徒效之，纷纷继起，共撰《罗织经》数千言，教其徒网罗无辜。中外畏此数人甚于虎狼。后周兴罪流岭南，在道为仇家所杀。索元礼为太后杀之，以慰人望。

【译文】唐朝太后武则天因为李唐宗室和大臣心中有怨恨，就想杀几个人立威，于是大开告密之门。胡人索元礼因为告密而升任游击将军，武则天命他掌管刑狱之事。索元礼性格残忍，审讯一个人，必然要让他供出数十上百人。引起周兴、来俊臣之辈效仿，纷纷继他而起，共同撰写《罗织经》数千字，让手下人抓捕无辜之人。朝中内外畏惧这几个人比虎狼还要厉害。后来周兴因罪流放岭南，在路上被仇人所杀。索元礼被太后杀死，用来安慰民心。

唐侍御史傅游艺，上表请改国号曰周，太后可之。乃御则天楼，赦天下，以唐为周。以豫王旦为皇嗣，赐姓武氏。游艺期年之中，历衣青绿朱紫，时人谓之四时仕宦。

【译文】唐朝侍御史傅游艺，上表请求改国号为周，武则天答应了他。于是亲自登临则天楼，大赦天下，改国号唐为周。因为豫王李旦是皇家子嗣，所以赐姓武。傅游艺在短短的几年中，更换了青、绿、朱、紫四套官服，被当时的人称为“四时仕宦”。

唐杨再思为相，专以取媚。司礼少卿张同休，易之、昌宗之兄也，尝召公卿宴乐，酒酣，戏再思曰：“杨内史面似高丽。”再思欣然起为高丽舞，举座大笑。

【译文】唐朝杨再思做宰相时，专门以谄媚获取恩宠。司礼少卿张同休是张易之、张昌宗的哥哥，曾经召集朝中大臣宴饮作乐，喝到尽兴时，他戏弄杨再思说：“杨内史长得和高丽人很像啊。”杨再思欣然起身，跳了一支高丽舞，逗得所有人哈哈大笑。

唐中宗使韦后与武三思双陆，而自居傍，为之点筹，三思遂与后通。武氏之势复振。

【译文】唐中宗曾经让韦皇后和武三思下双陆棋，自己却坐在旁边，为他们记录点数，武三思于是和韦皇后私通。武氏的势力便再次振兴起来。

唐中宗宴近臣，国子祭酒祝钦明自请作八风舞，摇头转目，备诸丑态。钦明素以儒学著名，卢藏用语人曰：“祝公五经扫地矣。”

【译文】唐中宗和亲近的臣子在一起宴饮，国子监祭酒祝钦明请求皇帝允许自己跳八风舞，摇晃脑袋，转动眼珠，丑态百出。祝钦明素来以儒学闻名，卢藏用对别人说：“祝钦明肚子里学的五经，恐怕都被扫光了。”

唐杨洄又谮太子瑛、鄂王瑶、光王琚潜构异谋，玄宗召宰相谋之。李林甫对曰：“此陛下家事，非臣等所宜预。”上意乃决，废瑛、瑶、琚为庶人，赐死城东驿。大理卿徐峤奏：今岁天下断死刑五十八人，大理狱院由来相传杀气太盛，鸟雀不栖，今有鹊巢其树。于是百官以几致刑措，上表称贺。上归功宰辅，赐李林甫爵。晋国公牛仙客、豳国公范华阳曰：“明皇一日杀三子，而李林甫以刑措受赏，谗谀得志，天理灭矣！安得久而不乱乎？”

【译文】唐朝杨洄又诬告太子李瑛、鄂王李瑶、光王李琚暗中策划阴谋，唐玄宗召来宰相商议。李林甫对他说：“这是陛下自己的家事，不是我们这些做臣子应该管的。”玄宗这才下定决心，废李瑛、李瑶、李琚为庶人，并在城东驿杀了他们。大理寺卿徐峤上奏报告祥瑞说：今年天下判死刑的共有五十八人，大理寺狱院向来相传杀气太重，连鸟雀都不敢栖息，如今竟然有喜鹊在树上筑巢。于是文武百官都认为这是皇帝治理有方，刑罚几乎都要被放置不用了，纷纷上表祝贺。玄宗把这件事归功于宰相李林甫，并封赏给他爵位。晋国公牛仙客、豳国公范华阳说：“唐明皇一天之内杀了三个儿子，李林甫却因为置刑罚不用反而受到封赏，这样的谗谀小人得志，真是天理不容！时间一长，天下又怎么能够不乱呢？”

唐安禄山为虏所败，张守珪奏请斩之。上惜其才，敕令免官。张九龄固争曰：“禄山失律丧师，于法不可不诛。且臣观其貌有反相，不杀必有后患。”上曰：“卿勿以王夷甫识石勒，枉害忠良。”竟以为节度使，出入禁中。因请为贵妃儿，颇有丑声闻于外，上不之疑。时委政李林甫，林甫媚事左右，排抑胜己，口有蜜而腹有刀，养成天下之乱。禄山以林甫狡猾逾己，亦畏服之。及杨国忠为相，禄山视之蔑如也。由是有隙。然禄山虽蓄异，以上待之厚，欲俟上晏驾而后作乱。会国忠欲其速反以取信己，言于上，数以事激之，禄山遂反。

【译文】唐朝安禄山被敌人打败，张守珪奏请朝廷将他斩杀。玄宗爱惜安禄山的才能，只下令将他免官。张九龄坚持争辩说：“安禄山治军出战不利，损失军队，从国法上讲不可以不杀。而且我看他面有反相，如果不杀则后患无穷。”玄宗说：“你不要用王衍（王夷甫）看待石勒的方式枉害忠良。”后来，玄宗竟然封安禄山为节度使，可以出入皇宫。安禄山请求做杨贵妃的干儿子，二人颇有丑闻传出，玄宗竟然对他没有怀疑。当时，玄宗把朝政都交给李林甫，李林甫谄媚皇帝身边的人，打压排除那些比自己有能力的人，嘴甜如蜜，心中却暗藏杀机，最终导致天下大乱。安禄山认为李林甫比自己还要狡猾，也有些害怕和佩服他。到杨国忠任宰相时，安禄山十分看不起他。于是两人产生了嫌隙。安禄山虽然包藏祸心，因为玄宗对他十分仁厚，想要等到玄宗驾崩以后再起兵造反。恰逢杨国忠想让他快点造反来让自己取信于皇帝，把安禄山造反的事情告诉了玄宗，并多次用一些事情来激怒安禄山，安禄山于是就反了。

唐肃宗张后，初与李辅国相表里，专权用事。晚年更有隙，欲杀辅国，废太子。内射生使程元振与辅国谋，迁张后于别殿，寻杀之。丁卯上崩，代宗即位，恶李辅国专横，以其有杀张后之功，不欲显诛之。夜遣盗入其第，窃辅国之首及一臂而去。

【译文】唐肃宗的张皇后，一开始和李辅国内外勾结，独揽朝政。到了晚年张皇后却与李辅国产生了嫌隙，想要杀死他，废黜太子。内射生使程元振和李辅国合谋，把张皇后迁到偏殿，随后杀了她。丁卯年皇帝驾崩，唐代宗即位，厌恶李辅国专权跋扈，又因为他有杀张皇后的功劳，不想公开杀死他。于是夜里派遣盗贼进入他家，偷偷砍下李辅国的头颅和一条手臂后扬长而去。

唐代宗宠任程元振。吐蕃入寇，元振不以闻，子仪请兵，元振不召见，致上仓卒幸陕州。吐蕃入长安，剽掠府库市里，焚庐舍，京师中萧然一空。上发使征诸道兵，李光弼等皆忌元振居中，莫有至者。中外切齿莫敢言。太常博士柳伉疏其迷国误朝，上以元振有保护功，但削其官爵，放归田里而已。

【译文】唐代宗宠信程元振。吐蕃前来攻打时，程元振压下消息不让代宗知道，郭子仪请求增加兵马，程元振也不召见，导致代宗仓皇逃到陕州。吐蕃军队攻入长安，抢掠官府的仓库和街市民宅，焚烧屋舍，京城被劫掠一空。代宗派使者征召各地士兵，李光弼等人忌惮程元振身居要职，没有敢去的。朝中内外虽然恨得咬牙切齿，却没有人敢说话。太常博士柳伉上奏疏指责程元振迷乱朝政，贻误国事，代宗以程元振护驾有功为理由，只削去了他的官职和爵位，放他回乡养老而已。

观军容宣慰处置使鱼朝恩，专典禁兵，宠任无比，势倾朝野。上令元载为方略，擒而缢杀之。元载自诛鱼朝恩，上宠用以为中书侍郎，专横无比。寻赐自尽。有司籍载家财，胡椒至八百石，他物称是。

【译文】观军容宣慰处置使鱼朝恩，专门负责掌管禁军，皇帝对他宠信无比，权倾朝野。后来，唐代宗命令元载制定策略，抓住并且吊死了他。元载自从诛杀鱼朝恩后，代宗对他十分宠信，被任命为中书侍郎，在朝中无比专横。不久就被皇帝赐自尽而死。官府到元载家记录财产，加以没收时，仅胡椒就有八百石，其他的东西也与之类似。

唐德宗悦卢杞，擢为门下侍郎。杞欲起势立威，引裴延龄为集贤直学士，亲任之。谮杀杨炎，独擅国柄，浊乱朝政，以致有姚令言、朱泚之叛逆。出幸奉天，泚复攻围奉天经月。李怀光倍道入援，败泚于醴泉。泚引兵遁归长安。怀光数与人言卢杞、赵赞、白志贞之奸佞，且曰："吾见上，当请诛之。"杞闻而惧，奏上，诏怀光直引兵屯便桥，与李晟刻期进取长安。怀光自以数千里竭诚赴难，咫尺不得见天子，怏怏引兵去。后上从容与李泌论即位以来宰相，曰："卢杞忠清强介，人言其奸邪，朕殊不觉。"泌曰："此乃杞之所以为奸邪也。倘陛下觉之，岂有建中之乱乎？"

【译文】唐德宗喜爱卢杞，就提拔他做了门下侍郎。卢杞想要培植势力，树立威信，就召裴延龄来做集贤直学士，并亲自任命他。后来他又诬告杀害杨炎，独揽大权，混乱朝政，导致姚令言、朱泚叛乱。德宗出游奉天时，朱泚再次围攻奉天一个多月。李怀光日夜兼程赶来救援，在醴泉打败朱泚。朱泚带着军队逃回长安。李怀光几次对别人说卢杞、赵赞、白志贞的奸邪，还说："我见到皇上，一定要让他杀了这些人。"卢杞听说后非常害怕，就上奏德宗，让他下诏命令李怀光直接把军队驻扎在便桥，与李晟约定时间攻取长安。李怀光觉得自己跋涉千里，竭尽全力前来救难，与皇帝只隔咫尺却无法相见，就闷闷不乐地带着军队离开了。后来德宗从容地和李泌讨论自己即位以来的几个宰相说："卢杞忠诚清廉，坚强正直，别人却说他是奸邪小人，我并不这样认为。"李泌说："这就是卢杞之所以是奸邪小人的原因。如果让陛下早点发觉，哪里还有建中之乱？"

唐宪宗疑李绛、裴度俱朋党，而于李吉甫、程异、皇甫镈则不之疑。盖绛、度数谏，吉甫、异、镈顺从阿谀，而不觉其欺也。范氏曰：汉之党锢始于甘陵二部相讥，而成于太学诸生相誉。唐之朋党始于牛僧孺、李宗闵对策，而成于钱徽之贬。皆由主德不明，君子小人杂进于朝，不分邪正忠谗以黜陟之，而听其自相倾轧，以养成也。

【译文】唐宪宗怀疑李绛、裴度全都结党营私，对于李吉甫、程异、皇甫镈则没有怀疑。这是因为李绛、裴度多次劝谏他，李吉甫、程异、皇甫镈却对他阿谀顺从，所以没有察觉到他们的欺瞒。北宋史学家范祖禹说：汉朝的党锢之祸开始于以周福、房植为代表的甘陵南北两部的互相嘲讽，形成于太学里以郭宗林为代表的学生们的互相称赞。唐朝的朋党开始于牛僧孺、李宗闵在科场上所写的策文，形成于钱徽被贬官。这些都是由于皇帝识人不明，君子和小人在朝中相杂，不能分辨正邪忠奸而进行任用或者罢免，任由他们在一起相互争斗，最终酿成党争。

唐穆宗时，李逢吉用事，所亲厚者，张文新、李仲言、李续之、李虞、刘栖楚、姜治及张权舆、程昔范，又有从而附丽之者八人，时人目为八关、十六子。有所求请，先赂关子，后达逢吉，无不得所欲也。

【译文】唐穆宗时，李逢吉当权执政，他所信任和厚待的人有张文新、李仲言、李续之、李虞、刘栖楚、姜治、张权舆、程昔范，还有跟随和依附他的八个人，被当时的人视为“八关”“十六子”。想要找李逢吉有所请求，就要先贿赂“八关”“十六子”，然后传达到李逢吉那里，没有满足不了的愿望。

唐文宗时，李德裕、李宗闵各有朋党，互相济援。上患之，每叹曰：“去河北贼易，去朝中朋党难。”

【译文】唐文宗时，李德裕和李宗闵都有各自的朋党，朋党内部互相救济援助。文宗十分忧虑，经常叹气说：“赶走河北的盗贼容易，赶走朝中的朋党就很困难了。”

唐文宗九年，初，宋申锡获罪，宦官益横，上内不能堪，与李训、郑注谋诛之。训、注因王守澄以进，先除守澄，则宦官不疑。乃遣中使李好古就第赐鸩，杀之。守澄出葬浐水，郑注请令内臣尽集浐水送葬，因阖门令亲兵斧之，使其无遗。训与其党谋曰：“如此事成，则注专有其功，不若先期诛宦者，已而并注去之。”壬戌，上御紫宸殿。韩约奏：左金吾厅事石榴树，夜有甘露。先命宰相两省视之。训还奏非真。上顾仇士良，帅诸宦者往视。至，左仗风吹幕起，见执兵者甚众，诣上告变。训遽呼金吾卫士上殿。宦者扶上升舆，决后殿罘罳，疾趋北出。卫士纵击宦官，死伤者十余人。训知事不济，脱走。士良等命禁兵出，杀金吾吏卒千六百余人、诸司吏民千余人，王涯、贾悚、舒元舆皆收系，斩之。明日，训、注皆被杀，族其家。自是天下事皆决于北司，宰相行文书而已。

【译文】唐文宗九年（835年），一开始，宋申锡犯罪被抓之后，宦官们更加骄横，文宗的内心无法忍受，就和李训、郑注谋划想要诛杀他们。李训、郑注都是靠着宦官王守澄才做的大官，如果先除掉王守澄，那么其他的宦官们肯定不会怀疑。于是文宗派中使李好古到王守澄家赐毒酒杀死了他。王守澄要葬在浐水，郑注请求皇帝命令宫里的太监一起到浐水集合为他送葬，接着关上大门，让亲兵斩杀他们，这样就能不遗漏一个人。李训和他的同党谋划说："如果这件事做成了，那么郑注就一个人占了所有功劳，不如早于那天先诛杀宦官，接着把郑注也一起杀了。"壬戌日，文宗驾临紫宸殿。韩约上奏说：左金吾厅事的石榴树，晚上有甘露出现。文宗先让宰相和两省的官员前去查看。李训回来奏报说这件事不是真的。文宗又回头看仇士良，让他带着宦官们前去查看。宦官们到达之后，左金吾仗院的帐幕忽然被风吹起，出现很多拿着兵器的人，宦官跑回紫宸殿，告诉文宗有人造反。李训突然呼喊金吾卫士上殿。宦官们扶着文宗抬起乘舆，把后殿的屏风推倒，快速向北逃出。宫中的卫士追杀宦官，死伤十几人。李训知道事情无法办成，也逃走了。仇士良命令禁兵出动，杀死金吾吏卒一千六百多人、各府官员和百姓一千多人，王涯、贾餗、舒元舆全都被逮捕斩杀。第二天，李训、郑注全都被杀，全族被灭。从此之后，天下所有的事情都由宦官处决，宰相则只能写写文书而已。

唐僖宗专事游戏，以宦官田令孜为中尉，政事一委之，呼为阿父。

【译文】唐僖宗把心思都放在游玩嬉戏上，任命宦官田令孜为中尉，国家大事全部交给他处理，并且叫他"阿父"。

唐昭宗以散骑常侍郑綮为礼部侍郎同平章事。綮好诙谐，多为歇后诗，讥嘲时事。上以为有所蕴，命以为相，闻者大惊，堂吏往告之。綮笑曰："诸君大误，使天下更无人，未至郑綮。"吏曰："特出圣意。"綮曰："果如是，奈人笑何？"既而贺客至，綮搔首言曰："歇后郑五作宰相，时事可知矣！"累让不获，乃视事。未几，致仕去。

【译文】唐昭宗任命散骑常侍郑綮为礼部侍郎同平章事。郑綮喜欢开玩笑，经常作歇后诗来讽刺时事。昭宗认为他的诗里蕴含深意，就任命他做了宰相，听到这件事的人大吃一惊，让堂上的吏员去通知郑綮。郑綮笑着说："你们都误会了，就算天下没有人了，也轮不到我郑綮。"那吏员说："但这真是皇上的旨意。”郑綮说：“如果真是这样，别人笑话可怎么办？”没一会儿祝贺的宾客就来了，郑綮摇着头说：“写歇后诗的郑五都能做宰相，时事可见一斑啊！”郑綮几次推辞都没有获得准许，只好上任做了宰相。没过多久，他就辞官离去了。

唐昭宗二年，王行瑜、韩建将兵犯阙，称韦昭度、李溪作相不合众心，杀昭度、溪于都亭驿。李克用举兵讨行瑜，斩之。

【译文】唐昭宗二年，王行瑜、韩建带领军队进犯长安，声称韦昭度、李溪做宰相不合民心，并在都亭驿杀死了他们。李克用带兵讨伐王行瑜，将他斩杀。

唐昭宗以崔胤为相。胤与上谋诛宦官，宦官惧。中尉刘季述、王仲先等阴谋废立，乃引兵哭入宣化门。季述乃扶上适少阳院，以银挝画地，数上罪数十，锁锢之，矫诏立太子裕。胤密遣人说神策指挥使孙德昭，擒述等斩之，迎上复位。胤以宦官典兵，终为肘腋之患，乃称被密诏命朱全忠以兵入讨。全忠遂发大梁。中尉韩全诲闻之，劫帝幸凤翔。朱全忠进攻凤翔，李茂贞出战，屡败。储峙已竭，上鬻御衣及小皇子衣于市以充食。茂贞请诛韩全诲等，与全忠和，并杀宦官七十余人，奉车驾还长安。复以崔胤同平章事。胤复奏剪宦官之根。朱全忠以兵驱第五可范以下数百人于内侍省，尽杀之。出使者诏所在收捕诛之，止黄衣幼弱三十人，留备洒扫。寻全忠密表崔胤专权，诛之。迁上至洛阳，使蒋玄晖弑昭宗，而立昭宣帝以篡之。

【译文】唐昭宗任命崔胤为宰相。崔胤与昭宗谋划诛杀宦官，宦官感到害怕。中尉刘季述、王仲先等人阴谋废掉皇帝，另立新主，于是引兵哭着进入宣化门。刘季述于是扶着皇帝到达少阳院，用银敲在地上画，数了昭宗的数十条罪名，并用锁把他关了起来，又伪造诏书立太子李裕为皇帝。崔胤秘密派人说服神策指挥使孙德昭，将刘季述等人抓获斩杀，迎接昭宗复位。崔胤认为宦官掌管军队，终将成为皇帝身边的祸患，于是称自己有皇帝密诏命令朱全忠带兵入宫讨伐宦官。朱全忠于是发兵大梁。中尉韩全诲听说之后，劫持德宗跑到凤翔。朱全忠带兵进攻凤翔，李茂贞出城迎战，多次被打败。城中储藏的东西已经用完，昭宗就把自己的衣服和小皇子的衣服卖掉买食物来充饥。李茂贞请求诛杀韩全诲等人，与朱全忠议和，一共杀死宦官七十多人，保护着皇帝车驾回到长安。德宗再次任命崔胤为同平章事。崔胤也再次奏请剪除宦官的根本。朱全忠带兵驱赶第五可范[①]以下的宦官数百人到内侍省，把他们全部杀了。并派出使者诏命各地收捕和诛杀宦官，只剩下三十多个年龄幼小的宦官，负责洒扫。没过多久，朱全忠就密奏皇帝崔胤专权，并且杀死了他。又带着昭宗迁都洛阳，派蒋玄晖杀害昭宗，改立昭宣帝，继而篡夺了皇位。

周太师冯道卒。道少以孝谨知名，唐庄宗世始贵显，自是累朝不离将相、三公、三师之位。为人清俭宽容，人莫测其喜愠，滑稽多智，浮沉取容。尝著《长乐老叙》，自述累朝荣遇之状，人皆以德量推之。

【译文】北周太师冯道死了。冯道从小就以孝顺恭谨闻名，唐庄宗时期才开始显贵，从此之后历经几朝都没有离开将相、三公、三师的位置。他为人清廉朴素，待人宽容，喜怒不形于色，诙谐幽默，智慧过人，一生经历起起伏伏，总能安身立命。曾经写过一篇《长乐老叙》，叙述自己在每一朝得到荣宠和恩遇的情况，人们都因为德行和胸怀而推崇他。

周恭帝元年正月，陈桥兵变，拥赵匡胤还汴，自仁和门入。时早朝未罢，闻变，亲军指挥韩通谋率众御之，军校王彦升逐焉。通驰入其第，未及，阖门为彦升所害，妻子俱死。将士拥范质、王溥等至，匡胤流涕而言六军相迫之由，质等未及对，列校罗彦环挺剑厉声曰："我辈无主，今日必得天子。"质等相顾，不知所为。溥降阶先拜，质不得已亦拜，遂奉匡胤入宫，召百官至。晡时班定，犹未有禅诏，翰林承旨陶谷出诸袖中，遂用之，以登极。

【译文】周恭帝元年（960年）正月，陈桥发生兵变，众人拥立赵匡胤回到汴京，从仁和门入城。当时早朝还没有结束，听到兵变的消息，亲军指挥韩通计划率领众人前往抵抗，却被军校王彦升追杀。韩通跑回家，还没来得及准备，全家就被王彦升杀害，妻儿全都遇害。将士们簇拥着范质、王溥等人到达皇宫，赵匡胤哭着说明了大军逼迫自己登基的缘由，范质等人还没来得及说话，列校罗彦环拔出佩剑厉声说道："我们这些人现在都没有国主，今天必须选出一个天子。"范质等人相互看着，不知道他要做什么。王溥率先走下台阶跪拜赵匡胤，范质不得已也跟着跪拜，众人于是奉赵匡胤进入宫殿，召集百官前来。到申时朝中大势已定，还没有禅让的诏书，翰林承旨陶谷从袖子中抽出传位诏书，于是就使用它来登基。

宋太宗七年，贬秦王廷美为西京留守。初，昭宣太后遗命太祖传位于太

---

① 为人名。

宗。太宗传之廷美以及德昭。及德昭不得其死，德芳相继夭殁，廷美始不自安。柴禹锡因上变以摇之，帝意不决，召赵普谕以太后遗旨。普对曰："太祖已误，陛下岂容再误！"廷美遂得罪。

【译文】宋太宗七年（982年），太宗贬秦王赵廷美为西京留守。一开始，昭宣太后立下遗命让太祖传位于太宗。太宗再传位给赵廷美，之后传给赵匡胤的儿子赵德昭。等到赵德昭不得善终，赵德芳相继夭折，赵廷美就开始不安起来。柴禹锡趁机上奏赵廷美谋反来动摇他的地位，太宗下不了决心，就召来赵普告诉他太后遗旨的事。赵普对他说："太祖已经错了，陛下怎么能再次犯错呢！"赵廷美于是获罪被贬。

开宝皇后宋氏崩，群臣不成服。翰林学士王禹偁对客言，后尝母仪天下，当遵用旧礼。坐谤讪，责知滁州。

【译文】宋太宗皇后宋氏去世后，群臣却不穿孝服。翰林学士王禹偁对客人说，皇后曾经母仪天下，应该遵循旧有的制度来为她发丧。就因为这件事，他被判犯谤讪罪，被责罚为滁州知州。

宋真宗之相吕氏曰："景德以前多君子，祥符以后如王钦若之闭门修斋，丁谓之潜结内侍，雷允恭与钱惟演擅权于外，而冯拯、曹利用相与为党，陈尧叟之附和天书，皆小人也。"

【译文】宋真宗时期的宰相吕氏说："景德年以前君子比较多，祥符以后类似于王钦若这种闭门念佛的，丁谓这种暗中勾结宦官的，雷允恭和钱惟演这样专权于朝外的，冯拯和曹利用这样结为朋党的，陈尧叟这样附和天书的，全都是小人。"

宋仁宗谓辅臣曰："王钦若久在政府，观其所为，真奸邪也。"王曾对曰："钦若与丁谓、林特、陈彭年、刘永珪同恶，时称五鬼，奸邪憸伪，诚如圣谕。"

【译文】宋仁宗对辅政大臣说："王钦若在宰相位上坐了这么久，看他的所作所为，确实是个奸邪小人。"王曾回答："王钦若与丁谓、林特、陈彭年、刘永珪一同作恶，被当时的人称为'五鬼'，奸诈邪恶，狡猾虚伪，跟圣上所说的一样。"

宋仁宗朝，国子监直讲石介以韩琦、范仲淹等同时登用，而欧阳修、蔡襄等并为谏官，夏竦既罢，乃作《庆历圣德》诗，有曰："众贤之进，如茅斯拔；大奸之去，如距斯脱。"大奸，指竦也。初，介曾奏记于富弼，责以行伊、周之事。夏竦怨介斥己，欲因是倾弼等。乃使女奴阴习介书，习成，遂改“伊、周”曰“伊、霍”，又伪作介为弼撰废立诏草，飞语上闻。弼与仲淹惧。适闻契丹伐夏，遂请行边。介亦不自安，乃请外，得濮州通判。

【译文】宋仁宗时，国子监直讲石介以韩琦、范仲淹等人同时被朝廷起用，欧阳修、蔡襄等人都做了谏官，夏竦也被罢免，就作了一首《庆历圣德》，里面有几句是这样写的：“众贤之进，如茅斯拔；大奸之去，如距斯脱。”这里的“大奸”指的就是夏竦。起初，石介曾经给富弼上奏记，劝他像伊尹、周公那样的贤相一样行事。夏竦怨恨石介排斥自己，想要借这件事打压富弼等人。于是让女婢私下练习模仿石介写字，学成之后，就把奏记里的“伊尹、周公”改成“伊尹、霍光”，又假冒石介的笔迹为富弼撰写了一封另立新帝的草诏，制造流言传到仁宗那里。富弼和范仲淹十分害怕。正好听到契丹进攻西夏的消息，于是向皇帝请求戍卫边疆。石介的内心也不安定，于是请求仁宗让自己出京做官，得到了濮州通判的职位。

宋杜衍好荐引贤士，群小咸怨，御史中丞王拱辰之党尤嫉之。衍婿苏舜钦时监进奏院，循前例祀神，以伎乐娱宾。拱辰闻之，欲因是倾衍，乃讽御史鱼周询举劾其事，被斥者十余人，皆知名之士。拱辰喜曰：“吾一网打尽矣。”

【译文】宋朝杜衍喜欢引荐贤人，很多小人都很怨恨他，御史中丞王拱辰的同党尤其嫉恨他。杜衍的女婿苏舜钦当时担任进奏院的监察，按照前例祭祀神灵，用音乐舞蹈来愉悦宾客。王拱辰听说后，想要借着这件事扳倒杜衍，于是指使御史鱼周询举报弹劾这件事，当时被罢官贬斥的有十几个人，都是当时的名士。王拱辰高兴地说：“我已经把他们一网打尽了。”

宋神宗立，制置三司条例司，议行新法，诏陈升之、王安石领其事，以苏辙、吕惠卿检详文字，章惇为条例官，曾布检正中书、五房公事。吕诲疏安石十事，苏辙谏青苗法。安石欲止。会京东转运使王广渊乞留本道钱帛贷民获息事，与青苗法合，于是决意行焉。及秀州判官李定被召至京，即谒安石。安石立荐于上。帝问青苗法何如，定曰：“民甚便之。”于是诸言新法不便者，帝皆不听。

【译文】宋神宗即位后，设立了三司条例司，商议推行新法，下诏让陈升之、王安石负责这件事，让苏辙、吕惠卿担任检详文字的官职，章惇担任条例官，曾布担任中书、五房公事的职务。吕诲上奏书弹劾王安石十件事，苏辙也劝谏皇帝停止施行青苗法。王安石便想停止。正好当时京东转运使王广渊请求留下本道的应该上缴的税收钱财贷给百姓赚取利息，和青苗法相合，于是王安石下决心继续施行。等到秀州判官李定被召回京城后，立刻前去拜见王安石，被王安石举荐给皇帝。神宗问他青苗法的效果怎么样，李定说："百姓们觉得十分方便。"于是很多说新法不好的话，神宗一概不听。

宋神宗罢曾公亮。时人有"生老病死苦"之喻，谓安石为生，亮为老，唐介死，富弼议论不合称病，赵抃无如安石何，惟称"苦苦"而已。刘深源曰："王安石之进始于曾公亮，吕惠卿之进亦始于公亮。盖曾公亮始欲结党以排韩琦，而不知小人易进而难退，变法之祸，公亮可逃其罪耶？"

【译文】宋神宗罢免曾公亮。当时有"生老病死苦"的比喻，说的是神宗的五位宰执：王安石是"生"，曾公亮是"老"，唐介是"死"，富弼和王安石政见不合称"病"，赵抃对王安石无可奈何，只能自称"苦苦"而已。刘深源说："王安石的进用开始于曾公亮，吕惠卿的进用也开始于曾公亮。其实一开始曾公亮想要结党来排挤韩琦，却不知道小人容易进来却很难退出，王安石变法之祸，曾公亮难道可以逃脱罪责吗？"

宋邓绾通判宁州，知王安石得君专政，乃条上时事，且言"陛下得伊、周之佐，作青苗、免役等法，民莫不歌舞圣泽，成不世之良法"。复贴书安石，极颂其美，由是安石力荐于帝，而遂集贤校理，寻为侍御史判司农事。乡人在都者，皆笑且骂。绾曰："笑骂从他笑骂，好官我还为之。"

【译文】宋邓绾担任宁州通判，知道王安石得到了君王的专宠，于是上书奏报时事，而且说神宗得到了伊尹和周公这样的人辅佐，创制青苗法、免役法等新法，百姓没有不载歌载舞歌颂圣上恩泽的，这实在是了不起的良法。又把奏书抄给王安石看，极力赞颂他的美德，因为这件事王安石极力举荐邓绾给皇帝，于是邓绾先是做了集贤校理，不久后又升任侍御史判司农事。同乡在京城的人，都取笑和咒骂他。邓绾却说："笑骂任由你们笑骂，好官我还是照做不误。"

宋王安石子雱，为人剽悍阴刻，无顾忌，性甚敏。未冠，举进士。与父谋曰："执政子虽不预事，而经筵可处。"安石欲帝知自用，乃以雱所作策论天下事三十余篇达于帝。邓绾、曾布又力荐之。遂召拜为崇政殿说书。一日，安石与程颢语，雱囚首跣足，携妇人冠以出，问："父所言何事？"曰："以新法为人所阻，故与程君议之。"雱大言曰："枭韩琦、富弼之首于市，则法行矣。"安石遽曰："儿误矣！"

【译文】宋朝王安石的儿子王雱，为人凶悍阴险，肆无忌惮，天性却十分聪慧。还没有成年就考中了进士。他曾经与父亲谋划说："执政宰相的儿子虽然不能参与政事，却可以做经筵这样的官。"王安石想让皇帝知道自己的用意，就把王雱写的三十多篇议论时事的策论给神宗看。邓绾、曾布也极力举荐王雱。神宗于是召来王雱拜为崇政殿说书。有一天，王安石正和程颢说话，王雱披头散发，光着双脚，戴着妇人的帽子就出来问道："父亲所说的是什么事？"王安石说："因为新法被人阻挠，正在和程先生商量对策。"王雱大言不惭地说道："把韩琦、富弼在闹市斩首，新法就能够顺利施行了。"王安石急忙说："我儿大错特错！"

宋知谏院唐垧，奏十二疏论时事，皆留中，不出。垧于百官起居日扣陛请对曰："臣所言皆大臣不法，请一一陈之。"遂大声宣读，几六七十条治要，以安石专作威福，曾布等表里擅权，天下但知惮安石威权，不复知有陛下；文彦博、冯京知而不敢言；王珪、王韶曲事安石，无异厮仆；元绛、薛向、陈绎，安石颐指气使，无异家奴；张璪、李定为安石牙爪，张商英乃安石鹰犬；至诋安石为李林甫、卢杞。神宗屡止之，垧慷慨自若，读已，下殿再拜而退。安石讽阁门，纠其渎乱朝仪，贬潮州别驾。

【译文】宋代知谏院唐垧上了十二道奏书议论时事，全部被留下没有批复。唐垧在百官赴内殿朝见那一天跪地不起对皇帝说："我所说的都是大臣做的不法之事，请让我一一陈述。"于是大声宣读，几乎有六七十条摘要，说的都是王安石作威作福，曾布等人擅权朝廷内外，天下人只知道畏惧王安石的威权，不再知道还有皇帝；文彦博、冯京知道却不敢说；王珪、王韶曲意侍奉王安石，和仆人一样；元绛、薛向、陈绎被王安石颐指气使，和家里的奴才一样；张璪、李定都是王安石的爪牙；张商英是王安石的鹰犬；甚至诋毁王安石是李林甫、卢杞这样的奸臣。神宗多次制止，唐垧慷慨激昂，神情自若，读完之后，唐垧下殿再次跪拜退出。王安石指使阁门弹劾他扰乱朝廷礼仪，唐垧被贬为潮州别驾。

宋王安石罢相，知江宁，因荐韩绛、吕惠卿以自代，时号绛为传法沙门，惠卿为护法善神。惠卿既得志，忌安石复用，遂逆闭其途，出安石私书，有"勿令上知"之语，凡可以害安石者，无所不用其智。韩绛颛处中书，事多稽留不决，数与惠卿争论，度不能制，密请帝复用安石。帝从之。安石承命，即倍道而进，七日至汴京，惠卿寻罢。

【译文】宋朝王安石被罢免宰相职位后，任江宁知府，于是举荐韩绛、吕惠卿代替自己，当时的人们称韩绛为“传法沙门”，称吕惠卿为“护法善神”。吕惠卿得志之后，怕王安石被重新起用，就想要断绝他升迁的途径，拿出王安石给他写的私人信件，有的写着“不要让皇上知道”这样的话，凡是可以陷害王安石的，全都竭尽全力去想。韩绛老实地在中书省办事，有很多事都拿不定主意，无法及时解决，他多次和吕惠卿争辩，揣度着自己没有办法制服他，就秘密奏请神宗重新起用王安石。神宗听从了他的建议。王安石接受任命，立刻快马加鞭地前进，七天就到了汴京，吕惠卿不久就被罢免了。

宋以蔡确参知政事。宰相吴充数为帝言新法不便，欲稍去甚者，确阻之，法遂不变。确善观人主意，与时上下，以王安石谏，居大位，而士大夫交口笑骂，确自以为得计。

【译文】宋朝曾经任命蔡确为参知政事。宰相吴充几次给皇帝进言说新法的不便之处，想要把那些过分的内容稍微减去一点，都被蔡确阻止了，新法就没有改变。蔡确善于察言观色，见风使舵，他看出神宗已经不喜欢王安石了，便上疏谈论王安石的错误，因此身居高位，朝中的官员都异口同声地嘲笑和辱骂他，蔡确却认为自己的目的达到了。

宋哲宗亲政，杨畏上疏，乞绍述先政。初，吕大防称畏敢言，且先密约畏助己，竟超迁畏为礼部侍郎。畏首叛大防，上言神宗更法，以垂万世，乞早讲求，以成绍述之道。帝即询以故臣孰可召用。畏即疏章惇、吕惠卿、邓温伯、李清臣等，帝深纳而尽用之。惇遂引其党蔡卞、林希、黄履、来之邵、张商英、周秩、翟思、上官均等居要地，协谋朋奸，报复仇怨，罗织贬谪元祐宰执及刘奉世以下三十人有差，请发司马光、吕公著冢，斫棺暴尸。帝问许将，将对“非盛德事”，帝乃止。又恐元祐旧臣复起，结内侍郝随为助，媒孽宣仁欲危帝之事，自作诏书，请废宣仁为庶人。皇太后号泣，为帝言曰：“吾日侍崇庆，天日在上，此语曷从出？且帝必如此，亦何有于我！”帝感悟，取惇、卞奏，就烛焚之。明日，再具状坚请，帝曰：“卿等不欲朕入英宗庙乎？”抵其奏于地。

【译文】宋哲宗亲政后，杨畏上奏疏，请求继续施行神宗时的政令。起初，吕大防认为杨畏敢于直言，就私下里让杨畏帮助自己，竟然破格提拔杨畏做了礼部侍郎。但杨畏却最早背叛吕大防，上疏说神宗变法是垂范万世的好事，请求哲宗早日恢复，继承父志。哲宗就问他哪位旧臣可以重新召来使用。

杨畏就在奏疏中写了章惇、吕惠卿、邓温伯、李清臣等人，哲宗深以为然并且将奏疏中举荐的人全部起用。章惇于是引来自己的同党蔡卞、林希、黄履、来之邵、张商英、周秩、翟思、上官均等人，让他们身居要职，朋比为奸，报复以前的仇怨，罗织罪名，把元祐年间的宰执及刘奉世以下三十多人全部贬官，还请求挖开司马光、吕公著的墓，将他们的棺材劈开，尸体扔到外面。哲宗就这件事问许将的意见，许将回答“这不是盛德之君该做的事”，哲宗才放弃了这个念头。章惇等人又怕元祐年间的旧臣重新起用，就勾结内侍郝随作为援助，捏造宣仁太皇太后当年想要废黜哲宗的事，自己制作了诏书，请求废宣仁太后为庶人。皇太后向氏大哭着对哲宗说：“我天天在崇庆殿侍奉太皇太后，天日在上，这些话是从哪里来的？如果陛下非要如此，也把我一起废黜了吧！”哲宗这才感悟，取出章惇、蔡卞的奏疏，在蜡烛上焚烧了。第二天，章惇等人再次写奏疏坚决请求，哲宗说：“你们是不想让我进入英宗的祖庙了吗？”说完就把奏疏扔到了地上。

宋徽宗复召蔡京为翰林学士。先是供奉官童贯顺承得幸，诣三吴访书画，京谄附之。由是帝属意用京。会韩忠彦与曾布交恶，布谋引京自助，故有是命。寻帝欲相京，邓洵武献《爱莫助图》，言必欲继志述事，非蔡京不可。帝以图示温益，益欣然请相京，而籍异论者。于是善人皆不见容。复追贬元祐党，籍司马光等四十四人官，以京为尚书右仆射。京籍元祐及元符末执宰司马光等、侍从苏轼等、文臣程颢等、武臣王献可等、宦者张士良等百二十人为奸党，请帝书之，刻石于端礼门。又颁蔡京所书党人碑，刻石于州县。

【译文】宋徽宗再次召回蔡京担任翰林学士。在这之前，供奉官童贯因为顺从承办皇帝旨意而受到宠幸，到三吴地区为徽宗遍寻书画，被蔡京谄媚和依附。从此之后，徽宗更加着意蔡京。正好当时韩忠彦与曾布有矛盾，曾布计划着拉蔡京做自己的援助，所以才有这项任命。不久之后，徽宗想要让蔡京担任宰相，邓洵武进献《爱莫助图》，说想要继承神宗遗愿来推行新法就必须任用蔡京。徽宗拿着《爱莫助图》给温益看，温益欣然请求让蔡京担任宰相，处置那些有不同意见的人。于是有道德的官员都无法容身。再次追贬元祐党人，削去司马光等四十四人的官职，让蔡京担任尚书右仆射。蔡京记录了元祐及元符末年执宰司马光等、侍从苏轼等、文臣程颢等、武臣王献可等、宦者张士良等一百二十人的名字，把他们列为奸党，并且请徽宗亲手书写，刻在石碑上放置在端礼门。又把蔡京书写的党人碑颁布天下，刻在石碑上放在各州县。

宋徽宗垂意花石，以朱勔领应奉局花石纲。凡士庶之家，一石一木稍堪玩者，即领健卒直入其家，用黄帊覆之，加封识焉，指为御前之物。及发行，必撤屋抉墙以出。人不幸有一物小异，共指为不祥，惟恐芟夷之不早。又篙工柁师倚势贪横，凌轹州县，道路以目。

【译文】宋徽宗钟爱奇花异石，就让朱勔负责管理应奉局的花石纲。不管士族还是普通百姓，只要有一石一木稍微可以玩味欣赏的，朱勔就带着士兵直接闯入他的家里，用黄色的布帛覆盖，加上封条标识，说这是皇帝的东西。等到运走时，必然要毁坏房屋、掘断墙壁才能出去。哪个人要是不幸有一件小小的奇异之物，就会被其他人说成不祥，只害怕不能尽早销毁它。又有掌篙的船工和掌舵的船师仗着朱勔的势力横行乡里，贪婪成性，欺压沿路州县，百姓们都不敢互相交谈，只敢用眼睛相互示意。

宋中书侍郎林攄于集英殿胪唱贡士姓名，不识甄、盎字。帝笑曰："卿误耶。"攄不谢而诋同列，御史论黜之。

【译文】宋中书侍郎林攄在集英殿高声唱名传呼贡士的名字，不认识"甄""盎"两个字。皇帝笑着说："你念错了。"林攄不仅没有谢罪，还用言语诋毁同列官员，被御史弹劾罢黜。

宋以王黼为少宰，加蔡京子攸开府仪同三司，二人有宠，进见无时，得预宫中秘戏。攸尝劝帝以四海为家，遂数微行。因令苑囿皆仿浙江，为白屋及村居野店，多聚珍禽异兽。都下每秋风静夜，禽兽之声四彻，宛若山林陂泽之间，识者知其不祥之兆。蔡攸权势既与父相轧，由是京、攸各立门户，遂为仇敌。

【译文】宋朝王黼担任少宰，加赐蔡京的儿子蔡攸开府仪同三司，两人很受宠幸，无论什么时候都能进入皇宫，得以参与宫中的秘密娱乐。蔡攸曾经劝说徽宗以四海为家，于是徽宗数次微服出行。徽宗下令皇家园林全部仿浙江地区的样式，建造茅草屋、民居及乡野小店，又搜集了很多奇珍异兽。都城里每到秋风静夜的时候，禽兽的叫声就会响彻四方，宛如置身山野湖沼之间，有识之士都认为这是不祥的征兆。蔡攸的权势已经和父亲互相倾轧，因此蔡京、蔡攸各立门户，于是成为仇敌。

宋徽宗用童贯为检校司空。贯与黄径臣、卢航表里为奸，进方士林灵素，大兴道教，纷创殿宇，每设大斋，费缗钱数万，谓之千道会。道箓院上章，册帝为教主道君皇帝。贯又荐李良嗣于朝，约女真攻辽，遂至二帝北狩。

【译文】宋徽宗任用童贯为检校司空。童贯与黄径臣、卢航内外勾结，举荐方士林灵素，大兴道教，建造了很多宫观庙宇，每次进行大斋，都要耗费几万缗钱，称为“千道会”。道箓院上奏章，册封徽宗为“教主道君皇帝”。童贯又举荐李良嗣入朝，和女真约定一起进攻辽国，最终导致徽宗与钦宗被金人抓到北方。

金人奉册宝至，立张邦昌为楚帝，北向拜舞，受册即位。阁门舍人吴革率内亲事官数百人，皆先杀其妻子，焚所居，举义金水门外。范琼诈与合谋，令悉弃兵仗，乃从后袭之，杀百余人，捕革并其子，皆杀之。是日风霾，日昏无光，百官惨沮，邦昌亦变色。唯吴开、莫俦、范琼等欣然，以为有佐命功。

【译文】金人拿着册封的诏书到来，立张邦昌为大楚皇帝，张邦昌向北跪拜行礼，接受册封即位。阁门舍人吴革率领内亲事官员几百人，全都先杀死自己的妻儿，烧掉自己的房子，在金水门外起义。范琼假装跟他们一起谋划，让他们全部放下武器，却从后面偷袭他们，杀害一百多人，逮捕吴革及其儿子，全部杀害。这一天突然刮起大风，日光昏暗，百官忧伤沮丧，张邦昌也脸色大变。只有吴开、莫俦、范琼等人面露喜色，认为自己有拥立之功。

宋高帝闻金粘没喝入天长军，即被甲乘骑驰至瓜洲，得小舟渡江，惟护圣军卒数人，及王渊、张浚等从行。汪伯彦、黄潜善方率同列听浮屠克勤说法，或有问边耗者，犹以“不足畏”告之。堂吏大呼曰：“驾已行矣！”二人相顾，仓皇策马南驰。居民争门而出，死者相枕籍，无不怨愤。司农卿黄锷至江上，军士以为左相潜善，骂之曰：“误国误民，皆汝之罪！”锷方辩其非是，而首已断矣。

【译文】宋高宗听到完颜宗翰率军进入天长军地界，于是亲自披甲乘马一路跑到瓜洲，找到一个小船渡过长江，身边只剩下护圣军的几个士兵，以及王渊、张浚等人跟着他。汪伯彦、黄潜善还率领着同列在听克勤和尚说法，有人问他边境的情况，他还用“不足以畏惧”的话来告诉别人。中书省的办事官员大喊：“皇上已经走了！”这两人才相互看看，仓皇骑马难逃。百姓们也争先恐后地跑出城门，被踩踏而死的人横七竖八地倒在一起，人们没有不怨恨愤怒的。司农卿黄锷到江边时，士兵们还以为他是左相黄潜善，骂他：“如此误国误民，都是你的罪过！”黄锷刚要辩解自己不是黄潜善，头已经被砍断了。

扈从统制苗傅、刘正彦作乱，奉皇子魏国公旉即位，请隆祐太后临朝，尊高宗为睿圣仁孝皇帝，居显宁，大赦，改元。张浚乃草檄声傅、正彦之罪，与韩世忠、张俊、刘光世、吕颐浩合兵进讨。傅等忧恐，不知所为，乃听朱胜非言，率百官请复帝位。勤王师至北阙，苗、刘南走，擒诛之。

【译文】扈从统制苗傅、刘正彦叛乱，奉皇子魏国公赵旉即皇帝位，请隆祐太后临朝称制，尊高宗为睿圣仁孝皇帝，居住在显宁，随后大赦天下，修改年号。张浚于是起草檄文声讨苗傅、刘正彦的罪行，与韩世忠、张俊、刘光世、吕颐浩合兵一处共同讨伐。苗傅等人十分忧虑恐慌，不知道该怎么做，于是听从朱胜非的建议，率领百官请求高宗复位。勤王的部队达到北门时，苗傅、刘正彦已经从南门逃走，随后被抓捕诛杀。

宋高宗以王德为淮西都统制，统刘光世军，郦琼副之。琼、德不相下，列状交讼于都督府及御史台，乃召德还建康。参谋吕祉密奏，乞罢琼兵柄。书吏漏语于琼，怒以众叛降刘豫。祉死之。

【译文】宋高宗任命王德为淮西军都统制，统领刘光世部，郦琼担任副都统制。郦琼与王德之间互相不服，都列彼此的罪状告到都督府和御史台，王德于是被召回建康。参谋吕祉秘密上奏，请求罢免郦琼兵权。书吏不小心把这件事泄露给了郦琼，郦琼大怒，便带着军队向刘豫投降。吕祉也因为这件事而被杀死。

宋秦桧同宰执入见，独留不出，言于帝曰：“臣僚畏首尾，多持两端，不足与断大事。若陛下决欲讲和，乞专与臣议。”帝许之。三日，桧复留身奏事，复进前说，知帝意不移，遂排赵鼎、刘大中，而一意议和，然犹以群臣为患。中书舍人勾龙如渊为桧谋曰：“相公为天下大计，盍不择人为台谏，使尽击去，则事定矣。”桧大喜，即擢如渊，劾异议者。兀术遗桧书曰：“汝朝夕以和请，而岳飞方为河北图，必杀飞，使可和。”桧亦以飞不死，终梗和议，己必及祸，故力谋杀之。遂讽张俊、罗汝楫、万俟卨等，矫诏杀飞于大理寺狱。桧居相位凡十九年，劫制君父，倡和误国，一时忠臣良将诛锄略尽。临终犹兴大狱，诬赵汾、张浚、胡寅、胡铨等五十三人谋逆。狱成，而桧病亟，不能书，获释。桧无子，取妻兄王焕孽子熺养之。南省擢熺为进士第一，桧以为嫌，以陈诚之为首，以其策专主和议云。后孙埙修撰实录院，祖、父、孙三世同领史职，前此未之有也。

【译文】宋朝秦桧和宰执一起觐见皇帝，自己却留下没有出去，并对皇帝说：“臣僚们畏首畏尾，首鼠两端，不足以一起决断天下大事。如果陛下决意讲和，请您以后只和我商议。”高宗答应了他。三天后，秦桧再次独自留下奏事，再次说了之前的话，知道高宗的意志不会改变，于是排挤赵鼎、刘大中，一心一意地和金国议和，但是仍然把群臣作为心腹之患。中书舍人勾龙如渊为秦桧出谋划策说："相公您为天下大事考虑，为什么不举荐人做台谏官，弹劾所有意见不同的人，这样大事就可以成功了。"秦桧听完大喜，马上提拔勾龙如渊，弹劾有异议的官员。金国大将完颜宗弼（兀术）给秦桧写信说："你们不分日夜地请求议和，岳飞还在攻打黄河以北的地区，必须杀掉他，才能促成和议。"秦桧也认为如果岳飞不死，始终会阻挠和议，最后祸及自身，所以极力想要谋杀岳飞。于是指使张俊、罗汝楫、万俟卨等人，伪造诏书把岳飞杀死在大理寺的监狱里。秦桧占据相位一共十九年，用权势控制皇帝，倡导议和误国误民，一时之间，忠臣良将被他迫害殆尽。临终前仍然想要抓捕很多人，诬告赵汾、张浚、胡寅、胡铨等五十三人谋逆。这些人被定罪之后，秦桧已经病危，不能写字，这些人才被放出来。秦桧没有儿子，就收养了妻子兄长王焕的私生子熺。南省科举考试中，秦熺被选为第一名，秦桧为了避嫌，又把陈诚之选为榜首，其实是因为陈诚之的策论专门写一些主张议和的事。后来秦桧的孙子秦埙做了翰林修撰，负责实录院，祖、父、孙三代同样担任史官，在此之前是从来没有过的事。

宋孝宗立，以辛次膺同知枢密院事。初，次膺力谏和议，为秦桧所怒，流落二十年。及帝召为中丞，若成闵之贪饕，汤思退之朋比，叶义问之奸罔，皆为其一时论罢。思退终身比于和议，恐不成，讽右正言尹穑论浚跋扈。张浚请解督府去。朝廷遂决弃地求和之议。太学生张观等七十二人上书论思退奸邪误国，乞斩之以谢天下。诏贬永州，忧惧而死。

【译文】宋孝宗即位后，让辛次膺担任同知枢密院事。起初，辛次膺极力劝谏孝宗不要与金国议和，惹得秦桧大怒，流落乡里二十年。等孝宗召回他做中丞时，像成闵这样贪得无厌的、汤思退这样朋比为奸的、叶义问这样奸邪的，都被他一时的言论罢免。汤思退终身坚持与金国和议，怕无法成功，指使右正言尹穑上疏弹劾张浚霸道蛮横。张浚请求解除自己的都督职位离去。朝廷于是决定割地议和。太学生张观等七十二人上书指责汤思退奸邪误国，请求斩杀他向天下人谢罪。汤思退被贬到永州，在忧虑和惧怕中死去。

宋宁宗即位，韩侂胄恃定策功，欲窃国柄，谋于京镗，引李沐为左右正言，奏赵汝愚以同姓居相位，将不利于社稷，乃出汝愚知福州，朝廷大权悉归侂胄。御史胡纮乞禁伪学之党，侂胄复命沈继祖诬论朱熹十罪，落职罢祠，窜其徒蔡元定于道州。赵师羼、张釜、程松谄事侂胄，闻者莫不鄙之。侂胄专政十四年，宰执、侍从、台谏、藩阃，皆其门庑之人，天子孤立于上，威行宫省，权震宇内。其嬖妾张、谭、王、陈，皆封郡国夫人，号四夫人。每内宴则与妃嫔杂坐，恃势骄倨，掖庭皆畏之。侂胄力主恢复，以金人欲罪首谋，锐意出师，中外忧惧。侍郎史弥远入对，力陈危迫之势，请诛侂胄以安邦。皇后杨氏素怨侂胄，亦使荣王具疏。帝乃命后兄杨次山与弥远共图之。翼日，侂胄入朝，令殿前司夏震以兵三百，拥侂胄至玉津园侧，殛杀之，枭其首，并苏师旦之首，畀金人，金乃罢兵。

【译文】宋宁宗即位后，韩侂胄自恃有拥立之功，想要窃取国家的权柄，和京镗一起谋划，引荐李沐做左右正言，又上奏说赵汝愚以宗室的身份担任丞相将会对国家社稷不利，宁宗于是让赵汝愚去做了福州知州，朝政大权全部落在韩侂胄手中。御史胡纮请求禁止伪学之党，韩侂胄命令沈继祖诬告朱熹的十条罪状，朱熹被免去祠禄官的职位，他的弟子蔡元定也被流放到了道州。赵师羼、张釜、程松谄媚韩侂胄，知道的人没有不鄙视他们的。韩侂胄专权十四年，宰执大臣、侍从官员、台谏官员、封疆大吏都是他的门下弟子，天子被孤立在朝堂上，韩侂胄的威势行于皇宫中枢，权力震动天下。他的小妾张、谭、王、陈全都被封为郡国夫人，号称“四夫人”。每次宫廷宴会时他都和嫔妃在一起杂坐，仗着自己的权势傲慢不恭，后宫的人都很怕他。后来，韩侂胄坚决主张收复故土，因为金国人想要惩罚最先出谋划策的人，他就坚决要求出师北伐，朝中内外都很忧虑害怕。侍郎史弥远被宁宗问话时，极力陈述形势的危急，请求诛杀韩侂胄以安定国家。皇后杨氏素来怨恨韩侂胄，也派荣王上疏弹劾他。宁宗于是命令皇后的兄长杨次山和史弥远一起谋划除掉他。第二天，韩侂胄在上朝时，殿前司夏震带领三百士兵，挟持着韩侂胄来到玉津园边杀了他，并且砍下头颅，和苏师旦的头颅一起送给金国人，金国这才退兵。

宋史弥远为相，权势熏灼。皇子竑心不能平，尝书于几上，曰：“弥远当决配八千里。”弥远闻之，大惧。宁宗有疾，无子，弥远矫诏立沂王嗣子贵诚为皇太子，更名昀。帝崩，白后立昀，称遗诏封竑济阳郡王，出居湖州，寻杀之。弥远用梁成大、莫泽、李知孝为鹰犬，凡忤弥远意者，三人必相继击之。由是名人贤士排斥殆尽，人目为三凶。帝德弥远立己，恩宠终其身焉。

【译文】宋朝史弥远做宰相，权势炙手可热。皇子赵竑心里不平，曾经在书桌上写道：“史弥远应该被流放到八千里之外。”史弥远听说这件事后，感到十分惊恐。当时宁宗患有疾病，没有生下儿子，史弥远便伪造诏书立沂王嫡子赵贵诚为皇太子，改名为赵昀。宁宗驾崩后，史弥远对太后说要立赵昀为皇帝，还说有遗诏要封赵竑为济阳郡王，并让他到湖州居住，不久就杀了他。史弥远用梁成大、莫泽、李知孝作为自己的鹰犬，凡是不顺从史弥远意见的人，必然会被这三个人相继攻击。因为这个原因，知名人士和贤能的人几乎都被排斥，人们视他们为“三凶”。理宗感念史弥远立自己为帝的恩德，对他的恩宠持续终身。

宋理宗用史嵩之开督府，竭国用，而无成功，论者甚众。及以父丧去位，诏起复之。太学生黄恺伯等百四十人上书谏，不报。武学生刘耐知帝向意用嵩之，遂叛诸生而逢迎之。时范钟领相事，讽京尹赵与筹逐游士。诸生闻之，作卷堂文，以辞先圣。嵩之自知不为公论所容，上疏乞终丧制。

【译文】宋理宗任史嵩之都督两淮四川京西湖北军马，竭尽国力为他所用，最后却没有成功，很多人都有非议。等到史嵩之因为为父亲守丧而辞去官职时，还没有完成守丧又被下诏重新起用。太学生黄恺伯等一百四十人上书进谏，被扣留不报。武学生刘耐知道理宗有意继续任用史嵩之，于是背叛众太学生，转而逢迎史嵩之。当时范钟任丞相，指使京兆尹赵与筹驱逐游行士子。众太学生听说之后，写了罢学的文章来辞别先圣。史嵩之知道自己已经无法被公理所容，只能上奏疏请求完成为父亲守丧的礼节。

宋度宗即位，以己为太子贾似道有功，加似道太师，封魏国公。每朝，帝必答拜，称之曰“师臣”而不名，朝臣皆称为周公。诏以十月一朝。时襄樊围急，似道日坐葛岭，起楼台亭榭作“半闲堂”，延羽流，塑像肖己于中，取宫人叶氏及娼尼有美色者为妾，穷奢极欲，日肆淫乐。尝与群妾踞地斗蟋蟀，所狎客戏之曰：“此军国重事耶？”又酷嗜宝玩，建多宝阁，一日一登玩，有言边事者，辄加贬斥。丧师失地，殆无虚日，秘不上闻。及鄂州既破，诏似道都督诸路军马，大溃，贬似道于循州安置。监押官会稽尉郑虎臣至建宁开元寺，侍妾尚数十人，虎臣悉屏去之；压其宝玉，撤轿盖，暴行秋日中，令舁轿夫唱杭州歌谑之，窘辱备至。至漳州木绵庵，虎臣讽令自杀，似道不从。虎臣曰：“吾为天下杀似道，虽死何憾！”遂拘似道之子于别室，即厕上拉似道胸，杀之，殡于庵侧。

【译文】宋度宗即位以后，认为自己是太子时贾似道有辅佐的功劳，就封贾似道为太师、魏国公。每次朝会时，度宗必然会给贾似道回礼，称他为“师臣”而不称名字，朝中的官员都说他是周公。度宗还下诏他每十个月只用参加一次早朝。当时襄樊被敌军围攻，贾似道每天住在葛岭，建造楼台亭榭称为“半闲堂”，延请道士，还塑造了自己的雕像放在里面，娶宫人叶氏和有姿色的娼尼做自己的小妾，奢侈和贪欲到达了极点，每天只知道淫乐。他曾经和一群小妾蹲在地上斗蟋蟀，陪他游玩的人开玩笑说：“这难道是军国大事吗？”贾似道还酷爱珍宝玩物，建了一座多宝阁，每天都要上去玩，有人报告边疆军务，全都要被他贬低和指责。丧失军队和失去国土的事几乎每天都在发生，他却秘密压下，不让皇帝知道。等鄂州城已经被攻破，度宗才下诏让贾似道都督各路兵马迎战，最后大败而归，贾似道也被贬到循州安置。监押他的官员会稽尉郑虎臣到建宁开元寺时，贾似道的侍妾还有几十人，郑虎臣把她们全部屏退；并夺走他的宝玉，撤去轿子的顶盖，让他在秋天的烈日下暴晒，还让轿夫们唱杭州歌来戏弄他，让他为难至极。到达漳州木绵庵时，郑虎臣劝说他自杀，贾似道不听从。郑虎臣说：“我今天就要为天下人诛杀贾似道，即使死了也没有什么遗憾的！”于是把贾似道的儿子拘押到其他房间，在厕所里拉着贾似道的胸口杀了他，埋在木绵庵旁边。

元顺帝性柔少断，伯颜、哈麻相继弄权，朝政日紊，遂至于亡。

【译文】元顺帝的性格优柔寡断，伯颜、哈麻相继擅权专政，朝政日益紊乱，导致元朝灭亡。

明洪武朝：胡惟庸、蓝玉；永乐朝：纪纲；正统朝：王振；天顺朝：石亨、石彪、曹吉祥、门达；成化朝：汪直、王越、陈钺、戴缙、李孜省；弘治朝：李广、杨鹏；正德朝：刘瑾、陆完、江彬、许泰、刘晖、钱宁、张忠、朱泰；嘉靖朝：陶仲文、严嵩、严世蕃、丁汝夔、赵文华、鄢懋卿、罗龙文、仇鸾、陆炳；万历朝：庞保、刘成；天启朝：魏忠贤、客氏、崔呈秀、田尔耕；崇祯朝：周延儒、袁崇焕、杜勋、马士英。

【译文】明洪武朝奸臣：胡惟庸、蓝玉；永乐朝：纪纲；正统朝：王振；天顺朝：石亨、石彪、曹吉祥、门达；成化朝：汪直、王越、陈钺、戴缙、李孜省；弘治朝：李广、杨鹏；正德朝：刘瑾、陆完、江彬、许泰、刘晖、钱宁、张忠、朱泰；嘉靖朝：陶仲文、严嵩、严世蕃、丁汝夔、赵文华、鄢懋卿、罗龙文、仇鸾、陆炳；万历朝：庞保、刘成；天启朝：魏忠贤、客氏、崔呈秀、田尔耕；崇祯朝：周延儒、袁崇焕、杜勋、马士英。

卷四　考古部

姓氏

仓颉，姓侯刚氏。（见《古篆文》注）

【译文】仓颉，复姓侯刚。（见《古篆文》注）

许由，字武仲。（见《庄子》释文）

【译文】许姓始祖许由，字武仲。（见《庄子》释文）

尧，姓伊祁。少昊，名挚，字青阳。帝喾，名夋。成汤，字高密。（见《帝王世纪》）

【译文】尧帝，姓伊祁。少昊，名挚，字青阳。帝喾，名夋。商朝成汤，字高密。（见《帝王世纪》）

皋陶，字庭坚。孤竹君，姓墨，名台。（见《孔丛子》注）

【译文】尧舜禹时代掌管刑罚的皋陶，字庭坚。商朝孤竹国国君孤竹君，姓墨，名台。（见《孔丛子》注）

伯夷，名允，一名元，字公信。叔齐，名智，字公达。（见《论语》疏）

【译文】伯夷，名允，也叫元，字公信。叔齐，名智，字公达。（见《论语》疏）

中子，名仲达。（见周昙《咏史诗》）

【译文】中子，名叫仲达。（见唐朝周昙《咏史诗》）

彭祖，姓篯（音戋），名铿。（见《论语》疏）箕子[1]胥馀。（见《庄子》司马彪注）

---

① 底本为“其子”，应为笔误。

【译文】彭祖，姓篯（音戋），名铿。（见《论语》注解）箕子，名胥馀。（见《庄子》司马彪注）

老子父，名乾，字元果。（见《前凉录》）老子初生时，名玄禄。（见《玄妙内品》）

【译文】老子的父亲，名乾，字元果。（见《前凉录》）老子刚生下来时，名叫玄禄。（见《玄妙内品》）

管叔，名度。（见《史记》注）

【译文】周文王三子管叔，名度。（见《史记》注）

易牙，名亚。（见孔颖达疏）

【译文】春秋时期名厨易牙，名亚。（见孔颖达疏）

逢蒙之弟，名鸿超。杨朱之弟，名布。（见《列子》）

【译文】后羿弟子逢蒙的弟弟，名鸿超。战国时期思想家杨朱的弟弟，名布。（见《列子》）

伯乐，姓孙，名阳。师旷，字子野。（见《庄子》疏）

【译文】伯乐，姓孙，名阳。春秋时著名乐师师旷，字子野。（见《庄子》疏）

君陈，为周公之子、伯禽之弟。《周书》有《君陈篇》。（见《坊记》注）

【译文】君陈，是周公的儿子、伯禽的弟弟。《周书》中有《君陈篇》。（见《坊记》注）

鬼谷子，姓王，名诩，河南府人。（见《姓氏考》）

【译文】鬼谷子，姓王，名诩，河南府人。（见《姓氏考》）

公孙弘，字次卿。（见邹长蒨书）

【译文】西汉丞相公孙弘，字次卿。（见邹长蒨书）

杜康，字仲宁。（见魏武《短歌行》注）

【译文】杜康，字仲宁。（见魏武帝《短歌行》注）

孟轲，字子舆。（见《汉书》并《孔丛子》）又字子居。（见《圣证论》）

【译文】孟轲，字子舆。（见《汉书》及《孔丛子》）又字子居。（见《圣证论》）

庄周字休。（见《列子》注）

【译文】庄周字休。（见《列子》注）

孙叔敖，名饶。（见《孙叔敖碑》）

【译文】春秋时期楚国令尹孙叔敖，名饶。（见《孙叔敖碑》）

计然，一名研，一名倪；又姓辛，字子文。（见《史记索隐》）

【译文】春秋时期谋士计然，一名研，一名倪；又姓辛，字子文。（见《史记索隐》）

文种，字子禽。（见《吴越春秋》）

【译文】春秋时期谋略家文种，字子禽。（见《吴越春秋》）

陈仲子，字子终。（见甫皇谧《高士传》）

【译文】战国隐士陈仲子，字子终。（见甫皇谧《高士传》）

汉高祖父太公，名煓。（见《后汉书》注）又名煴，字执嘉。（见《帝王世纪》）

【译文】汉高祖的父亲刘太公，名煓。（见《后汉书》注）又名煴，字执嘉。（见《帝王世纪》）

昭灵后，名含。高祖兄仲，名喜。曾参，字敬伯。申公，名培。（见《史记》注）

【译文】刘邦的母亲昭灵后，名含。刘邦的兄长刘仲，名喜。曾参，字敬伯。申公，名培。（见《史记》注）

项伯名缠，字伯。（见《汉书》注）

【译文】项伯名缠，字伯。（见《汉书》注）

叔孙通，名何。（见《楚汉春秋》）

【译文】刘邦大臣叔孙通，名何。（见《楚汉春秋》）

壶关三老，姓令狐，名茂。（见荀悦《汉纪》）

【译文】壶关三老，姓令狐，名茂。（见荀悦《汉纪》）

杨王孙，名贵。（见《西京杂记》）

【译文】西汉道家杨王孙，名贵。（见《西京杂记》）

佽非，亦名荆轲。（见《续博物志》）

【译文】春秋时期楚国勇士佽非，也叫荆轲。（见《续博物志》）

伏生，名胜，字子贱。（见西汉碑）

【译文】汉代文学家伏生，名胜，字子贱。（见西汉碑）

文翁，名党，字仲翁。（见张崇文《历代小记》）

【译文】西汉公学始祖文翁，名党，字仲翁。（见张崇文《历代小记》）

张宗，字诸君。杜茂，字诸公。（见《陈忠传》注）

【译文】东汉太中大夫张宗，字诸君。东汉名将杜茂，字诸公。（见《陈忠传》注）

杨子云所称李士元者，名弘。（见《蜀秦宓传》）

【译文】杨雄所说的李士元，名弘。（见《蜀秦宓传》）

郑子真，名朴。严君平，名遵。（见王贡《两龚传》注）

【译文】西汉名士郑子真，名朴。西汉道学家严君平，名遵。（见王贡《两龚传》注）

施延，字君子。（见《后汉书》注）

【译文】东汉太尉施延，字君子。（见《后汉书》注）

田生，字子春。（见《楚汉春秋》）

【译文】西汉游士田生，字子春。（见《楚汉春秋》）

侯芭，字铺子。（见《论衡》）

【译文】侯芭，字铺子。（见《论衡》）

丁公，名固。（见《楚汉春秋》）

【译文】项羽武将丁公，名固。（见《楚汉春秋》）

卫夫人，名铄，字茂漪。（见《翰墨志》）

【译文】晋代书法家卫夫人，名铄，字茂漪。（见《翰墨志》）

绿珠，姓梁，白州人。（见《绿珠小传》）

【译文】西晋石崇的宠妾绿珠，姓梁，白州人。（见《绿珠小传》）

吕安，字仲悌。居苗，姓应，玚从弟。（俱见《文选》注）

【译文】三国曹魏名士吕安，字仲悌。居苗，姓应，玚从弟。（全都见于《文选》注）

花卿，名惊定。（见《旧唐书》）

【译文】唐朝武将花卿，名惊定。（见《旧唐书》）

僧一行，姓张，名璲。（见《续博物志》）

【译文】唐朝天文学家僧一行，姓张，名璲。（见《续博物志》）

窦滔，字连波。（见《武后纪》）

【译文】东晋秦州刺史窦滔，字连波。（见《武后纪》）

神和子，姓屈突，名无为，字无不为，张咏布衣时遇之。（见《张咏传》）

【译文】神和子，姓屈突，名无为，字无不为，张咏还没有做官时遇到了

他。（见《张咏传》）

失马塞翁，姓李。（见《高谷诗序》）

【译文】失马的塞翁，姓李。（见《高谷诗序》）

辨疑

禹陵　大禹东巡，崩于会稽。现存陵寝，岂有差讹？且史载夏启封其少子无余于会稽，号曰“于越”，以奉禹祀，则又确确可据。今杨升庵争禹穴在四川，则荒诞极矣。升庵言石泉县之石纽村，石穴深杳，人迹不到，得石碑有“禹穴”二字，乃李白所书，取以为证。盖大禹生于四川，所言禹穴者，生禹之穴，非葬禹之穴也。此言可辨千古之疑。

【译文】禹帝东巡时，在会稽山驾崩。现在那里有他的陵墓，难道还会有错吗？而且史书记载夏启把他的小儿子无余分封在会稽，号“于越”，来供奉祭祀大禹，这也是证据确凿的事。现在杨升庵争论说大禹的陵墓在四川，则极其荒诞。杨升庵说石泉县的石纽村，有个幽深的石洞，人迹罕至，洞外有个石碑刻着“禹穴”两个字，是李白亲手写的，把这个当作证据。大概是大禹在四川出生，这里所谓的“禹穴”，应该是大禹出生的洞穴，而不是大禹的陵寝。这句话可以辨析千古以来的疑案。

甘罗　甘罗十二为丞相，古今大误。《史记》云：甘罗事吕不韦。秦欲使张唐使燕，唐不肯行。罗说而行之，乃使罗于赵。赵王郊迎，割五城以事秦。罗还报秦，封为上卿，不曾为丞相。相秦者是甘罗之祖甘茂。封罗后，遂以茂之田宅赐之。

【译文】甘罗十二岁就做了丞相，古往今来的人都大错特错。《史记》记载：甘罗在吕不韦那里任职。秦国想让张唐出使燕国，张唐不愿意去。甘罗却很高兴地去了，后来又让他出使了赵国。赵王来到郊外迎接他，割让五座城池来供奉秦国。甘罗回国之后奏报秦王，被封为上大夫，却没有做过丞相。在秦国当丞相的是甘罗的祖先甘茂。封赏甘罗后，就把甘茂的田地和宅邸赐给了他。

共和 幽王既亡，有共伯和者摄行天子事，非二相共和也。（见《姓氏考》）

【译文】周幽王死后，一个叫共伯和的人代天子行使君主权力，并不是两位丞相一起治理。（见《姓氏考》）

子美 子产字子美（见《左传》注）。东坡《放鱼诗》：“不怕校人欺子美。”注者疑是杜少陵，则误矣。

【译文】子产字子美（见《左传》注）。苏轼在《放鱼诗》中写道：“不怕校人欺子美。”注释的人说这里的“子美”可能是杜甫，则是错误的。

蒙正住破窑 吕蒙正父龟图与母不合，并蒙正逐之。贫甚，投迹龙门寺僧，凿山岩为龛以居。今传奇谓同妻住破窑，殊为可笑。

【译文】吕蒙正的父亲龟图与他的母亲不合，就把她和吕蒙正一起赶出了家。两人十分贫穷，就投奔了龙门寺的僧人，在山上凿洞居住。现在的传奇话本中说吕蒙正和妻子一起住在破窑洞里，十分可笑。

日落九乌 乌最难射。一日而落九乌，言羿之善射也。后以为羿射落九日，非是。

【译文】乌鸦最难射中。一天之内射中九只乌鸦，是说后羿善于射箭。后人以为后羿射落了九个太阳，其实不是这样的。

汉寿亭侯 汉寿在四川保宁府广元县。汉封关公为汉寿亭侯。汉寿，邑名。亭侯，爵名。后人称寿亭侯者，误。

【译文】汉寿在四川保宁府广元县。汉封关羽为“汉寿亭侯”。汉寿是邑名。亭侯是爵位名。后人称关羽为“寿亭侯”是错误的。

五大夫松 秦始皇登泰山，风雨暴至，避于松树之下，封其树为“五大夫”。五大夫，秦官第九爵。今人有误为五株松者，非也。

【译文】秦始皇登临泰山，突然狂风暴雨，秦始皇到松树下躲避，封这棵树为“五大夫”。五大夫是秦官的第九等爵位。现在有人误以为是五棵松树，其实不是这样。

夏国 扬州漕河东岸有墓表，题曰“夏国公墓道。”夏音虔，与夏字相类，少一发笔，下作“又”。行人遂误为夏国公。盖明顾公玉之封号，赐地葬此也。

【译文】扬州漕河的东岸有一块墓表，上面题着“夏国公墓道”五个字。“夏”读作“虔”，和“夏”字类似，少一撇，下面写作“又”，经过的人于是误以为是夏国公。其实这是明代顾玉的封号，朝廷赏赐他这块地方作为墓地。

饭后钟 王播，字明扬。少孤贫，客游扬之木兰院，寄食僧斋。僧颇厌薄，乃斋罢而后击钟。播怒题诗于壁。今以为吕蒙正事，则非也。

【译文】王播，字明扬。小时候孤苦贫寒，游历到扬州的木兰院，寄居在寺庙里，吃和尚的斋饭。僧人十分厌恶鄙视他，于是在吃完饭后才敲集合吃饭的钟。王播愤怒地在墙壁上题诗。现在的人以为这是吕蒙正的事迹，是错误的。

马前覆水 太公望妻马氏，弃夫而去，后见太公富贵求归。命收覆水。今指为朱买臣，非。

【译文】姜子牙的妻子马氏，抛弃自己的丈夫离开，后来看到姜子牙显贵就请求回去。姜子牙让她把泼出去的水收回去就答应她的请求。现在有人说是朱买臣的事，这是错误的。

女儿乡 吴败越，勾践与夫人入吴，至此产女而名。今误传范蠡进西施于吴，与之通而生女，殊为可笑。

【译文】吴国打败越国后，勾践和夫人来到吴国，在这个地方生下女儿而得名。现在的人误传范蠡把西施进贡给吴国，又和她私通生下女儿，十分可笑。

析类

有同时同姓名者。两曾参：一曾参杀人，而致曾子之母投杼。两毛遂：一毛遂堕井，而致平原君之痛哭。

【译文】有同时代同姓名的人。两个曾参：一个曾参曾经杀人，吓得曾子的母亲扔掉了手上纺线的梭子。两个毛遂：一个毛遂曾经掉到井里，导致平原君痛哭。

异世则两鲁秋胡。列国一鲁秋胡，因妇采桑，调其妻，投水死。汉一鲁秋胡，求聘翟氏女，翟公误传调妻事，以为薄行，而不许婚。俱可笑也。

【译文】不同时代的两个鲁秋胡。列国时代鲁国有一个秋胡（结婚五天后就游宦陈国，五年才回来），看到路边有个妇人采桑，于是调戏了她，回家后才知道是自己的妻子，导致妻子投水自尽。汉代有一个叫鲁秋胡的人，请求娶翟氏的女儿为妻，翟公听到有人误传鲁秋胡调戏妻子的事，以为他行为放荡，没有答应这门婚事。这两件事都十分可笑。

其次如国师刘秀，以名应图谶，为王莽所杀；而诛王莽者为光武，亦刘秀。莽遣太师安新公王匡，攻更始定国上公王匡，不胜，为所执杀。唐李尚书益与宗人益者，俱赴饮，据上坐。因笑曰："今日两副坐头俱李益。"代宗用韩翃知制诰。宰相以平卢幕府员外及江淮刺史请。上书："春城无处不飞花，用此韩翃。"而员外得之，事皆奇。

【译文】其次像国师刘秀，因为名字对应图谶上"刘秀为天子"的预言，被王莽杀害；其实诛杀王莽的人是汉光武帝，也叫刘秀。王莽派太师安新公王匡，进攻更始的定国上公王匡，没有取得胜利，还被对方抓住杀死了。唐朝尚书李益和宗室弟子李益，一起赴宴，全都坐在上位。因而有人笑着说："今天的两位首席都是李益。"唐代宗任命韩翃为知制诰。宰相用平卢幕府员外及江淮刺史两人请示代宗，这两人都叫韩翃。代宗写道："'春城无处不飞花'，用写这句诗的韩翃。"最后员外得了官位，这些事都很稀奇。

其他同时者。汉时两韩信，俱高帝时，一封楚王，一封韩王。三邵平：一故秦东陵侯；一为齐王上柱国；一齐相。两恢，俱武帝时，一浩侯；一大行，谋诱匈奴者也。两王臧，武帝朝。一，二年以郎中令自杀；一，六年为太常。两王商，俱成帝外戚。一为丞相、乐昌侯；一为大司马、成都侯。两王章，俱成帝时，一，河平三年以太仆为右将军，六年[①]复为太常；一，四年以京兆尹直言死。两王崇，俱平帝时，一新甫侯，故丞相嘉子；一大司空、扶平侯。魏两王烈，一字彦方，有隐德；一字长休，有道术。鲁两王浑，一为凉州刺史，系戎之父；一为司徒，系济之父。两王澄，一即济之弟，封侯；一即戎从弟，

① 汉成帝"河平"的年号只有四年（前28—前25年），六年疑有误。——编者注

荆州都督。两孙秀，一吴降将；一赵王伦嬖臣。俱拜骠骑将军，封公。两周抚，一为王敦将；一为彭城内史诛。梁两王琳，一散骑常侍；一德州刺史。唐两李光进，俱代宗朝，一为光弼弟；一为光颜兄。俱蕃将，赐姓，为节度使，封公。唐两李继昭，俱昭宗时，一为孙德昭；一为符道昭。俱赐姓名，降朱梁，为使相。宋两王著，俱太祖时，一以文学典制；一以书学待诏。金两讹可，俱大将。

【译文】其他同时代同名的人。汉代有两个韩信，都在汉高祖时期，一个封为楚王，一个封为韩王。三个邵平，一个是以前秦国的东陵侯，一个是齐王的上柱国，一个是齐国丞相。两个叫王恢的，都在汉武帝时期，一个被封为浩侯，一个担任大行官，就是设计引诱匈奴军队的人。两个王臧，都在汉武帝朝，一个在汉武帝二年担任郎中令自杀，另一个在汉武帝六年出任太常。两个王商，都是汉成帝的外戚，一个担任丞相、封乐昌侯，一个担任大司马、封成都侯。两个王章，都在汉成帝时期，一个在河平三年（前26年）由太仆改任右将军，河平六年再次担任太常；另一个在河平四年（前25年）担任京兆尹，因为直言进谏而死。两个王崇，都在汉平帝时期，一个是新甫侯，是前丞相王嘉的儿子；一个担任大司空、封扶平侯。魏国有两个王烈，一个字彦方，给人恩德不求回报；一个字长休，有道术。鲁国有两个王浑，一个担任凉州刺史，是王戎的父亲；一个担任司徒，是王济的父亲。两个王澄，一个是王济的弟弟，被封侯；一个是王戎的从弟，担任荆州都督。两个孙秀，一个是吴国降将，一个是赵王司马伦的宠臣，全都拜为骠骑将军，封公爵。两个周抚，一个是王敦的将领，一个被彭城的内史诛杀。梁代有两个王琳，一个担任散骑常侍，一个担任德州刺史。唐朝有两个李光进，都在代宗朝，一个是李光弼的弟弟，一个是李光颜的兄长，两人都是蕃将，被皇帝赐姓李，担任节度使，封为公爵。唐朝有两个李继昭，都在唐昭宗时期，一个是孙德昭，另一个是符道昭，后来都被赐姓名，投降朱梁后，担任使相。宋朝有两个王著，都在宋太祖时期，一个担任文学典制，一个担任书学待诏。金国有两个讹可，都是大将。

稍先后者。吴两公子庆忌：一王僚子，一夫差末年将。楚两庄跻，一庄王时大盗；一庄王裔孙，将军，平滇自王者。汉两王莽，一右将军；一大司马，篡位者。两王凤，一大司马、大将军，一更始成国上公。两王谭，一宜春侯，一平阿侯。两徐干，一都护班超司马，一丞相曹操掾。晋两刘毅，一光禄大夫，一卫将军。两张禹，一丞相，一太傅，俱封侯。两解系，一见《陶璜传》，一自有传。两王恺，一武帝舅，一安帝时丹阳尹。元两伯颜，一太傅淮阳王，一大丞相秦王。两萧钧，一萧鸾子，梁武时中书郎；一萧瑀从子，唐太宗时率更令。

【译文】时代稍有不同而同姓名的人。吴国有两个公子庆忌，一个是王僚的儿子，一个是吴王夫差末年的将领。楚国有两个庄跻，一个是楚庄王时期的大盗；一个是楚庄王的远代子孙，担任将军，平定滇地后自立为王的就是他。汉朝有两个王莽，一个担任将军；一个担任大司马，谋权篡位的就是他。两个王凤，一个担任大司马、大将军，一个是更始年间的成国上公。两个王谭，一个是宜春侯，一个是平阿侯。两个徐干，一个是西域都护班超的司马，一个是丞相曹操的属官。晋朝有两个刘毅，一个是光禄大夫，一个是卫将军。两个张禹，一个担任丞相，一个担任太傅，都被封侯。两个解系，一个见《陶璜传》，一个有自己的传记。两个王恺，一个是晋武帝的舅舅，一个是晋安帝时期的丹阳尹。元朝有两个伯颜，一个担任太傅，封淮阳王；一个担任大丞相，封秦王。有两个萧钧，一个是萧鸾的儿子，梁武帝时期担任中书郎；一个是萧瑀的从子，唐太宗时期担任率更令。

异代而相类者。两王肃，曹魏中领军，为魏制礼；元魏尚书令，亦为魏制礼。两王殷，朱梁以节度使叛诛；后周太祖亦以节度使诛。两王彦章，梁大将，为晋擒；吴统军，为楚擒。两王珪，唐侍中；宋左仆射、门下侍郎。两王溥，一唐懿宗时；一周世宗时，俱宰相。仙人有两王乔，其一即子晋也；其一为柏人令，天坠玉棺以葬者。僧有两智永，一梁书僧，一宋画僧。两辨才，一唐藏《兰亭》真本者，一宋与苏子瞻友者。光武时，固始侯李通；魏武时，都亭侯李通。卫大夫王孙贾，齐大夫王孙贾。魏徐邈，字景山，见重武帝，为侍中。晋徐邈，字仙民，见重武帝，为中书舍人。魏将军张辽；汉兖州刺史张辽，字叔高。汉中郎将江革，梁御史中丞江革。梁李膺为蜀使至郡，武帝悦之，问曰："今李膺何如昔李膺？"晋文公有咎犯，平公有咎犯，善隐任政。晋李密以祖母老辞官，后魏李密以母老习医，又隋李密封蒲山公。则天时王方庆为相；又王方庆领尚药奉御。高宗初张昌宗，为修文馆学士；则天末张昌宗，为春官侍郎。

【译文】处在不同时代名字相同、事迹相类似的人。两个王肃，一个担任曹魏时期的中领军，为曹魏制定礼法；一个是元魏时期的尚书令，也为元魏制定了礼法。两个王殷，一个在后梁时期以节度使的身份反叛被杀，一个在后周太祖时期也以节度使的身份反叛被杀。两个王彦章，一个是后梁大将，被后唐擒获；一个是吴国统军，被楚国擒获。两个王珪，一个在唐朝担任侍中，一个在宋朝担任左仆射、门下侍郎。两个王溥，一个在唐懿宗时期，一个在周世宗时期，都担任宰相。有两个叫王乔的仙人，其中一个就是子晋，另一个是柏人令，天上坠落玉棺埋葬的那个人。有两个叫智永的僧人，一个是梁朝擅长书法的僧人，一个是宋朝擅长绘画的僧人。两个辨才，一个是唐朝收藏《兰亭序》真本的，一个是宋朝苏轼的好朋友。汉光武帝时期，固始侯叫李通；魏武帝时期，都亭侯也叫李通。卫国有个大夫叫王孙贾，齐国也有个大夫叫王孙贾。曹魏的徐邈，字景山，被魏武帝重用，担任侍中；晋朝的徐邈，字仙民，被晋武帝器重，担任中书舍人。曹魏时期有个将军叫张辽；汉朝兖州刺史也叫张辽，字叔高。汉朝中郎将叫江革，梁朝御史中丞也叫江革。梁朝李膺担任出使蜀地的使者到达成都，梁武帝十分高兴，问他："现在这个李膺跟以前的那个李膺比怎么样？"晋文公时期有个叫咎犯的人，晋平公时期也有个人叫咎犯，因为擅长猜谜劝谏担任大臣。晋朝的李密因为要照顾祖母而辞官，后魏的李密因为母亲病老而学习医术，隋朝还有个叫李密的人，被封为蒲山公。武则天时期的王方庆担任宰相，还有一个王方庆担任尚药奉御。唐高宗初年的张昌宗，担任修文馆学士；武则天末年也有个张昌宗，担任春官侍郎。

父子同名者二人：隋处士罗靖，父亦名靖；魏大将安同，父名屈，子亦名屈。王彪之、临之、纳之、准之、与之、进之，凡六世；王胡之、茂之、裕之、瓒之、秀之，凡五世；王羲之、献之、靖之、悦之，凡四世；王晏之、昆之、陋之，徐逵之、湛之、聿之，凡三世；胡毋辅之、谦之；吴隐之、瞻之；颜悦之、恺之，凡两世；俱仍"之"字。

【译文】父子同名同姓的有两个。隋朝有个隐居不做官的人叫罗靖，他的父亲也叫罗靖；魏国大将安同，他的父亲名字叫安屈，儿子也叫安屈。几代人名字中都带"之"字的人。王彪之、王临之、王纳之、王准之、王与之、王进之，共计六世；王胡之、王茂之、王裕之、王瓒之、王秀之，共计五世；王羲之、王献之、王靖之、王悦之，共计四世；王晏之、王昆之、王陋之，徐逵之、徐湛之、徐聿之，共有三世；胡毋辅之、胡毋谦之，吴隐之、吴瞻之，颜悦之、颜恺之，共有两世。他们的名字中都沿用"之"字。

古今事有绝相类者。圣主时投水，人知有卞随、务光，而不知有北宫无择。

【译文】古今的事有极为相似的。在圣明天子当政时投水自尽的人，人们都知道有卞随、务光，却不知道还有北宫无择。

骑青牛，人知有老子，而不知有封达。

【译文】骑青牛的人，人们都知道有老子，却不知道还有封达。

生空桑，人知有伊尹，而不知有孔子。

【译文】出生于空桑的人，人们都知道有伊尹，却不知道还有孔子。

白鱼入舟，人知有周武王，而不知有宋明帝。

【译文】白鱼进入舟船的事，人们都知道有周武王，却不知道还有宋明帝。

河澌冰合，人知有汉光武之滹沱，而不知有慕容德之黎阳。

【译文】河水突然冻结可以行军，人们都知道汉光武帝在滹沱河经历过，却不知道慕容德在黎阳也碰到过。

凤雏，人知有庞统，而不知有顾邵。

【译文】人们都知道庞统是“凤雏”，却不知道顾邵也有这个称呼。

献胙加毒，以谗赐死，人知有晋献公子申生，而不知有秦孝文王子西蜀侯恽。

【译文】进献的胙肉中被人加入毒药，再因为谗言而被赐死的人，人们只知道有晋献公的儿子申生，却不知道还有秦孝文王的儿子西蜀侯恽。

思妾令方士致魂，人知汉武之于李夫人，而不知宋武之于殷淑仪。

【译文】因为思念姬妾而找来方士招来魂魄的人，人们只知道有汉武帝为李夫人招魂，却不知道还有宋武帝也为殷淑仪招过魂。

治阿誉闻而阿不治，人知齐宣王之大夫，而不知景公之晏子。

【译文】因为治理东阿有方而名扬天下，东阿却没有得到治理的人，人们只知道有齐宣王的大夫，却不知道还有齐景公时期的晏子。

梦寐求相，人知高宗之傅说，而不知文王之臧丈人。

【译文】帝王通过做梦求得宰相的事，人们都知道有殷商高宗时期的傅说，却不知道还有周文王时期的臧丈人。

题壁作《龙蛇歌》，人知有晋文之介子推，而不知晋文之舟子侨。

【译文】在墙壁上作《龙蛇歌》的人，人们都知道有晋文公时期的介子推，却不知道还有晋文公时期的舟子侨。

秦许楚地而背之，人知张仪之于楚怀王，而不知冯章之于楚王。

【译文】秦国许诺给楚国割让土地，却违背了诺言，人们都知道张仪曾经对楚怀王做过，却不知道冯章也对楚王做过。

先食不死之药，而以巧言免死，人知方朔之于汉武帝，而不知中射之士之于楚王。

【译文】先吃掉君王的不死药，再用巧妙的言语免于死亡，人们都知道东方朔对汉武帝做过，却不知道中射之士对楚王也做过。

倚柱读书，雷震不辍，人知有夏侯玄，而不知有诸葛诞。

【译文】靠着柱子读书，就算打雷把柱子震碎也不肯放下书本，人们都知道有夏侯玄，却不知道还有诸葛诞。

一字值百金，人知《淮南子》，而不知《公孙子》。

【译文】一个字价值百金，人们都知道《淮南子》，却不知道还有《公孙子》。

妻弃夫，人知朱买臣，而不知太公望。

【译文】妻子抛弃丈夫的事，人们都知道有朱买臣，却不知道还有姜子牙。

沉江负父，人知孝女曹娥，而不知赵祉女光络。

【译文】跳进江水背负父亲尸体的人，人们都知道有孝女曹娥，却不知道还有赵祉的女儿光络。

掘地得石椁，人知有滕公，而不知有卫灵飞廉。

【译文】挖地获得石棺，人们都知道有滕公夏侯婴，却不知道还有卫灵飞廉。

看竹不问主人，人知有王徽之，而不知有袁粲。

【译文】只顾着观看竹子却忘了问候主人，人们都知道有王徽之，却不知道还有袁粲。

获偷侍儿人试文不杀，因以赐之，人知有杨素之于李靖，而不知有蔡兴宗之于孙敬玉。

【译文】抓获私通自己侍妾的人，试过文采后不仅没有杀他，还把侍妾赏赐给他，人们都知道杨素对李靖做过，却不知道蔡兴宗对孙敬玉也做过。

侍儿环执饮馔，人知有王武子，而不知有杨国忠、孙晟。国忠、晟，又俱号肉台盘。

【译文】让侍女拿着酒和食物当桌子的人，人们都知道有王武子，却不知道还有杨国忠、孙晟。杨国忠、孙晟都把这种方式称为“肉台盘”。

羊羹不遍致败，人知华元之于御斟，而不知中山王之于司马子期。

【译文】因为分羊汤没有遍及所有人而导致失败，人们都知道有华元和为他驾车的羊斟，却不知道还有中山王和司马子期。

乳生湩，人知有元德秀，而不知有李善。

【译文】男人的乳头分泌乳汁，人们都知道有元德秀，却不知道还有李善。

彩衣娱亲，人知有老莱，而不知有伯俞。

【译文】穿着艳丽的衣服来使双亲快乐的人，人们都知道有老莱，却不知道还有伯俞。

智囊，人知有晁错，而不知有樗里子、鲁匡。

【译文】被称为“智囊”的人，人们都知道有晁错，却不知道还有樗里子和鲁匡。

读《易》至损益而叹，人知有向平，而不知有孔子。

【译文】读《易经》读到“损卦”和“益卦”而感叹，人们都知道有向平，却不知道还有孔子。

佩六国印，人知有苏秦，而不知有栾大。

【译文】佩戴六国宰相印的人，人们都知道有苏秦，却不知道还有栾大。

以石为虎，射之没羽，人知有李广、李远，而不知有熊渠子。

【译文】把石头当作老虎，把箭射入只留箭羽在外，人们都知道有李广、李远，却不知道还有熊渠子。

逐兔堕马，折胁而殂，人知有齐主高演，而不知燕主慕容皝。

【译文】追赶兔子从马上跌落，折断肋骨而死，人们都知道有齐国的国主高演，却不知道还有燕国国主慕容皝。

倒用印，人知有段秀实之阻朱泚，而不知有李崧之安蜀。

【译文】倒着加盖印章，人们都知道段秀实阻拦朱泚时使用过，却不知道李崧安定蜀地时也使用过。

一日杀二烈，人知有袁绍之于臧洪、陈容，而不知有张敬儿之于边荣、程邕之。

【译文】一天杀两个烈士，人们都知道袁绍杀臧洪、陈容，却不知道还有张敬儿杀边荣、程邕之。

能使人主前席，人知有贾谊，而不知有商鞅、苏绰。

【译文】能够使君王听得入迷往前移动座席，人们都知道有贾谊，却不知道还有商鞅、苏绰。

饮千日酒，至期发冢而醒，人知有刘玄石，而不知有赵英。

【译文】因为喝了“千日酒”，到醒酒的日期后挖掘坟墓才醒来的人，人们都知道有刘玄石，却不知道还有赵英。

御屏隔座，人知有汉郑弘、第王伦，而不知有吴纪亮、纪鹭。

【译文】朝会时用御屏隔开座位的事，人们知道有汉朝的郑弘和第王伦，却不知道还有吴国的纪亮、纪鹭。

杯中蛇影，人知有乐广，而不知有南皮令应柳（乐弓应弩）。

【译文】弓的影子倒映在杯中被当成蛇，人们只知道有乐广，却不知道还有南皮县令应柳（乐广看到的是弓影，应柳看到的是弩影）。

杀孝妇，大旱三年，人知有前汉之东海，而不知有后汉之上虞。

【译文】因为杀死孝妇而导致大旱三年的事，人们只知道有西汉的东海郡，却不知道还有东汉的上虞郡。

万石君，人知有石奋，而不知有秦袭、张文瓘。

【译文】被称为“万石君”的人，人们都知道有石奋，却不知道还有秦袭、张文瓘。

留犊事，人知有时苗，而不知有羊篇。

【译文】上任时乘母牛驾的车，离任时把牛犊留下的事，人们都知道时苗做过，却不知道羊篇也做过。

食脱粟，人知有公孙弘，而不知有晏婴。

【译文】食用糙米，人们只知道有公孙弘，却不知道还有晏婴。

《钱神论》，人知有鲁褒，而不知有胡毋民、成公绥。

【译文】《钱神论》，人们都知道鲁褒写过，却不知道胡毋民、成公绥都曾经写过。

记半面人，人知有杨愔，而不知有应凤。

【译文】只见过半张脸就能记住的人，人们都知道有杨愔，却不知道还有应凤。

陈蕃下榻，人知有徐穉，而不知有周璆。

【译文】陈蕃从不接待宾客，却为人专门设置了床榻，人们都知道这个人是徐稺，却不知道还有周璆。

雪中高卧，人知有袁安，而不知有胡定。

【译文】在大雪的天气中安然躺在家里，不给别人添麻烦，人们都知道有袁安，却不知道还有胡定。

梦赠笔，人知有江淹，而不知有王彪之、王珣、纪少瑜、陆倕、李白、和凝、李峤、马裔孙。

【译文】梦中被仙人赠送神笔，人们都知道有江淹，却不知道还有王彪之、王珣、纪少瑜、陆倕、李白、和凝、李峤、马裔孙。

噀酒救火，人知有栾巴，而不知有樊英、邵信臣、郭宪、佛图澄、武丁。

【译文】喷酒救火，人们都知道有栾巴，却不知道还有樊英、邵信臣、郭宪、佛图澄、武丁。

入水戮蛟，人知有周处，而不知有澹台子羽、荆佽飞、丘䜣。

【译文】进入河中斩杀蛟龙，人们都知道周处，却不知道还有澹台子羽、荆佽飞、丘䜣。

羊车游后宫，以盐水洒地，人知有晋武，而不知有宋文。

【译文】乘坐羊拉的车巡游后宫，宫里的嫔妃用盐水洒地来吸引羊车的事，人们都知道晋武帝时有过，却不知道宋文帝时也有过。

御膳中有发，自数三罪以免死，人知晋平公之庖人，而不知光武之陈正。

【译文】御膳中有头发，列出自己的三条罪状得以免死，人们都知道晋平公的厨子做过，却不知道汉光武帝的厨子陈正也做过。

因病尝粪，人知勾践之于吴夫差，而不知郭弘霸之于魏元忠。

【译文】为看病而品尝粪便，人们都知道勾践为吴王夫差做过，却不知道郭弘霸也为魏元忠做过。

以酒赐妒妇，饮之无恙，人知太宗之于房玄龄，而不知庄宗之于任圜。

【译文】赐“毒酒”给嫉妒心极强的夫人，喝完之后却没有事，人们都知道唐太宗给房玄龄的夫人赐过，却不知道后唐庄宗也赐过任圜的夫人。

即席尽器饮酒，归而尚醒，称所得器，人知裴弘泰之于裴钧，而不知潘岏之于朱梁太祖。

【译文】入席后马上喝完酒具里所有的酒，回去之后还十分清醒，饮完酒还能拿回银器称重，人们都知道裴弘泰在裴钧的宴席上做过，却不知道还有潘岏在梁太祖朱温的宴席上也做过。

下第献燕诗，座主以明年登第，人知有章孝标，而不知有于化成。

【译文】科举落第之后进献了一首写归燕的诗，主考官告诉他明年可以考中的人，人们都知道有章孝标，却不知道还有于化成。

刻石高山深谷，人知有杜预，而不知有颜真卿。

【译文】在高山和深谷的石头上刻字，人们都知道杜预做过，却不知道颜真卿也做过。

赐行酒人炙，人知有顾荣，而不知有何逊、阴铿。

【译文】赏赐给行酒的用人烤肉，人们都知道有顾荣，却不知道还有何逊、阴铿。

一箭落双雕，人知有斛律光，而不知有拓跋干、高骈。

【译文】一箭射落两只雕，人们都知道有斛律光，却不知道还有拓跋干、高骈。

锦缆事，人知有隋炀，而不知有甘宁。

【译文】用锦制作缆绳，人们都知道有隋炀帝，却不知道还有甘宁。

燃脐膏为烛，人知有董卓，而不知有满奋。

【译文】点燃人肚子上的油当作蜡烛，人们都知道有董卓，却不知道还有满奋。

还带阴德至相位，人知有裴中令，而不知白中令。

【译文】因为归还玉带积累阴德而官至宰相的，人们都知道有裴度，却不知道还有白文珂。

少孤门生废《蓼莪》，人知有王裒，而不知有顾欢。

【译文】因为小时候是孤儿，门生不读《诗经·蓼莪》的，人们都知道有王裒，却不知道还有顾欢。

发冢，类远祖貌，人知有萧颖士之于鄱阳王，而不知有吴纲之于长沙王。

【译文】挖开坟墓，发现自己和先祖长得很像，人们都知道萧颖曾经挖开过鄱阳王的坟墓，却不知道吴纲也挖开过长沙王的坟墓。

入山，妻二仙女而归，人知有天台之刘晨、阮肇，而不知有剡县之袁相、根硕。

【译文】进入山中，娶了两个仙女回家的人，人们都知道有天台山的刘晨、阮肇，却不知道还有剡县的袁相、根硕。

因食辨劳薪，人知有荀勖，而不知有师旷。

【译文】品尝食物分辨出烧饭用的柴被使用了很久，人们都知道有荀勖，却不知道还有师旷。

强索妾，人知有孙秀、武承嗣，而不知有阮佃夫。

【译文】强行索要别人的小妾，人们都知道有孙秀、武承嗣，却不知道还有阮佃夫。

闻鼓角声加敬，人知有范云之于梁武，而不知有到仲举之于陈文①。

【译文】听到战鼓和号角的声音就生出敬意，人们都知道有范云之于梁武帝，却不知道还有到仲举之于陈文帝。

誓墓不仕，人知有王羲之，而不知有何偃。

【译文】对着父母的坟墓发誓一生不做官的，人们都知道有王羲之，却不知道还有何偃。

通它心观，人知有忠国师②之于大耳三藏，而不知有普寂之于柳中庸。

【译文】能够知道他人心中想法，人们都知道有忠国师对大耳三藏可以做到，却不知道普寂对柳中庸也可以做到。

祭赛忘书刀在庙，鲤鱼为送，人知有马当山之王昌龄，而不知有宫亭湖之祐客。

【译文】祭赛时把书刀遗落在寺庙里，鲤鱼给他送还，人们都知道有马当山的王昌龄，却不知道还有宫亭湖的祐客。

弈棋覆局，人知有王粲，而不知有到溉。

【译文】棋局被搅乱，凭记忆复原棋局的人，人们都知道有王粲，却不知道还有到溉。

制《千字文》，人知有周兴嗣，而不知有萧子范。

【译文】编写《千字文》的人，人们都知道有周兴嗣，却不知道还有萧子范。

赠柳妾，人知有韩翃，而不知有李还古。

【译文】被赠送姓柳的小妾，人们都知道有韩翃，却不知道还有李还古。

即位御床陷地，人知有桓玄，而不知有侯景。

---

① 据《陈书·到仲举传》：“……时天阴雨，仲举独坐斋内，闻城外有箫鼓之声，俄而文帝至，仲举异之，乃深自结托。”底本为陈武，应为笔误。

② 底本为“国忠师”，应为笔误。

【译文】即位时御座突然坍塌，人们都知道有桓玄，却不知道还有侯景。

误食澡豆，人知有王敦，而不知有陆畅。

【译文】误食洗澡用的“澡豆”，人都知道有王敦，却不知道还有陆畅。

殡逆旅书生，人知有王忳，而不知有鲍子都、廖有方。

【译文】埋葬旅途中的书生，人们都知道王忳做过，却不知道鲍子都、廖有方也做过。

桥神貌丑，以足潜画之，人知有定州之张平子，而不知有忖留神之鲁班[1]。

【译文】桥神相貌丑陋，用脚偷偷给他画像，人们都知道张平子在定州做过，却不知道鲁班也画过忖留神像。

骆驼负水，养鱼军中，人知有宋孙仁祐，而不知有隋虞孝仁。

【译文】让骆驼背着水，在行军中养鱼，人们都知道宋朝的孙仁祐，却不知道还有隋朝的虞孝仁。

杀负心仆，人知有张咏，而不知有柳开。

【译文】杀死负心的仆人，人们都知道有张咏，却不知道还有柳开。

赐金莲烛归院，人知有苏轼，而不知有王珪。

【译文】被皇帝赏赐金莲烛照明回翰林院，人们都知道有苏轼，却不知道还有王珪。

晋平公出言不当，师旷举琴撞之，跌衽宫壁。魏文侯出言不当，师经举琴撞之，中旒溃。（一见《淮南子》，一见刘向《说苑》）

【译文】晋平公说话不得当，师旷举起琴去撞他，打到晋平公的衣服并撞到了宫殿的墙壁上。魏文侯说话不得当，师经举起琴去撞他，把他的帽子上的玉串都撞断了。（一则见《淮南子》，一则见刘向的《说苑》）

燕太后不肯以少子质齐，因陈翠爱子之说而许。赵太后不肯以少子质秦，因左师触龙爱少子之说而许。（一见《赵世家》，一见《战国策》）

【译文】燕国太后不肯让小儿子去齐国当人质，被陈翠关于爱儿子的言论说服而答应。赵国太后不肯让小儿子去秦国当人质，被左师触龙关于爱少子的言论说服而答应。（一则见《赵世家》，一则见《战国策》）

高齐神武不贵慕容绍宗，以留文襄。唐文皇暂出李勣，以留高宗。（俱见

① 底本为“鲁般”，应为笔误。

《本纪》）

【译文】北齐的神武帝不使慕容绍宗显贵，留给文襄帝加恩以笼络人心。唐太宗故意暂时罢黜李勣，留给高宗用来加恩。（全部见《本纪》）

申鸣援桴而进战，为贼杀其父，功成而自杀。赵苞援桴而进战，为贼杀其母，功成而呕血死。（一见《说苑》，一见《后汉书》）

【译文】申鸣亲自击鼓进击作战，敌人因此杀死了他的父亲，虽然打了胜仗却自杀了。赵苞亲自击鼓进击作战，敌人因此杀了他的母亲，他虽然打了胜仗却吐血而死。（一则见《说苑》，一则见《后汉书》）

医诊脉晋平公，而曰："君之病在膏之下，肓之上。"秦武王示扁鹊病，而曰："君之病在耳之前，目之上。"谓皆以色致也。（一见《左传》，一见《战国策》）东方朔知赤物为怪哉，饮酒十石。李章武知铁斧为厌物，饮血三斗。（一见《搜神记》，一见《酉阳杂俎》）

【译文】医生为晋平公诊脉之后说："您的病在膏之下，肓之上。"秦武王让扁鹊给他看病，看完之后扁鹊说："您的病在耳朵的前面，眼睛的上面。"这些都是因为好色导致的。（一则见《左传》，一则见《战国策》）东方朔知道红色的异物叫"怪哉"，需要喝十石酒才能消除。李章武知道铁斧是让人憎恶的东西，需要饮血三斗。（一则见《搜神记》，一则见《酉阳杂俎》）

怀素习书数亩芭蕉。郑虔习书数屋柿叶。（俱见《法书录》）

【译文】怀素练习书法写完了几亩的芭蕉叶子。郑虔练习书法写完了几屋子的柿叶。（全部见《法书录》）

孙膑刖足于魏，而为齐师。司马喜刖足于宋，而为中山相。（一见本传，一见《吕氏春秋》）

【译文】孙膑在魏国被砍断双脚，做了齐国的军师。司马喜在宋国被砍去双脚，后来做了中山国的宰相。（一则见《孙膑传》，一则见《吕氏春秋》）

王济以钱千万与王恺赌射八百里牛，一胜而探牛心。尔朱文略以好婢与高归彦赌射千里马，一胜而截马头。（一见《晋书》，一见《北齐书》）

【译文】王济用千万钱和王恺赌射名叫"八百里驳"的牛，王济一胜就马上杀牛取心。尔朱文用美貌的婢女和高归彦赌射千里马，尔朱文一胜就马上砍下了马头。（一见《晋书》，一见《北齐书》）

鄂千秋明萧何功高，立封侯。公孙戎明樊哙不反，立封二千户。（一见

《萧何传》，一见《王莽传》）

【译文】鄂千秋当众说明萧何功劳最高，马上被封侯。公孙戎安抚樊哙使其最终没有造反，马上被封为两千户侯。（一见《萧何传》，一见《王莽传》）

兖州刺史李恂，郡园小麦、胡麻，悉付从事。扬州刺史费遂，郡园小麦、胡麻，悉付从事。（一见《东观记》，一见谢承《后汉书》）

【译文】兖州刺史李恂，把郡园中种的小麦、胡麻，全部送给身边的从事。扬州刺史费遂，把郡园中种植的小麦和胡麻，也全都送给身边的从事。（一见《东观记》，一见谢承《后汉书》）

孙权得诸葛恪，而以老桑熟龟精。张华得雷焕，而以老桑辨狐精。（一见《搜神记》，一见《集异志》）

【译文】孙权得到诸葛恪，从而用老桑树蒸熟龟精。张华得到雷焕，从而用老桑树分辨狐狸精。（一见《搜神记》，一见《集异志》）

汉郭林宗遇雨，巾折角，人遂为折角巾。周独孤信驰马，帽微侧，人遂为侧帽。（一见《后汉书》，一见《北史》）

【译文】汉代郭林宗在路上碰到大雨，就把头巾的一角折起来，人们于是也学他故意把头巾折起一角。北周独孤信策马疾驰，帽子稍微有些歪斜，人们就开始戴侧帽。（一见《后汉书》，一见《北史》）

严畯为吴大帝诵《孝经·仲尼居》，张辅、吴昭以为鄙生，请诵《君子之事上章》。陆澄为齐武帝诵《孝经·仲尼居》，王卫军俭以为博而寡要，请诵《君子之事上章》。（一见《吴志》，一见《南齐书》）

【译文】严畯为吴大帝孙权诵读《孝经·仲尼居》，张辅、吴昭认为他是乡野儒生，于是请求诵读《君子之事上章》。陆澄为齐武帝诵读《孝经·仲尼居》，王俭认为它涉猎广博却不得要领，请求诵读《君子之事上章》。（一见《吴志》，一见《南齐书》）

吴大帝梦人以笔点额，熊循贺以当作主；齐文宣梦人以笔点额，王昙哲贺以为当作主，俱遂即位。（一见吴祚《国统志》，一见《齐书》）

【译文】孙权梦到有人用笔点他的额头，熊循祝贺他马上就要做君主了；北齐文宣帝梦到有人用笔点自己的额头，王昙哲也祝贺他马上就要做君主了，两人之后都即位了。（一见吴祚《国统志》，一见《齐书》）

魏文帝为王时，梦日堕地，分为三分，己得一分，纳诸怀中。陈文帝微

时，梦亦然。后俱为三分之主。（一见《谈薮》，一见《陈本纪》）

【译文】魏文帝还在做王的时候，梦到太阳落在地上，一分为三，自己得到一分，放在怀里。陈文帝身份低微时，也做过同样的梦。后来都成为三分天下的君主。（一见《谈薮》，一见《陈本纪》）

张茂先白鹦鹉梦为鸷鸟搏。杨太真白鹦鹉亦梦为鸷鸟搏。（一见《异苑》，一见《明皇杂录》）

【译文】张茂先养的白鹦鹉梦到自己和凶猛的鸟搏斗。杨太真养的白鹦鹉也梦到自己和凶猛的鸟搏斗。（一见《异苑》，一见《明皇杂录》）

欧阳率更见索靖碑，初看曰："浪得虚名。"次日看，曰："名下定无虚士。"坐卧其下，十日不能去。阎立本见张僧繇画，亦然。（俱见《宣和书画谱》）

【译文】欧阳询（率更）第一次看到索靖的碑文时说："浪得虚名。"第二天再去看的时候说："果然名副其实。"于是坐卧在碑下，十天不肯离开。阎立本见到张僧繇的画作时，也是同样的情况。（都见于《宣和书画谱》）

杨司空素出见客，挟侍姬红拂，因奔李靖。郭汾阳子仪出见客，亦挟侍姬红绡，因奔崔千牛。（一见《虬髯客传》，一见《昆仑奴传》）

【译文】隋朝司空杨素出来会见客人时，总要带着自己的侍妾红拂，红拂因此和李靖私奔了。唐朝汾阳王郭子仪出来会见客人总带着侍妾红绡，红绡因此和崔千牛私奔了。（一见《虬髯客传》，一见《昆仑奴传》）

饱蚊温席，人知有吴猛，而不知汉时番禺之有罗威。

【译文】夏天自己喂饱蚊子以免父母被叮咬，冬天用身体为父母暖好睡觉的席子，人们都知道有吴猛，却不知道汉朝番禺地区的罗威。

卷五　伦类部

君臣

在三之义　晋武公伐翼，杀哀侯，止栾子曰："苟无死矣，吾令子为上卿。"辞曰："成闻之：'人生于三，事之如一。'父生之，师教之，君食之。"

【译文】晋武公讨伐翼国，杀死国君哀侯，阻止想要自杀的栾子说："如果你不死，我就让你做上卿。"栾子拒绝说："常言道：'人因为三件事而生，侍奉它们要始终如一。'父母生下我，老师教导我，君王给我俸禄养活我。"

无忘射钩　管仲将兵遮莒道，射桓公，中带钩。后鲁桎梏管仲送于齐。齐忘其仇以为相。谓桓公曰："愿君无忘射钩，臣无忘槛车。"

【译文】管仲带领士兵挡住莒地的路，用箭射齐桓公，射中了他腰带上的钩子。后来鲁国给管仲戴上枷锁押送到齐国。齐桓公没有追究以前的仇隙，还任用他做了宰相。管仲对齐桓公说："愿您不要忘记射钩那件事，我也不会忘记被装在囚车中的事。"

前席　贾谊为长沙王傅，文帝征之至。入见，上问鬼神之事，谊具道所以然。至夜半，文帝前席听之。

【译文】贾谊做长沙王的太傅时，汉文帝征召他来到京城。进入皇宫见到文帝，文帝问他鬼神之类的事情，贾谊把其中的缘由都说得很清楚。到了半夜，文帝把座席往前拉来听他说话。

温树 孔光领尚书事，典枢机十余年，守法度，修政事，不苟合。或问：“温室省中树皆何木也？”光答以他语。其谨密如此。

【译文】孔光担任尚书时，掌管机要部门十几年，一直遵守法度，勤修政事，从不附和别人。有人问他：“皇上和臣子议事的温室殿里都种了些什么树？”孔光顾左右而言他。他的谨慎和缜密就像这样。

下车过阙 卫灵公与夫人南子夜坐，闻车声辚辚，至阙而止，过阙复有声。公问为谁，夫人曰：“此必蘧伯玉也。妾闻礼下公门，式路马。伯玉，贤大夫也，敬于事上，必不以暗昧废礼。”视之果然。

【译文】卫灵公和夫人南子夜里闲坐，听到辚辚的车轮滚动声，到宫门口就戛然而止，过了宫门车声才再次传来。卫灵公问乘坐马车的人是谁，夫人说：“这肯定是蘧伯玉。我听说根据礼制，不管什么时候经过宫门都要下车，缓步而行。蘧伯玉是贤良的大臣，恭敬地侍奉君主，必然不会因为夜里昏暗而废弛礼法。”卫灵公派人前去查看，果然是蘧伯玉。

枯桑八百 诸葛亮谓后主曰：“成都有枯桑八百株，薄田十五顷，子孙衣食自足。臣决不长尺寸，使库有余帛，廪有余粟，以负陛下。”

【译文】诸葛亮对蜀后主说：“成都有老桑树八百棵，贫瘠的田地十五顷，子孙们的衣食可以自给自足。我绝对不会多用官家的东西，使仓库里有剩下的布帛，粮仓里有多余的粟米，以辜负陛下的厚望。”

醴酒不设 楚元王敬礼穆生，每食必设醴酒。一日不设，穆生曰：“醴酒不设，王意怠矣。”遂去。

【译文】楚元王尊敬穆生并且以礼相待，每次吃饭都要给他准备甘甜的美酒。有一天吃饭时没有准备，穆生说：“没有准备美酒，看来楚王已经轻慢我了。”于是就离开了。

一动天文 李泌谓肃宗曰：“臣绝粒无家，禄位与茅土皆非所欲，为陛下运筹帷幄，收复京城，但枕天子膝睡一觉，使有司奏客星犯帝座，一动天文足矣。”

【译文】李泌对肃宗说：“我已经到了不用吃饭、没有家的境界，俸禄、官位和列土封疆都不是我想要的，愿意为您运筹帷幄，收复京城，只需要枕着天子的膝盖睡一晚上，让管理天象的官员奏报有客星侵犯帝座，让天象稍微动一下就足够了。”

封留　张良，其先五世相韩。秦灭韩，良即弃家，求刺客报韩仇，不果。乃佐高帝灭秦。定天下，大封功臣，令良自择万户。良曰：“臣初从帝于留，封留足矣。”寻弃人间事，从赤松子辟谷。吕后强食之，曰：“人生一世间，如白驹过隙，何至自苦如此！”

【译文】张良的五世先祖都在韩国当宰相。秦国灭亡韩国后，张良就离开了自己的家乡，寻找刺客为韩国报仇，没有成功。于是辅佐汉高祖灭亡秦朝。高祖统一天下后，大封功臣，张良自己选择万户之邑。他说：“我刚开始跟着陛下是在留地，把留地封赏给我就足够了。”不久之后就不再过问政事，跟着赤松子学习辟谷。吕后强迫他吃饭，并说：“人生一世，如白驹过隙，何必要这样自寻痛苦呢！”

御手调羹　唐玄宗召李白至见金銮殿，论当世事，奏颂一篇。帝赐食，亲手为调羹。

【译文】唐玄宗召李白到金銮殿觐见，和他讨论时事，李白为他颂诗一篇。玄宗赐李白食物，亲手为他调汤。

御手烧梨　唐肃宗常夜召颍王等二弟，同于地炉罽毯上坐。时李泌绝粒，上自烧二梨，手擘之以赐泌。颍王恃恩固求，上不与曰：“汝饱食肉，先生绝粒，何乃争耶？”

【译文】唐肃宗曾经在夜里把颍王等两个弟弟召进皇宫，和他们一起坐在火炉边的毡毯上。当时李泌正在修炼辟谷道法，肃宗亲手烤了两个梨，用手掰开后赐给他。颍王自恃恩宠也想要梨，肃宗没有给他并且说：“你吃肉已经吃饱了，先生却粒米未进，何必要和他争呢？”

盐酒同味　崔浩论事，语至中夜，太宗大悦，赐浩缥醪酒十斛，水晶戎盐一两，曰：“朕味卿言，若此盐酒，故与卿同此味也。”

【译文】唐太宗与崔浩讨论政事，一直说到半夜，太宗龙颜大悦，赐给崔浩缥醪酒十斛、水晶戎盐一两，并说：“朕品味爱卿的话，就像这盐和酒一样，所以想要和爱卿共同品尝这种味道。”

学士归院　唐令狐绹在翰林日，夜入对禁中。宣宗命以乘舆金莲烛送还院，院吏望见，以为天子来，俄传呼云："学士归院。"

【译文】唐朝令狐绹在翰林院当值，夜里进入皇宫回答皇帝的问话。宣宗让他坐着自己的轿子用金莲烛照明送他回去，翰林院的官员远远看见，还以为是皇帝来了，片刻后就听到传呼的人喊："学士归院。"

撤金莲炬 苏轼任翰林，宣仁高太后召见便殿曰："先帝每见卿奏疏，必曰：'奇才，奇才！'"因命坐赐茶，撤金莲宝炬送院。

【译文】苏轼担任翰林时，宣仁高太后把他召到偏殿说："先帝每次看到爱卿的奏疏，必然会说：'奇才，奇才！'"于是让苏轼坐下喝茶，临走时还撤下殿里的金莲宝炬送他回翰林院。

登七宝座 唐玄宗于勤政殿，以七宝装成大座，召诸学士讲论古今，胜者升座。张九龄论辩风生，首登此座。

【译文】唐玄宗在勤政殿，用七种宝物黄金、白银、琉璃、颇梨、美玉、赤珠、琥珀装饰了一个巨大的宝座，召集学士们谈古论今，获胜的人就可以坐上宝座。张九龄的论辩生动而又风趣，第一个登上宝座。

昼寝加袍 韦绶在翰林，德宗常至其院，韦妃从幸。会绶方寝，学士郑絪欲驰告之，帝不许。时适大寒，帝以妃蜀锦袍，覆之而去。

【译文】韦绶在翰林院任职时，唐德宗经常去院里，韦妃跟着他一起去。当时正好韦绶刚刚睡下，郑学士想要跑去告诉他，却被德宗阻止了。那天正好是大寒，德宗把韦妃的蜀锦袍子给韦绶盖上之后便走了。

金箸表直 唐开元时，宋璟为相，朝野归心。时侍御宴，帝以所用金箸赐之，曰："非赐汝箸，以表卿直也。"

【译文】唐朝开元年间，宋璟担任宰相，朝廷内外都很安心。有一次他陪侍皇帝一起吃饭，玄宗把自己使用的金筷子赐给他说："这不是单纯地赐给爱卿筷子，而是用来表彰你的正直。"

药石报之 唐太宗时，中书高季辅上封事，特赐钟乳一剂，曰："卿进药石之言，故以药石报之。"

【译文】唐太宗时，中书令高季辅助太宗封印奏章，太宗特意赏赐给他一剂钟乳说："爱卿经常用像良药一样的忠言进谏，所以我也用药来报答你。"

世执贞节 于忠迁散骑常侍，尝因侍宴，宣武赐之剑杖，举酒属忠曰："卿世执贞节，故恒以禁卫相委。昔以卿行忠，赐名曰忠。今以卿才堪御侮，以所御剑杖相锡。"

【译文】于忠升迁为散骑常侍，有一次在陪侍皇帝吃饭时，魏宣武帝赐给他宝剑和节杖，举起酒杯嘱咐于忠说："爱卿世代忠良，所以我一直把管理禁卫的要职交给你。曾经因为爱卿行事忠诚，所以给你赐名为'忠'。现在因为爱卿的才能足以抵御外辱，所以把我平时使用的宝剑和节杖赏赐给你。"

一门孝友 崔郸缌麻同爨，兄弟六人，至三品。邠、郸、郾凡为礼部五、吏部再，唐兴无有也。居光德里。宣宗曰："郸一门孝友，可为士族法。"因题曰"德星堂"，里为"德星里"，以旌之。

【译文】崔郸几代人都住在一起，一共有兄弟六人，都官至三品。崔邠、崔郸、崔郾一共出任礼部尚书五次，吏部尚书两次，这在唐朝建立后是从来没有过的。一家人居住在光德里。唐宣宗说："崔郸一家人孝顺友爱，可以作为士族们效仿的榜样。"于是为他们家题字"德星堂"，又为光德里题字"德星里"，用来表彰他们。

亲手和药 曹彬疾革，真宗亲问，手为和药，仍赐白金万两。问以后事，答曰："臣无事可言。臣二子璨与玮，材器可取。臣若内举，皆堪为将。"真宗问以优劣，答曰："璨不如玮。"

【译文】曹彬病情危急，宋真宗亲自前去慰问，亲手为他和药，还赏赐给他白银万两。问他身后之事怎么安排，曹彬回答："我没有什么事可以交代的。只是我的两个儿子曹璨与曹玮，才能和见识还算可取。我如果可以推荐亲人的话，他们都可以担任将领。"真宗又问这两个人的优劣，曹彬回答："曹璨不如曹玮。"

相门有相 王训年十六，召见文德殿，应对爽彻。梁武帝目送之，曰："可谓相门有相。"

【译文】王训十六岁那年，皇帝在文德殿召见他问话，他的应答十分爽利透彻。梁武帝目送他说："这可以算得上宰相家里又有宰相了。"

有古人风 刘查为东宫舍人，昭明太子以瓠食器赐之，曰："卿有古人风，故遗卿古人之器。"

【译文】刘查在担任东宫舍人时，昭明太子将瓠子做成的餐具赏赐他，并说："爱卿有古人之风，所以送给爱卿古人之器。"

赐灵寿杖 孔光字子夏，经学尤明，举方正，为谏议大夫。兄弟妻子燕语不及朝省政事。赐灵寿杖，归老于第。

【译文】孔光字子夏，十分精通经学，被举荐为方正，担任谏议大夫。和兄弟及妻子谈话的时候，他对朝廷和地方的政事只字不提。后来被朝廷赏赐灵寿杖，告老还乡。

剪须和药 李勣既忠力，帝谓可托大事。尝暴病疾，医曰："用须灰可治。"帝乃自剪须以和药。及愈，入谢，顿首流血。帝曰："吾为社稷计，何谢为？"

【译文】李勣忠心且得力，唐太宗认为可以托付给他大事。李勣曾经突然得了很严重的病，医生说："用胡须烧成的灰可以治疗。"太宗于是剪下自己的胡须用来调制药物。李勣等痊愈之后，入宫谢恩，头都磕得流血了。太宗说："我为江山社稷考虑，你又何必谢我呢？"

赐胡瓶 李大亮为金州司马，有台史见名鹰，讽大亮献之。大亮密表曰："陛下绝畋猎久矣，使者犹求鹰，信陛下意邪？乃乖昔旨。如其擅求，是使非其才。"太宗报书曰："有臣如此，朕何忧？古人以一言之重订千金，今赐胡瓶一，虽亡千镒，乃朕所自御。"又赐荀悦《汉纪》曰："悦议论深博，极为政之体。公宜绎味之。"

【译文】李大亮做金州司马时，一位朝廷派来的使者看到了一只名鹰，就唆使他献给皇帝。李大亮秘密奏报说："陛下已经禁止打猎很久了，使者仍然让我献鹰，这真是陛下的旨意吗？如果真是这样，那岂不是和以前的旨意违背了。如果是使者擅自讨要，这位使者就很不称职。"太宗回信说："有这样的臣子，我还有什么可担忧的呢？古人因为一言之重而报以千金，现在我赏赐给你一个胡瓶，虽然没有千镒之贵重，却是我自己使用的。"又赏赐给他荀悦所作的《汉纪》说："荀悦的议论精深广博，极得为政的根本。你应该认真寻味体会。"

赐二铭 马燧，帝赐《宸扆》《台衡》二铭，以言君臣相成之美，勒石起义堂，帝榜其颜以宠之。

【译文】马燧被唐德宗赏赐《宸扆》《台衡》两篇铭文，用来表示君臣相互成全的美德，并在起义堂立起石碑刻在上面，德宗亲自在匾额上题字以示恩宠。

诗夺锦袍　宋之问与杨炯分直习艺馆。武后游洛南龙门，诏从臣赋诗。左史东方虬诗先成，后赐锦袍。之问俄顷献，后览之嗟赏，更夺袍以赐之。

【译文】宋之问与杨炯分别在习艺馆当值。武则天游览洛南的龙门时，诏命随行的官员赋诗。左史东方虬先作成诗，武则天赏赐他锦袍。宋之问片刻之后也进献诗作，武则天看完后大为叹赏，于是夺去锦袍赏赐给他。

赐玉堂字　淳化中，翰林苏易简献《续翰志》二卷，太宗赐御诗二章，又飞白书“玉堂之署”四字赐之。

【译文】淳化年间，翰林苏易简进献《续翰志》两卷，宋太宗赐给他御诗两首，又用飞白法写了“玉堂之署”四个字赏赐给他。

赐金龙扇　宋张咏为御史中丞，时真宗令进所著述，帝称善，取所执销金龙扇赐之，曰：“美卿今日献文事。”

【译文】宋朝张咏任御史中丞，当时宋真宗命令他进献著作，看完后连连称善，于是取来自己平时手执的销金龙扇赏赐给他，说：“这把扇子用来赞赏爱卿今天献文之事。”

赐酴醾酒　唐李吉甫盛赞天子。李绛曰：“今日西戎内讧，烽燧相接，正陛下求治之时，何得仅以赞颂为言？”帝入谓左右曰：“绛言骨鲠，真宰相也。”遣使赐酴醾酒。

【译文】唐朝李吉甫极力称赞皇帝。李绛说：“现在西戎发生了内讧，烽火遍地，正是陛下励精图治的时候，怎么能够仅用赞颂的话进言呢？”宪宗回宫之后对左右的人说：“李绛说话刚强正直，这才是真正的宰相。”于是派遣使者赐给李绛酴醾酒。

用读书人　宋太祖建元，命毋袭旧号，遂命“乾德”。一日，宫中见古镜有“乾德”字，怪问臣下，俱不能知。独窦仪对曰：“昔蜀王有此年号，此必蜀中宫女带来者。”问之果然。上叹曰：“宰相须用读书人。”

【译文】宋太祖开国建立年号，下令不要沿用使用过的年号，于是命名为

“乾德”。有一天，他在宫中看到一面古镜上有“乾德”两个字，奇怪地问臣下这是什么意思，官员们全都不知道。只有窦仪回答：“昔日蜀王曾经使用过这个年号，这必然是蜀国的宫女带来的。”一问之下果然如此。太祖叹息着说：“宰相还是要用读书人来担任啊。”

朕之裴度 宋庆历中，贝州兵乱，师久无功。参知政事文彦博请行，凯旋，上劳之曰：“卿，朕之裴度也。”

【译文】宋朝庆历年间，贝州发生叛乱，军队用了很久都无法镇压。参知政事文彦博请求带兵出战并胜利而归，仁宗慰劳他说：“爱卿真是朕的裴度啊。”

禁中颇牧 唐毕诚为翰林学士，羌人扰河西，宣宗召访边事，诚论破羌状甚悉。上曰：“颇、牧近在禁中。”

【译文】唐代的毕诚担任翰林学士时，羌人进犯河西地区，宋宣宗召他询问边境军事，毕诚详细论述了如何打败羌人。宣宗说：“廉颇和李牧原来近在宫中。”

朕之汲黯 宋田锡，天性骨鲠，奏经史中治体之要三十篇。真宗手诏褒奖，每见锡，色必矜庄。帝自谓曰：“田锡是朕之汲黯。”

【译文】宋代的田锡天性刚直，进奏经史中关于治国的要旨三十篇。宋真宗亲手写诏书进行褒奖，每次看见田锡时，真宗的脸色都保持严肃庄敬。真宗自言自语：“田锡真是我的汲黯啊。”

巾车之恩 冯异朝京师，光武诏曰：“仓卒芜蒌亭豆粥，滹沱河麦饭，厚恩久不报。”异曰：“臣欲国家无忘河北之难，臣不敢忘巾车之恩。”

【译文】冯异到京城朝见，光武帝下诏说：“当年仓皇时你在芜蒌亭送过豆粥，滹沱河送过麦饭，这样的厚恩这么久了都没有报答。”冯异说：“我想让国家不要忘记在河北经历的劫难，我也不敢忘记在巾车乡时皇上对我的恩德。”

尚书履声 汉郑崇为尚书仆射，数谏，上纳用之。每闻其革履声，曰：“我识郑尚书履声。”

【译文】汉朝郑崇担任尚书仆射时，多次进谏，都被哀帝采纳。每次听到他的脚步声，哀帝都会说：“我能听出郑尚书的脚步声。”

软脚酒　唐郭子仪自同州归，代宗诏大臣就宅作软脚局，人出钱三千。

【译文】唐朝郭子仪从同州回来后，代宗下诏命令大臣在他的宅邸举办接风洗尘的宴会，每个人出三千钱。

佐朕致太平　王旦，祐次子，器识远大，真宗尝目送之曰：“佐朕致太平者，必斯人也。”

【译文】王旦，王祐次子，器量和见识都很远大，宋真宗曾经目送他说：“辅佐朕使天下太平的，必然是这个人。”

儒与吏不及　明王兴宗初为皂隶，洪武特命为金华知县。李丞相言：“隶也，奈何为令？”上曰：“兴宗勤而不贪，又善处事，儒与吏不及也，何有于县？”后苏乏守，上曰：“莫如兴宗。”用之，有善政。

【译文】明朝王兴宗起初担任衙门里的差役，洪武帝特别任命他为金华知县。李丞相说：“王兴宗只是个差役，怎么能够让他担任县令呢？”明太祖说：“王兴宗为官勤于政事，从不贪污受贿，又特别擅长处理事情，儒生和官吏都比不上他，为什么不能做县令呢？”后来苏州缺个太守，太祖说：“不如让王兴宗去吧。”任用他后，果然政治清明。

风度得如否　唐玄宗每访士，必曰：“风度得如九龄否？”

【译文】唐玄宗每次寻访贤士，必然会问：“风度比得上张九龄吗？”

文武魁天下　宋薛奕，兴化人，中武举第一。时同郡徐铎亦冠文科，神宗赐以诗，有“一方文武魁天下，万里英雄入彀中”之句。后于国变死难。

【译文】宋朝薛奕是兴化人，考中了武举第一。当时同郡徐铎在科举的文科中也考中状元，宋神宗赐诗给他们，诗里有“一方文武魁天下，万里英雄入彀中”的句子。后来薛奕在与西夏的永乐城之战中死于国难。

奖谕赐食　明王来巡按苏松，奉敕同侍郎周忱考察官吏，制词有“请上裁”语，来曰：“贪官污吏当去，宜即去之。奏请迟留，民益受弊矣。”三杨览奏曰：“王来明达治体。”遂易与之。由是贪暴望风引去。有巨珰陈武，奉太后懿旨，散经江南，要索百端，人人畏之。来收其榜，谓与诏书不合，拟劾之。珰哀祈得免。及还，诉于上。上问顾佐曰：“苏州巡按为谁？”佐曰：

“王来。”上曰：“记之。”及代还，佐引以奏，上加奖谕，赐食光禄。

【译文】明朝王来担任苏州和松江地区的巡察御史，奉敕令和侍郎周忱考察当地官吏，敕令中有“请上裁”的话，王来回奏说：“贪官污吏如果需要革职，应该马上革去。如果奏报朝廷难免延迟，百姓更加要受到荼毒。”杨士奇、杨荣、杨溥看完奏报后说：“王来真是精通治国之道啊。”于是就换了新的敕令给他。于是贪官污吏们都望风而逃。有一个叫陈武的职位很高的宦官，奉了太后的懿旨，在江南散经，巧立名目百般勒索，人们都很怕他。王来收走了他的懿旨，说和诏书不合，准备弹劾他。陈武苦苦哀求之后才得以免除。等回到京城，陈武把这件事告诉了宣宗。宣宗问顾佐：“苏州巡按是谁？”顾佐回答：“王来。”宣宗说：“记下来。”等到有人接任回到京城后，顾佐带着他奏报皇帝，宣宗对他大加赞誉，并在光禄寺为他赐宴。

赐金奉祀 汉朱邑官至大司农，卒。天子惜之，曰：“朱邑退食自公，无疆外之交，可谓淑人君子。”赐其子黄金百斤奉祀。

【译文】汉朝朱邑官至大司农，去世后汉宣帝觉得非常可惜，说道：“朱邑清正廉洁，没有公务之外的交往，真是个正人君子。”于是赏赐给朱邑儿子黄金百斤用来供奉祭祀他。

有唐忠孝 韩思复儿时，母为语父亡状，呜咽欲死。举茂才高第，家益贫，杜瑾以百绫飨思复，方并日食，而百绫完封不发。累迁襄州刺史，治行名天下。及卒，上手题其碑，曰“有唐忠孝韩长山之墓”。

【译文】韩思复小时候，母亲为他讲述父亲死亡时的情形，他悲伤哽咽，伤心欲绝。后来他在科举中高中，家里却更加贫穷，杜瑾用一百匹绫接济他，他却两天只吃一顿饭，那一百匹绫原封不动。后来他几次升官，担任襄州刺史，政绩名扬天下。等到去世后，皇帝亲手为他题写墓碑，写了“有唐忠孝韩长山之墓”几个字。

骨格必寿 明宋讷，仕至祭酒，严立学规。学录金文徵之嗾冢宰余炕移文，以老致仕。及陛辞，上讯知其故，诛炕及文徵，讷居职如故。上恒谓讷骨格必寿，命画工绘其像。年八十余，终于官。上自制文祭之。后每思讷，举为教国子者法。命仍官其子复祖为司业。

【译文】明朝宋讷，官至祭酒，制定了严格的学规。学录金文徵唆使吏部尚书余炕发移文，让他告老还乡。宋讷到朱元璋那里告辞，朱元璋通过询问知道其中的缘故，于是诛杀余炕和金文徵，恢复宋讷官职。朱元璋一直认为以宋讷的骨相必然长寿，命令画工给他画像。宋讷八十多岁时，在任上去世。朱元璋亲自写祭文来祭奠他。后来他每次想到宋讷，都列举他作为国子监先生的榜样，并下令让他的儿子宋复祖担任司业。

不避艰险　昭烈与关羽、张飞，寝则同床，恩若兄弟；而稠人广座，侍立终日，随备周旋，不避艰险。

【译文】汉昭烈帝刘备与关羽、张飞睡在一张床上，亲如手足；但在人多的时候，关羽和张飞则终日侍立在刘备的身后，跟随刘备交际应酬，不畏艰险。

遂从不去　张良聚少年百人，道遇沛公。良数以《太公兵法》说沛公，沛公善之，尝用其策。良为他人言，皆不省。良曰："沛公殆天授。"故遂从不去。

【译文】张良聚集了一百多个少年，在路上遇到刘邦。张良多次用《太公兵法》来游说刘邦，刘邦认为他说得很对，经常使用他的计策。张良对其他人说同样的话，他们都不懂。张良说："沛公大概是上天授命的。"因此跟随刘邦不再离去。

鱼之有水　刘备见诸葛亮于隆中，凡三往而始得，情好日密，关羽、张飞不悦。备解之曰："孤之有孔明，犹鱼之有水也。"

【译文】刘备到隆中见诸葛亮，一共去了三次才见到他，两个人的关系日渐亲密，却引起关羽和张飞的不悦。刘备对他们解释道："我有了孔明，就像鱼有了水一样。"

安刘者必勃　汉高祖疾甚，吕后问曰："陛下百岁后，萧相国即死，令谁可代之？"曰："曹参可。"问其次，曰："王陵可。然陵少戆，陈平可以助之。平智有余，然难以独任。周勃重厚少文，然安刘氏者必勃也，可令为太尉。"

【译文】汉高祖病危，吕后问他："陛下去世之后，萧何不久也会去世，谁可以代替他担任宰相呢？"刘邦说："曹参可以。"吕后又问曹参之后还有谁，刘邦说："王陵可以。然而王陵有些迂腐刚直，陈平可以辅助他。陈平虽然才智过人，却无法单独当此大任。周勃深沉厚重，却缺少文采，然而能够安定刘氏天下的必然是周勃，可以让他做太尉。”

赐周公图 汉武帝以子弗陵年稚，察群臣，唯奉车都尉霍光忠厚，可任大事。乃使黄门画周公负成王朝诸侯以赐光。上病笃，霍光涕泣问曰：“如有不讳，谁当嗣者？”上曰：“君未谕前画意耶？立少子，君行周公之事。”

【译文】汉武帝因为自己的儿子刘弗陵年幼，便观察群臣，发现只有奉车都尉霍光忠厚，可以托付大事。于是让画师画周公辅佐周成王接受诸侯朝拜的图赐给霍光。汉武帝病重时，霍光哭着问他：“陛下如有不测，谁可以继任？”武帝说：“你还不明白先前面赐你那张画的含义吗？立少子为帝，你应该像周公那样辅佐他。”

去襜帷 汉刺史郭贺，官有殊政，明帝赐以三公之服黼黻冕旒，敕行部去襜帷，使百姓见其容服，以章有德。

【译文】汉朝刺史郭贺，做官时政绩突出，汉明帝赐他三公穿的华丽朝服和礼冠，敕令巡游时撤去车四周的帷帐，让百姓能够看到他的华服，用来表彰他的功德。

一见如旧友 苻坚自立为秦天王，尚书吕婆楼荐王猛于坚。坚召猛，一见如旧友，语及时事，大悦，自谓如刘玄德之遇孔明也。

【译文】苻坚自立为秦天王，尚书吕婆楼举荐王猛给苻坚。苻坚召来王猛，对他一见如故，谈论起时事，苻坚大为高兴，自称就像刘备遇到诸葛亮一样。

父子

弄璋弄瓦 《诗经》：吉梦维何？维熊维罴，男子之祥；维虺维蛇，女子之祥。乃生男子，载衣之裳，载弄之璋；乃生女子，载衣之裼，载弄之瓦。

【译文】《诗经》记载：吉祥的梦是什么？如果是熊和罴，那就是生男孩的征兆；如果是虺和蛇，那就是生女孩的征兆。如果生下公子，那就让他穿上华丽的衣裳，拿精美的玉圭给他玩；如果生下千金，那就给她穿上小小的襁褓，拿纺线锤给她玩。

诞日弥月　《诗经》：载生载育，时维后稷，诞弥厥月。

【译文】《诗经》记载：孩子一朝生下就要辛勤养育，这个孩子就是周先祖后稷，怀胎十月期满而生。

岳降　《诗经》：崧高维岳，峻极于天。维岳降神，生甫及申。

【译文】《诗经》记载：巍峨的山峰以“四岳”为首，高峻可以直达九天。高大的“四岳”降下神灵，诞生甫侯与申伯。

悬弧设帨　男子生，桑弧蓬矢，以射天地四方，欲其长而有事于四方也。《礼记》：男子生，设弧于左；女子生，设帨于门右。

【译文】生下男孩后，要用桑木做弓，蓬草做箭，射向天地四方，想让他长大后有经略四方之志。《礼记》记载：男孩出生后，要在门的左边挂上弓；女孩出生后，要在门的右边挂上巾帕。

初度　《离骚》云：“皇览揆余初度兮，肇锡余以嘉名。”

【译文】：《离骚》记载：“父亲按照我刚刚降生时的情形，把美好的名字赐给我。”

添丁　唐卢仝生子，名添丁。宋贾耘老，子亦名添丁。耘老生子之妾，名双荷叶。

【译文】唐卢仝生下儿子，给他起名添丁。宋朝贾耘老的儿子也起名添丁。给耘老生下儿子的小妾，名叫双荷叶。

汤饼会　生子三朝宴客，曰汤饼会。刘禹锡送张盥诗：“尔生始悬弧，我作座上宾。引箸举汤饼，祝词生麒麟。”

【译文】生下儿子第三天宴请宾客，叫作“汤饼会”。刘禹锡在《送张盥赴举诗》里写道：“你刚刚出生家里还挂着弓箭的时候，我就是座上宾了。我用筷子夹起汤饼，口中说着‘生下麒麟儿’的贺词。”

拿周　曹彬始生周岁，父母罗百玩之具，名曰晬盘，观其所取以见志。彬左手提戈，右手取印，后果为大将封王。

【译文】曹彬出生满一周岁时，父母在他面前罗列了上百种用品，取名“晬盘”，通过看他拿取的东西观察他的志向。曹彬左手拿起戈，右手拿起一枚印章，后来果然做了大将军并且封王。

太白后身 郭祥正母梦李太白，而生祥正，有诗名。梅尧臣曰：“功父天才如此，真太白后身也。”

【译文】郭祥正的母亲梦到李白，于是生下他，郭祥正在作诗方面很有名气。梅尧臣说：“郭功父（郭祥正）这样的作诗天才，果真是太白转世啊。”

玉燕投怀 张说梦生。一玉燕飞入怀中，有孕，生说，后为宰相，封燕公。

【译文】张说是母亲做梦而生的。他的母亲梦到有一只玉燕飞到自己肚子里，于是怀孕而生下张说，张说长大后做了宰相，被封为燕国公。

九日山神 三衢陈主簿妻，梦一伟人来谒，怪问之，告曰：“吾九日山神也。”已而生子，有异征。因合“九日”二字，名旭。后避庙讳，改升之。神宗朝拜相。

【译文】三衢陈主簿的妻子，梦到一个很高大的人前来拜访，奇怪地问他来由，那人告诉他说：“我是九日山的山神。”之后她就生下了孩子，有奇异的征兆。于是把“九日”两个字合起来，给孩子取名“旭”。后来为了避皇帝父祖的名讳，改名陈升之。陈升之在宋神宗朝官拜宰相。

灵凤集身 《南史》：王昙逸母，梦灵凤集身，有孕，又闻腹中啼声。僧宝曰：“生子当如神仙宗伯。”

【译文】《南史》记载：王昙逸的母亲梦到凤凰围绕在自己身边，于是怀孕，还听到肚子里有孩子的哭声。宝志和尚说：“这个孩子出生之后肯定会像神仙界的领袖一样。”

金凤衔珠 南昌许逊，母梦金凤衔珠堕掌而生。晋初为旌阳令，得异人术，周游江湖，悉斩蛟蜃，除民害。精修山中，年一百三十六，举家飞升。

【译文】南昌许逊的母亲，梦到一只金凤凰衔着宝珠落到自己的手上，于是生下许逊。晋朝初年，许逊担任旌阳令，习得异人的道术，周游江湖，把里面的蛟与蜃悉数斩杀，为民除害。后来又在山中专心修炼，一百三十六岁那年，全家一起飞升成仙。

授五色珠 宋乐史，母梦异人授五色珠而生。史力学能文，举进士第一，立朝有声，著《太平寰宇记》。

【译文】宋朝乐史的母亲梦到有位异人送给她五色宝珠，于是生下乐史。乐史学习用功，善于写文，在科举中考中进士第一，在朝为官也很有声望，著有《太平寰宇记》。

五日生 田文以五月五日生。其父婴欲弃之，毋窃举。及长，谓婴曰："君相齐久矣，齐不加广而私家赀累巨万，门下不见一贤者。文窃怪之。"婴乃礼文，使治家，通宾客。

【译文】田文在五月五日那天出生。他的父亲田婴想要抛弃他，被母亲偷偷养大。田文长大后，对田婴说："您做了这么长时间的齐国宰相，齐国的领土没有扩大，您的家财却累积了百万之巨，门下也没有一个是贤人。我私下觉得有些奇怪。"田婴于是以礼相待，让他治理家族，与宾客交往。

梦邓禹 宋范祖禹生，母梦一丈夫被金甲，至寝所，曰："吾汉将邓禹也。"祖禹生，遂以为名。

【译文】宋朝范祖禹出生时，母亲梦到一个披着金甲的男子，来到自己的寝室对她说："我是汉朝大将邓禹。"范祖禹出生后，就用邓禹的名字为他取名。

梦枫生腹 唐张志和母，梦枫生腹上而产志和。母亡，不复仕。自号烟波钓徒。

【译文】唐朝张志和的母亲，梦到肚子上长出一棵枫树而生下张志和。母亲去世之后，张志和再也没有做过官。自称"烟波钓徒"。

电光烛身 宋宗泽母刘，梦天大雷，电光烛其身，翌日举泽。少有大志，累功拜副元帅，起兵勤王，大破金兵。

【译文】宋朝宗泽的母亲刘氏，梦到雷霆大作，闪电照到了自己的身体，第二天便生下宗泽。宗泽从小就有远大的志向，后来屡立战功官至副元帅，带兵救援皇帝，打败金军。

梦贤人至 谢灵运父不宜子，乃于杜明甫舍寄养。是夕，梦有贤人至。及晓，乃灵运也。武林山有梦儿亭。

【译文】谢灵运的父亲不适宜养儿子，于是把他寄养在杜明甫家。这天夜里，杜明甫梦到有贤人来到自己家。等天亮一看，原来是谢灵运。现在武林山上还有“梦儿亭”。

右胁生 老子姓李，名耳，字伯阳。谥聃。母怀之八十一岁，从右胁生，因号老子。

【译文】老子姓李，名耳，字伯阳。世称老聃。他母亲怀孕八十一年才从右胁生下他，所以称为“老子”。

梦虎行月中 滕元发母，梦虎行月中，堕其室，而元发生。九岁能诗。举进士，治边，威行西夏。

【译文】滕元发的母亲，梦到有老虎在月亮中行走，掉到自己居住的屋子里，于是生下滕元发。滕元发九岁就能作诗。后来考中进士，治理边疆，威震西夏。

真英物 桓温生未期，而温峤见之，曰：“此儿有奇骨。”及闻其声，曰：“真英物也。”父彝以峤所赏，故名温。豪爽有风概，累功进大司马。

【译文】桓温出生不到一岁，温峤看到后说：“这个孩子骨相非凡。”等听到他的声音后，温峤说：“真是个非凡的人物。”桓温的父亲桓彝因为温峤的赞赏，就给孩子取名桓温。桓温为人豪爽而有风度，屡立战功官至大司马。

龟息 李峤母以峤问袁天纲，答曰：“神气清秀，恐不永耳。”请伺峤卧而候其鼻息，乃贺曰：“此龟息也，必贵而寿。”

【译文】李峤的母亲问袁天纲自己的儿子怎么样，袁天纲回答：“神色清新秀丽，只是恐怕命不久矣。”他又等李峤睡着后听他的鼻息，于是祝贺道：“这是龟息，这个孩子必然富贵长寿。”

梦长庚 李白母娠时，梦长庚星现，幼名长庚，后改曰白。

【译文】李白的母亲怀孕时梦到长庚星出现，于是李白小时候名叫“长庚”，后来才改为李白。

产有异光 虞允文产之日，户外有异光，识者知其为大器。十岁赋诗，多惊人语。

【译文】虞允文出生那天，屋外有异光出现，有识气的人知道他长大后必成大器。虞允文十岁就能作诗，经常语出惊人。

将校有梦 杨价，璨子，未生时，将校有梦，神自靖州来，号蜀威将军者。暨价生，貌状如之。袭职，著边功。

【译文】杨价是杨璨的儿子，还没有出生时，杨璨手下的将校梦到有神人从靖州到来，自称“蜀威将军”。等到杨价出生后，相貌和这位神人很像。后来他继承了父亲的职位，在边疆立下很大的战功。

钟巫山之秀 扬雄之父寓巫山而生雄，论者为钟十二峰之秀。

【译文】扬雄的父亲居住在巫山时生下扬雄，有人说他的身上汇聚了钟山十二峰的灵秀之气。

皆名将相 陈省华官谏议大夫，陈抟尝谓省华曰：“君之子皆名将相也。”后省华谢政家居，三子并衣金紫扶杖。长尧叟，世称贤相；次尧佐，官太子太师；季尧咨，官节度使，善射，世称小由基。

【译文】陈省华担任谏议大夫，陈抟曾经对他说：“您的孩子都是有名的将相。”后来陈省华卸任赋闲在家，三个孩子都穿上了金紫官服，持节杖。长子陈尧叟，被世人称为贤相；次子陈尧佐，官至太子太师；三子陈尧咨，官至节度使，擅长射箭，世称“小由基”。

孕灵此子 五代王承肇母崔氏，梦山神牵五色兽逼其衣，遂生承肇。有异僧见而抚之，曰：“老僧所居周公山，佳气减半，乃孕灵此子耶？”后节制洛州，以功名著。

【译文】五代王承肇的母亲崔氏，梦到山神牵着五色神兽靠近她的衣服，于是生下王承肇。有一位异僧看到后摸着他说：“我所居住的周公山，灵气突然减少了一半，就是孕育了这个孩子吗？”后来王承肇管辖洛州，以功业闻名。

父辱子死 彭修年十五，侍父出行，为盗所劫，修拔刀向盗，曰：“父辱子死，汝不畏死耶？”盗惊曰：“童子义士，毋逼之。”遂遁去。

【译文】彭修十五岁那年，侍奉父亲出远门，路上被盗贼抢劫，彭修拔刀相向，说：“父亲受到侮辱，做儿子的就要以死相搏，你们难道不怕死吗？”

盗贼惊讶地说："这个孩子是一位义士，大家不要逼迫他。"于是转身离去。

一子不可纵 刘挚儿时，父居正课以书，朝夕不少间。或谓："君止一子，独不加恤耶？"居正曰："正以一子，不可纵也。"

【译文】刘挚小时候，父亲刘居正每天都要考查他的功课，早晚都不间断。有人对他说："你只有一个儿子，难道不应该更加宠爱吗？"刘居正说："正因为我只有一个孩子，所以才不能放纵他。"

事父犹事君 殷渊刚介多大节，从父宦游，父行事未当，必辩论侃侃。尝言事父犹事君，不以谀诺为恭。后死"闯贼"难。

【译文】殷渊为人刚强正直，能够坚持原则，跟随父亲在外做官，父亲做事不当的时候，他必然会从容不迫地与父亲争辩。他曾经说侍奉父亲要像侍奉君王一样，不能把阿谀顺从当作恭敬。后来殷渊死于李自成叛乱。

娶长妻 冯勤祖父偃，长不满七尺，自耻短陋，乃为子伉娶长妻，生勤，八尺三寸。

【译文】冯勤的祖父冯偃，身高不到七尺，对自己的矮小感到很自卑，于是为儿子冯伉娶了一个高大的妻子，生下冯勤，身高八尺三寸。

一门七业 刘殷有七子，五子各授一经，一子授太史公《史记》，一子授《汉书》，一门之内，七业俱兴。北州之学，殷门为盛。

【译文】刘殷有七个儿子，五个儿子分别传授五经中的一本，另外两个儿子一个传授《史记》，一个传授《汉书》，一家之内，七种学问都很盛行。北州的学问，属刘殷家最为兴盛。

胎教 孟子少时，问："东家杀猪何为？"母曰："啖汝！"既而悔曰："吾闻胎教，割不正不食，席不正不坐。今适有知而欺，是教之不信。"乃买猪肉啖之。

【译文】孟子小时候问母亲："东边的邻居杀猪做什么？"母亲回答："为了让你吃！"说完后就后悔了，说："我听说教养孩子，肉如果切割得不够整齐就不吃，座席摆放得不够端正就不坐。现在我明知道却欺骗他，这是教他不诚信。"于是买了肉让孟子吃。

七子孝廉 赵宣妻杜泰姬生七男，教之曰："中人性情，可上下也。昔西门豹佩韦以自宽，宓子贱佩弦以自急，汝曹念哉！”后七子皆辟孝廉，而元珪、稚珪更以令德著。

【译文】赵宣的妻子杜泰姬生了七个男孩，教育他们说：“一般人的性情，可以上也可以下。昔日西门豹佩戴牛皮腰带告诫自己应该宽容，宓子贱佩戴紧绷的弓弦告诫自己做事应该迅速一些，你们一定要记在心里。”后来七个儿子全部被举为孝廉，其中赵元珪、赵稚珪更是因为美德而闻名天下。

各守一艺　邓禹有子十三人，各守其艺，闺门雍睦。累世宠贵汉庭者，凡百余人。

【译文】邓禹有十三个儿子，每个人都守着自己的技艺，全家都很和睦团结。世代在汉朝受到恩宠而显贵的共计一百多人。

儿必贵　王珪母李氏尝曰：“儿必贵，未知所与游者何人？”适玄龄、如晦造访，母大惊曰：“二客皆公辅器，汝贵不疑矣。”

【译文】王珪的母亲李氏曾经说：“我儿必然能够显贵，不知道和你一起游学的都是什么人？”正好房玄龄、杜如晦前来拜访，母亲大惊说：“这两位宾客都是做宰相的人，看来你的显贵不用再怀疑了。”

苏瓌有子　苏颋父瓌同李峤拜相。一日，召二子进见，帝曰：“苏瓌有子，李峤无儿。”

【译文】苏颋的父亲苏瓌和李峤同时拜为宰相。有一天，皇帝召他们的儿子觐见，之后说：“苏瓌有儿子，李峤没有啊。”

是父是子　吕昭知沁州，临行，父老持金相赠。昭曰：“吾无刘宠之爱，敢为父老留一钱哉！”却不纳。子旦初第，昭诫之曰：“苟酌贪泉，死不歆祀。啮冰茹蘖，是父是子。”

【译文】吕昭要到沁州去做知州，离任前，父老乡亲们拿着钱要送给他。吕昭说：“我没有刘宠那样留一文钱作为纪念的爱好，请父老们留下这一文钱吧！”推辞不收。他的儿子刚刚考中科举，吕昭告诫他说：“如果饮贪泉之水，死后不能入吕家宗庙。只要不贪污，哪怕嚼冰咽草，我们就还是父子。”

父子四元　伦文叙弘治己未会元，三子以谅、以训、以诜皆成进士。以谅乡试第一，以训会试第一，以诜殿试第二。父子居四元，为科名盛事。

【译文】伦文叙是弘治己未年（1499年）的会试第一名，他的三个儿子伦以谅、伦以训、伦以诜也都考中了进士。伦以谅是乡试第一名，伦以训是会试第一名，伦以诜是殿试第二名。父子共有四元，算得上科举的一大盛事了。

一如其父 范仲淹知耀、邠二州，皆有善政。赵元昊叛，知永兴军时，称“小范老子胸中有数万甲兵”。子纯礼，亦知永兴，为政一如其父。

【译文】范仲淹任耀州、邠州知州时，都有良好的政令。赵元昊反叛时，范仲淹出知永兴军路，西夏人说：“小范老子胸中有数万甲兵。”他的儿子范纯礼也担任永兴知府，施政和他的父亲一样。

一褐寄父 邝埜仕副使，尝市一褐寄父。贻书问：“何处得此褐，毋以不义污我。”家教严，故埜制行最清谨。

【译文】邝埜出任副使时，曾经买了一件粗布衣服寄给父亲。父亲写信说：“你从哪里得来的这件衣服，不要用不义之财来玷污我。”邝埜家教之严可见一斑，所以他的德行十分清廉谨慎。

天上麒麟 杜诗：“徐卿二子生绝奇，感应吉梦相追随。孔子释氏亲抱送，并是天上麒麟儿。”

【译文】杜甫在诗里写道：“徐先生家的两个儿子生下来就无比奇特，他们是感应到吉祥的美梦才相继出生的。孔子和佛家亲手抱送，都是天上的麒麟儿。”

厉人生子 昔有厉人夜半举子，急持灯烛之，盖恐肖己也。

【译文】以前有个长相丑陋的人半夜生了孩子，赶紧拿蜡烛来照，应该是怕孩子长得和自己像吧。

三迁 孟子少时，居近墓，乃好为墓间之事。孟母曰：“此非所以教吾子也。”乃去。居市廛，孟子又好为贸易之事。母曰：“此非所以教吾子也。”复去。居学宫之傍，孟子乃设俎豆，揖让进退。孟母曰：“此可以教吾子矣。”遂居之。

【译文】孟子小时候，家里住在墓地附近，于是就喜欢模仿丧葬之类的事。孟子的母亲说：“这样是无法教育我孩子的。”于是离开了那里。居住到街市后，孟子又喜欢上了和买卖有关的事。他的母亲说：“这不是可以教育我孩子的事情。”再次离去。居住到学宫旁边后，孟子便设置了礼器，学习祭祀的礼仪。孟母说：“这才是可以教育我孩子的事情。”于是便定居在这里。

和熊 柳公绰妻韩氏，常命粉苦参、黄连和熊胆为丸，赐其子仲郢等夜学含之，以资勤苦。

【译文】柳公绰娶韩氏为妻，经常让她磨一些苦参、黄连和熊胆做成药丸，赐给自己的儿子柳仲郢等人在晚上学习的时候含在嘴里，用来勉励他们勤学苦读。

画荻 欧阳修四岁而孤，母郑氏教之。家贫，乏纸笔，以荻画地学字。后成大儒，官至观文殿大学士。

【译文】欧阳修四岁时父亲就去世了，由母亲郑氏亲自教导。家里很穷，没有纸和笔，就用荻草画地来学习写字。后来欧阳修终于成为一代大儒，官至观文殿大学士。

截发 陶侃孤贫，孝廉范逵尝过，仓卒无以款待。母湛氏乃截发以易酒，又撤所卧草荐，锉以喂马。逵见卢江守张夔称之。夔召侃领枞阳令。

【译文】陶侃幼年丧父，家里很穷，孝廉范逵曾经到家里拜访，仓促之间没有东西可以款待。母亲湛氏于是剪掉头发用来换酒，又把睡觉用的草席撤去，铡碎来喂马。范逵见到卢江太守张夔后对陶侃赞不绝口。张夔便召陶侃做了枞阳县令。

跨灶 灶上有釜，故子过于父，谓之跨灶。盖父与釜同音，借以相喻也。

【译文】炉灶上有釜锅，所以儿子超越父亲叫作“跨灶”。因为“父”和“釜”读音相同，所以借此做比喻。

凤毛 宋谢凤子超宗，善文词，作《殷妃诔》。帝叹赏曰：“超宗殊有凤毛。”杜诗：“欲知世掌丝纶美，池上于今有凤毛。”

【译文】南朝宋谢凤的儿子谢超宗，擅长著文作词，曾经写过《殷妃诔》。皇帝看完赞叹道：“谢超宗真有祖父谢灵运遗留的风采啊。”杜甫在诗里写道“欲知世掌丝纶美，池上于今有凤毛”，就是用的这个典故。

双珠 后汉韦康、韦诞俱有时名。孔融语其父端曰：“不意双珠近出老蚌。”

【译文】后汉的韦康、韦诞在当时都很有名望。孔融对父亲孔端说："没想到两颗珍珠都从老蚌里出来。"

豚犬 曹操见孙权，叹曰："生儿当如孙仲谋，如刘景升儿子豚犬耳！"

【译文】曹操看到孙权后叹息道："生出的儿子就要像孙权一样，如果像刘表的儿子那样，不过是些猪狗罢了！"

老牛舐犊 杨彪子修为曹操所杀。操后见彪，曰："何瘦之甚！"曰："愧无日磾先见之明，犹怀老牛舐犊之爱。"操为之改容。

【译文】杨彪的儿子杨修被曹操所杀。曹操后来见到杨彪说："你怎么瘦成这样了！"杨彪说："我惭愧自己没有金日磾那样的先见之明，又怀着老牛舐犊一样对儿子的爱。"曹操为之动容。

伯道无儿 邓攸字伯道，石勒之乱，挈妻子及弟子绥以逃，度不能两全，乃弃子存侄，后卒绝嗣。时人语曰："皇天无知，使伯道无儿。"

【译文】邓攸字伯道，石勒叛乱时，他带着妻儿和弟弟的儿子邓绥逃走，揣度无法保全两个孩子，于是就抛弃了自己的儿子留下侄子，最后便断绝了后嗣。当时的人说："老天无眼，让伯道这样的人连儿子都没有。"

萱堂 萱草一名宜男，妊妇佩之即生男。故称母为萱堂。《诗·伯兮》章："焉得萱草，言树之北。"

【译文】萱草又叫"宜男"，怀孕的妇人佩戴它就能生下男孩。所以称母亲为"萱堂"。《诗经·伯兮》记载："哪里能够得到萱草呢？它就种在屋子的北面。"

椿庭 《庄子》云："上古有大椿，以八千岁为春，八千岁为秋。"今人称父曰椿庭。

【译文】《庄子》记载："上古时期有一棵大椿树，以八千年作为一春，以八千年作为一秋。"现在的人称呼父亲为"椿庭"。

乔梓 乔木高而仰，父道也。梓木实而俯，子道也。故称父子曰乔梓。

【译文】乔木高大而需要仰视，代表为父之道。梓木有果实而低垂，代表为子之道。所以把父子称为"乔梓"。

楂梨　张敷小字楂，父邵小字梨。宋文帝戏之曰："楂何如梨？"敷曰："梨是百果之宗，楂何敢比！"

【译文】张敷的乳名叫楂，他的父亲张邵乳名叫梨。宋文帝开玩笑说："山楂比得上梨吗？"张敷说："梨是百果之王，山楂哪里敢和它比！"

菽水承欢　子路曰："伤哉贫也！生无以为养，死无以为礼也。"孔子曰："啜菽，饮水，尽其欢，斯之谓孝。"

【译文】子路说："人世间最悲哀的事情就是贫穷！父母生前无法赡养他们，去世后也无法为他们举办葬礼。"孔子说："就算只吃煮熟的黄豆，喝普通的水，只要能让他们快乐，这就是孝道了。"

为母杀鸡　后汉茅容，郭林宗访之，留宿。旦日，容杀鸡为馔，林宗以为己设。已而，供奉其母。林宗拜之，曰："卿贤乎哉！"因劝之学，以成其德。

【译文】后汉的茅容，郭林宗曾经到他家拜访留宿。第二天，茅容杀鸡准备食物，郭林宗以为是给自己准备的。等做好后，茅容把鸡肉端给了自己的母亲。郭林宗下拜说："你真是一位贤人！"于是劝他读书，用来成全他的德行。

自伤未遇　晋赵至年十二，与母道旁看令上任。母曰："汝后能如此不？"至曰："可尔耳。"早闻父耕叱牛声，释书而泣。师问之，曰："自伤未遇，而使老父不免勤苦。"

【译文】晋朝赵至十二岁那年，和母亲在路边看到县令上任。母亲说："你以后能像这样威风吗？"赵至说："当然可以。"后来他早上听到父亲在耕地时吆喝牛的声音，放下书本哭泣。先生问他哭泣的原因，赵至说："我感伤自己没有发迹，而让老父亲无法免除耕作的劳苦。"

风木之悲　春秋皋鱼宦游列国，归而亲故，泣曰："树欲静而风不息，子欲养而亲不在！"遂自刎死。

【译文】春秋时期，皋鱼在各国做官，回乡后双亲已经去世了，他哭着说："树想要停下来风却不止息，儿子想要奉养双亲他们却已经不在了。"于是自刎而死。

毛义捧檄　毛义以孝行称。府檄至，以义为安阳令。义捧檄而喜动颜色，张奉薄之。后义母亡，遂不仕。奉叹曰："往日之喜，盖为母也。"

【译文】毛义因孝行著称。官府的檄文到来，让毛义做安阳县令。毛义捧着檄文喜笑颜开，张奉有些看不起他。后来毛义的母亲去世，他便不再做官。张奉叹息说："原来他往日的欢喜，是因为自己的母亲啊。"

为母遗羹　颍考叔为封人，郑庄公赐之食。食舍肉，曰："小人有母，皆尝小人之食矣，未尝君之羹，请以遗之。"

【译文】颍考叔是封地人，郑庄公赐给他食物。颍考叔吃的时候把肉全都剩下，说："小人有母亲，小人做的食物她都吃过，还没有尝过君王的食物，请让我把这些送给她。"

倚闾而望　王孙贾事齐闵王，王出走，贾不知其处。其母曰："汝朝出而晚归，则吾倚门而望；汝暮出不归，则吾倚闾而望。汝今事王，王出走，汝不知其处，汝尚何归？"

【译文】王孙贾在齐闵王处任职，齐闵王出走，王孙贾却不知道他去了哪里。他的母亲说："你早出晚归，我靠着家门张望；你晚上出去不回来，我就靠着闾门张望。现在你在齐闵王那里任事，齐闵王出走，你却不知道他去了哪里，你还回来做什么？"

对使伏剑　王陵归汉，项羽取陵母置军中，以招陵。陵母私送使者曰："汉王长者，吾儿毋以老妾故持二心，妾以死送。"遂伏剑而死。

【译文】王陵归附汉朝，项羽便抓了他的母亲安置在军队里，用来招降王陵。王陵的母亲私下送别使者并对他说："汉王刘邦是仁厚长者，让我的儿子不要因为我的原因而有二心，我用死来为你送行。"于是拔剑自刎而死。

封还官物　陶侃少为县吏，常监鱼池，以鱼鲊遗母。母封鲊责之，曰："尔以官物遗我，反增我忧耳！"拒却之。

【译文】陶侃年少时曾经做过县吏，经常负责监管鱼池，拿着鱼干回去送给母亲。母亲封好鱼干责备他说："你拿着公家的东西送给我，反而增加了我的忧愁啊！"拒不接受。

勿以母老惧　刘安世除谏官，白母曰："朝廷使儿居言路，须以身任国，脱有祸谴，如老母何？”母曰：“谏官为天子诤臣，汝父欲为而弗得。汝幸居此，当捐身报主，勿以母老惧流放耳。”

【译文】刘安世担任谏官，对母亲说：“朝廷让儿子负责进言之路，儿子必须以身报国，如果有罪责，母亲该怎么办呢？”他的母亲说：“谏官是天子的谏诤之臣，你的父亲想要担任而不得。你有幸担任谏官，应该捐躯报主，不要因为母亲年老而害怕被流放。”

对食悲泣　陆续系洛阳，母往馈食。续对食悲泣。使者问故，曰：“母来不得见耳。”问：“何以知之？”曰：“吾母切肉未尝不方，断葱以寸为度，此必母所飧也。”使者以闻，特赦之。

【译文】陆续被关押在洛阳，母亲去给他送饭。陆续对着食物悲伤哭泣。使者问他原因，陆续说：“母亲来了我却无法见到她。”使者又问：“你怎么知道母亲来了？”陆续说：“我的母亲切肉从来没有不方正的，切葱都是用寸来作为尺度，这必定是我的母亲做的。”使者听完后，就特别赦免了他。

暴得大名　陈婴母。东阳少年杀其令，欲立婴为王。母曰：“吾自为汝家妇，未闻汝先有贵者。今暴得大名，不祥。”婴乃属汉。

【译文】暴得大名出自陈婴之母。东阳少年杀害了本地县令，想要立陈婴为王。他的母亲说：“我自从做了你们家的媳妇，从来没有听说过你们家先祖中有显贵的人。现在突然得到大名声，这是一件不祥的事。”陈婴于是归附了汉王刘邦。

人不可独杀　严延年为河南守，母从东海来，适见报囚，乃大惊，不肯入。延年叩首谢。母曰：“天道神明，人不可独杀。我不意垂老见壮子被刑戮也！”岁余，果败。

【译文】严延年做河南太守时，他的母亲从东海郡过来，正好看到判决囚犯的场景，大惊失色，不肯进入郡府。严延年跪下叩头谢罪。他的母亲说：“神明在上，人不可能只杀他人却不被人所杀。我不愿意在垂垂老矣时看到自己壮年的儿子被刑罚处死！”几年后，严延年果然事败被杀。

击堕金鱼　陈尧咨秩满归。母问有何异政，对曰：“荆南当孔道，过客以儿善射，莫不叹。”母曰：“忠孝辅国，尔父之训也。尔不能以善化民，顾专卒伍一人之技。”因击以杖，堕其金鱼。

【译文】陈尧咨任满还乡。母亲问他做官时有什么不同寻常的政令措施，他回答："荆南地区在大路旁边，过路的客人知道儿子擅长射箭，没有不叹服的。"母亲说："用忠孝来辅佐国家，这是你父亲的遗训。你不能用善政来教化百姓，只顾着练习一个士兵的技艺。"于是用拐杖打他，连身上佩戴的金鱼都打掉了。

得与李杜齐驱 汉诛党人，诏捕急。范滂白母曰："仲博孝敬，足供养，滂从龙舒君九原，存亡得所。惟大人割不忍之恩。"母曰："汝得与李杜齐驱，死亦何恨！令名寿考，可兼致乎？"

【译文】汉朝诛杀党人，诏令追捕很急迫。范滂对母亲说："弟弟仲博十分孝敬，足以供养母亲，我追随父亲龙舒君命归九泉，也算死得其所。只希望母亲能够割舍不忍分别的恩情，不要伤心。"他的母亲说："你得以和李膺、杜密并驾齐驱，死了也没有什么可遗憾的！有了好名声，还想要长寿，这两者哪里能够兼得呢？"

吾知善养 尹焞尝应举，发策有诛元祐诸臣议。焞不对而出，归告其母。母曰："吾知汝以善养，不知汝以禄养也。"

【译文】尹焞曾经参加科举考试，发下来的策论要求发表关于诛杀元祐年间大臣的议论。尹焞没有书写对策就离开了，回去后他把这件事告诉了母亲。母亲说："我知道你是用善心来赡养我，而不是用禄利赡养。"

能为滂母 苏轼生十岁，母程氏亲授以书，闻古今成败，辄能领其要。程读《范滂传》，慨然叹息。轼请曰："轼若为滂，母能许之否？"程曰："汝能为滂，我独不能为滂母耶？"

【译文】苏轼十岁那年，母亲程氏亲自教他读书，讲到古今成败的道理时，苏轼总能领略其中的要旨。程氏读《范滂传》时，喟然叹息。苏轼问道："我如果要做范滂，母亲能够答应吗？"程氏说："你能够做范滂，我难道就不能做范滂的母亲吗？"

口授古文 虞集母杨氏归虞汲。宋末兵乱，汲挈家奔岭外，无书可携读。母口授集《左传》、欧苏文。卒以文章名世，皆母训也。

【译文】虞集的母亲杨氏嫁给虞汲。宋末天下大乱，虞汲携家带口奔赴岭外，没有书可以携带阅读。虞集的母亲便口授《左传》和欧阳修、苏轼的文章。后来虞集因为文章而名扬天下，都是他母亲训导的功劳。

得父一绝 唐宋之问父名令文，富文词，且工书，有力绝人，世谓之三绝。后之问以文章显，之悌以骁勇闻，之逊精草隶，各得父一绝。

【译文】唐朝宋之问的父亲名叫宋令文，擅长文词，而且工于书法，又因为力气比别人都大，被当时的人称为“三绝”。后来宋之问因为文章而显达，宋之悌因为骁勇而闻名，宋之逊精于草书，兄弟三人各得了父亲的一门绝艺。

父子谥文 明倪谦与子同入史局，谦终南礼部尚书，子岳终南吏部尚书。父谥文僖，子谥文毅。父子谥文，世以为荣。

【译文】明朝倪谦和儿子同时进入秀士馆，倪谦最终官至南京礼部尚书，他的儿子倪岳最终官至南京吏部尚书。父亲谥号“文僖”，儿子谥号“文毅”，父子的谥号都有“文”，世人都认为这是一件很荣耀的事。

父长号 何遵幼阅范滂母事，告母曰：“儿设为滂，大人能慨然为滂母乎？”母笑而许之。后为工部主事，谏武宗南巡，荷校暴午门外，五日杖死。廷杖日，父铎在里，有乌悲鸣而前，心异之。比闻工部有以言获罪者，父长号曰：“遵其死夫！”已而果然。

【译文】何遵小时候读范滂母亲的事，对自己的母亲说：“假如我是范滂，您能够慷慨地做范滂的母亲吗？”母亲笑着答应了他。后来何遵做了工部主事，劝谏武宗南巡，被戴上枷锁在午门外示众，五天后被廷杖打死。廷杖那天，他的父亲何铎在乡里，发现有乌鸦在面前悲鸣，心里就觉得有些不对劲。等到听说工部有人因言获罪，何铎号啕大哭说：“我儿何遵死了！”后来果然如此。

以屏隔座 三国纪亮与子骘俱仕吴，亮为尚书令，骘为中书令，每朝会，以云母屏隔座，时论荣之。

【译文】三国时期的纪亮和儿子纪骘都在东吴做官，纪亮任尚书令，纪骘任中书令，每次朝会时，都要用云母做的屏风把他们的座位隔开，当时的人都认为这件事很荣耀。

教忠 周狐突，晋大夫。怀公时，突子毛及偃从重耳如秦。公执突曰：“子来则免。”对曰：“子之能仕，父教之忠，古之道也。今臣子从公子亡，若又召之，教之贰也。”卒就死。

【译文】东周时狐突担任晋国大夫。晋怀公时，狐突的儿子狐毛和狐偃跟随重耳去了秦国。晋怀公抓了狐突说：“你的儿子如果回来就放了你。”狐突回答：“儿子能够做官，父亲要教给他们尽忠，这是自古以来的道理。现在我的儿子跟随公子重耳逃亡，我如果要他们回来，那是教他们做贰臣。”于是引颈就戮。

当有五丈夫子 商瞿同年有梁鳣者，年三十，未举子，欲出其妻。瞿曰：“未也！吾齿三十八无子，吾母为吾更娶。夫子曰：‘无忧也。瞿过四十当有五丈夫子。’果然。吾恐子自晚生，且未必妻过也。”居二年，而梁有子。

【译文】与商瞿同年考中进士的有个叫梁鳣的人，三十岁还没有儿子，就想休掉自己的妻子。商瞿说：“还没到时候呢！我都三十八了还没有儿子，我的母亲也要重新给我娶妻。夫子说：‘不用担心。商瞿过了四十岁应该会有五个男孩。’后来果然如此。恐怕你也是晚年得子，而且这未必就是你妻子的过错。”过了两年，梁鳣果然有了儿子。

不如一经 韦玄成，贤之子，与萧望之诸儒辩五经同异于石渠阁。汉元帝朝拜相，守正持重不及父，而文采过之。邹、鲁谚曰：“遗子黄金满籝，不如一经。”

【译文】韦玄成是韦贤的儿子，曾经与萧望之等儒生在石渠阁辩论五经中的异同之处。汉元帝时官拜宰相，虽然恪守正道、行事谨慎不如他的父亲，文采却超过了他。邹、鲁两地就有谚语说：“留给儿子一筐子黄金，都不如交给他一本儒家经典。”

义继母 齐二子之母，宣王时有死于道者，吏执其二子，兄曰：“我杀之。”弟曰：“非兄也，我杀之。”吏以告王，王召问其母，母泣对曰：“杀其少者。”王问故，母曰：“少者妾之子。长者前妻之子，其父临终，嘱妾善视。今杀兄活弟，是以私废公也。背言忘信，是欺死也。”王高其义，皆赦之。

【译文】齐国有位母亲有两个儿子，齐宣王时有个人死在路上，官府抓了她的两个儿子，大儿子说：“人是我杀的。”小儿子说：“不是我兄长做的，人是我杀的。”官府便把这件事上报给齐宣王，宣王召来他们的母亲问话，这位母亲哭着回答道："杀了我的小儿子吧。"宣王问她缘故，这位母亲说："小儿子是我生的。大儿子是前妻生的，他的父亲临终前嘱咐我要妥善照顾。现在杀死兄长而留下弟弟，属于因私废公。背弃诺言，忘记信义，这是欺骗死去的丈夫。"齐宣王佩服她的高义，就把她的两个儿子都赦免了。

他日救时宰相　于忠肃父与如兰为方外交。忠肃弥月，如兰赴汤饼之会，摩其顶，曰："此他日救时宰相也。"

【译文】忠肃公于谦的父亲和禅师如兰是方外之交。于谦满月时，如兰来府上赴汤饼宴会，摸着他的头说："这个孩子是他日拯救时难的宰相啊。"

墨庄　宋刘式殁，惟遗书数千卷，夫人陈氏指谓诸子曰："此乃父墨庄也。"其后诸子及孙并起高第，为时名臣。

【译文】宋朝刘式去世时，只留下几千卷书籍，夫人陈氏指着这些书对儿子们说："这是你们父亲用墨水做成的庄园。"后来这几个儿子及孙子都在科举中高中，成为当时的名臣。

各授一经　宋田诹行高学博，游成均二十年，不遇，浩然归隐。子九人，各授一经，俱登第。时称义方者，必曰田氏。

【译文】宋朝田诹德行高尚，学识渊博，游学二十年，怀才不遇，于是豪迈归隐。他有九个儿子，分别教授给他们一部儒家经典，后来全都在科举中高中。当时的人称赞教育有方的人，必然会说到田氏。

箕裘　《礼记》：良冶之子，必学为裘；良弓之子，必学为箕。

【译文】《礼记》记载：优秀铁匠的儿子，必须先学会缝制皮衣；优秀射手的儿子，必须要先学会用竹条编制簸箕。

亲导母舆　唐崔邠为太常卿，亲导母舆入太常署，公卿皆避道。

【译文】唐朝崔邠担任太常卿时，曾经亲自引导着母亲的轿子进入太常署，公卿们全都给他让路。

附：各方称谓

蜀人称父曰郎罢。吴人呼父曰箸（音遮），呼祖曰阿爹，又有呼曰公爹。有呼父曰爷（音涯），有呼父曰爸（音霸）。有呼父曰爸（音播）。辽东人呼父曰阿嘛，母曰峨娘。湖南人呼母曰哎祖。有呼父曰阿叭，母曰阿宜。江淮人呼母曰社。李长吉呼母曰婺。吴人呼母曰嬨（音寐）。羌人呼母曰姐。江湖有呼母谓媞（音侍）。青、徐人呼兄曰阿荒。荒，大也。又曰兟（音选）。越人呼兄曰况。楚人呼姊曰嫛，呼妹曰媦（音位）。江淮人呼子曰崽（音宰），呼女曰婟（音悟）。又有呼子曰男，女曰媛（音婗）。越人呼子曰婧。吴人呼子曰孲（音牙）。楚人呼妻母曰姼（音氏）。东齐人呼婿曰倩。呼贱役曰倯。妇人呼夫之兄曰兄公，称夫之姊曰女伀（音中）。呼姊妹之子曰出（音翠）。自称曰姎（音盎），犹称我也。称舅母曰妗。齐人呼姊曰嫢（音稍）。

【译文】蜀地人称父亲为“郎罢”。吴地人称父亲为“箸”（音遮），称祖父为阿爹，又有称祖父为“公爹”的。有的称父亲为“爷”（音涯），有的称父亲为“爸”（音霸）。有的称父亲为“爸”（音播）。辽东人称父亲为“阿嘛”，称母亲为“峨娘”。湖南人称母亲为“哎祖”。有的称父亲为“阿叭”，称母亲为“阿宜”。江淮人称母亲为“社”。李长吉称母亲为“婺”。吴地人称母亲为“嬨”（音寐）。羌人称母亲为“姐”。江湖中有人称母亲为“媞”（音侍）。青州和徐州人称兄长为“阿荒”。荒，是大的意思。也称“兟”（音选）。越地人称兄长为“况”。楚地人称姐姐为“嫛”，称妹妹为“媦”（音位）。江淮地区的人称儿子为“崽”（音宰），称女儿为“婟”（音悟）。还有人称儿子为“男”，称女儿为“媛”（音婗）。越地人称儿子为“婧”。吴地人称儿子为“孲”（音牙）。楚地人称妻子的母亲为“姼”（音氏）。东齐人称女婿为“倩”。称家里的仆役为“倯”。妻子称自己丈夫的兄长为“兄公”，称丈夫的姐姐为“女伀”（音中）。称姐妹的儿子为“出”（音翠）。自称为“姎”（音盎），就和称“我”一样。称舅母为“妗”。齐地人称姐姐为“嫢”（音稍）。

夫妇附：妾

举案齐眉 梁鸿至吴，依皋伯通庑下，为人赁舂。妻孟光具食，举案齐眉。伯通异之，曰：“彼佣，能使其妻敬之如此，非凡人也。”以礼遇之。

【译文】梁鸿到吴国，依附在皋伯通家里，为他人舂米为生。他的妻子孟光准备好食物后，总要把食物端到和眉毛一样的高度给他。皋伯通十分惊奇地说：“他只是一个用人，却能够让妻子这样尊敬，看来不是一般人。”便以礼相待。

归遗细君 东方朔割肉怀归，武帝问之，曰：“归遗细君。”

【译文】东方朔割下肉揣进怀里往家里走，武帝问他要做什么，他说：“我要回去把肉送给夫人。”

糟糠 光武姊湖阳公主新寡，欲下嫁宋弘。帝语弘曰：“贵易交，富易妻，人情乎？”弘对曰：“贫贱之交不可忘，糟糠之妻不下堂。”帝顾主曰：“事不谐矣。”

【译文】光武帝的姐姐湖阳公主的丈夫刚刚去世，就想要嫁给宋弘。光武帝对宋弘说：“显贵之后就不和以前的朋友交往，富贵后就换掉自己的妻子，这是人之常情吗？”宋弘回答：“贫贱时的朋友不能忘记，共患难的妻子不能抛弃。”光武帝回头对湖阳公主说：“看来这件事做不成了。”

断机 乐羊子游学，未三月而归，其妻引刀断机，曰：“君子寻师，中道而归，何异断斯织乎？”羊子乃发愤卒业。

【译文】乐羊子出门游学，不到三个月就回来了，他的妻子用刀斩断正在织的布说：“你出门寻找名师，半路返回，和斩断这匹没有完成的布有什么区别？”乐羊子这才发愤完成学业。

二乔 周瑜从孙策攻皖，得乔公两女，皆有殊色。策自纳大乔，瑜纳小乔。策谓瑜曰：“乔公二女虽流离，得吾二人为婿，亦足为欢。”

【译文】周瑜跟随孙策进攻皖县，得到乔公的两个女儿，都颇有姿色。孙策自己娶了大乔，周瑜娶了小乔。孙策对周瑜说：“乔公的两个女儿虽然流离失所，但得我们两个做女婿，也是一件值得高兴的事。”

有兄之风 孙权妹，刘先主初在荆州，孙权以妹妻之。妹才捷刚猛，有诸兄之风，侍婢百余人，皆执刀侍立。先主每入，心常凛凛。

【译文】有兄之风说的是孙权的妹妹，当初刘备在荆州时，孙权把自己的妹妹嫁给他。他的妹妹才智敏捷，性情刚猛，有兄长的风范，服侍她的一百多个奴婢，都拿着刀侍立在旁。刘备每次来时，心里都会有些害怕。

妇有四德 许允妇貌丑，允曰："妇有四德，卿有几德？"妇曰："妾之所不足者色耳。士有百行，卿有几行？"允曰："皆备。"妇曰："君好德不如好色，何谓皆备？"允大惭，礼之终身。

【译文】许允的夫人相貌有些丑陋，许允说："我听说妇人有四种品德，夫人有几种？"他的夫人说："我的不足就是不够漂亮。我听说士人有一百种德行，夫君有几种呢？"许允说："我全都有。"他的夫人说："夫君好品德不如好女色，怎么算得上百行皆有呢？"许允大为惭愧，于是终身以礼相待。

执巾栉 《左传》：晋太子圉质于秦，秦妻之。将逃归，嬴氏曰："寡君使婢子执巾栉，以固子也。纵子私归，弃君命也，不敢从。"

【译文】《左传》记载：晋国的太子圉在秦国做人质，秦王把同族的女儿嫁给他做妻子。将要逃跑回国时，他的妻子嬴氏说："秦王让我拿着拭巾和梳子侍奉你，是为了让你待在秦国。如果我放你回去，那就违反了君王的命令，我不敢这样做。"

奉箕帚 单父人吕公好相人，见刘季状貌，异之，曰："仆阅人多矣，无如季相！仆有弱息女，愿为箕帚妾。"

【译文】单父县有个叫吕公的人喜欢给人相面，他看到刘季（邦）的相貌后，惊奇地说："我阅人无数，都没有能比得上你刘季的！我有个女儿，愿意把她嫁给你做个洒扫的小妾。"

吾知丧吾妻 刘庭式尝聘乡人女。及登第，女丧明，家且贫甚，乡人不敢复言。或劝改聘，庭式叹曰："心不可负！"卒娶之，生数子。死，哭之恸。苏轼时为州守，问曰："哀生于爱，爱生于色。足下爱何从生？哀何从出乎？"庭式曰："吾知丧吾妻而已。"轼深感其言。

【译文】刘庭式曾经和同乡人的女儿定下婚约。等他金榜题名后，这位女子不幸失明，家里也越发贫穷，同乡人不敢再说这件事了。有人劝他重新换个妻子，刘庭式叹息说："我不能做这样负心的事！"最终还是娶了她，生了几个儿子。妻子死后，刘庭式哭得十分伤心。苏轼当时正好担任当地的地方官，问他："哀伤生于爱意，爱意生于相貌。你的爱从哪里来？哀伤又是出自何处？"刘庭式说："我只知道我的妻子去世了而已。"苏轼听后深为感动。

画眉　张敞为京兆尹，为妇画眉。有司奏闻。上问之，对曰："夫妇之私，有过于此者。"上弗责。

【译文】张敞担任京兆尹时，经常为夫人画眉毛。这件事被其他官员告到了汉宣帝那里。宣帝问他时，张敞回答："夫妻之间的私密事，还有比这更过火的呢。"宣帝便没有责罚他。

牛衣对泣　王章家贫无被，卧牛衣中，与妻涕泣。妻怒曰："京师贵人，谁逾仲卿者，不自激昂，乃反涕泣，何鄙也！"后果之京兆。

【译文】王章的家里十分贫穷，连被子都没有，有一次他躺在用乱麻和草编织的像蓑衣一样的牛衣里，对着妻子哭泣。妻子愤怒地说："京师里的那些贵人，谁的才华赶得上你？你不知道奋发向上、振作精神，反而在这里哭泣，太没出息了！"后来王章果然做了京兆尹。

剔目　房玄龄布衣时，病且死，谓妻卢氏曰："吾病不起，卿年少，不可寡居，善事后人。"卢泣入帷中，剔一目以示信。玄龄疾愈，后入相，礼之终身。

【译文】房玄龄还没有发迹时，有一次病得快要死掉了，就对妻子卢氏说："我已经病得无法起身了，你还很年轻，不要守寡，好好服侍下一个丈夫吧。"卢氏哭着进入帷帐，剜出一颗眼珠来表示自己对丈夫的忠贞。房玄龄疾病痊愈，后来做了宰相，终生对夫人以礼相待。

织锦回文　窦滔妻苏氏，字若兰。苻坚时滔拜安南将军，镇襄阳，携宠姬赵阳台以行。苏悔恨，因织锦为回文，题诗二百余首，纵横反复皆为文章，名曰《璇玑图》，以寄滔。

【译文】窦滔的妻子苏氏，字若兰。苻坚时窦滔官拜安南将军，镇守襄阳，带着自己的宠妾赵阳台一起赴任。苏氏十分悔恨，于是在锦缎上织出回环的文字，题诗两百多首，不管纵读、横读、正读、反读都能成为诗句，命名为《璇玑图》，寄给窦滔。

不从别娶 宋黄龟年为侍御史，劾秦桧，遂夺桧职。初，邑簿李朝旌许妻以女。既登第，而朝旌已死，家甚贫，或劝其别娶，不从。

【译文】宋朝黄龟年担任侍御史，弹劾秦桧，于是被秦桧免职。起初，他乡里担任主簿的李朝旌答应把女儿嫁给他。等到黄龟年考中进士后，李朝旌已经去世，家里也十分贫穷，有人劝他娶其他女子，黄龟年没有答应。

小吏名港 汉庐江小吏焦仲卿妻，为姑所逐，自誓不嫁。其母屡逼之，遂投水死。仲卿闻之，亦自缢。今府境有小吏港，以仲卿名。

【译文】汉朝庐江小吏焦仲卿的妻子，被婆婆赶出家门，发誓再也不嫁。她的母亲屡屡逼她嫁人，她便投水自尽。焦仲卿听说后，也上吊自尽。现在庐江府境内还有一个小吏港，就是用焦仲卿的名字命名的。

相思树 韩凭妻封丘息氏，康王夺之，凭自杀。息与王登台，遂投台下死，遗书于带，愿以尸骨赐凭。王弗听，使人埋之，冢相望也。信宿，有交梓本生于二冢之旁，旬日而枝成连理，鸳鸯栖其上，交颈悲鸣。宋人哀之，号曰相思树。

【译文】韩凭妻子封丘息氏被宋康王夺走，韩凭便自杀了。后来息氏与宋康王登高台，便跳下高台自杀，腰带中藏有一封遗书，请求宋康王把自己的尸骨赐给韩凭。宋康王没有听从，派人把她埋了，她的墓与韩凭的墓遥遥相望。两夜之后，有两棵相交的梓树长在两座坟墓旁边，几天的工夫树枝和树干就交错生在了一起，还有一对鸳鸯栖息在树上，相互摩擦着颈部悲鸣。宋国人为他们感到哀伤，于是把这棵树命名为“相思树”。

知礼 季敬姜，鲁大夫公甫穆伯之妻也。子文伯相鲁，退朝，敬姜方绩，文伯曰：“以歜之家，而犹绩乎？”敬姜叹曰：“夫民，劳则思，思则善心生；逸则淫，淫则忘善，忘善则恶心生。……吾惧穆伯之绝祀也！”及文伯卒，敬姜朝哭穆伯，暮哭文伯。仲尼闻之，曰：“季氏之妇知礼矣！”

【译文】季敬姜是鲁国大夫公甫穆伯的妻子。她的儿子公甫文伯在鲁国做宰相，有一天退朝时，季敬姜正好在织布，文伯对她说：“像我公父歜这样的人家，母亲还需要织布吗？”季敬姜叹息着说：“普通百姓，只有辛劳才会思虑，思虑才会生出善心；安逸就会放纵，放纵就会失去善心而生出为恶的心。……我是怕你父亲绝后啊！”等公甫文伯去世后，季敬姜早上哭穆伯，晚上哭文伯。孔子听到这件事后评价说："季敬姜真是个知书达理的妇人啊！"

作诔　柳下惠卒，门人欲诔之。妻曰："将诔夫子之德耶？则二三子不如妾知之也。"乃作诔。

【译文】柳下惠去世后，他的门人想要写一篇列举他生平德行用来哀悼的文章。柳下惠的妻子说："你们想要列举夫子生前的德行吗？那你们没有我知道的多。"于是自己写了悼文。

谥康　黔娄先生卒，曾西往吊，见其尸覆布被，手足不尽敛。曾西曰："邪引其被则敛矣。"妻曰："邪而有余，不若正而不足。死而邪之，非先生意也。"曾西曰："何以为谥？"妻曰："先生不戚戚于贫贱，不汲汲于富贵，其谥曰康，可乎？"曾西叹曰："惟斯人也，而有斯妇。"

【译文】黔娄先生去世后，曾西前往吊唁，看到他的尸体上盖着被子，连手和脚都遮不住。曾西说："把被子斜着盖就可以全部盖住了。"黔娄先生的妻子说："斜盖有余，不如正盖不足。死去之后就歪斜着盖，这不是先生的意愿。"曾西说："准备用什么字来作为他的谥号？"先生的妻子说："先生一生不为贫贱而忧虑悲伤，不为富贵而匆忙追求，我想用'康'来给他做谥号，可以吗？"曾西感叹地说："只有先生这样的人，才会有您这样的妻子啊。"

预结贤士　晋大夫伯宗好以直辩凌人，人恶之。妻曰："危可立待也！何不预结贤士，以州犁托焉？"伯宗乃得毕羊而交之。未几，伯宗以谮死。毕羊送州犁于荆，幸免。

【译文】晋国的大夫伯宗喜欢用自己的直言善辩来凌辱别人，人们都很讨厌他。他的妻子说："危难恐怕马上就会到来！你为什么不提前结交贤士，把儿子州犁托付给他呢？"伯宗于是和毕羊开始交往。没过多久，伯宗就被谗言诬陷而死。毕羊把州犁送到楚国才得以幸免。

柏舟　共姜，卫世子共伯妻。共伯蚤折，父母欲夺而嫁之，以死自誓，作《柏舟》诗。

【译文】共姜是卫国世子共伯的妻子。共伯早逝，她的父母想要让她重新嫁人，共姜誓死不从，还作了一首《柏舟》诗。

共隐终身　王霸少与令狐子伯善，后子伯相楚。其子为郡功曹，尝诣霸。

霸子耕于野，投耒见客，颜色惭阻。客去，霸卧不起。妻问故，霸曰："彼子容服都，儿曹有惭色。父子恩深，不觉自失耳。"妻曰："子伯之贵孰与君之高？奈何忘夙志而惭儿女子乎？"霸起而笑曰："有是哉！"遂共隐，终其身。

【译文】王霸少年时和令狐子伯交好，后来令狐子伯去楚国做了宰相。子伯的儿子在郡里担任功曹，有一次拜访王霸。这时王霸的儿子正在田间耕作，便放下农具来见客人，脸色慢慢变得有些沮丧。客人离开后，王霸便卧床不起。他的妻子问起缘故，王霸说："人家的儿子穿着华服，我的儿子却面色羞愧。父子之间感情深厚，我不免就有些失落。"他的妻子说："子伯的尊贵哪里比得上你的高洁呢？为什么要忘记自己往日的志向，反而为子女的事情感到惭愧呢？"王霸起床笑着说："就是这样！"于是和妻儿一起隐居，一直到去世。

女宗 鲍苏仕卫三年，而娶外妻。其妻养姑甚谨。其姒曰："子可以去矣。"答曰："妇人从一为贞，以顺为正，岂有专夫室之爱为贤哉？"事姑愈谨。宋公表其闾曰"女宗"。

【译文】鲍苏在卫国做了三年的官，娶了个小妾。他的妻子侍奉婆婆十分恭敬。弟媳对她说："你可以离开这里了。"她回答："忠贞的妇人应该从一而终，把顺从父母作为正道，哪里有把丈夫只爱自己一人作为贤惠标准的呢？"于是侍奉婆婆更加恭敬了。宋国国君为她居住的里巷门题字"女宗"来表彰她。

封发 唐贾直言坐事贬岭南。妻董氏名德贞，年甚少。诀曰："死生未期，汝可亟嫁。"贞不答，引绳束发，封以帛，使直言署曰："非君手不可解！"直言贬二十年乃还，帛如故。

【译文】唐朝的贾直言因为获罪而被贬到岭南。他的妻子董德贞当时还很年轻。贾直言与她诀别说："我此去生死未卜，你可以马上改嫁。"董德贞没有回答，却用绳子绑住头发，用帛封住，让贾直言在上面写道："不是夫君的手不能解开！"贾直言被贬官二十年才回乡，封着头发的帛依然如故。

受羊埋之 羊舌子好直，不容于晋，去三室之邑。邑人攘羊而遗之，羊舌子不受。妻叔姬曰："不如受而埋之。"羊舌子曰："何不飨肸与鲋？"姬曰："不可。南方有鸟为吉乾，食其子，不择肉，子多不义。今肸与鲋童子也，随大人而化，不可食以不义之肉。"乃盛以瓮，埋垆阴。后攘羊事败，吏发视之，羊尚存。曰："君子哉！羊舌子不与攘羊矣。"

【译文】羊舌子为人正直，不被晋国容纳，于是离开晋国来到一个很小的乡下。乡里有人偷羊送给他，羊舌子没有接受。他的妻子叔姬说："不如接受之后把它埋了。"羊舌子说："为什么不给儿子羊舌肸与羊舌鲋吃呢？"叔姬说："不可以这样做。南方有一种叫作吉干的鸟，喂养孩子的时候，对肉不加以选择，它的孩子也大多不义。现在羊舌肸与羊舌鲋年纪还小，全都是随着大人而被教化，不可以吃来源不义的肉。"羊舌子于是把肉放在瓮里，埋到土堆后面。后来偷羊的事情败露，官府派人挖出瓮，看到羊还在里面。衙役感叹地说："真是一个君子啊！羊舌子没有参与偷羊的事。"

弓工妻[1]　晋繁人之妻也。平公使繁为弓，三年乃成。公引射而不穿一札，将杀之。其妻请见，曰："妾夫造弓，劳矣！君不能射，反以杀人。妾闻射之道，左手如拒（石），右手如附（枝）；右手发之，左手不知。"公用其言，而射穿七札，立释繁人。

【译文】弓匠妻是晋国一位繁人（官名）的妻子。晋平公让繁人为自己制作弓箭，三年才做成。晋平公引弓射箭却射不穿一层木板，于是想要杀死他。弓匠的妻子请见晋平公并对他说："我的丈夫制作弓，非常辛苦！您不会射箭，反而要因为弓的原因杀人。我听说射箭之道，左手握弓应该像推开巨石一样用力，右手拉弓弦要像攀附树枝一样；右手发射之后，左手要纹丝不动。"晋平公按照她的话，一箭射穿七层木板，立刻释放了她的丈夫。

迎叔隗　晋文公与赵衰子奔狄，狄人隗氏入二女，公纳季隗，以叔隗妻衰，生盾。及反国，文公又以女赵姬妻之，生三子。赵姬请迎盾与其母，衰不敢从。姬曰："得宠忘旧，安富室而弃贱交，不可。君其迎之。"衰乃迎叔隗与盾于狄。

【译文】晋文公与赵衰逃亡到狄国，狄人隗氏进献了两个女子，晋文公娶季隗为妻，叔隗则嫁给赵衰为妻，生下赵盾。等回到晋国后，晋文公又把女儿

---

① 汉朝刘向《列女传·晋弓工妻》："弓工妻者，晋繁人之女也，当平公之时，使其夫为弓三年乃成。……妾闻射之道，左手如拒石，右手如附枝……"说法不同。文中括号内字据此增补。

赵姬嫁给赵衰作为妻子，生下三个儿子。赵姬请求把赵盾和他的母亲接回晋国，赵衰不敢听从。赵姬说："得到新宠就忘了旧人，家里富贵之后就抛弃贫贱时的交情，这样做是不对的。夫君应该去把他们接回来。"赵衰于是把叔隗和赵盾从狄国接了回来。

提瓮出汲 桓氏字少君，鲍宣就少君父学，父奇其清苦，以女妻之，装送甚盛。宣不悦。少君悉屏去侍从服饰，更布素，与宣共挽鹿车归里。拜帖，即提瓮出汲，修妇道。

【译文】桓氏的女儿名字叫少君，鲍宣曾经在少君父亲那里就学，少君父亲惊讶于他能守住清贫寒苦，就把女儿嫁给他做妻子，并且送了很多嫁妆。鲍宣却感到有些不高兴。少君让侍从全部退下，把衣服换成布衣，和鲍宣一起拉着鹿车回到了鲍宣家里。拜见了鲍宣的父母之后，就提着水瓮出去打水，恪守妇道。

御妻 晏子出，其御之妻从门间窥其夫，意气扬扬自得。既而归，妻请去，曰："晏子身相齐国，名显诸侯。观其志常有以自下者。子为人御，自以为足，妾是以求去也。"御者乃重自抑。晏子怪而问之，以实对，荐为大夫。

【译文】晏子出门时，给他驾车车夫的妻子从门缝里看到自己的丈夫有些得意扬扬。等晏子回来后，他的妻子便请求离开，并且说："晏子身为齐国宰相，名扬诸侯。但我看他却是个礼贤下士的人。你作为他的车夫，却自满自足，所以我请求离开。"车夫这才开始刻意抑制自己。晏子觉得奇怪就问他原因，车夫便以实情相告，被晏子举荐为大夫。

效少君 马融女适汝南袁隗，礼初成，隗曰："妇奉箕帚则已，何乃珍丽？"对曰："慈亲爱重，不敢违命。君若慕鲍宣之高，妻亦效少君之事。"

【译文】马融的女儿嫁给汝南的袁隗为妻，婚礼刚刚结束，袁隗就问妻子："妇人拿着簸箕和扫帚洒扫就可以了，为什么你打扮得这么珍奇美丽？"妻子回答："这是父母的喜爱和重视，不敢违命。夫君若是仰慕鲍宣的高义，我也可以效仿少君的做法。"

破镜 乐昌公主下嫔徐德言。陈亡，德言与主破镜，各分其半。后主为杨素所得，德言寄诗云："镜与人俱去，镜归人未归。"乐昌得诗，悲泣不已。素怆然，召德言还之。

【译文】乐昌公主下嫁给徐德言为妻。南朝陈灭亡后，徐德言和公主打破一面镜子，各自分到一半。后来公主被杨素得到，徐德言给她寄了一首这样的诗：“镜子和人一起前去，镜子回来了人却没有回来。”乐昌公主得到这两句诗后，悲泣不止。杨素也觉得很悲怆，于是召来徐德言把公主还给了他。

造庐而吊　杞梁死国事，丧归，齐庄公遇于途，欲吊。其妻曰：“君以吾夫之死为有罪，则不敢辱君之吊；如以为无罪，则先人有敝庐在，何吊于途？”公乃造其庐而吊焉。

【译文】杞梁因为国事而死，家人护丧而归，正好在路上碰到齐庄公，齐庄公想要为他吊唁。杞梁的妻子说：“您如果认为我丈夫之死有罪，那就不敢侮辱您为他吊唁；如果您认为他没有罪，那么家里还有先祖留下的一间破屋在，您为什么要在路上吊唁呢？”齐庄公于是到杞梁家为他吊唁。

琴心　司马相如与临邛令善。富人卓王孙闻令有贵客，为具召之。酒酣，令请相如抚琴。时卓王孙女新寡，窃听。相如以琴心挑之，文君遂夜奔，相如与之归成都。

【译文】司马相如与临邛县令交好。当时有个富豪卓王孙听说县令有贵客到来，于是设宴招待。喝到尽兴时，县令请求司马相如弹琴。当时卓王孙的女儿刚刚死了丈夫，就在一旁偷听。司马相如用琴声来传达爱意，卓文君就在夜里和他私奔了，司马相如和她一起回了成都。

白头吟　司马相如将聘茂陵女为妾，卓文君作《白头吟》以自绝，相如感之，乃止。

【译文】司马相如想要纳茂陵女子作为小妾，卓文君便作了一首《白头吟》与他诀别，司马相如十分感动，就放弃了纳妾的想法。

妒妇津　刘伯玉妻段氏悍妒，闻其夫诵《洛神赋》，投洛水死。后人名其地为妒妇津。有妇人渡此者，必湿其衣妆。

【译文】刘伯玉的妻子段氏蛮横善妒，听到自己的丈夫诵读《洛神赋》，于是投洛水自尽。后人便把那里命名为“妒妇津”。如果有女子从这里渡河，河水必然会打湿她们的衣服和妆容。

四畏堂　王文穆作“三畏堂”。夫人悍妒。杨文公戏曰：“可改作四畏堂。”公问故，曰：“兼畏夫人。”

【译文】王钦若（文穆）建造了一座“三畏堂”。他的夫人蛮横善妒。杨亿（文公）就开玩笑地对他说：“可以改成四畏堂。”王钦若问他原因，杨亿说：“再加上畏惧夫人。”

狮子吼 陈季常妻柳氏悍妒，客至，或闻诟詈声。坡公诗戏之曰：“谁似龙丘居士贤，谈空说有夜不眠。忽闻河东狮子吼，拄杖落手心茫然。”

【译文】陈季常妻柳氏蛮横善妒，有宾客来家里时，经常能够听到她叫骂的声音。苏轼就写了一首诗来开玩笑：“谁似龙丘居士贤，谈空说有夜不眠。忽闻河东狮子吼，拄杖落手心茫然。”

恐伤盛德 谢太傅刘夫人性妒，常帷诸妓作乐，太傅暂见，便下帷。太傅索更一开，夫人拒之，曰：“恐伤盛德。”

【译文】谢安的刘夫人性格善妒，经常在帷帐内和众多歌妓寻欢作乐，谢安看到后，她就放下帷幕。谢安请她打开一下，刘夫人就拒绝说：“我怕对您的盛德有所损伤。”

鸧庚止妒 梁武帝平齐，获侍儿千余，郗后愤恚成疾。左右曰：“《山海经》云，食鸧庚止妒。”后食之，妒果减半。

【译文】梁武帝平定南齐后，获得了一千多个宫女，郗皇后怨恨成疾。服侍左右的人对她说：“《山海经》记载，吃了鸧庚就可以停止妒忌。”郗皇后吃完之后，妒忌果然减少一半。

炊扊扅 百里奚为秦相，堂上作乐，有浣妇自言知音，援琴歌曰：“百里奚，五羊皮，忆别时，烹伏雌，炊扊扅，今当富贵忘我为？”寻问之，乃其妻也。

【译文】百里奚做秦国的宰相时，在大堂上演奏音乐，有一个负责洗衣服的妇人说自己懂音律，于是抚琴而歌唱道：“百里奚啊百里奚，当初用五张羊皮把你赎回，想起我们别离的时候，我煮了一只老母鸡，劈了木门闩当柴来给你做饭，如今你富贵了却忘记了我是谁？”百里奚于是问她身份，发现居然是自己的妻子。

周姥撰诗 谢太傅欲置伎妾，命兄子往劝夫人，因言《关雎》《螽斯》不妒之诗。夫人问谁为此诗，云是周公。夫人曰："周公是男子，周姥撰诗，当无是语。"

【译文】谢安想要纳一个小妾，就让兄长的儿子去劝自己的夫人，给她讲《关雎》《螽斯》这两首妇人不忌妒的诗。夫人问这两首诗是谁作的，兄长的儿子回答说是周公。夫人继续说："周公是男人才会这么写，如果让他的老婆来写诗，肯定不会有这样的诗句。"

何由得见 桓温尚南康公主，经年不入其室。一日，温与司马谢奕饮，奕以酒逼温，温逃入主所。奕遂升厅事，引一直兵共饮，曰："失一老兵，得一老兵，何怪也！"主谓温曰："君若无狂司马，我何由得见！"

【译文】桓温娶南康公主为妻，但一年多了却不进她的房间。有一天，桓温和司马谢奕下棋喝酒，谢奕逼他喝酒，桓温就逃到了公主的房间。谢奕于是来到厅堂，找了一个士兵和自己一起喝酒，并对他说："走了一位老兵，又来了一个老兵，又有什么可奇怪的呢！"公主对桓温说："夫君如果没有这位轻狂的司马，我用什么理由才能见到你呢！"

羞墓 朱买臣刈薪自给，妻求去，买臣笑曰："我年五十当富贵。"妻恚曰："如公等，终饿死沟中耳！"买臣不能留。无何，拜会稽太守，乘传入吴，见故妻从夫治道，载之后车。妻愧死，葬于嘉兴，呼为"羞墓"。方正学有诗云："青草塘边土一丘，千年埋骨不埋羞。丁宁嘱咐人间妇，自古糟糠合到头。"

【译文】朱买臣以砍柴为生，妻子请求离去，朱买臣笑着说："我五十岁时就会富贵。"妻子生气地说："像你这样的人，最后只会饿死在沟里！"朱买臣无法挽留她。没过多久，朱买臣官拜会稽太守，乘坐驿站的马车出使吴地，见到前妻和她的丈夫正在修理官道，于是把他们载到了后面的马车上。后来朱买臣前妻羞愧自尽，埋葬在嘉兴，她的墓被称为"羞墓"。方正学有一首诗写道："青草塘边土一丘，千年埋骨不埋羞。丁宁嘱咐人间妇，自古糟糠合到头。"

秋胡挑妻 鲁秋胡娶妻五日，官于陈。后归，见采桑女子，下车挑之，曰："力田不如逢年，力桑不如见郎。吾有黄金，愿以与子。"妇不受。归，及见其夫，乃挑我者也，遂数胡罪，而沉于河。

【译文】鲁秋胡娶妻五天之后，到陈国做官。后来回到家乡，看到有个女子在采桑，于是下车挑逗说："努力耕作不如碰到丰年，努力采桑不如碰到好情郎。我有黄金，愿意送给你。"女子没有接受。回去之后，看到丈夫竟然是挑逗自己的那个人，于是数落鲁秋胡的罪状后，投河自尽。

难做家公 郭汾阳子暧与升平公主诟詈，暧曰："汝倚父为天子耶？我父薄天子而不为耳！"主入奏，子仪囚暧入待罪。代宗曰："不哑不聋，难做家公。小儿女闺阃之言弗听。"

【译文】汾阳王郭子仪的儿子郭暧和夫人升平公主吵架，郭暧说："你不就是仗着自己的父亲是皇帝吗？我父亲那是看不起天子之位才不去做而已！"公主入宫把这件事奏报皇帝，郭子仪押郭暧入宫等待皇帝降罪。代宗说："不装聋作哑，就难做家公。小儿女闺房里说的这些话不要听。"

妒不畏死 唐任环为兵部尚书，太宗赐宫女二人，妻柳氏妒之，欲烂其发使秃。太宗赐酒曰："饮之立死，不妒不须饮。"柳氏拜敕曰："诚不如死！"举卮饮尽。太宗谓环曰："人不畏死，卿其奈何！"二女令别室安置。

【译文】唐任环曾经担任兵部尚书，唐太宗赐给他两个宫女，他的妻子柳氏十分忌妒，就想剪下两个宫女的头发让她们秃顶。唐太宗便赐给柳氏一杯酒说："喝下之后马上就会死去，如果再也不忌妒了就不需要喝下。"柳氏跪接敕令说："还不如去死呢！"于是举起酒杯一饮而尽。太宗对任环说："人家连死都不怕，你还能把她怎么样呢！"于是把两个宫女安置在侧室。

鼓盆 庄子妻死，惠子吊之。庄子方箕踞，鼓盆而歌。惠子曰："不太甚乎？"庄子曰："人且偃然寝于巨室，而我且嗷嗷然随而哭之，自以为不通乎正命，故止之也。"

【译文】庄子的妻子去世，惠子前往吊唁。庄子正好分开双腿坐在地上，敲着盆唱歌。惠子说："你这样做是不是太过分了？"庄子说："别人已经安然躺卧在天地之间这样的巨室中，我却在旁边悲伤地哭泣，我自认为这是不通达天命的表现，所以就停止了。"

牝鸡司晨 周武王曰："牝鸡无晨。牝鸡之晨，惟家之索。今商王受，惟妇言是用。"

【译文】周武王说："母鸡不会打鸣。如果哪天母鸡打鸣了，那就是这家要衰败了。现在的商王就是这样，只采纳妇人说的话。”

加公九锡 王导惧内，乃以别馆畜妾。夫人知之，持刀寻讨。导飞辔出门，以左手扳车栏，右手提麈尾柄以打牛，狼狈而前。蔡司徒谟曰：“朝廷欲加公九锡。”王信以为实。蔡曰：“不闻余物，惟闻短辕犊车，长柄麈尾。”王大羞愧。

【译文】王导害怕老婆，于是在别的住所里养了小妾。他的夫人知道这件事后，拿着刀前去寻找声讨。王导驾着车飞快出门，用左手扳住车上的栏杆，右手提着麈尾的柄来打牛，狼狈前行。蔡谟对他说：“朝廷想要给你加九锡之礼。”王导信以为真。蔡谟继续说：“没有听说有其他东西，只听说有车辕比较短的牛车，柄比较长的麈尾。”王导听后大为羞愧。

何况老奴 桓温平蜀，以李势妹为妾，妻闻，拔刀袭之。李方梳头，发垂委地，姿貌端丽，乃徐结发，敛手向妻，曰：“国破家亡，无心至此。若能见杀，犹生之年！”神情闲正，辞气凄惋。妻乃掷刀，前抱之曰：“我见犹怜，何况老奴？”遂善视之。

【译文】桓温平定蜀地后，把李势的妹妹纳为小妾，他的妻子知道后，就拿着刀前去袭击这位小妾。这时李氏正好在梳头，头发垂在地上，姿容美丽端庄，她慢慢地把头发绑好，垂手对桓温的妻子说：“我已国破家亡，并不想来到这里。如果能够被你杀死，也会像活着一样！”她神色清雅端正，语气凄切悲痛。桓温的妻子听完便扔掉手里的刀，上前抱着她说：“你这样的女子就是我看到也觉得怜爱，何况是桓温那个老东西？”于是便对她很好。

如夫人 齐侯好内，多内宠，内嬖如夫人者六人。

【译文】齐侯好色，有很多小妾，受到宠爱待遇和夫人一样的就有六个人。

解白水诗 管仲妾名婧。桓公出游，宁戚扣牛角而高歌。公使管仲迎之，戚曰：“浩浩乎白水。”管仲不知所谓。婧曰：“古有《白水》之诗，曰：‘浩浩白水，倏倏之鱼，君来召我，我将安居。’此戚之欲仕也。”管仲大悦，以报桓公，遂相齐[1]。

① 宁戚在齐国官拜大夫，为大司田，没有做宰相。——编者注

【译文】管仲小妾的名字叫婧。齐桓公出游，宁戚敲着牛角高歌。齐桓公让管仲去迎接他，宁戚说："浩浩乎白水。"管仲不知道他的意思。小妾婧说："古时有一首《白水》诗，里面有'浩浩白水，倏倏之鱼，君来召我，我将安居'的句子，这是宁戚想要做官。"管仲大为高兴，用小妾的话来回报齐桓公，（宁戚）后来做了齐国的大夫。

居燕子楼 关盼盼，张建封侍姬也。建封殁，盼盼独居燕子楼十余年。一日，得白乐天和诗，泣曰："自我公薨，妾非不能死，恐世以我公重色，有从死之妾，而玷公也。"遂怏怏不食而卒。但吟云："儿童不识冲天物，漫托青泥污雪毫。"

【译文】关盼盼是张建封的侍妾。张建封去世后，关盼盼一个人居住在燕子楼十几年。有一天，她得到了白居易的和诗，哭着说："自从我的丈夫去世，我不是不能去死，而是怕世人认为我的丈夫好色，有陪葬的侍妾而玷污他的名声。"于是闷闷不乐，绝食而死。去世时只吟诗道："儿童不识冲天物，漫托青泥污雪毫。"

何惜一女 周顗母姓李，字络秀。顗父浚，为安东将军，出猎遇雨，过李氏。会其父兄他出，络秀与一婢具数十人馔，甚精办，而不闻人声。浚怪，使人觇之，独见一女子美甚。浚固求为侍妾。父兄初不许，络秀曰："门户衰微，何惜一女！"遂许之，生顗及嵩。

【译文】周顗的母亲名叫李络秀。周顗的父亲周浚，曾任安东将军，有一次出去打猎时遇到下雨，就到李家暂避。正好当时李络秀的父亲和兄长都出去了，只有李络秀和一个婢女准备了几十个人的食物，十分精致，却听不到有人说话的声音。周浚觉得奇怪，就让人前去偷偷查看，发现厨房只有一个十分美貌的女子。周浚坚持请求让她做自己的小妾。李络秀的父亲和兄长起初不答应，李络秀说："我们家族衰微，何必舍不得一个女儿呢！"她的父兄这才答应，后来李络秀生下周顗和周嵩。

抱骨赴水 赵淮妾，长沙人。元将使淮招李廷芝，淮至城下，大呼曰："廷芝，男子死耳，无降也！"将怒杀之，掳其妾。妾伪告将曰："妾夙事赵运使，今死不葬，不忍忘情。愿往埋之，即事公无憾。"乃聚薪焚淮骨，置缶中，自抱骨赴水死。

【译文】赵淮的小妾是长沙人。元朝将领让赵淮招降李廷芝，赵淮来到城下大喊："廷芝，男儿应该身死沙场，不要投降！"元朝将领一怒之下便杀了他，掳走他的小妾。小妾骗元朝将领说："我向来侍奉赵淮，现在他死了却没有埋葬，我不忍心忘记夫妻之情。请让我前去埋葬他的尸首，就可以没有遗憾地侍奉您了。"于是她堆起柴堆焚烧赵淮尸骨，把骨灰装进缶中，抱着骨灰投水自尽。

察妾忧色 袁升五旬无子，往临安置妾。既得妾，察其有忧色，问故。妾曰："吾故赵太守女也，家四川，且贫，母卖妾为归葬计耳。"升即送还，并倾橐以赠。妻曰："君施德如此，何患无子！"次年生韶，为浙西使。孙洪，官郡司马。

【译文】袁升五十岁还没有儿子，于是前往临安纳妾。纳完小妾之后，袁升发现小妾有些担忧的神色，就问她原因。小妾说："我是已故赵太守的女儿，家住四川，因为家中贫穷，母亲把我卖掉来让父亲的尸首可以还乡。"袁升便把她送了回去，并且把自己身上所有的钱财都送给了她。他的妻子说："夫君给人恩惠，哪里还怕没有子嗣！"第二年果然生下袁韶，官至浙西制置使。孙子袁洪，官至郡司马。

不如降黄巢 王铎镇渚宫，以拒黄巢，兵渐逼。先是赴任，多带姬妾，夫人不知。忽报夫人离京在道。谓从事曰："黄巢渐以南来，夫人又自北至，旦日情味，何以安处？"幕僚戏曰："不如降了黄巢！"

【译文】王铎镇守江陵抵御黄巢，黄巢兵日渐逼近。在此之前，王铎赴任时总要带着小妾，夫人不知道这件事。有一次，忽然有人报告他的夫人已经离开京城在路上了。王铎对从事说："黄巢日渐从南方赶来，夫人又从北边到来，明天的情形，我该如何自处？"幕僚开玩笑说："不如向黄巢投降吧！"

讽使出妻 宋夏执中，姊为孝宗后，累官节度。初执中与其微时妻至京，后讽使出之，择配贵族。执中诵宋弘语以对，后遂止。

【译文】宋朝夏执中的姐姐是宋孝宗的皇后，夏执中屡次升迁至节度使。起初夏执中贫寒时，与妻子来到京城，皇后教唆他休掉妻子，为他选择贵族女子做妻子。夏执中用宋弘"糟糠之妻不下堂"的话作为应对，皇后便放弃了。

六十未适 南北朝顾协少时，将聘舅女，未成婚，而母亡。免丧后，不复娶。至六十余，此女犹未他适，协义而迎之，卒无嗣。

【译文】南北朝顾协年轻时，与舅舅的女儿订下婚约，还没有成婚母亲便去世了。服丧结束后，也没有再去娶她。到六十几岁时，舅舅的女儿也没有再嫁给他人，顾协认为她很有大义，便娶她为妻，最终绝嗣。

遣妾献诗 陈陶操行高洁，累辟不起。严谍守南昌，欲试之，遣小妾莲花往侍，陶竟夕不纳。妾献诗曰："莲花为号玉为腮，珍重尚书遣妾来。处士不生巫峡梦，空劳云雨下阳台。"陶答云："近来诗思清于水，老去风情薄似云。已向升天得门户，锦衾深愧卓文君。"

【译文】陈陶的操行高洁，朝廷多次征召他都没有去做官。严谍当时在南昌做太守，想要试探他，就派了一个叫莲花的小妾前去侍奉他，陈陶一整夜都没有让她进去。小妾给他献诗说："莲花为号玉为腮，珍重尚书遣妾来。处士不生巫峡梦，空劳云雨下阳台。"陈陶回诗说："近来诗思清于水，老去风情薄似云。已向升天得门户，锦衾深愧卓文君。"

计赚解后 沈襄父炼，疏劾严嵩父子，被谪。复诬入白莲邪教，戮之原籍。逮襄部讯，并解其妾。抵山东，起早下于客店，妾密语襄曰："君至京，必无生理，盍以计脱，以存宗祧。妾拚一死，与之图赖，或得免落奸相之手。"于是绐之，曰："此地有吏部某为我父同年，在都时曾贷我父三百余金，索来可作路费，亦可以余者赠尔两人为还乡需，不识可行否？"二差以其有妾为质，去其手刑，易其衣巾。一差守妾于店，一差押之同往。行不一里，其差腹疼登厕，襄逸去。差至所谓吏部家，与襄所言迥异。奔回客店，云襄脱逃，吓妾吐真。妾乃号叫曰："我夫妻耐苦到此，京师已近，满望事白生还。汝受严氏嘱，潜杀我夫，汝必还我夫尸！我以身殉，决不甘孱弱女流又遭汝之污辱。"闻者酸鼻，告之。当道亦疑为严氏所谋，将妾寄养尼庵，日比二差还尸。拖延二载，严氏败，襄出为父陈冤，恩蒙赠荫。妾亦受封，与襄白首告终。

【译文】沈襄的父亲沈炼，因为上奏疏弹劾严嵩父子遭到贬谪。又被诬陷加入白莲教，在祖籍被杀害了。后来又逮捕沈襄到刑部审讯，连他的小妾也一起被抓。到达山东时，清早在一家客店下榻，小妾悄悄对沈襄说："夫君到达京城后，绝对没有生还的道理，为什么不想办法逃走，以保存香火呢？我拼了这条命和他们撒泼打赖，或许可以免于落到奸相的手里。"于是欺骗押送的差役说："这里有个吏部的官员和我的父亲是同年进士，在京城时曾经借过我父亲三百多金，可以要回来当作路费，也可以把剩下的送给你们两个作为回家的盘缠，不知道可不可以前去？"两位衙役因为有沈襄的小妾作为人质，于是就解下了他手上的刑具，为他更换衣服和头巾。一个衙役在客店里看守小妾，另一个则押着沈襄一起前去。走了不到一里路，这位差役因为肚子疼去了茅厕，沈襄趁机逃走。这位衙役来到沈襄所说的吏部官员家里，发现和沈襄所说的大不相同。于是跑回客店，把沈襄逃跑的消息告诉了同伴，并恐吓沈襄的小妾说出实情。小妾号叫着说："我们夫妻承受苦难来到这里，京师已经近在咫尺，满心期望着真相大白之后能够活着回去。没想到你受了严嵩的嘱咐，悄悄杀害我的丈夫，你今天必须归还我夫君的尸首！我要以身为他殉葬，绝对不会甘心我这一介孱弱女流再遭到你的玷污羞辱。"听到这些话的人都会觉得鼻中一酸，于是状告两位差役。主审案件的官员也怀疑沈襄是被严嵩父子谋杀的，于是把这位小妾寄养在尼姑庵，每天都责令两个差役归还沈襄尸体。这件案子拖延了两年之后，严嵩父子败落，沈襄才出来为父亲申冤，受到朝廷的恩典蒙父荫受爵。沈襄的小妾也受到封赏，与沈襄一起白头偕老。

名分定矣　嘉靖己丑，瑞州孝廉刘文光、廖暹同上公车，皆下第，欲归。廖倩媒买妾，拉刘同往选择，相中一女，下定订期。其女问曰："二位相公何者聘妾？"廖暹戏指刘曰："是这刘相公娶你。"刘亦大笑，女乃对刘肃拜而进。次日备礼往娶，女见仪状大骇，曰："刘君娶我，何以帖出廖某？"媒告以实，女变色曰："作妾虽然微贱，亦关夫妻父子之道，岂可轻指他人以为戏，我已拜刘，名分定矣！"父母婉转再四，誓死不从。廖追悔无及，劝刘纳之。刘力不继，约以下科。后刘正室逝世，娶女为正。

【译文】嘉靖己丑年，瑞州的举人刘文光、廖暹同时参加科举考试，全都名落孙山，打算回去。廖暹找媒婆买了个小妾，拉着刘文光一起前去挑选，选中一个女子，并交付聘礼约定了日期。那女子笑着问道："不知道两位公子谁要纳妾？"廖暹开玩笑指着刘文光说："是这位刘相公要娶你。"刘文光也跟着大笑，女子便对刘文光庄重地行了拜礼后回去了。第二天廖暹带着彩礼前去迎娶，女子看到婚书后大惊失色地说："刘公子要娶我，为什么婚帖上却写着廖某的名字？"媒婆便把实情告诉了她，女子变色说："给人做小妾虽然微贱，却也关乎夫妻和父子之道，怎么能够随便指一个人来开玩笑呢？我既然已经拜了刘公子，名分就已经定下了！”父母再三婉言规劝，她都誓死不从。廖暹追悔莫及，便劝刘文光纳她为妾。但刘文光并不宽裕，便约好下次科举再来娶她。后来刘文光正室去世，他便娶了这位女子为正妻。

各送半臂　宋子京夜饮曲江，偶寒，命取半臂，十余宠各送一枚。子京恐有去取，不敢服，冒寒而归。

【译文】宋祁（子京）夜里在曲江饮酒，感觉到有些寒冷，就让人取半臂来穿，十几个宠妾各自送来一件。宋祁怕有所取舍得罪她们，于是一件也不敢穿，冒着寒冷回去了。

臼中炊釜　江淮王生善卜，有贾客张瞻将归，梦炊臼中。问王生，生曰：“君归不见妻矣。臼中炊，无釜也。”瞻归而妻已卒。

【译文】江淮的王生善于占卜，有一位商人张瞻将要回乡时，梦到自己在石臼中做饭。于是前去问王生，王生说：“你回去之后就见不到自己的妻子了。在石臼中做饭，说明没有锅了。”张瞻回家后妻子果然已经去世了。

覆水难收　姜太公初娶马氏，读书不事产业，马求去。太公封于齐，马求再合。太公取水一盆倾于地，令妇收水，惟得其泥。太公曰：“若能离更合，覆水岂难收？”

【译文】姜太公起初娶马氏为妻，一心读书不事生产，妻子马氏请求离去。后来姜太公被封于齐地，马氏找他请求复合。姜太公端来一盆水泼在地上，让马氏把地上的水收回去，却只得到烂泥而已。姜太公说：“夫妻如果分离后还能再次复合，那倒在地上的水还有这么难收吗？”

婿

红丝　唐郭元振，美丰姿。宰相张嘉贞欲纳为婿，曰：“吾五女，各持一丝于幔后。子牵之，得者为妇。”元振牵一红丝，得第三女。

【译文】唐朝郭元振长得风姿俊美。宰相张嘉贞想要让他做自己的女婿，于是对他说：“我有五个女儿，每人手上各拿一条丝线躲在幔帐后面。你去牵丝线，牵到谁就娶谁。”郭元振牵了一条红丝线，得到张嘉贞的三女儿。

厩中骐骥　《南史》：杜广初为刘景厩卒，及与景语，景大惊曰：“久负贤者！”告其妻曰：“吾为女求婿二十年，不意厩中有骐骥。”遂以女妻之。

【译文】《南史》记载：杜广起初是为刘景管理马厩的小卒，等他与刘景说过话后，刘景大为惊讶地说：“我竟然亏待了贤人这么长时间！”还对他的妻子说：“我为女儿寻找夫君二十年，不料马厩中就有千里马。”于是把女儿嫁给了他。

屏间孔雀　唐高祖皇后窦氏父毅曰：“此女有奇相，不可轻许人。”因画二孔雀于屏，求婿者令射二矢，阴约中目。高祖最后至，各中一目，遂归于帝。

【译文】唐高祖皇后窦氏的父亲窦毅说：“咱们这个女儿面相奇异，不能轻易嫁给别人。”于是在屏风上画了两只孔雀，让求婚的人射两箭，必须全部射中孔雀眼睛。唐高祖最后才来，两箭分别射中一只眼睛，窦毅于是把女儿嫁给了他。

玉镜台　晋温峤姑有女，属峤觅婿。峤自有婚意，曰：“但得如峤何如？”姑曰：“何敢希汝比也！”复一日，峤云：“已得婿矣。门第不减峤。”因下玉镜台一枚，姑喜。婚毕，姑女披纱扇，抚掌笑曰：“我固疑是老奴，果如所卜！”

【译文】晋朝温峤的姑姑有个女儿，嘱托温峤为她寻觅夫婿。温峤自己就有想要结婚的意思，于是问姑姑：“像我这样的可以吗？”姑姑说：“哪里敢跟你比啊！”过了一天，温峤对姑姑说：“已经为你找到女婿了。门第不比我差。”于是用一枚玉镜台下聘，姑姑十分高兴。结完婚后，姑姑的女儿打开纱扇，拍手笑着说：“我一直怀疑是你这个老家伙，果然和我想的一样！”

再娶小姨　欧阳公与王拱辰同为薛简肃公婿，欧公先娶其长，拱辰娶其次。后欧公再娶其幼女，故欧公有“旧女婿为新女婿，大姨夫作小姨夫”之戏。

【译文】欧阳修和王拱辰都是薛奎（简肃公）的女婿，欧阳修先娶了他的长女，王拱辰后来娶了他的二女儿。后来欧阳修又娶了薛奎的小女儿，所以欧阳修有“旧女婿为新女婿，大姨夫作小姨夫”的戏作。

东床坦腹 郗鉴使门生求婿婚于王导，导东厢下遍观子弟门生，归谓郗曰："王氏诸子弟，咸自矜持。唯一人，在东床坦腹卧，食胡饼，独若不闻。"鉴曰："此正佳！"访问，乃羲之，遂妻以女。

【译文】郗鉴派门生到王导家里求个女婿，王导把他带到东厢下把家里的子弟和门生看了个遍，这位门生回到家对郗鉴说："王家的诸子弟都比较矜持，只有一个人袒露着肚子躺在东床上，正在吃胡饼，就像没有听到我们说话一样。"郗鉴说："这个就是最佳人选！"寻访查问之后，才知道那个人是王羲之，郗鉴于是便把女儿嫁给了他。

快婿 后魏刘延明，十四就博士郭瑀学。弟子五百余人，瑀有女选婿，意在延明。设一座，曰："吾有女，欲觅一快婿，谁坐此者？"延明奋衣坐，曰："延明其人也。"瑀遂妻之。

【译文】后魏刘延明，十四岁时跟随博士郭瑀学习。郭瑀的弟子有五百多人，他想要给女儿选一个夫婿，比较中意刘延明。于是设了一个座位说："我有一个女儿，想要寻找一个称心如意的女婿，谁想要坐在这里呢？"刘延明拂袖而坐，说："我就是那个人。"郭瑀便把女儿嫁给了他。

乘龙 魏黄尚与李元礼俱为司徒，俱娶太尉桓叔元女。时人谓桓叔元女俱乘龙，言得婿如龙也。

【译文】魏国黄尚与李元礼都担任司徒的官职，也都娶了太尉桓叔元的女儿。当时的人说桓叔元的两个女儿都乘上了飞龙，说的是她们得到了两个像龙一样的夫婿。

岳丈 青城山为五岳之长，名丈人山，故称妇翁曰岳丈。又云泰山有丈人峰，故称泰山。

【译文】青城山是五岳之首，又名"丈人山"，所以称夫人的父亲为"岳丈"。还有人说泰山有座丈人峰，所以称丈人为"泰山"。

岳公泰水 欧阳永叔常云：今人呼妻父为岳公，以泰山有丈人峰；呼妻母为泰水，不知出何书也。

【译文】欧阳修曾经说：现在的人称呼妻子的父亲为"岳公"，是因为泰山有座丈人峰；称呼妻子的母亲为"泰水"，不知道出自哪本典籍。

冰清玉润 晋卫玠，妻父乐广，皆有重名。议者以为妇翁冰清，女婿玉润。

【译文】晋朝卫玠妻子的父亲名叫乐广，两个人都极负盛名。人们都议论说这位岳父的品行像冰一样晶莹，女婿的品行则像玉一样温润。

天缘 蒙氏有女，欲为择配。女曰："王择配，非天婚也。我欲倒骑牛背，任牛所之，即嫁之。"王从其请。至一委巷，牛侧其角而入，见一樵者，女曰："此吾婿也。"王怒绝女。一日，婿问："首饰是何物？"曰："金也。"婿曰："吾樵处甚多。"载归，皆金砖。王难之曰："汝能作金桥银路，吾当来访。"果作以迎王。王叹曰："信天缘也。"后名其地曰辘角庄。

【译文】蒙氏有个女儿，蒙氏想要为她挑选夫婿。女儿说："大王选择伴侣，并非天赐的婚姻。我想要倒着骑在牛背上，任凭牛走到哪里，我就嫁到哪里。"君王允许了她的请求。她倒骑着牛来到一处小巷，牛歪着角走了进去，看到一个樵夫，这位女子说："他就是我的夫婿。"大王一怒之下和她断绝了父女关系。有一天，这位樵夫问道："首饰是什么东西？"他的妻子回答："就是黄金。"樵夫说："我砍柴的地方有很多。"两人于是满载而归，全都是金砖。大王为难他们说："你们要是能够造成金桥和银路，我就来拜访你们。"两人果然造成用来迎接大王。大王叹息着说："这是上天注定的缘分啊。"后来便把他们居住的地方命名为"辘角庄"。

门多长者辙 张负女孙五嫁而夫辄死，平欲娶之。负曰："平虽贫，门多长者辙。"卒与之。诫曰："无以贫故，事人不谨。"

【译文】张负的孙女嫁了五次丈夫都去世了，陈平却想要娶她。张负说："陈平家里虽然贫穷，但门口都是大人物马车留下的车辙印记。"最后把孙女嫁给了陈平，并且告诫孙女："不要因为陈平贫穷的缘故，就侍奉得不够仔细。"

佳婿 唐杨于陵补句容主簿，时韩滉节制金陵，杨以属吏谒，滉异之。谓其妻柳氏曰："夫人欲择佳婿，无有如杨主簿者！"遂以女妻之。

【译文】唐朝的杨于陵补任句容县主簿，当时韩滉管辖金陵，杨于陵以属员的身份前去拜谒，韩滉觉得他很特别，于是对妻子柳氏说："夫人想要选择一个好女婿，没有人能比得上杨主簿！"于是便把女儿嫁给了他。

翁婿登相府 范文正一见富弼器之，曰：“王佐才也。”适晏元献谓文正曰：“吾一女，烦君为择婿。”文正曰：“必求国士，无如富弼者！”元献妻之。后弼与元献共登相府，盖异观也。

【译文】范仲淹一见到富弼就很器重他，并且说：“真是个王佐之才啊。”当时正好晏殊（元献）对范仲淹说：“我有一个女儿，烦劳您为她挑选个夫婿。”范仲淹说：“必须为她选择一个国士，没有人能比得上富弼！”晏殊便把女儿嫁给了富弼。后来富弼和晏殊全都当上了宰相，大概也算得上一大奇观。

此必国夫人 宋马亮知夔州。时吕蒙亨为属吏，子夷简在焉，亮一见，许妻以女。妻怒，亮曰：“此必国夫人也。”人服其鉴。

【译文】宋朝马亮担任夔州知府。当时吕蒙亨是他的下属官员，他的儿子吕夷简也在那里任职，马亮一见吕夷简，就许诺要把女儿嫁给他。他的妻子很生气，马亮说：“我们的女儿以后必定是国夫人。”人们都佩服他的识人之能。

兄弟附：子侄

田氏紫荆 田真、田广、田庆兄弟同居，紫荆茂盛。后议分析，树即枯槁。兄弟不复议分，树乃茂盛如故。

【译文】田真、田广、田庆三兄弟居住在一起，家里的紫荆花开得十分茂盛。后来他们商量着分家，花树就枯萎了。兄弟三人于是不再讨论分家的事，花树便又和原来一样茂盛。

昆玉 陆机、陆云兄弟二人，生于华亭，人比之昆冈出玉，因名昆玉。

【译文】陆机、陆云兄弟两人，出生于华亭，人们把他们比作昆仑山出产的美玉，因而称兄弟为“昆玉”。

三间瓦屋 蔡司徒在洛，见陆机兄弟住参佐廨中，三间瓦屋，士龙住东头，士衡住西头。士龙为人文弱可爱，士衡长七尺余，声作钟声，言多慷慨。

【译文】蔡谟在洛阳时，看到陆机兄弟住在参佐的官署里，那里有三间瓦房，陆云住在东屋，陆机住在西屋。陆云为人文弱乖巧，陆机则身高七尺多，声如洪钟，说话时也慷慨激昂。

难兄难弟 陈元方子群，陈季方子忠，各论其父功德，争之不能决，咨于太丘，太丘曰："元方难为兄，季方难为弟。"

【译文】陈元方的儿子陈群，陈季方的儿子陈忠，各自论述自己父亲的功德，互相争论很久都没有结论，于是向爷爷陈寔请教，陈寔说："陈元方好得做他弟弟难，季方好得做他兄长难。"

手足 袁绍二子谭、尚，父死争立，治兵相攻。王修谓曰："兄弟者，手足也。人将斗，而断其右臂，曰我必胜可乎？"二子不从，为曹操所灭。

【译文】袁绍的两个儿子袁谭、袁尚，在父亲死后都争着想做大将军，带着军队互相攻伐。王修对他们说："兄弟就像人的手和脚一样。人在将要打斗时，先砍断自己的右臂，还说我必然会胜利，这可能吗？"两个人没有听从，最后都被曹操所灭。

折矢 吐谷浑阿柴有子二十人。疾革，令诸子各献一箭，取一箭授其弟慕利延，使折之，利延折之。取十九箭使折之，利延不能折。乃叹曰："孤则易折，众则难摧。若曹识之！"

【译文】吐谷浑的阿柴有二十个儿子。阿柴病危时，让儿子们各自进献一支箭，取出一支箭送给他的弟弟慕利延，让他折断，慕利延很轻松就折断了。阿柴又取来十九支箭让他折断，慕利延无法做到。于是阿柴叹息着说："一支箭容易折断，很多箭放在一起就难以摧毁了。你们一定要记得这个道理！"

尺布斗粟 淮南厉王与汉文帝兄弟，徙蜀道死。民谣曰："一尺布，尚可缝。一斗粟，尚可舂。兄弟二人不兼容。"

【译文】淮南厉王与汉文帝是兄弟，被流放到蜀地时死于途中。当时有民谣唱道："一尺布，还可以缝。一斗粟，还可以舂。兄弟两个人却容不下对方。"

分痛 《宋史》：晋王有病，太祖亲往视之，自为灼艾。晋王觉痛，太祖亦取艾自灼，以分其痛。

【译文】《宋史》记载：晋王身体抱恙，太祖亲自前去探视，并且亲自为他燃烧艾绒治病。晋王觉得疼痛，太祖也取来艾绒烧自己，用这种方式来给晋王分担痛苦。

皆有文名 罗愿兄颢、籲、頔、颂，弟颒，皆有文名，朱熹特称之。

【译文】罗愿的兄长罗颢、罗籲、罗頔、罗颂，弟弟罗颒，都因为文章而闻名，朱熹特别赞赏他们。

大小秦 唐秦景通与弟昹，皆精《汉书》，号大秦、小秦。凡治《汉书》者，非出其门，谓无师法。

【译文】唐朝秦景通与弟弟秦景昹都很精通《汉书》，号称大秦、小秦。凡是研究《汉书》的人，只要不是出自两人门下，就会被看作没有老师指点。

束带未竟 刘琎，𪩘弟。𪩘尝隔壁夜呼之，琎下床着衣立，然后应。兄怪其久，曰："顷束带未竟。"其操立如此。

【译文】刘琎是刘𪩘的弟弟。刘𪩘曾经在隔壁夜里呼唤他，刘琎下床穿好衣服后站起来才答应。兄长刘𪩘对他这么久才回应感到奇怪，刘琎说："半天没有束好腰带。"他的操守就是这样。

龙虎狗 诸葛瑾仕吴，弟亮仕蜀，弟诞仕魏。时谓蜀得龙，吴得虎，魏得狗。

【译文】诸葛瑾在东吴做官，他的弟弟诸葛亮在蜀国做官，他的弟弟诸葛诞在魏国做官。当时的人说蜀国得到了龙，吴国得到了虎，魏国只得到了狗。

棠棣碑 贾敦颐为洛州司马，洛人为刻碑市旁。弟敦实又为长使，洛人亦为立碑其侧，号"棠棣碑"。

【译文】贾敦颐担任洛州司马时，洛州人为他刻石碑立在街市旁边。他的弟弟贾敦实后来又在洛州做长使，洛州人也为他在哥哥的碑旁边立了一块碑，合称为"棠棣碑"。

三张 晋张载博学，能文章，尝作《剑阁铭》，武帝命镌之剑阁；弟协少有隽才，为河间内史；亢亦娴词赋。时号"三张"。

【译文】晋朝张载博学多识，擅长写文章，曾经写了一篇《剑阁铭》，晋武帝命人把这篇文章刻在剑阁；他的弟弟张协从小便才华出众，后来担任河间内史的官职；张亢也擅长写文作赋。三人被当时的人称为“三张”。

三魏 魏允中南乐人，兵使王元美赏识之。丙子秋试，元美偕同官饮使院，戒阍吏曰：“小录至，非魏允中元毋传鼓。”夜半鼓发，相与欢叫。已，与其兄允贞、弟允孚皆举进士。时人号曰“三魏”。

【译文】魏允中是南乐人，兵使王元美对他十分赏识。万历丙子年（1576年）秋试时，王元美和同僚一起在使院喝酒，他告诫看门的小吏说：“录取名单出来后，魏允中如果不是第一就不要敲鼓。”半夜鼓声大振，士子们一起欢呼。后来，魏允中和他的兄长魏允贞、弟弟魏允孚全都考中进士。当时的人称他们为“三魏”。

自缚请先季死 王琳年十余岁，父母俱亡。遭乱，乡邻逃窜，惟琳兄弟独守冢庐，号泣不去。弟季出，遇赤眉，将杀之。琳自缚，请先季死。贼矜而放之。

【译文】王琳十几岁时，父母双亡。后来又遭逢战乱，乡邻们都四散逃命，只有王琳兄弟独自守着家里的房子，哭泣着不肯离去。有一次弟弟王季出门时，在外面碰上赤眉军，赤眉军要杀死他。王琳便把自己绑起来，请求先杀自己。贼人对他的行为非常赞赏，于是放他和弟弟回了家。

时称四皓 徐伯珍少孤贫，以箬叶学书，杜门十九年，淹贯经史，累召不出。兄弟四人俱白首，时称四皓。

【译文】徐伯珍从小便孤苦贫困，用竹叶来学习写字，闭关学习十九年，深通经史，朝廷多次征召都没有出仕。他们兄弟四人全都是满头白发，被当时的人称为“四皓”。

人所难言 刘正夫官左司谏。徽宗方究蔡邸狱，正夫入对，引淮南“斗粟”“尺布”之谣。上意遂解，谓正夫曰：“兄弟之间，人所难言。卿能及此，不觉感动。”

【译文】刘正夫担任左司谏。宋徽宗当时正在追查蔡王赵似的案子，召刘正夫入宫奏对，刘正夫引用“一尺布，尚可缝。一斗粟，尚可舂。兄弟二人不兼容”的汉朝童谣回答。徽宗便知道了他的意思，于是对刘正夫说：“兄弟之间的事情，外人确实很难说上话。爱卿能够考虑到这个层面，我不觉有些感动。”

俱九岁贡 宋王应辰年九岁，以能诵九经，作《春秋》《语》《孟》义，兼通子史，贡于礼部。后数年，其弟应申亦九岁贡礼部。

【译文】宋朝王应辰九岁时，就因为能够背诵九经，写《春秋》《论语》《孟子》的疏义，加上对诸子百家和史书也十分精通，在礼部主持的考试中考中贡生。几年之后，王应辰的弟弟王应申也在九岁时，在礼部主持的考试中考中贡生。

一母所生 吴思逵兄弟六人，先以父命析居。及父卒，泣告其母曰："吾兄弟别处十余年，今多破产。一母所生，忍使苦乐不均耶？"复共居。

【译文】吴思逵兄弟六人，先是因为父亲的命令分家。等父亲去世后，吴思逵哭着对母亲说："我们兄弟已经分家十几年，现在大多都已经破产了。一母同胞，您就忍心让我们贫富不均吗？"于是兄弟几人又住到了一起。

金友玉昆 辛攀父奭，尚书郎，兄鉴、旷，弟宝、迅，皆以才识知名。秦雍为之语曰："五龙一门，金友玉昆。"

【译文】辛攀的父亲辛奭，在朝中担任尚书郎的官职，他的兄长辛鉴、辛旷，弟弟辛宝、辛迅，也都因为才学和见识而闻名。秦地和雍地的人为他们编了一句谚语："五龙一门，金友玉昆。"

相煎太急 曹丕欲杀其弟植，植赋诗曰："煮豆燃豆萁，豆在釜中泣。本是同根生，相煎何太急！"

【译文】曹丕想要杀死弟弟曹植，曹植赋诗道："煮豆燃豆萁，豆在釜中泣。本是同根生，相煎何太急！"

火攻伯仲 周颉弟嵩，因醉詈其兄，曰："兄才不及弟，横得重名！"然蜡烛投之。颉颜色无忤，徐曰："阿奴火攻，诚出下策。"

【译文】周颉的弟弟周嵩，因为醉酒而骂兄长说："哥哥你的才能赶不上弟弟，凭什么获得这么高的名望！"还用点燃的蜡烛来砸周颉。周颉脸上没有一点被冒犯的神色，缓缓说道："小老弟使用火攻，实在是下策啊。"

姜被 后汉姜肱与弟重海、重江各娶，兄弟相恋，不忍别。作一大布被，寝则兄弟与共。人称其友爱。

【译文】东汉的姜肱与弟弟姜重海、姜重江各自娶妻，兄弟之间相互依恋，不忍心分开。于是做了一床大布被，睡觉的时候兄弟们就睡在一起。人们都称赞他们友爱。

花萼集　李乂兄弟俱以文章著，同为一集，号《李氏花萼集》。

【译文】李乂兄弟几人全都以文章著称，他们共同写了一本文集，命名为《李氏花萼集》。

贾氏三虎　后汉贾彪兄弟三人，并有高名，而彪最优。故天下称之曰："贾氏三虎，阿彪最优。"

【译文】东汉贾彪兄弟三人，都有很高的名望，其中以贾彪名气最大。所以天下人称赞他们说："贾氏三虎，阿彪最优。"

二惠竞爽　《左·昭公三年》：齐公孙竈卒。晏子曰："惜也！子旗不免，殆哉！二惠竞爽犹可，又弱一个，姜其危哉！"

【译文】《春秋左氏传·昭公三年》记载：齐国的公孙竈与世长辞。晏子说："真可惜啊！他的儿子栾施恐怕也无法幸免，危在旦夕！齐惠公后代两大家族栾氏与高氏都精明强干，事情还可以做成，现在又弱了一个，看来姜姓也危在旦夕了！"

双璧　陆玮与弟恭之，并有时誉。洛阳令见之，曰："仆已年老，幸睹双璧。"

【译文】陆玮与弟弟陆恭之，在当时都被人所称誉。洛阳令见到他们后说："我已经这么老了，还能有幸见到陆氏双璧。"

佳子弟　王右军少时为从伯敦、导所器，常谓右军曰："汝是吾家佳子弟，当不减阮主簿。"

【译文】王羲之小时候很受堂伯王敦、王导的器重，他们常对王羲之说："你是我们王家的优秀子弟，以后的成就肯定不比阮裕差。"

吾家麒麟　晋顾和族叔荣，见其总角志气不儿，曰："此吾家麒麟！兴吾宗者，必此子也。"

【译文】晋朝顾和的族叔顾荣，看他总角之年的志气并不像小儿那样，于是说道："这真是我们家的麒麟啊！能够使我们宗族兴旺的，必然是这个孩子。"

我家龙文　《北史》：杨愔幼聪慧绝人，其叔奇之，曰：“愔也，将相器。”常语人曰：“此儿驹齿未落，已是我家龙文；更十岁，当求之千里之外。”

【译文】《北史》记载：杨愔幼年时便聪慧过人，他的叔叔惊奇地说：“杨愔是做将相的人才。”他经常对人说：“这个孩子牙齿还没有换，就已经是我们家族的骏马了；到了十岁之后，就可以到千里之外求取功名了。”

犹子　卢迈进中书侍郎，再娶无子。或劝蓄姬媵，迈曰：“兄弟多子，犹子也，可以主后。”

【译文】卢迈升任中书侍郎，又娶了一个妻子还是没有儿子。有人劝他纳妾，卢迈说：“我的兄弟都有很多儿子，他们就跟我的儿子一样，可以为我们卢家传递香火。”

千里驹　苻朗，苻坚从兄之子，坚常称之曰：“吾家千里驹也。”

【译文】苻朗是苻坚堂兄的儿子，苻坚经常称赞他：“这是我们家的千里马啊。”

乌衣子弟　晋王氏子弟多居乌衣巷，一时贵盛。人称之曰乌衣子弟。

【译文】晋朝王氏子弟大多居住在乌衣巷，一个个在当时高贵显赫。人们称之为“乌衣子弟”。

小阮　竹林七贤，阮咸为阮籍兄子，故称小阮。

【译文】竹林七贤中，阮咸是阮籍兄长的儿子，所以被称为“小阮”。

大小王　王承出守东阳，多惠政。弟幼亦东阳守。时朱异用事，车马填门。魏郡申英指异门曰：“此中辐辏，惟势是趋。不能屈者，大小王东阳耳。”

【译文】王承担任东阳太守时，施行了很多仁政。他的弟弟王幼也担任过东阳太守。当时朱异当权，来拜访他的马车几乎把门口都要塞满了。魏郡的申英指着朱异的大门说：“这里的马车聚集在一起，都是些趋炎附势的人。能够不屈从的人，只有大小王东阳罢了。”

臣叔不痴　王湛雅抱隐德，不知者以为痴。兄子济往省，见床头有《周易》，因共谈《易》，剖析精微，出济意外，乃叹曰：“家有名士，三十年不知！”武帝尝问济：“卿家痴叔死未？”对曰：“臣叔不痴。”又问：“谁比？”曰：“山涛以下，魏舒以上。”

【译文】王湛雅怀抱隐士之德，不知道的人还以为他有些痴傻。兄长的儿子王济前去看望他，见到床头有一本《周易》，于是和他一起谈论《周易》。王湛雅的剖析精深微妙，出乎王济的意料，王济便感叹道：“我们家有叔父这样的名士，三十年竟然都没有人知道！”晋武帝曾经问王济：“你们家那个傻叔叔死了吗？”王济回答道：“我的叔父并不痴傻。”晋武帝又问：“那他能和谁相提并论呢？”王济说：“我叔父的才能在山涛之下，魏舒之上。”

芝兰玉树 谢玄为叔父东山所器重。安常谓子侄曰：“子弟亦何豫人事，正欲使之佳？”玄曰：“譬如芝兰玉树，欲使其生于庭阶耳。”

【译文】谢玄被叔父谢安所器重。谢安经常对子侄们说：“你们这些子侄又不需要参与政事，为什么要把你们培养得更加优秀呢？”谢玄说：“这就好比灵芝、兰花和玉树这样的奇花异草，总是想让它们生长在自家的庭院吧。”

屐齿之折 谢太傅与客围棋，俄而谢玄淮上信至，展书毕，摄放床下，了无喜色，下棋如故。客问之，徐答云：“小儿辈遂已破贼。”既罢，还内，过户限，不觉屐齿之折。

【译文】谢安和客人下围棋，片刻后谢玄拿着淮河战报赶来报告，谢安打开奏报看了一下，随手放到了床下，脸上没有一点喜色，还是像原来那样下棋。客人问他是什么事，谢安缓缓地说：“小辈们已经把贼人打败了。”下完棋后，谢安返回内屋，过门槛时木屐下面的木齿折断都没有发觉。

三桂堂 宋王之道刚直，尚风节，与兄之义、之深同科名，颜其堂曰“三桂”。尝梦帝命之曰：“以尔有功，当录其后。”子十人，仕者九人。

【译文】宋朝王之道性情刚直，崇尚风骨和气节，与兄长王之义、王之深是同科进士，于是在堂上的牌匾题字“三桂”。他曾经梦到天帝对他说：“因为你有功劳，所以你的后人也能考中科举。”王之道有十个儿子，其中九个都做了官。

刻鹄类鹜 马援戒其子侄曰：龙伯高敦厚周慎，吾愿汝曹效之。杜季良豪侠好义，吾不愿汝曹效之。效伯高不得，犹为谨敕之士，所谓刻鹄不成，尚类鹜者也。效季良不得，陷为天下轻薄子，所谓画虎不成，反类狗者也。

【译文】马援告诫子侄们说：龙伯高为人宽厚谨慎，我想让你们都效仿他的为人。杜季良为人任侠仗义，我不想让你们效仿他。效仿龙伯高不成，还可以成为一个谨慎自持的人，也就是平时所说的画天鹅不成，还可以像野鸭。如果效仿杜季良不成，则会成为天下轻狂傲慢的人，就是所谓的“画虎不成反类犬”了。

析产取肥 汉许武以二弟晏、普未显，欲使成名，乃析产为三，自取肥田广宅，二弟无后言，人皆称其克让。晏、普并举孝廉，武乃会宗人，泣言析产故，悉以田宅归晏、普，一郡叹服之。

【译文】汉朝许武因为两个弟弟许晏、许普未能显达，想要让他们成名，于是把家产一分为三，自己取走肥沃的田产和高大的宅院，两个弟弟事后都没有异议，人人都说他们懂得谦让。后来，许晏、许普都被举为孝廉，许武于是召集宗族的人开会，哭着把分家产的内情说了出来，把田地和宅院全部归还给了许晏、许普，整个郡的人都对他感到叹服。

兄弟感泣 何文渊知温州府。民有兄弟争财而讼者，文渊判其状，曰：“只缘花底莺声巧，致使天边雁影分。”兄弟感泣亲睦。

【译文】何文渊担任温州知府。百姓中有一对兄弟因为争夺财产而告到官府，何文渊在他们的状子上写判词道：“只因为花底的黄鸟叫声巧妙，最后竟然导致大雁各奔东西。”意思是兄弟俩争财产都是受了妻子的挑唆。两兄弟听完后感动落泪，重新亲厚和睦起来。

兄弟争牛 张苌年汝南郡守。有兄弟分一牛争讼不能决者，苌年赐以己牛一头，使均之。于是境中相戒，咸敦敬让。

【译文】张苌年担任汝南郡守。有一对兄弟因为分一头牛而告到官府无法解决，张苌年就把自己的一头牛送给他们，让他们可以平均分配。于是境内的百姓相互提醒，都变得敦厚礼让。

翕和堂 韩祥与弟补同登进士，俱以德行文章显名。宋理宗书“翕和堂”以赐之。

【译文】韩祥与弟弟韩补同时考中进士，都因为德行和文章而闻名。宋理宗题写了“翕和堂”三个字赐给他们。

弟请抵罪 唐陆南金官太子洗马，尝匿卢崇道，捕当重法。弟璧请抵罪，御史怪之。璧曰："母未葬，妹未妇，兄能办之。我生无益，不如死。"御史义之，并免。

【译文】唐朝陆南金担任太子洗马，曾经藏匿卢崇道，被捕后应当处以重刑。他的弟弟陆赵璧请求为兄长抵罪，御史觉得很奇怪。陆赵璧说："家中还有老母需要赡养，妹妹还没有出嫁，这些事情只有兄长可以办。我活着没有什么益处，不如死去。"御史被他的大义感动，于是把两个人都赦免了。

兄惟一子　许荆兄子世，尝报仇杀人，怨者操刃攻之。荆跪曰："世无状，咎在荆。兄惟一子，死则绝嗣，荆愿代之。"怨家曰："许掾郡中贤者，吾何敢犯？"遂委去。

【译文】许荆兄长的儿子许世，曾经因为报仇而杀人，仇家拿着刀来攻击他。许荆跪在地上说："许世行为失当，错误都在我许荆身上。我的兄长只有这么一个儿子，他死后兄长就会绝嗣，我愿意替他去死。"仇家说："许大人是郡里有名的贤人，我哪里敢冒犯您呢？"于是就放他们走了。

急即扑杀　李勣疾，子弟固以药进。勣曰："我山东田夫尔，位极三台，年将八秩，非过分耶？"命置酒奏乐，列子弟，谓弟弼曰："我见房、杜诸公，苦作门户，为后人计，并遭痴儿破家。我有如许豚犬，将付汝；若不率教，急即扑杀。"

【译文】李勣生病，家里的子弟们都来献药。李勣说："我只是山东一个农夫罢了，现在虽然位极人臣，年龄也已经接近八十，难道不过分吗？"于是下令设酒奏乐，把子弟们召集起来，对弟弟李弼说："我见房玄龄、杜如晦等诸位大人，苦苦经营门户，为后人打算，全都遭到败家子的破坏。现在我也有这些猪狗一样的儿子，将要托付给你；如果他们不遵从教导，请你把他们立即处死。"

嫂叔

戛羹　汉高祖微时至丘嫂家，嫂方食羹，厌叔至，阳云羹尽轑釜。已而视釜有羹，由是怨嫂。后乃封其子为戛羹侯。

【译文】汉高祖微贱时曾经到大嫂家，大嫂正在吃羹，讨厌小叔子到来，就骗他说羹已经吃完了，还故意用勺子刮锅底。高祖后来看到锅里还有羹，于是开始怨恨大嫂。后来还封她的儿子为“戛羹侯”。

为叔解围　谢道韫适王凝之。叔献之与客议论，词理屡屈。道韫遣婢白献之，为小郎解围，乃于帐后与客辨议，客愧服而去。

【译文】谢道韫嫁给王凝之为妻。有一次小叔王献之和客人议论，几次都理屈词穷。谢道韫就派婢女告诉王献之，请她来为小叔解围，于是就在幔帐后面和客人辩论，客人惭愧而佩服地走了。

亦食糠籺　陈平家负郭穷巷，以敝席为门。或谓平曰：“何食而肥？”嫂曰：“亦食糠籺耳，有叔如此，不如无有。”伯闻而逐其妇。

【译文】陈平家住在很穷的地方，用一张破席子做门。有人对陈平说：“你怎么吃得这么胖？”陈平的嫂子说：“不过和我们一样吃些粗茶淡饭，有这样的小叔子，还不如没有呢。”陈平的哥哥听到后就休掉了自己的妻子。

嫂不为炊　苏秦出游，大困而归，妻不下机，嫂不为炊。及为从约长，佩六国相印，秦之妻嫂，俱侧目不敢仰视，俯伏侍取食。秦乃笑谓嫂曰：“何前倨而后恭也？”嫂委蛇蒲伏，以面掩地而谢曰：“见季子位高而金多也。”

【译文】苏秦出门游历，非常困窘地返回家里，妻子连织机都不愿意离开，嫂子也不给他做饭。等到苏秦成为六国合纵的首领，佩戴六国相印后，他的妻子和嫂子全都不敢正面看他，跪在地上侍奉他吃饭。苏秦笑着对嫂子说：“为什么原来那样傲慢现在却这样恭敬呢？”他的嫂子像蛇一样跪着前行，把脸贴在地上谢罪说：“因为我看到弟弟您位高权重，富贵多金。”

姊妹

聂政姊　聂政刺韩相侠累，因自皮面抉目，自屠出肠。韩人暴尸购其名。其姊往哭之曰：“是轵深井里聂政也。以妾在故，自刑以绝其迹。妾敢畏死以泯贤弟之名！”遂死于政尸之旁。

【译文】聂政刺杀韩国丞相侠累后，把自己的面皮划破，挖出自己的眼珠，挑出肚肠而死。韩国人陈列着他的尸体示众并用重金购买他的名字。聂政的姐姐前往认尸，哭着说："他是轵深井里的聂政。因为我尚在人世，他就把自己毁容让别人认不出来。我怎么能够因为怕死而泯灭我贤弟的名声呢！"说完后就死在聂政尸体的旁边。

姊归　屈原姊女媭，闻屈原放逐，来归，喻令自宽。乡人冀其见从，因名曰姊归。故《离骚》云："女媭之婵媛兮，申申其詈予。"

【译文】屈原的姐姐女媭，听说屈原被放逐，就回到娘家，劝屈原要学会自我宽慰。同乡人也希望屈原能够听从姐姐的话，于是这里也被命名为"姊归"。所以《离骚》中才有"女媭之婵媛兮，申申其詈予"的句子，意思是我美丽的姐姐女媭，一次又一次地数落我。

李勣姊　唐李勣性友爱，其姊病，尝自为粥，而釜燃辄燎其须。姊戒止之。答曰："姊且疾，而且老，虽欲进粥，尚几何？"[①]

【译文】唐朝李勣的性格友爱，有一次姐姐病了，他曾经亲自为姐姐煮粥，锅下面的火把他的胡子全都烧了。姐姐劝阻他赶紧停下。李勣回答："姐姐您体弱多病，而且年纪也大了，虽然想给您煮粥，还能做几次呢？"[②]

班超妹　汉曹寿妻曹大家，闻超在绝域，妹为上书，乃征超还。

【译文】汉朝曹寿的妻子班昭，听说班超在西域无法回来，以班超妹妹的身份给皇帝上书，班超这才被征召回国。

宋太祖姊　赵匡胤将北征，闻军中欲立点检为天子，走告家人。太祖姊方在厨，引面杖逐之，曰："丈夫临大事，可否当自决。乃来恐吓妇女耶？"太祖即趋出。

【译文】赵匡胤将要北伐，听到军中想要立都点检[③]为天子，赶紧跑回家把这件事告诉家人。当时赵匡胤的姐姐正在厨房做饭，拿着擀面杖将他赶走，并说："你一个男子汉大丈夫，面对大事应该自己决断。还要回来吓唬家里的

---

① 据《新唐书·李勣传》："姊多疾，而勣且老，虽欲数进粥，尚几何？"

② 李勣回答："姐姐您体弱多病，我也慢慢老了，虽然想时常给您煮粥，还能做几次呢？"

③ 赵匡胤的官职。

妇人吗？”赵匡胤马上跑了出去。

姚广孝姊 姚广孝以靖难功，封荣国公，谒其姊姚婆。姚婆阖门麾出之，曰：“做和尚不了，岂是好人？”终拒不见。

【译文】姚广孝因为在靖难之役中的功劳，被封为荣国公，前去拜访他的姐姐姚婆。姚婆闭门把他赶出说：“连和尚都做不到底，难道会是什么好人？”最终还是拒绝见他。

骆统姊 骆统值岁饥减食。姊问故，曰：“士大夫糟糠不足，我何心独饱！”姊助粟若干，统一日散尽。

【译文】骆统赶上荒年只能减少食物。姐姐问他缘故，骆统说：“士大夫们连粗劣的食物都吃不饱，我怎么忍心自己吃饱呢！”姐姐就给他资助了一些粟米，却被骆统一天之内散发完了。

李燮姊 李燮姊，固女。闻父危，泣曰：“李氏灭矣！”密遣弟燮诣父门生王成而告之曰：“君执义先公，有古人之节。今以六尺委君，李氏存灭在此矣。”遂变服入徐，而成卖卜于市，阴相往来。比燮赦还，姊相对而恸，因戒之曰：“先公正直，为汉忠臣，虽死之日，犹生之年。慎勿以一言加梁氏。”闻者悲感。

【译文】李燮的姐姐是东汉谏臣李固的女儿。听说父亲遭逢危难，哭着说：“李氏要被灭门了！”于是秘密派弟弟李燮拜访父亲的门生王成，并对他说：“您曾经在我父亲的门下秉持公义，有古时贤人的气节。现在我把自己这副六尺之身托付给您，李家的存亡在此一举。”于是王成为李燮换了衣服，并把他带到徐州，王成在街市上摆摊算卦，两人在私下悄悄往来。等到李燮被赦免回乡，与姐姐相对痛哭，姐姐告诫他说：“父亲为人正直，是汉朝的忠臣，虽然已经去世，但仍然和活在世上一样。你一定要谨慎说话，千万不要说一句梁冀的不是。”听到的人都感到既悲伤又感动。

季宗妹 季儿者，季宗之妹，任延寿之妻也。延寿怨季宗而阴杀之。赦免，季儿振衣求去。延寿曰：“汝其杀我！”季儿曰：“杀夫不义，事兄之仇亦不义。与子同枕席，而杀吾兄，又纵兄之仇，何面目戴天履地乎？”乃告女曰：“吾义不可留，又无所往。汝善视两弟！”遂自经。

【译文】季儿是季宗的妹妹，任延寿的妻子。任延寿怨恨季宗于是就暗杀了他。被赦免后，季儿整理衣服要求离开。任延寿说：“你不如杀了我！”季儿说：“杀害丈夫不义，侍奉兄长的仇人也是不义。我和你同床共枕，你却杀害我的兄长，我又放走了自己兄长的仇人，还有什么脸面活在天地之间？”于是对女儿说：“我坚决不会留在这里，又没有地方可以去。你一定要照顾好两个弟弟！”于是自尽而死。

师徒 先辈

北面 唐崔日用请武甄言《春秋》疑义，甄条举无留语。日用曰：“吾请北面。”

【译文】唐朝崔日用请武甄为自己讲解《春秋》中的疑问，武甄一一列举毫无保留。崔日用说：“请允许我拜您为师。”

函丈 《礼》：“若非饮食之客，则布席，席间函丈。”

【译文】《礼记》记载：“如果招待的不是吃饭的客人而是讲学的先生，在布置席位时中间要留下一丈的地方用来讲学。”

夏楚 “夏”与“榎”同，山楸木也。榎形圆，楚形方，以二物为朴，以警其惰慢，使之收敛威仪也。

【译文】“夏”和“榎”相通，指的是山上的楸木。榎的形状是圆的，楚的形状是方的，用这两种东西来做教鞭，可以警示学生的懒惰和傲慢，起到整肃威仪的效果。

解颐 汉匡衡深明经术，诸儒为之语曰：“无说诗，匡鼎来；匡说诗，解人颐。”

【译文】汉朝匡衡精通经学，儒士们为此说：“别讲《诗经》，匡衡（鼎）来了；匡衡讲《诗经》，使人开颜欢笑。”

绛帐 汉马融教授诸生，常有千数，坐高堂，施绛纱帐，前授生徒，后列女乐。

【译文】汉朝马融为学生们讲学时，经常有一千多人一起听讲，马融坐在高大的厅堂上，四周垂着红色纱帐，前面教授学生，后面设置女乐。

负笈 汉苏章负笈寻师，不远千里。

【译文】汉朝苏章背着书箱，不远千里地寻找名师。

立雪 游酢、杨时为伊川先生弟子。一日，侍先生侧，先生隐几而卧。二生不敢去，候其寤，则门外雪深尺余矣。

【译文】游酢、杨时是伊川先生程颐的学生。有一天，他们侍立在程颐旁边，程颐靠着桌子不知不觉睡着了。两人不敢离开，站在旁边，等老师醒来时，门外的雪已经有一尺多深了。

坐春风中 朱公掞，名光庭，见明道先生于汝州。归语人曰："光庭在春风中坐了一月。"

【译文】朱光庭，字公掞，在汝州见到了明道先生程颢。回去后对人说："我在春风中坐了一个月。"

舌耕 汉贾逵通经，来学者不远千里，广有赠献，积粟盈仓。或云："逵非力耕，乃舌耕也。"

【译文】汉朝贾逵精通经学，前来学习的人不远千里，很多人都送财物给他，积累的粟米放满了仓库。有人说："贾逵不是用力气耕田，而是用舌头。"

牧豕 后汉孙期少为诸生，通《京氏易》《古文尚书》。家甚贫，牧豕于泽中。学者皆执经垅畔，以追随之。

【译文】东汉孙期年少还在做学生时，就精通《京氏易》《古文尚书》。因为家里很穷，就在大泽里放猪。跟随他学习的人都拿着经书聚集在地垄旁边。

白首北面 贾琼曰："文中子十五为人师。陈留王孝逸，先达之傲者矣，然而白首北面，岂以年乎？"

【译文】贾琼说："王通十五岁就做了别人的老师。陈留的王孝逸也是前辈中很有傲骨的人，然而头发花白仍然拜王通为师，怎么能用年龄来作为师生的标准呢？"

人师难遭 童子魏照求入事郭林宗，供洒扫。林宗曰："当精义讲书，何来相近？"照曰："经师易获，人师难遭。欲以素丝之质，附近朱蓝。"

【译文】童子魏照请求侍奉郭林宗，做些洒扫的杂务。郭林宗说："你应该从讲书中学习精深微妙的道理，为什么要来套近乎呢？"魏照说："讲经学的师傅容易寻找，能够教做人的师傅却难逢。所以我想用自己这样的白色丝料，靠近您这样的红蓝之色，希望得到熏陶。"

青出于蓝 《荀子》：学不可已。青出于蓝，而青于蓝；冰出于水，而寒于水。

【译文】《荀子》记载：学习不可以停下来。靛青是从蓝草里提取的，却比蓝草的颜色更青；冰是水凝结而成的，却比水更加寒冷。

师何常 《北史》：李谧初师事孔璠，后璠还就谧请业。同门生语曰："青成蓝，蓝谢青。师何常？在明经。"

【译文】《北史》记载：李谧最初拜孔璠为师，后来孔璠又来找李谧请教学问。同门的学生说："靛青由蓝草造就成全，蓝草却随着靛青的形成衰退。世上有一成不变的老师吗？这取决于对经学的通晓程度。"

一字师 张咏诗云："独恨太平无一事，江南闲杀老尚书。"萧楚才曰："恨字未妥，宜改幸字。"咏曰："子，吾一字师也。"

【译文】张咏在诗里写道："独恨太平无一事，江南闲杀老尚书。"萧楚才说："这句诗里的'恨'字不妥，应该改成'幸'字。"张咏说："您是我的一字老师啊。"

东家丘 汉邴原就学于孙崧，崧曰："子近舍郑君（郑玄），而蹑屩至此，岂以郑为东家丘耶？"原曰："人各有志，所向不同。君谓仆以郑为东家丘，则君以仆为西家之愚夫矣。"崧谢。（《家语》：孔子西家有愚夫，不识孔子为圣人，乃曰："彼东家丘，吾知之矣。"）

【译文】汉朝邴原跟随孙崧学习，孙崧说："你舍弃了近处的郑玄，却穿着草鞋走到我这里，难道以为郑玄是'东家丘'吗？"邴原说："人各有志，所向往的也不一样。您说我认为郑玄是'东家丘'，那就是把我当成西家那个愚夫了。"孙崧连忙道歉。（《孔子家语》记载：孔子家西邻是一个愚夫，不知道孔子是圣人，于是说："不就是我东边的邻居孔丘嘛，我知道他。"）

吾道东 汉郑玄事马融，学有得。及辞归，融喟然谓门人曰："吾道东矣！"

【译文】汉朝郑玄师从马融，学业有成。等到告辞回家时，马融叹息着对门生说："我的学问也跟着他一起东去了！"

吾道南 宋杨龟山师明道先生。及归，送之出门，谓坐客曰："吾道南矣。"

【译文】宋朝杨时（龟山）拜明道先生程颢为师。等到回去时，程颢送他出门，对在座的宾客说："我的学问跟着他一起南去了。"

易已东 汉卜宽学易于田何，学既有成，宽东归。何喜谓弟子曰："吾易已东矣！"

【译文】汉朝卜宽跟随田何学习《易经》，学成之后，卜宽便向东返回家乡。田何高兴地对弟子说："我研究《易经》的心得也随着他一起东去了！"

关西夫子 后汉杨震明经博览，为诸儒所宗，号曰关西夫子。

【译文】东汉杨震精通经学，见多识广，被当时的儒士所推崇，号称"关西夫子"。

南州阙里 兖州曲阜县阙里，孔子所居之地。朱熹居建阳，有考亭，明经论道，诸士子号南州阙里。

【译文】兖州曲阜县的阙里，是孔子居住的地方。朱熹居住在建阳，那里有一座考亭，朱熹经常在里面授业传道，被士子们称为"南州阙里"。

教授河汾 晋王通教授于河汾之间，弟子自远至者甚众。累征不起。赵郡李靖、清河房玄龄、钜鹿魏徵，一时王佐之才，皆出其门。

【译文】晋朝王通在黄河与汾水之间教学，很多学生都从远方赶来。朝廷屡次征召他都没有出仕。赵郡的李靖、清河的房玄龄、钜鹿的魏徵，这些一个时期的治国能臣，都出自他的门下。

师友渊源 古人学问必有渊源，杨恽一书，迥出当时流辈，则司马迁外孙也。

【译文】古人做学问必须要有师承，杨恽的一篇《报孙会宗书》超出当时同辈不少，而他是司马迁的外孙。

吾道之托　黄幹字直卿。朱熹曰："直卿志坚思苦，与之处，甚有益。"遂以女妻之。熹病革，出所著书授幹，曰："吾道之托在此。"

【译文】黄幹字直卿。朱熹说："直卿这个人意志坚定，能够刻苦思考，和他相处很有益处。"于是把自己的女儿嫁给他做了妻子。朱熹病危时，把自己的著作交给黄幹说："我的大道都在这里，就托付给你了。"

此吾老友　蔡元定，八岁能诗。及长，登泰山绝顶，日惟啖荠，于书无所不读。朱熹扣其学，大惊曰："此吾老友也，不当在弟子列。"

【译文】蔡元定八岁就能作诗。等长大后，他登上泰山绝顶，每天只吃荠菜，至于书则无所不读。朱熹有一次考查他的学问，大为惊奇地说："这是我多年的老友，不应该在弟子之列啊。"

通家　孔融年十岁，闻李膺有重名，造之。膺问："高明父祖常与仆周旋乎？"融曰："然。先君孔子与君家老子，同德比义而相师友，则融与君累世通家也。"

【译文】孔融十岁那年，听说李膺有很高的名望，于是前去拜访。李膺问他说："您家的祖先与我的祖先经常在一起交往吗？"孔融说："这是自然。我们家的先祖孔子与您家的先祖老子，德行和道义不相上下，亦师亦友，这样看来我家和您家算是世代交好了。"

父执　《曲礼》曰："见父之执（执，父同志之友也），不谓之进不敢进，不谓之退不敢退，不问不敢对。"

【译文】《礼记·曲礼》记载："见到父亲的执友（执，与父亲志同道合的朋友）时，如果对方没有让你进去就不能随便进去，对方没有让你退下就不能随便退下，对方没有问你就不能随便回答。"

识荆　李白《与韩荆州书》曰："白闻天下谈士言曰：生不用封万户侯，但愿一识韩荆州。何令人之景慕至此哉！"

【译文】李白在《与韩荆州书》中写道："我听说天下人都说：'一生不追求封万户侯，只想要结识一下韩荆州。'你怎么能够让人仰慕到这种程度呢！"

山斗　韩昌黎以六经之文为诸儒倡。自愈殁后，其学盛行，学者仰之如泰山北斗。

【译文】韩愈用六经里的文章来倡导儒生们恢复古文。自从韩愈去世后，他的学说就盛行天下，学者们仰慕他就像仰望泰山和北斗星一样。

函关紫气 老子将度函谷关，关吏尹喜望见紫气，知有神人来。果见老子骑青牛薄板车过关，喜拜之。老子教喜炼气，授以《道德》五千言。

【译文】老子将要经过函谷关，守关的官员尹喜看到紫气，知道有神人到来。果然看到老子骑着青牛驾着薄板车准备过关，于是赶紧拜见。老子不仅教尹喜炼气，还传授了他《道德经》五千字。

倒屣 蔡邕闻王粲在门，倒屣迎之。粲至，年既幼弱，容貌短小，一座尽惊。邕曰："此王公孙也，有异才，吾不如也，吾家书籍文章，尽当与之。"

【译文】蔡邕听到王粲在门口的消息，着急得鞋都没有穿好，倒穿着鞋前去迎接。王粲进来后，年龄又小，身材又矮，满座的宾客都感到很惊奇。蔡邕说："这是王公的孙子，有非凡的才学，我不如他，我家里所有的书籍，都应该送给他。"

下榻 徐穉字孺子，豫章人。陈蕃为豫章太守，罕所接见，惟设一榻以待孺子，去则悬之。穉屡荐不仕。郭林宗称为南州高士。

【译文】徐穉字孺子，豫章人。当时陈蕃任豫章太守，平时基本不接见宾客，唯独准备了一张床榻接待徐穉，徐穉离开后就又把床悬挂起来。徐穉多次被举荐却不出来做官。郭林宗称他为"南州高士"。

御李 李膺性简亢，无所交接。荀爽常谒膺，因为其御，既还，喜曰："今日乃得御李君。"

【译文】李膺性格清高，没有什么交往的朋友。荀爽曾经有一次拜访李膺，顺带着给他驾车，回去之后，荀爽高兴地说："今天我居然能够给李先生驾车。"

李郭仙舟 郭泰游洛阳，与河南尹李膺相友善。后归乡里，衣冠送至河上，车骑数千。泰与膺同舟而济，众宾望之，以为神仙。世称李郭仙舟。

【译文】郭泰在洛阳游学时，与河南尹李膺关系很好。后来他回家乡时，士大夫和儒生们一直送到河边，车马就有数千。郭泰和李膺共同乘坐一艘船渡河，众宾客远远望着，把他们看作神仙一样。这艘船也被世人称为“李郭仙舟”。

北海樽 孔北海性宽容好客，及退闲职，宾客日盈其门，常叹曰：“座上客常满，樽中酒不空，吾无忧矣。”

【译文】孔融为人宽容好客，等他赋闲在家时，家里每天都宾客盈门，孔融经常叹息说：“座上的宾客常满，手中的酒杯不空，我已经没有什么好忧愁的了。”

千里命驾 晋吕安服嵇康高致，每一相思，辄千里命驾赴之。

【译文】晋朝吕安佩服嵇康崇高的人品和情趣，每次一想念他，都会不远千里地驾车前去拜访。

高轩过 李贺，七岁能文，韩愈、皇甫湜过之，贺作《高轩过》诗以谢之。

【译文】李贺七岁就能作文，韩愈、皇甫湜前来拜访，李贺便作了一首《高轩过》来答谢他们。

投辖 汉陈遵，每大饮，宾客满堂，辄闭门取客车辖投井中，虽有急，不得去。

【译文】汉朝的陈遵，每次举办宴会时都宾客满堂，他每次都会关上大门，把宾客车上的固定车轮用的车辖扔到井里，就算有急事也没法出去。

附骥 《公孙述传》：苍蝇之飞不过数步，附托骥尾得以绝群。

【译文】《后汉书·公孙述传》记载：苍蝇飞行不过是几步的距离，只有依附在骏马的尾巴上才能超过同类。

披云 晋卫瓘见乐广，奇之，命子弟造焉，曰：“此人，冰壶濯魄，见之莹然，若披云雾而睹青天。”

【译文】晋朝卫瓘见到乐广后十分惊奇，就让子弟们前去拜访他，并对他们说：“乐广这个人就像用冰壶洗涤过魂魄一样，让人一见之下就会生出光洁明亮的感觉，如同透过云雾看到晴天一样。”

景星凤凰 韩愈遗李勃书曰：“朝廷士引领东望，若景星凤凰始见，争先睹之为快。”

【译文】韩愈在给李勃的信中写道：“朝中百官伸着脖子向东望，就像那里有景星和凤凰刚刚出现一样，争着要一睹为快。”

鄙吝复萌 汉黄宪，陈蕃尝谓周举曰：“旬日间不见黄叔度，鄙吝之私复萌于心矣。”①

【译文】汉朝的黄宪，陈蕃曾经对周举说：“十天没有见到黄宪，庸俗吝啬的私意就又在心里萌发了。”

朋友

莫逆 子祀、子舆、子犁、子来，四人相与语曰：“孰知死生存亡之一体者，吾与之友矣。”四人相视而笑，莫逆于心，遂相与为友。

【译文】子祀、子舆、子犁、子来，四个人一起说：“谁如果知道生死存亡本来就是一体的道理，我们就和他交朋友。”说完后四人相视而笑，心意契合却不说话，于是相互之间成为知己。

友道君逆 周宣王将杀其臣杜伯，而非其罪。伯之友左儒争之于王，九复之，而王不听。王曰：“汝别君而异友也。”儒曰：“君道友逆，则顺君以诛友；友道君逆，则顺友以违君。”王杀杜伯，左儒死。

【译文】周宣王将要杀死自己的臣子杜伯，但并不是因为他有罪。杜伯的朋友左儒前去与宣王争论，连续九次宣王都没有听从。宣王说：“你为了朋友而违背我的意愿，这是重朋友而轻君王。”左儒说：“如果君王是正确的而朋友是错误的，我就会顺从君王而诛杀朋友；如果朋友是正确的而君王是错误的，我就会顺从朋友而违抗君王的命令。”周宣王杀了杜伯后，左儒也自杀了。

倾盖 孔子之郯（音谈，国名），遭程子于途，倾盖而语，终日甚相浃

① 《世说新语·德行》：“周子居常云：‘吾时月不见黄叔度，则鄙吝之心已复生矣。’”其说与此不同。——编者注

洽，顾谓子路曰："取束帛以赠先生。"

【译文】孔子要去郯国，在路上碰到了程子，两人于是把车上的伞盖靠在一起交谈了一整天，相处十分融洽，孔子回过头对子路说："拿一束帛来送给先生。"

雷陈　后汉雷义与陈重为友，义举茂才，让于重，刺史不听。遂佯狂，被发走，不应命。乡里为之语曰："胶漆虽谓坚，不如雷与陈。"

【译文】东汉雷义与陈重是好朋友，雷义被举荐为秀才，想让给陈重，刺史没有同意。于是雷义便假装疯癫，披头散发奔走，没有接受命令。乡里人为他们编了一句俗语："胶漆虽谓坚，不如雷与陈。"

侨札之好　季札见郑子产，如旧相识，与之缟带，子产献纻衣。后称交契者，谓之侨札之好。

【译文】季札见到郑国的子产（公孙侨）后，就像见到了老朋友，于是送给他一条白色的生绢带，子产也回赠给他一件粗布衣服。后来人们便把关系很好的朋友称为"侨札之好"。

杵臼定交　后汉公孙沙穆游太学，无资粮，乃变服客佣，为吴祐赁舂。祐与语，大惊，遂定交于杵臼之间。

【译文】东汉公孙沙穆在太学游学，缺钱少粮，于是换上衣服在外乡做了帮佣，为吴祐舂米赚取酬劳。吴祐与他说话时，大感惊奇，于是两人就在舂米的木棒和石臼间定下了交情。

刎颈交　陈馀年少，父事张耳，两人相与为刎颈之交，后乃有隙。

【译文】陈馀年少时，像对待父亲一样侍奉张耳，两个人都把对方当作自己的生死之交，后来有了嫌隙。

如饮醇醪　程普尝以气凌周瑜，瑜未尝有愠色，承奉愈谨。普自惭，投分于瑜曰："与公瑾交，若饮醇醪，不觉自醉。"

【译文】程普曾经对周瑜表现得盛气凌人，周瑜却没有一点恼怒的神色，反而承命奉行得更加仔细了。程普感到十分惭愧，于是把周瑜引为知己说："和你周公瑾交往，就像喝醇酒一样，让人不知不觉就醉了。"

廉庆　廉范与洛阳庆鸿为刎颈交。时人称曰："前有管鲍，后有廉庆。"

【译文】廉范与洛阳人庆鸿是生死之交。当时的人都说：“前有管仲和鲍叔牙，后有廉范和庆鸿。”

管鲍分金 管仲与鲍叔相友善。仲曰：“吾困时，尝与鲍叔贾，分财则吾多自与，鲍叔不以我为贪，知我贫也。生我者父母，知我者鲍叔也。”

【译文】管仲与鲍叔牙交好。管仲说：“我在贫困时，曾经和鲍叔牙一起经商，每次分钱时我都会多拿，鲍叔牙没有认为我贪心，他知道我家里穷。生下我的是父母，懂我的人却是鲍叔牙。”

停云 陶元亮诗叙：“停云，思亲友也。”故称知交谓之停云。

【译文】陶渊明在《停云》一诗中说：“停云，是为思念亲友而作。”所以人们便把知心朋友称为“停云”。

旧雨 旧雨，言旧交也。杜工部云：“卧病长安旅次，多雨，寻常车马之客，旧，雨来，新，雨不来。”

【译文】旧雨说的是老朋友。杜甫曾经说：“病卧在长安的客店中，经常下雨，平常坐着马车来来往往的朋友和客人，老朋友，就算下雨也会来，新朋友，下雨就不会过来了。”

题凤 嵇康与吕安善。后安来，值康不在，嵇喜延之，不入，题鳳字而去。喜以告康，康曰：“鳳字，凡鳥也。”

【译文】嵇康与吕安交好。有一次吕安来访，正好嵇康不在，嵇喜请他进去，吕安没有进门，只在门上写了一个“鳳”字就走了。嵇喜把这件事告诉了嵇康，嵇康说：“‘鳳’字拆开就是‘凡鳥’啊。”

指囷 鲁肃以散财赈穷，结交俊杰。周瑜过肃，并告资粮。肃家有两囷米，各三千斛。肃乃指一囷与瑜，瑜惊异之，遂相与结亲。

【译文】鲁肃用把财物送给穷人的方法结交俊杰。有一次周瑜拜访鲁肃，并且告诉他想要一点粮食。鲁肃家有两个米仓，每个仓里都有三千斛米。鲁肃便指着一个米仓送给周瑜，周瑜大感惊奇，于是和鲁肃结为好友。

弹冠结绶 王吉与贡禹为友，萧育与朱博为友，交相荐达。长安人语曰：“王贡弹冠，萧朱结绶。”

【译文】王吉与贡禹是好朋友，萧育与朱博是好朋友，他们之间都因为互相举荐而显达。长安人都说："王吉与贡禹整理官帽，萧育与朱博佩戴印绶。"

更相为仆 宋韩亿、李若谷未第时，俱贫。赴试京师，仅有一毡一席，割分之。每出谒，更相为仆。李先登第，韩为负箱，至长社，分钱而别。后韩亦登第。

【译文】宋朝韩亿、李若谷没有金榜题名时，都很贫穷。两人一起进京赶考时，只有一条毡毯和一领席子，于是把它们从中间分割。每次出去拜访别人时，就互相装作仆人。李若谷先考中进士，韩亿就给他背书箱，到达长社后，两人吃了一顿送别饭后就分开了。后来韩亿也考中了进士。

尔汝交 祢衡逸才飘举，少与孔融作尔汝交。时衡未满二十，而融已五十，敬衡才秀，共结殷勤。

【译文】祢衡才华横溢，年少时就和孔融结下了不分彼此的交情。当时祢衡不到二十岁，而孔融已经五十岁了，他敬重祢衡的才华，所以仍然和他保持着深情厚谊。

忘年交 张镒有重名，陆贽年十八，往见，语三日，奇之，称为忘年之交。

【译文】张镒极负盛名，陆贽十八岁时，前去拜访他，两人谈论了三天，张镒觉得陆贽是个奇人，于是就和他结下了忘年之交。

金兰簿 戴弘正每得一密友，则书于简编，焚香以告祖考，号金兰簿。

【译文】戴弘正每次结交一个亲密朋友，就把他的名字写在书简上，焚香祭告祖先，称为"金兰簿"。

三友一龙 华歆与邴原、管宁相善，时号三友为一龙，谓歆为龙头，原为龙腹，宁为龙尾。

【译文】华歆与邴原、管宁交好，当时的人称他们为"三友一龙"，华歆是龙头，邴原是龙腹，管宁则是龙尾。

雉坛 五代时，三人为朋，筑坛，以丹鸡、白犬歃血而盟，曰："卿乘车，我戴笠，他日相逢下车揖。我步行，卿乘马，他日相逢马当下。"

【译文】五代时期，三个人要结交朋友时，都会先筑坛，把鸡血和白狗的血涂在嘴唇上发誓，说："如果你乘坐马车，我戴斗笠，日后相逢你要下车作揖。如果我走路，你骑马，日后相逢你要从马上下来。"

总角之好 孙策曰："公瑾与孤有总角之好，骨肉之分。"

【译文】孙策说："周瑜和我从小就是很要好的朋友，我们的关系就像亲兄弟一样。"

耐久朋 唐魏元同与裴炎缔交，能保终始。时人号为耐久朋。

【译文】唐朝魏元同与裴炎结交为好友，他们的关系能够保持始终。被当时的人称为"耐久朋"。

平生欢 后汉马援与公孙述同里闬相善，以为当握手，欢如平生。

【译文】东汉的马援与公孙述是同乡好友，所以马援去拜访公孙述时认为应该握着对方的手说话，就像以前那样快乐。

青云交 江淹曰："袁叔明与我，有青云交，非直衔杯酒而已。"

【译文】江淹说："袁叔明和我是志同道合的朋友，不只是酒肉朋友而已。"

班荆 楚声子与伍举相善，遇之郑郊，布荆于地，共食而言也。

【译文】楚国的声子与伍举交好，有一次两人在郑国的郊外相遇，就在地上铺了很多荆条，一起坐在上面吃饭聊天。

范张鸡黍 范式、张劭为友，春时京师作别，式曰："暮秋当拜尊堂。"至期，劭白母，杀鸡以俟。母曰："巨卿相距千里，前言戏耳。"劭曰："巨卿信士。"言未毕，果至。升堂拜母，尽欢而别。

【译文】范式与张劭是好朋友，两人春天时在京师道别，范式说："到了晚秋时节我应该去拜访您的母亲。"到了约定的时间，张劭把这件事告诉了母亲，并且杀鸡来等范式。张劭的母亲说："巨卿（范式）与我们相隔千里，前面说的都是开玩笑的。"张劭说："巨卿是极重信用的人。"话还没有说完，张劭果然来了。他上堂拜见范式的母亲，宾主尽欢而别。

系剑冢树 季札出使过徐，徐君好季札剑，口不敢言。季札知之，使上国，未献。还，至徐，徐君已死，乃解剑系其冢树而去。季札交情，不以生死易念。

【译文】季札出使时经过徐国，徐国的君主喜欢季札的宝剑，却不敢开口索要。季札知道后，因为还要出使上国，就没有把宝剑送给他。等到返程时，季札来到徐国，徐国的君主却已经死了，季札于是解下身上的宝剑绑在徐国君主坟墓边的树上离开了。季札与人交往，是不会因为生死而改变想法的。

生死肉骨 蘧子冯曰："吾见申叔夫子，所谓生死而肉骨者也，敢忘报哉！"

【译文】蘧子冯说："我今天拜见了申叔夫子，他的一番话就像能让死人复生，白骨长肉一样，这样的恩德我哪里敢忘记报答！"

口头交 孟郊诗："古人形如兽，皆有大圣德。今人表似人，兽心安可测。虽笑未必和，虽哭未必戚。但结口头交，肚里生荆棘。"

【译文】孟郊在诗里写道："古人形如兽，皆有大圣德。今人表似人，兽心安可测。虽笑未必和，虽哭未必戚。但结口头交，肚里生荆棘。"

交若醴 《庄子》：君子之交淡如水，小人之交甘若醴。君子淡以亲，小人甘以绝。

【译文】《庄子》记载：君子之间交往就和水一样清淡，小人之间交往就像美酒一样甘甜。君子之间的交情虽然看上去平淡实际上却十分亲密，小人之间的交情看上去甘甜，实际上却很容易绝交。

贫交行 杜诗："翻手作云覆手雨，纷纷轻薄何须数？君不见管鲍贫时交，此时今人弃如土。"

【译文】杜甫在诗里写道："很多人交朋友，翻手是云，覆手就成了雨，花样百出，哪里数得清楚？你看，像管仲和鲍叔牙那样在贫贱时的君子之交，已经被现在的人视如粪土了。"

面朋面友 颜荛志："面交如携手，见利即解携而去也。"杨子曰："朋而不心，面朋也；友而不心，面友也。"同类曰朋，同志曰友。

【译文】颜荛在自己的墓志铭上写道："表面交往的朋友，都像牵着手走过街市一样，见到有利可图就会分别而去。"杨雄说："结为同党却不交心，就是表面朋友；结为朋友却不交心，也是表面朋友。"同类之人称为"朋"，志趣相投的人称为“友”。

绝交恶声 燕乐毅书：“古之君子，交绝不出恶声；忠臣去国，不洁其名。”

【译文】燕国的乐毅在奏疏中说：“古代的君子，就算和人绝交时也不会恶语相向；忠臣离开国家时，也不会标榜自己高洁。”

五交 刘孝标《广绝交论》，谓势交、论交、穷交、量交、贿交，此五交皆不能恤贫，故绝之也。

【译文】刘孝标在《广绝交论》中说，因为趋炎附势而交往，因为言谈而交往，因为贫穷而交往，因为对方度量好而交往，因为贪图财富而交往，这五种交往都不能体恤贫穷，所以应该断绝。

识半面 汉应奉尝诣袁贺，贺闭半户，出半面视奉，奉即去。故与人曾相见者，曰识半面。

【译文】汉朝的应奉曾经拜访袁贺，袁贺关着半扇门，只露出一半脸来看应奉，应奉便离开了。所以就把只有一面之缘的人称为“识半面”。

无逢故人 公孙弘食故人高贺脱粟饭，覆以布被。贺曰：“何用故人富贵为？脱粟布被。弘内厨五鼎，外膳一肴，诈也。”弘曰：“宁逢恶宾，无逢故人。”

【译文】公孙弘让老朋友高贺吃只脱去外壳的粟米饭，盖布被子。高贺说：“老朋友富贵对我有什么用呢？吃糙米盖布被，我自己也有这些东西。公孙弘自己吃饭时用五个鼎，在外人面前吃饭时却只有一个菜，真是个奸诈之徒。”公孙弘叹息说：“宁愿招待不怀好意的宾客，也不想再招待这样的老朋友了。”

怀刺漫灭 祢衡尚气刚傲，自荆州北游许都，书一刺怀之，字灭而无所遇。或曰：“何不从陈长文、司马伯达乎？”衡曰：“君使我从屠沽儿辈耶！”

【译文】祢衡为人刚直高傲，他从荆州出发北游许都，写了一封名刺放在怀里，字都看不清楚了还是没有什么遇合。有人对他说：“你为什么不跟随陈群（长文）、司马朗（伯达）呢？”祢衡说：“你难道让我跟随那些杀狗卖酒的人吗！”

负荆请罪　蔺相如为赵上卿，位在廉颇右。颇曰：“我见相如，必辱之。”相如望见颇，引车避之。左右以为耻。曰：“强秦不敢加兵于赵者，以吾两人耳。今两虎相斗，势不俱生。吾先国家之急而后私仇。”颇闻之，肉袒负荆，至门谢罪。

【译文】蔺相如担任赵国上卿，地位在廉颇之上。廉颇说：“如果见到蔺相如，我必然要羞辱他。”有一次，蔺相如远远看到廉颇过来，就让马车赶紧避开。这件事被左右的人引以为耻。蔺相如说：“强大的秦国之所以不敢进攻赵国，都是因为我们两个人。如今我们两虎相斗，肯定无法一起生存。我要先考虑国家的危难，再考虑自己的私人恩怨。”廉颇听说之后，脱下上衣背着荆条，到蔺相如家里请罪。

翟公书门　《郑当时传》：翟公为廷尉，宾客填门。及废，门外可设雀罗。后复为廷尉，客欲往，翟公大书其门，曰：“一死一生，乃见交情。一贫一富，乃知交态。一贵一贱，交情乃见。”

【译文】《史记·郑当时传》记载：翟公担任廷尉时，宾客盈门。等到被废黜后，变得门可罗雀。后来他又被朝廷任命为廷尉，宾客们想要前去拜访，翟公在门上写道：“一死一生，乃见交情。一贫一富，乃知交态。一贵一贱，交情乃见。”

布衣交　李孔修自号抱真子，混迹阛阓，人莫之识。陈献章见之，曰：“此非俯首当世人也。”平居冠管宁帽，衣朱子深衣，惟攻《周易》。一日，输粮至县，令异其容止，问姓名，不答，第拱手。令叱曰：“何物小民，乃拱手耶！”再拱手。令怒，笞之五，竟无言而出。令疑焉。徐得其情，乃大敬礼之。吴廷举藩臬于粤，引为布衣交。卒无子，尚书霍韬葬之西樵山。

【译文】李孔修自称“抱真子”，混迹在市井之间，没有人认识他。陈献章看见他之后说：“此人绝对不甘心俯首只做个普通人。”他平时都戴着管宁那样的黑帽子，穿着朱熹那样的深衣，一心攻读《周易》。有一天，他运送粮食到县里，县令看到他的样子感到很惊异，就问他姓名，李孔修没有回答，只是拱拱手。县令大怒骂道：“你是哪儿来的小民，也敢对我拱手！”李孔修又对县令拱了拱手。县令大怒，让人打了他五板子，李孔修竟然一句话也没说就出去了。县令感到十分疑惑。后来他才慢慢知道了李孔修的情况，于是对他大为尊敬，以礼相待。吴延举在广东做布政使时，把他作为自己的布衣之交。李孔修死后没有儿子，被尚书霍韬埋葬在西樵山。

呼字定交 服虔字子慎，善《春秋》。闻崔烈集门人都讲，乃匿姓名，赁诸生作食。每当讲时，窃听。稍共诸生叙其短长。烈疑是虔。明早往，及未寤，便呼："子慎！子慎！"虔不觉惊应，遂定交。

【译文】服虔字子慎，精通《春秋》。他听说崔烈召集门人讲学，于是隐瞒自己的姓名，被崔烈雇用为这些学生做饭。每次讲课时，服虔都在一旁偷听。讲完课后还要和学生们一起讨论讲解中的对错。崔烈怀疑他就是服虔。第二天一早崔烈就去找他，服虔当时还没有醒，崔烈便在一旁大喊："子慎！子慎！"服虔一惊之下连忙答应，两个人于是定下了交情。

死友 羊角哀、左伯桃往楚，道遇雪，度不能俱生，乃并衣与角哀，伯桃入树死。角哀至楚，为大夫。王备礼葬伯桃。角哀自杀以殉。

【译文】羊角哀、左伯桃一起前往楚国，路上遇到大雪，两人揣度着无法全都活下来，左伯桃于是把衣服全都交给羊角哀，自己躲进树里死了。羊角哀到达楚国后，做了大夫。楚王礼仪周备地埋葬了左伯桃。羊角哀也自杀为朋友殉葬。

奴婢

纪纲之仆 《左传》：晋侯迎夫人嬴氏以归，秦伯送卫于晋三千人，实纪纲之仆。

【译文】《左传》记载：晋侯迎接夫人嬴氏回国，秦伯送给晋国卫士三千人，这些人都是精锐的士卒。

渔童樵青 唐肃宗赠高士张志和奴婢二人，志和配为夫妇，名曰渔童、樵青。人问其故，曰："渔童使捧钓收纶，芦中鼓枻。樵青使刈兰薪桂，竹里煎茶。"

【译文】唐肃宗赠送给道家高人张志和一个奴仆和一个婢女，张志和让他们结为夫妻，取名渔童、樵青。有人问他为什么起这样的名字，张志和说：“渔童负责拿鱼竿和收线，在芦苇丛中划船。樵青负责割取兰草，伐桂树做柴，在竹林中煎茶。”

海山使者 晋陶侃家僮百余人，惟一奴不喜言语，尝默坐。侃一日出郊外，奴执鞭随，胡僧见而惊，礼之曰：“海山使者也。”侃异之。至夜，失其所在。

【译文】晋朝陶侃家有一百多个仆人，只有一个奴仆不喜欢说话，经常沉默地坐着。陶侃有一天出门去郊外，这位奴仆拿着马鞭跟随，有一位外来的僧人看到后非常惊讶，恭敬地对这位奴仆说：“您是海山使者。”陶侃觉得非常奇怪。当天夜里，这位奴仆便不知所踪。

读书婢 郑玄家奴婢皆读书，一婢不称指，玄使人曳跪泥中。须臾，一婢问曰：“胡为乎泥中？”曰：“薄言往愬，逢彼之怒。”

【译文】郑玄家的奴婢全都读书，有一次，一个婢女不符合他的心意，郑玄就让她跪在泥地里。片刻之后，另一个婢女问她：“胡为乎泥中？”跪着的婢女说：“薄言往愬，逢彼之怒。”

慕其博奥 萧颖士性褊无比，畜一佣仆杜亮，每一决责，便至力殚。亮养创平复，为其指使如故。或劝之去，答曰：“岂不知，但慕其博奥，以此恋恋不能去耳。”

【译文】萧颖士的性格十分急躁，他养了一个叫作杜亮的用人，每次责罚仆人的时候，都要打得自己筋疲力尽。杜亮养好伤后，仍然像往常一样被他使唤。有人劝他离开，杜亮说：“我难道不知道离开吗？我只是仰慕他的博学和精深，才恋恋不舍罢了。”

温公二仆 司马温公家一仆，三十年，止称“君实秀才”。苏学士来谒，闻而教之，明日改称“大参相公”。温公惊问，仆实告。公曰：“好一仆被苏东坡教坏了。”温公一日过独乐园，见创一厕屋，问守园者从何得钱。对曰：“积游赏者所得。”公曰：“何不留以自用？”对曰：“只相公不要钱。”

【译文】司马光家里有一个仆人，已经服侍了他三十年，只称他为“君实秀才”。有一次苏轼前来拜访，听到仆人这样说话于是就教他改正，第二天仆人就改口称司马光为“大参相公”。司马光惊讶地问他原因，这位仆人就以实情相告。司马光说：“好好的一个仆人被苏轼教坏了。”有一天，司马光去自己以前修建的独乐园游赏，看到新建了一间偏房，于是就问守园人从哪里得到的钱。守园人回答：“都是游赏的人给的。”司马光说：“你为什么不留着自己用？”守园人回答：“朝中这么多官员，只有相公您不会要这些钱啊。”

臧获 海岱之间骂奴曰臧，骂婢曰获。盖古无奴婢，犯事者被臧，没入官为奴；妇女逃亡，获得者为婢。

【译文】渤海和泰山之间的人骂奴仆作“臧”，骂婢女作“获”。原因大概是上古时期并没有奴婢，有人因为犯罪被处罚，籍没入官称为奴仆；妇女逃亡，被抓获的人当作婢女。

措大 奴婢之称，有曰厮养，有曰苍头，有曰卢儿，有曰奚童，有曰钳奴，有曰措大。措大者，以其能举措大事也。

【译文】对于奴婢的称呼，有的叫“厮养”，有的叫“苍头”，有的叫“卢儿”，有的叫“奚童”，有的叫“钳奴”，有的叫“措大”。被叫作“措大”的人，是因为他们能处理大事。

开阁驱婢 王处仲尝荒恣于色，体为之疲，左右谏之，曰：“吾乃不觉耳。如此甚易。”乃开后阁，悉驱诸婢出，任其所之。

【译文】东晋宰相王敦（字处仲）曾经沉迷女色，身体因此十分疲惫，左右的人劝谏他，王敦说：“我怎么不觉得是这样呢。不过这也十分容易。”于是打开偏房的门，把婢女全都赶了出去，任由她们随便去哪都可以。

追婢 阮咸先幸姑家鲜卑婢。及居母丧，姑当远徙，竟将婢去。咸借客驴，着重服，自追之，累骑而返，曰：“人种不可失！”（婢即阮孚之母。）

【译文】阮咸先前曾经宠幸了姑姑家的一个鲜卑族婢女。等到他为母亲守丧时，姑姑准备迁徙到远方，竟然将这位婢女逐出家门。阮咸借了客人的一头驴子，穿着孝服亲自追赶，最后两个人骑着驴子一同返回，阮咸说：“肚子里的孩子可不能丢失啊！”（这位婢女就是阮孚的母亲。）

银鹿 唐颜真卿家僮名曰银鹿。欧阳公云：“银鹿，鼎名。”

【译文】唐朝颜真卿家里有个叫“银鹿”的仆童。欧阳公说：“银鹿是鼎的名字。”

便了 汉王子渊名褒，从成都杨惠买夫时户下有一髯奴，名便了，决卖万五千，与立券，约从百使役。

【译文】汉代王褒字子渊，从成都寡妇杨惠那里买了一个她丈夫还在世时家里的长胡子奴仆，名叫“便了”，双方约定价格为一万五千钱，并立下卖身契，约定这位奴仆必须从事一百种杂役。

长须赤脚 韩愈《寄卢仝》诗云：“玉川先生洛城里，破屋数间而已矣。一奴长须不裹头，一婢赤脚老无齿。”又东坡云：“常呼赤脚婢，雨中撷园蔬。”

【译文】韩愈在《寄卢仝》中写道：“玉川先生洛城里，破屋数间而已矣。一奴长须不裹头，一婢赤脚老无齿。”苏轼在诗里也写过：“常呼赤脚婢，雨中撷园蔬。”

掌笺婢 唐潞州节度使薛嵩，有侍婢红线，嵩使掌笺表，号内记室。

【译文】唐朝潞州节度使薛嵩，有一个叫红线的侍女，薛嵩让他管理笺记和表章，称为“内记室”。

吹篪婢 后魏河间王有婢曰朝云，善吹篪。诸羌叛，王使朝云假为妪吹篪，羌皆流泪，思乡而去。

【译文】北魏河间王有个叫朝云的婢女，擅长吹篪。后来羌人反叛，河间王让朝云假扮老妇人吹篪，羌人全都泪流满面，因为思念家乡而退兵。

桃叶 晋王献之爱妾名桃叶，尝渡秦淮口，献之作歌送之。今名曰桃叶渡。（献之有歌曰：桃叶复桃叶，渡江不用楫。但渡无所苦，我自来迎接。）

【译文】晋朝王献之有个叫桃叶的爱妾，曾经在渡过秦淮河口时，王献之写了一首诗歌送给她。现在那里被命名为“桃叶渡”。（王献之的诗歌写道：桃叶复桃叶，渡江不用楫。但渡无所苦，我自来迎接。）

雪儿歌 唐李密宠姬名雪儿，每宾客有辞章奇丽者，付雪儿协律歌之，故号雪儿歌。

【译文】唐朝李密有个叫雪儿的宠姬，每次大宴宾客时，有人写出奇丽的辞章，都会交给雪儿按照音律来唱，所以称为“雪儿歌”。

绛桃柳枝 韩退之二侍姬，名绛桃、柳枝。退之初出使未归，柳枝窜去，家人追获。及镇州，有云："别来杨柳街头树，摆乱春风只欲飞。惟有小桃园里在，柳花不发待郎回。"自是专属意绛桃。

【译文】韩愈有两个侍妾，名叫绛桃、柳枝。韩愈起初出使没有回来，柳枝逃出家门，被家人追到抓获。后来他在镇江作了一首诗："别来杨柳街头树，摆乱春风只欲飞。惟有小桃园里在，柳花不发待郎回。"从此之后韩愈便独宠绛桃。

樊素小蛮 白乐天两婢，一名樊素，一名小蛮。有云："樱桃樊素口，杨柳小蛮腰。"

【译文】白居易有两个婢女，一个叫樊素，一个叫小蛮。他在一首诗里写道："樱桃樊素口，杨柳小蛮腰。"

瓦刺辉 瓦刺辉，明太祖驸马梅殷仆也。谭深、赵曦谋杀驸马，文皇帝杀此二臣，瓦刺辉取心肝以祭驸马，痛哭而殉。

【译文】瓦刺辉是明太祖朱元璋驸马梅殷的仆人。谭深、赵曦谋杀了驸马，文皇帝朱棣处死了这两个人，瓦刺辉掏出二人的心肝来祭奠驸马，痛哭殉葬。

仆地泼毒酒 卫国主父为周大夫，不归者三年。其妻巫氏与人通。一日，主父回。其妻虑事败，以毒酒饮之，命婢葵枝行酒。葵枝知其谋而忖曰："从主母而杀主人，不可谓义；受主母托而破其状，则害主母，不可谓忠。"乃故仆于地，而泼其酒。主父反以婢为不敬，而重责之，葵枝受而不怨。

【译文】卫国的主父是周朝的大夫，三年都没有回家。他的妻子巫氏与人私通。有一天，主父返回家里。他的妻子担心事情败露，就拿毒酒给他喝，命令婢女葵枝给主父倒酒。葵枝知道她的阴谋，于是在心里暗想："我如果听从主母的吩咐杀害主人，不可以称为义；我受主母的托付却揭露她，就会害死主母，不可以称为忠。"于是她故意跌倒在地上，把手里的酒泼了出去。主父反而认为婢女不尊敬自己，重重责罚了她，葵枝心甘情愿地接受而没有怨言。

李元苍头 李善，汉李元之苍头也。元尽室疫死，惟孤儿续始生数旬，而资财巨万，诸奴欲谋续，分其财。善潜以续出亡，隐瑕丘界中，亲自乳哺。及长，诉叛奴于官，悉杀之。时钟离意为瑕丘令，上书以闻，光武拜善及续并太子舍人。善还旧里，脱冠解带，扫元墓门修祭，泣数日乃去。

【译文】李善是汉朝李元家中的奴仆。后来李元全家都因为染上瘟疫而死，只留下一个出生刚几十天的孤儿李续，却有万贯家财，家里的奴仆们想要谋害李续，瓜分他的财产。李善便偷偷带着李续逃了出去，隐居在瑕丘境内，亲自喂养他。等到李续长大之后，把那些背叛主人的奴仆全部告到了官府，恶奴们悉数被杀。当时钟离意任瑕丘县令，上书把这件事告诉了皇帝，光武帝于是拜李善和李续为太子舍人。李善回到家乡后，摘下帽子，解去腰带，为李元打扫墓门并进行祭祀，哭泣了好几天才离开。

定国侍儿　王巩字定国，坐苏轼党，贬宾州。轼临北归，别巩，出侍儿柔奴进酒。轼问柔奴："岭南应是不好？"柔奴曰："此心安处，便是吾乡。"轼因作《定风波》一词以赠。

【译文】王巩字定国，被定为苏轼同党而受到连坐，贬到宾州。苏轼将要北归，与王巩道别，王巩让自己的小妾柔奴斟酒。苏轼问柔奴："岭南不是个好地方吧？"柔奴说："这颗心感到安定的地方，就是我的故乡。"苏轼于是作了一首《定风波》送给她。

卷六　选举部

制科

宾兴　《周礼·地官·大司徒》：以乡三物教万民而宾兴之。一曰六德：智、仁、圣、义、忠、和；二曰六行：孝、友、睦、姻、任、恤；三曰六艺：礼、乐、射、御、书、数。

【译文】《周礼·地官·大司徒》记载：乡学用三类事物来教化百姓荐举贤能。第一是六德，即智、仁、圣、义、忠、和；第二是六行，即孝、友、睦、姻、任、恤；第三是六艺，即礼、乐、射、御、书、数。

槐花黄　科举年，举子至八月皆赴科场。时人语曰："槐花黄，举子忙。"

【译文】到举行科举的那一年，参加考试的学生们都在八月赶赴考场。当时的人有谚语说："槐花黄的时候，也是举子们最忙的时候。"

棘围　《通典》：礼部阅试之日，严设兵卫，棘围之，以防假滥。五代和凝知贡举时，进士喜为喧哗以动主司。每放榜，则围之以棘，闭省门，绝人出入。凝撤棘围，开省门，而士皆肃然无哗。所取皆一时英彦，称为得人。

【译文】《通典》记载：到了礼部贡院主持考试那天，朝廷会设置卫兵把守，用荆棘圈为场地，防止出现假冒身份和随意进出的情况。五代和凝主管礼部贡院时，考生们喜欢通过喧哗来引起主考官的注意。每到主考官放榜的时候，也要用荆棘围起来，关闭官府大门，杜绝人员出入。和凝则命人撤去围着考场的荆棘，打开府门，考生们全都变得安静肃穆。那一科考中的都是一时的英才，和凝也被称为取人得当。

乡贡进士 唐《选举志》：唐制取士之科，多因隋旧。其大略有二：由学校曰生徒，由州县曰乡贡，皆升于有司而进退之。其科目，有秀才，有明经，有进士。

【译文】唐《选举志》记载：唐朝的科举制度，大多沿袭隋朝旧制。这种制度大概有两点：参加官学考试合格，由官学选送的考生叫作“生徒”；在私学上学的学生，经州县考试合格后选送，称为“乡贡”，这些考生全都被送到尚书省应试来决定进退。考试的科目有三种：秀才、明经和进士。

观国之光 《易经》观卦：六四爻，观国之光，利用宾于王。《象》曰：观国之光，尚宾也。

【译文】《易经》观卦的六四爻的爻辞为“观察一个国家的文治武功，有利于成为君王的佐臣”。《象辞》记载：“观察一个国家的文治武功”，是说这个国家崇尚贤士。

试士沿革 汉文帝始取士以策，武帝加问经疑，左雄加章奏。武帝始取士以词赋，唐太宗加律判及射。玄宗取士以诗赋，德宗加论及诏诰。宋仁宗始加试经义，时王安石始去声律对偶。哲宗始诏专习经义，始废诗赋。

【译文】汉文帝开始用策文选拔人才，汉武帝增设了考查经学的科目，左雄增设奏章科目。汉武帝设置了用词赋选拔人才的科目，唐太宗增设按照律法写判词和射术科目。唐玄宗用诗赋选拔人才，唐德宗增设时论和诏诰文书撰写。宋仁宗开始增设经义科目，到王安石时才开始去掉考试中的声律和对偶。到宋哲宗时，才下诏规定只学习经义，诗赋科目这才被废除。

唐太宗始制乡试会试。宋始定秋乡试，春礼部会试。唐玄宗始移贡举礼部典试。唐初郎官试。宋真宗始诏礼部三年一贡试。

【译文】唐太宗创制乡试、会试。宋朝才开始规定乡试在秋天举行，春天则由礼部主持会试。唐玄宗开始贡举转由礼部主持。唐朝初期由考功员外郎主持考试。宋真宗才诏命礼部三年举行一次贡试。

唐中宗始设三场。汉文帝始亲策士。唐武后策问贡士于洛城殿，始殿试。宋太祖始御殿复试。先是武后复试，崔沔后间行之。宋太宗始临轩，宰臣读卷。仁宗始殿试贡士，不黜落。

【译文】唐中宗时才设置三场考试。汉文帝开始亲自策问士子。唐朝武则天在洛阳城的宫殿中亲自策问贡士，创立了殿试。宋太宗开始在宫殿进行复试。在此之前武则天也复试，后来到崔沔掌管铨选时只是偶尔进行。宋太宗开始在御前殿听宰执大臣读试卷。宋仁宗开始在正殿查考贡士，但并不除名。

宋孝宗始进士引射，有陞甲[①]。唐武后始制武举。宋始印给试题。唐高祖始贡院设兵卫，搜衣服，稽察出入棘围。武后始弥封，始糊名。宋真宗始席舍。后唐始禁怀挟。唐玄宗始严乡贯，禁举人冒籍。萧何试学童，诵九千字以上为史。左雄奏年十二通经为童子郎，始制童科。汉文帝始纳粟。宋仁宋始置太学三舍。汉武帝始制补博士弟子，称秀才。元魏始制生员。唐高祖始制秀才，州县类考。后魏令公卿子弟入学。唐睿宗令举人下第听入学。宋开宝六年，因徐士廉诉知举不公，帝御讲武殿复试，亲试自此始。及第人赐绿袍、靴、笏，赐宴赐诗，自兴国二年吕蒙正榜始。分甲次，赐同进士出身，自兴国八年宋白、王世则榜始。唱名自雍熙二年梁灏榜始。封印试卷，自咸平三年始。置誊录、弥封、复考、编排，皆自祥符八年始。

【译文】宋孝宗时才开始让进士弯弓射箭，还出现了升擢甲第的恩赐制度。武则天创制武举。宋朝开始印刷试题给考生。唐高宗开始在贡院设置卫兵，考生入场都要搜身，严格盘查出入棘围的人。武则天时才设置弥封，开始把考生的姓名糊起来。宋真宗时才开始在号房里设置座席。后唐开始禁止挟带。唐玄宗时才开始严查考生籍贯，禁止举人假冒籍贯。汉朝萧何考学童，能够背诵九千字以上的人才可以做小史。左雄上奏建议为年满十二岁通晓经书的人设立童子科，这才创制了童科。汉文帝时开始用缴纳粟的方式获得官爵。宋仁宗开始把太学分为三舍。汉武帝时创立补博士弟子制度，称为秀才。北魏开始设置生员。唐高祖时创制秀才科，以及州县级别的考试。后魏命令公卿的子弟全部都要入学。唐睿宗命令举人落榜之后可以自由选择是否入学。宋朝开宝六年（973年），因为徐士廉状告主考官不公平，宋太祖在讲武殿主持复试，皇帝亲自主持考试便是从这里开始。考中进士的人被赏赐绿袍、官靴和笏，并赐宴赐诗，是从太平兴国二年（977年）吕蒙正那一榜开始的。将考生分等级，最后一等赐同进士出身，是从太平兴国八年（983年）宋白、王世则那一

① 据《夜航船》香句室藏本作“有陞甲”，“陞甲”指宋代科举升擢甲第之恩赐制度。底本为“有陛甲”，不通。——编者注

榜开始的。殿试之后，皇帝呼名召见进士的制度是从雍熙二年（985年）梁灏一榜开始的。封印试卷制度，是从咸平三年（1000年）开始的。设置誊抄、弥封、复考、编排制度，都是从大中祥符八年（1015年）开始的。

唐制：礼部试举人，夜以三鼓为限。宋率由白昼，不复继烛。

【译文】唐朝制度：礼部的举人考试，以夜里三更作为时限。宋朝则全部在白天进行考试，不再于晚上考试了。

关节 士子行贿，请求试官，曰关节。明朝杨士奇主试，有柱联曰："场列东西，两道文光齐射斗；帘分内外，一毫关节不通风。"

【译文】士子行贿，对主考官有所请求，称为"关节"。明朝杨士奇主持考试，在试院门外的柱子上写了一副对联："场列东西，两道文光齐射斗；帘分内外，一毫关节不通风。"

甲乙科 汉平帝时，岁课甲科四十人为郎中，乙科二十人为太子舍人，丙科四十人补文学掌故。

【译文】汉平帝时，每年从太学的考试中选取甲科四十人为郎中，乙科二十人为太子舍人，丙科四十人补文学掌故。

通籍 举子登科后，禁门中皆有名籍，可恣意出入也。

【译文】士子考中科举之后，禁门中会列出他们的名字和籍贯，就可以自由出入了。

正奏特奏 科甲为正奏，恩贡为特奏。

【译文】通过科举考试的称为"正奏"，通过皇帝恩典特殊录取的称为"特奏"。

金榜题名 崔实暴卒复生，见冥司列榜，将相金榜，其次银榜，州县小官并是铁榜。今人得第，谓之金榜题名。

【译文】崔实猝死之后又复活了，他在阴间看到冥府张贴榜单，将相的名字被列在金榜上，其次使用银榜，州县小官都使用铁榜。所以现在的人考中进士之后，被称为金榜题名。

银袍鹄立 隋唐间试举人，皆以白衣卿相称之，又曰白袍子。试日，引于院中，谓银袍鹄立。

【译文】隋唐两朝参加考试的举人，都用“白衣卿相”来称呼他们，也称为“白袍子”。到了考试那天，他们被引导进入试院中，称为“银袍鹄立”。

乡试

天府贤书　《周礼·地官·乡大夫》：三年则大比德行道艺，而兴贤者、能者，乡老及乡大夫以礼礼宾。厥明，乡老、乡大夫群吏献贤能之书于王，王再拜受之，登于天府。

【译文】《周礼·地官·乡大夫》记载：每三年在乡里设置一次大比，比试德行和技艺，用来选拔贤者和能者，乡老和乡大夫要以礼相待。第二天，乡老、乡大夫等官员要把贤能之士的名字写在奏疏上献给君王，君王拜两次之后接受，然后把名册放在天子的府库中。

鹿鸣宴　《诗·鹿鸣》篇，燕群臣嘉宾之诗也。贡院内编定席舍，试已，长吏以乡饮酒礼，设宾主，陈俎豆，歌《鹿鸣》之诗。

【译文】《诗经·鹿鸣》篇，是描写君王大宴群臣和宾客的诗歌。在贡院里设置好席舍的次序，等考试结束之后，考官要按照乡饮酒礼的制度，众人分主宾坐定，摆上俎、豆两种祭祀时使用的礼器，唱《鹿鸣》。

孝廉　汉制举人皆名孝廉，不由科目始也。曹操亦举孝廉。

【译文】汉朝制度，举人都被称为孝廉，并不是考试的科目。曹操也曾经被举为孝廉。

破天荒　荆州应试举人，多不成名，为“天荒解”。刘蜕以荆州解及第，时号为“破天荒”。

【译文】荆州参加科举考试的举人，从无一人考中，当地的解元也被称为“天荒解”。直到刘蜕被荆州选送参加考试后终于金榜题名，被当时的人称为“破天荒”。

郁轮袍　王维善琵琶，岐王使为伶人，引至公主第，独奏新唱，号《郁轮袍》。因献怀中诗，主惊曰：“皆我素所诵习，尝谓是古人佳作，乃子为之耶！”因命更衣，引之客座。召试官至第，遣宫婢传教，作解头及第。

【译文】王维擅长弹琵琶，岐王李范让王维假扮伶人，带他到公主府，让他独自为公主演奏新曲《郁轮袍》。王维顺势把怀里的诗作拿出来献给公主，公主大惊道：“这些都是我平日里背诵的，我还以为是古人的佳作，没想到竟然是你写的！”于是她让王维换了衣服，把他带到客人坐的位置上。之后把主考官叫到自己家，派宫里的婢女传话，点王维为乡试第一名解元。

会试

南宫 唐开元中，谓尚书省为南省，门下、中书为北省。南宫，礼部也。旧以礼部郎中掌省中文翰，谓之南宫舍人。后之赴春榜，曰赴南宫。

【译文】唐朝开元年间，把尚书省称为南省，门下省、中书省称为北省。南宫则是礼部。旧时以礼部郎中掌管官府里的文书，称为南宫舍人。后来把参加春闱考试称为赴南宫。

知贡举 唐《选举志》：玄宗开元二十四年，考功员外郎李昂与贡举，诋诃进士李权文章，大为权所陵诟。帝以员外郎望轻，遂移贡举于礼部，以侍郎主之，永为例。礼部进士自此始。

【译文】唐《选举志》记载：唐玄宗开元二十四年（736年），考功员外郎李昂主持贡院考试，因为指责考生李权的文章，而被李权大肆辱骂。玄宗认为员外郎威望不足，于是把贡举转移到礼部，由侍郎主持考试，作为常例。礼部进士也是从这个时候开始的。

玉笋班 唐李宗闵知贡举，所取多知名士，世谓之玉笋班。

【译文】唐朝李宗闵主持贡院考试，取中了很多当时的名士，被世人称为“玉笋班”。

朱衣点头 欧阳修知贡举，考试阅卷，常觉一朱衣人在座后点头，然后文章入格。始疑传吏，及回视，一无所见，因语同列而三叹。常有句云：“文章自古无凭据，惟愿朱衣暗点头。”

【译文】欧阳修主持贡院考试，考完后批阅考卷，经常觉得有个穿着大红色官服的人在座椅后面点头，然后他正在批阅的文章都是合格的。他开始以为是传舍的官吏，等到回头看时，才发现没有人，于是把这件事告诉了同座的官员，大家都为之三叹。后来有诗句写道：“文章自古无凭据，惟愿朱衣暗点头。”

文无定价 韩昌黎应试《不迁怒不贰过》题，见黜于陆宣公。翌岁，公复主试，仍命此题。韩复书旧作，一字不易，公大加称赏，擢为第一。

【译文】韩愈参加考试时题目为《不迁怒不贰过》，没有被考官陆贽取中。第二年，陆贽再次主持考试，仍然使用这道题目。韩愈把以前的文章再次写了上去，一个字都没有改，陆贽看完后大加赞赏，取韩愈为第一。

奏改试期 宋朝科试在八月中，子由忽感寒疾，自料不能及矣。韩魏公知而奏曰：“今岁制科之士，惟苏轼、苏辙最有声望。闻其弟辙偶疾，如此人不得就试，甚非众望，须展限以待之。”上许之。直待子由病痊，方引就试，比常例迟至二十日。自后科试并在九月。相国吕微仲不知其故，东坡乃为吕言之，吕曰：“韩忠献之贤如此哉！”

【译文】宋朝的科举考试在八月中旬，苏辙忽然患了风寒，预料自己没有办法考中。魏国公韩琦知道后上奏说：“今年参加考试的士子中，只有苏轼、苏辙声望最高。我听说苏轼的弟弟苏辙偶感风寒，如果他不能参加考试，人们一定会大失所望，应该推迟考试日期来等他痊愈。”宋仁宗答应了他的请求。一直等到苏辙痊愈之后，才让士子们来参加考试，比寻常考试日推迟了二十天。从此之后科举便定在九月。相国吕大防（微仲）不知道原因，苏轼于是对他说了个中缘由，吕大防说：“韩琦是多么的贤明啊！”

同试走避 二苏初赴制科之召，同就试者甚多。相国韩公偶与客言曰：“二苏在此，而诸人亦敢与之较试，何也？”于是不试而去者十八九。

【译文】苏轼、苏辙刚开始参加科举考试时，有很多人和他们一起参加考试。相国韩琦偶然间对宾客说：“苏轼和苏辙都在这里，还有这么多人敢和他们比试，这是为什么呢？”于是考生们十之八九没有参加考试就离开了。

屈居第二 嘉祐二年，欧阳修知贡举，梅尧臣得苏轼《刑赏论》以示修，修惊喜，欲以冠多士，疑门生曾巩所作，乃置第二。

【译文】嘉祐二年（1057年），欧阳修主持贡院考试，梅尧臣拿着苏轼的《刑赏论》让欧阳修看，欧阳修看完后大为惊喜，想要把他取为第一名，却怀疑这是自己的学生曾巩写的，于是把苏轼列为第二名。

龙虎榜　唐贞观八年，陆贽主试，欧阳詹举进士，与韩愈、李绛、崔群、王涯、冯宿、庾承宣联第，皆天下名士，时称“龙虎榜”。

【译文】唐朝贞观八年（634年），陆贽主持科举考试，欧阳詹参加了这场考试，与韩愈、李绛、崔群、王涯、冯宿、庾承宣等一同考中，这些人都是当时天下的名士，这次的录取名单也被当时的人称为“龙虎榜”。

殿试

状元　唐武后天授元年二月，策问贡士于洛阳殿前。状元之名，盖自此始。

【译文】唐朝武则天天授元年（690年）二月，武后在洛阳殿前亲自策问贡士。状元的称号大概就是从这个时候开始的。

淡墨书名　唐人进士榜必以夜书，书必以淡墨。或曰名第者阴注阳受，以淡墨书，若鬼神之迹也。

【译文】唐朝进士榜必须在夜间书写，还必须使用淡墨。有人说这是因为中举的人都是在阴间被著录名字而在阳间接受中举，用淡墨来书写，看上去就像鬼神的笔迹一样。

胪传　集英殿唱第日，皇帝临轩，宰臣进三名卷子，读于御案前，用牙棍点读。宰臣拆视姓名，则曰某人。鸿胪寺承之，以传于阶下，卫士六七人，齐声传其名而呼之，谓之传胪。

【译文】集英殿传唱名次时，皇帝亲自驾临，由宰相进上前三名的试卷，在御桌面前诵读，而且要用象牙做成的棍子点着读。再由宰执大臣拆开查看姓名，并且大声念出。鸿胪寺的人接着传递到皇宫的台阶之下，然后由六七名卫士齐声呼喊这个人的名字，叫作“传胪”。

糊名 唐初择人以身、言、书、判，六品以下集试，选人皆糊名，令学士考判。

【译文】唐朝初年从外貌、言行、文章、判词四个方面选拔人才，六品以下的官员要进行集试，试卷全都要把名字糊起来，最后让学士考级定等。

临轩策士 宋熙宁三年，吕公著知贡举，密奏曰：“天子临轩策士，用诗赋，非举贤求治之意。令廷试，乞以诏策，咨访治道。”自是上御集英殿亲试，乃用策问。

【译文】宋朝熙宁三年（1070年），吕公著主持贡院考试，秘密上奏说：“天子亲自策问士子，却考他们诗赋，这不是选拔能够治理国家的贤臣的方法。希望陛下在廷试时能够考士子诏书和策论，询问他们治国之道。”从此之后皇帝亲临集英殿主持殿试时，才用策问。

天门放榜 范仲淹判陈州时，郡守母病，召道士伏坛奏章，终夜不动。至五更，谓守曰：“夫人寿有六年。”守问奏章何久，曰：“天门放明年春榜，观者骈道，以故稽留。”问状元，曰：“姓王，二字名，下一字涂墨，旁注一字，远不可辨。”明春，状元王拱寿，御笔改为拱辰。

【译文】范仲淹在陈州担任通判时，郡守的母亲病了，于是便召来道士设坛作法，向天帝承递奏章，但道士下摆之后却一夜都没有动。直到五更时分，那道士才对太守说：“老夫人还有六年的寿命。”太守问他奏章为什么递交了这么久，道士说：“正好碰到天门在张贴明年春天的进士榜单，观看的人挤满了道路，所以有所停留。”太守又问他状元是谁，道士回答：“状元姓王，名字有两个字，下面一个字涂了墨，旁边还记了另一个字，但是距离太远无法看清。”第二年春天放榜，状元正是王拱寿，被皇帝亲自改为王拱辰。

湘灵鼓瑟 钱起宿驿舍，外有人语曰：“曲终人不见，江上数峰青。”起识之。及殿试《湘灵鼓瑟》诗，遂赋曰：“善鼓云和瑟，常闻帝子灵。冯夷徒自舞，楚客不堪听。雅调凄金石，清音发杳冥。苍梧来暮怨，白芷动芳馨。流水传湘曲，悲风过洞庭。”末联久不属。忽记此二语，足之。试官曰：“神句也。”遂中首选。

【译文】钱起在驿站住宿时，外面突然有人对他说：“曲终人不见，江上数峰青。”钱起便把这句诗记了下来。等到殿试时，题目是《湘灵鼓瑟》，他便写道：“善鼓云和瑟，常闻帝子灵。冯夷徒自舞，楚客不堪听。雅调凄金石，清音发杳冥。苍梧来暮怨，白芷动芳馨。流水传湘曲，悲风过洞庭。”末尾两句迟迟没有写出来。忽然间想起那两句诗，便补充了上去。考官看完后说：“真是神句啊。”于是钱起考中第一名。

志不在温饱 王曾初举进士，省试、礼部、廷对皆第一。人或曰：“状元中三场，一生吃着不尽。”曾曰：“某生平志不在温饱。”

【译文】王曾起初参加进士考试时，省试、礼部考试和廷试全都考了第一名。有人说：“状元连中三场，一生吃穿不尽。”王曾说：“我平生的志向不在于温饱。”

琼林宴 宋太平兴国二年，宋白等及第，赐宴琼林苑，后遂为定制。又曰自吕蒙正始。

【译文】宋朝太平兴国二年（977年），宋白等人考中进士，皇帝在琼林苑给他们赐宴，后来便成为固定的制度。也有人说这一制度是从吕蒙正及第开始的。

泥金报喜 《天宝遗事》：新及第，以泥金帖子附家书报捷，谓之泥金报喜。

【译文】《天宝遗事》记载：士子刚刚考中进士时，朝廷就会派人用泥金涂饰的笺帖附带着家书进行报喜，称为“泥金报喜”。

雁塔题名 唐韦肇及第，偶于慈恩寺雁塔上题名，后人效之，遂为故事。自神龙以来，杏林宴后于雁塔题名，同年中推善书者记之。他时有将相，则易朱书。

【译文】唐朝韦肇考中进士后，偶然间在慈恩寺的大雁塔写上了自己的名字，被后人效仿，于是成为惯例。从神龙年间以来，进士及第的人都要在杏林宴后在大雁塔题名，推举同科进士中擅长书法的人来记录。如果有人坐了将相的高位，则要把名字改为红色。

曲江宴 曲江在西安府，唐朝秀士登科第者，赐宴曲江。每年三月三日，游人最盛。

【译文】曲江在西安府，唐朝的秀才考中进士后，会被皇帝在曲江赐宴。所以每年的三月初三，这里的游人最多。

蕊榜 世传：大罗天放榜于蕊珠宫，故称蕊榜。

【译文】世人传说：天界最高处的大罗天会在蕊珠宫张贴得道成仙人的名字，所以进士榜也被称为“蕊榜”。

一榜京官 宋太祖幸西都。张齐贤以布衣献《十策》，语太宗曰：“我到西都得一张齐贤，异时可作宰相。”太宗即位，放进士榜，欲置齐贤高等，而有司落名三甲榜末，上不悦。及注官，一榜尽除京官。

【译文】宋太祖驾临西都。张齐贤以平民的身份进献《十策》，宋太祖对宋太宗说：“我到西都得到一个张齐贤，他日可以担任宰相。”宋太宗即位后，张贴进士榜，想要把张齐贤的名字放在前面，但负责科举的官府却把他的名字排在了三甲榜的末尾，太宗有些不高兴。等到给新科进士授予官职时，所有的进士全部被授予京官的职位。

夺锦标 唐卢肇、黄颇皆宜春人，同举乡试，郡守独厚饯颇。明年，肇状元及第归，郡守延肇观竞渡，有诗：“向道是龙君不信，果然夺得锦标归。”守大惭。

【译文】唐朝卢肇、黄颇都是宜春人，同时参加乡试，郡守只设宴款待了黄颇。第二年，卢肇考中状元归来，郡守邀请卢肇观赏赛龙舟，卢肇便写了一首诗说：“向道是龙君不信，果然夺得锦标归。”郡守听后大为惭愧。

释褐 宋兴国二年，始赐吕蒙正等释褐加袍带。后遂为例。

【译文】宋朝太平兴国二年（977年），宋太宗才首赐吕蒙正等新科进士脱去平民衣服换上官服。后来便成为惯例。

烧尾宴 唐士人得第，必展欢宴，谓之烧尾宴。谓鱼化为龙，必烧其尾。

【译文】唐朝士子考中进士后，必然会大摆宴席，称为“烧尾宴”。意思是鱼化身为龙，必须要烧去它的尾巴。

赐花 唐懿宗开新第，宴于同江，乃命折花于金盒，令中使驰之宴所，宣口敕曰：“便令簪花饮宴。”无不为荣。

【译文】唐懿宗开科取士，在同江举办宴会招待新科进士，于是命人摘花放在金盒中，命令宫中的使者骑马赶到宴会的地方，宣布皇帝口谕说："就让大家戴上花参加宴会吧。"士子们无不感到荣耀。

红绫饼餤 唐僖宗幸南内兴庆池，泛舟，方食餤饼，时进士在曲江，有闻喜宴。上命御厨依人数各赐红绫饼。所司以金盒进，上命中官驰以赐。故卢延让诗云："莫欺老缺残牙齿，曾吃红绫饼餤来。"

【译文】唐僖宗驾临南内兴庆池，在池中泛舟游览，正在吃饼时，当时正好新科进士在曲江参加闻喜宴。僖宗便命令御厨按照进士的人数各自赐予红绫饼。御厨房把红绫饼装在金盒里进献，僖宗命令宦官骑马赏赐给进士。所以卢延让在诗里写道："莫欺老缺残牙齿，曾吃红绫饼餤来。"

柳汁染衣 李固言[①]行古柳下，闻弹指声曰："吾柳神也，用柳汁染子衣矣。得蓝袍，当以枣糕祀我。"未几，及第。

【译文】李固言经过一棵古柳时，听到里面传来弹指和说话的声音，那人说："我是柳神，已经用柳汁染了你的衣服。如果你中进士穿上了蓝袍，应该用枣糕来祭祀我。"没过多久，李固言果然进士及第。

英雄入彀 唐太宗贞观中私幸端门，见进士缀行而出，喜曰："天下英雄入吾彀中矣！"时人语曰："太宗皇帝真长策，赚得英雄尽白头。"

【译文】唐太宗贞观年间，暗中驾临端门，看到进士们鱼贯而出，高兴地说："天下的英雄都已经被我网罗了！"当时有人说："太宗皇帝真长策，赚得英雄尽白头。"

取青紫 汉夏侯胜曰："士患不明经术耳，经术一明，取青紫，如俯拾地芥耳。"

【译文】汉朝夏侯胜说："士子就怕不懂得经学，只要懂了经学，取得高官厚禄就像俯身捡起地上的草一样简单。"

席帽离身 宋初士子犹袭唐俗，皆曳袍垂带，出则席帽自随。李巽累举不第，乡人曰："李秀才不知恁时席帽离身？"及第后，乃遗乡人诗曰："为报乡闾亲戚道，如今席帽已离身。"

【译文】宋朝初年的士子仍然沿袭唐朝风俗，全都穿着长袍垂着饰带，出

① 底本为"李固"，应为笔误。

门时还要戴上藤席编制的帽子。李巽几次参加科举都没有考中，家乡的人都说："李秀才不知道什么时候才能把席帽摘下来？"李巽进士及第之后，就送给乡里人一首诗："为报乡闾亲戚道，如今席帽已离身。"

一日看遍长安花 孟郊登第，得意之甚，有"一日看遍长安花"之句。

【译文】孟郊进士及第后，十分得意，写下了"一日看遍长安花"的诗句。

踏李三 王十朋正榜第一，李三锡副榜第一。时有戏正榜尾者，曰："举头虽不见王十，伸脚犹能踏李三。"

【译文】王十朋名列正榜第一，李三锡名列副榜第一。当时有人跟正榜最后的人开玩笑说："抬头虽然看不到王十朋，伸脚却能够踏到李三锡。"

五色云见 韩忠献弱冠举进士，名在第二。方唱名，太史奏曰："下五色云见。"遂拜右司谏，权知制诰。

【译文】韩忠献在二十岁便考中进士，名列第二。在唱名时，太史官进奏说："下面有五色云出现。"于是任命韩忠献为右司谏，加知制诰。

青钱学士 唐张鷟举制科甲第，员半千称：鷟文辞犹青铜钱，万选万中。时号"青钱学士"。

【译文】唐朝张鷟在制科考试中考中第一等，员半千称赞他：张鷟的文辞就像青铜钱，每次都能被选中。张鷟便被当时的人称为"青钱学士"。

天子门生 王奇幼有声场屋间，为李文靖客。文靖薨于位，章圣临奠，见屏间有诗云："雁声不到歌楼上，秋色偏欺客路中。"爱之，召见。占对称旨，特许赴殿试。既登科，有谢诗云："不拜春官为座主，亲逢天子作门生。"

【译文】王奇幼年在科场就很有名气，是李沆（文靖公）的门客。李沆在任上去世，宋真宗亲自前来祭奠，在屏风上看到一首诗写道："雁声不到歌楼上，秋色偏欺客路中。"十分喜欢，便召见了王奇。王奇的奏对很符合真宗的心意，便特许他参加殿试。王奇进士及第后，写了一首感谢的诗说："不拜春官为座主，亲逢天子作门生。"

读卷贺得士 开庆间，王应麟充读卷官。至第七卷，顿首曰："是卷古谊若龟鉴，忠肝如铁石，臣敢以得士贺。”遂擢第一，乃文天祥也。

【译文】开庆年间，王应麟任读卷官。读到第七份试卷时，他突然叩头对皇帝说：“这份考卷有古代贤人的风谊可作为后世榜样，忠肝如同铁石一般坚不可摧，微臣斗胆为皇上得到这样的人才而祝贺。”于是便把他选为第一，这个人就是文天祥。

门生

春官桃李　唐刘禹锡《寄王侍郎放榜》诗：“礼闱新榜动长安，九陌人人走马看。一日声名遍天下，满园桃李属春官。”

【译文】唐朝刘禹锡在《寄王侍郎放榜》诗中写道：“礼闱新榜动长安，九陌人人走马看。一日声名遍天下，满园桃李属春官。”

谢衣钵　《摭言》：状元以下，到主司宅，缀行而立，敛名纸通呈，与主司对拜。执事云：“请状元请名第①。第几人，谢衣钵。”衣钵，谓与主司名第同者，或与主司先人名第同者，谓之谢衣钵。

【译文】《唐摭言》记载：状元以下的新科进士，要到主考官的家里，站成一行，把名帖收集到一起呈交上去，还要和主考官对拜。执事说：“请状元遍谢使其得此名第的人。与主考官名次相同的人，需要谢衣钵。”“衣钵”的意思是和主考官当年所得名次相同的人，或者与主考官的先人名次相同的人，称为“谢衣钵”。

传衣钵　范质举进士，主司和凝爱其才，以第十三人登第，谓质曰：“君文宜冠多士，屈居第十三者，欲君传老夫衣钵耳。”后和入相，质亦拜相。

【译文】范质参加进士考试，主考官和凝喜爱他的才华，让他以第十三名的成绩及第，并对他说：“你的文章应该排在第一，之所以让你屈居十三名，是为了让你传承我的衣钵啊。”后来和凝做了宰相，范质也同样做了宰相。

---

① 据《唐摭言》卷三：主事云：请状元曲谢门第。——编者注

沆瀣一气 杜审权知贡举，收卢处权。有戏之者曰："座主审权，门生处权。"祥符二年[1]，崔沆收崔瀣，说者谓："座主门生，沆瀣一气。"

【译文】杜审权主持贡试时，取中了卢处权。有人开玩笑说："主考官是审权，考生是处权。"祥符二年（1009年），崔沆取中崔瀣，有人这样说："考官和考生，沆瀣一气。"

头脑冬烘 郑侍郎薰主试，疑颜标为鲁公之后，擢为状元。及谢主司，知其非是，乃悔误取。时人嘲之曰："主司头脑太冬烘，错认颜标是鲁公。"

【译文】侍郎郑薰主持科举考试，怀疑颜标是鲁公颜真卿的后人，便把他提为状元。等到答谢主考官时，郑薰才知道不是，于是后悔自己错误取中了颜标。当时的人嘲笑他说："主考官头脑太冬烘，错认颜标是鲁公。"

好脚迹门生 唐李逢吉知贡举，榜未发而拜相，及第士子皆就中书省见座主。时人谓好脚迹门生。

【译文】唐朝李逢吉主持贡院考试，榜还没有发下来他就被拜为宰相，考中的进士们全都到中书省拜见主考官。被当时的人称为"好脚迹门生"。

陆氏荒庄 唐崔群知贡举归，其妻劝令置田。群曰："予有美庄三十所。"妻曰："君非陆贽门人乎？君主文柄，约其子不令就试，贽如以君为良田，则陆氏一庄荒矣。"

【译文】唐朝崔群主持贡院考试，他的妻子劝他购买田产。崔群说："我有三十所好田庄。"他的妻子说："你难道不是陆贽的门生吗？你主持贡院考试，就约束他的儿子不许参加考试，陆贽如果把你当作良田，那陆家的庄园就已经荒芜了。"

门生门下见门生 唐裴皞官仆射，宰相马胤孙、桑维翰皆其所取士。胤孙知贡举，引新进谒皞，皞作诗曰："门生门下见门生。"世以为荣。维翰尝过皞，皞不迎不送。或问之，曰："我见桑公于中书，庶僚也；桑公见我于私第，门生也。何送迎之有？"

【译文】唐朝裴皞担任仆射，宰相马胤孙、桑维翰都是他取中的进士。马胤孙主持贡试时，带着新科进士拜访裴皞，裴皞作诗："在门生的门下接见门

① 宋朝钱易《南部新书·戊集》："又乾符二年，崔沆放崔瀣，谭者称座主门生，沆瀣一气。"

生。”世人都认为这件事很荣耀。桑维翰也曾经拜访裴皞，裴皞既不迎接也不送客。有人问他原因，裴皞说：“我在中书省和桑维翰会面，我们是同僚关系；桑维翰到我家里见我，他是我的门生。我为什么要迎送他呢？”

天子门生　宋赵逵，绍兴中对策当旨，擢第一，独忤秦桧意，外除。帝问逵安在，授校书郎。单车赴阙，关吏迎合桧，搜逵，橐中仅书籍耳。比桧卒，迁起居郎。帝曰：“卿知之乎？始终皆朕自擢。桧一语不及卿，以此信卿不附权贵，真天子门生也。”

【译文】宋朝赵逵，绍兴年间在对策时很符合皇帝的心意，于是被提为第一，唯独不符合秦桧的心意，被任命为外官。后来高宗问赵逵去了哪里，秦桧说已经被授官校书郎。赵逵只乘一辆车赴任，关吏为了迎合秦桧，便搜查赵逵，却发现他的行囊中只有书籍罢了。等到秦桧死后，赵逵升任起居郎。高宗对他说：“你知道吗？从始至终都是我一个人提拔的你。秦桧从来没有提起过你，我便相信你从不阿附权贵，是真正的天子门生啊。”

下第

点额　《三秦记》：龙门跳过者，鱼化为龙；跳不过者，暴腮点额。

【译文】《三秦记》记载：跳过龙门，鲤鱼就可以化身为龙；跳不过去的，鳃就会暴露出来，额头也会被点上点。

康了　柳冕应举，多忌，谓“安乐”为“安康”。榜出，令仆探名，报曰：“秀才康了！”

【译文】柳冕参加科举考试时，有很多忌讳，把“安乐（音同‘落’）”叫作“安康”。出榜后，他让仆人前去查看自己的名次，仆人回来报告说：“秀才康（落）了！”

曳白　天宝二年，以御史中丞张倚之子奭为第一，议者蜂起。玄宗复试，奭终日不成一字，谓之曳白。

【译文】天宝二年（743年），御史中丞张倚的儿子张奭在科举中被选为第一，引起很多人的议论。玄宗于是再次考他，张奭一整天一个字也没写出来，被称为“曳白”。

孙山外 孙山应举，缀名榜末。朋侪以书问山得失，答曰：“解名尽处是孙山，余人更在孙山外。”

【译文】孙山参加科举考试，排在榜单的最后一名。朋友写信问他是否考中，孙山回答：“解试榜单最后一名是孙山，剩下的人就在我孙山之外了。”

我辈颜厚 刘蕡对策，极得罪宦官。考官冯宿等见蕡策叹服，而畏宦官，不敢收取。榜出，物论嚣然。李郃曰：“刘蕡下第，吾辈登科，能无颜厚？”

【译文】刘蕡在考对策时，写的策论极其得罪宦官。主考官冯宿等人看到刘蕡的策论都很叹服，却畏惧宦官，不敢取中他。进士榜出来后，引起很大的争议。李郃说：“刘蕡落第，我们这些人却金榜题名，脸皮是有多厚？”

红勒帛 刘幾屡试第一，好为险怪之语，欧公恶之。场卷有曰：“天地轧，万物茁，圣人发。”欧公曰：“此必刘幾。”批曰：“秀才辣，试官刷。”一大朱笔横抹之，谓红勒帛。后数年，又为御试。考官试《尧舜性仁赋》，曰：“静以延年，独高五帝之寿；动而有勇，形为四凶之诛！”公大称赏，及唱名第一，乃刘幾易名刘辉。公愕然久之。

【译文】刘幾屡次参加科举考试都是第一名，但是喜欢写一些艰涩怪异的文字，欧阳修十分讨厌这种文风。有一次考试的试卷中写道：“天地倾轧，万物茁壮生长，圣人出现。”欧阳修说：“这一定是刘幾的考卷。”于是在下面批道：“秀才才写的东西辣眼睛，试官就把你刷下去了。”并用一支大的红笔横着抹了一遍试卷，称为“红勒帛”。过了几年后，欧阳修再次主持考试。主考官出题《尧舜性仁赋》，有一份试卷写道：“通过静心来延长年龄，比五帝的寿命还要长；行动之后十分勇猛，连四凶都能诛杀！”欧阳修大为赞赏，等到唱第一的名字时，居然是刘幾改名为刘辉。欧阳修愕然良久。

花样不同 卢仝下第出都，逆旅有人嘲之曰：“如今花样不同，且自收拾回去。”

【译文】卢仝落第后离开京城，住宿时有人嘲笑他说：“如今花样不同了，且自己收拾收拾回家吧。”

倒绷孩儿 苗振第四人及第，召试馆职。晏相曰："宜稍温习熟。"振曰："岂有三十年老娘而倒绷孩儿者乎？"既试，果不中。公曰："苗君果'倒绷孩儿'矣！"

【译文】苗振考中进士第四名，被召去参加馆职考试。宰相晏殊说："你应该再稍微温习熟悉一下。"苗振说："哪里有做了三十岁接生老娘却倒着包裹孩子的道理？"参加考试后，果然没有考中。晏殊说："苗振果然'倒绷孩儿'了呀！"

大器晚成 《老子》云："大器晚成。"汉马援失意，其兄马况谓援曰："汝大器晚成。"

【译文】《老子》记载："大器晚成。"汉朝马援不得志，他的兄长马况对他说："你肯定会大器晚成。"

眼迷日五色 唐李程试《日五色》题，呈卷杨于陵。杨称许当作状元，而榜发无名。杨持卷示主司，主司懊恨，因谋之于陵，擢状元。后李廌为东坡客，坡知贡举，廌下第，东坡送之诗曰："平生谩说古战场，过眼终迷日五色。"

【译文】唐朝李程参加科举考试的题目是《日有五色赋》，考完之后把考卷交给杨于陵。杨于陵称赞他应该成为状元，放榜之后李程却名落孙山。杨于陵拿着他的考卷给主考官看，主考官感到十分懊悔，于是和杨于陵商议之后，提李程为状元。后来李廌是苏轼的门客，苏轼主持贡试，李廌却没有考中，苏轼送给他一首诗："平生不要说古时考场的事了，就现在你的答卷被我看了最终还是没有认出来啊。"

举子过夏 《遁斋闲览》：长安举子，六月后落第者不出京，谓之过夏，多借静坊庙院作文，曰夏课。

【译文】《遁斋闲览》记载：长安参加科举考试的士子，六月之后落第而没有离开京城的人，称为"过夏"，他们大多会借住在安静的坊内或者寺庙写作文章，称为"夏课"。

文星暗 唐大中间，天官奏云："文星暗，科场当有事。"后径三科皆复试，复多落第。考官皆罚俸。

【译文】唐朝大中年间，天官进奏说："文曲星暗淡，科举考试的地方会有事发生。”后来三科考试果然都出现了复试，参加复试的士子也大多落第。考官们也都被罚了俸禄。

操毦矂 《国史补》：进士籍而入选，谓之春关。不捷而醉饱，谓之操毦矂。匿名造谤，曰无名子。

【译文】《国史补》记载：考中进士而被录入名单的人，称为“春关”。名落孙山而饱醉终日的人，称为“操毦矂”。匿名诽谤他人的人，称为“无名子”。

傍门户飞 唐元和中，士人下第，多为诗刺试官。独章孝标作《归燕诗》以上庾侍郎，曰：“旧垒危巢泥已落，今年故向社前归。连云大厦无栖处，更傍谁家门户飞？”

【译文】唐朝元和年间，士子落第之后，大多作诗讽刺主持考试的官员。只有章孝标作《归燕诗》给主考官庾丞宣侍郎，诗里写道：“旧垒危巢泥已落，今年故向社前归。连云大厦无栖处，更傍谁家门户飞？”

荐举

征辟 凡访求遗佚，有诏召之曰征，郡国举擢曰辟。三代官由访举。汉始诏刺史守相得专辟。隋炀帝始州县僚属选举，一由吏部。唐玄宗始文武选，分属吏、兵两部。

【译文】凡是遍访未得启用的贤士，再用诏书征召为官的方式都称为“征”，因为郡国举荐而擢升的方式称为“辟”。夏、商、周三代的官员出自寻访和荐举。汉朝开始诏令刺史、守相可以自行举荐。隋炀帝时开始州县官员的挑选和任用，全部由吏部进行。唐玄宗开始把选官分为文选和武选，分别属于吏部和兵部管辖。

劝驾 汉高帝诏曰：“贤士大夫有肯从我游者，吾能尊显之。其有称明德者，长吏必身劝，为之驾。”

【译文】汉高祖下诏说：“贤明的士大夫如果有愿意跟随我的，我就会让他尊贵显赫。如果地方上有被人称赞为德才兼备的人，地方官必须亲自前去劝说他入仕，并且为他安排进京的车驾。”

计偕 汉武帝元光五年，诏征吏民有明当世之务，习先圣之术者，县次续食，令与计偕。

【译文】汉武帝元光五年（前130年），武帝下诏官吏和百姓中有懂得治理当下政务、学习古之圣贤治理之道的人，沿途各地都要为他们准备食物，令应征之人与郡国上计簿使同行入京。

鹗荐 后汉祢衡始冠，孔融爱其才，与为友，上表荐之曰：“鸷鸟累百，不如一鹗；使衡立朝，必有可观。”

【译文】东汉祢衡刚刚二十岁，孔融很喜爱他的才华，和他成为朋友，上表荐举他说：“上百只鸷鸟，也比不上一只鱼鹰；让祢衡入朝为官，必然会有值得称道的地方。”

先容 《邹阳传》：“蟠木根柢，轮囷离奇，为万乘器者，以左右为之先容也。”

【译文】《史记·邹阳传》记载：“盘根交错的树根，曲折离奇，却可以成为万乘之君鉴赏的器物，因为君王左右的人先把它雕刻了。”

公门桃李 唐狄仁杰荐张柬之为宰相，又荐夏官侍郎姚崇、监察御史桓彦范、太平州刺史史敬晖数人，皆为名臣。或谓仁杰曰：“天下桃李尽属公门。”仁杰曰：“荐贤为国，非为私也。”

【译文】唐朝狄仁杰举荐张柬之担任宰相，又举荐了夏官侍郎姚崇、监察御史桓彦范、太平州刺史史敬晖等数人，后来都成为名臣。有人对狄仁杰说：“天下的名士都出自您的门下啊。”狄仁杰说：“我为国家举荐贤能，并非为我自己。”

药笼中物 元行冲谓狄仁杰曰：“下之事上，譬之富家积贮以自资也。脯腊膎胰，以供滋膳；参术芝苓，以防疾病。门下充为味者多矣，愿以小人充备一药石。”仁杰叹曰：“君正吾药笼中物，不可一日无也。”

【译文】元行冲对狄仁杰说：“下人们侍奉主上，就像富贵之家积累财物以便自己使用一样。肉脯、油脂、肉干、脊肉，这些都是用来滋养和食用的；

人参、白术、灵芝、茯苓，这些则是用来防治疾病的。您门下的很多人都可以作为美味，我愿意到您门下充当一味药物。”狄仁杰赞叹道：“你正是我药笼中的一味良药，一日都不可以没有。”

道侧奇宝 韩愈荐樊宗师于袁滋相公书曰：“诚不忍奇宝横弃道侧。”

【译文】韩愈在举荐樊宗师给丞相袁滋的信中写道：“我实在不忍心看到珍奇宝物被随意丢弃在路边。”

向阳花木 范文正公知杭州，苏麟为属县巡检。城中官弁往往皆获荐，独麟在外邑，未见收录。因公事入府，献诗曰：“近水楼台先得月，向阳花木早为春。”文正见而荐之。

【译文】范仲淹任杭州知府时，苏麟时任属县巡检。城中的随从官吏往往都能获得范仲淹的举荐，只有苏麟因为在外县而没有被举荐过。有一次他因为公务来到官署，献给范仲淹一首诗：“近水楼台先得月，向阳花木早为春。”范仲淹看到之后便举荐了他。

夹袋 吕蒙正夹袋中有折子，每四方人谒见，必问有何人才。客去，即识之。朝廷求贤，取诸夹袋以应。

【译文】吕蒙正衣服的口袋中有一个折子，每次有来自四面八方的人前来拜见，他必然会问有什么人才可以举荐。等客人离开后，他就拿出折子记下。朝廷求贤时，吕蒙正就会从夹袋中拿出折子来应对。

明珠暗投 《邹阳传》：明月之珠，夜光之璧，以投于道，莫不按剑相顾盼，无因而至前也。

【译文】《史记·邹阳传》记载：把月光珠、夜光璧这样的宝物扔在路上，看到的人没有不按着剑相互顾盼的，因为宝物是不会无缘无故出现在自己眼前的。

相见之晚 主父偃上书阙下，朝奏，暮召。时徐乐、严安亦俱上书言世务。上召三人，曰：“公等安在？何相见之晚也！”

【译文】主父偃给皇帝上书，早上把奏疏递上去，晚上就受到了召见。当时徐乐、严安也都上书讨论世务。汉武帝召见他们三个人说：“你们都在哪里呢？我为什么这么晚才和你们相见呢！”

齿牙余论　《南史》：谢朓好奖予人才。会稽孔闿有才华，未贵时，孔珪尝令草让表以示朓，朓嗟吟良久，手自折简荐之，谓珪曰："士子声名未立，应共奖成，无惜齿牙余论。"

【译文】《南史》记载：谢朓喜欢赞赏人才。会稽郡的孔闿很有才华，还没有显贵时，孔珪曾经让他写了一篇辞让官职的奏章给谢朓，谢朓赞叹沉吟良久，亲手写了一封奏章来推荐他，并对孔珪说："士子的名声还没有确立时，一定要共同用奖掖来成全他，不要吝惜称赞的话。"

铅刀一割　晋以谯王永为湘州刺史，行至武昌，敦与之宴，谓承曰："足下雅素佳士，恐非将相才也。"承曰："公未见知耳，铅刀岂无一割之用？"

【译文】晋朝任命谯王司马承为湘州刺史，他走到武昌时，王敦与他一起饮宴，并对他说："您是高雅恬淡的名士，恐怕不是做将相的人啊。"司马承说："这是您不了解我罢了，难道用铅做的刀连割一次的用处都没有吗？"

四辈督趋　《唐·马周传》：中郎将常何言："臣客马周，忠孝人也。"帝即召之。未至，又遣四辈督趋之。

【译文】《新唐书·马周传》记载：中郎将常何说："我的门客马周，是一位忠孝之人。"唐太宗立刻就要召见马周。在马周没有到来的时间里，太宗又派了四人前去催促。

举贤良　汉武帝建元初，始诏天下举贤良方正、直言敢谏之士。又用董仲舒议，令郡县岁举孝廉各一人，限以四科：一曰德行高洁，志节清白；二曰学通行修，经中博士；三曰明习法令，足以决疑，按章复问，文中御史；四曰刚毅多略，遭事不惑，明足决断，材任三辅。县令四科取士，终汉世不变。

【译文】汉武帝建元初年（前140年），开始下诏命令天下荐举贤良正直、直言敢谏的士人。又采纳董仲舒的建议，命令郡县每年都要举荐孝、廉各一人，以四个方面作为考察标准：一是德行高洁，志向清白；二是学问精通，品行端正，是研究经学的博学之士；三是熟悉明了法令，足以断决疑案，可以按照律法进行审问，文章足以胜任御史中执法的职务；四是性格刚毅，足智多谋，遇到事情不会迷惑，明智足以决断事务，这样的人才能在京畿的三辅之地任职。命令县令用这四科来挑选人才，整个汉朝都没有改变。

举茂才　后汉顺帝永建初，尚书令左雄上言：郡国强仕，自今孝廉年不满四十，不得察举，皆请诣公府，诸生试经学、文吏课笺奏。若有茂才异行，自可不拘年齿。帝从之。

【译文】东汉顺帝永建初年（126年），尚书令左雄上奏说：郡国的长官超过四十岁才能担任，从现在开始举荐的孝廉年龄如果不满四十岁，不可以举荐，应该让他们都到官府中，生员要参加经学考试，执掌文书法令的官吏还要考公文知识。如果有才华出众、品行优异的人，自然也可以不按照年龄的要求举荐。汉顺帝听从了他的建议。

滥爵

麒麟楦 唐杨炯每呼朝士为麒麟楦，或问之，炯曰："今之扮麒麟者，必修饰其形，覆之驴上，象貌宛然；及去其皮，还是驴耳。无德而朱紫，何以异是！"

【译文】唐朝杨炯经常称呼朝中的官吏为"麒麟楦"，有人问他原因，杨炯说："现在装扮麒麟的人，必然会修饰外形，再覆盖在驴上，形象和外貌就很像了；等到把皮掀去，里面还是驴罢了。一个人没有德行却穿着红紫官服，和这头驴子有什么区别呢！"

白版侯 唐武后时，封侯者众，铸印不给，遂有以白版封侯者。

【译文】唐朝武则天时，有很多人都被封侯，连铸造印章都来不及，于是便有用白版印章获得封侯的人。

斜封官 唐太平公主与安乐等七公主皆开府，而主府官属皆滥用，悉出屠贩，纳资求官，降墨敕，斜封授之，故号斜封官。

【译文】唐朝太平公主和安乐公主等七位公主都建立了自己的官署，但公主官署的幕僚全都随意任用的，都是些屠夫、小贩之辈，出钱求官，于是由公主写下任职的敕令，并非正式任命，所以称为"斜封官"。

铜臭 汉灵帝鬻官爵。崔烈进钱五百万为司徒。常问其子钧曰："吾居三公，外议若何？"钧曰："大人少有英称，历位卿守，论者但嫌其铜臭耳。"

【译文】汉灵帝售卖官爵。崔烈进献五百万钱称为司徒。崔烈曾经对他的儿子崔钧说："我位居三公，外面的人都是怎么议论的？"崔钧说："您年轻时便有美好的声誉，历任太守等官职，议论的人只是厌恶铜臭味罢了。"

斗酒博梁州 汉孟佗以一斗葡萄酒遗张让，得梁州刺史。东坡诗云："伯一斗酒博梁州。"

【译文】汉代孟佗（字伯朗）把一斗葡萄酒送给张让，得到了梁州刺史的职位。苏轼有一首诗写道："伯一斗酒博梁州。"

烂羊头关内侯 更始刘圣公纳赵萌女为后，委政于萌，日夜饮宴后庭，群小膳夫，滥受美爵。长安人语曰："灶下养，中郎将。烂羊胃，骑都尉。烂羊头，关内侯。"

【译文】更始帝刘玄纳赵萌的女儿为皇后，把朝政委任给赵萌，日夜都在后宫中饮宴，众小人和伙夫都被随意授予好爵位。长安人都说："灶下养，中郎将。烂羊胃，骑都尉。烂羊头，关内侯。"

貂不足，狗尾续 晋赵王伦篡位，同谋者越阶次，奴隶厮役，亦加爵位。每会，貂蝉盈座。时人语曰："貂不足，狗尾续。"

【译文】晋朝赵王司马伦篡位，同谋的人全都越级升官，就连家里的奴隶和小厮也都加官晋爵。每次宴会时，戴着装饰着貂尾与蝉羽官帽的达官显贵都会坐满。当时的人说："貂尾不够，狗尾来续。"

弥天太保 更始时，官爵太滥，有弥天太保、遍地司空之称。

【译文】汉朝更始帝时，官爵泛滥，有漫天都是太保、遍地都是司空的说法。

欋推碗脱 武后时滥用人，时人为之语曰："欋推侍御史，碗脱校书郎。"四齿耙为欋推，言用官之滥，如用耙齿推聚之多。碗，小盂也。碗脱之形模，言个个相似也。

【译文】武则天时滥用官吏，当时的人有一句俗语："欋推侍御史，碗脱校书郎。""欋推"就是四齿耙，这句话是说官员泛滥，就像用耙齿搂聚在一起那样多。"碗"就是小盂。即都是用碗制作的模型，这句话是说官员们每个都差不多。

官制

三公三孤 三公：太师、太傅、太保。三孤：少师、少傅、少保。师，天子所师。傅，傅相天子。保，保护天子。

【译文】三公指的是太师、太傅、太保。三孤指的是少师、少傅、少保。师即天子的老师。傅即辅佐天子的大臣。保即保护天子的大臣。

六卿 吏部曰太宰、冢宰，户部曰大司徒，礼部曰大宗伯，工部曰大司空，兵部曰大司马，刑部曰大司寇。

【译文】吏部尚书被称为太宰、冢宰，户部尚书被称为大司徒，礼部尚书被称为大宗伯，工部尚书被称为大司空，兵部尚书被称为大司马，刑部尚书被称为大司寇。

六官 吏部曰天官，户部曰地官，礼部曰春官，兵部曰夏官，刑部曰秋官，工部曰冬官。

【译文】吏部尚书被称为天官，户部尚书被称为地官，礼部尚书被称为春官，兵部尚书被称为夏官，刑部尚书被称为秋官，工部尚书被称为冬官。

以龙纪官 伏羲以龙纪官：春官曰苍龙，夏官曰赤龙，秋官曰白龙，冬官曰黑龙，中官曰黄龙。

【译文】伏羲用龙来命名官职：春官叫作苍龙，夏官叫作赤龙，秋官叫作白龙，冬官叫作黑龙，中官叫作黄龙。

以火纪官 神农以火纪官：春官为大火，夏官为鹑火，秋官为西火，冬官为北火，中官为中火。

【译文】神农用火来命名官职：春官为大火，夏官为鹑火，秋官为西火，冬官为北火，中官为中火。

以云纪官 黄帝始以云纪官：春官曰青云，夏官曰缙云，秋官曰白云，冬官曰黑云，中官曰黄云。

【译文】黄帝开始时用云来命名官职：春官叫作青云，夏官叫作缙云，秋官叫作白云，冬官叫作黑云，中官叫作黄云。

以鸟纪官 黄帝后以鸟纪官：祝鸠氏为司农，雎鸠氏为司马，司鸠氏为司空，爽鸠氏为司寇，鹘鸠氏为司事。

【译文】黄帝之后，其子少昊用鸟来作为官职的名称：祝鸠氏为司农，雎鸠氏为司马，司鸠氏为司空，爽鸠氏为司寇，鹘鸠氏为司事。

以民事纪官　颛顼氏以民事纪官：以少昊之子重为木正，曰勾芒；该为金正，曰蓐收；修熙相代为水正，曰玄冥；炎帝之子为土正，曰勾龙；颛顼之子为火正，曰祝融。勾龙能平水土，后世祀以配社。

【译文】颛顼帝以民事作为官职的名称：任命少昊的儿子重为木正，称为“勾芒”；任命该为金正，称为“蓐收”；任命修熙相代为水正，称为“玄冥”；任命炎帝的儿子为土正，称为“勾龙”；任命颛顼的儿子为火正，称为“祝融”。因为勾龙能够治理水土灾害，被后世配食于社庙进行祭祀。

太尉仆射　太尉，秦官也，等于三公，掌兵。左右仆射，亦秦官也，等于六卿。

【译文】太尉时秦朝的官职，地位等同于三公，掌管兵权。左右仆射也是秦朝的官职，地位等同于六卿。

九锡　一、大辂，玄牡二驷马。二、衮冕之服，赤舄副之。三、轩县之乐，六佾之舞。四、朱户以居。五、纳陛以登。六、虎贲之士三百人。七、斧钺各一。八、彤弓一，彤矢百；旅弓十，旅矢千。九、秬鬯一卣，珪瓒副之。

【译文】九锡指的是：一、可以乘坐天子使用的金车大辂，驾黑马八匹。二、穿着皇帝的衮衣，戴礼冠，并且可以搭配天子和诸侯所穿的红色官靴。三、可以在家中悬挂帝王和诸侯使用的乐器，使用诸侯专用的六佾之舞。四、把家门漆成大红色。五、使用专门的台阶进入宫殿。六、配虎贲卫士三百人。七、赐予帝王使用的斧、钺各一柄。八、红色的弓一把，红色的箭矢一百支；旅弓十副，旅矢一千支。九、用黑黍和郁金酿造的酒一卣，并配发以玉为柄的礼器。

勒名钟鼎　《周礼·司勋职》：“铸鼎铭勋。”言有功勋者，铸器以铭之也。

【译文】《周礼·司勋职》记载：“铸造鼎来铭刻功绩。”说的是有功勋的人，需要铸造铜器来加以记录。

纪绩旂常 《周礼》：王命君牙曰："惟乃祖乃父，服劳王家，厥有成绩，纪于太常。"太常者，王之旌旗也。有功者书焉，以表显也。

【译文】《周礼》记载：周穆王对君牙说："你的祖父和父亲，服侍效劳帝王，颇有功绩，所以把他们的名字记录在太常上。"太常就是帝王的旌旗。把劳苦功高的人的名字写在上面，是为了表彰他们。

砺山带河 汉高帝定天下，剖符封功臣，刳白马而盟之，封爵之誓曰："使黄河如带，泰山若砺，国以永存，爰及苗裔。"

【译文】汉高祖平定天下后，将符节剖分为二，君臣各持一半用来封赏功臣，杀白马与功臣盟誓，封爵的誓言是："就算黄河细得像丝带，泰山小得如同磨刀石，只要国家还存在，你们的爵位就可以一直传给后裔。"

丹书铁券 汉高与功臣剖符作誓，丹书铁券，金匮石室，藏之宗庙。

【译文】汉高祖和功臣剖开符节盟誓，把誓词用朱砂写在铁券上，放在金盒石室中，收藏在宗庙里。

尚宝 天子玉玺龙章，王后玉玺凤章，亲王金宝龟钮，勋爵金印麟钮，总兵银印虎钮，布政银印，府州县铜印，御史铁印。

【译文】天子的玉玺为龙纹印章，王后的玉玺为凤纹印章，亲王金制宝印的印鼻刻为龟形，勋爵金制宝印的印鼻刻为麒麟，总兵银制印章的印鼻刻为虎形，布政使使用银制印章，府州县长官使用铜制印章，御史使用铁制印章。

六部称号 礼部曰祠部、仪部、膳部。户部曰民部、版部、金部、仓部。兵部曰驾部。刑部曰比部。工部曰水部、虞部。此称自唐朝始。

【译文】礼部包括祠部、仪部、膳部。户部包括民部、版部、金部、仓部。兵部包括驾部。刑部包括比部。工部包括水部、虞部。这些称呼是从唐朝开始的。

都御史 左都御史，以其为御史之率，故曰御史大夫。巡抚都御史，以其为宪台之长，故曰御史中丞。

【译文】左都御史，因为他是御史的领导，所以被称为御史大夫。巡抚都御史，因为他是宪台的总长官，所以也被称为御史中丞。

大九卿 六部尚书、都察院、通政、大理寺卿，谓之大九卿。

【译文】六部尚书、都察院长官、通政司长官、大理寺卿，被称为大九卿。

小九卿 太常、太仆、光禄、鸿胪、上林苑等卿，翰林院、国子监祭酒、顺天府尹，谓之小九卿。

【译文】太常寺卿、太仆寺卿、光禄寺卿、鸿胪寺卿、上林苑卿等官员，加上翰林院长官、国子监祭酒、顺天府尹，被称为小九卿。

执金吾 汉武帝改秦中尉，更名曰执金吾。盖吾者，御也。执金刀以御非常者也。又曰：金吾，鸟名，取以辟除恶鸟。

【译文】汉武帝更改了秦朝的中尉制度，改名为执金吾。大概“吾”就是“御”的意思。这个官职名就是手执金刀以防御意外的意思。又有一说：金吾是鸟的名字，取这个名字可以辟除恶鸟，有驱除恶人之意。

率更令 师古曰：“掌知漏刻，故曰率更。”率，音律。

【译文】颜师古说：“因为掌管并知晓漏刻所记录的时间，所以称为率更。”“率”读作“律”。

三独坐 光武诏御史中丞与司隶校尉、尚书令会同，并专席而坐，京师号曰“三独坐”。

【译文】汉光武帝诏令御史中丞与司隶校尉、尚书令参加朝会时，要为他们设置专门的座席，被京师的人称为“三独坐”。

三老五更 后汉永平二年，三雍成，拜桓荣为五更。晋某年，天子幸太学，命王祥为三老。三老、五更总是一人，与《尚书》四岳一例。

【译文】东汉永平二年（60年），帝王举行祭祀和典礼的辟雍、明堂、灵台建成，任命桓荣为五更。晋朝某年，天子亲临太学，任命王祥为三老。三老、五更其实是一个人，和《尚书》中记载的“四岳”是一样的。

四姓小侯 汉外戚樊、郭、阴、马四姓非列侯，故曰小侯。

【译文】汉朝外戚樊、郭、阴、马四姓都不是列侯，所以被称为“小侯”。

诰敕 人臣五品以下，其父母与妻封赠之命曰敕命，其宝用敕命之宝，受封者曰敕封。五品以上，其祖父母、父母与妻封赠之命曰诰命，其宝用诰命之宝，受封者曰诰封。

【译文】五品以下的官员，他的父母和妻子接受朝廷封赏的命令叫作敕命，印章要使用敕命印，受封的人被称为敕封。五品以上的官员，他的祖父母、父母和妻子接受朝廷封赏的命令叫作诰命，使用的印章为诰命印，受封的人被称为诰封。

封赠 人臣父母与妻生前受封者曰敕封、诰封，人称之曰封君；死后受封者曰敕赠，人称之曰赠君。

【译文】官员的父母和妻子如果是生前受封则称为敕封、诰封，人们称他们为封君；如果是死后受封则称为敕赠，人们称他们为赠君。

母妻封号 凡品级官员封及其母妻者，正从一品，母妻封一品夫人；正从二品，母妻封夫人；正从三品，母妻封淑人；正从四品，母妻封恭人；正从五品，母妻封宜人；正从六品，母妻封安人；正从七品，母妻封孺人。

【译文】凡是有品级的官员封赠他的母亲和妻子时，正一品和从一品官员，他的母亲和妻子封为一品夫人；正二品和从二品官员，他的母亲和妻子封为夫人；正三品和从三品，他的母亲和妻子封为淑人；正四品和从四品官员，他的母亲和夫人封为恭人；正五品和从五品官员，他的母亲和妻子封为宜人；正六品和从六品官员，他的母亲和妻子封为安人；正七品和从七品官员，他的母亲和夫人封为孺人。

文官补服 一二仙鹤与锦鸡，三四孔雀云雁飞，五品白鹇惟一样，六七鹭鸶、鸂鶒宜，八九品官并杂职，鹌鹑、练雀与黄鹂。风宪衙门专执法，特加獬豸迈伦夷。

【译文】文官的官服上用金线、彩线绣为补子的补服上新绣之物，一品和二品官员分别为仙鹤与锦鸡，三品和四品官员分别为孔雀和大雁，五品官员只有白鹇，六品和七品官员分别为鹭鸶与鸂鶒，八品和九品官员都是杂官，补服的图案为鹌鹑、练雀与黄鹂。督察院专门负责执法工作，所以补服上特别增加了獬豸图案相区别。

武官补服 公侯驸马伯，麒麟白泽裘，一二绣狮子，三四虎豹优，五品熊罴俊，六七定为彪，八九是海马，花样有犀牛。

【译文】武官的补服，公爵、侯爵、驸马、伯爵，补服图案为麒麟、白泽，一品和二品官员补服绣狮子，三品和四品官员补服绣虎豹，五品官员补服绣熊罴，六品和七品官员为补服绣彪，八品和九品官员补服绣海马，花纹的样式还有犀牛。

文勋阶 文正一品，初授特进荣禄大夫，升授、加授俱特进光禄大夫、左右柱国，月俸八十七石。

【译文】文官正一品，第一次授予为特进荣禄大夫，升授、加授都是特进光禄大夫、左柱国和右柱国，每个月俸禄为八十七石。

从一品，初授荣禄大夫，升授、加授俱光禄大夫、柱国，月俸七十二石。

【译文】从一品文官，第一次授予为荣禄大夫，升授、加授都是光禄大夫、柱国，每个月俸禄为七十二石。

正二品，初授资善大夫，升授资政大夫，加授资德大夫、正治上卿，月俸六十一石。

【译文】正二品文官，第一次授予为资善大夫，升授为资政大夫，加授为资德大夫、正治上卿，每个月俸禄为六十一石。

从二品，初授中奉大夫，升授通奉大夫，加授正奉大夫、正治卿，月俸四十八石。

【译文】从二品文官，第一次授予为中奉大夫，升授为通奉大夫，加授为正奉大夫、正治卿，每个月俸禄为四十八石。

正三品，初授嘉议大夫，升授通议大夫，加授正议大夫、资治尹，月俸三十五石。

【译文】正三品文官，第一次授予为嘉议大夫，升授为通议大夫，加授为正议大夫、资治尹，每个月俸禄为三十五石。

从三品，初授亚中大夫，升授正中大夫，加授大中大夫、资治少尹，月俸二十六石。

【译文】从三品文官，第一次授予为亚中大夫，升授为正中大夫，加授为大中大夫、资治少尹，每个月俸禄为二十六石。

正四品，初授中顺大夫，升授中宪大夫，加授中议大夫、赞治尹，月俸二十四石。

【译文】正四品文官，第一次授予为中顺大夫，升授为中宪大夫，加授为中议大夫、赞治尹，每个月俸禄为二十四石。

从四品，初授朝列大夫，升授、加授俱朝议大夫、赞治少尹，月俸二十石。

【译文】从四品文官，第一次授予为朝列大夫，升授、加授都是朝议大夫、赞治少尹，每个月俸禄为二十石。

正五品，初授奉议大夫，升授、加授俱奉政大夫、修正庶尹，月俸十六石。

【译文】正五品文官，第一次授予为奉议大夫，升授、加授都是奉政大夫、修正庶尹，每个月俸禄为十六石。

从五品，初授奉训大夫，升授、加授俱奉直大夫、协正庶尹，月俸十四石。

【译文】从五品文官，第一次授予为奉训大夫，升授、加授都是奉直大夫、协正庶尹，每个月俸禄为十四石。

正六品，初授承直郎，升授承德郎，月俸十石。

【译文】正六品文官，第一次授予为承直郎，升授为承德郎，每个月俸禄为十石。

从六品，初授承务郎，升授儒林郎（儒士出身）、宣德郎（吏员才干出身），月俸八石。

【译文】从六品文官，第一次授予为承务郎，升授为儒林郎（儒士出身）、宣德郎（担任吏员时因为能力出众被提拔为官员者），每个月俸禄为八石。

正七品，初授承仕郎，升授文林郎（儒士出身）、宣议郎（吏员才干出身），月俸七石五斗。

【译文】正七品文官，第一次授予为承仕郎，升授为文林郎（儒士出身）、宣议郎（担任吏员时因为能力出众被提拔为官员者），每个月俸禄为七石五斗。

从七品，初授从仕郎，升授征仕郎，月俸七石。

【译文】从七品文官，第一次授予为从仕郎，升授为征仕郎，每个月俸禄为七石。

正八品，初授迪功郎，升授修职郎，月俸六石六斗。

【译文】正八品文官，第一次授予为迪功郎，升授为修职郎，每个月俸禄为六石六斗。

从八品，初授迪功佐郎，升授修职佐郎，月俸六石。

【译文】从八品文官，第一次授予为迪功佐郎，升授为修职佐郎，每个月俸禄为六石。

正九品，初授将仕郎，升授登仕郎，月俸五石五斗。

【译文】正九品文官，第一次授予为将仕郎，升授为登仕郎，每个月俸禄为五石五斗。

从九品，初授将仕佐郎，升授登仕佐郎，月俸五石。

【译文】从九品文官，第一次授予为将仕佐郎，升授为登仕佐郎，每个月俸禄为五石。

未入流，月俸三石。

【译文】没有品级的吏员，每个月俸禄为三石。

武勋阶 正一品，初授特进荣禄大夫，升授、加授俱特进光禄大夫、右柱国。

【译文】武官正一品，第一次授予为特进荣禄大夫，升授、加授都是特进光禄大夫、右柱国。

从一品，初授荣禄大夫，升授、加授俱光禄大夫、柱国。

【译文】从一品武官，第一次授予为荣禄大夫，升授、加授都是光禄大夫、柱国。

正二品，初授骠骑将军，升授金吾将军，加授龙虎将军、上护军。

【译文】正二品武官，第一次授予为骠骑将军，升授为金吾将军，加授为龙虎将军、上护军。

从二品，初授镇国将军，升授定国将军，加授奉国将军、护军。

【译文】从二品武官，第一次授予为镇国将军，升授为定国将军，加授为奉国将军、护军。

正三品，初授昭勇将军，升授昭毅将军，加授昭武将军、上轻车都尉。

【译文】正三品武官，第一次授予为昭勇将军，升授为昭毅将军，加授为昭武将军、上轻车都尉。

从三品，初授怀远将军，升授定远将军，加授安远将军、轻车都尉。

【译文】从三品武官，第一次授予为怀远将军，升授为定远将军，加授为安远将军、轻车都尉。

正四品，初授明远将军，升授宣威将军，加授广威将军、上骑都尉。

【译文】正四品武官，第一次授予为明远将军，升授为宣威将军，加授为广威将军、上骑都尉。

从四品，初授宣武将军，升授显武将军，加授信武将军、中骑都尉。

【译文】从四品武官，第一次授予为宣武将军，升授为显武将军，加授为信武将军、中骑都尉。

正五品，初授武德将军，升授武节将军，加骁骑尉。

【译文】正五品武官，第一次授予为武德将军，升授为武节将军，加授为骁骑尉。

从五品，初授武备将军，升授武毅将军，加飞骑尉。

【译文】从五品武官，第一次授予为武备将军，升授为武毅将军，加授为飞骑尉。

正六品，初授昭信校尉，升授承信校尉，加云骑尉。

【译文】正六品武官，第一次授予为昭信校尉，升授为承信校尉，加授为云骑尉。

从六品，初授忠显校尉，升授忠武校尉，加武骑尉。

【译文】从六品武官，第一次授予为忠显校尉，升授为忠武校尉，加授为武骑尉。

正七品，初授忠翊校尉，升授忠勇校尉。

【译文】正七品武官，第一次授予为忠翊校尉，升授为忠勇校尉。

从七品，初授毅武校尉，升授修武校尉。

【译文】从七品武官，第一次授予为毅武校尉，升授为修武校尉。

正八品，初授进义校尉，升授保义校尉。

【译文】正八品武官，第一次授予为进义校尉，升授为保义校尉。

凡月俸俱与文官同。

【译文】所有武官每月俸禄与各品级文官相同。

品级　正一品：太师，太傅，太保，宗人令，左、右宗正，左、右宗人，左、右都督。

【译文】正一品的官员有：太师，太傅，太保，宗人令，左、右宗正，左、右宗人，左、右都督。

从一品：少师、少傅、少保、太子太师、太子太傅、太子太保、都督同知。

【译文】从一品的官员有：少师、少傅、少保、太子太师、太子太傅、太子太保、都督同知。

正二品：太子少师、太子少傅、太子少保、尚书、都御史、都督佥事、正留守、都指挥使、袭封衍圣公。

【译文】正二品的官员有：太子少师、太子少傅、太子少保、尚书、都御史、都督佥事、正留守、都指挥使、袭封衍圣公。

从二品：布政使、都指挥同知。

【译文】从二品的官员有：布政使、都指挥同知。

正三品：太子宾客、侍郎、副都御史、通政使、大理寺卿、太常寺卿、詹事、府尹、按察使、副留守、都指挥佥事、指挥使。

【译文】正三品的官员有：太子宾客、侍郎、副都御史、通政使、大理寺卿、太常寺卿、詹事、府尹、按察使、副留守、都指挥佥事、指挥使。

从三品：光禄寺卿、太仆寺卿、行太仆寺卿、苑马寺卿、参政、都转运盐使、留守司指挥同知、宣慰使。

【译文】从三品的官员有：光禄寺卿、太仆寺卿、行太仆寺卿、苑马寺卿、参政、都转运盐使、留守司指挥同知、宣慰使。

正四品：佥都御史、通政、大理寺少卿、太常寺少卿、太仆少卿、少詹事、鸿胪寺卿、京府丞、按察司副使、行太仆寺少卿、苑马寺少卿、知府、卫指挥佥事、宣慰司同知。

【译文】正四品的官员有：佥都御史、通政、大理寺少卿、太常寺少卿、太仆少卿、少詹事、鸿胪寺卿、京府丞、按察司副使、行太仆寺少卿、苑马寺少卿、知府、卫指挥佥事、宣慰司同知。

从四品：国子监祭酒、布政司参议、盐运司同知、宣慰司副使、宣抚司宣抚。

【译文】从四品的官员有：国子监祭酒、布政司参议、盐运司同知、宣慰司副使、宣抚司宣抚。

正五品：华盖、谨身、武英殿大学士，文渊、东阁、春坊大学士，翰林院学士，庶子，通政司参议，大理寺丞，尚宝司卿，光禄寺少卿，六部郎中，钦天监正，太医院使，京府治中，宗人府经历，上林苑监正，按察司佥事，府同知，王府长史，仪卫正，千户，宣抚司同知。

【译文】正五品的官员有：华盖、谨身、武英殿大学士，文渊、东阁、春坊大学士，翰林院学士，庶子，通政司参议，大理寺丞，尚宝司卿，光禄寺少卿，六部郎中，钦天监正，太医院使，京府治中，宗人府经历，上林苑监正，按察司佥事，府同知，王府长史，仪卫正，千户，宣抚司同知。

从五品：侍读侍讲学士，谕德，洗马，尚宝、鸿胪少卿，部员外郎，五府经历，知州，盐运司副使，盐课提举，卫镇抚，副千户，仪卫副，招讨，宣抚司副使，安抚使安抚。

【译文】从五品的官员有：侍读侍讲学士，谕德，洗马，尚宝、鸿胪少卿，部员外郎，五府经历，知州，盐运司副使，盐课提举，卫镇抚，副千户，仪卫副，招讨，宣抚司副使，安抚使安抚。

正六品：大理寺正，詹事，丞，中允，侍读，侍讲，司业，太常寺丞，尚宝司丞，太仆寺、行太仆寺丞，主事，太医院判，都察院经历，京县知县，府通判，上林苑监副，钦天监副，五官正，兵马指挥，留守司、都司经历，断事，百户，典仗，审理正，神乐观提点，长官，副招讨，宣抚佥事，安抚同知，善世正。

【译文】正六品的官员有：大理寺正，詹事，丞，中允，侍读，侍讲，司业，太常寺丞，尚宝司丞，太仆寺、行太仆寺丞，主事，太医院判，都察院经历，京县知县，府通判，上林苑监副，钦天监副，五官正，兵马指挥，留守司、都司经历，断事，百户，典仗，审理正，神乐观提点，长官，副招讨，宣抚佥事，安抚同知，善世正。

从六品：赞善，司直郎，修撰，光禄寺丞、署正，鸿胪寺丞，大理寺副，京府推官，布政司经历、理问，盐运司判官，州同知，盐课司提举，市舶司、河梁副提举，安抚司副使。

【译文】从六品的官员有：赞善，司直郎，修撰，光禄寺丞、署正，鸿胪寺丞，大理寺副，京府推官，布政司经历、理问，盐运司判官，州同知，盐课司提举，市舶司、河梁副提举，安抚司副使。

正七品：都给事中，监察御史，编修，大理寺评事，行人司正，五府、都察院都事，通政司经历，太常寺博士、典簿，兵马副指挥，营膳司所正，京县丞，府推官，知县，按察司经历，留守司、都司都事、副断事，审理，安抚司佥事，蛮夷长官。

【译文】正七品的官员有：都给事中，监察御史，编修，大理寺评事，行人司正，五府、都察院都事，通政司经历，太常寺博士、典簿，兵马副指挥，营膳司所正，京县丞，府推官，知县，按察司经历，留守司、都司都事、副断事，审理，安抚司佥事，蛮夷长官。

从七品：翰林院检讨，左右给事中，中书舍人，行人司副，光禄寺典簿、署丞，詹事府、太仆寺主簿，京府经历，灵台郎，祠祭署奉祀，州判官，盐课司副提举，布政司都事，副理问，盐运司、仪卫、宣慰、招讨司经历，蛮夷副长官。

【译文】从七品的官员有：翰林院检讨，左右给事中，中书舍人，行人司副，光禄寺典簿、署丞，詹事府、太仆寺主簿，京府经历，灵台郎，祠祭署奉祀，州判官，盐课司副提举，布政司都事，副理问，盐运司、仪卫、宣慰、招讨司经历，蛮夷副长官。

正八品：国子监丞，五经博士，行人，部照磨，通政司知事，京主簿，保章正，御医，协律郎，典牧所提领，营缮所副，大通关宝钞，龙江司提举，卫知事，府经历，县丞，煎盐司提举，按察司知事，宣慰都事，王府典宝、典簿、奉祀、良医、典膳正、纪善，讲经，至灵、元符崇真宫灵官。

【译文】正八品的官员有：国子监丞，五经博士，行人，部照磨，通政司知事，京主簿，保章正，御医，协律郎，典牧所提领，营缮所副，大通关宝钞，龙江司提举，卫知事，府经历，县丞，煎盐司提举，按察司知事，宣慰都事，王府典宝、典簿、奉祀、良医、典膳正、纪善，讲经，至灵、元符崇真宫灵官。

从八品：清纪郎翰林院典籍，国子监助教、典簿、博士，光禄录事、监事，鸿胪寺主簿，京府、运司知事，挈壶正，祠祭署祀丞，布政司照磨，王府典膳、奉祀、典宝、良医副，宣慰司经历，神乐观知观，崇真宫副灵官，左右觉义、玄义。

【译文】从八品的官员有：清纪郎翰林院典籍，国子监助教、典簿、博士，光禄录事、监事，鸿胪寺主簿，京府、运司知事，挈壶正，祠祭署祀丞，布政司照磨，王府典膳、奉祀、典宝、良医副，宣慰司经历，神乐观知观，崇真宫副灵官，左右觉义、玄义。

正九品：校书，侍书，国子监学正，部检校，鸿胪寺署丞，五官监候、司历，营缮所丞，典牧所、会同馆、文思院丞，承运、宝钞广运、广积、赃罚、十字库，颜料、皮作、鞍辔、宝源局、织染所、京府织染局大使，龙江宝钞副提举，府知事，县主簿，长史司主簿、典仪正、典乐，牧监正，茶马大使，赞礼郎，奉銮、宣抚、安抚知事。

【译文】正九品的官员有：校书，侍书，国子监学正，部检校，鸿胪寺署丞，五官监候、司历，营缮所丞，典牧所、会同馆、文思院丞，承运、宝钞广运、广积、赃罚、十字库，颜料、皮作、鞍辔、宝源局、织染所、京府织染局大使，龙江宝钞副提举，府知事，县主簿，长史司主簿、典仪正、典乐，牧监正，茶马大使，赞礼郎，奉銮、宣抚、安抚知事。

从九品：待诏，司谏，通事舍人，正字，詹事府录事，司务，学录，典籍，鸣赞，序班，司晨，漏刻博士，司牧大使，牧监副，圉长，太医院、提举司、盐课司、州所吏目，军储、御马、都督府、门仓、军器局大使，承运、宝钞广运、广积、赃罚、十字库副使，典牧所、会同馆、文思院副使，广盈、太仓银库、太仆寺、京府库、都税、宣课、柴炭司大使，颜料、皮作、鞍辔、宝源局、织染局、京府织染局副使，草场大使，孔、颜、孟子孙教授，按察司检校，府、宣抚司照磨，典仪，副教授，伴读，都司、运司、府、京卫，宣抚、宣慰司学教授，司库司、府仓、杂造、织染司、税库司大使，司狱，巡检，茶马副使，正术，正科，都纲，都纪，太常同乐，教坊韶舞，司乐。

【译文】从九品的官员有：待诏，司谏，通事舍人，正字，詹事府录事，司务，学录，典籍，鸣赞，序班，司晨，漏刻博士，司牧大使，牧监副，圉长，太医院、提举司、盐课司、州所吏目，军储、御马、都督府、门仓、军器局大使，承运、宝钞广运、广积、赃罚、十字库副使，典牧所、会同馆、文思院副使，广盈、太仓银库、太仆寺、京府库、都税、宣课、柴炭司大使，颜料、皮作、鞍辔、宝源局、织染局、京府织染局副使，草场大使，孔、颜、孟子孙教授，按察司检校，府、宣抚司照磨，典仪，副教授，伴读，都司、运司、府、京卫，宣抚、宣慰司学教授，司库司、府仓、杂造、织染司、税库司大使，司狱，巡检，茶马副使，正术，正科，都纲，都纪，太常同乐，教坊韶舞，司乐。

未入流 孔目，国子监掌馔，学正，教谕，训导，兵马、断事、长官司吏目，司牲、司牧副使，府检校，县典史，军器局、柴炭司副使，递运所大使，驿丞，河泊所闸坝官，关大使，牧监，录事，郡长，提控，案牍，都督府、御马、军储、门仓副使，广盈库、都课、都税、税课司副使，茶盐课司使，府州县卫所仓场大使、副盐运司、府卫提举，司所州县库大使、副使，司府州军器、织染、杂造局副使，宣德仓、司竹、铁冶、河州、辽阳、青州府、乐安税课司大使，茶运批验所、巾帽针工局、庆远裕民司大使、副使，司库副使，盐仓、税课、钞纸、印钞、铸印、抽分竹木、惠民金银场、惠民局、水银朱砂场局、生药库、长史司仓、库大副使，县杂造局副使，典术，典科，训术，训科，副都纲，都纪，僧正，道正，僧会，道会。

【译文】未入流的官员有：孔目，国子监掌馔，学正，教谕，训导，兵马、断事、长官司吏目，司牲、司牧副使，府检校，县典史，军器局、柴炭司副使，递运所大使，驿丞，河泊所闸坝官，关大使，牧监，录事，郡长，提控，案牍，都督府、御马、军储、门仓副使，广盈库、都课、都税、税课司副使，茶盐课司使，府州县卫所仓场大使、副盐运司、府卫提举，司所州县库大使、副使，司府州军器、织染、杂造局副使，宣德仓、司竹、铁冶、河州、辽阳、青州府、乐安税课司大使，茶运批验所、巾帽针工局、庆远裕民司大使、副使，司库副使，盐仓、税课、钞纸、印钞、铸印、抽分竹木、惠民金银场、惠民局、水银朱砂场局、生药库、长史司仓、库大副使，县杂造局副使，典术，典科，训术，训科，副都纲，都纪，僧正，道正，僧会，道会。

仕途 隋炀帝始置进士科取士。唐始缙绅必由科目，始重资格。汉二千石满三载，任同产子一人为郎。秦始试吏入仕，汉丙吉、龚胜是也。始纳粟拜爵，始皇因旱蝗，汉武帝沿之。至灵帝时，富者先入钱，贫者赴官倍输。尧始考功。魏崔亮始限年。汉制久任如古。晋宋始制守宰六期为满。汉左雄始孝廉核年满四十察举。宋叙官阀，有官年、实年。后周始制举主连坐。汉顺帝制，选用不得互官，谓姻家乡里人不交互为官。今隔选。唐太宗制，大功不得连职。今回避。唐高宗始给告身，即给札。唐武后始设门籍。籍，朝参奏事，待诏官出入，每月一易之。伊尹始致仕。汉制，二千石吏予告、赐告。唐制，致仕五品以上表，六品以下转奏。唐太宗许子弟十九以下父兄随任。宋太祖诏群臣父母迎养。

【译文】隋炀帝才开始设置进士科选拔人才。唐朝开始缙绅必须通过科目考试之后才能做官，开始看重资格。汉朝两千石级别的官员任期满三年，可以举荐同父母所生的兄弟为郎官。秦朝才开始让吏员通过考试升任官员，汉朝的丙吉、龚胜就是通过这种方式成为官员的。开始通过缴纳一定的粮食获得爵位，是秦始皇因为旱灾和蝗灾创制的，汉武帝沿袭了这项制度。到汉灵帝时期，富人先通过钱买到官职，穷人就需要加倍向官府缴纳赋税。尧帝时开始考核官员功绩。北魏的崔亮开始给官员任期设置年限。汉代的制度是官员任期和古代一样长久。晋朝和南北朝时期的刘宋开始规定地方长官六年任期便满。汉朝左雄开始规定孝廉的年龄必须满四十岁才能被举荐。宋朝的官员自叙年龄时，有官方年龄和实际年龄两种说法。后周开始制定官员如果受罚，举荐他的人也要连带受罚的制度。汉顺帝时期的制度，选用官员时不得交互为官，意思是联姻的两人不得在对方的家乡交互做官，就是现在所说的隔选。唐太宗时期的制度，有大功的人不能在一个位置上连任，就是现在的回避制度。唐高宗开始给予赴任的官员告身，就是给札。唐朝武则天开始设置门籍制度。籍，就是入朝参见奏事、等待诏命的官员出入时悬挂在门口的记名牌，每个月更换一次。伊尹时开始有退休制度。汉朝制度，两千石以上的官员可以在官休假，生病三个月以上者可以带印绶归家养病。唐朝制度，五品以上官员退休需要向皇帝上表，六品以下官员退休需要由尚书省转奏。唐太宗允许十九岁以下的子弟跟随父亲和兄长一同赴任。宋太祖下诏命令群臣把父母接到任职的地方奉养。

宰相 参政下丞相一等

历代置相 颛顼置乐正。黄帝七辅。汤六傅。伏羲置二相。秦献公置左右二卿，称丞相。庄襄王改相国。唐庄宗置丞相兼枢密。唐中宗始置大学士。五代置文明殿大学士，始为宰相兼职。宋真宗置资政殿学士，班翰林上。汉武帝置秘书令，置太史令。汉桓帝置秘书监。唐太宗始置宰相监修国史。唐德宗始宰相政事，诏迭秉笔。

【译文】颛顼帝设置了乐正。黄帝时有七辅[①]。商汤时有六傅[②]。伏羲设置

① 风后、天老、五圣、知命、窥纪、地典、力墨，亦作“力牧”。

② 太师、太傅、太保、少师、少傅、少保。

了二相。秦献公设置了左右二卿，称为丞相。庄襄王改称相国。唐庄宗设置了丞相兼枢密。从唐中宗开始设置了大学士。五代时期设置了文明殿大学士，才开始作为宰相的兼职。宋真宗设置了资政殿学士，班列翰林之上。汉武帝设置了秘书令，还设置了太史令。汉桓帝设置了秘书监。从唐太宗开始，让宰相担任监修国史的职位。从唐德宗开始，宰相在处理政事时，诏令需宰相之间轮流执笔。

通明相　汉翟方进为丞相，智能有余，兼通文法吏事，以儒术缘饰法律，人号通明相。

【译文】汉朝翟方进任丞相，智慧和能力绰绰有余，还精通法律条文与刑狱之事，用儒学来修饰法律，被人称为“通明相”。

救时宰相　唐姚崇拜相，问齐澣曰：“予为相，何如管晏？”澣曰：“管晏之法，虽不能施于后世，犹可以终其身。公所为法，随复更之，只可为救时宰相。”

【译文】唐朝姚崇官拜宰相，问齐澣：“我当宰相，和管仲、晏婴相比怎么样？”齐澣说：“管仲、晏婴治理国家的方法，虽然不能在后世施行，仍然可以使用到他们去世。大人施行的法令，反复变更，只能做个匡救时弊的宰相。”

知大体　汉丙吉不问横道死人，而问牛喘。吏谓失问。吉曰：“宰相不亲细事，民斗伤命，则有司存。方今春月牛喘，恐阴阳失调，宰相职司燮理阴阳，是以问之。”人称其知大体。

【译文】汉朝丙吉不过问横躺在道路上的死人，却过问牛喘粗气的事。随从的官员认为他前后失问。丙吉说：“宰相不亲自过问小事，百姓因为斗殴杀了人，自然有相关衙门过问。现在才是春季牛就喘成这样，恐怕是阴阳失调导致的，宰相的职责是协和、治理阴阳，所以我才会过问这件事。”人们都称赞他知大体。

伴食相　唐卢怀慎为相，自以才能不及姚崇，政事皆推委不与，人讥其为伴食宰相。

【译文】唐朝卢怀慎任宰相，自认为才能比不上姚崇，朝中的政事全都推给姚崇，自己从不参与，人们都讥讽他为“伴食宰相”。

纱笼中人 唐卜者胡芦生，卜筮甚验，李藩常问之，生曰："公乃纱笼中人。"藩不解所以。后有异僧言：凡宰相，冥司必潜以纱笼护之，恐为异物所扰。藩默喜卜者言，果拜相。

【译文】唐朝有个占卜的人叫胡芦生，占卜的结果十分灵验，李藩曾经在他那里问卦，胡芦生说："先生乃是纱笼中人。"李藩不知道他是什么意思。后来有一位奇异的僧人说：凡是宰相，地府都会悄悄地用纱笼来保护他，怕他被异物惊扰。李藩对占卜者的话默默欢喜，后来果然拜相。

琉璃瓶覆名 五代唐废帝择相，问左右，皆言卢文纪、姚颛有声望。帝因悉书清望官名，纳琉璃瓶中，夜焚香祝天，以箸挟之，得卢文纪，欣然相之。

【译文】五代时期唐废帝选择宰相，向左右的人询问，他们都说卢文纪、姚颛很有声望。废帝于是把有名望的官员名字全都写下，放到琉璃瓶中，在夜里焚香向上天祈祷，再用筷子夹取，得到了卢文纪的名字，欣然拜他为宰相。

金瓯覆名 唐玄宗卜相，皆书其名，纳之金瓯，名曰瓯卜。一日，书崔琳等名，问太子曰："此宰相名，若谓谁？"太子曰："非崔琳、卢从愿乎？"上曰："然。"

【译文】唐玄宗用占卜的方式选拔宰相，要把候选人的名字全都写于纸上，放到金盆中，称为"瓯卜"。有一天，他写了崔琳等人的名字，问太子："这是宰相的名字，你猜都有谁？"太子说："莫不是崔琳、卢从愿吧？"唐玄宗说："你猜对了。"

枚卜 古天子卜相，必书清望官名，纳金瓯或琉璃瓶中，焚香祝天，以箸挟之，得其名，即拜相，故曰枚卜，又曰瓯卜。

【译文】古代天子用占卜的方法选取宰相，必须写下有美好名望的官员名字，放到金盆或者琉璃瓶中，焚香向上天祈祷，再用筷子夹取，得到哪个人的名字，便拜他为宰相，所以称为"枚卜"，也叫"瓯卜"。

鱼头参政 宋鲁宗道为参政，时枢密使曹利用恃权骄横，公屡折之帝前。时贵戚用事者，莫不惮之，称为鱼头参政。

【译文】宋朝鲁宗道任参政，当时枢密使曹利用倚仗权势，傲慢专横，鲁宗道多次在皇帝面前指责他。当时皇亲国戚中当权的人，没有不怕他的，称他为"鱼头参政"。

骰子选　宋丁谓作参政，或率杨文公贺之，谓曰："骰子选耳，何足道哉！"

【译文】宋朝丁谓任参政，有人带着杨文公（杨亿）前去祝贺，丁谓说："不过是掷骰子选出来的机缘巧合罢了，哪里值得谈起呢！"

尚书 部曹 卿寺

古纳言　唐玄宗用牛仙客为尚书，张九龄谏曰：尚书，古之纳言，多用旧相居之。仙客，本河、湟一使典耳，拔升清流，齿班常伯，此官邪也。

【译文】唐玄宗任用牛仙客为尚书，张九龄进谏说：尚书是古代的纳言，大多用以前的宰相来担任。牛仙客，原本只是河湟地区的一个小吏而已，骤然擢升到清流之位，与皇帝身边的近臣同列，这是官场中的歪风邪气啊。

天之北斗　李固疏：陛下有尚书，犹天之有北斗。北斗为天之喉舌，尚书为陛下之喉舌。

【译文】李固上奏疏说：陛下您有尚书，就像天上有北斗星一样。北斗星是上天的喉舌，尚书是陛下的喉舌。

六卿　隋文帝始定六部，本汉光武分署六曹。吏曹职起伏羲。汉光武为选部。魏始名吏部，始居诸曹右。户曹职起黄帝。吴始为户部。唐武后始以户部居礼部右。礼曹职起颛顼之秩宗。隋始为礼部。兵刑曹职起黄帝。隋始为兵部、刑部。工曹职起少昊。晋起部。隋始为工部。宋神宗复唐故事，以吏、户、礼、兵、刑、工为次序。

【译文】隋文帝开始设置六部，依据是汉光武帝分别设置六曹。吏曹的职位起始于伏羲。汉光武帝时称为选部。曹魏开始称为吏部，开始位于诸曹之上。户曹的职位起始于黄帝。东吴开始称为户部。唐朝武则天开始以户部居于礼部之上。礼曹的职位起始于颛顼时代的秩宗。隋朝开始称为礼部。兵曹、刑曹的职位起始于黄帝。隋朝开始称为兵部、刑部。工曹的职位起始于少昊。晋朝称为起部。隋朝开始称为工部。宋神宗时又恢复唐朝旧制，以吏部、户部、礼部、兵部、刑部、工部为顺序。

尚书 秦遣吏至殿中文书，始号尚书。后汉始专席。魏三品，陈加至一品。

【译文】秦朝派遣官吏到宫殿中撰写文书，开始称为尚书。东汉才开始为尚书设置专门的席位。曹魏时尚书为三品官职，到南朝陈时升为一品。

侍郎 隋炀帝置六曹侍郎。副尚书名始秦。

【译文】隋炀帝设置了六曹侍郎。副尚书的名称始于秦朝。

郎中 汉置尚书郎，分掌尚书事，名始秦。

【译文】汉朝设置了尚书郎，分管尚书事务，名称始于秦朝。

员外 隋文帝命尚书六曹增置员外郎，名始汉。

【译文】隋文帝命令尚书六曹分别增设员外郎，名称始于汉朝。

主事 隋炀帝置主事副员外郎，名始汉武帝。

【译文】隋炀帝设置了主事副员外郎，名称始于汉武帝。

司务 宋置六部司务。

【译文】宋朝设置了六部司务。

九卿 夏后氏始置九卿。汉设九卿，不以官名，但称九寺。梁武帝始加卿字。后魏始置少卿，以卿为正卿。

【译文】夏后氏开始设置九卿。汉朝设置了九卿，不用为官职名，只称为九寺。南朝的梁武帝开始在官职后面加“卿”字。北魏开始设置少卿，原来的卿称为正卿。

大理寺 黄帝立士师，有虞为士师。夏始称大理。秦置大理正，今卿；置廷尉正，今寺正。魏置少卿。晋武帝置丞。隋炀帝置评事。

【译文】黄帝设置了士师，虞舜就是士师。夏朝开始称为大理。秦朝设置了大理正，即现在的大理寺卿；还设置了廷尉正，即现在的大理寺正。魏朝设置了大理寺少卿。晋武帝设置了大理寺丞。隋炀帝设置了大理寺评事。

太常寺 本周官春官之职。秦称奉常。汉改太常，名始有虞。后汉置卿。

秦置丞。魏文帝置博士。汉武帝置郎，置司乐，置协律。隋置郊社署，今天地坛祠祭署。唐置簿。

【译文】太常寺本来是周朝设置的春官之职。秦朝称为奉常。汉朝改称太常，官职名始于虞舜。东汉设置了卿。秦朝设置了丞。魏文帝设置了太常寺博士。汉武帝设置了郎官，同时还设置了司乐与协律。隋朝设置了郊社署，就是现在的天地坛祠祭署。唐朝设置了主簿。

太仆寺、苑马寺　太仆寺、苑马寺，职始周官，梁置簿，汉置监。

【译文】太仆寺、苑马寺，职务始于周官，南朝梁设置了主簿，汉朝设置了监。

光禄寺　本秦置，郎中令掌宫掖。汉为光禄勋。梁始改光禄卿。北齐兼膳羞。隋始专掌。唐始署珍羞官，因隋。隋始署大官名，因秦始署良酝，即汉汤官，掌酝，本周官酒正人置。

【译文】光禄寺本来是秦朝设置的，郎中令掌管宫室。汉朝光禄寺长官称光禄勋。南朝梁改称光禄卿。北齐兼管膳羞。隋朝开始专门掌管膳羞。唐朝开始设置珍羞官，因袭隋朝旧制。隋朝开始设置大官署，因袭秦朝开始设置的良酝署，就是汉朝的汤官，掌管与酿酒相关的事务，是根据周朝的官职酒正来设置的。

鸿胪寺　汉武帝置大鸿胪，梁武帝除“大”字，本秦典客、周大行人。

【译文】汉武帝设置了大鸿胪，梁武帝去除了官职中的“大”字，原本是秦朝的典客、周朝的大行人。

国子监　周以师氏、保氏教养国子，始名国子。晋武帝始立国子学。隋炀帝始改国子监。汉始定祭酒，衔名本周。隋炀帝置司业并周职。汉武帝置博士，名始秦。晋武帝置教。隋炀帝置丞。北齐高洋置簿。宋神宗置录。

【译文】周朝让师氏、保氏来教育培养国君的儿子，才开始有“国子”的称呼。晋武帝开始设置国子学。隋炀帝开始改为国子监。汉朝开始设置祭酒，官衔的名称来自周朝。隋炀帝设置了司业，也是周朝原来的官职。汉武帝设置了博士，名称始于秦朝。晋武帝设置了教习。隋炀帝设置了监丞。北齐高洋设置了典簿。宋神宗设置了录事。

宫詹 学士 翰苑

东宫官 秦始皇置詹事，汉因掌太子家。唐玄宗置少詹事，并辅导东宫。周公置左、右庶子。唐高宗置左、右谕德、赞善。隋文帝置内允，即中允。北齐置门下、典书二坊。秦始皇置洗马，先导太子。晋始为詹事属官，掌图籍。汉兰台置校书。北齐置正字。

【译文】秦始皇设置了詹事，汉朝沿袭这一官职用来掌管太子府。唐玄宗设置了少詹事，让他一起辅导太子。周公设置了左、右庶子。唐高宗设置了左、右谕德、赞善。隋文帝设置了内允，就是中允。北齐设置了门下、典书二坊。秦始皇设置了洗马，在太子出行时作为前导。晋朝开始设置詹事属官，掌管书籍。汉朝的兰台设置了校书。北齐设置了正字。

翰林 伏羲始立史官。唐玄宗置修撰、编修、检讨。宋文帝置学士。后魏置太子侍讲。唐玄宗置侍讲学士、侍读学士、侍讲、侍读、待诏。汉武帝置博士。宋置孔目。

【译文】伏羲开始设置史官。唐玄宗设置了修撰、编修、检讨。宋文帝设置了学士。北魏设置了太子侍讲。唐玄宗设置了侍讲学士、侍读学士、侍讲、侍读、待诏。汉武帝设置了博士。宋朝设置了孔目。

玉堂 宋苏易简充承旨，多振举翰林故事。太宗为飞白书院额曰“玉堂”，及以诗赐之。太宗曰：“此永为翰林中一美事。”易简曰：“自有翰林，未有如今日之荣也！”

【译文】宋朝苏易简担任翰林学士承旨时，多次重振翰林院旧例。宋太宗用飞白书为翰林院的匾额题写了“玉堂”两个字，还作诗一起赐给他。太宗说：“这永远是翰林院中的一件美谈啊。”苏易简说：“自从有翰林院以来，从来没有像今天这样荣耀过！”

木天 《类苑》：秘书阁下穹隆高敞，谓之木天。

【译文】《类苑》记载：秘书阁中高大开阔，被称为“木天”。

鳌禁 宋公白、贾公黄中，皆先达巨儒，同在鳌禁。

【译文】宋白先生、贾黄中先生，都是有德行和学问的鸿儒，同时在翰林院任职。

内相　唐陆贽博学弘词，入翰林。德宗重其才，呼先生而不名。虽外有宰相主大议，贽常居中参议，号曰“内相”。

【译文】唐朝陆贽考中博学宏词科，进入翰林院为官。德宗看中他的才华，称呼他为先生而不直呼其名。虽然宫外有宰相主持讨论国家大事，陆贽常常值宿内廷与皇帝讨论国事，被称为“内相”。

摛文堂　宋徽宗政和五年[①]，御书摛文堂榜，赐学士院。

【译文】宋徽宗政和五年（1115年），徽宗亲题摛文堂的匾额，赐给学士院。

五凤齐飞　宋太宗时，贾黄中、宋白、李至、吕蒙正、苏易简，同时拜翰林学士。扈蒙云：“五凤齐飞入翰林。”

【译文】宋太宗时，贾黄中、宋白、李至、吕蒙正、苏易简，同时官拜翰林学士。扈蒙说：“五只凤凰一起飞入了翰林院。”

北门学士　唐刘祎之，少以文词称，迁右弘文馆直学士。上元中，与万元顷等召入禁中，参决政事，时称“北门学士”。

【译文】唐朝刘祎之，少年时就以擅长文辞著称，后来升任右弘文馆直学士。上元年间，他和万元顷等人被召入宫殿，参议和决断政事，当时被人称为“北门学士”。

八砖学士　唐李程为学士。常规：学士入院，以阶前日影为候。程性懒，日过八砖乃至，时号“八砖学士”。

【译文】唐朝李程任学士。按照平时的规定：学士进入翰林院，应该以台阶前的日影作为时间标准。李程性格懒散，每次都是日影过了第八块砖才到，当时被人称为“八砖学士”。

① 政和五年为宋徽宗年号，底本为“宋真宗政和五年”，应为笔误。

谏官

忠言逆耳 沛公见秦宫室之富，欲留居之。樊哙谏曰："凡此奢丽之物，皆秦所以亡也，公何用焉？愿还灞上。"不听。张良曰："忠言逆耳利于行。"乃还。

【译文】刘邦见到秦朝的宫殿富丽堂皇，就想要留下来居住。樊哙劝谏他说："凡是这些奢华美丽的东西，都是秦朝之所以灭亡的原因，您为什么要使用它们呢？请求沛公还军灞上。"刘邦没有听从他的话。张良说："忠言虽然不中听，却有利于改正行为。"刘邦这才还军灞上。

真谏议 萧钧为谏议大夫，永徽中，争盗库财死罪，曰："囚罪当死，但恐天下谓陛下重货轻法，任喜怒杀人。"帝曰："真谏议也。"

【译文】萧钧任谏议大夫，永徽年间，他与皇帝争论盗窃官库财物的人是否该判死罪时说："囚犯的这种罪行当然该死，可是恐怕天下人就会说陛下您重视钱财而轻视律法，凭着自己的喜怒杀人。"皇帝说："爱卿是真正的谏议大夫。"

谏议大夫 六科给事中，名始秦，汉置给事黄门，职始秦，置谏议大夫，唐分为左右。

【译文】六科给事中的名称始于秦朝，汉朝设置了给事黄门，职位始于秦朝，又设置了谏议大夫，唐朝分为左、右两个职位。

真谏官 唐李景伯为谏议。中宗宴侍臣，命诸臣为《回波诗》。众皆以谄言媚上。景伯独为箴规语以讽，帝不怿。中书令萧至忠曰："景伯乐不忘规，真谏官也。"

【译文】唐朝李景伯任谏议大夫。中宗设宴款待臣子，命令官员们作《回波诗》。大家都用谄媚的言语来讨好皇帝。只有李景伯用劝诫的话来讽谏，中宗十分不悦。中书令萧至忠说："李景伯在娱乐时也不忘劝谏，这才是真正的谏官啊。"

碎首金阶 唐敬宗好游畋，刘栖楚为拾遗，出班苦谏，以额叩龙墀，血流被面。

【译文】唐敬宗喜好游猎，刘栖楚时任拾遗，在朝堂上走出官员行列苦苦劝谏，用额头在殿里的台阶上叩头，血流满面。

铁补阙　唐乾宁中杨贻德为谏议，正直敢言，不避权幸。人目为“铁补阙”。

【译文】唐朝乾宁年间，杨贻德任谏议大夫，为官正直，敢于直言，不回避权势与帝王宠幸之人。人们都视为“铁补阙”。

殿上虎　宋刘安世正色立朝，面折廷诤。每犯雷霆之怒，则执简却立，俟天威少霁，复前极论，必得请乃已。人称之曰“殿上虎”。

【译文】宋朝刘安世以态度严肃立于朝堂为官，经常当面指责皇帝的错误，在朝堂上直言劝谏。每次惹得皇帝雷霆震怒，他就拿着奏章后退站立，等到皇帝面色缓和后，再次上前极力争论，必须得到皇帝的同意才肯罢休。人称他为“殿上虎”。

戆章　宋任伯雨性刚鲠，持论劲直。为谏官仅半载，所上一百疏，皆系天下治体，号“戆章”。

【译文】宋朝的任伯雨为人刚正有骨气，他的议论坚定正直。担任谏官仅仅半年，就已经上奏一百道奏疏，全都是关于天下治理的方法，他的奏章被人称作“戆章”。

鲁直　鲁宗道为右正言，风闻弹疏，真宗厌之，自讼罢去。他日上追念其言，御笔题曰“鲁直”。

【译文】鲁宗道任右正言，喜欢根据传闻来写奏疏弹劾别人，宋真宗十分讨厌他，他便自己请罪罢官而去。后来有一天真宗想起他说的话，亲笔写了“鲁直”两个字。

朝阳鸣凤　唐高宗时，自韩瑗、褚遂良死，内外以言为讳。高宗造奉天宫，李善感始上书，极言之。时人谓之朝阳鸣凤。

【译文】唐高宗时，自从韩瑗、褚遂良死后，朝中内外便把进言当作忌讳。高宗建造奉天宫时，才有李善感上书，极力劝阻。当时的人称他为“朝阳鸣凤”。

立仗马　李林甫专权，恐谏官言事，谓之曰：“诸君见立仗马乎？终日无声，食三品料，及其一鸣辄斥，虽欲勿鸣，其可得乎？”

【译文】李林甫把持朝政，害怕谏官奏事，于是对他们说："诸位见过仪仗队中的马吧？整天不出声，就能饱食三品马料，等到它一开口鸣叫就会被除名，虽然想要不再鸣叫，可是还有机会吗？"

拾齿 宋张霭，太祖方弹雀后苑，霭亟请入奏事。及见所奏乃常事耳，上怒，霭曰："窃谓急于弹雀。"上以斧柄撞其齿，齿堕，徐拾之。上曰："欲讼朕耶？"霭曰："臣何敢讼陛下？但有史官在耳。"

【译文】宋朝张霭，宋太祖正在后花园用弹弓打麻雀，张霭急迫请求进入奏事。等太祖发现他所奏的是一件平常事，便非常生气，张霭说："臣自以为比用弹弓打麻雀的事情紧急。"太祖便用斧柄去撞他的牙齿，牙齿脱落，张霭从容地从地上捡起来。太祖说："你想要告我吗？"张霭说："我哪里敢告陛下您呢？只是有史官在罢了。"

古忠臣 宋邹浩官右正言，极论章惇误国，未报而刘后立。复反，复廷诤，被窜。史谓之古忠臣。浩与阳翟田昼善，初，刘后立，谓人曰："邹志完不言，可以绝交矣。"浩既得罪，昼迎诸途，正色曰："使志完隐默居京师，遇寒疾不汗，五日死矣，岂独岭海之外能死人哉？"

【译文】宋朝邹浩（字志玩）任右正言，竭力论述章惇误国之事，奏疏还没有奏报，宋真宗又立刘妃为皇后。于是又返回家中写奏书，又在朝堂上当面直谏，被贬谪到岭南地区。史书上称他为"古忠臣"。邹浩与阳翟人田昼交好，起初，刘皇后被立，田昼对人说："如果邹浩不进言，那我们就可以绝交了。"等到邹浩获罪，田昼在路上迎接他，严肃地说："假如志完你只是默默地居住在京师，偶感风寒却不出汗，恐怕五天之内就会死去，难道只有五岭和南海之外的地方才会死人吗？"

抵家复逮 杨爵言朝廷政事有失人心，而致危乱者五，系狱数年始得释。会复有谏者，上曰："吾固知释爵，妄言者立至矣！"复就逮。时爵抵家方一日，忽锦衣校至，校佯曰："吾便道省公耳。"爵笑曰："吾固知之。"与校同饭，饭已，曰："行乎？"校曰："盍一入为别？"爵立屏间曰："朝廷有旨见逮，吾行矣。"再系狱，逾年乃出。

【译文】杨爵进言议论朝廷政事不得民心，从而导致了危险动乱的五件事，被逮捕入狱几年才得到释放。正好当时又有官员进谏，嘉靖帝说："我就知道一旦把杨爵放出来，马上就会有胡乱说话的人到来！”于是立刻派人抓捕他。当时杨爵刚刚到家一天，忽然看到锦衣卫来了，那军校假装说：“我只是路过顺便看望一下大人。”杨爵笑着说：“我原本就知道你的来意。”于是和军校一起吃饭，吃完之后，杨爵说：“现在走吗？”军校说：“何不进去道别一下呢？”杨爵便站在屏风内说：“朝廷有旨要抓捕我，我这就走了。”于是再次被抓入狱，过了一年后才被放出。

为朕家事受楚毒　章纶疏陈修德弭灾十四事。又请复汪后于中宫，以正壸仪；复沂王于东宫，以正国本。诏逮狱，廷杖不死。英宗复辟，叹曰：“纶好臣子，为朕家事受楚毒。”拜礼部侍郎。

【译文】章纶上奏疏谈论修养道德、消弭灾祸的十四件事。又请求恢复汪皇后中宫娘娘的身份，以端正后宫的规制；请求恢复沂王东宫太子的身份，以端正国家的根本。明代宗便下诏将他逮捕入狱，廷杖之后没有打死。明英宗复辟后，感叹说：“章纶是一位好臣子，为了我的家事受到这样的酷刑。”于是拜授章纶为礼部侍郎。

碎朕衣矣　陈禾劾童贯弄权，反复不置，徽宗欲起，禾引帝衣，请毕其奏。衣裾落。帝曰：“正言碎朕衣矣！”禾曰：“陛下不惜碎衣，臣岂惜碎首以报！”内侍请易衣，帝却之，曰：“留以旌直臣。”

【译文】陈禾弹劾童贯操持朝政，反复不停地说，宋徽宗想要起身，陈禾上前拉住他的衣服，请求他听完自己的进奏。连衣襟都被扯掉了。徽宗说：“你正直的言论震碎了我的衣服啊！”陈禾说：“陛下您不吝惜被撕碎衣服，我又哪里会吝惜自己的头颅用来报答您！”内侍请徽宗更换衣服，徽宗拒绝说：“留着这件衣服用来表彰敢于直言的臣子吧。”

惮黯威棱　武帝尝曰：“甚矣，黯之戆也！”“古有社稷臣，黯近之矣。”黯前奏事，帝不冠，不敢见。淮南王谋逆，惮黯威棱，遂寝。

【译文】汉武帝曾经说：“汲黯真是太刚直了！”“古代有社稷之臣，汲黯与他们已经非常接近了。”汲黯上前奏事时，武帝没有戴冠就不敢见他。淮南王想要造反，但是害怕汲黯的威名，便作罢了。

贲育不能过　唐魏徵，太宗朝谏议大夫，状貌不扬，有胆气，犯颜敢谏，虽上怒甚，而徵神色自若，议者谓贲育不能过。

【译文】唐朝魏徵，在太宗朝任谏议大夫，长得其貌不扬，却很有胆气，敢于冒犯君主的威严极力劝谏，即使太宗非常愤怒，魏徵也能神色自若。议论的人说战国时的勇士孟贲和夏育都比不过他。

瓦为油衣 谷那律博洽群书，褚遂良称曰“九经库”。从太宗出猎，遇雨，因问：“油衣若何而不漏耶？”那律曰：“以瓦为之，当不漏。”上嘉其直。

【译文】谷那律博览群书，褚遂良称赞他是“九经库”。有一次他跟随唐太宗出猎，碰到下雨，唐太宗问他：“油衣怎么做才能不漏雨呢？”谷那律说：“用瓦当作油衣，应该就不会漏雨了。”太宗很赞赏他的耿直。

谪死 陈刚中性慷慨，敢论事。胡铨以劾桧贬。刚中启曰：“知无不言，愿借尚方之剑！不遇故去，聊乘下泽之车。”桧怒，遂与张九成同谪。客死，贫不能葬。士论惜之。

【译文】陈刚中性格慷慨，敢于议论朝中政事。胡铨因为弹劾秦桧被贬。陈刚中在给胡铨的启事中写道：“胡大人知无不言，愿意借尚方宝剑以斩秦桧！因为不被赏识而离开朝廷，就暂居低下的小官吧。”秦桧大怒，便把他和张九成同时贬谪。后来陈刚中客死他乡，因为贫困无法下葬。士人说起他都觉得可惜。

小官论大事 曹辅为秘书正字。徽宗多微行，辅上疏极谏。太宰余深曰：“辅小官，何敢言大事？”辅对以“大官不言，故小官言之。官有大小，爱君之心则一”。遂编管郴州。

【译文】曹辅任秘书正字。宋徽宗多次微服出行，曹辅上奏疏极力劝谏。太宰余深说：“曹辅只是一个小官，怎么敢议论朝中大事呢？”曹辅回答：“大官不说，所以小官才去说。官职虽然有大小，热爱君王的心却是一致的。”徽宗于是把他编入郴州户籍，并让当地官员加以管束。

忠良鲠直 陈谔负抗直声，举劾权贵无所避。上呼为“大声秀才”。尝忤旨，命坎瘗奉天门外，七日不死，赦还，搏击愈甚。历任中外，所至能其官，终为忌者致贬。上一日问：“大声官儿何在？宜署辅导，使人得闻过。”乃召还，上书“忠良鲠直”四字赐之，示宠异焉。

【译文】陈谔有直言抗争的名声，列举罪行加以弹劾时从来不避权贵。被皇帝称为“大声秀才”。他曾经违抗旨意，被明成祖命人埋在奉天门外只露出头颅，七天后居然没有死去，于是成祖便赦免他回朝继续为官，他便弹劾得更加厉害了。他担任过朝中内外的很多官职，所到之处都能胜任，最终被忌妒他的人诬告被贬。成祖有一天问人：“‘大声官儿’到哪里去了？应该让他担任辅导官职，使人能够听到自己的过错。”于是召陈谔回朝，成祖亲自写了“忠良鲠直”四个字赐给他，以表示特殊的恩宠。

直声震天下 海瑞为南平教谕，谒上官，止长揖，曰：“参师席，不可屈膝也。”主户部政，疏谏下狱，直声震天下。

【译文】海瑞任南平教谕，拜见上级官员时，只长揖说：“我担任先生的职位，所以不能跪拜。”任户部主事时，他因为上奏劝谏皇帝而下狱，刚直的名声震动天下。

劾严嵩得惨祸 沈炼疏劾严嵩父子为奸，窜名白莲教中，僇于边。杨继盛论嵩专权误国五奸十大罪，弃东市。

【译文】沈炼上疏弹劾严嵩父子狼狈为奸，被诬陷为白莲教教众，在边城被杀。杨继盛弹劾严嵩专权误国五奸十大罪，在东市被斩首。

劾逆珰 劾逆珰而受酷刑死者：万璟廷杖死；高攀龙投水死；杨琏、左光斗、周顺昌、缪昌期、周宗建、黄尊素、魏大中被逮，诏狱拷掠死；邹维连谪戍死，俱江浙人。

【译文】因为弹劾弄权宦官受酷刑而死的人有：万璟死于廷杖；高攀龙投水自尽；杨琏、左光斗、周顺昌、缪昌期、周宗建、黄尊素、魏大中被捕，在诏狱中被拷打而死；邹维连发配边疆而死，他们全都是江浙人。

御史

白简 晋傅玄为御史，每有奏劾，或值日暮，捧白简，整簪带，竦诵不休，坐以待旦。贵游慑服，台阁风生。

【译文】晋朝傅玄任御史，每次要上奏弹劾时，有时候正值傍晚，他就捧着弹劾奏章，整理冠簪和绅带，一遍遍恭敬地诵读奏章，坐着等待白天的到来。王公贵族们都因为畏惧而顺从，御史台的其他官员也变得雷厉风行起来。

乌台 汉成帝时，御史府列柏树，有野乌数千栖其上，故称乌台，亦称柏台。

【译文】汉成帝时期，御史府种植着一列柏树，有几千只野乌鸦栖息在上面，所以御史府被称为“乌台”，也被称为“柏台”。

法冠绣衣 《汉书》：法冠，御史冠也，本楚王冠也。秦灭楚，以其君冠赐御史也。绣衣御史，汉武帝所置。法冠一名“獬豸冠”。

【译文】《汉书》记载：法冠就是御史所带的官帽，本来是楚王所戴的礼帽。秦国灭亡楚国后，便把楚王的礼帽赐给了御史。绣衣御史是汉武帝设置的官职。法冠也被称为“獬豸冠”。

独击鹘 宋王素既升台宪，风力愈劲。尝与同列奏事，上有不怿，众皆引去，素方论列是非，俟得旨，乃退。帝叹曰：“真御史也。”人皆目为“独击鹘”。

【译文】宋朝王素升任御史台官员后，作风和魄力更加强劲。他曾经和同僚一起奏事，皇帝有些不高兴，其他官员全都退下了，只有王素还在争论是非，等得到旨意之后，他才会退下。皇帝赞叹说：“这才是真正的御史啊。”人们都视他为“独击鹘”。

石御史 唐刘思立举进士，高宗擢为御史。执法不阿，弹劾权贵，人号“石御史”。

【译文】唐朝刘思立考中进士后，高宗提拔他为御史。刘思立执法从不屈从逢迎，弹劾也不避权贵，被人称为“石御史”。

骢马御史 后汉桓典为侍御史，直言无所忌讳。常乘骢[①]马，京师惮之，为语曰：“行行且止，避骢马御史。”

【译文】东汉桓典任侍御史，喜欢直言没有忌讳。他经常骑着一匹青白相杂的骢马，京城里的人都很怕他，给他编了一句俗语：“行行且止，避骢马御史。”

① 原文“白”，查《后汉书》，有误。

铁面御史　宋赵抃少孤贫，举进士。及为殿中侍御，弹劾不避权贵，号为“铁面御史”。

【译文】宋朝赵抃年少时孤苦贫寒，后来考中进士。等他做了殿中侍御后，弹劾从来不回避权贵，被人称为“铁面御史”。

豹直　《汉·舆服志》：大驾属车八十一乘，皆尚书台省官所载，最后一乘，侍御史所乘，独悬豹尾，故名“豹直”。

【译文】《后汉书·舆服志》记载：皇帝的车驾共有从属车辆八十一架，都是尚书台的官员乘坐的，最后一架车是侍御史乘坐的，唯独这辆车后面悬挂豹尾，所以称为“豹直”。

节度胆落　唐敬宗朝，夏州节度使李祐入朝，违诏进奉，御史温造弹之。祐趋出待罪，股栗流汗，谓人曰：“吾夜逾蔡州，擒吴元济，未尝心动，今日胆落于温御史矣。”

【译文】唐敬宗时期，夏州节度使李祐入京朝见天子，违反诏命进献了很多财物，御史温造便以此为由弹劾他。李祐小步疾行而出等待降罪，紧张得两腿发抖，汗流浃背，对人说：“我夜至蔡州，捉拿吴元济，内心都没有这么害怕，今天却被温御史吓得魂飞胆破。”

埋轮当道　后汉张纲为御史。安帝时，遣八使按行风俗，纲独埋其车轮于洛阳都亭，曰：“豺狼当道，安问狐狸？”遂劾大将军梁冀兄弟。

【译文】东汉张纲任御史。汉安帝时，朝廷派遣八位使者到各地巡查官风与民俗，只有张纲把车轮埋到了洛阳的都亭说：“豺狼当道，查问狐狸有什么用呢？”于是上疏弹劾大将军梁冀兄弟。

头轫乘舆　申屠刚，建武初拜侍御史，延臣畏其鲠直。时陇蜀未平，上欲出游，刚力谏，不听。以头轫乘舆，马不得前。

【译文】申屠刚，建武初年（25年）官拜侍御史，朝中的官员都畏惧他的耿直。当时陇、蜀两地还没有平定，皇帝想要出游，申屠刚极力劝谏，皇帝没有听从。申屠刚就用头阻碍车轮，让马没有办法前进。

贵戚泥楼　汉李景让为御史大夫，刚直自持，不畏权幸。内臣贵戚有看街楼阁，皆泥之，畏其弹劾。

【译文】汉朝李景让任御史大夫，为人刚直克制，不畏权贵。皇帝身边的内臣和帝王的亲族有沿街楼阁的，都用泥把外面涂上，害怕遭到李景让的弹劾。

劾灯笼锦 宋唐介为御史，劾文彦博知益州日以灯笼锦媚贵妃，致位宰相，请逐彦博。仁宗怒，谪介英州别驾。

【译文】宋朝唐介任御史，弹劾文彦博在任益州知州时，曾经进献蜀地产的灯笼锦来谄媚贵妃，这才官至宰相，请求皇帝驱逐文彦博。宋仁宗看后大怒，贬唐介为英州别驾。

炎暑为君寒 唐岑参《送侍御韦思谦》诗曰："闻欲朝金阙，应须拂豸冠。风霜随雁去，炎暑为君寒。"

【译文】唐朝岑参在《送侍御韦思谦》中写道："闻欲朝金阙，应须拂豸冠。风霜随雁去，炎暑为君寒。"

天变得末减 杨瑄，天顺初为御史，劾曹吉祥、石亨怙宠擅权。后为曹、石文致坐死。将刑，会大风拔木，吹正阳门下马牌于郊外，得末减。子源为五官监候，以占候上言指斥刘瑾。瑾怒曰："尔何官，亦学为忠臣乎？"杖而戍之。刘瑾之乱，大臣科道同日勒令致仕四十八人，以其名榜示天下。源之同乡御史熊卓与焉。

【译文】杨瑄，天顺初年任御史，曾经弹劾曹吉祥、石亨凭借恩宠擅权专政。后来他被曹吉祥、石亨诬告被判死刑。将要行刑时，正好碰到大风拔树而起，把正阳门的下马牌都吹到了郊外，于是得到了减刑。他的儿子杨源任五官监候，根据占卜物候的结果上书指责刘瑾。刘瑾愤怒地说："你是个什么官，难倒也要学别人做忠臣吗？"于是将杨源杖打后流放。刘瑾祸乱朝政，朝中的大臣及两衙门同一天被勒令退休的有四十八人，刘瑾还把他们的名字写在榜上公示天下。杨源的同乡御史熊卓也在榜上。

使臣

一介行李　《左传》：子员曰："君有楚命，亦不使一介行李，告于寡君。"

【译文】《左传》记载：子员说："您面对楚国的进攻，也不派一个使者，来告诉我们的君主。"

一乘之使　韩信破赵，欲移兵击燕，武涉说信曰：不如发一乘之使，奉咫尺之书以使燕，燕必从风而靡。

【译文】韩信攻破赵国，想要移兵再去攻打燕国，武涉劝说韩信：不如派一个坐着一辆小车的使者，拿上一封只有咫尺的书信前往燕国出使，燕国必然会望风而降。

堂堂汉使　苏武使匈奴，匈奴胁武令拜，武不从。以刀临之，武曰："堂堂汉使，安能屈膝于四夷哉！"

【译文】苏武出使匈奴，匈奴人威胁他下跪，苏武不从。匈奴人又把刀架在他的脖子上，苏武说："我乃是堂堂汉使，怎么能够屈膝跪拜蛮夷呢！"

埋金还卤　唐杜暹使卤，以金遗暹，固辞。左右曰："公使绝域，不可失戎心！"乃受焉，阴埋幕下。已出境，乃移文，俾取之，突厥大惊。

【译文】唐朝杜暹出使突厥，突厥人要送给他黄金，被他坚决推辞了。左右的人对他说："大人出使极远之地，不可以失去突厥之心啊！"杜暹便接受了黄金，暗中埋藏在自己的营帐中。等离开突厥国境，他写信给突厥，让他们自己把黄金取出，突厥人大感惊讶。

口伐可汗　唐突厥攻太原，郑元璹持节往劳。既至，虏以不信咎中国，璹随语折让无所屈，徐乃数其背约，突厥愧赧，引兵还。太宗赐书曰："知卿口伐可汗，边火息燧。朕何惜金石赐于卿哉！"

【译文】唐朝突厥进攻太原，郑元璹持符节前去与突厥人谈判。到达对方营帐后，突厥以不讲诚信怪罪唐朝，郑元璹对这些话一一反驳，没有一点屈服，随后从容地数出他们违背契约的事，突厥可汗十分羞愧，便带着军队回去了。唐太宗赐信说："我知道爱卿口伐可汗，边境的烽燧才得以熄灭。我哪里会吝惜把金银赏赐给爱卿呢！"

斩楼兰 龟兹、楼兰二国常杀汉使，傅介子谓霍光曰："楼兰、龟兹反复，不诛无所惩。"霍光使介子行。介子赍金币，以赐外国为名。楼兰王贪汉宝物，求见。介子与饮，陈物示之。王饮醉，介子使壮士刺杀之，谕以"王负汉罪"，遂将王首还诣阙。上嘉其功，封义阳侯。

【译文】龟兹、楼兰二国经常杀死汉朝使者，傅介子对霍光说："楼兰、龟兹是反复无常的小人，不诛杀就无法达到惩戒的目的。"霍光便让介子推出使两国。介子推便带着金币，以赏赐外国的名义出发了。楼兰国王贪心汉朝的宝物，求见介子推。介子推与他饮宴，陈列宝物让他看。楼兰王喝醉之后，介子推便派壮士刺杀了他，还公布了楼兰王有负汉朝的罪行，并将他的首级带回朝中。皇帝为了嘉奖介子推的功劳，封他为义阳侯。

少年状元 宋王拱辰，至和二年聘契丹，见其主于混同江。设宴垂钓，每得鱼，必酌酒饮客，亲鼓琵琶侑觞，谓其相曰："此南朝少年状元也。"

【译文】宋朝王拱辰，至和二年（1055年）出使契丹，契丹国主在混同江接见了他。在设宴垂钓时，每钓到一条鱼，必然会给客人倒酒，亲自弹琵琶佐酒，并对他的宰相说："这就是南朝的少年状元啊。"

臣不生还 曹利用契丹议和，假崇仪副使奉书以行。真宗曰："契丹如贪岁币，非国家细事，或求不厌，当以理绝之。"利用答曰："虏若妄有所求，臣不敢生还。"

【译文】曹利用与契丹议和，借崇仪副使的名义带着诏书出行。宋真宗说："契丹如果贪婪岁币，就不是国家的小事；如果欲求不满，你应该以理拒绝。"曹利用回答道："胡人如果妄想肆意索求，我也不敢活着回来。"

执节不屈 张骞以使通大夏，还为校尉，封博望侯。后为将军，使大夏，穷河源。《杨子·渊骞篇》："张骞、苏武之奉使也，执节没身，不屈王命，虽古之名使，其犹劣诸！"

【译文】张骞以使者的身份出使大夏国，回朝之后任职校尉，封博望侯。后来他又做了将军，再次出使大夏国，寻找黄河的源头。《杨子·渊骞篇》记载："张骞与苏武奉命出使，终身都拿着汉朝的符节，没有辱没君王的命令。即使古代有名的使者，也比不上他们啊！"

郡守

京府 始君陈尹东郊，汉武帝因更名内史为京兆尹，置丞，置治中。宋太祖置通判推官，本唐节度使，属有推官、判官。

【译文】京府的长官设置起源于周朝君陈主管都城的东郊，汉武帝因此把内史的名称改为京兆尹，设置丞，同时还设置了治中。宋太祖设置了通判与推官，依据是唐朝节度使下属官员有推官和判官。

五马 《遁斋闲览》：汉时朝臣出使以驷马，为太守增一马，故称“五马”。

【译文】《遁斋闲览》记载：汉朝时朝廷的官员出使要驾四匹马，如果是太守则要增加一匹马，所以称太守为“五马”。

刺史 《唐志》：武德中，改太守曰刺史。天宝中又改刺史曰太守。

【译文】《新唐书·职官志》记载：武德年间，改称太守为刺史。天宝年间又改称刺史为太守。

郡守 魏文侯始置郡守。秦始皇置郡丞，即今同知。汉置州牧，景帝更太守。宋高宗始称知府，始改唐郡称府。

【译文】魏文侯开始设置郡守。秦始皇设置了郡丞，就是现在的同知。汉朝设置了州牧，汉景帝变更为太守。宋高宗时开始称为知府，才把唐朝的郡改称为府。

黄堂 《吴郡志》：吴郡太守所居之堂，乃春申君所居之殿也。数火，涂以雌黄，故曰“黄堂”。

【译文】《吴郡志》记载：吴郡太守所居住的房子，原本是春申君所居住的宫殿。后来遭遇多次火灾，便涂上雌黄，所以称为“黄堂”。

驱蚊扇 唐袁光庭典守名郡，有异政。明皇谓宰辅曰：“光庭性逐恶，如扇驱蚊。”

【译文】唐朝袁光庭治理名郡，有突出的政绩。唐明皇对宰相说：“袁光庭的性格疾恶如仇，就像用扇子驱赶蚊子一样。”

五袴 汉廉范为蜀郡太守，除火禁，百姓便之，歌曰：“廉叔度，来何暮？不禁火，民安作。昔无襦，今五袴。”

【译文】汉朝廉范任蜀郡太守，解除夜晚不能生火耕作的禁令，百姓十分便利，于是歌颂道：“廉叔度，来何暮？不禁火，民安作。昔无襦，今五袴。”

麦两岐 汉张堪为渔阳太守，击匈奴，开稻田千万顷，劝农，致殷富。百姓歌曰：“桑无附枝，麦秀两岐。张君为政，乐不可支。”

【译文】汉朝张堪任渔阳太守，抗击匈奴，开垦出稻田千万顷，劝勉农耕，使百姓富足。百姓歌颂道：“桑无附枝，麦秀两岐。张君为政，乐不可支。”

禾同颖 梁柳恽为吴兴太守，嘉禾同颖，一茎两穗。

【译文】南朝梁柳恽任吴兴太守时，出现了两个禾苗结出一个穗子和一个禾苗上长出两个穗子的嘉禾。

水晶灯笼 赵宋张中廉为详州刺史，洞察民伪。民号为“水晶灯笼”。

【译文】宋朝时张中廉任详州刺史，能够洞察百姓中的伪诈之徒。百姓称他为“水晶灯笼”。

照天蜡烛 田元均治成都有声，民有隐恶，辄擿发之。蜀人谓之“照天蜡烛”。

【译文】田元均治理成都很有名声，百姓中有隐瞒恶行的，都会被他揭发。蜀地的人称他为“照天蜡烛”。

卖刀买犊 汉龚遂为渤海太守，民有带刀剑者，遂令卖剑买牛，卖刀买犊。

【译文】汉朝龚遂任渤海太守，百姓中有携带刀剑的，他就会命令他们卖掉剑用来买牛，卖掉刀用来买牛犊。

独立使君 五代裴侠守河北，入朝，周太祖命独立，曰：“裴侠清慎奉公，为天下之最。有如侠者，与之俱立。”众默然。朝野叹服，号“独立使君”。

【译文】五代时裴侠镇守河北，入朝时，周太祖命令他单独站在一个地方，说：“裴侠清廉谨慎，奉公行事，是全天下做得最好的。如果谁能够和裴侠一样，就能和他站在一起。”众官员默然无语。朝廷和民间都对他十分叹服，称他为“独立使君”。

天下长者 汉文帝谓田叔曰：“公知天下长者乎？”田叔请其人。帝曰：“公长者也，宜知之。”对曰：“云中太守孟舒是也。”

【译文】汉文帝对田叔说：“你知道天下的长者是谁吗？”田叔请问其人。文帝说：“你就是长者，应该知道啊。”田叔回答：“就是云中郡的太守孟舒吧。”

召父杜母 汉召信臣为南阳太守，兴利除害，吏民信爱，号为“召父”。杜诗亦为南阳守，性节俭，而政治清平。南阳为之语曰：“前有召父，后有杜母。”

【译文】汉朝召信臣任南阳太守，做了很多对百姓有利的事，去除了很多对百姓有害的事，官员和百姓都很爱戴他，称他为“召父”。杜诗也曾经担任过南阳太守，他为人节俭，把境内治理得安宁清和。南阳人为他们创造了一句俗语：“前有召父，后有杜母。”

愿得耿君 汉耿纯为东郡太守，多善政，盗贼清宁。内召去任，百姓思慕不已。光武驾过东郡，百姓数千随车驾，云：“愿复得耿君。”

【译文】汉朝耿纯任东郡太守，施行了很多好的政令，境内的盗贼都没有了。后来耿纯被皇帝召见离任，百姓们都很想念他。光武帝的车驾从东郡经过时，几千名百姓跟随车驾说：“请求再次让耿大人做我们的父母官。”

借寇 汉寇恂为颍川太守，光武召为执金吾。后光武幸颍川，百姓遮道，曰：“愿复借寇君一年。”乃留镇之。

【译文】汉朝寇恂任颍川太守，光武帝召他任执金吾。后来光武帝驾临颍川，百姓们站满了道路说：“请求再借寇大人一年。”于是寇恂便留任治理颍川。

魏郡岑君 后汉岑熙为魏郡太守，视事二年，人歌之曰：“我有枳棘，岑君伐之。我有蟊贼，岑君遏之。犬不吠夜，足下生氂。”

【译文】东汉岑熙任魏郡太守，任职两年，当地的百姓歌颂道：“我有枳棘，岑君伐之。我有蟊贼，岑君遏之。犬不吠夜，足下生氂。”

平州田君 唐田仁会为平州太守，岁旱，自暴以祈雨，时雨大至，年遂丰登。人歌曰：“父母育我兮田使君，挺精神兮上天闻。”①

【译文】唐朝田仁会任平州太守，有一年大旱，田仁会把自己暴晒在太阳下求雨，应时的雨水下得很大，当年的粮食也获得了丰收。人们都歌颂道：“父母育我兮田使君，挺精神兮上天闻。”

大小冯君 汉冯立徙西河上郡太守，与兄冯野王相代。民歌之曰：“大冯君，小冯君，兄弟继踵相因循。聪明贤知恩惠民，政如鲁卫德化均，周公、康叔犹二君。”

【译文】汉朝冯立迁任西河上郡太守，取代了自己兄长冯野王的官职。百姓们歌颂道：“大冯君，小冯君，兄弟继踵相因循。聪明贤知恩惠民，政如鲁卫德化均，周公、康叔犹二君。”

二邦争守 宋杜衍知乾州，未期，安抚使察其治行，以公权凤翔。二邦之民争于界上，一曰：“此我公也，汝夺之！”一曰：“今我公也，汝何有焉？”

【译文】宋朝杜衍任乾州知府，任期还没有满，安抚使考察他的政绩之后，便让他去做了凤翔知府。两个地方的百姓在边界发生争执，一边的人说：“大人是我们的父母官，被你们夺走了！”另一边的人说：“现在大人已经是我们这里的父母官了，还有你们什么事？”

一龟一鹤 宋赵抃任成都，携一龟一鹤以行。其再任也，屏去龟鹤，止一苍头。执事张公裕赠以诗云：“马谙旧路行来滑，龟放长江不共来。”

【译文】宋朝赵抃到成都赴任，带着一只龟和一只鹤一同出发。等他再次到成都赴任时，不再带龟与鹤，只带了一个仆人。执事张公裕送给他一首诗：“马谙旧路行来滑，龟放长江不共来。”

卧治淮阳 汉武帝拜汲黯为淮阳太守，黯伏谢不受印。帝曰：“君薄淮阳耶？吾以淮阳军民不相得，欲借卿之郡，卧而治之耳。”乃进黯以诸侯相秩，居淮阳。

【译文】汉武帝拜汲黯为淮阳太守，汲黯跪伏谢绝不接受印绶。武帝问

① 唐朝古诗《郢州人歌》：“父母育我田使君，精神为人上天闻。”——编者注

他："你难道是轻视淮阳吗？我正是因为淮阳的军民不融洽，才想借助你到淮阳郡去，躺着把那里治理好啊。"于是给汲黯加赐诸侯和丞相的俸禄，让他治理淮阳。

良二千石　汉宣帝曰："庶民所以安其田里，而无叹息愁恨之心者，政平讼理也。与我共此者，其良二千石乎！"

【译文】汉宣帝说："百姓之所以安心种田，而没有叹息和怨恨之心，是因为政治清明，断案公正。谁能够和我共同按照这种方式治理天下，就算是优秀的两千石郡守了！"

承流宣化　董仲舒曰："今之郡守县令，民之师帅，所以承流宣化。"

【译文】董仲舒说："现在的郡守与县令，是百姓的师长和表率，所以他们一定要按照君王的命令，使文化得以流传，教化得以施行。"

褰帷　贾琮为冀州刺史行部，升车言曰："刺史当远听广视，纠察美恶，何可反垂帷幄以自蔽乎？"乃命御者褰帷。

【译文】贾琮任冀州刺史时巡查治下地区，坐上马车之后说："刺史应该聆听远方的声音，看到更加广阔的地方，纠察善恶，怎么能够垂下车上的帷帐把自己遮挡在里面呢？"于是命令驾车的人撩起帷幕。

露冕　郭贺为荆州刺史，治有殊政。明帝巡狩，赐以三公之服，敕行部去襜露冕，使百姓见之，以彰有德。

【译文】郭贺任荆州刺史，治理地方有突出的政绩。汉明帝巡狩时，赐给他三公的官服，并敕令他巡行时撤去车前的幕布露出他所戴的官帽，使百姓能够看到，以表彰他的德行。

儿童竹马　郭伋，字细侯，拜并州牧。行部西河，有数百小儿，骑竹马，迎于路次。问曰："儿曹何来？"对曰："闻使君到，喜，故来迎耳。"

【译文】郭伋字细侯，官拜并州牧。有一次他巡查到西河时，有几百个小孩，骑着竹马在路上迎接他。郭伋问他们："孩子们，你们是从哪里来的？"孩子回答："我们听说大人您来了，十分高兴，所以就来迎接您啊。"

河润九里　郭伋为颍川太守，召见，帝劳之曰："郡得贤能太守，去帝城不远，河润九里，冀京师并受其福也。"

【译文】郭伋任颍川太守，皇帝召见并慰劳他说："颍川郡得到了你这样贤明能干的太守，而且距离京城不远，像黄河能够浸润广大地区一样，希望京城也能受到这份福泽啊。"

虎北渡河 后汉刘昆初为江陵令，县有火灾，昆叩头反风，火随灭。守弘农，虎负子渡河而去。帝嘉之，征为光禄勋，召问："反风灭火及虎北渡河，行何德政而致此？"昆对曰："偶然耳。"帝叹曰："长者之言也！"

【译文】东汉刘昆起初任江陵县令，县里有火灾发生，刘昆叩头请求风向反转，火随后就灭了。后来他又任弘农太守，老虎都背着幼崽渡江而去。皇帝十分欣赏他，便征召他担任光禄勋，皇帝召见他询问："反风灭火及虎北渡河的事，是因为施行了什么德政而导致的呢？"刘昆回答："这不过是偶然发生的事情罢了。"皇帝赞叹地说："这真是德高望重的长者之言啊！"

别利器 虞诩为朝歌长时，贼数千人攻杀长吏，故旧皆吊。诩曰："不遇盘根错节，何以别利器乎？"

【译文】虞诩任朝歌长时，有几千个贼人攻击并杀害了县里的高级官吏，朋友和旧交都前来慰问。虞诩说："不遇到盘根错节的树木，怎么能够分辨出锋利的武器呢？"

二天 后汉苏章为冀州刺史，有故人为清河令，以赃败，章乃设酒款之。故人喜曰："人有一天，我独有二天。"章曰："今夕，苏孺文与故人饮酒，私情也。明日，冀州刺史白奏事，公法也。"遂举正其罪，郡界肃清。

【译文】东汉苏章任冀州刺史，有个老朋友在清河任县令，因为贪赃的事情败露而犯法，苏章于是设酒款待他。那位朋友高兴地说："每个人头顶都只有一片天，唯独我有两片天。"苏章说："今天晚上，苏孺文（苏章）和老朋友喝酒，这是私人感情。明天，冀州刺史就要告诉你所奏之事，这是公法。"于是列举他的罪状并将其正法，郡内也清平了。

治行第一 汉黄霸为颍川太守，户口岁增，治行为天下第一。是时凤凰神雀数集郡国，颍川尤多。赐爵关内侯，黄金百斤。

【译文】西汉黄霸任颍川太守，人口每年都会增加，治理的功绩也是天下第一。当时有凤凰和神雀多次聚集到各郡国，颍川郡尤其多。后来黄霸被赐关内侯爵位，并赏赐黄金百斤。

开鉴湖 汉马臻为会稽太守，开鉴湖，得田九千余顷。豪右恶之，告臻开河发掘古冢无数。征下狱，遣官复按，诡称并不见人，云是鬼讼。臻竟被戮。其后越民承河之利，立祠祀之。

【译文】汉朝马臻任会稽太守，开凿鉴湖，得到良田九千多顷。当地的豪族十分讨厌他，就诬告他开河时发掘了无数古代陵墓。马臻便被征回并关进了监狱，朝廷派官员复查这起案件，原审官员假称没有看到告状的人，说是鬼魂前来告状。马臻竟然因此被害。后来越地的百姓都享受了开河的便利，于是建立祠堂来祭祀马臻。

一钱清 后汉刘宠为会稽太守，多善政。将去，父老赍钱送之，曰："明府下车以来，狗不夜吠，民不识吏。今当迁去，聊为赆送。"宠为选一大钱受之。今号其地曰"钱清"。

【译文】东汉刘宠任会稽太守，施行了很多良好的政令。将要离任时，父老乡亲们送钱给他："刘大人自从到任以来，狗在夜晚不叫，百姓不认识官吏。现在您要升迁而去，姑且就把这些钱当作临别的赠礼吧。"刘宠从中选择了一枚大钱接受了。现在那里称为"钱清"。

鱼弘四尽 梁鱼弘尝语人曰："我为郡守有四尽，水中鱼鳖尽，山中麋鹿尽，田中米谷尽，村中人庶尽。"

【译文】南朝梁鱼弘曾经对人说："我任郡守有四尽，水中鱼鳖捕尽，山中麋鹿抓尽，田中米谷刮尽，村中百姓跑尽。"

清恐人知 《魏志》：胡质为常山太守，在郡九年，吏民便安，将士用命。子威厉操清白，尝省其父，告归，赐其绢一匹。威跪曰："大人清白，不审于何得此绢？"质曰："是吾俸禄之余。"威乃受之。官至前将军、青州刺史。对武帝曰："臣父清，恐人知；臣清，恐人不知。"

【译文】《三国志·魏书》记载：胡质任常山太守，在郡里九年，官吏和百姓便利安适，将士效忠听命。他的儿子胡威砥砺修行清白的节操，曾经来看望自己的父亲，告辞回家时，胡质赐给他一匹绢。胡威下跪说："父亲大人为官清廉，不知道从哪里得到的这匹绢？"胡质说："这是我俸禄中剩下的。"胡威这才领受。后来，胡威官至前将军、青州刺史。他对魏武帝说："我的父亲为官清廉，怕人知道；我也为官清廉，却怕人不知道。"

酌泉赋诗 吴隐之有清操，由晋陵太守转广州刺史。至石门，酌贪泉，赋诗曰："古人云此水，一歃怀千金。试使夷齐饮，终当不易心。"清操不渝，屡被褒饰。子延之为太守，延之弟及子为郡县者，皆以廉慎为门法。

【译文】吴隐之有清廉的节操，由晋陵太守转任广州刺史。到达石门时，他喝了一口贪泉的水，赋诗说："古人云此水，一歃怀千金。试使夷齐饮，终当不易心。"喝完之后，吴隐之清廉的节操不改，多次被朝廷褒奖。后来他的儿子吴延之也做了太守，吴延之的弟弟和儿子有在郡县做官的，都把廉洁谨慎当作家法。

常悬蒲鞭 崔祖思仕齐，为青、冀二州刺史，在政清勤，而谦卑下士，常悬一蒲鞭，而未尝用。去任之日，士人思之，为立祠。

【译文】崔祖思在南朝齐为官，任青、冀二州刺史，他为政清正勤勉，又恭谦下士，经常悬挂着一条蒲草编成的鞭子，却从来没有使用过。崔祖思离任后，士人百姓都很想念他，于是为他建立了祠堂。

清风远著 崔光伯为北海太守，明帝诏曰："光伯自莅海沂，清风远著，可更申三年，以广风化。"

【译文】崔光伯任北海太守，北魏孝明帝下诏说："崔光伯自从到达海边做太守以来，清正廉洁之风远近闻名，可以让他延长任期三年，推广风俗教化。"

清廉石见 虞愿，会稽人，为晋安太守。海边有越王石，常隐云雾。相传云清廉太守乃得见，愿往观之，清彻无所隐蔽。

【译文】虞愿是会稽人，任晋安太守。海边有一块越王石，经常隐藏在云雾中。据传说只有清廉的太守才能看到，虞愿前去观看，果然看得一清二楚，没有隐蔽。

万石秦氏 后汉秦彭与群从同时为二千石者五人，三辅号曰万石秦氏。迁山阳太守，百姓怀爱，莫有欺犯。转颍守，有凤凰麒麟、嘉禾甘露之瑞，集其郡境。

【译文】东汉秦彭与堂兄弟及子侄辈同时担任两千石官员的有五个人，京畿地区称为"万石秦氏"。秦彭改任山阳太守，百姓内心对他十分爱戴，没有欺骗和凌犯的。后来他又转任颍川太守，有凤凰、麒麟、生长异常的禾苗和甜美的雨露等祥瑞，聚集在颍川郡境内。

得如马使君 马默为登州知府，士民爱戴。其后苏轼起知是郡，父老迎于路，曰："公为政爱民，得如马使君乎？"轼异之。

【译文】马默任登州知府，士人和百姓都很爱戴他。后来苏轼又任登州知府，父老乡亲们在路上迎接他说："大人施政爱民，能够比得上马默大人吗？"苏轼感到很惊异。

邓侯挽不留 邓攸清和平简，贞正寡欲。授吴郡太守，载米之郡，俸禄无所受，惟饮吴水而已。后去郡，百姓数千人留牵攸船，不得进。吴人歌曰："纨如打五鼓[①]，鸡鸣天欲曙。邓侯挽不留，谢令推不去。"

【译文】邓攸为人清静、平和、简朴，坚贞寡欲。拜授吴郡太守，自己带着粮食到郡里上任，连俸禄都不接受，只是喝一点吴郡的水而已。后来他离开吴郡时，几千名百姓拉着邓攸的船挽留他，船都没有办法前进。吴郡的人歌颂他说："纨如打五鼓，鸡鸣天欲曙。邓侯挽不留，谢令推不去。"

六驳食兽 张华原兖州刺史，折狱明恕，囹圄一空。先是境内有猛兽为民患，华原下车，甑山中忽有六驳食兽，民害顿除。

【译文】张华原本任兖州刺史，断决案件明察宽厚，监狱为之一空。起初境内有猛兽为祸百姓，张华到任后，甑山忽然出现一只六驳吃掉了山中的猛兽，祸害立刻便解除了。

虎去蝗散 宋均为九江守。郡多虎暴，民患之。均至，下令曰："勤劳张捕，非忧恤之本也。其务退奸贪，进良善，除一切槛阱！"虎皆渡江而东。时楚沛飞蝗蔽天，入九江界者辄散去。

【译文】宋均任九江太守。郡里多有老虎伤人事件，百姓们都很忧虑。宋均到任后，下令说："努力抓捕老虎，不是忧虑体恤百姓的根本。根本在于斥退奸邪和贪污的人，进用善良的人，除去一切捕虎机具和陷阱！"后来老虎都渡江东去了。当时楚地与沛地蝗虫遮天蔽日，进入九江界的却全都散去了。

冰上镜中 王觌知苏州，民歌之曰："吏行冰上，人在镜中。"

【译文】王觌任苏州知府，百姓歌颂他说："吏行冰上，人在镜中。"

---

① 纨如，解释为击鼓的声音。底本为"恍如打五鼓"。

民颂守德 陶安为饶州知府，民谣曰：“千里榛芜，侯来之初。万姓耕辟，侯去之日。”又曰：“湖水悠悠，侯泽之流。湖水有塞，我思侯德。”

【译文】陶安任饶州知府，当地的民谣唱道：“千里榛芜，侯来之初。万姓耕辟，侯去之日。”还有一首民谣唱道：“湖水悠悠，侯泽之流。湖水有塞，我思侯德。”

合浦还珠 孟尝为合浦太守。合浦产珠，居人采珠易米。时二千石贪污，珠徙去。及尝至，廉洁化行，一年，去珠复还。

【译文】孟尝任合浦太守。合浦出产珍珠，当地百姓采集珍珠换取粮食。当时的两千石太守贪污，珍珠都迁徙到其他地方去了。等到孟尝到任后，清正廉洁，施行教化，一年之后，离开的珍珠又回来了。

州县附：幕、判、丞、簿、尉、吏

知州 宋置知州，名因唐始。舜有州牧。宋太祖置州通判。

【译文】宋朝设置了知州，名称沿袭唐朝初期。舜帝时便有了州牧。宋太祖设置了州通判。

知县 周置县正。秦孝公置县令、丞。唐宣宗始置知县。宋仁宗置县丞。隋炀帝置主簿。

【译文】周朝设置了县正。秦孝公设置了县令、丞。唐宣宗开始设置知县。宋仁宗设置了县丞。隋炀帝设置了主簿。

上应列宿 后汉馆陶公主为子求郎，不许，赐钱十万缗。明帝谓群臣曰：“郎官上应列宿，出宰百里，苟非其人，则民受其殃矣！”

【译文】东汉的馆陶公主为儿子求郎官职位，汉明帝没有答应她，并赐给她十万缗钱。明帝对群臣说：“郎官对应的是天上的星宿，出去要掌管方圆百里的地方，如果用人不当，那么百姓就会遭殃啊！”

凫舄 东汉时，王乔为叶县令，有神术。每朔望朝，帝怪其来速，不见车骑，密令太史伺之。言其临至，有双凫从南飞来，举罗张之，但得双舄。诏尚方视之，则向年所赐尚书履也。

【译文】东汉时期，王乔任叶县县令，会神术。每到农历初一和十五，他都会去京城朝见皇帝，皇帝都会奇怪他为什么来得这么快，也不见他驾车骑马，于是密令太史探察。太史说，王乔每次来的时候，有一对野鸭从南边飞来，用网把它们抓获之后，却得到一双鞋子。皇帝又诏令尚方署的官员来看，原来是前些年赐给王乔的尚书履。

良令　《韩子》：晋公问赵武曰："中牟，吾国之股肱，邯郸之肩髀也。寡人欲得一良令，其谁可？"武曰："邢伯可。"

【译文】《韩非子》记载：晋平公问赵武："中牟县是我们国家的战略要地，也是邯郸的枢要地区。我想为这里找一个好县令，谁可以担此重任？"赵武说："邢伯可以。"

中牟三异　后汉鲁恭为中牟令，蝗不入境，司徒袁安遣使往察之。值恭息桑阴下，有雉在旁，使者谓小儿曰："何不捕之？"曰："雉将雏。"乃语恭曰："公为政有三异：积德禳灾，一异；仁及禽兽，二异；童子有仁心，三异。"

【译文】东汉鲁恭任中牟县令，蝗虫没有进入县境，司徒袁安派使者前去察看。正好碰到鲁恭在桑树的树荫下休息，旁边还有一只野鸡，使者对小孩说："你为什么不去捕捉它呢？"小孩回答："这只野鸡带着小鸡呢。"使者便对鲁恭说："大人施政有三大特异之处：积累德行，解除灾害，这是一异；仁政施行于禽兽，这是二异；小孩也有仁心，这是三异。"

琴堂　宓子贱治单父，喜弹琴，身不下堂而单父治。唐诗云："百里春风回草野，一轮明月照琴堂。"

【译文】宓子贱治理单父，喜欢弹琴，身体不离开琴堂单父却得到了治理。唐诗里有这样的句子："百里春风回草野，一轮明月照琴堂。"

花满河阳　潘岳为河阳令，公余植桃李花，人称曰"花满河阳"。

【译文】潘岳任河阳县令，在公事之余种植了很多桃李花，被人们称为"花满河阳"。

神君　晋乔智明为隆虑令，县民爱之，号为神君。黄浮为童阳令，亦号神君。

【译文】晋朝乔智明任隆虑县令，县里的百姓很爱戴他，称他为“神君”。黄浮任童阳县令，也被称为“神君”。

圣君 晋曹摅补临淄令，纵死囚归家，克日而还，一县叹服，号曰圣君。

【译文】晋朝曹摅补任临淄县令，放狱中的死囚回家团聚，死囚在约定的期限内自己返回，一县的百姓都为之叹服，称他为“圣君”。

慈父 房彦谦为长葛令，治为天下第一。百姓号为慈父。擢司马，县民泣曰：“房明府今去，吾属何以生为？”乃立碑颂德。

【译文】房彦谦任长葛县令，政绩被评为天下第一。当地的百姓都称他为“慈父”。后来房彦谦升任司马，县里的百姓哭着说：“房大人现在走了，我们还怎么活啊？”于是立碑颂扬他的功德。

陈太丘 汉袁隗问陈元方曰：“卿家君在太丘，远近称之，何所履行？”元方曰：“强者绥之以德，弱者抚之以仁。”杜诗云：“姚公美政谁与俦，不减当年陈太丘。”

【译文】汉朝袁隗问陈元方：“您的父亲在太丘做官，远近的人都称赞他，他到底做了些什么事情？”元方说：“对待强者要用德行去安抚他，对待弱者要用仁慈去体恤他。”杜甫作诗：“姚公美政谁与俦，不减当年陈太丘。”

元鲁山 唐元德秀为鲁山令，诚信化人，士夫高其行，称之元鲁山。

【译文】唐朝元德秀任鲁山县令，用诚信来教化百姓，士大夫都推崇他的德行，称他为“元鲁山”。

治县谱 齐傅僧祐、子琰并为山阴令，父子并著奇绩。世谓傅氏有《治县谱》，子孙相传，不以示人。

【译文】齐朝傅僧祐和他的儿子傅琰都担任过山阴县令，父子两人都有卓越的政绩。世人都说傅氏有一本《治县谱》，子孙相传，不让外人看到。

莱公柏 宋寇準知巴东县，手植双柏于县庭，民以比甘棠，谓之莱公柏。

【译文】宋朝寇準任巴东县令，亲手在县衙的庭院里种植了两棵柏树，百姓们把它们比作周朝召公种下的甘棠，称为“莱公柏”（寇準被封为莱国公）。

鲁公浦　宋真宗朝，鲁宗道为海盐令，疏治东南旧港口，导海水至邑下，人以为利，号鲁公浦。

【译文】宋真宗时期，鲁宗道任海盐县令，疏通了东南方的旧港口，将海水引到城下，百姓们感到十分便利，称之为“鲁公浦”。

晋阳保障　晋赵简子使尹铎为晋阳，将行，请曰：“为茧丝乎，抑为保障乎？”简子曰：“保障哉。”

【译文】晋朝赵简子任命尹铎为晋阳令，将要赴任时，尹铎请示说：“您让我去那里是为了征缴赋税，还是为了保障安全呢？”赵简子说：“是为了保障安全啊。”

花迎墨绶　唐岑参《送宇文舍人出宰元城》诗：“县花迎墨绶，关柳拂铜章。别后能为政，相思淇水长。”

【译文】唐朝岑参在《送宇文舍人出宰元城》写道：“县花迎墨绶，关柳拂铜章。别后能为政，相思淇水长。”

第一策　刘玄明历建康、山阴令，治每为天下第一。傅翙代之，问玄明曰：“愿闻旧政。”对曰：“作令无他术，惟日食一升米饭而莫饮酒，此第一策也。”

【译文】刘玄明历任建康、山阴两地县令，治理的功绩每次都被评为天下第一。傅翙接任时问刘玄明：“我想请教您施政的方法。”刘玄明回答：“做县令没有其他的方法，只要每天吃一升米饭而不要喝酒，这就是第一良策。”

公田种秫　陶潜为彭泽令，县有公田，悉令种秫，曰：“令吾常醉于酒，足矣。”

【译文】陶潜任彭泽县令，县里有公田，他让百姓都种上高粱，并且说：“我能够经常喝醉酒就足够了。”

民之父母　王士弘为海宁知县，有惠政，祷甘霖，除虎害。邑人歌曰：“打虎得虎，祈雨得雨。岂弟君子，民之父母。”

【译文】王士弘任海宁知县，施行了很多德政，祈祷甘霖，除去虎害。当地的百姓歌颂他说：“打虎得虎，祈雨得雨。岂弟君子，民之父母。”

辟荒 温县知县沃墅令民垦辟荒芜，树艺桑枣。百姓歌曰："田野辟，沃公力。衣食足，沃公育。"

【译文】温县知县沃墅让百姓开辟荒地，种植桑树和枣树。百姓歌颂他说："田野辟，沃公力。衣食足，沃公育。"

思我刘君 刘陶，顺阳长，多惠政，以疾免。民思而歌之曰："悒然不乐，思我刘君。何得复来，安我下民。"

【译文】刘陶任顺阳长，有很多德政，后来因为疾病免官。百姓怀念他而歌颂道："我们闷闷不乐，是因为想念我们的刘大人。您什么时候才能再来，安抚我们这些百姓。"

进秩还治 周健知全州，任满，民诣阙请留，进秩还治。杨士奇赠以诗，有云："归到清湘三月暮，郊南骑马劝春耕。"

【译文】周健任全州知府，任期满后，当地百姓到京城请求周健留任，朝廷便为他晋升官阶、增加俸禄，让他仍然回全州任职。宰相杨士奇作诗赠给他："归到清湘三月暮，郊南骑马劝春耕。"

三善名堂 沈度为馀干令，父老以三善名其堂：一曰田无废土，二曰市无游民，三曰狱无宿系。

【译文】沈度任馀干县令，父老乡亲们称呼他的大堂为"三善堂"：一善治下没有荒废的田地，二善市井没有无业之游民，三善狱中没有隔夜的囚犯。

雀鹿之瑞 吴在木知馀干，有白雀青鹿之瑞。民歌曰："吴在木，政严肃，恶者忧羁囚，善者乐化育。鸟有白翎雀，兽有青毛鹿。不见大声急走人，昔之屡空今皆足。"

【译文】吴在木任馀干县令，当地出现了白雀和青鹿的祥瑞。百姓们歌颂他说："吴在木，政严肃，恶者忧羁囚，善者乐化育。鸟有白翎雀，兽有青毛鹿。不见大声急走人，昔之屡空今皆足。"

张侯 张说为德兴令，民颂之曰："张侯张侯，敷政优游。农乐其业，禾麦有秋。"

【译文】张说任德兴县令，百姓歌颂他说："张侯张侯，敷政优游。农乐其业，禾麦有秋。"

侯御侯食 何正为萍乡令，民歌之曰："寇至侯御之，民饥侯食之。"

【译文】何正任萍乡令，百姓歌颂他说："寇至侯御之，民饥侯食之。"

入幕之宾 晋郗超为桓温参谋，谢安、王坦之诣新亭论事，温令超卧帐中听之，风动帐开。安笑曰："郗生可谓入幕之宾矣。"

【译文】晋朝郗超担任桓温的参谋，谢安、王坦之到新亭讨论政事，桓温命令郗超躺在帐幕后面听，忽然一阵风把帐幕吹开了。谢安笑着说："郗先生可以称得上入幕之宾了。"

莲花幕 《南史》：王俭用庾杲之为卫将军长史，萧沔与俭书曰："盛府元僚，实难其选；庾景行泛绿水、依芙蓉，何其丽也！"时人以入俭府为莲花幕。

【译文】《南史》记载：王俭任用庾杲之为卫将军长史，萧沔在给王俭的信中写道："贵府的贤佐，实在很难选任；庾杲之的才华就像在绿水中泛舟，靠近芙蓉花一样，多么华美啊！"当时的人把进入王俭府中为官称为"莲花幕"。

解事舍人 唐齐澣，开元初姚崇擢为中书舍人。论驳诏诰，皆援证古谊。朝廷大政，必资之。时号解事舍人。

【译文】唐朝的齐澣，开元初年被姚崇提拔为中书舍人。他评论和辩驳诏书与文告，全都援引古代典籍进行论证。朝廷每次有大政时，都要咨询他。齐澣也被当时的人称为"解事舍人"。

判决无壅 《南史》：孔觊除长史，醉日居多，而明晓政事，醒时判决，未尝有壅。人曰："孔公一月二十九日醉，胜世人二十九日醒也。"

【译文】《南史》记载：孔觊官拜长史，大多数日子都会喝醉，却通晓政事，酒醒之后就会判决，从来没有出现过积压的情况。人们都说："孔大人一个月有二十九天都会喝醉，却胜过世人二十九天清醒啊。"

髯参短簿 晋桓温辟王珣为主簿，郗超为参军。超多须髯，珣体短小。人语曰："髯参军，短主簿，能令公喜，能令公怒。"

【译文】晋朝桓温任命王珣为主簿，郗超为参军。郗超有很多络腮胡子，王珣体型矮小。人们都说："满脸胡子的参军，身材矮小的主簿，能令桓温高兴，能令桓温愤怒。”

沧海遗珠 狄仁杰为汴州参军，以吏诬诉，即讯。黜陟使阎立本异其才，谢曰：“仲尼称观过知人。君可谓沧海遗珠矣。”荐授并州法曹参军。高宗幸汾阳宫，道出妒女祠。俗言：盛服过者致风雷之变。更发卒数万，改驰道。仁杰曰：“天子之行，风伯清尘，雨师洒道，何妒女避耶！”止其役，帝壮之。出为宁州刺史。

【译文】狄仁杰任汴州参军，因为被吏员诬告，马上就要被审讯。黜陟使阎立本惊讶于他的才华，道歉说：“孔子说看一个犯的过错就能了解他。先生可以说是大海中被采珠人遗漏的珍珠啊。”于是举荐狄仁杰担任并州法曹参军。唐高宗驾临汾阳宫，路过妒女祠。当地有一句俗话说：穿着盛装从这里经过就会引起狂风和雷电。高宗便想发动上万兵卒重新修建一条大路。狄仁杰对他说：“天子出行时，风伯会为他清除灰尘，雨师会为他洒扫道路，哪里需要避开一个区区的妒女呢！”狄仁杰谏止了这场劳役，高宗十分欣赏他。任命他为宁州刺史。

亲耕劝农 裘贤通判潮州，为政勤，爱民笃。尝出劝农，释冠带，执农具以耕，其妻馌之。其年大熟，人皆以为劝农所致。

【译文】裘贤任潮州通判，勤于政事，爱民如子。他曾经亲自出去劝勉百姓耕种，还脱下自己的帽子和衣服，拿着农具耕作，让妻子为他送饭。那一年庄稼获得了丰收，人们都认为是裘贤劝农的功劳。

不宽不猛 杨玙为高邮判，民颂曰：“为政不宽还不猛，处心无党更无偏。”

【译文】杨玙任高邮通判，百姓歌颂他说：“为政不宽还不猛，处心无党更无偏。”

好官人 杨瑾知华亭，秩满，父老为二旗以饯，题其上曰：“农人不为题诗句，但称一味好官人。”

【译文】杨瑾任华亭知县，任期届满，父老乡亲们做了两面旗帜为他饯行，还在旗上写道：“农人不为题诗句，但称一味好官人。”

老吏明 何澥为松江司李，知府王衡赠诗云：“关门共惜寒毡苦，断狱争夸老吏明。”

【译文】何潕任松江司李，知府王衡赠给他一首诗：“关门共惜寒毡苦，断狱争夸老吏明。”

第一家　陶安字主敬，明太祖留参幕府，尝榜其门曰：“国朝谋略无双士，翰苑文章第一家。”

【译文】陶安字主敬，明太祖留他在府中做了参谋，还曾经在他的门上挂了一块匾额写道：“国朝谋略无双士，翰苑文章第一家。”

筑围堤　王斌，龙阳丞，为民筑堤，无旱潦灾。民歌之曰：“王父母，筑围堤。民乐业，我无饥。”

【译文】王斌任龙阳县丞，为百姓建造堤坝，县里没有出现过水旱灾害。百姓歌颂他说：“王父母，筑围堤。民乐业，我无饥。”

祷神毙虎　王昇，桐城县丞。时黄蘖山虎白昼噬人，昇祷于神，虎忽自毙。

【译文】王昇任桐城县丞。当时黄蘖山有老虎白天吃人，王昇向神灵祈祷后，老虎忽然自己就死了。

余不负丞　唐崔斯立为蓝田丞。始至，喟然曰：“丞哉，丞哉！余不负丞，而丞负余。”庭有老槐四行，南墙巨竹千挺，斯立痛扫溉，对树二松，日吟哦其间，有问者，辄对曰：“余方有公事，子姑去。”

【译文】唐朝崔斯立任蓝田县丞。刚到任就叹息着说：“县丞啊！县丞！我没有辜负县丞这个职务，而它却辜负了我。”县丞办公的庭院中有四行老槐树，南墙边有一千多株高大的竹子挺立，崔斯立把庭院彻底打扫一遍，种下两棵松树，每天都在庭院中吟诗，有人问他，他都会回答：“我正好有公务在身，你先离开这里。”

赞府　裴子羽为下邳令，张晴为县丞，二人俱有声气，而善言语，论事移时。吏人相谓曰：“县官甚不和，长官道雨，赞府称晴，以此终不得合也。”

【译文】裴子羽任下邳县令时，张晴任县丞，两个人都有自己的想法，擅长辩论，每次讨论政事都要花费很长时间。府中的吏员之间互相说：“县里的长官之间十分不和睦，县令说‘雨’，县丞就要说‘晴’，正因如此两个人始终不能合到一处啊。”

廉吏重听 汉黄霸为令，许丞年老，病聋，吏白欲逐之，霸曰：“许丞廉吏，虽老，尚能拜起，重听何妨！”

【译文】汉朝的黄霸在做县令时，许县丞年龄已经很老了，耳朵也聋了，府里的吏员向黄霸禀告想要赶走他，黄霸说：“许县丞是一位廉洁的吏员，虽然已经老了，却还能够跪拜和起立，即使耳聋又有什么关系呢！”

清静无欲 后汉张玄迁陈仓县丞，清静无欲，专心经史。

【译文】东汉的张玄迁任陈仓县丞，清心寡欲，一心研读经史。

仇香 后汉仇香，陈留人。考城令王涣闻香以德化人，署为主簿。涣谓曰：“主簿得无少鹰鹯之志耶？”香曰：“以为鹰鹯，不如鸾凤。”涣曰：“枳棘非鸾凤所栖，百里岂大贤之路！”

【译文】东汉仇香（一名仇览）是陈留人。考城令王涣听说仇览用自己的德行教化百姓，于是任命他为主簿。王涣对他说：“仇主簿难道不觉得自己缺少一点鹰鹯那样威猛的心志吗？”仇香说：“我认为鹰鹯不如鸾凤。”王涣说：“荆棘可不是鸾凤栖息的地方，这百里之内的县府官职，也不是大贤人的出路啊！”

鸿渐之宾 《白氏六帖》：凤栖之位，鸿渐之宾。

【译文】《白氏六帖》记载：凤凰栖息的地方，就是鸿鹄居住的地方。

千里驹 韦元将为郡主簿，杨彪称曰：“韦主簿年虽少有老成之风，昂昂然千里驹也。”

【译文】韦元将任郡主簿，杨彪称赞他说：“韦主簿虽然年轻却有老成持重的风度，器宇轩昂的样子就像千里马一样。”

关中三杰 朱光庭调万年主簿，邑人谓之明镜。时程伯淳鄠县簿，张三甫武功簿，与光庭均有才名，故关中号为“三杰”。

【译文】朱光庭调任万年县主簿，当地的百姓都称他为明镜。当时程伯淳任鄠县主簿，张三甫任武功县主簿，与光庭都有才华与名望，所以被关中人称为“三杰”。

才拍翰林肩 黄山谷《送谢主簿》诗云：“官栖仇览棘，才拍翰林肩。”

【译文】黄庭坚在《送谢主簿》写道：“官栖仇览棘，才拍翰林肩。”

米易蝗 孙觉为合肥簿，值岁旱，课民捕蝗。觉言民方艰食，捕得蝗若干，官以米易之，捕必尽力。守悦，推其法行之，竟不损禾。

【译文】孙觉任合肥主簿，赶上那年大旱，官府让百姓们都去抓捕蝗虫。孙觉进言说百姓现在粮食匮乏，如果捕到多少蝗虫，官府就用相应数量的米和他们换，百姓们抓捕的时候必然会尽力。太守听后大为高兴，就推广和施行了他的办法，蝗虫居然没有损害禾苗。

少府 李白《赠瑕丘王少府》，杜甫《赠华阳李少府》：唐朝县尉多称少府。

【译文】李白写过《赠瑕丘王少府》，杜甫写过《赠华阳李少府》：唐朝的县尉经常被称为少府。

黄绶 唐朝县尉之绶黄色。陈之昂《送齐少府序》：“黄绶位轻，而青云望重。”

【译文】唐朝县尉的官印上绑着黄色的绶带。陈之昂在《送齐少府序》中写道：“县尉的职位虽然低微，但上司寄托的期望却很重。”

梅仙 西溪梅福为南昌县尉，上疏言事不用，遂弃官，一朝携妻子去九江，不知所终。后为吴门市卒。

【译文】西溪人梅福任南昌县尉，上奏疏进言却没有被采纳，于是便辞去官职，在一天早上带着妻儿离开九江，不知道去了哪里。后来他在吴门做了看门的小吏。

聪明尉 唐魏奉古为雍丘尉。尝公宴，有客草序五百言。奉古曰：“此旧作也。”朗背诵之。草序者默然。奉古徐笑曰：“适览记之，非旧习也。”由是知名。人号“聪明尉”。

【译文】唐朝魏奉古任雍丘县尉。曾经有一次官府举办公宴，有个客人写了一篇五百字的序文。魏奉古说：“这是一篇旧作。”于是大声背诵了出来。写序文的人默然无言。魏奉古慢慢地笑着说：“我其实是刚才看了一次就记下了，并不是旧作啊。”魏奉古也因为这件事而知名。世人称他为“聪明尉”。

铁面少府 宋杨王休，调台州黄岩尉。邑有豪民，武断一方。具得其奸状，白于郡，黥隶他州。闾里欢称为“铁面少府”。

【译文】宋朝杨王休，调任台州黄岩尉。当地有一个豪强，凭借武力横行地方。杨王休派人查清了他作恶的全部情状，上报到郡里，这个豪强便被刺面发配到了其他的州。乡里的百姓都欢呼雀跃，称他为“铁面少府”。

五色丝棒 曹操年二十，举孝廉为郎，除洛阳比部尉。入尉廨，缮治四门，造五色棒，悬门左右。犯罪者，不避豪强，皆棒杀之。京师敛迹。

【译文】曹操二十岁那年，通过举孝廉做了郎官，拜授洛阳比部尉。到了比部尉官府，他修缮四门，制作五色棒，悬挂在门的左右两边。只要是犯罪的人，他从来不回避豪强，都用五色棒打死。京师很多人都收敛了劣迹。

金滩鸂鶒 唐河南伊阊县前水中，每僚佐有入台省者，先有滩出，石砾金砂。牛僧孺为尉，一日报滩出，有老吏观之曰：“此必分司御史。若是西台，当有双鸂鶒至。”僧孺祝曰：“既有滩，何惜鸂鶒？”语未竟，一双飞下。不旬日，召拜西台御史。

【译文】唐朝河南道伊阊县前面的河中，每次有官员要升迁到台省为官时，那里都会先露出沙滩，里面的石砾都是金砂。牛僧孺做县尉时，有一天有人报告河边出现了沙滩，一个老吏员前去观看之后说：“这必然是东都的分司御史。如果是西都长安的西台御史，就会有一对鸂鶒飞至。”牛僧孺祈祷说：“已经有了沙滩出现，为什么还要吝惜鸂鶒呢？”话还没有说完，就有一双鸂鶒飞下。没过几天，朝廷便召他拜为西台御史。

郑尉除奸 郑虎臣会稽尉也，解贾似道安置循州，侍妾尚数十人，虎臣悉屏去，夺其宝玉，撤轿盖，暴烈日中，令舁轿夫唱杭州歌谑之，窘辱备至。至漳州木绵庵，虎臣讽令自杀，似道不从。虎臣曰：“吾为天下杀此贼，虽死何憾！”遂囚似道子于别室，即厕上拉似道椎杀之。

【译文】郑虎臣担任会稽尉，押解贾似道赴循州安置，贾似道尚有侍妾几十人，郑虎臣把她们全都赶走，夺走贾似道的宝玉，撤掉他轿顶上的盖子，让他在烈日中暴晒，命令轿夫唱杭州歌来戏弄他，窘迫为难到了极点。到漳州木绵庵时，郑虎臣婉言劝使贾似道自杀，贾似道没有听从。郑虎臣说：“我今天就要为天下杀了这个贼子，即使死了也没有遗憾！”于是把贾似道的儿子囚禁在其他房间，就在厕所拉住贾似道并用铁椎杀死了他。

霹雳手　唐裴琰之为同州司户，年少，刺史李崇义轻之。州中积年旧案数百，崇义促之判决。琰之命吏书数人递纸笔，须臾，剖断毕。崇义惊曰："公何忍藏锋，以成鄙人之过？"由是大知名。人称霹雳手。

【译文】唐朝裴琰之任同州司户，因为年龄小，被刺史李崇义轻视。当时州里积压了多年的旧案数百件，李崇义督促裴琰之赶快判决。裴琰之于是命令几个书吏给自己提供纸笔，片刻之后，所有的案件就全部判决完毕。李崇义震惊地说："您怎么忍心隐藏锋芒，来酿成我的过错呢？"裴琰之因此声名大振，被人称为"霹雳手"。

廉自高　刘子敏由御史左迁侯官典史，自署曰："禄薄俭常足，官卑廉自高。"

【译文】刘子敏由御史被贬为侯官典史，自己写了一副楹联说："禄薄俭常足，官卑廉自高。"

刀笔　萧曹出身刀笔。古者用版牍，吏书以刀削书之，故吏称刀笔功名。

【译文】萧何与曹参都出身于刀笔小吏。古代用薄木板写文章，小吏要使用刀把字刻在上面，所以称小吏为"刀笔功名"。

学官

学校　有虞氏始立国学。汉文翁守蜀，起学宫，始天下皆立学。后魏文帝始立郡县学。唐高祖始诏国学立周孔庙。高宗始敕天下皆立庙，特祀孔子，初并祀周公。舜始制释奠、释采。魏正始七年，始祀孔子于太学，前此皆祀于阙里释奠。晋武帝始皇太子释奠。隋四仲月上丁释奠。魏曹芳始以颜子配飨。唐太宗加左丘明等配享。宋神宗加孟子配享。

【译文】有虞氏开始创立国学。汉代文翁任西蜀郡守，建立学宫，朝廷才开始下令天下全都建立学校。后来魏文帝开始创立郡县官学。唐高祖开始诏令在国学中建立周公和孔子的庙。唐高宗最早下令让天下官学中都立庙，专门用来祭祀孔子，起初连周公也一起祭祀。舜帝开始创制在学校设置酒食祭奠先圣先师的释奠和开学时祭奠先圣先师的释采。魏国正始七年（246年），开始在太学中祭祀孔子，在此之前都是在阙里释奠。晋武帝开始由皇太子进行释奠。隋朝在每个季度的第二个月上旬的丁日进行释奠。魏国曹芳开始把颜回设置在孔庙中配享。唐太宗把左丘明等人加入孔庙中配享。宋神宗把孟子加入孔庙中配享。

儒学 宋神宗各府置教授，掌教诸生，始战国博士祭酒。汉武帝置博士于京师，文学于郡国。及唐太宗诏天下惇师为学官。

【译文】宋神宗在各府设置教授，掌管教育生员的职责，始于战国时期的博士祭酒。汉武帝在京师设置五经博士，在各郡国设置文学。等到唐太宗时便诏令天下品格敦厚的经师担任学官。

取法为则 胡瑗尝为湖州学官，言行而身化之，使诚明者达，昏愚者厉，而顽傲者革。其为法严而信，为道久而尊。自明道、景祐以来，学者有师，惟瑗与孙复、石介三人。庆历四年，建太学于京师，有司请下湖州取瑗教学之法以为则，召为诸生官教授。

【译文】胡瑗曾经担任湖州学官，用言传身教的方式来教化学生，使诚实而明智的人更加通达，使糊涂而愚蠢的人努力，使顽固傲慢的人改变。他的执法严格而公平，坚持道义持久而受人尊重。自从明道、景祐以来，学生的老师，只有胡瑗、孙复和石介三人。庆历四年（1044年），朝廷在京师建立太学，主管太学的部门请求南下湖州学习胡瑗的教学方法作为标准，并召他来担任太学生们的教授。

卷七　政事部

经济

平米价　赵清献公，熙宁中知越州。两浙旱蝗，米价涌贵，饥死者相望。诸州皆榜衢路，立告赏，禁人增米价。公独榜通衢，令有米者增价粜之，于是米商辏集，米价顿贱。

【译文】清献公赵抃，熙宁年间任越州知府。当年两浙地区发生了旱情与蝗灾，米价飞涨，因饥饿而死的人极多。各个州都在大路边贴出告示，立下告赏，严禁人们哄抬米价。只有赵抃在大路旁张贴告示，让有米的人加价来卖，于是米商全都蜂拥而来，米价立刻就降下来了。

禁闭籴　抚州饥，黄震奉命往救荒，但期会富民耆老以某日至。至则大书“闭籴者籍，强籴者斩”八字揭于市，米价遂平。

【译文】抚州遭遇饥荒，黄震奉命前往赈灾，他与当地的富人及德高望重的老人在某日相见。这些人到来之后，黄震就写了“闭籴者籍，强籴者斩”（意思为“囤积不卖米者抄没，强卖米者斩”）八个大字，米价便平稳了。

但笑佳禾　张全义见田畴美者，辄下马，与僚佐共观之，召田主，劳以酒食。有蚕麦善收者，或亲至其家，呼出老幼，赐以茶彩衣物。民间言张公不喜声伎，独见佳麦良蚕乃笑耳。由是民竞耕蚕，遂成富庶。

【译文】张全义看到状况良好的田地，都要下马，和僚属们一起观看，并且召来田主，用酒食来慰劳他。有人擅长养蚕和种粮，张全义还会亲自到他的家里，叫出家里的男女老少，送给他们茶叶和衣物。民间都说张大人不喜欢歌姬舞女，只有看到长势良好的麦子与蚕才会笑。于是百姓们竞相耕地养蚕，那里也成为富庶之地。

击鼓剿贼 魏李崇，为兖州刺史。兖旧多劫盗。崇令村置一楼，楼悬鼓，盗发之处，乱击之。旁村始闻者，以一击为节，次二，次三。俄顷之间，声闻百里，皆发人守险，由是贼无不获。

【译文】北魏时期，李崇任兖州刺史。兖州向来就有很多强盗。李崇命令每个村子都建造一座楼，楼上悬挂一面鼓，强盗出现在哪里，就杂乱地击鼓。旁边第一个听到的村子，就按照每次一下的节奏击鼓，接下来按照每次两下，再接下来按照每次三下。顷刻之间，鼓声便能传遍百里，再派人把守险要之处，使用这个方法强盗没有不被抓获的。

断绝扳累 薛简肃公帅蜀，一日置酒大东门外，中有戍卒作乱，既而就擒，都监走白诸公，命只于擒获处斩决。民间以为神断，不然，妄相扳引，受累必多矣。

【译文】简肃公薛奎治理蜀地，有一天他在大东门外大摆酒宴，其间有守边的士兵暴乱，很快就被抓住了，都监跑来向官员们报告，薛奎命令他在抓获的地方将乱兵马上处以斩首。民间都认为薛奎的决断十分英明，如果不这样做的话，士兵们胡乱攀扯，就会有很多人受到牵连。

擢用枢密 都指挥使张旻被旨选兵，下令太峻，兵惧，谋为变。上召二府议之。王旦曰："若罪旻，则自今帅臣何以御众？急捕谋者，则震惊都邑。陛下数欲任旻枢密，今若擢用，使解兵柄，反侧者自安矣。"上曰："王旦善处大事，真宰相也。"

【译文】都指挥使张旻奉旨挑选士兵，由于军令过于严苛，士兵们都很怕，便谋划发动了叛乱。皇帝召来枢密院和中书门下的长官共同商议。王旦说："如果降罪张旻，那么从今往后将军该如何带领士兵呢？急于抓捕谋反的人，就会震动京师。陛下多次想要任命张旻为枢密使，现在如果提升任用，解除了他的兵权，谋反的人自然就会安定了。"皇帝说："王旦擅长处理大事，是真正的宰相啊。"

分封大国 汉患诸侯强，主父偃谋令诸侯以私恩，自裂地封其子弟，而汉为定其封号。汉有厚恩，而诸侯自分析弱小云。

【译文】汉朝害怕诸侯强大，主父偃便谋划让诸侯给予后代恩惠，自己分割土地分封给家中子弟，再由朝廷为他们赏赐封号。这样一来，朝廷有厚恩，诸侯国则自己分裂，越来越弱小了。

征卤封禅　张说以大驾东巡，恐突厥乘间入寇，议加兵备边。召兵部郎中裴光庭谋之。光庭曰："四夷之中，突厥最大，比屡求和亲，而朝廷勿许。今遣一使，征其大臣从封泰山，彼必欣然承命。突厥来，则戎狄君长无不皆来，可以偃旗息鼓，高枕而卧矣。"说曰："善，吾所不及。"即奏行之。

【译文】张说因为皇帝大驾东巡，怕突厥趁机入侵，便想要商议增加士兵戍边。他召来兵部郎中裴光庭一起谋划。裴光庭说："四方的夷族中，突厥最为强大，他们近来多次请求和亲，朝廷都没有答应。现在不如派遣一个使者，征召他们的大臣跟随皇帝一起封禅泰山，他们必然会欣然奉命。突厥人只要来了，那么其他夷族的君主和首领也都会到来，这样就可以偃旗息鼓，高枕无忧了。"张说说："如此甚好，我比不上你啊。"于是马上上奏皇帝依言行事。

预给岁币　契丹奏请岁给外别假钱币。真宗以示王旦。公曰："夷狄贪婪，渐不可长。可于岁给三十万内各借三万，仍谕次年额内除之。"契丹得之，大惭。次年，复下有司："契丹所借金帛六万，事微末，依常数与之，以后永不为例。"

【译文】契丹奏请在每年的岁币之外再额外增加钱币。宋真宗拿着奏书给王旦看。王旦看完后说："夷狄之人贪得无厌，万万不可助长。可以在每年给予的三十万岁币内各借三万给他们，并告诉他们要在第二年的数额内扣除。"契丹拿到谕旨后，大为惭愧。第二年，又给相关部门下令说："契丹去年所借的六万钱物，属于微末之事，今年仍然按照平常的数目给他们，并告诉他们下不为例。"

责具领状　王阳明既擒宸濠，囚于浙省。时武庙南幸，驻跸留都。中官诱令阳明释濠还江西，俟圣驾亲往擒获，差中贵至浙省谕旨。阳明责中贵具领状，中贵惧，事遂寝。

【译文】王阳明已经抓获朱宸濠，把他囚禁在浙江省。当时明武宗南巡，驻驾南京。宦官密令王阳明将朱宸濠释放到江西，等武宗到达之后亲自将他抓获，并派了一个很有权势的宦官到浙江省传旨。王阳明责令传旨宦官写下押解文书，宦官十分害怕，这件事也就此作罢。

竞渡救荒 皇祐二年，吴中大饥。范仲淹领浙西，发粟及募民存饷，为术甚备。吴人喜竞渡，好为佛事。淹乃纵民竞渡，太守日出宴于湖上，自春至夏，居民空巷出游。又召诸佛寺主僧谕之曰："饥岁工价至贱，可以大兴土木之役。"于是诸寺工作并兴。又新仓廒吏舍，日役千夫。两浙大饥，唯杭宴然。

【译文】皇祐二年（1050年），吴中发生了大饥荒。范仲淹当时主管浙西，便调发官库中的粮食，募集民间的钱物，鼓励百姓存粮，救荒的措施十分完备。吴地人喜欢赛舟，喜欢进行佛事。范仲淹于是鼓励民间举办赛舟活动，太守则每天都在西湖上宴饮，从春天到夏天，当地居民万人空巷地出游。又召来众佛寺的住持对他们说："荒年的工价十分便宜，你们可以大兴土木。"于是众多佛寺都开始了修建工程。他又下令官府翻新粮仓和官府房舍，每天都要动用上千劳力。这次两浙地区的大饥荒，只有杭州安然度过。

比折除过 韩琦知郓州，京中素多盗，捕法以百日为限，限中不获，抵罪。琦请获他盗者听比折除过，故盗多获。

【译文】韩琦任郓州知府，城中素来便有很多盗贼，当时捉拿强盗的法令规定以一百天作为期限，如果到了期限还没有抓获，捕快就要抵罪。韩琦便请求允许捕快抓获其他盗贼用来抵过，于是盗贼大多被抓获了。

中官毁券 梅国祯知固安，有中官操豚蹄为飨，请征债于民。国祯曰："今日为君了此。"急牒民至，趋令鬻妻偿贵人债，伪遣人持金买其妻，追与偕入，民夫妇不知也。祯大声语民曰："非尔父母官立刻拆尔夫妻，奈贵人债，义不容缓。但从此分离，终身不复见矣！容尔尽言诀别。"阳为堕泪。民夫妇哀恸难离。中官为之酸楚，竟毁券而去。

【译文】梅国祯任固安知县，有一位宦官拿着猪蹄来给他吃，请他向一位百姓讨债。梅国祯说："今天就为大人了却此事。"于是马上下令把欠债的人抓来，命令他卖掉自己的妻子偿还贵人的债务，他又派人假装拿着钱买走那人的妻子，并让她和买家一起走，这对夫妇对这件事一无所知。梅国祯大声对欠债者说："不是你的父母官要立刻拆散你们夫妻，无奈你欠了贵人的债，此事刻不容缓。不过你们从此分离，恐怕终生都难以再次相见！就允许你说完道别的话吧。”说完便假装垂泪。这对夫妇哀伤痛哭，难分难舍。宦官看了也觉得十分酸楚，竟然撕毁债券离去。

宣敕毙奸 况钟知苏州，初视事，阳为木讷，胥有弊蠹，辄默识之。通判赵忱，肆慢侮钟，亦不之校。既期月，一旦，宣敕召府中胥悉前，大声言：“某日某事窃贿若干，然乎？某日，某如之！”群胥骇服，不敢辩。立掷杀六人，肆诸市。复出属官贪者五人，庸懦者十余人。由是吏民震悚，革心奉命。民称之曰况青天。

【译文】况钟任苏州知府，刚开始任事时，假装木讷，手下的官吏有弊病和贪污的，他都默默记在心里。通判赵忱，肆意轻慢侮辱况钟，况钟也不计较。过了一个月，一天早上，他命令府中的官吏全都来到面前，大声说：“某人某日因某事受贿财物若干，对不对？某日，某人也做了同样的事情！”众官吏十分惊讶诚服，不敢辩驳。况钟于是立刻判处六人死罪，并在闹市示众。又罢免了贪污的属官五人、平庸懦弱的属官十几人。官吏和百姓因此感到十分震惊和害怕，开始改变原来的想法对他唯命是从。百姓都称他为“况青天”。

积弊顿革 刘大夏为户部侍郎，理北边粮草。尚书周经谓曰：“仓场告乏，粮草半属京中贵人子弟经营。公素不与此辈合，此行恐不免刚以取祸。”大夏曰：“处天下事以理不以势，定天下事在近不在远，俟至彼图之。”既至，召边上父老日夕讲究，遂得其要领。一日，揭榜通衢曰：“某仓缺几千石，每石给官价若干，封圻内外官民客商之家，但愿告报者，粮自十石以上，草自百束以上，俱准告，虽中贵子弟，不禁也。”不两月，公有余积，民有余财。盖往时来告者，粮必限以千百石，草必限以十万束方准，以至中贵子弟为市包买，以图利息。自大夏此法立，有粮草之家皆自往告报，不必中贵包买足数，然后整告也。几十年积弊，一朝顿革。

【译文】刘大夏任户部侍郎，管理北部边军的粮草。尚书周经对他说：“官仓贫乏，有一半粮草都是京城中的贵族子弟经营的。大人素来与这些人不合，您这次去恐怕要因为刚直而招惹祸事。”刘大夏说：“处理天下大事要凭借正理而不是势力，平定天下大事在眼前而不在以后，等我到了那边再做打算。”到达之后，他召来边境的父老日夜讨论研究，便知道了其中的关键所在。有一天，他在大路旁张贴告示说：“我的粮仓中缺少粮食几千石，每石给予官价若干，辖境内外的官民和客商，凡是愿意出售的人，粮食十石以上，草料百束以上，全都可以运来出售，就算是贵族子弟，也不禁止。”不出两个月，官仓中就有了丰富的积累，百姓也有了很多钱财。因为按照以前售卖的规定，粮食必须在千百石以上，草料必须在十万束以上才能获准，以至于朝中的贵族子弟将市场中零散的物资全都买下，再卖掉来赚取差价。自从刘大夏设立这个方法之后，有粮草的人家就可以自己前去售卖，不必再让中贵子弟买够一定的数量，再全部卖给官府了。几十年积累的弊端，一天之内就立刻革除了。

筑墙屋外　许逵为乐陵令，时流寇势炽，逵预筑墙城浚隍，使民各筑墙屋外，高过其檐，仍开墙窦如圭，仅可容人。家令二壮者执刀俟于窦内，其余人各入队伍，设伏巷中，洞开城门。贼至，旗举伏发，贼火无所施，兵无所加，尽擒斩之。自是贼不敢近乐陵境。

【译文】许逵任乐陵县令，当时流寇的势力很大，许逵便预先修筑城墙，疏浚护城河，让百姓各自在屋外筑墙，高过房檐，还让他们在墙上开出一个像玉圭一样大的洞，仅仅可以容纳一人。每家派两个身强体壮的人拿着刀在洞里等候，其余的人则分别编入不同的队伍，在巷中设好埋伏，打开城门。盗人来到之后，便举旗而出，伏兵四起，贼人的火没有地方可以放，兵力优势也无法发挥，全部被擒获斩杀。从此之后，贼人就再也不敢靠近乐陵县境了。

承命草制　梁储在内阁时，秦王疏请陕之边地，益其封疆。朱宁、江彬等受其贿，助之请，上许之。兵部及科道执奏不听，大学士杨廷和当草制，引疾不出。上震怒，内臣至阁督促储曰：“如皆引疾，孰与事君？”遂承命草上制曰：“昔太祖皇帝著令曰：‘此土不畀藩封，非吝也！念此土广且饶，藩封得之，多蓄士马，饶富而骄，奸人诱为不轨，不利宗社。’今王请祈恳笃，朕念亲亲，畀地不吝。务得地宜益谨，毋收聚奸人，毋多养士马，毋听奸人劝为不轨，震及边方，危我社稷，是时虽欲保全亲亲，不可得已。王慎之，毋忽！”上览制，骇曰：“若是，其可虞，其弗与！”事遂寝。

【译文】梁储在内阁时，秦王上奏疏请求将陕边之地增加为他的封疆。朱宁、江彬等人都收取了秦王的贿赂，帮助他一起奏请，明武宗便答应了。当时兵部及各科道上奏进谏，武宗全都不听，大学士杨廷和负责草拟皇帝制书，于是称病不出。武宗震怒，派宦官到内阁督促梁储说：“如果你们都称病不出，谁还能侍奉君主呢？”梁储便接受命令草拟了一封制书写道：“昔日太祖皇帝曾经明令：‘这块土地不能用来分封给藩王，这并不是吝啬！而是考虑到这里地域宽广，物产丰富，如果藩王得到了，就会招兵买马，富饶而骄横，如果再有奸人诱惑他行不轨之事，恐怕会对宗庙社稷不利。’现在秦王的请求十分诚恳，我念及兄弟之情，毫不吝惜地把这块地封赏给你。你得到这块封地之后务必要更加谨慎，不要收留和聚集奸人，也不要养太多的士兵和战马，不要听奸人劝导行不轨之事，震动边陲，危害社稷，到那时我虽然想要保全兄弟之情，恐怕也无能为力。秦王务必慎重，不要忽视！”武宗看完之后，大惊失色地说：“如果是这样，就十分可虑了，还是不要给他了吧！”这件事便就此作罢。

平定二乱 张佳胤因浙兵减粮，辱巡抚为乱，受命视师两浙。将抵杭，复闻市民因受役不均，聚众焚劫乡绅，有亡赖丁仕卿者为首倡。佳胤促驾曰：“速驱之，尚可离而二也。”到台，召营兵为乱者抚之曰：“汝曹终岁有守卫功，前抚减粮诚误。今市井亡赖亦为乱，彼无他劳，不可以汝曹为例，可为我捕之，功成不独论赎，且有赏也。”众踊跃听命，遂薄乱民，败之，擒捕丁仕卿等，立会诸司讯之，得其挟刃而要金帛者五十余人，皆枭之，余悉放归。于是诸亡赖皆帖然解散。佳胤乃复营兵饷，密廉其倡乱者名，因捕数人曰：“汝为乱首，吾故欲贷汝，天子三尺不贷汝！”遂斩之，因驰使遍赦七营，曰：“乱者已服辜。今以尔有功天子，不欲尽诛。汝当尽力报国！”不五日，二乱平定。

【译文】张佳胤因为浙江士兵被减少军饷，辱打巡抚作乱的事，奉命巡视两浙督率军旅。将要抵达杭州时，又听到市民因为服劳役不公平，聚众焚烧劫掠当地乡绅，有个叫丁仕卿的无赖是他们的首领。张佳胤催促驾车的人说：“我们快马加鞭，或许还能离间他们。”到达台府后，他马上召集营中作乱的士兵安抚他们说：“你们连年在这里守卫有功，前巡抚减少你们的粮饷实在不对。现在市井无赖也开始作乱，他们没有别的功劳，当然不能和你们相提并论，大家可以为我捉拿他们，成功之后不仅可以赎罪，而且还有赏赐。”众人听完后踊跃服从命令，于是前去抓捕乱民，打败了他们，并抓获丁仕卿等人，张佳胤立刻会同各衙门审讯，查出了带着武器抢劫钱财的五十多个罪犯，将他们全部砍头，其余的全部放回家里。于是这些无赖全都顺从地解散了。张佳胤又把士兵的军饷发给他们，秘密调查带头作乱人的名字，据此抓捕了几个人并对他们说：“你们是作乱的首领，即便我想要宽恕你们，天子的三尺之剑也不会宽恕你们啊！”于是将这几个人斩首，之后派人快马赶去赦免了七个军营的士兵，并传令说：“作乱的人已经伏法。现在念在你们有功于天子，不想把你们全部诛杀。你们应该尽全力报效国家！”不出五天，两场暴乱全部平定。

转赐将士 李正己为平卢节度使，畏德宗威名，表献钱三十万缗。上欲受之，恐见欺，却之则无辞。崔祐甫请遣使慰劳淄、青将士，因以正己所献钱赐之，使将士人人感上恩；又诸道闻之，知朝廷不重货财。上悦从之。正己大惭服。

【译文】李正己任平卢节度使，畏惧唐德宗的威名，便上表进献三十万缗钱。德宗想要接受，又怕被欺骗，想要拒绝却找不到理由。崔祐甫请求派遣使者前去慰劳淄、青两地的将士，顺势用李正己进献的钱来赏赐他们，使得将士们人人都感念皇帝的恩德；而其他各道的节度使听到之后，也会知道朝廷不看重钱物。德宗高兴地答应了他。李正己知道后既惭愧又佩服。

一军皆甲 段秀实为邠州都虞候。行营节度郭晞纵士卒为暴，秀实列卒取十七人，断首注槊上，植市门外。一军皆甲，秀实诣军门，曰：“杀一老卒，何甲也？吾戴吾头来矣。”因让晞，晞谢过。邠州由是无祸。

【译文】段秀实任邠州都虞候。行营节度郭晞纵容士兵为恶，段秀实列队抓获十七人，砍下他们的头颅挂在槊上，在市场的门外示众。知道这件事后，郭晞全军都穿上了盔甲，段秀实到达军营之后说：“想杀我这个老兵，哪里需要披甲？我带着自己的头颅来了。”于是义正词严地责备郭晞，郭晞惭愧谢罪。邠州从此再无祸乱。

各自言姓名 大将田希鉴附朱泚，泚败。李晟以节度使巡泾州，希鉴郊迎，晟与之并辔而入，道旧甚欢也，希鉴不复疑。晟于伏甲而宴，宴毕，引诸将下堂曰：“我与汝曹久别，可各自言姓名。”于是得为乱者三十余人，数其罪，杀之。顾希鉴曰：“田郎不得无过。”并立斩。

【译文】大将田希鉴依附朱泚，朱泚打了败仗。李晟以节度使的身份巡视泾州，田希鉴到郊外迎接他，李晟与他骑着马并行而入，一路上叙旧十分开心，田希鉴便不再怀疑他。入城后，李晟埋伏甲兵设宴招待他们，宴会结束后，他带着众将领下堂说：“我和你们分开久了，大家先分别说一下自己的姓名。”于是知道了其中有作乱的三十多人，李晟列举他们的罪状之后，就地斩杀。又回头对田希鉴说："田兄也不能说没有过错啊。"便把他也一起立刻处斩了。

为三难　鲜于侁，字子骏。方新法行，诸路骚动。侁奉使九载，独公心处之。苏轼称上不害法、下不伤民、中不废亲为"三难"。司马光当国，除京东转运，曰："子骏，福星也。"

【译文】鲜于侁，字子骏。当时新法刚刚推行，各路都不太安宁。鲜于侁为官九年，只按照公平之心处理政事。苏轼称赞他上不阻碍新法、下不危害百姓、中不伤害亲朋好友，这就是"三难"。司马光执政，任用鲜于侁为京东转运说："子骏真是一位福星啊。"

平原自无　史弼为平原相时，举钩党，惟平原独无。诏书前后迫切，从事坐传舍责曰："青州六郡，其五有党，平原何治而得独无？"弼曰："先王疆理天下，画界分境，水土异齐，风俗不同。五郡自有，平原自无，胡可相比？若承望上司，诬陷良善，则平原之人，户可为党。相有死而已，所不能也！"

【译文】史弼任平原相时，朝廷下诏检举与党人有关的人，只有史弼一个人也没有检举。诏书前后责令十分迫切，从事坐在传舍责问他说："青州有六个郡，其他五郡都有党人，平原郡是怎么治理的，得以独独没有党人呢？"史弼说："先帝界定天下，划分郡界，水土不同，风俗自然也就不同。其他五郡自有他的，平原郡就是没有，这哪里能够比较呢？我如果为了逢迎上司，诬陷良善之人，那么平原郡的人，每一户都可是党人。如此相逼，我唯有一死而已，但绝不会做诬陷别人的事！"

烛奸

责具原状　李靖为岐州刺史，或告其谋反，高祖命一御史案之。御史知其诬罔，请与告事者偕行数驿，诈称失原状，惊惧异常，鞭挞行典，乃祈求告事者别疏一状，比验与原不同，即日还以闻。高祖大惊，告事者伏诛。

【译文】李靖任岐州刺史时，有人告他谋反，唐高祖派了一个御史前去查案。御史知道他是被诬告的，于是请求和告状的人一起前进了几个驿站，骗他说自己把原来的状子丢失了，表现得异常惊恐，还用鞭子打了主管行装的人，于是祈求告发者再写一封奏疏，比对验证之后发现与原来的状子不同，当天就返回京城告诉了皇帝。高祖知道后大惊失色，告发的人伏法被诛。

验火烧尸 张举，为句章令。有妻杀其夫，因放火烧舍，诈称夫死于火，其弟讼之。举乃取猪二口，一杀一活，积薪焚之，察死者口中无灰，活者口中有灰。因验夫口，果无灰，以此鞫之，妻乃服罪。

【译文】张举任句章县令。有个妻子杀死了自己的丈夫，顺势放火烧掉房子，谎称丈夫死于火灾，死者的弟弟到官府告状。张举便取来两头猪，杀死其中一头，堆积柴木将它们一同焚烧，察验后发现死猪的嘴里没有灰，而活猪的嘴里有灰。于是察验死者的嘴，果然没有灰，以此作为证据审问那个妻子，她便伏法认罪了。

市布得盗 周新按察浙江，将到时，道上蝇蚋近马首而聚，使人尾之，得一暴尸，惟小木布记在，取之。及至任，令人市布，屡嫌不佳，别市之，得印志者，鞫之，布主即劫布商贼也。

【译文】周新任浙江按察使，将要到达时，路上有苍蝇和蚊子聚集在马头附近，于是让人跟随这些蚊蝇，发现一具暴露的尸体，尸体上只有一块布匹的木制牌记，便取走了。到任之后，周新命人到市场上买布，几次买回来他都嫌不太好，让人重新购买，终于得到了与死者身上木牌相同的标志，于是抓来布店主人审问，这位店主果然是劫杀布商的盗贼。

旋风吹叶 周新坐堂问事，忽旋风吹异叶至前，左右言城中无此木，独一古寺有之，去城差远。新曰："此必寺僧杀人埋其下也，冤魂告我矣！"发之，得妇尸，僧即款服。

【译文】周新坐在公堂询问政事，突然一阵旋风把一片奇怪的叶子吹到了他面前，左右的人都说城里没有这种树，只有一个古寺里才有，但是离城很远。周新说："这必然是寺里的僧人杀人之后把尸体埋在树下，死者的冤魂前来告诉我！"派人到寺里的树下发掘，果然找到一个妇人的尸体，僧人立刻便服罪了。

帷钟辨盗 陈述古令浦城。有失物，莫知为盗者，乃绐曰："某所有钟能辨盗，盗摸则钟自鸣。”阴使人以煤涂而帷之。令囚入摸帷，一囚手无煤，讯之果服。

【译文】陈述古任浦城县令。有人来报案说丢失了东西，抓住了几个人，不知道到底盗窃的人是谁。陈述古骗他说：“我府中有一口钟能辨别盗贼，只要盗贼摸到了钟它就会自己响起来。”他私下让人把煤涂在钟上用帷帐遮起来。命令囚犯把手伸进帷帐里去摸钟，一个囚犯的手上没有煤，审讯之后他果然服罪。

折芦辨盗　刘宰为泰兴令。民有亡金钗者，唯二仆妇在，讯之，莫肯承。宰命各持芦去，曰：“不盗者，明日芦自若；果盗，明旦则芦长二寸。”明旦视之，则一自若，一去芦二寸矣。讦之，盗遂服。

【译文】刘宰任泰兴县令。有个人丢了金钗，当时只有两个仆妇在，审讯之下，两人不肯承认。刘宰命令她们各自拿着芦苇离去，并且说：“没有偷金钗的人，明天芦苇就会依然如故；如果是盗窃的人，明天芦苇就会增长两寸。”第二天早上一看，一根芦苇和前一天一样，另一根则少了两寸。刘宰当面斥责她的罪过，偷盗的人便服罪了。

遣妇缚奸　陆云为浚仪令，有杀人不得其主者。云囚其妻十许日，密令人尾其后，属曰：“其去不远十里，当有男子候之与语，便缚至。”既而果然。问之，乃与妇私通，共杀其夫，闻出狱探消息，惮近县，故远相候耳。一县称为神明。

【译文】陆云任浚仪县令，有个人被杀了却找不到凶手。陆云便囚禁了死者的妻子十几天，之后秘密派人跟随在她身后，嘱咐说：“她离开后走不到十里，应该会有一个男子等候并与她说话，就抓住他们。”不久之后果然如此。审问之后，原来是这位男子和妇人私通，共同谋杀了她的丈夫，听说她出狱之后便来探查消息，又害怕接近县城，所以在远处等候。一县的人都称赞陆云神明。

捕僧释冤　元绛摄上元令。有甲与乙被酒相殴，甲归卧，夜为盗断足，妻执乙诣县，而甲已死。绛遣其妻曰：“归治而夫丧，乙已服矣。”阴使迹其后，见一僧迎之私语。即捕僧，乃乘机与其妻共杀甲者。

【译文】元绛任上元县令。有甲乙两人醉酒后互殴，甲回家后便睡觉了，夜里却被盗贼打断了脚，他的妻子把乙抓到县衙，这时候甲已经死了。元绛对甲的妻子说："快回去为你的丈夫办理丧事吧，乙已经服罪了。"之后秘密派人跟在她的身后，见到一个僧人迎接她并与她秘密说话。立刻抓捕僧人，原来正是他趁着甲喝醉的时机伙同甲的妻子一起杀害了甲。

井中死人 张昇知润州，有报井中死人者，一妇人往视曰："吾夫也。"昇令其亲邻验之，井深莫可辨。昇曰："众不能辨，妇人何遂知其为夫？"即付所司鞫之，果其妇与奸夫所谋者。

【译文】张昇任润州知府，有人来报告说井中有死人，一个妇人前往查看说："这是我的丈夫。"张昇便让死者的亲戚和邻居前来察验，由于井太深根本无法辨认。张昇说："众人都不能辨认，这个妇人是怎么知道死者是自己丈夫的？"马上把她交给官府审问，死者果然是这个妇人和奸夫所谋杀的。

食用左手 王惟熙盐城尉，有群饮而毙者，俱不伏罪。脱其械而与饮食，问一人曰："汝用左手，而死者伤右，尚何拒？"囚无辩，而拟抵。

【译文】王惟熙任盐城尉时，有很多人在一起喝酒，其中一个人死了，这些人都不认罪。王惟熙便解下他们的刑具给他们食物，问其中一个人："你惯用左手，而死者的伤在右边，你还有什么好抵赖的？"囚犯没法辩解，只能为死者抵命。

盗首私宰 叶宾知南安，有盗截牛舌，其主以闻。宾阳叱去，阴令屠之。即有首私宰耕牛者，宾曰："截牛舌者汝也。"果服。

【译文】叶宾任南安知县，有个人偷偷割断了别人家的牛舌，牛的主人告到官府。叶宾假装把他骂走，私下却让他回去后把牛杀了。立刻便有人来告发有人私自宰杀耕牛，叶宾说："割断牛舌的人就是你吧。"那人果然服罪。

留刀获盗 刘崇龟为广州刺史。有少年泊舟江滨，见一妙姬倚闾，殊不避，少年挑之，曰："黄昏到宅。"是夕，果启扉待之。少年未至，一盗入扉，姬不知，即身就之。盗疑见执，遂刺姬死，遗刀而逃。少年后至，践其血，仆地，扪之，见死者，急出。明日，其家随血迹至江岸，岸上人云："夜有某客船去矣。"捕者追获，具实吐之。观其刀乃屠家物，崇龟下令曰："某日演武，大飨士，集合境庖丁。"既集，复曰："已晚。留刀于厨。"阴以杀人刀换下。比明，各来请刀，独一屠不认。因诘之，曰："此非某刀，乃某人刀耳。”命擒之，则已窜矣。崇龟以合死之囚代少年，侵夜毙于市。窜者知囚已毙，不一二夕归家，遂就擒服罪。

【译文】刘崇龟任广州刺史。有个少年在江边停船，看到一个美女倚在门边，竟然完全不回避，少年便挑逗她说：“我黄昏时去你家。”这天夜里，那美女果然打开门等着少年。少年还没有来，却有个盗贼先进了门，这美女不知道，马上起身来迎。盗贼怀疑她是来抓自己的，于是便把美女刺死，丢下刀逃了。少年后到，踩到了她的血，摔倒在地，一摸之下，发现有个死人，急忙跑了出去。第二天，她的家人跟随血迹来到岸边，岸上有人说：“夜里某人的客船离开了。”抓捕的人追上少年并抓住了他，少年把实情告诉了捕快。刘崇龟看杀人的刀是屠夫使用的，于是下令说：“官府要在某日举办比武，大宴士人，把全境的厨师都集合起来。”等厨师集合之后，他又说：“天色已晚。大家都把刀留在厨房吧。”暗中用杀人的刀换掉了其中一把。到第二天，厨师们都来拿刀，只有一个屠夫不拿。刘崇龟便责问他，那屠夫说：“这不是我的刀，而是某人的刀。”刘崇龟命人抓住了那个人，才发现他已经逃跑了。刘崇龟用被判死刑的囚犯代替少年，趁着夜里在闹市处斩。逃窜的人知道囚犯已经被杀，没两天就回了家，于是被抓捕服罪。

命取佛首　程颢为鄠主簿，僧寺有石佛，岁传佛首放光，士民竞往。颢戒曰：“俟后现，当取其首。”就观之，光遂止。

【译文】程颢任鄠县主簿，佛寺中有一座石佛，有一年传说佛头放光，百姓们争相前往观看。程颢告诫说：“等以后再出现这种事，应该把佛头摘下来。”再去看的时候，光便消失了。

识猴为盗　杨绘知兴元。有盗库缣者，绘迹踪之，不类人所出入。乃呼戏沐猴者，一讯而服。

【译文】杨绘任兴元知县。有人盗走了官库中的细绢，按照盗贼留下的痕迹追踪之后，发现不像人出入的轨迹。于是传唤来耍猴的人，一加讯问他果然服罪。

闻哭知奸　国侨，字子产，尝晨出，闻妇人哭，使吏执而讯之，则手绞其夫者也。吏问故，子产曰：“凡人于所亲爱也，始病而忧，临危而惧，已死而哀。今哭夫已死，不哀而惧，是以知其有奸也。”

【译文】国侨，字子产，曾经在清晨出门时，听到有妇人的哭声，便让吏员抓捕之后审问，原来她亲手绞杀了自己的丈夫。吏员询问原因，子产说："凡是人对于所爱之人，开始生病的时候就会担忧，病危时就会感到恐惧，逝去之后就会感到哀痛。现在她哭的丈夫已经死去，她没有哀痛反而有些恐惧，所以我知道她有奸夫。"

河伯娶妇 西门豹为邺令，俗故信巫，岁为河伯娶妇以攫利，选室女以投于河。豹及期往，视其女曰："丑！烦大巫先报河伯，如其不欲，还当另选美者。"呼吏投巫于河。少顷，曰："何久不复我？"又投一人往速。群奸惊惧，乞命。从此弊绝。

【译文】西门豹任邺令时，那里的风俗信仰巫师，巫师每年都要以为河伯娶妻的名义攫取利益，挑选未婚女子丢进河中。西门豹到了那天前往岸边，看着那个要投进河里的女子说："太丑了！烦请大巫先报告河伯，如果他不想要这个女子，还应该重新为他挑选一个漂亮的。"于是便让手下的吏员把巫师投进了河里。片刻之后，西门豹又说："这么久了怎么还不回复我？"于是又把一个人投入河中前去催促。众奸人十分惊恐害怕，乞求西门豹饶命。这恶俗从此之后就断绝了。

哭夫不哀 严遵为扬州行部，闻道旁女子哭，而声不哀，问之，云："夫遭火死。"遵使舆尸到，令人守之，曰："当有物往。"更日，有蝇聚头所。遵令披视，铁锥贯顶，乃以淫杀其夫者。

【译文】严遵任扬州行部时，有一次听到路边有个女子哭泣，哭声却不怎么哀伤，问其原因，那女子说："我的丈夫遭遇火灾死了。"严遵让人把死者的尸体拉到官府，并派人守候，说："应该会有东西前来。"过了几天，有很多苍蝇聚集在尸体的头部。严遵令人拨开查看，发现有一个铁锥从头部插入，原来是这个女子因为淫乱而杀害自己的丈夫。

命七给子 张诚知杭州。有子与婿讼家产者，婿言："舅终，子才三岁，遗书令异日三分付子，婿得其七。"诚曰："汝妇翁，智人也，以七与子，子死矣。"命三给婿，七给子。

【译文】张诚任杭州知府。有个人的儿子和女婿因为争夺家产而告到官府，女婿说："岳父去世时，他的儿子才三岁，岳父留下遗书让日后把家产的三成分给儿子，女婿得其中的七成。”张诉说：“你家岳父，是个有智慧的人啊，把七成留给儿子，他的儿子现在恐怕已经死了。”于是命令把家产分给女婿三成，七成分给儿子。

怒逮妇人　王克敬为两浙运使，有逮犯私盐者，以一少妇至。克敬怒曰：“岂有逮妇人于百里外，与吏卒杂处者，污教甚矣！”自后不许。著为令。

【译文】王克敬任两浙运使，有衙役抓捕了贩卖私盐的人，还有一个少妇一起前来。王克敬生气地说：“哪里有在百里之外抓捕妇人，让她与衙役混杂而居的，真是太玷污教化了！”从此之后便不再允许这样的事情。并且写为明令。

断丝及鸡　傅琰山阴令，有卖针、卖糖老妪，争团丝诉琰，琰令挂丝于柱，鞭之，微视有铁屑，乃罚卖糖者。又二野父争鸡，问何以饲鸡，一云豆，一云粟。破鸡得粟，罪言豆者。民称傅圣。

【译文】傅琰任山阴县令时，有卖针和卖糖的两个老妇人，争一团丝线告到傅琰这里，傅琰命人把丝线挂在柱子上，用鞭子抽打，仔细查看后发现地上有铁屑，于是便惩罚了卖糖的人。还有两个农夫争夺一只鸡，傅琰便问他们用什么来饲养鸡，一个说是豆子，另一个说是粟米。傅琰让人剖开鸡腹之后得到粟米，于是便处罚了那个说用豆子喂鸡的人。百姓都称他为“傅圣”。

老翁儿无影　丙吉知陈留，富翁九十无男，娶邻女，一宿而死，后产一男，其女曰：“吾父娶，一宿身亡，此子非吾父之子。”争财久而不决。丙吉云：“尝闻老翁儿无影，不耐寒。”其时秋暮，取同岁儿解衣试之，老翁儿独呼寒，日中果无影，遂直其事。

【译文】丙吉管辖陈留时，有个富翁九十岁还没有儿子，娶了邻家女儿，一夜便死了，后来他的妻子生下一个男孩，富翁的女儿说：“我的父亲娶了你，一夜身亡，这个孩子绝对不是我父亲的儿子。”两人争夺财产很久都没有结果。丙吉说：“我曾经听说老人生的孩子没有影子，而且不耐寒冷。”时值暮秋，丙吉找来同岁的孩子解开衣服试验，只有富翁的儿子喊冷，太阳下果然也没有影子，这才公正处理了这件事。

断鬼石　石璞，江西副使。时有民娶妇三日，婿与妇往拜岳家。婿先归，妇后，失之，遍索不获。妇翁讼婿杀女，婿不胜榜掠，自诬服。璞犹疑杀人而弃尸，必深怨者为之。彼新婚燕好，胡乃尔尔。夜斋沐焚香，祝曰："此狱关纲常，万一妇与人私，而夫枉死，且受污名，于理安乎？神其以梦示我！"果梦神授一"麥"字。璞曰："此两人夹一人也，狱有归矣！"比明，令械囚待时行刑。囚未出，璞见一童子窥门内，乃令人牵入，曰："尔羽客，胡为至此，得非尔师令侦某囚事耶？"童子大惊，吐实，乃二道士素与妇通，见匿之麦丛中。人因号曰断鬼石。

【译文】石璞任江西副使。当时有个人刚刚娶妻三天，女婿和妻子前往岳父家拜望他。女婿先到，妻子走在后面，竟然丢失了，找遍了都没有发现。岳父便到官府告女婿杀死了自己的女儿，女婿忍受不了刑罚，屈打成招。石璞仍然怀疑杀人而且弃尸，必然是有深仇大恨的人做的。这两人新婚燕尔，为什么要这么做呢？于是他在夜里斋戒沐浴，焚香向上天祈祷说："这件案子关系到伦理纲常，万一是妇人与人私通，而丈夫被冤枉而死，而且背负污名，于理难道会合适吗？请求神明在梦中给我启示！"睡觉时果然梦到神灵授予他一个"麥"字。石璞说："这个字是两个人夹着一个人，这件案子有结果了！"等到第二天，石璞命令将囚犯戴着枷锁等待时间行刑。囚犯还没有出来，石璞看到有个小道童往门内偷看，于是命人把他带进来，问道："你是个道士，为什么到这里来，莫非是你的师父让你来侦查某某囚犯的事吗？"道童大惊失色，只能把实情和盘托出，原来竟是两个道士平日便与妇人私通，把她藏到了小麦丛中。人们因此称石璞为"断鬼石"。

视首皮肉 民有利侄之富者，醉而拉杀之于家。其长男与妻相恶，欲借奸名并除之，乃斩妻首，并拉杀之，首以报官。时知县尹见心迎上司于二十里外，闻报时已三鼓，见心从灯下视其首，一首皮肉上缩，一首不然。即诘之曰："两人是一时杀否？"答曰："然。"曰："妇有子女乎？"曰："有一女，方数岁。"见心曰："汝且寄狱，俟旦鞫之。"别发一票，速取某女来。女至，则携入衙，以果食之，好言细问，竟得其情，父子服罪。

【译文】有个人觊觎侄子的财富，便趁着酒醉把他在家里勒死。他的长子平日与妻子不和，想要借奸情的名义把妻子一起杀死，于是斩下妻子的头颅，又砍下死去侄子的头颅，拿着他们的头颅前去报官。当时知县尹见心正在县城二十里外迎接上司，听到报告时已经是夜里三更了，尹见心在灯下查看两颗头颅，发现一颗头的皮肉向上缩，另一颗则没有出现这种情况，便诘问："这两个人是同一时间杀死的吗？”告状的人回答：“是的。”尹见心说：“死去的妇人有子女吗？”回答：“有一个女儿，才几岁。”尹见心说：“你暂且留在监狱，等天亮之后再审问。”他又发了一张传票，派人迅速把死去妇人的女儿带来。女儿到达后，尹见心带着她进入县衙，拿来果子让她吃，好言好语地仔细询问，竟然问出了实情，这对父子只得服罪。

法验女眉及喉 刘鸣谦守杭州，有刘氏女所居浅陋，邻少年张窥其艾，夜跃上楼，穴窗入。女大呼贼，父惊起，邻少年不能脱，执而髡之。少年昆弟号于众曰：“伊父实以女伥而又阱之。”女闻之，拊膺曰：“天乎！辱人至于此。”遂自缢。张乃贿其父金，当谳诉女已承污，特羞奸露耳。鸣谦得女贞烈、父受金状，乃令以法验女眉及喉，实处子。与从事刘公讯治之，张伏法。百姓谣曰：“两刘哲，一刘烈，江河海流合。”

【译文】刘鸣谦治理杭州时，有个刘氏的女儿居住的地方小而简陋，邻家姓张的少年觊觎她的美貌，便在夜里跳上楼，打坏窗户钻了进去。女子大喊有贼，她的父亲被惊起，邻家少年无法逃脱，被抓住剃掉了头发。少年的兄弟对众人说：“女子的父亲其实是用女儿作为诱饵来设置陷阱。”刘氏女儿听说这件事后，捶胸顿足地说：“天呐！为什么这样侮辱人？”于是上吊自尽。张家便用金钱贿赂女子的父亲，让他去官府定案说自己的女儿被玷污，只是害怕奸情败露所以自杀。刘鸣谦知道了女子贞烈、她的父亲收取钱财的情状，便命令法医检查女子的眉毛和喉咙，发现她确实是处女。刘鸣谦便和从事刘公一起审理治罪，张姓少年最终伏法。百姓在歌谣里唱道：“两刘哲，一刘烈，江河海流合。”

花瓶水杀人 汪待举守郡部。民有饮客者，客醉卧空室中。客夜醉渴，索浆不得，乃取花瓶水饮之。次早启户，客死矣。其家讼之，待举究中所有物，惟瓶中浸旱莲花而已。试以饮死囚，立死，讼乃白。

【译文】汪待举治理郡部。有个人招待客人喝酒，客人喝醉之后在空房里睡觉。夜里这位客人醉酒口渴，找水喝却没有找到，于是取来花瓶里的水喝了。第二天早上主人打开门，发现客人已经死了。死者的家属告到官府，汪待举查看了房间中所有的东西，只有花瓶中泡着旱莲花而已。汪待举便让死囚喝花瓶中的水试探，那囚犯立刻便死了，这件案子才真相大白。

识断

斩乱丝 高洋内明而外晦，众莫能知，独欢异之，曰："此儿识虑过吾。"时欢欲观诸子意识，使各治乱丝，洋独持刀斩之，曰："乱者必斩。"

【译文】高洋内心聪慧，外表却装作很糊涂的样子，人们都不知道，只有高欢认为他与众不同，说："这个儿子的见识和思虑超过了我。"当时高欢想要查看几个儿子的意志和见识，便让他们各自整理乱麻，只有高洋挥刀将其斩断，说："纷乱的东西必须斩断。"

立破枉狱 陆光祖为浚令。浚才士卢楩被前令枉坐重辟，数十年相沿，以其富不敢为之白。陆至，访实，即日破械出之，然后闻于台使者。使者曰："此人富有声。"陆曰："但当问其枉不枉，不当问其富不富。不枉，夷、齐无生理；果枉，陶朱无死法。"使者甚器之。后行取为吏部，黜陟自由，绝不关白台省。

【译文】陆光祖任浚县知县。浚县有个叫卢楩的才士被前县令冤枉而判了重罪，几十年来历任知县都沿袭了这项判决，因为卢楩的家里很富而不敢为他辩白。陆光祖到任之后，很快便查访到实情，当天便解下枷锁放出卢楩，然后奏报到御史那里。御史说："卢楩这个人很有富贵的名声。"陆光祖说："您应该问他是不是冤枉，而不是问他富不富。如果没有蒙受冤屈，即使是伯夷、叔齐也没有生还的道理；若是果然蒙受冤屈，陶朱公范蠡也没有必死的道理。"使者十分器重他。后来他擢升为吏部尚书，对官员的任免全凭自己做主，从来不向台省长官报告。

即斩叛使 胡兴为赵府长史。汉庶人将反，密使至，赵王大惊，将执奏之。兴曰："彼举事有日矣！何暇奏乎？万一事泄，是趣之叛。"一日尽歼之。汉平，宣庙闻斩使事，曰："吾叔非二心者！"赵遂得免。

【译文】胡兴任赵王府长史。汉王朱高煦准备谋反，秘密派遣使者来见赵王，赵王大惊失色，准备押解使者奏报朝廷。胡兴说："汉王密谋造反已经有些时日了！还有时间奏报朝廷吗？再者，如果奏报朝廷的事万一泄露，就会加速叛乱。"于是在一天之内便将使者全部杀死。汉王叛乱平定后，宣帝听说了赵王斩杀使者的事，说："叔叔绝对不是有二心的人啊！"赵王于是得以免罪。

监国解纷 张说有辨才，能断大议。景云初，帝谓侍臣曰："术家言，五日内有急兵入宫，奈何？"左右莫对。说进曰："此谗谋动东宫耳！陛下若以太子监国，则名分定，奸胆破，蜚语塞矣。"帝如其言，议遂息。

【译文】张说有雄辩之才，能够决断大事。景云初年（710年），唐睿宗对身边的侍臣说："方士说，五天之内会有人突然发动兵变攻入皇宫，怎么办呢？"左右的人都不知道怎么回答。张说进言："这些谗言是阴谋，想要动摇东宫太子啊！陛下如果让太子代您处理国家大事，那么名分就会确定，奸人就会胆破，流言蜚语自然也就没有了。"睿宗按照他说的话行事，议论果然平息了。

断杀不孝 张晋为刑部，时有与父异居而富者，父夜穿垣，子以为盗也，瞷其入，扑杀之，取灯视之，父也。吏议：子杀父，不宜纵；而实拒盗，不知其为父，又不宜诛。狱久不决。晋判曰："杀贼可恕，不孝当诛。子有余财，而使父贫为盗，不孝明矣！"竟杀之。

【译文】张晋在刑部任职，当时有个富人和父亲分居两处，父亲夜里从墙上翻入，儿子还以为是盗贼，在一旁窥探到有人进来，便把他打死了，取来灯一看，才知道是自己的父亲。刑部官员在处分定罪的拟议中写道：儿子杀死父亲，不应该纵容；但他实际上是在对抗盗贼，不知道那个人就是自己的父亲，又不应该判他死罪。这件案子久久不能决断。张晋判决说："杀死盗贼可以饶恕，不孝顺则应该诛杀。儿子有富余的财物，却让自己的父亲因为贫穷而成为盗贼，不孝便十分明显了！"最终杀了那个儿子。

刺酋试药 曹克明有智略，真宗朝累官十州都巡检。酋蛮来献药一器，曰："此药凡中箭者傅之，创立愈。"克明曰："何以验之？"曰："请试鸡犬。"克明曰："当试以人。"取箭刺酋股而傅以药，酋立死。群酋惭惧而去。

【译文】曹克明有智慧和谋略，在真宗朝累功升至十州都巡检。有个蛮族的首领给他进献了一副药说："这种药只要中箭的人敷上，伤口马上就能好。"曹克明说："怎么能够验证呢？"那首领说："请用鸡犬来进行试验。"曹克明说："应该用人来试验。"于是取来一支箭刺进蛮族首领的大腿再把这种药敷在伤口上，那首领立刻便死了。众首领也羞愧恐惧地离开了。

杖逐桎梏 黄震为广德通判。广德俗有自带枷锁求赦于神者，震见一人，召问之，乃兵也。即令自招其罪，卒曰："无有。"震曰："尔罪必多，但不可对人言，故告神求赦耳。"杖而逐之。此风遂绝。

【译文】黄震任广德通判。广德地区的风俗，经常有人自己戴着枷锁向神明祈求赦免，黄震看到有个这样的人，便把他召来问话，原来是个士兵。黄震就让他自己招供罪行，那士兵说："我没有罪。"黄震说："你的罪行必然很多，但不能对人说，所以才告诉神明祈求赦免。"于是杖打之后把他驱赶了出去。这种风俗才慢慢杜绝了。

一钱斩吏 张诙在崇阳。一吏自库中出，鬓边一钱，诘之，乃库中钱也。诙命杖之，吏勃然曰："一钱何足道！乃杖我耶？"强项不屈。诙固命杖之。吏曰："尔能杖我，不能杀我。"诙判云："一日一钱，千日千钱，绳锯木断，水滴石穿。"自仗剑下阶斩其首，申府自劾。崇阳人至今传之。

【译文】张诙在崇阳任职。有个小吏从官库中走出，鬓边沾了一枚铜钱，张诙责问之下，才知道是官库里的钱。张诙命人杖打他，那小吏勃然大怒说："只是一枚铜钱有什么大不了的！难道因为这件小事就要杖打我吗？"不肯低头屈服。张诙坚持命人杖打他。小吏说："你能够杖打我，却不能杀我。"张诙判决说："一日拿一枚钱，一千日就是一千钱，只要时间够长，绳子可以锯断木头，水滴也可以打穿石头。"于是自己拿着剑走下台阶斩下小吏的头颅，向上级报告弹劾自己的过失。崇阳人至今仍然在传扬这件事。

强项令 董宣为洛阳令，湖阳公主家奴杀人，宣就主车前取杀之。主诉于帝，帝令宣谢主，宣不拜。帝令捺伏，宣以手据地不俯。帝敕曰："强项令去！"

【译文】董宣任洛阳令时，湖阳公主的家奴杀人，董宣就在公主的车前抓住恶奴杀了。公主把这件事告到了皇帝那里，皇帝命令董宣向公主谢罪，董宣坚决不跪拜。皇帝又命人把他强行按伏在地上，董宣用手撑地坚决不低头。皇帝只好敕令说："威武不屈的县令快走吧！"

南山判 武后时，李元纮迁雍州司户。太平公主与僧争碾硙，元纮判与僧。长史窦怀贞大惧，促纮改判。纮大署判尾曰："南山可移，此判终无摇动也。"

【译文】武则天时，李元纮改任雍州司户。太平公主与僧人争夺水磨，李元纮把它判给了僧人。长史窦怀贞十分害怕，督促李元纮改判。李元纮便在判书的末尾写了几个大字，意思是："南山可以移，此判决绝对不会更改。"

腕可断 唐韩偓，宰相韦贻范母丧，诏还位，偓当草制，言贻范居丧不数月使治事，伤孝子心。学士使马从皓逼偓草之，偓曰："腕可断，制不可草！"

【译文】唐朝韩偓，宰相韦贻范母亲去世，皇帝下诏让他返回朝中继续任职，韩偓当时负责草拟制书，告诉皇帝说韦贻范正在为母亲服丧还没几个月，让他回来继续任职恐怕会伤了孝子的心。学士使马从皓逼迫韩偓草拟，韩偓说："手腕可以断，制书绝对不能草拟！"

麻出必坏 唐德宗欲相裴延龄。阳城为谏议，曰："白麻出，我坏之！"恸哭于廷，龄遂不得相。

【译文】唐德宗想要拜裴延龄为宰相。阳城当时任谏议大夫，对德宗说："如果拜裴延龄为相的白麻诏书出来，我就亲手撕毁它！"并且在朝堂痛哭，裴延龄于是没有做成宰相。

判诛舞文 柳公绰为节度使，行部至乡县，有奸吏舞文诬其县令贪者。县令以公素持法，必杀贪官。公绰判曰："赃吏犯法法在，奸吏犯法法亡。"竟诛舞文者。

【译文】柳公绰任节度使，巡查辖境来到乡县，有一个奸猾小吏舞文弄法诬告县令贪污。县令知道柳公绰向来秉公执法，必然会诛杀贪官。柳公绰判决说："贪官犯法时法仍然在，奸猾小吏犯法时法就不在了。"最后诛杀了玩弄文辞的人。

铁船渡海 贾郁性峭直，不能容过。为仙游令，及受代，一吏酗酒，郁怒曰："吾再典此邑，必惩此辈。"吏扬言曰："造铁船渡海也。"郁后复典是邑，吏盗库钱数万，郁判曰："窃铜镪以肥家，非因鼓铸；造铁船而渡海，不假炉锤。"因决杖徙之。

【译文】贾郁性格严峻刚直，容不得别人犯错。他在仙游县当县令将要被新县令接任时，有个吏员酗酒，贾郁生气地说："我如果再次到这里任职，一定要惩罚这种人。"吏员扬言说："你想要再来这里就像用铁船渡海一样难。”贾郁后来又到仙游县任职，正好那个吏员盗窃了官库中的几万钱，贾郁判决说：“窃取铜钱使自家富贵，并非自己冶炼铸造；造铁船用来渡海，却不使用火炉与铁锤。”于是判决他杖刑与流放。

其情可原 孙唐卿判陕州，民有母再嫁而死，乃葬父，遂盗母之丧而祔葬之。有司论以法，唐卿曰：“是知有孝，不知有法，其情可原。”乃判释之。

【译文】孙唐卿任陕州通判，有个人的母亲再嫁之后去世了，等到要埋葬父亲时，他便偷来母亲的遗体与父亲合葬了。官府要用法令来判决他，唐卿说：“这是只知道有孝心，却不知道有法令，这种情况是可以原谅的。”于是便把他释放了。

问大姓主名 周纡为洛阳令。下车，先问大姓主名，吏数闾里豪强以对。纡厉声怒曰：“本问贵戚若马、窦等辈，岂能知此卖菜佣乎？”于是京师肃然。

【译文】周纡任洛阳令。到任之后，他先过问当地的世家大族，吏员便细数了乡里的豪强作为回答。周纡愤怒地斥责道：“我原本要问的是像马氏、窦氏这样的豪门，难道是想知道这些卖菜的奴仆吗？”于是京师变得十分太平。

引烛焚诏 李沆为平章。一夕，真宗遣使持手诏欲以刘美人为贵妃，沆对使者引烛焚诏，附奏曰：“但道臣沆以为不可。”其议遂寝。

【译文】李沆任平章政事。一天夜里，宋真宗派遣使者拿着手诏想要封刘美人为贵妃，李沆面对使者用蜡烛把诏书烧了，附上自己的奏报说：“你就说臣李沆认为不能这样做。”真宗便放弃了这个想法。

天何言哉 真宗耻澶渊之盟，听王钦若天书之计，而行封禅。待制孙奭言于帝曰：“以臣愚所闻，天何言哉？岂有书也？”帝默然。

【译文】宋真宗觉得澶渊之盟十分耻辱，听从王钦若的天书计策，举行封禅大典。待制孙奭对真宗说：“据愚臣所知，天怎么会说话呢？又哪里来的天书呢？”真宗默然无语。

礼宜从厚 李宸妃薨，太后欲以宫人礼治丧于外，吕夷简为首相，奏礼宜从厚。后怒曰：“相公欲离间吾母子耶！”夷简曰：“他日太后不欲全刘氏乎？”时有诏，欲凿宫城垣以出丧。夷简乃谓内侍罗崇勋曰：“宸妃诞育圣躬，而丧不成礼，异日必有受其罪者，莫谓夷简今日不言也。当以后服殓，用水银。”崇勋驰告太后，乃许之。后荆王元俨为帝言：“陛下乃李宸妃所生，妃死以非命。”帝因恸号累日，下诏自责，幸洪福寺祭告，易梓宫，亲启视之。妃以水银，故玉色如生，冠服如皇后。帝叹曰：“人言其可信哉！”待刘氏加厚。

【译文】李宸妃薨逝，刘太后想要用埋葬宫人的礼仪在宫外为她举办丧事，吕夷简当时任首相，上奏说葬礼应该隆重一些。刘太后生气地说：“相公你是要离间我们母子吧！”吕夷简说：“难道日后太后不想保刘氏周全了吗？”当时刘太后下诏，想要凿开宫墙出丧。吕夷简就对宦官罗崇勋说：“宸妃生下皇帝，如果治丧不遵从礼节，他日必然会有因为这件事而获罪的人，到时候可别说我吕夷简今天没有告诉你。你现在应该用皇后服侍入殓，再用水银来保护尸体。”罗崇勋急忙跑去告诉刘太后，刘太后便答应了他。后来荆王赵元俨对仁宗说：“陛下您是李宸妃所生，她现在已经死于非命了。”仁宗因此痛哭了几天，下诏书自责，并亲自到洪福寺祭告李宸妃，更换棺椁，并亲自打开棺材查看。只见李宸妃的尸体用水银保养，所以容颜仍然和生前一样，所穿戴的冠服也跟皇后一样。仁宗感叹地说：“别人说的话怎么能够轻易相信呢！”于是对待刘太后更加亲厚。

奏留祠庙　张方平判应天府。时司农遵王安石鬻祠庙于民法，方平托刘挚为奏曰：“阏伯迁商丘，主祀香火，为国家盛德，所乘历世尊为大祀。微子宋始封之君，开国此地，是本朝受命建业所因。又有双庙，乃唐张巡、许远孤城死贼，能捍大患。今若令承买小人规利，冗亵渎慢，何所不为！岁取微细，实伤国体。欲望留此三庙，以慰邦人崇奉之意。”疏上，帝震怒，批牍尾曰：“慢神辱国，无甚于斯！”于是天下祠庙皆得罢卖。

【译文】张方平任应天府通判。当时的司农遵从王安石新法把祠庙卖给民众，张方平托刘挚为他上奏疏说：“宋地的先祖阏伯在商朝受封迁到商丘，主持祭祀的香火，这是国家的盛德所在，以往历朝都尊为盛大的祭祀。微子是宋地的第一个国君，就是在这里开国，乃是本朝受天命开创基业的根本所在。还有两个庙，乃是唐朝张巡、许远死守孤城杀贼的地方，二人能够抵御大患。现在如果让小民买去谋求利益，便是亵渎神明，轻慢先祖，他们有什么不能做的！朝廷每年从中获取的收入十分微薄，对国体的伤害却十分严重。希望陛下无论如何留下这三座庙，以安慰国人的尊崇和供奉之心。”奏疏上达之后，神宗震怒，在奏疏的末尾批复道：“侮慢神明，侮辱国本，没有比这更严重的了！”于是天下的祠庙都不再出售了。

收缚诬罔 隽不疑为京兆尹。有男子乘犊车，诣北阙，自谓卫太子。诏列侯公卿以下杂职视。至者莫敢言。不疑后至，叱从吏收缚。曰：“昔蒯聩出奔，辄拒而不纳，《春秋》是之。卫太子得罪先帝，亡不即死，今来自请，此罪人也。”遂送诏狱。上与霍光嘉之，曰：“公卿大臣当用有经术明于大谊者。”验治，得奸诈，坐诬罔不道，要斩。

【译文】隽不疑任京兆尹。有个男子乘坐牛车，到达北门，自称汉武帝嫡长子卫太子刘据。朝廷诏令诸侯和公卿一起前去。到了那里的人都不敢说话。隽不疑后来才到，命令属吏将他捉拿，并且说：“昔日蒯聩出逃，蒯辄拒不接纳他返回卫国，《春秋》里也称赞这种做法。卫太子得罪先帝，逃亡而不接受死刑，现在居然自己来了，这是犯人啊。”于是将他押送到由皇帝直接处理案件的监狱。昭帝与霍光嘉奖他说：“公卿和大臣应该任用那些能够熟读经书、通晓大义的人啊。”查验处治之后，那人果然是奸诈之徒，被判处诬罔不道之罪，处以腰斩之刑。

捕脯小龙 程颢为上元主簿，有善政。茅山池有小龙，得见者奉以神，民走若狂。颢捕而脯之。

【译文】程颢任上元主簿时，有良好的政绩。当时茅山池里有一条小龙，看到的人都把它当作神明供奉，百姓发疯了一样跑去观看。程颢将它捕捉之后做成了肉脯。

汰僧为兵 宋胡旦通判昇州。时江南初平，汰李氏所度僧，十减六七。旦曰：“彼无田庐可归，将聚而为盗。”乃悉黥为兵。以同时所汰尼僧配之。

【译文】宋朝胡旦任昇州通判。当时江南地区刚刚平定，淘汰了很多后唐所度化的僧人，十成减去了六七成。胡旦说：“这些人无家可归，恐怕将要聚集而成为盗贼。”于是把他们全都在脸上刻字充军，再把同时淘汰的尼姑许配给他们。

俟面奏 寇天叙以应天府丞摄尹事。时武宗南巡，权嬖鸱张索贿，拂其意，祸且立至。天叙曰：“与其行贿改节，不若得罪去官。”凡有所需，直阻之，曰："俟面奏，旨与则与！"皆莫谁何。驻跸九阅月，费且不赀，而民不病。

【译文】寇天叙以应天府丞的身份代理应天府尹的职位。当时明武宗南巡到达应天府，他身边的权贵十分嚣张地各处索取贿赂，一旦有人违逆了他们的心意，立刻就会大祸临头。寇天叙说："与其因为行贿而改变自己的操守，不如得罪他们而免官。"凡是那些人有所需要，寇天叙都直接回绝说："等我面奏天子，如果皇上说给我就给你，其他人说什么都没有用！"武宗在南京停留了九个月，花费的钱财无数，百姓却没有受到很大的侵扰。

破柱戮奸　李膺拜司隶校尉，时小黄门张让弟朔为野王令，贪残无道，畏膺威严，逃还京师，匿于兄家合柱中。膺知其状，率吏卒破柱取朔，付洛阳狱。受辞毕，即杀之。自此诸黄门常侍皆鞠躬屏气。时朝廷日乱，纲纪颓弛，而膺独持风裁，以声自高，有景仰之者。

【译文】李膺官拜司隶校尉，当时小黄门张让的弟弟张朔任野王令，贪婪成性，残暴无道，因为畏惧李膺威严，于是逃回京城，藏在哥哥家的空心木柱里。李膺知道他的情况后，便带领兵卒打破柱子抓住了张朔，交付给洛阳监狱。录完口供后就杀了他。从此之后众黄门常侍见到李膺后都恭谨小心。当时朝廷日渐混乱，纲纪废弛，只有李膺一个人依法裁处事务，以声名自重，有很多人景仰他。

清廉

冰壶　杜诗："冰壶玉鉴悬清秋。"姚元崇所作《冰壶诫》，言其洞彻无瑕，澄空见底。杜诗清廉，有类于是。

【译文】杜甫的诗中写道："冰壶玉鉴悬清秋。"姚元崇写了一篇《冰壶诫》，说的是冰壶通体都没有瑕疵，里面的水清澈见底。杜甫的诗写的是清廉的节操，和冰壶十分类似。

斋马　唐冯元叔历浚仪、始平尹，单骑赴任，未常以妻子之官。所乘马，不食民间刍豆。人谓之斋马。

【译文】唐朝冯元叔历任浚仪、始平尹，每次都是一个人骑着马赴任，没有带过妻子和孩子去做官。他所乘坐的马，从来不吃百姓给的草和豆子。人们都称他的马为“斋马”。

廉能 《周礼·天官》：以听官府之六计弊群吏之治，一廉善，二廉能，三廉敬，四廉正，五廉法，六廉辨。

【译文】《周礼·天官冢宰》记载：可以用评判官府的六个标准来考察官吏的政绩，第一是廉洁且善于办事，第二是廉洁且能力突出，第三是廉洁且忠于职守，第四是廉洁正直，第五是清廉守法，第六是清廉且明辨是非。

冰清衡平 华康直知光化，丰稷知谷城，廉而且平。时人歌之曰：“华光化，丰谷城，清如冰，平如衡。”

【译文】华康直治理光化，丰稷治理谷城，廉洁而公正。当时的人歌颂他们说：“华光化，丰谷城，清如冰，平如衡。”

釜中生鱼 汉范丹字史云，桓帝时为莱芜长。人歌之曰：“甑中生尘范史云，釜中生鱼范莱芜。”

【译文】汉朝范丹字史云，汉桓帝时期任莱芜长。人们歌颂他说：“甑中生尘范史云，釜中生鱼范莱芜。”

留犊 魏时苗为寿春令。始至官，乘薄軬车、黄牸牛、布被囊。岁余，牛生一犊。及去，留其犊，谓主簿曰：“令来时，本无此犊。犊是淮南所生，故留之。”明交河令叶好文，亦留三犊与贫民为耕。

【译文】魏国的时苗任寿春令。刚开始到任时，他坐着简陋的慢车、驾着黄色的母牛、带着布制的行囊。过了一年多，母牛生下了牛犊。等到离任时，他把牛犊留下，对主簿说：“我来的时候，本来没有这头牛犊。牛犊是在淮南生的，所以就把它留下吧。”明朝任交河令的叶好文，也留下了三只牛犊送给贫民用来耕作。

酹酒还献 后汉张奂，为安定属国都尉。有羌人献金、马者，奂召主簿张祁入，于羌前，以酒酹地曰：“使马如羊，不以入厩；使金如粟，不以入怀。”悉以还之，威化大行。

【译文】东汉的张奂，任安定属国都尉。有羌人前来进献金钱和马匹，张奂把主簿张祁召了进来，当着羌人的面，把酒倒在地上说："就算马匹像羊那么多，我也不会让它们进入马厩；就算金钱像粟米那样多，我也不会把它们放到自己的怀中。"说完后把所有的财物全都还给了羌人，他的声威和德化因此广为流布。

食馔一口　北齐彭城王攸自沧州召还，父老相率具馔，曰："殿下惟饮此乡水，未尝百姓馔，聊献疏薄。"攸食一口。

【译文】北齐彭城王高攸从沧州被召回，当地的百姓相继准备了饭菜说："殿下您只喝过这里的水，却没有尝过百姓的饭，就让我们姑且为您献上这点粗茶淡饭吧。"高攸只吃了一口。

臣心如水　前汉成帝时，郑崇为尚书，好直谏，贵戚多谮之。上责崇曰："君门如市，何以欲禁绝贵戚？"崇对曰："臣门如市，臣心如水。"

【译文】西汉成帝时，郑崇任尚书令，喜欢直言进谏，皇亲国戚们多次诬陷他。成帝指责郑崇说："你家门庭若市，为什么偏偏要断绝与皇亲国戚的交往呢？"郑崇回答："我家门庭若市，但我的心却像水一样清澈。"

清乎尚书之言　后汉钟离意，为尚书令。交趾太守张恢，坐赃伏法，以资物陈于帝前，诏颁赐群臣。意得珠玑，悉以委地。帝怪之，答曰："孔子忍渴于贪泉，曾参回车于胜母，恶其名也。赃秽之资，诚不敢拜受。"上叹曰："清乎尚书之言！"

【译文】东汉钟离意任尚书令。交趾太守张恢，因为贪赃而伏法，他的赃物都被陈列在汉明帝面前，明帝便诏令把这些都赐给群臣。钟离意得到了很多珠玉宝石，却把它们全都扔到地上。明帝感到很奇怪便询问原因，钟离意回答："孔子忍着口渴也不喝贪泉的水，曾参驾车不过胜母这个地方，是因为厌恶它们的坏名声。这些不干净的财物，我确实不敢接受。"明帝赞叹地说："尚书说的话实在是太清廉了！"

乘止一马　朱敬则为卢州刺史，代还，无淮南一物，所乘止一马。

【译文】朱敬则任卢州刺史，被人接替而回去，没有带走淮南的一件东西，所骑乘的只有一匹马而已。

酌水奉饯 隋赵轨为齐州别驾。入朝，父老送之，曰："公清如水，请酌一杯水以奉饯。"

【译文】隋朝赵轨任齐州别驾。进入朝廷做官时，当地的父老乡亲都来送行，并且说："大人清明如水，就请喝一杯水让我们为您饯行吧。"

郁林石 吴陆绩为郁林太守，罢归无装，舟轻不能过海，乃取一大石置舟中以归。人号郁林石。

【译文】吴国的陆绩任郁林太守，免官还乡时没有行装，船由于太轻也不能渡海，于是取来一块大石头放在船中才回去。人们称之为"郁林石"。

只谈风月 徐勉迁吏部尚书，常与门人夜集，有为人求官者，勉曰："今夕只可谈风月，不宜及公事。"

【译文】徐勉升任吏部尚书，经常和门人在夜里集会，有门人想要给别人求官，徐勉说："今天晚上我们只能谈论风花雪月，不适合谈论公事。"

市肉三斤 海瑞为淳安令。一日，胡总制语三司诸道曰："昨闻海令市肉三斤矣，可往察之。"乃知为母上寿所需也。

【译文】海瑞任淳安县令。有一天，胡宗宪对三司衙门和各道的官员说："昨天听说海知县买了三斤肉，大家一起去看看吧。"到了之后才知道海瑞是为母亲祝寿才买的。

一文不直 薛大楹主南昌簿，尝标其门曰："要一文，不直一文。"

【译文】薛大楹任南昌主簿时，曾经在门上写道："如果我伸手要了一文钱，那我就不值一文了。"

原封回赠 吴让知临桂县，不三年，超升庆远知府。南丹诸土官各馈金为贽，让却不受，口占绝句遗之，曰："贪泉爽酌吾何敢，暮夜怀金岂不知？寄语丹州贤太守，原封回赠莫相疑。"

【译文】吴让任临桂知县，还不到三年，便被破格提拔为庆远知府。庆远下辖南丹县的士族和官员们都要送给吴让钱财，他推辞不接受，并且即兴作诗送给他们，诗中写道："贪泉爽酌吾何敢，暮夜怀金岂不知？寄语丹州贤太守，原封回赠莫相疑。"

书堂自励 陈幼学知湖州，书于堂曰："受一文枉法钱，幽有鬼神明有禁；行半点亏心事，远在儿孙近在身。”

【译文】陈幼学治理湖州时，在官府的大堂上写道：“受一文枉法钱，幽有鬼神明有禁；行半点亏心事，远在儿孙近在身。”

画菜于堂　徐九经令句容，及满去，父老儿稚挽衣泣曰：“公幸训我！”公曰：“惟俭与勤及忍耳。”尝图一菜于堂，题曰：“民不可有此色，士不可无此味。”至是，父老刻所画菜，而书勤俭忍三字于上，曰：“徐公三字经。”

【译文】徐九经任句容县令，等到任期已满要离开时，当地的父老和儿童都拉着他的衣服哭着说：“请大人为我们训话！”徐九经说：“只有勤劳、俭朴和忍耐罢了。”他曾经在大堂上画了一棵菜，题字说：“民不可有此色，士不可无此味。”到这时，父老们便把徐九经画的菜刻下，在旁边写上了“勤、俭、忍”三个字，称为“徐公三字经”。

御书褒清　程元凤官拜右丞相兼枢密。御书“清忠儒硕昭光”六字褒之。

【译文】程元凤官拜右丞相兼枢密使。皇帝亲手写下“清忠儒硕昭光”六个字来褒奖他。

清白太守子　王应麟守徽州，其父尝守是郡，父老曰：“此清白太守子也。”

【译文】王应麟治理徽州，他的父亲也曾经治理过这里，当地的父老说：“这就是清白太守的儿子啊。”

刘穷　刘玺，龙骧卫人。少业儒，长袭世职，居官廉洁，人呼为“青菜刘”，或呼为“刘穷”。继推总漕运，上识其名，喜曰：“是刘穷耶？可其奏。”

【译文】刘玺是龙骧卫人。他从小学习儒学，长大后继承了父亲的职位，为官廉洁，被人称为“青菜刘”，还有人称他为“刘穷”。后来他又继任总漕运总兵官，皇帝知道他的名字，看到他的奏书就高兴地说：“这就是那个‘刘穷’吧？准奏。”

清化著名　韦谀少好文学，群言秘要之义，无不综览。后仕石季龙，历守七郡，咸以清化著名。

【译文】韦谀从小就喜欢文学，各家学说的要旨和精义，他也全都通览。后来他到后赵石季龙那里任职，历任七郡太守，都以清廉的教化著称。

廉让之间 范柏年初见宋明帝，言及广州贪泉，因问："卿州复有此水不？"答曰："梁州惟有文川武乡、廉泉让水。"又问："卿宅何处？"曰："臣所居廉让之间。"帝嗟其善答。

【译文】范柏年第一次觐见宋明帝时，说起广州贪泉的事，明帝于是问道："你主管的州有没有这样的水？"范柏年回答："梁州只有文川武乡、廉泉让水。"明帝又问："那你家住在哪里呢？"范柏年回答："我住在廉泉和让水之间。"明帝赞叹他善于应答。

清白遗子孙 郑述祖仕齐，为兖州刺史。其父亦尝为此州。百姓歌之曰："大郑公，小郑公，相去五十载，风教尚有同。"及病，曰："一生富贵足矣！以清白之名遗子孙，死无所恨。"

【译文】郑述祖在北齐做官，任兖州刺史。他的父亲也曾经在这里做官。百姓歌颂他们说："大郑公，小郑公，相距五十年，风教尚且同。"到了郑述祖重病时，他说："我这一生富贵已经足够了！只要把这清白的名声传给子孙，我就死而无憾了。"

清有父风 柳玭，仲郢子，为岭南节度副使。廨中桔熟，既食，乃纳直于官。拜御史大夫，清直有父风。

【译文】柳玭是柳仲郢的儿子，任岭南节度副使。官府里的橘子熟了，他吃了之后，就把钱交给官府。后来他官拜御史大夫，清廉正直有他父亲的风范。

悬鱼 羊续，南阳守。入境，即微服间行，凡令长贪洁，吏民良猾者，皆廉知其状，一郡震竦。府丞以生鱼献，受而悬之庭，杜其后进。妻率子祕入郡舍，不纳，妻怒检室中，惟衾盐菜而已。

【译文】羊续任南阳太守。他到达南阳之后，马上开始微服私访，凡是县令的贪污与廉洁，吏员和民众的狡猾与善良，他都通过查访知道得一清二楚，一郡的人都为之震惊。府丞送生鱼给他，他接受之后把生鱼挂在院子里，用来杜绝之后的进献。他的妻子带着儿子羊祕来到郡衙，羊续拒不接纳，妻子生气地检视他居住的房间，发现只有布被和咸菜而已。

自控妻驴 宋李若谷赴长社主簿，自控妻驴，故人韩亿为负行李。将入境，谓韩曰："恐县吏迎至。"箧中止有钱六百，以其半遗韩，相持大哭而别。

【译文】宋朝李若谷赴任长社主簿，自己牵着驮着妻子的驴，故人韩亿为他背负行李。将要进入县境时，他对韩亿说："恐怕县里的官员要来迎接我了。"他的行囊中只有六百钱，把一半都送给了韩亿，两人拥抱大哭而别。

埋羹 王琎，宁波守。操行廉洁，自奉尤俭约。一日，见馔兼鱼肉，大怒，令辍而瘗之，号"埋羹太守"。

【译文】王琎任宁波知府。他的操守廉洁，自己日常生活所用更是节俭。有一天，他看到饭菜中竟然有鱼和肉，十分生气，便下令撤下并且埋掉了饭菜，被人称为"埋羹太守"。

进饼不受 明戴鹏，会稽知县，清慎自守。时军驻四明，鹏往供馈饷。期限严急，率民步行，日晡饥甚，从者进饼，却不受，掬道旁水饮之。

【译文】明朝戴鹏任会稽知县，为官清廉谨慎，坚持操守。当时军队驻扎在四明，戴鹏前往供应粮饷。由于期限紧急，他便率领民众步行赶路，到日落时十分饥饿，随从给他拿来饼，他拒不接受，只用手去掬路边的水喝。

仅一篚 明轩輗由御史出为按察使，清约自持，四时一布袍，常蔬食。约诸僚友，三日出俸市肉一斤，多不能堪。待故旧，惟一豆，或杀鸡，辄惊曰："轩廉使杀鸡待客矣。"后以都御史致仕。上问曰："昔浙江廉使考满归家，仅一篚，是汝乎？"輗顿首谢。

【译文】明轩輗以御史的身份出任按察使，为官清廉自守，一年四季只穿一件布袍，平时只以蔬菜为食。他时常约上众同僚，三天才拿出俸禄买一斤肉，再多就无法承受了。招待故人时，只有一个豆菜，偶尔才会杀鸡，众人都惊讶地说："轩廉使要杀鸡招待客人了。"后来他以都御史的身份退休。皇帝问他："昔日浙江有一位廉使任满还乡，行李只有一个竹笼，就是你吧？"轩輗叩首谢恩。

符青菜 明符验，守常州，不携家，持二敝篚，一童仆，日供惟蔬，人目为"符青菜"。锐意锄强，凡横于乡者，虽窜匿，期必得之。苟奉法而至，亦不深求。岁大旱蝗，日循行督捕。每出，以筐盛米数升、柴数束自给，不劳民供亿。

【译文】明朝符验治理常州，没有携带家眷，只拿着两个旧竹篦，一个童仆，每天的饮食只有蔬菜，人们称他为“符青菜”。符验在任坚决铲除豪强，凡是横行乡里的人，即使逃窜藏匿，他也必定能够抓到。如果他们遵守法令自己前来，他也不会深究。有一年发生了大旱与蝗灾，他每天都出去巡视督促百姓抓捕蝗虫。每次外出时，他都要用筐盛几升米、几束柴自给自足，从来不劳烦百姓为他供应。

清乃获罪　南北朝沈巑之，丹徒令，以清介不通左右被谮，逮系尚方。帝召问，对曰：“臣清乃获罪。”帝曰：“清何以获罪？”曰：“无以奉要人耳。”帝问要人为谁，指曰：“此赤衣诸郎皆是。”复任丹徒。

【译文】南北朝沈巑之任丹徒令，因为清廉正直，不结交宋文帝左右的大臣而被诬告，抓捕到京师。文帝召他问话，沈巑之回答：“我是因为清廉才获罪的。”文帝说：“清廉怎么会获罪呢？”沈巑之说：“没有东西可以进献给朝中要员啊。”文帝又问他朝中要员指的是谁，沈巑之用手指着说：“这里穿着红色官服的诸位大人都是。”文帝于是恢复了他丹徒令的官职。

橐无可赠　南北朝刘溉，建安太守。故人任昉以诗寄溉，求一衫。溉检中无可赠者，答诗曰：“予衣本百结，闽乡徒八蚕。”

【译文】南北朝刘溉任建安太守。老朋友任昉寄给他一首诗，想要求一件长衫。刘溉检查自己的衣服中没有一件能够送给他，就给他回诗说：“予衣本百结，闽乡徒八蚕。”

不持一砚　包拯知端州。州岁贡砚，必进数倍以遗要人。拯命仅足贡数即已。秩满归，不持一砚。

【译文】包拯任端州知府。端州每年都要向皇帝进贡砚台，主管这件事的官府还要求必须按照标准数量的几倍进贡以赠送给朝中的要员。包拯命令只需要足数进贡就可以了。等他任满回去时，没有带走一方砚台。

日唯啖菜　宋姚希得知静江。官署旧以锦为幕，希得曰：“吾起家书生，安用此！”命以布易之。日惟啖菜，一介不妄取也。

【译文】宋朝姚希得任静江知府。官署中往日都用锦缎作为帷幕，姚希得说：“我以书生起家，哪能使用这些！”于是下令用布更换了锦缎。每天只吃粗茶淡饭，一文钱也没有胡乱收取过。

命还砧石 宋凌冲令含山，律己甚严，一介不妄取。见归装有一砧石，诧曰："非吾来时物也。"命还之。

【译文】宋朝凌冲任含山县令，十分严于律己，一文钱也没有胡乱收取过。他看到自己回去的行装里有一块捣衣石，诧异地说："这不是我赴任时带来的东西。"于是下令让人归还。

毋挠其清 唐蒋沇历长安、咸阳、高陵诸邑令，多卓异声。郭子仪过高陵，戒麾下曰："蒋贤令供亿，得蔬食足矣。毋挠其清也！"

【译文】唐朝蒋沇历任长安、咸阳、高陵等多地县令，大多都有卓越的政绩。郭子仪经过高陵时，告诫麾下的士兵说："蒋贤令供给我们军粮，得到粗茶淡饭就足够了。不要妨害他的清名！"

杯水饯公 隋赵轨，齐川别驾。东邻有桑椹落其庭，轨遣拾还之。及被召，父老挥泣送曰："公清如水，不敢以壶浆相溷，敬持杯水饯公。"轨受而饮之。

【译文】隋朝赵轨任齐川别驾。东边邻居家里的桑葚落到了他的院子里，赵轨全都捡起来还给了邻居。等到被朝廷召回时，当地的父老挥泪送别说："大人您清明如水，我们不敢用酒来玷污您的清誉，就让我们恭敬地用一杯水为大人饯行吧。"赵轨接受并喝了这杯水。

挂床去任 三国裴潜，兖州刺史。尝作一胡床，及去任，挂之梁间。人服其介。

【译文】三国时期的裴潜任兖州刺史。他曾经制作了一个可以折叠的板凳，等到离任时，便把板凳挂在梁上。人们都佩服他的操守。

置瓜不剖 苏琼守清河。先达赵颖献园瓜，琼勉留置梁上，不剖食。人闻受颖瓜，竞献新果，至门，知瓜犹在，相顾而去。

【译文】苏琼治理清河。有个德高望重的前辈赵颖送给他一个园里结的瓜，苏琼勉强接受后把它放到了梁上，没有切开来吃。人们听说他接受了赵颖的瓜，纷纷前来进献新鲜的水果，等到了门口时，他们才知道那个瓜还在，于是面面相觑地离开了。

受职

筮仕 《左传》：毕万筮仕于晋，遇屯之比。辛廖占之曰："吉。"

【译文】《左传》记载：毕万通过占卜预测去晋国做官的吉凶，得到屯卦，变卦为比卦。辛廖为他解卦说："此行为吉。"

下车 李白为南昌宰《去思碑》云："未下车，人惧之；既下车，人爱之！"

【译文】李白在为南昌宰写的《去思碑》中说："还没有到任时，人们都怕他；到任之后，人们都爱戴他！"

瓜期 《左传》：齐侯使连称、管至父戍葵丘，瓜时而往，曰："及瓜而代。"

【译文】《左传》记载：齐侯派连称、管至父戍守葵丘，在瓜期派他们去，并且说："等到明年瓜期就会有人接替你们。"

书考 《书经》：三载考绩。三考黜陟幽明。

【译文】《尚书》记载：三年考核一次政绩。三次考核之后就要罢黜昏庸的官员，晋升贤明的官员。

增秩 前汉宣帝曰："太守吏民之本，数变易则下不安。民知其将久，不可欺罔，乃服从其教化。"故二千石有治绩，辄以玺书勉励，增秩赐金。

【译文】西汉宣帝说："太守是官吏和百姓的根本，多次变更就会导致下属不安。百姓知道太守的任期将会很久，就不敢欺骗蒙蔽他，就会服从他的教化。"所以两千石的官员有治理政绩的，都要用玺书勉励他们，并且增加他们的品级和俸禄，赏赐金钱。

报政 《史记》：伯禽受封之鲁，三年然后报政。周公曰："何迟也？"伯禽曰："变其俗，革其祀丧，三年而后除之，故迟。"太公封于齐，五月而报政。周公曰："何速也？"曰："吾简其君臣礼，从其俗也，故速。"

【译文】《史记》记载：伯禽受封到达鲁地，三年后向周公报告政绩。周公说："为什么来得这么迟？"伯禽说："想要改变鲁地的风俗，改革鲁地的祭祀和葬礼，三年之后才能够彻底改变，所以来得迟了。"姜太公被封在齐地，五月之后就来报告政绩。周公说：“你为什么来得这么快？”姜太公说：“我简化了那里的君臣礼仪，入乡随俗，所以来得比较快。”

一行作吏 晋嵇叔夜《与山巨源书》云：“游山泽，观鱼鸟，心甚乐之。一行作吏，此事便废。”

【译文】晋朝嵇康在《与山巨源书》中写道：“游览山川河流，观赏游鱼飞鸟，心里是多么的快乐。一旦要做官，这种快乐就没有了。”

穷猿奔林 李充字弘度，尝叹不被遇。殷浩问：“君能屈志百里否？”李答曰：“北门之叹，久已上闻。穷猿奔林，岂暇择木？”遂授剡县。

【译文】李充字弘度，曾经叹息自己怀才不遇。殷浩问他：“您愿意委屈自己，做一个只管百里地方的小县令吗？”李充回答：“我像《诗经·北门》里那样的牢骚和感叹，您可能早就听说了。我现在就像一只走投无路的猿猴奔向树林，哪里还有工夫选择树木呢？”殷浩于是委任他做了剡县县令。

有蟹无监州 宋初通判与知州争权，每云：“我是州监！”有钱昆者，浙人，嗜蟹，尝求补外郡，曰：“但得有蟹无监州则可。”东坡诗云：“欲向君王乞符竹，但忧无蟹有监州。”

【译文】宋朝初年通判与知州争权，往往会说：“我是一州的监察者！”有个叫钱昆的浙江人，喜欢吃螃蟹，曾经请求把自己补到外郡为官，说：“只要那里有螃蟹而没有监州就可以了。”苏轼在诗里写道：“欲向君王乞符竹，但忧无蟹有监州。”

致仕 遗爱

蜘蛛隐 龚舍仕楚，见飞虫触蜘蛛网而死，叹曰：“仕宦亦人之罗网也。”遂挂冠而去。时号为“蜘蛛隐”。

【译文】龚舍任职于楚地，看到有一只飞虫碰到蜘蛛网而死，感叹地说：“做官也是人的罗网啊！”于是辞官而去。当时的人称他为“蜘蛛隐”。

从赤松子游 张良辞高祖曰："臣以三寸舌为帝者师，封万户侯，此布衣之极，于愿足矣。愿弃人间事，从赤松子游。"

【译文】张良向汉高祖辞官说："臣以三寸不烂之舌作为皇帝的老师，封万户侯，这应是普通人所能达到的极限了，我的心愿已经满足了。我想要放弃人间的事情，跟随赤松子游历。"

鸱夷子皮 范蠡灭吴，以大名之下难以久居，且勾践可与同患难，不可以同安乐，遂乘轻舟泛湖而去，自号鸱夷子皮。

【译文】范蠡灭亡吴国后，认为盛名之下恐怕难以久留，而且勾践可以与他共患难，却不能共享安乐，于是乘坐小船消失在五湖之中，自号为鸱夷子皮。

东门挂冠 汉逢萌见王莽杀其子，告友人曰："三纲绝矣！不去，祸将及。"遂挂冠东门而去。

【译文】汉朝逢萌看到王莽杀了自己的儿子，告诉朋友说："三纲已经断绝了！再不离开，灾祸马上就要到来了。"于是把官帽挂在东门上离开了。

思莼鲈 晋张翰，齐王冏辟为大司马功曹。翰见秋风起，思吴江莼羹鲈脍，叹曰："人生贵适意，安能羁官数千里！"遂命驾而归。

【译文】晋朝张翰，齐王司马冏委任他为大司马功曹。张翰看到秋风吹来，想念吴江的莼菜羹与鲈鱼脍，感叹地说："人生贵在合乎心意，怎么能在几千里外的异乡做官呢！"于是马上命人驾着车马回去了。

二疏归老 汉疏广为太傅，兄子受为少傅。广谓受曰："吾闻知足不辱，知止不殆，岂若告老，以归骸骨。"即日辞官，上许之。故人设饯东门，观者皆曰："贤哉，二大夫！"

【译文】汉朝疏广任太傅，他兄长的儿子疏受任少傅。疏广对疏受说："我听说知足的人不会受辱，知道停止的人不会有危险，我们不如现在就告老还乡，以保全这副骸骨。"两人当天便前去辞官，皇帝答应了他们的请求。故人在东门为他们设宴送行，观看的人都说："真是两位贤明的大夫啊！"

襆被而出 晋魏舒为尚书郎。时欲沙汰郎官，非其才者罢之。舒曰："我即其人也。"襆被而出。同僚素无清论者咸有愧色。

【译文】晋朝魏舒任尚书郎。当时朝廷想要淘汰郎官，挑选一些不称职的人罢免。魏舒说："我就是不称职的那种人。"于是用包袱包好自己的衣服、被子就出去了。同僚中向来没清正名声的人都面有愧色。

弃荏席霉　晋文公弃荏席，霉黑。舅犯辞归，言文公弃其卧席之霉黑。舅犯以其弃旧恋新，故辞归。

【译文】晋文公扔掉了一张发霉变黑的旧席子。他的舅舅子犯前来辞官归乡，并且说了晋文公扔掉发霉变黑的卧席之事。原来舅舅子犯是因为晋文公喜新厌旧，这才要辞官归去。

乞骸骨　汉宣帝朝，丞相韦贤以老病乞骸骨，赐黄金百斤，安车驷马，罢就第。丞相致仕自贤始。

【译文】汉宣帝时期，丞相韦贤因为既老且病乞求退休还乡以保全骸骨，宣帝赏赐给他黄金百斤，用四匹马为他驾车，让他告老还乡。丞相退休就是从韦贤开始的。

甘棠　《诗经》："蔽芾甘棠，勿剪勿伐，召伯所茇。"召伯巡行南阳，听政于甘棠。后人思其恩泽，故戒勿剪伐。

【译文】《诗经》记载："郁郁葱葱的甘棠树，不要修建也不要砍伐，召伯曾经居住在树下。"召伯巡视南阳时，曾经在甘棠树下听政。后人感念他的恩泽，所以告诫人们不要剪伐甘棠树。

生祠　汉于公决狱，平民立祠生祀之。生祀始此。

【译文】汉朝于定国断决案件公正，百姓为他建立生祠来奉祀他。生祀就是源于这里。

脱靴　唐崔戎自刺史迁官，民拥留抱持，取其靴。今之脱靴始此。

【译文】唐朝崔戎从刺史任上升官，当地的百姓都抱着他挽留，并拿走他的靴子。现在所说的脱靴就是源于这里。

桐乡　前汉朱邑为桐乡令，病且死，属其子曰："我故后，吏民必葬我于桐乡。后世子孙奉我，或不如桐乡百姓。"

【译文】西朝朱邑任桐乡令，病危之际，对他的儿子说："我死后，吏员和百姓们必然会把我埋在桐乡。后世的子孙奉祀我，可能还比不上桐乡的百姓。”

野哭 子产相郑。及卒，国人哭于巷，农夫哭于野，商人罢市而哀，流涕三月，不闻琴瑟之声。

【译文】子产任郑国宰相。等他去世后，城市里的人在巷子里哭泣，农夫在田间哭泣，商人罢市来哀悼他，哭了三个月，整个国家都听不到弹奏琴瑟的声音。

堕泪碑 晋羊祜以清德闻。及死，南州为之罢市，巷哭者声相接。葬于岘山，百姓望其碑者，辄流泪，谓之堕泪碑。

【译文】晋朝羊祜以清廉的德行而闻名。等他去世时，南州为他罢市，巷里的哭声接连不断。羊祜被埋葬在岘山，百姓看到他的墓碑，就会流泪，于是称它为“堕泪碑”。

童不歌谣 秦五羖大夫百里奚卒，秦人巷哭，童子不歌谣，舂者不相杵。

【译文】秦国的五羖大夫百里奚去世，秦国人都在巷子里哭泣，孩子都不唱歌，舂谷的人也不喊号子了。

下马陵 董仲舒墓在长安，人思其德，过者下马，人谓之下马陵。后世误称虾蟆陵。

【译文】董仲舒的陵墓在长安，人们仰慕他的德行，凡是经过的人都会下马，这里便被称为“下马陵”。后世误称为“虾蟆陵”。

扳辕卧辙 汉侯霸为临淮太守，被召，百姓扳辕卧辙，愿留期年，奔送百里。

【译文】汉朝侯霸任临淮太守，被朝廷召回，百姓们扳住车辕，躺在车轮底下，想要让他继续留任一年，一直跑到百里之外为他送行。

截镫留鞭 唐姚崇受代日，民吏泣拥马首，截镫留鞭，止其不去。

【译文】唐朝姚崇被人接任那天，当地的百姓和吏员都抱着马头哭泣，截下马镫留下马鞭，希望能够阻止他离开。

众庶从居 魏德深迁贵乡长，为政清静，不严而治。转馆陶长，既至，老幼如见父母。二县父老争请留之，郡不能决。会使者至，乃断从贵乡。馆陶众庶从而居者数百家。

【译文】魏德梁迁任贵乡长，为政清简，法令不严苛却能使社会安定。后来转任馆陶长，到任之后，当地的老少如同看到父母一样。两个县的百姓争着让他留任，郡里无法决定。正好朝廷的使者到了，这才下决断让他去了贵乡。馆陶的百姓们跟着他去辖地居住的有几百家。

与侯同久　柳不华，武冈路总管，守境卫民几二十年，民歌之曰："前有公绰，武冈父母。今之郡侯，无乃其后。足我衣食，安我田亩。我子我孙，与侯同久。"

【译文】柳不华任武冈路总管，守卫边境、保护百姓接近二十年，百姓们歌颂他说："前有公绰，武冈父母。今之郡侯，无乃其后。足我衣食，安我田亩。我子我孙，与侯同久。"

不犯遗钱　郑綮，庐州刺史。黄巢掠淮南，綮移檄请无犯州境，巢为敛兵，州独完。秩满去，遗钱千缗，藏州库。后他盗至，曰："郑使君钱。"不敢犯。

【译文】郑綮任庐州刺史。当时黄巢正在劫掠淮南，郑綮给黄巢发檄文让他不要侵犯庐州边境，黄巢便收兵而去，庐州得以独自完好。郑綮任满归去时，留下千缗钱，藏在庐州的官库中。后来其他盗贼来到庐州，有人说："这是郑使君的钱。"便不敢侵犯。

天赐策　何比干，字少卿，汝阴人，汉武帝朝廷尉。时张汤持法严，而比干务平恕，所全活者数千人，淮南号曰"何公"。忽有老妪造门曰："先世有阴德及公之身，又治狱多平反。今天赐策，以广公后。"因出怀中策九百九十枚，曰："子孙佩印符者如此算。"

【译文】何比干，字少卿，汝阴人，在汉武帝时期担任廷尉。当时张汤执法严苛，而何比干却务求公平宽厚，他所保全存活下来的有几千人，淮南地区称他为"何公"。有一天，忽然有个老妇人到家里造访何比干说："您的祖先有阴德惠及大人自身，您平日处理案件又平反了很多冤狱。今天我便把这些符策送给您，来让您的后人也能受到福报。"于是从怀中取出九百九十枚符策说："您的子孙后代能够做官的人，就和这些符策的数量一样。"

再任　陶侃再为荆州，黄霸再为颍州，郭伋再为并州，陈蕃再为乐安，寇恂再为河南，耿纯再为东郡。

【译文】陶侃两次任职于荆州，黄霸两次任职于颍州，郭伋两次任职于并州，陈蕃两次任职于乐安，寇恂两次任职于河南，耿纯两次任职于东郡。

降黜 贪鄙

咄咄书空 晋殷浩被黜，谈咏不辍，虽家人，不见其有流放之感。但终日书空，作“咄咄怪事”四字而已。

【译文】晋殷浩被罢黜，每天仍然不断地清谈吟诗，就算是家里人，也看不出他有被流放的感慨。只看到他一整天都在空中用手写“咄咄怪事”四个字。

胡椒八百 唐元载受贿，后事败，有司籍其家，钟乳五百两，胡椒八百斛，他物不可胜计。

【译文】唐朝元载受贿，后来事情败露，相关衙门前去籍没他的家财，仅钟乳就有五百两，胡椒便有八百斛，其他财物更是不计其数。

簠簋不饰 贾谊《策》：“古者大臣有坐不廉而废者，不谓不廉，则曰‘簠簋不饰’。”

【译文】贾谊在《治安策》中写道：“古代的大臣有犯了贪污而免官的，不说他们不够廉洁，而是说他们‘不整饬盛黍、稷、稻、粱的礼器簠簋’。”

围棋献赂 蜀刺史安重霸，性贪贿。州民有油客邓姓者，资财巨万，重霸召与围棋，令侍立。下子过于筹算，终日不下数十子。邓倦立，且饥馁不堪。次日，又召。或曰：“本不为棋，何不献贿？”邓献金三锭，获免。

【译文】蜀郡刺史安重霸，性格贪得无厌。州中有个姓邓的卖油商人，家产极多，安重霸便召他过来下围棋，并命令他侍立在旁边下。安重霸每次落子都故意筹划很长时间，一天也下不了几十个棋子。油商站得十分疲倦，而且饥饿不堪。第二天，安重霸又召他下棋。有人对油商说：“他的本意也不是与你下棋，为什么不进献些钱财贿赂他呢？”油商便进献了三锭黄金，这才得以免除。

拔钉钱 五代赵在礼令宋州，贪暴逾制，百姓苦之。后移镇永兴，百姓欣贺曰："拔却眼中钉矣！"在礼闻之，仍求复任宋州，每岁，户口不论主客，俱征钱一千，名曰"拔钉钱"。

【译文】五代时期，赵在礼管辖宋州，贪婪残暴违反了朝廷的规制，百姓苦不堪言。后来他移任永兴，百姓高兴地庆贺说："我们的眼中钉终于拔出了啊！"赵在礼听说后，再次请求朝廷让他到宋州任职，户口不论是否在宋州，每年每人都要征收一千钱，称为"拔钉钱"。

捋须钱 南唐张崇帅庐州，所为不法，尝入觐，庐人曰："渠伊想不复来矣！"崇归，计日索"渠伊钱"。明年又入觐，盛有罢府之议，人不敢实指，道路相视，皆捋须相庆。崇归，又征"捋须钱"。

【译文】南唐张崇管辖庐州，所做的都是些不法的事情，他曾经入京觐见天子，庐州人说："渠伊[①]想必不会再来了吧！"张崇回到庐州后，规定期限索要"渠伊钱"。第二年他又入京觐见天子，庐州盛传朝廷要罢免张崇的官职，人们都不敢说他的名字，只在道路上对视，都捋着胡须互相庆贺。张崇回来后，又向百姓征收"捋须钱"。

破贼露布 李义府为相，杨行颖白其赃私，诏司刑刘祥道与三司杂训，除名，流嶲州，或作《河道元帅刘祥道破铜山大贼李义府露布》榜于衢。

【译文】李义府任宰相时，杨行颖告发了他贪赃徇私的事，皇帝便诏令司刑刘祥道与三司衙门会同审理这件案子，最后李义府被罢免除名，流放嶲州，有人便写了《河道元帅刘祥道破铜山大贼李义府露布》张贴在大路边。

京师白劫 后魏元修义为吏部尚书，惟事贿赂，官之大小皆有定价。中散大夫高居呼为"京师白劫"。

【译文】北魏元修义任吏部尚书，只知道收取贿赂，官位的大小都有定价。中散大夫高居称他为"京师白劫"。

---

① 渠伊：可译为"这家伙"。

卷八 文学部

经史

十三经 《易经》《书经》《诗经》《春秋》《礼记》《论语》《孝经》《尔雅》《左传》《公羊》《穀梁》《周礼》《仪礼》。

【译文】十三经指的是：《易经》《尚书》《诗经》《春秋》《礼记》《论语》《孝经》《尔雅》《左传》《公羊传》《穀梁传》《周礼》《仪礼》。

传国之宝 伏羲始则龙马作易，神农始即其方列为八卦，帝王为传国之宝。

【译文】伏羲开始按照龙马背上的《河图》创制《易经》，神农开始按照方位创制八卦，历代帝王都把它当作传国之宝。

三易 夏易《连山》，其卦首艮；商易《归藏》，其卦首坤；《周易》首乾。伏羲定卦名，文王为彖辞，周公为爻辞，孔子为《十翼》，而易道始备。

【译文】夏代的易叫作《连山》，第一卦是艮卦；商代易叫作《归藏》，第一卦是坤卦；《周易》的第一卦是乾卦。伏羲制定了八卦各自的名称，周文王为《周易》写了《彖辞》，周公写了《爻辞》，孔子写了《十翼》，易道到这里才算齐备。

十翼 孔子作《十翼》：上《彖传》一，下《彖传》二，上《爻传》三，下《爻传》四，《文言》五，上《系辞》六，下《系辞》七，《说卦》八，

《序卦》九，《杂卦》十。

【译文】孔子写了《十翼》，分别是：上《彖传》一，下《彖传》二，上《爻传》三，下《爻传》四，《文言》五，上《系辞》六，下《系辞》七，《说卦》八，《序卦》九，《杂卦》十。

洛书　伏羲始则元龟为《洛书》，神农因之始制筮，黄帝因之始制卜。

【译文】伏羲开始按照元龟背上的图案绘制了《洛书》，神农氏以此为依据开始创制用筮草预测吉凶的方法，黄帝以此为依据开始创制用龟甲预测吉凶的方法。

河图　昔武库火，古《河图》始无传。今误以《洛书》为《河图》，以莽时龟文为《洛书》。

【译文】昔日武库大火，古代的《河图》从那时候起就没有传本了。现在错误地把《洛书》当作《河图》，并且把王莽时代的龟文当作《洛书》。

说卦　商瞿子木始受《易》于孔子。秦失《说卦》三篇，河内女子始得之。

【译文】商瞿子木开始在孔子那里学习《易经》。秦朝遗失了《说卦》三篇，后来被河内的一个女子得到了。

洪范九畴　天锡禹《洪范》九畴。初一曰五行，次二曰敬用五事，次三曰农用八政，次四曰协用五纪，次五曰建用皇极，次六曰乂用三德，次七曰明用稽疑，次八曰念用庶征，次九曰向用五福，威用六极。

【译文】天帝赐给大禹《洪范》九法。第一是五行；第二是国君治国必须谨慎地做好"五事"；第三是努力施行关于农事的八种政务；第四是正确使用五种记录天时的方法；第五是建立通行天下的法则；第六是使用治理国家的三种方法；第七是善用占卜的方法解决疑问；第八是通过自然界各种现象判断年景和收成；第九是凭借五福鼓励臣民，凭借六极警戒臣民。

五行　一曰水，二曰火，三曰木，四曰金，五曰土。水曰润下，火曰炎上，木曰曲直，金曰从革，土爰稼穑。润下作咸，炎上作苦，曲直作酸，从革作辛，稼穑作甘。

【译文】一为水，二为火，三为木，四为金，五为土。水有向下滋润的特性，火有温热上升的特性，木有能曲能直的特性，金有可塑性强的特性，土有种植和收获谷物的特性。咸味是从水中来的，苦味是从火中来的，酸味是从木中来的，辛味是从金中来的，甘甜的味道是从土中来的。

五事 一曰貌，二曰言，三曰视，四曰听，五曰思。貌曰恭，言曰从，视曰明，听曰聪，思曰睿。恭作肃，从作乂，明作哲，聪作谋，睿作圣。

【译文】一为容貌，二为言语，三为观察，四为听闻，五为思考。容貌要端庄，言论要正当，观察要明晰，听闻要广远，思考要通达。容貌端庄就会严肃，言论正当就能够治理，观察明晰就能够智慧，听闻广远就能够谋划，思考通达就能够圣明。

八政 一曰食，二曰货，三曰祀，四曰司空，五曰司徒，六曰司寇，七曰宾，八曰师。

【译文】一为粮食，二为财政，三为祭祀，四为建设，五为民政，六为司法，七为外交，八为军队。

五纪 一曰岁，二曰月，三曰日，四曰星辰，五曰历数。

【译文】一为年，二为月，三为日，四为星辰，五为历数。

三德 一曰正直，二曰刚克，三曰柔克。平康，正直；强弗友，刚克；燮友，柔克。沉潜，刚克；高明，柔克。

【译文】一为正直，二为强硬，三为柔和。对于中正平和的人，要用正直去感化；对于强横不友好的人，要用强硬的方法来统治；对于和顺的人，要用柔和的方法来统治。对于性格深沉柔弱的人，要用强硬的方法去制服；对于性格刚强的人，要用柔和的方法去制服。

稽疑 稽疑建择立卜筮人，乃命卜筮。曰雨（其兆为水），曰霁（其兆为火），曰蒙（其兆为木），曰驿（其兆为金），曰克（其兆为土），曰贞（内卦为贞），曰悔（外卦为悔）。

【译文】决断疑事需要选择掌管卜筮的官员，再让他们用龟甲或者蓍草进行占卜。使用烧龟甲的方式进行占卜时，卦象有以下几种：雨（征兆为水），霁（征兆为火），蒙（征兆为木），驿（征兆为金），克（征兆为土），贞（内卦为贞），悔（外卦为悔）。

庶征　曰雨、曰旸、曰燠、曰寒、曰风。曰时五者来备，各以其叙，庶事蕃芜。一极备，凶；一极无，凶。曰休征，曰肃，时雨若；曰乂，时旸若；曰哲，时燠若；曰谋，时寒若；曰圣，时风若。曰咎征，曰狂，恒雨若；曰僭，恒旸若；曰豫，恒燠若；曰急，恒寒若；曰蒙，恒风若。

【译文】五种征兆分别是雨、晴、暖、寒、风。一年中这五种天气都齐备，并且按照各自的顺序到来，草木的生长就会茂盛。如果某种天气过多，就会不吉利；如果有一种天气极度缺少，也会不吉利。好的征兆有：君王庄重，就像及时雨一样；君王治理得法，就像阳光普照一样；君王贤明，就像天气及时温暖一样；君王有谋略，就像时节准时转寒一样；君王圣明，就像风按时到达一样。坏的征兆有：君王狂妄，就像天上一直下雨一样；君王虚伪，就像天气久旱无雨一样；君王沉溺享乐，就像天气一直炎热一样；君王急躁，就像天气一直寒冷一样；君王愚昧，就像一直刮风一样。

五福　一曰寿，二曰富，三曰康宁，四曰攸好德，五曰考终命。

【译文】一为寿，二为富，三为健康平安，四为有好的德行，五为颐养天年。

六极　一曰凶短折，二曰疾，三曰忧，四曰贫，五曰恶，六曰弱。

【译文】一为短寿早夭，二为疾病缠身，三为忧心忡忡，四为贫寒交迫，五为丑陋恶劣，六为性格懦弱。

三坟五典　三皇之书曰《三坟》，五帝之书曰《五典》。《抱朴子》云：《五典》为笙簧，《三坟》为金玉。少昊、颛顼、高辛、唐、虞之书谓之《五典》。坟，大也。三坟者，山坟、气坟、形坟也。山坟，言君臣、民物、阴阳、兵象；气坟，言归藏、发动、长育、生杀；形坟，言天地、日月、山川、云气；即伏羲、神农、黄帝之书。

【译文】三皇时期的书籍叫作《三坟》，五帝时期的书籍叫作《五典》。《抱朴子》记载：《五典》就是乐器笙中的簧片，《三坟》则是金玉之类的珍宝。少昊氏、颛顼氏、高辛氏、唐尧、虞舜时期的书合称《五典》。坟是大的意思。三坟说的是山坟、气坟和形坟。山坟说的是君与臣、百姓与财物、阴阳、战争的征象；气坟说的是万物的蛰伏、生发、成长、凋零；形坟说的是天地、日月、山川、云气；这就是伏羲氏、神农氏、黄帝时期的书籍。

九丘八索 九州之志曰《九丘》，八卦之说曰《八索》。

【译文】九州的地理志叫作《九丘》，八卦学说叫作《八索》。

金简玉字 大禹登宛委山，发石匮，得金简玉字之书，言治水之要，周行天下。伯益记之为《山海经》。

【译文】大禹登上宛委山，在山中发现一个石匣，打开后得到一本用黄金做简，用玉做字的书，上面写的是治理水患的要领，大禹便把它推广到全天下。后来伯益把这件事记载下来，成为《山海经》。

六义诗 《诗经》有六义，一曰风，二曰赋，三曰比，四曰兴，五曰雅，六曰颂。

【译文】《诗经》有六义，分别是风、赋、比、兴、雅、颂。

齐、鲁、毛诗 卜商始序《诗》。辕固作传为《齐诗》。申公作训诂为《鲁诗》，浮丘伯授。毛苌作古训为《毛诗》，毛亨授。

【译文】春秋时期的卜商开始为《诗经》作序。西汉辕固为《诗经》作传称为《齐诗》。西汉申培公为《诗经》作训诂称为《鲁诗》，他的老师是浮丘伯。西汉毛苌为《诗经》作训诂称为《毛诗》，他的老师是毛亨。

五始 《春秋》义有五始，元者气之始，春者时之始，王者受命之始，正月者政教之始，公即位者有国之始。

【译文】《春秋》的体例有五种起始，“元”是气运的开始，“春”是时令的开始，“王”是君王受命于天的开始，“正月”是国家政令和教化的开始，“公即位”是统治国家的开始。

三传 《左传》艳而富，其失也诬。《公羊》辨而裁，其失也俗。《榖梁》清而婉，其失也短。

【译文】东晋经学家范宁评价“三传”说：《左传》的优点是文章优美且史料丰富，缺点是记录了很多与巫术相关的事。《公羊传》的优点是叙事分明且善于判断，缺点是过于粗疏。《榖梁传》的优点是言辞清爽且明净畅朗，缺点是史料短缺。

二戴 汉宣帝时，东海后仓善说《礼》，于曲台殿撰《礼》一百八十篇，曰《后氏曲台记》。后仓传于梁国。戴德及德从子圣，乃删《后氏记》为八十五篇，名《大戴礼》；圣又删《大戴礼》为四十六篇，为《小戴礼》。其后诸儒又加《月令》《明堂位》《乐记》三篇，为四十九篇，则今之《礼记》也。

【译文】汉宣帝时期，东海郡人后仓善于讲解《礼记》，并在曲台殿编写了《礼》一百八十篇，称为《后氏曲台记》。后仓的学问后来传授到梁国。戴德和他的侄子戴圣，将《后氏曲台记》删减为八十五篇，称为《大戴礼记》；戴圣又将《大戴礼》删减为四十六篇，称为《小戴礼记》。后来的众多儒士又在其中加入了《月令》《明堂位》《乐记》三篇，成为四十九篇，就是今天的《礼记》了。

毛诗　荀卿授汉人鲁国毛亨作训诂，传以授赵国毛苌。时人以亨为大毛公，苌为小毛公，以二公所传，故名《毛诗》。

【译文】荀卿将学问传授给西汉的鲁国人毛亨，后来毛亨又把自己写的《毛诗故训传》传授给自己的侄子赵国人毛苌。当时的人称毛亨为“大毛公”，称毛苌为“小毛公”，因为现在的《诗经》是两位毛公传承的，所以称为《毛诗》。

汲冢周书　《束皙传》：晋太康二年，汲郡人盗发安釐王冢，得竹书数十车，蝌蚪文字杂写经书。皙为著作，随宜分析，皆有考证，曰《汲冢周书》。

【译文】《晋书·束皙传》记载：晋朝太康二年（281年），汲郡有人盗发了安釐王的墓葬，得到几十车竹书，上面是用蝌蚪一样的文字混杂编写的经书。束皙当时担任著作郎，随即对这些竹书进行了分析，对书中的内容都有考查验证，称为《汲冢周书》。

乐记　汉文帝始得窦公所献周公《大司乐章》，河间献王与毛生采作《乐记》。

【译文】汉文帝最早得到由窦公进献的周公《大司乐章》，河间献王和毛生又收集资料编写了《乐记》。

漆书　杜林于西州得漆书《古文尚书》一卷。卫宏、徐巡来学，林授于二子，后遂得传。

【译文】杜林在西州得到一本用漆书写的《古文尚书》一卷。卫宏、徐巡前来学习，杜林便传授给了他们，后世才得以流传。

壁经　鲁恭王坏孔子故宅，欲以为宫，闻壁中琴瑟丝竹之声，得《古文尚书》。武帝乃诏孔安国校定其书。

【译文】鲁恭王毁坏孔子故居，想要在那里建造宫殿，忽然听到墙壁中传来琴瑟与丝竹合奏的音乐声，于是得到一本《古文尚书》。汉武帝便下诏命令孔安国来考核订正这本书。

断书　孔子断《书》百篇，鲁恭王始得孔腾所藏于壁，定五十九篇，伏生称为《尚书》。

【译文】孔子分《书》为一百篇，鲁恭王最早从孔子故居的墙壁中得到原本，校定为五十九篇，西汉伏生口述时称为《尚书》。

石经　汉灵帝熹平四年，蔡邕与太史令单飏等，正定《五经》，刊石，谓之石本《五经》。衡阳王钧始细书，为巾箱《五经》。

【译文】汉灵帝熹平四年（175年），蔡邕与太史令单飏等人，校订改正《五经》，并把它们刻在石碑上，称为石本《五经》。南齐衡阳王萧钧最早用小字书写《五经》，称为巾箱《五经》。

集注　《易经》程注、朱注。《诗经》朱注。《书经》朱熹婿蔡沈注。《春秋》今从胡传。《礼记》陈皓注。皓字青莲，以其娶再醮，故不入孔庙。

【译文】《易经》为程颐与朱熹注解的版本。《诗经》为朱熹注解版。《书经》为朱熹女婿蔡沈注解版本。《春秋》现在使用胡安国注解版。《礼记》为陈皓注解版。陈皓字青莲，因为他娶了再嫁的妇人，所以不能进入孔庙陪祀。

武经七书　《孙子》《吴子》《尉缭子》《司马兵法》《李靖》《三略》《六韬》。

【译文】武经七书包括《孙子兵法》《吴子兵法》《尉缭子》《司马兵法》《李卫公兵法》《黄石公三略》《六韬》。

佶屈聱牙　韩愈《进学解》曰："周《诰》殷《盘》，佶屈聱牙；《春秋》谨严；《左氏》浮夸；《易》奇而法；《诗》正而葩。"

【译文】韩愈《进学解》记载："周朝的《大诰》和殷商的《盘庚》，艰涩拗口，十分难读；《春秋》的言语谨慎严密；《左传》的文字虚浮夸张；《易经》中的道理变化奥妙却有规律可循；《诗经》则端庄而华美。"

入室操戈 《郑玄传》：任城何休好《公羊》学，著《公羊墨守》《左氏膏肓》《穀梁废疾》。郑玄乃发《墨守》，针《膏肓》，起《废疾》。休见而叹曰："康成入吾室，操吾戈，而伐吾乎？"

【译文】《后汉书·郑玄传》记载：任城人何休喜欢《公羊传》中的学问，撰写了《公羊墨守》《左氏膏肓》《穀梁废疾》等著作。郑玄于是阐发《墨守》，针砭《膏肓》，兴起《废疾》。何休看到后感叹道："郑玄这不是进入我的屋子，拿起我的武器，却来攻击我吗？"

二十一史 司马迁《史记》，班固《前汉书》，范晔《后汉书》，陈寿《三国志》，唐太宗《晋书》，沈约《宋书》，萧子显《南齐书》，姚思廉《梁书》《陈书》，魏收《北魏书》，李百药《北齐书》，令狐德芬《后周书》，李延寿《南史》（宋、齐、梁、陈）、《北史》（魏、齐、周、隋），魏徵《隋书》，宋祁、欧阳修《唐书》，欧阳修《五代史》，脱脱《宋史》《辽史》《金史》，宋濂《元史》。

【译文】二十一史包括司马迁《史记》，班固《前汉书》，范晔《后汉书》，陈寿《三国志》，唐太宗《晋书》，沈约《宋书》，萧子显《南齐书》，姚思廉《梁书》《陈书》，魏收《北魏书》，李百药《北齐书》，令狐德芬《后周书》，李延寿《南史》（宋、齐、梁、陈）、《北史》（魏、齐、周、隋），魏徵《隋书》，宋祁、欧阳修《唐书》，欧阳修《五代史》，脱脱《宋史》《辽史》《金史》，宋濂《元史》。

亥豕 子夏见读史者曰："晋师伐秦，三豕渡河。"子夏曰："非也，己亥渡河耳。"问之鲁史，果然。

【译文】子夏见到有个读《史记》的人说："晋国的军队讨伐秦国时，赶三头猪过河。"子夏对他说："不是这样的，应该是在己亥日过河。"向鲁国的史官求证，果然如此。

无一字潦草 司马温公作《资治通鉴》，草稿数千余卷，颠倒涂抹，无一字潦草。其行己之度，盖如此。

【译文】温国公司马光在写作《资治通鉴》，有千余卷的草稿，全是涂抹的痕迹，却没有一个字写得潦草。他立身行事的法则，大抵就是如此。

瓠史 梁有僧，南渡赍一葫芦，有汉班仲坚《汉书》草稿，宣城太守萧琛得之，谓之瓠史。

【译文】南朝梁有个僧人，南渡时带着一个葫芦，里面有汉朝班固《汉书》的草稿，后来宣城太守萧琛得到了它，称为《瓠史》。

即坏己作 陈寿好学，善著述。少仕蜀，除著作郎，撰《三国志》。当时夏侯湛等多欲作《魏书》，见寿所著，即坏己作。

【译文】陈寿刻苦好学，善于撰写文章。年轻时曾经在蜀汉任职，拜授著作郎官职，撰写了《三国志》。当时夏侯湛等人大多想要写作《魏书》，在看到陈寿的著作之后，就把自己的作品毁掉了。

探奇禹穴 太史公曰：迁二十而游江、淮，上会稽，探禹穴，窥九疑，浮于沅、湘；涉汶、泗，讲业齐、鲁之都，观孔子之遗风，过梁、楚以归，乃紬石室之书作《史记》。

【译文】太史公司马迁在《史记》的自序中写道：我二十岁便在江、淮地区游学，登上会稽山，探查禹穴，游览九嶷山，泛舟于沅水、湘水之上；渡过汶水、泗水，在齐、鲁之地的都城研习学业，观察孔子的遗风，经过梁地、楚地归乡，这才缀集石室里的书籍写成《史记》。

诸子百家 诸子有一百八十九家，故曰百家。

【译文】诸子一共有一百八十九家，所以称为“百家”。

石勒读史 石勒目不知书，使人读史，闻郦食其请立六国后，曰：“此法当失，何以有天下！”及闻留侯谏，乃曰：“赖有此耳！”

【译文】石勒不识字，有一次他让人为自己读史书，听到郦食其请求册立六国后人时说：“这种方法是错误的，刘邦是怎么得到天下的！”等听到留侯张良进谏劝阻刘邦时，他才说：“幸好有张良劝阻啊！”

修唐书 宋祁修《唐书》，大雪、添帘幕，燃椽烛，拥炉火，诸妾环侍。方草一传未完，顾侍姬曰：“若辈向见主人有如是否？”一人来自宗室，曰：“我太尉遇此天气，只是拥炉，下幕命歌舞，间以杂剧，引满大醉而已。”祁曰：“自不恶。”乃阁笔掩卷起，遂饮酒达旦。

【译文】宋祁修撰《唐书》时，有一次天降大雪，他便让人增加了帘幕，点燃巨大的蜡烛，坐在炉火边上，众多小妾围绕陪侍。正写一个传记还没有完成，便回头对小妾们说："你们这些人见过哪个主人和我一样？"其中一个来自宗室的小妾说："我们家太尉碰到这样的天气，只知道坐在炉子边上，放下帐幕让姬妾们载歌载舞，中间还夹杂着杂剧表演，倒满酒杯喝得伶仃大醉而已。"宋祁说："这也不错。"于是放下笔合上书起身，欢饮达旦。

下酒物　苏子美豪放好饮，在外舅杜祁公家，每夕读书，以一斗酒为率。公密觇之，苏读《汉书·张良传》"与客狙击秦皇帝"，抚案曰："惜乎击之不中！"遂满饮一大白。又读至"良曰：始臣起下邳，与上会于留，此天以臣赐陛下"，又抚案曰："君臣相得，难遇如此！"复举一大白。公笑曰："有如此下酒物，一斗不足多也！"

【译文】苏舜钦性格豪放，喜欢喝酒，在岳父祁国公杜衍家时，他每天晚上读书，都要把喝一斗酒作为标准。杜衍暗中观察，见苏舜钦正在读《汉书·张良传》中的"张良和门客一起狙杀秦始皇"一段，只见他拍着书桌说："太可惜了，竟然没有击中！"于是便满饮一大杯。又见他读到"张良说：'我一开始在下邳起事，后来与陛下在留地相遇，这是上天要把我赐给陛下'"时，再次用手拍桌子说："君臣之间互相投合，很难碰到像张良与刘邦这样的！"又举起酒杯喝了一大杯。杜衍笑着说："有这样的下酒好物，喝一斗酒确实不算多啊！"

修史人　李至刚修国史，只服士人衣巾，自称"修史人李至刚"。馆中诸公闻之，大笑，呼为"羞死人李至刚"。

【译文】李至刚参与修撰《太祖实录》时，只穿着儒士的衣服和头巾，自称"修史人李至刚"。国史馆的诸位官员听到之后，都捧腹大笑，称他为"羞死人李至刚"。

七十二人　孔安国撰《孔子弟子》，七十二人。刘向撰《列仙传》，七十二人。皇甫士安撰《高士传》，亦七十二人。陈长文撰《耆旧》，亦七十二人。

【译文】孔安国撰写了《孔子弟子》，里面一共写了七十二人。刘向撰写的《列仙传》，里面也有七十二人。皇甫谧撰写的《高士传》，里面也是七十二人。陈长文撰写的《耆旧》，书中也是七十二人。

索米作传　陈寿尝为诸葛武侯书佐，受挞百下；其父亦为武侯所髡，故

《蜀志》多诬罔。又丁廙、丁仪有盛名于魏，寿谓其子曰：“可觅千斛米见与，当为尊公作一佳传。”丁不与，竟不为立传。

【译文】陈寿曾经做过诸葛亮的文书小吏，被杖打了百次；他的父亲也受了诸葛亮剃光头发的髡刑，所以他在撰写《蜀志》时对诸葛亮多有诬蔑。另外，丁廙、丁仪两人在魏国极负盛名，陈寿便对他们的儿子说：“你们去搜寻一千斛米给我，我就给你们的父亲写一篇好的传记。”丁氏两个人没有答应，陈寿最终没有在《汉书》中为他们立传。

雷震几　陈子经作《通鉴续编》，书宋太祖废周主为郑王，雷忽震其几，陈厉声曰：“老天便打折陈桱之臂，亦不换矣！”

【译文】陈桱（子经）撰写《资治通鉴续编》，当他写到宋太祖废黜后周皇帝为郑王时，天雷忽然击中了他的书桌，陈桱厉声说道：“老天爷，你就算打断我陈桱的胳膊，我也不会更改！”

直书枋头　孙盛作《晋春秋》，直书时事。桓温见之，怒谓盛子曰：“枋头诚为失利，何至乃如尊公所言！若此史遂行，自是关君门户事。”其子遽拜谢，请改之。时盛年老家居，性愈卞急。诸子乃共号泣稽颡，请为百口计。盛大怒，不许。诸子遂私改之。

【译文】孙盛撰写《晋春秋》时，如实记录了当时发生的事。桓温见到之后，生气地对孙盛的儿子说：“枋头之战确实是一场败仗，但何至于像你父亲所写的那样！如果这本史书流行于世，那就是影响你们家门户的大事了。”孙盛的儿子赶忙跪拜谢罪，请求更改。当时孙盛已经年老住在家里，性情越发急躁。几个儿子便一起号哭着行五体投地的大礼，请求他为家族的一百多人考虑一下。孙盛大怒，没有答应。他的几个儿子便私自将史书改了。

为妓詈祖　欧阳永叔为推官时昵一妓，为钱惟演所持，永叔恨之，后作《五代史》，乃诬其祖武肃王重敛民怨。睚眦之隙，累及先人，贤者尚亦不免。

【译文】欧阳修任推官时曾经和一个妓女十分亲近，这个妓女被钱惟演夺走，欧阳修便十分恨他，后来在撰写《五代史》时，欧阳修便在书中诬蔑钱惟演的先祖武肃王因为横征暴敛而引起民怨。睚眦之仇，却殃及他人先祖，就算是贤者也不能免除。

心史　郑所南作《心史》，丑元思宋，以铁函重匮沉之古吴智井。至明朝崇祯戊寅凡三百五十六年，而此书始出。

【译文】郑思肖在撰写《心史》时，丑化元朝而怀念宋朝，便把书稿装进沉重的铁盒子里，沉入古代吴地的一口废井中。到明朝崇祯戊寅年（1638年），共计三百五十六年，这本书才重见天日。

明不顾刑辟　孙可之曰："为史官者，明不顾刑辟，幽不见鬼怪，若梗避于其间，其书可烧也。"

【译文】孙樵说："身为史官，明处不能顾忌刑罚加身，暗中不能顾忌鬼怪报复，如果在著述时设法回避某些问题，那么他的书就可以烧了。"

五代史韩通无传　苏子瞻问欧阳修曰："《五代史》可传后也乎？"公曰："修窃于此有善善恶恶之志。"子瞻曰："韩通无传，乌得为善善恶恶乎？"公默然。

【译文】苏轼问欧阳修："《五代史》难道可以流传后世吗？"欧阳修说："我在撰写这本书时有责恶扬善的意图。"苏轼说："韩通在书中连传记都没有，怎么能够说责恶扬善呢？"欧阳修无言以对。

赵盾弑君　赵穿弑灵公，宣子未出境而复。太史书曰："赵盾弑其君。"宣子曰："不然。"对曰："子为正卿，亡不越境，反不讨贼，非子而谁？"孔子曰："董狐，古之良史也，书法不隐。"

【译文】赵穿杀死赵灵公，赵盾还没有逃出国境就回来了。太史便在史书上写道："赵盾杀害了国君。"赵盾说："这样写是不对的。"太史对他说："你是军队统帅正卿，逃亡却不走出国境，回来后不去讨伐逆贼，杀害君主的不是你还有谁？"孔子说："太史董狐，真是一位古代秉笔直书的好史官，撰写史书的原则就是毫不隐瞒。"

史评　《晋书》《南北史》《旧唐书》，稗官小说也。《新唐书》，赝古书也。《五代史》，学究史论也。《宋》《元史》，烂朝报也。与其为《新书》之简，不若为《南北史》之繁；与其为《宋史》之繁，不若为《辽史》之简。

【译文】《晋书》《南史》《北史》《旧唐书》，这些都是野史小说。《新唐书》是伪造的古书。《五代史》属于学究讨论历史。《宋史》《元史》是杂乱无章的朝廷公告。与其像《新唐书》那样简单，不如像《南史》《北史》那样复杂；与其像《宋史》那样繁杂，不如像《辽史》那样简洁。

书籍

二酉藏书 大酉山、小酉山为轩辕黄帝藏书之所。

【译文】大酉山、小酉山是轩辕黄帝藏书的地方。

兰台秘典 汉朝图籍所在，有石渠、石室、延阁、广内，贮之于外府。又有御史中丞居殿中，掌兰台秘典，及麒麟、天禄二阁，藏之于内禁。

【译文】汉朝收藏书籍的地方，有石渠、石室、延阁、广内，都是在宫外的收藏处所。还有御史中丞居于宫殿中，掌管兰台的秘密藏书。麒麟阁和天禄阁，是皇宫内收藏书籍的处所。

石室䌷书 司马迁为太史，䌷金匮石室之书。䌷，谓缀集之也。以金为匮，以石为室，重缄封之，慎重之至也。

【译文】司马迁任太史令，“䌷金匮石室之书”。“䌷”，是连缀汇集的意思。用金属制作柜子，用石头建造房屋，再加上重重封闭，表示慎重到了极点。

家有赐书 班彪家有赐书，好名之士自远方至，父党扬子云以下，莫不造门。

【译文】班彪的家中有皇帝的赐书，崇尚名节的士人便从远方赶来观看，就连父辈中扬雄以下的人，也都来拜访。

南面百城 李谧杜门却扫，绝迹下帷，弃产营书，手自删削。每叹曰：“丈夫拥书万卷，何假南面百城！”

【译文】李谧关上大门，扫除车迹以谢绝宾客，自己也放下帷幕不再出门，抛弃家产专心著述，亲自删减。他时常感叹地说：“大丈夫坐拥万卷书，哪里需要凭借管辖百座城池的地位去证明自己呢！”

三十乘 晋张华好书，尝徙居，载书三十乘，凡天下奇秘，世所未有者悉在华所。有《博物志》行世。

【译文】晋朝张华喜欢书籍，曾经在一次搬家时，载了三十多车的书，凡是天下的珍奇秘籍和世间没有的书籍，都在张华家里。张华著有《博物志》流行于世。

曹氏书仓　曹曾积书万余卷。及世乱，曾虑书籍散失，乃积石为仓，以藏书籍。世名“曹氏书仓”。

【译文】曹曾收藏了一万多卷书籍。等到天下大乱，曹曾怕自己的书籍散失，于是用石头建造了一座仓库，用来收藏书籍。世人称为“曹氏书仓”。

五车书　《庄子》：惠施多方，其书五车。

【译文】《庄子》记载：惠施学识渊博，有五车藏书。

八万卷　齐金楼子聚书四十年，得书八万卷，虽秘书之省，自谓过之。

【译文】齐朝的金楼子藏书四十年，得到书籍八万卷，即使是秘书省的藏书，他也自认为可以超过。

三万轴　唐李泌家积书三万轴。韩诗云：“邺侯家多书，架插三万轴。一一悬牙签，新若手未触。”

【译文】唐朝李泌家中藏书三万轴。韩愈的诗这样写道：“邺侯家多书，架插三万轴。一一悬牙签，新若手未触。”

黄卷　古人写书，皆用黄纸，以黄蘗染之，驱逐蠹鱼，故曰黄卷。有错字，以雌黄涂之。

【译文】古人写书时，都要使用黄纸，用黄蘗染过之后，可以起到驱逐蠹鱼的效果，所以称为“黄卷”。碰到有错字时，则用雌黄涂改。

杀青　古人写书，以竹为简。新竹有汗，善朽蠹。凡作简者，先于火上炙去其汗，杀其竹青，故又名汗简。

【译文】古人写书时，要用竹子做成的简进行书写。因为新竹子中有汁液，容易腐朽和招虫蛀。凡是制作竹简的人，都要先在火上烤去竹子里的汁液，除去竹子的青色表皮，所以又称为“汗简”。

铅椠　上古结绳而治。二帝以来，始有简册：以竹为之，而书以漆；或用板，以铅画之。故有刀笔铅椠之说。

【译文】上古时期使用结绳记事的方法治理天下。尧帝和舜帝以来，才开始有了简册，用竹子制成，再用漆在上面书写；或者用木板制成，再用铅在上面书写，所以有“刀笔铅椠”的说法。

湘帖 古人书卷外必有帖藏之，如今裹袱之类。白乐天尝以文集留庐山草堂，屡亡逸。宋真宗令崇文院写校，包以斑竹帖送寺。

【译文】古人的书卷外面必然会有帖来保护，和现在的包袱属于一类东西。白居易曾经把一本文集留在庐山草堂，多次丢失。宋真宗命令崇文院对文集进行了抄写校正，并且用斑竹帖包裹之后送回寺中。

四部 唐《经籍志》：玄宗两都各聚书四部，以甲、乙、丙、丁为号：甲，经部，赤牙签；乙，史部，绿牙签；丙，子部，碧牙签；丁，集部，白牙签。

【译文】唐朝《经籍志》记载：玄宗在长安和洛阳两座都城收藏了四部书，以甲、乙、丙、丁作为称号：甲指的是经部，使用红色牙签标记；乙指的是史部，用绿色牙签进行标记；丙指的是子部，用碧色牙签进行标记；丁指的是集部，用白色牙签进行标记。

芸编 芸香草能辟蠹，藏书者用以熏之，故书曰芸编。古诗："芸叶熏香走蠹鱼。"

【译文】芸香草可以防止书被虫子蛀蚀，藏书的人用芸香草熏书，所以把书称为"芸编"。古诗写道："芸叶熏香走蠹鱼。"

书楼孙氏 孙祈六世祖长孺喜藏书，数万余卷置之楼上，人谓之书楼孙氏。

【译文】孙祈的六世祖孙长孺喜欢藏书，有几万卷书籍放置在楼上，被人称为"书楼孙氏"。

汗牛充栋 陆文通之书，居则充栋，出则汗牛。

【译文】陆文通的藏书，放在家里就会堆满整间屋子，运出去则会让牛累得出汗。

悬国门 吕不韦集《吕氏春秋》成，暴之咸阳市，悬千金其上，能增损一字者予千金。人莫能增损。

【译文】吕不韦编纂完成《吕氏春秋》后，把它公开到咸阳的街市上，并且在上面悬挂了一千金，谁能够往书里增加或减少一个字就给予他千金。没有人能够增加或者减少一字。

市肆阅书 王充好博览，家贫无书，常游洛阳市肆，阅所鬻书，一见辄能诵忆，遂博通众流百家之言。著《论衡》八十五篇。

【译文】王充喜欢博览群书，无奈家中贫穷没有藏书，于是经常在洛阳街上的书肆中游逛，阅读所卖的书籍，看一遍就能背诵记忆，最终广博精通众流百家的学问。著有《论衡》八十五篇。

帐中秘书 王充作《论衡》，中土未有传者，蔡邕入吴始得之，秘之帐中，以为谈助。后王朗得其书，及还洛下，时人称其才进，曰："不见异人，当得异书。"

【译文】王充撰写《论衡》，中原没有传本，蔡邕进入吴地后才得到，秘密地藏在家中，作为帮助谈话的工具。后来王朗得到了这本书，等他回到洛阳后，当时的人都称赞他的才华有进步，并且说："不是见到了异人，就是得到了异书。"

藏书法 赵子昂书跋云："聚书藏书，良非易事！善观书者，澄神端虑，净几焚香，勿卷脑，勿折角，勿以爪侵字，勿以唾揭幅，勿以作枕，勿以作夹刺，随损随修，随开随掩。后之得吾书者，并奉赠此法。"

【译文】赵子昂在跋文中写道："收集和贮藏书籍，绝不是一件容易的事！善于看书的人，必须让心境澄澈，端正思虑，打扫干净书桌后焚香，不要把书脑卷起来，不要折书角，不要用手去抠字，不要用唾液翻书，不要用书作枕头，不要用书作夹名刺的夹子，书籍一有损坏就要马上修复，打开看完后要记得合上。后世如果有得到我藏书的人，我就把这个方法也一起送给你吧。"

等身书 宋贾黄中幼日聪悟过人，父师取书与其身等，令读之，谓之等身书。

【译文】宋朝贾黄中年幼时聪慧过人，先生取来和他身高相等的书籍，让他去读，称为"等身书"。

蔡邕遗书 蔡琰归自沙漠，曹操问邕遗书，琰曰："父亡，遗书四千余篇，流离涂炭，罔有存者。今所诵忆，裁四百余篇。因乞给纸笔，真草惟命。"于是缮写送入，文无遗误。

【译文】蔡琰从沙漠回到中原，曹操问她蔡邕遗留藏书的下落，蔡琰说："父亲去世后，遗留下来的藏书有四千卷，不过全都流失或者毁于战火了，没有幸存的书籍。如今我能够背诵记忆的，只有四百多篇了。因而请求您给予纸笔，至于使用真书（楷书）还是草书全都听从您的命令。”于是蔡琰在誊写之后送入，文章没有一个字的遗漏。

嘉则殿 隋炀帝嘉则殿书分三品，有红琉璃、绀琉璃、漆轴之异。殿垂锦幔，绕刻飞仙。帝幸书室，践暗机，则飞仙收幔而上，厨扉自启；帝出，扉闭如初。隋之藏书，计三十七万卷。

【译文】隋炀帝嘉则殿的藏书分为三品，有红琉璃、绀琉璃、漆轴的区别。殿中垂着锦缎制成的幔帐，四周雕刻着飞仙。隋炀帝亲临书室时，只要踩下暗处的机关，飞仙就会把锦幔收上，书架上的门也会自动打开；隋炀帝离开时，书架上的门就会关闭如初。隋朝的藏书，共计三十七万卷。

补亡书三箧 汉张安世博学。武帝幸河东，亡书三箧，诏问群臣，俱莫能知，惟安世识之，为写原本补入。后帝购求得书，以相较对，并无遗误。

【译文】汉朝张安世学识广博。汉武帝驾临河东时，丢失了三小箱书籍，下诏询问群臣，他们全都不知道书籍的下落，只有张安世记得那些书，于是默写下原本补入藏书。后来武帝出钱搜求买到了那些书，便拿张安世默写的来比较，并没有一个字的遗漏和错误。

博洽

舌耕 汉贾逵通经术，门徒来学，不远千里，献粟盈仓。或云，逵非力耕，乃舌耕也。

【译文】汉朝贾逵精通经学，很多门徒都不远千里地赶来学习，进献的小米都堆满了粮仓。有人说，贾逵不是通过力气耕作的，而是用舌头耕作的。

书厨 陆澄博览，无所不知，王俭自谓过之。及与语，澄谈及所遗编数百条，皆俭所未睹，乃叹服曰：“陆公，书厨也。”

【译文】陆澄博览群书，无所不知，王俭认为自己的学问超过了他。等到与他说话时，陆澄谈起已经散佚的典籍几百本，都是王俭没有见过的，王俭这才赞叹佩服地说："陆先生，您真是个书厨啊。"

学府 《南史》：梁昭博及古今，人称为学府。

【译文】《南史》记载：梁昭博古通今，被人称为"学府"。

人物志 唐李守素通晓天下人物臧否，世号肉谱。虞世南曰："昔任彦升通晓经术，世号五经笥。今以守素为人物志，可乎！"

【译文】唐朝李守素通晓天下人物的褒贬，被世人称为"肉谱"。虞世南说："昔日有任昉精通经学，被世人称为'五经笥'。现在把李守素称为'人物志'，再合适不过了！"

九经库 唐谷律耶博通经术，为世所重，号"《九经》库"。又房晖远博闻洽记，学者称为"《五经》库"。

【译文】唐朝谷律耶广通经学，被世人所敬重，称为"《九经》库"。又有房晖远见闻广博、记忆力强，被学者称为"《五经》库"。

稽古力 汉桓荣性嗜学，明帝时拜太子太傅，以所赐车马陈于庭，谓诸生曰："此稽古力也。"

【译文】汉朝桓荣天生喜欢学习，汉明帝时官拜太子太傅，他把皇帝赐予的车马陈列在院子中，对太学生们说："这都得力于研习古代经书啊。"

柳箧子 唐柳璨迁左拾遗，公卿竞托为笺奏，时誉日富，以其博学，号"柳箧子"。

【译文】唐朝柳璨升任左拾遗，朝中的官员争着托他代写奏章，他的名声越来越大，又因为他十分博学，便被称为"柳箧子"。

五总龟 唐殷践猷博通经典，贺知章称之曰"五总龟"（龟千岁一总，问无不知），为秘书省学士。

【译文】唐朝殷践猷广通经典，贺知章称他为"五总龟"（龟一千年为一总，这一千年间的事它无所不知），后来任秘书省学士。

行秘书 唐太宗尝出行，有司请载副书以从。上曰："不须。虞世南在此，即秘书也。"

【译文】唐太宗曾经在一次出行时，负责出行的部门请求载着副书随从出行。太宗说："不需要。有虞世南在这里，他就是秘书。"

八斗才 谢灵运曰："天下才共一石，曹子建独得八斗，我得一斗，自古及今共享一斗。奇才博识，安足继之！"

【译文】谢灵运说："天下的才华一共有一石，曹植独自就得了八斗，我自己得一斗，从古至今的所有人共同分享一斗。曹植那样独特的才能和渊博的学识，谁能够继承呢！"

扪腹藏书 杨玠娶崔季让女，崔富图籍，玠游其精舍，辄览记。既而曰："崔氏书被人盗尽。"崔遽令检之，玠扪其腹曰："已藏之腹笥矣！"

【译文】杨玠娶崔季让的女儿为妻，崔季让收藏了很多图书，杨玠在他的书斋游览时，全都阅读和记下了。没过多久他说："崔家的藏书全都被人偷走了。"崔季让马上命人前去检查，杨玠摸着肚子说："已经藏在我的肚子书箱里了！"

三万卷书 吴莱好游，尝东出齐鲁，北抵燕赵，每遇胜迹名山，必盘桓许久。尝语人曰："胸中无三万卷书，眼中无天下奇山水，未必能文章；纵能，亦儿女语耳。"

【译文】吴莱喜欢游学，他曾经向东到达齐鲁之地，向北抵达燕赵之地，每次遇到名胜古迹和名山，他都要盘桓很久。吴莱曾经对人说："如果胸中没有三万卷书，眼中就看不到天下的奇山异水，未必能够写文章；就算能写，写出来的也只是一些小孩子的幼稚之言罢了。"

了却残书 朱晦翁答陈同父书：奉告老兄，且莫相撺掇，留取闲汉存在山里咬菜根，了却几卷残书。

【译文】朱熹在给陈亮的回信中写道：奉告老兄，不要再鼓动我了，就留我这个闲汉在山里吃些菜根，早日完成几卷残书吧。

书淫 刘峻家贫好学，常燎麻炬，从夕达旦，时或昏睡，爇其鬓发，及觉复读。常恐所见不博，闻有异书，必往祈借，崔慰祖谓之"书淫"。

【译文】刘峻家贫好学，经常点燃麻秆作为蜡烛，通宵达旦，有时偶尔昏睡，火焰烧着了他耳边的头发，刘峻便会惊醒继续读书。他经常害怕自己的见识不够广博，一听到哪里有异书，必然会前往请求借阅，崔慰祖称他为"书淫"。

勤学

帐中灯焰 范仲淹夜读书帐中，帐顶如墨。及贵，夫人以示诸子曰："尔父少时勤学，灯焰之迹也。"

【译文】范仲淹夜里在帐中读书，帐子的顶部都被烛火熏黑了。范仲淹显贵之后，他的夫人对儿子们说："你们的父亲小时候学习十分勤奋，这就是当年灯火留下的痕迹。"

佣作读书 匡衡好学，邑有富民家多书，与之佣作，而不取值，曰："愿借主人书读耳。"遂博览群书。

【译文】匡衡好学，当时乡里有个富人家里有很多藏书，匡衡就给他家干活不要报酬，并对主人说："请求借主人的书来读。"于是博览群书。

带经而锄 倪宽受业于孔安国，时行赁任，带经而锄，力倦，少休息，即起诵读。

【译文】倪宽跟随孔安国学习，还要经常出去做工，带着经书锄地，身体疲倦稍作休息时，他就会马上拿起经书诵读。

燃叶 柳璨，少孤贫，好学，昼采薪给费，夜燃叶读书。

【译文】柳璨小时候孤苦贫寒，十分好学，白天砍柴来维持生活，夜里就点燃树叶照明读书。

圆木警枕 司马光常以圆木为警枕，少睡则枕转而觉，即起读书，学无不通。

【译文】司马光经常把圆形的木头当作警枕，只要稍微睡一会儿就会因为枕头转动而惊醒，立刻起来读书，没有他学不会的。

穿膝 管宁家贫好学，坐藜床五十余年，未尝箕踞，当膝处皆穿。

【译文】管宁家里贫穷却十分好学，他跪坐在简陋的坐塌上五十多年，从来没有两腿伸直随意而坐过，坐塌上膝盖跪着的地方都磨穿了。

燃糠自照① 顾欢家贫，乡中有学舍，欢壁后倚听，无遗忘者。夕则燃松

---

① 底本为"燃糖自照"，应为笔误。

节读书，或燃糠自照。

【译文】顾欢家里贫穷，乡里有学校，顾欢就靠在墙壁后面听讲，过耳不忘。晚上他就点燃松枝读书，或者点燃糠来照明。

为犬所吠 邢邵，任丘人。少游洛阳，遇雨，乃杜门五日读《汉书》，悉强记无遗。文章典丽，既赡且速，与温子昇齐名。官太常卿，兼中书监、国子监祭酒，朝士荣之。雅性脱略，不以位望自尊，止卧一小室，未尝内宿。自云："尝昼入内阁，为犬所吠。"

【译文】邢邵是任丘人。年轻时曾经在洛阳游学，路上遇到下雨，于是闭门五天阅读《汉书》，全都记下而没有遗漏。他的文章典雅华丽，才情丰富且写作迅速，与温子昇齐名。后来邢邵官拜太常卿，兼中书监、国子监祭酒，朝中的官员都觉得很荣耀。邢邵生性洒脱，从不因为自己的地位和名望而感到尊贵，平时只在一间小屋子里休息，从来不进入内堂歇宿。他自己说："我曾经在白天进入内堂，狗看到我就开始叫。"

著作

字字挟风霜 淮南王刘安撰《鸿烈》二十一篇，字字皆挟风霜之气。扬子云以为一出一入，字直百金。

【译文】淮南王刘安撰写了《淮南鸿烈》二十一篇，文章笔法严正，有风霜之气。扬雄认为这本书和其他书籍有出入的地方，每个字都价值百金。

月露风云 隋李谔书云："连篇累牍，不出月露之形；积案盈箱，尽是风云之状。"

【译文】隋朝李谔在给皇帝的奏书中写道："一篇篇的文章，都是些辞藻华美、内容空洞的内容；一箱箱的书籍，都是些吟风弄月的诗文。"

文阵雄师 唐苏颋文章思若涌泉，张九龄谓同列曰："苏生之文俊赡无敌，真文阵雄师也。"

【译文】唐朝苏颋写文章时才思像泉水一样喷涌而出，张九龄对同僚说：

"苏生的文章文辞华美丰赡，罕逢敌手，真是一位文坛大家。"

词人之冠 唐张九龄七岁能文，太宗时为中书舍人，时号为词人之冠。

【译文】唐朝张九龄七岁便能写文章，唐太宗时任中书舍人，当时人称他为"词人之冠"。

文章宿老 唐李峤为凤阁舍人，富才思，文册号令多属为之。前与王、杨接迹，中与崔、苏齐名，学者称为文章宿老。

【译文】唐朝李峤任凤阁舍人，富有才思，朝廷的文书与命令大多都让他来写。李峤前与王勃、杨盈川接近，中与崔融、苏味道齐名，被学者称为"文章宿老"。

口吐白凤 汉扬雄作《甘泉赋》，才思豪迈，赋成，梦口吐白凤。

【译文】汉朝扬雄作《甘泉赋》时，才思豪放洒脱，写完之后，他梦到嘴里吐出一只白色凤鸟。

咽丹篆 唐韩愈少时，梦人与丹篆一卷，强吞之，傍有一人拊掌而笑。觉后胸中如物咽，自是文章日丽。后见孟郊，乃梦中傍笑者。

【译文】唐朝韩愈年少时，梦到有人给了他一卷用朱砂写成的卷文，强令韩愈吞下，旁边还有一个人鼓掌而笑。醒来后只觉得胸中好像有什么东西咽下去了，从此之后他的文章日渐华美。后来见到孟郊后，韩愈才知道他就是自己梦里那个站在旁边发笑的人。

锦心绣口 唐李白《送弟序》曰："曰：'兄心肝五脏皆绣口耶？不然，何开口成文，挥翰雾散。'"

【译文】唐朝李白《冬日于龙门送从弟京兆参军令问之淮南觐省序》写道："弟弟曾问我说：'兄长的心肝和五脏里难道都是锦绣文章吗？如果不是这样，为什么能够出口成章，挥笔时就像浓雾散开？'"

宫体轻丽 《梁高祖纪》：东海徐摛文体轻丽，时人谓之宫体。

【译文】《资治通鉴·梁高祖纪》记载：东海徐摛的文体轻巧精美，被当时的人称为"宫体"。

自出机杼 祖莹以文学见重，常语人云："文章须自出机杼，成一家筋骨，何能共人作生活也！”

【译文】祖莹因为文学而受到重视，他经常对人说：“写文章应该别出心裁，形成自己独特的风格，怎么能抄袭别人的文章去讨生活呢！”

倚马奇才 桓温北征鲜卑，召袁宏倚马前作露布，手不停笔，俄得七纸，殊可观。

【译文】桓温北征鲜卑，召来袁宏就在马前写公文，只见他手不停笔，片刻就写完了七张纸，写得很好。

文不加点 江夏太守黄祖大会宾客，有献鹦鹉者，命祢衡曰：“愿先生赋之。”衡揽笔而作，文不加点，辞采甚丽。

【译文】江夏太守黄祖大宴宾客，有人进献了一只鹦鹉，黄祖对祢衡说：“请先生以鹦鹉作赋。”祢衡拿起笔就开始写，文不加点，辞藻十分华丽。

干将莫邪 李邕文名天下，卢藏用曰：“邕之文如干将莫邪，难与争锋，但虞其伤缺耳。”

【译文】李邕因为文章而名闻天下，卢藏用说：“李邕的文章就像名剑干将和莫邪一样，很难与他争锋，只是担心他自己有所损伤罢了。”

洛阳纸贵 左思作《三都赋》，豪贵之家竞相传写，洛阳为之纸贵。邢邵文章典丽，每文一出，京师传写，为之纸贵。

【译文】左思作《三都赋》，豪门贵族争相传抄，洛阳的纸因此涨价了。邢邵的文章典雅华丽，每次写出新的文章，京师中的人都开始传抄，纸也因此涨价。

此愈我疾 陈琳少有辩才，草檄成以呈曹公。公先苦头风，是日卧读琳檄，翕然而起，曰：“此愈我疾！”

【译文】陈琳从小就有辩论的才能，他写完檄文后被人呈交给曹操。在此之前曹操一直苦于头痛，当天他躺在床上阅读陈琳的檄文，突然坐起身说：“这篇檄文治好了我的病！”

台阁文章 吴处厚曰：“文章有两等，有山林草野之文，有朝廷台阁之文。”王安国曰：“‘文章须官样。’岂亦谓有台阁气耶？”

【译文】吴处厚说：“文章可以分为两个等级，一是山林草野的文章，二是朝廷台阁的文章。”王安国说：“‘文章需要有典雅的气质。’这句话难道说的也是文章需要有台阁之气吗？”

捕龙搏虎 柳宗元曰：人见韩昌黎《毛颖传》，大叹以为奇怪。余读其文，若捕龙蛇，搏虎豹，急与之角，而力不敢暇。

【译文】柳宗元说：人们看完韩愈的《毛颖传》后，都大叹这篇文章稀奇罕见。我读完之后，觉得像抓捕龙蛇、搏击虎豹一样，急着想要与它们角力，不敢有丝毫的懈怠。

捕长蛇骑生马 唐孙樵书玉川子《月蚀歌》、韩吏部《进学解》，莫不拔地倚天，句句欲活，读之如赤手捕长蛇，不施鞅勒骑生马。

【译文】唐朝孙樵写了玉川子卢仝的《月蚀歌》和韩愈的《进学解》，每个字都像是顶天立地一样，每句话仿佛都像是要活过来一样，读起来就像空手抓捕长蛇，不使用马鞍和缰绳去骑一匹没有驯服的马。

驱屈宋鞭扬马 《李翰林集序》：驰驱屈宋，鞭挞扬马，千载独步，惟公一人。

【译文】《李翰林集序》记载：驱使屈原和宋玉，驾驭扬雄和司马迁，千年以来独步文坛，只有李白一人而已。

点鬼簿、算博士 唐王勃、杨炯、卢照邻、骆宾王，皆有文名，人议其疵曰：杨好用古人姓名，谓之“点鬼簿”；骆好用数目作对，谓之“算博士”。

【译文】唐朝的王勃、杨炯、卢照邻、骆宾王，都因为文章而闻名，人们议论他们的不足说：杨炯喜欢用古人的姓名，可称他为“点鬼簿”；骆宾王喜欢用数字来写对子，可称他为“算博士”。

玄圃积玉 时人目陆机之文犹玄圃积玉，无非夜光。

【译文】与陆机同时代的人都把他的文章视为玄圃中堆积的美玉，全都是夜光之宝。

造五凤楼 韩浦与弟洎，皆有文名，洎尝曰：“予兄文如绳枢草舍，聊庇风雨。予文是造五凤楼手。”浦因寄蜀笺与洎，曰：“十样鸾笺出益州，近来新寄浣溪头。老兄得此全无用，助汝添修五凤楼。”

【译文】韩浦与弟弟韩洎，都因为文章而出名，韩洎曾经说：“我兄长的文章就像用绳子绑门枢的茅草屋一样，只能勉强遮风挡雨。我写文章就像建造五凤楼的高手。”韩浦于是用蜀笺给韩洎寄信说：“十样鸾笺出益州，近来新寄浣溪头。老兄得此全无用，助汝添修五凤楼。”

梦涤肠胃 王仁裕少时，尝梦人剖其肠胃，以西江水涤之，见江中沙石，皆为篆籀之文。由是文思并进，有诗百卷，号《西江集》。

【译文】王仁裕年少时，曾经梦到有人剖开他的肠胃，用西江里的水清洗，他看到江水中的沙石，都是用篆文和籀文书写的文字。从此之后他的文才和思路一起精进，完成了一百卷的诗集，称为《西江集》。

鼠坻牛场 扬雄曰：雄为《太玄经》，犹鼠坻之与牛场也，如其用，则实五谷饱邦民；否则，为坻粪，弃之于道已矣。

【译文】扬雄在《答刘歆书》中引用张伯松的话：扬雄所写的《太玄经》，就像老鼠洞和养牛场的粪肥一样，如果能够被使用，就可以帮助五谷生长，滋养百姓；否则的话，就是粪土，只能被扔在路边而已。

帖括 帖者簿籍之义，以帖籍赅括义理而诵之。

【译文】帖的作用是记录典籍中的要义，用帖来概括经学中的要旨并背诵它们。

诊痴符 和凝为文，以多为富，有集百卷，自镂版以行，识者非之，曰：“此颜之推所谓诊痴符也。”

【译文】和凝在写文章时，把字数多作为文章丰富的标准，有文集上百卷，自己雕版、印刷、发行，有见识的人非议他说：“这就是颜之推所说的文字拙劣而喜欢刻书行世的‘诊痴符’啊。”

焚弃笔砚 陆机天才秀逸，辞藻宏丽，张茂先尝谓之曰：“人之为文章，常患才少，而子患才多。”机弟云曰：“茂先见兄文，辄欲焚弃笔砚。”

【译文】陆机天生才华清秀而飘逸，辞藻宏大而华丽，张华曾经对他说：“别人做文章，都是担心才华太少，而你却担心才华太多。”陆机的弟弟陆云说：“张华看到我兄长的文章后，立刻就想烧毁自己的笔和砚。”

齐丘窃谭峭 五代时，宋齐丘欲窃谭景升《化书》以为己作，乃投景升于江。后渔人撒网，获景升尸，手中持《化书》三卷，遂改《齐丘子》为《谭子化书》。

【译文】五代时期，宋齐丘想要窃取谭峭的《化书》当成自己的作品，便把谭峭扔到了江里。后来渔人撒网时，捞到了谭峭的尸体，手中还拿着《化书》三卷，于是把《齐丘子》改为《谭子化书》。

郢削　《庄子》：郢人垩（音恶）漫其鼻端，若蝇翼，使匠石斫之。匠石运斤成风，斫之，尽垩而鼻不伤。故求人笔削其诗文，曰郢削。

【译文】《庄子》记载：郢地有个人的鼻端涂了一点白垩泥，像苍蝇翅膀一样大小，让名字叫石的巧匠把这块白点砍掉。匠人像一阵风一样挥舞着斧头去砍，把白垩泥全部砍完鼻子却没有丝毫受伤。所以请求别人为自己修改诗文时，称作“郢削”。

藏拙　梁徐陵使于齐，时魏收文学北朝之秀，录其文集以遗陵，命传之江左。陵还，渡江而沉之，从者问故，曰：“吾与魏公藏拙。”

【译文】梁朝的徐陵出使北齐，当时魏收的文学是北朝最出类拔萃的，他把自己的文章都收录在文集里送给徐陵，让他传到江东地区。等徐陵返回渡江时，把文集沉到了江里，随从问他原因，徐陵说：“我这是替魏先生藏拙啊。”

韩山一片石　庾信自南朝至北方，惟爱温子昇所作《韩山碑》。或问北方何如，信曰：“惟韩山一片石堪与语，余若驴鸣犬吠耳。”

【译文】庾信从南朝到北方后，只喜欢温子昇所写的《韩山碑》。有人问他北方怎么样，庾信说：“只有韩山上的一块石头还能说说话，其他的声音不过是些驴鸣犬吠罢了。”

福先寺碑　裴度修福先寺，将求碑文于白居易。判官皇甫湜怒曰：“近舍湜，而远取居易，请从此辞。”度亟谢，随以文属湜。湜饮酒，挥毫立就。度酬以车马玩器约千缗，湜怒曰：“碑三千字，每字不直绢三匹乎？”度又依数酬之。湜又索文改窜，度笑曰：“文已妙绝，增一字不得矣！”

【译文】裴度修建福先寺时，想要请白居易为他写一篇碑文。判官皇甫湜生气地说：“大人舍弃近处的我，却去远处找白居易，请允许我从现在开始辞去职位。”裴度赶忙道歉，随后便把这篇碑文交给皇甫湜去写。皇甫湜喝完酒之后，提起笔立刻写完。裴度用价值大约一千缗的车马和文玩器物酬谢他，皇甫湜生气地说："碑文一共三千字，每个字难道不值三匹绢吗？"裴度又按照他说的数目给予酬劳。皇甫湜又索要文章修改，裴度笑着说："文章已经绝妙了，一个字也不能增加了！"

聪明过人 韩文公尝语李程曰："愈与崔丞相群同年往还，直是聪明过人。"李曰："何处过人？"韩曰："共愈往还二十余年，不曾说著文章。"

【译文】韩愈曾经对李程说："我与丞相崔群是同年，平日有些交往，发现他真是聪明过人。"李程说："崔丞相哪里过人？"韩愈说："他和我往来二十多年，从来没有说过做文章的事。"

金银管 湘东王录忠臣义士文章，笔有三品：忠孝全者，金管书之；德行精粹者，银管书之；文章华丽者，斑竹管书之。

【译文】湘东王辑录了很多关于忠臣义士的文章，写字的笔分为三个品级：忠孝两全的人，用金管笔书写；德行精美纯粹的人，用银管笔书写；文章华丽的人，用斑竹管笔书写。

杜撰 五代广成先生杜光庭，多著神仙家书，悉出诬罔，如《感遇传》之类。故人以妄言谓之杜撰。或云杜默，非也。杜默以前遂有斯语。

【译文】五代的广成先生杜光庭，写了很多关于神仙的书籍，都是他自己虚构的，比如《感遇传》之类的。所以人们便把说假话称为"杜撰"。还有人说这个词指的是杜默，其实不是这样的。杜默之前就已经有这个词语了。

千字文 梁散骑员外周兴嗣犯事在狱，梁王命以千字成文，即释之。一夕文成，须鬓皆白。

【译文】南朝梁散骑员外周兴嗣因为犯罪被关押在监狱中，梁王命令他用一千个不同的字辑成一篇文章，随后就释放他。周兴嗣一夜之间就写成了这篇文章，胡须和鬓发都白了。

兔园册 汉梁孝王有圃名兔园，孝王卒，太后哀慕之。景帝以其园令民耕种，乃置官守，籍其租税，以供祭祀。其簿籍皆俚语之字，故乡俗所诵曰《兔园册》。

【译文】西汉梁孝王有个园子名叫兔园，梁孝王去世后，太后十分哀伤思念他。汉景帝就把他的园子让百姓耕种，然后设置官府管理，收取租税，用来供应祭祀所需。园子的籍册上写的都是百姓平时所说的俗语，所以后来就把乡俗之人诵读的书籍称为《兔园册》。

书肆说铃　扬雄曰："好学而不要诸仲尼，书肆也；好说而不要诸仲尼，说铃也。"

【译文】扬雄说："喜欢学习却不以孔子的学问为要领，不过是书肆罢了；喜欢立说却不以孔子的学问为要领，不过是发出声响的铃铛罢了。"

昭明文选六臣注　六臣：李善、吕延济、刘良、张铣、李周翰、吕向，并唐人；铣、向、周翰皆处士。

【译文】注释《昭明文选》的六臣指的是李善、吕延济、刘良、张铣、李周翰、吕向，他们都是唐朝人；张铣、吕向、李周翰都是没有做官的士人。

艾子　东坡有《艾子》一编，并是笑话。初不解其书，后见《杂记》云：宋仁宗灼艾，令优人竞说笑话，以忘其痛。艾子命书，亦此意也。或云子由灼艾，东坡作此，以分其痛。

【译文】苏轼编写了一本《艾子杂说》，里面都是笑话。起初看时不理解这本书的含义，后来看到《杂记》写道：宋仁宗用燃烧艾绒的方法治疗时，命令艺人们比赛讲笑话，来忘记疼痛。用"艾子"作为书名，也是这个意思。还有人说是因为苏辙在用灼艾治病时，苏轼写了这本书，用来分担他的疼痛。

四本论　钟会撰《四本论》始毕，甚欲使嵇公一见，置怀中，既定，畏其难，怀不敢出，于户外遥掷，便回急走。

【译文】钟会刚刚写完《四本论》，非常想让嵇康看一下，于是把书放在怀里，决定之后，又有些为难，放在怀里不敢拿出来，于是便在门外远远地扔进嵇康家，马上小跑着回去了。

庄子郭注　晋向秀注庄子《南华经》，剖析玄理。郭象窃之，以己名行世。

【译文】晋朝向秀注解庄子的《南华经》，剖析里面玄妙的道理。郭象剽窃之后，署上自己的名字流行于世。

叙字　东坡祖名序，故为人作序，皆用"叙"字。

【译文】苏轼祖父的名字叫苏序，所以他在为人写序的时候，都用

“叙”字。

颜鲁公书 颜鲁公所著书，有《大言》《小言》《乐语》《滑语》《谗语》《醉语》，皆不传。

【译文】颜真卿所著的书有《大言》《小言》《乐语》《滑语》《谗语》《醉语》，全都没有流传下来。

无字 《周易》“無”作“无”。晋王育曰：“天屈西北为无。”今于“无”上加一点，是古“既”字。

【译文】《周易》中的“無”写作“无”。晋朝王育说：“天屈西北就是‘无’字。”如今在“无”字上加一点，就是古代的“既”字。

三都赋序 徐文长曰：皇甫谧序《三都》，足以重左太冲，而陈师锡之序《五代史》，不足以当欧阳永叔。则予虽无序，可也。

【译文】徐渭说：皇甫谧为《三都赋》写序文，足以让左思的文章增色，而陈师锡为《五代史》写序文，却不足以和欧阳修相提并论。那么我的书就算没有序文，也是可以的。

诗词

诗韵 代羲始为长短句诗，汉武帝始为联句诗，曹植始为绝句诗，沈佺期始为律诗。

【译文】代羲开始创作长短句诗，汉武帝开始创作联句诗，曹植开始创作绝句诗，沈佺期开始创作律诗。

舜始为四言，汉唐山夫人始为三言诗，枚乘《十九首》始为五言诗，唐始为排句，宋始为集句。

【译文】舜帝开始创作四言诗，汉朝唐山夫人开始创作三言诗，枚乘的《古诗十九首》开始创作五言诗，唐朝开始创作排律，宋朝开始创作集句诗。

颜延年、谢元晖始唱和，元微之、李、白始唱和次韵，颜鲁公始押韵。

【译文】颜延年、谢元晖开始唱和，元稹、李绅、白居易开始根据别人所用的韵脚和诗，颜真卿开始严格押韵。

宋周颙始为四声切韵（又沈约《四声谱》、夏侯该《四声韵略》），唐孙愐始集为《唐韵》。

【译文】南朝时宋朝的周颙开始创制四声切韵法（又有沈约的《四声谱》、夏侯该的《四声韵略》），唐孙愐开始把声韵汇编成为《唐韵》。

魏孙炎始为反切字（本西域二合音，如“不可”为“叵”，“而已”为“耳”之类），僧守温始为三十二字母。

【译文】魏孙炎开始创制反切法注音（本来是西域的二字合音，比如用“不可”为“叵”注音，用“而已”为“耳”注音之类的），僧人守温创制了三十二字母。

乐府 汉武帝始郊庙燕射，咸着为篇章，无总众体。制乐府，本《骚》《九歌》《招魂》。

【译文】汉武帝开始在祭祀郊庙举行宴饮之射时，都要写出诗篇，没有一种主导性的诗体。所以就创制了乐府诗，以《离骚》《九歌》《招魂》作为依据。

李延年始造乐府新声二十八解（本胡曲造），古为章，魏晋以来皆为解。

【译文】李延年开始创制乐府新声二十八解（根据胡人的乐曲所创），古代的叫作“章”，魏晋以来全都称为“解”。

唐始变乐府为词调，宋始变词调为长短篇。

【译文】唐朝开始把乐府诗变为词调，宋朝开始把词调变为长短句。

晋荀勖始为清商三调，本周《房中》为平调、清调、瑟调。汉《房中》为楚调。又侧调生于清调，总谓相和调。

【译文】晋朝荀勖开始创制清商三调，依据周朝的《房中乐》创制了平调、清调、瑟调。汉朝的《房中乐》是楚调。又因为侧调是从清调中衍生的，所以总称为“相和调”。

清商传江左，为梁宋新声，始尚辞（谓歌辞汉时但有其音耳。夷、伊、那、何之类则声也）。大曲有艳（在曲前），有趋有乱（在曲后）。隋炀帝始倚声命辞（或云起于唐之季世）。王涯始曲中填辞（一云张泌，然六朝已有之）。李白始为小辞。

【译文】清商三调传到江东后，成为梁、宋的新曲调，开始崇尚辞（这里说的是歌辞，汉朝时只有音调而已。夷、伊、那、何之类的字只是声音而已）。大型乐曲有“艳”（在曲子的前面），有“趋”和“乱”（在曲子的后面）。隋炀帝开始命人按照歌曲的声律节奏填辞（也有人说是起源于唐朝末年）。王涯开始按照乐曲的格律填辞（还有一种说法是起于唐末张泌，然而这种创作方法在六朝时已经有了）。李白开始创作短小的诗词。

诗体　严沧浪云：诗体始于《国风》、三《颂》、二《雅》，流为《离骚》、古乐、古选（十九首）。后有建安体（汉末年号，曹氏父子及邺中七才子之诗）、黄初体（魏年号，与建安相接，其体一也）、正始体（魏年号，嵇、阮诸公之诗）、太康体（晋年号，左思、潘岳、二张、二陆之诗）、元嘉体（宋年号，颜、鲍、谢诸公之诗）、永明体（齐年号，齐诸公之诗）、齐梁体（通两朝而言之。杜云：“恐与齐梁作后尘”）、南北朝体（通魏周而言之，与齐梁一体也）、初唐体（谓袭陈隋之体）、盛唐体（开元、天宝之诗）、中唐体、晚唐体、宋元祐体（黄山谷、苏东坡、陈后山、刘后村、戴石斋之诗）。

【译文】严羽在《沧浪诗话》中说：诗歌的体制始于《国风》、三《颂》、二《雅》，流传而成为《离骚》，古乐府诗、《文选·古诗》（即古诗十九首）。后来有建安体（汉末年号，即曹操、曹丕、曹植，以及邺城中孔融、陈琳、王粲、徐干、阮瑀、应玚、刘桢七位才子所作的诗）、黄初体（魏年号，与建安相接，诗体一致）、正始体（魏年号，嵇康、阮籍等诸位先生所作的诗）、太康体（晋朝年号，左思、潘岳、张载、张协、陆机、陆云所作的诗）、元嘉体（刘宋年号，颜延之、鲍照、谢灵运等诸位先生所作的诗）、永明体（南朝齐年号，齐朝诸位先生所作的诗）、齐梁体（这是综合两朝的诗来说的。杜甫在诗中写过“恐与齐梁作后尘”）、南北朝体（这是综合北魏与北周的诗来说的，与齐梁体一样）、初唐体（说的是沿袭隋、陈的体制）、盛唐体（开元、天宝年间的诗）、中唐体、晚唐体、宋元祐体（黄山谷、苏东坡、陈后山、刘后村、戴石斋所作的诗）。

《唐诗品汇》总论曰：略而言之，则有初唐盛中晚之不同。详而言之，贞观、永徽之时，虞（世南）、魏（徵）诸公稍离旧习，王（勃）、杨（炯）、卢（照邻）、骆（宾王）因加美丽，刘希夷（庭芝）有闺帷之作，上官（昭容）有婉媚之姿，此初唐之制也。神龙以还，洎开元初，陈子昂古风雅正，李巨山（峤）文章宿老，沈佺期、宋（之问）之新声，苏（颋）、张（说）之大笔，此初唐之渐盛也。开元、天宝间，则有李翰林（白）之飘逸，杜工部（甫）之沉郁，孟襄阳（浩然）之清雅，王右丞（维）之精爽，储光羲之真率，王昌龄之隽拔，高适、岑参之悲壮，李颀、常建之雄快，此盛唐之盛者也。大历、贞元间，则有韦苏州（应物）之淡雅，刘随州（长卿）之闲旷，钱（起）、郎（士元）之清赡，皇甫（冉、曾）之竞秀，秦公绪之山林，李从一（嘉祐）之台阁，此中唐之再盛也。下暨元和之际，则有柳愚溪（宗元）之超然复古，韩昌黎（愈）之博大沉雄。张籍、王建乐府得其故实，元、白叙事务得分明，与夫李贺、卢仝之鬼怪，孟郊、贾岛之瘦寒：此晚唐之变也。降而开成以后，则有杜牧之（牧）之豪纵，温飞卿（庭筠）之绮靡，李义山（商隐）之隐僻，许用晦（浑）之对偶，他若刘沧、马戴、李频、李群玉：此晚唐变态之极矣。

【译文】《唐诗品汇》的总论中说：简单说来，就有初唐、盛唐、中唐、晚唐的区别。详细地说，贞观年间、永徽年间，虞世南、魏徵等诸位先生稍微改变了原来的体制，王勃、杨炯、卢照邻、骆宾王增加了更多美好的色彩，刘希夷（庭芝）创作了一些与闺房中女性有关的作品，上官昭容的作品有柔美的色彩，这是初唐时期的体制。神龙年还政李氏，等到开元初年，陈子昂的作品古风雅正，李巨山（峤）是文学泰斗，沈佺期、宋之问又创制了新的格律，出现了苏颋、张说这样的“燕许大手笔”，这是初唐时期的诗作开始慢慢兴盛。到开元、天宝年间，有李白的飘逸，杜甫的沉郁，孟浩然的清雅，王维的神清气爽，储光羲的率真，王昌龄的隽秀挺拔，高适、岑参的悲壮，李颀、常建的豪爽，这是盛唐时期诗坛的盛况。到大历、贞元年间，则有韦应物的淡泊高雅，刘长卿的悠闲，钱起、郎士元的清新丰富，皇甫冉、皇甫曾之间的竞相争秀，秦公绪的山林诗，李从一（嘉祐）的台阁体，这是中唐诗歌的再次兴盛。再到元和年间，则有柳宗元的超然复古，韩愈的博大深沉。张籍、王建的乐府诗通俗含蓄，元稹、白居易的诗叙事力求分明，李贺、卢仝的鬼怪，孟郊、贾岛的瘦寒，这些都是晚唐时期诗作的变化。再到开成年间之后，则有杜牧的豪放，温庭筠的浮艳，李商隐的隐僻，许浑的对偶，还有其他像刘沧、马戴、李频、李群玉等人：这些都是晚唐诗歌形态变化到了极端的例子。

诗评　敖陶孙评：“魏武帝如幽燕老将，气韵沉雄。曹子建如三河少年，风流自赏。鲍明远如饥鹰独出，奇矫无前。谢康乐如东海扬帆，风日流丽。陶彭泽如绛云在霄，舒卷自如。王右丞如秋水芙蓉，倚风自笑。韦苏州如园客独茧，暗合音徽。孟浩然如洞庭始波，木叶微落。杜牧之如铜丸走坂，骏马注坡。白乐天如山东父老课农桑，言言着实。元微之如李龟年说天宝遗事，貌悴而神不伤。刘梦得如镂冰雕琼，流光自照。李太白如刘安鸡犬，遗响白云，核其归存，恍无定处。韩退之如囊沙背水，惟韩信独能。李长吉如武帝食露盘，无补多欲。孟东野如埋泉断剑，卧壑寒松。张籍如优工行乡，饮酬献秩，时有诙气。柳子厚如高秋独眺，霁晚孤吹。李义山如百宝流苏，千丝铁网，绮密环妍，要非适用。本朝苏东坡如屈注天潢，倒连沧海，变眩百怪，终归浑雄。欧阳文忠如四瑚八琏，止可施之宗庙。王荆公如邓艾缒兵入蜀，要以险绝为功。黄山谷如陶弘景入宫，析理谈玄，而松风之梦故在。梅圣俞如关河放溜，瞬息无声。秦少游如时女步春，终伤婉弱。陈后山如九皋独唳，深林孤芳，冲寂自妍，不求识赏。韩子苍如梨园按乐，排比得伦。吕居仁如散圣安禅，自能奇逸。其它作者，未易殚述。独唐杜工部，如周公制作，后世莫能拟议。”语觉爽俊，而评似稳妥，惟少为宋人曲笔耳，故全录之。

【译文】敖陶孙评价说：“魏武帝的诗就像幽、燕地区的老将，有一股厚重雄浑的气质。曹植的诗就像三河地区的少年郎，风流自赏。鲍照的诗就像独自出去觅食的饥饿雄鹰，奇特雄健，一往无前。谢灵运的诗就像扬帆东海，风和日丽。陶渊明的诗就像天上的云朵一样，舒卷自如。王维的诗就像秋水芙蓉，在风中嫣然一笑。韦应物的诗就像仙人园客养的大如瓮的蚕茧一样，暗合音律。孟浩然的诗就像洞庭湖刚刚漾起波浪，树叶微微脱落。杜牧的诗就像铜球滚落，骏马下山。白居易的诗就像山东的父老闲话农桑一样，句句实在。元稹的诗就像李龟年讲述天宝年间的旧事一样，面貌虽然憔悴心里却并不哀伤。刘禹锡的诗就像镂冰雕玉一样，流光自照。李白的诗就像刘安得道，鸡犬升天，遗声传递到白云之上，想要确定它的来处，却恍然无法确定。韩愈的诗就像囊沙背水破敌一样，只有韩信能做到。李贺的诗就像汉武帝吃露盘之露求长生一样，虽然于事无补却总想吃。孟郊的诗就像淹没在泉水中的断剑，仰卧在山谷中的寒松。张籍的诗就像演员行走乡里，应酬饮食，经常会有些诙谐的气质。柳宗元的诗就像在秋高气爽时独自远眺，在黄昏孤独吹奏。李商隐的诗就像百宝点缀的流苏帐，千丝编成的铁网，缜密华美，却不怎么实用。本朝苏轼的诗就像水流汇入天河，倒接沧海，千变万化，最终归于雄浑。欧阳修的诗就像祭祀中使用的四瑚八琏，只能用在宗庙中。王安石的诗就像邓艾用绳子将士兵放入蜀地一样，一心要以险绝为功。黄庭坚的诗就像陶弘景奉诏入仕一样，虽然析理谈玄，但隐士的梦想仍然在心里。梅尧臣的诗就像在大河上顺流而下一样，瞬息之间便没了声音。秦观的诗就像少女踏春，终过于秀丽柔弱。陈师道的诗就像白鹤独鸣，在深林中孤独开放的花朵一样，淡泊自赏，不求他人赏识。韩驹的诗就像戏曲中的乐班一样，各按其序。吕本中的诗就像散仙禅定，自有奇异脱俗之处。其他作者，就不再详细陈述了。只有杜甫的诗，如同周公所作一样，后世之人不能比拟。”这段话语言豪爽而不失俊秀，评价也算中肯，只是稍微有点为宋朝文人回护，所以就把它全部摘录了下来。

苦吟　孟浩然眉毛尽落，裴祐至袖手皆穿，王维则走入醋瓮，皆苦于吟者。

【译文】孟浩然的眉毛全部掉落，裴祐甚至袖子都烂了，王维则走入醋瓮，这些都是在吟诗上下苦功的人。

警句　杨徽之能诗，太宗写其警句于御屏。僧文莹谓以天地浩露涤笔于金瓯雪盘，方与此诗神骨相投。

【译文】杨徽之善于写诗，唐太宗把他的警句写在皇宫的屏风上。文莹和尚说以天地之间浓重的露水在金盆和雪盘之中洗涤毛笔，才能和这首诗的神韵风骨相投合。

推敲　贾岛于京师驴背得句：“鸟宿池边树，僧敲月下门。”既下“敲”字，又欲下“推”字，炼之未定，引手作推、敲势。时韩愈权京兆尹，岛不觉冲其前导。拥至尹前，具道所以。愈曰：“敲字佳矣。”与并辔归，为布衣交。

【译文】贾岛在京城骑在驴背上想到一句诗：“鸟宿池边树，僧敲月下门。”已经用了“敲”字，又想要用“推”字，琢磨之下无法确定，便用手做出推、敲的动作。当时韩愈任京兆尹，贾岛不知不觉竟然冒犯了他的前导。衙役们将贾岛带到韩愈面前，贾岛说出了这件事的前因后果。韩愈说：“用‘敲’字好啊。”然后与贾岛一起骑马回府，二人也成为不论身份地位高低的朋友。

柏梁体　七言诗始于汉柏梁体。武帝作柏梁台，诏群臣能诗者得上座，凡七言，每句用韵，各述其事。

【译文】七言诗始于汉朝的柏梁体。汉武帝建造了柏梁台，诏令群臣善于写诗的人上座，各自用诗来叙述一件事，每句诗都要用七个字，而且要用韵。

古锦囊 李贺工诗，每旦出，骑款段马，从小奴辈，背古锦囊，遇所得，即内之囊中。母见之曰："是儿呕出心肝乃已！"

【译文】李贺擅长写诗，每天早上出门时，他都骑着行动缓慢的马，带着几个小仆人，背着旧锦囊，每次有了新的诗句，马上写下放入囊中。母亲看到之后说："这孩子要把心肝都吐出来才会停下！"

压倒元白 唐宝历中，杨嗣复大宴，元稹、白居易亦与赋诗，惟杨汝士最佳，元、白叹服。汝士醉归，语其子弟曰："我今日压倒元白！"

【译文】唐朝宝历年间，杨嗣复大宴宾客，元稹、白居易也和他一起赋诗，只有杨汝士写得最好，元稹和白居易都为之叹服。杨汝士喝醉后回家，对家中的子弟说："我今天压倒元稹和白居易了！"

诗中有画 王维工于诗画。东坡曰："摩诘之诗，诗中有画。摩诘之画，画中有诗。"

【译文】王维擅长作诗与绘画。苏轼说："王维的诗，诗中有画。王维的画，画中有诗。"

枫落吴江冷 崔信明、郑世翼遇诸江中，世翼谓曰："闻君有'枫落吴江冷'之句，愿见其余。"信明欣乐，出众篇，翼览未终，曰："所见不逮所闻！"投诸水，引舟遽去。

【译文】崔信明、郑世翼在江中偶遇，郑世翼对崔信明说："听说先生有'枫落吴江冷'的诗句，我想见一下其余的诗句。"崔信明十分高兴，便拿出了其余诗篇，郑世翼还没有看完就说："所见比不上所闻！"说完把诗稿扔到水中，划着小船突然离去。

依样葫芦 宋陶穀久在词林，太祖曰："颇闻翰林皆简旧本换词语，此俗谓之依样葫芦。"后陶穀作诗，书玉堂壁曰："官职须由生处有，才能不管用时无。堪笑翰林陶学士，年年依样画葫芦。"

【译文】宋朝陶穀久任翰林，宋太祖说："我听说翰林们起草诏书时，都是用前人的旧本换一点词语，用俗话说就是‘依样画葫芦’。”后来陶穀作了一首诗，在翰林院的墙上写道：“官职须由生处有，才能不管用时无。堪笑翰林陶学士，年年依样画葫芦。”

卖平天冠　宋廖融精于诗学，多有生徒。太宗曰：“词赋策论取士，融生徒多引去。”融曰：“岂知今日之诗道，一似大市卖平天冠，并无人问。”

【译文】宋廖融精通《诗经》的学问，有很多学生。宋太宗说：“用词赋和策论选拔士人，廖融的学生许多都离开了。”廖融说：“哪里知道现在的《诗经》之学，就像在闹市售卖皇帝所戴的平天冠一样，并没有人问价。”

技痒　《懒真子》云：老杜哀《郑虔诗》，有“荟蕞何技痒”之句，谓人有技艺不能自忍，如人之搔痒也。

【译文】《懒真子》记载：杜甫在《八哀诗·故著作郎贬台州司户荥阳郑公虔》中有“荟蕞何技痒”的诗句，说的是人有技艺就无法忍住，总想找机会表现出来，就像人挠痒一样。

投溷　李贺有表兄，与贺有笔砚之仇，恨贺傲。忽贺死，复绐取其稿，尽投溷中。

【译文】李贺有个表哥，和他因为诗文产生了仇怨，十分痛恨李贺的自傲。忽然有一天李贺去世了，他便骗来李贺的诗稿，全部扔进粪便中。

点金成铁　梁王籍诗云：“蝉噪林逾静，鸟鸣山更幽。”王荆公改用其句曰：“一鸟不鸣山更幽。”山谷笑曰：“此点金成铁手也。”

【译文】南朝梁王籍作诗：“蝉噪林逾静，鸟鸣山更幽。”王安石把他的诗句改成：“一鸟不鸣山更幽。”黄庭坚笑着说：“这真是‘点金成铁’的手啊。”

易吾肝肠　张籍爱杜甫诗，取其集，焚取灰烬，副以膏密，顿饮之，曰：“令吾肚肠从此改易。”

【译文】张籍喜欢杜甫的诗，拿来他的诗集，烧掉之后取出灰烬，然后用蜂蜜一起制成膏，立刻喝掉说：“我的肚肠从此之后就改成杜甫的了。”

贾岛佛　李洞慕贾浪仙诗，铸铜像事之如神，尝念贾岛佛。

【译文】李洞仰慕贾岛的诗，于是便铸造了他的铜像，像侍奉神灵一样，还曾经在铜像前念“贾岛佛”。

偷诗 杨衡初隐庐山，有窃其诗以登第者。衡后亦登第，见其人问曰：“‘一一鹤声飞上天’在否？”答曰：“此句知兄最惜，不敢偷。”衡曰：“犹可恕也。”

【译文】杨衡刚开始在庐山隐居，有人偷了他的诗考中进士。杨衡后来也考上了，见到那人就问：“‘一一鹤声飞上天’这一句诗你写进答卷了吗？”那人回答：“这一句我知道你最爱惜，就没敢偷。”杨衡说：“那还可以原谅。”

诋诗 张率年十六，作颂赋二千余首，虞讷见而诋之。率乃一旦焚毁，更为诗示之，托云沈约。讷更句句嗟称无字不妙。率曰：“此率作也。”讷惭而退。

【译文】张率十六岁那年，作了颂赋两千多首，虞讷看到后就诋毁他。张率便很快将它们全部烧毁，重作诗让虞讷看，假托沈约的名义。虞讷便改口赞叹每句话没有一个字不妙。张率说：“这是我自己作的。”虞讷惭愧退走。

爱杀诗人 唐宋之问爱刘希夷诗，有“年年岁岁花相似，岁岁年年人不同”之句，恳乞不与，之问怒以土囊压杀之。

【译文】唐朝宋之问喜欢刘希夷的诗，刘希夷有一次写了“年年岁岁花相似，岁岁年年人不同”的诗句，宋之问恳求刘希夷把这句诗让给他却没有被允许，宋问之一怒之下便用装着土的袋子压死了刘希夷。

出诗示人 殷浩少与桓温齐名，常有竞心。桓问殷：“卿何如我？”殷曰：“我与我周旋久，宁作我。”殷尝作诗示桓，桓玩侮之曰：“卿慎弗犯我；犯我，当出汝诗示人也！”

【译文】殷浩少年时便与桓温齐名，时常有和他一争长短的心思。桓温问殷浩：“你和我相比如何？”殷浩说：“我和自己周旋了很长时间，宁愿做我自己。”殷浩曾经拿着诗让桓温看，桓温轻慢不恭地说：“你小心不要冒犯我；如果冒犯了我，我就要拿着你的诗让人看了！”

歌赋

歌　伏羲氏有《网罟之歌》，始为歌。葛天氏操牛尾，投足，歌八阕，始分阕。孔甲作《破斧之歌》，始为东音。涂山氏（禹妃）歌《候人》，始为《周南》《召南》。有娀氏感飞燕，始为北音。周昭王时，西瞿徙宅西河，始为西音。（今歌曲统谓南北音。《凉州》《伊州》《甘州》《渭州》皆西音，并为北歌曲。）

【译文】伏羲氏有《网罟之歌》，这才创制了歌。葛天氏时，三个人拿着牛尾，踏步唱八阕歌：《载民》《玄鸟》《遂草木》《奋五谷》《敬天常》《达帝功》《依地德》《总万物之极》，这才开始给歌分阙。孔甲创作了《破斧之歌》，这才开始有了东音。涂山氏（大禹的妃子）歌《候人》，这才创作了《周南》《召南》。有娀氏有感于飞燕，这才有了北音。周昭王时，西瞿把家搬到西河，才开始有了西音。（现在的歌曲统称为南北音。《凉州》《伊州》《甘州》《渭州》都属于西音，都并入了北歌曲。）

黄帝命岐伯为鼓吹。凯歌，汉为铙歌，本鼓吹。

【译文】黄帝命令岐伯创制了鼓吹乐。凯歌，汉朝称为"铙歌"，原本叫鼓吹。

汉始有杂歌、艳歌、倚歌、蹈歌，始为相和歌，本讴谣丝竹相和，执节而歌。

【译文】汉朝开始才有杂歌、艳歌、倚歌、蹈歌，并且有了相和歌，这是一种根据歌谣的曲调与伴奏的乐器相和，拿着板子打节拍唱的歌。

汉武帝立乐府，采诗夜诵，则有赵代秦楚之讴，始以声为主，尚歌。

【译文】汉武帝成立了乐府机构，采集民间诗歌，有赵国、代国、秦国和楚国的歌谣，这时才开始以声音为主，重视唱法。

梁武帝本吴歌《白纻》，始改《子夜吴声四时歌》。

【译文】梁武帝根据吴歌《四时白纻歌》，开始改为《子夜吴声四时歌》。

田横从者始为《薤露》《蒿里》歌。魏缪袭始以挽歌为辞。郊祀歌，三言四言。谢庄歌《五帝》，三言九言，依五行数。汉歌篇八句转韵。张华、夏侯湛两三韵转。傅玄改韵颇数。王韶之、颜延之始四句转韵，赊促得中。

【译文】田横的从人开始创作歌曲《薤露》《蒿里》。魏国的缪袭开始把挽歌作为辞来创作。郊祀歌，主要有三言、四言。谢庄所作的歌曲《五帝歌》，有三言、九言，依据是五行的数目。汉朝歌曲八句后转韵。张华、夏侯湛作的歌曲两三句就有一次转韵。傅玄把一首歌曲中改得转韵次数过多。王韶之、颜延之开始四句转一次韵，缓急适中。

铙吹 唐柳子厚作《铙歌鼓吹曲》十二篇，歌唐战功。

【译文】唐朝柳子厚创作了《铙歌鼓吹曲》十二篇，用来歌颂唐朝的战功。

檀来歌 周世宗南征军士作《檀来歌》，声闻数十里。

【译文】周世宗南征的军队齐唱《檀来歌》，歌声一直传到数十里外。

阳春白雪 《文选》：客有歌于郢中者，始为《下里》《巴人》，国中和者数千人；为《向阳》《薤露》，和者数百人；为《阳春》《白雪》，和者数十人；引商刻羽，杂以流徵，和者不过数人。其曲弥高，其和弥寡。

【译文】《文选》记载：有个客游的歌者在郢中唱歌，一开始唱《下里》《巴人》，国中能应和的有几千人；唱《向阳》《薤露》时，能够应和的有几百人；唱《阳春》《白雪》时，能够应和的有几十人；他用商音高歌，用羽音低吟，中间还夹杂着流利的徵音时，能够应和的就只有几个人了。他所唱曲子的格调越是高雅，能够应和的人就越少。

柳三变 柳耆卿为屯田员外郎，初名三变，自作词云：“才子词人，自是白衣卿相。”后有荐于朝者，仁宗曰：“此人风前月下，且去填词。”由是不得志，自称奉圣旨填词柳三变。

【译文】柳永任屯田员外郎时，起初名叫三变，自己作了一首词说：“才子词人，自是白衣卿相。”后来有人把他举荐到朝中做官，宋仁宗说：“这个人喜欢花前月下，就让他去填词吧。”因此柳永很不得志，自称“奉圣旨填词柳三变”。

纂组成文 司马相如曰：合纂组以成文，列锦绣而为质，一经一纬，一宫一商，此赋之迹也。赋家之心，包括宇宙，总揽人物，斯乃得之于内，不可得而传也。

【译文】司马相如说：把精美的丝织品合在一起组成纹路，再用锦绣排列作为质地，一道纵线、一道横线，一个宫音、一个商音，这就是赋要遵循的轨迹。赋作家的心，要包含宇宙，还要全面掌握人与物的复杂，这些都是得自内心，而不能从传授中获得。

登高作赋　古者登高能赋，山川能祭，师旅能御，丧纪能诔，作器能铭，则可以为大夫矣。

【译文】古人登高能作赋，能祭祀山川，能够统率军队，丧事能够作悼词，制作器物之后可以写铭文，就可以任大夫了。

五经鼓吹　孙绰博学，善属文，绝重张衡、左思赋，每云："《三都》《二京》，五经鼓吹。"

【译文】孙绰博学，擅长写文章，十分重视张衡、左思所作的赋，经常对人说："《三都赋》《二京赋》，都是可以宣扬五经的。"

雕虫小技　或问扬子云曰："吾子少而好赋？"曰："然。童子雕虫篆刻。"既而曰："壮夫不为也。"

【译文】有人问扬雄："您从小就喜欢赋吗？"扬雄说："是啊。这不过是像小孩子用木板雕刻虫书识字一样的小技巧罢了。"他又接着说："长大后就不应该做这些事了。"

风送滕王阁　都督阎伯屿修滕王阁，落成设宴，属婿吴子章预作《滕王阁赋》，出以夸客。王勃自马当顺风行七百余里，至南昌与宴。及逊作赋，受笔札而不辞。都督大怒，命吏伺其落句即报。至"落霞秋水"句，都督曰："此天才也！"命其婿辍笔。

【译文】都督阎伯屿修建滕王阁，建成后大摆宴席，叮嘱他的女婿吴子章事先做了一首《滕王阁赋》，准备在宴会时拿出来在宾客中炫耀。王勃从马当出发顺风而行七百多里，到南昌参加了这场宴会。等阎伯屿辞让着让宾客们作赋时，王勃接受了纸笔没有推辞。阎伯屿十分生气地走了，命令从吏等王勃写完一句马上报告。当听到"落霞与孤鹜齐飞，秋水共长天一色"一句时，阎伯屿说："这真是个天才啊！"于是命令女婿停笔。

海赋　张融为《海赋》，顾恺之曰："卿此赋实超玄虚，但不道盐耳。"融即援笔增曰："漉沙构白，熬波出素。积雪中春，飞霜暑路。"

【译文】张融作了一首《海赋》，顾恺之说："你这篇赋确实超过了那些空调无物之文，只是没有说与盐相关的事。"张融立刻拿起笔增添写道："漉沙构白，熬波出素。积雪中春，飞霜暑路。"

木华海赋 木华作《海赋》，思路偶涩，或告之曰："何不于海之上下四旁言之？"华因其言，《海赋》遂成。

【译文】木华作《海赋》时，思路一时阻塞，有人对他说："为什么不从海的上下和四方来写呢？"木华听从了他的建议，《海赋》这才完成。

八叉手 温庭筠工赋，每人试作赋，八叉手而八韵成。又言庭筠作赋，未尝起草，一吟一韵，场中号温八吟，亦号温八叉。

【译文】温庭筠擅长作赋，每次有人让他试着作赋，他把两只手相叉八次就能写成一篇八韵的赋。还有人说温庭筠作赋时，从来不打草稿，沉吟一次就能作出一句，考场中的人都称他为"温八吟"，也称他为"温八叉"。

书简

刻书 伏羲始制契，以木刻书。黄帝始以刀书。舜始以漆书。中古磨石汁书。

【译文】伏羲开始创制雕刻用的契，在木板上刻字。黄帝开始用刀刻字。舜帝开始用漆写字。中古时期用矿石磨成墨汁书写。

黄帝始铸文于鼎彝。周宣王始刻文于石。五代和凝始刻书于梨板。

【译文】黄帝开始在鼎和祭祀用的彝上刻字。周宣王开始在石碑上刻字。五代时期的和凝开始在梨木做成的板上刻书印刷。

隋文帝为印板。冯道请唐明宗行印板，始印五经，始依石经文字，刊《九经》板。宋真宗始摹印司马、班史诸史板。

【译文】隋文帝创制了印板。冯道请求后唐明宗推广印板，开始印制五经，开始按照前代石经上的文字，雕刻《九经》的印板。宋真宗开始雕刻司马迁、班固等众多史书的印板。

鲤素　《古乐府》："客从远方来，遗我双鲤鱼；呼童烹鲤鱼，中有尺素书。长跪读素书，书中意何如？上有加餐饭，下有长相思。"

【译文】《古乐府》写道："客从远方来，遗我双鲤鱼；呼童烹鲤鱼，中有尺素书。长跪读素书，书中意何如？上有加餐饭，下有长相思。"

云锦书　李白诗："青鸟海上来，今朝发何处？口衔云锦书，为我忽飞去。鸟去凌紫烟，书留绮窗前。开缄方一笑，乃是故人传。"

【译文】李白的诗写道："青鸟海上来，今朝发何处？口衔云锦书，为我忽飞去。鸟去凌紫烟，书留绮窗前。开缄方一笑，乃是故人传。"

青泥书　后汉邓训为上谷守。故吏知训好青泥封书，遂从黎阳步推鹿车，载青泥至上谷，以遗训。

【译文】东汉邓训任上谷太守。原来的从吏知道他喜欢用青泥来给书信封口，于是从黎阳徒步推着小车，载着青泥来到上谷，用来送给邓训。

飞奴　张九龄家养群鸽，每与亲知书，系鸽足上投之，呼为飞奴。

【译文】张九龄家里养了一群鸽子，每次给亲朋好友送信时，都会绑在鸽子的脚上放出去，称为"飞奴"。

代兼金　陆机诗："愧无杂佩赠，良讯代兼金。"

【译文】陆机的诗写道："愧无杂佩赠，良讯代兼金。"

寄飞燕　江淹诗："袖中有短札，欲寄双飞燕。"孟郊诗："欲写加餐字，寄之西飞翼。"

【译文】江淹的诗写道："袖中有短札，欲寄双飞燕。"孟郊诗："欲写加餐字，寄之西飞翼。"

白绢斜封　卢仝《谢孟简惠茶歌》："日高丈五睡正浓，将军扣门惊周公。口传谏议送书信，白绢斜封三道印。"

【译文】卢仝《谢孟简惠茶歌》写道："日高丈五睡正浓，将军扣门惊周公。口传谏议送书信，白绢斜封三道印。"

十部从事　晋刘弘为荆州刺史，每发手书郡国，丁宁款密，莫不感悦，咸曰："得刘公一纸书，贤于十部从事！"

【译文】晋朝刘弘任荆州刺史，每次下发亲笔信到下面的郡国时，都要反复叮嘱，亲切关照，收到信的人没有不感到高兴的，大家都说："得到刘大人的一封信，比诸多辅助官员都要得力。"

家书万金 王筠久住沙阳。一日，得家书，曰："抵得万金也。"杜诗："烽火连三月，家书抵万金。"

【译文】王筠长期住在沙阳。有一天，他收到一封家书后说："这封信抵得上一万金啊。"杜甫曾经作诗："烽火连三月，家书抵万金。"

风月相思 周弘让《答王褒书》："苍雁赪鳞，时留尺素。清风明月，俱寄相思。"

【译文】周弘让《答王褒书》中写道："苍雁赪鳞，时留尺素。清风明月，俱寄相思。"

千里对面 唐高祖曰："房玄龄每为吾儿陈事，千里外犹如面谈。"

【译文】唐高祖说："房玄龄每次写信给我的儿子陈述事务时，虽然在千里之外却像在面谈一样。"

不为致书邮 晋殷浩迁豫章太守，都下人士因其致书者百余，行次石头，皆投之水中，曰："沉者自沉，浮者自浮，殷洪乔不能为致书邮。"

【译文】晋朝殷浩升任豫章太守，京城中托他带去书信的有一百多人，行经南京时，他把这些信全都扔到水里说："愿意沉的就自己沉下去，愿意浮的就自己浮上来，我殷浩不能做一个传递书信的差人。"

字学汇入群书文章

文体 神农始为历日。文王始为经书。周公始为政书。黄帝受玄女始为《兵符》。吕望始为《韬略》。周公始为四方志，李悝次诸国律，始为《法经》。周公始为稗官。战国时始为小说。宋高宗始为词话。神农尝百药，始著方书。黄帝与岐伯问答，雷公受业，著《内外经》。师巫占六岁以下小儿寿天，著《颅囟经》。汉甘公始为命书，唐举始为相书，郭璞始为风水书。景虑始口授大月氏王使尹存《浮屠经》。蔡愔、秦景始奉使得天竺佛书，梁武帝合五千四百卷为《三藏》。黄帝使史甲作戒，始著书。成汤始撰书名（凡书各有名）。黄帝始为铭、为箴。帝喾始为颂。

【译文】神农氏开始创制历法。文王开始创制经书。周公开始创制政书。黄帝接受九天玄女的传授开始创制《兵符》。吕望开始创制《韬略》。周公开始创作四方志。李悝汇编各国律法，创作了《法经》。周公开始创立稗官。战国时开始创作小说。宋高宗开始创作词话。神农尝百药，开始创作医书。黄帝与岐伯互问互答，雷公学习之后，创作了《黄帝内经》和《黄帝外经》。师巫通过占卜六岁以下儿童的存亡情况，创作了《颅囟经》。汉朝甘公开始创作算命的书，唐举开始创作看相的书，郭璞开始创作风水书。景虑开始通过口授的方式学习大月氏王使者尹存带来的《浮屠经》。蔡愔、秦景开始奉命出使取得了天竺佛书，梁武帝把五千四百卷经书合为《三藏》。黄帝命令史甲创作戒书，开始著书。成汤开始创制书体的名字（所有的书体各有名字）。黄帝开始创制刻在器物上的铭文和告诫规劝的箴文。帝喾开始创作颂。

伏羲始为记事。司马迁始为纪。沈约始为类事。子夏始为序。公羊高始为注。郑玄始为笺释。赵岐始为题跋。庄周始为说。田骈始为辨。荀卿始为论解。夏启始为檄，伊尹始为训。黄帝始为传。周公始为诔。鬻熊始为子。庾仲容始为钞。刘歆始为集。南朝始为文、为笔（今诗文通称文笔）。晋宋始为文受礼。隋始受钱，唐始盛。汉始称贾逵为舌耕，唐始称王勃为笔耕（以为文取丰金也）。高颎始索润笔（时为郑译草《封沛国制》）。王隐君始歌卖文（段湛卖文）。

【译文】伏羲开始使用文字进行记事。司马迁开始创制本纪。沈约开始创制类书。子夏开始在书籍前写序文。公羊高开始为儒家经典做注解。郑玄开始创作笺注。赵岐开始创作题跋。庄周开始创制说体文。田骈开始创制辨体文。荀卿开始创制论解文。夏启开始创制檄文，伊尹开始创制训文。黄帝开始创作传记。周公开始创作悼文。鬻熊开始创作诸子百家中最早的《鬻子》。庾仲容开始创作钞体文。刘歆开始编写文集。南朝一开始把文体分为有韵的文和无韵的笔（现在诗文通称文笔）。晋朝至刘宋时开始写文章收取礼品。隋朝开始写文章收取钱财，唐朝这种风气开始盛行。汉朝开始称贾逵为舌耕，唐朝开始称王勃为笔耕（用写文章的方式获取丰厚的回报）。高颎开始索要润笔费（当时是为郑译起草《封沛国制》)。王隐君开始通过唱歌的方式售卖文章(一说段湛卖文)。

任昉《文章缘起》:三言诗,晋散骑常侍夏侯湛作。四言诗,前汉楚王傅韦孟《谏楚王戊诗》。五言诗,汉骑都尉李陵《与苏武诗》。六言诗,汉大司农谷永作。七言诗,汉武帝《柏梁台》连句。九言诗,魏高贵乡公作。赋,楚大夫宋玉作。歌,荆轲作《易水歌》。《离骚》,楚屈原作。

【译文】任昉《文章缘起》记载:三言诗,晋朝散骑常侍夏侯湛最早开始创作。四言诗,东汉楚王少傅韦孟的《谏楚王戊诗》是最早的。五言诗,汉朝骑都尉李陵的《与苏武诗》是最早的。六言诗,汉朝大司农谷永最早开始创作。七言诗,汉武帝的《柏梁台》联句是最早的。九言诗,魏国高贵乡公最早开始创作。赋,楚国的大夫宋玉最早开始创作。歌,荆轲的《易水歌》是最早的。《离骚》是楚国屈原的作品。

诏,起秦时玺文,秦始皇传国玺。册文,汉武帝封三王册文。表,淮南王安《谏代闽表》。让表,汉东平王苍《上表让骠骑将军》。上书,秦丞相李斯《上始皇书》,汉太史令司马迁《报任少卿书》。对贤良策,汉太子家令晁错。上疏,汉大中大夫东方朔。启,晋吏部郎山涛作《选启》。作奏记,汉江都相《诣公孙弘奏记》。笺,汉护军班固《说东平王笺》。谢恩,汉丞相魏相《诣公车谢恩》。令,汉淮南王《谢群公令》。奏,汉枚乘《奏书谏吴王濞》。驳,汉吾丘寿王《驳公孙弘禁民不得挟弓》。议论,王褒《四子讲德论》,汉韦玄成《奏罢郡国庙议》。弹文,晋刘州刺史王深《集杂弹文》。

【译文】诏,起源于秦朝的玺文,秦始皇使用玉玺传国。册文,起源于汉武帝封三王的册文。表,起源于淮南王安写过的《谏代闽表》。让表,起源于汉东平王刘苍写过的《上表让骠骑将军》。上书,起源于秦朝丞相李斯写过的《上始皇书》,西汉太史令司马迁写过《报任少卿书》。对贤良策,起源于汉朝太子家令晁错。上疏,起源于西汉大中大夫东方朔。启,起源于晋朝吏部郎山涛所作的《选启》。作奏记,起源于汉朝江都相所作的《诣公孙弘奏记》。笺,起源于东汉护军班固所作的《说东平王笺》。谢恩,起源于西汉丞相魏相所作的《诣公车谢恩》。令,起源于汉朝淮南王所作的《谢群公令》。奏,起源于汉朝枚乘所作的《奏书谏吴王濞》。驳,起源于汉朝吾丘寿王所作的《驳公孙弘禁民不得挟弓》。议论,起源于王褒所作的《四子讲德论》和汉朝韦玄成所作的《奏罢郡国庙议》。弹文,起源于晋朝刘州刺史王深所作的《集杂弹文》。

骚，汉扬雄作。荐，后汉云阳令朱云《荐伏湛》。教，京兆尹王尊《出教告属县》。封事，汉魏相《奏霍氏专权封事》。白事，汉孔融主簿作《白事书》。移书，汉刘歆《移书谏太学博士》，论《左氏春秋》。铭，秦始皇会稽山刻石铭。箴，扬雄《九州百官箴》。封禅书，汉文园令司马相如。赞，司马相如作《荆轲赞》。颂，汉王褒《圣主得贤臣颂》。序，汉沛郡太守作《邓后序》。引，琴操有《箜篌引》。《志录》，扬雄作。记，扬雄作《蜀记》。

【译文】骚体文，汉朝扬雄最早开始创作。荐，东汉云阳令朱云写过《荐伏湛》。教，京兆尹王尊写过《出教告属县》。封事，西汉魏相写过《奏霍氏专权封事》。白事，东汉孔融主簿写过《白事书》。移书，西汉刘歆写过《移书谏太学博士》，论《左氏春秋》。铭，秦始皇在会稽山刻下石铭。箴，扬雄写过《九州百官箴》。封禅书，西汉文园令司马相如最早开始创作。赞，司马相如写过《荆轲赞》。颂，西汉王褒写过《圣主得贤臣颂》。序，汉朝沛郡太守写过《邓后序》。引，琴操写过《箜篌引》。《志录》是扬雄的作品。记，扬雄写过《蜀记》。

碑，汉惠帝《四皓碑》。碣，晋潘尼作《潘黄门碣》。诰，汉司隶从事冯衍作。誓，汉蔡邕作《艰誓》。露布，汉贾弘为马超伐曹操作。檄，汉丞相祭酒陈琳作《檄曹操文》。明文，汉泰山太守应劭作。对问，宋玉《对楚王问》。传，汉东方朔作《非有先生传》。上章，孔融《上章谢大中大夫》。《解嘲》，扬雄作。训，汉丞相主簿繁钦《祠其先生训》。乐府，即古诗各体。词，汉武帝《秋风词》。旨，后汉崔骃作《达旨》。劝进，魏尚书令荀攸《劝魏王进文》。喻难，汉司马相如《喻巴蜀》，并《难蜀父老文》。诫，后汉杜笃作《女诫》。吊文，贾谊《吊屈原文》。告，魏阮瑀为文帝作《舒告》。传赞，刘歆作《列女传赞》。谒文，后汉别部司马张超《谒孔子文》。析文，后汉傅毅作《高阙析文》。祝文，董仲舒《祝日蚀文》。

【译文】碑，汉惠帝创作了《四皓碑》。碣，晋朝潘尼创作了《潘黄门碣》。诰，东汉司隶从事冯衍最早开始创作。誓，东汉蔡邕创作了《艰誓》。露布，汉朝贾弘为马超讨伐曹操所创作。檄，汉朝丞相祭酒陈琳创作了《檄曹操文》。明文，东汉泰山太守应劭最早开始创作。对问，宋玉创作了《对楚王问》。传，西汉东方朔创作了《非有先生传》。上章，孔融创作了《上章谢大中大夫》。《解嘲》是扬雄创作的。训，东汉丞相主簿繁钦创作了《祠其先生训》。乐府，就是古诗的各种体制。词，汉武帝创作了《秋风词》。旨，东汉崔骃创作了《达旨》。劝进，魏国尚书令荀攸创作了《劝魏王进文》。喻难，西汉司马相如创作了《喻巴蜀》，还有《难蜀父老文》。诫，东汉杜笃创作了《女诫》。吊文，贾谊创作了《吊屈原文》。告，魏国阮瑀为魏文帝创作了《舒告》。传赞，刘歆创作了《列女传赞》。谒文，东汉别部司马张超创作了《谒孔子文》。析文，东汉傅毅创作了《高阙析文》。祝文，董仲舒创作了《祝日蚀文》。

行状，汉丞相仓曹傅朝幹作《杨元相行状》。哀策，汉乐安相李亢作《和帝哀策》。哀颂，汉会稽东郡尉张纮作《陶侯哀颂》。墓志，晋东阳太守殷仲文作《从弟墓志》。诔，汉武帝《公孙弘诔》。悲文，蔡邕作《悲温舒文》。祭文，后汉车骑郎杜笃作《祭延钟文》。哀词，汉班固《梁氏哀词》。挽词，魏光禄勋缪袭作。

【译文】行状，汉朝丞相的属官仓曹傅朝幹写过《杨元相行状》。哀策，汉朝乐安相李亢写过《和帝哀策》。哀颂，汉朝会稽东郡尉张纮写过《陶侯哀颂》。墓志，晋朝东阳太守殷仲文写过《从弟墓志》。诔，汉武帝写过《公孙弘诔》。悲文，蔡邕写过《悲温舒文》。祭文，东汉车骑郎杜笃写过《祭延钟文》。哀词，东汉班固写过《梁氏哀词》。挽词，魏光禄勋缪袭最早开始创作。

发，汉枚乘作《七发》。离合词，孔融作《四言离合诗》。《连珠》，扬雄作。篇，汉司马相如作《凡将篇》。歌诗，枚乘作《丽人歌诗》。遗命，晋散骑常侍江统作。图，汉河间相张人作《玄图》。势，汉济北相崔瑗作《草书势》。约，王褒作《僮约》。

【译文】发，西汉枚乘写过《七发》。离合词，孔融写过《四言离合诗》。《连珠》是扬雄创作的。篇，西汉司马相如写过《凡将篇》。歌诗，枚乘写过《丽人歌诗》。遗命，晋朝散骑常侍江统写过。图，汉朝河间相张人写过《玄图》。势，东汉济北相崔瑗写过《草书势》。约，王褒写过《僮约》。

仓颉造字 伏羲命仓颉、沮诵始造字。仓颉造字，天雨粟，鬼夜哭，龙乃潜藏。

【译文】伏羲命令仓颉、沮诵开始创造文字。仓颉造出文字后，天上下起粟米，鬼在夜里哭泣，龙也潜藏了起来。

六书 仓颉造字，有六书：一曰象形（谓日月之类，象日月之形体也），二曰假借（谓令、长之类，一字两用也），三曰指事（谓上下之类，人在一上为上，人在一下为下，各指其事，以为言也），四曰会意（谓武、信之类，止戈为武，人言为信，会合人意也），五曰转注（谓考、老之类，左右相转，以为言也），六曰谐声（谓江、河之类，以水为形，以工、可为声也）。

【译文】仓颉造字时，有六种造字的方法：第一是象形（就是日、月之类的文字，很像太阳和月亮的形状），第二是假借（就是令、长之类的文字，一个字有两种意思），第三是指事（就是上、下之类的文字，人字在一字上面就是上字，人字在一字下面就是下字，两个字分别代表各自的意思，最后组成一个新的文字），第四是会意（就是武、信之类的文字，止戈就是武，人言就是信，两个字会合在一起表示一个新的意思），第五是转注（就是考、老之类的文字，左右相转，代表不同的字），第六是谐声（就是江、河之类的文字，以水作为形旁，以工、可作为声旁）。

字祖 蝌蚪书乃字之祖。庖牺氏有龙瑞，作龙书。神农有嘉穗，作穗书。黄帝因卿云作云书。尧因灵龟作龟书。夏后氏作钟鼎，有钟鼎书。朱宣氏有凤瑞，作凤书。周文王因赤雁衔书，武王因丹鸟入室作鸟书，因白鱼入舟作鱼书。

【译文】蝌蚪书是汉字的本源。庖牺氏时有龙的祥瑞出现，创制了龙书。神农氏时有嘉穗的祥瑞，创制了穗书。黄帝根据祥瑞卿云创制了云书。尧根据灵龟的图案创制了龟书。夏后氏铸造了钟鼎，并创制了钟鼎书。朱宣氏时出现了凤凰的祥瑞，创制了凤书。周文王因为有红色的大雁衔书而至，武王因为有红色的鸟进入屋子而创制了鸟书，又因为有白鱼进入舟中而创制了鱼书。

籀篆、玉箸篆 周宣王史籀始为大篆，名籀篆。李斯始为小篆，名玉箸篆。

【译文】周宣王时史籀开始创制大篆，称为“籀篆”。李斯开始创制小篆，称为“玉箸篆”。

历朝断书 仓颉而降，凡五变：古文，蝌蚪，籀篆，隶，草。

【译文】仓颉之后，字体一共经历了古文、蝌蚪、籀篆、隶、草五种变化。

秦书八体 大篆、小篆、刻符书（鸟有云脚，印符用）、虫书、摹印（曲体印用，亦名缪篆）、署书（即萧何题笔未央）、殳书（随势书）、隶书。

【译文】秦书八体指的是：大篆、小篆、刻符书（鸟有云脚，刻在印符上的文字）、虫书、摹印（印材使用的曲体字，也叫作缪篆）、署书（就是萧何为未央宫题名的字体）、殳书（跟随兵器的形状而书写的文字）、隶书。

汉六体 试吏古文、奇字、篆、隶、缪篆、虫书。

【译文】考核官吏使用的六种字体是古文、奇字、篆、隶、缪篆、虫书。

唐定五体 古文、大篆、小篆、虫书、隶。

【译文】唐朝朝廷规定的五种字体是古文、大篆、小篆、虫书、隶。

张怀瓘十体断书 古文、大篆、籀文、小篆、八分、隶、章、草、行书、飞白。

【译文】张怀瓘在《书断》中列出的十大字体分别是古文、大篆、籀文、小篆、八分、隶、章、草、行书、飞白。

唐度之十体 古文、大篆、小篆、八分、飞白、薤叶（本务光）、悬针、垂露（表章用，三曹喜作）、鸟书、连珠。

【译文】唐元度列出的十大字体是古文、大篆、小篆、八分、飞白、薤叶（源于商朝隐士务光）、悬针、垂露（写表、章时使用，三曹喜用）、鸟书、连珠。

宋十二体 殳书、传信、鸟书、刻符、萧籀、署书、芝英书（汉武帝植芝作）、气候直时书（相如采日辰虫形作）、鹤头书（汉诏板用）、偃波书（鹤头纤乱者）、转宿篆（司星子韦以荧惑退舍作）、蚕书（秋胡妻作）。

【译文】宋十二体指的是殳书、传信、鸟书、刻符、萧籀、署书、芝英书（汉武帝种植灵芝时创制）、气候直时书（相如根据太阳、星辰和虫的外形所创制）、鹤头书（汉朝诏板上使用的字体）、偃波书（鹤头纤乱者）、转宿篆（司星官子韦因为荧惑星位置后移而创制的）、蚕书（秋胡的妻子所创制）。

小篆体八 鼎小篆、薤叶、垂露、悬针、缨络（刘德昇观星作）、柳叶（卫瓘作）、剪刀（韦诞作）、外国胡书（阿马儿抹王授）。

【译文】小篆有八种字体：鼎小篆、薤叶、垂露、悬针、缨络（刘德昇通过观察星相创制的）、柳叶（卫瓘创制）、剪刀（韦诞创制）、外国胡书（由阿马儿抹王传授）。

字数　沈约韵一万一千五百二十字，《广韵》二万六千一百九十四字。

【译文】沈约的《韵经》中收录了一万一千五百二十个字，《广韵》中收录了二万六千一百九十四个字。

八分书　蔡文姬言，割程隶字八分，取二分；割李篆字二分，取八分，故名八分书。

【译文】蔡文姬说，把程邈所创的隶书割下八分，选取剩下的二分；再割取李斯篆体字的二分，选取剩下的八分，所以称为“八分书”。

章草　汉元帝时黄门令史游作《急就章》，解散隶体，谓之章草。

【译文】汉元帝时黄门令史游创作了《急就章》，打破隶体字的书写规则，称之为“章草”。

书画

兰亭真本　王右军写《兰亭记》，韵媚遒劲，谓有神助。后再书数十帧，俱不及初本。右军传于徽之，徽之传七世孙智永，智永传弟子辨才，辨才被御史萧翼赚入库内，殉葬昭陵。

【译文】王羲之写的《兰亭集序》，笔势秀媚而苍劲，如有神助。后来他又写了几十幅，都没有一开始写得好。王羲之把《兰亭集序》传给了王徽之，王徽之一直传到了七世孙僧人智永，智永又传给了弟子辨才，辨才手中的《兰亭集序》被御史萧翼用计骗入皇家的内库，后来唐太宗死后把它作为殉葬品埋入昭陵。

草圣草贤　晋张旭善草书，饮酒大醉，呼叫狂走，或以发濡墨而书，人称之草圣。崔瑗善章草，人称之草贤。

【译文】晋朝张旭擅长草书，每次喝酒大醉，就呼喊狂奔，或者用头发蘸墨书写，人们称他为“草圣”。崔瑗擅长章草，人们称他为“草贤”。

怒猊渴骥 唐徐浩书《张九龄告身》，多渴笔，谓枯无墨也，在书家为难。世状其法如怒猊决石，渴骥奔泉。

【译文】唐朝徐浩写《张九龄告身》时，多使用渴笔，就是干枯没有墨的笔，这对于书写的人是一件很困难的事。世人形容他的书法就像愤怒的狮子投掷石块，口渴的骏马奔向泉边。

家鸡野鹜 晋庾翼少时，书与右军齐名，学者多宗右军。庾不忿，《与都人书》云：“小儿辈乃厌家鸡，反爱野鹜，皆学逸少书。”

【译文】晋朝庾翼年少时，书法和王羲之齐名，学习书法的人大多推崇王羲之。庾翼有些愤愤不平，他在《与都人书》中写道：“现在的小孩子们竟然讨厌家里养的鸡，反而去喜欢野鸭，都去学习王羲之的书法。”

伯英筋肉 晋卫瓘、索靖俱善书，时谓瓘得伯英之筋，靖得伯英之肉。

【译文】晋朝卫瓘、索靖都擅长书法，当时的人说卫瓘得到了张芝的筋，索靖得到了张芝的肉。

池水尽黑 张奂长子芝，字伯英，好草书，学崔、杜法，家之布帛，必书而后练。临池学书，池水为之尽黑。

【译文】张奂的长子张芝，字伯英，爱好草书，为了学习崔瑗、杜度的书法，家里所有的布帛，都被他写上字后再煮染。他在池子边练习书法，池水因此全部变黑了。

游云惊鸿 晋王羲之善草书，论者称其笔势，飘若游云，矫若惊鸿。

【译文】晋朝王羲之擅长草书，人们评论他的笔势说，飘逸如同天上的浮云，矫健如同惊飞的鸿雁。

龙跳虎卧 晋王右军善书，人谓右军之书如龙跳天门、虎卧凤阙。

【译文】晋朝王羲之擅长书法，人们都说王羲之的书法就像神龙跃天门、猛虎卧凤阙一样。

风樯阵马 宋米芾善书。东坡云：“元章平生篆隶真行草书，分为十卷，风樯阵马，当与钟、王并行，非但不愧而已。”

【译文】宋朝米芾擅长书法。苏轼说："米元章平生所写的篆、隶、真、行、草书，共分为十卷，如同风中的樯帆、阵上的战马一样雄壮，应该与钟繇、王羲之并驾齐驱，并非只是不比他们差而已。"

柿叶学书　郑虔好书，常苦无纸，遂于慈恩寺贮柿叶数屋，逐日取以学书，岁久乃尽。

【译文】郑虔喜欢书法，经常苦于没有纸，于是就在慈恩寺贮藏了几屋子的柿子叶，每天都取出叶子学习书法，天长日久，柿子叶都被他写完了。

绿天庵　怀素喜学书，种芭蕉数万株，取其叶以代纸，号其所曰"绿天庵"。

【译文】怀素喜欢学习书法，他种植了几万株芭蕉树，取芭蕉叶用来代替纸，称自己居住的房子为"绿天庵"。

驻马观碑　欧阳率更行见古碑是索靖所书，驻马观之，良久而去，数百步复还，下马伫立，疲倦则席地坐观，因宿其下，三日乃去。

【译文】欧阳询（率更）在路上看到一个古碑上的文字是索靖写的，于是停马观看，很久之后才离开，走了几百步又重新返回，下马伫立，疲倦之后就席地而坐继续观看，还顺势在石碑下留宿，三天之后才离开。

铁户限　智永，右军七世孙，精于书法。人来觅书，并请题额者如市，所居户限为穿，乃用铁叶裹之，人号"铁户限"。

【译文】智永是王羲之的七世孙，精通书法。前来请他写字和题匾额的人多得如同闹市中一样，就连他住处的门槛都被踩烂了，智永于是用铁皮把门槛裹住，被人称为"铁户限"。

溺水持帖　赵子固常得姜白石所藏定武不损本禊帖，乘舟夜泛而归，行至霅之升山，风起舟覆，行李襆被皆淹溺无余。子固方披湿衣立浅水中，手持禊帖，语人曰："《兰亭》在此，余不足问也。"

【译文】赵孟坚曾经得到姜夔所收藏的未损本《兰亭集序》帖，连夜乘舟回家，行到霅溪升山时，一阵大风吹翻了船，行李和被子等东西都被淹没了。赵孟坚身上穿着湿衣服站在浅水中，手上拿着《兰亭集序》，对人说："《兰亭集序》帖在这里，其他东西都不值得过问。"

钟繇掘墓 魏钟繇问蔡伯喈笔法于韦诞，诞吝不与，繇乃自捶胸呕血，魏祖以五灵丹救活之。及诞死，繇使盗掘其墓，得之。由是书法更进，日夜精思。卧画被穿过表，如厕终日忘归。每见万类，皆画。繇之子会，字士季，书有父风。

【译文】魏国钟繇向韦诞借蔡邕关于笔法的书，韦诞吝啬不肯给他，钟繇气得自捶胸部直到呕血，魏祖曹操用五灵丹救活了他。等韦诞死后，钟繇派人盗挖了他的陵墓，终于得到了那本书。钟繇因此书法更加精进，不分昼夜地静心思考。睡觉时用手在被子上写字，以致被子的表面都被划破了，如厕时也会一整天都忘记回去。他看到所有的东西都会想到书法，想要把它们书写下来。钟繇的儿子钟会，字士季，书法有父亲的风格。

字以人重 书法擅绝技者，每因品重，非其人只贻玷耳。故曹操书法虽美不传，褚仆射、颜鲁公、柳少师则家藏寸纸，珍若尺璧，不专以字重也。

【译文】在书法上有绝技的人，往往都是因为人品而显得贵重，如果品行不好只会留下污点罢了。所以曹操的书法虽然很好，却没有流传下来，褚遂良、颜真卿、柳公权的书法就算家里只藏了一寸纸片，也会倍加珍惜，当成一尺大璧一样的宝贝，并不仅仅是因为书法好才被人珍重。

换羊书 黄鲁直谓东坡曰："昔王右军书为换鹅书。韩宗儒每得公一帖，即于[①]殿帅姚麟许换羊肉十数斤，可名公书为'换羊书'矣。"一日，坡在翰苑，以圣节撰著纷冗，宗儒日作数简以图报书，使人立庭下督索甚急。公笑语之曰："传语：本官今日断屠。"

【译文】黄庭坚对苏轼说："当年王羲之的书法被称为'换鹅书'。现在韩宗儒每次得到先生的一幅字，就马上到殿帅姚麟许那里换羊肉十几斤，可以把您的书法称为'换羊书'咯。"有一天，苏轼在翰林苑，恰逢皇帝生辰，需要撰写的东西纷繁复杂，韩宗儒一天内写了几封信想要得到苏轼的回信，还让人站在院中催促索要得十分急迫。苏轼笑着对催促的人说："你传我的话：本官今天要禁绝杀生。"

见书流涕 王羲之十岁善书，十二，见前代《笔说》于其父枕中，窃而读之。父曰："尔何来窃吾所秘？"不盈期月，书便大进。卫夫人见之，语太常

① 底本为"干"，应为笔误。

王荣曰："此儿必见用笔诀，近见其书，便有老成之法。"因流涕曰："此子必蔽吾名。"

【译文】王羲之十岁时就很擅长书法，到十二岁时，他在父亲的枕头中看到了前代的《笔说》，就偷偷阅读。父亲说："你为什么要来窃取我秘藏的东西呢？"不到一个月，王羲之的书法便有了很大的进步。卫夫人看到后，对太常王荣说："这个孩子肯定是看了用笔的诀窍，近来看他的书法，已经有了成熟稳重的法度了。"卫夫人因而痛哭流涕地说道："这个孩子将来必然要遮蔽我的名声。"

书不择笔　唐裴行俭工草隶，每曰："褚遂良非精纸佳笔未尝肯书，不择笔墨而研捷者，惟予与虞世南耳。"

【译文】唐朝裴行俭擅长草书和隶书，经常说："褚遂良不是精致的纸与上好的笔就从来不肯书写，不挑剔笔墨又写得迅速敏捷的，只有我和虞世南两人罢了。"

五云佳体　唐韦陟封郇公，善草书，使侍妾掌五彩笺，裁答授意，陟惟署名。人谓所书"陟"字，若五朵云，号"郇公五云体"。

【译文】唐朝韦陟被封为郇公，擅长草书，往来的信函、奏章等他从不亲自答复，而是让侍妾拿着五彩笺，按照他的授意进行裁断和答复，韦陟只在下面署名。人们都说他所写的"陟"字，就像五朵云一样，称为"郇公五云体"。

登梯安榜　韦诞能书。魏明帝起殿，欲安榜，使诞登梯书之。既下，头鬓皓然，因敕儿孙勿复学书。

【译文】韦诞擅长书法。魏明帝当时建造了一座宫殿，想要题写匾额，就让韦诞登上梯子去写字。等到下来时，韦诞的头发全都白了，于是他告诫儿孙不要再学习书法了。

换鹅书　山阴一道士养好鹅，右军往观，意甚喜，因求市之。道士云："为我写《道德经》，当举鹅相赠耳。"右军欣然写毕，笼鹅以归。或问曰："鹅非佳品，而公爱之，何也？"右军曰："吾爱其鸣唤清长。"

【译文】山阴有个道士养了一些很好的鹅，王羲之前往观看，心中十分喜欢，就请求道士卖给自己。道士说："你为我写《道德经》，我就把所有的鹅送给你。”王羲之高兴地写完，把鹅装进笼子里带回了家。有人问他：“鹅又不是什么好东西，先生却这么喜欢它，这是为什么呢？”王羲之说：“我爱它的叫声清美悠长。”

寝食其下 阎立本观张僧繇江陵画壁，曰：“虚得名耳。”再往，曰：“犹近代名手也。”三往，于是寝食其下数日而后去。

【译文】阎立本看到张僧繇在江陵所作的壁画后说：“只不过是徒有虚名罢了。”第二次去看的时候说：“算得上近代的大家。”第三次再去看的时候，就在壁画那里吃住几天后才离去。

画龙点睛 张僧繇避侯景来奔湘东，尝于天皇寺画龙，不时点睛。道俗请之，舍钱数万，落笔之后，雷雨晦冥，忽失龙所在。

【译文】张僧繇为躲避侯景之乱投奔到湘东，曾经在天皇寺画了一条龙，却没有立刻画上眼睛。道士和百姓都来请他点睛，并布施了上万钱，张僧繇落笔为龙点上眼睛后，突然雷雨大作，天色昏暗，龙也忽然不在原处了。

画鱼 唐李思训画一鱼甫完，方欲点染藻荇，有客叩门，出看，寻失去画鱼。使人觅之，乃风吹入池，拾起视之，鱼竟失去，止剩空纸。后思训画大同殿壁，明皇谕之曰：“卿所画壁，常夜闻水声，真入神之手。”（思训开元中除卫将军，与其子道昭俱得山水之妙，时号大李、小李。）

【译文】唐朝李思训刚刚画好一条鱼，正要用笔点染上藻荇，忽然有客人敲门，出去看时，便丢失了鱼画。李思训让人出去寻找，原来是风把它吹入了池中，捡起来一看，上面的鱼竟然没了，只剩下一张空纸。后来李思训在画大同殿的墙壁，唐明皇对他说：“爱卿所画的壁画，在夜里经常能够听到水声，真是出神入化的手段啊。”（李思训在开元年间拜授卫将军，与他的儿子李道昭都深得山水画的妙处，被当时的人称为大李、小李。）

画牛隐见 宋太宗时，李后主献画牛，昼则啮草栏外，夜则归卧栏中，莫晓其故。僧赞宁曰：“此幻药所画。倭国有蚌泪，和色着物，昼见夜隐。沃焦山有石，磨色染物，昼隐夜见。”

【译文】宋太宗时，李后主进献了一头牛画，画上的牛白天就在栏外面吃草，夜里则会回到栏里睡觉，没有人知道其中的缘故。僧人赞宁说：“这是用幻药画的。倭国有一种蚌泪，和其他颜色混在一起附着在其他东西上，白天出现而夜里隐去。沃焦山有一种石头，用它研磨的颜料来染东西，白天隐去而夜里出现。”

滚尘图 唐宁王善画马，花萼楼壁上画《六马滚尘图》，明皇最爱玉面花骢，后失之，止存五马。

【译文】唐朝宁王擅长画马，他曾经在花萼楼的墙壁上画了一幅《六马滚尘图》，唐明皇最喜欢其中的玉面花骢，后来这匹马不见了，只剩下五匹马。

画龙祷雨 曹不兴尝于溪中见赤龙，夭矫波间，因写以献孙皓。至宋文帝时，累月旱暵，祈祷无应。帝取不兴画龙，置之水傍，应时雨足。

【译文】曹不兴曾经在溪中见到一条红龙，在波涛间十分矫健，便把龙画下献给孙皓。到宋文帝时，连续多月干旱不雨，祈雨也没有任何应验。宋文帝便取出曹不兴画的龙，放在河边，立刻就下起了及时的大雨。

画鹰逐鸽 润州兴国寺，苦鸠鸽栖梁上污秽佛像。张僧繇乃就东壁上画一鹰，西壁上一鹞，皆侧首向檐外，自是鸠鸽不敢复来。

【译文】润州的兴国寺，一直苦于鸠鸽栖息在房梁上污秽佛像。张僧繇于是在东面墙壁上画了一只鹰，西面墙壁上画了一只鹞，都偏着脑袋看向屋檐外，从此之后鸠鸽再也不敢来了。

李营丘 李成，营丘人，善画山水林木，当时称为第一，遇目矜贵。生平所画，只用自娱，势不可逼，利不可取，传世者不多。（郭熙是其弟子。）

【译文】李成是营丘人，擅于画山水林木，当时称他为第一，能够看到的画作都十分宝贵。他生平所创作的画，都只用来自娱自乐，权势无法逼迫他，利益也无法诱惑他，所以传世的作品不多。（郭熙是他的弟子。）

范蓬头 范宽居山林，常危坐终日，纵目四顾，以求其趣。北宋时，天下画山水者，惟宽与李成，议者谓李成之笔，近视如千里之遥；范宽之笔，远望不离坐外，皆造神奇。

【译文】范宽居住在山林间，经常一整天都正襟危坐，举目四望，来寻找自己的乐趣。北宋时期，天下画山水的人，只有范宽与李成，议论的人说李成的画作，在近处看就像在千里之外那样遥远；范宽的画作，在远处看却感觉没有离开座席之外，这都是他们创造的神奇。

董北苑 沈存中云："江南中主时有北苑董源善画，尤工秋岚远景，为写江南山水，可为奇峭。其后建康僧巨然，祖述源法，皆臻妙理。"

【译文】沈括《梦溪笔谈》说："江南中主李璟时，北苑董源擅于作画，尤其擅长画秋日山林烟霭雾气的远景，为人画的江南山水，可以称为奇峭。后来建康的僧人巨然，传承了董源的画法，都达到了精妙的境界。"

王摩诘 唐王维字摩诘，别墅在辋川，尝画《辋川图》，山谷盘郁，云水飞连，意在尘外，怪生笔端。秦太虚云："予病，高符仲携《辋川图》示予曰：'阅此可愈病。'予喜甚，恍然若与摩诘同入辋川，数日病愈。"

【译文】唐朝王维字摩诘，别墅在辋川，他曾经画了一幅《辋川图》，画中的山谷曲折幽深，云水相连，意境大出尘世之外，不凡的意趣生于笔端。秦观说："我病了，高符仲带着《辋川图》给我看说：'看这幅画就可以治病。'我十分欢喜，恍然就像和摩诘一同进入了辋川一样，几天后病就痊愈了。"

李龙眠 舒城李公麟号龙眠，工白描，人物远师陆、吴，牛马斟酌韩、戴，山水出入王、李。作画多不设色，纯用澄心堂纸为之。唯临摹古画，用绢素。着色笔法，如行云流水，当为宋画中第一。

【译文】舒城李公麟自号龙眠居士，擅长白描，他的人物画远承陆探微、吴道子，牛马画仔细揣摩韩幹、戴崇的画法，山水画则与王维、李思训相差不大。他的画大多都没有上色，只用澄心堂出产的纸作画。只有临摹古画的时候，才会使用绢素。李公麟着色和笔法，如同行云流水一样，应当列为宋朝画家中的第一。

画仕女 仕女之工，在于得其闺阁之态。唐周昉、张萱，五代杜霄、周文矩，下及苏汉臣辈，皆得其妙，不在施朱傅粉、镂金佩玉以为工。

【译文】仕女画的技术，全在能够画出她们的闺阁之态。唐朝的周昉、张萱，五代时期的杜霄、周文矩，再到后来的苏汉臣等人，都得到了其中的妙处，从来不在画唇抹粉、穿金戴玉上下功夫。

画人物 人物于画，最为难工，顾陆世不多见，吴道子画家之圣，至宋李龙眠一出，与古争先。得龙眠画三纸，可敌道子画二纸，可敌虎头画一纸，其轻重相悬类若此。

【译文】人物画是最难画好的，顾恺之、陆探微的画世所罕见，吴道子被称为“画圣”，到宋朝李公麟横空出世，与古人争锋。得到李公麟的三张画，就可以抵得上吴道子的两张画，顾恺之的一张画，他们之间的轻重悬殊差不多就是这样。

画扇　《南史》：萧贲，竟陵王子良之孙。善书画，常于扇上为图山水，咫尺之内，便觉万里为遥。矜慎不传，自娱而已。

【译文】《南史》记载：萧贲是竟陵王萧子良的孙子。他擅长书画，经常在扇子上画山水，虽然只在咫尺之内，却能让人产生远在万里之外的感觉。萧贲为人谨严慎重，从不把技法传给外人，只是自娱自乐而已。

画圣　北齐杨子华画马于壁，每夜必踶啮长鸣，如索水草。人谓之“画圣”。

【译文】北齐的杨子华曾经在墙壁上画了一匹马，每到夜里就会发出踢咬和鸣叫的声音，像是在讨要水和草一样。人们称他为“画圣”。

颊上三毛　顾长康画裴叔则，颊上三毛，神采愈俊。画殷荆州像，荆州目眇，顾乃明点瞳子，飞白拂其上，如轻云之蔽日，殷贵其妙。

【译文】顾恺之给裴楷画像时，专门在脸颊上画了三根毛发，显得神采更加俊朗。给殷仲堪画像时，殷仲堪的一只眼睛瞎了，顾恺之就只点了眼珠，再用飞白的笔法轻轻地画在上面，看上去就像轻云遮蔽了太阳一样，殷仲堪对这样的妙法十分赞赏。

周昉传真　周昉善传真。郭令公为其婿赵纵写照，令韩幹写，复令昉写，莫辨其优劣。赵国夫人曰：“二画俱似。前画空得赵郎形貌，后画兼得其神气、性情、笑语之姿。”

【译文】周昉擅于画像。郭令公想为自己的女婿赵纵画一幅像，他先是让韩幹画了一幅，又让周昉画了一幅，无法分辨两幅画的优劣。赵国夫人说：“这两幅画十分相似。前面那幅画只画出了赵郎的外貌，后面那幅画还画出了他的神采、气质、性情和音容笑貌。”

一丘一壑　顾长康画谢幼舆在岩石里，人问其所以，顾曰：“谢云：‘一丘一壑，自谓过之。’此子宜置丘壑中。”

【译文】顾恺之画了一幅谢鲲（幼舆）在岩石中的画，有人问他为什么这样画，顾恺之说："谢鲲曾经说过：'隐居山里的志趣，我自认为超过了庾亮。'所以这个人就应该画在丘壑中。"

郑虔三绝 唐郑虔善画山水，尝自写其诗并画，以献帝，大署其尾，曰："郑虔三绝。"

【译文】唐朝郑虔擅长画山水，曾经自己在画上题诗，献给皇帝，还在后面署了几个大字："郑虔三绝。"

传神阿堵 顾长康画人，或数年不点目睛。人问其故，顾曰："四体妍媸，本无关于妙处，传神写照，正在阿堵中。"

【译文】顾恺之画人物时，有时候几年都不画眼睛。有人问他原因，顾恺之说："四肢的美丑，对画的妙处来说无关紧要，画人像的传神之处，正在这个里头啊。"

画风鸢 郭恕先寓岐山下，有富人子喜画，日给醇酒，待之甚厚，久乃以情言，且致匹素。郭为画小童，持线车放风鸢，引线数丈，满之。富人子大怒，与郭遂绝。

【译文】郭忠恕寓居在岐山下，有个富贵人家的儿子很喜欢画，每天都给他好酒，对他十分优厚，时间一长，那人便说出了想让郭忠恕作画的实情，并且给了他一匹素绢。郭忠恕便在上面画了一个孩童，手里拿着线车放风筝，引线有几丈长，素绢很快就画满了。富人的儿子大怒，就和郭忠恕绝交了。

维摩像 顾恺之于瓦棺寺画一维摩相，闭户揣摩百余日。画毕，将欲点睛，谓僧曰："第一日开者，令施十万；第二日五万；第三日开，如例。"及开，光明照寺，施者填门。

【译文】顾恺之在瓦棺寺中画了一幅维摩诘居士的画像，闭门揣摩了一百多天。等画完之后，将要给画像点睛时，他对僧人说："第一天开光，观看的人要布施十万钱；第二天则是五万；第三天则遵循你们的旧例。"等到开光那天，光明照亮了整座寺庙，布施的人把寺院门都挤满了。

画花鸟 五代时，黄荃与子居寀，并画花卉，谓之写生。妙在傅色不用笔墨，俱以轻色染成，谓之没骨图。

【译文】五代时期，黄荃与儿子黄居寀，都很擅长画花卉，称其为写生。他们的画作妙处在于上色时不用笔墨勾勒，而是都用柔丽的色彩染成，称为“没骨图”。

江南徐熙，先落笔以写其枝叶蕊萼，然后著色，故骨气丰神，为古今绝笔。

【译文】江南徐熙，作画时先落笔画出枝叶、花蕊和花萼，然后上色，所以他的画作骨气浑厚，算得上古往今来绝好的作品。

韩幹马 唐明皇令韩幹睹御府所藏画马，幹曰：“不必观也，陛下厩马万匹，皆是臣师。”

【译文】唐明皇让韩幹去看内府收藏的历代名家所画的马，韩幹说：“没有必要看那些画作，陛下马厩中的上万匹马，都是臣的老师啊。”

戴嵩牛 戴嵩善画牛。画牛之饮水，则水中见影；画牧童牵牛，则牛瞳中有牧童影。

【译文】戴嵩擅于画牛。画牛饮水时，能看到水中牛的倒影；画牧童牵牛时，能够看到牛的瞳孔中有牧童的影子。

《东坡志林》：蜀中杜处士，好书画，所宝以百数。有戴嵩牛一轴，尤所爱，锦囊玉轴，常以自随。一日，曝书画，有一牧童见之，抚掌大笑曰：“此画斗牛也，斗力在角，尾夹入两股间，今乃掉尾而斗，谬矣！”处士笑而然之。古语云“耕当问奴，织当问婢”，不可改也。

【译文】《东坡志林》记载：蜀地有个姓杜的隐士，喜欢书画，收藏了上百件珍品。其中有一幅戴嵩的牛画，他尤其喜爱，以玉作轴，收藏在锦囊里，经常随身携带。有一天，杜处士正在晾晒书画，有一个牧童看见了，拍手大笑说：“这幅画所画的是斗牛，斗牛的力气都用在角上，尾巴应该夹在两条后腿之间，这幅画上的牛却摇着尾巴，实在大错特错！”隐士也跟着笑了，觉得牧童说得很对。古语说“耕田的事应该询问奴仆，织布的事应该询问婢女”，这句话实在是不变的真理啊。

鲍鼎虎 宣城鲍鼎每画虎，扫室，屏人声，塞门牖，穴屋取明，饮斗酒，脱衣据地，卧起行顾，自视真虎也。

【译文】宣城的鲍鼎每次画虎时，总要清扫房间，摒弃人声，把门窗堵上，从屋顶开个小洞照明，再喝上一斗酒，脱光衣服趴在地上，学老虎那样卧下起身，行走顾盼，把自己看作一头真正的老虎。

画竹 文与可画竹，是竹之左氏也，子瞻却类庄子。又有息斋李衎者，亦以竹名。所谓东坡之竹，妙而不真；息斋之竹，真而不妙者是也。梅道人始究极其变，流传既久，真赝错杂。

【译文】文同（与可）所画的竹子，算得上竹子里的左丘明，而苏轼画的竹子却有点像竹子中的庄子。还有自号息斋的李衎，也因为擅长画竹子而闻名。所谓的东坡画竹，妙而不真；息斋画竹，真而不妙，说的就是他。直到梅道人吴镇才穷尽了竹子画的变化，他的作品流传时间很长，所以真品和赝品交错混杂。

画梅花 衡州花光长老善画梅花，黄鲁直观之曰："如嫩寒春晓，行孤山水边篱落间，但欠香耳。"又杨补之墨梅清绝。

【译文】衡州的花光长老擅于画梅花，黄庭坚看了之后说："这幅画就像乍暖还寒的春日黎明，行走在孤山水边的篱笆之间，只是还少香气罢了。"另外，杨补之画的墨梅也清雅至极。

花竹翎毛 宋崔白、艾宣工花竹翎毛。唐人花鸟，边鸾画如生。

【译文】宋朝的崔白、艾宣擅长画花竹鸟兽。唐朝的花鸟画家中，边鸾的画作栩栩如生。

画草虫 吴僧善画草虫，以扇送司马君实，因谢云："吴僧画团扇，点染成微虫。秋毫皆不爽，真窃天地功。"

【译文】吴地有个僧人擅长画草虫，便把草虫画在扇子上送给司马光，司马光于是作了一首诗感谢他："吴僧画团扇，点染成微虫。秋毫皆不爽，真窃天地功。"

米南宫 米芾字元章，天姿高迈。初见徽宗，进所画《楚山清晓图》，大称旨。枯木松石，时出新意，然传世不多。其子友仁，字元晖，能传家学，作山水，清致可掬，成一家法。

【译文】米芾字元章，天赋高超。第一次见宋徽宗时，进献了一幅自己画的《楚山清晓图》，很符合皇上的心意。他画的枯木和松石，经常能够表现出新意，然而传世的作品却不多。他的儿子米友仁，字元晖，能够传承家学，他所画的山水，十分清雅，自成一派。

名画 宋四大家：南宋以后，李唐、刘松年、马远、夏珪四家，俱登祇奉，名著艺苑。

【译文】宋朝的画家，南宋以后就只有李唐、刘松年、马远、夏珪四人了，他们全都入朝为官，在艺坛十分有名。

元四大家 赵子昂字孟頫，号松雪。吴镇字仲圭，号梅花道人。黄公望字可久，号大痴，又号一峰老人。王蒙字叔明，一号黄鹤山樵。俱胜国时人，以画名世。

【译文】元朝的绘画四大家指的是：赵子昂，字孟頫，号松雪；吴镇，字仲圭，号梅花道人；黄公望，字可久，号大痴，又号一峰老人；王蒙，字叔明，一号黄鹤山樵。他们都是元朝人，因为画而闻名于世。

不学

没字碑 五代任圜曰："崔协不识文字，虚有其表，号没字碑。"

【译文】五代时期的任圜说："崔协连一个字都不认识，空有好看的外表，人们称他为'没字碑'。"

腹负将军 晋党进官太尉，目不知书。一日，扪腹语曰："吾不负汝！"一家妓应曰："将军不负此腹，但此腹负将军耳。"

【译文】晋朝党进任太尉，却不认字。有一天，他摸着自己的肚子说："我没有辜负你啊！"一个家中蓄养的歌姬应声说道："将军是没有辜负您的肚子，只是您的肚子却辜负了将军啊。"

视肉撮囊 庄子曰："人而不学，谓之视肉；学而不行，谓之撮囊。"

【译文】庄子说："为人而不学习，称为只会用眼睛看的肉团；学了之后却不采取行动，称为挂着不用的行囊。"

马牛襟裾 人不通古今，牛马而襟裾。

【译文】人如果不知道古往今来的历史变迁，就像穿着衣服的牛马一样。

书簏 晋傅迪广读书而不解其义，唐李德淹贯古今，而不能属辞，皆谓之书簏。

【译文】晋朝傅迪读了很多书却不知道其中的含义，唐朝李德学贯古今，却不能自己写诗文，他们都被称为“书簏”。

杕杜 李林甫不识“杕杜”字，谓韦陟曰：“此云杖杜，何也？”陟俯首，不敢应。

【译文】李林甫不认识“杕杜”两个字，他对韦陟说：“这里说的‘杖杜’是什么意思？”韦陟低着头不敢回答。

金根车 韩退之子昶，性暗劣，为集贤校理。史传有“金根车”，昶以为误，改“根”为“银”，愈责之。

【译文】韩愈的儿子韩昶，性格愚昧低劣，任集贤校理。史书中有“金根车”，韩昶以为写错了，就把“根”改成了“银”，韩愈斥责了他。

弄獐 唐姜度生子，李林甫手书贺之曰：“闻有弄獐之喜。”客视之，掩口笑。东坡诗：“甚欲去为汤饼客，却愁错写弄獐书。”

【译文】唐朝姜度生下一个儿子，李林甫亲自写了一封贺书道：“我听说你家有‘弄獐之喜’。”宾客们看到之后，都掩嘴偷笑。苏轼在诗里写过：“甚欲去为汤饼客，却愁错写弄獐书。”

蹲鸱 张九龄一日送芋于萧炅，书称“蹲鸱”。萧答云：“惠芋拜嘉，惟蹲鸱未至。然寒家多怪，亦不愿见此恶鸟也。”九龄以视座客，无不大笑。

【译文】张九龄有一天送了一个芋头给萧炅，并在信中使用了芋头的别称“蹲鸱”。萧炅回信说：“您送给我的芋头在此拜谢了，只是没有收到蹲着的鸱鸟。不过我这种贫寒的小家不免有些少见多怪，所以也不想见到这样的恶鸟。”张九龄拿着信让在座的宾客们看，没有一个不开怀大笑的。

纥字 鲁臧武仲名纥，孔子父叔梁纥（纥音恨发切，恨兴轩辖），而世多呼为“核”。萧颖士闻人误呼武仲名，因曰：“汝纥字也不识！”

【译文】鲁国的臧武仲名纥，孔子的父亲叫叔梁纥（纥音恨发切，恨兴轩辖），世人多称呼他为叔梁“核”。萧颖士听到有人读错了臧武仲的名字，于是说道：“你连纥字都不认识！”

伏猎 萧炅为侍郎，不知书，常与严挺之书，称伏腊为伏猎。挺之笑曰：“省中岂容伏猎侍郎乎？”乃出之。

【译文】萧炅任侍郎时，不怎么读书，曾经有一次给严挺之写书呈时，把“伏腊”写成了“伏猎”。严挺之笑着说：“中书省岂能容得下‘伏猎侍郎’？”于是把他罢黜了。

春菟 桓温篡位，尚书误写“春蒐”为“春菟”，自丞相以下皆被黜。

【译文】桓温篡位时，尚书把“春蒐”错写成了“春菟”，自丞相以下的官职全都被罢黜了。

目不识丁 唐张弘靖曰：“天下无事，尔辈挽两石弓，不如识一个字！”（“个”字误书“丁”字，以其笔画相近也。）

【译文】唐朝的张弘靖说：“天下太平的时候，你们这些人能够挽两石的弓，都不如能够认识一个字！”（这里的“个”字误写成“丁”字，因为两个字的笔画比较接近。）

行尸走肉 《拾遗记》：“任末曰：人而不学，乃行尸走肉耳！”

【译文】《拾遗记》记载：“任末说：生而为人却不学习，不过是行尸走肉罢了！”

心聋 《列子》：人不涉学，犹心之聋。

【译文】《列子》：人不研究学问，就像心聋了一样。

白面书生 宋太祖欲北征，沈庆之谏不可。江湛之曰：“耕当问奴，织当问婢。今欲伐国，而与白面书生谋之，曷克有济？”

【译文】宋太祖想要北伐，沈庆之进谏认为不可行。江湛之说：“耕作的事情应该问奴仆，织布的事情应该问婢女。现在陛下想要征伐别的国家，却与一个面孔白净的读书人谋划，能有什么用呢？”

口耳之学 《荀子》：“小人之学也，入乎耳，出乎口；口耳之间，则四寸耳，曷足以美七尺之躯哉！”

【译文】《荀子》记载："小人学习，从耳朵进去，从嘴里出去；嘴巴和耳朵之间，只有四寸的距离罢了，怎么能够使七尺之身变得完美呢！"

文具

造笔　舜始造羊毛笔，鹿毛为柱。蒙恬始造兔毫笔，狐狸毛为柱。

【译文】舜帝开始制造羊毛笔，用鹿毛作为笔头中间的笔柱。蒙恬开始制造兔毫笔，用狐狸毛作为笔头中间的笔柱。

毛颖　《毛颖传》：毛颖，中山人，蒙恬载以归，始皇封诸管城，号"管城子"，累拜中书令，呼为"中书君"。

【译文】韩愈的《毛颖传》中说：毛颖是中山人，蒙恬载他回都城，秦始皇赐给他封地管城，并赐名管城子，屡次受任官至中书令，被人称为"中书君"。

蒙恬造笔　蒙恬取中山兔毫造笔。右军《笔经》：诸郡毫，惟赵国中山山兔肥而毫长可用。须在仲秋月收之，先用人发杪数茎，杂青羊毛并兔毛，裁令齐平，以麻纸裹至根令治；次取上毫薄薄布柱上，令柱不见。恬始造笔，以枯木为管，鹿毛为柱，羊皮为被，所谓苍毫。

【译文】蒙恬取中山的兔毛用来制造毛笔。王羲之在《笔经》中写道：各郡的兔毛，只有赵国中山中的山兔比较肥，所以兔毛较长，可以使用。必须在秋季的第二个月采收，先用人的细柔头发数根，夹杂着青羊毛和短而柔弱的兔毛，裁剪齐平，再用麻纸包裹到笔柱的根部使之牢固；接下来再取上好的长而有力的兔毫薄薄地密布在笔柱上，使笔柱看不见。蒙恬开始造笔时，用枯木作为笔杆，鹿毛作为笔柱，羊皮作为笔被，这就是所谓的苍毫。

毛锥　五代史弘肇曰："安朝廷，定祸乱，直须长枪大戟，若毛锥子安足用哉？"三司使王章曰："无毛锥子，军赋何从集乎？"肇默然。

【译文】五代的史弘肇说："安定朝廷，平定灾祸和叛乱，只需要长枪和大戟就够了，像那些毛锥子能用来做什么呢？"三司使王章说："没有这些毛锥子，军费从哪里收集呢？”弘肇无言以对。

椽笔　晋王珣梦人以大笔如椽与之，既觉，曰：“此当有大手笔事。”俄，武帝崩，哀策谥议，皆珣所草。

【译文】晋朝王珣梦到有个人给了他一支像椽子一样大的笔，等到醒来之后说：“这个梦应该是预示有需要大手笔书写的事情发生了。”片刻之后，晋武帝驾崩，哀策和拟定谥号的文章，都是王珣所写的。

鼠须笔　王羲之得用笔法于白云先生，先生遗之鼠须笔。张芝、钟繇亦皆用鼠须笔，笔锋强劲，有锋芒。

【译文】王羲之从白云先生那里得到了运笔的方法，先生还送给他一支鼠须笔。张芝、钟繇也都使用鼠须笔，毛笔的尖端十分强劲，写出来的字也很有锋芒。

鸡毛笔　岭外少兔，以鸡雉毛作笔亦妙，即东坡所谓三钱鸡毛笔。东坡书《归去来辞》，颇似李北海，流便纵逸，而少乏遒劲，当是三钱鸡毛笔所书者。

【译文】岭外没有什么兔子，用鸡或者野鸡的毛制作毛笔也同样有妙用，这就是苏轼所说的三钱鸡毛笔。苏轼曾经写了一篇《归去来辞》，和李邕的风格很像，风流飘逸，却少了些雄健之气，应该就是用三钱鸡毛笔写的。

呵笔　李白召对便殿，撰诏诰。时十月大寒，笔冻。帝敕宫嫔十人，侍白左右，令各执牙笔呵之。

【译文】李白被召到便殿奏对，唐玄宗让他撰写诏诰。当时正值十月大寒，毛笔被冻住了。玄宗便敕令宫女十人，侍立在李白左右，让她们轮流拿着牙笔呵气。

笔冢　长沙僧怀素得草圣三昧，弃笔堆积，埋于山下，曰笔冢。

【译文】长沙的僧人怀素到达了草圣张旭的境界，他把废弃的毛笔堆积在一起，埋在山下，称为“笔冢”。

右军笔经　昔人用琉璃象牙为管，丽饰则有之，然笔须轻便，重则踬矣。近有人以绿沈漆竹管及镂管见遗，用之多年，颇可爱玩，讵必金宝雕饰，方为遗乎？

【译文】曾经有人用琉璃和象牙作为笔管，装饰得十分华丽，然而笔需要的是轻便，如果太重就会有所阻碍。现在有人把绿沈漆竹管及雕花笔管的毛笔送给我，我用了很多年，十分喜欢，难道只有用金宝雕饰的笔，才能作为赠礼吗？

梦笔生花 李白少时，梦笔头上生花，后天才赡逸，名闻天下。

【译文】李白小时候，曾经梦到笔头上开出了花，后来果然天赋过人，才华横溢，名扬天下。

五色笔 江淹梦人授以五色笔，由是文藻日丽。后宿野亭，梦一人自称郭璞，谓淹曰："吾有笔在君处多年，可见还。"淹乃探怀中，得五色笔以授之。嗣后为诗，绝无佳句，时人谓之才尽。

【译文】江淹梦到有人送给他一支五色笔，从此之后文章日益华丽。后来他在一座野亭里睡觉，梦到一个自称郭璞的人，对他说："我有一支笔放在你那里多年了，现在可以还给我了。"江淹于是把手伸入怀中，拿出五色笔送给他。从那以后，江淹所作的诗就再也没有佳句了，当时的人都说他的才华用尽了。

笔匣 汉始饰杂宝为笔匣，犀象琉璃为管。王羲之始尚竹管。

【译文】汉朝开始用各种宝物来装饰笔匣，把犀牛角、象牙和琉璃做成笔管。王羲之开始推崇竹管。

笔床 梁简文帝始为笔床，笔四矢为一床。

【译文】南朝梁简文帝开始制作笔床，四支笔为一床。

大手笔 唐苏颋封许国公，张说封燕国公，皆以文章显，称望略等，时号燕许大手笔。

【译文】唐朝的苏颋封许国公，张说封燕国公，都因为文章而闻名，声望大致相同，当时的人称他们为"燕许大手笔"。

研 黄帝得玉，始治为墨海，文曰："帝鸿氏研"。孔子为石研，仲由为瓦研，汉漆研，晋铁研，魏银研。

【译文】黄帝得到一块玉，开始把它制成墨海大砚，并在上面刻了"帝鸿氏研"四个字。孔子开始制作石砚，仲由创制了瓦砚，汉朝开始使用漆砚，晋朝使用铁研，曹魏开始使用银研。

溪研 唐玄宗时，叶氏始取龙尾溪石为研，深溪为上。南唐时始开端溪坑石作研，北岩为上，有辟雍样、郎官样。宋仁宗时，端溪石、龙尾溪石并竭。

【译文】唐玄宗时期，叶氏开始选取龙尾溪的石头制作砚台，深溪中的是上品。南唐时期开始在端溪中开坑取石制作砚台，北岩是上品，有辟雍样、郎官样两种制式。宋仁宗时期，端溪石、龙尾溪石全都用尽了。

研谱 端溪三种岩石，上中下三岩。西坑、后历、下岩无新，上中岩有新旧。旧坑则龙岩、汲绠、黄圃三石；新坑则后历、小湘、唐窦、黄坑、蚌坑、铁坑六处，俱山东。其最佳子石出水中者，次鸲鹆眼，赤白黄色点，绿绦、环金线纹，脉理黄。白绦、青绦、青纹，眼筋短纹，火黯微斑。赤裂、黄霞、铁线、白钻、压矢，色斑。龙尾佳者金星，次罗纹眉子、水舷、枣心、松纹、豆斑、角浪、剧丝、驴坑。又《研谱》称：最佳者红丝，出土中者，次黑角、褐金、紫金、鹊金、黑玉。

【译文】端溪中有三种岩石，分为上、中、下三种。西坑、后历、下岩没有新的，上中岩有新旧的区别。旧坑指的是龙岩、汲绠、黄圃三种岩石；新坑指的是后历、小湘、唐窦、黄坑、蚌坑、铁坑六处岩坑，都在山的东面。最好的子石产在水中，其次是鸲鹆眼，上面有红色、白色、黄色的斑点，有绿色带状花纹、环绕的金色线纹，主要纹理是黄色。还有白绦、青绦、青纹，像眼筋一样的短纹，火黯微斑。赤裂、黄霞、铁线、白钻、压矢，都有色斑。龙尾溪中最佳的是金星，其次是罗纹眉子、水舷、枣心、松纹、豆斑、角浪、剧丝、驴坑。另外，《研谱》中说：最好的红丝，是从土中挖出的，其次是黑角、褐金、紫金、鹊金、黑玉。

苏易简研谱 端溪研，水中者石色青，山半者石色紫，山顶者石尤润，色如猪肝者佳。若匠者识山之脉理，凿一窟，自然有圆石，琢而为研，其值千金，谓之紫石研。东坡《铭》曰："孰形无情，石亦卵生。黄膘胞络，以孕黝赪。"

【译文】端溪砚，在水中的砚石为青色，半山的砚石为紫色，山顶的砚石尤其温润，颜色像猪肝的是最好的。如果匠人能够认识山的脉络，挖开一个山窟，里面自然就会有圆石，可以雕琢为砚台，价值千金，称为"紫石研"。苏轼写了一篇《陈公密子石砚铭》说："什么物体没有情呢，就连石头也是卵生的。在黄色的胞衣下，就孕育着青黑与浅红的上好石料。"

即墨侯 文嵩《石虚中传》：南越人，姓石，名虚中，字居默，拜即墨侯。薛稷为研，封石乡侯。

【译文】文嵩《石虚中传》记载：南越有个人，姓石，名虚中，字居默，被封为即墨侯。薛稷制作砚台，被封为石乡侯。

马肝 汉元鼎五年，郅支国贡马肝石，和丹砂为丸，食之，则弥年不饥；以拭白发，尽黑；用以作研，有光起。

【译文】汉元鼎五年（前112年），郅支国进贡马肝石，与丹砂混合在一起制成药丸，服食之后可以终年都不感到饥饿；用它来擦拭白发，就能全部变黑；用它来制作砚台，就会有光芒发出。

凤咮 东坡诗："苏子一研名凤咮，坐令龙尾羞牛后。"[①]（龙尾，溪名，出石可为研。）

【译文】苏轼诗中写道："苏子一研名凤咮，坐令龙尾羞牛后。"（龙尾是溪名，出产的岩石可以用来制作砚台。）

龙尾研 李后主留意翰墨，所用澄心堂纸、李廷珪墨、龙尾研，三者为天下冠，当时贵之。龙尾石多产于水中，故极温泽，性本坚密，扣之其声清越，宛若玉振，与他石不同，色多苍墨。亦有青碧者，石理微粗，以手擘之，索索有锋芒者，尤发墨。

【译文】南唐后主李煜对笔墨十分在意，所用的澄心堂纸、李廷珪墨、龙尾砚都是天下最好的，也是当时最珍贵的。龙尾石大多产于水中，所以极其润泽，质地坚硬紧密，用手叩击就会发出清脆悠扬的响声，就像敲击玉发出的声音一样，与其他普通的石头不同，龙溪石的颜色大多都是青黑色。也有青绿色的，岩石的纹理略显粗糙，用手摩挲，能感觉到有细微的锋芒，磨出的墨汁格外浓而有光泽。

鸲鹆眼 《东坡笔录》：黄墨相间，墨睛在内，晶莹可爱者活眼；四傍漫渍，不甚精明者为泪眼；形体略具，内外皆白，殊无光彩者为死眼。活胜泪，

① 苏东坡《凤咮石砚铭》："苏子一见名凤咮，坐令龙尾羞牛后。"——编者注

泪胜死。

【译文】《东坡笔录》记载：黄黑相间，中间有一块黑色的圆形斑点，看上去晶莹可爱的就是“活眼”；斑点向周围漫延，看上去不是很纯洁光亮的叫作“泪眼”；看形状也大致不差，里面和外面都是白色的，十分没有光泽的叫作“死眼”。活眼比泪眼好，泪眼则比死眼好。

澄泥研　米元章云：绛县人善制澄泥研，以细绢二重淘洗，澄之，取极细者磻为研，有色绿如春波者细滑，着墨不费笔。

【译文】米芾说：绛县人善于制作澄泥砚，用两层细绢淘洗河泥，等水澄清之后，取其中最细的来制作砚台，有一种颜色绿的如同春水一样的砚台，十分细滑，用它磨墨不会损耗毛笔。

铁研　苏易简：青州以熟铁为研，甚发墨。五代桑维翰初举进士，主司恶其姓与丧同，故斥之。维翰铸一铁研，示人曰：“研敝则改业。”卒举进士及第。

【译文】苏易简《砚谱》记载：青州使用熟铁制作砚台，磨出的墨汁十分浓密。五代的桑维翰第一次参加进士考试时，主考官厌恶他的姓与“丧”字同音，所以没有录取他。桑维翰铸了一个铁砚台，让别人看说：“等砚台用坏了我就改业。”后来终于考中了进士。

铜雀研　魏铜雀台遗址，人多发其古瓦，琢研甚工，贮水数日不燥。世传云，其瓦俱陶澄泥，以绤滤过，加胡桃油埏埴之，故与他瓦异。

【译文】魏国的铜雀台遗址，很多人都去挖掘其中的古瓦，将其雕琢研磨得十分精巧，贮水之后几天都不会干。世人传说，那里的瓦都是澄泥制作的，先用葛布过滤，再加上胡桃油和水做成泥坯，所以与其他的瓦不太一样。

结邻　李卫公收研极多，其最妙者名结邻，言相与结为邻也。按结邻，乃月神名，其研圆而光，故取以为喻。

【译文】李靖收藏了很多砚台，其中最妙的名为“结邻”，意思是结交而成为邻居。经考证，结邻是月神的名字，这块砚台圆润而光泽，所以取了这个名字用来比喻。

纸　纸，古帛书，汉幡纸。蔡伦为麻纸，又捣故鱼网为网纸，木皮为榖纸。王羲之为縠藤皮纸。王玙始以竹草造纸。晋桓玄始造青赤缥姚笺纸。石季龙造五色纸。薛涛始为短笺。

【译文】纸，古时用帛书写，汉朝使用幡纸书写。蔡伦发明了麻纸，又捣烂旧鱼网做成网纸，把树皮做成縠纸。王羲之制作了縠藤皮纸。王玙开始用竹草造纸。晋朝桓玄开始造青赤缥姚笺纸。石季龙制造了五色纸。薛涛开始制造短笺。

笺纸　蔡伦玉版、贡馀，俱杂零布、破履、乱麻为之。经屑、表光纸。晋密香纸。大秦国出唐硬黄纸，黄柏染。段成式云蓝纸。南唐后主澄心堂纸。齐高帝凝光纸。萧诚斑文纸（采野麻、土縠）。蜀王衍霞光纸。宋黄白经笺、碧云春树笺、龙凤笺、团花笺、金花笺、乌丝栏。颜方叔宋人杏红笺，露桃红笺，天水碧，俱研花、竹、翎、鳞及山水人物，元春膏笺，冰玉笺，两面光蜡色茧纸。越、剡藤苔笺，即汉时侧理纸，南越海苔为之。蜀麻面、薛骨、金花、玉屑、鱼子十色笺，即薛涛深红、粉红、杏红、铜绿、明黄、深青、浅绿云笺。

【译文】蔡伦的玉版纸、贡馀纸，都是把零碎的布头、破鞋、乱麻夹杂在一起做成的。还有经屑纸、表光纸。晋朝使用的是密香纸。大秦国（即古罗马帝国）出现了唐朝的硬黄纸，是用黄柏染成的。段成式制造了云蓝纸。南唐后主李煜制造了澄心堂纸。齐高帝制造了凝光纸。萧诚制造了斑文纸（采野麻、土縠制成）。前蜀末代皇帝王衍有霞光纸。宋朝有黄白经笺、碧云春树笺、龙凤笺、团花笺、金花笺、乌丝栏。颜方叔是宋朝人，在杏红笺、露桃红笺、天水碧上全都压出花、竹、鸟、鱼以及山水人物的图案，还有元春膏笺、冰玉笺、两面光蜡色茧纸。越、剡地区有藤苔笺，就是汉朝的侧理纸，使用南越海苔制成。蜀地有麻面、薛骨、金花、玉屑、鱼子十色笺，薛涛笺也有深红、粉红、杏红、铜绿、明黄、深青、浅绿云笺。

密香纸　密香纸，以密香树皮为之，微褐色，有纹如鱼子，极香而坚韧，水渍之不溃。

【译文】密香纸是用密香树皮制成的，浅褐色，上面有像鱼卵一样的花纹，香气扑鼻而且十分坚韧，就算是被水浸泡也不会烂。

玉版　成都浣花溪造纸，光滑，以玉版为名。东坡诗：“溪石作马肝，剡藤开玉版。”

【译文】成都浣花溪制造的纸，十分光滑，被称为玉版纸。苏轼的诗中写道：“溪石制成马肝砚，剡藤制成玉版纸。”

剡藤　剡溪古藤极多，造纸极美。唐舒元舆作《吊剡溪藤文》，言今之错为文者，皆大污剡藤也。

【译文】剡溪有很多古藤，造出来的纸极其漂亮。唐朝舒元舆写了一篇《吊剡溪藤文》，说的就是如今胡乱写文章的人，都大大玷污了剡藤纸。

蚕茧纸　王右军书《兰亭记》，用蚕茧纸。纸似茧而泽也。

【译文】王羲之写《兰亭集序》时，用的是蚕茧纸。这种纸的质地很像蚕茧而有光泽。

赫蹄　赫蹄，薄小纸也。《西京杂记》称薄蹄。

【译文】赫蹄是薄而小的纸。《西京杂记》中称为薄蹄。

蔡伦纸　汉和帝时，中常侍蔡伦典作上方，乃造意，用树肤、麻头及敝布、鱼网以为纸。奏上之。故天下咸称“蔡侯纸”。

【译文】汉和帝时，中常侍蔡伦执掌上方署，于是运用心思，用树皮、麻布头和旧布、渔网造纸。之后进奏给汉和帝。所以天下人都把这种纸称为“蔡侯纸”。

侧理纸　张华著《博物志》成，晋武赐于阗青铁研，辽西麟角笔，南越侧理纸，一名水苔纸，南人以海苔为之，其理纵横邪侧，故以为名。

【译文】张华撰写完《博物志》后，晋武帝赐给他于阗的青铁砚、辽西麟角笔、南越侧理纸。南越侧理纸也叫水苔纸，是南方人用海苔做成的，不管是纵向的还是横向的纹理都斜侧着，所以取名侧理纸。

澄心堂纸　李后主造澄心堂纸，细薄尤润，为一时之甲。相传《淳化帖》皆此纸所拓。宋诸名公写字，及李龙眠画，多用此纸。

【译文】南唐后主李煜制造了澄心堂纸，细薄光滑，是当时最好的纸。相传《淳化帖》都是用这种纸拓印的。宋朝的众多名士写字，以及李公麟作画时，也大多使用这种纸。

薛涛笺　元和初，元稹使蜀，营妓薛涛以十色彩笺遗稹，稹于松花纸上写诗赠涛。蜀中有松花纸、金沙纸、杂色流沙纸、彩霞金粉龙凤纸，近年皆废，惟绫纹纸尚存。（薛涛笺狭小，便用，只可写四韵小诗。）

【译文】元和初年，元稹被派遣到蜀地任职，军妓薛涛把十色彩笺送给元稹，元稹在松花纸上写诗回赠薛涛。蜀地有松花纸、金沙纸、杂色流沙纸、彩霞金粉龙凤纸，近年都没有了，只有绫纹纸还在。（薛涛笺狭小，方便使用，只能写四韵小诗。）

左伯纸　左伯与蔡伦同时，亦能为纸，比蔡更精。上召韦诞草诏，对曰：若用张芝笔、左伯纸及臣墨，兼此三具，又得臣手，然后可以成径丈之势。

【译文】左伯与蔡伦是同时代的人，也能造纸，而且比蔡伦的纸更加精细。皇帝召韦诞起草诏书，韦诞说：如果用张芝笔、左伯纸和我的墨，三者兼具，再用我的手来书写，就可以在方寸间写出一丈的气势。

墨　《墨谱》：上古无墨，竹板点漆而书。中古以石磨汁，或云是延安石液。至魏齐，始有墨丸，乃漆烟松煤夹和为之。所以晋人多用凹心研，欲磨墨储沉耳。

【译文】《墨谱》记载：上古时期没有墨，就在竹子和木板上用漆进行书写。中古时期用矿石磨成汁，有人说是用延安出产的石油书写。到魏、齐时期，才有了墨丸，是用漆烟、松煤夹杂在一起制成的。所以晋朝的人大多使用凹心砚，就是想要在磨完墨之后能够留下沉淀。

麦光　杜诗："麦光铺几净无瑕。"东坡诗："香云蔼麦光。"（麦光，纸名。香云，墨也。）

【译文】杜甫的诗中写道："麦光铺几净无瑕。"苏轼的诗中写道："香云蔼麦光。"（麦光，纸名。香云，墨名。）

李廷珪墨　唐李超易水人，与子廷珪亡至歙州。其地多松，因留居，以墨名家，其坚如玉，其纹如犀。其制：每松烟一斤、真珠三两、玉屑一两、龙脑一两，和以生漆，捣十万杵，故坚如玉，能置水中，三年不坏。

【译文】南唐李超是易水人，与儿子李廷珪逃亡到歙州。那里有很多松树，两人便留下来居住，两人因为擅于制墨而闻名，他们制出的墨坚硬如玉，纹理如同犀牛角。其制作的方法是：每丸墨取松烟一斤、珍珠三两、玉屑一两、龙脑一两，与生漆和在一起，捣十万杵，所以坚硬如玉，能够放在水中，三年不坏。

小道士墨 唐玄宗御案上墨曰“龙香剂”。一日，见墨上有小道士，似蝇而行。上叱之，即呼万岁，曰：“小臣墨精，黑松使者是也。世人有文章者，皆有龙宾十二随之。”上异之，乃以墨分赐掌文官。

【译文】唐玄宗御桌上的墨叫作“龙香剂”。有一天，他看到墨上有个小道士，像苍蝇一样行走。玄宗大声呵斥他，那小道士马上高呼万岁，并且说：“小人是墨精，黑松使者。世人擅长写文章的，都有十二个龙宾跟随。”玄宗觉得十分惊异，于是把墨分赐给了掌管文翰的官员。

陈玄 《毛颖传》：颖与绛人陈玄、弘农陶弘、会稽褚先生友善，其出处必偕。

【译文】《毛颖传》记载：毛颖与绛县人陈玄、弘农人陶弘、会稽人褚先生交好，出来时必然会同行。

客卿 《长杨赋》借子墨客卿以为讽。又燕人易玄光，字处晦，封为松滋侯。

【译文】《长杨赋》借用子墨的客卿进行讽刺。此外，燕地有个叫易玄光的人，字处晦，被封为松滋侯。

隃麋 隃麋，墨也。唐高丽贡松烟墨，和麋鹿胶造墨，名隃麋。

【译文】隃麋是一种墨。唐朝时，高丽进贡松烟墨，加入麋鹿胶制成墨，称为隃麋。

卷九　礼乐部

礼制（婚姻一）

冠礼　古者冠礼，筮日筮宾，所以敬冠事也。冠乎祚，以著代也。醮于客位，三加弥尊（始加缁布冠，再加皮冠，三加爵弁），加有成也。已冠而字之，成人之道也。见于母，母拜之；见于兄弟，兄弟拜之，成人而与为礼也。玄冠玄冕，奠挚见于君，遂以挚见于卿大夫、乡先生，以成人见也。

【译文】古代举行冠礼时，要通过占卜确定吉日并且卜选进行冠礼的嘉宾，这是为了表示对冠礼的重视。在祚阶上为嫡长子加冠，代表他是未来的继承人。被加冠的人要在客位接受尊者赐予的酒并且饮尽，加冠三次，一次比一次更加尊贵（先加缁布冠，再加皮冠，三加爵弁），加冠完成后就表示他已经成年了。加冠礼完成后要给他取字，这也是成人的必经之路。接着要去拜见母亲，母亲也要回拜礼；拜见兄弟，兄弟回拜礼，这是因为他已经是成人了，所以要对他行礼。接下来要戴着缁布冠、穿着玄端去拜见国君，把礼品放在地上表示自己不敢亲授，然后要拿着礼品去拜见卿大夫、乡先生，都是以成人的身份前去拜见。

鲁两生　汉叔孙通制礼，征鲁诸生三十余人。有两生不肯行，曰："礼乐必积德百年而后兴，今天下初定，何暇为此？"通笑曰："鄙儒，不知时变者也。"

【译文】汉朝叔孙通制定礼仪时，征召了鲁地的三十多个儒士。有两个儒生不肯前去，说："礼乐是王朝积累百年德化之后才会兴盛的，现在天下刚刚平定，哪里有时间去做这件事呢？”叔孙通笑着说：“迂腐儒生，都是些不知道时代变化的人。”

应时而变 《庄子》：三皇、五帝之礼义法度，不矜于同，而矜于治，譬犹楂、梨、橘、柚，其味相反，而皆可于口。故礼义法度，应时而变也。

【译文】《庄子》记载：三皇、五帝时期的礼仪和法度，不注重相同，而注重是否能够治国，就像山楂、梨、橘子、柚子，它们的味道虽然不同，但是都很可口。所以礼仪和法度，也应该顺应时代而改变。

晋侯受玉 《左传》：天王使召武公、内史过赐晋侯命，受玉惰。过归，告王曰：“晋侯其无后乎！王赐之命，而惰于受瑞，先自弃也已，其何继之有？礼，国之干也；敬，礼之舆也。不敬，则礼不行；礼不行，则上下昏，何以长世？”

【译文】《左传》记载：周襄王派召武公、内史过把荣宠恩赐给晋惠公，晋惠公接受瑞玉的时候精神萎靡不振。内史过回朝后，对周襄王说：“晋惠公的后代恐怕不能再承袭爵位了吧！君王赐给他荣宠，他却十分懒散地接受瑞玉，他已经自暴自弃了，还会有继承人吗？礼节是国家的根本，恭敬是礼节的根本。如果不恭敬，那么礼就无法实行；如果礼无法实行，那么国家上下的尊卑之分就会混乱，这样怎么能够长存于世呢？”

绵蕞 叔孙通与其徒百余人为绵蕞野外，习之月余，礼成。高帝令群臣习肄长乐宫，成，群臣朝贺，莫不振恐肃敬。帝曰：“吾今日知为皇帝之贵也。”

【译文】叔孙通和他的一百多个门生在野外制定和整顿朝廷礼仪，练习了一个多月，礼仪终于制定好了。汉高祖让群臣到长乐宫学习，学成之后，群臣一起按照礼仪进行朝贺，无不恐慌恭敬。汉高祖说：“我今天才知道做皇帝的尊贵。”

婚礼 人皇氏始有夫妇之道，伏羲始制嫁娶。女娲氏与伏羲共母，佐伏羲正婚姻，始为神媒。夏后氏始制亲迎礼。秦始皇始娶妇纳丝麻鞋一緉（取和谐也）。后汉始聘礼用墨。汉重墨，今答聘用之。始婚礼用羊（取羊者，祥也）。巫咸制撒帐厌胜。京房嫁女翼奉子，撒豆谷禳煞。张嘉贞嫁女，制绣幕牵红。唐新妇舆至大门，传席勿履地。晚唐制：新妇上车，以蔽膝盖面。五代始新妇入门跨马鞍。北朝迎婚，十数人大呼，催新妇上舆，妇家宾亲妇女打新郎，喜拳手交下。

【译文】人皇氏开始有夫妻之道，伏羲开始制定嫁娶制度。女娲氏与伏羲是同母所生，帮助伏羲制定婚姻标准，开始称为婚姻之神。夏后氏开始制定亲迎礼。秦始皇开始制定娶妻时需要给对方丝麻鞋一双（取和谐的意思）。东汉开始把墨作为聘礼。汉朝重视墨，现在答聘时也会使用。同时开始在婚礼上用羊（取“羊”谐音“祥”的寓意）。巫咸创制了在床帐里撒同心钱、五彩果辟邪祈福的制度。京房把女儿嫁给翼奉子时，用撒豆谷的方式辟邪。张嘉贞嫁女时，创制了让女儿们藏在绣幕后面，用牵红绳的方法确定出嫁女儿的方法。唐朝新媳妇的轿子到达大门口时，要通过在地上传递席子的方式防止新娘踩在地上。晚唐的制度：新媳妇上轿时，要用蔽膝的布来遮挡面部。五代开始新媳妇进门时要跨过马鞍。北朝迎婚时，十几个人一起大喊，催促新娘上轿，娘家的宾客亲属中的妇女都要打新郎，拳头和巴掌一起打。

昏礼 昏礼者，将合二姓之好，上以祀宗庙，而下以继后世也，故君子重之。是以昏礼纳采、问名、纳吉、纳征、请期，皆主人筵几于庙，而拜迎于门外。入，揖让而升，听命于庙，所以敬慎重、正昏礼也。纳采者，纳雁以为采，择之礼也。问名者，问女生之母名氏也。纳吉者，得吉卜而纳之也。纳征者，纳币以为婚姻之证也。请期者，请婚姻之日期也。五者合亲迎，谓之六礼。

【译文】婚礼，是将要把两家人合为一家人的好事，对上需要祭祀宗庙，对下可以后继有人，所以君子十分重视。正因如此，婚礼的纳采、问名、纳吉、纳征、请期这五个步骤中，男方使者到来时，女方家长都需要在宗庙举办筵席，还要去门外拜迎。宾客入门之后，宾主要作揖和谦让之后再升座，还要在庙中听取使者传达的意见。之所以这样做，是为了表示尊敬和慎重，使婚礼合乎礼制。纳采，就是男方向女方赠送大雁，作为求婚的礼物。问名，就是男方问女方的姓名。纳吉，就是男方将卜婚的吉兆告诉女方。纳征，就是男方赠送给女方钱币作为婚姻的证明。请期，就是男方把成婚的日期告诉女方以请示。这五种礼仪加上亲迎，就是六礼。

礼亲迎 父亲醮子而命之迎，男先于女也。子承命以迎，主人筵几于庙，而拜迎于门外。婿执雁入，揖让升堂，再拜奠雁，盖亲爱之于父母也。降，出御妇车，而婿受绥，御轮三周，先俟于门外。妇至，婿揖妇以入，共牢而食，合卺而酳，所以合体同尊卑以亲之也。

【译文】父亲亲自给儿子敬酒让他迎亲，表示与女子相比，男子在家中占主导地位。儿子接受父亲的命令前去迎娶，女方的父母要在庙里摆下筵席，在门外拜迎。女婿要拿着大雁进入，宾主揖让之后升阶入堂，女婿再拜之后把大雁放在地上，这代表亲自从女方父母的手上娶走新妇。之后新郎要带着新妇下阶出门，驾驶新妇乘坐的车辆时，新郎要亲自牵引缰绳，让车轮转动三圈，先在门外等候。等新妇到来之后，新郎要作揖请新妇上车，用同一个容器吃饭，用一个瓠刨开两半做成的酒器饮酒，这是为了表示新人合为一体，不分尊卑，希望他们可以相亲相爱。

见舅姑 夙兴，妇沐浴以俟见。质明，赞见妇于舅姑，妇执笲枣、栗、段脩以见，赞醴妇。妇祭脯、祭醴，成妇礼也。舅始入室，妇以特豚馈，明妇顺也。（质明，婚礼之次日。赞，相礼之人也。笲，竹器，以盛枣栗、段脩之贽。脩，脯也，加姜桂治之曰“段脩”）。

【译文】第二天要早早起床，新妇要洗头、洗澡之后等待拜见。等到天明之后，赞礼的人要带着新妇拜见公婆，新妇手上要捧着装有枣、栗和段脩的竹制器皿，赞礼的人要给新娘倒酒。新妇奉上肉脯和美酒之后，就算完成了新妇的拜见之礼。公公这个时候进入房间，新妇要进献一只煮熟的小猪，以表明新妇的孝顺。（质明，就是婚礼的次日。赞，就是主持礼节的人。笲，是一种竹制的器皿，用来盛放枣、栗、段脩等礼品。脩，是肉脯，加入姜、桂制作之后称为“段脩”。）

飨以一献 厥明，舅姑共飨妇，以一献之礼奠酬。舅姑先降自西阶，妇降自阼阶，以著代也。（厥明，婚礼之二朝也。舅献姑酬，共成一献。阼者主人之阶，妇之代姑将以为主于内也。）

【译文】天明之后，公婆要一起招待新妇，用一献之礼慰劳新妇。公婆要先从西边的台阶下来，新妇要从东边的台阶下来，用来表明辈分的不同。（厥明，婚礼之后的第二天早上。公公和婆婆各为新妇斟酒一次，共同完成“一献之礼”。阼是大堂的主要台阶，表明新妇将代替婆婆成为家庭主妇。）

结缡三命 女嫁，父戒之曰：“谨慎，从舅之言！”母戒之曰：“谨慎，从尔姑之言！”诸母施鞶绅，戒之曰：“谨慎，从尔父母之言。”

【译文】女儿出嫁时，父亲告诫她：“一定要谨言慎行，听从公公的吩咐！”母亲告诫她：“一定要谨言慎行，听从婆婆的吩咐！”众位伯母、叔母等人要为新妇绑上荷包，并且告诫她：“一定要谨言慎行，听从你父母的吩咐。”

四德三从 是以古者妇人先嫁三月，祖庙未毁，教于公宫；祖庙既毁，教于宗室，教以妇德、妇言、妇容、妇功。教成祭之，牲用鱼，芼之以藻，所以成妇顺也。三从，谓妇人在家从父，出嫁从夫，夫死从子。

【译文】所以古代的女子在出嫁三个月之前，如果祖庙还在，就在祖庙中接受婚前教育；如果祖庙已经毁了，就在族长家中接受教育，教育的内容包括妇德、妇言、妇容、妇功。教成之后要祭祀祖庙，祭品要使用鱼，还要使用藻这种可以食用的水草，用来表明成为新妇之后的顺从。三从，意思是妇人在家里要顺从父亲，出嫁之后要顺从丈夫，丈夫去世后要顺从儿子。

伉俪 《左传》：齐侯请继室于晋，韩宣子使叔向对曰：“寡君未有伉俪，君有辱命，惠莫大焉。”

【译文】《左传》记载：齐侯向晋国请求把一个女儿嫁给他作为继室，韩宣子让叔向回应：“我们的国君还没有夫人，您有所吩咐，是给我们最大的恩惠。”

朱陈 白乐天诗：“徐州古丰县，有村曰朱陈。去县百余里，桑麻青氛氲。一村惟两姓，世世为婚姻。”

【译文】白居易的诗写道：“徐州古丰县，有村曰朱陈。去县百余里，桑麻青氛氲。一村惟两姓，世世为婚姻。”

撒帐果 汉武帝李夫人初入宫，坐七宝流苏辇，障凤羽长生扇，帝迎入帐中，共坐卺饮。预戒宫人遥撒五色同心花果，帝与夫人以衣裾盛之，云“得多”，得子多也。故后世有撒帐之遗。

【译文】汉武帝的妃子李夫人一开始进入皇宫时，坐着七宝流苏辇，打着凤羽长生扇，武帝亲自把她迎到帐幕里，坐在一起饮合卺酒。提前告诉宫女远远地把五色同心花果撒进帐子里，武帝和李夫人用衣襟去接，这叫作“得多”，寓意多生儿子。所以后世才有撒帐的习俗。

月老检书 唐韦固旅次宋城，遇老人向月检书，谓固曰："此天下婚姻簿也。"因问韦妻何氏，答曰："尔妻乃店后卖菜陈妪女耳。"翌日往视，见妪抱二岁女，甚陋。遂使人刺之中眉。后十四年，相州刺史王泰妻以女，姿容甚丽，眉间常贴花钿。细问之，曰："妾郡守侄女也。父卒于宋城。襁褓时为贼所刺，痕尚在眉。"宋城宰闻之，名其店曰"定婚店"。

【译文】唐朝韦固旅居宋城，遇到有个老人借着月光翻书，他对李固说："这是记录天下姻缘的册子。"韦固便问他自己的妻子是哪家女儿，老人回答："你的妻子就是客店后面卖菜陈大妈的女儿。"韦固第二天前去查看，见到一个老妇人抱着一个二岁女孩，样貌十分丑陋。便派人前去刺杀，却只刺中了眉心。十四年后，相州刺史王泰把自己的女儿嫁给韦固，相貌十分美丽，眉间经常贴着花钿。韦固仔细查问，妻子说："我是郡守的侄女。父亲死于宋城，我还是婴儿时曾经被贼人刺伤，眉间现在还有疤痕。"宋城长官听说这件事后，便把那里命名为"定婚店"。

金屋贮之 汉武帝幼时，景帝问："儿欲得妇否？"长公主指其女曰："阿娇好否？"武帝曰："若得阿娇，当以金屋贮之。"

【译文】汉武帝年幼时，景帝问他："儿子你想要娶媳妇吗？"长公主指着自己的女儿说："娶阿娇怎么样？"汉武帝说："如果能够娶到阿娇，我就用黄金建造一座房屋把她藏在里面。"

丹桂近嫦娥 袁筠娶萧安女，言定，未几，擢进士第。罗隐以诗赠之，曰："细看月轮还有意，定知丹桂近嫦娥。"

【译文】袁筠准备娶萧安的女儿，已经约定了婚期，没过多久，袁筠考中进士。罗隐送给他一首诗，诗中写道："细看月轮还有意，定知丹桂近嫦娥。"

女萝附松柏 李靖谒杨素，一伎执红拂侍侧，目靖久之。靖归逆旅，夜半有紫衣人扣门，延入，脱衣帽，乃美人也。靖惊诘之，告曰："妾杨家红拂妓也。女萝愿附松柏。"遂与之俱适太原。

【译文】李靖拜访杨素时，杨素家的一个家妓手中拿着红拂侍立在一旁，一直看着李靖。李靖回到旅店之后，半夜有个穿着紫衣的人前来敲门，李靖把她请入屋内，脱下外衣和帽子一看，竟然是个美人。李靖惊讶地追问缘故，美人告诉他："我就是杨家那个拿着红拂的家妓。我这棵女萝想要依附在您这棵松柏上。"于是李靖和她一起去了太原。

续断弦 《十洲记》：凤麟州以凤喙麟角作胶，能续断弦。

【译文】《十洲记》记载：凤麟州用凤鸟的嘴和麒麟角作胶，能够接续断掉的弦。

门楣 唐玄宗宠礼杨氏，其从兄国忠加御史大夫，铦鸿胪卿，女兄弟韩国、虢国、秦国三夫人。时谣曰："男不封侯女作妃，君看女却为门楣。"

【译文】唐玄宗对杨贵妃的家人十分恩宠，她的堂兄杨国忠被加封为御史大夫，杨铦官拜鸿胪寺卿，姐妹也被分别封为韩国夫人、虢国夫人、秦国夫人。当时有歌谣唱道："男不封侯女作妃，君看女却为门楣。"

冰人 令狐策梦立冰上，与冰下人语。占者曰："在冰上与冰下人语，为阳语阴，当为人作媒，期在冰泮。"太守田豹为子求张徵女，使策为媒，仲春成婚。故称媒人为冰人。

【译文】令狐策梦到自己站在冰上和冰下的人说话。占卜的人说："在冰上和冰下人说话，这是阳间人和阴间人说话，你应该会为人做媒，时间应该就在冰雪消融的时候。"后来太守田豹为自己的儿子求娶张徵的女儿，果然让令狐策做媒，并在农历二月成婚。所以媒人也被称为冰人。

卖犬嫁女 晋吴隐之将嫁女，谢石知其贫，遣女必率薄，乃令移厨帐助其经营。使人至，见婢牵一犬卖之，此外萧然无办。

【译文】晋朝吴隐之准备嫁女儿，谢石知道他家贫穷，嫁女儿时必然会十分俭约，于是命令自家的仆人去他家里搭厨帐帮忙操办婚事。派去的人到达时，看到吴隐之的婢女牵着一条狗正在卖，除此之外什么都没有准备。

练裳遣嫁 汉逸民戴良有五女，练裳竹笥木履而遣之。东坡诗："竹笥与练裳，愿得毕婚嫁。"

【译文】汉朝隐士戴良有五个女儿，他用白色的粗布衣服、竹筐和木屐作为嫁妆嫁掉了女儿。苏轼的诗中写道："竹笥与练裳，愿得毕婚嫁。"

葭莩 汉中山靖王封群臣，非有葭莩之亲。（葭莩，竹上薄衣。）

【译文】汉朝中山靖王任命百官时，没有一个沾亲带故的。（葭莩就是竹子内壁的薄膜。）

潘杨　晋杨经，潘岳作诔文云：“藉三叶世亲之恩，而子之姑，予之伉俪焉。潘杨之睦，有自来矣。”

【译文】潘岳为晋朝杨经作诔文说：“我们借着两家三代以来的姻亲关系来往，而你的姑姑就是我的妻子。潘杨两家和睦的关系由来已久。”

凤占　《左传》：陈公子完奔齐，齐侯使为卿。齐大夫懿氏欲妻以女，卜之曰：“凤凰于飞，和鸣锵锵。有妫之后，将育于姜，五世其昌。”

【译文】《左传》记载：陈国的公子完投奔齐国，齐国君主让他做了卿。齐国的大夫懿氏想要把女儿嫁给他做妻子，占卜得到的卦辞：“凤凰于飞，和鸣锵锵。有妫之后，将育于姜，五世其昌。”

结缡　《诗》：“之子于归，皇驳其马。亲结其缡，九十其仪。”（缡，妇人之袆也。）

【译文】《诗经》记载：“那个女子过门做了别人的新娘，迎亲骏马的毛色黄白相杂。娘亲为女儿戴上佩巾，成亲的礼仪复杂烦琐。”（缡就是女子的配巾。）

示之以礼　马超奔蜀，轻视先主，常呼先主字。关羽怒，请杀之。先主曰：“人穷来归，以其呼字而杀之，何以示天下？”张飞曰：“如是当示之以礼。”次日，大会诸将，请超入，羽、飞并伏刀立直。超顾坐席，不见羽、飞，见其直也。乃大惊，遂尊事先主，不敢呼字。

【译文】马超刚刚投奔蜀国时，对刘备十分轻视，经常叫他的名字。关羽十分生气，请求斩杀马超。刘备说：“别人穷途末路才来投奔，就因为他直呼我的名字就要杀他，如何面对天下人呢？”张飞说：“如此说来，应该以礼相待。”第二天，刘备宴请众位将领，请马超一起赴宴，关羽和张飞都拿着刀侍立。马超环顾座席，没有看到关羽和张飞，看到他们正侍立在旁边。马超大感惊讶，从此恭敬地侍奉刘备，再也不敢直呼姓名了。

议礼聚讼　汉章帝欲定礼乐，班固曰：“诸贤多能说礼，宜广招集。”帝曰：“谚云‘筑舍道旁，三年不成。’会礼之家，名为聚讼。”

【译文】汉章帝想要定制礼乐制度，班固说：“有很多贤士都能说礼，应该广为招集。”汉章帝说：“谚语云：‘筑舍道旁，三年不成。’把懂礼法的人召集在一起进行讨论，实际上是让大家在一起争论啊。”

礼制（丧事二）

丧礼 黄帝始制棺椁。周公制翣。周制俑。虞卿制桐人。左伯椀制明衣（新衣袭尸）。史佚制下殇棺衣。夫差为冥帽，而始制面帛。夏制明器。五代制灵座前看果。舜制吊礼。晋制，吊客至丧家鸣鼓为号。巫咸制纸钱（名寓钱）。汉铸神瘗钱。王玙始丧祭焚纸钱。周制方相先驱。汉制魌头，俗开路显道神。始嫘祖道死，嫫姆监护因制。商始制铭旌以书姓名。魏始书号。后汉始制墓碑，为文字辨识。黄帝封京观，始制墓。周公始合葬。周桓王始改葬。秦武公始人殉葬。宋文公始殉葬用重器。秦称天子墓为山。汉始为陵。汉文帝始预造寿陵。少康封其子祀。禹始设守陵人。秦始皇制皇寝石麟、辟邪、兕马，臣下石人、羊虎柱，罔象好食亡者肝，因制。宋真宗始给民义冢，制漏泽园。

【译文】黄帝开始制作棺椁。周公创制了棺两边的羽饰翣。周朝创制了陪葬的人俑。虞卿创制了陪葬的桐木偶。左伯椀创制了死者洁身后穿着的明衣（就是把新衣服穿在尸体身上）。史佚创制了八岁至十一岁死者所穿的棺衣。夫差创制了冥帽，并且开始制作遮蔽死者面部的帛。夏朝创制了陪葬的明器。五代创制了灵桌前摆设的用木、土、蜡等制成的看果。舜制定了吊丧的礼仪。晋朝制度，前来吊丧的宾客到办丧事的人家里时要鸣鼓为号。巫咸创制了纸钱（称为寓钱）。汉朝开始铸造陪葬的钱币神瘗钱。王玙开始在丧祭中焚烧纸钱。周朝创制了方相氏作为先驱的仪式。汉朝创制了打鬼驱疫所戴的面具魌头，俗称开路显道神。这开始于嫘祖死于道边后，嫫姆监护时所创制。商朝开始制作铭旌用来书写姓名。魏国开始书写死者的号。东汉开始制作墓碑，并且在上面刻字辨识死者身份。黄帝将墓坑封闭，开始建造坟墓。周公创制了合葬制度。周桓王创制了改葬制度。秦武公开始用活人殉葬。宋文公开始用贵重的物品殉葬。秦朝开始称天子的陵墓为山。汉朝开始称为陵。汉文帝开始在皇帝生前预先建造寿陵。少康封少子姒杼，以奉守禹祀。禹帝开始设置守陵人。秦始皇创制了在皇寝中放置石麟、辟邪、兕马的制度，臣子的墓有石人和羊、虎的柱子，因为罔象喜欢吃死者的肝脏，所以建造了这些用来辟邪。宋真宗开始给百姓建造义冢，创制了漏泽园。

服制 黄帝始制丧礼。禹始制五服。尧始定三年丧，父斩衰，母齐衰。唐武后制，父在为母三年，同父丧。宋太祖制，舅姑三年丧。周公制，生母齐衰三月。鲁昭公制，慈母服（他妾养己）。唐玄宗加母党服。魏徵制，叔嫂小功服。戴德制，朋友缌麻服。晋襄公制起复，始伯禽征徐戎卒哭，汉唐沿之。始大臣夺情。汉元帝始令博士丁忧。汉文帝始易月。景帝为三十六日释服。唐肃宗始定二十七日之服。

【译文】黄帝开始定制丧礼。禹开始定制五服制度。尧开始制定守丧三年的制度，父亲去世后要穿着用最粗的麻布制作、断处外露的丧服，母亲去世后要穿用粗麻布制成、边缘整齐的丧服。唐朝武则天时期的制度，如果父亲在世而母亲去世，要为母亲服丧三年，与为父亲举办丧事的制式相同。宋太祖时期的制度，公公婆婆去世后媳妇要守丧三年。周公时期的制度，生母去世后要穿着齐衰服守丧三个月。鲁昭公时期创制了慈母服（由父亲的其他小妾室抚养长大的人穿着）。唐玄宗增加了母党服。魏徵制定，叔嫂关系在服丧时穿着小功服。戴德制定，朋友关系穿着缌麻服。晋襄公制定，为父母守丧不满三年起复为官，从伯禽征讨徐戎时，兵卒虽然在守丧仍然要出征，汉唐沿袭了这项制度，开始对大臣实行为父母守制未满便出仕的夺情制度。汉元帝开始命令博士的父母去世之后，必须辞官回到祖籍，为父母守制二十七个月的丁忧制度。汉文帝开始实行以日代月的易月制度，守制期限改为三十六天。汉景帝规定守制三十六天就可以脱下孝服。唐肃宗开始规定守制二十七日。

丧礼五服 斩衰三年，子为父母。女在室，并已许嫁者，及已嫁被出而反在家者，与子之妻同。子为继母，为慈母，为养母，子之妻同。庶子为所生母，为嫡母，庶子之妻同。为人后者与妻同，嫡孙为祖父母、高曾父母，承重同。妻为夫，妾为家长同。

【译文】父母去世后，儿子要为他们穿粗麻制成的斩衰服守孝三年。女儿如果在家，并且已经与别人定下婚约，以及已经嫁人又被休掉而返回家里的，与儿子的妻子相同。儿子为继母、慈母和养母服丧也要穿着斩衰孝服，儿子的妻子也同样如此。庶子为自己的生母、嫡母服丧也要穿着斩衰孝服，庶子的妻子也同样如此。庶子被立为大宗继承人的，也要与妻子一起穿着斩衰孝服。嫡孙为祖父母、高曾祖父母服丧，如果父亲已死，承受丧祭与宗庙重任的嫡孙也要穿着斩衰孝服。妻子为丈夫用斩衰，妾室为家长服丧同样如此。

齐衰杖期 嫡子、众子为庶母，其妻亦如之。子为嫁母，为出母；夫为妻；嫡孙，祖在，为祖母承重。

【译文】嫡子和其他儿子在为父亲的妾室守丧，要穿着齐衰孝服，手上还要拿丧棒，他们的妻子也同样如此。以下都与上面相同：儿子为已经嫁人和被休掉的母亲服丧；丈夫为妻子服丧；嫡孙的祖父还在世，父亲不在世，为祖母服丧。

齐衰不杖期 祖为嫡孙，父母为嫡长子及嫡长子妇，及众子，及女在室，及子为人后者。继母为长子，众子侄为伯叔父母，为亲兄弟，及亲兄弟之子女在室者。孙为祖父母，孙女在室，与出嫁同。为人后者，为其本生父母。女出嫁，为其本生父母。妾为家长之正妻，妾为家长父母，妾为家长之子与其所生子。

【译文】服丧时穿着齐衰丧服而不拿丧棒的情况有：祖父为嫡孙，父母为嫡长子及嫡长子的妻子，妾室所生的儿子，未嫁的女儿，过继给别人的儿子服丧；继母为长子，众子侄为伯父母、叔父母，为亲兄弟，以及亲兄弟在家的子女服丧；孙子为祖父母，未出嫁的孙女和已经出嫁的孙女为祖父母服丧；过继给别人的儿子为他的亲生父母服丧；小妾为丈夫的正妻，小妾为丈夫的父母，小妾为丈夫的儿子和丈夫与自己所生的儿子服丧。

齐衰五月，曾孙为曾祖父母，曾孙女同。齐衰三月，玄孙为高祖父母，玄孙女同。

【译文】穿着齐衰孝服服丧五个月的情况有：曾孙为曾祖父母、曾孙女为曾祖父母服丧。穿着齐衰孝服服丧三个月的情况有：玄孙为高祖父母、玄孙女为高祖父母服丧。

大功九月 祖父母为众孙，孙女在室者。父母为众子妇，及女已出嫁者。伯叔父母为侄妇，及侄女已出嫁者。妻为夫之祖父母，妻为夫之伯叔父母。夫为人后，其妻为夫之本生父母。

【译文】穿着用熟麻布做成的针脚稍粗的丧服，服丧期九个月的情况有：

祖父母为众孙子、没有出嫁的孙女服丧；父母为众儿子的妻子，以及已经出嫁的女儿服丧；伯父母、叔父母为侄儿的妻子，以及已经出嫁的侄女服丧；妻子为丈夫的祖父母，丈夫的伯父母、叔父母服丧；丈夫过继给别人的，他的妻子为丈夫的亲生父母服丧。

小功五月 为伯叔祖父母，为堂伯叔父母，为再从兄弟，为兄弟之妻，祖为嫡孙妇，为外祖父母，为母之兄弟姊妹。

【译文】穿着用熟麻布做成的针脚稍细的丧服，服丧五个月的情况有：为伯、叔的祖父母，为堂伯、堂叔的父母，为相同曾祖父母的兄弟，为兄弟的妻子，祖父母为嫡孙的妻子，为外祖父母，为母亲的兄弟姐妹服丧。

缌麻三月 祖为众孙妇，曾祖父母为曾孙，祖母为嫡孙、众孙妇，为乳母，为妻之父母，为婿，为外孙，为同堂兄弟之妻。

【译文】穿着用细麻布制成的丧服，服丧三个月的情况有：祖父母为众孙子的妻子，曾祖父母为曾孙，祖母为嫡孙、众孙子的妻子，为乳母，为妻子的父母，为女婿，为外孙，为堂兄弟的妻子服丧。

三父 同居继父，不同居继父，从继母嫁继父。诸继父，谓父死母再嫁他人随去者，同居有期年服，不同居者无服。随继母嫁继父，有齐衰杖期。

【译文】三父指的是：同居的继父，不同居的继父，跟随继母嫁人而成的继父。这些继父，说的都是父亲去世后母亲再嫁他人跟随同去的情况，住在一起的要穿一年孝服，不住在一起的不用穿丧服。跟随继母改嫁的继父，则要穿着齐衰孝服并且拿丧杖一年。

八母 嫡母、继母、养母（谓自幼过房与人）、慈母（谓生母死，父令别妾抚育者）、嫁母（谓亲母因父死再嫁他人者）、出母（谓亲母被父所出）、庶母（父妾之生子女者）、乳母（即奶母，亦服缌麻）。

【译文】八母指的是：嫡母、继母、养母（指的是从小过继给人的情况）、慈母（指的是生母去世，父亲让别的妾室抚养的情况）、嫁母（指的是生母因为父亲去世而改嫁他人的情况）、出母（指的是生母被父亲休掉的情况）、庶母（指的是给父亲生了子女的妾）、乳母（就是奶妈，也要穿缌麻的丧服）。

七出 无子，淫佚，不孝，多言，盗窃，妒忌，恶疾。三不去：与更三年丧；前贫贱后富贵；有所娶，无所归。

【译文】丈夫可以休掉妻子的七种情况是：没有生出儿子，纵欲放荡，不孝，多嘴多舌，盗窃，喜欢忌妒，患了严重的疾病。丈夫在三种情况下不能休掉妻子：妻子与丈夫一起为父母服丧三年；以前贫贱后来富贵的；丈夫还可以再娶，妻子被休后无家可归的。

读礼 《曲礼》曰：居丧未葬读葬礼，既葬读祭礼。

【译文】《曲礼》记载：在家里服丧死者还没有下葬时要读关于丧葬礼仪的书，死者下葬之后要读关于祭祀礼仪的书。

弥留 疾革之时，气尚未绝，目不即瞑，谓之弥留。

【译文】病情危急的时候，呼吸还没有断绝，眼睛不会马上闭上，叫作弥留。

属纩 属，付也。纩，绵也。以绵轻而易动，故付置于口鼻上，以验气之有无也。

【译文】属，放置的意思。纩指的是棉絮。因为棉絮轻而容易移动，所以把它放在口鼻上，用来检查还有没有呼吸。

易箦 曾子疾病，曾元、曾申坐于足，童子隅坐而执烛。童子曰："华而睆，大夫之箦与？"曾子曰："然。季孙之赐也，我未之能易也。元，起易箦！"举扶而易之，反席未安而殁。

【译文】曾子病危，曾元、曾申坐在床脚，童仆坐在角落拿着蜡烛。童仆说："那张竹席华美而光洁，那是大夫才能享用的席子吧？"曾子说："是啊。这席子是季孙送给我的，我还没有来得及换。曾元，扶我起来更换席子！"曾元于是扶起曾子更换了席子，换好后把他放回席子上，还没有安置好曾子就去世了。

捐馆 《苏秦传》：奉阳君死，捐馆舍而去。

【译文】《苏秦传》记载：奉阳君死了，抛下自己的房子离世了。

鬼录 魏文帝《与吴质书》：昔年疾病，亲故多罹其灾，观其姓名，已登鬼录。

【译文】魏文帝在《与吴质书》中写道：当年我经常得病，亲友大多遭逢灾难，现在再看他们的姓名，已经登上了阴间死人的名簿。

就木 晋文公奔狄，娶季隗，将适齐，谓隗曰：“待我二十五年，不来而后嫁。”对曰：“我又如是而后嫁，则就木矣。”

【译文】晋文公逃亡到狄国，娶季隗为妻，将要去齐国时，他对季隗说：“等我二十五年，如果我没有回来你就嫁人吧。”季隗回答：“我要是像你说的那样改嫁的话，恐怕都已经要进入棺材了。”

盖棺论定 晋刘毅云：“丈夫盖棺论方定。”

【译文】晋朝刘毅说：“大丈夫只有盖上棺材之后才能确定对他的评价。”

修文郎 春秋时，苏韶卒，后从弟节昼见韶，因问幽冥事。韶曰：“颜回、卜商死，俱为地下修文郎。”

【译文】春秋时期，苏韶去世，后来他的堂弟苏节白天看到了苏韶，于是问他阴间的事。苏韶说：“颜回、卜商死后，都做了阴间掌管著作的官。”

白玉楼 李贺将死，有绯衣人驾赤虬，奉雷版召贺曰：“帝成白玉楼，立召为记。天上差乐，不苦也。”

【译文】李贺弥留之际，有一个穿着红色衣服的人乘着红色虬龙，手上拿着雷版召李贺说：“天帝建成了一座白玉楼，要立刻召你前去写一篇记文。天上的差事比较安逸，不会劳苦。”

一鉴亡 魏徵卒，帝临朝叹曰：“以铜为鉴，可照妍媸；以人为鉴，可明得失……今魏徵逝，一鉴亡矣。”

【译文】魏徵去世后，唐太宗在上朝时叹息说：“用铜做成镜子，可以照到人的美丑；把人当作镜子，可以明白得失……现在魏徵去世，我的一面镜子没有了。”

月犯少微 谢敷隐居剡中。时月犯少微，占云“处士当之”。谯国戴逵名重于敷，甚以为忧。俄而敷死，时人语曰：“吴中高士，求死不得。”

【译文】谢敷隐居剡中。当时月亮侵犯少微星，算命者占卜的结果是“将会应验在隐士身上”。谯郡的戴逵名声比谢敷大，十分忧虑。没过多久谢敷就去世了，当时的人都说："吴中的高士，想要求死而没有成功。"

岁在龙蛇 郑玄梦孔子告之曰："起，起，今年岁在辰，明年岁在巳。"既寤，以谶合岁，知命当终。谶云："岁在龙蛇贤人嗟。"

【译文】郑玄梦到孔子对他说："起来，起来，今年是辰龙年，明年是巳蛇年。"郑玄醒来后，发现有一句谶语和梦中的年份相合，知道自己命不久矣。这句谶语说的是："龙年和蛇年会有贤人哀叹。"

梦书白驹 杜牧之梦书"白驹"字，或曰："过隙也"。俄而悉毁其所为文章诗籍，果卒。

【译文】杜牧梦到自己写了"白驹"两个字，有人说这是"白驹过隙"的意思。过了片刻，杜牧便把自己所有的文章和诗籍全部毁了，果然与世长辞。

一朝千古 唐薛收卒，秦王曰："吾与伯褒共军旅，岂期一朝成千古也！"

【译文】唐朝薛收去世，秦王说："我与薛收曾经共同带兵，不曾想一天之内便天人永别！"

脱骖 孔子遇旧馆人之丧，入而哭之哀；出，使子贡脱骖而赙之。

【译文】孔子遇到一个原来掌管馆舍的人去世，便进去吊唁，哭得十分哀伤；出来之后，孔子让子贡解下车辕两边的马送给死者家属，资助他们举办丧事。

麦舟 范尧夫舟有麦五百斛，悉与故人石曼卿，以助其葬。

【译文】范尧夫的船里有五百斛麦子，全部送给故人石曼卿，用来资助他举办丧事。

生刍一束 郭林宗有母忧，徐穉往吊之，置生刍一束于闾前而去之。众怪不知其故。林宗曰："此必南州高士徐孺子也。《诗》不云乎：'生刍一束，其人如玉。'吾有何德足以当之？"

【译文】郭林宗为母亲举办丧事，徐穉前往吊唁，在门前放置了一束鲜草就离开了。众人觉得奇怪，不知道他为什么这样做。郭林宗说："这必然是南州的高士徐穉啊。《诗经》中不是这样说：'生刍一束，其人如玉。'我何德何能可以当得起啊？"

素车白马　范式巨卿、张劭元伯相与为友。元伯卒，式梦劭呼曰："巨卿，吾已某日死，某日葬。"式驰往赴之。未及到而劭已发引。将至圹，而柩不前。其母曰："元伯，岂有望耶？"停柩。移时，乃见素车白马，号哭而来。母曰："是必范巨卿也。"式因执绋而引，其柩乃前。

【译文】范式与张劭是好友。张劭去世后，范式梦到张勋呼唤他说："巨卿，我已经在某日去世，将在某日埋葬。"范式赶紧快马加鞭前去参加他的葬礼。还没到时张劭的葬礼已经开始了。将要达到陵墓时，张劭的棺材再也无法前进了。他的母亲说："元伯，你难道还有没有实现的愿望吗？"于是让棺材停下。没过多久，众人便看到白马拉着未经装饰的车，伴着号哭的声音而来。张劭的母亲说："这必然是范式啊。"范式于是拉着牵引棺材的绳子在前面引导，棺材才开始向前移动。

归见父母　陈尧佐临终，自志其墓，曰：有宋颍川生尧佐，字希先，年八十二不为夭，官一品不为贱，卿相纳录不为辱祖，可归见父母栖神之域矣。

【译文】陈尧佐在临终前，自己写墓志铭道：宋朝颍川生人陈尧佐，字希先，八十二岁已经不算夭折，官居一品不算低贱，名录卿相也不算辱没先祖，可以去父母灵魂栖居的九泉之下了。

翁仲　《水经注》：鄗南千秋亭坛庙东枕道，有两石翁仲。山谷诗："往者不可言，古柏守翁仲。"

【译文】《水经注》记载：靠近鄗南的千秋亭坛庙东边的路上，有两座陵墓前放置的石翁仲。黄庭坚有诗写道："往者不可言，古柏守翁仲。"

九京　文子曰："是全要领以从先大夫于九京也。"

【译文】晋国的献文子说："这说明我可以免于刑戮而得以善终，能跟先祖和先父一起长眠在九原。"

佳城　汉滕公驾至东都门，马悲鸣不进。命掘之，得石椁，有蝌蚪书云："佳城郁郁，三千年见白日，吁嗟滕公居此室。"公叹曰："天乎！吾死，其安此乎？"后葬其处。

【译文】汉朝滕公夏侯婴驾车来到东都门，马突然悲鸣不肯前进。夏侯婴命人挖掘，得到一副套在棺材外的石制的椁，上面刻有用蝌蚪文书写的文字："好一块美好的墓地，三千年后才能够重见天日，滕公将要在这里长眠。"夏侯婴感叹地说："这真是天意啊！我死后，便要安葬在此处吗？"后来他果然埋葬在这里。

牛眠 晋陶侃。初家将葬，忽失一牛，不知所在。遇一老父，谓曰："前冈见一牛眠处，其地若葬，位极人臣。"侃寻牛得之，因葬焉。

【译文】当初晋朝陶侃家里要举行葬礼，忽然丢失了一头牛，不知道去了哪里。陶侃在路上遇到一位老人对他说："我在前边的山坡上看到一头牛正在睡觉，那个地方如果作为陵墓，后代定有人位极人臣。"陶侃果然在那里找到了牛，并把去世的人埋葬在那里。

寿藏 唐姚崇曾孙勗自立寿藏于万安山崇茔之旁，兆曰"安居穴"，以土为床，曰"化台"。

【译文】唐朝姚崇的曾孙姚勗在姚崇的陵墓旁边为自己建造了一座陵墓，题名为"安居穴"，用土来制作床，称为"化台"。

挽歌 汉高帝时，田横死，从者不敢哭，随柩叙哀，故承以为挽歌。汉武时，李延年分为二：《薤露》，送王公贵客；《蒿里》，送士大夫庶人。

【译文】汉高祖时期，田横去世，他的从人不敢哭，只跟着他的棺材诉说哀伤之情，所以后人根据这种方式创作了挽歌。汉武帝时期，李延年把挽歌的形式分为两种：第一种叫《薤露》，是为王公贵族送葬时所唱的；另一种叫《蒿里》，是为士大夫以及普通百姓送葬时唱的。

吊柳七 柳永死日，家无余财，群妓合金葬之郊外，每春月上冢，谓之"吊柳七"。

【译文】柳永去世的那天，家里没有多余的钱财，一群妓女便凑钱把他安葬在了郊外，每年春季都要给他上坟，称为"吊柳七"。

漆灯 唐沈彬居有一大树，尝曰："吾死可葬于此。"既葬穴之，乃一古冢，其间一古灯，台上有漆篆文曰："佳城今已开，虽开不葬埋。漆灯犹未灭，留待沈彬来。"

【译文】唐朝沈彬的家里有一棵大树，他曾经说："我去世后可以埋葬在这里。"等要埋葬他时挖开墓穴，原来那里是一座古坟，坟中亮着一盏古灯，灯台上还用漆写着篆文："佳城今已开，虽开不葬埋。漆灯犹未灭，留待沈彬来。”

金粟冈　唐玄宗幸桥陵，见金粟冈有龙盘凤翥之势，谓侍臣曰：“吾千秋万岁后宜葬于此。”及升遐，群臣依旨葬焉。

【译文】唐玄宗驾临桥陵，看到金粟冈山势雄伟蜿蜒，有王者气象，于是对身边的廷臣说：“我驾崩之后应该葬在这里。”等玄宗去世之后，群臣便按照旨意把他葬在那里。

马鬣封　《礼记》：子夏曰：“昔夫子言之曰，吾见封之若堂者矣，见若坊者矣，见若覆夏屋者矣，见若斧者矣，马鬣封之谓也。”

【译文】《礼记》记载：子夏说：“昔日孔夫子说，我曾见过把坟墓修得和堂屋一样的，见过修得像市坊一样的，见过修得像翻转的门庑一样的，见过修得像斧头一样简单的，也就是所谓的马鬣封。”

长夜室　东坡《赠章默》诗：“章子亲未葬，余生抱羸疾。朝吟噎邻里，夜泪腐茵席。愿求不毛田，亲筑长夜室。”

【译文】苏轼在《赠章默》一诗中写道：“章子亲未葬，余生抱羸疾。朝吟噎邻里，夜泪腐茵席。愿求不毛田，亲筑长夜室。”

土馒头　范石湖《重九日行营寿藏之地》诗：“家山随地可松楸，荷锸携壶似醉刘。纵有千年铁门限，终须一个土馒头。”

【译文】范成大在《重九日行营寿藏之地》一诗中写道：“家山随地可松楸，荷锸携壶似醉刘。纵有千年铁门限，终须一个土馒头。”

要离冢　梁鸿卒，皋伯通等为求葬地，乃葬之要离冢傍。曰：“梁鸿高贤，要离烈士，政相类也。”后人遂以其所居名梁溪，今无锡是也。

【译文】梁鸿去世，皋伯通等人为他求得了一块墓地，于是把他葬在要离墓的旁边。众人说：“梁鸿是品行高洁的贤人，要离是壮烈之士，两人正好十分类似。”后人于是把梁鸿埋葬的地方命名为梁溪，就是现在的无锡。

玉钩斜　在吴公台下，隋炀帝葬宫人处也。唐窦巩《宫人斜》诗：“离宫路远北原斜，生死恩深不到家。云雨今归何处去？黄鹂飞上野棠花。”

【译文】玉钩斜在吴公台的下面，是隋炀帝埋葬嫔妃和宫女的地方。唐朝窦巩《宫人斜》写道：“离宫路远北原斜，生死恩深不到家。云雨今归何处去？黄鹂飞上野棠花。”

葬龙耳 晋元帝闻郭璞为人葬坟地，微服往观，谓主人曰：“此葬龙角，必灭族。”主人曰：“璞云此是龙耳，三年当有天子至。”帝曰：“出天子耶？”曰：“非也，能致天子问耳。”

【译文】晋元帝听说郭璞为人挑选墓地，于是微服私访前往查看，并对墓主人说：“这处墓地是龙角的位置，必然会招致灭族。”墓主人说：“郭璞说这里是龙耳的位置，三年内必然会有天子到来。”晋元帝说：“难道是家里要出现天子吗？”那人说：“并非如此，而是能够招致天子来问罢了。”

方相 《周礼》：方相氏殴罔象，好食亡者肝，而畏虎与柏，故墓上列柏树，路口置石虎，本此。

【译文】《周礼》记载：方相氏可以驱逐罔象，罔象这种怪兽喜欢吃死者的肝脏，却害怕虎和柏树，所以在坟墓上种植柏树，在路口放置石虎，都是这个原因。

不憖遗一老 孔子卒，哀公诔之曰：“旻天不吊，不憖遗一老，俾屏余一人以在位，茕茕余在疚。呜呼哀哉尼父！无自律。”子贡曰：“君其不没于鲁乎！”

【译文】孔子去世后，鲁哀公致悼词说：“上天不善，不肯为我们留下这位国老，让他捍卫我居于国君之位，使我孤零零地忧虑成疾。呜呼哀哉尼父！我痛失律己的榜样。”子贡说：“国君恐怕不能在鲁国善终吧！”

五谷瓶 《丧服小记》：鲁哀公曰：“五谷囊起伯夷叔齐，不食粟而死，故作五谷囊。吾父食味含哺而死，何用此为？”今人遂为五谷瓶。

【译文】《丧服小记》记载：鲁哀公说：“五谷囊起源于伯夷、叔齐，他们因为不吃周朝的粮食而死，所以制作了五谷囊来纪念他们。我的父亲丰衣足食而去世，哪里需要用这些东西？”现在的人于是改为五谷瓶。

青蝇为吊客 虞翻字仲翔，放弃海南，自恨疏节，骨体不媚，犯上获罪，当长殁海隅。生无可与语，死以青蝇为吊客，使天下一人知己者，足以不恨。

【译文】虞翻字仲翔，被流放到海南，常怨恨自己的节操过高，有骨气而不知道谄媚，因为直言冒犯君主而获罪，应该是要长眠于海角了。生前没有人可以与他说话，死后只有青蝇前来吊丧，如果天下能够有一个知己，也足以死而无憾了。

墓木拱 《左传》秦伯使谓蹇叔曰："尔何知？中寿，尔墓之木拱矣。"

【译文】《左传》记载，秦穆公派人对蹇叔说："你知道什么？如果在六七十岁的时候死去，现在你坟上的树也该有两手合抱那么粗了。"

瓜奠 唐莱国公杜如晦薨，太宗诏虞世南制碑文。后因食瓜美，怆然悼之，遂辍食，遣使奠于灵座。

【译文】唐朝莱国公杜如晦去世，唐太宗诏令虞世南为他写碑文。后来有一次唐太宗因为吃了美味的瓜，忽然想起杜如晦便十分悲伤地悼念他，于是吃了一半就不吃了，派遣使者把瓜放在杜如晦的灵位前祭奠他。

哀些 宋玉《招魂》曰："光风转蕙，氾崇兰些。"些，语词。宋玉《招魂》语末皆云"些"，故挽歌亦曰"哀些"。

【译文】宋玉《招魂》写道："光风转蕙，氾崇兰些。""些"是语气词。宋玉《招魂》中每句话的末尾都会用"些"，所以挽歌也称"哀些"。

长眠 《广记》：郑郊路逢一冢，有二竹。郑为诗曰："冢上两竿竹，风吹常袅袅。"冢中人续曰："下有百年人，长眠不知晓。"

【译文】《太平广记》记载：郑郊在路上碰到一座坟墓，坟上长着两棵竹子。郑郊作诗："冢上两竿竹，风吹常袅袅。"坟墓中的人续诗："下有百年人，长眠不知晓。"

赙赗 赙，助也。赗，报也。所以助生送死，副至意也。货财曰赙，车马曰赗。玩好曰赠，衣服曰禭。

【译文】赙是助的意思。赗是报的意思。赙赗就是用来资助生者、送别死者的财物，以表达自己的心意。财物叫作"赙"，车马叫作"赗"。供玩赏的物件叫"赠"，衣服叫"禭"。

铭旌 铭，明也，以死者为不可别己，故以其旌识之。杜牧之诗云："黄壤不知新雨露，粉书空换旧铭旌。"

【译文】铭是"明"的意思，因为死者无法让他人识别自己的身份，所以用他的旗帜来作为标记。杜牧的诗写道："黄壤不知新雨露，粉书空换旧铭旌。”

谥 太公周公相嗣王，始作谥法。人主谥始黄帝。加谥至十数字，始唐玄宗。太子谥始申生。卿大夫谥始周。处士谥始陶弘景。公卿无爵而谥始王导。宦者谥、方伎谥，始北魏。公卿大夫祖父谥始元。妇人谥始穆天子谥盛妃。哀后谥始汉高祖尊母昭灵。公主谥始唐高祖谥女平阳公主昭。生而赐谥始卫侯赐北宫喜贞，析朱钼成。私谥始黔娄。妇人私谥其夫始柳下惠。

【译文】姜太公与周公辅佐周天子创立基业，开始创制谥法。为君主加谥号开始于黄帝。所加谥号多达十几个字，始于唐玄宗。为太子加谥号的做法始于申生。为卿大夫加谥号始于周朝。为隐士加谥号始于陶弘景。公卿没有爵位而加谥号始于王导。为宦官和术士加谥号，始于北魏。为公卿大夫的祖父加谥号始于元朝。为妇人加谥号始于周穆王为盛妃加谥号。哀悼皇后的谥号始于汉高祖为母亲加尊号昭灵。为公主加谥号始于唐高祖为女儿平阳公主加谥号“昭”。生前便赐谥号始于卫侯赐北宫喜谥号“贞”，赐析朱钼谥号“成”。由亲属和门人取谥号始于黔娄。妇人私下为丈夫取谥号始于柳下惠。

窀穸 《左传》：获保首领以殁于地，惟是春秋窀穸之事。

【译文】《左传》记载：得以保全性命而终，因此才有了祭祀安葬之事。

襄事 《左传》：葬定公，雨，不克襄事，礼也。

【译文】《左传》记载：埋葬鲁定公时，下起了雨，因此没有把葬礼举行完毕，不急着下葬，这是礼的要求。

葛茀 《左传》：葬敬嬴，旱，无麻，用葛茀。

【译文】《左传》记载：埋葬敬嬴时，天下大旱，没有麻，只能使用葛绳来牵引棺材。

祖载 《白虎通》：祖载者，始载柩于庭，乘輴车而辞祖祢，故曰祖载。

【译文】《白虎通义》记载：祖载的意思，是说将要出葬时，用车载着放着尸体的棺材停在院中，在载运棺柩的车子上祭祀祖先，所以称为祖载。

崩 天子死曰崩，诸侯曰薨，大夫曰卒，士曰不禄，庶人曰死。在床曰尸，在棺曰柩。羽鸟曰降，四足曰渍。死寇曰兵。

【译文】天子去世叫作崩，诸侯去世叫作薨，大夫去世叫作卒，士人去世叫作不禄，百姓去世叫作死。死者在床上叫作尸，在棺材中叫作柩。飞鸟死去叫作降，四足之兽死去叫作渍。死于敌人之手叫作兵。

执绋　《礼记》：吊于葬者必执引，若从柩及圹皆执绋。

【译文】《礼记》记载：在参加葬礼时要帮助埋葬的人牵引棺材，如果跟随灵柩到达墓穴旁边，还要帮忙拉着绳索下葬。

礼制（祭祀三）

祭法　有虞氏禘黄帝而郊喾，祖颛顼而宗尧。夏后氏亦禘黄帝而郊鲧，祖颛顼而宗禹。殷人禘喾而郊冥，祖契而宗汤。周人禘喾而郊稷，祖文王而宗武王。

【译文】有虞氏用大褅礼祭祀黄帝，在南郊祭祀帝喾，用祖礼祭祀颛顼，用宗礼祭祀尧帝。夏后氏也用大褅礼祭祀黄帝，在南郊祭祀鲧，用祖礼祭祀颛顼，用宗礼祭祀禹。商人用大褅礼祭祀帝喾，在南郊祭祀冥，用祖礼祭祀契，用宗礼祭祀汤。周人用大褅礼祭祀帝喾，在南郊祭祀后稷，用祖礼祭祀周文王，用宗礼祭祀周武王。

少昊始制宗庙，周公始为七庙，舜始制庙号。舜受终于文祖，始大事告庙。伏羲始制祀先，少昊始制四时庙祭。舜始制禘祭，帝槐始制不迁宗祭。殷制五年祫祭。周三年文王祭忌日。北齐始制别室，加荐爇味。殷太甲始制功臣配享。禹作世室，始立尸。伊尹制祏（宅也。即今木主，古用石函，故名）。宋真宗制板位（贮以漆匣舁床覆缘）。左彻刻黄帝制木像。

【译文】少昊开始设立宗庙，周公开始设立七庙，舜帝开始创制庙号。舜在尧的太庙接受了禅让，从此朝中有大事都要告祭于祖庙。伏羲开始创制祭祀祖先的礼仪，少昊开始创制四季祭祀宗庙的制度。舜开始制创制大褅祭，帝槐开始创制四代以上祖先不迁走牌位的祭祀制度。殷商创制了五年举行一次祫祭的制度。周代每隔三年在周文王的庙中举行一次大祭。北齐开始创制别室参与祭祀的制度，以增加祭祀中的香火。殷商时期太甲开始创制功臣在宗庙中配享祭祀的制度。禹设立了明堂，开始设立牌位。伊尹创制了祏（放置神位的容器。也就是今天的木主，古代用石盒来装，因此得名）。宋真宗创制了百官参与祭祀时的位次牌（存放在漆匣里、配以支架，并用细密的绢布遮盖）。左彻刻了黄帝的木制雕像。

秦始皇始制寝墓侧，汉因之，为起居、衣冠象生之备，上饭。天子正月上陵，始祭扫。王导拜元帝陵，始人臣谒陵。祭神，伏羲始于冬夏至郊社，祭皇天后土。殷汤始制祭感生帝。周公始制祭神州地祇。舜始制禘郊配食。秦始皇制三岁一郊。汉平帝始南郊，合祀天地，位皆南向，地位差东（时王莽宰衡主之）。神农始制大享五天帝于明堂。尧制五人帝、五人神，配五天帝。舜制五郊，祭五方天帝迎气。黄帝始制坛畤。秦献公制畦畤（如韭畦于畤中，名为一土封也）。秦始皇始制四畤，本襄公西畤，文公鄜畤（俱白帝）。宣公密畤（青帝）。灵公上下畤（上黄帝，下炎帝）。汉高帝始增制五畤。汉武帝始祀太乙（五帝之主），自昏至明，始立泰畤。

【译文】秦始皇开始在宗庙的旁边设立寝庙，汉沿袭了这一制度，用来放置墓主人生前的起居、衣冠等日常物品，并且供奉饭食。天子要在正月率领百官到达先帝陵寝，举行大规模的祭祀活动。王导祭拜汉元帝陵，开始了人臣祭拜皇帝陵。祭神，始于伏羲在冬季和夏季举行郊礼和社礼，祭祀皇天后土。殷汤开始创制祭祀感生帝的制度。周公开始创制祭祀神州地祇的制度。舜帝开始创制禘祭和郊祭中的配食制度。秦始皇制定了三年举行一次郊祭的制度。汉平帝开始在南郊，将天地合于一处进行祭祀，位置都面向南，地位偏东（这是当时王莽任宰衡时主持祭祀制定的）。神农氏开始创制在明堂大祭五方天帝的制度。尧帝创制了五人帝、五人神，一起配飨五方天帝的制度。舜帝创制了在东、南、西、北、中郊，祭祀五方天帝来迎接四时之气。黄帝开始创立祭坛。秦献公创制了畦畤制度（就像在田中划出一块韭菜地一样，称为一土封）。秦始皇开始创制四畤，本于秦襄公设立的西畤，秦文公设立的鄜畤（都是祭祀白帝的场所）。秦宣公设立了密畤（用于祭祀青帝）。秦灵公设立了上下畤（上畤用来祭祀黄帝，下畤用来祭祀炎帝）。汉高祖开始增设为五畤。汉武帝开始祭祀太乙（五帝之主），祭祀活动从晚上持续到白天，开始设立泰畤。

汉文帝始制五帝庙同宇（一屋之下为五庙各门）。晋武帝始诏五帝同称昊天，除五帝座（从王肃议）。秦始皇始制郊祀爟火（爟，举也。不同祠所举火为节而遥拜也）。帝喾始制六宗，祭日月、星辰、寒暑、四时、风雨、雷云。无怀氏始封禅。黄帝制四坎，祭川、谷、水、泉，四坛祭山、林、丘、陵。

舜制秩，祭四岳、四渎。黄帝始制社祭五土，制稷于五土之中，特指原隰之祇（稷为五谷之长，旌异其处能生谷也，非但祭其谷粒）。秦制守始郡县祠社稷。宋真宗始定郡县祭社稷仪。神农始制蜡。少昊制祭先农蚕。舜制祭四方百物。禹祭司寒冰神。秦德公祭伏。汤旱，始迁稷神柱祀弃。汤始五祀，户、灶、门、路、中霤。周公制七祀，加泰厉司命。汉高祖废户祭井。汉高祖始祭蚩尤。唐玄宗始祭九宫神（于千秋节设坛修祀）。颛顼制祃祭。舜制类祭。禹制大旅。神农始制祝文。汉武帝始郊祀，立乐府。黄帝始沐浴，修斋戒。后魏始行香（以香末散行或熏手祷祈）。太康失邦，始日食，始救日。神农始制禖求子。汤制雩祷旱。周公制大雩祈谷。神农始制请雨之法。汤制土龙祈雨。隋文帝制祈雨断屠宰，禁施扇。

【译文】汉文帝开始把五方天帝的庙设在一个宇中（五个庙都在一屋之下各自设立庙门）。晋武帝开始下诏将五方天帝合并设立昊天神位，废除了五帝座（听从王肃的建议）。秦始皇开始创制郊祀爟火制度（爟，就是举的意思。不同的祠堂举火作为标志遥相祭拜）。帝喾开始创制六宗，祭祀日月、星辰、寒暑、四时、风雨、雷云。无怀氏开始封禅。黄帝创制了四坎，用来祭祀川、谷、水、泉，又设立了四坛，用来祭祀山、林、丘、陵。舜创制了秩祭，祭祀四岳、四渎。黄帝开始创制社祭以祭祀五土，并且在五土中设立了稷，用来特别祭祀那些原野中的神祇（稷是五谷之首，这是为了表彰那些能够生长谷物的土壤，并不只是为了祭祀谷物）。秦朝规定太守要在各郡县设立祠堂来祭祀社稷神。宋真宗开始制定各郡县祭祀社稷神的礼仪。神农开始创制年终大祭：蜡。少昊创制了祭祀农神和蚕神的制度。舜帝创制了祭祀四方百物的制度。禹帝创制了祭祀司寒冰神的制度。秦德公开始祭祀伏天。商汤时期天下大旱，开始迁移稷神庙并且放弃了祭祀。汤开始进行五祀，即户祭、灶祭、门祭、路祭、中霤祭。周公创制了七祀，在五祀的基础上增加了泰厉、司命。汉高祖废除户祭增加井祭。汉高祖开始祭祀蚩尤。唐玄宗开始祭祀九宫神（在皇帝生日那天设立祭坛进行祭祀）。颛顼创制了在行军所止处进行的祃祭。舜创制了类祭。禹帝创制了祭祀上帝的大旅。神农开始创制在祭祀中使用的祝文。汉武帝开始郊祀，并设立乐府。黄帝开始在祭祀前进行沐浴，并且斋戒。后魏开始在祭拜时行香（用香末散行或者熏手祈祷）。太康失去国家后，开始出现了日食，这才开始救日祭祀。神农氏开始创制求子的禖祭。汤创制了雩祭来祈祷结束旱情。周公制大雩祭祈求五谷丰登。神农氏开始创制求雨的方法。汤制造土龙用来祈雨。隋文帝创制了在祈雨时禁止屠宰，并且禁止使用障扇。

宗伯职掌凡祀大神、享大鬼、祭大祇，帅执事命龟卜日，次莅筑鬻，省牲，告洁，告备，受釐，锡嘏。

【译文】宗伯掌管祭祀大神、大鬼、大祇的职责，带领属官用龟甲占卜确定祭祀日期，之后要到达祭祀场所煮香草做成鬯酒、检查祭祀所用的牺牲，报告君王牺牲洁净，报告君王一切准备就绪，把祭祀剩余的肉归致君王，再由君王赐福。

九祭六器　《周礼》：太祝掌办九祭六器。六器者，苍璧、黄琮、青珪、赤璋、白琥、玄璜。九祭，一曰命，二曰衍，三曰炮，四曰庙，五曰振，六曰擩，七曰绝，八曰燎，九曰共。

【译文】《周礼》记载：太祝负责掌管和处理九祭六器。六器指的是：苍璧、黄琮、青珪、赤璋、白琥、玄璜。九祭指的是：一为命祭，二为衍祭，三为炮祭，四为庙祭，五为振祭，六为擩祭，七为绝祭，八为燎祭，九为共祭。

郊祀　燔柴于泰坛，祭天也。瘗埋于泰折，祭地也。用骍犊。

【译文】将玉帛和牺牲放在积柴上在泰坛进行焚烧，这是祭天时的仪式。把玉帛和牺牲埋在北郊的泰折，这是祭地时的仪式。祭祀时的牺牲要使用毛皮为红色的牛犊。

六宗　埋少牢于泰昭，祭时也。祖迎于坎坛，祭寒暑也。王宫祭日也。夜明祭月也。幽宗祭星也。云宗祭水旱也。

【译文】把猪、羊埋在泰昭，这是祭祀四时的仪式。在坎坛祭祀先祖，这是祭祀寒暑的仪式。设立日坛祭拜日神。设立夜明坛祭祀月神。设立幽宗坛祭祀星神。设立云宗坛祭祀水旱。

五畤祠　青帝曰密畤祠，黄帝曰上畤祠，炎帝曰下畤祠，白帝曰畦畤祠，黑帝曰北畤。

【译文】祭祀青帝的场所叫作密畤，祭祀黄帝的场所叫作上畤，祭祀炎帝的场所叫作下畤，祭祀白帝的场所叫作畦畤，祭祀黑帝的场所叫作北畤。

五祀　春祀户，夏祀灶，秋祀门，冬祀行，季夏祀中霤。

【译文】在春季祭祀户神，在夏季祭祀灶神，在秋季祭祀门神，在冬季祭祀行神，在农历六月祭祀中霤神。

七祀　王立七祀，曰司命、曰中霤、曰国门、曰国行、曰泰厉、曰户、曰灶。诸侯立五祀，曰司命、曰中霤、曰国门、曰国行、曰公厉。大夫立三祀，曰族厉、曰门、曰行。士二祀，曰门、曰行。庶人一祀，或立户，或立灶。

【译文】君王要设立七种祭祀，分别是司命、中霤、国门、国行、泰厉、户、灶。诸侯要设立五种祭祀，分别是司命、中霤、国门、国行、公厉。大夫要设立三种祭祀，分别是族厉、门、行。士人设立两种祭祀，分别是门和行。庶人要设立一种祭祀，或者设立户祭，或者设立灶祭。

八蜡　天子大蜡八：一先啬（神农），二司啬（后稷），三农（田畯），四邮表畷（田畔屋），五猫（食田鼠）虎（食田豕），六坊（蓄水，亦以障水），七水庸（沟受水，亦以泄水），八昆虫（螟螽之类）。

【译文】天子有八大蜡祭对象：一是先啬（祭祀神农），二是司啬（祭祀后稷），三是农（祭祀农神），四是邮表畷（田畔间田畯用来督导农夫的屋子），五是猫（可以吃掉田鼠）、虎（可以吃掉田里的野猪），六是坊（可以用来蓄水，也可以用来阻挡洪水），七是水沟（水沟可以蓄水，也可以疏导水流），八是昆虫（蝗虫与螟虫之类的害虫）。

祀典　夫圣王之制祭祀也，法施于民则祀之，以死勤事则祀之，以劳定国则祀之，能御大菑则祀之，能捍大患则祀之。是故厉山氏之有天下也，其子曰农，能殖百谷；夏之衰也，周弃继之，故祀以为稷。共工氏之霸九州也，其子曰后土，能平九州，故祀以为社；帝喾能序星辰以著众；尧能赏均刑法以义终；舜勤众事而野死；鲧障洪水而殛死，禹能修鲧之功；黄帝正名百物以明民共财，颛顼能修之；契为司徒而民成；冥勤其官而水死；汤以宽治民而除其虐；文王以文治；武王以武功去民之菑。此皆有功烈于民者也。及夫日月星辰，民所瞻仰也。山林川谷丘陵，民所取财用也。非此族也，不在祀典。

【译文】圣明的先王制定祭祀的法则是：能够对百姓施以法令就祭祀他，死于勤政就祭祀他，对于安定国家有功劳就祭祀他，能够抵御重大灾害就祭祀他，能够抵挡重大祸患就祭祀他。所以厉山氏在管理天下时，他的儿子叫农，能够种植百谷；夏朝衰落的时候，周朝的始祖弃继承了农的事业，所以人们把他当作农神祭祀。到共工氏称霸九州时，他的儿子叫后土，能够治理九州，所以被当作土地神来祭祀。帝喾能够以星辰的顺序安排时间并且公之于众；尧能够赏罚分明，公平地使用刑法，并且最终完成禅让王位的大义；舜帝勤于民事而死于野外；鲧因为堵塞洪水而被杀死，禹能够以德行修正鲧的事业最终成功；黄帝能够给世间万物命名，使百姓明白地为国家贡献财物，颛顼能够光大黄帝的功业；契任司徒时能够使百姓和睦；冥因为尽水官的职责而死在水中；汤以仁政治理百姓并且帮他们除去恶人；文王以文治理天下；武王以武力去除为祸之人。这些都是对百姓有功勋的人。至于天上的日月星辰，都是百姓所仰望的；山林、川谷、丘陵，都是百姓财物和日常用品的来源。除了这类人和事物之外，其他的就不在祭祀的范围之内了。

祭主 天子祭天地、祭四方、祭山川、祭五祀，岁遍。诸侯方祀，祭山川、祭五祀，岁遍。大夫祭五祀，岁遍。士祭其先。

【译文】天子祭祀天地、祭祀四方、祭祀山川、祭五祀，每年都要祭祀一遍。诸侯只祭祀一方的神祇，祭祀山川、祭五祀，每年祭祀一遍。大夫祭五祀，每年祭祀一遍。士人祭祀自己的先祖。

祭孔庙 唐玄宗始封孔子王号。宋太祖始诏孔子庙立戟，仁宗始诏用祭歌，徽宗始从蒋靖请（时官司业），用冕十二旒、服九章。汉武帝始封孔子后为侯奉祀。成帝始谥孔子后。周始诏孔子后为曲阜令。宋仁宗始诏孔子后为衍圣公。

【译文】唐玄宗开始给孔子加封王号。宋太祖开始下诏在孔子庙立戟，宋仁宗开始下诏使用祭歌，宋徽宗开始听从蒋靖（时任司业）的奏请，用十二旒的冠，穿九章华服。汉武帝开始封孔子的后人为侯，让他们供奉祭祀。汉成帝开始为孔子的后人加谥。北周开始诏令孔子的后人为曲阜令。宋仁宗开始诏令孔子后人为衍圣公。

丁祭用鹿 汉高祖过曲阜，以大牢祀孔子。今制，郡县祭孔子以鹿。

【译文】汉高祖经过曲阜时，用牛、羊、豕三牲的大牢祭祀孔子。按现在的制度，郡县祭祀孔子要用鹿肉。

淫祀 凡祭，有其废之，莫敢举也。有其举之，莫敢废也。非其所祭而祭之，名曰“淫祀”。淫祀无福。

【译文】凡是祭祀，有应该废止的，就没有人敢再次举行。有应该进行的，就没有人敢废止。不该自己祭祀而举行的祭祀，称为“淫祀”。淫祀不会得到福佑。

牺牲　天子以牺牛，诸侯以肥牛，大夫以索牛，士以羊豕。

【译文】天子祭祀时用纯色的牛，诸侯使用专门养在祭牲之室的祭牛，大夫使用挑选出来的牛，士人只能用羊和猪。

凡宗庙之礼，牛曰一元大武，豕曰刚鬣，豚曰腯肥，羊曰柔毛，鸡曰翰音，犬曰羹献，雉曰疏趾，兔曰明视，脯曰尹祭，槁鱼曰商祭，鲜鱼曰脡祭。水曰清涤，酒曰清酌，黍曰芗合，粱曰芗萁，稷曰明粢，稻曰嘉蔬，韭曰丰本，盐曰咸鹾，玉曰嘉玉，币曰量币。

【译文】凡是祭祀宗庙的礼仪，牛称为一元大武，大猪称为刚鬣，小猪称为腯肥，羊称为柔毛，鸡称为翰音，犬称为羹献，野鸡称为疏趾，兔称为明视，肉脯称为尹祭，鱼干称为商祭，鲜鱼称为脡祭。水称为清涤，酒称为清酌，黍称为芗合，高粱称为芗萁，稷称为明粢，稻称为嘉蔬，韭菜称为丰本，盐称为咸鹾，玉称为嘉玉，钱币称为量币。

方诸明水　方诸，大蛤也，摩拭令热以向月，则生水，古人取以庙祭，谓之“明水”。

【译文】方诸，就是大蚌，对着月亮反复摩擦使其发热，就能生出水来，古人取这种水进行宗庙祭祀，称之为“明水”。

祭号　祭王父曰皇祖考，王母曰皇祖妣。父曰皇考，母曰皇妣，夫曰皇辟。

【译文】祭祀祖父时称为皇祖考，祖母称为皇祖妣。父亲称为皇考，母亲称为皇妣，丈夫称为皇辟。

庙制　天子七庙，三昭三穆，与太祖之庙而七。诸侯五庙，二昭二穆，与太祖之庙而五。大夫三庙，一昭一穆，与太祖之庙而三。士一庙，庶人祭于寝。

【译文】天子设七庙来供奉七代祖先，二世、四世、六世祖为“三昭”，三世、五世、七世祖为“三穆”，加上太祖之庙共七个。诸侯设五座庙，二昭二穆，加上太祖之庙共五个。大夫设三庙，一昭一穆，加上太祖庙共三个。士人设一庙，普通百姓在寝室进行祭祀。

祭时 天子诸侯宗庙之祭，春曰礿、夏曰禘、秋曰尝、冬曰蒸。天子犆礿，祫禘、祫尝、祫蒸。诸侯礿则不禘，禘则不尝，尝则不蒸，蒸则不礿。诸侯礿，犆；禘，一犆一祫；尝，祫；蒸，祫。

【译文】天子和诸侯在宗庙中举行的祭祀，春祭叫作礿，夏祭叫作禘，秋祭叫作尝，冬祭叫作蒸。天子可以先进行礿祭，再合并进行禘祭、尝祭、蒸祭。诸侯进行了礿祭就不再进行禘祭，进行了禘祭就不再进行尝祭，进行了尝祭就不再进行蒸祭，进行了蒸祭就不再进行礿祭。诸侯可以单独进行礿祭；禘祭则一年为单独祭祀，一年为合并祭祀；尝祭、蒸祭都属于合并祭祀。

牲制 天子社稷皆太牢，诸侯社稷皆少牢。大夫、士宗庙之祭，有田则祭，无田则荐。庶人春荐韭，夏荐麦，秋荐黍，冬荐稻。韭以卵，麦以鱼，黍以豚，稻以雁。

【译文】天子祭祀社稷之神时都要使用牛、羊、猪三牲全备的“太牢”。诸侯祭祀社稷之神时都要使用羊、猪各一头的“少牢”。大夫、士人进行宗庙祭祀时，有田地的举行祭祀，没有田地的只需要献上祭礼。普通百姓春天献荐韭菜，夏天献荐麦，秋天献荐黍，冬天献荐稻。韭菜要配以鸡蛋，麦子要配以鱼，黍要配以小猪，稻子要配以雁。

牛制 祭天地之牛，角茧栗；宗庙之牛，角握；宾客之牛，角尺。

【译文】祭祀天地所用的牛比较小，牛角不过像蚕茧、栗子那么大；祭祀宗庙的牛比较大，牛角有四指合握那么长；招待宾客所用的牛，牛角有一尺长。

六礼 冠、婚、丧、祭、乡、相见。

【译文】六礼指的是：冠礼、婚礼、丧礼、祭礼、乡礼、相见礼。

七教 父子、兄弟、夫妇、君臣、长幼、朋友、宾客。

【译文】七种人伦关系指的是：父子、兄弟、夫妇、君臣、长幼、朋友、宾客。

八政 饮食、衣服、事为、异别、度、量、数、制。

【译文】国家施政的八政指的是：饮食方式、服饰制度、工艺技术、器具的种类、长度单位、容量单位、数的进位、布帛的宽度。

乡饮酒礼 乡饮酒礼，主人拜迎宾于庠门之外，入，三揖而后至阶，三让而后升，所以致尊让也。盥洗扬觯，所以致洁也。拜至，拜洗，拜受，拜送，拜既，所以致敬也。尊让洁敬也者，君子所以相接也。

【译文】乡人聚会举行宴饮的礼仪，主人要在乡学的门外迎接宾客，宾客进入之后，三次揖拜之后才能到达台阶，三次辞让之后才能登上台阶，这是为了表达尊重和礼让。接着主人要为宾客洗饮酒用的爵，这是为了表示洁净。主人拜迎宾客到来，宾客拜谢主人洗杯和献酒，主人站在台阶上拜送宾客入席，宾客饮酒后要答谢主人，这些礼仪都是为了表示尊敬，君子之间的交往要遵循这些规范。

五象 宾主，象天地也。介僎，象阴阳也。三宾，象三光也。让之三也，象月之三日而成魄也。四面之坐，象四时也。

【译文】宾与主，象征着天与地。饮酒时的辅佐者介与僎，象征着阴与阳。主宾、介宾和从宾，象征着日、月、星三光。谦让三次，象征着月亮朔日后的第三天才会有光亮。四面而坐，象征着四个季节。

贵礼贱财 祭荐，祭酒，敬礼也。哜肺，尝礼也。啐酒，成礼也。于席末，言是席之正，非专为饮食也，为行礼也，所以贵礼而贱财也。

【译文】主人向宾客献酒食时，宾客要回敬以礼。接着要割下肺吃掉，这是品尝的礼仪。浅吃一口酒，以成全主人的礼节。宾客在尝酒时，要坐在席的末端，表示宴饮的真正意义并不是为了吃喝，而是为了行礼，这是为了表现重视礼而轻视财。

别贵贱 主人亲速宾及介，而众宾自从之，至于门外，主人拜宾及介，而众宾自入。贵贱之义别矣。

【译文】主人亲自去请主宾和介宾，其他众位宾客则跟随前往，到大门外后，主人要拜迎主宾和介宾，其他宾客自行进入。这样一来身份的贵贱就可以明确了。

辨隆杀 三揖至于阶，三让以宾升，拜至，献、酬辞让之节繁；及介，省矣；至于众宾，升受、坐祭、立饮，不酢而降。隆杀之义辨矣。

【译文】主人与主宾三次揖拜之后到达台阶，再谦让三次之后主宾登上台阶，主人要拜谢主宾的到来，并且献上美酒，主宾要进行酬谢，类似的礼节繁多；主人和介宾之间的礼节就简单很多了；至于其他宾客，只需要登上西面的台阶接受献酒、就地跪下祭祀、站起来饮酒，饮完之后也不用回敬主人就可以下堂了。这样是为了辨明招待规格的高低。

和乐不流 工入，升歌三终，主人献之；笙入三终，主人献之；间歌三终，合乐三终，工告乐备，遂出。一人扬觯，乃立司正焉。知其能和乐而不流也。

【译文】乐工进来之后，先演唱完三首乐歌，主人要献酒给他；接着吹笙的人进入，演奏三曲结束后，主人也要献酒；接着歌曲与笙曲要相间表演完三次，再合起来表演三曲结束，乐工报告主人音乐演奏完毕，就可以出去了。接着，主人的一个部下举起酒杯敬宾客，这是宴会的监礼者。由这些礼仪可知，这场宴饮能够让大家一起欢乐却不失态。

弟长无遗 宾酬主人，主人酬介，介酬众宾，少长以齿，终于沃、洗者焉，知其能弟长而无遗矣。

【译文】主宾先自饮一杯后劝主人饮酒，主人饮完后又劝介宾饮酒，介宾自饮一杯再劝其他普通宾客饮酒，按照年龄大小的顺序饮酒，直到那些负责沃盥、洗涤的人饮酒之后为止，这样就能知道饮酒的顺序是按照年龄进行而且不会有所遗漏。

安燕不乱 降，说屦，升堂，修爵无数。饮酒之节，朝不废朝，夕不废夕。宾出，主人拜送，节文终遂焉，知其能安燕而不乱也。

【译文】大家都要下堂脱下鞋子，再重新升堂入座，这时才开始彼此劝酒，不计杯数。饮酒的时间，以早上不耽误早朝、晚上不耽误晚朝为准。宾客离开时，主人要拜送，从始至终礼节都不能有差错，由此可见，饮酒的礼仪能够使宾主尽欢而又井然有序。

律吕

律法 伏羲始纪阳气之初，为律法。建日冬至之声，以黄钟为宫。（黄钟自冬至始，以次运行，当日者各自为宫、商、徵以类从焉。）黄帝听凤鸣，候气应，比黄钟之宫，而皆可以相生，始为本令。神瞽协中声，始为律度。武王伐纣，吹律听声，制七律。（各五位三所而用之，一同其数，以律和声。）汉武帝时，令张仓定音律，访律吕相生之变于京房，始制六十律。（十二律之外，中宫上生执始，执始上生去减，上下相生，终于南事。）五代钱乐之、沈重因京房而六之，制三百六十律。（日当一管，宫、徵旋韵，各以类从。）黄帝取嶰谷之竹，断两节间而吹律。京房以竹声微不可度调，始作准以定数。（准状如瑟，长丈，十三弦，分寸粗而易达。）后魏陈仲儒请以准代律。魏杜夔令柴玉铸钟。荀勖较杜夔钟律，造十有二笛。笛具五音，以应京房之术。（各以其律相因，以本宫管上行，则宫亢，因宫穴以本宫。徵上行，则徵亢。）梁主衍制为四通。（立为四器，名之为通，皆施二弦，因以通声，转通月气。）又用笛以写通声。沈重始为子声，以母命子，随所多少合一律。（一部律数为母，一中气所有日为子。）为变宫变徵。（羽、宫之间，近宫收一声，少高于宫。角徵之间，近徵收一声少下于徵。）四清声。（如黄钟为宫，蕤宾为之商，则减一律之半，为清声以应之。）隋郑译始立七调，以其七调勘较七声。七声之外，更立一声为应。姜宝常始为八十四调，百四十律，变化终于十声。（率下于译调二律。）何妥陈用黄钟一宫。（妥立议非古旋相为宫之乐。）惟击七钟，五钟为哑钟。唐张文收与祖孝孙吹调，始十二钟皆应。唐末（“黄巢之乱”），工器俱尽。博士殷盈孙铸镈钟十二。处士萧承训较定石磬。（皆于金石求之。）王朴始寻古法，得十二律管，依律准十三弦，以宣其声。宋太祖命和岘下王朴乐二律。仁宗复诏李炤较定。宋礼官杨杰请依人声制乐，以歌为本。蜀方士魏汉津用夏禹以身为度之文，取帝中指三寸为度。

【译文】伏羲开始记录阳气初生的状态，作为律吕的法则。冬至初始时的声音以黄钟作为宫。（黄钟从冬至日开始，按照次序运行，当日各自与宫、商、徵等音调相应。）黄帝听到凤鸟的鸣叫，占验节气的变化与之对应，与黄钟之宫类比之后，发现它们都可以相生，于是开始制定本令。上古乐官神瞽协调中声，开始制定音律的法度标准。武王伐纣时，吹律管而听声，制定了七律。（各在金星、木星、水星、火星、土星五位与日、月、星三所使用，统一它们的数量之后，用律进行和声。）汉武帝时，命令张仓制定音律，向京房学习了律吕变化的规律后，开始制定六十律。（十二律之外，中宫上生出执始，执始上生出去灭，如此上下相生，最终在南事结束。）五代的钱乐之、沈重根据京房六十律扩大六倍，制定了三百六十律。（每天对应一个音调，宫、徵等音律循环往复，各自对应。）黄帝取用嶰谷的竹子，截断两节的中间部位用来吹律。京房因为竹子的声音太小不能制定音调，开始制作叫作“准”的乐器用来确定音律的标准。（准的形状跟瑟很像，长一丈，有十三根弦，这些弦都比较粗，所以容易做到定律。）后魏陈仲儒请求以音准代替音律。曹魏杜夔命令柴玉铸钟创制雅乐。荀勖校正杜夔的音律，制造了十二支笛子。笛子有五音，用来对应京房的六十律。（分别根据自己的音律相应，以本音作为基调上行，那么宫调就会高亢，所以在宫调处钻孔成为本音。徵音上行，那么徵音就会高亢。）南朝梁君主萧衍又根据十二笛制成了四通。（创立四种乐器，称之为通，都安装三根弦，用来校准声律，再用通声转过来推算是否通月气。）又用笛子来对校通声。沈重开始制定子音，用正声来统摄子音，这样不管多少都能合成一律。（一部中正常的律数是母音数，一中气的所有日数是子音数。）还可以变成音律变宫、变徵。（羽音、宫音之间，接近宫音收一声，稍微高于宫音。角音和徵音之间，接近徵音收一声，稍微低于徵音。）四清声。（如果把黄钟作为宫音，蕤宾作为商音，就减去半律，成为清声作为对应。）隋朝郑译开始创立七调，再用七调校准七声。七声之外，再设立一声作为对应。姜宝常开始制定八十四调，一百四十律，变化终结于十声。（律调比郑译创制的七调低两个律。）何妥向隋文帝建议只用黄钟一个宫调。（何妥立议非难古代十二律都能作为宫调的音乐。）只击打七钟有音调，其他五钟都是哑钟。唐朝张文收与祖孝孙吹调之后，十二钟才都有了对应。唐末（“黄巢之乱”后），乐工与乐器全都佚亡了。唐朝博士殷盈孙铸造了十二钟。隐士萧承训校定了磬音。（都是从钟磬这些乐器上求得的。）王朴开始探究古法，制作了十二律管，根据律管校准十三弦，使古乐得以继续流传。宋太祖命令和岘把王朴制定的乐声调降低两个律。宋仁宗又诏令李炤再次校定。宋朝礼官杨杰请求按照人声创制乐音，以歌声作为根据。蜀地方士魏汉津用大禹以身体作为标准的记载，把禹帝中指三寸作为标准。

伏羲始作乐。黄帝臣伶伦始制六律、六吕。荣缓铸十二钟，协月筩，以和五音。周礼始奏鼓吹（大乐皆以钟鼓礼。钟师，掌金奏），制九夏。梁武帝本九夏为十二雅。（准十二律始定大乐，世世因之。）祖孝孙本十二雅为十二和。秦燔《乐经》。汉兴，高祖始为乐《武德》，文帝广为四时乐。叔孙通始定庙乐。武帝始定《郊祀》十九章。明帝始定四品。（郊庙上陵大予乐，辟雍燕射雅颂乐，燕飨黄门鼓吹乐，军中短箫铙歌乐。）汉东京之乱，乐忘。魏武始命杜夔创定雅乐，四箱乐具。晋永嘉之乱，乐又忘。梁武帝更制。及周太祖、隋文帝详定雅乐，颇得其宜。至唐高宗，命祖孝孙考据古音，斟酌南北，始著为唐乐。汉武帝制乐府，始诸调杂舞悉被丝管。陈后主始制《玉树后庭花》新乐，隋炀帝《金钗两臂垂》。（云俱陈后主。）唐玄宗立部伎、坐部伎，三十六曲。隋文帝始分雅俗二部。唐玄宗始法曲，与胡部合奏。汉始立鼓吹署隶，北狄乐分二部。朝会用鼓吹，有箫笳者。军中马上用横吹，有鼓角者。隋以后，始以横吹用之卤簿，与鼓吹列为四部（㧐鼓部、铙鼓部、大横吹、小横吹部），总为鼓吹，供大驾及皇太子王公。张骞入西域，得胡音，始为胡角以应。胡笳本黄帝吹角，战于涿鹿。魏时减为半鸣始衰。汉唐山（姓）夫人造《房中祠乐》，本周房中乐讽，用丝竹遗声为清乐。隋高祖制房内乐。炀帝始加歌钟、歌磬，丝竹副之。元魏孝文篡汉，获南音，始为清商乐，本汉三调。隋文帝笃好清乐，置清商署为七部。炀帝始定清乐九部。唐高祖仍设九部，太宗为十部，俱主清商。唐玄宗始制教坊隶。散乐始周，有缦乐、散乐。秦汉因之，为杂伎。武帝始沿为俳优百戏，总谓散乐。

【译文】伏羲开始创作音乐。黄帝的臣子伶伦开始创制六律、六吕。黄帝又命令荣缓铸造了十二钟，以协调时间和音律，应和五音。周礼开始奏鼓吹乐（大乐都用钟鼓礼。乐官钟师，负责掌管击钟奏乐），创制古乐九夏。梁武帝根据九夏创制了十二雅。（校准十二律之后典礼用的大乐才定下来，世代沿袭。）祖孝孙根据十二雅创制了十二和。秦朝焚烧《乐经》。汉朝创立后，汉高祖开始创制音乐《武德》，汉文帝将其推广为四时乐。叔孙通开始制定宗庙音乐。汉武帝开始制定《郊祀》十九章。汉明帝开始定制四品。（即在郊庙和上陵祭祀时演奏的大予乐，辟雍、燕射活动中所奏的雅颂乐，燕飨、黄门活动中演奏的鼓吹乐，军中用短箫演奏的铙歌乐。）汉朝东京之乱后，音乐都佚失了。魏武帝开始命令杜夔创定雅乐，并创制了四箱乐器。晋朝永嘉之乱后，音乐又佚失了。梁武帝更改乐制。到周太祖、隋文帝时又详定雅乐，十分适宜。到唐高宗时，命令祖孝孙考据古音，品评比较南音与北音，开始制定唐乐。汉武帝设立乐府，从此开始众多曲调和杂舞都有了乐器伴奏。陈后主开始创制《玉树后庭花》新乐，隋炀帝创作了《金钗两臂垂》。（一种说法认为都是陈后主创制的。）唐玄宗设立了部伎、坐部伎，创制了三十六曲。隋文帝开始把音乐分为雅、俗二部。唐玄宗开始把宫廷宴乐中演奏的法曲与胡乐合奏。汉朝开始设立鼓吹署隶，北狄的音乐分为二部。朝会是使用鼓吹乐，也有使用箫笳的。军中马上使用横吹乐，也有使用鼓角乐的。隋朝以后，才开始把横吹乐用于皇帝出行的仪仗中，与鼓吹一起列为四部（㧊鼓部、铙鼓部、大横吹部、小横吹部），合称为鼓吹，供皇帝大驾及皇太子和王公使用。张骞进入西域，得到胡乐，开始用胡角作为应和。胡笳本来是黄帝在涿鹿之战中所吹的角。魏国时减为半鸣才开始衰落。汉朝唐山（姓）夫人创造了《房中祠乐》，依据周朝的房中乐讽，使用弦乐器和竹制乐器的声音来演奏清乐。隋高祖创制了房内乐。隋炀帝开始把歌钟、歌磬加入伴奏，用丝竹乐器来辅助。北魏孝文帝篡汉后，获得南音，开始创制清商乐，依据是汉三调。隋文帝十分喜欢清商乐，设置清商署为七部。隋炀帝开始设定清乐九部。唐高祖仍然设立九部，唐太宗增设为十部，全都主奏清商乐。唐玄宗开始设置教坊隶。散乐始于周朝，有缦乐、散乐。秦汉沿袭了这一乐制，称为杂伎。汉武帝开始沿袭并改为俳优百戏，总称散乐。

乐器 舜调八音，用乐器八百般。至周，改宫、商、角、徵、羽，减乐器五百般。唐又减三百般。周制乐，编悬钟磬各八，二八十六，而在一虡，半为堵，全为肆。（肆，陈也。堵，犹墙之堵，言一列也。）黄帝始殺夔作冒鼓，帝喾作鼗鼓，禹作鞀鼓（小鼓），倕作鼙鼓。周有瓦鼓，汉有杖鼓，唐有羯鼓。母句始作磬。南齐作云板。梁作方响（制岀编磬以铁为之）。黄帝御蚩尤，作钲角；帝喾平共工，作埙篪、柷敔（即控揭）。神农始作钟，禹作铎，汤作錞（以钟以和鼓）。女娲氏作笙簧，随作竽，神农作籥，伏羲作箫（一云女娲，一云舜），师延作箜篌，蒙恬作筝，沈怀远作绕梁（似箜篌）。伶伦伐昆溪之竹作笛，汉丘仲始充其制。女娲氏始作管，唐刘係作七星管。伏羲始作瑟，黄帝始使素女破二十五弦（伏羲瑟五十弦）。梁柳恽作击瑟击琴。唐道源作击瓯。李琬作水盏（二俱用箸击）。师旷制月琴。秦苦役弦鞉而鼓之，作琵琶。李伯阳入西戎，作胡笳。黄幡绰侍明皇，谱拍板琴。伏羲氏始削桐为琴，十弦。神农作五弦琴，具五音。文王始增少宫、少商二弦，为七弦。伏羲始为《琴操》。师延始为新曲。赵定（汉宣时人）始为散操，九引十二操，皆以音相援，不著辞（或云琴曲皆魏晋人为之）。至梁始琴有辞。

【译文】舜帝调理八音，使用的乐器有八百种。到周朝，改为宫、商、角、徵、羽五音，减乐器为五百种。唐朝又减三百种。周朝创制的礼乐，编悬钟、磬各八个，二八一十六，悬挂在一个架子上，只悬挂一半称为堵，全部悬挂称为肆。（肆，陈列的意思；堵，就像墙垣一样，是一列的意思。）黄帝开始杀死夔龙作为鼓上的覆盖物，帝喾制作了拨浪鼓，禹制作了鞀鼓（一种有柄的小鼓），倕制作了军队中使用的鼙鼓。周朝有瓦鼓，汉朝有杖鼓，唐朝有羯鼓。母句开始制作磬。南齐制作了云板。南朝梁制作了方响（制作编磬的架子，乐器用铁片做成）。黄帝亲征蚩尤时，制作了钲角；帝喾平定共工时，制作了埙篪、柷敔（就是控揭）。神农氏开始制作钟，禹制作了铎，汤制作了镎（用钟声来应和鼓声）。女娲氏制作了笙簧，随氏制作了竽，神农氏制作了籥，伏羲制作了箫（一种说法认为是女娲，还有一种说法认为是舜帝），师延制作了箜篌，蒙恬制作了筝，沈怀远制作了绕梁（与箜篌很像）。伶伦砍伐昆溪的竹子制作了笛子，汉朝丘仲开始完善其乐制。女娲氏开始制作管，唐朝刘係制作了七星管。伏羲开始制作瑟，黄帝开始命令素女将瑟破为二十五弦（伏羲制作的瑟是五十弦）。南朝梁柳恽创制了敲瑟、敲琴的演奏方法。唐朝道源制作了击瓯。李琬制作了水盏（二者都是用筷子击打进行演奏）。师旷制作了月琴。秦朝一个苦役把弦加在鼗鼓上演奏，制作了琵琶。老子（李伯阳）进入西戎，制作了胡笳。黄幡绰侍奉唐明皇时，为拍板琴谱曲。伏羲氏开始削桐木来制作琴，有十根弦。神农氏制作了五弦琴，具有五音。周文王开始增加少宫、少商两根弦，成为七弦琴。伏羲开始做《琴操》。师延开始创作新曲。赵定（汉宣帝时人）开始创作散操，共有九引十二操，只用琴音应和，没有创作歌辞（还有一种说法认为琴曲都是魏晋时期的人创作的）。到南朝梁时琴曲才有了歌辞。

古琴名　伏羲离徽，黄帝清角，帝俊电母，伊陟国阿，周宣王响风，秦惠文王宣和、闲邪，楚庄王绕梁，齐桓公鸣廉、号钟，庄子橘梧，闵损掩容，卫师曹凤啸，鲁谢涓龙腰，魏师坚履杯，鲁贺云龙颔，魏杨英凤势，秦陈章神晖，赵胡言亚额（琴额女亚字），李斯龙腮，始皇秦琴（弦轸徽尾俱黑），司马相如绿绮，荣启期双月，张道响泉，赵飞燕凤凰，梁鸿灵机，马明四峰，宋蒙蝉翼，扬雄清英，晋刘安云泉，王钦古瓶，谢庄怡神、仙人，庄女落霞，李勉百纳，徐勉玉床，荀季和龙唇、柷敔，牧太古，赵孟頫震余（许旌阳手植桐），吴忠懿王洗凡（斫瀑布泉亭柱）。

【译文】伏羲的琴叫离徽，黄帝的琴叫清角，帝俊的琴叫电母，伊陟的琴叫国阿，周宣王的琴叫响风，秦惠文王的琴叫宣和、闲邪，楚庄王的琴叫绕梁，齐桓公的琴叫鸣廉、号钟，庄子的琴叫橘梧，闵损的琴叫掩容，卫师曹的琴叫凤嗉，鲁谢涓的琴叫龙腰，魏师坚的琴叫履杯，鲁贺云的琴叫龙颔，魏杨英的琴叫凤势，秦陈章的琴叫神晖，赵胡言的琴叫亚额（琴额上刻有“女亚”二字），李斯的琴叫龙腮，秦始皇的琴叫秦琴（琴弦、琴轸、琴徽、琴尾都是黑色的），司马相如的琴叫绿绮，荣启期的琴叫双月，张道的琴叫响泉，赵飞燕的琴叫凤凰，梁鸿的琴叫灵机，马明的琴叫四峰，宋蒙的琴叫蝉翼，扬雄的琴叫清英，晋朝刘安的琴叫云泉，王钦的琴叫古瓶，谢庄的琴叫怡神、仙人，庄女的琴叫落霞，李勉的琴叫百纳，徐勉的琴叫玉床，荀季和的琴叫龙唇、柷敔，祝牧的琴叫太古，赵孟頫的琴叫震余（是用许旌阳亲手种植的桐树制成），吴越忠懿王的琴叫洗凡（砍下瀑布泉的亭柱制成）。

琴操 雅度五等，伏羲、舜、仲尼、灵关、云和。十二操：孔子《将归》《猗兰》《龟山》，周公《越裳》，文王《拘幽》，太王《岐山》，尹伯奇《履霜》，牧渎《雉朝飞》，商陵牧子《别鹤》，曾子《残形》，伯牙《水仙》《怀陵》。九引：楚樊姬《烈女引》，鲁伯妃《伯妃引》，晋漆室女《贞女引》，卫女《思归引》，楚商梁《霹雳引》，樗里牧恭《走马引》，樗里子《箜篌引》，秦屠高门《琴引》，楚龙丘高《楚引》。蔡邕五弄：《游春》《渌水》《幽居》《坐愁》《秋思》。师涓四时操：春操《离鸿》《去雁》《应蘋》；夏操《明晨》《焦泉》《流金》；秋操《商飙》《落叶》《吹蓬》；冬操《凝和》《流阴》《沉云》。

【译文】古琴的制式有五种：伏羲式、舜式、仲尼式、灵关式、云和式。十二操指的是：孔子的《将归》《猗兰》《龟山》，周公的《越裳》，文王的《拘幽》，太王的《岐山》，尹伯奇的《履霜》，牧渎的《雉朝飞》，商朝陵牧子的《别鹤》，曾子的《残形》，伯牙的《水仙》《怀陵》。九引指的是：楚樊姬的《烈女引》，鲁伯妃的《伯妃引》，晋漆室女《贞女引》，卫女《思归引》，楚商梁《霹雳引》，樗里牧恭《走马引》，樗里子《箜篌引》，秦屠高门《琴引》，楚龙丘高《楚引》。蔡邕的五弄指的是：《游春》《渌水》《幽居》《坐愁》《秋思》。师涓的四时操分别是：春操《离鸿》《去雁》《应蘋》；夏操《明晨》《焦泉》《流金》；秋操《商飙》《落叶》《吹蓬》；冬操《凝和》《流阴》《沉云》。

乐律

历代乐名　黄帝作《咸池》，颛顼作《六英》，帝喾作《五茎》，尧作《大章》，舜作《大韶》，禹作《大夏》，汤作《大濩》，武王作《大武》。

【译文】黄帝创作了《咸池》，颛顼创作了《六英》，帝喾创作了《五茎》，尧创作了《大章》，舜创作了《大韶》，禹创作了《大夏》，商汤创作了《大濩》，周武王创作了《大武》。

嶰谷　黄帝命伶伦作律。伶伦取竹于嶰谷山，其窍厚薄之均者，断两节间作六寸九分而吹之，以为黄钟之管。制十二筒以听凤凰之鸣，雄鸣六，雌鸣六，以为律吕。

【译文】黄帝命令伶伦创作音律。伶伦取来嶰谷山中的竹子，选择其中竹孔内外厚薄均匀的，从中间截成两节制作为长六寸九分的乐器进行吹奏，制成黄钟之管。又制作了十二个竹筒用来仿效凤凰的鸣叫，雄鸟鸣声有六，雌鸟鸣声有六，以其作为律吕。

律吕　律吕，五声之本，生于黄钟之律。律有十二，阳六为律，阴六为吕。律以统气类物，一曰黄钟，二曰太簇，三曰姑洗，四曰蕤宾，五曰夷则，六曰无射。吕以旅阳宣气，一曰林钟，二曰南吕，三曰应钟，四曰大吕，五曰夹钟，六曰中吕。有三统之义焉。职在太常，太常掌之。

【译文】律吕是五声音阶根本，产生于黄钟律。音律共有十二个，六个阳律称为“律”，六个阴律称为“吕”。律是用统领气息来模仿物体的声音，一叫黄钟，二叫太簇，三叫姑洗，四叫蕤宾，五叫夷则，六叫无射。吕以聚集阳气来滋生万物，一叫林钟，二叫南吕，三叫应钟，四叫大吕，五叫夹钟，六叫中吕。律吕可以包含着着黑统、白统、赤统循环的含义。律吕的职责在太常，由太常负责掌管。

葭灰气候　隋文帝取律吕，实葭灰以候气，问于牛弘，对曰：“灰飞半出为和气，全出为猛气，不出为衰气。”

【译文】隋文帝取来律吕，把芦苇膜烧成的灰装入律管来占卜节候，向牛弘询问，牛弘回答：“律管里的灰飞出来一半就是滋养万物的和气，全都飞出来就是破坏万物的猛气，如果没有飞出就是万物衰败的衰气。”

五音 宫为君，商为臣，角为民，徵为事，羽为物，五者不乱，则无怗懘之音矣。宫乱则荒，其君骄；商乱则陂，其臣坏；角乱则忧，其民怨；徵乱则哀，其事动；羽乱则危，其财匮。五者皆乱，迭相陵，谓之慢，如此则国之灭亡无日矣。

【译文】宫象征着君王，商象征着臣子，角象征着百姓，徵象征着政事，羽象征着物品，五音不乱，就不会有不和谐的声音出现。宫音如果混乱就会变得散漫，象征着国君骄横；商音如果混乱就会成为偏激的声音，象征着官员堕落；角音如果混乱就会变得忧愁，象征着百姓有怨言；徵音如果混乱就会变得哀伤，象征着国事有动乱；羽音如果混乱就会变得高亢，象征着钱财匮乏。如果五音都变得混乱，互相侵扰，这种乐声就叫作慢音，这种情况下国家就离灭亡不远了。

乱世之音 郑卫之音，乱世之音也，比于慢矣。桑间濮上之音，亡国之音也，其政散，其民流，诬上行私而不可止也。

【译文】郑国和卫国的音乐，就是乱世之音，接近于慢音了。桑间濮上的音乐，就是亡国之音，出现的国家就会政治混乱，百姓流离失所，欺上瞒下、自私自利的风气盛行而无法制止。

溺音 魏文侯问："何谓溺音？"子夏对曰："郑音好滥淫志，宋音燕女溺志，卫音趋数烦志，齐音敖辟乔志。此四者皆淫于色而害于德，是以祭祀弗用也。"

【译文】魏文侯问道："什么叫作溺音？"子夏回答："郑国的音乐多是淫声，使人心志淫荡；宋国的音乐沉迷女色，使人意志消沉；卫国的音乐节奏急促，使人心烦意乱；齐国的音乐傲慢邪辟，使人志得意满。这四种音乐都是沉溺于情色而对德行有害，所以祭祀的时候不用。"

六声 钟声铿，铿以立横，横以立武。君子听钟声，则思武臣。石声磬，磬以立辨，辨以致死。君子听磬声，则思死封疆之臣。丝声哀，哀以立廉，廉以立志。君子听琴瑟之声，则思志义之臣。竹声滥，滥以立会，会以聚众。君子听竽笙箫管之声，则思畜聚之臣。鼓鼙之声欢，欢以立动，动以进众。君子听鼓鼙之声，则思将帅之臣。君子之听音，非听其铿锵而已也，彼亦有所合之也。

【译文】钟声铿铿，铿铿声可以使人气势勃发，气势可以激起勇气。君王听到钟声，就会想到武将。石磬的声音硁硁，硁硁声可以使人节义分明，节义分明可以使人为君王献身。君王听到石磬的声音后，就会想起因保卫边疆而牺牲的臣子。丝弦的声音哀伤，哀伤可以使人正直，正直可以使人树立志向。君王听到琴瑟的声音，就会想起有志节和大义的臣下。竹管乐器可以发出很多声音可以表示聚合，聚合则可以使众人聚集。君王听到笙、箫、管的声音，就会想起能够聚集百姓、蓄积财物的臣子。鼓鼙的声音欢腾，欢腾可以激发人的奋进之心，奋进之心可以促使民众前进。君王听到鼓鼙的声音，就会想起能够统率军队的臣子。君王听音乐，绝不仅仅是为了听铿锵的声音而已，而是要从音乐中产生与政事有关的联想。

学琴师襄　孔子学琴于师襄。孔子曰："丘习其曲，再习其数，今习其志，有所穆然而深思焉，有所怡然高望而远志焉。又得其人，黮然而黑，几然而长，眼如望羊，心如欲王四国，非文王，其谁能为此也！"师襄辟席，再拜曰："师盖云《文王操》也。"

【译文】孔子向师襄子学习弹琴。孔子说："我先学习曲调，再学习弹奏的方法，现在学习其中的志趣，默然沉思，觉得其中的意境怡然自得，高瞻远瞩而志向远大。我便知道了曲作者的身份，他的皮肤黝黑，身形颀长，眼光长远，心胸宽广好像要统治四国一样，如果不是周文王，还有谁能够做出这样的曲子！"师襄子离开座席，拜了两次说道："我的老师说这就是《文王操》啊。"

四面　王宫县（四面宫县）、诸侯轩县（去其南面，以避王也）、大王判县（又去其北面，仅存其半也）、士特县（又去其西南，以示特立之意也）。

【译文】四面悬挂乐器的情况：君王应该"宫悬"（四面宫壁全都悬挂乐器）、诸侯应该"轩悬"（去掉南面墙壁，以避君王）、大王"判悬"（再去掉北面墙壁，只剩下一半）、士应该"特悬"（再去掉西南墙壁，以表示特立的意思）。

铜山崩　汉武帝时，未央宫殿前钟无故自鸣。诏问东方朔，对曰："臣闻铜者，山之子；山者，铜之母。子母相感，钟鸣，山必有应者。"居三日，南郡太守上书言山崩，延袤二十余里。

【译文】汉武帝时期，未央宫殿前的钟无故自己鸣响。武帝诏问东方朔，东方朔回答：“我听说铜是山的儿子，山是铜的母亲。母子相互感应，现在钟响了，山必然会有所回应。”三天之后，南郡太守上书说有座山崩塌了，绵延二十多里。

魏帝殿前大钟，不叩自鸣，人皆异之，以问张华，华对曰：“此蜀郡铜山崩，故钟鸣应之耳。”寻蜀郡上其事，如张华言。

【译文】魏帝宫殿前有一座大钟，没有人叩击却自己发出鸣响，人们都觉得奇怪，于是去问张华，张华回答：“这是蜀郡的铜山崩塌了，所以钟用鸣响来回应。”没过多久，蜀郡果然上书说了这件事，如同张华所言。

錞于 孝武西迁，雅乐多缺，有錞于者，近代绝此。或有自蜀得之者，莫识之。斛斯徵曰：“此錞于也。”遂依干宝《周礼注》，以芒筒捋之，其声极振。

【译文】北魏孝武帝西迁时，雅乐大多缺失，有一种叫作錞于的乐器，近代已经看不到了。有个人从蜀地得到錞于，却不认识。斛斯徵说：“这是錞于啊。”于是便按照干宝在《周礼注》中所记载的，用芒筒来敲击它，发出的声音极其响亮。

金錞 《周礼》：少师以金錞和鼓。其形象钟，顶大，腹口弇，以伏兽为鼻，内县铃子，铃铜舌。作乐，振而鸣之，与鼓相和（状似佛子铃）。

【译文】《周礼》记载：少师使用金錞来应和鼓声。金錞的外形和钟很像，顶部大，腹口闭合，用伏着的兽类形状作为鼻，内部悬挂着铃铛，铃铛内用铜做舌。奏乐时，只要振动就会发出鸣响，与鼓声相互应和（形状类似于佛子铃）。

蕤宾铁 乐工廉郊，池上弹蕤宾调，忽闻荷间有物跳跃，乃方响一片（方响以铁为之，用以代磬）。识者知其为蕤宾铁也，音乐之相感若此。

【译文】乐工廉郊在池上弹奏蕤宾调，忽然听到荷叶间有东西跳跃的声音，一看原来是一片方响（方响用铁制成，用来替代磬）。有见识的人知道那是蕤宾铁，音乐之间的感应就是如此。

驷马仰秣 伯牙弹琴，而驷马为之仰秣。仰秣者，仰头吹吐，谓马笑也。

【译文】伯牙弹琴时，四匹马都被感染而仰秣。仰秣，即马仰起头吐出口中的草料，就是马笑的意思。

万壑松 郭伯山收唐琴万壑松，乃宣和御府物。李白诗："蜀僧抱绿绮，西下峨眉峰。为我一挥手，如听万壑松。客心洗流水，余响入霜钟。"

【译文】郭伯山收到了唐朝古琴万壑松，乃是宣和年间皇宫内库的物品。李白诗中写道："蜀地的僧人抱着绿绮，从西边走下峨眉峰。为我挥手一弹，就像听到万壑松滔一样。听到这琴声，客人的心就像被流水洗过一样清明，琴声停止之后，余音和寺庙薄暮的钟声融为一体。"

琴有杀心 蔡中郎赴邻人酌。至门，有客鼓琴，中郎潜听之，曰："以乐召我，而有杀心，何也？"遂返。主人知，自起追之。中郎具以告。客曰："我适鼓琴，见螳螂方捕蝉，惟恐失之，此岂杀心现于指下乎？"中郎笑曰："此足以当之矣。"

【译文】蔡中郎蔡邕去邻居家赴酒宴。到门口时，听到有客人在弹琴，蔡邕就在门口悄悄地听，说道："用音乐召我来，琴声中却有杀心，这是为什么呢？"于是便回去了。主人知道后，亲自起身前往追赶。蔡邕把情况都告诉了他。客人说："我刚才弹琴，见到有一只螳螂正要捕蝉，只担心它会失败，难道就是因为这个原因指下才会出现杀心吗？"蔡邕笑着说："这一点就足够了啊。"

高山流水 伯牙鼓琴，钟子期听之。伯牙志在高山，子期曰："善哉，峻若崧岳！"伯牙志在流水，子期曰："善哉，泻若江河！"子期死，伯牙破琴绝弦，终身不复鼓琴。

【译文】伯牙弹琴时，钟子期在一旁听。伯牙的志向在于高山，子期说："好啊，真是高耸如崇山峻岭！"伯牙的志向在于流水，子期说："好啊，奔腾若长江大河！"子期死后，伯牙摔坏琴弄断弦，终生不再弹琴。

濮水琴瑟 师延为纣作靡靡之乐，武王伐纣，师延自投濮水而死。后卫灵公夜止濮上，闻鼓琴声，召师涓听而习之。师旷曰："此亡国之音也！"

【译文】乐师师延为商纣王创作了靡靡之音，武王伐纣时，师延投濮水自尽。后来卫灵公夜里停在濮水边，突然听到弹琴声，于是召师涓来听并且学习。师旷说："这是亡国之音啊！"

焦尾 蔡中郎在吴。吴人烧桐以爨，中郎闻其火爆声曰：“良木也。”请截为琴，果有美音。其尾犹焦，因名其琴曰“焦尾琴”。

【译文】蔡中郎（蔡邕）在吴地。吴地人用桐木来烧火做饭，蔡邕听到木柴在火中爆裂的声音说：“这是上好的木材啊。”于是请求把这块桐木截断做琴，果然能够弹奏出美好的声音。因为尾部还是烧焦的状态，所以蔡邕给这个琴取名“焦尾琴”。

相如琴台 司马相如有琴台，在浣溪正路金花寺北，魏伐蜀，于此下营掘堑，得大瓮二十余口，以响琴也。

【译文】司马相如有一座琴台，在浣溪正路金花寺的北边，魏国讨伐蜀国时，曾经在这里安营扎寨，挖掘堑壕时，发现有大瓮二十多口，这是司马相如用来扩大琴声的。

松雪 雷威作琴，不必皆桐。遇大风雪，独往峨眉山，著蓑笠入深松中，听其声连绵清越者，伐之以为琴，妙过于桐。世称雷公琴，有最爱重者，以“松雪”名之。

【译文】雷威制作琴时，不一定都要使用桐木。遇到大风雪的天气时，他就会独自一人前往峨眉山，穿着蓑笠深入松林，听到哪棵松树的声音连绵悠扬，就砍下来制琴，声音比桐木做的还要美妙。世人称之为雷公琴，其中有一张琴是他最为喜欢的，用“松雪”来命名。

斫琴名手 晋雷威、雷珏、雷文、雷迅、郭亮并蜀人，沈镣、张钺并江南人，皆斫琴名手。

【译文】晋朝的雷威、雷珏、雷文、雷迅、郭亮都是蜀地人，沈镣、张钺都是江南人，他们都是制琴的大师。

震余 鲜于伯机以震余琴送赵文敏，是许旌阳手植桐，为雷所击断，斫以为琴。琴背许旌阳印剑之迹宛然，盖人间至宝也。

【译文】鲜于枢把震余琴送给赵孟頫（文敏），这张琴是用许逊（旌阳）亲手种植的桐树制成的，被雷击劈断，便将它雕琢为琴。琴背上许逊印剑的痕迹清晰可见，这真是人间的至宝啊。

绿绮 蔡中郎有琴名绿绮，云是峄阳孤桐所斫，一时名重天下。

【译文】司马相如有一把叫作绿绮的琴，据说是峄阳的孤桐制成的，一时之间名震天下。

无弦琴 陶渊明不解琴，畜素琴一张，弦徽不具，常抚摩之，曰："但识琴中趣，何劳弦上声。"

【译文】陶渊明不会弹琴，收藏了一张素琴，既没有琴弦，也没有琴徽，他经常抚摸着这张琴说："但识琴中趣，何劳弦上声。"

将移我情 伯牙学琴于成连，三年不成。成连曰："吾师方子春，在东海中，能移人情。"乃引之东海蓬莱山之侧，刺船迎方子春，旬日不返。伯牙延望无人，但闻海水澒洞崩折之声，山林杳冥，群鸟悲鸣，怆然叹曰："先生将移我情矣！"乃援琴而歌水仙之操。

【译文】伯牙向于成连学琴，三年都没有学成。于成连说："我的师傅方子春，住在东海里，能够改变人的情志。"于是把伯牙带到东海蓬莱山的边上，自己驾着船去迎接方子春了，过了十几天没有回来。伯牙引颈远望迟迟看不到人，只能听到海水漫天震耳的声音，山林幽暗不明，群鸟悲怆鸣叫，伯牙怆然叹息道："先生是用这样的方法改变我的情志啊！"于是弹琴唱出了《水仙操》。

绕殿雷 冯道之子能弹琵琶，以皮为弦，世宗令弹，深喜之。因号绕殿雷。

【译文】冯道的儿子擅长弹琵琶，用皮作为弦，后周世宗命令他弹奏，十分喜爱。因此称为"绕殿雷"。

游鱼出听 孙卿子云："瓠巴鼓瑟，游鱼出听。"

【译文】荀子说："瓠巴弹瑟时，连水里的鱼都出来倾听。"

箜篌 箜篌其形似瑟而小，用拨弹之。汉灵帝好之，体曲而长，二十三弦，竖抱于怀，两手齐奏之，俗谓之"劈箜篌"。

【译文】箜篌的形状像瑟，但要稍微小些，用拨片进行弹奏。汉灵帝十分喜欢，箜篌的体形又长又弯，有二十三根弦，竖抱在怀里，两只手一起弹奏，俗称"劈箜篌"。

见狸逐鼠 孔子鼓琴，曾子、子贡侧门而听。曲终，曾子曰："嗟乎！夫子琴声，殆有贪狼之志，邪僻之行，何其不仁！”子贡以告，子曰：“向者鼓琴，有鼠出游，狸见于屋，循梁微行。造焉而避，厌身曲脊，求而不得。丘以琴淫其声，参以为贪狼邪僻，不亦宜乎！”

【译文】孔子弹琴时，曾参、子贡在门边听。一曲结束后，曾子说：“唉！夫子的琴声里，似乎也有狼那种贪婪的欲望，还有邪恶的行为，这是何等的不仁啊！”子贡把这件事告诉了孔子，孔子说：“刚才我弹琴的时候，有一只老鼠出来游荡，一只猫在屋子里看到了它，便沿着房梁潜行。老鼠看到猫发现了自己，就挖个洞躲了进去，猫伏低身体，弯曲脊背，求之不得。我用琴声来模仿它邪恶的声音，曾参认为这琴声有狼的贪欲和邪恶的行径，实在是再合适不过了！”

筑　筑状如琴而大头，十三弦，其项细，其肩圆，鼓法以左手抱之，右手以竹尺击之，随调应节。

【译文】筑的外形像琴，头部稍大，有十三根弦，项部比较细，肩部圆，弹筑时用左手抱着，右手用竹尺敲击，随着音调来应和节拍。

寇先生　嵇中散尝去洛数十里，有亭名华阳，投宿。一更，操琴。闻空中称善，中散呼与相见，乃出见形，以手持其头，共论音声，因授以《广陵散》。此鬼名“寇先生”，生前善琴，为宋景公所杀。中散得《广陵散》，秘不肯授人。后临刑叹曰：“《广陵散》于今绝矣！”

【译文】嵇康曾经去距离洛阳几十里的地方，到名字叫华阳亭的地方投宿。一更天时，嵇康还在弹琴。突然听到空中有人叫好，嵇康便招呼他来相见，那人便现出行迹，用手拿着自己的头，和嵇康一起讨论声乐，于是传授给他《广陵散》。这个鬼的名字叫“寇先生”，生前擅于弹琴，被宋景公所杀。嵇康得到《广陵散》后，将其秘藏不肯传授给别人。后来他在临刑时叹息说：“《广陵散》从今之后就绝迹了！”

楚明光　王彦伯尝过吴，维舟中渚，登亭望月，倚琴歌《泫露》之诗。俄有女郎披帷而进，乃抚琴挥弦，调韵哀雅。王问何曲，女曰：“古所谓《楚明光》也，嵇叔夜能为此声。自兹以后，得者数人而已。”彦伯请授教，女曰：“此非艳俗所宜，惟岩栖谷隐，可以自娱耳。”鼓琴而歌，歌毕，迟明辞去。

【译文】王彦伯曾经路过吴地，把小船停靠在岸边，登上亭子望月，弹着琴唱《泫露》。片刻后有个女子掀开帷帐进来，居然坐下开始弹琴，琴音哀伤而高雅。王彦伯问她弹的是什么曲子，女子说："这是古人所说的《楚明光》，嵇康能够弹奏这个曲子。从那之后，得到这首曲子的只有几个人而已。"王彦伯请她把曲子教授给自己，女子说："这曲子不是俗世适合弹奏的，只有隐居在山谷里的人，才能弹奏自娱自乐。"说完后弹琴而歌，唱完天都快亮了，女子便告辞离去。

天际真人想 桓大司马曰："谢仁祖，企脚北窗下弹琵琶，有天际真人想。"

【译文】大司马桓温说："谢尚跷着脚在北窗下弹琵琶，那感觉就像天上的神仙一样。"

拨阮 武后时，有人破古冢得铜器，似琵琶，身正圆，人莫能辨。元行冲曰："此阮咸所作也。"命匠人以木为之，乐家遂名之"阮咸"。以其形似月，声似琴，遂名月琴。今人但呼曰"阮"，曰"拨阮"，曰"摘阮"，俱可。

【译文】武则天时，有人发掘古墓得到一件铜器，样子和琵琶很像，形体正圆，没有人认识。元行冲说："这是阮咸制作的。"于是让匠人用木仿造，音乐家便把它命名为"阮咸"。因为它的外形类似月亮，声音类似琴声，于是便命名为月琴。现在的人称之为"阮"，或者叫作"拨阮""摘阮"，这些叫法都可以。

柯亭竹椽 蔡中郎避难江南，宿柯亭，听庭中第十六条竹椽迎风有好音，中郎曰："此良竹也。"取以为笛，声音独绝，历代相传，后折于孙绰妓之手。

【译文】蔡邕到江南避难，在柯亭住宿，听到院子里第十六条竹椽子被风吹得发出美好的声音，蔡邕说："这真是上好的竹子。"于是取下来做成笛子，声音绝无仅有，世代相传，后来在孙绰的侍妓手中折断了。

秦声楚声 李龟年至岐王宅，闻琴，曰："此秦声。"良久，又曰："此楚声。"主人入问之，则前弹者陇西沈妍，后弹者扬州薛满。二妓大服。

【译文】李龟年造访岐王府时，听到有琴声，便说："这是秦地的音乐。"过了很久，他又说："这是楚地的音乐。"主人进去问弹琴的人，原来前面弹奏的人是陇西人沈妍，后面弹奏的人是扬州人薛满。两位乐妓大为叹服。

好竽 齐王好竽，有求仕于齐者，操瑟而往，立于王之国三年，不得入。客曰："王好竽，而子鼓瑟，瑟虽工，其如王之不好何！"

【译文】齐王喜欢竽，有人想要到齐国求官，带着瑟前往，在齐王的国家整整待了三年，不得入宫觐见。有客人对他说："齐王喜欢竽，你却弹瑟，你虽然工于瑟，怎奈齐王不喜欢啊！"

羯鼓 唐明皇不好琴，一弄未毕，叱琴者出。谓内侍曰："速令花奴将羯鼓来，为我解秽。"

【译文】唐明皇不喜欢琴，一曲还没有奏完，他便把奏琴的人呵斥出去了。明皇对内侍说："快让花奴带着羯鼓过来，为我解去污秽。"

渔阳掺挝 祢衡被魏武谪为鼓吏。正月十五，试鼓，衡扬桴（音孚）为《渔阳》掺挝（音伞查），渊渊有金石声，四座为之改容。（掺，击鼓法。挝，击鼓捶。）

【译文】祢衡被魏武帝贬谪为鼓吏。正月十五那天试鼓，祢衡扬起鼓槌奏了一曲《渔阳》掺挝（音伞查），鼓声渊渊有金石之声，在座的所有人都为之动容。（掺，一种击鼓的方法。挝，击鼓用的槌。）

回帆挝 王大将军尝坐武昌钓台，闻行船打鼓，嗟称其能。俄而一捶小异，王以扇柄撞几曰："可恨！"时王应侍侧曰："此回帆挝。"使视之，曰："船入夹口。"

【译文】大将军王敦曾经坐在武昌的钓台上，听到行进的船上有打鼓的声音，赞叹打鼓者的才能。片刻之后有一锤稍有不同，王敦用扇柄撞桌子说："可恨！"当时王应侍立在侧说道："这是船返航时所击的鼓声。"王敦派人前去察看，回报说："船已经进入夹口了。"

十八拍 蔡琰字文姬，先适河东卫仲道，夫亡。兴平中丧乱，为胡骑所获，没于南匈奴。左贤王十二年春月，登胡殿，感胡笳之声，作《胡笳十八拍》，后曹操以金帛赎之，嫁于董祀。

【译文】蔡琰字文姬，先嫁给河东人卫仲道，她的丈夫后来去世了。兴平年间发生死亡祸乱之事，被胡人起兵所抓获，掳到南匈奴。左贤王十二年一月，她登上胡人宫殿，被胡笳的声音感染，创作了《胡笳十八拍》，后来曹操用金帛把她从胡人手中赎出，嫁给了董祀。

簨虡（音损巨。横曰簨，直曰虡） 《周礼》：梓人为簨虡。天下大兽五，脂者、膏者、羸者、羽者、鳞者。雕画于乐县之上：大声有力者，以为钟虡，清声无力者为磬虡。

【译文】《周礼》记载：专造乐器悬架、饮器和箭靶等的梓人制作了簨和虡。天下重要的动物有五种：牛羊属；猪属；虎、豹等短毛兽属；鸟属；龙蛇属。把它们雕画在悬挂的乐器上：那些叫声大而有力的猛兽，雕画在悬钟的格架上，那些声音清脆而缺乏力量的动物则雕画在悬磬的架子上。

周郎顾 周瑜妙于音律，虽三爵之后，少有阙误，瑜必举目瞠视。时人语曰："曲有误，周郎顾。"

【译文】周瑜精通音律，即使酒过三巡之后，演奏者稍微有点错误，周瑜也必然会回头去看。当时的人说："曲有误，周郎顾。"

击壤 击壤，石戏也。壤以木为之，前广后锐，长四尺三寸，阔三寸，其形如履，将戏，先侧一壤，于三四十步外，以手中壤击之，中者为吉。

【译文】击壤是一种石戏。壤用木制成，前端宽大而后部尖锐，长四尺三寸，宽三寸，形状和鞋子很像，准备游戏时，先把一个壤放在一侧，在三四十步之外，用手中的另一个壤击打，击中者为吉祥。

一通 禁鼓一千一百三十声为一通，三千六百九十声为三通。更鼓三百六十挝为一通，千捶为三通。余鼓三百三十三为一通。角十二声为一叠。

【译文】禁鼓敲一千一百三十声称为一通，三千六百九十声称为三通。更鼓敲三百六十挝称为一通，锤击一千次称为三通。余鼓敲击三百三十三次称为一通。角吹十二声称为一叠。

钟声 晨昏撞一百单八者，一岁之义也。盖年有十二月，有廿四气，又有七十二候，正得此数。《越州歌》曰："紧十八，慢十八，六遍共成一百八。"

【译文】每天清晨和黄昏各撞钟一百零八次，代表着一年的意思。因为每年有十二个月，有二十四节气，还有七十二节候，合起来正好得到这个数字。《越州歌》说："紧十八，慢十八，六遍共成一百八。"

埙篪 埙以土为之，锐上平底，如秤锤，六孔，一云八孔，大如鸭卵，曰"雅埙"。小如鸡卵，曰"颂篪"，以竹为之，大者长一尺四寸、八孔，小者长一尺二寸、七孔，横吹之，与埙声相应。埙篪二器，乃周昭王时暴辛公所作。

【译文】埙是用土制成的，上部尖锐，底部平整，就像秤锤一样，上面有六个孔，一说是八个孔，大如鸭蛋，叫作"雅埙"。小如鸡蛋的，叫作"颂篪"，用竹子制成。大的长一尺四寸，有八个孔。小的长一尺二寸，有七个孔，横着吹奏，与埙的声音互相应和。埙、篪两件乐器，是周昭王时期暴辛公所制作的。

柷敔 柷，状如漆桶，以木为之，方二尺四寸，深一尺八寸，中有椎柄，连底撞而击其傍，所以起乐也。方二尺四寸者，阴数也。敔，状如伏虎形，背上有二十七鉏铻，刻以木，长尺许，以木戛之，所以止乐也。二十七鉏铻者，阳数也。柷敔二器，乃舜时所作。

【译文】柷，形状类似漆桶，用木制成，边长二尺四寸，高一尺八寸，中间有一个椎柄，连着底部撞击旁边，就可以响起音乐。边长二尺四寸，是阴数。敔，形状像伏着的老虎，背部有二十七个栉齿，用木制成，长一尺多，用木头敲打它，用来使音乐停止。二十七个栉齿是阳数。柷和敔这两件乐器，是舜帝时制作的。

洗凡清绝 吴越忠懿王得天台寺中对瀑布泉屋柱，斫二琴。一曰洗凡，一曰清绝，为旷代之宝。后钱氏献之太宗，藏于御府。见《辍耕录》。

【译文】吴越忠懿王得到天台寺中一对瀑布泉屋的柱子，雕琢成两把琴。一把叫作洗凡，一把叫作清绝，都是旷世的宝物。后来钱氏把它们进献给了宋太宗，被藏在宫中的府库里。此事见于《辍耕录》。

舞剑器 《剑器》，乃武舞之曲名。其舞用女妓而雄装之，其实空手舞也。见《文献通考》。

【译文】《剑器》是表演武舞时的曲名。这种舞蹈让女舞伎穿上男性的衣服，其实是空着手跳舞。此事见于《文献通考》。

梨园子弟 唐明皇酷爱法曲，选坐部伎子弟三百人，教于梨园，谓之梨园子弟，居宜春北苑。时有马仙期、李龟年、贺怀智洞知音律。安禄山自范阳入觐，亦献白玉箫管数百事，皆陈于梨园。自是乐响不类人间。

【译文】唐明皇非常喜爱法曲，挑选了坐部伎子弟三百人，在梨园教学，称他们为梨园子弟，居住在宜春北苑。当时有马仙期、李龟年、贺怀智都通晓音律。安禄山从范阳觐见时，也进献了白玉箫管等数百件乐器，也都陈列在梨园。从此之后梨园的乐声就不似人间所有了。

李天下 唐庄宗自言一日不闻音乐，则饮食都不美。方暴怒鞭笞左右，一闻乐声，怡然自适，万事都忘。又善歌曲，或时自傅粉墨，与优人共戏。优名谓之“李天下”。

【译文】唐庄宗自称一天不听音乐，就会食之无味。有一天他正在暴怒鞭打左右从人，突然听到音乐声，马上怡然自得，什么事都忘了。唐庄宗又擅歌曲，有时候会自己画上粉墨，与戏子一起唱戏。他还给自己取了个艺名“李天下”。

雍门鼓 雍门周以琴见孟尝君，孟尝君曰：“先生鼓琴，亦能令文悲乎？”雍曰：“千秋万岁后，台榭已坏，坟墓已下，婴儿竖子樵采者，踯躅其足而歌其上，曰：夫以孟尝君之尊贵，乃若是乎？”孟尝君泫然承睑，曰：“先生令文若破国亡家之人矣！”

【译文】雍门周带着琴去见孟尝君，孟尝君说：“先生鼓琴，难道也能够让田文（孟尝君）悲伤吗？”雍门周说：“千秋万世之后，您的宫庙已毁，坟墓已经埋入地下，即便是婴孩、小儿和打柴的人，都能够顿足其上而歌唱：即便以孟尝君的尊贵，竟然也会如此吗？”孟尝君听完潸然泪下说：“先生的话说得田文好像已经是个国破家亡的人了！”

桓伊弄笛 晋桓伊有柯亭笛，尝自吹之。王徽之泊舟清溪，闻笛称叹。人曰：“此桓野王也。”徽之令人请之，求为吹笛。伊即下车，据胡床，三弄毕，便上车去，主客不交一言。

【译文】晋朝桓伊有一支柯亭笛，曾经自己吹奏。王徽之在清溪停船时，听到笛声赞叹不已。有人说：“这是桓伊（野王）在吹奏。”王徽之派人去请他，请他为自己吹笛。桓伊立即下车，坐在板凳上，吹了三曲之后，便上车离开了，主客两人自始至终都没有交谈一句。

皋亭石鼓 吴郡临平崩岸，得石鼓，扣之不鸣。问张华，华曰："用蜀中铜材刻鱼形，扣之则鸣矣。"如其言，声闻数十里。

【译文】吴郡临平有岸崩塌，有人从那里得到一个石鼓，却怎么也敲不响。于是那人拿着去问张华，张华说："用蜀地的铜雕刻成鱼的形状，敲击之后就会响了。"那人按照张华的说法击鼓，鼓声传出数十里。

响遏行云 《列子》：薛谭学讴于秦青，未穷青之技，自谓尽之，遂辞归。青弗止，饯于郊衢，抚节悲歌，声振林木，响遏行云。薛乃谢，求反，终身不敢言归。

【译文】《列子》记载：薛谭向秦青学习歌唱，没有学完秦青的技巧，却觉得自己已经学完了，于是便辞别归去。秦青没有阻止他，而是在郊外给他饯行，打着节拍唱着悲伤的歌，声音振动林木，响彻云霄。薛谭于是向秦青谢罪，请求返回继续学习，终生都不敢再说回家的事。

余音绕梁 秦青曰：昔韩娥东之齐，匮粮，过雍门，鬻歌假食。既去，而余音绕梁，三日不绝。李诗："醉舞纷绮席，清歌绕飞梁。"

【译文】秦青说：昔日韩娥向东到达齐国，粮食匮乏，经过雍门时，她通过卖唱来求食。等她离开后，歌声还在屋梁上回荡，三天都没有停止。李白的诗中写道："醉舞纷绮席，清歌绕飞梁。"

声入云霄 戚夫人善为翘袖折腰之舞，歌《出塞》《入塞》之曲，侍婢数百习之。后宫齐音高唱，声入云霄。

【译文】戚夫人擅于跳翘袖折腰的舞蹈，唱《出塞》《入塞》的曲子，让几百个侍女学习。后宫齐声高唱，歌声一直传入云霄。

水调歌头 唐明皇爱《水调歌》，胡羯犯京，上欲迁幸，登花萼楼，命楼下少年有善《水调歌》者歌曰："山川满目泪沾衣，富贵荣华不几时。不见只今汾水上，惟有年年秋雁飞。"上闻潸然曰："谁为此词？"左右曰："宰相李峤。"上曰："真才子也。"

【译文】唐明皇喜欢《水调歌》，安禄山进犯京城时，明皇想要迁移居住到其他地方避难，他登上花萼楼，命令楼下擅于演唱《水调歌》的少年唱：

“山川满目泪沾衣，富贵荣华不几时。不见只今汾水上，惟有年年秋雁飞。”唐明皇听后潸然泪下说：“这词是谁作的？”左右的随从说：“是宰相李峤。”明皇说：“真是一个才子啊。”

卷十 兵刑部

军旅

战事 黄帝征蚩尤始战，颛项诛共工始阵，风后始演奇图，力牧始创营垒。黄帝战涿鹿始征兵，禹征有苗始传令，纣御周师始戍守。

【译文】黄帝征讨蚩尤才开始有了战争，颛顼诛杀共工时才开始有了阵法，风后开始排演奇阵八阵图，力牧开始创制堡垒和阵营。黄帝在涿鹿之战时开始征兵，禹征讨有苗部落时开始传令，商纣王抵御周朝军队时开始戍守。

制兵器 黄帝制记里鼓，始斥候，汉武帝建墩台，黄帝制演武场，周公制辕门。黄帝制车以翼军，制骑以供伺候。

【译文】黄帝创制了用来记录行进路程的记里鼓，开始有了斥候，汉武帝建造墩台，黄帝创制了演武场，周公创制了辕门。黄帝制造车辆用来辅助行军，创制骑兵以供军队侦察。

吕望始制战舰。武王会孟津，命仓兕具舟楫。公输班为舟战钩拒。伍子胥治水战，制楼船滩船。智伯决汾水，始水战。

【译文】吕望最先创制战舰。周武王在孟津大会诸侯，命令苍兕准备舟楫。公输班为舟战发明了钩拒。伍子胥经营水战，制造了楼船、滩船。智伯决开汾水，这才将水用于战争。

蚩尤始火攻。孙子制火人、火积、火辎、火库、火队五法。魏马钧制爆仗起火。隋炀帝以火药制杂戏，始施药铳炮。

【译文】蚩尤最早使用火攻。孙子创造了火烧敌人兵马、烧毁敌人粮草、烧毁敌人辎重、烧毁敌人仓库、烧毁敌人运输设施五种作战的方法。魏国的马钧创制了爆仗用来点火。隋炀帝用火药来创制杂戏，开始在铳、炮中放置火药。

黄帝始制炮，吕望制铳，范蠡制飞石用机。

【译文】黄帝最先制造炮，吕望创制了铳，范蠡创制了投石机。

黄帝制纛、制五彩牙幢。禹制斿，悬车上为别。周公备九旗。

【译文】黄帝创制了军旗和五彩牙旗。禹创制了旌旗上悬垂的装饰物，悬挂在战车上作为区分。周公完备了表示部队中不同等级和用途的九旗。

伏羲制干、制戈。挥于制弓。夷牟制矢。舜制弓袋、制箭筒。黄帝制弩。

【译文】伏羲创制了盾和戈。挥于创制了弓。夷牟创制了箭矢。舜创制了弓袋和箭筒。黄帝创制了弩。

黄帝始采首山铜铸刀斧；蚩尤始取昆吾山铁制剑、铠、矛、戟、陌刀。

【译文】黄帝最先采集首山的铜铸造刀、斧；蚩尤最早取用昆吾山的铁制造剑、铠、矛、戟、陌刀。

蚩尤始制革为甲。禹制函甲。

【译文】蚩尤最早把皮革制成铠甲。禹创制了函甲。

黄帝始制枪，孔明扩其制。舜制匕首。

【译文】黄帝最先制造枪，诸葛亮丰富了枪的制式。舜创制了匕首。

黄帝制云梯，古名钩援。夷牟制挨牌，古名傍排。

【译文】黄帝创制了云梯，古人称之为“钩援”。夷牟创制了盾牌，古人称之为“傍排”。

孙武制铁蒺藜，刘馥（三国时人）制悬苫，今为悬帘。岳飞制藤牌。

【译文】孙武创制了铁蒺藜，刘馥（三国时期人）创制了悬苫，现在称为悬帘。岳飞创制了藤牌。

殷盘庚制烽燧告警。赵武灵王制刁斗传。魏制鸡翘报急，制露布、漆竿报捷。

【译文】商朝盘庚创制了烽燧用来报警。赵武灵王创制了刁斗用来传递信息。魏国创制了鸡翘旗用来报告紧急军务，创制了露布、漆竿用来报捷。

五兵　矛、戟、戈、剑、弓谓之五兵。

【译文】矛、戟、戈、剑、弓被称为五兵。

专主旗鼓　吴起临战，左右进剑，起曰："将专主旗鼓，临难决疑，挥兵指刃，此将事也。一剑之任，非将任也。"

【译文】吴起在开战之前，左右随从献给他一把剑，吴起说："将军的主要职责是发号施令，在军队面临危险时做出决断，指挥军队和敌人作战，这才是将军要做的事。挥舞兵器与敌人作战，这不是将军的任务。"

授斧钺　国有难，君卜吉日，以授旗鼓。将入庙，趋至堂下，北面而立，主亲操斧钺，持斧头，授将军其柄，曰："从此上至天者，将军制之。"复持斧头，授将军其柄，曰："从此下至渊者，将军制之。"

【译文】国家有难时，君王要通过占卜确定吉日，授予将帅旗鼓。将要进入宗庙时，主帅要小步走到堂前，朝向北面而立，君主亲自操持斧钺，拿着斧头，把斧柄递给将军，说："从这里一直到天上的人，都要受将军的节制。"再次拿起斧头，把斧柄递给将军，说："从这里一直到深渊之中的人，都要受将军的节制。"

投醪　秦穆公伐晋，及河，将军劳之，醪唯一杯。蹇叔曰："一杯可以投河而酿也。"穆公乃以醪投河，三军皆取饮之。

【译文】秦穆公讨伐晋国，到达河边时，想慰劳三军，却只有一杯酒。蹇叔说："一杯酒可以倒入河里酿造更多的酒。"秦穆公于是把酒倒进河里，三军将士都取河水来喝。

吮疽　吴起为魏将攻中山。卒有患疽者，起为吮之。卒母闻而哭。人曰："子，卒也，而将军自吮其疽，何哭为？"答曰："往年吴公吮其父，其父战不旋踵，遂死敌。今又吮其子，妾不知死所矣。"后起之楚，卒果见杀。

【译文】吴起在魏国为将时攻打中山国。士兵中有个人得了毒疮，吴起亲自为他吮毒。士兵的母亲听说后就哭了。有人对她说："你的儿子只是个普通士兵，将军却亲自为他吮毒疮，你为什么还要哭呢？"这位母亲回答道："当年吴将军亲自为他的父亲吮毒疮，他的父亲在作战时勇猛向前，最后死于敌手。现在吴将军又亲自为我儿子吮毒疮，我不知道他将会死在哪里啊。"后来吴起去了楚国，那个士兵果然战死了。

纶巾羽扇　诸葛武侯与司马懿治军渭滨，克日夜战。司马懿戎服莅事，使人视武侯独乘素车，纶巾羽扇，指挥三军，随其进止。司马懿叹曰："诸葛君可谓名士矣！”

【译文】诸葛亮与司马懿率领的军队在渭水边对峙，约定时间开战。司马懿穿着军装处理事务，派人前去探察，看到诸葛亮独自乘坐一辆素车，头上戴着纶巾，手里拿着羽毛扇，指挥三军随他一起进退。司马懿赞叹道：“诸葛先生真是一位名士啊！”

金钩　阖闾既宝莫邪，复令国中作金钩，令曰：“能为善钩者赏千金。”有人贪赏，乃杀其二子，以血衅金，遂成二钩，献之。王曰：“钩有何异？”曰：“臣之作钩，贪赏而杀二子，衅以成钩，是与众异。”遂向钩而呼二子之名，曰：“吴鸿、扈稽，我在此！”声未绝，而两钩俱飞，著父之胸。吴王大惊，乃赏之。遂服之不去身。

【译文】吴王阖闾十分珍视莫邪剑，于是又下令国内的工匠铸造金钩，他下令说：“谁能够铸造上好的钩便赏赐千金。”有个人贪图赏金，于是杀了自己的两个儿子，用他们的血涂在铜上，终于铸造成了两把钩，献给阖闾。阖闾问：“这两把钩有什么独特的地方？”那人说：“我为了铸造这两把钩，谋取赏金而杀了自己的两个儿子，以血淬炼而铸成钩，所以与众不同。”说完便对着钩呼喊自己两个儿子的名字：“吴鸿、扈稽，我在这里！”话音未落，两把钩全都飞起，停在他们父亲的胸膛。吴王大惊，于是赏赐了他。之后便一直佩戴着这两把钩从不离身。

七制　兵法七制，一曰征，二曰攻，三曰侵，四曰伐，五曰阵，六曰战，七曰斗。

【译文】兵法七制，一为征，二为攻，三为侵，四为伐，五为阵，六为战，七为斗。

挟纩　楚子围萧，申公巫臣曰：“师人多寒。”王巡三军，拊而勉之，三军之士皆如挟纩。

【译文】楚国军队包围了萧国，申公巫臣说：“很多士兵都苦于严寒的天气。”楚庄王巡视三军，拍着士兵的肩膀来勉励他们，三军士兵都感觉像穿了棉衣一样温暖。

呼庚癸　吴申叔仪乞粮于晋，公孙有山氏对曰：“梁则无矣，粗则有之。若登首山，以呼曰‘庚癸乎’，则诺。”（庚，西方，主谷。癸，北方，主水。教以隐语也。）

【译文】吴国申叔仪到晋国请求援助粮草，公孙有山氏回答他说："细粮已经没有了，粗粮倒是有一些。如果你登上首山，大声呼喊'庚癸乎'，就能得到允诺。"（庚代表西方，主谷物。癸代表北方，主水。这是在教他隐语。）

盗马 秦穆公失右服马，见野人方食之，公笑曰："食马肉不饮酒，恐伤。"遂遍饮而去。及一年，有韩原之战，晋人环穆公之车。野人率三百余人疾斗车下，遂大克晋。

【译文】秦穆公丢失了马车右边的服马，看见郊野有人正在吃这匹马，秦穆公笑着说："只吃马肉而不喝酒，恐怕会伤身体。"于是便赐给他们酒让他们喝了个痛快。一年之后，发生了韩原之战，晋国士兵包围了秦穆公的马车。那些吃他马肉的郊野之人率领着三百多人迅速赶来车前战斗，秦穆公于是大败晋军。

剑名 剑口曰镡，剑鼻曰璏（音位），剑握曰铗，剑鞘曰室，剑衣曰韬，亦曰䘨（音绕），剑把绳曰蒯缑（音勾）。

【译文】剑口叫作镡，剑鼻叫作璏（读作位），剑柄叫作铗，剑鞘叫作室，剑衣叫作韬，也叫䘨（读作绕），剑把上的绳叫作蒯缑（读作勾）。

五名剑 越王勾践有宝剑五，一曰纯钩，二曰湛卢，三曰豪曹，四曰鱼肠，五曰巨阙。

【译文】越王勾践有五把宝剑，一为纯钩，二为湛卢，三为豪曹，四为鱼肠，五为巨阙。

斩蛇剑 汉高帝于南山得一铁剑，长三尺，铭曰"赤霄"，大篆书，即斩蛇剑也。及贵，常服之。晋太康三年，武库火，中书监张华列兵防卫，见汉高斩蛇剑穿屋飞去，莫知所向。

【译文】汉高祖在南山得到一柄铁剑，长三尺，上面刻着"赤霄"两个字，用大篆书写，这就是那把他用来斩白蛇的剑。等到汉高祖富贵之后，也经常佩戴。晋朝太康三年（282年），武库失火，中书监张华让士兵列队防卫，只见汉高祖的斩蛇剑穿过屋子飞了出去，不知道去了哪里。

佽飞 荆有佽飞者，得宝剑于江干。涉江，及至中流，两蛟夹舟。佽飞袪衣，拔剑刺蛟。杀之。荆王任以执圭。

【译文】荆地有个叫佽飞的人，在江边得到一柄宝剑。有一次过江，到达水中央时，突然有两只蛟从船的两边夹击而来。佽飞脱下衣服，拔出宝剑刺蛟，并且杀死了它们。后来他被荆王授予执圭的爵位。

干将莫邪 干将吴人，妻莫邪，为吴王阖闾铸剑，不成，干将曰："神物之化，须人而成。"妻乃断发剪爪，投入炉中，金铁皆熔，遂成二剑，阳曰"干将"，阴曰"莫邪"。

【译文】干将是吴国人，他的妻子是莫邪，为吴王阖闾铸剑，无法铸成，干将说："神物的造化，都要用人进行献祭才能够成功。"他的妻子于是剪断头发和指甲，扔进火炉中，金铁全部熔化，终于铸成两柄剑，阳剑取名"干将"，阴剑取名"莫邪"。

龙泉太阿 张华见斗牛间有紫气，在丰城分野，乃以雷焕为丰城令。至县，掘狱深二丈，开石函，得二剑，一名龙泉，一名太阿，焕留其一，一以进华，且曰："灵异之物，终当化去。"华死，剑飞入襄城水中。后焕子为建安从事，经延津，剑忽于腰间跃入水，使人汆水求之，见双龙蜿蜒，不敢近。

【译文】张华看到斗宿和牛宿之间有一道紫气，星象对应之地在丰城，于是任命雷焕为丰城令。雷焕到达丰城县后，在监狱里挖了一个两丈深的洞，打开一个石函，得到两柄剑，一柄名叫龙泉，另一柄名叫太阿，雷焕自己留了其中一柄，另一柄则进献给张华，并且对他说："灵异的东西，最终都会变化逝去的。"张华死后，宝剑飞入襄城的水中。后来雷焕的儿子做建安从事时，经过延津，宝剑突然从腰间飞入水中，他派人进入水中寻找，只见水中有两条龙蜿蜒盘旋，随从不敢靠近。

华阴土 雷焕丰城狱中得剑，取南昌西山黄白土拭之，光艳照耀，张华更以华阴赤土磨之，鲜光愈亮。

【译文】雷焕在丰城的监狱中得到宝剑后，取南昌西山的黄白土擦拭，宝剑光芒四射，张华又用华阴的赤土打磨，宝剑的光芒愈加明亮了。

金仆姑 箭名。《左传》：鲁庄公以金仆姑射南宫长万。

【译文】金仆姑是箭的名字。《左传》记载：鲁庄公用金仆姑射南宫长万。

石马流汗 安禄山乱，哥舒翰与贼将崔乾祐战，见黄旗军数百来助战，忽不见。是日，昭陵内石马皆流汗。

【译文】安禄山作乱时，哥舒翰与叛军将领崔乾祐作战，看到有几百名打着黄旗的军士前来助战，又忽然不见了。这一天，昭陵里的石马都流汗了。

露布 军中有露布，乃后魏每征伐战胜，欲天下闻知，书帛建于漆竿上，名为露布，以扬战功。

【译文】军队中有露布，这是后魏每次征战获胜时，想要使天下人都知道，于是把写着捷报的帛挂在漆竿上，命名为露布，用来宣扬自己的战功。

蒋庙泥兵 南京钟山，有汉秣陵尉蒋子文庙，盖因子文逐盗死此，孙权为立庙，封蒋侯。权避祖讳钟，改名蒋山。后孙权与敌人战，夜大雨，蒋侯助之，次日，见庙中泥兵皆湿。

【译文】南京钟山，有汉朝秣陵尉蒋子文的庙，这是因为蒋子文追赶盗匪而战死在这里，孙权便在这里为他建了一座庙，并封他为蒋侯。孙权为了避祖父孙钟的名讳，并将庙所在的钟山改名为蒋山。后来孙权与敌人作战，夜里大雨，蒋侯前来助战。第二天，看见庙里的泥兵都是湿的。

箭塞水注 刘锜善射。水斛满，以箭射斛，拔箭水注，随射一箭窒之，人服其精巧。

【译文】刘锜擅长射箭。在水缸中注满水，他用箭射水缸，拔出箭后水流如注，刘锜随后又射出一箭正好把洞口堵住，人们都佩服他箭法精湛。

檿弧箕服 檿，山桑也。木弓曰弧。服，乘箭具也。箕草似荻，细织之，而为服也。

【译文】檿就是山桑树。木制的弓箭叫作弧。服是用来装箭的器具。箕草的样子和荻草很像，仔细编织之后，可以用来做衣服。

娘子军 唐平阳公主，嫁柴绍。初，高祖起兵，与绍发家资招亡命。渡河，主引精兵万人与秦王会于渭北。绍与公主对置幕府，分定京师，号"娘子军"。

【译文】唐朝平阳公主嫁给柴绍。起初，唐高祖起兵反隋，平阳公主与柴绍把家里的资产拿出来招纳亡命之徒。渡过黄河后，公主带着精兵万人与秦王李世民在渭河北岸会合。柴绍与平阳公主各自设立了指挥部，分兵攻克了长安，她的军队号称“娘子军”。

夫人城 晋朱序镇襄阳，时苻丕遣兵攻之。序母见城西北角当先坏，领百余婢并女丁，斜筑城二十余丈。贼攻西北角，果溃，众守新城，贼遂引退，号“夫人城”。

【译文】晋朝朱序镇守襄阳，当时苻丕派兵前来攻打。朱序的母亲看到城西北角应该会先被攻破，便亲自率领一百多婢女和女家丁，斜着修筑了城墙二十多丈。敌人攻打西北角，那里果然溃败，众士兵又守卫新筑的城墙，敌军只好退兵，这段城墙被称为“夫人城”。

紫电青霜 《滕王阁序》：“紫电青霜，王将军之武库。”

【译文】王勃在《滕王阁序》中说：“宝剑紫电、青霜，藏在王将军的武库里。”

榻侧鼾睡 宋太祖欲伐江南，徐铉入奏乞罢兵。太祖曰：“江南主有何罪，但卧榻之侧，岂容人鼾睡耶！”

【译文】宋太祖想要讨伐江南，徐铉入朝进奏请求罢兵。太祖说：“江南的君主又有什么罪过呢？只是自己睡觉的床边，怎么能容忍其他人呼呼大睡呢！”

廉颇善饭 廉颇一饭斗米，肉十斤，披甲上马，以示可用。郭开谓赵王曰：“廉将军虽老，尚善饭，然与臣坐，顷之，三遗矢矣。”王以为老，遂不召。

【译文】廉颇一顿饭吃掉一斗米，十斤肉，穿着铠甲骑上战马，以表示自己还能作战。被郭开贿赂的使者对赵王说：“廉将军虽然已经老了，但是还很能吃，然而他和我坐在一起，没一会儿工夫，就大便三次。”赵王认为廉颇已经老了，就没有召用他。

杜彪 梁荆州刺史杜嶷，膂力过人，便骋马，射不虚矢。所佩霞明朱弓，四石余力，每出挑战，魏军惮之，号为“杜彪”。

【译文】梁朝荆州刺史杜嶷，臂力过人，即便是纵马奔驰，也能够箭不虚发。他所使用的霞明朱弓，拉力有四石多，每次出阵挑战时，北魏的军队都很害怕，称他为“杜彪”。

飞将 唐单雄信极勇，力事李密，人号为“飞将”。后周韩果破稽胡，稽胡惮果矫健，亦号“飞将”。

【译文】唐朝单雄信极其勇猛，全力事奉李密，人称“飞将”。后周的韩果大败稽胡，稽胡忌惮韩果的身手矫健，也称他为“飞将”。

铁猛兽 后周蔡祐与齐战，著明光铠甲，所向无敌，齐人畏之，号“铁猛兽”。

【译文】北周蔡祐与北齐交战，穿着明光铠甲，所向披靡，北齐人都很畏惧他，称他为“铁猛兽”。

熊虎将 周瑜尝谓孙权曰：“刘备有关张熊虎之将，有饮马长江之志。”又言羽、飞为万人敌。

【译文】周瑜曾经对孙权说：“刘备有关羽、张飞这样如同熊虎的将领，有渡过长江攻打我们的志向。”又说关羽和张飞都可抵挡万人。

细柳营 汉文帝时，匈奴大入边。上使周亚夫军细柳，以备胡。上自劳军，先驱至军门，曰：“天子至！”都尉曰：“军中闻将军令，不闻天子诏。”上使使持节诏将军曰：“吾欲劳军。”亚夫开壁门。天子按辔徐行。亚夫以军礼见。文帝曰：“嗟乎，此真将军矣！”

【译文】汉文帝时期，匈奴大举犯边。文帝派周亚夫驻军细柳，以防备胡人。文帝亲自去慰劳军队，先导人员到达军门时，大声喊道：“天子驾到！”都尉说：“军中只听从将军的命令，不听天子的诏命。”文帝派使者拿着天子的节杖下诏给周亚夫说：“我想要进入军营犒劳军队。”周亚夫这才打开军营的大门。文帝扣紧马缰缓慢前行。周亚夫用军礼参拜他。文帝说：“啊，这才是真将军啊！”

飞将军 汉李广为北平太守，匈奴畏之，号曰“汉飞将军”，避之数岁。

【译文】汉朝李广任北平太守，匈奴人很怕他，称呼他为“汉朝飞将军”，避退了好多年。

贯虱 《列子》：纪昌学射于飞卫，卫曰："视小如大[1]，视微如著，而后告我。"昌以氂尾垂虱于牖间，南面而望之。旬日之间，渐大；三年之后，大如车轮。乃以弧矢射之，贯虱之心。

【译文】《列子》中记载：纪昌向飞卫学习射箭，飞卫说："把小的东西看成庞然大物，把细微之物看得清清楚楚，做到之后再来告诉我。"纪昌便在牛尾上绑了一只虱子悬挂在窗户上，面向那边凝视。十来天的时间，虱子逐渐变大；三年之后，虱子变得像车轮一样大。于是用弓箭射它，贯穿了虱子的心脏。

来嚼铁 唐来瑱为颍川太守。贼攻城，来射皆应弦而仆。贼拜城请降，称为"来嚼铁"。

【译文】唐朝来瑱任颍川太守。敌军前来攻城，来瑱每射出一箭就有敌人应声而倒。贼人向城上下拜请求投降，称他为"来嚼铁"。

半段枪 唐哥舒翰为河西卫前将军，吐蕃大寇边，翰持半段枪当其锋，所向披靡。

【译文】唐朝哥舒翰任河西卫前将军，吐蕃大举进犯边疆，哥舒翰拿着半段枪阻挡敌军锋芒，所向披靡。

黄骢少年 北周裴果勇冠三军，与敌国战，乘黄骢当先，军中称"黄骢少年"。

【译文】北周裴果勇冠三军，与敌国作战时，总是骑着一匹黄骢马冲在最前面，军中都称他为"黄骢少年"。

白袍先锋 唐薛仁贵尝从太宗征伐，每出战，辄披白袍，所向无敌。太宗遥见，问白袍先锋是谁。特引见，赐马绢，喜得虎将。

【译文】唐朝薛仁贵曾经跟随唐太宗征战，每次出战时，他都穿着一身白袍，所向披靡。唐太宗远远看见，问穿白袍的先锋是谁。特别召见了薛仁贵，赐给他战马和绢布，太宗很高兴自己得到一员虎将。

大树将军 后汉冯异性谦退不伐，诸将于所止舍，辄并坐论功，异常独屏树下，人号"大树将军"。

---

① 底本为"视大如小"，应为笔误。

【译文】后汉冯异的性格谦逊，从不夸耀自己，众位将领每次安顿修整时，都坐在一起讨论各自的功劳，只有冯异经常独自默默地坐在树下，人们都称他为“大树将军”。

霹雳闪电 唐长孙无忌父晟讨突厥，畏晟，闻其弓声，谓之“霹雳”；见其走马，谓之“闪电”。晋王笑曰：“将军振怒，威行域外。”

【译文】唐朝长孙无忌的父亲长孙晟讨伐突厥，突厥人都很怕他，听到他拉弓的声音，称为“霹雳”；见到他策马飞驰，称为“闪电”。晋王杨广笑着说：“将军震怒，威风传到国门之外。”

辕门二龙 唐乌承玼，开元中，与族兄承恩皆为平虏先锋，号“辕门二龙”。

【译文】唐朝乌承玼，开元年间，与族兄乌承恩都担任平虏先锋，号称“辕门二龙”。

一韩一范 范文正公与韩魏公俱为西帅，边士谣曰：“军中有一韩，西贼闻之心胆寒；军中有一范，西贼闻之惊破胆。”元昊惧，遂称臣。

【译文】范仲淹与韩琦都在西部边军任过主帅，边疆的士兵编了一首歌谣唱道：“军中有个韩琦，西夏贼人听到之后心惊胆寒；军中有个范仲淹，西夏贼人听到之后吓破胆。”西夏皇帝李元昊十分畏惧，于是对宋朝称臣。

八遇八克 唐娄师德，武后时募猛士讨吐蕃，乃自奋，戴红抹额来应诏。后与虏战，八遇八克。

【译文】唐朝娄师德，武则天时期招募勇士讨伐吐蕃，娄师德便自告奋勇，戴着红色抹额前来应诏。后来与敌人作战时，八次遇敌，八次克敌。

七纵七擒 孔明与孟获战，凡七纵七擒。后乃叹服曰：“公天威也，南人不敢复反矣！”

【译文】诸葛亮与孟获作战时，一共七次擒获，又七次放走他。后来孟获叹服道：“大人威震天下，我们这些南人再也不敢造反了！”

钲止兵进 狄青与西贼战，密令军中，钲一声则止，再声则严阵而阳却，钲声止则大呼而突之。虏大骇愕，以是胜之。

【译文】狄青与西夏大战，秘密命令部队，只要听到钲响一声就马上停止，响两声就严格按照阵型假装退却，钲声停止就大声喊杀突进。敌军大为惊骇，宋军因此获得了胜利。

以少击众 唐马璘武艺绝伦，以百骑破卒五千。李光弼曰："吾未见以少击众，如马将军者！"人号为"中兴锐将"。

【译文】唐朝马璘武艺绝伦，曾经率领一百骑兵大破敌军五千人。李光弼说："我从来没有见以少胜多的战役能够打得像马将军一样的！"人们都称他为"中兴锐将"。

朕之关张 宋狄青京师呼为"狄天使"，上嘉其材勇，为泾原路兵马总管。上欲一见，诏令入朝。会寇逼平凉，乃令亟往，俾图像以进。上观其相曰："朕之关张。"

【译文】宋朝狄青在京师被称为"狄天使"，皇帝嘉奖他的才能与勇猛，任命他为泾原路兵马总管。有一天皇帝想要见他，便诏令他入朝。恰巧遇到敌军进犯平凉，皇帝便下令让他马上前往，只好让人拿着他的画像进献。皇帝看完他的画像后说："这是我的关羽和张飞啊。"

立汉赤帜 韩信攻赵，令卒曰："赵见我走，必空壁逐我，若等疾入，拔赵白帜，立汉赤帜。"信佯走。赵果逐之，回壁见赤帜，大乱。汉兵夹击，遂克赵军。

【译文】韩信进攻赵国，命令士兵说："赵军见我们逃走，必然会倾尽城中之兵前来追赶，你们这时候要立刻进城，拔下赵国的白旗，竖起大汉的红旗。"韩信佯装败退，赵军果然前来追赶，等到回城时看到红旗，军心大乱。汉军内外夹击，于是大败赵军。

下马作露布 《南史》：傅永拜安远将军，帝叹曰："上马能杀贼，下马能作露布，惟傅修期能之耳！"

【译文】《南史》中记载：傅永任安远将军，皇帝赞叹道："上马能够消灭敌人，下马能够撰写捷报，恐怕只有傅修期能够做到！"

三箭定天山 薛仁贵为行军副总管。九姓众十余万，令骁骑挑战，仁贵发三矢，辄杀三人，虏气慑，皆降。

【译文】薛仁贵任行军副总管。回纥的九个部落聚众十几万人，命令英勇的骑兵前来挑战，薛仁贵连射三箭，射杀了三人，敌人的气势被他震慑，全都投降了。

三鼓夺昆仑 狄青宣抚广西，侬智高守昆仑关。青至宾州，值上元节，大张灯火，首夜宴乐彻晓。次夜复宴，二鼓时，青忽称疾如内，命孙元规主席。少服药乃出，数使人劝劳坐客，至晓未散。忽有驰报云："是夜三鼓，狄将军已夺昆仑关矣。"

【译文】狄青宣抚广西时，侬智高镇守昆仑关。狄青到达宾州，正值上元节，城里张灯结彩，第一天夜里设宴奏乐直到天亮。第二夜再次设宴，到二更天时，狄青忽然说自己身体不舒服进入房内，命令孙元规主持宴席。狄青稍微吃了点药就出去了，还数次派人给在座的宾客劝酒，一直到早上宴会都没有散场。忽然有快马传来军报说："这天夜里三更，狄将军已经夺取了昆仑关。"

顺昌旗帜 宋刘锜与兀术战于柘皋，虏远望见，大惊曰："此顺昌旗帜也。"即引兵而去。

【译文】宋朝刘锜与金兀术在柘皋交战，敌军远远看到，大惊道："这是顺昌府的旗帜。"马上带兵退去。

每饭不忘钜鹿 汉文帝谓冯唐曰："昔有为我言李齐之贤，战于钜鹿下。今吾每饭，意未尝不在钜鹿也。"

【译文】汉文帝对冯唐说："以前有人对我说过李齐的贤能，讲述他在钜鹿作战的情形。现在我每次吃饭，心思都想到钜鹿。"

铸错 唐罗绍威以魏博牙兵骄甚，尽杀之，遂为梁朱温所制，乃谓亲吏曰："聚六州四十三县铁，铸一个错不成！"

【译文】唐朝罗绍威以魏博的牙兵骄横为由，把他们全部杀了，于是因为这件事被后梁朱温所制，罗绍威对自己的心腹说："就算聚集六州四十三县的所有铁，也铸不成这么大一个'错'字啊！"

得陇望蜀 司马懿言于曹操曰："今克汉中，益州震动，进兵临之，势必瓦解。"操曰："人苦不知足，得陇复望蜀。"

【译文】司马懿对曹操说："现在已经攻克汉中，益州震动，只要进兵攻打，蜀国必然会土崩瓦解。"曹操说："人苦于不知道满足，得到陇地后就想再得到蜀地。”

塞创复战 隋张定和，虏刺之中颈，定和以草塞创而战，神气自若，虏遂败走。

【译文】敌人刺中了隋朝张定和的颈部，张定和用草塞住伤口继续作战，神色镇定，敌人于是大败逃走。

杜伏威 唐杜伏威与陈稜战，射中伏威额，怒曰：“不杀汝，箭不拔！”驰入稜阵，获所射将，使拔箭，已，斩之。

【译文】唐朝杜伏威与陈稜交战，杜伏威被一箭射中额头，他大怒道：“不杀死你，我额头的箭就不拔下！”说完便跃马驰入陈稜的阵中，抓获射箭的将领，让他为自己拔箭，拔完之后，杜伏威便杀了他。

首级 秦法斩敌一首拜爵一级，故曰“首级”。后人云：“割一首，必割其势，以为一级者非。”

【译文】按照秦朝的军法，砍下敌人的一颗脑袋就能获得一级爵位，所以称为“首级”。后来有人说：“割下一颗首级，必须割下他的生殖器，所以一级的说法并不准确。”

梓树化牛 秦文公伐雍，南山梓树化为牛，以骑击之，不胜。或坠地，解髻披发，牛畏之，入水。秦因置髦头，骑使之先驱。

【译文】秦文公讨伐雍国，南山上的梓树幻化成牛，秦文公派骑兵攻击，没有取胜。骑兵中有人从马上掉下来，解开发髻披散头发，牛十分畏惧，逃入水中。秦国于是设置了“髦头”，作为骑兵的先驱。

勒石燕然 燕然，山名，去塞三千里。窦宪大破单于，登燕然山，勒石纪功，颂汉功德。

【译文】燕然是山的名字，距离边塞三千里。窦宪打败匈奴单于后，登上燕然山，在石头上刻字记录军功，颂扬汉朝的功德。

九章 《管子》曰：“举日章则昼行，举月章则夜行，举龙章则水行，举虎章则林行，举鸟章则行陂，举蛇章则行泽，举鹊章则行陆，举狼章则行山，举韡章则载食而驾。”

【译文】《管子》中记载：“举起日章旗就是要在白天行军，举起月章旗就是要在夜里行军，举起龙章旗就是要在水中行军，举起虎章旗就是要在树林中行军，举起鸟章旗就是要在山坡上行军，举起蛇章旗就是要在沼泽中行军，举起鹊章旗就是要在陆上行军，举起狼章旗就是要在山里行军，举起韈章旗就是要带着粮食行军。”

啼哭郎君　都统制曲端勇悍非常，每与虏战，呼裨将头目，备告以二帝蒙尘，今在五国城中青衣把盏，凡为臣子者闻之痛心，思之切骨，遂放声大哭。将佐军士皆哭，奋身上马，勇气百倍，虏人望之辟易，称为“啼哭郎君”。

【译文】都统制曲端十分勇悍，每次与敌人作战前，他都会叫来副将头领，详细地告诉他们宋徽宗、宋钦宗两位皇帝被掳的情状，现在他们正在五国城里穿着青衣给胡人倒酒，凡是做臣子的听了之后都会觉得痛心，思念之情锥心刺骨，于是便放声大哭。副将和士兵全都号啕大哭，翻身上马，勇气倍增，敌人远远地看到之后就会退避三舍，称他为“啼哭郎君”。

鸽笼分部　曲端军分五部，一笼贮五鸽，随点一部，则开笼纵一鸽往，则一部之兵顷刻立至，其速如神，见者气夺。

【译文】南宋曲端的军队分为五个部分，他在一个笼子里养了五只鸽子，要点选哪一支部队，就打开笼子放飞一只鸽子前往，那么这个部队的士兵顷刻间就能赶到，速度奇快，看到的人都会被震慑。

玉帐术　杜子美诗：“空留玉帐术，愁杀锦城人。”玉帐乃兵家厌胜之方位，主将于其方置军帐，则坚不可犯。其法：黄帝遁甲以月建，前三位取之，如正月建寅，则巳为玉帐。

【译文】杜甫在诗中写道：“空留玉帐术，愁杀锦城人。”玉帐是军队施展巫术制胜的方位，主将在这个方位设置军帐，就会坚固而不可侵犯。具体的方法是：黄帝的遁甲术使用月建进行纪月，当月往后数三位就是玉帐，比如正月是建寅，那么巳的位置就是玉帐。

冠来没处畔　陈后主兴齐云观，谣曰：“齐云观，寇来没处畔。”故今人避人谓之“畔”。

【译文】陈后主兴建齐云观，当时有歌谣唱道：“齐云观，寇来没处畔。”所以现在的人把躲避别人称为“畔”。

府兵 西魏始作府兵。隋唐始有番次，入为兵，出为农。周太祖始刺面见。唐末刘仁恭刺民为兵，给廪食，军丁佥补。

【译文】西魏开始创制府兵制度。隋唐时部队开始有了番号，进入军队就是士兵，出去就是农民。周太祖最先在士兵的脸上刺字。唐末刘仁恭给百姓刺青强行征兵，供给他们食物，来扩充士兵的数量。

渠答 蒺藜也，以铁为之，匝营则撒之四外。

【译文】蒺藜是用铁制成的，扎营的时候就把它们撒在营地的四周。

绕指柔 平望湖中掘得一剑，屈之则首尾相就，放手复直如故，锋铓犀利，可断金铁。识者曰："此古之绕指柔也。"

【译文】平望湖中曾经掘出过一把宝剑，弯曲时能够使剑尖与剑柄相接，放开后便恢复原来那样笔直，锋芒犀利，削铁如泥。有见识的人说："这是古代的宝剑绕指柔。"

刑法

仆区 郑铸《刑书》，晋作《执秩》，赵制《国律》，楚作《仆区》（区，音欧），皆法律之名也。仆，隐也；区，匿也；作为隐匿亡人之法。

【译文】郑国制定了《刑书》，晋国制定了《执秩》，赵国制定了《国律》，楚国制定了《仆区》（区，音欧），这些都是律法的名称。仆是隐的意思；区，是匿的意思；《仆区》是惩罚隐匿逃亡之人的法律。

历代狱名 夏狱曰夏台，商狱曰羑里，周狱曰图圄，汉狱曰请室。

【译文】夏朝的监狱叫作夏台，商朝的监狱叫作羑里，周朝的监狱叫作图圄，汉朝的监狱叫作请室。

五听 《周礼》：少司寇以五声听讼狱，一曰辞听，二曰色听，三曰气听，四曰耳听，五曰目听。

【译文】《周礼》中记载：司法官少司寇根据"五听"来断决案件，第一是听取当事人的言辞，第二是观察当事人的脸色，第三是观察当事人的呼吸，第四是观察当事人听别人说话的反应，第五是观察当事人的眼睛。

三刺 听讼者以三刺，一刺曰讯群臣，二刺曰讯群吏，三刺曰讯万民。

【译文】断案者应该听取三方面的意见来判决案件，第一是征询群臣的意见，第二是征询群吏的意见，第三是征询所有国人的意见。

古刑 墨、劓、剕、宫、大辟，其后加流、赎、鞭、朴为九刑。

【译文】古代的刑罚有刺字刑、割鼻刑、砍足刑、宫刑、死刑，后来又增加了流放、以财物抵罪、鞭刑、朴打，合称九刑。

古刑名 城旦、舂：城旦者，旦起行治城。舂者，舂米。四岁刑也。鬼薪、白粲：取薪给宗庙为鬼薪；坐择米使正白为白粲。三岁刑也。

【译文】城旦、舂：城旦，就是早上起床去修筑城墙。舂刑，就是舂米。这两种刑期都是四年。鬼薪、白粲：砍柴供给宗庙称为鬼薪；坐着把白米全都挑选出来称为白粲。这两种刑期都是三年。

五毒 械颈足曰桁杨，械颈曰荷校，械手足曰桎梏，锁系曰锒铛，鞭笞曰榜掠。考逼曰五毒俱备，言五刑皆用也。

【译文】套在犯人脖子和脚上的刑具叫作桁杨，套在颈部的刑具叫作荷校，套在手、足上的刑具叫作桎梏，绑上锁链叫作锒铛，鞭笞叫作榜掠。刑讯逼供时五毒俱全，说的是五种刑具全都用上了。

三木 三木者谓杻械枷锁及手足也。

【译文】三木指的是加在颈部和手足上的各种刑具。

三宥 一宥曰不识，二宥曰过失，三宥曰遗忘。

【译文】可以宽大处理的三种情况是：第一，因为不知法而犯罪；第二，因为过失而犯罪；第三，因为健忘而犯罪。

三赦 一赦曰幼弱，二赦曰老耄，三赦曰愚蠢。

【译文】三种可以赦免的情况指的是：第一，年幼体弱；第二，八十岁以上的老人；第三，痴呆的人。

虞芮争田 周文王时，虞、芮之君争田不决，相与质成于文王。入其境，见其民耕者让畔，行者让路。二君相谓曰："我等小人，不可以履君子之庭。"乃让其所争之田为闲田。

【译文】周文王时期，虞、芮两国君主争夺田地无法决断，便一起去找周文王判决。进入周朝国都后，他们看到那里的百姓耕地时都主动让出地畔，走路的人都主动让路。两位君主互相感慨道："我们这样的小人，不可以去君子的王庭啊。"于是让出争夺的那处田产作为闲田。

除肉刑 汉太仓令淳于意，无子，有五女。罪当刑，骂曰："生女不生男，缓急无可使！"其幼女缇萦上书，言死者不可复生，刑者不可复赎。愿没入为官奴，以赎父罪。文帝怜之，并除肉刑。

【译文】汉朝太仓令淳于意，没有儿子，只有五个女儿。后来他获罪应该受到刑罚，于是骂道："只有女儿没有儿子，遇到急事时一点用也没有！"他的小女儿缇萦给文帝上书，说死去的人不能复生，受刑的人也无法再赎罪了。自己愿意没入官府为奴婢，以赎父亲的罪过。文帝怜悯她，一并废除了肉刑。

后五刑 肉刑既除，后以笞、杖、徒、流、死为五刑。

【译文】肉刑被废除后，以鞭笞、杖打、服劳役、流放、死刑作为五刑。

髡钳 髡，削发也。钳，以铁束头也。钳钛，《陈咸传》谓私解脱钳钛。钳在首，钛在足，皆以铁为之也。

【译文】髡指的是剃掉头发。钳指的是用铁箍罩头。钳钛，就是《陈咸传》中说的"私解脱钳钛"。钳是罩在头部的刑具，钛是套在足部的刑具，都是用铁制成的。

胥靡 胥，相也；靡，随也；联系之，使相随而服役也。犹今之役囚徒，以铁索联缀之耳。

【译文】胥是相的意思；靡是随的意思；把两个字用在一起，就是使犯人相互跟随并且服役的意思。就像现在服劳役的囚犯，要用铁索把他们连在一起一样。

弃市 汉景帝改磔曰弃市，勿复磔。磔谓张其尸也，弃市，谓杀之于市。

【译文】汉景帝把磔刑改为弃市，不再使用磔刑。磔刑的意思就是分裂尸体，弃市就是在闹市执行死刑。

刑具 《汉·刑法志》：大刑用甲兵，其次用斧钺，中刑用刀锯，其次用钻凿，薄刑用鞭朴。

【译文】《汉书·刑法志》中记载：大刑要用甲兵执行，其次要使用斧钺，中刑要使用刀锯，其次使用钻凿，薄刑使用鞭子或板子。

锻炼 锻，锤也。锻炼犹言精熟也。深文之吏入人之罪，犹锻炼铜铁，使之成熟也。

【译文】锻是锤的意思。锻炼就像说通过捶打使其精湛纯熟。严苛的官吏在给人定罪时，就像捶打铜铁一样，要让罪名成熟。

钳网 李林甫为相，起大狱以诬陷异己者，宠任吉温、罗希奭为御史，锻炼人罪。时人谓之罗钳吉网。

【译文】李林甫任宰相时，兴起大狱来诬陷和自己政见不同的人，他宠任吉温、罗希奭为御史，为别人罗织罪名。当时的人称他们为“罗钳吉网”。

罗织 武后任用来俊臣、周兴二人，共撰《罗网经》数千言，教其徒罗织人罪，无有脱者。

【译文】武则天任用来俊臣、周兴两人，共同撰写了《罗网经》数千字，教他们的下属罗织别人的罪名，没有人能够逃脱。

蚕室 受腐刑者必下蚕室，盖蚕宜密室，以火温之。新受腐者最忌冒风，须入密室，乃得保全，因呼其室为蚕室。

【译文】受到宫刑的人都要下到蚕室，因为养蚕要在密闭的房子里，用火温暖房间。刚刚受到宫刑的人最怕受到风寒，需要进入密闭的房间，才能够保全性命，因而称呼这个房间为蚕室。

瘐死 汉宣帝诏曰：“系者苦饥寒瘐死狱中，朕甚痛之。”

【译文】汉宣帝下诏说：“被关押的人很多都苦于饥寒交迫而死在狱中，朕十分痛心。”

枭首 百劳名枭，以其食母不孝，故古人赐枭羹，悬其首于木，故刑人以首示众者曰枭首。

【译文】百劳鸟的名字叫作枭，因为它会吃掉自己的母亲，很不孝，所以古代皇帝用枭制成肉汤赏赐给大臣，并且把它的头颅悬挂在树上，所以砍下罪犯的头颅示众被称为枭首。

缿筒　赵广汉为颍川守，恨朋比为奸，乃许相讦或匿名相告者，置缿筒，令投书于其中。

【译文】赵广汉任颍川太守时，痛恨官员们朋比为奸，于是允许官员相互告发或者匿名检举，设置了缿筒，让官员往里面投放告密书。

铜匦　武后自李敬业反后，恐人图己，盛开告密之门。有鱼保家者，请铸铜为匦，其式一室四隅，上各有窍，可入不可出，武后善之。未几，其仇家投匦告保家曾为敬业造兵器，遂伏诛。

【译文】武则天自从李敬业反叛后，害怕有人谋害自己，于是大开告密之门。有个叫鱼保家的人，奏请用铜铸造盒子，样式为一个盒子有四个面，每个面上都有小孔，只能投信进去不能取出，武则天觉得很好。没过多久，鱼保家的仇家往盒子里投信告发他曾经为李敬业打造兵器，鱼保家便被处死了。

请君入瓮　武后金吾丘神勣以罪诛，有人告右丞周兴通谋，后命来俊臣鞫之。俊臣与兴方推事对食，问兴曰："囚多不承，当为何法？"兴曰："此甚易耳！取大瓮，以炭四围炙之，令囚入其中，何事不承？"俊臣索大瓮，如兴法，起谓兴曰："有内状推君，请君入此瓮。"兴惶恐服罪。法当死，宥之，流岭南。

【译文】武则天的金吾卫将军丘神勣因为犯罪而被诛杀，有人告发右丞相周兴是他的同谋，武则天便让来俊臣负责审理。来俊臣和周兴坐在一起吃饭勘断案件，他问周兴说："囚犯大多不承认所犯的罪行，应该用什么方法？"周兴说："这个问题很简单！只需要取一个大瓮，用炭在四周炙烤，命令囚犯进入瓮中，他还有什么事敢不招认呢？"来俊臣于是找来一个大瓮，按照周兴的说法如法炮制，突然站起来对周兴说："有人告发您，请您进入这个瓮吧。"周兴十分惊恐，只好认罪。按照律法他应该判处死罪，后来被从轻发落，流放岭南。

炮烙之刑　商纣暴虐，百姓怨望，诸侯有叛者，妲己以为罚轻，威不立。纣为铜柱，以膏涂之，加于炭火上，令有罪者行，辄堕炭中，以取妲己一笑，名曰"炮烙之刑"。

【译文】商纣王残暴无度，百姓怨声载道，诸侯中有叛乱的，妲己认为如果处罚太轻，就无法立威。纣王便铸了一根铜柱，上面抹上油脂，放在炭火上烧，命令有罪的人在上面走，罪人就会掉入炭火中，以此博取妲己一笑，命名为“炮烙之刑”。

苍鹰 郅都行法严酷，不避权贵。列侯宗室见都，侧目而视，号曰“苍鹰”。

【译文】郅都执法十分严酷，不避权贵。列侯以及宗室的人看到郅都，都不敢正视他，称他为“苍鹰”。

乳虎 宁成好气，为小吏，必凌其长吏；为人上，操下如束湿薪，滑贼任威。稍迁至济南都尉，其治如狼牧羊，民不堪命。后拜关都尉，凡郡国出入关者，号曰：“宁见乳虎，无值宁成之怒。”

【译文】宁成易怒，任小吏时，必然会冒犯长官；做长官时，对待自己的下属就像绑湿柴一样，奸猾狡诈，作威作福。后来他慢慢升迁到济南都尉，治理的方式就像用狼来牧羊一样，百姓不堪重负。后来他官拜关都尉，凡是郡国里出入关的人都说：“宁愿碰到猛虎，也不要碰到宁成发怒。”

鹰击毛挚 义纵为定襄太守，以鹰击毛挚为治，其所诛杀甚多，郡中人不寒而栗。

【译文】义纵任定襄太守时，以像鹰在扑击猎物时张开翅膀那样凶猛的气势治理百姓，诛杀了很多人，郡里的人都感到不寒而栗。

掘狱讯鼠 张汤儿时，父命守舍，鼠盗其肉，父怒，笞汤。汤掘窟得鼠及余肉，为具狱辞，磔之堂下。其父见之，视其文辞如老狱吏，大惊，遂使治狱，后为酷吏。

【译文】张汤小时候，父亲让他看家，一只老鼠偷了家里的肉，父亲大怒，就用鞭子打了张汤。张汤在地上挖洞抓到了老鼠以及剩下的肉，并为此写下狱辞，在堂下将其分尸。父亲看到后，见他写的文辞就像老狱吏一样，大为惊讶，便让他审理案件，后来张汤成为酷吏。

十恶不赦 一曰谋反（谓谋危社稷），二曰谋大逆（谓谋毁宗庙山陵及宫阙），三曰谋叛（谓谋叛本国，潜从他国），四曰谋恶逆（谓殴及谋杀祖父母，父母及夫），五曰不道（谓杀一家非死罪三人，及支解人，若采生造畜蛊毒厌魅），六曰大不敬（谓盗大祀神御之物及乘舆御物），七曰不孝（谓告言咒骂祖父母及夫之祖父母；父母在，别籍异财，若奉养有缺），八曰不睦（谓谋杀及卖缌麻以上亲，殴告夫及大功以上尊长、小功尊属），九曰不义（谓部民杀官长，军士杀所属指挥守把），十曰内乱（谓奸小功以上亲、父祖妾与和者）。

【译文】十恶不赦是十种不能赦免的罪行。一是谋反（就是阴谋危害国家），二是谋大逆（就是阴谋毁坏宗庙、陵墓及宫殿），三是谋叛（就是阴谋反叛本国，暗中勾结其他国家），四是谋恶逆（就是殴打及谋杀祖父母、父母及丈夫），五是不道（就是杀害一家没有犯死罪的三个人，以及肢解人，还有捕杀活人祭祀、制造或蓄养蛊毒害人、使用巫术害人等），六是大不敬（就是盗窃大祀时神灵使用的物品以及乘舆等御用物品），七是不孝（就是告发、咒骂祖父母及丈夫的祖父母；父母在世时就分家，还有奉养父母时有缺失），八是不睦（就是谋杀以及贩卖服缌麻丧以上的亲人，殴打、告发丈夫以及服大功丧以上的尊长、服小功丧以上辈分较高的亲属），九是不义（就是当地百姓杀害官长，军士杀害所属指挥官），十为内乱（就是强奸服小功丧以上的亲人，与祖父、父亲的小妾通奸）。

八议 一曰议亲（谓皇家袒免以上亲，及太皇、太后、皇太后缌麻以上亲，皇后小功以上亲，皇太子妃大功以上亲），二曰议故（谓皇家故旧之人素得侍见，特蒙恩待日久者），三曰议功（谓能斩将夺旗，摧锋万里，或率众来归，宁济一时，或开拓疆宇有大勋劳，铭功太常者），四曰议贤（谓大有德行之贤人君子，其言行可以为法则者），五曰议能（谓有大才业，能整军旅、治政事，为帝王之辅佐人伦之师范者），六曰议勤（谓有大将吏谨守官职，蚤夜奉公，或出使远方，经涉艰难，有大勤劳者之谓），七曰议贵（谓爵一品及文武职军官三品以上，散官二品以上者），八曰议宾（谓承先代之后为国宾者）。

【译文】八议是八种必须交由皇帝裁决或者减轻处罚的罪犯。第一是议亲（就是皇家五服以上的亲人，以及太皇、太后、皇太后缌麻以上的亲人，皇后小功以上的亲人，皇太子妃大功以上的亲人），第二是议故（就是和皇家有交情，平日里经常得到侍见的人，特别蒙恩而侍奉皇帝年深日久的人），第三是议功（就是能够斩杀敌将，夺取敌方军旗，挫败敌人于万里之外，或者率领众人前来归顺，使国家获得一时安宁，或者开疆拓土有大功劳，铭功勋在太常寺的人），第四是议贤（就是有大德行的贤人君子，他的言行可以作为表率的人），第五是议能（就是有大才干，能够整治军队、治理政事，可以作为帝王的辅佐、人间伦理典范的人），第六是议勤（就是有大将或者大官忠于职守，昼夜操劳公事，或者出使远方，经过艰难跋涉，有大辛劳的人），第七是议贵（就是有一品爵位以及文武官员、军官三品以上，散官二品以上的人），第八是议宾（就是前朝国君的后人被尊为国宾的人）。

例分八字 以（以者，与真犯同。谓如监守贸易官物，无异真盗，故以枉法论，以盗论，并除名、刺字，罪至斩绞并全科。） 准（准者，与真犯有间矣。谓如准枉法论，准盗论，但准其罪，不在除名、刺字之例，罪止杖一百，流三千里。） 皆（皆者，不分首从，一等科罪。谓如监临主守职役同情盗，所监守官物并赃满数皆斩之类。） 各（各者，彼此同科此罪。谓如诸色人匠拨赴内府工作，若不亲自应役，雇人冒名私自代替，及替之人，各杖一百之类。） 其（其者，变于先意。谓如论人议罪犯先奏请议。其犯十恶，不用此律之类。） 及（及者，事情连后。谓如彼此俱罪之赃及应禁之物，则没官之类。） 即（即者，意尽而复明。谓如犯罪事发在逃者，众证既明白，即同狱成之类。） 若（若者，文虽殊而会上意。谓如犯罪未老疾，事发以老疾论。若在徒年限内，老疾者亦如之之类。）

【译文】例分八字是法律条文中有通例性质的八个字。

以（以的意思是罪行与真犯相同。比如看管监督的官员买卖官府的物品，就和真的盗贼没有区别，所以除了用枉法来论罪之外，还要以盗窃论罪，可以合并执行除名、刺字，罪行比较大的可以判处斩刑、绞刑以及全部刑罚。）

准（准的意思是与真犯有所区别。比如准枉法论罪、准盗窃论罪，这是只按照这些罪名论处，不在除名、刺字的范围之内，对于罪行的处罚也止于杖刑一百，流放三千里。）

皆（皆的意思是不分首犯与从犯，都按照相同的罪名论罪。比如官员滥用自己监管的财物，视同盗贼，所监守的财物和赃物如果数量达到一定的标准就要处以斩刑之类的法令。）

各（各的意思是双方都以相同的罪名定罪。比如各类工匠被调拨派遣到皇宫工作，如果不亲自前去服役，雇人私自冒名顶替，本人及顶替的人，各自杖打一百之类的法令。）

其（其的意思是改变先前的意见。比如论罪的奏议和先前的奏议冲突就要请求再议之类的法令。如果犯的是十恶罪，不适用这项律法。）

及（及的意思是事情前后的关联。比如彼此都是犯罪所得的赃物以及应该禁止的物品，则应该籍没入官府之类的法令。）

即（即的意思是话已经说完，意思也已经很明确了。比如事发之后罪犯在逃，而众人的证词已经十分明白确凿，便可以视作已经定罪之类的法令。）

若（若的意思是文辞虽然不同但是要领会上面的意思。比如犯罪时还没有年老或者生病，事发之后罪犯已经老疾。如果还在徒刑的年限内，老疾的人也应该和其他人一样论罪之类的法令。）

顾山钱 女子犯罪并放归家，但令一月出钱三百，顾人于山伐木，谓之顾山钱。

【译文】女子犯罪之后被释放回家，只命令她们每个月出三百钱，雇人在山上伐木，称为“顾山钱”。

平反 隽不疑尹京兆。每行县录囚还，母辄问：“有所平反（音幡），活几人耶？”平，谓平其不平也；反，言反罪人辞，使从轻也。

【译文】隽不疑任京兆尹。每次从下属县讯察囚犯回家，母亲都要问他：“有没有平反（音幡）的人，救活了几个人？”平的意思是重新审理不公平的案件；反说的是把罪人的供词反转，使罪犯能够从轻处罚。

录囚 北人言以录为虑。今言录囚，误以为虑囚者，非是。

【译文】北方人说话时把“录”读成“虑”。现在说“录囚”时，还会误说成“虑囚”，其实是错误的。

颂系 景帝著令年八十以上，十岁以下，及孕未乳，盲师，侏儒，当鞫问者，皆颂系之。“颂”读曰“容”，宽容之，不桎梏也。

【译文】汉景帝下令凡是年龄在八十岁以上或十岁以下，以及怀孕还没有哺乳的妇女、盲人、侏儒，应该进行讯问的，全都要“颂系”。“颂”读作“容”，意思是宽容，不戴枷锁。

爰书 爰，换也，以文书代换其口辞也。

【译文】爰是换的意思，爰书就是用文书来代替犯人的口供。

末减 罪从轻也。末，薄也；减，轻也。

【译文】末减就是论罪时从轻的意思。末是薄的意思；减是轻的意思。

狱吏之贵 周勃下狱，狱吏侵辱之。勃后出，曰：“吾常将百万兵，然安知狱吏之贵也！”

【译文】周勃入狱，狱卒侮辱他。周勃出狱后说：“我经常率领百万大军，然而哪里知道狱卒这样尊贵啊！”

死灰复然 韩安国坐法抵罪，狱吏田甲辱之。安国曰：“死灰独不复然乎？”甲曰：“然即溺之。”

【译文】韩安国犯法接受惩罚，狱卒田甲侮辱他。韩安国说：“灭了的灰就不能再次燃烧了吗？”田甲说：“一燃起来就马上用水浇灭。”

六月飞霜 邹衍事燕惠王尽忠，左右谮之，王系之狱。衍仰天而叹，六月天为之降霜。

【译文】邹衍事奉燕惠王时竭尽忠诚，燕惠王左右的人陷害他，燕惠王把他投进监狱。邹衍仰天长叹，时值六月上天为他下起霜来。

太子断狱 汉景帝时，防年因继母杀其父，遂杀继母。廷尉以大逆谳，帝疑之。武帝年十二为太子，侍侧，对曰：“继母如母，缘父之故，今继母杀其父，下手之时，母道绝矣！是父仇也，不宜以大逆论。”

【译文】汉景帝时，防年因为继母杀死自己的父亲，便把继母杀了。廷尉以大逆论罪，景帝有些疑虑。当时汉武帝十二岁，还在做太子，侍立在景帝旁边，他回答说：“继母如同生母，这是因为父亲的缘故，现在继母杀害了他的父亲，下手的时候，母道就已经断绝了！如此一来，就是替父报仇了，不应该用大逆罪来论处。”

钱可通神 张延赏欲理一冤狱，案上有一帖云：“奉钱三万，乞不问其狱。”公恚，悉收左右讯之。明日，于盥洗处得一帖云：“奉钱五万。”又于寝门所得一帖云：“奉钱十万。”公叹曰：“钱至十万，可通神矣！吾以惧祸也。”乃不问。

【译文】张延赏想要审理一件冤案，桌子上出现一张字条，上面写着：“我愿意奉上三万钱，请求您不再审理这件案子。”张延赏十分生气，把左右的人全部收狱进行审问。第二天，他在盥洗的地方又得到一张纸条，上面写着："奉上五万钱。"又在卧室的门口得到一张纸条，上面写着："奉上十万钱。"张延赏叹息道："钱的数目到达十万，就可以通神了！我也担心会有祸事发生啊！"于是便不再过问。

祭皋陶　范滂坐党锢，系黄门北寺狱。吏谓曰："凡坐系皆祭皋陶。"滂曰："皋陶贤者，知滂无罪，将理之于帝；有罪，祭之何益！"

【译文】范滂因为党锢之祸被牵连，关押在黄门北寺的监狱里。狱吏说："凡是获罪入狱的人都要祭祀皋陶。"范滂说："皋陶是贤者，如果他知道我没有犯罪，就会找陛下理论；如果我真的有罪，祭祀他又有什么用呢！"

刮肠涤胃　齐高帝有故吏竺景秀，以过系作坊，常云："若许某自新，必吞刀刮肠，饮灰涤胃。"帝善其言，乃释之。

【译文】齐高帝有个叫竺景秀的老部下，因为过失入狱，经常说："如果给我改过自新的机会，我必然会吞下刀子来刮干净肠子，喝下石灰来洗涤胃部。"齐高帝认为他说得诚恳，就把他释放了。

青衣报赦　苻坚屏人作赦文，有大蝇入室，声甚厉，驱之复来。俄而，人皆知有赦，诘所从来，云有青衣童子呼市中，乃蝇也。

【译文】苻坚屏退众人写作赦文，有一只大苍蝇飞进房间，声音很大，驱赶出去后又飞了进来。过了一会儿，人人都知道有赦令下达，苻坚诘问他们消息是从哪里来的，人们说有个青衣童子在街市上呼喊，原来童子就是那只苍蝇。

于门高大　前汉于公，门闾坏，父老治之。公令高大门闾，可容驷马，且言："我治狱多阴德，子孙必有兴者。"后子定国为丞相。

【译文】西汉于公家的大门坏了，父老乡亲们都来给他整修。他让人把大门修建得高大一些，能够容四匹马拉的车通过，并且说："我审案积累了很多阴德，子孙里必然会有兴旺的人。"后来他的儿子于定国做了丞相。

论囚渭赤　秦商君性极惨刻，尝论囚渭水之上，其水尽赤。

【译文】秦国商鞅的性情极其残忍苛刻，他曾经在渭水边定罪并处决囚犯，河水都被染红了。

肉鼓吹　伪蜀李匡远性苛急，一日不断刑，则惨然不乐。尝闻锤挞声，曰："此一部肉鼓吹也。"

【译文】后蜀李匡远性情严苛急躁，一天不断案，他就闷闷不乐。他曾经在听到鞭打犯人的声音时说："这真是一部用肉体奏响的鼓吹乐啊。"

无冤民 张释之、于定国为廷尉，克尽其职，朝廷称之曰："张释之为廷尉，天下无冤民；于定国为廷尉，民自以为不冤。"

【译文】张释之、于定国任廷尉时，忠于职守，朝廷下诏称赞他们说："张释之为廷尉，天下没有冤民；于定国为廷尉，百姓认为自己被判得不冤。"

疏狱天晴 宋淳熙二年，天久雨，上御笔批问，欲行下诸路疏遣狱囚。是日天霁，上大悦。

【译文】宋朝淳熙二年（1175年），下了很长时间的雨，皇帝亲笔批问情况，想要让天下各路释放一部分囚犯。当日天便放晴了，皇帝十分高兴。

上蔡犬 秦李斯为赵高所谮，二世收之。父子临刑，叹曰："吾欲牵黄犬出上蔡东门逐狡兔，其可得乎！"遂夷其三族。

【译文】秦朝李斯被赵高诬陷，秦二世把他收入狱中。李斯父子二人在临刑前叹息道："我想要牵着黄狗从上蔡的东门出去追逐狡猾的兔子，哪里还有这样的机会啊！"后来他被诛灭三族。

华亭鹤 陆机仕晋，为孟玫谮于成都王颖，王即使人收机，机叹曰："华亭鹤唳可得闻乎？"遂遇害。

【译文】陆机在晋朝为官时，被孟玫诬告到成都王司马颖那里，司马颖派人抓住陆机，陆机叹息说："我还能再听到家乡华亭的鹤鸣吗？"之后便遇害了。

走狗烹 韩信为吕后所诛，叹曰："高鸟尽，良弓藏；狡兔死，走狗烹。敌国破，谋臣亡。"

【译文】韩信被吕后所杀时，叹道："飞鸟射尽，良弓就要收藏起来；狡兔死了，猎犬就要被烹煮。敌国攻破，谋臣也要死亡了。"

支解人 齐景公时，民有得罪者，公怒缚至殿下，召左右支解之。晏子左手持头，右手持刀而问曰："古明王支解人，从何支解起？"景公离席曰："纵之。"

【译文】齐景公时，有个触犯律法的百姓，齐景公愤怒地把他绑在宫殿中，召来左右的人要将他肢解。晏子左手抚着犯人的头，右手拿着刀问道："古代贤明的君主肢解人时，应该从哪里先开始呢？"齐景公离席而起说："放了他吧。"

屦贱踊贵　齐景公烦刑。有鬻踊者（踊，刖足所用），公问晏子曰："子之居近市，知孰贵贱？"对曰："踊贵屦贱。"公悟，为之省刑。

【译文】齐景公设立了很多刑罚。当时有很多卖踊的人（踊，是被砍去脚的人使用的），齐景公问晏子说："你住在离街市很近的地方，知道货物的贵贱吗？"晏子回答说："踊贵，鞋子便宜。"齐景公醒悟，因此裁减了很多刑罚。

同文馆狱　章惇起同文馆狱，欲杀刘挚及梁焘、王岩叟等。后为元祐党碑，皆始于此。

【译文】章惇兴起同文馆案，想要借机杀死刘挚及梁焘、王岩叟等人。后来建立的元祐党人碑，都是从这里开始的。

金鸡集树　《唐志》：中书令供赦日，值金鸡于仗南，竿长七尺，鸡高四尺，黄金饰首，衔幅七尺，盛以绛幡，将作供焉。武后封嵩山，大赦，坛南有树，置鸡其杪，号金鸡树。

【译文】《新唐书·百官志》中记载：中书令在供赦日那天，要在仪仗队的南边树立一只金鸡，竿长七尺，金鸡高四尺，用黄金装饰头部，嘴里衔着七尺的长幅，长幅要使用红色旗帜，将要用它来作为供物。武则天在嵩山封禅时，曾经大赦天下，祭坛的南边有树，便把金鸡放置在树梢上，称为金鸡树。

天鸡星动　古称金鸡放赦，至今诏书于五凤楼，以金鸡衔下之。《三国典略》，司马膺之曰："案《海中星占》，天鸡星动皆有赦。故主王以金鸡建赦。"

【译文】古人有"金鸡放赦"的说法，至今赦免的诏书仍然要在五凤楼上写完，再让金鸡衔下来。《三国典略》中记载，司马膺之说："按照《海中星占》的记载，天鸡星变动时都会有赦免的命令。所以君主要用金鸡来发布赦免的命令。"

雀角鼠牙　《诗经》："谁谓雀无角，何以穿我屋？谁谓女无家，何以速我狱？”“谁谓鼠无牙，何以穿我墉？谁谓女无家，何以速我讼！”

【译文】《诗经》中写道：“谁说鸟雀没有喙？不然如何能啄坏我的屋？谁说你尚未娶妻，为何抓我进牢房？”“谁说老鼠没有牙，不然如何能钻透我的墙？谁说你尚未娶妻，为何逼我上公堂！”

吹毛求疵 汉武帝时，天下多冤晁错之策，务摧抑诸侯王，数奏其过恶。吹毛求疵，笞服其臣，使证其君。

【译文】汉武帝时，天下很多人都误解了晁错的策议，认为他一心要抑制诸侯王的势力，多次上奏弹劾他们的过错。相关部门便开始吹毛求疵，用刑罚使诸侯王的臣子屈服，使他们指证其君王。

犴狴 狱也。犴，胡地犬也。野犬所以守，故谓狱为犴狴。造狱用肺嘉之石，故狱又名肺嘉。（《周礼》：以肺石达穷民。肺石，赤石也，使之赤心，不妄告。以嘉石平罢民。嘉，文石也，使之思其文理以折狱。）

【译文】犴狴是监狱的意思。犴是胡地的一种狗。野狗可以用来看守，所以称监狱为犴狴。建造监狱时要使用肺石和嘉石，所以监狱又被称为肺嘉。（《周礼》中记载：用肺石来传达贫穷百姓的意见。肺石是一种红色石头，目的是想让告状的人有一颗赤子之心，不要诬告别人。用嘉石来让治理那些不遵从教化的人。嘉石是有纹理的石头，寓意是让狱吏如石头上的纹理一般有条理地判决案件。）

子代父死 梁吉翂父为原乡令，为奸吏所诬，罪当死。翂年十五，挝登闻鼓，乞代父命。武帝疑人教之，廷尉盛陈刑具，不变，乃宥父罪。

【译文】梁朝吉翂的父亲任原乡令，被奸诈属吏诬陷，论罪当死。吉翂那年十五岁，前去敲登闻鼓，请求代父亲而死。梁武帝怀疑有人教唆他，就让廷尉在他面前陈列了很多刑具，吉翂面不改色，武帝于是宽恕了他父亲的罪行。

发奸擿伏 擿，挑也，言为奸而隐匿者，必擿发之。

【译文】擿是挑的意思，发奸擿伏说的是做了坏事而隐藏起来的人，必须揭发他们。

请谳 谳，议也，谓罪可疑者谳于廷尉。

【译文】谳是商议的意思，请谳说的是对于尚有疑点的犯人应该在廷尉那里再次商议。

刑狱爰始 黄帝始制刑辟，制流、笞、杖、斩。蚩尤制劓、刵、黥、椓。纣制烹、醢、轘、剐。周公制绞。黄帝斩蚩尤始枭首。秦文公始族诛。公孙鞅始连坐。禹制城旦、舂。周公制徒。唐太宗始加役、流。周太祖始加刺配。

【译文】黄帝首先制定刑律，制定了流放、鞭笞、杖刑、斩刑。蚩尤制定了割鼻子的劓刑、割去耳朵的刵刑、刺面的黥刑和割生殖器的宫刑。商纣王制定了烹刑、把人剁成肉酱的醢刑、车裂和凌迟。周公制定了绞刑。黄帝斩下蚩尤的头颅时，才开始把首级悬挂示众。秦文公开始实行族诛。公孙鞅创制连坐法。禹制定了城旦和舂的刑罚。周公制定了徒刑。唐太宗开始增加服役、流放。周太祖开始增加刺配充军的刑罚。

赎刑 舜始制赎止鞭朴。周穆王始制五刑之疑各得赎。汉宣帝始制女徒雇役。宋太祖始制折杖。

【译文】舜帝最先制定了用财物赎罪免被鞭打的制度。周穆王最先规定凡是处以五刑的犯人有疑问的都可以赎刑。汉宣帝最早规定妇女可以通过雇役来代替徒刑。宋太祖开始制定受杖刑的数目以及刑具的尺寸，以此作为除死刑外其他刑罚的代用刑。

三法司 隋文帝始死罪三奏行刑。唐始大狱诏刑部尚书、都御史、大理寺正卿三司鞫问。

【译文】隋文帝最先规定死罪必须三次奏请之后才能行刑。唐朝开始大案要诏令刑部尚书、都御史、大理寺正卿三个长官会同审理。

越诉 隋文帝令伸理由下达上，始禁越诉。

【译文】隋文帝下令申辩时要自下而上，开始禁止越级诉讼。

制狱 皋陶始制狱。汉诏以周囹圄为狱。北齐制狱囚于治。

【译文】皋陶最先创制监狱。汉朝诏令用周朝的囹圄作为监狱。北齐设立监狱把囚犯囚禁在治所里。

制律 皋陶始制律。萧何制九章律，张仓复定。

【译文】皋陶最先制定律法。萧何制定了《九章律》，张仓后来进行了修订。

卷十一　日用部

宫室

创制　有巢氏始构木为巢。古皇氏始编槿为庐。黄帝始备宫室。黄帝制庭、制楼、制阁、制观。神农制堂。燧人氏制台。黄帝制榭。尧制亭。汉宣帝制轩。唐虞制宅。周制房、制第。汉制邸。六朝后始加听事为厅。秦孝公始制殿，乃有陛。萧何治未央宫，立东阙、北阙，始沿名阙。梁朱温按《河图》制五凤楼。魏始制城门楼，名丽谯。张说制京城鼓楼。鲧作城郭。禹作宫室。

【译文】有巢氏开始用木头构建巢居住。古皇氏开始把槿编制成草屋。黄帝开始制备宫室。黄帝创制了庭、楼、阁、观。神农氏创制了堂。燧人氏创制了台。黄帝创制了榭。尧创制了亭。汉宣帝创制了轩。尧、舜创制了宅。周朝创制了房、第。汉朝创制了邸。六朝后才增加了听事成为厅。秦孝公开始创制殿，这才有了陛。萧何建造未央宫，创立了东阙、北阙，后代开始沿用称为阙。后梁朱温按照《河图》建造了五凤楼。魏代开始建造城门楼，称为丽谯。张说创制了京城的鼓楼。鲧建造了城郭。禹建造了宫室。

左徹制祠庙，汉宣帝制斋室。周穆王召尹轨、杜仲居终南尹真人草楼，始名道居为观。汉明帝时，摩腾、竺法兰自西域止鸿胪寺，始名僧居为寺。隋炀帝制道场，改观为玄坛，五代宋改制宫。孙权始为佛塔。东晋何充舍宅始为尼寺。

【译文】左徹创制了祠庙，汉宣帝创制了斋室。周穆王召尹轨、杜仲住在终南山尹真人的草楼里，开始把道士居住的地方称为观。汉明帝时，摩腾、竺法兰从西域来到鸿胪寺，开始把僧人居住的地方称为寺。隋炀帝创制了道场，把观改名为玄坛，五代、宋朝改制称为宫。孙权开始建造佛塔。东晋何充施舍自己的房屋给尼姑住，这才有了尼寺。

唐玄宗制书院。后汉刘淑制精舍。殷仲堪制读书斋。欧阳修燕居，始为户室相通，名画舫斋。

【译文】唐玄宗创制了书院。东汉刘淑创制了精舍。殷仲堪创制了读书斋。欧阳修赋闲在家，开始把户、室连通起来，称为画舫斋。

黄帝制门户，文王制壁门，周公制戟门、辕门（车相向以表门）、人门（立长大之人以表门）。秦始皇制走马廊，制千步廊。黄帝制阶、制梯。尧制墙。伊尹制亮槅。神农制窨。伏羲制厨。黄帝制灶、制蚕室。周制暴室。黄帝制囿。尧制池。秦始皇制汤池。

【译文】黄帝创制了门户，文王创制了壁门，周公创制戟门、辕门（用战车相向而立代表门）、人门（设立高大的人用来表示门）。秦始皇创制了走马廊、千步廊。黄帝创制了阶、梯。尧创制了墙。伊尹创制了透光的花格长窗。神农创制了窨。伏羲创制了厨房。黄帝创制了灶和蚕室。周朝创制了染坊。黄帝创制了园林。尧创制了池。秦始皇创制了护城河。

公署 汉制开府，制九卿治事之寺。北齐始以官名寺。隋制监。唐制院、制省、制局。汉制南宫。唐制东台。玄宗制黄门省。周制馆。汉制藁街（即今四夷馆，汉武帝制）。宋置马铺，制递站。夏制府藏文书财货。汤、武制库藏。

【译文】汉朝创制了开府制度，创制了九卿办理政事的寺。北齐开始用官职的名称命名寺。隋朝创制了监。唐朝创制了院、省、局。汉朝创制了南宫。唐朝创制了东台。唐玄宗创制了黄门省。周朝创制了馆。汉朝创制了藁街（就是现在的四夷馆，由汉武帝创制）。宋朝设置了马铺，并且创制了驿站。夏朝创制府用来收藏文书和财物。商汤和周武王都建了库藏。

平泉庄 李赞皇平泉庄周回十里，建堂榭百余所，天下奇花、异卉、怪石、古松，靡不毕致。自作记云："鬻平泉者，非吾子孙也！以一石一树与人者，非佳子弟也！吾百年后，为权势所夺，则以先人所命泣而告之。"

【译文】李德裕建造的平泉庄周长有十里，建造了堂榭一百多所，天下的奇花、异卉、怪石、古松，全都被他收集其中。李德裕自己写了一篇记文说："谁要是卖掉平泉庄，就不是我的子孙！把这里的一块石头、一棵树送给别人的，就不是我的好子孙！我死后，如果平泉庄被人凭借权势夺走，就把先人所说的话哭泣着告诉他。”

午桥庄 张齐贤以司空致仕归洛，得裴晋公午桥庄，凿渠通流，栽花植竹，日与故旧乘小车携觞游钓。

【译文】张齐贤在司空任上退休回归洛阳，得到裴度的午桥庄，他命人挖凿水渠接通水流，栽花种竹，每天都和老朋友坐着小车带着酒壶游玩垂钓。

辋川别业 辋川别业在蓝田，宋之问所建，后为王维所得。辋川通流竹洲花坞，日与裴秀才迪浮舟赋诗，斋中惟茶铛、酒臼、经案、竹床而已。

【译文】辋川别业在蓝田，是宋之问修建的，后来被王维得到。辋川的水流通向竹洲和花坞，王维每天都和秀才裴迪一起坐着小船赋诗，斋中只有茶铛、酒臼、经案、竹床而已。

高阳池 汉侍中习郁于岘山南，依范蠡养鱼法作鱼池，池边有高堤，种竹及长楸，芙蓉缘岸，菱芡覆水，是游燕名处。山简每临此池，未尝不大醉而返，曰："此是我高阳池也。"

【译文】汉朝侍中习郁在岘山的南边，按照范蠡养鱼的方法建造了一座鱼池，池边还筑有很高的堤坝，上面种着竹子和高大的楸树，岸边还种植着芙蓉，菱角与芡实覆盖在水面上，是当时有名的游宴之地。山简每次来这里游玩，没有一次不醉酒而归的，他说："这里真是我的高阳池啊。"

迷楼 隋炀帝无日不治宫室，浙人项昇进新宫图，大悦，即日召有司庀材鸠工，经岁而就，帑藏为之一空。帝幸之，大喜曰："使真仙游其中，亦当自迷也。"因署之曰"迷楼"。

【译文】隋炀帝没有一天不建造宫殿，浙江人项昇进献了一张新的宫殿图纸，隋炀帝十分高兴，马上召集相关部门和工匠，准备材料，一年就建好了，国库也因为这件事消耗殆尽。隋炀帝亲临宫殿，大喜说："就算是真仙在里面游玩，也要迷路啊。"于是为这座宫殿署名"迷楼"。

西苑 隋炀帝筑西苑，周三百里，其内为海，周十余里，为方丈、瀛洲、蓬莱诸山岛，高出水百余丈，有龙鳞筑萦回海内，缘筑十六院门皆临渠，每院以四品夫人主之。殿堂楼观，穷极华丽，秋冬凋落，则剪彩为花，缀于枝干，色渝则易以新者，常如阳春。上好以月夜从宫女数千骑游西苑，作《清夜游曲》，于马上奏之。

【译文】隋炀帝修建西苑，周长有三百里，其中有海，周长十几里，海中建造了方丈、瀛洲、蓬莱等诸多山和岛，高出水面一百多丈，还有叫作龙鳞筑的建筑在海中回旋环绕，沿着龙鳞筑的十六座院门全都临水，每座院里都有一个四品夫人主管。这里的殿堂楼观，极其华丽，每到秋冬树木凋零时，就命人剪下彩色绸缎做成花朵的样子，点缀在枝干上，颜色暗淡之后就再换新的，看上去就像一直是春天一样。隋炀帝喜欢在月夜带着几千名宫女骑马游览西苑，曾作了一首《清夜游曲》，在马上演奏。

阿房宫 阿房宫，东西五百步，南北五十丈，上可以坐万人，下可以建五丈旗。周驰为阁道，自殿下直抵南山。表山颠以为阙。复道，渡渭，属之咸阳。役隐宫徒刑者七十余万人。卢生说帝为微行所居，毋令人知，然后不死之药可得。乃令咸阳宫三百里内宫观复道相连，帷帐钟鼓美人不移而具，所行幸，有言其处者死。

【译文】阿房宫东西长五百步，南北宽五十丈，上面可以坐上万人，下面可以建起五丈高的旗帜。沿着宫殿的一周都建造了复道，从宫殿下一直抵达南山。在南山顶峰修建阙楼作为标志。通过复道可以渡过渭水，那里便属于咸阳了。秦始皇役使圈禁兴修宫殿之徒刑者七十多万人建造宫殿。卢生劝说秦始皇把这里作为微服出行时的居所，不要让别人知道，然后就能够得到不死仙药。秦始皇便命令将咸阳宫三百里内的宫观都用复道连接，复道都用帷帐遮挡，里面放满不再移走的钟鼓、美人，秦始皇所到之处，凡有透露其行踪的人全部处死。

驾霄亭 张功甫为张循王诸孙，园池声伎服玩甲天下。常于南湖园作驾霄亭，于四古松间，以巨铁之半空，当风月清夜，与客梯登之，飘遥云表。

【译文】张镃是循王张俊本家的孙辈，他的园林、池塘、音乐、歌舞伎、服装和珍玩都是天下第一。张镃曾经在南湖园建造了一座驾霄亭，在四棵古松之间，把一条巨大的铁索悬挂在半空，每当月明风清的夜晚，他就和宾客用梯子登上驾霄亭，像是飘荡在白云之外。

水斋 羊侃性豪侈。初赴衡州，于两艖起三间水斋，饰以珠玉，加以锦缋，盛设围屏，陈列女乐。乘潮解缆，临波置酒，缘塘倚水，观者填塞。

【译文】羊侃为人豪华奢侈。刚刚到达衡州，他就在两座船上修建了三座水斋，用珠玉作为装饰，再加上色彩艳丽的锦缎，设置了很多可以折叠的屏风，在里面陈列歌舞伎。趁涨潮时解开缆绳，对着波浪设置酒宴，沿水两岸前来观看的人堵住了道路。

清秘阁 倪云林所居，有清秘阁、云林堂。其清秘阁尤胜，前植碧梧，四周列以奇石，蓄古法书名画其中，客非佳流不得入。尝有夷人入贡，道经无锡，闻云林名，欲见之，以沉香百斤为贽。云林令人绐云：“适往惠山饮泉。”翌日再至，又辞以出探梅花。夷人不得一见，徘徊其家。倪密令开云林堂使登焉，东设古玉器，西设古鼎彝尊罍，夷人方惊顾，问其家人曰：“闻有清秘阁，可一观否？”家人曰：“此阁非人所易入，且吾主已出，不可得也。”夷人望阁再拜而去。

【译文】倪瓒所居住的地方，有清秘阁、云林堂。其中清秘阁尤其出名，前面种植着碧绿的梧桐，四周陈列着奇石，阁内还收藏了很多古代的法书、名画，宾客如果不是名士就不能进入。曾经有夷人前来朝贡，路过无锡，听说云林阁的名声，想要见识一下，便用一百斤沉香作为礼物送给倪瓒。倪瓒派人骗他说：“主人正好去惠山饮泉了。”第二天那个夷人又来了，倪瓒又以出去寻访梅花的名义拒绝了他。夷人无法见到清秘阁，就在他的家里徘徊。倪瓒秘密命人打开云林堂让他登上去，只见堂内东面设置着古代的玉器，西面设置着古代的鼎、彝、尊、罍等礼器，夷人正在惊奇地四处观望，又问倪瓒的家人：“我听说还有一座清秘阁，能否让我观看一下？”家人说：“这座阁楼并不是什么人都能够轻易进入的，而且我家主人已经出门，无法前去观看。”夷人望着清秘阁拜了两次之后才离去。

泖湖 杨铁崖晚居泖，尝曰：“吾未七十，休官在九峰三泖间，殆且二十年，优游光景过于乐天。有李五峰、张句曲、周易痴、钱思复为唱和友，桃叶、柳枝、琼花、翠羽为歌歈伎。风日好时，驾春水宅（先生舟名）赴吴越间，好事者招致，效昔人水仙舫故事，荡漾湖光岛翠，望之呼铁龙仙伯，顾未知香山老人有此无也。”客有小海生贺公为“江山风月神仙福人”，且貌公老像，以八字字之，又赋诗其上曰：“二十四考中书令，二百六字太师衔，不如八字神仙福，风月湖山一担担。”

【译文】杨维桢（铁崖）晚年居住在泖湖，他曾经说：“我今年还没有七十岁，就辞去官职住在九峰三泖之间，已经过了二十年，闲适的生活已经超过了白居易。有李五峰、张句曲、周易痴、钱思复作为我唱和的朋友，有桃叶、柳枝、琼花、翠羽作为我的歌伎。在风和日丽时，就驾着春水宅（先生的船名）到吴越之间，有好事的人招我前去，效仿古人水仙舫的旧事，荡漾在湖光和小岛之间，远远看到的人都称呼我是铁龙仙伯，就是不知道香山老人有没有这样的光景。”宾客中有叫小海生的人称赞杨维桢是“江山风月神仙福人”，并且把他年老的样子画成了像，把这八个字题在边上，又在上面赋诗写道：“二十四考中书令，二百六字太师衔，不如八字神仙福，风月湖山一担担。”

咸阳北阪　秦始皇灭六国，写其宫室，作之咸阳北阪上，自雍门以东至泾、渭交处，殿屋覆道，周围相属，然各自为区。虽一瓦一甓之造，亦如其式。各书国号，不相雷同，皆布其所得诸侯美人居之。

【译文】秦始皇灭亡六国后，画下他们宫室的样子，在咸阳的北阪上仿造，从雍门以东到泾水、渭水交汇处，宫殿覆盖了道路，周围全都连接起来，然而各自又独立为一个区。即使是一砖一瓦，都建造得和原来一模一样。这些宫殿都各自书写着国号，相互之间绝不雷同，秦始皇还让俘虏的诸侯的美人居住在里面。

花萼楼　唐玄宗友爱至厚，设五王幄，与诸王同处。后于宫中造楼，题曰“花萼相辉之楼”。

【译文】唐玄宗和兄弟之间十分友爱亲厚，他设立了一座五王幄，和各位兄弟住在里面。后来又在宫里建造了一座楼，题名为“花萼相辉之楼”。

黄鹤楼　晋时有酒保姓辛，卖酒江夏，有道士就饮，辛不索钱，如此三年。一日，道士饮毕，以橘皮画一鹤于壁，以箸招之即下舞，嗣是贵客皆就饮，辛遂致富，乃建黄鹤楼。后道士骑鹤而去。

【译文】晋朝有个姓辛的酒保，在江夏卖酒，有个道士前来喝酒，这个酒保从来不给他要钱，这样一直持续了三年。有一天，道士喝完酒，用橘子皮在墙壁上画了一只黄鹤，只要用筷子招它，那白鹤马上下来跳舞，从此之后贵客都来这里喝酒，这位酒保变得很富有，于是建造了一座黄鹤楼。后来那个道士骑着黄鹤离开了。

滕王阁 滕王，唐高帝之子，武德中出为洪州刺史，喜山水，酷爱蝴蝶，尤工书，妙音律。暇日泛青雀舸，就芳渚建阁登临，仍以王名阁焉。

【译文】滕王是唐高祖的儿子，武德年间出任洪州刺史。他喜欢游山玩水，酷爱蝴蝶，尤其擅长书法，精通音律。闲暇时经常驾着青雀舸，在水中的小岛上建立阁楼登临，仍然用滕王的名字为阁楼命名。

轮奂 晋献文子成室，晋大夫贺焉。张老曰："美哉轮焉，美哉奂焉！歌于斯，哭于斯，聚国族于斯。"文子曰："武也，得歌于斯，哭于斯，聚国族于斯，是全要领以从先大夫于九京也！"君子谓其善颂、善祷。

【译文】晋献文子赵武建造好房屋后，晋国的大夫都前来祝贺。张老说："真美啊，多么高大宽敞！真美啊，多么富丽堂皇！可以在这里歌唱，可以在这里哭泣，还可以在这里宴集族人与同僚。"献文子说："我赵武能够在这里歌唱，能够在这里哭泣，能够在这里聚集族人和同僚，是为了可以善终，能够跟随先祖一起长眠在九原啊！"君子都称赞他们一个善于赞颂，一个善于祈祷。

爽垲 齐景公欲更晏子之宅，谓晏子曰："子之宅近市，不可以居，请更诸爽垲（地名）。"晏子如晋，公更宅焉。反，则成矣。既拜，乃复旧宅。

【译文】齐景公想要为晏子更换住宅，他对晏子说："你的房子离街市太近，无法居住，请更换到爽垲（地名）居住吧。"晏子出使晋国后，齐景公为他更换了住宅。等晏子回来时，住宅已经换好了。晏子拜谢齐景公后，让人回到老宅居住。

绿野堂 唐裴度以东都留守加中书令，不复有经世之意，乃治第东都集贤里，名绿野堂，竹木清浅，野服萧散。

【译文】唐朝裴度以东都留守的身份加封中书令，不再有治理国事的想法了，于是在东都洛阳的集贤里为自己建造了一座房屋，起名叫绿野堂，院子里的竹树青翠浅近，他平时则穿着便服十分潇洒。

铜雀台 铜雀台在彰德县，曹操所筑。上有楼，铸大铜雀，高一丈五尺，置之楼颠。临终遗命："施帐于上，使宫人歌吹帐中，望吾西陵。"西陵，操葬处也。

【译文】铜雀台在彰德县，是曹操修筑的。上面有一座楼，曹操铸造了一只大铜雀，高一丈五尺，放置在楼顶。曹操临终时留下遗命说："在铜雀台设置帷帐，让宫人在帐中奏乐演唱，远望西陵。"西陵是埋葬曹操的地方。

华林园　梁简文帝入华林园，顾谓左右曰："会心处不在远，翳然林水，便自有濠、濮间想，觉鸟兽禽鱼自来亲人。"

【译文】梁简文帝进入华林园时，回头对左右的人说："适合心意的美景不必去远处找，看到林木遮盖的河流，就会想到濠水、濮水这样的大河，能够感受到鸟、兽、禽、鱼自然来亲近人。"

金谷园　石崇为荆州刺史时，劫远使商客，致富不赀。有别馆，在河阳之金谷，一名梓泽园，中有清泉茂林，竹柏药草之属，莫不毕备。尝与众客游宴，屡迁其处，或登高临下，或列坐水滨，琴瑟笙筑合载车中，道路并作，令与鼓吹递奏，昼夜不倦。后房数百，俱极佳丽之选，以殽羞精丽相高，求市恩宠。

【译文】石崇任荆州刺史时，靠着抢劫远来的商客，积累了不少财富。他为自己建造了一座别馆，在河阳的金谷，也叫梓泽园，园中有清泉和茂密的树林，竹子、柏树和草药之类的植物也都十分齐备。他曾经与众多客人一起游玩宴饮，多次更换游玩的地方，或者登高临下，或者列坐在水边，把琴、瑟、笙、筑等乐器一起用车载着，在路上合奏，又命令他们和鼓吹乐队一起轮流演奏，昼夜不停。园后还有几百间房屋，里面住着十分漂亮的美人，她们争相用美味佳肴来互相竞争，以求得到石崇的恩宠。

衣冠

冠　辰氏始教民绚发閤首。尧始制冠礼。黄帝始制冠冕。女娲氏始制簪导。尧始制缨。伏羲始制弁，用皮韦。鲁昭公始易绢素。周公始制幅巾。汉末始尚幅巾，制角巾。晋制接诸巾及葛巾，始以巾为礼。秦始皇加武将袢袙，以别贵贱，始为帻。汉元帝额有壮发，始服帻。王莽秃，加屋帻上，始为头巾。古无巾，止用羃尊罍。

【译文】辰氏开始教百姓用绳子把头发绑起来，用雨笠覆盖头部。尧开始定制冠礼。黄帝开始创制冠冕。女娲氏开始制作用来束发的簪导。尧开始制作缨。伏羲开始制作弁，用熟牛皮制成。鲁昭公开始改为白色的绢。周公开始制作幅巾。汉末开始崇尚幅巾，制作角巾。晋朝开始制作接诸巾和葛巾，开始把巾作为礼物。秦始皇给武将加袢袙，用来区别身份的贵贱，并且创制了帻。汉元帝的额前有突下的头发，开始用帻把头发束起来。王莽秃顶，在头上加屋帻，这才有了头巾。古代没有头上用的巾，那时候的巾只用来覆盖尊、罍等器物。

帽　荀始制帽，舜制帽冠。汉成帝始制贵臣乌纱帽，后魏迄隋因之。唐太宗始制纱帽，为视事见宾，上下通用。秦汉始效羌人制为毡帽。晋始以席为骨而挽之，制席帽。隋始制帷帽障尘，为远行，用皂纱连幅缀油帽及毡笠前。唐制大帽，后魏孝文始赐百官。魏文帝始赐百官立冬暖帽。今赐百官暖耳，本此。

【译文】黄帝的大臣荀开始制作帽，舜制作了帽冠。汉成帝开始制作高官所戴的乌纱帽，后魏一直到隋朝都沿袭了这一制度。唐太宗开始制作纱帽，用来经办公务或者会见宾客，上下都可以使用。秦汉开始效仿羌人制作毡帽。晋代开始用藤席作为骨架进行编制，制作席帽。隋朝开始制作帷帽遮挡灰尘，在出远门时，用黑色的纱连接成幅缀在油帽和毡笠的前面。唐代开始制作大帽，后魏孝文开始把它赐予百官。魏文帝开始赐予百官立冬暖帽。现在赐给百官的暖耳，就是从这里来的。

幞头　北朝周武帝裁布始制幞头。一云六国时赵魏用全幅向后幞发，通谓头巾，俗呼幞头。

【译文】北朝周武帝裁剪布料开始制作幞头。一说是六国时期赵魏使用整张布向后把头发包起来，统称头巾，俗称幞头。

帢　魏武制帢，始燕居着帢（帙帢同裁缣布为之，以色别贵贱）。荀文若始制帢有岐，因触树枝成岐，后效之。

【译文】魏武帝创制了帢，士人开始在退朝闲居时戴帢（与便帽帙、帢一样，都是用丝织品裁剪做成的，用颜色来区分贵贱）。荀文若开始制作有分岔的帽，这是因为他的帽子被树枝挂到而有了分岔，后来人们都效仿这种形式。

纵 周公制纵，以韬发。宋太祖制网巾，明太祖颁行天下。

【译文】周公制作了纵，用来束发。宋太祖创制了网巾，被明太祖颁行天下。

古冠名 尧黄收、牟追；汤哻；武王委貌；秦始皇远游冠；汉高祖通天冠、高山冠、鹊尾冠、长冠、竹皮冠；唐太宗翼善冠、交天冠；宋平天冠，并人君冠。殷章甫冠；汉梁冠（以梁数分别），后汉进贤冠；唐太宗进德冠；楚王獬豸冠；汉却非冠；赵武灵王惠文冠，饰金珰豹尾。汉武弁效惠文加蝉、鵔鸃冠、繁冠、鹖冠。秦孝公武帻，汉文帝介帻。西汉翠帽，唐縠帽，李晟绣帽，沈庆之狐皮帽、汝阳王琎砑光帽，南汉平顶帽，后周独孤帽、侧帽，韩熙载轻纱帽，萧载小博风帽。唐乌匼纱巾、夹罗巾，员头、平头、方头巾，宋云巾、鹖鸥巾，汉文帝平巾，唐中宗踣养巾，昭宗珠巾，诸葛孔明纶巾，谢万白纶巾，祢衡练巾，石季伦紫纶巾，桑维翰蝉翼纱巾。张孝秀縠皮巾，陶弘景鹿皮巾，王衍尖巾，顾况华阳巾，山简白鹭巾，高九万渔巾，程伊川阔幅巾，苏子瞻加辅方巾，牛弘卜桐巾，王邻菱角巾，罗隐减样平方巾。

【译文】古代冠的名字有：尧的黄收、牟追；商汤的哻；周武王的委貌；秦始皇的远游冠；汉高祖的通天冠、高山冠、鹊尾冠、长冠、竹皮冠；唐太宗的翼善冠、交天冠；宋朝的平天冠，这些都是君王所戴的冠。殷商的章甫冠；汉朝的梁冠（用帽梁的数量来区分），后汉的进贤冠；唐太宗的进德冠；楚王的獬豸冠；汉朝的却非冠；赵武灵王的惠文冠，装饰着金珰、豹尾。汉武帝的弁冠效仿惠文冠而增加了蝉、鵔鸃冠、繁冠、鹖冠。秦孝公的武帻，汉文帝的介帻。西汉的翠帽，唐朝的縠帽，李晟的绣帽，沈庆之的狐皮帽、汝阳王李琎的砑光帽，南汉的平顶帽，后周的独孤帽、侧帽，韩熙载的轻纱帽，萧载的小博风帽。唐朝的乌匼纱巾、夹罗巾，员头、平头、方头巾，宋云巾、鹖鸥巾，汉文帝的平巾，唐中宗的踣养巾，昭宗的珠巾，诸葛亮的纶巾，谢万的白纶巾，祢衡的练巾，石季伦的紫纶巾，桑维翰的蝉翼纱巾。张孝秀的縠皮巾，陶弘景的鹿皮巾，王衍的尖巾，顾况华的阳巾，山简的白鹭巾，高九万的渔巾，程伊川的阔幅巾，苏轼的加辅方巾，牛弘的卜桐巾，王邻的菱角巾，罗隐的减样平方巾。

履 黄帝臣於则始制履（单底），周公制舄（复底）、制屦（施带）、制屐。伊尹制草屩，周文王始制麻履，秦始用丝，始皇始制靸金泥飞头鞋，始名鞋。汉始以布缱上脱下加锦饰，东晋始以草木巧织成如澼芙蓉为履是也。

【译文】黄帝的臣子於则开始制作履（单层底），周公创制了舄（多层底）、屦（有鞋带）、木鞋。伊尹创制了草鞋，周文王开始制作麻鞋，秦朝开始用丝做鞋，秦始皇开始制作靸金泥飞头鞋，这才开始叫作鞋。汉朝开始用锦编织成带子给鞋的上下增加装饰，东晋开始用草木巧妙地编织成像水中漂的芙蓉一样的鞋子。

靴 赵武灵王制靴，短靿。隋炀帝制皂靴，始长靿。马周加毡及絛，始着入殿省敷奏。

【译文】赵武灵王开始制作靴子，靴筒比较短。隋炀帝制作了皂靴，开始有了长筒靴。马周给靴子增加了羊毛垫和丝带做成的装饰品，开始穿着靴子上朝奏事。

三代冠制 夏曰毋追（音牟堆），周曰委貌。衡，维持冠者；纨，冠之垂者；弦缨，从下而上；綖，冠之上覆者，皆冠饰也。

【译文】夏朝的冠叫作毋追（读作“牟堆”），周朝的冠叫作委貌。衡是用来维持冠平衡的；纨是冠上垂下的带子；弦缨是从下而上固定冠的；綖是用来覆盖在冠上的东西。这些都是冠上的装饰物。

冕制 有虞氏曰皇，夏后氏曰收，商汤氏曰冔，周武王曰冕。衮冕，一品服；鷩冕，二品服；毳冕，三品服；希冕，四品服；玄冕，五品服；平冕，郊庙武舞郎之服；爵弁，六品以下、九品以上，从祀之服；武弁，武官参殿廷、武舞郎、堂下鼓人鼓吹按工之服；弁服，文官九品公事之服。

【译文】有虞氏的冕叫作皇，夏后氏的冕叫作收，商汤氏的冕叫作冔，周武王的叫作冕。衮冕，一品官员的服饰；鷩冕，二品官员的服饰；毳冕，三品官员的服饰；希冕，四品官员的服饰；玄冕，五品官员的服饰；平冕，郊庙祭祀时武舞郎穿着的服饰；爵弁，六品以下、九品以上，跟随祭祀时穿着的服饰；武弁，武官参殿廷、武舞郎、堂下的鼓人、鼓吹按工穿着的服饰；弁服，九品文官处理公务时的服饰。

旒制 汉明帝采《周官》《礼记》，以定冕制，广七寸、长一尺二寸，系白珠于其端，曰旒。天子十二旒，三公及诸侯九旒，卿七旒。

【译文】汉明帝采用《周官》《礼记》的记载，来制定冕的形制，冕前后的玉串宽七寸、长一尺二寸，把白珠系在前端，称为旒。天子的冕上有十二旒，三公及诸侯的有九旒，卿大夫的有七旒。

冠制　太白冠，太古之白布冠也。通天冠，天子冠名。惠文冠，汉法冠也，御史服之。葛巾，葛布冠也，居士野人所服。方山冠，乐人之冠也。铁柱冠，即獬豸冠也，后以铁为柱，取其执法如铁也，故御史服之。

【译文】太白冠，远古时期用白布制成的冠。通天冠，天子的冠名。惠文冠，汉朝司法人员所戴的冠，御史也戴这种冠。葛巾，就是用葛布制成的冠，隐士和乡野之人所戴。方山冠，乐师所戴的冠。铁柱冠，就是獬豸冠，后来用铁作为冠柱，取执法如铁的意思，所以让御史来戴。

鵕鸃冠　汉惠帝时，郎中皆冠鵕鸃冠，傅脂粉。

【译文】汉惠帝时期，郎中都戴鵕鸃冠，涂脂抹粉。

岸帻　岸帻，起冠露额曰岸。

【译文】岸帻，抬起冠露出前额叫作岸。

雄鸡冠　子路性鄙，好勇力，冠雄鸡，佩豭豚，凌暴孔子，孔子设礼稍诱子路。子路后服，委贽因门人请为弟子。

【译文】子路性格粗鄙，喜欢武力，戴着雄鸡冠，佩着用猪皮装饰的剑，凌辱孔子，孔子用礼仪来劝导教化子路。子路后来服从教化，送上礼物托门人请求做孔子的弟子。

竹皮冠　汉高祖为亭长，以竹皮为冠。及贵，常服之，所谓“刘氏冠”也。诏曰：爵非公乘以上，不得冠刘氏冠。公乘，第八爵也。

【译文】汉高祖做亭长时，用竹子皮制作了一种冠。等到显贵之后，还经常戴着，这就是所谓的“刘氏冠”。他下诏说：爵位不在公乘以上的人，禁止戴刘氏冠。公乘是第八等爵位。

弁髦　男子始冠则用弁髦，既冠则弃之，故凡物弃之不用，则曰弁髦。

【译文】男子冠礼之前戴黑色布帽，眉际还有垂发。加冠之后就弃置布帽不用，剪去眉际的头发，所以凡是弃之不用的东西，都叫作弁髦。

帽制 接，白帽也。浑脱，毡帽也。褦襶，即今暑月所戴凉帽也，内以笠为之，外以青缯缀其檐而蔽日者也。

【译文】接是一种白色的帽子。浑脱就是毡帽。褦襶就是现在暑天所戴的凉帽，里面用竹子编成，外面用青色的帛缀在帽檐上用来遮挡阳光。

进贤冠 今文臣所着纱帽，即古之进贤冠也。

【译文】现在文官所戴的纱帽，就是古代的进贤冠。

貂蝉冠 为侍中、中常侍所服之冠，黄金铛附蝉为文，貂尾为饰，侍中插左，常侍插右。

【译文】貂蝉冠是侍中、中常侍所戴的冠，前面用黄金铛雕刻附蝉作为花纹，用貂尾作为装饰，侍中插在左边，常侍则插在右边。

鹖冠 楚人居于深山，以鹖为冠，著书十六篇，号《鹖冠子》。

【译文】有个楚人居住在深山中，用鹖的尾羽作为装饰制作冠，并且写了有十六篇文章的书，命名为《鹖冠子》。

虎贲冠 虎贲插两鹖尾，竖左右。鹖，鸷鸟中之劲果者，秦汉施之武人。

【译文】虎贲勇士所戴的冠上插着两根鹖的尾羽，竖在左右两边。鹖是凶猛的鸟类中刚毅果敢的一种，秦汉时代将它的尾羽戴在武士的头上。

黄冠 道士冠也。文文山愿黄冠归故乡，以备顾问。

【译文】黄冠就是道士冠。文天祥（文山）愿意戴着黄冠辞官还乡，等待皇帝垂问。

椰子冠 苏东坡有椰子冠，广东所产，俗言茄瓢是也。

【译文】苏轼有一种椰子冠，是广东产的，现在俗称的“茄瓢”就是这种冠。

束发冠 古制也。三王画像多着此冠，名曰束发者，亦以仅能束一髻耳。

【译文】束发冠是古代的一种制度。三王的画像大多戴着这种冠，虽然名叫束发冠，但也只能束起一个发髻而已。

折角巾 后汉郭林宗常行梁陈之间，遇雨，巾一角沾雨而折。二国名士着巾，莫不折其角，号“林宗巾”。其见仪则如此。

【译文】东汉郭林宗经常在梁国、陈国之间往返，有一次他在路上碰到了下雨天，头巾的一角因为沾雨而被它折了起来。后来两个国家的名士戴头巾时，没有不把角折起来的，称为“林宗巾”。由此可知他被人心仪的程度。

折上巾　汉魏以前戴幅巾，晋、宋用幂，后周以三尺皂绢向后幞发，名折上巾。

【译文】汉、魏以前的人戴幅巾，晋朝和宋朝的人使用幂，后周使用三尺长的黑绢向后把头发绑起来，称为折上巾。

方巾　元杨维桢被召入见，太祖问：“卿所冠何巾？”对曰：“四方平定巾。”太祖悦其名，召中书省，依此巾制颁天下尽冠之。

【译文】元朝杨维桢被召入朝觐见，元太祖问他：“爱卿戴的是什么头巾？”杨维祯回答：“这是四方平定巾。”元太祖十分喜欢这个名字，便诏令中书省，按照这种头巾的形制颁布天下，让所有人都佩戴。

网巾　明太祖一日微行至神乐观，有道士结网巾，问结此何用，对曰：“网巾用以裹头，则万发俱齐。”明日有旨命道官取网巾一十三顶，颁行天下，无贵贱，皆令裹之。

【译文】明太祖有一天微服来到神乐观，看到有个道士正在编制网巾，便问他编这个东西有什么用，道士回答：“用网巾来裹头，所有的头发都能够裹住。”第二天就有旨意命令管理道教的官员取来网巾十三顶，颁行天下，不论贵贱，命令他们全都用这种网巾裹头。

衣裳

制衣裳　有巢氏始衣皮。轩辕妃嫘祖始兴机杼，成布帛。尧始加絺苎、木绵、草布、毛罽。黄帝臣胡曹始作衣，伯余始作裳，始衣裳加垂以衣皮，短小也。舜制韨（冕服之韠，古字，从韦，今从丝），三代增画文；汉明帝用赤皮；魏晋始易络纱。黄帝始制衮，舜始备，周始详。

【译文】有巢氏开始穿着动物的皮。黄帝的妃子嫘祖开始使用机杼，织成布帛。尧开始增加绨苎、木绵、草布、毛罽作为服装原料。黄帝的臣子胡曹开始制作上衣，伯余开始制作下裳，并且开始给衣裳增加皮制的垂饰，十分短小。舜创制了韨（就是冕服上的蔽膝，这是一个古字，韦字旁，现在是丝字旁），三代开始在蔽膝上增加图案和花纹；汉明帝用红色的皮革来制作蔽膝；魏晋开始改用绛纱。黄帝开始制作衮，舜帝开始完备，周朝开始更加详细。

傅说制袍，长至足。隋制大袍，宇文护始加襕。舜制深衣。马周制襕衫。汉制方心曲领，唐制圆领。

【译文】傅说开始制作袍，长度一直到达足部。隋朝创制了大袍，宇文护开始增加襕袍。舜创制了深衣。马周创制了襕衫。汉朝创制了方心曲领的长袍，唐朝创制了圆领长袍。

唐太宗制朝参拜表朝服，公事谒见，公服始分别。北齐入中国，始胡服，窄袖。唐玄宗始公服，褒博大袍。

【译文】唐太宗创制了入朝参拜时穿着的朝服，在处理公务和官员朝见时穿戴，从此才有了与日常服装不同的公服。北齐进入中原后，开始穿着胡服，袖子比较窄。唐玄宗开始制作公服，是一种宽松的大袍。

伏羲制裘（一云黄帝）。禹制披风（如背子制较长，而袖宽于衫）、制襦（短衣）。伊尹制祙袄。汉高祖制汗衫（小仅覆胸背，即古中单，帝与楚战汗透，因名）。唐高祖制半臂（隋文帝时半臂余，即长袖也。高祖减为秃袖，如背心）。马周制开骻（即今四骻衫）。周文王制裈，禹始制袴，周武王改为褶，以布；敬王以缯；汉章帝以绫，始加下缘。

【译文】伏羲创制了裘（一说是黄帝）。禹创制了披风（像背子的形制一样但是较长，袖子比衫略宽）、襦（短衣）。伊尹创制了夹袄。汉高祖创制了汗衫（很小，只能覆盖住胸背，即古代的中单，汉高祖与楚国交战时被汗水浸透，因此得名）。唐高祖创制了半臂（隋文帝时的半臂余，就是长袖。唐高祖减去袖子成为秃袖，就像背心一样）。马周创制了开骻（就是现在的四骻衫）。周文王创制了有裆的裤子裈，禹开始制作开裆的袴裤，周武王改为用布制作裤，周敬王开始用丝织品来制作；汉章帝开始用绫制作，并且开始增加下摆。

晋董威制百结（碎杂缯为之）。宋太祖制截褶、制海青（俱仿南番作）。宇文涉制毡衫。

【译文】晋朝董威创制了百结衣（用杂色的碎丝织品制成）。宋太祖创制了截褶、海青（都是仿照南番的样式制作的）。宇文涉创制了毡衫。

陈成子制雨衣、雨帽。宇文涉制雨笼。於则制角袜（前后两只相承，中心系带）。魏文帝吴妃始裁缝如今样。后魏始赐僧尼偏衫。

【译文】陈成子创制了雨衣、雨帽。宇文涉创制了雨笼。於则创制了角袜（前后两只相承，中间用带子绑住）。魏文帝的吴妃开始裁剪缝制成现在的样子。后魏开始赐予僧尼偏衫。

服色　黄帝始定人君服，色随王运。周公始制天子服，四时各以其色。隋文帝始专尚黄。唐玄宗时，韦韬请天子服御皆用黄，设禁。

【译文】黄帝开始定制君主的服装，颜色则随王运而变化。周公开始制定天子的服装，根据四季变换颜色。隋文帝开始专门崇尚黄色。唐玄宗时，韦韬请求天子的服饰和车马器具都用黄色，并且禁止其他人使用。

隋炀帝诏牛弘等始别服色，三、四品紫，五品朱，六品以下绿，胥吏青，庶人白，商皂。本秦始皇以紫、绯、绿三等服为制。

【译文】隋炀帝诏令牛弘等人开始区别服装的颜色，三、四品官员用紫色，五品官员用红色，六品以下官员用绿色，胥吏则用青色，普通人用白色，商人用黑色。依据是秦始皇把紫色、红色、绿色作为三等服饰制度。

后魏制僧衣，赤布，后周易黄，宇文周易褐色。北齐忌黑，以僧衣多黑，始行师忌僧。

【译文】后魏开始创制僧衣，使用红布，后周改为黄色，北周改为褐色。北齐忌黑色，因为僧衣多是黑色，所以开始在行军时忌讳僧侣。

鱼袋　鱼袋，即古鱼符，刻鱼，盛之以袋，而饰金银玉。三代为等袋，用韦。唐高祖始制鱼袋，饰金银。武后改制龟，盖为别；后复为鱼，加用铜；宋仁宗加用玉。唐玄宗敕品卑者借绯及鱼袋。

【译文】鱼袋就是古代用来区别官员品级的鱼符，在符上刻鱼的图案，用袋子装起来，再用金、银、玉作为装饰。三代制作等袋，用熟牛皮制成。唐高祖开始制作鱼袋，用金银作为装饰。武则天改形制为龟，这是为了区别之前的鱼袋；后来又改为鱼，并且增加了铜饰；宋仁宗增加了玉饰。唐玄宗敕令品级低下的官员可以借用红色的官服和鱼袋。

笏　成汤始制笏，书教令以备忽忘。武王诛纣，太公解剑带笏，始制为等。周制诸侯用象笏。晋宋以来，惟八座用笏，余执手板。周武帝始百官皆执笏朝参，以笏为礼。汉高祖制手板如笏，魏武帝制露板（奏事木简）。

【译文】成汤开始创制官员上朝用的笏，在上面书写教令以防忽然忘记。周武王诛杀纣王，姜太公解下剑带笏，开始创制笏的等级。周朝的制度，诸侯使用象牙笏。南朝刘宋朝以来，只有八种高级官员使用笏，其他官员则拿着手板。北周武帝开始百官都拿着笏上朝，用笏来行礼。汉高祖创制了一种像笏的手板，魏武帝创制了露板（奏事用的木简）。

带绶 黄帝制衣带（用革反插垂头），秦二世名腰带。唐高宗始制金、玉、犀、银、鍮、铓、铜、铁等差。

【译文】黄帝创制了衣带（用革反插住垂头），秦二世开始称为腰带。唐高宗开始制作金、玉、犀、银、鍮、铓、铜、铁的腰带等级制度。

佩 尧始制佩，周制为等。七国去佩留襚，始以采组连结于襚。转相受为绶（古绶以贯佩）制，更秦名，本三代。汉高祖制为等加缥。天子佩白玉而玄组绶，公侯佩山玄玉而朱组绶，大夫佩水苍玉而纯组绶，世子佩瑜玉而綦组绶，士佩瓀玟而缊组绶，孔子佩象环五寸而綦组绶。

【译文】尧开始创制佩，周朝制定了佩的等级制度。七个诸侯国都要去掉佩留下襚带，这才开始用一组的方式联结襚带。转赠给别人则称为绶（古代用绶来贯穿佩），改自秦代的名称，源于三代。汉高祖制定了不同等级的加绶制度。天子佩戴白玉并且使用黑色的组绶，公侯佩戴山玄玉并且使用红色的组绶，大夫佩戴水苍玉并且使用黑色发赤黄的组绶，世子佩戴瑜玉并且使用青黑色的组绶，士人佩戴瓀玟使用赤黄色的组绶，孔子佩戴五寸象环使用青黑色的组绶。

牙牌 宋太祖始制牙牌，给赐立功武臣悬带，令朝参官皆用之。颛顼制丝绦。汤制鞶囊。

【译文】宋太祖开始创制牙牌，赏赐给立功的武将悬带，下令朝参的官员都要使用。颛顼创制了丝绦。商汤创制了革制的囊。

厕牏 厕牏，近身之小衫，即今之汗衫也。

【译文】厕牏是贴身穿着的小衫，就是现在的汗衫。

绣髻　绣髻，盖以羽衣为半臂，如《后汉书》所谓“诸于绣堀”，其字不同，其义则一也。

【译文】就是用羽衣做成半袖的样子，如同《后汉书》中所说的“诸于绣堀”，虽然名字不同，形制却是一样的。

襳褵　襳褵，羽衣也。又曰氅衣。缊黂敝衣。袯襫，蓑衣，暆（音夷）喻，雨衣。

【译文】襳褵就是羽衣，又叫作氅衣。用乱麻作为填充物做成的破旧衣物。袯襫、蓑衣、暆（音夷）喻，这些都是雨衣。

襜褕　襜褕（音谄遥），单衣也。武安侯田蚡坐襜褕入宫，不敬，国除。

【译文】襜褕是一种单衣。武安侯田蚡因为穿着襜褕进入皇宫，对皇帝不敬，所以被削除了爵位。

吉光裘　汉武帝时，西域献吉光裘，裘色黄，盖神马之类，入水不濡，入火不燃。

【译文】汉武帝时期，西域进献吉光裘，这种裘是黄色，大概是神马之类的毛皮做成的，所以就算入水也不会湿，入火也不会燃烧。

雉头裘　大医程据上雉头裘，武帝诏据：此裘非常衣服，消费功用，其于殿前烧之。

【译文】太医程据进献雉头裘，晋武帝下诏说：这件衣服属于奇装异服，会耗损德行，就在宫殿前焚烧了吧。

狐白裘　孟尝君使人说昭王幸姬求解，姬曰：“愿得狐白裘。”此裘孟尝君已献昭王，客有能为狗盗者，夜入秦宫藏中，取以献姬，乃得释。

【译文】孟尝君派人前去游说秦昭王的宠妃请求释放自己，那位妃子说：“我想要一件狐白裘。”这件裘衣孟尝君已经献给秦昭王，他的门客中有一个能够伪装成狗进行盗窃的，于是在夜里进入秦国宫殿的内库，取出狐白裘献给那位妃子，孟尝君才得以释放。

集翠裘　武后赐张昌宗集翠裘，后令狄仁杰与赌此裘。仁杰因指所衣紫拖袍，后曰：“不等。”杰曰：“此大臣朝见之服也。”昌宗累局连北，仁杰褫其裘，拜恩出，赐与舆前厮养。

【译文】武则天赐予张昌宗集翠裘，后来又命令狄仁杰跟他赌这件裘衣。狄仁杰于是拿着自己穿的紫色长袍作为赌注，武则天说："这两件衣服并不等价。"狄仁杰说："这是大臣朝见天子时穿的衣服。"张宗昌后来连战败北，狄仁杰便赢得了他的集翠裘，谢恩后离开，并把这件裘衣赐给了自己轿前的仆人。

鹔鹴裘　司马相如初与文君还成都，居贫愁惫，以所着鹔鹴裘，就市人杨昌贳酒，与文君拔闷。

【译文】司马相如初次和卓文君回到成都时，家中穷困潦倒，就把自己所穿的鹔鹴裘卖给商人杨昌换酒喝，给卓文君解闷。

深衣　古者深衣，盖有制度，短毋见肤，长毋被土。制有十二幅，以应十有二月；袂圆以应规；曲袷如矩以应方；负绳及踝以应直；下齐如权衡以应平。

【译文】古代的深衣，向来有制度，短的不能露出皮肤，长的不能碰到地上。布料的形制为十二幅，用来对应十二个月；袖子的圆度要对应圆规；领子方形要对应方矩；衣服的背缝上下相当要对应直线；下衣的底边如同秤杆以对应公平。

黑貂裘　苏秦初说赵，赵相李兑遗以黑貂裘。及游说秦王，王不能用，黑貂之裘敝。

【译文】苏秦初次游说赵王时，赵国的宰相李兑送他一件黑貂裘。等到游说秦王时，秦王不能任用他，苏秦等得黑貂裘都破了。

通天犀带　南唐严续相公歌姬、唐镐给事通天犀带，皆一代尤物，因出伎解带呼卢。唐彩大胜，乃酌酒，命美人歌一曲而别，严怅然久之。

【译文】南唐宰相严续府中的歌姬、唐镐给事的通天犀带，都是一代尤物，于是严续和唐镐分别拿出自己的歌姬和通天犀带作为赌注，唐镐在赌博中大胜，于是给严续倒了一杯酒，命令那位歌姬唱一曲与严续告别，严续为这件事惆怅了很久。

月影犀带　张九成有犀带，文理缜密，中有一月影，遇望则见，贵重在通天犀之上，盖犀牛望月之久，故感其影于角也。

【译文】张九成有一条犀带，纹理十分缜密，中间有一道月亮的影子，到了每月的十五日就会出现，珍贵程度在通天犀带之上，大概是犀牛望月的时间长了，所以月亮的影子就留在它的角上了。

黄琅带　唐太宗赐房玄龄黄琅带，云服此带，鬼神畏之。

【译文】唐太宗赐给房玄龄一条黄琅带，并说只要戴上这条腰带，鬼神都会害怕。

百花带　宗测春游山谷，见奇花异卉，则系于带上，归而图其形状，名“百花带”，人多效之。

【译文】宗测春天在山谷中游赏，看到奇花异卉就会摘下来系在腰带上，回家后就在腰带上画下它们的样子，称为“百花带”，很多人都模仿他。

笏囊　唐故事，公卿皆播笏于带，而后乘马。张九龄体弱，使人持之，因设笏囊。笏囊自此始。

【译文】唐朝旧例，公卿大夫都把笏别在腰带上，然后骑马。张九龄身体虚弱，需要有人帮忙拿着笏，所以制作了笏囊。笏囊就是从这时开始的。

只逊　殿上直校鹅帽锦衣，总曰“只逊”。曾见有旨下工部，造只逊八百副。

【译文】宫殿上当值校卫的鹅帽锦衣，总称为“只逊”。我曾经看到一道下给工部的圣旨，要求他们制造只逊八百副。

身衣弋绨　张安世尊为公侯，而身衣弋绨，夫人自绩。

【译文】张安世处在公侯的尊位，身上却穿着粗糙的丝织衣物，还是夫人亲手纺织的。

衣不重帛　晋国苦奢，文公以俭矫之，乃衣不重帛，食不兼肉。未几时，国人皆大布之衣，脱粟之饭。

【译文】晋国苦于奢靡之风，晋文公便带头用节俭来矫正这种风气，于是他从来不重叠穿着丝织的衣服，也不吃两种以上的肉。没过多久，晋国的人都开始穿粗布衣服，吃糙米饭。

袜韦跗注　袜，赤也。跗注，戎服，若袴而属于跗，与袴连，言军中君子之饰也。

【译文】韎的意思是红色。跗注是一种军装，样子很像裤子一直连接到脚背，与裤子相连，这说的是军中的君子所穿的服饰。

飞云履 白乐天烧丹于庐山草堂，制飞云履，玄绫为质，四面以素绢作云朵，染以诸香，振履，则如烟雾。常着示道友云："吾足下生云，计不久上升矣。"

【译文】白居易在庐山草堂中烧制丹药，制作了飞云履，用黑色绫布作为材料，鞋子的四面用白色绢布做成云朵的样子，再用各种香料熏染，只要鞋子一振动，这些香料就会像烟雾一样腾起。白居易经常穿着这双鞋给道友看，并对他们说："我脚下生云，估计不久后就要飞升了。"

襕衫 襕衫，乃明朝高皇后见秀才服饰与胥吏同，乃更制儒巾襕衫，令太祖着之。太祖曰："此真儒者服也。"遂颁天下。

【译文】明朝的高皇后见秀才所穿的衣服和小吏相同，于是更改服装制作了儒巾和襕衫，并且让明太祖穿上。太祖说："这可真是儒士的衣服啊。"于是颁行天下。

毳衣 《诗经》："毳衣如菼。"天子、大夫之服。纨袴，贵家子弟之服。逢腋，肘腋宽大之衣，为庶人之服。

【译文】《诗经》记载："毳衣如菼。"毳衣是天子、大夫所穿的服装。纨绔是贵族子弟所穿的服装。逢腋是肘腋部分宽大的衣服，是普通百姓穿的服装。

初服 初，始也，谓未仕时清洁之服，故致仕归，曰得遂初衣。

【译文】初就是开始的意思，初服就是还没有做官时穿的清洁服装，所以官员退休回乡，被称为"得遂初衣"。

轻裘缓带 羊祜在军中尝服之。偏裻，戎衣名；肠夷，甲名。皆从军所服之饰。

【译文】羊祜在军中曾经穿着轻裘缓带。偏裻是军装的名字，肠夷是铠甲的名字，这些都是从军之人所穿的服饰。

赤芾 芾，冕之饰也。大夫以上，赤韨乘轩。

【译文】芾是冕上的装饰品。大夫以上的官员，都穿着红色的蔽膝坐车。

饮食

制食　有巢氏始教民食果。燧人氏始修火食，作醴酪（蒸酿之使熟）。神农始教民食谷，加于烧石之上而食。黄帝始具五谷种（地神所献）。烈山氏子柱始作稼，始教民食蔬果。燧人氏作脯、作胾。黄帝作炙。成汤作醢。禹作鲞，吴寿梦作鲊。神农诸侯夙沙氏煮盐，嫘祖作醯，神农作油，殷果作醯，周公作酱，公刘作饧。（后汉谓饴饧即《楚辞》怅惶也。《方言》：江东为糖作蜜。）唐太宗煎蔗作沙糖。黄帝作羹、作菹。少昊作齑。神农作炒米。黄帝作蒸饭、作粥。公刘作餈、作麻团、作糕。周公作汤团。汝颓作粽。诸葛亮作馒头、作饸馁。石崇作馄饨。秦昭王作蒸饼。汉高祖作汉饼。金日磾作胡饼。魏作汤饼。晋作不托（即面，简于汤饼）。

【译文】有巢氏开始教百姓吃野果。燧人氏开始用火制作食物，制作醴酪（使用蒸、酿的方式使食物变熟）。神农氏开始教百姓吃谷物，把谷物放在烧石之上来吃。黄帝开始具备五谷的种子（地神所进献）。烈山氏的儿子柱开始种植庄稼，教百姓吃蔬菜和水果。燧人氏制作肉脯，切成大块的肉。黄帝制作烤肉。成汤制作肉酱。禹制作鱼干，吴国寿梦制作腌鱼。神农氏的诸侯夙沙氏煮盐，嫘祖制作醯酱，神农制作油，殷果制作醋，周公制作大酱，公刘制作糖。（东汉时说的“饴饧”就是《楚辞》中所说的“怅惶”。《方言》记载：江东用糖来制作蜜。）唐太宗用煎甘蔗的方式来制作砂糖。黄帝制作羹和腌菜。少昊制作姜、蒜、韭菜等细末做成的齑。神农氏制作炒米。黄帝制作蒸饭和粥。公刘制作糍粑、麻团和糕。周公制作汤圆。汝颓制作粽子。诸葛亮制作馒头和饸饼。石崇制作馄饨。秦昭王制作蒸饼。汉高祖制作汉饼。金日磾制作胡饼。魏制作汤饼。晋朝制作不托（就是面，比汤饼的做法简单）。

酒　酒始自空桑委余饭郁积生味。黄帝始作醴（一宿），仪狄[①]始作酒醪，杜康作秫酒。周公作酎，三重酒。汉作宗庙九酝酒（五月造，八月成）。魏文侯始为觞。齐桓公作酒令。汝阳王琎著《酒法》。唐人始以酒名春。刘表始以酒器称雅。（有伯仲季雅称。雅集本此。）晋隐士张元作酒帘。南齐始以樗蒲头战酒。宋武帝延萧介赋诗置酒，始称即席。

---

① 仪狄是夏禹时代司掌造酒的官员，相传是我国最早的酿酒人，虞舜的后人。底本为“夷狄”，应为笔误。

【译文】酒源于杜康在空桑中倾倒的剩饭时间长了生出奇特的味道。黄帝开始酿制甜酒（一夜就能酿成），仪狄开始制作有渣滓混合的酒，杜康用秫酿制酒。周公制作醇酒，要经过三道工序。汉朝开始酿造用于宗庙祭祀的九酝酒（五月酿造，八月酿成）。魏文侯开始制作名为“觞”的酒杯。齐桓公创作了酒令。汝阳王李琎撰写了《酒法》。唐朝人开始用“春”命名酒。刘表开始把酒器称为雅事。（有伯、仲、季等雅称。雅集的聚会形式就是源自这里。）晋朝隐士张元创制了酒帘。南齐开始以棋类游戏樗蒲头赌酒。宋武帝邀请萧介赋诗摆酒，才开始有了“即席”之称。

名酒　齐人田无已中山酒（一云狄希），汉武帝兰生酒（采百味即百末旨酒），曹操缥醪，刘白堕桑落酒（成桑落时）、千里酒（六月曝日不动），唐玄宗三辰酒，虢国夫人天圣酒（用鹿肉），裴度鱼儿酒（凝龙脑刻鱼投之），魏徵翠涛，孙思邈屠苏（元日入药），隋炀帝玉薤（仿胡法），陈后主红梁新酝，魏贾锵昆仑觞（绛色以瓢接河源水酿之），房寿碧芳酒，羊雅舒抱瓮醪（冬月令人抱而酿之），向恭伯芗林、秋露，殷子新黄娇，易毅夫瓮中云，胡长文银光，宋安定郡王洞庭春（以柑酿），苏轼罗浮春、真一酒，陆放翁玉清堂，贾似道长春法酒，欧阳修冰堂春。

【译文】名酒有：齐人田无已的中山酒（一说是狄希），汉武帝的兰生酒（采集百味也就是百花来酿酒），曹操的缥醪，刘白堕的桑落酒（在桑叶凋落时酿成）、千里酒（六月在阳光下曝晒不移动），唐玄宗的三辰酒，虢国夫人的天圣酒（用鹿肉酿造），裴度的鱼儿酒（在凝结的龙脑香上刻鱼的图案投入酒中），魏徵的翠涛，孙思邈的屠苏（正月初一用来烧酒入药），隋炀帝的玉薤（仿照胡人的方法酿造），陈后主的红梁新酝，魏国贾锵的昆仑觞（酒为红色，用瓢接河源头的水酿造），房寿的碧芳酒，羊雅舒的抱瓮醪（在冬天让人抱着酿造），向恭伯的芗林、秋露，殷子新的黄娇，易毅夫的瓮中云，胡长文的银光，宋朝安定郡王的洞庭春（以柑橘酿成），苏轼的罗浮春、真一酒，陆游的玉清堂，贾似道的长春法酒，欧阳修的冰堂春。

茶　成汤作茶，黄帝[①]食百草，得茶解毒。晋王蒙、齐王肃始习茗饮（三代以下炙茗菜或煮羹）。钱超、赵莒为茶会。唐陆羽始著《茶经》，创茶具，

① 传说中多为神农尝百草。

茶始盛行。唐常衮，德宗时人，刺建州，始茶蒸焙研膏。宋郑可闻剔银丝为冰牙，始去龙脑香。唐茶品，阳羡为上，唐末北苑始出。南唐始率县民采茶，北苑造膏茶腊面，又京铤最佳。宋太宗始制龙凤模，即北苑时造团茶，以别庶饮，用茶碾，今炒制用茶芽，废团。王涯始献茶，因命涯榷茶。唐回纥始入朝市茶。宋太祖始禁私茶，太宗始官场贴射，徐改行交引。宋始称绝品茶曰斗，次亚斗。始制贡茶，列粗细纲。

【译文】成汤制作茶，黄帝尝百草中毒，得到茶后解毒。晋王蒙、齐王肃开始把喝茶作为习惯（三代以下都烤茶做菜或者煮羹）。钱超、赵莒开始举办茶会。唐朝陆羽开始撰写《茶经》，创造了茶具，茶到这时才开始盛行。唐朝常衮，德宗时人，任建州刺史，开始把茶经过蒸、焙后研磨制成膏。宋朝郑可闻剔出银丝做成冰牙，开始去除龙脑香。唐朝茶的品质，阳羡是最上等的，唐末北苑才开始出产。南唐开始鼓励县民采茶，北苑制造了膏茶、腊面，此外便数京铤品质最好。宋太宗开始创制龙凤模具，就是北苑当时制造的团茶，用来和普通人喝的茶作为区分，使用茶碾制作，现在炒制茶时使用嫩芽，废弃了团茶。王涯开始进献茶叶，朝廷于是命令王涯进行茶叶专卖。唐朝回纥开始入朝交易茶叶。宋太祖开始禁止私茶，宋太宗开始在官场施行贴射法决定茶叶的交易权，慢慢改为使用交引进行茶叶贸易。宋朝开始称极品茗茶为斗，次一级的称为亚斗。开始制作贡茶，并且列出粗细的类目。

蒙山茶 蜀蒙山顶上茶多不能数，片极重，于唐以为仙品。今之蒙茶，乃青州蒙阴山石上地衣，味苦而性寒，亦不易得。

【译文】蜀地蒙山顶上的茶多不胜数，叶片极重，在唐朝被当作仙品。现在的蒙茶，是青州蒙阴山石上的地衣，味道苦且性寒，也不容易得到。

密云龙 东坡有密云龙茶，极为甘馨。时黄、秦、晁、张号“苏门四学士”，子瞻待之厚，每来，必令侍妾朝云取密云龙饮之。

【译文】苏轼有密云龙茶，十分甘美芳香。当时黄庭坚、秦观、晁补之、张耒被称为“苏门四学士”，苏轼对他们十分亲厚，几个人每次来时，苏轼必定会让侍妾朝云取来密云龙茶给他们喝。

天柱峰茶 李德裕有亲知授舒州牧，李曰：“到郡日，天柱峰可惠三四角。”其人辄献数斤，李却之。明年罢郡，用意精求，获数角，投之赞皇，阅而受之，曰："此茶可消酒肉毒。"乃命烹一瓯沃于肉，以银盒闭之，诘旦开视，其肉已化为水矣，众服其广识。

【译文】李德裕有个亲信被授予舒州牧，李德裕说："你到郡里那天，帮我带三四包天柱峰的茶叶。"那人一共进献了几斤茶叶，李德裕拒绝了。第二年那人卸任时，用心寻找，终于找到了几包茶叶，送给李德裕，李德裕查看之后接受了，并且说："这种茶叶可以消酒肉里的毒。"于是命人烹了一碗茶浇在肉上，以银盒密封，等早上打开一看，盒子里的肉已经化成了水，众人都佩服他的见多识广。

惊雷荚 觉林院僧志崇收茶三等，待客以惊雷荚，自奉以萱草带，供佛以紫茸。香客赴茶者，皆以油囊盛余沥以归。

【译文】觉林院的僧人志崇把收到的茶叶分为三等，招待客人时使用惊雷荚，自己饮用时用萱草带，供奉佛祖则使用紫茸。前来喝茶的香客，都用油囊装着喝剩的茶叶带回家。

石岩白 蔡襄善别茶。建安能仁寺有茶生石缝间，名石岩白，寺僧遣人遗内翰王禹玉。襄至京访禹玉，烹茶饮之，襄捧瓯未尝，辄曰："此极似能仁寺石岩白，何以得之？"禹玉叹服。

【译文】蔡襄善于鉴别茶的品质。建安的能仁寺有一株茶树长在石头的缝隙间，名为石岩白，寺里的僧侣派人送了些茶叶给内翰王禹玉。蔡襄到京城拜访王禹玉时，烹茶饮用，蔡襄捧着茶杯还没有品尝就说："这茶很像能仁寺的石岩白茶，你是怎么得到的？"王禹玉为之叹服。

仙人掌 荆州玉泉寺，近清溪诸山，山洞往往有乳窟，窟中多玉泉交流，其水边处处有茗草罗生，枝叶如碧玉，拳然重叠，其状如手，号仙人掌，盖旷古未睹也。惟玉泉真公常采而饮之，年八十余，颜色如桃色。此茗清香酷烈，异于他产，所以能还童振枯，扶人寿也。

【译文】荆州的玉泉寺，靠近清溪诸山，山洞中往往会有石钟乳丛生的洞窟，窟中大多都有玉泉水交错流出，泉水边到处都有茶树苗丛生，枝叶如同碧玉一样，像拳头一样重叠在一起，样子和手很像，被称为仙人掌，这大概是自古以来都没有见过的。只有玉泉寺的真公和尚经常采摘饮用，年过八旬，面色仍然如同桃子一样红润。这种茶香气浓烈，有别于其他地方产的茶，所以能够使人返老还童，延年益寿。

水厄　晋司徒长史王濛好饮茶，客至辄命饮，士夫皆患之，每欲往候，必曰：“今日有水厄。”

【译文】晋朝司徒长史王濛喜欢喝茶，客人来访时都要请他们喝茶，同僚们都很忧虑，每次想要去拜访他时必然会说：“今天有水灾。”

汤社　和凝在朝，率同列递日以茶相饮，味劣者有罚，号为汤社。

【译文】和凝在朝中为官时，率领同僚依次一天接一天烹茶相互款待，茶的味道不好的人要接受处罚，称为汤社。

茗战　建人以斗茶为茗战。

【译文】建阳人把斗茶称为茗战。

卢仝七碗　卢仝歌：一碗喉吻润；二碗破孤闷；三碗搜枯肠，惟有文字五千卷；四碗发轻汗，平生不平事，尽向毛孔散；五碗肌骨清；六碗通仙灵；七碗吃不得也，惟觉两腋习习清风生。

【译文】卢仝在诗里写道：“一碗喉吻润；二碗破孤闷；三碗搜枯肠，惟有文字五千卷；四碗发轻汗，平生不平事，尽向毛孔散；五碗肌骨清；六碗通仙灵；七碗吃不得也，惟觉两腋习习清风生。”

九难　《茶经》言茶有九难：阴采夜焙，非造也；嚼味嗅香，非别也；膻鼎腥瓯，非器也；膏薪庖炭，非火也；飞湍壅潦，非水也；外熟内生，非汤也；碧粉缥尘，非茶也；操艰搅遽，非煮也；夏兴冬废，非饮也。

【译文】《茶经》中说茶有九大难题：阴天采茶，夜晚烘焙，这不是制茶的正确方法；用嘴咀嚼品尝味道，用鼻子闻茶，这不是鉴别茶叶的方法；茶鼎秽膻，茶杯腥臭，这不是品茶的正确器具；用沾有油烟的柴与沾有腥味的炭烹茶，这不是可以用来煮茶的火；湍急的水流与不流动的死水，都不是可以用来烹茶的水；表面看似烧开，里面却没有沸腾，这不是可以烹茶的热水；绿色与淡青色的粉末，不是真正的茶；操作困难搅拌频繁，不是煮茶的正确方法；夏天饮茶而冬天停止，这不是喝茶的正确习惯。

六物　《月令》：乃命大酋，秫稻必齐，曲蘖必时，湛炽必洁，水泉必香，陶器必良，火齐必得，兼用六物，大酋监之，无有差忒。

【译文】《月令》记载：于是命令酒官大酋，准备上好高粱和稻子，制造酒曲必须选择吉日，浸泡和蒸煮的过程要保持清洁，酿酒的水必须香甜，陶器必须精良，火候必须掌握好，正确使用以上六种方式，由大酋负责监督，不能有任何差错。

昆仑觞 魏贾锵有苍头善别水，常令乘小艇于黄河中流，以瓠匏接河源水，一日不过七八升，经宿，色如绛，以酿酒，名昆仑觞。芳味世间所绝。

【译文】魏国贾锵有个善于鉴别水质的仆人，他经常命令这位仆人乘着小船在黄河的中流，用水瓢接河源的水，一天不过能接七八升而已，经过一夜之后，接来的水就会变成大红色，用这种水酿成的酒，称为昆仑觞。酒香和味道在世间绝无仅有。

白堕鹤觞 河东刘白堕善酿，六月以罂贮酒，暴于日中，经一旬，其酒不动，饮之者香美，醉而经月不醒。朝贵相飧，逾于千里。以其远至，号曰鹤觞，如鹤之一飞千里也。

【译文】河东人刘白堕善于酿酒，他在六月用容器罂装酒，在太阳下暴晒，经过一年之后，这些酒都不能移动，饮用的人都说十分香甜美味，喝醉后一个多月都不会醒。朝中的权贵都争相饮用，甚至不远千里赶来。因为它能够到达很远的地方，所以被称为鹤觞，就像白鹤展翅一飞就能到千里之外一样。

椒花雨 杨诚斋退居，名酒之和者曰金盘露，劲者曰椒花雨。

【译文】杨万里退休家居，称温和的酒为金盘露，烈酒则称为椒花雨。

鲁酒 楚会诸侯，鲁赵皆献酒于楚王。主酒吏求酒于赵，赵不与，吏怒，乃以赵厚酒易鲁薄酒献之，楚王以赵酒薄，遂围邯郸。故曰："鲁酒薄而邯郸围。"

【译文】楚国大会诸侯，鲁国和赵国都向楚王进献酒。掌管酒的官吏向赵国索要酒，赵国没有给他，这位官吏大怒，于是把赵国的美酒换成了鲁国滋味薄劣的酒进献给楚王，楚王认为赵国进献的酒十分劣质，于是派兵包围了赵国都城邯郸。所以后人说："鲁国的酒太薄导致邯郸被围。"

酿王 汝阳王琎，自称"酿王"。种放号"云溪醉侯"。蔡邕饮至一石，常醉，在路上卧，人名曰"醉龙"。李白嗜酒，醉后文尤奇，号为"醉圣"。

白乐天自称“醉尹”，又称“醉吟先生”。皮日休自称“醉士”。王绩称“斗酒学士”，又称“五斗先生”。山简称“高阳酒徒”。

【译文】汝阳王李琎，自称“酿王”。种放自号“云溪醉侯”。蔡邕能够喝一石酒，经常喝醉躺在路上，人们给他起了个“醉龙”的名号。李白嗜酒，喝醉后写出的文章尤为奇绝，被称为“醉圣”。白居易自称“醉尹”，又称“醉吟先生”。皮日休自称“醉士”。王绩被称为“斗酒学士”，又称为“五斗先生”。山简被称为“高阳酒徒”。

狂花病叶　饮流，谓睚眦者为狂花，谓目睡者为病叶。

【译文】喝酒的人，把耍酒疯的人称为狂花，把喝醉后睡觉的人称为病叶。

八珍　龙肝、凤髓、豹胎、猩唇、鲤尾、鸮炙、熊掌、驼峰。

【译文】八珍指的是龙肝、凤髓、豹胎、猩唇、鲤尾、鸮炙、熊掌、驼峰。

内则八珍　一淳熬，二淳母，三炮豚，四炮牂，五捣珍，六渍，七熬，八肝膋。盖烹饪之八法，养老所用也。

【译文】《礼记·内则》里八珍指的是：一是用肉酱煎米饭再浇油；二为用肉酱煎黍米饭再浇油；三是烧烤猪肉；四是烧烤羊肉；五是捶捣牛羊的里脊肉，去除肉筋再烹熟；六是用酒腌制牛羊肉；七是把用调料腌制好的牛肉烤熟，八是把油抹在肝上烤熟。以上烹饪的八种方法，是供养老人时使用的。

麟脯　王方平至蔡经家，与麻姑共设肴膳，擗麟脯而行酒。

【译文】王方平到蔡经家做客，蔡经与麻姑一起设宴款待他，撕下用麒麟制成的肉脯下酒。

牛心炙　王右军年十三，谒周顗，顗异之。时绝重牛心炙，座客未啖，顗先割以啖之，于是始知名。

【译文】王羲之十三岁那年，前去拜访周顗，周顗觉得十分惊异。当时的人十分看重烤牛心这道菜，座中的宾客还没有吃，周顗就先割下一块让王羲之吃，从此王羲之便开始出名了。

五侯鲭　王氏五侯，各署宾客，不相来往。娄护传食五侯间，尽得其欢心，竞致奇膳。护合以为鲭，世称五侯鲭，为世间绝味。

【译文】西汉王氏有五人封侯，他们各自招待宾客，互相之间从不来往。娄护在五个侯府间轮流吃饭，得到了五侯的欢心，他们争着为娄护准备珍馐美味。娄护把这些菜合在一起做成杂烩，被世人称为五侯鲭，是世间绝无仅有的美味。

醒酒鲭　齐世祖幸芳林园，就侍中虞悰求扁米粣，虞献粣及杂肴数十舆，大官鼎味不及也。上就虞求诸饮食方，虞秘不肯出。上醉后，体不快，悰乃献醒酒鲭一方而已。

【译文】齐世祖亲临芳林园，向侍中虞悰要扁米粽子，虞悰献上粽子和其他菜肴数十车，味道就算是宫中的美食都比不上。世祖向虞悰索要这些菜的制作方法，虞悰秘藏不肯交出。世祖喝醉后，身体有些不舒服，虞悰于是只献上了醒酒鲭一道菜的配方而已。

甘露羹　李林甫婿郑平为省郎，林甫见其须鬓斑白，以上所赐甘露羹与之食，一夕而须鬓如鷖。

【译文】李林甫的女婿郑平任省郎，李林甫见他胡须与鬓发斑白，就把皇帝赏赐的甘露羹给他吃，郑平一夜之间胡须与鬓发就变得像黑玉石一样。

玉糁羹　东坡云："过子忽出新意，以山芋作玉糁羹，色香味皆奇绝。天上酥酡则不可知，人间决无此味也。"诗曰："香似龙涎仍酿白，味如牛乳更全清。莫将南海金齑脍，轻比东坡玉糁羹。"

【译文】苏轼说："小儿苏过忽然别出心裁，用山芋来做玉糁羹，色香味全都奇绝。天上的酥酡是什么味道我不知道，但是人间绝对没有这样的美味。"他赋诗写道："香似龙涎仍酿白，味如牛乳更全清。莫将南海金齑脍，轻比东坡玉糁羹。"

三升良醪斗酒学士　唐王绩，字无功，武德初，待诏门下省。故事，官给酒日三升，或问："待诏何乐耶？"答曰："三升良醖可慰耳。"侍中陈叔达闻之，日给一斗，号"斗酒学士"。

【译文】唐朝王绩，字无功，武德初年（618年），在门下省值日等待诏命。按照旧例，朝廷每天要给他三升酒，有人问他："当官有什么好的呢？"他回答："三升佳酿就是最大的告慰啊。"侍中陈叔达听说这件事后，每天都给王绩一斗酒，并称他为“斗酒学士”。

六和汤　医家以酸养骨，以辛养节，以苦养心，以咸养脉，以甘养肉，以滑养窍。

【译文】医师用酸来养骨，用辛来养节，用苦来养心，用咸来养脉，用甘来养肉，用滑来养窍。

段成式食品　段成式食品，有寿木花、玄木叶、梦泽芹、具区菁、杨朴姜、招摇桂、越酪菌、长泽卵、三危露、昆仑井、蒲叶菘、竹根粟、麻湖菱、绿施笋。

【译文】段成式在《酉阳杂俎》中记载的食品有寿木花、玄木叶、梦泽芹、具区菁、杨朴姜、招摇桂、越酪菌、长泽卵、三危露、昆仑井、蒲叶菘、竹根粟、麻湖菱、绿施笋。

伞子盐　朐䏰县盐井，有盐方寸中央隆起，如张伞，名曰“伞子盐”。

【译文】朐䏰县有一口盐井，从中间隆起一寸见方的盐块，像一把张开的伞，叫作“伞子盐”。

鸡栖半露　晋符朗善识味。会稽王道子为设精馔。讫，问关中味孰若于此。朗曰：“皆好，唯盐少生。”即问宰夫，如其言。或杀鸡以飨之，朗曰：“此鸡栖恒半露。”问之，亦验。

【译文】晋朝符朗擅于辨别味道。会稽王司马道子为他设下一桌精美的佳肴。吃完后，司马道子问他关中地区的美食哪些能够比得上这些菜。符朗说：“这些菜都很好，就是盐有些生。”司马道子马上去问厨师，果然和符朗说的一样。有人杀鸡来招待符朗，符朗说：“这只鸡栖息时总有一半露在外面。”问过之后，也应验了。

崖蜜　崖蜜一名石饴，味甘，润五脏，益气强志，疗百病，服之不饥，即崖石间蜂蜜也。

【译文】崖蜜也叫石饴，味道甘甜，可以润泽五脏，益气强志，治疗百病，服用之后可以不再饥饿，就是崖石之间的蜂蜜。

豆腐　豆腐为淮南王鸿烈所造，故孔庙祭器不用豆腐。

【译文】豆腐是淮南王鸿烈（刘安）发明的，所以祭祀孔庙时不使用它。

五谷 稻，黍，稷，麦，菽。黍，小米。稷，高粱。菽，豆也。

【译文】五谷指的是稻、黍、稷、麦、菽。黍是小米。稷是高粱。菽是大豆。

昆仑瓜 茄子一名落苏，一名昆仑瓜。

【译文】茄子又叫作落苏、昆仑瓜。

莼 八月以前为绿莼，冬至为赭莼，秋时长丈许，凝脂甚清。张季鹰秋风所思，正为此也。

【译文】莼菜在八月之前是绿莼，到冬季就会成为赭莼，秋季时长一丈多，里面的凝脂十分清澈。张翰在秋风中思念的，就是莼菜。

食宪章 段文昌丞相精馔事。第中庖所榜曰“练珍堂”，在途号“行珍馆”。文昌自编《食经》五十卷，时称《邹平公食宪章》。

【译文】丞相段文昌精通饮食之事。他给府里厨房题名“练珍堂”，给传菜的地方题名“行珍馆”。段文昌还自己编著了《食经》五十卷，被当时的人称为《邹平公食宪章》。

郇公厨 韦陟袭封郇国公，性侈纵，尤穷治羞馔。厨中饮食，香味错杂，入其中者，多饱饫而归，时人语曰：“人欲不饭筋骨舒，夤缘须入郇公厨。”

【译文】韦陟承袭祖上郇国公的爵位，他为人奢侈放纵，尤其喜欢追求美食。厨房中的饮食，香味交错杂乱，进入厨房的人，大多吃饱喝足之后才会回去，当时的人说：“人想要不做饭而筋骨舒适，就要攀附进入郇公的厨房。”

遗饼不受 王悦之少厉清节。为吏部郎时，邻省有会同者遗以饼一瓯，辞不受，曰：“所费诚复小，然少来不欲当人之意。”

【译文】王悦之年少时就有清廉的情操。任吏部侍郎时，邻省有个参加朝会的人给了他一瓯饼，他推辞没有接受，并且说：“这些东西虽然花费不了什么钱，但我从小就不想接受别人的恩惠。”

嗟来食 齐大饥。黔敖为食于路，以待饥者而食。有饥者蒙袂辑屦，贸贸而来。黔敖左奉食，右执饮，曰：“嗟！来食！”饥者扬其目而视之，曰：“予唯不食嗟来之食，以至于斯也。”从而谢焉，终不食而死。

【译文】齐国发生了大饥荒。黔敖在路上准备了食物，等待饥饿的人来吃。有一个饥饿的人用袖子遮脸拖着鞋子，昏昏沉沉地走来。黔敖左手奉上食物，右手拿着水说："喂！来吃吧！"那个饥饿的人瞪大眼睛看着他说："我就是因为不愿意接受带有侮辱的食物，才会落到这步田地。"黔敖追上去道歉，那人最终还是没有吃饭而饿死。

馒头　诸葛武侯南征孟获，泸水汹涌，不得渡。有云须杀人以头祭之，武侯曰："吾仁义之师，奚忍杀人以代牺牲？"于是用面为皮，裹猪羊肉于内，象人头而祭之。后之有馒头，始此。

【译文】诸葛亮南征孟获时，泸水汹涌，无法渡过。有人说要杀人用人头来祭祀河神，诸葛亮说："我们是仁义之师，怎么忍心杀人来代替祭祀使用的牛羊猪呢？"于是用面做成皮，里面裹上猪羊肉，做成人头的样子进行祭祀。后来的馒头，就是从这里开始的。

五美菜　诸葛武侯出军，凡所止之处，必种蔓菁，即萝卜菜，蜀人呼为诸葛菜。其菜有五美：可以生食，一美；可菹，二美；根可充饥，三美；生食消痰止渴，四美；煮食之补人，五美。故又名五美菜。

【译文】诸葛亮出兵时，凡是扎营的地方，必然会种植蔓菁，就是萝卜菜，蜀地人称之为诸葛菜。这种菜有五种美好之处：可以生吃，这是一美；可以腌制，这是二美；根可以充饥，这是三美；生吃时可以化痰止渴，这是四美；煮食可以补人，这是五美。所以又称为五美菜。

酪奴　彭城王勰谓王肃曰："君弃齐鲁大邦，而受邾莒小国，明日请为设邾莒之飧，亦有酪奴。"故号茗曰酪奴。

【译文】彭城王元勰对王肃说："您舍弃牛羊肉这样的齐、鲁大国，而接受鱼肉这样的邾、莒小国，明天就让我为您摆设邾、莒这样的宴席，席上也有茶这种酪乳的奴仆。"所以把茶称为酪奴。

龙凤团　古人以茶为团饼，上印龙凤文，供御者以金妆龙凤，凡八饼重一斤。庆历间，蔡君谟始造小片，凡二十片重一斤。天子每南郊致祭，中书、枢密院各赐一饼，宫人镂金花其上。

【译文】古人把茶制成圆饼，上面印着龙凤的图案，进贡给皇帝的还要用金色来装饰龙凤，八块饼共重一斤。庆历年间，蔡君谟开始把茶制成小片，二十片总重一斤。皇帝每次到南郊祭祀时，都要给中书省、枢密院各赏赐一饼茶，宫女要在上面刻上金花图案。

茶异名 《国史》：剑南有蒙顶石花，湖州有藿山嫩笋，峡州有碧涧明月。

【译文】《国史》记载：剑南有蒙顶石花茶，湖州有藿山嫩笋茶，峡州有碧涧明月茶。

露芽 陶弘景《杂录》：蜀雅州蒙山上顶有露芽，火前者最佳，火后者次之。火，谓禁火，寒食节也。

【译文】陶弘景《杂录》记载：蜀地雅州蒙山顶上有一种叫作露芽的茶，火前采摘的最好，火后采摘的次之。火就是禁火，也就是寒食节。

雪芽 越郡茶有龙山、瑞草、日铸、雪芽。欧阳永叔云，两浙之茶，以日铸为第一。

【译文】越郡的名茶有龙山、瑞草、日铸、雪芽。欧阳修说，两浙之地的茶，日铸排在第一位。

反覆没饮 郑泉尝曰："愿得美酒满五百斛船，以四时肥甘置两头，反复没饮之，不亦快乎！"

【译文】郑泉曾经说："我想要得到一条装满五百斛美酒的船，再把两头放满四季所需的肥美甘甜的下酒菜，反复痛饮，那该有多快活啊！"

上樽 《平当传》：稻米一斗得酒一斗为上樽，稷米一斗得酒一斗为中樽，粟米一斗得酒一斗为下樽。

【译文】《汉书·平当传》记载：用一斗稻米酿造出的一斗酒称为上樽，用一斗稷米酿造出的一斗酒称为中樽，用一斗粟米酿造出的一斗酒称为下樽。

梨花春 杭州酿酒，趁梨花开时熟，号梨花春。

【译文】杭州人酿酒时，要趁着梨花开放时让酒成熟，称为"梨花春"。

碧筒劝 荷叶盛酒，以簪刺柄与叶通，屈茎轮囷如象鼻，持吸之，名碧筒劝。

【译文】用荷叶来盛酒，再用簪子刺通叶柄和叶子，把叶柄弯曲成大象鼻子形状，用手拿着吸酒，称为"碧筒劝"。

蕉叶饮 东坡尝谓人曰："吾兄子明饮酒不过三蕉叶。吾少时望见酒杯而醉，今亦能蕉叶饮矣。"

【译文】苏轼曾经对人说："我的族兄苏不疑（子明）喝酒时只能喝三蕉叶杯那么多。我年少时曾经看到酒杯就会醉，现在也能用蕉叶杯喝酒了。"

中山千日酒 刘玄石于中山沽酒，酒家与千日酒饮之，大醉，其家以为死，葬之。后酒家计其日，往视之，令启棺，玄石醉始醒。

【译文】刘玄石在中山买酒，酒家给他千日酒让他喝，刘玄石喝完后大醉，家人还以为他死了，便把他埋了。后来酒家计算着时间，到他家里查看，让家人把棺材打开，刘玄石的醉酒才刚刚醒过来。

青州从事 《世说》：桓温主簿善别酒：好者谓青州从事，盖青州有齐郡，言饮好酒直至腹脐也；恶者谓平原督邮，盖平原有鬲县，言恶酒饮至膈上住也。

【译文】《世说新语》记载：桓温的主簿擅于鉴别酒的好坏：他把好酒称为青州从事，因为青州有个叫齐郡的地方，青州从事说的是好酒能够直接到达人的腹部；把劣酒称为平原督邮，因为平原有个叫鬲县的地方，平原督邮说的是喝完劣酒之后到达胸腹之间膈的位置就停住了。

防风粥 白居易在翰林，赐防风粥一瓯，食之，口香七日。

【译文】白居易在翰林院任职时，皇帝赐给他一杯防风粥，吃完后，嘴里七天都有香味。

胡麻饭 晋刘晨、阮肇入天台山采药，迷路，流水中得一杯胡麻饭屑，二人相谓曰："此去人家不远。"因穷源而进，见二女，曰："郎君来何暮也！"邀至家，待以胡麻饭、山龙脯，结为夫妇。逾月，二人辞归，访于家，子孙已七世矣。

【译文】晋朝刘晨、阮肇进入天台山采药，迷了路，在流水中得到一杯胡麻饭的残渣，两人相视说："这里不远的地方应该有人家。"于是穷尽水源前进，看到两位女子，女子说："郎君们怎么这么晚才来！"说完便邀请两人来到家中，用胡麻饭、山龙脯招待他们，并且和他们结为夫妇。一个月后，两人告辞回家，等寻访到自己家时，才发现子孙已经过了七世。

青精饭 道士邓伯元受青精石，为饭食之，延年益寿。

【译文】道士邓伯元得到一块青精石，把它当饭吃掉了，得以延年益寿。

莼羹 昔陆机诣王济，济指羊酪谓机曰："吴下何以敌此？"机曰："千里莼羹，未下盐豉。"

【译文】昔日陆机拜访王济，王济指着羊酪对陆机说："吴地有什么美食能够和它匹敌？"陆机说："千里湖莼菜做的羹，连调味品都不用放就是人间美味。"

锦带羹 荆湘间有草花，红白如锦带，苗嫩脆，可作羹。杜诗："滑忆雕胡饭（即胡麻饭），香闻锦带羹。"

【译文】荆地、湘地之间有一种草花，红白相间如同锦带，花苗又嫩又脆，可以用来做羹。杜甫在诗中写过："滑忆雕胡饭（就是胡麻饭），香闻锦带羹。"

安期枣 安期生琅琊人，卖药海上，自言寿已千岁，所食枣其大如瓜。

【译文】安期生是琅琊人，在海上卖药，自称已经活了一千年，所吃的枣像瓜那样大。

韭萍齑 石崇遇客，每冬作韭萍齑，豆粥咄嗟而办。王恺密问其帐下，云豆最难熟，预炊熟，客来，但作白粥投之。韭萍齑，是捣以韭根杂麦苗耳。

【译文】石崇招待客人，每逢冬季都要制作韭萍齑，须臾之间就能做好热气腾腾的豆粥。王恺秘密询问石崇帐下的人，那人说豆子最难熟，需要预先煮熟，客人到来时，只需要制作白粥，再把韭萍齑放进去就可以了。韭萍齑，就是在捣韭菜时把麦苗加进去做成的。

金齑玉脍 南人作鱼脍以细缕，金橙拌之，号为金齑玉脍。隋时吴郡献松江鲙，炀帝曰："所谓金齑玉鲙，东南佳味也。"

【译文】南方人把生鱼切成细丝，再和金色的橙子拌在一起，称为"金齑玉脍"。隋朝时吴郡进献松江鲙鱼，隋炀帝说："这就是所谓的金齑玉鲙，真是东南的美味啊。"

玉版 苏东坡邀刘器之参玉版禅师。至寺，烧笋，觉味胜，坡曰："名玉版也。"作偈云："不怕石头路，来参玉版师。聊凭锦珠子，与问箨龙儿。"

【译文】苏轼邀请刘器之一起参见玉版禅师。到达寺里后，烧笋来吃，刘器之觉得十分美味，问这道菜的名字，苏轼说：“这道菜的名字叫作玉版。”他还写了一首佛家的偈语说：“不怕石头路，来参玉版师。聊凭锦珠子，与问箨龙儿（竹笋）。”

碧海菜　《汉武内传》：王母曰：“仙之上药，有碧海之琅菜。”

【译文】《汉武帝内传》记载：王母说：“仙人的上乘灵药，有碧海中的琅菜。”

肉山酒海　魏曹子建《与季重书》曰：“愿举泰山以为肉，倾东海以为酒。”又古纣王以肉为林，以酒为池。

【译文】魏国曹植《与季重书》写道：“愿意把泰山拿来当作肉，倾倒东海的水作为酒。”另外，古代的商纣王曾经用肉做成林，用酒做成池。

石髓　嵇康遇王烈，共入山，见石裂，得髓食之，因携少许与康，已成青石，扣之琤琤。再往视之，断山复合矣。

【译文】嵇康遇到王烈，两人一起进山，王烈看到有山石裂开，从中得到石髓服用，于是带了一点给嵇康，等见到嵇康时，石髓已经变成了青石，敲击之后还发出“琤琤”的声音。两人再到那里去看，断开的山石已经复合了。

松肪　东坡诗：“为采松肪寄一车。”又松花为松黄，服之轻身。

【译文】苏轼在诗中写道：“为采松肪寄一车。”另外，松花就是松黄，服用之后可以使身体轻盈。

杯中物　晋吴衎好饮酒，因醉诟权贵，遂戒饮。阮宣以拳殴其背，曰：“看看老逼痴汉，忍断杯中物耶？”乐饮如初。

【译文】晋朝吴衎喜欢饮酒，因为醉酒后辱骂权贵，于是戒酒。阮宣用拳打他的背说：“看看你这老呆子，难道真忍心戒掉杯中物吗？”吴衎于是又像当初一样畅饮美酒。

惩羹吹齑　唐傅奕言：“唐承世当有变更，惩沸羹者吹冷齑，伤弓之鸟惊曲木。”陆贽奏议：“昔人有因噎而废食，惧溺而自沉者。”

【译文】唐朝傅奕说：“唐朝建立之后应当有很多变更，曾经被热羹烫伤过的人，就算是喝冷粥也要吹上几口，被弓箭伤过的鸟儿就算看到弯曲的木头也会受惊。”陆贽在奏议中说：“昔日有人因为害怕噎住而不吃饭，因为害怕溺水而跳水自杀。”

酒肉地狱 东坡倅杭，不胜杯酌。奈部使者重公才望，朝夕聚首，疲于应接，乃目杭倅为酒肉地狱。后袁谷代倅，僚属疏阔，袁语人曰：“闻此郡为酒肉地狱，奈我来，乃值狱空。”传以为笑。

【译文】苏轼在杭州担任通判时，不胜酒力。无奈同僚们都看重苏轼的才华与名望，不分早晚地聚会宴饮，苏轼疲于应付，于是把杭州通判的职位看作酒肉地狱。后来袁毂接替他做了通判，同僚和属员们都对他十分疏远，袁毂对人说：“我听说这里是酒肉地狱，怎么我来了，正好赶上地狱空荡荡呢？”这件事被传为笑谈。

齑赋 范文正公少时作《齑赋》，其警句云：“陶家瓮内，腌成碧、绿、青、黄；措大口中，嚼出宫、商、角、徵。”盖亲处贫困，故深得齑之趣味云。

【译文】范仲淹年少时曾经写过一篇《齑赋》，其中有警句说：“陶匠制成的瓮里，能够腌成碧、绿、青、黄等各色酱菜；我这种穷酸文人，竟能从中嚼出宫、商、角、徵等雅音。”大概是因为范仲淹曾经经历过贫困，所以深得切碎的腌菜中的趣味。

绛雪嵰雪 《汉武传》：仙家妙药，有玄霜绛雪。又，西王母进嵰山红雪，亦名绛雪。又，雪糕一名甜雪。

【译文】《汉武帝内传》记载：神仙的妙药，有玄霜、绛雪。另外，西王母曾经进献过嵰山的红雪，也叫作绛雪。还有，雪糕叫作甜雪。

冰桃雪藕 周穆王方士集于春霄宫，王母乘飞辇而来，与王会，进万岁冰桃、千年雪藕。

【译文】周穆王把方士召集到春宵宫，王母坐着飞辇前来，与周穆王宴饮，并且进献了万岁冰桃和千年雪藕。

玉食珍羞 《书经》：“惟辟玉食。”李诗：“金鼎罗珍羞。”

【译文】《尚书》记载：“只有君王才能锦衣玉食。”李白的诗写道：“金鼎中罗列着珍羞佳肴。”

竹叶珍珠　杜诗："三杯竹叶春。"李诗："小槽酒滴真珠红。"

【译文】杜甫的诗写道："三杯竹叶春。"李白的诗写道："小槽酒滴真珠红。"

鸭绿鹅黄　李诗："遥看春水鸭头绿，恰似葡萄初泼醅。"杜诗："鹅儿黄似酒。"东坡诗："小舟浮鸭绿，大杓泻鹅黄。"

【译文】李白的诗写道："遥看春水鸭头绿，恰似葡萄初泼醅。"杜甫的诗写道："鹅儿黄似酒。"苏轼的诗写道："小舟浮鸭绿，大杓泻鹅黄。"

白粲　长腰米曰白粲。东坡诗："白粲连樯一万艘。"江南有"长腰粳米、缩项鳊鱼"之谚。

【译文】长腰米叫作白粲。苏轼的诗写道："白粲连樯一万艘。"江南有"长腰粳米、缩项鳊鱼"的谚语。

钓诗扫愁　东坡呼酒为钓诗钩，亦号扫愁帚。

【译文】苏轼把酒称为钓诗钩，也称作扫愁帚。

太羹玄酒　《礼记》："太羹不和。"玄酒，明水也，可荐馨香。

【译文】《礼记》记载："为了突出食物本身的味道，好的羹中不放调料。"玄酒就是清水，可以用于祭祀。

僧家诡名　《志林》：僧家谓酒为般若汤，鱼为水梭花，鸡为穿篱菜。人有为不义，而义之以美名者，与此何异。

【译文】《东城志林》记载：僧人把酒叫作般若汤，把鱼叫作水梭花，把鸡叫作穿篱菜。有人做了不义的事，却给他冠上仁义的美名，与这些说法有什么区别呢?

饕餮　《左传》：缙云氏有不才子，贪于饮食，不可盈厌，天下之人谓之饕餮。

【译文】《左传》记载：缙云氏有个不成才的儿子，十分贪婪于饮食，无法满足，天下的人都叫他饕餮。

欲炙　《晋史》：顾荣与同僚饮，见行炙者有欲炙之色，荣彻己炙与之。后赵王伦篡位，荣在难，一人救之，获免，即受炙之人也。

【译文】《晋史》记载：顾荣与同僚一起饮酒，看到传送烤肉的人神色很想吃那些肉，顾荣便撤下自己的烤肉给他。后来赵王司马伦篡位，顾荣蒙难，有个人救了他，使他得以免除灾难，那个救他的人就是曾经接受烤肉的人。

每饭不忘 《史记》：汉文帝曰："吾每饭，意未尝不在钜鹿也。"

【译文】《史记》记载：汉文帝说："我每次吃饭，心思没有一次不在钜鹿。"

白饭青刍 杜诗："与奴白饭马青刍。"

【译文】杜甫的诗写道："与奴白饭马青刍。"

炊金爨玉 骆宾王谓盛馔为炊金爨玉，言饮食之美，如金玉之贵重也。

【译文】骆宾王把盛宴称为"炊金爨玉"，极言饮食的丰美，就像金玉那样贵重。

抹月批风 东坡诗："贫家无可娱客，但知抹月披风。"

【译文】苏轼的诗写道："贫家无可娱客，但知抹月披风。"

敲冰煮茗 《六帖》：王休居太白山，每冬月取冰煮茗，待宾客。

【译文】《白孔六帖》记载：王休住在太白山，每年的十一月都要凿冰来烹茶，招待宾客。

酒囊饭袋 《荆湖近事》："马氏奢僭，诸院王子，仆从烜赫；文武之道，未尝留意。时谓之酒囊饭袋。"

【译文】《荆湖近事》记载："马氏奢靡而超越本分，各院的王子，都有很多仆从；他们从来不学习文武之道。当时的人都叫他们酒囊饭袋。"

卷十二　宝玩部

金玉

历代传宝　赤刀、大训、弘璧、琬琰，在西序，太玉、夷玉、天球、河图，在东序，八者皆历代传宝。

【译文】周康王即位后，从周成王那里继承了八件国宝：赤色的大刀、先王的遗训、大玉璧、玉圭，放置在西墙朝东的地方；华山进献的玉器、夷人进献的玉器、雍州进献的玉器、河图洛书，放置在东墙朝西的地方。这八种都是历代传承的宝物。

九鼎　九鼎者，昔夏方有德，远方图物贡金，九牧铸鼎象物，使民知神奸。故民入川泽山林，而魑魅魍魉莫能逢之。

【译文】九鼎，从前夏朝施行德政的时候，远方各国都把奇异的东西画成图像并进献金属，集九州的金属铸成鼎，并且把图像刻在鼎上，让百姓能够了解那些能害人的神灵鬼怪之物。所以百姓在进入川泽山林时，不会碰到魑魅魍魉这些鬼怪。

四宝　周有砥砨，宋有结绿，梁有县黎，楚有和璞，此四宝者，天下名器。

【译文】周朝有砥砨，宋国有结绿，梁国有县黎，楚国有和璞，这四种宝物，都是天下闻名的重宝。

六瑞　王执镇圭，公执桓圭，侯执信圭，伯执躬圭，子执穀璧，男执蒲璧。

【译文】封王的人上朝时手执镇圭，公爵执桓圭，侯爵执信圭，伯爵执躬圭，子爵执穀璧，男爵执蒲璧。

环玦 聘人以圭，问士以璧，召人以瑗，绝人以玦，反绝以环。

【译文】聘用人才要用圭作为凭证，向士人征询意见要使用璧作为凭证，召唤下属前来要用瑗作为凭证，罢黜官员时用玦表示，召回被贬的官员时用环作为凭证。

琬琰 桀伐岷山，岷山献其二女曰琬，曰琰，桀爱之，琢其名于苕华之玉，苕是琬，华是琰。

【译文】夏桀讨伐岷山氏时，岷山氏进献了自己的两个女儿，一个叫琬，另一个叫琰，夏桀十分喜欢她们，就把两人的名字刻在苕玉、华玉上。苕玉上刻的是“琬”，华玉上刻的是“琰”。

鼎彝尊卣 鼎彝尊卣，不独饕餮示戒，凡虿鼎防刺也，同舟防溺也，奕车觚防覆也。

【译文】鼎、彝、尊、卣这些礼器上，不仅要刻上饕餮来作为警示，还要刻上各类毒虫来防止被叮刺，刻上舟船防止溺水，还要刻上奕车觚的花纹以防止倾覆。

照胆镜 秦始皇有方镜，照见心胆。凡女子有邪心者，照之，即胆张心动。

【译文】秦始皇有一面方形的镜子，能够照到人的心胆。凡是有邪心的女子，只要拿这面镜子一照，就能看到她的胆张开，心跳加速。

辟寒金 魏明帝朝，昆明国献一鸟，名漱金鸟，常吐金屑如粟，古人以金饰钗，谓之辟寒金。

【译文】魏明帝时，昆明国进献了一只鸟，名叫漱金鸟，经常吐出像粟米一样大小的金屑，古人用这些金屑装饰簪钗，称为辟寒金。

火玉 《杜阳编》：武宗时，扶余国贡火玉，光照数十步，置室内，不必挟纩。

【译文】《杜阳杂编》中记载：唐武宗时期，扶余国进贡了一枚火玉，光芒能够照耀十步远，把它放置在房间里，就不用再穿棉衣了。

尺玉 《尹文子》：魏田父得玉径尺，邻人曰："怪石也。"取置庑下，明旦视之，光照一室，大怖，反弃于野。邻人取献魏王，玉工曰："此无价以当之。"王赐献玉者千金，食上大夫禄。

【译文】《尹文子》中记载：魏国一位农夫得到一块直径一尺的玉，邻居对他说："这是一块怪异的石头。"农夫把这块玉取出放在房檐下，第二天早上一看，玉的光芒照亮了整间屋子，农夫极为害怕，就把这块玉丢回了野外。他的邻居拿走之后献给魏王，玉工说："这块玉称得上无价之宝。"魏王赏赐献玉的人一千金，并且让他领取上大夫的俸禄。

玉燕钗 《洞冥记》：汉武帝时起招灵阁，有二神女各留一玉钗，帝以赐赵婕妤。至元凤中，宫人犹见此钗，谋欲碎之。明旦视匣中，惟见白燕升天，因名玉燕钗。

【译文】《洞冥记》中载：汉武帝时建造了招灵阁，有两位神女各自留下一枚玉钗，武帝把它们赏赐给了赵婕妤。到元凤年间，宫女又发现了这两枚玉钗，谋划着想要打碎它们。第二天早上打开匣子一看，只见有白燕飞天而去，所以称之为玉燕钗。

解肺热 《天宝遗事》：杨贵妃常犯热躁，明皇使令含玉咽津，以解肺热。

【译文】《天宝遗事》记载：杨贵妃经常犯热燥病，唐明皇就让她含着玉咽津，用来缓解肺热。

麟趾马蹄 汉武帝诏曰：往者太山见金，又有白麟神马之瑞，宜以黄金铸麟趾马蹄，以协瑞焉。

【译文】汉武帝下诏说：昔日曾在泰山发现金子，后来又有白麒麟、神马的祥瑞，应该用黄金铸成白麒麟足和马蹄，用来与祥瑞呼应。

碧玉 有云碧、西碧二种，其色枯涩者曰云碧，产于云南；其色娇润，有蛇蚤斑者曰西碧，产于西洋。

【译文】碧玉有云碧、西碧二种，色泽枯涩、不温润的叫作云碧，产于云南；色泽温润、有跳蚤大小斑纹的叫作西碧，产于西洋。

五币 珠、玉为上，黄、白为次，刀布为下。

【译文】五币中珠、玉是上等，黄金和白银次之，刀布属于下等。

瓜子金 宋太祖幸赵普第，时吴越王俶方遣使遗普书及海错十瓶，列庑下。上曰："此海错必佳。"命启之，皆满贮瓜子金。普惶恐，顿首谢曰："臣实不知。"上笑曰："彼谓国家事，皆由汝书生耳。"

【译文】宋太祖驾临赵普家，当时吴越王钱俶正好派遣使节给赵普送来书信和十瓶海鲜，排列在廊檐下。太祖说："这些海鲜的味道一定很好。"于是命人打开，里面放满了金瓜子。赵普十分惶恐，叩头谢罪说："我实在是不知道。"太祖笑着说："他以为国家的政事，都是由你们这些书生做主的。"

晁采 晁，古"朝"字；采，光彩也。言美玉每旦有白虹之气，光彩上腾，故曰晁采。

【译文】晁，就是古代的"朝"字；采指光彩。是说美玉每天早上都会发出白虹一样的气，光彩向上升腾，所以叫作晁采。

十二时镜 范文正公家古镜，背具十二时，如博棋子，每至此时，则博棋中，明如月，循环不休。

【译文】范仲淹家里有一枚古镜，背面有十二时辰，样子就像博戏中使用的棋子，每天到了某个时间，对应的棋子就会像月亮一样明亮，循环不止。

碔砆乱玉 碔砆，石之似玉也，其状每能乱玉。

【译文】碔砆是一种类似于玉的石头，它的外形总能以假乱真。

燕石 宋人以燕石为玉，什袭而藏，识者笑之。

【译文】宋国有个人把燕山产的石头当作美玉，层层包裹珍藏，被认识这种石头的人嘲笑了。

削玉为楮 《列子》：宋人以玉为楮叶，三年而成。

【译文】《列子》中记载：宋国有个人把玉雕刻成楮树叶子的样子，三年才完成。

怀瑾握瑜 《楚辞》："怀瑾握瑜兮，穷不知所示。"

【译文】《楚辞》中写道："佩戴着瑾，手中握着瑜，却因为处境困窘而不知道向谁展示。”

钓璜　半璧曰璜。《尚书·中侯》：文王至磻溪，见吕望钓得玉璜，刻曰：“姬受命，吕佐之。”

【译文】半块玉璧叫作璜。《尚书·中侯》中记载：周文王到磻溪，看见吕望钓到一块玉璜，上面刻着“姬受命，吕佐之”六个字。

抛砖引玉　砖以自谓，玉以誉人，谓以此致彼。

【译文】“砖”用来自称，“玉”用来赞誉别人，抛砖引玉的意思是用自己的见解引出别人的观点。

匹夫怀璧　《左传》：虞公求虞叔之玉，叔弗献。后乃悔曰：“匹夫无罪，怀璧其罪。焉用此以贾祸乎？”复献之。

【译文】《左传》中记载：虞公向虞叔索要他珍藏的美玉，虞叔没有进献给他。后来虞叔又后悔地说：“一个人原本没有罪，却因为身藏美玉而获罪。难道我要因为这块玉而招致灾祸吗？”于是便把玉献给了虞公。

璠瑜　《逸论语》：璠瑜，鲁之宝玉也。孔子曰：美哉璠玙，远而望之焕若也；近而视之瑟若也。一则理胜，一则孚胜。

【译文】《逸论语》中记载：璠瑜是鲁国的宝玉。孔子说：多么美的璠玙啊，从远处看，光华灿烂；从近处看，纹理细腻。一方面是靠纹理取胜，另一方面是靠熠熠的光华取胜。

珍宝

十二时盘　唐内库有一盘，色正黄，围三尺，四周有物象。如辰时，草间皆戏龙，转巳则为蛇，午则为马，号十二时盘。

【译文】唐朝皇宫的内库中有一个盘子，颜色正黄，周长三尺，四周有很多动物的形象。比如到了辰时，草丛中都是嬉戏的龙，到巳时就会便化为蛇，到午时则会变成马，这个盘子被称为十二时盘。

游仙枕 龟兹国进一枕，色如玛瑙，枕之则十洲、三岛、四海、五湖，尽在梦中，帝名游仙枕。

【译文】龟兹国进献了一个枕头，颜色像玛瑙一样，如果枕着它睡觉，就会梦到十洲、三岛、四海、五湖等仙境，皇帝把它命名为游仙枕。

火浣布 外国有火林山，山中有火光兽，大如鼠，尾长三四寸，或赤或白。山可三百里，晦夜即见此山林，乃有此兽光照。外国人取其兽毛织布，衣服垢秽，以火烧之，垢落如浣，故谓之火浣布。

【译文】外国有一座火林山，山上有一种火光兽，大小和老鼠差不多，尾巴长三四寸，有的是白色，有的是红色。山体绵延大约三百里，即使夜晚也能看到这里的山林，因为有火光兽身上的光芒照射。外国人取火光兽的毛来织布做成衣服，这种衣服如果脏了，用火一烧，上面的污垢就会掉落，如同洗过一样，所以被称为火浣布。

冰蚕丝 东海员峤山有冰蚕，长七寸，黑色，有麟角。以霜雪覆之，然后作茧。茧长尺一，其色五彩，织为文锦，入水不濡，入火不燎，暑月置座，一室清凉。唐尧之世，海人献之，尧以为黼黻。

【译文】东海员峤山中有一种冰蚕，长七寸，黑色，还长着麒麟一样的角。用霜雪覆盖之后，它们就会作茧。茧长一尺一寸，五彩斑斓，可以织成有花纹的锦缎，入水不湿，入火不烧，暑天把它放在座位上，整个房间都会变得清凉。唐尧时代，海人曾经进献过锦缎，尧帝用它做成了有华美花纹的礼服。

耀光绫 越人于石帆山中，收野茧缫丝，夜梦神人告曰："禹穴三千年一开，汝所得茧，即《江淹集》中壁鱼所化也，织丝为裳，必有奇文。"果符所梦。

【译文】越地有个人在石帆山中收集野蚕茧抽丝，夜里梦到有个神人对他说："禹穴三千年才会打开一次，你所得到的蚕茧，正是《江淹集》中记载的壁鱼所化，把丝织成衣服之后，必然会有奇特的花纹。"后来果然跟梦中所说的一样。

各珠 龙珠在颔，蛟珠在皮，蛇珠在口，鱼珠在目，蚌珠在腹，鳖珠在足，龟珠在甲。

【译文】龙珠藏在下颔，蛟珠藏在皮中，蛇珠含在口中，鱼珠在眼睛里，蚌珠在腹部，鳖珠在足部，龟珠在甲中。

九曲珠　有得九曲珠，穿之不得其窍。孔子教以涂脂于线，使蚁通之。

【译文】有个人得到了一颗九曲珠，想要穿绳却无法穿过九曲孔。孔子教他把油脂抹在线上，再让蚂蚁带着线爬过去。

木难　大径寸，出黄支，金翅鸟口结沫所成碧色珠也，古绝夜光者即此。

【译文】木难珠的直径有一寸，产自黄支国，是金翅鸟口中的唾液结成的碧色宝珠，古人所说的夜光珠就是这个。

火齐（音霁）　赤色珠也，一名玫瑰，盖珠品之下者也。

【译文】火齐是一种红色珍珠，又名玫瑰，是珍珠中的下品。

火珠　《孔帖》：南蛮有珠如卵，日中以艾著珠上，辄火出，号火珠。

【译文】《白孔六帖》中记载：南蛮有一种很像鸡蛋的宝珠，正午时把艾绒放珠子上，就会起火，所以称为火珠。

水珠　唐顺宗时，拘弘国贡水珠，色类铁，持入江海，可行洪水之上，后化为龙。

【译文】唐顺宗时，拘弘国进贡了一枚水珠，颜色和铁类似，握着珠子进入江海，可以在惊涛骇浪中行走，后来珠子变化为龙。

记事珠　张说为相，有人献一珠，绀色有光。事有遗忘，玩此珠，便觉心神开悟，名曰记事珠。

【译文】张说任宰相时，有人进献了一颗宝珠，黑里透红的颜色，有光芒闪耀。张说每次忘记事情的时候，把玩这颗珠子，就会觉得豁然开朗，于是把它命名为记事珠。

定风珠　蜘蛛腹中有珠，皎洁，持以入江海，遇大风，握珠在手，则风自定，故名“定风珠”。

【译文】蜘蛛的肚子中有一颗宝珠，明亮洁白，拿着珠子进入江海，遇到大风时，只需要把它握在手中，风马上就能平息，所以取名定风珠。

鲛人泣珠　《博物志》：鲛人从水中出，曾寄寓人家，积日卖绡，临去，主人索器，泣而出珠。

【译文】《博物志》中记载：鲛人离开水中，曾经寄居在别人家里，每天卖生丝，准备离开时，向主人索要容器，哭出的眼泪都变成了珍珠。

宝贝 贝为海中介虫，大者名宝，交趾以南海中皆有。

【译文】贝是海中的介虫，体形大的叫作宝，交趾以南的海域中都有。

红靺鞨 大如巨栗，赤烂若珠樱，视之若不可触，触之甚坚，不可破，佩之者为鬼神所护，入水不溺，入火不燃。

【译文】红靺鞨即红玛瑙，大小和大颗的粟米差不多，颜色赤红灿烂如同樱桃，看上去就像无法触及一样，触感十分坚硬，不会被破坏，佩戴的人会被鬼神保护，进入水中不会溺亡，进入火中也不会被焚烧。

青琅玕 生海底，云海人以网得之。初出时，红色，久而青黑，枝柯似珊瑚，而上有孔窍如虫蛀，击之有金石声。

【译文】青琅玕生在海底，据说是海上的渔民用渔网捕捞到的。刚刚出现时是红色，时间一长就变成了青黑色，枝条和珊瑚很像，上面有很多像被虫蛀的小孔，敲击会发出金石一样的声音。

金刚钻 形如鼠，粪色青黑，生西域百丈水底磐石上，土人没水觅得之，以之镌镂，无坚不破，唯以羚羊角击之即碎。

【译文】金刚钻的样子很像老鼠，粪是青黑色，生长在西域百丈深的水底磐石上，当地人潜入水中寻觅得到之后，把它当作雕刻的工具，无坚不破，只有用羚羊角敲击它才会马上破碎。

奇南香 一作迦南。其木最大，枝柯窍露，大蚁穴之。蚁食石蜜，归遗于中，木受蜜气，结而成香，红而坚者谓之生结，黑而软者谓之糖结。木性多而香味薄者，谓之虎斑结、金绿结。

【译文】奇南香也叫迦南香。这种树非常大，枝条间露出很多孔洞，大蚂蚁便在里面挖穴而居。蚂蚁以石蜜为食，回到洞穴后便在里面排泄，树木受石蜜的气味影响，便凝结成香，色红而坚固的叫作生结，色黑而偏软的叫作糖结。木的成分多而香味稀薄的叫作虎斑结、金绿结。

猫儿眼 宝石也。其状色酷似猫眼，内光一线，如猫睛一般，可定时辰。

【译文】猫儿眼是一种宝石。它的样子和颜色都酷似猫的眼睛，里面有一道光线，就像猫眼的瞳仁一样，可以用来确定时辰。

祖母绿　亦宝石。绿如鹦哥毛，其光四射，远近看之，则闪烁变幻。武将上阵，取以饰盔，使射者目眩，箭不能中。

【译文】祖母绿也是一种宝石。颜色像鹦鹉毛一样绿，光芒四射，观看距离的远近不同，珠子就会闪烁变幻。武将上阵时，用它来装饰头盔，能够使敌军的弓箭手眼睛昏花，无法射中。

刚卯　《王莽传》：刚卯，长三寸，广一寸四分。或用金玉，刻作两行书曰："正月刚卯。"又曰："疾日刚卯。"凡六十六字。以正月卯日作此佩之，以祓除不祥。

【译文】《汉书·王莽传》中记载：刚卯长三寸，宽一寸四分。用金属或者玉制成，上面刻着两行字"正月刚卯"。还有的刻着"疾日刚卯"，共计六十六个字。在正月卯日制作刚卯佩戴，能够除去不祥之事。

镔铁　西番有镔铁，面上作螺旋花，或芝麻雪花。凡造刀剑器皿，磨令光，用金丝矾泽之，其花益现，价过于银。

【译文】西番有一种镔铁，铁的表面上有螺旋花纹，或芝麻雪花纹。凡是用它锻造的刀剑和器皿，打磨光滑，再用金丝矾浸泡，表面的花纹就会更加明显，价值甚至超过了银。

聚宝盆　明初沈万三有聚宝盆，凡金银珠宝纳其中，过夜皆满。太祖筑陵南门，下有龙潭，深不可测，以土石投之，决填不满；太祖取盆投之，下石即满，且诳龙以五更即还。今南门不打五更，至四更即天亮。

【译文】明朝初年，沈万三有一个聚宝盆，凡是金银珠宝放在里面，过一夜后就会盛满。明太祖在金陵城南门修建皇陵时，下面有一个龙潭，深不可测，用土石去填，无论如何也填不满；明太祖便取来聚宝盆扔进龙潭，扔进石头后马上就满了，太祖又骗龙说五更便把龙潭还给它。至今金陵城南门仍然不打五更，到四更天就亮了。

钱名　《通典》：自太昊以来，则有钱矣。太昊氏、高阳氏谓之金；有熊氏、高辛氏谓之货；陶唐氏谓之泉；商周谓之布；齐莒谓之刀。又曰教与俗改，币与世易。夏后以玄贝。周人以紫石，后世或金钱、刀布。

【译文】《通典》中记载：自从太昊氏以来，就有了钱。太昊氏、高阳氏称之为金；有熊氏、高辛氏称之为货；陶唐氏称之为泉；商、周称之为布；齐、莒称之为刀。又说教化随着世俗而更改，货币跟着时代的更迭而变化。夏朝后用黑色贝壳作为货币。周代用紫石，后世则用金钱或者刀布。

朱提 县名，属犍为，出好银。即今四川嘉定州犍为县。

【译文】朱提是县名，隶属犍为，出产上好的银。就是现在的四川嘉定州犍为县。

青蚨 《搜神记》：青蚨似蝉而稍大，母子不离，生于草间，如蚕，取其子，母即飞来。以母血涂钱八十一文，以子血涂钱八十一文，每市物，或先用母钱，或先用子钱，皆复飞归，循环无已。

【译文】《搜神记》中记载：青蚨样子像蝉，体形略大，母子不分离，生在草丛中，就像蚕一样，如果抓走幼虫，母虫就会马上飞来。把母虫的血涂在八十一文铜钱上，再把幼虫的血涂在另外八十一文铜钱上，每次买东西时，或者先用母钱，或者先用子钱，这些钱都会自己飞回来，循环不止。

阿堵物 晋王衍妻喜聚敛，衍疾其贪鄙，故口未尝言钱。妻欲试之，令婢以钱绕床，使不得行，衍早起见钱，谓婢曰："举此阿堵物去！"

【译文】晋朝王衍的妻子喜欢聚敛财富，王衍厌恶她的贪婪，所以口中从来不说钱字。妻子想要试探他，就让婢女把钱绕在床边，让他无法出行，王衍早起看到钱后，对婢女说："把这些东西拿走！"

鹅眼 《宋略》：泰始中通私铸，而钱大坏，一贯长三寸，谓之鹅眼钱。

【译文】《宋略》中记载：泰始年间，民间流通私自铸造的钱币，铜钱的品质十分低劣，一贯三寸长，称为鹅眼钱。

明月夜光 《南越志》：海中有明月珠、水精珠。《魏略》：大秦国出夜光珠、真白珠。

【译文】《南越志》中记载：海中有明月珠、水精珠。《魏略》中记载：大秦国（古罗马）出产夜光珠、真白珠。

剖腹藏珠 《唐史》：太宗曰：西域贾胡得美珠，剖腹而藏之，爱珠不爱其身也。

【译文】《唐史》中记载：唐太宗说："西域有个胡商得到一颗华美的宝珠，刨开自己的肚子藏了起来，这是爱宝珠不爱自己的身体啊。"

钱成蝶舞 《杜阳杂编》：穆宗时，禁中花开，群蝶飞集。上令举网张之，得数万；视之，乃库中金钱也。

【译文】《杜阳杂编》中记载：唐穆宗时，宫中花开，一群蝴蝶飞来聚集在这里。穆宗便命人用网子把它们抓了起来，得到几万蝴蝶；定睛一看，原来是国库中的金钱。

玩器

柴窑 柴世宗时，所进御者，其色碧翠，赛过宝石，得其片屑，以为网圈，即为奇宝。

【译文】柴世宗时期，所有柴窑进献给皇帝的瓷器，颜色碧绿，赛过宝石，就算只是得到碎片，用网圈起来，也会成为珍奇的宝贝。

定窑 有白定、花定，制极质朴，其色呆白，毫无火气。

【译文】定窑烧制的瓷器有白定、花定，形制十分质朴，颜色呆白，丝毫没有烟火气。

汝窑 宋以定州白瓷有芒不堪用，遂命于汝州造青色诸器，冠绝邓、耀二州。

【译文】宋代因为定州烧制的白瓷有些地方没有被釉覆盖，无法使用，于是命令汝州烧制青色瓷器，其品质冠绝邓、耀二州。

哥窑 宋时处州章生一与弟章生二，皆作窑器。哥窑比弟窑色稍白，而断纹多，号白级碎，曰哥窑，为世所珍。

【译文】宋代处州的章生一与弟弟章生二都烧制瓷器。哥哥的窑中烧制的瓷器比弟弟烧制的略白，上面还有很多断纹，叫作"白级碎"，被称为"哥窑"，为世人所珍赏。

官窑 宋政和间，汴京置窑，章生二造青色，纯粹如玉，虽亚于汝，亦为世所珍。

【译文】宋代政和年间，汴京建造了一座瓷窑，章生二烧制的青色瓷器，像玉一样纯粹，虽然比不上汝窑，但也被世人当作珍品。

钧州窑 器稍大，具诸色，光采太露，多为花缸、花盆。

【译文】钧州窑烧制的瓷器比较大，具有各种颜色，因为光泽过于明显，所以多被当作花缸、花盆。

内窑 宋郁成章为提举，于汴京修内司置窑，造模范，极精细，色莹澈，不下官窑。

【译文】宋朝郁成章任提举时，在汴京修内司设置了瓷窑，制造的模具十分精巧细致，瓷器的颜色晶莹透亮，不比官窑的差。

青田核 《鸡跖集》：乌孙国有青田核，莫知其木与实，而核如瓠，可容五六升，以之盛水，俄而成酒。刘章曾得二焉，集宾设之，一核才尽，一核又熟，可供二十客，名曰青田壶。

【译文】《鸡跖集》中记载：乌孙国有一种青田核，不知道它的树和果实是什么样子，这种核跟水瓢一样，容积有五六升，用它来盛水，片刻后就会变成酒。刘章曾经得到两个，汇集宾客，用它们来招待，一个核里的酒刚刚喝完，另一个核里的酒又熟了，可以供应二十个宾客，被称为青田壶。

金银酒器 李适之有蓬莱盏、海山螺、瓠子卮、幔卷荷、金蕉叶、玉蟾儿，俱属鬼工。

【译文】李适之的酒器有蓬莱盏、海山螺、瓠子卮、幔卷荷、金蕉叶、玉蟾儿，都是鬼斧神工的珍品。

金叵罗 李白诗：“葡萄酒，金叵罗，吴姬十五细马驮。”

【译文】李白在诗里写道：“葡萄酒，金叵罗（酒器），吴姬十五细马驮。”

银凿落 韩公联句：“泽发解兜鍪，酡颜倾凿落。”白乐天诗：“金屑琵琶槽，银含凿落盏。”

【译文】韩愈的联句诗中有：“泽发解兜鍪，酡颜倾凿落。”白居易在诗中写：“金屑琵琶槽，银含凿落盏。”

婪尾杯　宋景诗云：“迎新送旧只如此，且尽灯前婪尾杯。”又乐天诗：“三杯蓝尾酒。”改“婪尾”为“蓝尾”耳。

【译文】宋景在诗中写：“迎新送旧只如此，且尽灯前婪尾杯。”白居易在诗中写：“三杯蓝尾酒。”只是把“婪尾”改成了“蓝尾”。

高丽席　不甚阔大，长一丈有余，花纹极精，坚紧不坏。

【译文】高丽席不太宽大，长有一丈多，花纹极为精致，坚固紧密不易损坏。

薤叶簟　蕲州出美竹，制梅花笛、薤叶簟。白乐天诗：“笛愁春尽梅花里，簟冷秋生薤叶中。”

【译文】蕲州出产一种上好的竹子，可以制成梅花笛、薤叶竹席。白居易在诗中写道：“春意在梅花笛的乐曲声中吹尽，寒冷的秋意在薤叶竹席中生出。”

博山炉　《初学记》：丁谖作九层博山炉，镂以奇禽怪兽，自然能动。山谷诗：“博山香霭鹧鸪斑。”

【译文】《初学记》中记载：丁谖制造了九层的博山炉，上面镂刻着珍禽异兽，自己会动。山谷道人黄庭坚在诗里写道：“博山香霭鹧鸪斑。”

偏提　元和间，酌酒壶谓之注子。后仇士良恶其名同“郑注”，乃去其柄安系，名曰偏提。

【译文】元和年间，斟酒的酒壶被称为注子。后来仇士良厌恶它的名字和“郑注”相同，于是去除了一边的手柄，命名为偏提。

三代铜　花觚入土千年，青绿彻骨，以细腰美人觚为第一，有全花、半花，花纹全者身段瘦小，价至数百。山陕出土者，为商彝、周鼎；河南出土者，为汉器，以其地有潟卤，铜质剥削，不甚贵，故铜器有河南、陕西之别。

【译文】古代的花觚埋藏在土里上千年，颜色青绿入骨，其中细腰美人觚排在第一，有全花、半花的区别，花纹完整的即使很小，也能价值数百。山西、陕西出土的多是商代的彝、周代的鼎；河南出土的多是汉代的器物，因为那里的土地中有盐碱，所以铜质被侵蚀的比较严重，不是很贵重，所以铜器有河南和陕西的区别。

灵壁石 米元章守涟水，地接灵壁，蓄石甚富，一一品目，入玩则终日不出。杨次公为廉访，规之曰："朝廷以千里郡付公，那得终日弄石！"米径前，于左袖中取一石，嵌空玲珑，峰峦洞穴皆具，色极青润，宛转翻落，以云杨曰："此石何如？"杨殊不顾，乃纳之袖。又出一石，叠峰层峦，奇巧又胜，又纳之袖。最后出一石，尽天画神镂之巧，顾杨曰："如此那得不爱？"杨忽曰："非独公爱，我亦爱也！"即就米手攫得之，径登车去。

【译文】米芾管辖涟水时，辖地与灵璧接壤，所以收藏了很多奇石，常把这些石头拿出来一一赏玩，一玩就整天都不出门。杨杰（次公）任廉访使时，规劝他说："朝廷把方圆千里的郡交付给大人，您怎么能够整天玩赏石头呢！"米芾径直走到他面前，从左边的袖子中取出一块石头，只见这块石头沟壑交错，玲珑精致，峰峦、洞穴皆备，颜色十分青亮润泽，米芾在手中翻来覆去地把玩，问杨杰："这块石头怎么样？"杨杰不屑一顾，米芾便把石头放回袖子中。又拿出另一块石头，只见石头峰峦叠嶂，奇异巧妙胜过了前面那块，他又把石头放回袖子中。最后，米芾又拿出一块石头，极尽鬼斧神工之巧妙，他对杨杰说："这样的石头怎么能让人不爱呢？"杨杰忽然说："并不是只有大人喜欢，我也十分喜欢啊！"说完就从米芾手上夺走石头，径直登上马车走了。

无锡瓷壶 以龚春为上，时大彬次之，其规格大略粗蠢，细泥精巧，皆是后人所溷。

【译文】无锡产的瓷壶以龚春烧制的最好，时大彬烧制的略次，这些瓷壶规格大而粗糙蠢笨，那些使用细泥，做工精巧的，都是后人伪造的。

成窑 大明成化年所制。有五彩鸡缸，淡青花诸器茶瓯酒杯，俱享重价。

【译文】成窑是明朝成化年间建造的。窑中烧制的五彩鸡缸，淡青花的各种瓷器如茶具和酒杯，价格都很高。

宣窑 大明宣德年制。青花纯白，俱踞绝顶，有鸡皮纹可辨。醮坛茶杯，有值一两一只者，有酒字枣汤、姜汤等类者稍贱。

【译文】宣窑是明朝宣德年间建造的。窑中烧制的青花瓷和纯白瓷，品质、工艺都是最佳的，上面可以看到鸡皮纹。醮坛用的茶杯，有的价值一两一只，底部有酒字或盛枣汤、姜汤等一类的瓷器价格稍低。

靖窑 大明嘉靖年所制。青花白地，世无其比。

【译文】靖窑是明朝嘉靖年间建造的。窑中烧制的青花白地瓷，世间没有能够与之比拟的。

万历初窑 万历之官窑，以初年为上，虽退器无不精妙，民间珍之。

【译文】万历年间的官窑瓷器，以万历初年烧制的为上品，即使是淘汰的次品都十分精妙，被民间当作珍品。

厂盒 古延厂，永乐年间所造，重枝叠叶，坚若珊瑚，稍带沉色。新厂宣德年间所造，雕镂极细，色若朱砂，鲜艳无比，有蒸饼式、甘蔗节二种，愈小愈妙，享价极重。

【译文】古延厂是永乐年间建造的，烧制的瓷器枝叶重叠，像珊瑚一样坚硬，稍微带有暗淡的颜色。新厂是宣德年间建造的，烧制的瓷器雕刻十分细致，颜色像朱砂一样，鲜艳无比，有蒸饼式、甘蔗节两种形制，越小的越为精妙，价格极高。

宣铜 宣德年间三殿火灾，金银铜熔作一块，堆垛如山。宣宗发内库所藏古窑器，对临其款，铸为香炉、花瓶之类，妙绝古今，传为世宝。

【译文】宣德年间三殿发生了火灾，金、银、铜被熔化成一块，堆积如山。明宣宗取出内库中收藏的古窑瓷，让人仿照着它们的款式，铸造成香炉、花瓶之类的东西，妙绝古今，作为宝物世代传承。

倭漆 漆器之妙，无过日本。宣德皇帝差杨瑄往日本教习数年，精其技艺。故宣德漆器比日本等精。

【译文】论漆器的精妙，没有能够超过日本的。宣德皇帝曾经派杨瑄到日本学习了数年，熟练地掌握了他们的技艺。所以宣德年间的漆器和日本的一样精美。

宣铁 宣德制铁琴、铁笛、铁箫，其声清皦，非竹木所及。

【译文】宣德年间制作的铁琴、铁笛、铁箫，声音清亮，不是竹木乐器能够比拟的。

照世杯 洪武初，帖木儿遣使奉表，有“钦仰圣心，如照世杯”之语。或曰其国旧传有杯，光明洞彻，照之可知世事，故云。

【译文】洪武初年，帖木儿派遣使节上表，里面有“钦仰圣心，如照世杯”的话。有人说他们国家过去传说有一种杯子，明亮通透，对着杯子照就可以知道世间的事情，所以才这么说。

嘉兴锡壶 所制精工，以黄元吉为上，归懋德次之。初年价钱极贵，后渐轻微。

【译文】嘉兴锡壶，制造精良的，以黄元吉所制的为上品，归懋德所制的次之。起初价钱十分昂贵，后来逐渐便宜了。

螺钿器皿 嵌镶螺钿梳匣、印箱，以周柱为上，花色娇艳，与时花无异。其螺钿杯箸等皿，无不巧妙。

【译文】镶嵌着螺钿的梳妆盒、印箱，以周柱制作的为上品，花色娇艳，与鲜花没有差别。他制作的螺钿杯箸等器皿，没有一件不精巧的。

竹器 南京所制竹器，以濮仲谦为第一，其所雕琢，必以竹根错节盘结怪异者，方肯动手。时人得其一款物，甚珍重之。又有以斑竹为椅桌等物者，以姜姓第一，因有姜竹之称。

【译文】南京制作的竹器，濮仲谦制作的最好，他所雕琢的东西，必然要挑选竹根盘根错节十分怪异的，才愿意动手。当时的人得到他制作的一件器物，都会十分珍重。还有用斑竹制作椅、桌等物品的，姜姓制作的最好，所以有姜竹之称。

夹纱物件 赵士元制夹纱及夹纱帏屏，其所劂翎毛花卉，颜色鲜明，毛羽生动，妙不可言。扇扇是黄荃、吕纪得意名画。

【译文】赵士元制作夹纱以及夹纱帷帐、屏风，他所雕刻的鸟羽和花卉，颜色鲜明，毛羽生动，妙不可言。每一扇屏风上都是黄荃、吕纪最为得意的名画。

卷十三　容貌部

形体

圣贤异相　尧眉八彩。舜目重瞳。文王四乳。苍颉四目。禹耳三漏。是谓大通，兴利除害，决江疏河。

【译文】尧的眉毛有八种颜色。舜的每只眼睛都有两个瞳孔。周文王有四个乳房。苍颉有四只眼睛。禹的耳朵各有三个孔。这就是所谓的大通，可以兴利除害，治理江河。

四十九表　仲尼生而具四十九表：反首，洼面，月角，日准，河目，海口，牛唇，昌颜，均颐，辅喉，骈齿，龙形，龟脊，虎掌，骈胁，参膺，圩项，山脐，林背，翼臂，窐头，隆鼻，阜肤，堤眉，地足，谷窍，雷声，泽腹，面如蒙倛，两目方相也，手垂过膝，眉有十二彩，目有二十四理，立如凤峙，坐如龙蹲，手握天文，足履度宇[1]，望之如仆，就之如升，修上趋下，末偻后耳，视若营四海，耳垂珠庭，其颈似尧，其颡似舜，其肩类子产，自腰以下不及禹三寸，胸有文曰"制作定世符"，身长九尺六寸，腰六十围。（见《祖庭广记》。）

【译文】孔子天生就有四十九种非凡的外表特征：披头散发，面部凹陷，额头如同月亮，鼻子如同太阳，眼眶正而长，大嘴，牛唇，印堂发亮，下巴均匀圆润，有两个喉结，牙齿重叠，龙形，龟背，虎掌，肋骨紧密，前胸突起，颈部凹陷，肚脐高耸，骨骼宽大，手臂如同翅膀，头部下陷，高鼻梁，腮帮宽

---

① 《春秋纬》中为"足履度宇"，底本"宇"为"字"，应为笔误。

大，眉毛很长，脚掌宽大，头上露出七窍，声音大，腹部大而平，面部如同驱逐疫鬼的蒙倛，两只眼睛如同方相氏一样，手垂下超过膝盖，眉毛有十二种颜色，眼睛有二十四种纹理，站立时如同凤鸟挺立，坐下时如同神龙下蹲，手中有日月星辰之象，脚下可以度量四方空间，远望身体前倾，十分谦逊，近看则如同仙人，上身修长而下身短小，弯着腰竖起耳朵，看上去一副忧心四海的样子，耳垂珠庭，他的脖子像尧，额头像舜，肩膀像子产，从腰部以下比大禹短三寸，胸部有“制作定世符”的文字，身高九尺六寸，腰六十围。（见《祖庭广记》。）

七十二相 老子有七十二相，八十一好。（见《法轮经》。）

【译文】老子有七十二种样貌特征，八十一处优点。（见《法轮经》。）

三十二相 如来有三十二相。（见《般若经》。）

【译文】如来有三十二种样貌特征。（见《般若经》。）

昭烈异相 蜀先主长七尺五寸，目顾见耳，臂垂过膝。

【译文】蜀国先主刘备身高七尺五寸，眼睛回望可以看到自己的耳朵，手臂垂下能超过膝盖。

碧眼 孙权幼时眼碧色，号碧眼小儿。

【译文】孙权幼年时眼睛是绿色的，被称为碧眼小儿。

猿臂 汉李广猿臂善射。

【译文】汉朝李广的手臂像猿猴一样，擅于射箭。

独眼龙 李克用一目眇，时号独眼龙。

【译文】李克用瞎了一只眼睛，被当时的人称为“独眼龙”。

胆大如斗 姜维死后剖腹视之，胆如斗大。张世杰亦胆大如斗，焚而不化。

【译文】姜维死后被剖开腹部查看，他的胆有斗那么大。张世杰的胆也像斗那么大，火都烧不化。

半面笑 贾弼梦易其头，遂能半面啼，半面笑。

【译文】贾弼梦到自己换了头，于是能够半张脸哭，半张脸笑。

玉楼银海　东坡《雪》诗："冻合玉楼寒起粟，光摇银海眩生花。"王荆公曰："道家以两肩为玉楼，两眼为银海。"东坡曰："惟荆公知此。"

【译文】苏轼《雪后书北台壁》写道："冻合玉楼寒起粟，光摇银海眩生花。"王安石说："道家把两肩称为玉楼，把两眼称为银海。"苏轼说："只有王安石知道这些。"

缄口　孔子观周庙有金人焉，三缄其口，而铭其背曰：古之慎言人也。戒之哉！戒之哉！毋多言，多言多败。毋多事，多事多患。

【译文】孔子看到周朝的宗庙中有铜人，铜人的嘴上封了三道封条，在铜人的背面刻有铭文："古之慎言人也。"应该以此为戒啊！以此为戒！不要多说话，多说话就会导致失败。不要多事，多事就会招来灾祸。

舌存齿亡　常纵有疾，老子曰："先生疾甚，无遗教语弟子乎？"纵乃张其口，曰："舌存乎？"曰："存。岂非以软耶？""齿亡乎？"曰："亡。岂非以刚也？"常纵曰："天下事尽此矣！"

【译文】常纵身体有恙，老子说："先生的病十分严重，有什么遗言要交代给弟子的吗？"常纵于是张口说道："我的舌头还在吗？"老子说："还在。难道不是因为它柔软吗？"常纵又问："我的牙齿是不是已经脱落了？"老子说："是的。难道不是因为它们刚硬吗？"常纵说："天下的事情都在其中了！"

芳兰竟体　梁武帝平建业，朝士皆造之。谢览时年二十，为太子舍人，意气闲雅，瞻视聪明。武帝目送良久，谓徐勉曰："觉此生芳兰竟体。"

【译文】梁武帝平定建业，朝中的官员都前来拜访。谢览当时二十岁，任太子舍人，气质闲适雅静，看上去十分聪慧。梁武帝目送他很久，对徐勉说："我感觉这个后生满身都是兰草的芳香。"

眼如岩电　王戎字濬冲，形状短小，而目甚清照，视日不眩。裴楷曰："王安丰眼烂烂如岩下电。"

【译文】王戎字濬冲，身材矮小，但眼睛却十分清澈明亮，就算直视太阳眼睛也不会觉得眼花。裴楷说："王戎的眼睛炯炯有神，如同山岩下的闪电。"

面如傅粉 何晏[①]美姿仪，面至白。魏明帝疑其傅粉，夏月，与热汤面。既啖，大汗出，以朱衣自拭，色转皎然。

【译文】何晏容貌俊美，面色极白。魏明帝怀疑他脸上抹了粉，正值盛夏，魏明帝赐给他一碗热汤面。吃完之后，何宴出了很多汗，就用官服自己擦拭，面色却更加白净了。

璧人 卫玠少时，乘白羊车于洛阳市上，咸曰："谁家璧人？"

【译文】卫玠年少时，曾经乘着白羊车经过洛阳的街市，人们都说："这是谁家的璧人？"

看杀卫玠 卫叔宝从豫章至都下，人久闻其名，观者如堵墙。玠先有羸疾，体不堪劳，遂成病而死。时人谓看杀卫玠。

【译文】卫玠从豫章来到京城，人们久仰他的名声，前来观看的人就像一堵墙一样。卫玠原本就体弱多病，经受不住劳累，于是生病而死。当时的人都说"看杀卫玠"。

觉我形秽 王济是卫玠之舅，隽爽有丰姿。每见玠，辄叹曰："珠玉在侧，觉我形秽。"

【译文】王济是卫玠的舅舅，英俊豪爽，风度翩翩。他每次见到卫玠时，都会感叹地说："有这样的珠玉在我旁边，顿觉自惭形秽。"

渺小丈夫 孟尝君过赵，赵人闻其贤，出观之，皆大笑曰："始以薛公为魁梧也，今视之，乃渺小丈夫耳。"

【译文】孟尝君经过赵国时，赵国人听说他十分贤明，都出来观看，他们都大笑着说："开始还以为孟尝君十分魁梧，现在看来，不过是个瘦小的男子罢了。"

妇人好女 司马迁曰："余以为留侯其人必魁梧奇伟，至见其图，状貌如妇人好女。"

【译文】司马迁说："我以为张良必然魁梧伟岸，直到看见他的画像后，才知道他的容貌就像美貌的妇人。"

---

① 底本为"宴"，应为笔误。

精神顿生 张九龄风仪秀整，帝于朝班望见之，谓左右曰："朕每见九龄，使我精神顿生。"

【译文】张九龄的仪表俊秀严整，皇帝在上朝时看见他，对左右的人说："我每次看到张九龄，马上就会充满了精神。"

琳琅珠玉 有人诣王太尉，遇安丰、大将军、丞相在坐。往别屋，见季胤（名诩）、平子（夷甫子）。语人曰："今日之行，触目皆琳琅珠玉。"

【译文】有人拜访太尉王衍时，看到王戎、大将军王敦、丞相王导也在座。又去别的屋子，见到了季胤（名叫王诩）、平子（王衍的儿子王澄）。回去后，他对别人说："今天这一趟，看到的都是玉石珠宝。"

若朝霞举 李白见玄宗于便殿，神气高朗，轩轩若朝霞举。

【译文】李白在便殿朝见唐玄宗时，神态明朗，气宇轩昂，如同飞升的朝霞。

倚玉树 魏明帝使后弟毛曾与夏侯玄并坐，时人谓蒹葭倚玉树。

【译文】魏明帝让皇后的弟弟毛曾和夏侯玄坐在一起，当时的人都说这是芦苇靠着玉树。

掷果 潘安甚有姿容。少时挟弹乘小车出洛阳道，妇人遇者，无不连手共萦之，竞以果掷，盈车而返。

【译文】潘安长相十分俊美。他少年时拿着弹弓乘坐小车经过洛阳的道路，妇人遇到他之后，都拉着手一起把他围在中间，争着向他投掷水果，最后这些水果竟然装满了小车而回。

屋漏中来 祖广行恒缩颈。桓南郡始下车，桓曰："天甚晴明，祖参军如从屋漏中来。"

【译文】祖广走路时总是缩着脖子。南郡公桓玄刚刚到任时就说："天气十分晴朗明快，祖参军却如同从漏雨的屋子中走出一样。"

四肘 成汤之臂四肘。《韵会》：一肘二尺。又云一尺五寸为肘。

【译文】成汤的手臂有四肘长。《韵会》记载：一肘是两尺。也有人说一肘是一尺五寸。

姬公反握 周公手可反握。

【译文】周公的手可以反着握住。

骈胁 骈，联也。晋文公名重耳，其胁骈。

【译文】骈是联的意思。晋文公的名字叫作重耳，他的肋骨联在一起。

铄金销骨 西汉文："众口铄金，积毁销骨。"谓谗言诽谤之利害也。

【译文】西汉时期的文章写道："众口指责，即使金铁也会融化；毁谤积累，就连骨头都能销毁。"这句话说的是谗言和诽谤的厉害。

敲骨吸髓 髓，骨髓也。敲其骨而吸其髓，喻虐政之诛求也。

【译文】髓指骨髓。敲骨吸髓的意思是敲碎骨头而吸食骨髓，比喻施行暴政来横征暴敛。

掣肘 《说苑》：鲁使子贱为单父令，子贱借善书者二人使书，从旁掣其肘，书丑，则怒，欲好书，则又引之。书者辞归，以告鲁君。君曰："若吾扰之，不得施善政。"令毋征发单父。未几，教化盛行。

【译文】《说苑》记载：鲁国派宓不齐（子贱）担任单父令，宓不齐找来两个擅长书写的人让他们写字，却从旁边拉他们的胳膊，字写得不好，宓不齐就会发怒，他们想要重新写好字，宓不齐又在旁边拉他们的胳膊。写字的人告辞回去后，把这件事告诉了鲁国的君主。君主说："如果我去干扰宓不齐，他就无法施行好的政令啊。"于是下令不向单父征收赋税和徭役。没过多久，单父的教化就开始盛行。

厚颜 《书经》："颜厚有忸怩。"谓愧之见于面也。

【译文】《书经》记载："就算脸皮厚的人，有时候也会有忸怩之态。"这句话说的是脸上有惭愧的神色。

摇唇鼓舌 《庄子》：摇唇鼓舌，擅生是非。

【译文】《庄子》记载：耍嘴皮，挑舌头，擅长搬弄是非。

怒发冲冠 秦王许以十五城易赵王和氏璧，蔺相如捧璧入秦，见秦王无意偿城，怒发冲冠，英气勃勃。

【译文】秦王许诺用十五座城池来交换赵王的和氏璧，蔺相如捧着和氏璧入宫觐见秦王，见秦王没有交付城池的意思，愤怒的头发竖直顶着帽子，气概雄伟豪迈。

生而有髭　《皇览》：周灵王生而有髭，谓之髭王。

【译文】《皇览》记载：周灵王出生时嘴边就有胡子，被称为髭王。

注醋囚鼻　《唐史》：酷吏来俊臣鞫囚，每以醋注囚鼻。

【译文】《唐史》记载：酷吏来俊臣审问囚犯时，经常把醋灌进囚犯的鼻子里。

春笋秋波　言纤指如春笋之尖且长，媚眼如秋波之清且碧也。

【译文】春笋秋波，是说手指纤细就像春笋的尖一样而且很长，媚眼就像秋天清澈的碧波一样。

蓝面鬼　卢杞号蓝面鬼，常造郭汾阳家问病。闻杞至，悉屏姬侍，独隐几待之。家人问故，汾阳曰："杞外陋而内险，左右见之必笑，使后得权，吾族无噍类矣。"

【译文】卢杞号称蓝面鬼，经常到郭子仪家里问病。郭子仪每次听到卢杞来了，都会屏退侍女，独自躺在床上等候。家人问他原因，郭子仪说："卢杞外表丑陋而内心险恶，左右的人看到他后必然会嘲笑。如果他以后掌权，我们家族恐怕连一个能活着吃东西的人都没有了。"

善用三短　后魏李谐形貌短小，兼是六指。因瘿而举颐，因跛而缓步，因謇而徐言。人谓李谐善用三短。

【译文】后魏李谐体型矮小，还有六根手指。因为脖子上长有瘤子，所以抬着头；因为跛足，所以缓缓走路；因为口吃，所以慢慢说话。人们都说李谐善于运用自己的三个短处。

乱唾掷瓦石　左太冲绝丑，亦效潘安乘车游市中，群妪乱唾之，委顿而返。张孟阳亦丑，每行，小儿以瓦石掷之，满车。

【译文】左思相貌奇丑，也效仿潘安乘着车在街市中游玩，被一群妇女乱唾，只能颓丧地返回。张载（孟阳）也长得很丑，每次出行时，小孩都会用瓦砾、石头扔他，能够装满一车。

龙虎变化 韩文公撰《马燧志》云："当是时见王于北亭，犹高山深林，龙虎变化不测，魁杰人也。退见少傅，翠竹碧梧，鸾停鹄峙。"

【译文】韩愈在《殿中少监马君墓志》中写道："就在这个时候，我在北亭见到北平郡王马燧，觉得他就像高山和深林一样伟岸深邃，又像龙虎一样变化莫测，真是人中的豪杰魁首。退下之后又见到了他的嫡子太子少傅马畅，觉得他像鸾鸟和天鹅栖息在青翠竹子和碧绿的梧桐上一样儒雅端庄。"

长人 苻坚拂盖郎申香、夏默、护磨那三人，俱长一丈九尺，每饭食一石、肉三十斤。

【译文】苻坚的拂盖郎申香、夏默、护磨那三人，全都身高一丈九尺，每顿饭都要吃一石粮、三十斤肉。

矮短人 王蒙长三尺，张仲师长二尺五寸。

【译文】王蒙身高三尺，张仲师身高二尺五寸。

重人 安禄山重三百五十斤，司马保八百斤，孟业一千斤。

【译文】安禄山重三百五十斤，司马保重八百斤，孟业重一千斤。

澹台灭明 李龙眠所画七十二子像，澹台灭明猛毅甚于子路，则夫子所谓"失之子羽"者，谓其貌武行儒耳。

【译文】李龙眠画的孔门七十二子像中，澹台灭明的勇猛坚毅胜过子路，那么孔子所说的"我只凭相貌判断一个人的品质，在子羽（澹台灭明）这里就出错了"，说的就是澹台灭明虽然看上去是个勇武之人，实际上的行为却是儒生。

祖龙 秦始皇虎口，日角，火目，隆準，鸷鸟膺，豹声，长八尺六寸，大七围，手握兵执矢，号曰祖龙。侯生数其淫暴，谓万万均朱，千千桀纣。

【译文】秦始皇长着虎嘴，额头中央隆起（天庭饱满），眼睛赤红，鼻梁高挺，胸部突出就像鸷鸟，声音如同豹子，身高八尺六寸，腰大七围，手中拿着兵器和箭矢，号称祖龙，侯生细数他的暴虐无度，说他超过一万万个商均、朱丹，一千千个夏桀、商纣。

好笑 陆士龙好笑。常着缞绩上船，水中自见其影，便大笑不止，几落水。

【译文】陆士龙喜欢笑。他曾经穿着丧服上船，在水中看到自己的倒影，便大笑不止，差点掉到水中。

笑中有刀 李义府，貌足恭，与人言，嬉怡微笑，而阴贼褊忌，凡忤其意者，皆中伤之。时号义府笑中有刀。

【译文】李义府的外貌看上去很恭敬，跟人说话时，总是和悦地微笑，但是私下却狭隘阴损，凡是违背他意愿的，他都会恶语中伤。当时的人都说李义府是笑里藏刀。

方睛 管辂云："眼有方睛，多寿之相。"陶隐居末年，其眼有时而方。

【译文】管辂说："眼中有方形的眼珠，是长寿的面相。"陶弘景晚年时，他的眼珠子有时候就是方的。

百体五官 人身有百骸，故曰百体。官，司也。五官，耳、目、口、鼻、心也。

【译文】人的体内有一百个骨节，所以叫作百体。官是掌管的意思。五官指的是耳、目、口、鼻、心。

须发所属 发属心，禀火气，故上生。须属肾，禀水气，故下生。眉属肝，禀木性，故侧生。男子肾气外行，上为须，下为势。女子、黄门无势，故无须。

【译文】头发属于心脏所主，承受火气，所以往上长。胡须属于肾所主，承受水气，所以往下长。眉毛属于肝所主，承受木性，所以往边上长。男子的肾气向外扩散，向上长成须，向下长成阳具。女子、太监都没有阳具，所以不长胡须。

重瞳四乳 舜重瞳，项羽重瞳，隋鱼俱罗、朱梁康、王友敬，永乐中楚王子，亦俱重瞳。文王四乳，宋范镃百、常文子，明倪文僖谦，俱四乳。

【译文】舜帝每只眼睛都有两个瞳仁，项羽也是重瞳，隋朝的鱼俱罗、朱梁康、王友敬，永乐年间楚王的儿子，也都是重瞳。周文王有四个乳房，宋代的范镃百、常文子，明代的倪谦，都有四个乳房。

身长一丈 中国之人长一丈者，人君则黄帝、尧与文王；人臣则吴伍员、汉巨毋霸，俱十尺。毋霸腰大十围，员眉间一尺。孔子长十尺，又云九尺六寸。按：《庄子》所谓自腰而下不及禹三寸，则后说是矣。宋《程史》载，有唐某者与其妹各长一丈二尺。

【译文】中国人高达一丈的，君王中有黄帝、尧帝与周文王；人臣中则有吴国的伍子胥、汉朝的巨毋霸，他们都身高十尺。巨毋霸的腰有十围那么大，伍子胥的眉间有一尺宽。孔子身高十尺，也有人说是九尺六寸。按：《庄子》中所说的从腰部以下比大禹少三寸，就是后面这种说法。宋朝《程史》记载，有一个姓唐的人和他的妹妹都身高一丈二尺。

身长七尺以上　禹长九尺九寸，汤九尺，秦始皇八尺七寸，汉高祖七尺八寸，光武七尺三寸，昭烈七尺五寸，宋武帝七尺六寸，陈武帝七尺五寸，宇文周太祖八尺，项王八尺二寸，韩王信八尺九寸，王莽七尺五寸，刘渊八尺四寸，刘曜九尺四寸，慕容皝七尺八寸，姚襄八尺五寸，曹交九尺四寸，冉闵、什翼健、宇文泰皆八尺，慕容垂七尺四寸，慕容德八尺二寸。自唐以后，人臣长者故少。韦康成十五长八尺，姜宇十五长七尺九寸，刘曜子胤十岁长七尺五寸，美姿貌，眉须如画。人固有少而长若此者，胤止八尺四寸，不能如其父也。

【译文】禹身高九尺九寸，商汤身高九尺，秦始皇身高八尺七寸，汉高祖身高七尺八寸，东汉光武帝身高七尺三寸，汉昭烈帝刘备身高七尺五寸，宋武帝身高七尺六寸，陈武帝身高七尺五寸，宇文周太祖身高八尺，项羽身高八尺二寸，韩信身高八尺九寸，王莽身高七尺五寸，刘渊身高八尺四寸，刘曜身高九尺四寸，慕容皝身高七尺八寸，姚襄身高八尺五寸，曹交身高九尺四寸，冉闵、什翼健、宇文泰都身高八尺，慕容垂身高七尺四寸，慕容德身高八尺二寸。从唐朝以后，人臣中身材高大的人越来越少了。韦康成十五岁时身高八尺，姜宇十五岁时身高七尺九寸，刘曜的儿子刘胤十岁时身高七尺五寸，相貌英俊，眉毛、胡须就像画出来的一样。很少有人少年时就能长这么高的，刘胤长到八尺四寸就不长了，没有超过他的父亲。

丈六金身　佛长一丈六尺以为神，然其小弟阿难与徒弟调达俱长一丈四尺五寸，彼时天竺之长者故不少也。

【译文】佛祖身高一丈六尺成了神，他的小弟阿难和徒弟调达全都身高一丈四尺五寸，可见当时天竺身材高大的人不少。

谗国 沈颜《谗论》曰：宰嚭谗子胥而吴灭，赵高谗李斯而秦亡，无极谗伍奢而楚昭奔，靳尚谗屈原而楚怀囚。故曰：人知佞之谗谗忠，不知佞之谗谗国。

【译文】沈颜在《谗论》中说：宰嚭陷害伍子胥导致吴国灭亡，赵高陷害李斯导致秦朝灭亡，费无极陷害伍奢导致楚昭王逃亡，靳尚陷害屈原导致楚怀王被囚。所以说：人们都知道奸臣用谗言陷害忠臣，却不知道奸臣也能用谗言危害国家。

舌本间强 俗语曰："三日不言，舌本强。"殷仲堪言，三日不读《道德经》，便觉舌本间强。

【译文】俗话说："三天不说话，舌根就会发硬。"殷仲堪说，三天不读《道德经》，就会觉得舌根发硬。

皮里阳秋 晋褚裒字季野，桓彝目之曰："季野皮里阳秋。"言其外无臧否，而内有褒贬也。

【译文】晋朝褚裒字季野，桓彝评价他说："季野皮里阳秋。"这是说他嘴上虽然从来不评价别人，心里对人却有褒贬。

断送头皮 宋真宗东封，得隐者杨朴。上问："卿临行，有人作诗否？"对曰："臣妻一首云：'更休落魄耽杯酒，切莫猖狂爱作诗。今日捉将官里去，这回断送老头皮。'"

【译文】宋真宗去泰山封禅，得到了隐士杨朴。真宗问他："你临走时，有人作诗吗？"杨朴回答："微臣的妻子作了一首诗说：'更休落魄耽杯酒，切莫猖狂爱作诗。今日捉将官里去，这回断送老头皮。'"

唾掌 公孙瓒曰："天下兵起，谓可唾掌而决九州耳。"李翱[①]："太平可覆掌而致。"

【译文】公孙瓒说："天下义军四起，天下称得上唾手可得。"李翱说："太平盛世把手掌翻过来就能达到。"

扪膝 后魏贾景兴栖迟不仕，葛荣陷冀州，称疾不拜，每扪膝曰："吾不负汝。"以不拜荣故也。又赵宋喻汝砺号"扪膝先生"。

---

① 底本为"李集"，应为笔误，据《新唐书·李翱传》。

【译文】后魏贾景兴隐居在家不肯做官，葛荣攻陷冀州后，他称病不去拜见，还经常摸着自己的膝盖说：“我没有辜负你。”这是因为他没有去参拜葛荣的缘故。另外，赵宋的喻汝砺也自称“扪膝先生”。

鸡肋 晋刘伶尝醉，与俗人相忤，其人攘臂奋拳。伶曰：“鸡肋不足以安尊拳！”其人笑而止。曹操入汉中讨刘备，不得进，欲弃之。乃传令曰“鸡肋”。官属不知何谓。杨修曰：“鸡肋，弃之则可惜，啖之则无所得，比汉中，王欲去也。”乃白操，遂还。

【译文】晋朝刘伶曾经有一次喝醉，跟一个俗人起了冲突，那人撸起袖子提起拳头要打他。刘伶说：“我这鸡肋骨可经受不住您这样的拳头！”那个人便笑着作罢了。曹操进入汉中讨伐刘备，无法前进，便想要放弃。于是传令说“鸡肋”。官员和下属都不知道是什么意思。杨修说：“鸡肋，扔掉有些可惜，吃起来又没有什么肉。这就好比汉中，大王想要回去了。”于是禀告曹操，大军便返回了。

噬脐 楚文王伐申，过邓。邓侯曰：“吾甥也。”止而享之。骓甥、聃甥、养甥请杀楚子，邓侯弗许。聃甥曰：“亡邓国者，此人也。若不蚤图，后君噬脐无及。”

【译文】楚文王讨伐申国。经过邓国时，邓国的国君说：“这是我的外甥。”便让楚文王停下来款待。骓甥、聃甥、养甥请求杀死楚文王，邓侯没有答应。聃甥说：“灭亡邓国的，必定是这个人。如果不早日谋划，以后您就会像要咬自己的肚脐够不着一样后悔不及。”

交臂 《庄子》：颜渊问于仲尼，曰：“夫子步亦步，趋亦趋。夫子绝尘而奔，回瞠乎其后矣。”夫子曰：“吾终身于汝交一臂而失之，不可哀欤？”

【译文】《庄子》记载：颜渊向孔子请教说：“您走我也跟着走，您跑我也跟着跑。您如果绝尘狂奔，我就只能在后面瞪着眼睛看了。”孔子说：“我这辈子和你擦着手臂错过而难以见面，这难道不是一种悲哀吗？”

三折肱 晋范氏、中行氏将伐晋定公，齐高疆曰：“三折肱知为良医。我以伐君为此矣。”

【译文】晋国的范氏、中行氏准备讨伐晋定公，齐国的高疆说：“三次折伤胳膊，自己就会悟出治疗的方法成为良医。我就是因为讨伐国君才会流落到这里啊。”

髀里肉生　刘玄德于刘表坐，慨然流涕曰：“平常身不离鞍，髀肉皆消；今不复骑，髀里肉生。日月如流，老将至矣，而功业未建，是以悲耳。”

【译文】刘备在刘表设的酒宴上流泪感慨说：“我平常几乎没有离开过马鞍，大腿上的肉都瘦没了；现在很少骑马，大腿的肉又长出来了。这时光如同流水一样，眼看着就要老了，却还没有建功立业，所以才会觉得悲伤。”

炙手可热　唐崔铉进左仆射，与郑鲁、杨绍复、段瑰、薛蒙颇参议论。时论曰：“郑、杨、段、薛，炙手可热；欲得命通，鲁、绍、瑰、蒙。”

【译文】唐朝崔铉晋升为左仆射，与郑鲁、杨绍复、段瑰、薛蒙等人一起讨论国事。当时的人说：“郑、杨、段、薛，炙手可热；想要命运亨通，就得找鲁、绍、瑰、蒙。”

如左右手　韩信亡去，萧何自追之。人告高祖曰：“丞相何亡。”高祖大怒，如失左右手。

【译文】韩信逃走后，萧何亲自追赶。有人告诉刘邦说：“丞相萧何逃走了。”刘邦大怒，就像失去了自己的左右手。

高下其手　言人断狱徇私，高下其手。

【译文】说的是官员在审理判决案件时徇私枉法，上下其手。

幼廉一脚指　北齐李幼廉为瀛州长史，神武行部征责文簿，应机立成。神武责诸人曰：“卿等作得李幼廉一脚指否？”

【译文】北齐李幼谦任瀛州长史时，高欢走访巡查，要求察验文书，李幼谦领命后马上就查完了。高欢责备其他人说：“你们这些人能比得上李幼廉一根脚趾吗？”

握拳啮齿　东坡帖云：张睢阳生犹骂贼，啮齿穿龈；颜平原死不忘君，握拳透爪。

【译文】苏轼写了一副对联说：张睢阳生犹骂贼，啮齿穿龈；颜平原死不忘君，握拳透爪。

豕心　《左传》：昔有仍氏生女，乐正后夔娶之，生伯封，实有豕心，贪婪无厌。人谓之封豕。

【译文】《左传》记载：昔日有仍氏生了个女儿，乐正后夔娶了她，生下伯封，有像猪贪食一样的贪婪之心，贪得无厌。人们都叫他“封豕”。

锁子骨 李邺侯少时身极轻，能于屏风上行。既长，辟谷，导引，骨节俱戛戛有声。人谓之锁子骨。

【译文】邺侯李泌小时候身体非常轻，能够在屏风上行走。等长大之后，又练习辟谷和导引术，骨节全都嘎嘎作响，被人称为“锁子骨”。

一身是胆 赵子龙与魏兵战，追至营门，魏兵疑有伏，引去。翌日，玄德至营视之，曰：“子龙一身都是胆。”

【译文】赵云和魏兵交战，一直被追到军营门口，魏兵怀疑有伏兵，便引兵退去。第二天，刘备到军营查看时说：“子龙真是一身是胆。”

抽筋绝髓 郭弘霸讨徐敬业云：“誓抽其筋，食其肉，饮其血，绝其髓。”武后悦，授御史。时号“四其御史”。

【译文】郭弘霸讨伐徐敬业时说：“我发誓一定要抽其筋，吃其肉，喝其血，吸干其骨髓。”武则天非常高兴，授予他御史官职。当时的人称他为“四其御史”。

铁石心肠 皮日休云：“宋广平为相，疑其铁石心肠，不解吐软媚词。观其《梅花赋》，便巧富艳，殊不类其为人。”

【译文】皮日休说：“宋广平当宰相时，人们都怀疑他是铁石心肠，不知道说些阿谀奉承的话。看他写的《梅花赋》，却十分精巧华美，很不像他的为人。”

伐毛洗髓 《汉武记》：黄眉翁指东方朔曰：“吾三千年一反骨洗髓，三千年一剥皮伐毛。吾今已三洗髓，三伐毛矣。”

【译文】《汉武记》记载：黄眉翁指着东方朔说：“我三千年换骨洗髓一次，三千年剥皮换毛一次。现在我已经洗了三次骨髓，换了三次毛发了。”

笑比黄河清 宋包孝肃极严冷，未尝见其笑容，人谓其笑比黄河清。

【译文】宋朝包拯非常严肃冷峻，从来没见过他的笑容，人们都说他的笑比黄河中的清水还少。

连璧　晋潘岳与夏侯湛并美姿容，行止同舆接茵。京都谓之连璧。

【译文】晋朝潘岳与夏侯湛相貌都十分英俊，两人经常坐一辆车，把车垫连接在一起出行，京城的人称他们为连璧。

乳臭　汉王以韩信击魏王豹。问郦食其："魏大将谁？"对曰："柏植。"王曰："是儿口尚乳臭，安能敌吾韩信？"

【译文】汉王刘邦派韩信进攻魏王豹。刘邦问郦食其说："魏国的大将军是谁？"郦食其回答："是柏植。"刘邦说："这小儿嘴里还有奶腥气，怎么能敌得过我的大将军韩信呢？"

貌不扬　晋叔向适郑，鬷蔑貌不扬，立堂下，一言而善。叔向闻之，曰："必然明也！"下执其手以上，曰："子若不言，吾几失子矣。"

【译文】晋国的叔向造访郑国，鬷蔑长得不怎么好看，站在堂下说了一句很好的话。叔向听到后说："这必然是鬷蔑！"于是下堂拉着他的手走上台阶说："你如果不说话，我差点就要错失你了。"

貌侵　汉田蚡，孝景帝皇后母弟也，为丞相，为人貌侵，言短小而丑恶也。

【译文】汉朝田蚡时汉景帝皇后同母异父的弟弟，任丞相，为人"貌侵"，说的是他身材矮小，面貌丑陋。

獐头鼠目　唐苗晋卿荐元载。李揆轻载相寒，谓晋卿曰："龙章凤姿士不见，獐头鼠目子乃求官耶？"载衔之。

【译文】唐朝苗晋卿举荐元载。李揆认为元载长相丑陋，就对苗晋卿说："文如蛟龙、貌如凤凰的人不出现，獐头鼠目的却出来求官？"元载对此事怀恨在心。

龙钟　裴晋公未第时，羁旅洛中，策驴上天津桥。时淮西不平，有二老人倚柱语曰："蔡州何时平？"见晋公，愕然曰："适忧蔡州未平，须待此人为相。"仆闻告公，公曰："见我龙钟，故相戏耳！"后裴度于宪宗时果为相，平淮、蔡。

【译文】裴度没有考中科举时，有一次寄居在洛阳，骑驴走上天津桥。当时淮西很不太平，有两个老人靠在桥柱上说："蔡州什么时候才能平定啊？"

见到裴度之后，他们惊讶地说："刚才担忧蔡州没有平定的事，要等到这个人当宰相啊。"仆人听到后告诉了裴度，裴度说："这是他们看我落魄，所以拿我开玩笑罢了！"后来裴度果然在唐宪宗时做了宰相，平定淮西和蔡州。

牙缺 张玄之八岁，缺齿，先达戏之曰："君口何为开狗窦？"祖希曰："欲使君辈从此中出入。"

【译文】张玄之八岁时，掉了几颗牙，长辈开玩笑说："你的嘴里怎么开了个狗洞？"张玄之说："这是为了让你这样的人从这里出入。"

口吃 汉周昌争立太子，曰："臣期期不奉诏。"邓艾自称艾艾。韩非、扬雄俱口吃，善属文。后刘贡父、王汾在馆中，汾口吃，贡父为之赞曰："恐是昌家，又疑非类；未闻雄名，只有艾气。"

【译文】汉朝周昌在争论立太子的事情时说："臣期……期不奉诏。"邓艾自称艾艾。韩非、扬雄都是口吃，擅长写文章。后来刘攽和王汾在史馆当值，王汾口吃，刘攽赞叹地说："恐怕是周昌，又怀疑是韩非；没有听到扬雄的名字，只感受到了邓艾的气质。"

吾舌尚存 张仪尝从楚相饮，相亡璧，意仪盗，执仪笞之。仪归，而其妻诮之。仪曰："视吾舌尚存否？"妻笑曰："在。"仪曰："足矣！"

【译文】张仪曾经跟楚国宰相一起喝酒，宰相丢失了玉璧，怀疑是张仪偷走了，便用棍棒打他。张仪回家后，妻子嘲笑他。张仪说："你看我的舌头还在吗？"妻子笑着说："还在。"张仪说："这就足够了！"

借听于聋 韩昌黎《答陈生书》：足下求速化之术，乃以访愈，是所谓借听于聋，问道于盲，未见其得者也。

【译文】韩愈在《答陈生书》中写道：阁下想要寻找能够快速成仙的法术，于是前来问我，这就是所谓的借助聋子的听力，向盲人问路，没见过能有结果的。

青白眼 阮籍能为青白眼，见礼俗之士，以白眼待之。母终，嵇喜来吊，籍作白眼。喜弟康乃挟琴赍酒造焉，籍大悦，乃见青眼。

【译文】阮籍善于翻白眼，见到鼓吹礼法的世俗之士，就用白眼来对待他们。阮籍的母亲去世后，嵇喜前来吊丧，阮籍用白眼看他。嵇喜的弟弟嵇康抱着琴拿着酒前来拜访，阮籍非常高兴，才露出黑眼珠。

邯郸学步 班氏《序》：传昔有学步于邯郸，曾未得其仿佛，又复失其故步，遂匍匐而归耳。

【译文】班固在《汉书序传》中写道：相传从前有个人在邯郸学别人走路，结果不仅没有学会，连自己原来的走路方式也忘了，于是爬着回去了。

美须 谢康乐须美，临刑，施为南海祇垣寺维摩诘像须。唐中宗时，安乐公主端午斗草，欲广其地，驰驿取之。又恐为他所得，剪弃其余。

【译文】谢灵运的胡须很漂亮，临刑前，他把胡须布施给南海祇垣寺作为维摩诘雕像的胡须。唐中宗时期，安乐公主在端午那天玩斗百草游戏，想要收集更多比赛用的物件，就派人驾乘驿马剪下一缕谢灵运的胡须。她又怕被其他人得到，就把剩余的全部剪掉丢弃了。

貌似刘琨 桓温自以雄姿风气，是宣帝、刘琨之俦。及伐秦还，于北方得一巧作老婢，乃刘琨婢也。一见桓温，便潸然曰："公甚似刘司空。"温大悦，出外，整理衣冠，又呼问之，婢曰："面甚似，恨薄；眼甚似，恨小；须甚似，恨赤；形甚似，恨短；声甚似，恨雌。"温于是褫冠解带，昏然而睡，不怡者累日。

【译文】桓温认为自己的雄姿和风度是司马懿、刘琨一样的人。等他讨伐前秦回朝时，在北方找到一个巧手的年老女仆，竟是刘琨的婢女。她一见到桓温，就潸然泪下地说："大人您和刘琨长得真像啊。"桓温大为高兴，马上出去整理衣冠，又叫她来问话，那老婢女说："长相十分相似，就是瘦了些；眼睛十分相似，就是小了些；胡须十分相似，可惜是红色的；体型十分相似，无奈矮了些；声音十分相似，可惜像女子一样。"桓温于是摘去帽子解下衣带，昏昏沉沉地睡着了，连着几天都不高兴。

补唇先生 方干唇缺，有司以为不可与科名。连应十余举，遂隐居鉴湖。后数十年，遇医补唇，年已老矣。人号曰"补唇先生"。

【译文】方干的唇部有缺陷，掌管科举的官府认为不能给他功名。后来他连续参加了十几次科举考试都没有考中，就隐居到了鉴湖。过了几十年，他才遇到一个大夫补好了唇裂，但是他已经老了。人们便称呼他为"补唇先生"。

眇一目 湘东王眇一目，与刘谅游江滨，叹秋望之美。谅对曰："今日可谓'帝子降于北渚'。"《离骚》："帝子降于北渚，目渺渺而愁予！"王觉其刺己，大衔之。后湘东王起兵，王伟为侯景作檄云："项羽重瞳，尚有乌江之败；湘东一目，宁为赤县所归？"后竟以此伏诛。

【译文】湘东王瞎了一只眼，一次他与刘谅在江边游玩，感叹秋天远望之美。刘谅回答："今天可以说是'帝子降于北渚'了。"《离骚》中有"帝子降于北渚，目渺渺而愁予"的句子。湘东王觉得刘谅是在讽刺自己，大为怀恨。后来湘东王起兵谋反，王伟为侯景写檄文说："项羽虽然是重瞳，尚且有乌江之败；湘东王只有一只眼，难道会天下归心吗？"后来竟然因为这件事被杀了。

半面妆 徐妃以帝眇一目，知帝将至，为半面妆。帝见之大怒而出。

【译文】徐妃因为梁元帝瞎了一只眼，知道元帝马上就要过来，于是化了半面妆。元帝见到后勃然大怒，拂袖而去。

塌鼻 刘贡父晚年得恶疾，须眉堕落，鼻梁断坏。一日，与东坡会饮，引《大风歌》戏之，曰："大风起兮眉飞扬，安得猛士兮守鼻梁！"

【译文】刘攽晚年身患重病，胡须和眉毛都掉光了，鼻梁也断了。有一天，他和苏东坡在一起喝酒，苏轼引《大风歌》跟他开玩笑说："大风起兮眉飞扬，安得猛士兮守鼻梁！"

头有二角 隋文帝生而头有两角，一日三见鳞甲，母畏而弃之。有老尼来，育哺甚勤。尼偶外出，嘱其母视儿。母见须角棱棱，烨然有光，大惧，置诸地。尼疾走归，抱起曰："惊我儿，令吾儿晚得天下！"后帝果六十登极。

【译文】隋文帝出生时头上有两只角，一天内身体上出现三次鳞片，母亲因为害怕想要丢弃他。这时有一个老尼姑前来，并辛勤地喂养他。有一次老尼外出，便叮嘱他的母亲照看孩子。母亲见他的胡须和双角清晰可见，还有光芒闪动，十分害怕，便把他扔到了地上。尼姑快步走回，抱起孩子说："惊吓到我的孩子了，让我孩子得到天下的时间推迟了！"后来隋文帝果然在六十岁登基称帝。

岐嶷 《诗经》云："克岐克嶷，以就口食。"美后稷也。岐嶷，峻茂之状也。

【译文】《诗经》记载："后稷刚会在地上爬，就十分聪明，会自己寻找食物吃。"这是赞美后稷的。岐嶷，指繁茂的样子。

口有悬河　晋郭象能清言。王衍云："每听子玄之语，如悬河泻之，久而不竭。"

【译文】晋朝郭象擅长清谈。王衍说："每次听子玄（郭象）说话，就像瀑布的水倾泻到地上，无论多久都不会枯竭。"

侏儒　《左传》：臧纥败于狐骀。国人曰："侏儒侏儒，使我败于邾。"（注：狐骀，地名。侏儒，短小也。）

【译文】《左传》记载：臧纥在狐骀战败。国中的人说："侏儒啊侏儒（臧纥身材矮小），使我们败给邾国。"（注：狐骀是地名。侏儒指身材矮小的人。）

捷捷幡幡　《诗经》："捷捷幡幡，谋欲谮言。"

【译文】《诗经》记载："信口雌黄地反复编造谎言，一心要用谗言陷害别人。"

胸中冰炭　语云：不作风波于世上，自无冰炭到胸中。

【译文】俗语说：不在世间追求无尽的欲望，心中自然就不会有像冰一样寒冷的感受，也不会有像炭一样炽热的心情。

唇亡齿寒　《左传》：晋侯复假道于虞以伐虢。宫子奇谏曰："虢，虞之表也。谚所谓'辅车相依，唇亡齿寒'者，其虞、虢之谓也。"

【译文】《左传》记载：晋侯再次向虞国借道讨伐虢国。宫子奇劝谏说："虢国是虞国的屏障。谚语所说的颊骨与牙床互相依靠，嘴唇没了，牙齿就会感到寒冷，说的正是虞国与虢国之间的关系啊。"

足上首下　《庄子》：失性[①]于俗，谓之倒置之民，犹足上首下，倒置尊卑也。

【译文】《庄子》记载：在俗世中丧失了自己的本性，称为"倒置之

---

① 底本为"失信"，应为笔误。据《庄子·缮性》："丧己于物，失性于俗者，谓之倒置之民。"

民”，就像足上而头下，颠倒尊卑。

扬眉吐气 李白《与韩朝宗书》：今天下以君侯为文章之司命，人物之权衡，一经品题，便作佳士。何惜阶前盈尺之地，不使白扬眉吐气、激昂青云耶！

【译文】李白《与韩朝宗书》写道：现在天下人都把您当作评判文章的司命，评价人物的权威人士，一经您的品评，马上就会成为名人。您何必吝惜台阶前的一尺之地，不让我李白扬眉吐气、青云直上呢！

推心置腹 《东观汉记》[①]：萧王推赤心，置人腹中。

【译文】《东观汉记》记载：萧王刘秀推出自己的赤心，放到别人的腹中。

方寸已乱 《三国志》：徐庶母为曹操所获，庶辞先主曰：“本欲与将军共图王霸之业，今失老母，方寸乱矣，请从此辞。”

【译文】《三国志》记载：徐庶的母亲被曹操俘获，徐庶辞别刘备说：“我原本想和将军一起创立雄霸天下的大业，无奈现在失去了老母亲，心中已乱，请您允许我从这里离开吧。”

黑甜息偃 东坡诗：“三杯软饱后，一枕黑甜余。”《诗经》：“或息偃在床。”

【译文】苏轼在诗中写道：“三杯软饱后，一枕黑甜余。”《诗经》中有“或息偃在床”的句子。

肉眼 《摭言》：郑光业赴试，夜有人突入邸舍，郑止之宿。其人又烦郑取水煎茶，郑欣然从之。后郑状元及第，其人启谢曰：“既取杓水，又煎碗茶，当时不识贵人，凡夫肉眼；今日俄为后进，穷相骨头。”

【译文】《唐摭言》记载：郑光业去京城参加科举考试时，夜里突然有个人来到他的屋子，郑光业就把他留下住宿。那人又麻烦郑光业为他取水烹茶，他也欣然听从。后来郑光业状元及第，那人送信谢罪说：“我又让您取水，又让您烹茶，当时没有看出来您是贵人，真是有眼不识泰山。现在又成为您的后

---

① 底本为“《史记》”，应为笔误。据《后汉书·光武帝本纪》：“萧王推赤心置人腹中，安得不投死乎！”

辈，实在是个骨相贫穷之人。”

青睛　《南史》：徐陵目有青睛，人以为聪慧之相。

【译文】《南史》记载：徐陵眼中有乌黑清亮的眼珠，人们都认为那是聪慧的面相。

丹心　又心曰丹府，心神曰丹元。

【译文】心也叫作丹府，心神叫作丹元。

腆颜　《文选》：“明目腆颜，曾无愧畏？”

【译文】《文选》记载：“明目张胆的厚颜无耻，难道就不会感到羞愧和害怕吗？”

可口　《庄子》：楂梨橘柚，皆可于口。

【译文】《庄子》中说：山楂、梨子、橘子和柚子，都是可口的东西。

置之度外　《后汉书》：光武帝曰：“当置此两子于度外。”谓隗嚣、公孙述也。

【译文】据《后汉书》记载，光武帝说：“应该不把这两个人放在心上。”这句话说的是隗嚣、公孙述。

秦人视越　韩文：秦人之视越人，忽焉不加喜戚于其心。

【译文】韩愈在文章中写道：就像秦国人看越国人，心中丝毫不会有或悲或喜的情绪。

行尸走肉　《拾遗记》：任末曰：“好学者虽死犹存，不学者虽存，行尸走肉耳！”

【译文】据《拾遗记》记载，任末说：“好学的人即使死了仍然活着，不学习的人就算活着，也不过是行尸走肉罢了！”

颜甲　《开元天宝遗事》：进士杨光远[1]，干索权豪无厌，或遭挞辱，略无改色。时人云：“光远颜厚如十重铁甲。”

【译文】据《开元天宝遗事》记载：进士杨光远经常向权贵和豪门求取财

---

① 底本为“王光远”，应为笔误。

物，贪得无厌，有时候遭到鞭打羞辱，也丝毫没有悔改的意思。当时的人都说："光远的脸皮就像十层铁甲那么厚。"

高髻 后汉马廖疏云："吴王好剑客，百姓多疮瘢；楚王好细腰，宫中多饿死。""城中好高髻，四方高一尺；城中好广眉，四方且半额；城中好大袖，四方全匹帛。"

【译文】东汉马廖在奏疏中写道："吴王喜欢剑客，所以百姓身上大多都有创伤；楚王喜欢细腰，宫中的很多人都饿死了。""京城中的人如果喜欢高发髻，那么其他地方的人就会把发髻梳高一尺；京城中的人如果喜欢画长眉，其他地方的人就会把眉毛画得长达半个额头；京城中的人喜欢宽大的袖子，其他地方的人就会用一匹布来做衣服。"

面谩 樊哙："愿得十万众，横行匈奴中。"季布曰："哙妄言，是面谩！"

【译文】樊哙说："请求率领十万大军，横扫匈奴。"季布说："樊哙胡说八道，这是当面欺骗君主！"

掉舌 汉郦生说齐王与汉平。蒯彻言于韩信曰："郦生一士，伏轼掉三寸舌，下齐七十余城。"

【译文】汉朝郦食其游说齐王与汉王议和。蒯彻给韩信进言说："郦食其不过是个书生，却依靠在车前的横木上，鼓动三寸之舌，拿下齐国七十多座城池。"

妇女

妲己赐周公 五官将既纳袁熙妻，孔文举《与曹操书》曰："武王伐纣，以妲己赐周公。"曹以文举博学，信以为然。后问文举，答曰："以今度之，想当然耳。"

【译文】五官中郎将曹丕纳袁熙的妻子后，孔融在《与曹操书》中写道："武王伐纣时，把妲己赐给了周公。"曹操认为孔融博学，就信以为真。后来他问孔融，孔融回答道："以现在的情况推测，向来应该是这样吧。"

效颦　西子心痛则捧心而颦，其貌愈媚。丑女羡而效之，曰"效颦"。山谷诗："今代捧心学，取笑如东施。"

【译文】西施在心痛的时候就用手捂着胸口皱起眉头，样貌便愈发妩媚了。有个丑女非常羡慕所以也模仿她，被人称为"效颦"。黄庭坚在诗中写道："今代捧心学，取笑如东施。"

新剥鸡头肉　杨贵妃浴罢，对镜匀面，裙腰褪露一乳，明皇扪弄曰："软温新剥鸡头肉。"安禄山在旁曰："润滑犹如塞上酥。"

【译文】杨贵妃沐浴完毕，对着镜子化妆，裙子上端的束腰掉落露出一个乳房，唐明皇抚弄着说："绵软温润就像新剥的鸡头肉。"安禄山在旁边说："润滑得就像塞外的酥油一样。"

长舌　《诗经》："妇有长舌，维厉之阶。"

【译文】《诗经》记载："妇人喜欢多嘴多舌，这是招惹是非的祸根。"

守符　楚昭王夫人，齐女也。昭王出游，留夫人于渐台。江水大至，遣使迎夫人，忘持符。夫人曰："王与约，召必以符。今使者不持符，不敢行。"使者还取符，台崩，夫人溺死。

【译文】楚昭王的夫人是齐国女子。昭王出游时，把夫人留在渐台。后来江里发大水，昭王派使者前去迎接夫人，却忘了带信符。夫人说："我和大王有约定，如果要召我前去必然会拿着信符。现在使者没有拿信符，我不敢跟你前去。"使者返回取符的时候，渐台崩塌，夫人也溺死了。

女博士　甄后年九岁时，喜攻书，每用诸兄笔砚。兄曰："欲作女博士耶？"后曰："古者贤女未有不览经籍，不然，成败安知之？"

【译文】甄皇后九岁时，喜欢读书，每次都用众位兄长的笔和砚。他的兄长说："你想要做女博士吗？"甄皇后说："古代贤惠的女子没有不博览经书的；如果不这样做，怎么能够知道成败呢？"

灵蛇髻　甄后入魏宫，宫廷有绿蛇，口中恒有赤珠，若梧子大，不伤人；人欲害之，则不见。每日后梳妆，则盘结一髻形，后效而为髻，巧夺天工。故后髻每日不同，号为"灵蛇髻"。宫人拟之，十不得其一二。

【译文】甄皇后进入魏国的皇宫后，宫中有一条绿蛇，口中一直有颗红色的珠子，像梧桐的种子一样大，不会伤人；如果有人想害它，蛇就会消失不见。甄皇后每天梳妆时，这条蛇都盘成一种发髻的样式，甄皇后也模仿它的样子把头发盘成髻，样子巧夺天工。所以甄皇后的发型每天都不一样，称为“灵蛇髻”。宫女也模仿这种发型，但十个人中也没有一两个像的。

女怀清台　《货殖传》：巴蜀寡妇清，其先得丹穴，而擅其利数世，家亦不訾。用财自卫，不见侵侮。始皇为筑女怀清台。

【译文】《史记·货殖传》记载：巴蜀有个叫清的寡妇，她的祖先得到一处产朱砂的矿穴，家族的几代人都从中获利，十分富有。她用财富自卫，没有被侵略和侮辱。秦始皇为她建造了“女怀清台”。

国色　《公羊传》[①]：骊姬[②]者，国色也。《天宝遗事》：都下名妓楚莲香，国色无双，每出则蜂蝶相随，慕其香也。

【译文】《公羊传》记载：骊姬是美貌冠绝一国的女子。《天宝遗事》记载：京城的名妓楚莲香，美貌冠绝一国，每次出行都有蜜蜂和蝴蝶跟随，那是爱慕她身上的香气。

长女子　明德马皇后、和熙邓皇后俱七尺三寸，刘曜刘皇后七尺八寸，俱以美称。

【译文】明德马皇后、和熙邓皇后全都身高七尺三寸，刘曜的刘皇后身高七尺八寸，她们都以美貌而著称。

妇人有须　李光弼之母李氏，封韩国太夫人，有须数十茎，长五寸，为妇人奇贵之相。

【译文】李光弼的母亲李氏被封为韩国太夫人，有几十根胡须，长五寸，这是妇人极贵的面相。

夜辨绝弦　蔡琰六岁，夜听父邕弹琴，弦绝。琰曰：“第二弦断也。”复故断一弦，琰曰：“第四弦也。”邕曰：“偶中耳。”琰曰：“季札观风，知四国兴衰；师旷吹律，知南风不竞。由是言之，安得不知乎？”

---

① 底本为“《战国策》”，应为笔误。

② 底本为“郦姬”，应为笔误。

【译文】蔡琰（文姬）六岁时，晚上听到父亲蔡邕弹琴，一根弦突然断了。蔡琰说："第二根琴弦断了。"过了一会儿，又断了一根弦，蔡琰说："第四根琴弦断了。"蔡邕说："你不过是偶然猜中罢了。"蔡琰说："季札通过观赏国风，能够知道四国的兴衰；师旷通过吹奏律管，知道南方的音乐微弱，楚国必败。由此来看，我为什么就不能知道断的是哪根弦呢？"

尤物　《左传》：叔向欲娶申公巫臣女，其母曰："汝何以为哉？夫有尤物，足以移人。苟非礼义，则必祸及。"

【译文】《左传》记载：叔向想要娶申公巫臣的女儿，他的母亲说："你为什么要这样做呢？那些绝色美人，足以改变一个人的性情。如果不是出于礼义，就必然会招致祸患。"

钩弋宫　钩弋夫人，齐人，右手拳。望气者云："东方有贵人气。"及至，见夫人姿色甚伟，帝批其手，得一钩，手遂不拳。故名其宫曰钩弋宫。

【译文】钩弋夫人是齐国人，右手总是拳着。有个望气的人说："东方有贵人气。"武帝到达之后，见到钩弋夫人的姿色十分美丽，武帝打开她的手，得到一个钩子，此后她的手便不再拳着了。所以把钩弋夫人居住的宫殿命名为钩弋宫。

花见羞　五代刘鄩侍儿王氏，有绝色，人号花见羞。

【译文】五代刘鄩的侍女王氏，容颜绝美，人称"花见羞"。

疗饥　隋炀帝每视绛仙，顾内使曰："古人谓秀色可餐。若绛仙者，可以疗饥矣。"

【译文】隋炀帝每次看到女官吴绛仙时，都会回头对内监说："古人说秀色可餐。像绛仙这样的美人，的确可以充饥啊。"

倾城倾国　李延年歌曰："北方有佳人，绝世而独立。一顾倾人城，再顾倾人国。非不知倾城与倾国，佳人难再得！"

【译文】李延年作歌说："北方有佳人，姿容绝世无双。回头看一眼兵卒就会倾覆一座城池，再回头看一眼君王就会倾覆一个国家。不管是倾国还是倾城，这样的佳人也难以再次得到！"

远山眉　赵飞燕为妹合德养发，号新兴髻；为薄眉，号远山黛；施小朱，号慵来妆。又《玉京记》："卓文君眉色不加黛，如远山。人效之，号远山眉。"

【译文】赵飞燕为妹妹赵合德养护头发，称为新兴髻；为她画薄眉，称为远山黛；点小朱砂，称为慵来妆。另外，《玉京记》记载："卓文君的眉毛不用青黑色的颜料画，看上去像远山一样。人们都效仿她，称为远山眉。"

鸦髻 巴陵鸦不畏人，除夕，妇人各取一只，以米粱喂之。明旦，各以五色缕系于鸦顶，放之，视其方向，卜一年休咎。其占云："鸦子东，兴女红；鸦子西，喜事齐；鸦子南，利桑蚕；鸦子北，织作息。"甚验。又元旦梳头，先以栉理其羽毛，祝曰："愿我妇女，黰发髟髟。惟百斯年，似其羽毛。"楚人谓女髻为鸦髻。

【译文】巴陵的乌鸦不怕人，到了除夕那一天，妇人就会各取一只，用精米喂养。到第二天早上，她们就各自把五色线绑在乌鸦的头顶把它们放飞，根据它们飞走的方向，占卜一年的吉凶。占辞是这样说的："乌鸦飞向东，做女工；乌鸦飞向西，就会有喜事；乌鸦飞向南，利于桑蚕；乌鸦飞向北，耕作和织布都会停下。"十分灵验。另外，妇人在元旦梳头时，先用梳子整理乌鸦的羽毛，并且祈祷说："愿我们这些妇女，美发飘飘。百年之内，头发都能像乌鸦的羽毛一样黑。"楚地人把妇女的发髻称为鸦髻。

淡妆 《杨妃传》：虢国夫人不施妆粉，自有容貌，常淡妆以朝天子。杜甫诗："虢国夫人承主恩，平明上马入宫门。却嫌脂粉污颜色，淡扫蛾眉朝至尊。"

【译文】《杨妃传》记载：虢国夫人就算不化妆，也十分漂亮，她经常化淡妆朝见天子。杜甫在诗中写道："虢国夫人承主恩，平明上马入宫门。却嫌脂粉污颜色，淡扫蛾眉朝至尊。"

嫫母 黄帝妃嫫母，貌仳倠（音灰，丑面也）而贤，帝甚爱之。《文忠集》："反蒙华衮褒，如誉嫫母艳。"①

【译文】黄帝的妃子嫫母，相貌丑陋，却十分贤惠，黄帝很喜欢她。《文忠集》记载："黄帝反而让她穿上礼服加以褒奖，就像在赞誉她的美丽一样。"

① 底本为《文选》："及蒙华衮褒，如誉嫫母贤也。"

无盐　《列女传》：无盐者，齐之丑女，自诣宣王，陈时政，王拜为后。

【译文】《列女传》记载：无盐是齐国的丑女，自己前去拜访齐宣王，陈述时政，被宣王拜为王后。

书仙　《丽情集》：长安中有妓女曹文姬，尤工翰墨，为关中第一，时号书仙。

【译文】《丽情集》记载：长安城有个叫曹文姬的妓女，十分擅长书法，是关中第一，被当时的人称为“书仙”。

钱树子　《乐府杂录》①：许子和，吉州永新人，以倡家女入宫，因名永新，能变新妆。临卒，谓其母曰：“阿母，钱树子倒矣！”

【译文】《乐府杂录》记载：许子和是吉州永新人，以歌女的身份进入皇宫，改名永新，会化新的妆容。临死前，她对母亲说：“阿母，您的摇钱树倒了！”

章台柳　唐韩翃与妓柳姬交稔，明，淄青节度使侯希逸奏以为从事。历三载离别，乃寄诗云：“章台柳，章台柳，往日青青今在否？纵使长条似旧垂，也应攀折他人手。”柳答云：“杨柳枝，芳菲节，可恨年年赠离别。一夜西风忽报秋，纵使君来不堪折！”

【译文】唐朝韩翃与歌妓柳姬交好，第二年，淄青节度使侯希逸上奏推荐韩翃为从事。两人经历了三年的离别，韩翃给柳姬寄诗说：“章台柳，章台柳，往日青青今在否？纵使长条似旧垂，也应攀折他人手。”柳姬答诗说：“杨柳枝，芳菲节，可恨年年赠离别。一夜西风忽报秋，纵使君来不堪折！”

桐叶题诗　蜀侯继图倚大慈寺楼，见风飘一大桐叶，上有诗：“拭翠敛蛾眉，为忆心中事。搦管下庭除，书作相思字。天下有心人，尽解相思死。天下负心人，不识相思意。有心与负心，不知落何地。”后二年，继图卜任氏为婚，乃题叶者。

【译文】五代时期前蜀的侯继图，依靠着大慈寺楼，看到一大片桐树叶子被风吹着飘来，上面还写着一首诗：“拭翠敛蛾眉，为忆心中事。搦管下庭除，书作相思字。天下有心人，尽解相思死。天下负心人，不识相思意。有

① 底本为“《明皇杂录》”，应为笔误。

心与负心，不知落何地。”两年后，侯继图娶任氏为妻，正是在桐叶上题诗的人。

白团扇 晋中书令王珉与嫂婢情好甚笃，嫂鞭挞过苦。婢素善歌，而珉好持白团扇，其婢制《团扇歌》云：“团扇复团扇，许持自障面。憔悴无复理，羞与郎相见。”

【译文】晋朝中书令王珉与嫂子的婢女感情非常好，嫂子因此狠狠地鞭打了她。这位婢女向来擅于唱歌，而王珉喜欢拿着一把白团扇，婢女便自己作了一首《团扇歌》：“团扇复团扇，许持自障面。憔悴无复理，羞与郎相见。”

金莲步 齐东昏侯凿金为莲花以贴地，令潘妃行其上，曰：“此步步生金莲也。”

【译文】南齐东昏侯把金子凿成莲花的样子贴在地上，让潘妃在上面行走，并且说：“这是步步生金莲啊。”

邮亭一宿 陶毂学士出使江南，韩熙载命妓秦弱兰[①]诈为邮卒女，拥帚扫地，陶因与之狎，赠词名《风光好》云：“好因缘，恶因缘。只得邮亭一夜眠，别神仙。琵琶拨尽相思调，知音少。待得鸾胶续断弦，是何年？”

【译文】陶毂学士出使江南时，韩熙载让歌姬秦弱兰假扮驿站小卒的女儿，拿着扫帚扫地，陶毂便跟她行巫山云雨，还送给她一首词作《风光好》：“好因缘，恶因缘。只得邮亭一夜眠，别神仙。琵琶拨尽相思调，知音少。待得鸾胶续断弦，是何年？”

司空见惯 唐杜鸿渐为司空，镇洛时，韦应物为苏州刺史，过洛，杜设宴待之，出二妓歌舞，酒酣，命妓索诗于韦。韦醉甚，就寝。中夜见二妓侍侧，惊问故，对以席上作诗，司空命侍寝。令诵其诗，曰：“高髻云鬟宫样妆，春风一曲《杜韦娘》。司空见惯浑闲事，恼乱苏州刺史肠。”

【译文】唐朝杜鸿渐任司空，管辖洛阳时，韦应物任苏州刺史，经过洛阳，杜鸿渐设宴款待他，席间出来两名歌姬表演歌舞，酒酣耳热之际，杜鸿渐便命令歌姬向韦应物索要诗句。韦应物醉得厉害，就睡觉去了。半夜看到两名歌姬陪侍在一边，惊讶地问她们缘故，两名妓女说了酒席上作诗的事，杜鸿渐

① 底本为“秦若兰”，应为笔误。

让她们侍寝。韦应物让两人读一下那首诗，歌姬吟诵道："高髻云鬟宫样妆，春风一曲《杜韦娘》。司空见惯浑闲事，恼乱苏州刺史肠。"

媚猪　南汉主刘𬬮得波斯女，黑腯而妖艳，𬬮嬖之，赐号媚猪。

【译文】南汉皇帝刘𬬮得到一个波斯女子，皮肤很黑，而且很妖艳，刘𬬮十分宠爱她，赐给她"媚猪"的称号。

燕脂虎　陆慎言妻朱氏，沉惨狡妒。陆宰尉氏，政不在己，吏民谓之燕脂虎。

【译文】陆慎言的妻子朱氏，阴沉刻毒，狡诈善妒。陆慎言在尉氏县任知县时，政令都不能自己做主，属吏和百姓都叫朱氏"燕脂虎"。

燕脂　纣以红蓝花汁凝作脂，以为桃花妆。盖燕国所出，故名燕脂。今写"燕"字加"月"，已非；甚有"因"旁亦加"月"者，更大谬矣。《日札》云：美人妆，面既傅粉，复以燕脂调匀掌中，施之两颊，浓者为酒晕妆，浅者为桃花妆；薄施朱以粉罩之，为飞霞妆。唐僖、昭时，都下竞事妆唇，妇女以分妍否，其有名石榴娇、大红春、小红春十七种。

【译文】商纣王用红蓝花汁凝结制作胭脂，来化桃花妆。因为是燕国出产的，所以称为燕脂。现在写"燕"字时要加上"月"字旁，已经是错的了；甚至还有"因"字也加"月"字旁的，更是大错特错。《留青日札》记载：美人妆，脸上傅完粉后，再把燕脂在手中调匀，抹在两颊，比较浓的叫"酒晕妆"，比较浅的叫"桃花妆"；先薄薄地抹一层朱砂再用粉覆盖，叫作"飞霞妆"。唐僖宗、唐昭宗时期，京城的女子都竞相化唇妆，妇人用唇妆来区分是否美丽，唇妆的名字有石榴娇、大红春、小红春等十七种。

偷香　晋韩寿美姿容，贾充辟为掾史，充女窥寿悦之，遂与通。是时，外国贡异香，袭人衣经月不散，帝以赐充。充女偷以赠寿，充觉，以女妻之。

【译文】晋朝韩寿容貌俊美，贾充召他担任掾史，贾充的女儿偷看韩寿觉得十分喜欢他，便与他通奸。这个时候，外国有人进贡了一种奇异的香料，熏染衣服之后香味一个月都不会散去，皇帝把香料赐给贾充，贾充的女儿又偷偷送给了韩寿，被贾充察觉后，就把女儿嫁给韩寿做了妻子。

宿瘤女　《列女传》：初齐王出游，百姓尽往观，宿瘤女采桑如故。王怪问之，对曰："妾受父母命教采桑，不受观大王。"王以为贤，欲载之后车，女曰："父母在堂，不受命而往，是奔也。"王奉礼往聘之。父母惊，欲洗沐加衣裳，女曰："变容更服，王不识也。"遂如故至宫，王以为后。

【译文】《列女传》记载：当初齐王出去游玩时，百姓都跑去观看，只有脖子上长了一个大肉瘤的女子依然像原来一样采桑。齐王觉得很奇怪，就问她原因，她回答："我接受父母的命令前来采桑，没有受命来看大王。"齐王认为她很贤惠，想要把她载到侍从的小车上，她说："我父母尚在，不能接受大王的命令前往，这是私奔。"齐王便按照礼仪去她家下聘。宿瘤女的父母十分惊讶，想要为她沐浴更衣，宿瘤女说："改变容貌，更换衣服后，大王就不认识我了。"于是跟着齐王去了王宫，被封为王后。

飞天纷 唐末宫中髻号闹扫妆，形如焱风散，盖盘鸦、堕马之类。宋文元嘉中，民间妇人结发者，三分抽其鬓，向上直梳，谓飞天纷。

【译文】唐朝末年，宫中流行叫作"闹扫妆"的发型，样子就像被热风吹乱了一样，就是盘鸦髻、堕马髻之类的发型。宋文帝元嘉年间，民间的妇女在绑头发时，会把头发的三分之一从发髻中抽出，向上梳直，称为"飞天纷"。

流苏髻 轻云鬓发甚长，每梳头，立于榻上犹拂地，已绾髻，左右余发各粗一指，束结作同心带，垂于两肩，以珠翠饰之，谓之流苏髻。富家女子多以青丝效其制。

【译文】轻云的鬓发很长，每次梳头时，就算站在床榻上鬓发也会垂到地上，把头发盘好之后，左右两边还会剩下一指粗的头发，轻云就把它们绑成同心带的样子，垂在两边肩膀上，再用珍珠和翡翠装饰，称为流苏髻。富人家的女子很多都用青色的丝带来模仿她的发型。

断臂 五代王凝妻李氏。凝家青、齐之间，为虢州司户参军，以疾卒于官。凝素贫，一子尚幼。李氏携其子负骸以归。过开封，旅舍主人不与其宿。适天暮，李氏不肯去，主人牵其臂而出之。李氏恸曰："我为妇人，不能守节，此手为人所执耶！不可以此手并辱吾身。"遂引斧断其臂。开封尹闻之，厚恤李氏，而笞其主人。

【译文】五代王凝的妻子是李氏。王凝家住青州、齐州之间，任虢州司户参军，因为患病而死于任上。王凝家里向来贫穷，还有一个年幼的儿子。李氏带着儿子，背负丈夫的尸骸回家，路过开封时，旅馆的主人不让他住宿。当时天色已晚，李氏不肯离开，主人便拉着她的手臂把她赶了出去，李氏大哭说：“我身为妇人，却不能坚守节操，竟然让这只手被人拉！不能让这只手玷污了我的身体。”于是拿起斧子砍断手臂。开封府尹听说这件事后，给了李氏优厚的抚恤，并且鞭笞了旅馆主人。

截耳断鼻　夏侯令女，谯人曹爽从弟文叔妻。文叔早死，恐家必改嫁，乃断发为信。后家果欲嫁之，令女复以刀截两耳。及爽被诛，夫家夷灭已尽，父使人讽之，令女复断鼻，而不改其执义之志。

【译文】夏侯令的女儿，是谯郡人曹爽堂弟曹文叔的妻子。曹文叔早死，他的妻子认为家里必然会逼迫自己改嫁，于是剪掉头发明志。后来家人果然想让她嫁人，夏侯令的女儿又用刀砍下两只耳朵。等到曹爽被诛杀后，她丈夫全家被杀，父亲又派人来劝她改嫁，夏侯令的女儿再次割断鼻子，没有改变自己坚持大义的志向。

割鼻毁容　高行，梁之节妇，荣于色，美于行。夫早死，不嫁。梁王使相聘焉，再三往。高行曰：“妇人之义，一醮不改。忘死而贪生，弃义而从利，何以为人？”乃援镜持刀割其鼻，曰：“王之求妾者，求以色耶。刑余之人，殆可释矣。”相以报王，旌之曰高行。

【译文】高行是梁国坚守节操的妇女，相貌美丽，行为端方。丈夫早死后，她就没有再嫁。梁王派宰相下聘礼，再三前去。高行说：“妇人的大义，在于从一而终。如果贪生怕死，见利忘义，怎么做人呢？”说完便对着镜子用刀割下自己的鼻子说：“大王之所以想娶我，不过是为了我的美貌罢了。我现在是毁容之人，大王可以放过我了吧。”宰相回去后把这件事报告给了梁王，梁王表扬她，给她取名为“高行”。

守义陷火　伯姬，宋共公夫人，鲁宣公之女。共公卒，伯姬寡居。夜失火，左右曰：“夫人可避乎？”伯姬曰：“妇人之义，保傅在前，夜始下堂。”顷之，左右又曰：“夫人少避乎？”伯姬曰：“越义而生，不若守义而死！”遂陷于火。

【译文】伯姬是宋共公的夫人，鲁宣公的女儿。宋共公去世后，伯姬守寡独居。一天夜里失火，左右的人对她说：“夫人可以出去躲避吗？”伯姬说：

“妇人的原则，只有傅母在前面时，晚上才能走出房间。”过了一会儿，左右的人又说：“夫人出去稍微躲避一下吧？”伯姬说：“违反大义活着，不如为守护大义而死！”于是死于大火。

请备父役 女娟。赵简子伐楚，与津吏期，吏醉，不能渡，简子欲杀之。女娟请以身代，曰：“妾父尚醉，恐心知非而体不知痛也。”简子释其父。将渡，少楫者一人，娟请备父役，简子不许，娟曰：“汤伐夏，左骖牝骊，右骖牝黄而放桀；武王伐殷，左骖牝骐，右骖牝骝而克纣。主君渡，用一妇何伤？”因发《河激之歌》，以明其意。简子悦，曰：“昔者不穀梦娶，岂此女耶？”将使人祝祓，以为夫人。娟曰：“妇人之道，非媒不嫁。妾有严亲在，不敢闻命。”乃纳币于其亲，而娶为夫人。

【译文】赵国有个女子叫女娟。赵简子讨伐楚国时，与管渡口的小吏约好了日期，后来因为小吏喝醉，无法渡河，赵简子想要杀了他。女娟请求以自己代替，她说：“我的父亲还在醉酒，恐怕心里知道自己不对，身体却感觉不到疼痛。”赵简子便释放了她的父亲。准备渡河时，少一个划船的人，女娟请求替父亲服役，赵简子没有答应她，女娟说：“商汤讨伐夏桀时，左侧驾着黑色母马，右侧驾着黄色母马，还是把夏桀流放了；周武王讨伐商纣时，左侧驾着青黑母马，右侧驾着黑鬣黑尾的母马，最后还是打败了纣王。现在您要渡河，用一个妇人又何妨呢？”说完还唱了一首《河激之歌》，以表达自己的意思。赵简子高兴地说：“我昔日曾经梦到娶妻，难道就是这个女子吗？”于是就想派人求神灵降福，娶女娟为妻。女娟说：“女子的为人之道，没有媒人就不能嫁人。如今我父亲尚在，不敢听从您的命令。”赵简子便派人向女娟的父亲送聘礼，娶她为夫人。

以身当熊 冯昭仪，冯奉世女，汉元帝选入宫。上幸虎圈，熊逸出，左右皆惊走。惟婕妤当熊而立，熊见杀。上问冯曰：“人皆惊惧，汝何当熊？”对曰：“妾闻猛兽得人而止，恐至御座，故以身当之。”上嗟叹良久，立为昭仪。

【译文】冯昭仪是冯奉世的女儿，被汉元帝选入宫中。元帝驾临虎圈，有一只熊逃了出来，左右的人全都惊吓逃走。只有冯婕妤挡在熊的面前，后来熊被杀死了。元帝问她：“人人都惊恐害怕，你为什么敢挡熊呢？”冯婕妤回答：“我听说猛兽抓到人后就不会再伤害别人，害怕它伤害您，所以用我的身体来挡住它。”元帝感叹了很久，于是立她为昭仪。

速尽为幸　皇甫规妻善属文，工草篆。规卒，董卓厚聘之，骂曰：“君羌胡之种，毒害天下犹未足耶！皇甫氏为汉忠臣，君其走吏，敢非礼于上！”卓怒，悬其头庭中，鞭朴交下。规妻谓持杖者曰：“速尽为幸。”

【译文】皇甫规的妻子擅于写文章，精于草书、篆书。皇甫规去世后，董卓下了很厚的聘礼想要娶她，她骂道：“你这个羌胡的杂种，毒害天下还不满足！皇甫氏乃汉朝忠良，你不过是个门下的小吏，竟敢对上非礼！”董卓大怒，把她吊在院子里，用鞭子和棍子打她。皇甫规的妻子对行刑的人说：“只求速死。”

义保　鲁孝公之保母。初，鲁武公生三子，长括，次戏，少称。武公朝周宣王，带子括、戏同往。宣王见戏端重，命武公立为世子。及武公薨，国人立戏，是为懿公。括子伯御弑懿公而自立，并欲求公子称而杀之。义保闻，即以己子卧公子床上，将公子易服而藏他所。伯御遂杀床上公子。义保抱所易服者，奔公子之母家。众大夫感其义，合词请于周天子，命戮伯御以立称，是为孝公。诸侯咸高保母之行，而呼为义保。

【译文】义保是鲁孝公的保姆。当初，鲁武公生下了三个儿子，长子叫姬括，次子叫姬戏，少子叫姬称。鲁武公朝参周宣王时，带着儿子姬括和姬戏一同前往。周宣王见姬戏老成持重，于是命令鲁武公立他为世子。鲁武公去世后，国人立姬戏为君，他就是鲁懿公。后来，姬括的儿子伯御杀害懿公自立，并且还要寻找并杀死公子称。那位保姆听说之后，便让自己的儿子躺在公子的床上，将公子的衣服换掉藏在其他地方。伯御便杀害了床上的假公子。保姆抱着换了衣服的公子，逃到公子母亲的娘家。众大夫被她的大义感动，联名上书给周天子，请求杀死伯御并立姬称为王，这就是鲁孝公。诸侯都很敬重这位保姆的义举，称呼她为“义保”。

作歌明志　陶婴，鲁国陶门之女也，夫早死，以纺织抚孤。鲁人闻其少美，皆欲求聘之。婴闻而作歌以明志，曰：“黄鹄之早寡兮七年不双，鹓颈独宿兮不随众翔。半夜悲鸣兮故雄系肠，天命早寡兮独宿何伤！寡妇念此兮泣下数行。呜呼哀哉兮死者不可忘！飞鸟尚然兮况于贞良，虽有贤匹兮终不重行。”鲁人闻而起敬，无复敢言往聘者。

【译文】陶婴是鲁国陶家的女儿，丈夫早死，她靠纺织来抚养孩子。鲁国人听说她年轻貌美，都想要下聘礼娶她。陶婴听说后作了一首歌用来明志，歌里写道："可怜那黄天鹅很早就失去了伴侣，七年都不能成双成对，鹓鸟屈项独宿不肯与众鸟一起飞翔，只有在半夜能听到她悲鸣的声音，那是思念自己的伴侣，天意让她早寡，孤身一人又有什么好悲伤的！我想到这里眼泪流下数行。呜呼哀哉，死去的伴侣不能忘！飞鸟尚且这样，何况是贞洁贤良的妇人，即使有再好的伴侣我也不会再次嫁人。"鲁国人听到之后肃然起敬，再也没有人敢说前去下聘的话了。

天子主婚　胡氏者，学士广之女。解缙与广同邑，同科，同入翰林。一日，同侍建文帝侧。帝曰："闻二卿俱得梦熊之兆，朕为主婚，联作姻娅。"广对曰："昨晚缙已举子，臣亦生男，奈何！"帝笑曰："朕意如此，定当产女。"后果是女。建文逊国，解缙为汉邸谮死，妻子谪戍，广遂寒盟。胡氏泣曰："女命虽蹇，实天子主婚，何敢自轻失身？"乃割去左耳以明志。仁宗登极，诏赠缙爵，荫子中书舍人，给假与胡氏合卺；复赐金币添妆，闻者荣之。

【译文】胡氏是学士胡广的女儿。解缙与胡广同乡，还是同科进士，一起在翰林院供职。一天，两人共同陪侍在建文帝旁边。建文帝说："我听说两位爱卿都要有孩子了，不如由朕为你们主婚，让你们结为亲家吧。"胡广回答："昨天晚上解缙已经生了儿子，如果我也生了儿子，这可怎么办！"建文帝笑着说："朕的心意如此，你一定会生下女儿。"后来果然是个女儿。建文帝被迫让位后，解缙被汉王朱高煦诬告而死，他的妻子和儿女也被发配戍边，胡广便想要违背盟约。胡氏哭泣着说："女儿虽然命途多舛，但却被天子亲自主婚，怎么敢自轻而失身呢？"于是割下自己的左耳用来明志。明仁宗登基后，诏令赠还解缙的官爵，并任命他的儿子为中书舍人，还给他假期让他与胡氏完婚；又赐予金币给胡氏作为嫁妆，听说这件事的人都觉得非常荣耀。

卷十四　九流部

道教

道家三宝　《太经》曰：眼者神之牖，鼻者气之户，尾闾者精之路。人多视则神耗，多息则气虚，多欲则精竭。务须闭目以养神，调息以养气，坚闭下元以养精。精气充则气裕，气裕则神完。是谓道家三宝。

【译文】《太经》中说：眼睛是精神的窗户，鼻子是气息的门户，尾闾穴是精气的通道。人看得太多就会耗费精神，呼吸太过急促就会导致气虚，欲望过多精气就会衰竭。必须闭上眼睛来养神，调整呼吸来养气，坚持节制欲望来养精。精气充足气息才能充裕，气息充裕神气才能完整。这就是道家三宝。

三全　《洞灵经》曰：导筋骨则形全，剪情欲则神全，靖言路则福全。保此三全，是谓圣贤。

【译文】《洞灵真经》中说：导引筋骨才能使身体保全，节制情欲才能使精神保全，谨慎说话才能使福气保全。保住这三全，就是圣贤之人。

铅汞　《东坡志林》曰：人生死自坎离，坎离交则生，分则死；离为心，坎为肾。龙者，汞也，精也，血也，出于肾肝，藏之坎之物也。虎者，铅也，气也，力也，出于心肺，藏之离之物也。不学道者，龙常出于水，离飞而汞轻，虎常出于火，虎走而铅枯。故真人曰："龙从火里出，虎向水中生。"人生能正坐瞑目，调息以久，则丹田湿而水上行，蓊然如云蒸于泥丸。火为水妃，妃，配也，热必从之，所谓龙从火里出也。龙出于火，则龙不飞而汞不干，旬日后，脑满而腰足轻，常卷舌舐悬雍上腭也。久则汞下入口，咽送直至丹田，久则化为铅，所谓火向水中生也。

【译文】《东坡志林》说：人的生死都取决于坎和离，坎离相交就会生，分开就会死；离代表心，坎代表肾。龙就是汞，也就是精和血，从肾、肝产生，是藏在坎中的东西。虎就是铅，也就是气和力，从心肺产生，是藏在离中的东西。不学习道术的人，龙经常从水中出去，龙飞走之后汞就会变轻，虎经常从火中出去，虎走了之后铅就会枯竭。所以真人才会说："龙从火里出，虎向水中生。"人活着的时候如果能够闭目打坐，长时间调理呼吸，那么丹田就会湿润，水就会上行，繁茂如云在泥丸宫蒸腾起来。火是水的"妃"，"妃"就是相配的意思，体内的热气必然会跟随它，所谓的龙从火里出来就是这个意思。如果龙出于火，那么龙就不会飞走，汞也就不会干，十几天之后，头就会变重，腰和足都会变轻，之后要经常卷起舌头舔舐悬雍和上腭。时间一久汞就会下到口中，再咽下去直到丹田，久而久之就会化成铅，这就是所谓的"火向水中生"。

三闭　收视，返听，内言。

【译文】三闭指的是：不看、不听、不说话。

八禽　道经有熊经、鸟申、凫浴、猨躩、鸱视、虎顾、鵴息、龟缩，谓之八禽。

【译文】道经中有熊攀树之术、飞鸟伸脚之术、凫雁游泳之术、猿猴攀缘之术、鸱鸟夜视之术、猛虎回头之术、鵴鸟呼吸之术、乌龟伸缩之术，合称"八禽术"。

五气朝元　以眼不视，而魂在肝；以耳不听，而精在肾；以舌不声，而神在心；以鼻不嗅，而魄在肺；以四肢不动，而意在脾：名曰五气朝元。

【译文】不用眼睛看，魂就在肝里；不用耳朵听，精就在肾里；不用舌头说话，神就在心里；不用鼻子闻，魄就在肺里；不用四肢去活动，意就在脾里：合称"五气朝元"。

三华聚顶　以精化气，以气化神，以神化虚，曰三华聚顶。

【译文】把精炼化成气，把气炼化成神，把神炼化成虚，叫作"三华聚顶"。

九易　王母谓汉武曰：子但爱精握固，闭气吞液。一年易气，二年易血，三年易精，四年易脉，五年易髓，六年易皮，七年易骨，八年易发，九年易形。形易则变化，变化则道成，道成则为仙人。

【译文】西王母对汉武帝说：你只需要爱惜和固守精气，多闭气，吞咽津液。这样一年就可以换气，二年就可以换血，三年就可以换精，四年就可以换脉，五年就可以换髓，六年就可以换皮，七年就可以换骨，八年就可以换发，九年就可以换形。换形之后就可以变化，可以变化就算修道有成，道成之后就能够成为仙人。

三关　华阳真人曰：子时肺之精华并在肾中，号曰金晶。晶者，金水未分，肺肾之气，合而为一。当时用法：自尾闾穴下关搬至夹脊中关，自中关搬至玉京上关，节次开关以后，一撞三关，直入泥丸。三关者，海波对大骨节为尾闾下关，腰内两肾对夹脊为中关，一名双关，左右两肩正中，于胸顶下会处高骨节为玉枕上关。此谓之三关。

【译文】华阳真人说：子时肺的精华都在肾里，叫作金晶。晶就是体内金和水还没有分开时，肺和肾中的气合二为一。当时的用法是：从尾闾穴的下关移动至夹脊穴的中关，再从夹脊穴中关移动至玉京穴上关，这些穴位逐一开关之后，一次撞完三关，直接进入泥丸。三关是指：海波对应大骨节的部位是尾闾下关，腰内两肾对应夹脊穴的部位是中关，也叫双关，左右两肩的正中间，在胸部顶端的下会处的高骨节是玉枕上关。这就是所谓的三关。

三尸　刘根遇异人，告之曰："必欲长生，先去三尸。人身中有神，皆欲人生，而三尸只欲人死。人死则神变，而尸成鬼，子息祭享，得歆享之。人梦与恶人争斗，皆尸与神战也。"

【译文】刘根遇到一个异人对他说："想要长生不老，就要先去除体内的三尸。人身体中有很多神，都想让人活着，只有三尸想让人死。人死之后神就会变，三尸也会变成鬼，人死后被后代祭祀，三尸也可以跟着一起享受。人梦到与恶人争斗，这都是三尸和体内的神在战斗。"

鸣天鼓　《道书》："学道之人须鸣天鼓，以召众神。"左相叩为天钟，右相扣为天磬，上下相扣为天鼓。若祛却不祥，则鸣钟，伐鬼灵也；制伏邪恶，则鸣磬，集百神也；念道至真，则鸣鼓，朝真圣也。要闭口缓颊，使声虚而响应深。

【译文】《道书》中记载："学道的人必须鸣天鼓，来召唤众神。"左边的牙齿相互叩击是鸣天钟，右边的牙齿相互叩击是鸣天磬，上下牙齿互相叩击就是鸣天鼓。如果想要去除不祥，就要鸣天钟，这是讨伐鬼灵；要制伏邪恶，就要鸣天磬，这是为了召集百神；修道到达至真的境界，就要鸣天鼓，这是为了朝拜真人圣人。鸣天鼓时要闭住嘴巴舒缓脸颊，使发出的声音空虚而身体的响应更深。

三清 玉清，元始天尊；上清，玉宸道君，即灵宝天尊；太清，混元老君，即道德天尊。

【译文】玉清，就是元始天尊；上清，就是玉宸道君，就是灵宝天尊；太清，就是混元老君，也叫道德天尊。

老君 即老聃李耳，著《道德经》五千言，为道家之宗。以其年老，故号其书曰《老子》。亳州南宫九龙井前，有升仙桧、炼丹井，皆其遗迹。

【译文】老君就是老聃李耳，曾经撰写了五千字的《道德经》，是道家的开山鼻祖。因为他的年龄很大，所以把他写的书称为《老子》。亳州南宫的九龙井前面，有升仙桧、炼丹井，这都是他的遗迹。

羡门 紫阳真人周义山入蒙山中，遇羡门子乘白鹿，佩青髦之节，再拜乞长生诀。羡门曰："子名在丹台，何忧不仙？"

【译文】紫阳真人周义山进入蒙山中，遇到羡门子骑着白鹿，佩戴着青髦节，他连连下拜乞求长生的法诀。羡门子说："你的名字已经写在神仙居住的丹台了，还怕成不了仙吗？"

偓佺 《列仙传》：偓佺，槐里采药人也，食松实，形体生毛四寸，能飞行捷足。

【译文】《列仙传》中记载：偓佺是槐里的一个采药人，以松子为食，身体长了四寸长的毛，能够飞行疾走。

壶公 汉壶公卖药，悬空壶于市肆，夜辄跳入壶中。费长房于楼上见之，知其非常人，乃日进饼饵，公语曰："随我跳入壶中，授子方术。"

【译文】汉朝的壶公卖药时，把空壶悬挂在街市上，每到夜晚就跳进壶中。费长房在楼上看到了，知道他不是普通人，于是每天都给他送去水与饼饵，壶公对他说："你跟着我跳进壶中，我教你仙术。"

广成子 黄帝闻广成子在崆峒山，往问长生之术。广成子曰："必静必清，毋劳尔形，无摇尔精，可以长生。"

【译文】黄帝听说广成子在崆峒山，便前往那里请教长生不老的法术。广成子说："必须保持清静，不要使身体过度劳累，不要动摇体内的精气，这样就可以长生不老了。"

许飞琼 西王母降汉武帝殿，有侍女四人。帝问其名，曰："许飞琼、董双成、婉凌华、段安香。"

【译文】西王母降临汉武帝的宫殿，带着四个侍女。武帝问她们的名字，西王母说："她们叫许飞琼、董双成、婉凌华、段安香。"

安期生 卖药海边，秦始皇东游，请与言，三日三夜，赐金璧数千万，出置阜乡亭而去，留玉舄为报，遗书与始皇曰："后数十年求我于蓬莱山下。"生以醉墨洒石上，皆成桃花。

【译文】安期生在海边卖药，秦始皇东巡时，请他前来说话，一直说了三天三夜，最后赏赐他几千万金璧，安期生出来后把这些财物全部放在阜乡亭便离开了，留下一个玉鞋作为回报，并且留了一封信给秦始皇说："再过几十年到蓬莱山下找我。"安期生喝醉后把墨洒在石头上，墨汁全都变成了桃花。

隔两尘 韦子威师事丁约，一日辞去，谓子威曰："郎君得道尚隔两尘。"儒家曰世，释家曰劫，道家曰尘，言子威尚有两世尘缘也。

【译文】韦子威拜丁约为师，有一天他想要告辞离开，丁约对韦子威说："你想要得道成仙还差两尘。"儒家叫作"世"，佛家叫作"劫"，道家叫作"尘"，这句话的意思是韦子威还有两世的尘缘。

地行仙 张安道生日，东坡以拄杖为寿，有诗云："先生真是地行仙，住世因循五百年。"

【译文】张安道生日那天，苏轼用一根拐杖作为寿礼，还写了一首诗说："先生真是地行仙，住世因循五百年。"

仙台郎 《续仙传》：晋侯道华晨起，飞上松顶，谢众曰："玉皇召我为仙台郎，今去矣。”

【译文】《续仙传》中记载：晋朝侯道华早晨起来，飞到松树顶上，辞别众人说：“玉皇大帝召我做仙台郎，现在我就要走了。”

仙人好楼居 《郊祀志》：汉武帝以道士公孙卿言仙人好楼居，于是作首山宫，建章安宫、光明宫，千门万户，皆极侈靡，欲神仙来居其上也。

【译文】《郊祀志》中记载：汉武帝因为道士公孙卿说仙人喜欢住在高楼上，于是建造了首山宫，还建造了章安宫、光明宫，这些宫殿有千门万户，都极其奢华，就是想要神仙来上面居住的。

画水成路 吴猛好道术，携弟子回豫章，江水大急，人不得渡。猛以手中扇画江水，横流遂成陆路，徐行而过。少顷，水复如初。

【译文】吴猛喜欢道术，他带着弟子回豫章时，碰到江水十分汹涌，人根本没有办法渡过。吴猛用手中的扇子在江水中画了一下，横流的江中便出现了一条道路，他带着弟子从容走过。片刻之后，江水又恢复成了原来的样子。

噀酒救火 后汉栾巴为尚书郎。正旦，上赐酒，向蜀噀之，有司奏不敬，巴谢曰：“臣以成都失火，故噀酒救之。”后成都奏失火，得雨而灭，雨中有酒气。

【译文】后汉栾巴任尚书郎。元旦那天，皇帝赐酒，栾巴喝了一口对着蜀地的方向喷去，有官员弹劾他对皇帝不敬，栾巴谢罪说：“我这样做是因为成都失火，所以才喷酒救火。”后来成都果然奏报失火，被雨浇灭，雨中还带着酒气。

吐饭成蜂 《列仙传》：葛玄从左元放受《九丹经》。仙与客对食，吐饭成大蜂数百，复张口，蜂飞入口，嚼之，又成饭。大旱时，百姓忧之，乃飞符著社，天地晦瞑，大雨如注。

【译文】《列仙传》中记载：葛玄跟随左元放学习《九丹经》。仙人与客人坐在一起吃饭时，将嘴里的饭吐出变成几百只大蜂，再张口时，那些蜂全都飞进他嘴里，咀嚼之后，居然又变成了饭。发生旱灾时，百姓十分担忧，左元放便把符箓飞到社庙里，天空马上阴云密布，大雨倾盆而下。

叱石成羊 《神仙传》：黄初平年幼牧羊，有一道士引入金华山石室中，数年，教以导引。其兄初起遍索之，后问一道士，曰：“金华山有牧儿。”兄随往，与初平相见，问羊何在。曰：“在山东。”兄同往，见白石遍山下，平叱之，皆起成羊。

【译文】《神仙传》中记载：黄初平小时候正在放羊，有一个道士把他带到金华山的石室里，几年的时间，都在教他导引术。他的兄长初起到处寻找他，后来问一个道士，那道士说：“金华山有个牧童。”兄长跟着道士前往，才见到黄初平，问他羊在哪里，黄初平说：“在山的东面。”兄长跟着他一起前去，只见山下全是白色石头，黄初平呼喊了一声，石头就全起来变成了羊。

钻石成丹　《真诰》：傅先生入焦山，老君与之木钻，使穿一石，厚五尺，云穿此便当得道。傅日夜钻之，经四十七年，石穿，遂得丹升仙。

【译文】《真诰》中记载：傅先生进入焦山，太上老君给了他一个木钻，让他钻透一块厚五尺的石头，说只要穿透就能够得道成仙。傅先生昼夜不停地钻，过了四十七年，穿透了石头，于是得到金丹飞升成仙。

剪罗成蝶　宋庆历中，有九哥者，浪迹市丐中，燕王呼而赐之酒，因请以技悦王。乃乞黄罗一端，金剪一具，叠而剪碎之，俄成蜂蝶无数，或集王襟袖，或乱栖宫人鬓鬟。九哥复呼之，一一来集，复成一匹罗。中有一空如一蝶之痕，乃宫人偶捉之耳。王曰：“此蝶可复完罗否？”九哥曰：“不必，姑留以表异。”

【译文】宋朝庆历年间，有个叫九哥的人，混迹在街市的乞丐中，燕王叫他来赐酒给他，九哥便请求表演技艺来让燕王高兴。他要来了一匹黄罗，一把金剪刀，把黄罗叠起来剪碎，片刻之后就变成了无数蜜蜂和蝴蝶，有的聚集在燕王的衣襟和袖子上，有的杂乱地停在宫女的鬓发上。九哥又喊了一声，那些蜂蝶便一一飞过来集合，又变成了一匹黄罗。布上空了一块蝴蝶样子的洞，原来是一个宫女偶然捉走了一只蝴蝶。燕王说：“这只蝴蝶能够复原这匹黄罗吗？”九哥说：“不必如此，姑且留着作为这件异事的见证吧。”

羽客　唐保大中，道士谭紫霄，号金门羽客。

【译文】唐朝保大年间，道士谭紫霄，自号金门羽客。

外丹内丹　道家所烹鼎金石为外丹，吐故纳新为内丹。

【译文】道家用鼎烧制金石炼出来的是外丹；吐出体内的浊气，吸入新气炼出来的称为内丹。

黄冠 唐李淳风之父名播，仕隋，弃官为道士，自号黄冠子。

【译文】唐朝李淳风的父亲名叫李播，在隋朝做官，后来辞官做了道士，自号黄冠子。

卧风雪中 谭峭，字景升，冬则衣绿布衫，或卧雪中；父常遣家僮寻访，寄冬衣及钱帛。景升得之，即分给贫寒者；或寄酒家，一无所留。

【译文】谭峭字景升，在冬季只穿一件绿布衫，有时候还卧在雪中；他的父亲经常派家里的童仆四处寻找他，给他送去冬衣和钱物。谭峭得到之后就分给贫寒的人；或者寄存在酒店，自己一点也不留。

八仙 汉钟离，名权，字云房，以裨将从周处与齐万年战，败，逃终南山，遇东华王真人。至唐始一出，度吕岩，自称天下都散汉。

【译文】汉钟离，本名权，字云房，以副将的身份跟随周处与齐万年交战，战败后逃进了终南山，遇到了东华王真人。到唐代时才出世一次，度吕岩成仙，自称“天下都散汉”。

吕纯阳，名岩，字洞宾。举进士不第，遇钟离，同憩一肆中，钟离自起炊爨。吕忽昏睡，以举子赴京，状元及第，历官清要，前后两娶贵家女，五子十孙，簪笏满门，如此四十年。后居相位，独相十年，权势熏灼，忽被重罪，籍没家资，押赴云阳，身首异处。忽然惊醒，方兴浩叹。钟离在傍，炊尚未熟，笑曰：“黄粱犹未熟，一梦到华胥。”吕惊曰：“君知我梦耶？”钟离曰：“子适来之梦，升沉万态，荣瘁多端，五十年间，止为俄顷，非有大觉，焉知人世真一大梦也。”洞宾感悟，遂拜钟离求其超度。

【译文】吕纯阳，名岩，字洞宾。考进士落榜，遇到汉钟离，一起在一家客店里休息，汉钟离自己起来烧火煮饭。吕洞宾忽然昏昏沉沉睡了过去，他梦到自己以举人的身份到京城参加科举，考中状元，历任几个重要的官职，先后娶了两个权贵之女，有五个儿子，十个孙子，家里有很多人都在做官，这样过了四十年。后来他官至宰相，连任十年，权势熏天，忽然又犯了重罪，家中的财物全都被查抄，自己也被押赴云阳，最后被砍头而死。吕洞宾忽然惊醒，连连长叹。汉钟离在旁边，饭还没有煮熟，便笑着说：“锅里的黄粱还没有煮熟，你这一梦就做到了华胥国。”吕洞宾惊讶地说：“你知道我做的梦？”汉钟离说："你刚才所做的梦，浮沉万种，盛衰多变，五十年的时间，只不过是弹指一挥间罢了。如果没有大智慧，又哪里能够知道人生在世只不过是大梦一场呢？"吕洞宾大彻大悟，于是拜于汉钟离门下，请求他超度自己。

蓝采和，不知何许人，常衣破蓝衫，黑木腰带，跣一足，靴一足，醉则持三尺大拍板，行歌云："踏踏歌，蓝采和，世界能几何？红颜一春树，光阴一掷梭。古人滚滚去不返，今人纷纷来更多。朝骑鸾凤到碧落，暮见桑田生白波。"词多率尔而作。后至濠梁，忽然轻举，掷下靴带拍板，乘云而去。

【译文】蓝采和，不知道是哪里人，经常穿着一件破旧的蓝衫，系着黑木腰带，一只脚光着，另一只脚上穿着鞋子，喝醉之后就拿着三尺长的大拍板，边走边唱道："踏踏歌，蓝采和，世界能几何？红颜一春树，光阴一掷梭。古人滚滚去不返，今人纷纷来更多。朝骑鸾凤到碧落，暮见桑田生白波。"这些歌词都是他随性创作的。后来他到达濠梁，忽然飞升而起，于是扔下鞋子、腰带和拍板，乘着云飞走了。

韩湘子，昌黎从侄，少学道，落魄他乡，久而始归。值昌黎诞日，怒其流落，湘子曰："无怒也！请献薄技。"因为顷刻花，每瓣书一联云："云横秦岭家何在？雪拥蓝关马不前。"昌黎不悟，遣之去。后果谪潮州，至蓝关，湘子来候。昌黎乃悟，因吟三韵，以补前诗，竟别。

【译文】韩湘子是韩愈的堂侄，从小学习道术，落魄异乡，过了很久才返回家里。当时正是韩愈的生日，他对韩湘子在他乡流浪感到十分生气，韩湘子说："叔叔不要生气！请允许我为您献上微薄小技。"于是便种下一枝顷刻花，每个花瓣上的字合成一联诗："云横秦岭家何在？雪拥蓝关马不前。"韩愈不懂其意，就打发他走了。后来韩愈果然被贬到潮州，到达蓝关时，韩湘子前来问候。韩愈这才悟出那两句诗的意思，于是又吟了三联诗来补充前面的诗，辞别而去。

张果老，隐恒州中条山，见召于唐。开元中，宠遇与叶静能比。自言尧时官侍中，叶公密识曰："此混沌初分白蝙蝠精也。"授银紫光禄大夫，放归。天宝时尸解。《明皇杂录》：张果老隐于中条山，常乘白驴，日行万里，夜即叠之，置箱箧中，乃纸也，乘则以水噀之，复成驴。

【译文】张果老隐居在恒州的中条山中，在唐朝时被征召。开元年间，皇帝对他的恩宠能和叶静能相提并论。张果老自称在尧帝时期曾任侍中，叶静能秘密告诉别人说："张果老是混沌初分时的白蝙蝠精。"后来他被授予银紫光禄大夫，放任他归山了。天宝年间，张果老尸解成仙。《明皇杂录》中记载：张果老隐居在中条山，经常骑着一头白驴，一天能够行万里路，到了夜晚就把驴叠起来，放进箱子里，竟然是一张纸，想要骑乘的时候用水喷一下，纸就会再次变成驴。

曹国舅，不知其名，言丞相曹彬之子，皇后之弟，故称国舅。少而美姿，安恬好静，上及皇后重之。一旦求出家云水，上以金牌赐之。抵黄河，为篙工索渡直，急以金牌相抵。纯阳见而警之，遂拜从得道。

【译文】曹国舅，不知道他的本名叫什么，据说是丞相曹彬的儿子，皇后的弟弟，所以被称为国舅。曹国舅小时候就很英俊，性格安恬好静，皇帝和皇后都很器重他。有一天他请求出家求道，皇帝便给他赐了一块金牌。曹国舅到达黄河时，撑船的篙工索要船费，急切间便用御赐的金牌抵付。吕洞宾见到之后前来示警他，曹国舅便拜在吕洞宾门下得道成仙。

何仙姑，零陵市人，女也。生而紫云绕室，住云母溪，梦神人教食云母粉，遂行如飞。遇纯阳，以一桃与之，仅食其半，自是不饥。颇能谈休咎。唐天后召见，中路不知所之。

【译文】何仙姑，零陵市人，是一位女子。她出生时紫色的雨雾萦绕整个房间，住在云母溪，梦到有神人教她食用云母粉，此后便能够行走如飞。后来遇到吕洞宾，吕洞宾送给她一颗桃，何仙姑只吃了一半，从此之后就再也没有感到饥饿。何仙姑擅长谈论吉凶。唐代武则天曾经召见她，走到中途就不知道去哪里了。

铁拐李，质本魁梧，早岁闻道，修真岩穴。一日，赴老君华山之会，嘱其徒曰："吾魄在此，倘游魂七日不返，以火化之。"徒以母病遄归，忘其期，六日化之。七日果归，失魄无依，乃附一饿殍之尸而起，故形骸跛恶，非其质矣。

【译文】铁拐李原本长得十分魁梧，早年得到了修炼道术的方法，就隐居在一个山洞中修道。有一天，他要去参加太上老君在华山举办的集会，嘱咐自己的徒弟说："我的魄还在这里，如果我游魂七天还没有回来，你就把它烧了。"后来徒弟因为母亲病危要回去，忘了约定的日期，第六天就把铁拐李的身体烧了。第七天铁拐李回来后，游魂没有地方依附，就附身到了一具饿死的尸体上，所以他外表看起来十分丑陋，还瘸了一条腿，这并不是他原本的样子。

化金济贫 王霸，梁时渡江入闽，居西郊之外，凿井炼药，能化黄金。岁饥则售金市米，遍济贫者。

【译文】王霸在梁代时渡江进入闽地，居住在西郊之外，打井炼制神药，能够变出黄金。碰到荒年就卖掉金子买米，到处接济穷人。

擗麟脯麻姑 王方平尝过蔡经家，遣使与麻姑相闻，俄顷即至。经举家见之，是好女子，手似鸟爪，衣有文章而非锦绣。坐定，各进行厨，香气达户外，擗麟脯行酒。麻姑云："接待以来，东海三为桑田矣，蓬莱水又浅矣。"宴毕，乘云而去。姑为后赵麻胡秋之女，父猛悍，人畏之。筑城严酷，昼夜不止，惟鸡鸣稍息。姑恤民，假作鸡鸣，群鸡皆应。父觉欲挞之，姑惧而逃入山洞，后竟飞升。

【译文】王方平曾经去蔡经家拜访，派遣使者请麻姑来相见，麻姑片刻就到了。蔡经全家人看到她，都认为是个好女子，手像鸟爪一样，衣服上有花纹却不是锦绣。落座之后，几个人各自献出美味佳肴，香气一直飘到门外，撕下麒麟肉下酒。麻姑说："承蒙招待以来，东海已经三次变成桑田，蓬莱的水又变浅了。"宴会结束后，麻姑乘着云离开了。麻姑是后赵麻胡秋的女儿，她的父亲十分凶悍，人们都很怕他。麻胡秋筑城时非常严酷，让百姓昼夜不停地干活，只有鸡叫时才让他们稍微休息一下。麻姑体恤百姓，就模仿鸡叫的声音，其他的鸡也跟着一起打鸣响应。父亲觉察之后想要用鞭子打她，麻姑害怕地逃进山洞，后来竟然飞升成仙。

蓑衣真人 何中立，淮阳书生。一旦焚书裂冠，遁至苏，结庐天庆观，披一蓑衣，坐卧不易，妄谈颇验。凡瘵者，与蓑草服之，立愈；不与者，疾必不起。因称之蓑衣真人。宋孝宗遣珰赍问，不言所求。中立掉首曰："有华人即有番人，有日即有月。"珰复命，上曰："诚如吾心。"盖所求者，恢复大计、中宫虚位两事也。

【译文】何中立是淮阳的一个书生。有一天他烧掉家里的书，撕裂帽子，遁世至苏州，在天庆观建了一座草房，整天披着一件蓑衣，就连睡觉都不换下，闲聊时的话都很灵验。凡是患病的人，何中立就送给他蓑衣上的草让他服下，病立刻就好了；如果他没有赠予蓑草，那人必然会卧病不起。于是人们都称他为"蓑衣真人"。宋孝宗派宦官带着礼物前去问候他，却不说自己要问什么。何中立低着头说："有华夏人就会有胡人，有日就会有月。"宦官回去把这句话告诉了皇帝，皇帝说："他说的确实和我心中所想的一样。"原来，皇帝想要问的，第一是恢复国土的大计，第二是中宫皇后还没有人选。

自举焚身 颜笔仙，宋建炎初，日售笔十则止。遇转运使，饮以斗酒。饮毕，长揖而去，遗笔篮。使左右取而还之，尽力不能胜。凡得其笔者，管中有诗或偈，祸福无不验。年九十七，积苇坐上，自举火焚之，人见其乘火云飞去。

【译文】颜笔仙在宋代建炎初年（1127年）时，每天只卖十支笔就不卖了。一次他遇到转运使，给了他一斗酒。颜笔仙喝完之后，长揖离去，却把装笔的篮子留下了。转运使派左右的人把笔篮还回去，但使足了力气也提不起来。凡是得到这种笔的，笔管中都有一首诗或者一句偈语，祸福没有不灵验的。九十七岁那年，颜笔仙把芦苇堆积在一起坐在上面，点火自焚，有人看到他乘着火飞走了。

金书姓名 广陵人李珏，以贩籴为业，每斗惟求利两文，以资父母。有籴者授以升斗，俾自量。丞相李珏节制淮南，梦入洞府，见石填金书姓名，内有李珏字，方自喜。有二仙童云："此乃江阳部民李珏尔。"

【译文】广陵人李珏，贩卖粮食为业，每斗粮食只赚两文钱利润，用来赡养父母。有人来买粮时李珏就把斗给他，让他自己量。当时丞相李珏管辖淮南，梦到自己进入一座洞府，看见石头上用金子填写的姓名，上面就有李珏的名字，正在自喜时，有两个仙童说："这是江阳的百姓李珏。"

独立水上 葛仙公，名玄，有仙术。尝从吴主至溧阳，风大作，舟覆；玄独立水上，而衣履不湿。后白日冲举。勾漏令洪，即其孙也。

【译文】葛仙公名叫葛玄，会使用仙术。曾经跟随吴王到达溧阳，狂风大作，船被吹翻了；葛玄独自站在水上，衣服和鞋子都没有湿。后来他就白日飞升了。勾漏令葛洪，就是他的孙子。

李白题庵 许宣平隐城阳山，绝粒不食，颜如四十，行及奔马。时负薪卖于市，尝独吟曰："负薪朝出卖，沽酒日西归。借问家何处，穿云入翠微。"李白入山寻之，不见，题其庵以归。

【译文】许宣平隐居在城阳山，什么也不吃，外表看上去就和四十岁一样，行走的速度和奔跑的马一样快。当时他经常背着柴在街上售卖，曾经独自吟诵说："早上背着柴出去卖，用卖柴的钱买酒，太阳西下才回家。要问我家在哪里，穿过白云登上青山就能找到。"李白到山里寻找，没有见到他，便在他住的庵上题字后离开了。

使聘不出　墨子名翟，宋人。外治经典，内修道术，著书十篇，号《墨子》。年八十有二，汉武帝遣使聘之，不出。视其颜色，如五十许人。

【译文】墨子名叫墨翟，是宋国人。他外研经典，内修道术，写了十篇文章，名为《墨子》。八十二岁时，汉武帝派遣使者前去聘请他，墨子没有出山。据说看他的面色，跟五十多岁的人差不多。

冬日卖桃　李犊子历数百岁，其颜时壮时老，时好时丑。阳都酒家有女，眉生而连耳，细而长，众异之。会犊子牵一黄犊过，女悦之，遂随去，人不能追也。冬日，常见犊子卖桃李市中。

【译文】李犊子活了数百年，他的面色有时候像壮年人，有时候又像老年人，有时候很英俊，有时候又很丑陋。阳都的酒家有个女儿，眉毛天生就连着耳朵，又细又长，众人都觉得很奇怪。正好赶上李犊子牵着一头黄色牛犊经过，这个女子十分喜欢他，就跟着去了，人们都追赶不上。冬天时，经常能够看到李犊子在街市上卖桃和李子。

贞一司马　司马承祯事潘师正，传辟谷导引之术。唐睿宗召问其术，对曰："为道日损，损之又损，以至于无。"帝曰："治身则尔，治国若何？"对曰："国犹身也，游心于淡，合气于漠，与物自然而无私焉，则天下治。"帝嗟叹曰："广成之言也！"谥贞一先生。

【译文】司马承祯在潘师正的门下，学习辟谷术和导引术。唐睿宗召他询问这些法术，司马承祯回答说："修道就是每天失去一些，不断地失去，最后什么都不剩下。"睿宗说："这是你修身的原则，治国的原则又是什么呢？"司马承祯回答说："国家就和身体一样，只要保持平淡的心态，心平气和，顺应事物的发展规律而没有偏私，那么天下就会大治。"睿宗感叹地说："这是广成子所说的话啊！"于是赐司马承祯谥号"贞一先生"。

点化天下　贺兰善服气。宋真宗召至，问曰："人言先生能点金，信乎？"对曰："臣愿陛下以尧舜之道点化天下，方士伪术，不足为陛下道。"赐号玄宗大师。

【译文】贺兰擅长呼吸吐纳的方法。宋真宗把他召来问道："有人说先生能够点石成金，这是真的吗？"贺兰回答说："我想让陛下用尧舜的大道来点化天下，方士的虚假方术，不值得说给陛下听。"宋真宗便赐给他玄宗大师的称号。

临葬复生　张三丰居宝鸡县金台观。洪武二十六年九月二十日，自言辞世，留颂而逝。民人杨轨山等置棺殓讫，三丰复生。

【译文】张三丰居住在宝鸡县的金台观。洪武二十六年九月二十日，他说自己要辞别人世，留下颂语后就去世了。百姓杨轨山等人置办棺材收敛好尸身后，张三丰又复生了。

弘道真人　周思得，钱唐人，行灵官法，先知祸福。文皇帝北征，召扈从，数试之不爽。号弘道真人。先是，上获灵官藤像于东海，朝夕崇礼，所征必载以行；及金川河，舁不可动，就思得秘问之。曰："上帝有界，止此也。"已而，果有榆川之役。

【译文】周思得是钱唐人，得到灵官的法术后，能够预先知道祸福。明成祖朱棣北征时，召他担任随从，屡试不爽，称他为弘道真人。在此之前，朱棣曾经在东海获得灵官的藤像，早晚都要以礼相拜，征战时必然要载着藤像行军；到达金川河时，藤像怎么抬都抬不动了，便私下询问周思得。周思得说："这是天帝划定的边界，军队恐怕只能到达这里了。"后来，果然发生了榆川之役。

瓶中辄应　冷谦，洪武初为协律郎，郊庙乐章，皆其所撰。有友酷贫，谦于壁间画一门，令其友取银二锭。友入恣取而出，遗其引。他日，内库失银，惟二锭不入册。吏持引迹捕，因并执谦。谦渴求饮，拘者以瓶水汲与之。谦跃入瓶中，拘者惶急。谦曰："无害，第持瓶至御前。"上呼谦，瓶中辄应。上曰："汝何不出？"对曰："臣有罪，不敢出来。"击碎之，片片皆应。

【译文】冷谦在洪武初任协律郎，郊庙祭祀所用的乐章，都是他撰写的。他有个朋友非常贫穷，冷谦就在墙壁上画了一个门，让那个朋友进去取走两枚银锭。那人肆意取了很多才出去，不小心把他的引信丢了。后来有一天，皇宫的库房丢了银子，只有两锭没有登记在案。吏员拿着引信寻迹搜捕，于是把冷谦也一起抓捕了。冷谦口渴想要喝水，拘捕他的人就灌了一瓶水给他。冷谦跳进瓶子里，拘捕的人十分着急。冷谦说："不要怕，只需要把瓶子拿给皇帝就行了。"皇帝呼叫冷谦的名字，瓶子里每次都有回应。皇帝说："你为什么不出来？"冷谦回答说："我有罪，所以不敢出去。"皇帝让人把瓶子打碎，却发现每个碎片都能应声。

入火不热 周颠仙。明初，上至南昌，颠仙谒道左，必曰："告太平，打破一个桶，另置一个桶。"随之金陵。尝曰入火不热。上命覆以巨瓮，积薪焚之。火灭揭视，寒气凛然。后辞去庐山，莫知所之。

【译文】周颠仙。明朝初年，皇帝驾临南昌，周颠仙在道路旁拜谒时必然会说："告太平，打破一个桶，另置一个桶。"并跟随皇帝去了金陵。他曾经说自己进入火中也不会热。皇帝命人用一个巨大的瓮把他盖在里面，在瓮外堆积柴薪去烧。等到火灭后揭开瓮查看，只觉得寒气逼人。后来他告辞去了庐山，便不知踪迹了。

指李树为姓 老子母见日精下落如流星，飞入口中，因怀娠。后七十二年，于陈国涡水李树下，剖左腋而生。指李树曰："此为我姓。"耳有三漏，顶有日光，身滋白血，面凝金色，舌络锦文，身长一丈二尺，齿有四十八。受元君神箓宝章变化之方，及还丹、伏火、冰汞、液金之术，凡七十二篇。

【译文】老子的母亲看到太阳的精华像流星一样从天上掉落下来，飞到自己口中，便怀孕了。七十二年之后，她在陈国涡水的李树下，剖开左腋才生下孩子。那孩子一出生就指着李树说："这就是我的姓。"他的耳朵上有三个洞，头顶有阳光，身上布满白色的血，脸上凝结着金色，舌头上还写着锦文，身高一丈二尺，有四十八颗牙齿。后来他被传授了元君神箓宝章中的变化法术，还有还丹、伏火、冰汞、液金等法术，一共七十二篇。

陆地生莲 尹文始生时，室中陆地生莲花。结草为楼，精思至道。

【译文】尹喜出生时，房间的地上长出很多莲花。后来他建造了草楼，在里面精诚修道。

白石生 生煮白石为粮，问之何不霞举，笑曰："天上多有至尊相奉事，更苦于人间尔。"时号为隐遁仙人。

【译文】白石生煮白石作为粮食，有人问他为什么不飞升上天，他笑着说："天上有很多至尊仙人需要侍奉，比人间还要辛苦。"当时的人称他为隐遁仙人。

古丈人 嵩华松下古丈人、女子二，曰："老人，秦之役者，二女宫人，合为殉，幸脱骊山之役，匿此。"

【译文】嵩华松下面有古代的一个老人和两个女子，有人说："这位老人是秦朝服苦役的人，两个女子是宫女，本来应该给秦始皇殉葬，侥幸从骊山陵的劳役中逃脱，藏匿在这里。"

掌录舌学 董谒乞犬羊皮为裘，编棘为床，聚鸟兽毛而寝。性好异书，见辄题掌，还家以片箨写之，舌黑掌烂。人谓谒掌录而舌学。

【译文】董谒把乞求来的狗皮和羊皮当作衣服，把棘条编制成床，把鸟兽的毛铺在上面睡觉。董谒生来就喜欢那些罕见的书，每次看到之后就抄录在手上，回到家再写到竹片上，再用舌头把手上的字舔掉，以至于舌头变黑，手掌变烂。人们都说董谒用手掌记录，用舌头学习。

负图先生 季充号负图先生。伏生十岁，就石壁中受充《尚书》，授四代之事。伏生以绳绕腰领，一读一结[①]，十寻之绳，皆结矣。充饵菊术，经旬不语，人问何以，答曰："世间无可食，亦无可语之人。"

【译文】季充自号负图先生。伏生十岁那年，便到山上的石壁中向季充学习《尚书》，季充向他传授了四代的事。伏生把绳子缠在腰和脖子上，读一遍就打一个结，十寻的绳子都打成了结。季充服食菊花和黄术，连着十几天都不说话，有人问他原因，季充回答说："这世上没有可以吃的食物，也没有可以说话的人。"

目光如电 涉正闭目二十年。弟子固请之，正乃开目，有声如霹雳，而闪光若电。已，复还闭。

【译文】涉正闭眼二十年。在弟子的坚持请求下，涉正才睁开眼睛，有如同霹雳一样的声音传出，还有如同闪电一样的闪光发出。过后，涉正重新闭上了眼睛。

守天厕 淮南王安见太清仙伯，以坐起不恭，谪守天厕。

---

① 据段成式《酉阳杂俎》："……以绳绕腰领，一读一结，十寻（八尺为寻）之绳，皆成结矣。"底本为"一续一结"，应为笔误。——编者注

【译文】淮南王刘安拜见太清仙伯时，因为安坐和起立不够恭敬，被贬谪去看守天上的厕所。

墨池　梅福在南昌县，水竹幽蔚，王右军典临川郡日，每过此盘礴不能去，因号墨池。先是，福种莲花池中，叹曰："生为我酷，身为我梏，形为我辱，妻为我毒。"遂弃妻，入洪厓山。

【译文】梅福在南昌县时，那里的水竹长得十分茂盛，王羲之在临川郡任职时，每次经过这里都盘桓不肯离开，因此便把这里称为墨池。在此之前，梅福在池中种植莲花，叹息说："生命对我来说是痛苦，身体对我来说是枷锁，容貌对我来说是耻辱，妻子对我来说是毒药。"于是抛弃妻子，进入洪厓山。

青童绛节　张道陵居渠亭山，见青童绛节前导，曰："老君至矣。"从者二人，隽以弱冠。或指曰："此子房，此子渊。"

【译文】张道陵居住在渠亭山时，见到仙童拿着红色的仪仗作为前导，说道："老君驾到。"有两个人跟随前来，看上去二十岁左右。有个人指着两人说："这个是子房，这个是子渊。"

金莲花　元藏几有驯鸟三，类鹤，时翔空中，呼之立至，能授人语。常航海飘至一岛，人曰："此沧洲也。"产分蒂瓜，长一尺；碧枣丹栗，大如梨。池中有足鱼，金莲花，妇人采为首饰，曰："不戴金莲花，不得在仙家。"

【译文】元藏几有三只驯养的鸟，样子和白鹤很像，平时飞在空中，呼唤它们时马上就能到，能学人说话，他曾经在航海时漂到一座小岛上，岛上的人说："这里是沧洲。"那里出产一种蒂分开的瓜，长一尺；碧绿的枣和红色的栗子，都像梨一样大。池中还有长着脚的鱼，金莲花，女子采摘作为首饰，还说："不戴金莲花，不得在仙家。"

刺树成酒　葛玄遇亲朋，辄邀止，折草刺树，以杯盛之，汁流如泉，杯满即止，饮之皆旨酒。取瓦砾草木之实劝客，皆脯枣。指虾蟆、飞龟使舞，应节如神。为人行酒，杯自至客前，不尽，杯不去。

【译文】葛玄遇到亲朋好友时，都会邀请他们停下来，折草刺进树中，用杯子盛接，汁液像泉水一样流，杯子满了就会停住，喝起来都是美酒。他还用瓦砾装着草木的果实招待客人，吃起来都跟果脯和枣子一样。他还指挥虾蟆、飞龟让它们跳舞，都能十分准确地应和节拍。为人斟酒时，酒杯会自己到达客人面前，喝不完酒，杯子就不会离开。

林樾长啸 黄野人游罗浮，长啸数声，递响林樾。宋咸淳中，有戴乌方帽着靴，往来罗浮山中，见人则大笑，反走，三年不言姓氏。他日醉归，忽取煤书壁去："云意不知沧海，春光欲上翠微。人间一堕十劫，犹爱梅花未归。"黄野人之俦云。

【译文】黄野人游览罗浮山时，长啸几声，响彻山林。宋代咸淳年间，有人戴着乌方帽穿着靴子，在罗浮山中往来，看到人就会大笑，然后回头便跑开，三年都不说自己的姓氏。有一天他喝醉回家，忽然拿起煤在墙壁上写道："云意不知沧海，春光欲上翠微。人间一堕十劫，犹爱梅花未归。"他应该和黄野人是一类人吧。

脑子诵经 司马承祯善金剪刀书，脑中有小儿诵经声，玲玲如振玉；额上小日如钱，耀射一席。

【译文】司马承祯擅长金剪刀书法，脑子里有小孩诵读经书的声音，就像敲击玉器一样清脆；额头上有个铜钱大小的小太阳，光芒能够照耀整个席面。

许大夫妇 许大为许旌阳扫爨。夫妇隐于西山，不欲人识姓，改姓曰午，又改姓曰干。夫妇皆解诗。许大诗云："不是藏名混世俗，卖柴沽酒贵忘言。"妻续云："儿家只在西山住，除却白云谁到门！"

【译文】许大给许旌阳洒扫做饭。夫妻两人隐居在西山，不想让人知道自己的姓氏，于是改姓午，又改姓干。夫妻两人都很懂诗。许大曾经写了一首诗说："不是藏名混世俗，卖柴沽酒贵忘言。"他的妻子续作道："儿家只在西山住，除却白云谁到门。"

服石子 单道开服细石子，一吞数枚。唐子西赞曰："世人茹柔，刚则吐之。匙抄烂饮，牛口如饲。至人忘物，刚柔一致。其视食石，如啖饼饵。北平饮羽，出于无心。食石之理，于此可寻。我虽不能，而识其理。庶几漱之，以砺厥齿。"

【译文】单道开服食小石子，一次吞下几枚。唐庚为他写了一首赞辞说："世人只吃软食，有硬的就会吐出。用勺子抄烂饭吃，就像喂牛一样。只有真人才会忘记事物的本质，把硬的和软的一致看待。他看待吃石头，就像吃饺子一样。李广把箭射进石头，是无心之举。但吃石头的道理，却能够在这里寻找。我虽然不能吃石头，但是知道其中的道理。我或许也可以用石头漱口，以磨砺自己的牙齿。”

驱邪院判官　白紫清曰：“颜真卿今为北极驱邪院左判。”

【译文】白紫清说：“颜真卿现在任北极驱邪院左判官。”

符钉画龙　毒龙潭二龙飞入殿，与张僧繇画龙斗，风雨震沸。丁玄真画铁符镇潭龙，穿山而去；复钉画龙之目，其患乃止。

【译文】毒龙潭的两条龙飞入宫殿，与张僧繇所画的龙在一起打斗，风雨震动沸腾。丁玄真便画了一道铁符镇压毒龙潭的龙，那两条龙穿山而去；他又钉住了画龙的眼睛，这场祸患才被平息。

摸先生　先生束双髻于顶，携小竹笥卖药，有疾者手摸之辄愈，人呼为“摸先生”。

【译文】先生在头顶绑了两个发髻，带着小竹笥卖药，生病的人让他用手一摸就会痊愈，人们都称他为“摸先生”。

尊号道士　周穆王求神仙，始尊号道士。西王母授帝元始真容，始有道士行礼之文。汉桓帝迎老子像入宫，用郊天乐祀道教，始崇与释并。

【译文】周穆王寻仙问道，才开始给方士加尊号为道士。西王母让周穆王见到了元始天尊的真容，才开始有了道士行礼的规范。汉桓帝迎老子像入宫，用郊天的音乐祭祀道教，道教的地位才变得和佛教一样尊崇。

寇谦之　魏世祖拜寇谦之天师，立道场，受符箓。周武帝封国公，唐中宗加金紫阶，玄宗赐号先生，宋神宗赐号处士。寇谦之修张鲁法，始为音诵科仪，及号召百神导养丹砂之术。唐高祖始授道官。宋太宗增置道副录都监。宋太祖始令道士不得畜妻孥。

【译文】魏世祖拜寇谦之为天师，为他建立了道场，按道家仪式领受了天赐的符命之书。周武帝封他为国公，唐中宗加封金紫品级，玄宗赐号“先生”，宋神宗赐号“处士”。寇谦之修改了张鲁的道法，开始制定经韵音乐、诵读方式和道教仪式，还号召修炼百神导养丹砂法术。唐高祖开始授予道官。宋太宗增设了道副录都监。宋太祖开始命令道士不得娶妻生子。

改称真人　张道陵子孙，世袭天师，掌道教。至明，太祖曰：“至尊者天，何得有师？”诏改真人。初，道陵学长生于蜀之鹤鸣山。山有石鹤，鸣则有得道者。道陵居此，石鹤乃鸣。

【译文】张道陵的子孙，世袭天师之位，掌管天下道教。到明代时，明太祖说：“天是至尊，哪里有什么师父？”于是下诏改天师为真人。起初，张道陵在蜀地的鹤鸣山学习长生之道。山上有一只石鹤，鸣叫的时候就说明有得道者前来。张道陵居住在这里时，石鹤才发出鸣叫。

真武 净乐国王太子，遇天神，授以宝剑，入武当山修道。久之，无所得，欲出山。见一老妪操铁杵磨石上，问磨此何为，曰：“为针耳。”曰：“不亦难乎？”妪曰：“功久自成。”真武悟，遂精修四十二年，白日冲举。

【译文】净乐国王的太子遇到天神，授予他一把宝剑，让他入武当山修道。过了很长时间，仍然没有收获，便想要出山。他在下山的路上看到一个老妇人拿着铁杵在石头上磨，太子问他磨这根铁杵做什么，老妇人说：“是为了做针。”太子说：“这件事是不是太难了？”老妇人说：“时间长了自然就成功了。”太子大悟，于是专心修道四十二年，最后白日飞升。

陈抟 字图南，亳州人。四五岁，遇一青衣媪乳之。自是颖异，书一目十行。邂逅孙君仿，谓武当九室岩可居，遂往，辟谷二十余年。忽夜见金人持剑呼曰：“子道成矣。”后徙华山。宋太宗召见，赐号“希夷先生”。

【译文】陈抟字图南，亳州人。四五岁时，他碰到一个穿着青衣的老妇人喂奶给他吃。从此之后，陈抟日益聪慧，看书时一目十行。后来他遇到了孙君仿，孙君仿告诉他，武当山的九室岩可以居住，陈抟便前往那里，辟谷了二十多年。忽然有一天，他在夜里见到一个拿着剑的金人对他说：“你的大道已经修成了。”后来他又去到华山。宋太祖召见之后，给他赐号“希夷先生”。

周颠 周颠者，举错诡谲，人莫能识。每见明太祖，必曰：“告太平。”上厌之，命覆之瓮，积薪以煅。火息启视，颠正坐宴然。上亲为作传。

【译文】周颠行为诡异，人们都看不懂。每次见明太祖时，他必然会说：“告太平。”明太祖觉得讨厌，就让人把他盖在瓮下面，堆积柴火去烧。火熄灭后打开一看，周颠安然无恙地端坐在里面。后来明太祖亲自为他写了传。

张三丰 张三丰又名邋遢张。明太祖求之，不得。人有问仙术者，竟不答；问经书，则津津不绝口。一啖数斗，辟谷数月亦自若。隆冬卧雪中。

【译文】张三丰又叫“邋遢张”。明太祖求之不得。有人向他请教仙术，他始终不肯回答；有人向他请教经书，他则有滋有味地说个没完。张三丰一顿要吃掉几斗饭，几个月不吃饭仍然泰然自若。他在隆冬时节经常卧在雪中。

佛教

禅门五宗　南岳让禅师法嗣：南岳下三世百丈海禅师，四世沩山灵祐禅师，五世仰山慧寂禅师，称沩仰宗。南岳下四世黄蘖希运禅师，五世临济义玄禅师，称为临济宗。青原思禅师法嗣：青原下六世曹山本寂禅师，七世洞山道延禅师，称为曹洞宗。青原下五世德山宣鉴禅师，六世雪峰义存禅师，七世云门文偃禅师，称为云门宗。青原下八世罗汉琛禅师，九世清凉文益禅师，称法眼宗。凡五宗，今天下惟曹洞、临济为盛。

【译文】南岳让禅师的法嗣有：南岳怀让禅师下有两个分支，其中一支的三世是百丈海禅师，四世是沩山灵佑禅师，五世是仰山慧寂禅师，这一宗称为沩仰宗。另一支四世是黄蘗希运禅师，五世是临济义玄禅师，这一宗称为临济宗。青原思禅师法嗣有：青原思禅师下有两个分支，其中一支的六世是曹山本寂禅师，七世是洞山道延禅师，这一宗称为曹洞宗。另一支的五世是德山宣鉴禅师，六世是雪峰义存禅师，七世是云门文偃禅师，这一宗称为云门宗。青原思禅师的八世是罗汉琛禅师，九世是清凉文益禅师，这一宗称为法眼宗。这五宗里，现在天下只有曹洞宗、临济宗最为兴盛。

佛入中国　汉明帝梦金人长丈余，飞空而下。访之群臣，傅毅曰：“西域有神，其名曰佛。”乃使蔡愔等往天竺求其道，得其书及沙门，由是教流中国。

【译文】汉明帝梦到一个一丈多高的金人，从空中飞下。就此事询问群臣的看法，傅毅说：“西方有一位神，他的名字叫佛。”汉明帝便派遣蔡愔等人前往天竺求佛道，得到佛经以及沙门，从此佛教开始传入中国。

象教　如来既化，诸大弟想慕不已，遂刻木为佛，瞻敬之。杜诗曰：“方知象教力。”

【译文】如来坐化之后，众多弟子都想念不已，于是用木头刻成佛像进行瞻仰敬奉。杜甫写过“方知象教力”的诗句。

优昙钵 《法华经》：是人希有过于优昙钵。优昙，花名，应瑞三千年一现，现则金轮王出。

【译文】《法华经》中记载：这个人比优昙钵还要稀少。优昙是一种花名，三千年才出现一次以应验祥瑞，出现时金轮王也会同时出现。

般若航 清凉禅师云：“夫般若者，苦海之慈航，昏衢之巨烛。”

【译文】清凉禅师说：“所谓的般若，就是苦海中普度众生的慈航，暗路中指引方向的巨烛。”

兜率天 《法苑珠林》：兜率天雨摩尼珠，护世城雨美膳，阿修罗天雨兵仗，阎浮世界雨清净。雨者，被其惠，犹言赐也。

【译文】《法苑珠林》中记载：兜率天下摩尼珠雨，护世城下美食雨，阿修罗天下兵器雨，阎浮世界下清净雨。雨就是受到恩惠的意思，就像说“赐”一样。

西方圣人 《列子》：太宰嚭问孔子：“孰为圣人？”子曰：“西方有圣人，不治而不乱，不言而自信，不化而自行，荡荡乎民无能名焉。”

【译文】《列子》中记载：太宰嚭问孔子：“谁是圣人？”孔子说：“西方有一位圣人，不治理天下但天下从来不乱，不说话但自然有人信他，不施行教化但百姓都能自觉行动。他的恩惠广博，百姓都不知道该怎么称呼他。”

不二法门 《文选》：文殊谓维摩诘曰：“何为是不二法门？”摩诘不应，文殊曰：“乃至无有文字言语，是真入不二法门。”

【译文】《文选·头陀寺碑文》的注解引用《维摩诘经》：文殊对维摩诘说：“什么是‘不二法门’？”维摩诘没有回答，文殊又说：“已经到达没有文字和言语的境界，这才是真正的‘不二法门’。”

即心即佛 《传灯录》：有僧问大梅和尚：“见马祖得个恁么？”大梅曰：“马祖向我道‘即心即佛’。”曰：“马祖近日又道‘非心非佛’。”大梅曰：“这老汉惑乱人，任汝‘非心非佛’，我只管‘即心即佛’。”其僧白于马祖，祖曰："梅子熟矣。"

【译文】《传灯录》中记载：有个僧人问大梅和尚："你见到马祖后得到了什么？"大梅说："马祖对我说'心就是佛'。"僧人说："马祖近日又说'心不是佛'。"大梅说："这老头就会惑乱人心，我管他说什么'心不是佛'，我只管'心就是佛'。"那位僧人把这件事告诉了马祖，马祖说："梅子已经成熟了啊。"

舍利塔　《说苑》：阿育王所造释迦真身舍利塔，见于明州鄞县。太宗命取舍利，度开宝寺地，造浮屠十一级以藏之。

【译文】《说苑》中记载：阿育王所建造的释迦真身舍利塔，出现在明州鄞县。宋太宗命人取出塔中的舍利，在开宝寺划出一块地，建造了一座十一层的佛塔用来珍藏。

沙门　《汉记》：沙门，汉言"息心"，息欲而居于无为也。梵云"沙门那"，或曰"沙门"，汉言"勤息"，译曰"勤行"。又曰"善觉"，又称"沙弥"，又称"比丘"。秦言"乞士"，又曰"上人"。

【译文】《汉记》中说：沙门，汉语中称为"息心"，意思是平息欲望而达到无为的境界。梵语中说的"沙门那"，或者"沙门"，汉语中称为"勤息"，或者译为"勤行"。又称为"善觉""沙弥""比丘"。秦地称为"乞士"，又称为"上人"。

苾刍　《尊胜经》：苾刍，草名，有五义：生不背日；冬夏常青；性体柔软；香气远腾；引蔓旁布。为佛徒弟，故以名僧。

【译文】《尊胜经》中记载：苾刍是草的名字，有五种美德：不在背阴处生长；冬夏常青；质地柔软；香气远飘；牵引藤蔓后就能在旁边密集生长。它是佛的弟子，所以用苾刍来称呼僧人。

紫衣　《史略》曰：唐武则天朝，赐僧法朗等紫袈裟。僧之赐紫衣，自武后始。

【译文】《史略》中记载：唐朝武则天时期，武则天曾经赐给僧人法朗等人紫袈裟。赐给僧人紫衣，是从武则天开始的。

五戒　凡出家，师已许之，乃为受五戒，谓之一不杀生，二不偷盗，三不邪淫，四不妄语，五不饮酒。

【译文】凡是出家人，已经受到师父允许的，都要受五戒的约束，五戒是指：一不杀生，二不偷盗，三不邪淫，四不妄语，五不饮酒。

传灯 释书以灯喻，谓能破暗也。六祖相传法曰传灯。今有《传灯录》。杜诗曰："传灯无白日。"

【译文】佛家典籍都用灯来作为比喻，意思是能够破除黑暗。六祖传承佛法叫作传灯。现有《传灯录》。杜甫在诗中写道："传灯无白日。"

飞锡 《高僧传》：梁武时，宝志爱舒州潜山奇绝，时有方士白鹤道人者亦欲之。帝命二人各以物识其地，得者居之。道人以鹤止处为记，宝志以卓锡处为记。已而，鹤先飞去，忽闻空中锡飞声，遂卓于山麓，而鹤止他处，遂各以所识筑室焉。故称行僧为飞锡，住僧为卓锡，又曰挂锡。

【译文】《高僧传》中记载：梁武帝时期，僧人宝志喜欢舒州潜山的神奇绝妙，当时有个叫白鹤道人的方士也十分喜欢那里。梁武帝命令两人各自用一件物品标记一个地方，得到哪里就在哪里居住。白鹤道人说把白鹤停下的地方作为标记，宝志说把锡杖停下的地方作为标记。过了片刻，白鹤先飞走了，忽然听到空中有锡杖飞行的声音，随后便看到锡杖停在了山脚，白鹤则停到了其他地方，于是二人各自在所标记的地方建造房屋。所以把行僧称为飞锡，住僧称为卓锡，又叫作挂锡。

祝发 贺僧披剃从教，顶相堂堂。《唐书》："祝发划草。"僧剃发曰划草。

【译文】祝发的意思是祝贺僧人剃度皈依佛门，从此头顶光亮。《唐书》中有"祝发划草"之说。僧人剃发叫作划草。

檀那檀越 梵语"陀那钵底"，唐言施主称"檀那者"，即讹"陀"为"檀"，去"钵底"，故曰檀那也。又称檀越者，谓此人行檀施，能越贫穷海。

【译文】梵语把施主叫作"陀那钵底"，唐朝把施主称为"檀那"，是把"陀"误称为"檀"，再去掉"钵底"，所以说成了"檀那"。还有人被称为"檀越"，是说这个人进行了布施，能够越过贫穷海。

伊蒲馔　后汉楚王英诣阙以缣赎罪，诏报曰：王好黄老之言，尚浮屠之教，还其赎以助伊蒲塞桑门之馔。

【译文】后汉时楚王刘英来到朝廷献上缣布以赎罪，皇帝下诏令说：楚王喜欢黄老学说，又崇尚佛教，把你赎罪的那些缣布拿回去用来资助佛门僧侣的饭食吧。

风幡论　《传灯录》：六祖惠能初寓法性寺，风扬幡动。有二僧争论，一云风动，一云幡动。六祖曰："风幡非动，动自心耳。"

【译文】《传灯录》中记载：六祖惠能刚刚进入法性寺时，有一次风把幡吹得飘动起来。有两个僧人争论，一个说风在动，另一个说幡在动。六祖说："风和幡都没有动，是你们的心在动。"

传衣钵　五祖欲传衣钵，乃集五百僧谓曰："谁作无像偈，即付与衣钵。"首座云："身似菩提树，心为明镜台。时时勤拂拭，勿使染尘埃。"卢惠能改曰："菩提本非树，明镜亦非台。不劳勤拂拭，何处惹尘埃？"五祖惊曰："此全悟道，脱然无像，且无虑矣。"即以法宝及所传袈裟，尽以付之。

【译文】五祖想要传自己的衣钵，便召集了五百名僧人对他们说："谁能做无像的偈语，我就把衣钵传给谁。"首座说："身似菩提树，心为明镜台。时时勤拂拭，勿使染尘埃。"惠能接着改为："菩提本非树，明镜亦非台。不劳勤拂拭，何处惹尘埃？"五祖惊讶地说："这才是完全的悟道，不经意而达到了无像的境界，我不用再忧虑了。"说完后就把法宝和所传的袈裟，全都交付给了惠能。

得真印　梁达摩奉佛衣来，得道者传付以为真印。六祖卢惠能受戒韶州，曹溪说法，乃置其衣而不传，后谥为大鉴。

【译文】梁朝时，达摩带着佛祖的僧衣前来，得到佛道真传的人把这件衣服当作真印传承。六祖卢惠能在韶州受戒，在曹溪说法，便把这件僧衣放置不传了，后来他被加谥号大鉴。

杨枝水　佛图澄天竺人，妙通玄术，善诵咒，能役使鬼神。石勒闻其名，召试其术。澄取钵盛水烧香，须臾，钵中生青莲花。

勒爱子暴病死，澄取杨枝洒而咒之，遂苏。

【译文】佛图澄是天竺人，精通法术，擅长诵咒，能够役使鬼神。石勒听说他的名声后，便召他来试验法术。佛图澄取出一个钵盛水烧香，片刻之后，钵中就长出了青莲花。

石勒的爱子患急病而死，佛图澄取来杨树枝洒水念咒，石勒的儿子便复活了。

披襟当箭 《传灯录》：石巩和尚常张弓架箭，以待学者。义思禅师诣之，石巩曰："看箭！"师披襟当之。巩笑曰："三十年张弓架箭，只射得半个汉。"

【译文】《传灯录》中记载：石巩和尚经常张弓搭箭，等待来学习的人。义思禅师拜访他时，石巩说："看箭！"义思禅师便敞开衣襟对着他。石巩笑着说："三十年张弓架箭，只射得半个汉。"

一坞白云 广严院咸泽禅师逍遥自足。僧曰："如何是广严家风？"师曰："一坞白云，三间茅屋。"

【译文】广严院的咸泽禅师过得逍遥自在。有个僧人问他："怎么样才是广严院的家风呢？"咸泽禅师说："一坞白云，三间茅屋。"

安心竟 可大师问初祖达摩曰："诸佛法印，可得闻乎？"祖曰："诸佛法印，匪从人得。"可曰："我心未宁，乞师与安。"祖曰："将心来，与汝安。"可良久曰："觅心了不可得。"祖曰："与汝安心竟。"

【译文】可大师问初祖达摩说："诸佛的法印，能够说给我听吗？"初祖说："诸佛的法印，不是从别人那里得到的。"可大师说："我的心无法安定，请师父帮我安心。"初祖说："你把心拿过来，我帮你安定。"可大师过了很久才说："我的心找不到了。"初祖说："我已经把你的心安放好了。"

求解脱 信大师礼三祖曰："愿和尚慈悲，乞与解脱法门。"祖曰："谁缚汝？"曰："无人缚。"祖曰："既无人缚，何更求解脱乎？"信于言下有省。

【译文】信大师礼拜三祖说："希望您大发慈悲，教我解脱的法门。"三祖说："谁束缚了你？"信大师说："没有人束缚我。"三祖说："既然没有人束缚你，为什么还要寻求解脱呢？"信大师听完此言就觉悟了。

入门来 世尊见文殊立门外，曰："何不入门来？"殊曰："我不见一法在门外，何以教我入门来？”

【译文】佛祖看见文殊菩萨站在门外，就问他：“你为什么不进门？”文殊菩萨说：“我在门外没有看见一种法，怎么能够让我入门呢？”

再转法轮 世尊临入涅槃，文殊请佛再转法轮。世尊咄云：“吾住世四十九年，不曾有一字与人。汝请吾再转法轮，是谓吾已转法轮耶？”

【译文】世尊快要涅槃时，文殊菩萨请他再转法轮。世尊训斥他说：“我留在世间四十九年，不曾给过别人一个字。你让我再转法轮，是说我已经转过法轮了吗？”

汝得吾髓 达摩将灭，命门人各言所得道。副曰：“如我所见，不执文字、不离文字而为道。”师曰：“汝得吾皮。”总持曰：“我今一见，更不再见。”师曰：“汝得吾肉。”道育曰：“四大本空，五阴非有，而我所见无一法可得。”师曰：“汝得吾骨。”最后慧可礼拜依位而立，师曰：“汝得吾髓。”

【译文】达摩将要圆寂时，命令弟子各自陈述自己所悟到的道。副座说：“比如我看到的，不执着于文字、也不离开文字就是道。”达摩说：“你只得到了我的皮毛。”总持说：“我今天看到的东西，日后就不会再看到了。”师曰：“你得到了我的肉。”道育说：“四大本来就是空的，色、受、想、行、识这五阴也从来就没有，而我所看到的东西没有一种方法能够得到。”达摩说：“你有了我的骨骼。”最后慧可礼拜达摩之后便站在座位旁边，达摩说：“你得到了我的精髓。”

不起无相 般若尊者问达摩：“于诸物中何物无相？”曰：“于诸物中不起无相。”

【译文】般若尊者问达摩说：“所有的物品中什么东西无相？”达摩说：“在众多物品间没有无相。”

洗钵盂去 僧问赵州，学人初入丛林，乞师指示。州曰：“吃粥了也未？”曰：“吃了也。”州曰：“洗钵盂去。”其僧乃悟入。

【译文】有个僧人问赵州法师，学生刚刚进入佛门，请求法师指教。赵州法师说：“你吃粥了吗？”那人说：“吃过了。”法师说：“那就去洗饭碗。”那个僧人恍然大悟。

使得十二时 僧问赵州："十二时中如何用心？"师曰："汝被十二时使，老僧使得十二时。"

【译文】有个僧人问赵州法师说："一天十二时辰中怎么用心？"法师说："你被十二个时辰所用，我则使用十二个时辰。"

天雨花 梁高僧讲经于天龙寺中，天雨宝花，缤纷而下。徐玉泉赠诗云："锡杖飞身到赤霞，石桥闲坐演三车（三车谓三乘，大乘、小乘、上乘）。一声野鹤仙涛起，白昼天风送宝花。"

【译文】梁朝高僧在天龙寺中讲经，天上下起了宝花，缤纷而落。徐玉泉赠送给他一首诗说："锡杖飞身到赤霞，石桥闲人坐三车（三车是指三乘，即大乘、小乘、上乘）。一声野鹤仙涛起，白昼天风送宝花。"

石点头 晋有异僧玉生者，又名竺道生，人称曰生公。讲经于虎丘寺，人无信者。乃聚石为徒，坐而说法，石皆点头。

【译文】晋代有一个叫玉生的异僧，又叫竺道生，人们称他为生公。他在虎丘寺讲经时，没有人信奉。玉生便把石头聚集起来作为信徒，坐地说法，石头全都点头回应。

龙听讲 梁有僧讲经，有一叟来听，问其姓氏，乃潭中龙也，云："岁旱得闲，来此听法。"僧曰："能救旱乎？"曰："帝封江湖，不得擅用。"僧曰："砚水可乎？"曰："可。"乃就砚吸水径去，是夕大雨，水皆黑。

【译文】梁时有个僧人在讲经时，有一个老人来听，老僧问他姓氏，老人说自己是潭中的龙，并且说："因为今年干旱，我才有空来听你说法。"僧人说："能挽救干旱吗？"龙说："天帝把江湖封给我，不能擅自使用。"僧人说："那么一砚台水可以吗？"龙说："这个可以。"于是拿着砚台吸水之后径自离开了，当天夜里下起大雨，雨水都是黑色的。

离此壳漏子 《传灯录》：洞山良价和尚将圆寂，谓众曰："离此壳漏子，向什么处相见？"众不对，师俨然坐化。

【译文】《传灯录》中记载：洞山良价和尚即将圆寂，对众人说："离开这副躯体后，还能在什么地方相见呢？"众人无法回答，法师已经庄严地坐化了。

只履西归　后汉二十八祖达摩，中天竺国佛法，起自初祖迦叶尊者，至达摩乃二十八祖。梁武帝大通元年始至中国，是为东土始祖，端居而逝。后三载，魏宋云使西域，归遇师于葱岭，手持只履，翩翩独逝，问师何往，曰："西天去。"明帝启其圹，惟一革履存焉。

【译文】后汉二十八祖达摩，中天竺国的佛法，源自初代祖师迦叶尊者，到达摩已经是二十八祖了。达摩在梁武帝大通元年（529年）才到达中国，所以他是东土的始祖，后来他在住处逝世。三年之后，北魏的宋云出使西域，归来时在葱岭遇到了达摩祖师，祖师的手上拿着一只鞋，翩然独行，宋云问祖师要去哪里，祖师说："去西天。"孝明帝打开他的坟墓，里面只剩下一只鞋。

阇维荼毗　天竺第九祖入灭，众以香油旃檀阇维真体。僧亡火化曰阇维，又曰荼毗。东坡宿曹溪，借《传灯录》读，灯花落烧一僧字，即以笔记台上："曹溪夜岑寂，灯下读传灯。不觉灯花落，荼毗一个僧。"

【译文】天竺的第九祖圆寂后，众人用香油和檀香焚化他的真身。僧人去世后火化称为阇维，也叫荼毗。苏轼停宿在曹溪时，借《传灯录》来看，灯花掉落烧掉了书上的一个"僧"字，就用笔在桌子上提诗："曹溪夜岑寂，灯下读传灯。不觉灯花落，荼毗一个僧。"

截却一指　天龙合掌顶礼拜问于古德，曰："敢问佛在何处？"古德曰："佛在汝指头上。"天龙竖一指朝夕观看。古德从背后截去其一指，天龙豁然大悟。后人曰："天龙截却一指，痛处即是悟处。"

【译文】天龙双手合十顶礼膜拜问古德："敢问佛在什么地方？"古德说："佛在你的指头上。"天龙竖起一根指头日夜观看。古德从背后砍断他的一根手指，天龙恍然大悟。后人说："天龙被砍下一根手指，痛的地方就是悟道的地方。"

吃在肚里　有老僧吃饭，人问之曰："和尚吃饭与常人异否？"僧曰："老僧吃饭，口口吃在肚里。"

【译文】有个老僧正在吃饭，有人问他："和尚吃饭与普通人一样吗？"僧曰："老僧吃饭，每一口都吃到肚子里。"

放生　北使李谐至梁，武帝与之游历。偶至放生处，帝问曰："彼国亦放生否？"谐曰："不取亦不放。"帝大惭。

【译文】北朝使者李谐到达梁朝，梁武帝与他一起游历。偶然来到放生的地方，梁武帝问他：“你们国家也放生吗？”李谐说：“不抓也不放。”梁武帝感到非常惭愧。

海鸥石虎 佛图澄依石勒、石虎，号大和尚。以麻油涂掌，占见吉凶数百里外，听浮屠铃声，逆知祸福。虎即位，师事之，时谓澄以石虎为海鸥鸟。

【译文】佛图澄大师依附石勒、石虎，自号大和尚。他把麻油涂在手上，就能占卜几百里外的吉凶，听到寺庙的铃声，就能够预知祸福。石虎即位之后，以师礼侍奉他，当时的人说佛图澄把石虎当作海鸥。

帝言日中 虎丘生公于石上讲经，宋文帝大会僧众施食，人谓僧律日过中即不食。帝曰：“始可中耳。”生公曰：“日丽天，天言中，何得非中？”即举箸而食。

【译文】虎丘的生公坐在石上讲经，宋文帝把僧人会集在一起施舍斋饭，有人说按照僧人的戒律太阳过了中午就不能吃饭了。文帝说：“太阳才刚刚到达中天。”生公说：“太阳附着于天，天子说太阳在中天，谁能说不在中天呢？”说完便拿起筷子开始吃饭。

碎却笔砚 李泌在衡山事明瓒禅师，瓒云：“欲学道者，先将笔砚碎却。”

【译文】李泌在衡山事奉明瓒禅师，明瓒禅师说：“想要学道，就要先把笔砚砸碎。”

六道 释家有六道轮回之说，曰天道、人道、魔道、地狱道、饿鬼道、畜生道。

【译文】佛家有六道轮回的说法，所谓的六道是指天道、人道、魔道、地狱道、饿鬼道、畜生道。

捱日庵 善导和尚庵名捱日，示众云：“体此二字，一生受用。”

【译文】善导和尚的庵名叫“捱日”，他对众人说：“能够体会这两个字的真正含义，就能受用终身。”

抱佛脚 云南之南一番国，俗尚释教。有犯罪当诛者，趋往寺中，抱佛脚悔过，愿髡发为僧，即贳其罪。今谚曰：“闲时不烧香，急来抱佛脚。”

本此。

【译文】云南的南边有一个番国，风俗崇尚佛教。有犯罪应该被诛杀的人，就会被押解到佛寺中，抱着佛脚悔过，如果愿意削发为僧，所犯罪行就能得到赦免。现在有谚语说“平时不烧香，急来抱佛脚”就是源于这里。

九日杜鹃 唐周宝镇润州，知鹤林寺杜鹃花奇绝，谓僧殷七七曰：“可使顷刻开花副重九乎？”七七曰：“诺。”及九日，果烂熳如春。

【译文】唐朝周宝管辖润州，知道鹤林寺的杜鹃花十分绝妙，便对僧人殷七七说：“你能让这些花在顷刻间开放来应和重阳节吗？”七七说：“可以。”到九月九日那天，杜鹃花果然开得如同春天一样烂漫。

摩顶止啼 宋安东人娄道者，生有异相，掌中一目，中指七节，长为承天寺僧。尝召入大内，适仁宗生，啼哭不止，摩其顶曰：“莫叫，莫叫，何似当初莫笑。”啼遂止。

【译文】宋代安东有个叫娄道的人，天生就长相奇异，手掌中间长了一只眼睛，中指有七节，长大后做了承天寺的僧人。皇帝曾经召他进入皇宫，当时正好宋仁宗出生，不停地啼哭，娄道抚摸着他的头顶说：“莫叫，莫叫，何似当初莫笑。”宋仁宗便不哭了。

玉带镇山门 了元号佛印，住金山寺，苏轼访之。了元曰：“内翰何来？此间无坐处。”轼戏曰：“借和尚四大作禅床。”了元曰：“四大本空，五蕴非有。”轼投以玉带镇山门，了元报以一衲。

【译文】了元法号佛印，住在金山寺，苏轼有一次拜访他。了元说：“苏翰林来这里做什么呢？我这里没有能坐的地方。”苏轼开玩笑说：“那就借和尚的‘四大’作为禅床吧。”了元说：“‘四大’本来就是空的，‘五蕴’也是没有的。”苏轼就留下一条玉带镇守山门，了元回赠给他一件僧衣。

白土杂饭 新罗国僧金地藏，唐至德间渡海，居九华山，取岩间白土杂饭食之。九十九日忽召徒众告别，坐化函中。后三载开视，颜色如生，舁之，骨节俱动。

【译文】新罗国的僧人金地藏，唐朝至德年间渡海来到中原，居住在九华山，取山岩间的白土和饭混在一起吃。九十九天后突然召集众徒弟告别，在棺材中坐化。三年后打开棺材查看，只见他的面色如同生前一样，抬起时，骨节都还能动。

涤肠 小释迦保昌黎氏子，九岁入山，精修五载得悟。一日归省其母，啖之肉，出至溪中，以刀刳肠涤净，唐赐号澄虚大师。

【译文】小释迦是保昌黎氏的儿子，九岁进入山门，精修五年佛法得以悟道。有一天他回家看望母亲，吃了肉，出门后来到溪边，用刀剖开肠子洗涤干净，唐朝赐他法号澄虚大师。

释解 文通慧姓张，弃家祝发，师令掌厕盥盆。忽有市鲜者沃于盆，文偶击之，仆地死。文惧，奔西华寺，久之，为长老。忽曰："三十年前一段公案，今日当了。"众问故，曰："日午自知之。"一卒持弓至法堂，瞠目视文，欲射之。文笑曰："老僧相候已久。"卒曰："一见即欲相害，不知何仇？"文告以故，卒悟曰："冤冤相报何时了，劫劫相缠岂偶然。不若与师俱解释，如今立地往西天。"视之立逝矣，文即索笔书偈而化。

【译文】文通慧俗姓张，剃发出家后，师父让他管理厕所的洗手盆。忽然有个卖鱼的人在盆里洗鱼，文通慧随手打了他一下，那人就倒在地上死了。文通慧十分害怕，就逃到西华寺去了，很久之后，成了寺里的长老。有一天他忽然说："三十年前的一件案子，现在应该了结了。"众人问他是什么，文通慧说："到了中午你们自然就知道了。"到了中午，有一个士兵拿着弓箭进入法堂，怒目瞪着文通慧，想要用箭射他。文通慧笑着说："老和尚已经等了很久了。"那士兵说："我一见你就想杀你，不知道我们之间有什么仇怨？"文通慧便把原因告诉了他，那士兵恍然大悟说："冤冤相报何时了，劫劫相缠岂偶然。不若与师俱解释，如今立地往西天。"再看时那士兵已经死了，文通慧也马上要来笔写下偈语后坐化了。

冤家亦生 宝志，梁武帝师事之。皇子生，志曰："冤家亦生矣。"后知与侯景同日生。

【译文】梁武帝用师礼来侍奉宝志。皇子出生后，宝志说："冤家也出生了啊。"后来才知道皇子和侯景是同一天出生的。

正大衍历 一行从普寂禅师为徒。唐玄宗召问曰："卿何能？"对曰："善记览。"即以宫人籍试之，一无所遗，玄宗呼为"圣人"。汉洛下闳造《大衍历》云："历八百岁当差一日，有出而正之者。"一行当其期，乃定

《大衍历》。

【译文】一行作为徒弟跟随普寂禅师。唐玄宗召他问道："你擅长做什么？"一行回答说："善于记忆。"唐玄宗便用宫人的名册来测试他，没有一个遗漏的，被玄宗称为"圣人"。汉朝洛下闳制定《大衍历》时说："八百年后会产生一天的误差，到时候就会有人出现修正。"一行正好就在这个时候出现，于是修订了《大衍历》。

雨随足注　莲池名袾宏，沈氏子，为诸生，辞家祝发。见云栖幽寂，结茅以居，绝粮七日，倚壁危坐。云栖多虎，皆远徙。岁旱，击木鱼循田念佛，雨随足迹而注。人异之。遂成兰若，专以净土一门普摄三根。著述甚多，诸方尊为法门周、孔。

【译文】莲池原名袾宏，是沈氏的儿子，开始是一名学校的生员，后来辞家削发为僧。他见云栖山十分幽静，就在那里建了一座草屋居住，绝食七天，靠着墙壁端坐。云栖山上有很多老虎，全都迁徙到了远处。有一年大旱，莲池敲着木鱼绕着田地念佛，大雨跟随他的足迹从天而降。人们都觉得十分神异，于是为他建造了一座寺庙，专门以净土一门佛法方便各色人等修行。他的著述很多，各地方的人都尊崇他为佛教的周公和孔子。

为让帝剃发　南州法师名博洽，山阴人，禅定之余，肆力词章，居金陵。靖难时，金川门开为建文君剃发。文皇闻而囚之十余年。姚荣靖临革，上临视，问所欲言，于榻上叩首曰："博洽系狱久矣。"上即日出之。仁宗即位，数被召问，宣德中留偈而化。

【译文】南州法师本名博洽，是山阴人，除了禅修之外，他还全力研究诗文，居住在金陵。靖难时期，他曾经打开南京金川门为建文帝剃度。朱棣听说这件事后囚禁了他十几年。姚广孝临死前，朱棣前去看望他，问他还有什么遗言，姚广孝在床上磕头说："博洽被关在监狱中太久了。"朱棣当天就释放了博洽。明仁宗即位后，多次召问博洽，宣德年间博洽留下偈语后坐化了。

赍药僧　住得号赤脚僧，常居庐山。洪武间，上不豫，住得赍药诣阙，谓天眼尊者及周颠仙所奉，上服之，立愈，御制诗赐之。

【译文】住得自号赤脚僧，经常居住在庐山。洪武年间，明太祖身体抱恙，住得带着药到达皇宫，说这药是天眼尊者和周颠仙奉送的，太祖服药之后，病马上就好了，亲自写了一首诗赐给他。

乞宥沙弥 冰蘖名维则，洪武二十五年，上命凡天下僧人有名籍者，皆要俗家余丁一人充军。维则时进偈七章，其七曰：“天街密雨却烦嚣，百稼臻成春气饶。乞宥沙弥疏戒检，袈裟道在祝神尧。”上览偈，为收成命。

【译文】冰蘖原名维则，洪武二十五年，明太祖下令凡是天下有户籍的僧人，家里都要留出一个人充军。维则当时进奏了七首偈语，第七首写的是：“天街密雨却烦嚣，百稼臻成春气饶。乞宥沙弥疏戒检，袈裟道在祝神尧。”明太祖看完偈语后，便为此收回了已经下达的命令。

日月灯 王介甫尝见举烛，因言：“佛书有日月灯光明佛，灯光岂得配日月？”吕吉甫曰：“日昱乎昼，月昱乎夜，灯光昱乎昼夜，日月所不及，其用无差。”介甫大以为然。

【译文】王安石曾经看到有人举着蜡烛，于是说：“佛经中有‘日月灯光明佛’的说法，灯光怎么能够和日月相提并论呢？”吕惠卿说：“太阳照亮白天，月亮照亮夜晚，灯光却能够照亮昼夜，这是太阳和月亮比不上的，所以它们的作用没有什么区别。”王安石觉得他说得非常对。

卧佛 《涅槃经》云：“如来背痛，于双树间北首而卧。”故后之图绘者为此像。晋庾公尝入佛图，见卧佛，曰：“此子疲于津梁。”于时以为名言。

【译文】《涅槃经》中说：“如来背痛，就在两棵树间头朝北躺下。”所以后来的画师都根据这段记载来给如来画像。晋朝庾亮曾经进入寺庙，看到佛祖卧像时说：“这个人因为普度众生而太过疲劳。”当时的人都把这句话当作名言。

忘情 张玄之、顾敷，是顾和中外孙，皆少而聪慧，和并知之，而尝谓顾胜于张。时张九岁，顾七岁。和与之俱至寺中，见佛般泥洹像，弟子有泣者，有不泣者。和以问二孙。玄谓：“被亲，故泣；不被亲，故不泣。”敷曰：“不然。当由忘情，故不泣；不能忘情，故泣。”

【译文】张玄之、顾敷，分别是顾和的孙子和外孙，两人从小都非常聪慧，顾和很了解他们，但他曾经说顾敷要胜过张玄之。当时张玄之九岁，顾敷七岁。顾和带着顾敷与张玄之一起来到寺院，看到佛祖涅槃的塑像，塑像旁边的弟子有哭泣的，也有不哭的。顾和问两个孙子的看法。张玄之说：“有的人受佛祖宠信，所以哭泣；有的人没有受到宠信，所以才不哭。”顾敷说：“我觉得不是这样。应该是有的人已经做到了忘情，所以不哭；有的人不能忘情，所以才会哭。”

天女散花 《维摩经》云：会中有天女散花，诸菩萨悉皆堕落，至大弟子便着不堕。天女曰：“结习未尽，故花着身；结习尽者，花不着身。”

【译文】《维摩经》中说：法会中有个天女散花，众位菩萨身上的花全都掉落了，到大弟子那里花便附着在身上没有掉落。天女说：“因为烦恼没有除尽，所以花会粘在身上；烦恼除尽的人，花就不会粘在身上。”

三乘 法门曰大乘、中乘、小乘。乘乃车乘之乘。阿罗汉独了生死，不度众人，故曰小乘；圆觉之人，半为人半为己，故曰中乘；菩萨为大乘者，如车之大者，能度一切众生。故曰三车之教。

【译文】佛家有大乘、中乘、小乘的说法。乘就是车乘的乘。阿罗汉只了解了自己的生死，不能普度众生，所以叫作小乘；达到圆觉的人，一半为别人，一半为自己，所以叫作中乘；菩萨作为大乘者，就像大车一样，能够普度一切众生。所以佛教也被称为三车之教。

三空 三空，生、法、俱也。

【译文】三空是指生、法、俱。

三慧 三慧，闻、思、修也。

【译文】三慧是指闻、思、修。

三身 三身，法、报、化也。

【译文】三身是指法、报、化。

三宝 三宝，佛、法、僧也。

【译文】三宝是指佛、法、僧。

三界 三界，欲界、色界、无色界也。

【译文】三界是指欲界、色界、无色界。

三毒 三毒，贪、嗔、痴也。

【译文】三毒是指贪、嗔、痴。

三漏 三漏，欲漏、有漏、无明漏也。

【译文】三漏是指欲漏、有漏、无明漏。

三业 三业，身、口、意也。

【译文】三业是指身、口、意。

三灾 三灾，饥馑、疾疫、刀兵也。

【译文】三灾是指饥馑、疾疫、刀兵。

三大灾 三大灾，火、水、风也。

【译文】三大灾是指火灾、水灾、风灾。

弩目低眉 薛道衡游开善寺，谓一沙弥曰："金刚何以弩目？菩萨何以低眉？"沙弥曰："金刚弩目，所以摄服群魔；菩萨低眉，所以慈悲六道。"

【译文】薛道衡游览开善寺时，对一个小和尚说："金刚为什么怒目而视？菩萨为什么低眉垂眼？"沙弥说："金刚怒目，是为了震慑群魔；菩萨低眉，是为了用慈悲度化六道。"

速脱此难 《大集》云：昔有一人避二难：醉众生死，缘藤（命根）入井（无常），有黑白二鼠（日、月）嚼藤将断，旁有四蛇（四大）欲螫，下有三龙（三毒）吐火张爪拒之。其人仰望二象，已临井上，忧恼无托。忽有蜂过，遗蜜滴入口（五欲），是人接蜜，全忘危惧。知人见此，各宜修行，速脱此难。

【译文】《大集经》中说：曾经有个人想要避开两种灾难：如醉的众生与生死，他抓着藤条（象征命根）进入井中（象征无常），有黑白两只老鼠（象征日、月）啃藤条，即将咬断，旁边还有四条蛇（象征道、天、地、人四大）想要咬他，井下还有三条龙（指贪、嗔、痴三毒）嘴里吐着火，张牙舞爪地阻止他。那个人仰头看天，已经到达井边，忧愁烦恼快要过去了。忽然有蜜蜂飞过，一滴蜜掉到井口（象征财、色、名、食、睡五欲），那人接住蜂蜜，全然忘记了危险和恐惧。有智慧的人看到这些，就应该各自努力修行，赶快摆脱这种劫难。

五蕴皆空 五蕴者，就众生所执根身器界质碍形量之物名为色；以现前领纳违顺二境，能生苦乐者名受；以缘虑过现未三世境者名想；念念迁流，新新不住者名行；明了分别者名识。五者皆能盖覆真性，封蔀妙明，故总谓之蕴，亦名五阴，亦名五众。

【译文】五蕴是指：众生所执着的本质有形状与数量的物质，称为色蕴；以现在身心领受顺境与逆境，能够生出苦乐心称为受蕴；用缘法思考过去、现在、未来三世境遇称为想蕴；色身不断迁流变化，新的念头不断产生称为行蕴；能够明了事物之间的区别叫作识蕴。这五蕴都能够覆盖人的真性，覆盖妙明之心，所以总称为五蕴，也叫五阴，也叫五众。

慧业文人　会稽太守孟颉事佛精恳，而为谢灵运所轻。谢尝语曰："得道应须慧业文人，卿生天在灵运前，成佛当在灵运后。"

【译文】会稽太守孟颉精诚信奉佛祖，因此被谢灵运所轻视。谢灵运曾经对他说："得道者必须得是和文字结下业缘的文人，你虽然死后转生天道在我谢灵运前面，但成佛应该在我谢灵运后面。"

拔絮诵经　佛图澄左乳旁有一孔，通彻腹内，常塞以絮。至夜欲诵经，则拔絮，一空洞明；或过水边，引肠洗之，复纳入。

【译文】佛图澄大师左边的乳房有一个孔，一直连接到腹内，他经常用棉絮塞起来。到夜里想要诵经时，就拔出棉絮，就会洞然明澈；有时候经过水边，他还会把肠子从洞里拉出来清洗，之后再重新塞进去。

世尊生日　《周书异记》：周昭王二十四年四月八日，山川震动，有五色光入贯太微。太史苏由奏曰："有大圣人生于西方，一千年外，声教及此。"即佛生之日也。穆王五十三年二月十五日，天地震动，西方有白虹十二道连夜不灭。太史扈多曰："西方有大圣人灭度，衰相现耳。"此时佛涅槃也。

【译文】《周书异记》中记载：周昭王二十四年四月八日，山川震动，有五色光横贯太微星。太史苏由上奏说："有大圣人出生在西方，一千年之后，他的声威和教化就会传到这里。"那一天就是佛祖的生日。周穆王五十三年二月十五日，天地震动，西方出现了十二道白虹日夜不灭。太史扈多说："西方有大圣人要灭度了，衰相已经出现。"此时正是佛祖涅槃的时候。

悉达太子　《异记》又云：天竺迦维卫国净饭王妃，梦天降金人，遂有孕，于四月八日太子生于右胁；名悉达多。年十九，入檀特山修行证道，至穆王三年明星出时成佛，号世尊。于熙连河说《大涅槃经》，以正法眼藏将金缕僧伽黎衣传与弟子大迦叶，为第一世祖。穆王五十三年二月十五日，往拘尸城娑罗树间入般涅槃，在世教化四十九年，是为释迦牟尼，姓刹利。

【译文】《周书异记》中又说：天竺迦维卫国净饭王妃，梦到天上降下一个金人，于是便有了身孕，在四月八日那天剖开右胁生下太子，取名悉达多。十九岁那年，悉达多进入檀特山修行，追求大彻大悟的极致之道，到周穆王三年明星出现时成佛，法号世尊。在熙连河讲《大涅槃经》，用“正法眼藏”将金缕僧伽黎衣传给弟子大迦叶，他就是第一世祖。周穆王五十三年二月十五日，佛祖前往拘尸城娑罗树间涅槃，在世上施行教化共四十九年，他就是释迦牟尼，姓刹利。

六祖 初祖达摩，二祖慧可，三祖僧灿，四祖道信，五祖弘忍，六祖慧能。一祖一只履，二祖一只臂，三祖一罪身，四祖一只虎，五祖一株松，六祖一张碓。梁武大通元年，达摩来自西土，以袈裟授慧可，曰：“如来以正法眼藏付迦叶，展转至我，今付汝。吾灭后二百年，衣止不传。”遂说偈曰：“我本来兹土，传法救迷情。一花开五叶，结果自然成。”

【译文】初代祖师是达摩，二代祖师是慧可，三代祖师是僧灿，四代祖师是道信，五代祖师是弘忍，六代祖师是慧能。一祖留下一只鞋，二祖只有一条手臂，三祖全身是疮，四祖借虎说法，五祖的前世是栽松道人，六祖踏碓而领悟。梁武帝大通元年（529年），达摩从西域来到中原，把袈裟传给慧可，说：“如来佛祖用‘正法眼藏’把衣钵交付给弟子迦叶，辗转到了我这里，现在我把它托付给你。我死后二百年，衣钵就会停止不再传承了。”于是说偈语道：“我本来兹土，传法救迷情。一花开五叶，结果自然成。”

佛始生 周昭王之二十四年至孝王元年佛入涅槃，始佛著于经。汉武帝得休屠祭天金人，始佛像入中国。周穆王时，始西极国化人来。秦始皇时，始沙门室利房等至，皇囚之，夜有金人破户出。至汉明帝，始以僧天竺摩腾入中国。隋文帝始西域大食入中国（回回教门）。元魏始作大佛像，高四十三尺，用黄金、铜。五代宗作罗汉像用铁。

【译文】周昭王二十四年至周孝王元年佛祖涅槃，才开始把佛祖的名字写进经书中。汉武帝得到休屠王祭天的金人，佛像才开始传入中国。周穆王时，西极国的僧人才开始前来。秦始皇时，僧人室利房等人来到中国，秦始皇囚禁了他们，夜里有金人破门而出。到汉明帝时，僧人天竺摩腾才进入中国。隋文帝时期，西域和大食开始进入中国（属于伊斯兰教）。元魏时期开始制造大佛像，高四十三尺，用黄金和铜制成。五代推崇用铁来制作罗汉像。

佛制　后秦始尊鸠摩罗什为法师，宋徽宗称为德士。汉灵帝时安世高始立戒律，魏朱士行始中国人受戒。后魏始立戒坛，宋太祖别立尼戒坛。

【译文】后秦开始尊奉鸠摩罗什为法师，宋徽宗把僧人称为德士。汉灵帝时，安世高开始创制戒律，从魏国的朱士行开始中国人才受戒。后魏开始创立戒坛，宋太祖又另外创立了尼戒坛。

汉明帝始听阳城侯刘峻女出家，石虎听民为僧、尼，唐睿宗度公主为道士。

【译文】汉明帝最初听任阳城侯刘峻的女儿出家，石虎听任百姓成为僧、尼，唐睿宗度公主成为道士。

后魏太祖始授僧官，隋文帝制僧官十统，唐制两僧录司，唐武后始令僧尼隶礼部，唐玄宗始给度牒。

【译文】后魏太祖开始设立僧官，隋文帝制定了僧官十统，唐朝设立了两个僧录司，唐朝武则天开始诏令僧尼隶属礼部，唐玄宗开始给僧尼发放度牒。

汉章帝时，西域僧作数珠，象一年十二月、二十四气、七十二候，共一百单八。五代僧志林作木鱼。

【译文】汉章帝时期，西域的僧人制作了念珠，代表一年中的十二个月、二十四个节气、七十二个节候，共一百零八颗珠子。五代时期的僧人志林制作了木鱼。

汉武帝尚南越，始禁咒，唐中宗时西京始投筊。（时寿安墨石山有灵神祠，过客投筊仰吉。）

【译文】汉武帝崇信南越方术，才有了禁咒之术，唐中宗时期，西京长安才开始投筊占卜。（当时寿安的墨石山有座灵神祠，路过的客人向里面投筊来求吉利。）

唐太宗遣玄奘往西域取诸经像。至罽宾国，道险不可过，玄奘闭室而坐，忽见老僧授以《心经》一卷，令诵之，遂虎豹潜迹。至佛国，取经六百部以归。

【译文】唐太宗派遣玄奘前往西域求取佛经和法像。玄奘到达罽宾国时，道路艰险无法通过，玄奘便关上门坐在屋里，忽然见到一个老僧来传授给他

《心经》一卷，让他诵读，于是虎豹都销声匿迹了。玄奘到达佛国后，取到六百部经书回国。

孰为大庆法王 傅珪为大宗伯时，武宗好佛，自名“大庆法王”。番僧奏请腴田千亩为下院，批礼部议，而书大庆法王，与圣旨并。珪佯不知，劾番僧曰：“孰为大庆法王，敢与至尊并书，不大敬！”诏勿问。

【译文】傅珪任大宗伯（礼部尚书）时，明武宗好佛事，给自己取名“大庆法王”。番僧上奏请求千亩良田建造寺庙，武宗批示礼部讨论，署名“大庆法王”，和圣旨放在一起。傅珪假装不知道，弹劾番僧说：“谁是大庆法王，竟敢和天子的名字写在一起，这是大不敬之罪！”武宗下诏说不要问罪。

医

三药 《神农经》：上药养命，谓五石之炼形，五芝之延年也；中药养性，谓合欢之蠲忿，萱草之忘忧也；下药治病，谓大黄之除实，当归之止痛也。

【译文】《神农经》中记载：上等药可以养命，说的是用丹砂、雄黄、白矾、曾青、慈石这五石可以修炼形体，用龙仙芝、参成芝、燕胎芝、夜光芝、玉芝这五种灵芝来延年益寿；中等药可以养人性情，说的是合欢花可以消除愤怒，萱草可以使人忘记忧愁；下等药治病，说的是大黄可以消除积食，当归可以止痛。

君臣佐使 凡药有上中下之三品，凡合药宜用一君、二臣、三佐、四使，此方家之大经也。必辨其五味、三性、七情，然后为和剂之节。五味谓咸、酸、甘、苦、辛。酸为肝，咸为肾，甘为脾，苦为心，辛为肺，此五味之属五脏也。三性谓寒、湿、热。七情有独行者，有相须者，有相使者，有相畏者，有相恶者，有相反者，有相杀者，其用又有使焉。汤丸酒散，视其病之深浅所在而服之。

【译文】凡是药皆分为上、中、下三品，配药的时候要用一份君药、二份臣药、三份佐药、四份使药，这是医家开药的准则。还必须会辨别药材的五味、三性、七情，然后作为配药的依据。五味指的是咸、酸、甘、苦、辛。酸对应肝，咸对应肾，甘对应脾，苦对应心，辛对应肺，这是五味对应五脏。三性指的是寒、湿、热。七情有独自运行的，有相互配合的，也有相互役使的，有相互排斥的，有相互抵消的，有药性相反的，有相互制约的，它的功用又需要物辅佐了。至于使用汤、丸、酒、散中的哪一种，要根据病情的深浅和所在的位置让病人服用。

砭石 梁金元起欲注《素问》，访以砭石，王僧孺曰："古人常以石为针，不用铁；季世无佳石，故以铁代石。"

【译文】梁朝金元起想要给《素问》做注解，便向人请教治病用的砭石，王僧孺说："古人经常把石做成针，而不使用铁；后世没有品质好的石头，所以只能用铁代替石。"

病有六不治 骄恣不论于理，一不治也；轻身重财，二不治也；衣食不能适，三不治也；阴阳并藏气不定，四不治也；形羸不能服药，五不治也，信巫而不信医，六不治也。

【译文】有六种病不治：一不治骄横放任、蛮不讲理的人；二不治轻视身体、重视财物的人；三不治穿衣吃饭没有节制的人；四不治阴阳错乱、脉气不稳定的人；五不治身体羸弱，已经无法服药的人；六不治相信巫术不相信医师的人。

兄弟行医 魏文侯问扁鹊曰："子昆弟三人，孰最善为医？"对曰："长兄病视神，未有形而除之，故名不出于家。仲兄治病，其在毫毛，故名不出于闾。若扁鹊者，镵血脉，投毒药，副肌肤，故名闻于诸侯。"文侯曰："善！"

【译文】魏文侯问扁鹊说："你家中兄弟三人，谁的医术最好？"扁鹊回答说："大哥看病时观测病人的神气，病还没有苗头的时候就已经被治好了，所以大哥的名声没有传出我家。二哥看病时，疾病刚刚露出端倪就治好了，所以他的名声没有传出里巷。像我这样，刺破人的血脉，喂人毒药，破坏肌肤，所以连诸侯都知道我的名字。"魏文侯说："说得太好了！"

见垣一方 扁鹊少时遇长桑君，出怀中药，饮以上池之水，三十日，视见垣一方人。以此视病，尽见五脏症结，特以诊脉为名耳。见垣一方，犹言隔墙见彼方之人也。

【译文】扁鹊小时候遇到长桑君，长桑君从怀里取出药，让他用上池的水送服，三十天后，扁鹊就能看到墙壁另一面的人。用这种方法来看病，能够看到病人五脏中所有的症结，但扁鹊只是以诊脉为名罢了。见垣一方，就是说隔着墙能看到另一边的人。

病在骨髓 扁鹊适齐，桓侯客之。入见，曰："君有疾在腠理，不治将深。"侯曰："寡人无疾。"后五日复见，曰："君之疾在血脉矣。"侯曰："无疾。"后五日复见，曰："君之疾在肠胃矣。"侯曰："无疾。"后五日复见，望见桓侯，却走曰："君之疾已在骨髓，此汤熨、针石、酒醪之所不及也。"数日后，侯病剧，召扁鹊，鹊已逃去。侯遂死。

【译文】扁鹊到达齐国，蔡桓公把他当作客人接待。扁鹊入朝觐见，说："您的肌理间有些小病，如果不治恐怕会加深。"蔡桓公说："我没有生病。"五天之后扁鹊又去拜见，说："您的病在血脉中了。"蔡桓公说："我没有生病。"又过了五天，扁鹊去拜见，说："您的病在肠胃了。"蔡桓公说："我没有生病。"又过了五天，扁鹊远远地看到蔡桓公，马上退走说："大王的病已经在骨髓中了，这是汤熨、针石、药酒都无法到达的地方。"几天之后，齐桓公的病情加剧，派人去召扁鹊，扁鹊已经逃走了。齐桓公最后病死了。

扁鹊被刺 扁鹊名闻天下。过邯郸，闻贵妇人，即为带下医；过洛阳，闻周人爱老人，即为耳目痹医；来入咸阳，闻秦人爱小儿，即为小儿医。随俗为变。秦太医令李醯，自知伎不如扁鹊，使人刺杀之。

【译文】扁鹊名扬天下。经过邯郸时，听说这里的人重视妇女，便治疗妇科病；经过洛阳时，听说这里的人敬爱老人，便治疗耳朵和眼睛的疾病；进入咸阳后，听说这里的人喜爱小孩，就开始治疗儿童病。总之，跟随地方的习俗而变。秦国的太医令李醯，知道自己的医术比不上扁鹊，就派人刺杀了他。

病入膏肓 晋侯求医于秦，秦伯使医缓治之。未至，公梦二竖子曰："彼良医也，惧伤我，焉逃之？"其一曰："居肓之上、膏之下，将若我何？"医至，曰："疾不可为也。在肓之上、膏之下，攻之不可达，针之不可及，药不至焉。”公曰：“良医也！”厚礼而归之。

【译文】晋侯向秦国求医，秦伯派遣医生缓为他治病。还没到达时，晋侯梦到两个童仆说：“他是个良医，我怕他伤到咱们，应该躲到哪里去呢？”其中一个说：“咱们躲到肓的上面、膏的下面，他能把我们怎么样呢？”医生到达后说：“您的病已经无法救治了。病根在肓之上、膏之下，想要攻击却到不了那里，针石不行，药力也到不了那里。”晋侯说：“您真是一位良医啊！”于是赠送他厚礼后让他回去了。

姚剂三解　后周姚僧垣善医。伊娄自腰至脐，似有三缚。僧垣处三剂，初服，上缚即解；次服，中缚即解；又服，三缚悉除。

【译文】后周的姚僧垣精通医术。伊娄从腰到肚脐，就像被三道绳索绑住了一样。姚僧垣给他开了三剂药，服用第一剂后，上面的束缚马上解开了；服用第二剂后，中间的束缚马上解了；服用最后一剂后，三道束缚全都解除了。

太仓公　姓淳于，名意；为人治病，立决死生，多奇中，用药若神。

【译文】太仓公姓淳于，名意；为人治病时，立刻就能断决生死，大多十分准确，用药也非常灵验。

东垣十书　李杲传易州张元素之秘业，士大夫非危急之疾，不敢谒，时以神医目之。所著有《东垣十书》。

【译文】李杲传承了易州张元素的秘方，士大夫如果不是得了非常危急的病，都不敢去找他，当时的人都把他看作神医。他撰写了《东垣十书》。

刮骨疗毒　华佗：疾在肠胃不能散者，饮以药酒，割腹湔洗积滞，傅神膏合之，立愈。如割关侯臂而去毒，针曹操头风而去风是也。

【译文】华佗说：病在肠胃不能消散时，要先饮用药酒，接着切开腹部洗涤积聚滞留的东西，最后敷上神膏缝合，立刻就会好。比如割开关羽的胳膊刮骨疗毒，用针灸治疗曹操的头风去掉头风病，用的都是这种方法。

医国手　《国语》：晋平公有疾，秦伯使人视之，赵文子曰：“医及国家乎？”对曰：“上医医国，其次救人，固医职也。”

【译文】《国语》中记载：晋平公患病，秦伯派人前去看病，赵文子说：“你能够医治国家吗？”使者回答说：“上等医师医治国家，中等医师救人，这本来就是医师的职责。”

杏林 《庐山记》：董奉每治人病，病愈，令种杏一株，遂成林。奉后成仙，上升。

【译文】《庐山记》中记载：董奉每次给人治病，等病痊愈之后，都要让人种下一棵杏树，最后成了杏林。董奉后来成仙，飞升而去。

徙痈 薛伯宗善徙痈疽。公孙泰患背疽，伯宗为气封之，徙置斋前柳树上。明日疽消，而树起一瘤如拳大。稍稍长二十余日，瘤大溃烂，出黄赤汁斗许，树为委损矣。

【译文】薛伯宗擅长转移人身上的毒疮。公孙泰患了背疽，薛伯宗就用气封住，转移到了屋前的柳树上。第二天背疽就消失了，树上却起了一个拳头大小的瘤子。慢慢长了二十多天后，瘤子长大溃烂，流出一斗多黄赤色的汁液，那棵树也因此枯萎了。

橘井 晋苏耽种橘凿井，以疗人疾。时病疫者，令食橘叶，饮井水，即愈。世号“橘井”。

【译文】晋朝苏耽种植橘子，挖凿水井，用来给人治病。当时得了瘟疫的人，他就让病人吃橘叶，喝井水，病马上就好了。世人称为“橘井”。

肘后方 葛洪抄《金匮方》百卷，《肘后要急方》四卷。

【译文】葛洪抄录了《金匮方》一百卷，《肘后要急方》四卷。

千金方 孙真人愈龙疾，授以《龙宫秘方》一卷，治病神验，后集为《千金方》传世。

【译文】孙思邈治好了龙的病，被授予《龙宫秘方》一卷，依此治病极其灵验，后来汇编成《千金方》传承后世。

照病镜 叶法善有铁镜，鉴物如水。人有疾以镜照之，尽见脏腑中所滞之物，然后以药治之，疾即愈。

【译文】叶法善有一面铁镜，照东西像水面一样清楚。患病的人用这面镜子去照，能够看到五脏六腑中所有滞留的东西，再用药救治，病马上就会好。

医称郎中 郎中知五府六部事，医人知五脏六腑事，故医人亦称郎中。北人因郎中而遂称大夫。

【译文】做郎中要知道朝廷五府六部的事，医师要知道人体内五脏六腑的事，所以医师也被称为郎中。北方人又因为郎中的叫法而称医师为大夫。

鄿水名医　庞安常，宋神、哲间驰名京邸，于书无所不读，而尤精于《伤寒》，妙得长沙遗旨。性豪俊，每应人延请，必驾四舟，一声伎，一厨传，一宾客，一杂色工艺之人，日费不赀。

【译文】庞安常，在宋朝神宗和哲宗年间驰名京城，对于医书无所不读，尤其精通《伤寒论》，尽得张仲景的精华。他性格豪爽，每次接受别人的邀请时，必然会驾着四艘船，一艘船上载着歌姬，一艘载着厨师和传菜的人，一艘载着宾客，还有一艘载着各种艺人，每天都要耗费很多钱财。

始制　俞跗，始为医割皮肌湔涤脏腑。后仓公解颅，卢医剖心，华佗祖之。黄帝始制针灸，神农始命僦贷季（岐伯师也）理色脉，巫彭始制丸药。伊尹始制煎药，秦和（战国人）始制药方。

【译文】俞跗开始在行医时割开皮肤和肌肉洗涤内脏。后来仓公开始解剖头颅，扁鹊开始解剖心脏，华佗继承了这些医术。黄帝开始创制针灸，神农开始让僦贷季（岐伯的老师）调理面色和脉象，巫彭开始制造药丸。伊尹创制煎药，秦和（战国人）创制药方。

医谏　高鳌，正德时为太医院医士。上将南巡，鳌以医谏。上怒曰："鳌我家官，亦附外官梗朕耶？"命杖之百而戍乌撒。世宗改元，召还复职。时有星官杨源，亦以占候谏死戍所。

【译文】高鳌，正德年间在太医院任医士。皇帝准备南巡，高鳌用医士的身份来劝谏他。皇帝生气地说："高鳌，你是我的内官，难道也要附和外官来阻止我吗？"于是命人打了他一百杖发配到乌撒戍边。明世宗登基改元，把他召回，官复原职。当时有个叫杨源的星官，也因为以占候的身份进谏而死在谪戍的地方。

历代名医图赞

伏羲氏赞 茫茫上古，世及庖牺。始画八卦，爰分四时，究病之源，以类而推。神农之降，得而因之。

【译文】茫茫上古，上推到伏羲（庖牺）。他最先画出八卦，把一年分成四季，探究病源，寻找规律，以此类推。神农出现，得而沿袭。

神农氏赞 仰惟神农，植艺五谷，斯民有生，以化以育，虑及夭伤，复尝草木，民到于今，悉沾其福。

【译文】仰望神农，教导人们种植五谷，百姓得以生存，推行教化育人，又念及疾病无常，他又尝遍百草，直到如今的百姓，仍受到他的福泽。

黄帝轩辕氏赞 伟哉黄帝，圣德天授，岐伯俞跗，以左以右，导养精微，日穷日究，利及生民，勿替于后。

【译文】伟人黄帝，圣德为天所授，医师岐伯俞跗，相辅左右，细心引导保养，时时刻刻探究不停，福泽天下百姓，后世莫忘。

岐伯全元起赞 天师岐伯，善答轩辕，制立《素问》，始显医源。

【译文】天师岐伯，善答黄帝轩辕，撰写了医书《素问》，医源才开始显现。

雷公名敩赞 太乙雷公，医药之宗，炙煿炮制，千古无穷。

【译文】太乙之神雷公，是医药的宗祖，炙煿炮制等制药的方法，几千年来受用无穷。

秦越人扁鹊赞 秦神扁鹊，精研医药，编集《难经》，古今钦若。

【译文】秦地神医扁鹊，精研医术药方，汇编医书《难经》，古今钦佩敬仰。

淳于意赞 汉淳于意，时遇文帝，封赠仓公，名传万世。

【译文】汉朝淳于意，遇到汉文帝，被封赠仓公，名声传万世。

张仲景机赞 汉张仲景，《伤寒》论证，表里实虚，载名亚圣。

【译文】汉朝张仲景，《伤寒》论病，表里实虚，世称亚圣。

华佗赞 魏有华佗，设立疮科，刮骨疗疾，神效良多。

【译文】魏国有华佗，设立疮科，刮骨疗病，神效良多。

太医王叔和赞 晋王叔和，方脉之科，撰成要诀，普济沉疴。

【译文】晋朝王叔和，精通脉象，撰写《脉经》，普救众生。

皇甫士安谧赞 皇甫士安，治法千般，经言《甲乙》，造化实难。

【译文】皇甫字士安，治法有千种，编撰了《甲乙》，功德造化难能可贵。

葛稚川洪赞 隐居罗浮，优游养寿，世号仙翁，方传《肘后》。

【译文】隐居罗浮山，优游养长寿，世号葛仙翁，书传《肘后方》。

孙思邈赞 唐孙真人，方药绝伦，扶危拯弱，应效如神。

【译文】大唐孙真人，药方冠绝一方，扶危又救弱，药效灵验如有神。

韦慈藏讯赞 大唐药王，德号慈藏，老师韦讯，万古名扬。

【译文】大唐药王，号为慈藏，师从韦讯，万古流芳。

相

相圣人 姑布子卿相孔子曰："其颡似尧，其顶类皋陶，其肩类子产，然自腰以下不及禹三寸，身长九尺三寸，累累然若丧家之狗。"

【译文】姑布子卿给孔子看相后说："额头像尧帝，头顶像皋陶，肩膀像子产，然而从腰部以下比禹少了三寸，身高九尺三寸，一次又一次被人拒绝如同丧家之犬。"

弹血作公 陶侃左手有文，直达中指上横节便止。有相者师圭谓："君左手中指有竖理，若彻于上，位在无极。"侃以针挑之令彻，血流弹壁，乃作"公"字。后果如其兆。

【译文】陶侃的左手上有一条纹路，一直到达中指上面的横节才停止。有个叫师圭的相士对他说："您的左手中指上有一道竖着的纹路，如果能够一直延续到指尖，必然会位极人臣。"陶侃就用针挑开皮肤让这条纹路能够贯通，流出的血弹在墙壁上，居然成了一个"公"字。后来这个征兆果然应验了。

官至封侯 卫青少时，其父使牧羊，兄弟皆奴畜之。有钳徒相青曰："官至封侯。"青笑曰："人奴之生，得无笞骂足矣，焉得封侯？"

【译文】卫青小时候，父亲让他放羊，兄弟们都像对待奴仆一样对待他。有个受过钳刑的人给卫青看相后说："你以后能够封侯。"卫青笑着说："我是奴婢生下的孩子，没有人鞭笞和辱骂我就很满足了，哪里能够封侯呢？"

须如猬毛 刘惔道桓温须如反猬毛，眉如紫石棱，自是孙仲谋、司马宣王一流人。

【译文】刘惔说桓温的胡须就像反着的刺猬毛一样，眉毛就像紫石棱，自然会是孙权、司马懿这样的一流人物。

螣蛇入口 汉周亚夫为河南守，许负相之，曰："君后三年为侯。八年为宰相，持国秉政。后九年当饿死。"亚夫笑曰："既贵如君言，又何饿死？"负指其口曰："螣蛇入口故耳。"后果然。

【译文】汉朝周亚夫任河南太守时，许负给他看相，说："大人三年之后能够封侯，八年之后官至宰相，主持国政。九年后会饿死。"周亚夫笑着说："既然像你说的那么尊贵，又怎么会饿死呢？"许负指着他的嘴说："因为螣蛇进入口中的缘故。"后来果然应验了。

豕喙牛腹 《国语》：叔鱼生，其母视之，曰："是虎目而豕喙，鸢肩而牛腹，溪壑可盈，是不可餍也，必以贿死。"

【译文】《国语》中记载：叔鱼出生后，他的母亲看着他说："这个孩子虎目猪嘴，鸢肩牛腹，溪流峡谷都可以填满，这个孩子的欲望却无法满足，最后必然会因为贪贿而死。"

虎厄 晋简文初无子，令相者遍阅宫人。时李太后执役宫中，指后当生贵子而有虎厄。帝幸之，生武帝。既为太后，服相者之验，而怪虎厄无谓。且生未识虎，命图形以观，戏击之，患手肿而崩。

【译文】晋朝简文帝起初没有儿子，就命令相士给宫里的女人全都相一下面。当时李太后正在宫里担任劳役，相士指着她说能够生下贵子，但是她会被虎所害。简文帝临幸了她，生下晋武帝。后来她做了太后，十分佩服相士的灵验，却奇怪为什么虎害没有应验。而且她生平从来没有见过老虎，就命人画了一张虎图观看，开玩笑地用手打了一下，后来患上手肿病，因此而死。

蜂目豺声　潘滔见王敦少时谓曰：“君蜂目已露，但豺声未振耳。必能食人，亦当为人所食。”

【译文】潘滔见到少年的王敦，对他说：“你的蜂目已经露出，但豺声还没有发出。以后必定会害人，也会被人所害。”

鬼躁鬼幽　管辂曰：“邓飏之行步，筋不束骨，此为鬼躁。何晏容若槁木，此为鬼幽。”

【译文】管辂说：“邓飏走路的时候，筋束不住骨，这叫‘鬼躁’。何晏面似枯木，这叫‘鬼幽’。”

识武则天　唐袁天纲见武后母曰：“夫人当生贵子。”后尚幼，母抱以见，绐以男，天纲熟视之，曰：“龙瞳凤颈，若为男儿，当作天子。”

【译文】唐朝袁天纲见到武则天的母亲，说：“夫人生下一个极其显贵的儿子。”武则天当时还年幼，母亲抱出来给袁天纲看，谎称是个男孩，袁天纲端详了半天说：“龙瞳凤颈，如果是个男孩的话，应该能做天子。”

伏犀贯玉枕　袁天纲见窦轨曰：“君伏犀贯玉枕，辅角全起，十年且显，立功在梁、益间。”

【译文】袁天纲见到窦轨，说：“您的前额隆起贯通玉枕骨，下巴全部扬起，十年内必然会显贵，在梁州、益州之地建功立业。”

眄刀　相者陈训背语甘卓曰：“甘侯仰视首昂，相名眄刀。目中赤脉自外入，必兵死。”

【译文】相士陈训私下说甘卓：“甘大人仰视的时候头抬得很高，这在相术中叫作‘眄刀’。眼中有从外面进入的红色脉络，必定会死于兵祸。”

识王安石　宋李承之在仁宗朝官郡守，因邸吏报包孝肃拜参政，或曰：“朝廷自此多事矣。”承之正色曰：“包公无能为也，今知鄞县王安石，眼多白，甚似王敦。他日乱天下者，此人也。”

【译文】宋朝李承之在仁宗朝时任郡守，因为府中的属吏报告说包拯官拜参政，有人说："朝廷从此就是多事之秋了。"李承之正色说："包公做不出什么事，现在鄞县的知县王安石，眼中眼白很多，和王敦很像。日后扰乱天下的，必然是这个人。"

麻衣道人 宋钱若水谒陈希夷，希夷与老僧拥炉，熟视若水，以火箸画灰上，云："做不得。"徐曰："急流中勇退人也。"后再往，希夷曰："吾始以子神清，谓可作仙。时召麻衣道人决之，云子但可作公卿耳。"

【译文】宋朝钱若水拜访陈希夷，陈希夷正和一个老和尚围坐在火炉边，端详了钱若水一会儿，用火钳在灰上写道："做不得。"又慢慢地说："这是个急流勇退的人。"后来钱若水再去拜访，陈希夷说："我一开始看你心神清朗，以为你可以得道成仙。当时召来麻衣道人论断，他说你只能够做公卿罢了。"

耳白于面 欧阳公耳白于面，名满天下；唇不着齿，无事得谤。

【译文】欧阳修的耳朵比脸还要白，所以名满天下；嘴唇包不住牙齿，所以经常无缘无故遭人诽谤。

相术 史佚始相人，一云姑布子卿风鉴，内史服唐举、吕公通其术，伯益始相马。

【译文】史佚开始给人看相，还有一种说法是姑布子卿最早用风鉴术给人看相，内史服唐举、吕公都精通这种风鉴之术，伯益最早开始相马。

柳庄相 明袁珙遇僧道衍于嵩山寺，相之曰："目三角影白，形如病虎，性嗜杀人，他日刘秉忠之流也。"后衍荐珙于北平酒肆中，识燕王，即相为太平天子。其子忠彻亦善相，燕王命其遍相谢贵诸人，而后靖难。

【译文】明朝袁珙在嵩山寺遇到僧人道衍，袁珙给他看相后说："三角眼，眼白多，形如病虎，喜欢杀人，日后是刘秉忠一类的人。"后来道衍在北平的酒家举荐袁珙，让他认识了燕王朱棣，袁珙给他看相后立刻说他是太平天子。袁珙的儿子袁忠彻也擅长看相，燕王命令他给谢贵等人全部相面一遍，之后便发动了靖难之役。

好相人 单父人吕公，好相人，见季状貌，奇之，因妻以女，乃吕后也。

【译文】单父人吕公喜欢给人看相，他见到刘季（刘邦）的体形外貌之后，十分惊奇，便把自己的女儿嫁给他为妻，就是吕后。

有封侯骨 汉翟方进少孤，事后母孝，尝为郡小吏，为诸掾所詈辱，乃从蔡父相，大奇之，曰："小吏有封侯骨。"遂辞母，游学长安。母怜其幼，随之入京，织履以给，卒成名儒，举高第，拜相，封高陵侯。

【译文】汉朝翟方进幼年丧父，侍奉母亲十分孝顺，曾经做过郡里的小吏，被其他属吏辱骂，于是便让蔡父为自己相面，蔡父大为惊奇，说："你这个小吏有封侯的骨相。"于是翟方进辞别母亲，到长安游学。母亲怜惜他年幼，就跟着一起去了京城，靠编鞋来养家，翟方进最终成为一代名儒，做了高官，官至宰相，被封为高陵侯。

五老峰下叟 五代黄损与桑维翰、宋齐丘尝游五老峰，见一叟长啸而至，相维翰曰："子异日作相，然而狡，狡则不得其死。"相齐丘曰："子亦作相，然而忍，忍则不得其死。"独异损曰："子有道气，当善终。"其后维翰相晋，齐丘相南唐，皆见杀，世以为前定。而损仕梁，官左仆射，雅以诗文名。

【译文】五代时的黄损与桑维翰、宋齐丘曾经在五老峰游玩，见到一个老人长啸而来，看了桑维翰的面相后说："你日后能够做宰相，但是太过狡诈，狡诈就会不得好死。"又给宋齐丘看相后说："你也能够做宰相，然而过于残忍，残忍也会不得好死。"只有看到黄损的面相后十分奇怪，说："你有道气，可以善终。"后来桑维翰任后晋宰相，宋齐丘任南唐宰相，都被杀了，世人都认为这是已经注定的。而黄损在后梁任职，官至左仆射，以诗文扬名于世。

贵不可言 蒯彻以相术说韩信曰："相君之面，不过封侯；相君之背，贵不可言。"

【译文】蒯彻用相术游说韩信说："我看您的面相，不过能够封侯而已；再看您的背，则贵不可言。"

龟息 李峤母以峤问袁天纲，答曰："神气清秀，恐不永耳。"请伺峤卧，而候鼻息，乃贺曰："是龟息也，必贵而寿。"

【译文】李峤的母亲让袁天纲给李峤看相，袁天纲回答说："神气清秀，但恐怕寿命不长啊。”母亲又请求袁天纲等李峤睡着后再听他的鼻息，袁天纲祝贺道：“这是龟息，必定会富贵长寿。”

葬

客土无气 浮图泓师与张说市宅，视东北隅已穿二坎，惊曰：“公富贵一世矣，诸子将不终。”张惧，欲平之。泓师曰：“客土无气，与地脉不连，譬如身疮痏，补他肉无益也。”

【译文】僧人泓师为张说买墓地，看到东北角已经被挖穿了两道坎，吃惊地说：“大人只能富贵一世，您的儿子们恐怕无法维持。”张说十分恐慌，想要填平那里。泓师说：“从别的地方运来的土没有地气，无法跟地脉连接，就像人身上的创伤，用别人的肉去补也无济于事一样。”

折臂三公 晋有术士相羊祜墓当有授命者，祜闻，掘断地势，以坏其形。相者曰：“尚出折臂三公。”祜后堕马折臂，位至三公。

【译文】晋朝有个术士相羊祜的墓后说，应该会有天子出现。羊祜听说后，就挖断了地势，以破坏那里的形制。那位术士又说：“还是能出断臂的三公。”羊祜后来从马上摔下折断了手臂，最后官至三公。

冢上白气 萧吉经华阴，见杨素冢上白气属天，密言之炀帝，曰：“素家当有兵祸，灭门之象。改葬，庶可免！”帝从容谓玄感，宜早改葬。玄感以为吉祥，托言辽东未灭，不遑私事。未几，以谋反灭。

【译文】萧吉经过华阴，看到杨素的墓上有白气冲天而起，秘密报告隋炀帝，说：“杨素家会有刀兵之祸，这是灭门的象征。改变他的墓地，或许可以免祸！”隋炀帝从容地告诉杨玄感这件事，并说应该早日改葬。杨玄感认为这是吉祥的征兆，借口辽东还没有平定，无暇顾及家里的私事。没过多久，他就因为谋反被灭门。

示葬地 孙钟种瓜为业。一日，三人造门，钟设瓜分饮。三人曰：“示子葬地，下山百步，勿反顾。”钟不六十步，回首见三白鹤飞去，遂葬其母，钟后生坚。

【译文】孙钟以种瓜为业。有一天，三个人到他家里拜访，孙钟就切瓜分给他们吃。三个人说："我们给你指明一块可作为墓葬的风水宝地，下山走一百步，不要回头看。"孙钟走了还没有六十步，回头看到三只白鹤飞走，于是便把母亲埋在那里，后来孙钟生下孙坚。

相家书 方回著《山经》，有曰："山川而能语，葬师食无所；肺腑而能语，医师色如土。"

【译文】方回撰写了《山经》，里面说道："如果山川能够说话，那么风水师就没有饭吃了；如果肺腑能够说话，那么医师就会饿得面色如土。"

风水地理 禹始肇风水地理，公刘相阴阳，周公置二十四局，汉王况制五宅姓，管辂制格盘择葬地。

【译文】禹开创了看风水地理的风俗，公刘开始相看阴阳，周公创立了二十四局，汉朝王况创制了五宅姓，管辂创制了格盘用来选择丧葬之地。

不卜日 汉吴雄官廷尉。少时家贫，母死，葬人所不封之地，丧事促办，不择日。术者皆言其族灭，而子䜣、孙恭，并三世为廷尉。

【译文】汉朝吴雄官至廷尉。他小时候家里很穷，母亲去世后，他把母亲埋在没有人要的荒地，丧事办得十分仓促，也没有挑选日期。术士都说他们家族要灭亡，但他的儿子吴䜣、孙子吴恭，以及他自己连着三世都官至廷尉。

真天子地 明王贤尝梦人授以书："读此可衣绯，不读此止衣绿。"数日于路得一书，视之，《青乌说》也。潜玩久之，乃以善地理闻。时为钧州佐，上取以往命相地，得窦五郎故址，曰："势如万马，自天而下，真天子地也。"

【译文】明朝的王贤曾经梦到有人送给他一本书告诉他："读完这本书后可以做红服的公卿，不读这本书只能做绿服的八品小官。"几天之后，王贤在路上捡到一本书，定睛一看，原来是《青乌说》。王贤深入研究了很长时间，便以擅长选地而闻名。他在做钧州佐时，皇帝召他去找一块宝地，王贤找到了窦五郎的故地，说："这里的地势如同万马奔腾，从天而下，真是天子安息的宝地啊。"

鸟山出天子 梁武帝时谣曰："鸟山出天子。"故江左山以鸟名者皆凿，惟长兴雉山独完。后陈武帝霸先祖坟发此，其谣竟验。

【译文】梁武帝时期有歌谣唱道："鸟山出天子。"所以江南地区凡是用鸟命名的山都被凿断了风水，只有长兴的雉山独存。后来陈武帝陈霸先的祖坟就在这里，那首歌谣最终果然应验了。

堪舆 《扬子》："属堪舆以壁垒兮。"注："堪舆，天地总名也。"今人称地师曰堪舆。

【译文】《扬子》中记载："属堪舆以壁垒兮。"注："堪舆就是天地的总称。"现在的人把风水师称为"堪舆家"。

凿方山 秦始皇时，术者言金陵有天子气，乃遣朱衣三千人凿方山，疏淮水，以断地脉。

【译文】秦始皇时期，有个术士说金陵有天子之气，秦始皇便派了三千个穿着红色衣服的人挖凿方山，疏通淮水，断绝了那里的地脉。

牛眠 陶侃将葬亲，忽失一牛，不知所在。遇老父曰："前冈见一牛眠处，其地甚吉，葬之，位极人臣。"侃寻之，因葬焉。

【译文】陶侃准备埋葬亲人时，突然走失了一头牛，不知道去了哪里。他在路上碰到一个老人说："前面的冈上有一头牛睡在那里，那个地方非常吉利，把亲人葬在那里，后代中就有人位极人臣。"陶侃找到之后，便把亲人葬到了那里。

卜算

君平卖卜 汉严君平隐于成都，以卜筮为业，见人有邪恶者，借蓍龟为正言利害：与人子言依于孝，与人弟言依于悌，与人臣言依于忠。各因势导之，以善栽之。日阅数人，得百钱足自养，即闭肆下帘，讲《老子》。

【译文】汉朝严君平隐居在成都，以占卜为业，见到有邪恶的人，他就借着占卜结果用严肃的话告诉他们利害：对儿子说要遵循孝道，对弟弟说要敬爱兄长，对人臣说要忠于君王。不同的人就顺势使用不同的方法引导，用善意来引导他们。他每天只见几个人，赚到一百钱足以养活自己之后，他就会关闭大门放下帘子，开始讲解《老子》。

青丘传授 唐王远知善《易》，知人生死，作《易总》十五卷。一日雷雨，云雾中一老人叱曰："所泄书何在？上帝命吾摄六丁追取。"远知跪地。老人曰："上方禁文，自有飞天神王保卫，何得辄藏箱帙？"远知曰："是青丘元老传授也。"老人取书竟去。

【译文】唐朝王远知精通《易经》，可以推断人的生死，创作了《易总》十五卷。有一天雷雨交加，云雾中有一个老人斥责他说："你泄露天机的书在哪里？天帝命令我率领六丁来追取。"王知远赶紧跪在地上。老人说："天上的禁书，自然会有飞天神王保卫，哪里用得着你把它们全都藏在箱子里？"王知远说："这是青丘元老传授给我的。"老人取走书后径直离开了。

青囊经 郭璞受业于河东郭公，公以《青囊书》九卷与之，遂洞五行、天文、卜筮之术，禳灾转福，通致无方。后《青囊书》为门人赵载所窃，未及开读，为火所焚。

【译文】郭璞跟随河东的郭公学习，郭公把《青囊书》九卷传授给他，郭璞便精通五行、天文、卜筮的道术，消灾转福，没有他不能做的。后来《青囊书》被门人赵载偷走，他还没来得及看，就被火烧毁了。

震厄 王承相令郭璞作一小卦，卦成，意色甚恶，云："公有震厄。"王问："有可消弭否？"郭曰："命驾西出数里，得一柏树，截断如公长，置床上常寝处，灾可消矣。"王从其语。果数日中震，柏粉碎。

【译文】王丞相让郭璞算卦，卦成之后，郭璞面色凝重地说："大人会有雷灾。"王丞相问："有什么办法能够消灾吗？"郭璞说："请您驾车出城西几里，会找到一棵柏树，截成和大人身高相同的一段，放在床上经常睡觉的地方，灾祸就可以消除了。"王丞相听从他的话。几天之后那木头果然被雷劈中，柏树被震得粉碎。

蓍筮掘金 晋隗炤，善《易》。临终，书板授妻，曰："后五年春，有诏使姓龚者来，尝负吾金，即以板往责。"至期，果至。妻执板往。龚使惘然良久，乃悟，取蓍筮之，歌曰："吾不负金，汝夫自有金。知我善《易》，故书板以寓意耳。金五百斤，在屋东，去壁一丈许。”掘之，如卜。

【译文】晋朝隗炤，精通《易经》。临终时，他在木板上写了文字留给妻子说：“五年后的春天，会有诏令派一个姓龚的使者经过这里，他曾经欠我的钱，你就用这块木板向他要债。”到了时间，那个人果然来了。妻子拿着木板去见他。姓龚的使者茫然了很久，终于醒悟，取出蓍草占卜，唱道：“我不欠他钱，你丈夫自有钱。知我精《易经》，写板来隐喻。黄金五百斤金，就在屋子东，距壁约一丈。”挖掘之后，果然和占卜歌唱的一样。

占算辄应　唐闭珊居集，霑益人，精卜筮之学。其法用细竹四十九枝，或以鸡骨代之，占算辄应。夷中称为筮师。

【译文】唐朝的闭珊居集是霑益人，精通卜筮的学问。他占卜的方法是用四十九根细竹枝，或者用鸡骨代替，占卜的结果全都应验了。夷地的人称他为筮师。

京师火灾　郎颛父宗，治京房《易》，善风角星算，六日七分，能望气占候。为吴县吏，见暴风卒起，知京师有火灾，记时日，果如其言。

【译文】郎颛的父亲郎宗，研究京房的《易》，善于用五音占四方之风确定吉凶的角星术和占星术、六日七分法，能够通过望气来占卜人的吉凶。他在吴县担任小吏时，看到突然起了狂风，便知道京城中有火灾发生，记下时间，后来果然和他说的一样。

为屈原决疑　太卜郑詹尹尝为屈原决疑。

【译文】太卜郑詹尹曾经为屈原占卜解决疑虑。

飘风哭子　管公明在王弘直坐，有飘风高二尺，在庭中，从申上来，幢帜回转。公明曰：“东方有马吏至，恐父哭子。”明日吏至，弘直子果死。

【译文】管公明在王弘直家里坐着，突然看到院子中有二尺多高的旋风，从西南方吹来，吹得旗子来回旋转。管公明说：“东边有骑马传递消息的官吏前来，恐怕会有父亲哭儿子的事情。”第二天马吏前来，果然是王弘直的儿子死了。

创制　伏羲始制占卦卜龟，神农始制揲蓍。颛顼始设兆为玉兆，帝尧制瓦兆。师旷制谶。鬼谷子即王诩制镜听。汉武帝制鸡卜，令军中用之。张良制灵棋，十二子，分上中下掷。京房制易课，始钱卜。王远知制玄女课。邵尧夫拆字观梅数。后魏孙绍始推禄命，唐李虚中始探生人年月日时所值生旺死衰。一云李虚中来自西域。

【译文】伏羲创制用龟甲占卦，神农氏创制用蓍草占卜的方法。颛顼开始把龟甲上的裂缝称为“玉兆”，尧帝创制了“瓦兆”。师旷创制了谶语。鬼谷子，也就是王诩，创制了镜听占卜。汉武帝创制了鸡骨占卜，下令在军中使用。张良创制了灵棋，共有十二枚棋子，分为上、中、下掷。京房创制了易课，开始用铜钱进行占卜。王远知创制了玄女课。邵尧夫用拆字和观梅数的方式进行占卜。后魏的孙绍开始推算福禄寿命，唐朝李虚中开始探究一个人出生的年、月、日、时所代表的生死兴衰。有人说是李虚中来自西域。

徐子平，名居易，作《子平》，今宗宋末徐彦升。鬼谷子作《纳音》。赵达始阐《九宫算》。北齐祖亘作《缀术》。

【译文】徐子平，名叫居易，创作了《子平》，现在人们推崇的是宋末徐彦升的版本。鬼谷子创作了《纳音》。赵达最先阐明《九宫算》。北齐的祖亘创作了《缀术》。

各卜 鸟卜者，女国初岁入山，有鸟来集掌上，如雌雉，破腹视之，有粟年丰，砂石为灾。钱卜者，西蜀君平以钱卜。诗曰：“岸余织女支机石，井有君平掷卦钱。”瓦卜，病赛乌称鬼，巫占瓦代龟。棋卜者，黄石公用之行师。鸡卜，柳州洞民以鸡骨卜年。胡人以羊胫骨卜吉凶。苗人以鸡蛋卜葬地。响卜者，李郭、王建皆怀镜以听词。

【译文】鸟卜：女国人在年初时进入山中，有鸟飞来停在手上，样子和雌野鸡很像，剖开鸟腹查看，如果有粟，就预示这一年是丰年，如果有砂石就预示灾年。钱卜：西蜀的严君平用铜钱占卜。有诗说：“岸余织女支机石，井有君平掷卦钱。”瓦卜：元稹有诗“病赛乌称鬼，巫占瓦代龟”。棋卜：黄石公用这种方法行军。鸡卜：柳州的洞人用鸡骨头来占卜年运。胡人用羊的腿骨来占卜吉凶。苗人用鸡蛋来占卜葬地。响卜：李郭、王建怀揣着镜子来听卜辞。

为上皇筮 仝寅，山西人。少瞽，学京房《易》，占断多奇中。上皇在北，遣使命镇守。太监裴当问寅，寅筮得“乾之初九”，附奏曰：“大吉。龙，君象也，四，初之应也。龙潜跃，必以秋应，以庚午浃岁而更；龙，变化之物也，庚者，更也。庚午中秋，车驾其还乎！还则必幽勿用。故曰：或跃应焉。或之者，疑之也。后七八年必复位。午，火德之正也。丁者，壬之合也。其岁丁丑，月壬寅，日壬午乎！自今岁数更，九跃则必飞。九者，乾之用也，南面子冲午也，故曰大吉。”上复位，授寅锦衣卫百户。

【译文】仝寅是山西人。小时候双眼失明，学习京房的《易》，占卜以判断吉凶大多灵验。明英宗被俘虏之后，派使者去镇守。太监裴当来问仝寅，仝寅占卜得到“乾之初九”卦象，上奏说：“大吉。龙代表君王，对应的是元、亨、利、贞。龙从潜伏中腾跃，必然会在秋天应验，在‘庚午浃岁’时改变；龙是善于变化的神物，‘庚’指的是‘更’。庚午年的中秋，皇帝的大驾必然能够回来！回来之后必定会被幽禁，不得复位。所以说‘或跃应焉’。‘或’是表示怀疑。之后再过七八年必定会复位。午是火德正位。丁壬相合。那一天就在丁丑年，壬寅月，壬午日！从今年开始几次变更，九次之后必然会一飞冲天。九是乾之用，南面子午相冲，所以说大吉。”明英宗复位之后，授仝寅为锦衣卫百户。

占与仝合　万祺少与异人遇，相之曰：“有仙骨，否则极贵。”因与一书，乃《禄命法》也。于是研精于卜，以吏员办事吏部。公卿贵戚神其术，考授鸿胪寺序班，升主簿。景帝召见，有言辄验。赐白金、文绮。景帝不豫，太子未定，石亨以问祺，祺曰：“皇帝在南宫，奚事他求？”其占复辟日时，与仝寅合，后官至尚书。

【译文】万祺小时候曾经遇到一位异人，那人看了他的面相后说：“你有仙骨，否则就会非常富贵。”于是给了他一本书，就是《禄命法》。万祺从此之后一心钻研占卜术，以吏员的身份在吏部任职。公卿和贵戚都觉得他的占卜十分灵验，考核之后授予他鸿胪寺序班的官职，后来又升任主簿。景帝召见他时，他说过的话全部应验。景帝便赏赐他白金、文绮。后来景帝身体不好，太子的人选又没有确定，石亨就这件事来问万祺，万祺说：“皇帝就在南宫（明英宗当时被囚禁在南宫），还要到其他地方寻找吗？”他占卜的结果和明英宗复辟的时间，与仝寅占卜的结果完全吻合。后来万祺官至尚书。

当有圣母出　《汉书》云：王翁孺徙魏郡委粟里。元城建公曰：“昔春秋沙麓崩。晋史卜之，曰：后六百四十五年，当有圣母出。翁孺徙居，正值其地，日月当之。”后翁孺子禁生元后。平帝幼，后果临朝称制。

【译文】《汉书》中记载：王翁孺搬到魏郡的委粟里居住。元城建公说：

“从前春秋时期沙麓崩塌。晋国的史官占卜后说：再过六百四十五年，会有圣母出现。王翁孺搬来居住的地方，正是那里，时间也正好对上了。”后来王翁孺的儿子王禁，生下元后。汉平帝年幼，元后果然临朝听政。

占定三秦 汉扶嘉，其母于万县之汤溪水侧，感龙生嘉，预占吉凶，多奇中。高祖为汉王时召见，以占卜劝定三秦，赐姓扶氏，谓嘉志在扶诩也。拜廷尉，食邑朐䏰。

【译文】汉朝扶嘉的母亲在万县汤溪水边，感应到龙而生下扶嘉，他能够预测吉凶，大多十分准确。汉高祖在做汉王时曾经召见他，他占卜后劝汉王攻下三秦，所以被赐姓扶，意思是他有志于辅佐汉室。后来他官拜廷尉，朐䏰地区也封给他作为食邑。

拆字、杂技

朝字 宣和时，有术士以拆字驰名。宋徽宗书一“朝”字，令中贵持往试之。术士见字，即端视中贵人曰：“此非观察所书也。”中贵人愕然曰：“但据字言之。”术士以手加额曰：“朝字，离之为十月十日，非此月此日所生之人，天人，当谁书也！”一座尽惊，中贵驰奏。翌日召见，补承信郎，锡赉甚厚。

【译文】宣和年间，有个术士因为擅长拆字而闻名。宋徽宗写了一个“朝”字，让宫里的宦官拿着前去试他。术士看到这个字后，马上端详着宦官说：“这不是您写的字。”宦官惊讶地说：“你就只根据这个字来说。”术士拍着额头说：“‘朝’字，拆开之后就是十月十日，如果不是此月此日出生的天子，还能是谁写的呢！”在座的人全都十分惊讶，宦官也赶紧回去禀报徽宗。第二天徽宗召见术士，给他补官为承信郎，还给了很丰厚的赏赐。

杭字 建炎间，术者周生，视人书字分配笔画，以判休咎。车驾往杭州时，金骑惊扰之余，人心危疑。执政呼周生，偶书“杭”字示之。周曰：“惧有惊报，虏骑相逼。”乃拆其字，以右边一点配“木”上，即为“兀术”。不旬日，果得兀术南侵之报。

【译文】建炎年间，有个叫周生的术士，看人写的字分配笔画，就能判断吉凶祸福。宋高宗的车驾逃往杭州时，被金国的骑兵惊扰之后，人心惶惶。执政叫来周生，随意写了一个“杭”字给他看。周生说：“恐怕马上就会有让人惊恐的奏报，金人的骑兵又逼近了。”于是拆开“杭”字，把右边一点配在“木”字上面，就成了“兀术”。没过几天，果然传来金兀术南侵的奏报。

串字　一士人卜功名，书一“串”字问周生，生曰：“不特登科，抑且连捷。以‘串’字有两‘中’字也。”果应其言。下科一人侦知之，往问功名，亦书一“串”字，周生曰：“亲翁不特不中，还防有病。”士人曰：“如何一字两断？”周生曰：“前某公书‘串’字，出于无心，故断其连捷；今书‘串’字，出于有心，是‘患’字也，焉得无病！”

【译文】有个士人想要占卜功名，写了一个“串”请教周生，周生说：“不但能够考中，还能连续传出捷报。因为‘串’字有两个‘中’字。”他的话果然应验。到了下一次科举，有个人打听知道了这件事，也写了一个“串”字来问周生，周生说：“朋友你不但考不中，还要防着自己生病。”士人说：“为什么一个字却有两种断法？”周生说：“之前那人写的‘串’字，是随便写的，所以我断他能够连续考中；现在你写的这个‘串’字，是有心为之，变成‘患’字了，怎么能够不生病呢！”

春字　高宗命谢石拆一“春”字，谢石言：“秦头太重，压日无光。”忤相桧，死于戍。

【译文】宋高宗让谢石拆一个“春”字，谢石说：“‘秦’字头太重，压得‘日’没有了光芒。”这件事触怒了秦桧，谢石后来便死在了发配戍边的地方。

奇字　贾似道有异志。一术士能拆字，贾以策画地作“奇”字与之。拆术者曰：“相公之事不谐矣！道立又不可立，道可又立不成。”公默不语，遣之去。

【译文】贾似道有谋逆之心。有个术士擅长拆字占卜，贾似道用马鞭在地上写了一个“奇”字让他看。拆字的人说：“大人想要做的事怕是做不成啊！说是‘立’字却又不‘可’立，说是‘可’字却又立不成了。”贾似道默然无语，便打发他走了。

也字　有朝士，其室怀娠过月，手书一“也”字，令其夫持问谢石。石详视，谓朝士曰：“此尊阃所书否？”曰：“何以言之？”曰：“为语助者‘焉哉乎也’，固知是内助所书。”问：“盛年卅一否？以‘也’字上为‘卅’，下为‘一’也。”朝士曰：“吾官欲迁动，得如愿否？”石曰：“‘也’字着水为‘池’，倚马为‘驰’。今池则无水，驰则无马，安能迁动？”又问：“尊阃父母兄弟当无一存者，即家产亦当荡尽。以‘也’字着人则是‘他’字，今独见‘也’并不见人；着土为‘地’，今不见土；故知其无人，并无产也。”朝士曰：“诚如所言。然此皆非所问者，所问乃怀娠过月耳。”石曰：“得非十三月乎？以‘也’字中有‘十’字，并旁二竖为‘十三’也。”石熟视朝士曰：“有一事似涉奇怪，欲不言，则所问又正为此事，可尽言否？”朝士请竟其说。石曰：“‘也’字着虫为‘虵’（蛇）字，今尊阃所娠，殆蛇妖也。然不见虫，则不能为害，石亦有药，可以下之，无苦也。”朝士大异其说，固请至家，以药投之，果下数百小蛇。都人益共奇之，而不知其竟挟何术。

【译文】有一个官员，妻子怀孕已经过了正常月份，便写了一个“也”字，让丈夫拿着去请教谢石。谢石仔细看过后对那位官员说：“这个字是您夫人写的吗？”官员说：“为什么这么说呢？”谢石说：“因为写的是‘焉哉乎也’这样的助词，所以我知道是您的贤内助写的。”他又问：“请问夫人今年是不是三十一岁？因为‘也’字上面是个‘卅’，下面是个‘一’。”官员说：“我想要升官，请问能够如愿吗？”谢石说：“‘也’字加上水字就变成了‘池’字，靠在马上就是‘驰’字。现在池无水，驰无马，怎么能够升官呢？”他又问：“您夫人的父母兄弟应该没有在世的了，家产也应该用尽了。因为‘也’字加上人旁就是‘他’字，现在只见到‘也’字却不见人；加上土旁就是‘地’字，现在没有看到‘土’；所以我知道他们家已经没有人，也没有产业了。”官员说：“情况确实如您所说。然而这些都不是我要问的，我想问的是为什么怀孕已经过了月份却没有生产。”谢石说：“难道是要十三个月吗？因为‘也’字中间有个‘十’字，加上旁边的两竖就是‘十三’。”谢石又端详了那官员一会儿说：“有一件事似乎涉及怪奇之物，我本来不想说，你问的又正是这件事，我能直接言说吗？”官员便让他有话只管说。谢石说：

"'也'字加上'虫'字就是'虵(蛇)',现在尊夫人所怀的,恐怕是蛇妖啊。然而不见'虫'字,就不能为害,我这里也有些药,能够把胎儿打掉,不会有痛苦。"官员对他说的话大感惊讶,一定要请他到家里,服药之后,果然打下几百条小蛇。京城中人更加感到惊奇,不知道他究竟用的是什么法术。

囚字 郑仰田少椎鲁,不解治生,父母恶之,呼泣于野。老僧遇之,曰:"吾迟子久矣。"偕入山,授之青囊、壬遁诸家之术,于是言祸福无不中。魏阉召之问数,指"囚"字以问。仰田曰:"此中国一人也。"阉大悦。出谓人曰:"'囚'则诚囚也!吾诡辞以逃死耳。"

【译文】郑仰田年轻时愚钝,不懂得经营家业,父母都很讨厌他,他就在野外号啕大哭。有个老僧遇到他,说:"我等了你很久了。"带着他进入山中,教给他青囊、壬遁等法术,此后他预测祸福没有不中的。宦官魏忠贤召他去问命数,指着"囚"字问他。郑仰田说:"这是中国第一人的意思。"魏忠贤非常高兴。郑仰田出去后对人说:"'囚'就是囚犯的意思!我说假话才得以死里逃生啊。"

洴澼纩 《庄子》:宋人有善为不龟手之药者,世以洴澼纩(洴澼,洗也。纩,绵也。有不龟手之药,而以洗绵为业)。客闻之,请买其方百金。于是聚族而谋曰:"我世为洴澼纩,不过数金;今一朝为鬻技,得百金,请与之。"客得之,以说吴王。吴王使之将,冬与越人水战,大败越人,裂地而封。夫不龟手,一也;或以封,或不免洴澼纩,则所用之异也。

【译文】《庄子》中记载:宋国有个人善于制作防止手冻裂的药,家中世代都以洗丝绵为业(洴澼是洗的意思。纩就是丝绵。正是因为有防止手冻裂的药,所以才能以洗丝绵为业。)有人听说后,便请求用一百金买走配方。他们便把同族的人聚集在一起讨论说:"我们家世代以洗绵为业,能挣到的钱不过几金而已;现在只要卖掉药方,片刻就能得到一百金,不如就卖给他吧。"那个人得到之后,拿着药方去游说吴王。吴王封他做了将军,带领士兵在冬天和越国人水战,大败越人,因此得到封地。防止手裂的药是一样的,有人用它得到封地,有人用它仍然免不了洗丝绵,这都是因为使用的方法不同。

轮扁斫轮 《庄子》:齐桓公读书于堂上,轮扁斫轮于堂下,释凿问曰:"君之所读者,古人糟粕已夫。臣斫轮,不徐不疾,得之于心,应之于手,口不能言，有数存焉。臣不能以喻臣之子，臣之子不能受之于臣，行年七十而老于斫轮。”

【译文】《庄子》中记载：齐桓公在堂上读书，轮扁在堂下制造车轮，他放下凿子问齐桓公说：“您所读的东西，都是古人留下的糟粕罢了。我制造车轮，不快不慢，得心应手，虽然不会用嘴去说，心里却有数。我不能把技艺教给自己的儿子，我的儿子也不能从我这里学去，所以我今年七十岁了还在制造车轮。”

屠龙技　《庄子》：“朱泙漫学屠龙技于支离益，殚千金之产，以学屠龙，三年技成，而无所用其巧。”

【译文】《庄子》中记载：“朱泙漫向支离益学习屠龙的技艺，用尽了千金家产，来学习怎么屠龙，三年后技艺大成，却没有地方能够施展他的技巧。”

象纬示警　王振劝上亲征瓦剌也先，百官伏阙上章恳留，不听。少顷居庸至宣府败报踵至，扈从连章留驾。王振大怒，皆令掠阵。至大同，振进兵益急，钦天监彭德清斥振曰：“象纬示警，不可复前。若有疏虞，陷乘舆于草莽，谁执其咎？”振怒詈之，遂致土木之变。

【译文】王振劝说明英宗亲自率军征讨瓦剌的也先，百官跪伏在大殿上奏请他不要去，英宗没有听从。过了片刻，居庸关到宣府战败的消息接踵而来，扈从连续上书请求英宗留驾。王振大怒，命令他们全都压阵。到达大同时，王振进军的速度更加急切，钦天监彭德清斥责王振说：“各种征兆都已经示警了，不能再往前进了。万一有什么疏忽，导致皇帝陷入草莽的手里，谁能承担这个责任？”王振大怒并叱骂彭德清，最终导致了土木堡之变。

卷十五　外国部

夷语

撑犁孤涂，匈奴称天为“撑犁”，称子为“孤涂”。戎索，夷法也。鞮鞻，夷乐官名。倓，夷赎罪货也。喽丽，南方夷语也。象胥，译语人也。款塞，款，叩也。驰义，慕义而来也。区脱，胡人所作以备汉者也。阏氏（音胭脂），单于之后也。裨王，匈奴小王也。藁街，蛮席之馆，汉时所立。毦毼（音兜达），夷服。谷蠡（音鹿厘），匈奴名。雁臣，北方酋长秋朝洛阳，冬还部落，谓之雁臣。天兄日弟，倭国王以天为兄，以日为弟。未明时出听政，日出便停理务，曰“以委吾弟”。賨幪，蛮夷布也。鞠角，朝鲜列水之间白鞠角。貗薄，旄牛。徼外，夷地。绝幕，幕，沙漠之地也，直度曰绝。白题，国名。汉颍阴侯斩白题将一人。戎狄荐居，聚而居也。魋结，匈奴束发之形也。休屠，匈奴君长。浑邪，亦匈奴之属。蛥林（蛥音带），匈奴祭也。龟兹（音纠慈），国名。（《汉书》作丘慈；《后汉书》作屈沮。）乌孙，国名。（《吕氏春秋》作户孙。）烨粥（音熏育），《五帝纪》：“北逐烨粥。”冒顿（音幕突），匈奴名。日磾（音密底），人名。令支（令音零），国名。乌托（音鸦茶），国名。朝鲜（音招先），日初出，即照其地，故名。近读为“潮”，非。可汗（音克寒），匈奴主号也。唐时匈奴尊天子为天可汗。弓闾，出《卫青传》，即穹庐也。辒辌，匈奴车也。革笥木荐，《治安策》：匈奴之革笥木荐，盾之属也。左奠健，匈奴王号。强犷，戎夷强犷。犷，粗恶貌。呼韩邪，汉单于名。屠耆，匈奴俗谓贤曰屠耆。赞普，吐番俗谓强雄曰赞，谓丈夫曰普，故号其君长曰赞普。牙官，戎狄大官之称。叶护，回纥俗谓其太子曰叶护。南膜，胡人礼拜曰南膜，即今之称佛号曰“南无”也。徼人，界外之人也。那颜，华言大人也。者，华言是也。身毒（音捐烛），西域国名。煤蠡（音觅螺），匈奴聚落也。襜褴（音担蓝），一名临驷，北代胡名。三表五饵，三表，谓仁、信、义也；五饵，谓以声色、车服、珍珠、室宇、娱幸，坏其耳、目、口、腹、心也。二庭，谓南北单于也。卢龙，即里永也，属辽西，今属永平府。北人呼里为卢，呼永为龙。吐谷浑，慕容廆之庶兄也，后因号其国。丏月，突厥中有丏月城。越裳南蛮，即九真也。殊裔遐圻，言化协殊裔，风衍遐圻。竫人（竫音净），小人也。柳子厚诗：“竫人长九寸。”海外有竫人国。月氏（音肉支），西域国名。楼烦、白羊，匈奴地名。白登，今在大同，上有白登台。夜郎，夷地，今属贵州。蛮烟棘雨，夷地风景也。筰关，西南夷地。邛筰，今属叙州。冉駹，西夷二族。羌棘，西南夷地。龙城，西夷。朔方，今属宁夏。大宛，西域国名。于窴，西域国名。越嶲，今属邛州。玄菟，朝鲜郡名。受降城，汉武帝遣公孙敖塞外筑城也。庐朐，匈奴中山名。渠犁，西域国名。楼兰，西域国名。餔馊，《匈奴传》：多餔馊爇炭，重不可胜。比疏，辫发之饰。径路留犁，径路，匈奴宝刀也；留犁，饭匕也。根肖速鲁奈奈，榜葛剌国歌舞侑酒者，曰根肖速鲁奈奈。坚昆国，其人赤发、绿瞳。李陵居其地，生而黑瞳者，必曰陵苗裔。阴山，汉武帝夺其地，匈奴过此者，未尝不哭。逻些城（些音琐），土番都城。徼外（徼音教），东北谓之塞，西南谓之徼。羸䁖（音连篓），交趾地名。

【译文】撑梨孤涂，匈奴把天称为“撑梨”，把儿子称为“孤涂”。戎索，指夷人的律法。韎鞻，夷人乐官的名称。倓，指夷人用来赎罪的财货。喽丽是南方的夷语。象胥，指翻译者。款塞，款是叩的意思。驰义，仰慕大义而来的意思。区脱，胡人建造用来防备汉人的工事。阏氏（音胭脂），指单于的王后。裨王，指匈奴的小王。藁街，蛮人使者居住的馆舍，是汉朝设立的。兜䍄（音兜达），指夷人的服装。谷蠡（音鹿厘），匈奴人的名字。雁臣，北方的酋长在秋季到洛阳朝见天子，在冬季回到部落，所以称为雁臣。天兄日弟，倭国之王把天当作兄长，把太阳当作弟弟。在太还没亮的时候出朝处理政务，太阳出来后就会停止理政，并且说：“交给我的弟弟吧。”赍幪，指蛮夷的布。鞠角，朝鲜把各条水系之间的地方称为鞠角。𤝷薄，指旄牛。徼外，指夷人的地方。绝幕，幕指沙漠之地，径直通过沙漠叫作“绝”。白题是国家的名字。汉朝颍阴侯曾经斩杀一名白题将领。戎狄之人的居住方式是“荐居”，也就是聚集在一起居住。魋结，指匈奴人束发的形制。休屠，指匈奴的君王和酋长。浑邪，也属于匈奴的部落。蹛林（蹛音带），指匈奴的祭祀。龟兹（音纠慈），国家名。（《汉书》中写作“丘慈”；《后汉书》中写作“屈沮”。）乌孙，国家名。（《吕氏春秋》中写作“户孙”。）烨粥（音熏育），《史记·五帝本纪》中有“北逐烨粥”的记载。冒顿（音幕突），匈奴人的名字。日磾（音密底），人名。令支（令音零），国家名。乌托（音鸦茶），国家名。朝鲜（音招先），旭日初升时，就会照射这个地方，因此得名。近代读作“潮”，这是错误的。可汗（音克寒），匈奴君主的尊号。唐朝时匈奴人尊称唐朝天子为天可汗。弓闾，出自《汉书·卫青传》，就是穹庐的意思。辒辌，指匈奴的车。革笥木荐，《治安策》中记载：匈奴人所说的革笥木荐，都是盾牌之类的东西。左薁健，匈奴王的称号。强犷，“戎夷强犷”。犷指粗野丑陋的样子。呼韩邪，汉朝时匈奴单于的名字。屠耆，匈奴的俗语把“贤”称为屠耆。赞普，吐蕃人把强雄的人称为“赞”，把大丈夫称为“普”，所以把他们的君主称为“赞普”。牙官，戎狄之人高官的称谓。叶护，回纥人把他们国家的太子称为叶护。南膜，胡人把礼拜称为南膜，就是现在口诵佛号时所说的“南无”。徼人，指疆界之外的人。那颜，就是汉语所说的“大人”。者，汉语里“是”的意思。身毒（音捐烛），西域的国名。熐蠡（音觅螺），匈奴部落。襜褴（音担蓝），也叫临驷，北代胡人的国名。三表五饵，三表，指的是仁、信、义；五饵，指的是声色、车服、珍珠、宫室、娱乐，会败坏人的耳、目、口、腹、心。二庭，指的是南北单于。卢龙，就是里永，属于辽西，现在属于永平府。北方人把“里”称为“卢”，把“永”称为“龙”。吐谷浑，就是慕容廆的堂兄，后来也用此来称呼他的国家。丐月，突厥有丐月城。越裳南蛮，就是九真。殊裔遐圻，意思是教化帮助了其他国家的人，风俗影响了遥远的地方。竫人（竫音净），小人的意思。柳宗元在诗中写道：“竫人长九寸。”海外有一个竫人国。月氏（音肉支），西域的国名。楼烦、白羊，匈奴的地名。白登，现在属于大同，上面有白登台。夜郎，夷人的地区，现在属于贵州。蛮烟棘雨，指夷地的风景。筰关，是西南地区的夷地。邛筰，现在属于叙州。冉駹，是西夷的两个部族。羌棘，是西南夷人之地。龙城，是西夷之地。朔方，现在属于宁夏。大宛，西域的国名。于寘，西域的国名。越嶲，现在属于邛州。玄菟，朝鲜的郡名。受降城，汉武帝派遣公孙敖在塞外建造的城池。庐朐，匈奴国中的山名。渠犁，西域的国名。楼兰，西域的国名。鬴镀，

《汉书·匈奴传》中记载："多齛镀鰲炭，重不可胜。"比棘是发辫上的装饰物。径路留犁，径路是匈奴的宝刀；留犁是吃饭用的匕首。根肖速鲁奈奈，指榜葛剌国载歌载舞劝酒的人，称为"根肖速鲁奈奈"。坚昆国，那里的人长着红色的头发，绿色的瞳仁。因为李陵住在那里，所以生下来瞳仁是黑色的人，必然会被说成是李陵的后裔。阴山，汉武帝攻占了这里，匈奴人经过这里时，都会痛哭流涕。逻些城（些音琐），吐蕃的都城。徼外（徼音教），东北称为塞，西南称为徼。羸䁖（音连篓），交趾的地名。

外译

朝鲜国 周为箕子所封国。秦属辽东。汉武帝定朝鲜，置真番、临屯、乐浪、玄菟四郡，昭帝并为乐浪、玄菟二郡，汉末为公孙度所据。传至渊，魏灭之。晋永嘉末，陷入高丽。高丽本扶余别种，其王高琏居平壤城。唐征高丽，拔平壤，置安东都护府。后唐时，王建代高氏，并有新罗、百济，以平壤为西京，历宋、辽、金皆遣使朝贡。元时，西京内属。明洪武初，表贺即位，赐以金印，诰封高丽王。后其主昏迷，推门下侍郎李成桂主国事。寻诏更朝鲜，岁时贡献不绝。万历间，关白寇朝鲜，请救于朝，遣兵征复之。

【译文】朝鲜是周朝时箕子的封国。在秦朝属于辽东。汉武帝平定朝鲜后，设置真番、临屯、乐浪、玄菟四郡，汉昭帝合并为乐浪、玄菟两郡，汉末被公孙度占据。传到公孙渊时，被魏国灭亡。晋朝永嘉末年，被高丽攻陷。高丽本来是扶余的分支，高丽王高琏居住在平壤城。唐朝征讨高丽，攻占平壤，设置了安东都护府。后唐时期，王建取代高氏，并拥有新罗、百济，以平壤作为西京，历经宋、辽、金三朝，都派遣使者朝贡。元朝时，西京属于元朝管辖。明朝洪武初年，朝鲜上表恭贺太祖即位，朱元璋赐给朝鲜王金印，并下诰命封其为高丽王。后来高丽王昏庸，众人推举门下侍郎李成桂主持国政。不久后明朝下诏改国名为朝鲜，每年都会向明朝进贡，从没有断绝。万历年间，日本关白（官职名）进犯朝鲜，朝鲜向明朝政府求救，明朝便派兵征讨日本并帮助朝鲜复国。

日本国 古倭奴国，其国主以王为姓，历世不易。自汉武帝译通之，光武间始来朝贡。后国乱，人立其女子曰毕弥呼为王，其宗女又继之，后复立男，并受中国爵命，历魏、晋、宋、隋，皆来贡，稍习夏音。唐咸亨初，恶倭名，更号日本，以国近日所出，故名。宋时来贡者，皆礼也。元世祖遣使招谕之，终不至。明洪武初，遣使朝贡，自永乐以来，其国王嗣立皆授册封，其幅员东西南北各数千里，有五畿七道，附庸之国百余。

【译文】日本国就是古代的倭奴国，那里的国君以王作为姓，世代不改。从汉武帝时开始通过翻译有了交流，到东汉光武年间日本才来朝贡。后来国家内乱，国人拥立一个叫毕弥呼的女子为王，后来她的长女又继承了王位，之后又立男子为王，并且领受中国的爵位，经历魏国、晋朝、刘宋、隋朝，都派人前来朝贡，也稍微学习了一些汉语。唐朝咸亨初年，皇帝厌恶“倭”这个名字，于是改名为“日本”，因为日本国靠近日出的地方，因此得名。宋朝时前来朝贡的人，都依礼而行。元世祖派遣使者召日本国前来朝贡，他们始终没有来。明朝洪武初年，日本国派遣使者前来朝贡，自永乐年间以来，他们的国王登基都要接受明朝册封，其国土东西南北各有数千里，有五畿七道，还有一百多个附属国。

琉球国 国主有三：曰中山王，曰山南王，曰山北王。汉魏以来，不通中华。隋大业时，令羽骑朱宽访求异俗，始至其国，语言不通，掠一人还。历唐、宋、元，俱未尝朝贡。至明初，三王皆遣使朝贡。后至中山王来朝，许王子及陪臣子来游太学，其山南、山北二王，盖为所并云。

【译文】琉球国有三个国主：中山王、山南王、山北王。自汉魏以来，不与中国通使往来。隋朝大业年间，隋炀帝派羽骑朱宽访求异域风俗，这才到达琉球国，因为语言不通，朱宽便抢掠了一个人回朝。历经唐、宋、元三朝，琉球国都没有到中国朝贡。到明朝初年，三王都派遣使者前来朝贡。后来到中山王来朝贡时，朝廷允许中山王的儿子以及侍从官员在太学求学，当时，山南、山北两位王都被中山王吞并了。

安南国 古南交地，秦为象郡。汉初，南越王赵佗据之。武帝平南越，置交趾、九真、日南三郡。建安中改交州，置刺史。唐改安南都护府，安南之名始此。唐末为土豪曲承美窃据，寻为汉南刘隐所并，未几，众推丁琏为州帅。宋乾德初内附，寻黎桓篡丁氏，李公蕴又篡黎氏，陈日煚又篡李氏。宋以远译，置不问，皆封为交趾郡王。元兴讨之，遂归附，封安南国王。明洪武初，遣使朝贡，仍旧封号，赐金印。权臣黎季犛弑其主而立其子。永乐初，发兵进讨，俘黎氏父子，郡县其地，设府十七，州四十七，县一百五十七。嗣反叛不常，宣德中，陈氏后陈暠表恳嗣王安南，因弃其地，宥而封之。暠寻死，黎氏遂有其地。嘉靖中，莫登庸篡之，乞降于朝，乃降为安南都统使司，以登庸为使。万历间，黎氏复立，莫氏窜居高平，诏以黎维谭为都统使，莫敬用为高平令，世守朝贡，毋相侵害。

【译文】安南国是古代的南交趾，秦朝叫象郡。汉朝初年，南越王赵佗占据了那里。汉武帝平定南越之后，设置了交趾、九真、日南三郡。建安年间改为交州，设置刺史。唐朝改为安南都护府，安南之名从这时开始。唐末被当地的豪族曲承美窃取占据，不久后又被汉南的刘隐所吞并，没过多久，众人又推举丁涟为州统帅。宋朝乾德初年（919年）归附朝廷，不久后黎桓篡夺了丁氏权位，李公蕴又篡夺了黎氏的权位，陈日煚又篡夺了李氏的权位。宋朝时因为那里太过遥远，弃之不问，把他们都封为交趾郡王。元朝建立之后派兵前去讨伐，交趾于是归附元朝，郡王被封为安南国王。明朝洪武初年（1368年），安南国派遣使者前来朝贡，仍然使用原来的封号，并赏赐金印。后来，权臣黎季杀害安南国主并立自己的儿子为王。永乐初年，朝廷发兵讨伐，俘获黎氏父子，在那里设置郡县，共设置十七个府，四十七个州，一百五十七个县。后来安南国时常反叛，宣德年间，陈氏的后人陈暠上表恳求继承安南王，朝廷便放弃了那里，宽宥了他并把安南封给他。陈暠不久后去世，黎氏于是占据了那里。嘉靖年间，莫登庸篡位，向明朝祈求归降，朝廷便将安南国降为安南都统使司，让莫登庸担任都统使。万历年间，黎氏再次称王，莫氏逃窜到高平居住，朝廷下诏让黎维谭担任都统使，莫敬用担任高平令，世代守卫边疆并向明朝纳贡，不得互相侵犯。

占城国　古越裳氏界。秦为象郡林邑，汉属日南郡，唐号占城。至明洪武初入贡，诏封占城国王。

【译文】占城国是古代越裳氏的领地。秦朝时属于象郡的林邑，汉朝时属于日南郡，唐朝时称为占城。到明洪武初年开始朝贡，朝廷诏封了占城国王。

暹逻国　本暹与罗斛二国，暹乃汉赤眉遗种。元至正间，暹降于罗斛，合为一国。明洪武初，上金叶表文入贡，诏给印绶，赐《大统历》，且乞量衡为中国式，从之。

【译文】暹逻国本来是暹国与罗斛两个国家，暹国是汉朝赤眉军的后裔。到元至正年间，暹国向罗斛投降，两国便合为一国。明朝洪武初年，暹逻国呈上金箔作的表文前来进贡，朝廷下诏赐予其印绶，并赐予《大统历》，并且，暹逻国请求将量器改为明朝的制式，得到了允许。

爪哇国　古阇婆国。刘宋元嘉中，始通中国，后绝。元时称爪哇。明洪武初朝贡。永乐二年，赐镀金银印。

【译文】爪哇国就是古代的阇婆国。刘宋元嘉年间，才开始与中国来往，后来便断交了。元朝称其为爪哇。明朝洪武初年，爪哇国前来朝贡。永乐二年（1404年），赐予爪哇国镀金银印。

真腊国　扶南属国，亦名占腊。隋时始通中国，有水真腊、陆真腊，明洪武初入贡。

【译文】真腊国是扶南国的属国，又名“占腊”。隋朝时开始与中国往来，分为水真腊、陆真腊，明朝洪武初年开始朝贡。

满剌加国　前代不通中国，自明永乐初朝贡，赐印，诰封国王。九年，国王率其子来朝后，进贡不绝。

【译文】满剌加国以前不与中国往来，从明朝永乐初年开始朝贡，被赐印，并以文书封为国王。永乐九年，国王带领他的儿子前来朝贡之后，进贡就没有断绝过。

三佛齐国　南蛮别种，有十五州。唐始通中国，明洪武初朝贡，赐驼纽镀金印。

【译文】三佛齐国是南蛮的另一支，共有十五个州。唐朝开始与中国往来，明朝洪武初年开始朝贡，被赐予驼纽镀金印。

浡泥国　本阇婆属，所统十四州。宋太平兴国中，始通中国。明洪武中，进金表；永乐初，王率妻子来朝，卒于南京会同馆。诏谥恭顺，赐葬石子冈。命其妻子还国。

【译文】浡泥国本来是属于阇婆国，统辖十四州。宋朝太平兴国年间，开始与中国往来。明朝洪武年间，进献金表；永乐初年，国王带着妻儿前来朝贡，死于南京会同馆。皇帝下诏为他加谥号“恭顺”，并赐葬于石子冈。命令他的妻儿回国。

苏门答剌国　前代无考。明洪武中，奉金叶表，贡方物；永乐初，给印诰封之。

【译文】前代无法考证。明朝洪武年间，进奉在金叶上书写的表文，上贡当地特产；永乐初年，朝廷赐予印信并用诰命封王。

苏禄国　国分东西峒，凡三王：东王为尊，西峒二王次之。明永乐间，王率妻子来朝，次德州，卒。葬以王礼，谥曰恭定。遣其妃妾还国。

【译文】苏禄国分为东峒、西峒，共有三个王：东峒王地位比较尊贵，西峒的两个王次之。明朝永乐年间，国王带领妻儿前来朝贡，到达德州后去世。朝廷用藩王的礼仪埋葬了他，并赐谥号“恭定”。并让他的妃妾回国。

彭亨国　其前无考。明洪武十一年，遣使表，贡方物。永乐十二年，复入贡。

【译文】此前无法考证。明朝洪武十一年（1378年），彭亨国派遣使者上表，进贡当地特产。永乐十二年（1414年），再次前来朝贡。

锡兰山　古无可考。明永乐间，太监郑和俘其王以归，乃封其族人耶巴乃那为王，国人以其贤，故封之。正统天顺间，遣使朝贡。

【译文】古代无法考证。明朝永乐年间，太监郑和俘虏他们的国王回朝，于是封他的族人耶巴乃那为王，国人认为他比较贤明，所以才封他。正统、天顺年间，都曾经派遣使者前来朝贡。

柯支　古槃国。明永乐二年，遣使朝贡。

【译文】柯支是古代槃国。明永乐二年（1404年）派遣使者前来朝贡。

祖法儿　亦名左法儿。前代无考。明永乐中入贡。

【译文】祖法儿又名“左法儿”。前代无法考证。明朝永乐年间开始来中国进贡。

溜山　前代无考。明永乐中，遣使入贡。

【译文】前代无法考证。明朝永乐年间派遣使者前来朝贡。

百花 前代无考。明洪武中入贡。

【译文】前代无法考证。明朝洪武年间前来朝贡。

婆罗 一名娑罗，前代无考。明永乐中入贡。

【译文】婆罗又名“娑罗”，前代无法考证。明朝永乐年间前来中国朝贡。

合猫里 前代无考。明永乐中，同爪哇国入贡。

【译文】前代无法考证。明朝永乐年间，与爪哇国一同入朝进贡。

忽鲁谟斯 前代无考。明永乐中入贡。

【译文】前代无法考证。明朝永乐年间入朝进贡。

西洋古里国 西洋诸番之会。明永乐中，遣使朝贡，封古里国王。

【译文】西洋古里国在西洋各国的交会处。明朝永乐年间派遣使者前来朝贡，被封为古里国王。

西番 即土番也。其先本羌属，凡百余种，散处河、湟、江、岷间。唐贞观中，始通中国。宋时，朝贡不绝。元时，曾郡县其地。明洪武初，诏各族酋长，举故有官职者至京授职。自是，番僧有封灌顶国师及赞善王、阐化王、正觉大乘法王、如来大宝法王者，俱赐银印。三年一朝，或间岁赴京朝贡。其地为指挥司三、宣慰司一、招讨司六、万户府四，又宣慰司二、千户所十七。

【译文】西番就是吐蕃。他们的先祖本来属于羌人，一共一百多个分支，散居在黄河、西宁河、长江、岷江之间。唐朝贞观年间，开始和中国来往。宋朝时，派来朝贡的使者从未断绝。元朝时曾经把那里设为郡县。明朝洪武初年，朝廷诏令各族酋长，让所有本来就有官职的人前往京城授职。从此之后，番僧中有受封为灌顶国师及赞善王、阐化王、正觉大乘法王、如来大宝法王的人，朝廷都会赐予他们银印。这些人每三年朝贡一次，或者每隔一年到京城朝贡。这里设置了三个指挥司、一个宣慰司、六个招讨司、四个万户府，另有两个宣慰司、十七个千户所。

撒马儿罕 汉罽宾国地。明洪武、永乐、正统间，俱遣使入贡。

【译文】撒马尔罕是汉朝罽宾国。明朝洪武、永乐、正统年间，都曾经派遣使者入朝进贡。

罕东卫　古西戎部落。于明洪武间通贡，置卫，以酋长锁南吉剌思为指挥佥事。

【译文】罕东卫是古时候的西戎部落。在明朝洪武年间前来进贡，朝廷在那里设置了卫所，任命酋长锁南吉剌思为指挥佥事。

安定卫　鞑靼别部。自明洪武中朝贡，赐织金文绮，立安定、阿端二卫。

【译文】鞑靼的另一支部落。从明朝洪武年间开始朝贡，被赐予织金文绮，并设立安定、阿端两个卫所。

曲先卫　古西戎部落也。明洪武四年置卫。

【译文】曲先卫是古时的西戎部落。明朝洪武四年（1371年）设置卫所。

榜葛剌国　西天有五印度国，此东印度也，其国最大，明永乐初入贡。

【译文】西方有五个印度国，这是东印度国，也是其中最大的国家，明朝永乐初年开始入贡。

天方国　古筠冲地，一名西域。明宣德中朝贡。

【译文】天方国就是古代的筠冲，又名西域。明朝宣德年间开始朝贡。

默德那国　即回回祖国也。初，国王谟罕蓦德生而神灵佑，臣伏西域诸国。隋开皇时，始通中国。明宣德中，遣使天方国朝贡。

【译文】默德那国就是回回教的祖国。起初，国王谟罕蓦德出生时就被神灵庇佑，臣服了西域各国。隋朝开皇年间，开始与中国往来。明朝宣德年间，朝廷派遣使者到达天方国，之后他们就开始朝贡了。

哈烈　一名黑鲁。四面皆大山。维明洪武中，诏谕酋长，赐金币。永乐、正统间，遣使贡马。

【译文】哈烈又名“黑鲁”。四面都是大山。明朝洪武年间，皇帝曾经颁布诏谕给那里的酋长，并赏赐金币。永乐、正统年间，他们派遣使者前来进贡马匹。

于阗　居葱岭北。自汉至唐，皆入贡中国。明永乐初，遣使贡玉璞。

【译文】于阗在葱岭以北。从汉朝到唐朝，都进入中国朝贡。明朝永乐初年（1403年），派遣使者进贡玉璞。

哈蜜卫 古伊吾庐地，为西域诸番往来要地，汉明帝屯田于此。唐为西伊州。明永乐初设卫，封克安帖木儿为忠顺王，赐诰印。

【译文】哈蜜卫是古代的伊吾庐地区，是西域各国往来的交通要地，汉明帝曾经在这里屯田。唐朝是西伊州。明朝永乐初年设置卫所，封克安帖木儿为忠顺王，并赐予诰命和印信。

火州 本汉时车师前后王地。汉元帝时，置戊己校尉，屯田于此，名高昌垒。前凉张骏置高昌郡，唐改为交河郡，后陷于吐番。其地为回鹘杂居，故又名回鹘。宋、元皆遣使朝贡。明朝名曰火州。永乐间、宣德间，俱遣使入贡马。

【译文】火州本来是汉朝时车师国前王和后王的领地。汉元帝时，设置戊己校尉在这里屯田，称为高昌垒。前凉张骏设置高昌郡，唐朝改为交河郡，后来被吐蕃占领。这里有回鹘人杂居，所以又名回鹘。宋、元时都派遣使者前来朝贡。明朝时称为火州。永乐、宣德年间，他们都派遣使者前来进贡马匹。

亦力把力 地居沙漠间，疑即焉耆，或龟兹地也。自明洪武以来，入贡不绝。

【译文】亦力把力地处沙漠之中，怀疑就是焉耆，或者是龟兹国的领地。从明朝洪武年间以来，前来进贡的使者就没有断绝。

赤斤蒙古卫 西戎地。战国时月氏居之，秦末汉初属匈奴，汉武帝时为酒泉、敦煌二郡地。唐没于吐番，宋入西夏。明永乐初，故鞑靼丞相率所部男妇来归。诏建千户所，寻升卫。正德时卫遂虚。

【译文】赤斤蒙古卫是西戎的领地。战国时期被月氏国占领，秦末汉初属于匈奴，汉武帝时是酒泉、敦煌两郡的属地。唐朝时被吐蕃占领，宋朝时并入西夏。明朝永乐初年，原来的鞑靼丞相率领所辖的男女老少前来归顺。朝廷诏令建立千户所，不久后升为卫所。正德年间卫所也被弃置了。

土鲁番 汉车师前王地。唐置西州交河郡，析以为县，有安乐城，方一二里，地平衍，四面皆山。明永乐中入贡，至今不绝。然侵夺哈密，犯嘉峪关外七卫，地大人众，视昔悬绝矣。

【译文】土鲁番是汉朝车师国前王的领地。唐朝设置了西州交河郡，并分割为县，有一座安乐城，方圆一二里，地势平坦，四面都是山。明朝永乐年间开始入贡，到现在仍然没有断绝。然而土鲁番侵犯掠夺哈密，进犯嘉峪关外的七个卫所，地广人多，势力与之前不可同日而语。

拂菻　前代无考。明洪武中入贡。

【译文】前代无法考证。明洪武年间前来朝贡。

鞑靼　种落不一，历代名称各异。夏曰獯鬻，周曰猃狁，秦汉皆曰匈奴，唐曰突厥，宋曰契丹。自汉后匈奴稍弱，而乌桓兴，自鲜卑灭乌桓，而后魏蠕蠕独盛，自蠕蠕灭，而突厥起。自唐李靖灭突厥，而契丹复强。既而蒙古兼并之，遂代宋称号曰元。至于明兴，元主遁归沙漠，其遗裔世称可汗。永乐初，有马哈木、阿鲁台奉贡惟谨，因封马哈木为顺宁王，阿鲁台为和宁王。正统间，马哈木之孙也先大举入寇。成化中，也先之后称小王子复通贡，其次子曰阿著者先，子三：长吉囊、次俺答、次老把都，而俺答最犷桀。隆庆间执叛人来献，乃封顺义王，其子黄台吉等授都督官，开市通贡。

【译文】鞑靼的种族和部落复杂，历代的名称各不相同。夏朝称为獯鬻，周朝称为猃狁，秦、汉两朝都称为匈奴，唐朝称为突厥，宋朝称为契丹。从汉朝以后匈奴稍微衰弱，而乌桓兴盛，从鲜卑灭乌桓之后，后魏蠕蠕独自兴盛，蠕蠕灭亡之后，突厥兴起。唐朝李靖灭亡突厥后，契丹又开始强盛。之后契丹又被蒙古兼并，于是取代宋朝改国号为元。到明朝兴盛，元朝皇帝逃回沙漠，他的后裔则世代称为可汗。永乐初年，有马哈木、阿鲁台进贡十分恭顺，于是朝廷封马哈木为顺宁王，阿鲁台为和宁王。正统年间，马哈木的孙子也先大举进犯。成化年间，也先的后人小王子又开始进贡，他的次子名为阿著者先，阿著者先有三个儿子：长子吉囊、次子俺答、幼子老把都，其中俺答最为粗犷桀骜。隆庆年间抓住叛乱的人前来进献，朝廷于是封其为顺义王，他的儿子黄台吉等人都被授予都督官，开放市场并且进行朝贡。

兀良哈　古山戎地。秦为辽西郡北境，汉为奚所据，所属契丹。元为大宁路北境，明洪武间，割锦义、建剎诸州隶辽东，又设都司于惠州，领营兴，会合二十余卫所，北平行都司也。随封子权为宁王，筑大宁、宽河州、会州、富峪四城，留重兵居守，后以北和来降者众，诏分兀良哈地，置三卫处之，自锦义、辽河至白云山曰泰宁，自黄泥洼逾沈阳、铁岭至开原曰福余，自广宁前屯历喜峰近宣府曰朵颜，命其长为指挥，各领所部为东北外藩。靖难初，首劫大宁，召兀良哈诸酋长率部落从行有功，遂以大宁界三卫，移封宁王于南昌，徙行都司于保定，自撤藩篱，而朵颜分地尤最险，与北卤交婚，阴为响导，名曰外卫肘腋之忧。后二卫浸衰，朵颜独强盛，故称朵颜三卫云。

【译文】兀良哈是古代山戎国的领地。秦朝时是辽西郡北境，汉朝时被奚族占领，从属于契丹。元朝时是大宁路北境。明朝洪武年间，割让锦义、建利等诸州并入辽东，又在惠州设置了都司，统辖营兴，合起来共计二十多个卫所，从属于北平行都司。朱元璋随后封自己的儿子朱权为宁王，建造大宁、宽河州、会州、富峪四城，留重兵镇守，后来因为北边议和前来归顺的人很多，于是诏令把兀良哈地区划分，设置三个卫所，从锦义、辽河到白云山称为泰宁，从黄泥洼经过沈阳、铁岭到开原称为福余，从广宁前屯经过喜峰接近宣府的地区称为朵颜，命令那里的长官为指挥，各自率领部下作为东北外藩。靖难之役初期，朱棣首先攻取大宁，宁王召集兀良哈部诸位酋长率领部落跟随大军有功，于是以大宁分界三处卫所，把宁王移封到南昌，把行都司迁移到保定，自己撤去了藩篱，而朵颜卫分到的地方最为险峻，他们与北卤通婚，暗中给他们担任向导，名义上是外卫实际上已经成为心腹大患。后来其他两卫逐渐衰落，只有朵颜卫日益强盛，所以称为“朵颜三卫”。

女真　古肃慎地。在混同江之东，开原之北，即金人余裔也。汉曰挹娄，魏曰勿吉，唐曰靺鞨，元曰合兰府。明朝悉境归附，因其部族所居置都司一、卫一百八十有四、千户所二十，官其长为都督指挥、指挥千百户、镇抚等职，给之印，俾仍旧族统厥属，以时朝贡。其地面凡三十八城，二站九口、三河口。

【译文】女真是古代的肃慎地区。在混同江的东边，开原的北边，是金人的后裔。汉朝称为挹娄，魏国称为勿吉，唐朝称为靺鞨，元朝称为合兰府。明朝时女真全境归附，于是在他们部族居住的地方设置了一个都司、一百八十四个卫所、二十个千户所，并且任命他们的长官为都督指挥、指挥千百户、镇抚等，授予印信，让他们仍旧统领原来的族人，按时朝贡。那里共有三十八座城，二站九口、三个河口。

来贡者　吏部员外郎陈诚所记：洪武间来贡者，则有西洋琐里、琐里、览邦、淡巴。永乐间来贡者，则有古里班卒、阿鲁、阿丹、小葛兰、碟里、打回、日罗夏治、忽鲁毋思、吕宋、甘巴里、古麻剌（其王来朝，至福州卒。赐谥康靖，敕葬闽县）、沼纳扑儿、加异勒、敏真诚、八答黑商、别失八里、鲁陈、沙鹿海牙、赛蓝、火剌札、吃刀麻儿、失剌思、纳失者罕、亦思把罕、白松虎儿、答儿密、阿迷、沙哈鲁、黑葛达。又有同黑葛达来贡者，共十六国，曰南巫里、曰急兰丹、曰奇剌尼、曰夏剌北、曰窟察尼、曰乌涉剌踢、曰阿哇、曰麻利、曰鲁密、曰彭加那、曰舍剌齐、曰八可意、曰坎巴夷替、曰八答黑、曰日落。至于宣德中曾入贡，曰黑娄、曰哈失哈力、曰讨来思、曰白葛达。

【译文】吏部员外郎陈诚记录：洪武年间前来朝贡的，有西洋琐里、琐里、览邦、淡巴。永乐年间前来朝贡的，有古里班卒、阿鲁、阿丹、小葛兰、碟里、打回、日罗夏治、忽鲁毌思、吕宋、甘巴里、古麻剌（那里的国王前来朝贡，到达福州时去世。赐谥号“康靖”，敕令埋葬于闽县）、沼纳扑儿、加异勒、敏真诚、八答黑商、别失八里、鲁陈、沙鹿海牙、赛蓝、火剌札、吃刀麻儿、失剌思、纳失者罕、亦思把罕、白松虎儿、答儿密、阿迷、沙哈鲁、黑葛达。还有跟黑葛达一起前来朝贡的，共计十六国，分别是：南巫里、急兰丹、奇剌尼、夏剌北、窟察尼、乌涉剌踢、阿哇、麻利、鲁密、彭加那、舍剌齐、八可意、坎巴夷替、八答黑、日落。到宣德年间曾经前来朝贡的有：黑娄、哈失哈力、讨来思、白葛达。

卷十六　植物部

草木

蓂荚　尧时有草生于庭，曰蓂荚，十五之前，日生一叶，十五后，日落一叶。小尽则一叶厌而不落。观之可以知旬朔，故又名之历草。

【译文】尧帝时庭院中长了一种叫作蓂荚的草，每月十五日之前，每天长一片叶子，十五日之后，每天落一片叶子。如果是小月，就会有一片叶子枯萎却不会凋落。通过观察这种草可以知道日期，所以又被称为“历草”。

翣脯　尧时厨中自生肉脯，薄如翣形，摇鼓则生风，使食物寒而不臭。

【译文】尧帝时厨房中会自己生出肉脯，像羽扇一样薄，摇动时会有风，能够让食物变冷而不致腐臭。

佳谷　神农于羊头山（潞安长子县）得佳谷，宋真宗始给民占城稻种（今糯米）。

【译文】神农氏在羊头山（今潞安长子县）得到一种品质上好的谷物。宋真宗最先给百姓提供占城稻的种子（就是现在的糯米）。

屈轶　尧时有草生于庭，佞人入朝，此草则屈而指之，名曰屈轶。

【译文】尧帝时庭院中生出一种草，有奸臣进入朝中时，这种草就会弯曲并且指向他，被称为“屈轶”。

峄阳孤桐　在峄县峄山之上，自三代至今，止存一截。天启年间，妖贼倡乱，取以造饭，形迹俱无。

【译文】峄阳孤桐在峄县的峄山上，从夏、商、周三代时期到现在，只剩下了一截。天启年间，以妖言惑众的贼人扰乱天下，想要用这截桐木烧火做饭，那树却突然消失无影了。

五大夫松 今人称泰山五大夫松，俱云五松树，而不知始皇上泰山封禅，风雨暴至，休于松树下，遂封其树为大夫。五大夫，秦官第九爵也。此言可订千古之误。

【译文】现在的人提起泰山五大夫松时，都把它们叫作五棵松，却不知道这个名字来源于秦始皇上泰山封禅时，突然风雨大作，便在松树下休息，后来便把这几棵树封为大夫。五大夫是秦朝官职的第九等爵位。这段话可以更正流传千古的错误。

虞美人草 虞美人自刎，葬于雅州名山县，冢中出草，状如鸡冠花，叶叶相对，唱《虞美人曲》，则应板而舞，俗称虞美人草。

【译文】项羽的爱妃虞姬自刎后，被埋葬在雅州名山县，坟墓上长出一种草，样子和鸡冠花很像，叶子两两相对，有人唱《虞美人曲》时，这些叶子就会随着节拍起舞，俗称虞美人草。

蓍草 千岁则一本，茎其下必有神龟守之，用以揲蓍。多生于伏羲陵与文王陵上。

【译文】蓍草一千年才能长出一株，草茎下面必然有神龟守护，可以用来占卜。蓍草大多生长在伏羲陵与周文王陵上。

挂剑草 季札墓前生草，其形如挂剑，故名。可疗心疾。

【译文】季札的墓前生出一种草，样子和悬挂着的宝剑很像，因此得名。这种草可以治疗心病。

斑竹 尧二女为舜二妃，曰湘君、湘夫人。舜崩于苍梧，二妃哭泣，以泪洒湘竹，湘竹尽斑，故又名湘妃竹。

【译文】尧帝的两个女儿成为舜帝的两位妃子，被称为湘君、湘夫人。舜帝在苍梧去世后，两位妃子泪如雨下，眼泪洒在湘地的竹子上，这些竹子上全都长满了斑痕，所以斑竹也被称为“湘妃竹”。

梅梁 会稽禹庙有梅梁，雷雨之夜，其梁飞出，五鼓复还，晓视梁上常带水藻。后为梅太守易去。

【译文】会稽的禹庙中有一根梅梁，每逢雷雨交加的夜晚，这根大梁就会从庙中飞出，五更天才会返回，第二天早上查看大梁时就会发现上面经常带有水藻。后来被梅太守换掉了。

萍实 楚王渡江得萍实，大如斗，赤如日，剖而食之，甜如蜜。

【译文】楚王渡江时得到一枚萍实，大小和斗差不多，颜色鲜红如同太阳，剖开一尝，味道像蜜一样甜。

孔庙桧 曲阜孔庙有孔子手植桧，如降香，一株无枝叶，坚如金铁，纹皆左纽，有圣人生则发一枝，以占世运。按桧历周、秦、汉、晋千百余年，至怀帝永嘉三年而枯；枯三百有九年，至隋恭帝义宁元年复生。五十一年至唐高宗乾封三年再枯；枯三百七十四年，至宋仁宗康定元年再荣。至金宣宗贞祐三年，罹于兵火，枝叶俱焚，仅存其干。后八十一年，元世祖三十一年再发。至太祖洪武二十二年发数枝，极茂盛，至建文四年复枯。

【译文】曲阜的孔庙中有孔子亲自种下的一棵圆柏，样子和降香一样，整棵树上都没有枝叶，坚硬如同金铁，纹路全都向左边旋转，有圣人出现时就会长出一根枝条，以预测时代的兴衰。按：这棵树历经周、秦、汉、晋千百余年，到晋怀帝永嘉三年时枯萎，持续三百零九年，到隋恭帝义宁元年又复生了。过了五十一年到唐高宗乾封三年再次枯萎，持续三百七十四年，到宋仁宗康定元年再次繁茂。到金宣宗贞祐三年，毁于战火，枝叶全都被焚烧，只剩下了树干。八十一年后，元世祖三十一年再次生发。到明太祖洪武二十二年生出好几根枝条，极其茂盛，到建文帝四年再次枯萎。

汉柏 泰安州东岳庙东庑，有汉武帝手植柏六株，枝叶郁苍，翠如铜绿，扣其余干，如击金石，硁硁有声。曹操时赤眉作乱，大斧斫之，见血而止。今有斧创尚存。

【译文】泰安州东岳庙的东侧殿旁，有汉武帝亲手种下的六株柏树，枝叶郁郁葱葱，像铜绿一样翠绿，敲击树干时，就像敲击金石一样，硁硁作响。曹操时有赤眉军作乱，用大斧砍这些树，看到树中流出血后便停止了。现在树上还有斧砍的痕迹。

唐槐 峄县孟子庙，有唐太宗手植槐，枝叶蓊郁，躯干茁壮而矮。

【译文】峄县的孟子庙，有唐太宗亲手种下的槐树，枝叶繁茂，树干茁壮却有些矮。

邵平瓜　邵平者，故秦东陵侯。秦破，为布衣，种瓜长安城东，瓜常五色，味甚甘美，世号“东陵瓜”。五代胡峤始以回纥西瓜入中国。

【译文】邵平是以前秦朝的东陵侯。秦朝灭亡之后成了普通百姓，在长安城的东边种瓜，这些瓜经常会生出五种颜色，味道非常甜美，被世人称为“东陵瓜”。五代时期胡峤才开始把回纥的西瓜引进中国。

赤草　刘小鹤言：未央宫址，其地丈余，草皆赤色，相传为韩淮阴受刑之处，其怨愤之气郁结而成。

【译文】刘小鹤说：未央宫所在之处，有一块一丈多的地，草都是红色的，据传是汉代淮阴侯韩信受刑的地方，韩信心中的怨愤凝结形成了这种草。

桐历　桐知日月正闰。生十二叶，边有六叶，从下数一叶为一月，闰则十三叶，叶小者即知闰何月也。不生则九州异君。

【译文】有一种桐树知道日期、月份、平年与闰年。树上长着十二片叶子，从下往上数，一片叶子代表一个月，闰年就会长出十三片叶子，那片比较小的对应的就是闰月。如果树上没有长出叶子那天下就要更换君主了。

知风草　南海有草，丛生，如藤蔓。土人视其节，以占一岁之风，每一节则一风，无节则无风，名曰“知风草”。

【译文】南海有一种草，像藤蔓一样丛生在一处。当地人通过观察草节来占卜一年中刮风的次数，每一节代表一次风，没有节就不会有风，名叫“知风草”。

护门草　出常山。取置户下，或有过其门者，草必叱之。一名“百灵草”。

【译文】护门草产于常山。取这种草放在门下，如果有人从门前经过，这种草必然会大声呵斥。又名“百灵草”。

虹草　乐浪之东有背明之国，有虹草，枝长一丈，叶如车轮，根大如毂，花似朝虹之色。齐桓公伐山戎，国人献其种而植于庭，以表伯者之瑞。

【译文】乐浪的东部有一个背明国，那里有一种虹草，枝条有一丈长，叶子像车轮一样大，草根有车毂那么大，花朵的颜色像朝霞一样。齐桓公讨伐山戎时，背明国人进献了这种花的种子，齐桓公把它种在院子中，用来表示霸者的祥瑞。

不死草 东海祖洲上有不死之草，一名养神芝，生琼田中，其叶似菰苗，丛生，长三四尺。人死者，以草覆之即活，一株可活一人，服之令人长生。

【译文】东海祖洲上有一种不死草，又叫养神芝，生长在琼田，叶子像菰的幼苗一样，丛生，高约三四尺。如果有人去世，把这种草放在他身上就能使其复活，一株草能够救活一个人，服用之后可以让人长生不老。

怀梦草 钟火山有香草，似蒲，色红，昼缩入地，夜半抽萌，怀其草，自知梦之好恶。汉武帝思李夫人，东方朔献之。帝怀之，即梦见夫人，因名曰怀梦草。

【译文】钟火山有一种香草，样子像蒲草一样，红色，白天就会缩进地里，到晚上才会抽芽长出，把草放在怀中，自己就能知道梦的好坏。汉武帝思念李夫人，东方朔便进献了这种草。武帝把它放在怀里，就梦到了李夫人，于是把这种草命名为怀梦草。

书带草 郑玄字康成，居城南山中教授。山下有草如薤，叶长而细，坚韧异常，时人名为“康成书带”。

【译文】郑玄字康成，住在城南的山中传道授业。山下有一种长得像薤的草，叶子又长又细，十分坚韧，当时的人称其为“康成书带”。

八芳草 宋艮岳八芳草，曰金蛾，曰玉蝉，曰虎耳，曰凤毛，曰素馨，曰渠那，曰茉莉，曰含笑。

【译文】宋朝艮岳上有八种芳草，分别是金蛾、玉蝉、虎耳、凤毛、素馨、渠那、茉莉、含笑。

钩吻草 生深山之中，状似黄精，入口口裂，着肉肉溃，名曰钩吻，食之即死。但其花紫，黄精花白；其叶微毛，黄精叶光滑，以此辨之。

【译文】有一种草生在深山中，样子和黄精很像，放到嘴中嘴就会裂开，碰到肉肉就会烂掉，名字叫钩吻草，人如果吃了马上就会死亡。但是它的花是紫色的，黄精的花是白色的；这种草的叶子上有很多微小的毛，黄精的叶子光滑，可以用这些特征来分辨它们。

金井梧桐　世尝言：“金井梧桐一叶飘。”梧桐叶上有黄圈文如井，故曰金井，非井栏也。

【译文】世人常说：“金井梧桐飘下一片叶子。”梧桐的叶子上有一种像井一样的黄圈纹，所以叫金井，并不是井栏的意思。

沙棠木　可以御水，其实曰蕡，状如葵，味如葱，食之已劳，又使人入水不溺。

【译文】沙棠木可以用来防水，它的果实叫作蕡，样子和葵很像，味道和葱一样，食用可以解除疲劳，还能让人进入水中之后不会溺水。

君迁　《吴都赋》：“平仲君迁。”皆木名，注缺。按司马温公《名苑记》云，君迁子如马奶，俗云牛奶柿是也。今之造扇用柿油，遂名柿漆。

【译文】《吴都赋》中有“平仲君迁”，这些都是树的名字，注释有所缺失。按照司马光在《名苑记》中的说法，君迁的果实就像马奶一样，就是平常所说的牛奶柿。现在制作扇子要用到这种柿油，所以也叫柿漆。

芋历　芋艿生子十二子，遇闰则多生一子。时人谓之芋历。

【译文】芋头能生出十二颗种子，碰到闰月就会多生出一颗。当时的人称之为芋历。

肉芝　萧静之掘地得“人手”，润泽而白，烹而食之，逾月齿发再生。一道士云：此肉芝也。《抱朴子》言：行山中见小人乘车马七八寸者，亦肉芝也，捉取服之，即仙矣。

【译文】萧静之在地里挖出了一个“人手”，白嫩而有光泽，烹煮之后食用，一个多月后牙齿和头发就重新长了出来。有个道士说这就是肉芝。《抱朴子》中说：在山中行走时看到有小人乘着马车，身高七八寸左右，那也是肉芝，捉住服食，就能够成仙。

桑木　桑木者，箕星之精，神木也。蚕食之成文章，人食之老翁为小童。

【译文】桑木是箕星的精华所凝结成的树，是神木。蚕吃了之后可以吐出能制成美丽衣服的丝，人吃了之后可以返老还童。

肉树 肉树者，端山猪肉子也。山在德庆州，子大如茶杯，炙而食之，味如猪肉而美。

【译文】肉树就是端山的猪肉子。这座山在德庆州，树的种子像茶杯一样大，烧烤之后食用，味道像猪肉一样香。

哀家梨 哀仲家有梨，甚佳，大如升，入口即化。

【译文】哀仲家有一种梨，品质上佳，有一个升那么大，入口即化。

含消梨 汉武帝樊川园，有大梨，如五升瓶，落地则碎。欲取先以囊承之，名曰含消梨。

【译文】汉武帝的樊川园里有一种大梨，像五升瓶那么大，落到地上就会破碎。想要摘取就要用布囊在下面接着，名叫含消梨。

涂林 张骞使安石国十八年，得涂林种而归，即安石榴也。又得胡麻，遍植中国。

【译文】张骞出使安石国十八年，得到了涂林的种子带回国，就是安石榴。又得到了胡麻，在全中国各地都有种植。

阿魏树 出三佛齐国，其树有瘿，出滋最毒，着人身即糜烂，人不敢近。每采时，系羊于树下，骑快马自远射之，脂着于羊，羊即烂。故曰飞鸟取阿魏。

【译文】阿魏树产自三佛齐国，上面有树瘤，里面出来的汁液有剧毒，人的身体沾到后就会马上腐烂，没有人敢靠近。每次采摘时，要把一只羊拴在树下，骑着快马在远处射树，树瘤里的汁液流到羊身上，羊马上就会腐烂。所以有“飞鸟取阿魏”的说法。

葡萄苜蓿 李广利始移植大宛国苜蓿、葡萄。

【译文】李广利最先把大宛国的苜蓿和葡萄移植到中国。

甘蔗 宋神宗问吕惠卿，曰：“蔗字从庶，何也？”“凡草木种之俱正生，蔗独横生，盖庶出也，故从庶。”顾长康啖蔗，先食尾。人问所以，曰：“渐入至佳境。”

【译文】宋神宗问吕惠卿，说：“‘蔗’从‘庶’是什么原因呢？”吕惠卿回答：“所有的草木种子都是正着向上生长，只有甘蔗是横着生长的，所以称为‘庶出’，这就是‘蔗’从‘庶’的原因。”顾恺之吃甘蔗时，先吃尾部。有人问他原因，顾恺之说：“这样可以渐入佳境。”

乌树 号柘树也。枝长而劲，乌集之，将飞，柘枝反起弹乌，乌乃呼号。以此枝为弓，快而有力，故名乌号之弓。

【译文】乌树也叫柘树。树枝又长又坚韧，有乌鸦聚集在上面，准备飞行时，柘树的枝条就会反弹它们，乌鸦就会号叫。用这种树枝制作弓，射出的箭又快又有力，所以命名为“乌号之弓”。

共枕树 潘章有美容，与楚人王仲先交厚，死则共葬。冢上生树，柯条枝叶，无不相抱。故曰共枕树。

【译文】潘章生得十分俊美，和楚人王仲先交情很好，死去后埋葬在一起。他们的坟墓上长出一种树，树的枝条和叶子全都抱在一起。所以叫作“共枕树”。

木奴 李衡为丹阳太守，于龙阳洲上种橘千树。临终，敕其子曰：“吾洲里有千头木奴，不责汝衣食。岁上一匹绢，亦足用矣。”

【译文】李衡任丹阳太守时，在龙阳洲上种植了一千棵橘子树。临终前，他对儿子说：“我的洲上有一千棵木奴，不需要你供给衣食。每年还能献给你一匹绢，也足够你使用了。”

化枳 晏子曰：“橘生淮南则为橘，生于淮北则为枳。叶徒相似，其实味不同。水土异也。”

【译文】晏子说：“橘树生在淮南就会长出橘子，生在淮北就会生出枳子。它们只是叶子相似，但果实的味道却大不相同。这是因为水土不一样啊。”

七星剑草 草如剑形，上有七星，列如北斗。

【译文】七星剑草的叶子和剑的形状很像，上面有七星，排列如同北斗七星的形状。

骨牌草 叶上有幺二三四五六斑点，与骨牌无异。

【译文】骨牌草的叶子上有幺二三四五六的斑点，和骨牌没有区别。

刘寄奴草　刘裕微时伐荻新洲，有大蛇数丈，裕射之。明日至此，见数童捣叶，裕问故，答曰："我王为刘寄奴所伤，今合药敷之。"裕曰："何不杀之？"曰："刘寄奴王者，不死。"裕叱之，皆散走。裕得药，敷金创立效。遂呼其草为"刘寄奴"，裕之乳名也。

【译文】刘裕贫寒时在新洲砍伐荻草，碰到一条几丈长的大蛇，刘裕用弓箭射它。第二天到那里，见到几个孩子正在捣叶子，刘裕问他们在做什么，童子回答说："我们的王被刘寄奴所伤，现在正在配药给他敷上。"刘裕说："为什么不杀了刘寄奴呢？"童子说："刘寄奴是要做君王的人，杀不死的。"刘裕呵斥他们，童子们便跑走了。刘裕得到药之后，敷在伤口上马上就愈合。于是称呼这种草为"刘寄奴"，这是刘裕的乳名。

益智粽　叶如蘘荷，茎如竹箭，子从中心出。一枝有十子，子肉白滑，四破去之，取外皮，蜜煮为粽子，味辛。卢循飨宋武，又飨远公，名益智粽。

【译文】益智树的叶子和蘘荷很像，树干和竹箭一样，果实从中心长出。一枝上有十枚果实，果实又白又滑，从四面破开去掉果肉，只取外皮，再用蜜煮过后包成粽子，味道有些辛辣。卢循曾经用这种粽子招待过宋武帝，还招待过远公，称作"益智粽"。

祁连仙树　祁连山有仙树一本，四味。其实如枣，以竹刀剖则甘，以铁刀剖则苦，以木刀剖则酸，以芦刀剖则辛。

【译文】祁连山上有一棵仙树，结出的果实有四种味道。这种果实形状像枣，用竹刀剖开就是甜的，用铁刀剖开就是苦的，用木刀剖开就是酸的，用芦刀剖开就是辣的。

桂　《南方草木状》：有三种，叶如柏叶，皮赤者为丹桂；叶如柿叶者为菌桂；叶似枇杷者为牡桂。今闽中多桂，四季开花有子，此真桂。其江南八九月开花无子者，此木樨也。

【译文】《南方草木状》中记载：桂树有三种，叶子像柏叶一样，树皮是红色的叫作丹桂；叶子像柿叶一样的是菌桂；叶子像枇杷叶一样的是牡桂。现在闽中地区有很多桂树，四季都会开花结果，这些都是真正的桂树。长在江南地区，八九月份开花却不会结果的树，是木樨。

酒树　《扶南记》[1]：顿逊国有树似石榴，采其花汁注瓮中，数日成酒，味甚美，名其树曰酒树。

【译文】《扶南记》中记载：顿逊国有一种树很像石榴树，采集它的花汁注入瓮中，几天后就能酿成酒，非常美味，所以给这种树起名为酒树。

面树　名桄榔树。树大四五围，长五六丈，洪直无枝条，其颠生叶，不过数十，似栟榈；其子作穗，生木端；其皮可作绠，得水则柔韧，胡人以此联木为舟。皮中有屑如面，多者至数斛，食之，与常面无异。

【译文】面树也叫桄榔树。树干有四五围那么粗，高五六丈，笔直而没有枝条，只在树顶长着树叶，也不过只有几十片而已，和棕榈很像；这种树的果实是穗状，长在树顶；树皮可以用来制作绳，浸水就会变得更加柔韧。胡人用这种绳子把木头绑在一起做成舟。树皮里有像面粉一样的碎屑，多的有好几斛，吃起来和正常的面没有什么区别。

杨柳　隋炀帝开河成，虞世基请于堤上栽柳，一则树根四出，鞠护河堤；一则牵舟之女获其阴樾；三则牵舟之羊食其枝叶。上大喜，诏民间进柳一株，赐一缣；百姓竞献之。帝自种一株，群臣次第种之。栽毕，上御笔赐垂柳姓杨，曰“杨柳”。

【译文】隋炀帝凿通运河后，虞世基请求在堤坝上栽种柳树，一来树根四处生长，可以巩固河堤；二来拉船的女子可以在下面乘凉；三来拉船的羊可以吃它们的枝叶。隋炀帝大喜，于是诏令民间，进献一株柳树，便赏赐一匹布；百姓都争着进献。隋炀帝亲自种了一棵，群臣也都按照顺序依次种植。种完之后，隋炀帝御笔亲赐柳树姓氏，称为“杨柳”。

薏苡　马援在交趾，以薏苡实能胜瘴气，还，载之一车。及援死，有上书谮之者，以前所载皆明珠文犀。

【译文】马援在交趾时，因为薏苡的果实能够抵御瘴气，回国时就载了一车。等马援死后，有人上书诬陷他，说他以前车上所载的都是宝珠和有纹理的犀牛角。

橄榄　南威也。《金楼子》云：有树名独根，分为二枝，其东向一枝是木

[1] 底本为《拾遗记》，应为笔误。

威树，南向一枝是橄榄树。其树高峻不可梯，刻其根下方许，纳盐其中，一夕子皆落。此木可作舟楫，所经皆浮起。东坡诗："纷纷青子落红盐，正味森森苦且严。待得余甘回齿颊，已输崖蜜十分甜。"三国吴时始贡橄榄，赐近臣。

【译文】橄榄就是南威。《金楼子》中说：有一种叫独根的树，分成两枝，向东生长的一枝是木威树，向南长的一枝是橄榄树。这种树高不可攀，在树根下方刻一道口子，再往里面撒上盐，一夜之间果实就会全部掉落。这种树可以制作舟和船桨，经过有水的地方就会自动浮起。苏轼在诗中写道："纷纷青子落红盐，正味森森苦且严。待得余甘回齿颊，已输崖蜜十分甜。"三国时期吴国最早进贡橄榄，皇帝赐给近臣。

瑞柳 唐中书省有古柳，忽一死枯，德宗自梁还，复荣茂，人谓之瑞柳。

【译文】唐朝中书省中有一棵古柳，忽然有一天枯萎了，唐德宗从梁地回朝之后，这棵树又变得繁茂起来，人们都称之为瑞柳。

义竹 《唐纪》：明皇后苑竹丛幽密，帝谓诸王曰："兄弟相亲，当如此竹。"因谓之义竹。

【译文】《唐纪》中记载：唐明皇后苑中的竹林十分茂密，唐明皇对几位王爷说："兄弟相亲，应该像这些竹子一样。"因此给它们取名义竹。

椰树 如栟榈，高五六丈，无枝条，其实大如寒瓜，外有粗皮，皮次有壳，圆而且坚，剖之有白肤，厚半寸，味似胡桃而极肥美，有浆，饮之，作酒气。俗人呼之"越王头"。其壳可镶杯壶，可作瓢。

【译文】椰树和棕榈树很像，高度有五六丈，没有枝条，它的果实像寒瓜一样大，外面有一层粗皮，皮下有个壳，又圆又硬，剖开之后有白色的果肉，厚半寸，味道有点像胡桃但又极为肥美，还有果浆，喝起来有些酒的味道。人们俗称为"越王头"。椰子壳可以用来镶成杯子和水壶，还能用来做瓢。

文林果 宋王谨为曹州从事，得林檎，贡于高宗，似朱柰。上大重之，因赐谨为文林郎，号文林果。一云，唐高宗时王方言始盛栽林檎。

【译文】宋朝王谨任曹州从事时，得到林檎果，进贡给宋高宗，样子和朱柰果很像。高宗十分爱重，于是赐王谨为文林郎，称这种果子为文林果。还有一种说法认为，唐高宗时期王方言就开始大面积种植林檎。

不灰木　《抱朴子》：南海萧丘之上，自生之火，春起秋灭。丘上纯生一种木，虽为火所着，但少焦黑，人或得以为薪者，炊熟则灌灭之，用之不穷。束皙《发蒙》曰："西域有火浣之布，东海有不灰之木。"

【译文】《抱朴子》中记载：南海的萧丘上，有自生自灭的火，春天自动生出火，秋天熄灭。丘上只生长一种树，即使被火点着，也没有多少烧焦的地方，有人得到之后把它当成柴烧，煮完饭后用水浇灭，永远也用不完。束皙在《发蒙》中说："西域有一种火浣布，东海中有一种不灰木。"

三槐　王旦父祐有阴德，尝手植三槐于庭，曰："吾后世必有为三公者，植此所以志也。"

【译文】王旦的父亲积下很多阴德，他曾经亲手在院子里种了三棵槐树，说："我的后人中必然会有位列三公的人，我便种下这三棵槐树来作为标记。"

寇公柏　寇準初授巴东令，人皆以"寇巴东"呼之。手植双柏于庭，名"寇公柏"。人比邵伯甘棠。

【译文】寇準最初被授予巴东令时，人们都用"寇巴东"来称呼他。他曾经亲手在院子里种下两棵柏树，取名"寇公柏"。人们把它们比作邵伯种下的甘棠。

铁树　广西殷指挥家，有铁树高三四尺，干叶皆紫黑色，叶类石榴。遇丁卯年开花，四瓣，紫白色，如瑞香，较少圆。一开，累月不凋，嗅之有铁气。

【译文】广西的殷指挥家里，有一棵三四尺高的铁树，树干和树叶都是紫黑色，叶子和石榴叶很像。每逢丁卯年就会开花，有四个花瓣，紫白色，和瑞香花很像，但要稍微圆上一些。每次开花之后，几个月都不会凋谢，闻起来有铁的气味。

莱公竹　寇莱公死后，归葬西京。道出荆南公安县，人皆设祭哭于路，折竹植地，以挂纸钱。逾月视之，枯竹皆生笋，人号"莱公竹"。因立庙，号"竹林寇公祠"。

【译文】寇準去世后，归葬西京。从荆南公安县路过时，人们都在路边陈设祭品哭泣，折下竹子插在地上，用来挂纸钱。一个月之后再看，枯竹居然长出了竹笋，被人称为"莱公竹"。人们便在这里建造了庙，命名为"竹林寇公祠"。

迎凉草　李辅国夏日会宾客，设迎凉草于庭，清风徐来。草色碧，干类苦竹，叶细如杉。

【译文】李辅国在夏季招待宾客时，在院子中设置迎凉草，便会有清风缓缓吹来。这种草颜色碧绿，草秆类似苦竹，叶子像杉树叶一样细。

荔枝　蔡君谟曰：闽中荔枝，兴化最为奇特，尤重陈紫。其树晚熟，其实广上而圆下，大可径寸有五分，香气清远，色泽鲜紫，壳薄而平，瓤厚而莹，膜如桃花红，核如丁香母，剥之凝如水晶，食之消如绛雪，其味之甘芳，不可得而名状也。

【译文】蔡君谟说：闽中的荔枝，以兴化的最为奇特，尤其是陈紫最受人们的喜欢。这种树上的荔枝成熟得比较晚，果实上宽下圆，大的直径有一寸五分，香气清甜幽远，色泽鲜紫，果壳又平又薄，果肉很厚而且十分晶莹，膜如同桃花一样红，果核如同丁香母一样，剥开之后凝润如同水晶，吃起来就像绛雪一样入口即化，味道甜美得无法用语言形容。

宋家香　宋氏尝以馈蔡君谟，君谟以诗序谢之曰：世传此植已三百年。黄巢兵过，欲伐之，时王氏主其木，媪抱木欲共死，得不伐。今虽老矣，其实益繁，其味益甘滑，真异品也。

【译文】宋氏曾经把荔枝当作礼物送给蔡君谟，蔡君谟在《谢宋丈诗》的诗序中答谢他说：世间传闻这棵树已经种植了三百年之久。黄巢的军队经过时，想要砍下这棵树，当时树的主人是王氏，老妇人抱着树想要一同赴死，这棵树才没有被砍掉。现在它虽然老了，果实却更加繁密，味道也更加香滑，真是奇异的品种啊。

瑞榴　邵武县学宋时有石榴一株，士人观其结实之数，以卜登第多寡，屡验，因名“瑞榴”。

【译文】邵武的县学在宋代有一株石榴树，士人通过观察树上果实的数量，以预测登科人数的多少，屡屡应验，因而给它取名“瑞榴”。

柯柏　柯潜官少詹，手植二柏于翰林苑后堂，号“学士柏”。复造瀛洲亭以临之。

【译文】柯潜任少詹事时，在翰林苑的后堂亲手种下两棵柏树，称为“学士柏”。又在柏树的旁边建造了瀛洲亭。

种松 晋孙绰隐会稽山中，作《天台赋》，范荣期曰："掷地有金石声矣。"绰于斋前种一松，恒手自壅治之。邻人高柔语曰："松树子非不楚楚可怜，但无栋梁耳！"孙曰："枫柳虽合抱，亦复何施？"

【译文】晋朝孙绰隐居在会稽山中，作了一首《天台赋》，范荣期说："真是掷地有声啊。"孙绰在屋子前种了一棵松树，一直亲手培土浇灌。邻居高柔对他说："你种植的松树并不是不够楚楚可怜，只可惜不是栋梁之材罢了！"孙绰说："枫树和柳树即使有合抱那么粗，又有什么用呢？"

连理木 宋梁世基家，有荔枝生连理，神宗赐以诗曰："横浦江南岸，梁家闻世贤。一株连理木，五月荔枝天。"

【译文】宋朝梁世基的家里有两棵荔枝树生出了连理枝，宋神宗赐诗说："横浦江南岸，梁家闻世贤。一株连理木，五月荔枝天。"

树头酒 缅甸有树，类棕，高五六丈，结实大如掌。土人以曲纳罐中，悬罐于实下，划实取汁成酒。其叶，即贝叶也，写缅书用之。

【译文】缅甸有一种树，和棕榈树有些类似，高五六丈，结出的果实大如手掌。当地人把酒曲装进罐子里，再把罐子悬挂在果实下，划开果实取出汁液酿成酒。这种树的叶子就是贝叶，缅甸人用来书写。

嗜鲜荔枝 唐天宝中，贵妃嗜鲜荔枝。涪州岁命驿递，七日夜至长安，人马俱毙。杜牧之诗："一骑红尘妃子笑，无人知是荔枝来。"

【译文】唐朝天宝年间，杨贵妃酷爱吃新鲜的荔枝。涪州每年都要命令驿马递送荔枝，七天七夜就能到达长安，人和马都会累死。杜牧在诗中写："一骑红尘妃子笑，无人知是荔枝来。"

荔奴 龙眼似荔枝，而叶微小，凌冬不凋。七月而实成，壳青黄色，文作鳞甲，形圆似弹丸，肉白有浆，甚甘美。其实极繁，一朵五六十颗，作穗如葡萄然。荔枝才过，龙眼即熟。南人目为"荔奴"。

【译文】龙眼树和荔枝树很像，叶子稍微小一点，到了寒冬也不会凋谢。七月果实就会成熟，外壳是青黄色，纹路和鳞甲一样。形状像弹珠一样圆。果肉为白色带有果浆，十分甜美。龙眼的果实非常繁密，一串上有五六十棵，像葡萄一样结成穗状。荔枝刚过时节，龙眼马上就会成熟。南方人视其为荔枝的奴仆。

此君 王子猷暂寄人空宅，便令种竹，人问之，曰："何可一日无此君！"

【译文】王子猷暂住在别人的空宅中，马上就命人种植竹子，有人问他原因，王子猷说："怎么能够一天没有这些君子呢！"

报竹平安 李卫公言：北都惟童子寺有竹一窠，才长数尺。其寺纲维每日报竹平安。

【译文】李靖说：北都只有童子寺有一丛竹子，才有几尺高。司事僧每天都要报告竹子是否平安。

蕉迷 南汉贵珰赵纯卿惟喜芭蕉，凡轩窗馆宇咸种之。时称纯卿为"蕉迷"。

【译文】南汉的权宦赵纯卿只喜欢芭蕉，凡是窗外和屋边都要种植。当时的人称赵纯卿为"蕉迷"。

卖宅留松 海虞孙齐之手植一松，珍护特至。池馆业属他姓，独松不肯入券。与邻人卖浆者约，岁以千钱为赠，祈开壁间一小牖，时时携壶茗往，从牖间窥松，或松有枯毛，辄道主人，亲往梳剔，毕即便去。后其子林、森辈养志，亟复其业。

【译文】海虞的孙齐之亲手种下一棵松树，关爱备至。池苑馆舍卖给别人之后，唯独松树不肯卖。他和邻居卖酢浆的人约定，每年送给他一千钱，请求他在墙壁上开一扇小窗，并时常带着一壶茶水前往，从窗户中窥看松树，有时候发现松树上有枯刺，都会告诉主人，亲自前去梳理剔除，剔完之后便会离开。后来他的儿子孙林和孙森等人十分孝顺，不久就买回了房子。

青田核 《鸡跖集》：乌孙国有青田核，莫知其木与实，而核如瓠，可容五六升，以之盛水，俄而成酒，刘章得二焉。集宾客设之，一核才尽，一核又熟，可供二十客。名曰"青田壶"。

【译文】《鸡跖集》中记载：乌孙国有一种青田核，不知道它的树和果实是什么样子，这种核的样子就像瓠一样，可以容纳五六升东西，用来盛水，顷刻就会变成酒，刘章曾经得到过两枚。他汇集宾客用青田核设宴招待，一枚核里的酒才喝完，另一枚中的酒又酿成了，可以供应二十位宾客。起名为"青田壶"。

桃核　洪武乙卯出元内库所藏巨桃核，半面长五寸，广四寸七分，前刻“西王母赐汉武桃”及“宣和殿”十字，涂以金，中绘龟鹤云气之象，复镌“庚子甲申月丁酉日记”，命宋濂作赋。

【译文】洪武乙卯年（1376年）拿出了元朝宫廷内库中收藏的巨型桃核，半面有五寸长，四寸七分宽，前面刻着“西王母赐汉武桃”和“宣和殿”十个字，上面涂着金漆，中间画着龟鹤云气的景象，明太祖又命人刻上“庚子甲申月丁酉日记”几个字，并让宋濂作赋文记录。

龙眼荔枝　汉高帝时，南粤王始献龙眼树；汉武帝时始得交趾荔枝，植上林；魏文帝始诏南方岁贡龙眼荔枝。

【译文】汉高祖时期，南粤王开始进献龙眼树；汉武帝时才得到交趾的荔枝，种在上林苑中；魏文帝开始诏令南方每年都要进贡龙眼和荔枝。

药名　将离赠芍药，亦名可离。相招赠文无，文无一名当归。欲忘人忧，赠丹棘，一名忘忧。欲蠲人之忿，赠青裳，青裳一名合欢。后人折柳赠行，折梅寄远（见《古今注》及《董子》）。又帝不愁（见《山海经》）。芍药养性（见《博物志》），皋苏释忿（见《王粲志》），甘枣不惑（见束皙《发蒙记》）。树有长生（见《邺中志》），木有无患（见《纂异文》）。

【译文】人们在离别时会赠送芍药，芍药也被称为可离。邀请人时要赠送文无，文无也叫当归。想让人忘记忧愁，就赠送丹棘，丹棘也叫忘忧。想要消除人的愤怒，要赠送青裳，青裳也叫合欢。后世的人折下柳枝送行，折下梅花寄到远方（见《古今注》及《董子》）。还有的叫帝不愁（见《山海经》）。芍药可以培养人的性情（见《博物志》），皋苏可以化解愤怒（见《王粲志》），甘枣可以解除迷惑（见束皙《发蒙记》）。有一种树可以长生（见《邺中志》），还有一种可以辟鬼的无患木（见《纂异文》）。

碧鲜赋　五代扈载游相国寺，见庭竹可爱，作《碧鲜赋》。世宗遣小黄门就壁录之，览而称善。刘宽夫《竹记》：“坚可以配松柏，劲可以凌霜雪。密可以消清烟，疏可以漏霄月。”

【译文】五代时扈载游览相国寺，见庭院中的竹子十分可爱，就作了一首《碧鲜赋》。周世宗派小黄门去寺内的墙壁上抄录下来，看完后觉得十分不错。刘宽夫在《竹记》中写道：“坚韧可以匹敌松柏，苍劲可以凌霜傲雪，浓密可以消弭轻烟，稀疏可以漏下月光。”

榕城 福州有榕树，其大十围，凌冬不凋，郡城独盛，故号榕城。

【译文】福州有一棵榕树，有十个人合抱那么粗，到了寒冬也不会凋谢，在郡城中独自茂盛，所以福州也叫作榕城。

相思树 潮凤凰山多相思树，树中有神，披发跣足。

【译文】潮州的凤凰山有很多相思树，树中有神仙，披发光脚。

念珠树 在大理府，每穗结实百八枚。昔李贤者，寓周城，主人其妇难产，李摘念珠一枚使吞，珠在儿手中擎出，弃珠之地，丛生珠树。

【译文】念珠树在大理府，每个穗子上都能结出一百零八枚果实。昔日李贤者暂住在周城时，家主的妻子难产，李贤者便摘下一枚念珠让她吞下，后来这颗珠子攥在出生的婴儿手中，扔下那颗珠子的地方，长出很多念珠树。

席草 储福，靖难时卫卒，流于曲靖，不食，死。妻范氏奉姑甚谨，一日见涧边草类苏，织席以奉姑。姑卒后，草遂不生。

【译文】储福是靖难之役时的戍卒，流落在曲靖，因为没有饭吃而饿死。他的妻子范氏侍奉婆婆十分恭谨，有一天她在水涧边看到一种草长得很像苏草，便用它们织成席子送给婆婆使用。婆婆去世后，这种草就再也不生了。

蒌叶藤 叶似葛蔓附于树，可为酱，即《汉书》所谓蒟酱也，实似桑椹，皮黑、肉白、味辛，合槟榔食之，御瘴气。

【译文】蒌叶藤的叶子和葛藤一样附着在树上，可以用来做酱，就是《汉书》中所说的蒟酱，它的果实和桑葚很像，皮是黑色的，果肉是白色的，味道辛辣，和槟榔一起吃，可以抵御瘴气。

神木 永乐四年，采楠木于沐川，方欲开道以出之，一夕，楠木自移数里，因封其山为神木山。

【译文】永乐四年（1406年），朝廷在沐川采伐楠木，正要开辟道路运出这些木材，一夜之间，楠木自己移动了几里，朝廷因此册封那座山为神木山。

独本葱 元初，马湖蛮岁以独本葱来献，郡县疲于递送，元贞初罢之。

【译文】元朝初年，马湖的蛮人每年都要把独本葱当作贡品进献，沿路的郡县疲于运送，便在元贞初年废止了。

邛竹 《蜀记》：张骞奉使西域，得高节竹种于邛山。今以为杖，甚雅。

【译文】《蜀记》中记载：张骞奉命出使西域，在邛山得到高节竹的树种。现在用这种竹子来做手杖，非常雅致。

天符 容子山有木叶，名天符，叶如荔枝叶而长，其纹如虫蚀篆，不知何木，或以为刘真人仙迹。

【译文】容子山有一种树叶，叫作天符，这种叶子和荔枝叶很像，却要长一点，叶子上的纹路像虫子咬出来的篆文一样，不知道是什么树，有人认为这是刘真人的仙迹。

吕公樟 松江之北禅寺，宋有回先生过之，手植一樟于殿。后数年樟死，回复造焉，问樟公安在，取瓢内药一丸，瘗诸根下，樟遂活，叶叶俱显瓢痕。人始悟吕仙也。

【译文】宋朝有个回先生从松江的北禅寺那里经过，在殿前亲手种了一棵樟树。几年后樟树枯死，回先生又来造访，问樟公怎么样了，从葫芦中取出一粒药丸，埋在树根下面，樟树又活了过来，每片叶子上都有葫芦的痕迹。人们这才知道原来回先生就是吕洞宾。

陈朝双桧 静安寺中有双桧，宋政和间，朱勔图以进，遣中使取之，风雨雷电震碎其一，遂止。

【译文】静安寺中有一对陈朝时的圆柏，宋代政和年间，朱勔画下它们进献给皇帝，皇帝派出使者前去挖取，却被风雨和雷电震碎了其中一棵，于是作罢。

竹诗 胡闰题诗于吴芮祠壁云："幽人无俗怀，写此苍龙骨。九天风雨来，飞腾作灵物。"明太祖见而赏之，召拜大理卿。

【译文】胡闰在吴芮祠的墙壁上题诗："幽人无俗怀，写此苍龙骨。九天风雨来，飞腾作灵物。"明太祖看到后十分欣赏，便召他做了大理寺卿。

苦笋反甘 《梦溪笔谈》云：太虚观中修竹，相传陆修静手植，出苦笋而味反甘；归宗寺造盐虀而味反淡。盖中山佳物也。

【译文】《梦溪笔谈》中记载：太虚观中的修竹，相传是陆修静亲手种下的，结出的苦笋味道反而十分甘甜；归宗寺做的盐薤味道却很淡。这些都是山中的珍品。

水晶葱 宋孝宗问周必大："吉安所产何物？"对曰："金柑玉版笋，银杏水晶葱。"

【译文】宋孝宗问周必大说："吉安有什么特产？"周必大回答说："金柑和玉版笋，银杏和水晶葱。"

巨楠 赤城阁前有巨楠，高数十寻，围三十尺，世传范寂手植。寂得长生久视之术，先主累召不赴，封逍遥公。

【译文】赤城阁的前面有一棵巨大的楠树，有几十寻高，三十尺粗，相传是范寂亲手种下的。范寂得到长生不老的法术后，先主多次召他都没有前去，于是封他为逍遥公。

希夷所种 《方舆胜览》云：普州硗瘠，无异产，惟铁山枣、崇龛梨、天池藕三者，皆希夷所种。

【译文】《方舆胜览》中记载：普州土地贫瘠，没有什么特产，只有铁山枣、崇龛梨、天池藕三样东西，都是陈希夷种下的。

骑鲸柏 大邑凤凰山有紫柏十围，根盘巨石上，号骑鲸柏。

【译文】大邑的凤凰山有一棵十围粗的紫柏树，树根盘绕在巨石上，被称为骑鲸柏。

芦根 秦始皇以东南气王，凿连江之九龙山，得芦根一茎，长数丈，断之有血，因名其山曰荻芦峡。

【译文】秦始皇因为东南有王者之气，就凿开了连江的九龙山，从山中得到一根芦根，有几丈长，砍断之后有血流出，因此把那座山命名为荻芦峡。

榕树门 桂林府之南门也。唐筑门时，榕一株，久跨门内外，盘错至地，生成门状，车马往来，径于其下。杨基诗云"榕树城门却倒垂"是也。

【译文】桂林府的南门叫作榕树门。唐朝建造城门时，有一棵榕树，长久地横跨城门生长，盘根错节一直垂到地上，长成门的形状，车马往来，都从树下面经过。杨基诗中所写的"榕树城门却倒垂"就是指这个门。

苴草　广西产，状如茅，食之令人多寿。暑月置盘筵中，蝇蚊不近，物亦不速腐，亦名不死草。又有木生子，形如猪肾，能解药毒，名猪腰子。

【译文】苴草产自广西，样子和茅草很像，吃了可以延年益寿。盛夏时把它们放置在宴席上，苍蝇和蚊子就不会靠近，食物也不会很快腐烂，所以也叫作不死草。还有一种树木生出的果实，形状和猪肾一样，能够化解药物的毒性，名叫猪腰子。

罗浮橘　严州城南，其山峻险不易登，上有罗浮橘一株，熟时风飘堕地，得者传为仙橘云。

【译文】严州城南，有座山非常险峻，不易攀登，山上有一株罗浮橘树，橘子成熟时会被风吹落到地上，得到的人传说那是仙橘。

玉芝　会稽陶堰岭出花生，叶下其根岁生一臼，取以面裹熟食，可辟谷。

【译文】会稽郡的陶堰岭出产一种花生，叶子下面的根每年才会长出一枚像臼的果实，把它挖取出来用面裹住做熟，吃了可以辟谷。

百谷　《名物通》：粱者，黍稷之总名。稻者，溉种之总名。菽者，众豆之总名。三谷各二十种，为六十种。蔬果助谷各二十种，共为百谷。

【译文】《名物通》中记载：粱是黍和稷的总称。稻是水田作物的总称。菽是众多豆类作物的总称。这三种谷物各有二十种，总计六十种。蔬菜、水果可以辅助谷物的各二十种，合称为百谷。

君子竹　东坡诗："惟有长身六君子，猗猗犹得似淇园。"又篔筜亦竹之类，生水边，长数丈，围尺五寸，一节相去六七尺。

【译文】苏轼在诗中写道："惟有长身六君子，猗猗犹得似淇园。"还有篔筜也是竹子的一种，生长在水边，高几丈，粗一尺五寸，每节有六七尺长。

樗栎　《庄子》：吾有大树，人谓之樗。其大本，拥肿而不中绳墨；其小枝，卷曲而不中规矩。《通志》：南多槲，北多栎，似樗，即柞栎也。古云：社栎以不材故寿。

【译文】《庄子》中记载：我有一棵大树，人们称之为樗。它的树干表面臃肿不平，不符合墨绳取直的要求；它的树枝歪歪扭扭，也不符合圆规和曲尺取材的标准。《通志》中记载：南方有很多槲树，北方有很多栎树，都和樗很像，就是柞栎。老话说：生在长神社旁的栎树正因为不成材，所以才长寿。

楩楠 《文选》：楩、楠、豫章皆名克胜大任之材也。

【译文】《文选》中记载：楩木、楠木、豫章木都是能够承担大任的木材。

瓜田李下 《文选》：君子防未然，不处嫌疑间。瓜田不纳履，李下不整冠。

【译文】《文选》中记载：君子应该防患于未然，不使自己处在有嫌疑的境地中。所以在瓜田中不提鞋，在李树下不整理冠帽。

薰莸异器 《左传》：一薰一莸，十年尚犹有臭。注：薰，香草也；莸，臭草也。

【译文】《左传》中记载：把薰和莸混合在一起，经过十年仍然能闻到臭味。注释说：熏就是香草，莸是臭草。

蒲柳先槁 《世说》：顾悦之与简文帝同年，发蚤白。帝问之，曰："松柏之姿，经霜犹茂。蒲柳之姿，望秋先零。"

【译文】《世说新语》中记载：顾悦之与简文帝同岁，头发却早早就白了。简文帝问他原因，顾悦之说："松、柏的资材，就算经历霜雪仍然繁茂。蒲、柳的资材，还没到秋天就先凋零了。"

余桃 《韩子》：弥子瑕食桃而甘，以半啖卫君，君曰："爱我哉。"后子瑕得罪，君曰："是固啖我以余桃者。"

【译文】《韩非子》中记载：弥子瑕吃桃子时觉得很甜，就把剩下的一半给卫国的国君吃，国君说："这是对我的爱啊。"后来弥子瑕获罪，国君说："这就是原来那个给我吃剩桃子的人。"

二桃杀三士 齐公孙接、田开疆、古冶子皆勇而无礼。晏子谓景公馈之二桃，令计功而食。三子皆自杀。

【译文】齐国的公孙接、田开疆、古冶子都勇猛而不知礼仪。晏子让齐景公送给他们两颗桃，让三人按照功劳分食。最后三个人都自杀了。

祥桑 亳里有桑榖共生于朝，七日大拱。伊陟曰："妖不胜德。"于是太戊修先王之政，养老问疾，早朝晏退，三日而桑榖死。

【译文】亳地有桑树和榖树一起生在朝堂上，七天就长到两手合抱那么粗了。伊陟说："妖异无法战胜德行。"从此之后太戊遵循先王的政令，赡养老人、问候病人，很早就上朝，很晚才退回，三天后桑树和榖树就死了。

金杏　分流山出。大于梨，黄于橘。汉武访蓬瀛，有献此者，今呼"汉帝果"。

【译文】金杏产自分流山。比梨大，比橘子黄。汉武帝寻访蓬莱和瀛洲时，有人曾经进献这种果实，现在称其为"汉帝果"。

花卉

桂花　草木之花五出，雪花六出，朱文公谓地六生水之义。然桂花四出，潘笠江谓土之产物，其成数五，故草木皆五，惟桂乃月中之本，居西方，四乃西方金之成数，故四出而金色，且开于秋云。

【译文】草木的花有五个花瓣，雪花有六个花瓣，朱熹说这是古河图中说的"地六成水"的缘故。然而桂花却只有四个花瓣，潘恩说这是因为土中生长的东西，成数是五，所以草木的花都是五瓣，只有桂花是月亮中所产的植物，位于西方。四是西方金的成数，所以桂花有四瓣，颜色金黄，而且在秋天开放。

天花　生五台山，草本。花如牡丹而大，其白如雪，下有白蛇守之，人摘其花，必伤之。土人作法窃取，蛇见无花，则自触死。晒干，大犹如鲜牡丹，取数瓣点汤，甚美，其价甚贵。

【译文】天花生于五台山，是草本植物。花的样子很像牡丹却要大上一些，颜色雪白，下面有白蛇守护，如果有人摘花，蛇必然会伤害他。当地人想办法偷走了花，蛇看到花不见了，便自己撞死了。天花晒干之后，大小和新鲜的牡丹花一样，取下几瓣点缀在汤上，十分美味，价格也非常昂贵。

琼花　王兴入秋长山，见琼花茎长八九寸，叶如白檀，花如芙渠，香闻数里。唐人植一株于广陵蕃釐观，至元时朽，以八仙花补之于琼花台前。

【译文】王兴进入秋长山，看到一种琼花，茎部长达八九寸，叶子像白檀一样，花如同荷花，香飘数里。唐朝有人在广陵的蕃釐观种植了一株，到元朝才凋零，又有人把八仙花补种在琼花台前面。

金带围 江都芍药，凡三十二种，惟金带围者不易得。韩琦守郡时，偶开四朵。时王岐公珪为郡倅，荆公安石为幕官，陈秀公升之以卫尉丞适至，韩公命宴花下，各簪一朵。后四人相继大拜，乃花瑞也。

【译文】江都的芍药花，共有三十二种，其中只有金带围难以获取。韩琦任郡守时，金带围偶然开了四朵花。当时岐公王珪任副手，荆公王安石任幕僚，秀公陈升之以卫尉丞的身份刚刚到任，韩琦便让人在花下设宴，四个人各自在头上佩戴一朵。后来四人相继做了宰相，这是金带围的祥瑞。

蔓花 胡人以茉莉为蔓花，宋徽宗时始名茉莉。

【译文】胡人把茉莉花称为蔓花，宋徽宗时才取名为茉莉。

洛如花 吴兴山中有一树，类竹而有实，似荚，乡人见之，以问陆澄。澄曰："是名洛如花，郡有名士，则生此花。"

【译文】吴兴的山中有一棵树，和竹子很像却有类似于豆荚的果实，当地人看到之后，前去询问陆澄。陆澄说："这叫洛如花，郡中有名士时，就会长出这种花。"

王者香 《家语》：孔子见兰花，叹曰："夫兰当为王者香，今与众花伍。"乃援琴作《猗兰操》。

【译文】《孔子家语》中记载：孔子看到兰花后，感叹道："兰花本应该为王者奉献自己的香气，现在却和众花长在一处。"于是便抚琴作了一首《猗兰操》。

伊兰花 金粟香特馥烈，戴之发髻，香闻十步，经月不散。西域以"伊"字至尊，如中国"天"字也，蒲曰"伊蒲"，兰曰"伊兰"，皆以尊称，谓其香无比也。大约今之真珠与木兰是也。

【译文】金粟花的香气馥郁而浓烈，戴在发髻上，十步之内都能闻到香气，一个多月也不会消散。西域用"伊"为至尊取名，就像中原的"天"字一样，蒲叫作“伊蒲”，兰叫作“伊兰”，这些都是尊称，意思是这些花的香味无与伦比。大概就是现在的珍珠花和木兰花。

断肠花　昔有妇人思所欢，不见辄涕泣，洒泪于北墙之下，后湿处生草，其花甚美，色如妇面，其叶正绿反红，秋开，即今之海棠也。

【译文】昔日有个女子思念情人，见不到他时就会涕泪交下，她把眼泪洒在北墙下，后来被洒湿的地方便长出了草，这种草开出的花非常美丽，颜色就像女子的面色一样，叶子正面是绿色的，反面是红色的，在秋天开放，就是现在的海棠花。

蝴蝶花　在贵州玄妙观，春时开，花娇艳。至花落之时，皆成蝴蝶翩翩飞去，枝头无一存者。

【译文】蝴蝶花长在贵州的玄妙观，春天开放，花朵十分娇艳。到花落的时节，这些花就会变成蝴蝶翩翩飞去，枝头上不会残留一朵。

优钵罗花　在北京礼部仪制司，开必四月八日，至冬而实，状如鬼莲蓬，脱去其壳，其核成金色佛一尊，形相皆具。

【译文】优钵罗花生在北京礼部仪制司，每年必在四月八日开放，到冬天结出果实，样子就像鬼莲蓬一样，褪去外壳之后，里面的核就像一尊金色的佛像，形体和相貌兼备。

娑罗　夏津为昌化令，有娑罗树一株，花开时，香闻十里。津笑曰：“此真花县也。”

【译文】夏津任昌化令时，有一株娑罗树，每到花开时节，十里内都能闻到香气。夏津笑着说：“这里是真‘花县’啊。”

兰花　蜜蜂采花，凡花则足粘而进，采兰花则背负而进，盖献其王也。进他花则赏以蜜，进稻花则致之死，蜂王之有德若此。

【译文】蜜蜂采花蜜时，普通的花就会用脚把花粉沾走，采兰花时则会背着花粉，因为这是要进献给蜂王的。如果进献其他的花粉，蜂王就会赏赐蜜。进献稻花的花粉，则会被蜂王处死，蜂王就是有这样的德行。

婪尾春　桑维翰曰：唐末文人以芍药为婪尾春者，盖婪尾酒乃最后之杯，芍药殿春，故名。唐留守李迪以芍药乘驿进御，玄宗始植之禁中。

【译文】桑维翰说：唐末的文人把芍药称为婪尾春，这是因为婪尾酒是最后一杯酒，芍药也在春季末尾开放，因此得名。唐朝留守李迪用驿马把芍药进献给皇帝，唐玄宗才开始把它种植在宫苑中。

姚黄魏紫　《西京杂记》：牡丹之奇者，有姚家黄、魏家紫。

【译文】《西京杂记》中记载：牡丹中的奇异品种，有姚家黄、魏家紫。

木莲　白乐天曰：予游临邛白鹤山寺，佛殿前有木莲两株，其高数丈，叶坚厚如桂，以中夏开花，状如芙渠，香亦酷似。山僧云：花折时，有声如破竹然。一郡止二株，不知何自至也。成都多奇花，亦未常见。世有木芙蓉，不知有木莲花也。

【译文】白居易说：我游览临邛白鹤山寺时，佛殿的前面有两株木莲，高达几丈，叶子坚韧厚实如同桂树，它们会在中夏开花，样子和荷花很像，花香也非常相似。山中的僧人说：折花时会发出破竹一样的声音。一个郡中只有两株，不知道是从哪里来的。成都虽然有很多奇花，也从没有见过这种花。世间有木芙蓉，却不知道还有木莲花。

国色天香　唐文宗内殿赏花，问程修己曰："京师传唱牡丹者谁称首？"对曰："李正封云，国色朝酣酒，天香夜染衣。"帝因谓妃曰："妆镜前饮一紫金盏，正封之诗可见矣！"

【译文】唐文宗在内殿赏花时，问程修己说："京城中写牡丹诗的人谁是魁首？"程修己回答说："李正封写过'国色朝酣酒，天香夜染衣'。"唐文宗便对贵妃说："爱妃在梳妆的镜子前用紫金盏饮一杯酒，李正封诗中所写的画面就可见了啊！"

茶花　以滇茶为第一，日丹次之。滇茶出自云南，色似衢红，大如茶碗，花瓣不多，中有层折，赤艳黄心，样范可爱。

【译文】茶花中以滇茶最佳，日丹其次。滇茶产自云南，颜色像衢红花一样，大小和茶碗一样，花瓣不多，中间有分层和皱褶，花朵鲜红艳丽，花心为黄色，模样十分可爱。

佛桑　出岭南，枝叶类江南木槿，花类中州芍药，而轻柔过之。开时当二三月间，阿那可爱，有深红、浅红、淡红数种，剪插即活。

【译文】佛桑产自岭南，枝叶类似于江南的木槿，花的样子类似于中州的芍药，质地要更加轻柔一点。佛桑花在二三月间开放，婀娜可爱，有深红、浅红、淡红等几种花色，剪下枝条后插入土中就能成活。

花癖　唐张籍性耽花卉，闻贵侯家有山茶一株，花大如盎，度不可得，以爱姬换之。人谓之“张籍花淫”。

【译文】唐朝张籍天生喜爱花卉，他听说贵侯的家里有一株山茶，花像盎一样大，他揣摩着无法得到，就用自己的爱姬作为交换。人们称他为“张籍花淫”。

海棠　宋真宗时始海棠与牡丹齐名。真宗御制杂诗十题，以《海棠》为首。晏元献公殊始植红海棠、红梅，苏东坡始名黄梅为蜡梅。

【译文】宋真宗时海棠才与牡丹齐名。真宗亲自写了十首杂诗，便是以《海棠》为首。元献公晏殊开始种植红海棠、红梅，苏轼开始把黄梅称为蜡梅。

花品　周濂溪《爱莲说》：菊，花之隐逸者也；牡丹，花之富贵者也；莲，花之君子者也。

【译文】周敦颐在《爱莲说》中写道：菊花，是花中的隐士；牡丹，是花中的富贵者；莲花，是花中的君子。

舍东桑　《蜀志》：先主舍东有桑树高丈余，垂垂如盖，往来者皆怪此树非凡，谓当出贵人。先主少与诸儿戏树下，言：“吾必当乘此羽葆车盖。”

【译文】《蜀志》中记载：先主刘备的房舍东边有一棵高一丈多的桑树，枝叶垂下如同华盖一样，往来的人都对这棵树的非凡感到奇怪，说这里应该会出现贵人。先主小时候和其他孩子在树下嬉戏时曾经说过：“我将来一定要乘坐有这样羽葆车盖的车。”

张绪柳　《南史》：齐武帝时，益州献蜀柳，枝条甚长，状似丝缕。帝以植于太昌灵和殿前，曰：“此柳风流可爱，似张绪少年时也。”

【译文】《南史》中记载：齐武帝时，益州进献了一棵蜀柳，枝条很长，样子和丝线一样。齐武帝把这棵树种在太昌的灵和殿前，说：“这棵柳树风流可爱，多像少年时代的张绪啊。”

美人蕉 其花四时皆开，深红照眼，经月不谢。

【译文】美人蕉的花四季都会开放，颜色鲜红耀眼，整月都不会凋谢。

海棠香国 昔有调昌州守者，求易便地。彭渊才闻而止之，曰："昌，佳郡守也！"守问故，曰："海棠患，患无香，独昌地产者香，故号海棠香国，非佳郡乎？"

【译文】从前有人调任昌州郡守，想要请求朝廷更换任职的地方。彭渊才听说后阻止他说："昌州，是个做郡守的好地方啊！"郡守问他缘故，彭渊才说："海棠最大的缺点就是没有花香，只有昌州产的才有香气，所以那里号称海棠香国，难道不是好地方吗？"

思梅再任 何逊为扬州法曹，公廨有梅一株，逊常赋诗其下，后居洛，思梅花不得，请再任扬州。至日，花开满树，逊延宾醉赏之。

【译文】何逊任扬州法曹时，官署中有一棵梅树，何逊经常在树下赋诗，后来他居住在洛阳时，思念梅花而不可得，于是便请求再次到扬州做官。到达扬州那天，梅花开满枝头，何逊便邀请宾客到树下喝酒赏花。

榴花洞 唐樵者蓝超，于福州东山逐一鹿，鹿入石门，内有鸡犬人烟，见一翁，谓曰："皆避秦地，留卿可乎？"超曰："归别妻子乃来。"与榴花一枝而出。后再访之，则迷矣。

【译文】唐朝有个叫蓝超的樵夫，在福州的东山追逐一头鹿，跟着鹿进入一道石门，门内鸡犬相闻，炊烟袅袅，见到一个老人，那老人对他说："我们都是为了躲避秦朝暴政才来到这里的，你愿意留下吗？"蓝超说："我回去和妻子告别后再来。"老人给了他一枝石榴花后他便离开了。后来再寻访时，却找不到了。

桃花山 在定海，安期生炼药于此，以墨汁洒石上成桃花，雨过则鲜艳如生。

【译文】桃花山在定海，安期生曾经在这里炼药，他把墨汁洒在石头上，都变成了桃花，雨过之后更加鲜艳如同真的一样。

攀枝花 广州产，高四五丈，类山茶，殷红如锦，一名木棉。

【译文】攀枝花产于广州，高四五丈，和山茶很像，颜色殷红如同锦缎，又名木棉。

一年三花　嵩山西麓，汉有道士从外国将贝多子来，种之，成四树，一年三花，白色，其香异常。

【译文】汉朝时有个道士从国外将贝多子带回，种在嵩山西边山脚，成活了四棵树，一年中能开三次花，花色洁白，花香奇异。

白蒻　韩诗：太华峰头玉井莲，开花十丈藕如船。冷比雪霜甘比蜜，一片入口沉疴痊。

【译文】韩愈在诗《古意》中写道："太华峰头玉井莲，开花十丈藕如船。冷比雪霜甘比蜜，一片入口沉疴痊。"

萱草忘忧宜男　《博物志》：萱号忘忧草，亦名宜男花。孟诗：萱草女儿花，不解壮士忧。

【译文】《博物志》中记载：萱草又名忘忧草，也叫作宜男花。孟郊《百忧》诗中写道："萱草女儿花，不解壮士忧。"

冰肌玉骨　袁丰之评梅曰："冰肌玉骨，世外佳人，但恨无倾城之笑耳。"

【译文】袁丰之评价梅花说："冰作肌肤玉作骨，是世外佳人，唯一的遗憾就是它没有倾国倾城的笑颜。"

菊比隐逸　菊不竞春芳，后群卉而开，故以隐逸之士比之。

【译文】菊花不与群芳争春，反而在众花之后开放，所以用隐士来比喻它。

花似六郎　誉张昌宗者曰："六郎貌似莲花。"杨再思曰："乃莲花似六郎耳。"

【译文】赞誉张宗昌的人说："六郎的样貌如同莲花一般。"杨再思说："明明是莲花长得像六郎。"

先后开　大庾岭上梅花，南枝已落，北枝方开，寒暖之候异也。

【译文】大庾岭上的梅花，向南枝条上的梅花已经凋落，向北枝条上的才开放，这是因为温度的差异。

卷十七　四灵部

飞禽

鸟社　大禹即位十年，东巡狩，崩于会稽，因而葬之。有鸟来为之耘，春拔草根，秋啄芜秽，谓之鸟社。县官禁民不得妄害此鸟，犯则无赦。

【译文】大禹即位十年，巡狩东方，在会稽山驾崩，于是便葬在那里。有鸟来打理他的坟墓，春天拔出草根，秋天啄去杂草，人们都称其为鸟社。县官禁止百姓伤害这种鸟，触犯的人绝对不会被宽恕。

精卫鸟　炎帝女溺死渤澥海中，化为精卫鸟，日衔西山木石，以填渤澥，至死不倦。

【译文】炎帝的女儿溺死在渤澥海中，化身为精卫鸟，每天都衔着西山的木头和石块填进渤澥海中，到死都不疲倦。

凤　《论语谶》曰："凤有六象九苞。"六象者，头象天，目象日，背象月，翼象风，足象地，尾象纬。九苞者，口包命，心合度，耳聪达，舌诎伸，色光彩，冠矩朱，距锐钩，音激扬，腹文户。行鸣曰归嬉，止鸣曰提扶，夜鸣曰善哉，晨鸣曰贺世，飞鸣曰郎都，食惟梧桐竹实。故子欲居九夷，从凤嬉。

【译文】《论语谶》中说："凤鸟有六象九苞。"六象指的是：头像天，眼睛像太阳，背像月亮，翅膀像风，足像大地，尾巴像群星。九苞指的是：口包含命数，心合乎法度，耳朵通达，舌头可以伸缩，色彩光艳，脚爪有钩，叫声激昂，腹部有花纹。行走时的鸣叫叫作"归嬉"，站立时的鸣叫叫作"提扶"，夜里鸣叫时称为"善哉"，早晨鸣叫时叫作"贺世"，飞行时的鸣叫叫作

“郎都”，只吃梧桐和竹子的果实。所以孔子想要住在九夷，跟凤鸟一起嬉戏。

鸾 瑞鸟也。张华注曰：鸾者，凤凰之亚，始生类凤，久则五彩变易，其音如铃。周之文物大备，法车之上缀以大铃，如鸾声也，故改为鸾驾。

【译文】鸾鸟是一种代表祥瑞的鸟。张华在注解中说：鸾鸟是凤凰的亚种，刚出生时类似凤鸟，时间一长身上的五彩就会发生变化，叫声如同铃铛一样。周朝的礼乐制度十分完备，帝王乘坐的车辆要悬挂大铃铛，就像鸾鸟的叫声，所以改称法车为鸾驾。

像凤 太史令蔡衡曰：凡像凤者有五色，多赤者凤，多青者鸾，多黄者鹓雏，多紫者鸑鷟，多白者鹄。此鸟多青，乃鸾，非凤也。

【译文】太史令蔡衡说：像凤鸟的鸟类都有五种颜色，身上红色羽毛比较多的是凤鸟，青色羽毛比较多的是鸾鸟，黄色羽毛比较多的是鹓雏，紫色羽毛比较多的是鸑鷟，白色羽毛比较多的是天鹅。这种鸟身上的青色羽毛比较多，所以是鸾鸟，而不是凤鸟。

迦陵鸟 鸣清越如笙箫，妙合宫商，能为百虫之音。《楞严经》云：“迦陵仙音，遍十方界。”

【译文】迦陵鸟的叫声清越如同笙箫，能够巧妙地应和五音，能够模仿百虫的叫声。《楞严经》中说：“迦陵的仙音，传遍了十方界。”

毕方鸟 《山海经》：章峨之山，有鸟，状如鹤，一足，赤文青质而白喙，名曰“毕方”。其鸣自叫。见则邑有讹火。

【译文】《山海经》记载：章峨山上有一种鸟，长得像鹤，只有一只脚，有青色羽毛，红色花纹，喙是白色的，名叫“毕方”。它的鸣叫声就像呼唤自己的名字。它出现的地方会引发怪火。

鸾影 宋范泰鸾诗序：“昔罽宾王结罝峻卯之山，获一鸾，三年不鸣。其夫人曰：‘尝闻鸟见其类则鸣，何不悬镜以照之？’王从其言。鸾观影悲鸣，冲霄一奋而绝。嗟乎！兹禽何情之深也。”鸾血作胶，以续弓弩、琴瑟之弦。

【译文】南朝刘宋时的范泰在《鸾鸟诗》的诗序中写道：“昔日罽宾国主在峻卯山获得一只鸾鸟，三年都没有鸣叫。他的夫人说：‘我曾经听说这鸟看到同类才会鸣叫，何不在它面前悬挂一面镜子照着？’罽宾王听从了她的建议。鸾鸟看到镜子中的影像便发出悲鸣，奋翼冲天而亡。这种鸟真是让人感叹！用情竟然如此之深。”鸾鸟的血可以用来做胶，接续弓弩、琴瑟的弦。

吐绶鸡 形状、毛色俱如大鸡。天晴淑景，领下吐绶，方一尺，金碧晃曜，花纹如蜀锦，中有一字，乃篆文“寿”字，阴晦则不吐。一名“寿字鸡”，一名“锦带功曹”。

【译文】吐绶鸡的形状和毛色都和大鸡一样。天气晴好时，脖子上的肉绶就很舒展明显，有一尺大小，金碧之色照耀人眼，肉绶上的花纹和蜀锦一样，中间有一个字，是篆书“寿”字，如果天气阴沉则不会显出肉绶。又名寿字鸡、锦带功曹。

孔雀 自爱其尾，遇芳时好景，闻鼓吹则舒张翅尾，盼睐而舞。性妒忌，见妇女盛服，必奔逐啄之。山栖时，先择贮尾之地，然后置身。欲生捕之者，候雨甚，往擒之。尾沾雨而重，人虽至，犹爱尾，不敢轻动也。

【译文】孔雀特别爱惜自己的尾巴，遇到好天气和美景时，或者听到奏乐时就会缓缓张开尾翅，顾盼起舞。它们的天性善妒，看到妇女穿着华美的衣服，必然会追着去啄她们。栖息在山上时，会先寻找放尾巴的地方，然后才安置身体。想要抓捕活孔雀的人，要等到下大雨的时候才能捉到。它们的尾巴沾到雨水就会变重，即使有人到了孔雀面前，它们还是爱惜自己的尾巴，不敢轻举妄动。

杜鹃 蜀有王曰杜宇，禅位于鳖灵，隐于西山，死，化为杜鹃。蜀人闻其鸣，则思之，故曰“望帝”。又曰杜鹃生子寄于他巢，百鸟为饲之。

【译文】蜀国有个叫杜宇的国王，把王位禅让给鳖灵，自己去了西山隐居，去世之后化为杜鹃。蜀地人听到杜鹃的鸣叫时，就会思念杜宇，所以把杜鹃称为“望帝”。还有人说杜鹃生下幼鸟后会寄养在其他鸟类的巢穴中，由其他鸟进行喂养。

鸿鹄六翮 刘向曰：“今夫鸿鹄高飞冲天，然其所恃者六翮耳。夫腹下之毳，背上之毛，增去一把，飞不为高下。”

【译文】刘向说：“如今鸿鹄能一飞冲天，它所凭借的不过是六片大羽毛。而腹下的毛和背上的毛，增加或者减去一把，都不会影响它飞行的高度。”

号寒虫　五台山有鸟，名号寒虫。四足，有肉翅不能飞，其粪即五灵脂也。当盛暑时，文采绚烂，乃自鸣曰："凤凰不如我。"至冬，毛尽脱落，自鸣曰："得过且过。"

【译文】五台山有一种鸟，名叫号寒虫。这种鸟有四只脚，长有肉翅不能飞翔，它排出的粪便就是五灵脂。盛夏时分，它身上的羽毛就会十分绚烂，还会自鸣说："凤凰不如我。"到冬季，它的毛就会全部脱落，这时候他就会自鸣说："得过且过。"

秦吉了　岭南灵鸟。一名了哥。形似鸲鹆，黑色，两肩独黄，顶毛有缝，如人分发，耳聪心慧，舌巧能言。有夷人以数万钱买去，吉了曰："我汉禽不入胡地！"遂惊死。

【译文】秦吉了是岭南的灵鸟，也叫了哥，样子类似鸲鹆，黑色，只有两肩是黄色，头顶的羽毛中间有缝隙，就像人把头发分开一样，耳朵灵敏，聪明伶俐，舌头巧妙，能够模仿人说话。有个夷人用几万钱买走了它，秦吉了说："我是汉禽，不会进入胡地的！"说完便突然死了。

变化　《月令》：三月，田鼠化为鴽，八月鴽化为田鼠。二物交化，即今所谓鹌鹑也。二月鹰化为鸠，八月鸠化为鹰，亦交化也。

【译文】《月令》记载：每年的三月份，田鼠会变成鴽，到八月时又会变成田鼠。两种动物互相变化，就是现在所说的鹌鹑。每年的二月份，鹰会变成鸠，到八月时鸠又会变成鹰，这两种动物也是互相变化的。

赤乌　周武王伐纣，渡孟津，有火自上而下，至王屋，流为乌，其色赤，其声魄。

【译文】武王伐纣，将要渡过孟津时，有怪火从天而降，落在周武王的屋顶，变成了乌鸦，颜色赤红，发出魄魄的叫声。

布谷　即斑鸠。杜诗："布谷催春种。"张华曰：农事方起，此鸟飞鸣于桑间，若云谷可布种也。又其声曰："家家撒谷。"又云："脱却破裤。"因其声之相似也。

【译文】布谷鸟就是斑鸠。杜甫的诗中说："布谷催春种。"张华说：农业活动刚刚开始时，布谷鸟就会在桑林间飞翔鸣叫，就像是在说可以播种谷物了。还有人说它的叫声是："家家撒谷。"又有人说应该是"脱掉破裤"。这些都和布谷鸟的叫声很像。

蠹母 大如鸡，黑色，生南方池泽葭芦中，其声如人呕吐，每一鸣，口中吐出蚊虫一二升。

【译文】蠹母像鸡一样大，全身黑色，生长在南方池沼大泽的芦苇丛中，它的叫声就像人呕吐的声音一样，每叫一声，口中就能吐出一两升的蚊子。

稚子 一名“竹豚”，喜食笋，善匿，不使人见。故杜诗有“笋根稚子无人见”之句。

【译文】稚子也叫竹豚，喜欢吃竹笋，善于藏匿自己，不让人发现。所以杜甫的诗中有“笋根稚子无人见”的句子。

鹢 水鸟，能厌水神，故画于舟首，舟名“彩鹢”。

【译文】鹢是一种水鸟，能够降服水神，所以画在船头，因此船也被叫作“彩鹢”。

捕鹯 魏公子无忌，方与客饮。有鹯击鸠，走巡于公子案下，鹯追击，杀于公子之前。公子耻之，即使人多设罻罗，得鹯数十匹，责让以杀鸠之罪，曰：“杀鸠者死！”一鹯低头，不敢仰视；余皆鼓翅自鸣。公子乃杀低头者，余尽释之。

【译文】魏国的公子无忌正在与客人喝酒。有一只鹯追击斑鸠，斑鸠逃到公子无忌的桌子下，鹯也追了过来，在公子无忌面前杀了斑鸠。公子无忌觉得十分耻辱，就命人设置了很多罗网，抓到几十只鹯，斥责鹯杀害斑鸠之罪，并且说：“杀鸠者死！”其中一只鹯低下头，不敢仰视，其余的全都鼓动翅膀鸣叫。公子无忌于是便杀了低头的那只，其余的全都放走了。

鹁鸽井 汉高祖庙，临城鹁鸽井旁，记云：“沛公避难井中，有双鸽集井中，追者不疑，得脱。”

【译文】汉高祖庙在临城的鹁鸽井旁，有记文写道：“沛公刘邦曾经在这口井中避难，有一对鸽子飞到井中，追杀的人没有怀疑，刘邦这才脱险。”

雪衣娘 唐明皇时，岭南进白鹦鹉，聪慧能言，上呼之为“雪衣娘”。上每与诸王及贵妃博戏，稍不胜，左右呼雪衣娘，即飞入局中，以乱其行列。一日语曰：“昨夜梦为鸷所搏。”已而，果为鹰毙，瘗之苑中，号“鹦鹉冢”。

唐李繁曰："东都有人养鹦鹉，以甚慧，施于僧。僧教之能诵经，往往架上不言不动。问其故，对曰：'身心俱不动，为求无上道。'及其死，焚之，有舍利。"

【译文】唐明皇时期，岭南进贡了一只白鹦鹉，聪明伶俐，会说人言，唐明皇把他称为"雪衣娘"。唐明皇每次和诸位兄弟、贵妃玩博戏棋时，稍微有些劣势，便让左右的人叫雪衣娘的名字，那鹦鹉马上就飞入棋局，打乱棋子的排列。有一天鹦鹉说："我晚上梦到自己被猛禽击杀。"没过多久，果然被鹰所杀，唐明皇把它葬在宫苑中，称为"鹦鹉冢"。唐朝李繁说："东都洛阳有人养了一只鹦鹉，因为它十分聪慧，便送给了僧人。僧人教鹦鹉学会念经，它便经常在架子上不动也不说话。有人问它原因，鹦鹉回答说：'身和心都不动，是为了追求无上佛道。'等到鹦鹉死后，竟然烧出了舍利子。"

白鹇 宋帝驻跸厓州山，为元兵所追，丞相陆秀夫抱帝赴海死。时御舟一白鹇，奋击哀鸣，堕水以殉。

【译文】宋末皇帝的水军驻留在厓州山时，被元兵追杀，丞相陆秀夫抱着幼帝跳海殉国。当时皇帝乘坐的船上有一只白鹇，奋力搏击，发出阵阵哀鸣，最终落水殉难。

鹁鸽诗 宋高宗好养鸽，躬自飞放。有士人题诗云："鹁鸽飞腾绕帝都，朝收暮放费工夫。何如养个南来雁，沙漠能传二帝书。"帝闻之，召见士人，即命补官。

【译文】宋高宗喜欢养鸽子，每次都要亲自放飞。有个士人便写了一首诗说："鹁鸽飞腾绕帝都，朝收暮放费工夫。何如养个南来雁，沙漠能传二帝书。"高宗听说之后，便召见了那个士人，马上给他封了官职。

长鸣鸡 宋处宗尝买一长鸣鸡，着窗间。后鸡作人语，与处宗谈论，终日不辍。处宗因此学业大进。

【译文】晋代宋处宗曾经买了一只长鸣鸡，把它放在窗下。后来这只鸡学会了说人言，与处宗谈论，整日不休。处宗因为这件事学业有了很大的进步。

宋厨鸡蛋 宋文帝尚食厨备御膳，烹鸡子，忽闻鼎内有声极微，乃群卵呼观世音，凄怆之甚。监宰以闻，帝往验之，果然，叹曰："吾不知佛道神力乃能若是！"敕自今不得用鸡子，并除宰割。

【译文】宋文帝的御厨在准备御膳时，煮了鸡蛋，忽然听到鼎里发出十分微弱的声响，仔细一听竟然是一群鸡蛋在呼喊观世音的名字，声音极为凄惨。主管御厨的官员把这件事上报给了文帝，文帝亲自前往一看，发现果然如此，便叹息着说："想不到佛家的神力居然如此强大！"于是下令从今往后不得再吃鸡蛋，并且禁止宰杀。

雁书 苏武使匈奴，留武于海上牧羝。汉使求之，匈奴诡言武死。常惠教使者曰："天子在上林射雁，雁足上系帛书，言武在某泽中。"单于惊谢，乃遣武还。《礼记》："鸿雁来宾。"（先至为主，后至为宾。）

【译文】苏武出使匈奴时，被羁押在北海边牧羊。汉朝派使者请求匈奴放人，匈奴谎称苏武已经死了。常惠教使者说："你就说天子在上林苑射雁时，发现雁足上绑着一封帛书，上面写着苏武正在某某河边。"单于惊讶地赶紧道歉，只好将苏武遣返。《礼记》中有"鸿雁来宾"的记载。（先到的是主人，后到的是客人。）

孤雁 张华曰：雁夜栖川泽中，千百成群，必使孤雁巡更，有警则哀鸣呼众。故师旷《禽经》曰："群栖独警。"

【译文】张华说：大雁夜晚栖息在江河湖泊中，成百上千只聚成一群，必然会派一只大雁巡视，发现危险时就会通过哀鸣来告诉雁群。所以师旷在《禽经》中说："群栖独警。"

飞奴 张九龄家养群鸽，每与亲知书，系鸽足上，移之，呼为"飞奴"。

【译文】张九龄的家中养了一群鸽子，每次给亲朋好友寄信时，都会绑在鸽子的腿上送出，称为"飞奴"。

鸩毒 《左传》："宴安鸩毒，不可怀也。"鸩，毒鸟也，黑身赤目，食蝮蛇，以其毛沥饮食则杀人。

【译文】《左传》记载："贪图享乐就像鸩毒一样致命，不可以留恋。"鸩是一种毒鸟，黑身红眼，以蝮蛇为食，用它的羽毛沾一下食物和饮料就能把人毒死。

周周鸟 名周周。首重尾屈，将欲饮于河，则必颠，乃衔尾而饮。

【译文】周周鸟的名字叫周周。头重而尾巴弯曲，想要在河中饮水，必然会掉进河里，所以要衔着尾巴喝水。

金衣公子　唐明皇游于禁苑，见黄莺羽毛鲜洁，因呼为“金衣公子”。

【译文】唐明皇在禁苑中游玩时，见到一只黄莺羽毛光彩鲜艳，于是称它为“金衣公子”。

黄鹂　戴颙春日携双柑斗酒，人问何之，答曰：“往听黄鹂声，此俗耳针砭，诗肠鼓吹。”

【译文】戴颙在春天带着一对柑橘和一斗酒，有人问他要去做什么，他回答说：“我要去听黄鹂鸟的叫声，这是治疗我这对俗耳的良药，引发诗性的乐曲。”

养木鸡　《庄子》：渻子为宣王养斗鸡，十日而问之曰：“鸡可斗乎？”曰：“未也。犹虚憍而恃气。”十日又问之，曰：“几矣。鸡有鸣者，已无变矣，望之似木鸡矣，其德全矣。异鸡无敢应者，反走矣。”

【译文】《庄子》记载：渻子为周宣王养斗鸡，十天之后宣王问他说：“鸡可以用来斗了吗？”渻子说：“还不行。它现在仍然虚浮骄傲，自恃意气。”十天之后宣王又来问，渻子说：“快好了。别的鸡打鸣时，它已经没有反应了，看上去就像木鸡一样，它的德行已经完备了。其他鸡绝对没有敢应战的，看见它就会逃走。”

季郈斗鸡　《左传》：季、郈之斗鸡，季氏介其羽，郈氏为之金距。刘孝威诗：“翅中含白芥，距外曜金芒。”

【译文】《左传》记载：季平子和郈昭伯斗鸡时，季平子把芥末粉洒在鸡的翅膀上，郈昭伯给鸡爪子装上了金属假距。刘孝威在诗中写道：“翅中含白芥，距外曜金芒。”

乘轩鹤　卫懿公好鹤，鹤有乘轩者，及狄人伐卫，受甲者皆曰：“鹤有禄位，何不使战？”是以卫亡。

【译文】卫懿公喜欢鹤，还给鹤乘坐大夫才能乘坐的轩车，等到狄人讨伐卫国时，士兵们都说：“既然鹤有官爵，为什么不让鹤去打仗呢？”卫国因此灭亡了。

翮成纵去　僧支道林好鹤。有遗以双鹤者，林铩其羽，鹤反顾懊惜。林曰："鹤有凌霄之志，何肯为人耳目近玩！"养令翮成，置使飞去。

【译文】僧人支道林喜欢鹤。有人送了他一对鹤，支道林就剪短了它们翅膀上的羽毛，鹤回头看着自己的翅膀，十分懊丧。支道林说："鹤既然有直冲云霄的志向，又怎么肯沦为人在近处观赏的玩物呢！"于是喂养到重新长出翅膀时，便将它们放飞了。

羊公鹤　昔羊叔子有鹤善舞，尝向客称之。客试使驱来，氃氋而不肯舞。故比人之名而不实。

【译文】昔日羊叔子有一只善于跳舞的鹤，曾经向宾客夸耀。客人让他把鹤带过来，那鹤却羽毛松散，神情委顿不肯跳舞。所以用羊公鹤来比喻人名不副实。

斥鷃笑鹏　《庄子》：穷发之北，有鸟名鹏，抟扶摇而上者九万里，且适南溟，斥鷃笑之曰："彼奚适也？我腾跃而上，不过数仞而下，翱翔蓬蒿之间，此亦飞之至也。而彼且奚适也？"

【译文】《庄子》记载：极北的不毛之地，有一种叫作鹏的鸟，乘着大风扶摇而上，飞到九万里的高空，将要飞去南海，一只鷃雀嘲笑它说："它要去哪里呢？我腾空跳跃，不过几丈的高度，翱翔在蓬蒿之间，这也是我飞行的极致了。而它要飞去哪里呢？"

打鸭惊鸯　吕士隆知宣州，好笞官妓。适杭州一妓到，士隆喜之。一日群妓小过，士隆欲笞之。妓曰："不敢辞责，但恐杭妓不安耳。"士隆赦之。梅圣俞作《打鸭诗》："莫打鸭，惊鸳鸯，鸳鸯新向池中落，不比孤洲老鸹鸧。"

【译文】吕士隆任宣州太守时，喜欢鞭打官妓。正好杭州有一个官妓到来，吕士隆非常高兴。有一天几个官妓犯了小错，吕士隆想要鞭打她们。官妓说："我们不敢推卸责任，只是怕杭州来的官妓内心不安。"吕士隆就饶过了她们。梅尧臣后来写了一首《打鸭诗》说："莫打鸭，惊鸳鸯，鸳鸯新向池中落，不比孤洲老鸹鸧。"

乌　燕太子丹质于秦，秦遇之无礼，欲归。秦王不听，谬言曰："令乌白头、马生角，乃可归。"丹仰天叹息，乌即头白，马为生角，秦王不得已而遣之。

【译文】燕国太子丹在秦国当人质，秦国对他十分无礼，便想要回国。秦王没有同意，就随便说道："你要是能让乌鸦白头，骏马生角，我就放你回去。"太子丹仰天长叹一声，乌鸦的头就变白了，马也生出了角，秦王没有办法，只能放他回去了。

乌伤　颜乌纯孝，父亡，负土筑墓，群乌衔土助之，其吻皆伤，因以名县。《广雅》曰："纯黑而反哺者谓之乌；小而腹下白，不能反哺者谓之鸦。"

【译文】颜乌非常孝顺，父亲死后，他背着土建造坟墓，一群乌鸦也衔土前来帮忙，它们的嘴全都受伤了，因此就用"乌伤"来给这个县命名。《广雅》记载："羽毛纯黑，会反哺的叫作乌；体型稍小而且腹下有白毛，不能反哺的叫作鸦。"

燕居旧巢　武瓘诗："花开蝶满枝，花谢蝶还希。惟有旧巢燕，主人贫亦归。"又唐诗："旧时王谢堂前燕，飞入寻常百姓家。"

【译文】武瓘在诗中写道："花开蝶满枝，花谢蝶还希。惟有旧巢燕，主人贫亦归。"还有一首唐诗中写道："旧时王谢堂前燕，飞入寻常百姓家。"

斗鸭　陆龟蒙有斗鸭阑。一日，驿使过焉，挟弹毙其尤者。陆曰："此鸭善人言，欲进上，奈何毙之！"使者尽以囊中金窒其口，徐问人语之状，陆曰："能自呼其名耳。"使者愤且笑，拂袖上马，陆还其金，曰："吾戏耳。"

【译文】陆龟蒙有个养斗鸭的围栏。有一天，传递公文的驿使前来，用弹弓打死了其中最好的一只。陆龟蒙说："这只鸭擅长说人话，我正准备进献给皇上，你怎么就把它打死了呢！"驿使把布囊里所有的钱全都给他作为封口费，之后又问他鸭子怎样学人说话，陆龟蒙说："只不过能呼叫自己的名字罢了。"驿使又好气又好笑，于是拂袖上马，陆龟蒙把钱还给他说："我跟你开玩笑呢！"

孝鹅　唐天宝末，长兴沈氏畜一母鹅，将死，其雏悲鸣，不复食；母死，啄败荐覆之，又衔刍草列前，若祭状，向天长号而死。沈氏异之，埋于蒋湾，名"孝鹅冢"。

【译文】唐朝天宝末年，长兴的沈氏养了一只母鹅，鹅临死前，小鹅便悲鸣着不再进食；母鹅死后，小鹅啄着破席子把母鹅盖住，又衔来喂牲畜的草料放在前面，就像祭祀的样子，向天长鸣而死。沈氏觉得十分奇异，就把它埋到了蒋湾，取名“孝鹅冢”。

蔡确鹦鹉 蔡确贬新州，有侍姬名琵琶，所蓄鹦鹉甚慧，每为确呼琵琶，及琵琶死，鹦鹉犹呼其名。确赋诗伤之。

【译文】蔡确被贬到新州，他有个叫琵琶的侍姬，养了一只十分聪慧的鹦鹉，每次都为蔡确呼唤琵琶，等到琵琶去世后，鹦鹉仍旧呼唤她的名字。蔡确写了一首诗来表达哀伤。

雁丘 金元好问过阳曲，见一猎者云：“捕得二雁，内一死，一脱网去，空中哀鸣良久，投地亦死。”好问遂以金赎二雁，瘗之汾水滨，垒土为丘。今为雁丘。

【译文】金国元好问经过阳曲时，见到一个猎人说：“我捕到两只大雁，一只在网内死了，另一只挣脱网子飞走了，它在空中哀鸣了很久，最后也撞到地面死了。”元好问便用钱买走了两只大雁，把它们埋葬在汾水边，堆起土坟。就是现在的雁丘。

见弹求鸮 《庄子》：长梧子曰：“汝亦太早计，见卵而求时夜，见弹而求炙鸮。”

【译文】《庄子》记载：长梧子说：“你计划得也太早了，看到鸡蛋就想到让它在夜里鸣叫，看到弹弓就想要吃烤好的鸮肉。”

燕巢于幕 季札如晋，将宿于戚，闻钟声曰：“夫子之在此也，犹燕之巢于幕上，而可以乐乎？”《吕氏春秋》：燕雀处堂，母子相爱，突厥栋焚，燕雀不知。

【译文】季札到晋国去，准备在戚地借住，听到钟声后说：“孙文子住在这里，就像燕子在帷幕上筑巢一样危险，还可以弹奏乐器吗？”《吕氏春秋》记载：燕雀住在屋子里，母子相爱，烟囱突然倒塌点燃了房子，燕雀却还不知道。

禽经 金得伯劳之血则昏，铁得鹈鹕之膏则莹，石得鹊髓则化，银得雉粪则枯。翡翠粉金，鸡鹘厌火。

【译文】金子沾上伯劳的血就会变得昏暗无光，铁器沾上鹈鹕的油脂就会更加光洁，石头沾上鹊鸟的骨髓就会融化，银器沾上野鸡的粪便就会失去光泽。翡翠可以砸碎金子，鸡鹊可以用来预防火灾。

风雨霜露　《禽经》云：风翔则风。风，鸢也。雨舞则雨。雨，商羊也。霜飞则霜。霜，鹔鹴也。露翥则露。露，鹤也。又云：以豚谶风，以鼍谶雨。豚，江豚也。鹊知风，蚁知雨。

【译文】《禽经》记载："风翔则风。"风，指鸢鸟。"雨舞则雨。"雨，指商羊。"霜飞则霜。"霜，指鹔鹴。"露向上飞行就会有露。"露，指鹤。书中还说："用豚预测风，用鼍预测雨。"豚，指江豚。喜鹊能够预测风，蚂蚁能够预测雨。

禽智　陈所敏云：鸂鶒能敕水，故水宿之物莫能害。啄木遇蠹穴，能以嘴画字成符，蠹虫自出。鹤能步罡，蛇不敢动。鸦有隐巢，故鸷鸟不能见。燕衔泥常避戊己，故巢不倾。鹳有长水石，能于巢中养鱼，而水不涸。燕恶艾，雀欲夺其巢，即衔艾置巢中，燕遂避去。此皆禽之有智者也。

【译文】陈所敏说：鸂鶒能指挥水，所以水里的生物伤害不了它。啄木鸟遇到蠹虫穴时，能用嘴画出符咒，蠹虫自己就出来了。鹤能走出天罡七星步的步法，所以蛇不敢动。鸦有隐蔽的巢穴，所以猛禽看不见。燕子衔泥经常避开不宜动土的戊己日，所以巢穴不会倾覆。鹳鸟有能够存水的石头，能在巢穴中养鱼，而且水不会干涸。燕子讨厌艾草，麻雀想要抢夺它的巢穴，就衔着艾草放在巢穴中，燕子就会躲避离开。这都是禽鸟中有智慧的。

大鸟悲鸣　杨震将葬，先葬数日，有大鸟高丈余，集震丧次悲鸣，葬毕方去。上闻，乃悟震坐枉，遣使具祭，官其子。

【译文】杨震将要出葬时，在埋葬的头几天，有一丈多高的大鸟，聚集在杨震的墓地悲鸣，葬礼结束后才离开。皇帝听说后，才醒悟原来杨震是被冤枉的，于是派遣使者前去祭祀，并赐给杨震儿子官职。

化鹤　《职方乘》云：南昌洗马池，尝有年少见美女七人，脱彩衣岸侧，浴池中。年少戏藏其一，诸女浴毕就衣，化白鹤去。独失衣女留，随至年少家，为夫妇，约以三年还其衣，亦飞去。故又名"浴仙池"。

【译文】《职方乘》记载：曾经有个少年在南昌洗马池看到七个美女，把彩衣脱在岸边入池中洗浴。少年开玩笑藏了其中一件，众女洗完之后穿上衣服化作白鹤飞去。只有那个丢失衣服的女子留了下来，跟随少年回到家中，与他结为夫妇，约定三年之后归还衣服，后来她穿上衣服也飞走了。所以洗马池又叫“浴仙池”。

化为大鸟 王仲变仓颉旧文为今隶书。秦始皇尝征仲，不至，大怒，诏槛车送之。仲化为大鸟飞去，落二翮于延庆州，今有大翮山。

【译文】王仲把仓颉的旧文字改成了现在的隶书。秦始皇曾经征召王仲，他没有去，始皇大怒，诏令把他关进囚车押解京城。王仲化为大鸟飞去，在延庆州落下两根羽毛，现在有一座山叫大翮山。

五色雀 出罗浮山。贵人至，则先翔舞。

【译文】五色雀产自罗浮山。有贵人到来时，它们就会翩翩起舞。

鵔鸃鸟 产肇庆，形似山鸡，其羽有光，汉以饰侍中冠。

【译文】鵔鸃鸟产自肇庆，外形类似于山鸡，羽毛有光泽，汉朝时用来装饰侍中的朝冠。

凤巢 永福隋时双凤来巢，宋初复至，守臣以闻，太宗遣使凿巢下石，得美玉，名其山曰“凤凰山”。

【译文】隋朝时，有两只凤鸟在永福筑巢，宋朝初年凤鸟再次到来，当地长官把这件事上报朝廷，宋太祖派遣使者挖凿巢穴下面的石头，得到一块美玉，并把这座山命名为“凤凰山”。

群乌啼噪 海盐乌夜村，晋何凖寓此。一夕，群乌啼噪，凖生女。后复夜啼，乃穆帝立凖女为后之日。

【译文】晋朝时何凖曾经在海盐的乌夜村暂住。一天夜里，一群乌鸦鸣啼聒噪，何凖便生下了女儿。后来乌鸦又在夜里啼叫，正是穆帝立何凖女儿为皇后的日子。

问上皇 郭浩按边至陇，见鹦鹉一红一白鸣树间，问：“上皇安否？”浩诘其故，盖陇州岁贡此鸟，徽宗置之安妃阁。后发还本土，二鸟犹感恩不忘。

【译文】郭浩在陇州巡视，看到一红一白两只鹦鹉在树间鸣叫，并问道：“皇上安好吗？”郭浩追问原因，原来陇州在岁贡时进献了这两只鸟，宋徽宗把它们放置在安妃阁中。后来又被送回了本地，两只鸟仍然感恩不忘。

凤历 凤知天时，故以名历。凤鸣而天下之鸡皆鸣。凤尾十二翎，遇闰岁生十三翎。今乐府调尾声十二板，以象鸟尾，故曰尾声。或增四字，亦加一板，以象闰。

【译文】凤鸟知道天时，所以用它的名字命名历法。凤鸟鸣叫之后天下的鸡都会跟着打鸣。凤鸟的尾部有十二根翎羽，碰到闰年时就会长出十三根。现在乐府调的尾声有十二板，就是为了象征凤鸟的尾部，所以叫作尾声。有时候也会增加四个字，乐曲也会增加一板，用来象征闰年。

鸡五德 《韩诗外传》：“头戴冠，文也。足搏距，武也。见敌敢斗，勇也。见食相呼，义也。守夜不失时，信也。”故又称“德禽”。

【译文】《韩诗外传》记载：“鸡有五种美德：头上戴冠，这是文。两足有可以搏斗的距，这是武。见到敌人敢于搏斗，这是勇。看到食物马上呼叫同伴，这是义。守夜不会错过打鸣的时间，这是信。”所以鸡又被称为“德禽”。

陈宝 秦穆公时，陈仓人掘地得一物以献，道逢二童子，曰：“此物名为蝹。”蝹曰：“彼二童子名为陈宝，得雄者王，得雌得霸。”陈仓人舍蝹逐童子，童子化为雉，飞入平林，以告于公。公大猎，果得其雌，化为石，置于汧渭之间，立陈宝祠，遂霸西戎。

【译文】秦穆公时期，陈仓有个人在地中挖出一件宝物准备进献给君王，在路上碰到两个童子，对他说：“这东西名叫蝹。”蝹说：“这两个童子名叫陈宝，得到男童的能够做君王，得到女童的能够称霸。”陈仓人便舍弃蝹去追童子，童子化为野鸡飞入树林，那人把这件事告诉了秦穆公。秦穆公派人大肆搜猎，果然得到了雌鸡，那野鸡化为石头，秦穆公便把它放在汧水和渭水之间，又设立了陈宝祠，于是称霸西戎。

腰缠骑鹤 昔有客各言其志。一愿为扬州刺史，一愿多资财，一愿骑鹤上升。其一人曰：“吾愿腰缠十万贯，骑鹤上扬州。”

【译文】曾经有几个人各自表达自己的志向。一个说想做扬州刺史，一个说想拥有很多钱财，一个说想要骑鹤飞升变为仙人。其中一个人说：“我想要腰缠十万贯，骑鹤上扬州。”

隋珠弹雀 古云：以隋侯之珠弹千仞之雀，世必笑之。盖所用者重，所求者轻也。

【译文】古人说：用隋侯珠作为弹丸去打高飞的麻雀，世人一定会嘲笑他。这是因为所用的东西过于贵重，而想要得到的东西却十分轻微。

雀跃 雀跃者，言人喜悦，如雀之跳跃也。

【译文】雀跃是说人高兴得像麻雀一样跳跃。

爱屋及乌 《诗经》："瞻乌爰止，于谁之屋。"恐因乌而伤其屋也。

【译文】《诗经》有"瞻乌爰止，于谁之屋"的句子，意思是怕有人打乌鸦而损坏房屋。

越鸡鹄卵 《庄子》："越鸡不能伏鹄卵。"谓其身小也。

【译文】《庄子》记载："越地的鸡不能孵化鸿鹄的蛋。"意思是鸡的身形过小。

燕贺 《淮南子》：大厦成而燕雀相贺。

【译文】《淮南子》记载：高大的房屋建成之后燕雀都会相互道贺。

贯双雕 《唐史》：高骈见双雕飞过，祝曰："我贵当中之。"一发贯双雕，因号"双雕侍郎"。

【译文】《唐史》记载：高骈看到有两只雕飞了过来，祈祷说："如果我以后能够显贵的话就让我射中它们。"于是一箭射中了两只雕，因此被称为"双雕侍郎"。

鹊巢鸠占 《诗经》："维鹊有巢，维鸠居之。"

【译文】《诗经》中有"维鹊有巢，维鸠居之"的诗句。

闻鸡起舞 祖逖与刘琨同寝，中夜闻鸡鸣，蹴琨觉曰："此非恶声也！"因起舞。

【译文】祖逖与刘琨同睡一床，半夜听到鸡叫声，祖逖就踢醒刘琨说："这并不是什么令人讨厌的声音！"两人于是出门舞剑。

走兽

药兽　神农时有民进药兽。人有疾，则拊其兽，授之语，语毕，兽辄如野外，衔一草归，捣汁服之即愈。帝命风后记其何草，起何疾。久之，如方悉验。虞卿曰："神农师药兽而知医。"

【译文】神农氏时有百姓进献了一只药兽。有人生病时，神农氏就抚摸着药兽对他说话，说完之后，药兽就会到野外衔一种草回来，捣成汁液服用之后病就马上好了。后来，神农让大臣风后记下这些草的名字和能够治疗的疾病。久而久之，这些药方都得到了验证。虞卿说："神农氏跟着药兽学会了医术。"

夔　黄帝于东海流波山得奇兽，状如牛，苍身无角，一足，能入水，吐水则生风雨，目光如日月，其声如雷，名曰夔。帝令杀之，取皮以冒鼓，撅以雷兽之骨，声闻五百里。

【译文】黄帝在东海流波山得到一头奇兽，外形和牛一样，全身黑色，没有角，只有一只脚，能入水，吐出水能够刮风下雨，目光像日月一样明亮，叫声像打雷一样，名字叫夔。黄帝命人杀死了它，并取它的皮用来蒙鼓，又用雷兽的骨头作为鼓槌，鼓声能够响彻五百里。

觟觽　皋陶治狱，有觟觽游于庭（一角之兽，即今所画獬豸）。其罪疑者，令触之，有罪则触，无罪则不触，以定狱辞。

【译文】皋陶审理案件时，有一只觟觽在庭中游走（一种长着一只角的异兽，就是现在所画的獬豸）。对罪行有所疑问时，就让觟觽去抵他，觟觽对于有罪的人就会抵，对无罪的人就不抵，用这种方法来断案。

黄熊　舜殛鲧于羽山。鲧化为黄熊，入于羽泉。故禹庙祭品，戒不用熊。

【译文】舜帝在羽山处死了鲧。后来鲧（禹的父亲）化为黄熊，进入羽泉。所以禹庙中的祭品，不能使用熊。

白狐　禹年三十未娶，行涂山，有白狐九尾造禹。涂山人歌曰："白狐绥绥，九尾庞庞。成子家室，乃都攸昌。"禹遂娶之，谓之女峤。

【译文】大禹三十岁还没有娶妻，经过涂山时，有一只九尾白狐来到他面前。涂山当地人在歌中唱道："白狐绥绥，九尾庞庞。成子家室，乃都攸昌。”大禹于是娶了涂山氏为妻，称她为女峤。

野兔 文王囚于羑里七年，其子伯邑考往视父。纣呼与围棋，不逊，纣怒杀伯邑考，醢之，令人送文王食。命食毕，而后告，文王号泣而吐之，尽变为野兔而去。

【译文】周文王被囚禁在羑里七年，他的儿子伯邑考前去探望父亲。纣王叫他一起下围棋，伯邑考表现得很不恭敬，纣王便生气地杀了他并做成肉酱，让人给送给文王吃。纣王下令等文王吃完后再告诉他真相，文王知道后号啕大哭并将嘴里的肉全部吐出，那些肉全都变成野兔离开了。

麟绂 孔子在娠，有麟吐玉书于阙里，文云："水精之子孙，系衰周而素王。"孔母乃以绣绂系麟角，信宿而麟去。至鲁定公时，鲁人钼商田于大泽，得麟，以示孔子，系角之绂尚在。孔子知命之将终，抱麟解绂，涕泗滂沱。

【译文】孔子还在胎腹中时，有一头麒麟把一册玉书吐在阙里街，上面写着："水精之子孙，他能维系衰弱的周朝而成为没有领地和人民的君王。"孔子的母亲便把绣着花纹的丝带绑在麒麟角上，麒麟连住两夜之后离开了。到鲁定公时期，鲁人钼商在大泽打猎时，捕获一头麒麟，并带回去让孔子看，发现绑在角上的丝绳还在。孔子知道自己命不久矣，便抱起麒麟解下丝绳，涕泪横流。

白泽 东望山有兽曰白泽，能言语。王者有德，明照幽远，则白泽自至。

【译文】东望山上有一种叫白泽的野兽，能说人话。如果君王有德行，并且教化能够施行到很远的地方，白泽就会前来。

昆蹄 后土之神兽，英灵能言语，禹治水有功而来。

【译文】昆蹄是后土属下的一种神兽，英明灵秀，会说人话，因为大禹治水有功就来到世间。

角端 元太祖驻师东印度，有大兽，高数丈，一角，如犀牛，作人语曰："此非帝王世界，宜速还。"耶律楚材进曰："此名角端，圣人在位，则奉书而至。能日驰一万八千里，灵异如鬼神，不可犯。"

【译文】元太祖驻军在东印度时，有一头巨大的野兽，高达几丈，长着一只角，像犀牛一样，它用人话说："这不是帝王的世界，赶快回去吧。"耶律楚才进言说："这种异兽名叫角端，圣人在位时，他就会带着天书到来。角端能够日行一万八千里，像鬼神一样灵异，不可冒犯。"

象　豕类也，张口而腹脏尽露，故名曰象。《易经》用"象曰"，盖取此义。

【译文】象，是一种猪之类的动物，张开嘴就会露出肚子里的内脏，所以被称为象。《易经》中用的"象曰"，应该就是取这个意思。

狮子　一名狻猊。《博物志》：魏武帝伐冒顿，经白狼山，逢狮子，使人格之，杀伤甚众。忽见一物自林中出，如狸，上帝车轭。狮子将至，便跳上其头，狮子伏，不敢动，遂杀之。得狮子还，来至洛阳，三十里鸡犬无鸣吠者。

【译文】狮子，也叫狻猊。《博物志》记载：魏武帝讨伐冒顿时，经过白狼山，碰到一头狮子，便命人杀死他，结果士兵死伤惨重。忽然看到从树林中窜出一只动物，样子和狸很像，它跳到魏武帝乘坐马车的轭上。狮子快要到来时，它便跳到狮子头上，狮子趴在地上不敢动，这才被杀死。魏武帝得到狮子回洛阳，三十里内的鸡犬都不敢叫。

酋耳　身若虎豹，尾长参其身，食虎豹。王者威及四夷则至。

【译文】酋耳的身形很像虎豹，尾巴是身体的三倍长，能吃虎豹，王者威服四夷时它就会出来。

虎伥　人罹虎厄，其神魂尝为虎役，为之前导。故凡死于虎者，衣服巾履皆卸于地，非虎之威能使自卸，实鬼为之也。

【译文】人被虎杀死后，他们的魂就会被虎所奴役，作为它的前导。所以凡是被虎杀死的人，要把衣服、头巾和鞋都脱在地上，这不是因为害怕老虎而自己脱下的，而是鬼做的。

虎威　虎有骨如乙字，长寸许，在胁两旁皮内，尾端亦有之，名"虎威"，佩之临官，则能威众。又虎夜视，一目放光，一目视物。猎人候而射之，弩箭才及，光随堕地成白石，入地尺余。记其处掘得之，能止小儿啼。

【译文】老虎体内有一块像"乙"字的骨头，长一寸多，在肋骨两侧的皮内，尾部也有一块，叫作"虎威"，官员佩戴之后上任，能够威服众人。另外，老虎能够夜视，一只眼睛放光，另一只眼睛看物。猎人等候时机用箭去射，箭马上射到时，老虎眼中的光就能把箭变成白色石头，并落入地下一尺多的地方。记下那里挖出白石，能够止住孩子啼哭。

仓兕　尚父为周司马，将师伐纣。到孟津之上，仗钺把旄，号其众曰：“仓兕。”夫仓兕者，水中之兽也，善覆人舟，因神以化，令汝急渡，不急渡，仓兕害汝。

【译文】姜子牙担任周朝司马，将要带领军队讨伐纣王。到孟津时，他拿着受命出征的黄钺和指挥军队的旗帜，号令众人说：“仓兕。”仓兕是一种水中的兽类，善于倾覆人的舟船，人们因此把它当作神灵看待，这是让你赶快渡河，如果不抓紧时间，就会被仓兕所害。

斗縠于菟　《左传》：斗伯比淫于䢵子之女，生子文。䢵夫人使弃诸梦泽中，虎乳之。䢵子田，见而惧，归，夫人以告，遂收之。楚人谓乳縠，谓虎于菟，故曰“斗縠于菟”。

【译文】《左传》记载：斗伯比娶了䢵子的女儿，生下子文。䢵夫人派人把他丢弃到了梦泽，后来被虎喂养。䢵子到这里打猎，看到这种景象十分害怕，回去之后，夫人告诉了他实情，䢵子便收养了子文。楚地人把“乳”叫作“縠”，把“虎”叫作“菟”，所以会有“斗縠于菟”的说法。

貘　貘者象鼻犀目，牛尾虎足，性好食铁，生南方山谷中。寝其皮辟湿，图其形辟邪。

【译文】貘长着大象的鼻子、犀牛的眼睛、牛的尾巴和老虎的脚，生性喜欢吃铁，生长在南方的山谷中。睡在它的皮上可以防潮，它的画像还可以辟邪。

穷奇　西北有兽，名曰穷奇，一名神狗。其状如虎，有翼能飞，食人，知人言语。逢忠信之人，则啮而食之；逢奸邪之人，则捕禽兽以飨之。

【译文】西北有一种异兽，名叫穷奇，又叫神狗。它的外貌和老虎很像，有翅膀能飞，喜欢吃人，能够听懂人说话。碰到忠信之人，就会咬死后吃掉；碰到奸邪之人，就会捕捉禽兽送给他享用。

梼杌　西荒中兽也，状如虎，毛长三尺余，人面虎爪，口牙一丈八尺，好斗，至死不却，兽之至恶者。

【译文】西荒中有一种叫梼杌的异兽，外貌和老虎很像，身上的毛有三尺多长，人面虎爪，口中的牙长一丈八尺，生性好斗，至死不退，这是野兽中最凶猛的。

山都 形如昆仑奴，毛遍体，见人辄闭目张口如笑，好在深洞中翻石觅蟹啖之。

【译文】山都的外形和昆仑奴很像，身上遍布体毛，见到人就会闭上眼睛张开嘴巴，做出微笑一样的表情，喜欢在深洞中翻开石头寻找螃蟹食用。

饕餮 羊身人面，其目在腋下，虎齿人爪，声如婴儿，钩玉山中有之。

【译文】饕餮身子像羊，面像人脸，它的眼睛长在腋下，牙齿像虎牙，爪子像人手，叫声如同婴儿，钩玉山中有这种异兽。

狼狈 二兽名。狼前二足长，后二足短；狈前二足短，后二足长。狼无狈不立，狈无狼不行。若相离，则进退无据矣。故世人言事之乖张，则曰“狼狈”。

【译文】狼狈是两种野兽的名字。狼前面的两足长，后面的两足短；狈前面的两足短，后面的两足长。狼没有狈无法站立，狈没有狼无法行走。两者如果分开，就无法进退自如了。所以世人说事情进退维谷时，就会说“狼狈”。

风马牛 马喜逆风而奔，牛喜顺风而奔，故北风则牛南而马北，南风则牛北而马南。故曰风马牛不相及也。

【译文】马喜欢逆风奔跑，牛喜欢顺风奔跑，所以刮北风时牛向南跑而马向北跑，刮南风时牛向北跑而马向南跑。所以会有风马牛不相及的说法。

种羊 西域俗能种羊。初冬，择未日，杀一羊，切肉方寸，埋土中。至春季，择上未日，延僧吹胡笳，作咒语，土中起一泡，如鸭卵。数日，风破其泡，有小羊从土中出。此又胎卵湿化之外，又得一生也。

【译文】西域有一种习俗是种羊。在初冬时选择未日杀死一头羊，把肉切成一寸见方的小块埋进土中。到春季之后，选择上未日，邀请僧侣吹奏胡笳念咒，土中就会鼓起一个鸭蛋大小的泡。几天之后，风会吹破那个泡，小羊便会从土中长出。这是胎生、卵生、湿生和化生之外的又一种出生方式。

猫 出西方天竺国，唐三藏携归护经，以防鼠啮，始遗种于中国。故

“猫”字不见经传。《诗》有“貓”，《礼记》“迎貓”，皆非此猫也。

【译文】猫产自西方天竺国，唐三藏带着猫护送经书回国，以防止经书被老鼠啃咬，这才开始在中国繁衍。所以经书和典籍中没有“猫”字。《诗经》中的“貓”，《礼记》中所说的“迎貓”，都不是这里所说的猫。

万羊 李德裕召一僧问休咎，僧曰：“公是万羊丞相，今已食过九千六百矣。数日后有馈羊四百者，适满其数。”公大惊，欲勿受。僧曰：“羊至此，已为相公所有矣。”旬日后贬潮州司马，又贬连州司户，寻卒。

【译文】李德裕召来一个僧人询问吉凶，僧人说：“大人是万羊丞相，现在已经吃了九千六百只了。几天之后有个人会送您四百只羊，正好能补足万数。”李德裕大惊，不想接受。僧人说：“羊既然已经送到了，那就已经是大人您的了。”十几天后果然被贬为潮州司马，又被贬为连州司户，之后便去世了。

艾豭 卫灵公夫人南子与宋朝通，野人歌曰：“既定尔娄猪，盍归吾艾豭。”（娄猪，雌猪也。艾豭，雄猪也。）

【译文】卫灵公的夫人南子与宋国的公子朝通奸，百姓作歌唱道：“你已经搞定了娄猪，何不还我们的艾豭。”（娄猪是雌猪。艾豭则是雄猪。）

辽东豕 辽东有豕，生子头白，异而献之。行至河东，见豕皆白头，怀惭而返。今彭宠之自伐其功，何异于是！

【译文】辽东有一头猪，生下一只白头的幼崽，主人觉得十分奇异，就想献给君王。走到河东时，他看到那里的猪都是白头，于是惭愧地回去了。如今彭宠夸耀自己的功劳，跟辽东那个人有什么区别！

李猫 李义府容貌温恭，而狡险忌刻，时人谓之“李猫”。

【译文】李义府表面看上去温良恭谦，实际上非常阴险狠毒，当时的人称他为“李猫”。

麋鹿触寇 秦始皇欲大苑囿，优旃曰：“善。多纵禽兽于中，寇从东方来，以麋鹿触之，足矣！”

【译文】秦始皇想要扩大蓄养禽兽的圈地，优伶旃说：“很好。应该在里面多放些禽兽，等敌人从东边进攻时，就让麋鹿用角顶他们，这就足够了！”

犹豫　犹之为兽，性多疑。闻有声，则豫上树，四顾望之，无人，才敢下。须臾又上，如此非一。故今人虑事之不决者曰“犹豫”。

【译文】犹是一种生性多疑的野兽。听到有声音时，它就会提前爬到树上，四处张望，发现没有人时，它才敢下来。片刻之后又会上去，这样重复好多次。所以现在人考虑事情无法做决定时，就会使用“犹豫”。

沐猴　小猴也，出罽宾国。史言“沐猴而冠”，以“沐”为“沐浴”之“沐”者，非是。

【译文】沐猴是一种体型较小的猴子，产自罽宾国。史书中说“沐猴而冠”，把“沐”当作“沐浴”的“沐”，这是错误的。

刑天　兽名。即“浑沌”，见《山海经》。能挟干戚而舞。陶渊明诗“刑天舞干戚”，今误作“刑天無干戚”。

【译文】刑天，野兽的名字，就是“浑沌”，见载于《山海经》。它能拿着盾牌和斧子挥舞。陶渊明的诗中有“刑天舞干戚”的句子，现在有人错误地写成“刑天無干戚”。

猬　形若彘，常在地食死人脑。欲杀之，当以柏插其墓。故今墓上多种柏树。一名“蝹”。秦缪公时，陈仓人掘地得之。

【译文】猬的外形和野猪很像，经常在地下吃死人的脑子。想要杀死它，就要在坟墓插上柏树。所以现在坟墓上多植柏树。猬也叫“蝹”。秦缪公时，陈仓有人挖地时得到一只。

猾　无骨，入虎口，不能噬，落虎腹中，则自内噬出。《书》曰：“蛮夷猾夏。”则取此义。

【译文】猾没有骨头，被老虎吃掉后，因为不能咬，就会掉到老虎肚子里，再咬破肚子逃出。《尚书》中说的“蛮夷猾夏”就取的是这个意思。

犀角　一名“通天”。一名“分水”。一名“骇鸡”。“通天”用以作簪，则梦登天，知天上诸事。“分水”刻为鱼形，衔以入水，水开三尺，可得气，息水中。“骇鸡”谓鸡见之，则惊却也。

【译文】犀角又名通天、分水、骇鸡。“通天”是说用它来做簪子，晚上能够梦到自己升天，还能了解天上的事。“分水”是说把它雕刻成鱼的形状，衔在口中入水，水会在周围自动分开三尺的无水区域，还能获得空气，在水中呼吸。“骇鸡”是说鸡见到它之后，就会受到惊吓而退却。

驯獭 永州养驯獭，以代鸬鹚没水捕鱼，常得数十斤，以供一家。鱼重一二十斤者，则两獭共舁之。

【译文】永州人驯养水獭，用它来代替鸬鹚潜入水中捕鱼，经常能够获得几十斤鱼，以供养一家人。有的鱼重达一二十斤，两只水獭就会一起驮上来。

明驼 驼卧，足不帖地，屈足漏明，则走千里，故曰明驼。唐制，驿有明驼使，非边塞军机，不得擅发。杨贵妃私发明驼，赐安禄山荔枝。

【译文】骆驼卧下时，如果脚不会贴在地面，而是弯曲起来，足部和小腿中间会漏光的，就能走上千里路，所以叫作明驼。唐朝制度，驿站中设有明驼使，如果不是边境军务，不得擅自使用。杨贵妃曾经私自使用明驼，赐给安禄山荔枝。

瘈狗 《左传》：“国狗之瘈，无不噬也。”杜预注云：“瘈，狂犬也。”今云“猘犬”。《宋书》云：“张收为瘈犬所伤，食虾蟆而愈。”又槌碎杏仁纳伤处即愈。

【译文】《左传》记载：“国中有发疯的狗，必然会咬人。”杜预注解说：“瘈就是疯狗。”现在叫“猘犬”。《宋书》中说：“张收被瘈犬所伤，吃虾蟆治好了。”另外，捣碎杏仁敷在伤口处也能马上痊愈。

畜犬 《晋书》曰：白犬黑头，畜之得财；白犬黑尾，世世乘车。黑犬白耳，富贵；黑犬白前二足，宜子孙；黄犬白耳，世世衣冠。

【译文】《晋书》记载：蓄养黑头的白狗可以获得财富；蓄养黑尾的白狗可以世代公卿。蓄养白耳的黑狗可以获得富贵；蓄养前腿白色的黑狗利于子孙后代；蓄养白耳的黄狗可以世代为官。

风生兽 生炎州，大如狸，青色。积薪数车以烧之，薪尽而兽不死，毛亦不焦，斫刺不入。打之如灰囊，以铁锤锻其头数十下，乃死，而张口向风，须臾复活。以石上菖蒲塞其鼻，即死。取其脑和菊花服之，尽十斤，得寿五百岁。

【译文】风生兽生于炎州，像狸一样大，青色。用几车的柴去烧它，柴烧完之后风生兽仍然不死，连毛都不会烧焦。刀枪不入，用棍棒击打时就像打在灰色布囊上一样，只有用铁锤猛敲它的头几十下才会死，死后张开嘴对着风，片刻之后又会复活。用长在石头上的菖蒲塞住它的鼻子，能够立刻杀死它。取出它的脑和菊花一起服用，服完十斤之后，可以获得五百年寿命。

月支猛兽　汉武时，月支国献猛兽一头，形如五六十日犬子，大如狸而色黄。武帝小之，使者对曰："夫兽不在大小。"乃指兽，命叫一声。兽舐唇良久，忽叫，如大霹雳，两目如磹之交光。帝登时颠蹶，搔耳震栗，不能自止。虎贲武士皆失仗伏地，百兽惊绝，虎亦屈伏。

【译文】汉武帝时，月支国进献了一头猛兽，外形像刚出生五六十天的小狗，和狸一样大，通体黄色。武帝对它十分轻视，使者对他说："野兽的能力不在于体型的大小。"说完便指着那头野兽，让它叫一声。那野兽舔着嘴唇过了半天，突然大叫一声，声音如同霹雳炸响，一对眼睛发出如同两块大石碰撞发出的火光。武帝当时便跌倒在地，被震得抓着耳朵直发抖，不能自已。虎贲武士也都丢下手中的仪仗倒在地上，百兽惊恐万分，就连老虎都吓得趴在地上。

舞马　唐玄宗舞马四百蹄，分为左右部，有名曰"某家骄"，其曲曰《倾杯乐》。皆衣以锦绣，缀以金银，每乐作，奋首鼓尾，纵横应节。

【译文】唐玄宗有四百匹舞马，分为左右两部，取名"某家骄"，伴舞的曲子是《倾杯乐》。这些马都穿着锦绣，点缀着金银，每次音乐响起，它们就会摇头摆尾，跟随节拍翩翩起舞。

舞象　唐明皇有舞象数十。禄山乱，据咸阳，出舞象，令左右教之拜。舞象皆努目不动，禄山怒，尽杀之。

【译文】唐明皇有几十头舞象。安禄山造反时，占据咸阳之后，他让人牵出舞象，命令左右的人教它们跪拜。舞象们都对安禄山瞪着眼，一动不动，安禄山大怒，把它们全部杀了。

弄猴　唐昭宗播迁，随驾有弄猴，能随班起居。昭宗赐以绯袍，号"供奉"。罗隐诗"何如学取孙供奉，一笑君王便着绯"是也。朱梁篡位，取猴，令殿下起居。猴望见全忠，径趋而前，跳跃奋击，遂被杀。

【译文】唐昭宗被迫逃出长安时，有一只弄猴跟随车驾，跟随百官、随从后面一起上朝下朝。昭宗赏赐给它红色官服，称为"供奉"。罗隐在诗中写的

"何如学取孙供奉，一笑君王便着绯"，说的就是这只猴子。后梁朱全忠篡位之后，取来猴子，让它住在宫殿中。猴子远远看到朱全忠后，径直走到他面前，跃起奋力扑击，于是被杀掉了。

忽雷驳 秦叔宝所乘马也。喂料时，每饮以酒。常于月明中试之，能竖越三领黑毡。叔宝卒，嘶鸣不食而死。

【译文】忽雷驳，是秦叔宝所乘的马。每次喂草料时，都要让它喝酒。秦叔宝经常在月光明亮时测试它的能力，能够越过三领竖着的黑毡。秦叔宝去世后，这匹马嘶鸣绝食而死。

铁象 曲端下狱，自知必死，仰天长吁，指其所乘马名铁象，曰："天不欲振复中原乎？惜哉！"铁象泣数行下。

【译文】曲端入狱后，知道自己必死，便仰天长叹，指着自己的坐骑"铁象"说："难道是老天爷不让我收复中原吗？实在是太可惜了！"铁象听后流下几行眼泪。

铸马 慕容廆有骏马赭白，有奇相，饶逸力。至光寿元年，四十九矣，而骏逸不亏，奇之，比鲍氏骢，命铸铜以图其像，亲为铭赞，镌颂其旁。像成，而马死矣。

【译文】慕容廆有一匹名为赭白的骏马，样貌非凡，脚力充沛。到光寿元年，这匹马已经四十九岁了，仍然神骏非凡，体力充沛，慕容廆觉得十分神奇，便把它比作鲍氏的骏马，让人铸造了马的铜像，亲自书写铭文赞颂，刻在铜像旁边。等铜像铸成时，马就死去了。

白獭 魏徐邈善画，明帝游洛水，见白獭爱之，不可得。邈曰："獭嗜鲻鱼，乃不避死。"遂画板作鲻鱼悬岸，群獭竞来，一时执得。帝曰："卿画何其神也！"

【译文】魏国的徐邈善于作画，魏明帝在洛水游玩时，见到一只白獭，十分喜欢却无法得到。徐邈说："水獭喜欢吃鲻鱼，连死都不怕。"于是在木板上画了一条鲻鱼悬挂在岸边，一群水獭争相前来，一下子便抓住了那只白獭。魏明帝说："爱卿的画真是太传神了！"

赎马 周田子方尝出，见老马于道，询知为家畜也，叹曰："少尽其力，而老弃其身，仁者不为也。”赎之归。

【译文】周朝的田子方曾经外出，看到路上有一匹老马，询问之后才知道它是家畜，于是叹息道：“年轻时用尽了它的力气，老去之后便抛弃了它，这不是仁者应该做的事情啊。”于是买下老马带回家中。

袁氏　后唐有孙恪者，纳袁氏为室。后至峡山寺，袁持一碧环献老僧。少倾，野猿数十，扪萝而跃。袁乃命笔题诗，化猿去。僧方悟即沙门向所畜者，玉环其系颈旧物也。

【译文】后唐有个叫孙恪的人，纳袁氏为侧室。后来到峡山寺时，袁氏拿着一枚碧玉环献给老僧。片刻之后，有几十只野猿攀缘着藤萝跳跃而来。袁氏便拿出笔题了一首诗，随后变成猿猴离开了。僧人这才醒悟，原来袁氏就是寺中饲养的猿猴，这枚玉环正是戴在它脖子上的旧物。

果下马　罗定州出马，高不逾三尺，骏者有两脊骨，又呼双脊马，健而能行。以其可在果树下行，名曰“果下马”。

【译文】罗定州出产的马，高不过三尺，其中品质较好的有两根脊骨，又叫作双脊马，身体健壮，善于行走。因为这种马可以在果树下行走，所以又叫作“果下马”。

移鼠易肠　唐公房拔宅上升，鸡犬皆仙，惟鼠不净，不得去。鼠自悔，一日三吐，易其肠，欲其自洁也。

【译文】唐公房全家飞升时，就连家里的鸡、狗也一起成仙了，只有老鼠因为不干净而留了下来。老鼠非常后悔，一天吐三次，想把肠子都换了，以此清洁自身。

八骏　穆天子八骏：一名“绝地”，足不践土；二名“翻羽”，行越飞禽；三曰“奔宵”，夜行万里；四名“超影”，逐日而行；五名“逾辉”，毛色炳熠；六名“超光”，一形十影；七名“腾雾”，乘云而奔；八名“挟翼”，身有肉翅。又有骅骝，亦古之良马也。

【译文】周穆王有八匹骏马：第一匹叫作“绝地”，奔跑起来快得脚不沾地；第二匹叫作“翻羽”，速度比飞禽还快；第三匹叫作“奔宵”，一夜之间可以行上万里路；第四匹叫作“超影”，能够追着太阳奔跑；第五匹叫作“逾辉”，毛色明亮闪耀；第六匹叫作“超光”，奔跑时一个身形能留下十道影子；第七匹叫作“腾雾”，可以腾云驾雾地奔跑；第八匹叫作“挟翼”，身上长着一对肉翅。还有一匹叫作“骅骝”，也是古代的良马。

黑牡丹 唐末刘训者，京师富人。京师春游，以观牡丹为胜赏。训邀客赏花，乃系水牛累百于门。人指曰：“此刘氏黑牡丹也。”

【译文】唐朝末年有个叫刘训的人，是京城中的富人。京城众人春游时，把看牡丹作为最好的欣赏方式。刘训邀请客人赏花时，在门外系了上百头水牛。人们都指着这些牛说：“这是刘氏的黑牡丹啊。”

辟暑犀 《孔帖》：文宗延学士于内殿，李训讲《易》，时方盛暑，上命取辟暑犀以赐。

【译文】《孔帖》记载：唐文宗请学士来到内殿，由李训讲《易经》，当时正值盛夏，文宗命人取来辟暑犀赏赐给他。

辟寒犀 《开元遗事》：交趾进犀角，色黄如金。冬月置殿中，暖气如熏。上问使者，曰：“此辟寒犀也。”

【译文】《开元天宝遗事》记载：交趾国进贡了一种犀牛角，颜色像金子一样黄。冬天放置在殿中，空气就会温暖得像在熏笼中一样。皇帝询问使者，使者说：“这就是辟寒犀。”

养虎遗患 汉王欲东归，张良曰：“汉有天下大半，楚兵饥疲，今释不击，此养虎自遗患也。”王从之。

【译文】汉王刘邦想要撤军东归，张良说：“汉王您现在拥有大半天下，而楚国士兵饥饿疲劳，现在放走他们不打，这是养虎为患啊。”汉王便听从了他的建议。

狐假虎威 楚王问群臣：“北方畏昭奚恤，何哉？”江乙曰：“虎得一狐，狐曰：‘子毋食我，天帝令我长百兽。不信，吾先行，子随后观。’兽见皆走。虎不知兽畏己，以为畏狐也。今北方非畏昭奚恤，实畏王甲兵也。”

【译文】楚王问群臣说：“北方人为什么害怕昭奚恤？”江乙说：“老虎抓到一只狐狸，狐狸说：‘你不要吃我，天帝命令我做百兽之王。如果你不信，就让我走在前面，你跟在后面观看。’野兽们看见狐狸果然都逃走了。老虎却不知道这是因为百兽害怕自己，而不是害怕狐狸。现在北方人不是畏惧昭奚恤，而是畏惧大王您的军队啊。”

狐疑　狐疑者，狐性多疑，故心不决曰“狐疑”。

【译文】狐疑，狐狸生性多疑，所以心中有无法决定的事情时叫作“狐疑”。

黔驴之技　柳文：黔无驴，有好事者船载以入，放之山下。虎见庞然大物，环林间视之。驴一鸣，虎大骇，以为且噬己。然往来视之，览无异能。益习其声，稍近，宕、倚、冲、冒。驴不胜怒，蹄之。虎因喜，计之曰：“技止此矣！”跳梁大㘎，断其喉，尽其肉，乃去。

【译文】柳宗元在文章中写道：黔地没有驴，有个喜欢多事的人用船载了一只回去，放在山下。老虎看到驴是个庞然大物，就躲在树林中偷偷看它。驴一叫，老虎便大惊失色，以为要吃自己。然而老虎来来回回地观察之后，看到它也没有什么特别的本领。对它的声音逐渐熟悉之后，便稍微靠近了一点，在它面前晃荡，靠近它，冲撞它，冒犯它。驴非常生气，就用蹄子去踢老虎。老虎因而大喜，心中盘算道：“它的本领不过如此！”于是跳起来大叫一声，咬断它的喉咙，吃完了它的肉，才离去。

马首是瞻　晋荀偃曰：“鸡鸣而驾，塞井夷灶，惟余马首是瞻！”

【译文】晋国的荀偃说：“鸡打鸣之后便马上出发，填井毁灶，只看我马头的方向行事！”

不及马腹　楚伐宋，宋告急于晋。晋侯欲救之，伯宗曰：“不可。古人有言曰：‘虽鞭之长，不及马腹。’天方授楚，不可与争。”

【译文】楚国讨伐宋国，宋国向晋国求救。晋侯想要派兵救援，伯宗说：“不可以。古人有句话说：‘马鞭虽长，却鞭打不到马肚子。’现在上天授天命给楚国，不能与其发生战争。”

塞翁失马　《北史》：塞上翁匹马亡入胡，人吊之。翁曰：“安知非福乎？”后马将骏马归，人贺之，翁曰：“安知非祸乎？”后其子骑，折髀，人吊之，翁曰：“又安知非福乎？”后兵，出丁壮者，免其子，以跛相保。

【译文】《北史》记载：边境有个老翁的马跑到胡地去了，人们都来安慰他。老翁说：“这件事怎么知道不会变成福气呢？”后来那匹马带着骏马回了家，人们都来恭喜他，老翁说：“这件事怎么知道不会变成灾祸呢？”后来他的儿子骑马时，从马上掉下来摔断了腿，人们都来安慰他，老翁说：“又有谁知道这件事就不是福气呢？”后来朝廷征兵，每家的壮丁都要去参军，他的儿子却得以幸免，因为跛腿而得以保全。

弃人用犬 晋灵公饮赵盾酒，伏兵将攻之，其右提弥明知之，趋登，扶盾以下。公嗾夫獒焉，明搏而杀之。盾曰：“弃人用犬，虽猛何为？”

【译文】晋灵公请赵盾喝酒，埋伏的士兵准备攻击赵盾，赵盾的车右提弥明知道后，小跑着登上车，扶着他下去了。晋灵公放出恶犬，又被提弥明搏杀。赵盾说：“放弃人而用犬，即使再勇猛又有什么用呢？”

跖犬吠尧 汉高祖既杀韩信，诏捕蒯彻。既至，上曰：“若教淮阴侯反乎？”对曰：“然。秦失其鹿，天下共逐之。高材捷足者先得焉。跖之犬吠尧，尧非不仁，吠非其主也。”

【译文】汉高祖诛杀韩信后，又下诏抓捕蒯彻。蒯彻被抓之后，高祖说：“是你教淮阴侯韩信谋反的吗？”蒯彻回答说：“对。秦朝灭亡，天下所有人都可以争夺皇位。只不过是才能更高的人捷足先登罢了。盗跖家的狗对着尧叫，并不是因为尧不仁，而是因为尧不是它的主人啊。”

指鹿为马 秦赵高欲专权，乃先设验，持鹿献二世，曰：“马也！”二世笑曰：“丞相误也，谓鹿为马。”问左右，或默，或言。高阴中言鹿者以法。

【译文】秦朝赵高想要专权，于是先设计了一个实验，带着两头鹿进献给秦二世说：“这是两匹马！”秦二世笑着说：“丞相认错了，把鹿当成马了。”他又去问左右的人，那些人有的沉默，有的发言。赵高私下把说是鹿的人都杀了。

守株待兔 《韩子》：宋人有耕者，田畔有株，兔走触之，折颈而死，因释耕守株，觊复得兔，为宋国笑也。

【译文】《韩非子》记载：宋国有个农夫，他的田边有一棵树，一只兔子奔跑时撞在了树上，因为颈部折断死了。那人于是放弃耕作，整日守着那棵树，希望能够再次得到兔子，成了宋国人的笑话。

多歧亡羊 《列子》：杨子之邻人亡羊，既率其党，又请杨子竖追之。

杨子曰："嘻！亡一羊，何追之众？"众曰："多歧。"既反，问："获羊乎？"曰："亡之矣。"曰"奚亡之？"曰："歧路之中又有歧焉，吾不知所之，所以反也。"

【译文】《列子》记载：杨子的邻居丢失了一只羊，他带着自己家人，又请杨子的仆人一起追赶。杨子说："呵呵！只不过是丢了一只羊，用得着这么多人去追吗？"众人说："有很多岔路。"他们回来后，杨子问道："找到羊了吗？"邻居说："已经丢了。"杨子说："为什么会找不到呢？"邻居说："岔路中又分出岔路，我不知道往哪边追，所以就回来了。"

飞越峰　洪武初，夷人献良马十，其一白者，乃得之贵州养龙坑。坑旁水深而远，下有灵物，春和多系牝马，云雾晦冥，必有与马接，其产即龙驹。故此马首高九尺，长丈余，莫可控御。敕典牧者囊沙四百斤，压而乘之，行如电蹑，片尘不惊，赐名"飞越峰"，命学士宋濂赞。

【译文】洪武初年，夷人进献了十匹好马，其中有一匹白色的，是从贵州养龙坑得到的。坑边的水又深又远，水下有灵物居住，春天晴好的时节把很多母马拴在这里，等到云雾缭绕时，必然会有灵物和马交配，生下的就是龙驹。所以这种马头高九尺，体长一丈多，无法控制驾驭。明太祖便命令牧马的人在布袋里装了四百斤沙子，压在马身上骑乘，奔跑的速度像闪电一样快，一点儿尘土都不会扬起，便给它赐名"飞越峰"，并命令学士宋濂写了一篇赞文。

御畜　燧人氏始著物虫鸟兽之名。鲧始服牛。相士始乘马。伏羲始畜牺牲。夏后氏始食卵。汉文帝始剗洁六畜。后魏始禁宰牛马。唐高祖始断屠。

【译文】燧人氏最早给物、虫、鸟、兽命名。鲧最早驯服牛。相士最早骑马。伏羲最早畜养祭祀时使用的牲畜。夏后氏最早开始吃蛋。汉文帝最早阉割六畜。后魏最早禁止宰杀牛马。唐高祖最早下令禁止屠宰。

黄耳　陆机有快犬曰"黄耳"，性黠慧，能解人语，随机入洛。久无家问，作书以竹筒戴犬项，令驰归，复得报还洛。今有"黄耳冢"。

【译文】陆机有一条跑得很快的狗名叫黄耳，性情狡黠聪慧，能听懂人说的话，跟随陆机去了洛阳。过了很久都没有收到家书，陆机便写了一封信放在竹筒中，再把竹筒戴在狗的脖子上，让它跑回家里送信，得到回信后它又带着家书回到洛阳。如今就有一座"黄耳冢"。

白鹿夹毂 汉郑弘为淮阴守，岁旱，弘行田间，雨即至。时有白鹿在道，夹毂而行。主簿贺曰："闻三公车轮画鹿，明公必大拜矣！"果验。

【译文】汉朝郑弘任淮阴太守时，有一年大旱，郑弘走在田间巡视，雨便马上落了下来。当时路上有两只白鹿，夹着郑弘的车轮往前走。主簿恭贺他说："我听说三公的车轮刻着鹿，大人必然会拜相啊！"后来果然应验了。

麈 出终南诸山。鹿之大者曰麈，群鹿随之，视麈尾为向道，故古之谈者挥焉。

【译文】麈产自终南山。鹿中体型比较大的叫作麈，群鹿都会跟随他，把麈的尾巴当作向导，所以古时候人们谈话时会把麈尾拿在手上挥动。

飞鼠 其物飞而生子。难产者，以皮覆之则易，故又名"催生"。

【译文】飞鼠在飞行时产崽。如果有难产的人，把飞鼠皮盖在身上生孩子就会容易一些，所以飞鼠又叫"催生"。

糖牛 桂平出。里人知牛嗜盐，乃以皮裹手，涂盐于上，入穴探之。其角如玉，取以为器。

【译文】糖牛，产自桂平。当地人知道糖牛喜欢吃盐，就把皮裹在手上，再涂上盐，把手伸入巢穴探寻。糖牛的角像玉一样，可以取来制成器物。

射鹿为僧 陈惠度于剡山射鹿，鹿孕而伤，既产，以舌舐子，干而母死，惠度遂投寺为僧。后鹿死处生草，名曰"鹿胎草"。

【译文】陈惠度在剡山射鹿时，一头怀有身孕的鹿被射伤了，等到产下幼崽后，母鹿用舌头舔舐小鹿，舔干小鹿的身体后母鹿便死了，陈惠度于是到寺庙做了僧人。后来母鹿死的地方长出一种草，名叫"鹿胎草"。

野宾 宋王仁裕尝畜一猿，名曰"野宾"。一日放于嶓冢山。后仁裕复过此，见一猿迎道左，从者曰："野宾也。"随行数十里，哀吟而去。

【译文】宋朝王仁裕曾经养了一只猿猴，名叫"野宾"。有一天他把猿猴放生到了嶓冢山。后来王仁裕再次经过那里，看到一只猿猴在路边迎接他，随从说："那是野宾。"那猿猴一直跟着走了几十里，才哀叫着离开了。

凭黑虎 卓敬年十五，读书宝香山，风雨夜归迷失道，得一兕牛，凭之归，入门，乃黑虎也。

【译文】卓敬十五岁时，在宝香山读书，有一天他在风雨夜回家时迷了路，碰到一头兕牛，靠着它才回到家，等进门一看，竟然是一头黑虎。

题《虎顾众彪图》 明成祖出图，命解缙题句。缙诗云："虎为百兽尊，谁敢撄其怒？惟有父子恩，一步一回顾。"帝见诗有感，即令夏原吉迎太子于南京。

【译文】明成祖拿出《虎顾众彪图》，让解缙在画旁题句。解缙便题了一首诗道："虎为百兽尊，谁敢撄其怒？惟有父子恩，一步一回顾。"明成祖看到诗后心中有所感悟，马上命令夏原吉到南京接回太子。

熊入京城 弘治间，有熊入西直门，何孟春谓同列曰："熊之为兆，宜慎火。"未几，在处有火灾。或问孟春曰："此出何占书？"孟春曰："余曾见《宋纪》：永嘉灾前数日，有熊至城下，州守高世则谓其倅赵允绍曰，熊于字'能火'，郡中宜慎火。果延烧十之七八。余忆此事，不料其亦验也。"

【译文】弘治年间，有一头熊进入西直门，何孟春对同僚说："熊出现的征兆是要小心火灾。"没过多久，到处都有火灾发生。有人问何孟春说："这个征兆出自哪本占卜书？"何孟春说："我曾经看到《宋纪》中说：永嘉大火的前几天，有一头熊来到城下，州守高世则对他的副手赵允绍说，'熊'字是'能火'组成的，郡中应该小心火灾。后来大火果然蔓延燃烧了百分之七八十的地方。我想起了这件事，没想到现在也应验了。"

不忍麑 孟孙猎得麑，使西巴持归。麑母随之啼泣，西巴不忍，与之。孟孙大怒，逐西巴。寻召为其子傅，谓左右曰："夫不忍麑，且忍吾子乎！"

【译文】孟孙猎到了一头小鹿，派西巴带回家中。小鹿的母亲跟着他一直啼哭，西巴心里不忍，便把小鹿还给了母鹿。孟孙知道后大怒，便驱逐了西巴。不久后，又召他做自己儿子的老师，他对左右的人说："他连小鹿都不忍心伤害，更何况是我的儿子呢！"

的卢 刘表赠备一马，名曰"的卢"。一日，遇伊籍，曰："此马相恶，必妨主。"备未之信。表妻蔡氏忌备，嘱弟瑁设筵暗害。备觉，出奔，前阻檀溪，后为瑁兵所逼，乃下溪，策马曰："的卢的卢，今日妨吾。"的卢于急流深处，一跃三丈，飞渡西岸。瑁惊骇而退。

【译文】刘表送给刘备一匹马，名叫"的卢"。有一天，刘备遇到伊籍，伊籍对他说："这匹马的相貌凶恶，必然会妨害主人。"刘备没有相信他。刘表的妻子蔡氏忌恨刘备，便让自己的弟弟蔡瑁设宴暗中刺杀他。刘备发觉之后，骑马出逃，前有檀溪阻挡，后有蔡瑁带兵逼迫，于是跳入溪水中，鞭打着的卢说："的卢啊的卢，我今天要被你害死了。"的卢到达急流深处时，突然一跳三丈远，飞渡到西岸。蔡瑁惊慌害怕得退走了。

获两虎　《史记》：陈轸曰："卞庄子刺虎，馆竖子止之，曰：'两虎方共食一牛，牛甘必斗，斗则大者伤，小者亡，从而刺之，一举两得。'果获两虎。"

【译文】《史记》记载：陈轸说："卞庄子想要杀虎，馆竖子制止他说：'两只老虎现在正在共同吃一头牛，发现牛肉好吃后两虎必然会争斗，发生争斗后大的那头就会受伤，小的就会死亡，这个时候再去刺杀，就可以一举两得了。'后来果然捕获两只老虎。"

牛羊犬豕别名　《礼记》：牛曰太牢。羊曰少牢。又牛曰"一元大武"。羊曰"柔毛"，又曰"长髯主簿"。豕曰"刚鬣"，又云"乌喙将军"。韩卢，六国时韩氏之黑犬。楚犷、宋猎，皆良犬也。又曰："大夫之家，无故不杀犬豕。"家豹、乌圆，皆猫之美誉。

【译文】《礼记》记载：牛叫作太牢。羊叫作少牢。另外，牛还叫作"一元大武"。羊叫作"柔毛"，又叫作"长髯主簿"。猪叫作"刚鬣"，又叫作"乌喙将军"。韩卢是六国时韩氏养的黑狗。楚犷、宋猎，都是好狗。书中又说："大夫的家中，无故不得杀狗和猪。"家豹、乌圆，都是猫的美称。

鹿死谁手　石勒曰："使朕遇汉高，当北面事之。若遇光武，可与并驱中原，未知鹿死谁手。"

【译文】石勒说："如果遇到汉高祖，我只能向他称臣。如果遇到东汉光武帝，我能够和他在中原并驾齐驱，鹿死谁手还不知道呢。"

续貂　《晋书》：赵王伦篡位，奴卒亦加封秩，貂蝉满座。语曰："貂不足，狗尾续！"

【译文】《晋书》记载：赵王司马伦篡位之后，就连手下的奴仆和士兵都拜官授爵，满座都是帽子上装饰着貂尾和蝉纹的高官。于是便有俗语说："貂尾不够，狗尾来续。"

拒虎进狼　《鉴断》：汉和帝年才十四，乃能收捕窦氏，足继孝昭之烈。惜其与宦官议之，以启中常侍亡汉之阶。语曰："前门拒虎，后门进狼。"此之谓也。

【译文】《鉴断》记载：汉和帝刚十四岁时，就能够抓捕窦氏，足以继承汉昭帝留下的丰功伟绩。可惜他常常和宦官商议军国大事，开启了中常侍灭亡汉朝之路。俗语说："在前门抵挡老虎，后门却进了狼。"说的就是这种情况。

焉得虎子　《吴志》：吕蒙欲从当，母叱之。蒙曰："不入虎穴，焉得虎子？"又班超使西域，鄯善王广礼敬甚备。匈奴使来，更疏懈。超会其吏士三十六人，曰："不入虎穴，不得虎子。"遂夜攻虏营，斩其使。

【译文】《三国志·吴书》记载：吕蒙想要跟随姐夫邓当从军，母亲大声斥责他。吕蒙说："不进入虎穴，怎么能够得到虎子呢？"另外，班超在出使西域时，鄯善王广接待时十分礼貌恭敬。匈奴使者到来后，鄯善王就变得怠慢他们了。班超召集了随行的属吏和士兵一共三十六人，对他们说："不入虎穴，不得虎子。"于是在夜里攻入胡人营帐，斩杀了匈奴使者。

羊触藩篱　《易经》："羝羊触藩，羸其角。"

【译文】《易经》记载："公羊撞在篱笆上，角被缠住了。"

制千虎　《宋史》：常安民遗吕公著书曰："去小人不难，胜小人难耳。尝见猛虎负嵎，卒为人胜者，人众而虎寡也。今奈何以数十人而制千虎乎？"公著得书，默然。

【译文】《宋史》记载：常安民给吕公著写信说："赶走小人不难，但要战胜小人就十分困难了。我曾经看到猛虎背靠山势险峻之地顽抗，最终被人战胜，这是因为人多而虎少。现在难道要用几十人去制服上千只猛虎吗？"吕公著收到信后，默然无语。

搏蹇兔　《史记》：范雎谓秦昭王曰："以秦治诸侯，譬犹走韩卢而搏蹇兔也。"

【译文】据《史记》记载，范雎对秦昭王说："让秦国来统治各诸侯国，就像让良犬韩卢去追捕跛脚的兔子一样容易。"

瞎马临池　《世说》：顾恺之与殷仲堪作危语，有一参军在坐，曰："盲人骑瞎马，夜半临深池。"以仲堪眇一目故也。

【译文】《世说新语》记载：顾恺之与殷仲堪比赛说让人害怕的话，有一个参军坐在旁边说："盲人骑着瞎马，半夜来到深池边。"这么说是因为殷仲堪瞎了一只眼的缘故。

教猱升木　猱，猴属，性善升木，不待教而能者。《诗经》：毋教猱升木。

【译文】猱，属于猴一类，天生善于爬树，不用教自己就会。《诗经》中说：毋教猱升木。

城狐社鼠　《韩诗外传》："社鼠不攻，城狐不灼。"恐其坏城而伤社也。

【译文】《韩诗外传》记载："庙中的老鼠不要打，城墙洞穴里的狐狸不要烧。"这是怕毁坏城墙，损伤社庙。

陶犬瓦鸡　《金楼子》："陶犬无守夜之警，瓦鸡无司晨之益。"

【译文】《金楼子》记载："陶制成的狗没有守夜的警觉，瓦制成的鸡没有打鸣的益处。"

羊质虎皮　《杨子》："羊质而虎皮，见草而悦，见豺而战，忘其皮之虎也。"

【译文】《杨子》记载："本身是羊，即使披上虎皮，看到草也会高兴，见到豺也会战栗，这是因为忘了身上披着虎皮。"

九尾狐　宋陈彭年奸佞不常，时号"九尾狐"。

【译文】宋朝的陈彭年奸邪善变，当时的人都称他为"九尾狐"。

猬务　猬似豪猪而小，其毛攒起如矢，言人事之丛杂似之。故事多曰"猬务"。

【译文】刺猬体型像豪猪却要小一点，它的毛密集竖起就像箭矢一样，说世间的事繁多而杂乱就像它的毛一样。所以需要处理的事情比较多时便称为"猬务"。

鳞介

龙有九子 一曰赑屃，似龟，好负重，故立于碑趺。二曰螭吻，好远望，故立于屋脊。三曰蒲牢，似龙而小，好叫吼，故立于钟纽。四曰狴犴，似虎，有威力，故立于狱门。五曰饕餮，好饮食，故立于鼎盖。六曰蚣蝮，好水，故立于桥柱。七曰睚眦，好杀，故立于刀环。八曰金猊，形似狮，好烟火，故立于香炉。九曰椒图，似螺蚌，性好闭，故立于门铺。

【译文】龙生九子，一是赑屃，外形像龟，喜欢背负重物，所以立为碑座。二是螭吻，喜欢远望，所以立在屋脊。三是蒲牢，外形像龙，体型较小，喜欢吼叫，所以立在钟的纽盖上。四是狴犴，外形像虎，有威严和力量，所以立在狱门上。五是饕餮，喜欢饮食，所以立在鼎盖上。六是蚣蝮，喜欢水，所以立在桥柱上。七是睚眦，喜欢杀生，所以立在刀环上。八是金猊，外形像狮子，喜欢烟火，所以立在香炉上。九是椒图，外形像螺蚌，生性喜欢闭合，所以立在门铺上。

尺木 龙头上有一物，如博山形，名曰尺木。龙无尺木，不能升天。

【译文】龙头上有个东西，外形像博山一样，叫作尺木。龙如果没有尺木，就不能升天。

攀龙髯 黄帝采铜，铸鼎于荆山下。鼎成，有龙垂胡髯下迎帝骑龙上，群臣后宫从上者七十余人，小臣不得上，悉持龙髯，髯拔，堕弓。抱其弓而号。后世名其处曰“鼎湖”，名其弓曰“乌号”。

【译文】黄帝采集铜，在荆山下铸成鼎。鼎铸成后，有一条龙垂下胡须迎接黄帝骑在它身上，群臣和后宫跟随皇帝一起上去的有七十多人，小臣没办法上去，全都抓着龙的胡子，胡子被拔下后，落地变成了一把弓。那些人便抱着弓号哭。后世把那里命名为“鼎湖”，称那把弓为“乌号”。

龙漦 夏后藏龙漦于匮，周厉王发之，漦化为鼋，入于王府。府中童妾娠之生女，弃于道，有夫妇窃之至褒。后褒人有罪，纳女于幽王，是为褒姒。

【译文】夏后氏把神龙所吐的唾液藏在盒子里，周厉王打开之后，唾液变成鼋进入王宫。宫中有个小宫女便怀孕生下一个女婴，被丢弃在路边，有一对夫妇偷偷把她带到了褒国。后来褒国有个人获罪，便把那个女孩给周幽王纳为妃，这就是褒姒。

痴龙 昔有人堕洛中洞穴，见宫殿人物九处，捋大羊髯，得珠，取食之。出问张华，华曰："九仙馆也。大羊乃痴龙。"

【译文】古时候有个人掉到洛中的一个洞穴中，看到有宫殿和人物的九个处所，捋着大羊的胡须，得到宝珠，取走吃掉了。那人出去后问张华，张华说："那里就是九仙馆啊。那头大羊就是痴龙。"

龙不见石 龙不见石，人不见风。鱼不见水，鬼不见地。

【译文】龙看不见石头，人看不见风，鱼看不见水，鬼看不见地。

梭龙 陶侃少时，尝捕鱼雷泽，得一铁梭，还挂着壁。有顷，雷雨大作，梭变成赤龙，腾空而去。

【译文】陶侃小时候，曾经在雷泽捕鱼，得到一根铁梭，回去后便把它挂在了墙壁上。过了一会儿，突然雷雨大作，铁梭变成一条红龙腾空飞走了。

画龙 叶公子高好龙，雕文画之。一旦，真龙入室，叶公弃而还走，失其魂魄。故曰叶公非好真龙也，好夫似龙而非龙者也。

【译文】叶公子高喜欢龙，家里到处都雕刻和画着龙。有一天，一条真龙飞进了他家，叶公丢下龙转身就跑，吓得失魂落魄。所以说叶公并不喜欢真龙，而是喜欢像龙又不是龙的东西。

行雨不职 唐普闻师聚徒说法，有老人在旁，问之，答曰："某此山之龙，因病，行雨不职见罚，求救。"师曰："可易形来。"俄为小蛇，师引入净瓶，覆以袈裟。忽云雨晦冥，雷电绕空而散。蛇出，复为老人而谢："非藉师力，则腥秽此地矣。"出泉以报。

【译文】唐朝的普闻法师把徒弟聚集在一起说法，有个老人也坐在旁边，普闻法师问他时，那老人回答说："我是这座山上的龙，因为生病，导致行雨不称职而要接受处罚，请您救救我。"法师说："你可以变成其他形态再来。"老人片刻后化为一条小蛇，法师把他接引到净瓶中，再用袈裟覆盖。天上忽然阴云密布，晦暗不明，雷电在空中缠绕，片刻后又散了。那小蛇从净瓶中爬出，又变成老人的模样答谢道："要不是借着法师的力量，我的尸体恐怕要污染这块宝地了。"便在那里涌出泉水作为报答。

金吾　亦龙种，形似美人，首尾似鱼，有两翼，其性通灵，终夜不寐，故用以巡警。

【译文】金吾也是龙的后代，身形像美人，头和尾巴却跟鱼一样，有一对翅膀，生性通灵，整夜都不睡觉，所以用来巡查警戒。

螺女　闽人谢端得一大螺如斗，畜之家。每归，盘餐必具。因密伺，乃一姝丽甚，问之，曰："我天汉中白水素女。天帝遣我为君具食。今去，留壳与君。"端用以储粟，粟常满。

【译文】福建人谢端得到一个像斗一样大的螺，便把它养在家里。每次回家后，发现饭已经做好了。谢端便躲起来偷偷查看，发现是一个十分美丽的女子做的，一问之下，那女子说："我本是银河中的白水素女。天帝派我来给您做饭。现在我就要走了，便把壳留给您吧。"谢端用这个壳来存放粟米，里面的粟米一直都是满的。

射鳝　越王郢于福州溪中，见一鳝长三丈，郢射中之，鳝以尾环绕，人马俱溺。

【译文】越王郢在福州的溪水中，见到一尾长达三丈的鳝鱼，便用弓箭射中了它，鳝鱼用尾巴环绕缠住郢，人和马全都淹死了。

鲙残鱼　出松江。昔吴王江行食鲙，以残者弃水面，化而为鱼。

【译文】鲙残鱼产自松江。昔日吴王在江上行船时吃鲙鱼，把吃剩下的残渣扔到水面，就都变成了鱼。

横行介士　《抱朴子》：山中辰日称无肠公子者，蟹也。《蟹谱》："出师下岩之际，忽见蟹，称为横行介士。"

【译文】《抱朴子》记载：山中在辰日自称无肠公子的，就是螃蟹。《蟹谱》记载："正要出兵下岩时，忽然看到一只螃蟹，称之为横行介士。"

蛟龙得云雨　周瑜谓孙权曰："刘备有关、张熊虎之将，肯久屈人下哉？恐蛟龙得云雨，终非池中物也。"

【译文】周瑜对孙权说："刘备有关羽和张飞这样的熊虎之将，怎么愿意长时间屈居人下呢？恐怕蛟龙得到云雨之后，终归不是蜗居在水池中的动物啊。"

生龟脱筒　金华俞清老云：荆公欲使脱缝掖，着僧伽黎，遂去室家妻子之累，犹生龟脱筒，亦难堪忍。

【译文】金华的俞清老说：荆国公王安石想让我脱下儒生的衣服，换上僧人的袈裟，以此来脱离家室和妻子的拖累，就像褪去活龟的壳一样，也十分难以忍受。

杯中蛇影　乐广为河南尹，宴客，壁上有悬弩照于杯中，影如蛇，客惊谓蛇入腹，遂病。后至其故处，知为弩影，病遂解。

【译文】乐广任河南尹时，有一次宴请宾客，墙壁上挂着的弩影照到了杯子中，看上去像蛇一样，宾客大惊失色地说蛇已经喝进肚子里了，于是就生病了。后来又来到那个地方，才知道那是弩的影子，病便好了。

率然　《博物志》：率然一身两头，击其一头，则一头至；击其中，则两头俱至。故行军者有长蛇阵法。

【译文】《博物志》记载：率然有一个身体两个头，攻击其中一个头时，另一个头就会过来反击；攻击它身体的中间部分，那么两个头都会过来反击。所以带领军队的人有长蛇阵法。

鱼求去钩　汉武欲伐昆明，凿池习水战，刻石为鲸鱼，每雷雨至则鸣，鬐尾皆动。尝有人钓此，纶绝而去。鱼梦于武帝，求去其钩。明日，帝游池上，见一鱼衔钩，曰："岂非昨所梦乎？"取鱼去钩而放之。后帝复游池畔，得明月珠一双，叹曰："岂鱼之报也！"

【译文】汉武帝想要讨伐昆明，便挖凿水池让士兵练习水战，把石头刻成鲸鱼的样子，每次雷雨到来时都会鸣叫，胡须和尾巴都会动。曾经有人钓到了这头鲸鱼，鱼线断开后就离开了。鲸鱼给汉武帝托梦，求他去除自己身上的鱼钩。第二天，汉武帝在水池上游玩时，看到一只鱼嘴里衔着鱼钩，便说："这不就是我昨晚梦到的鱼吗？"于是捞起鱼取出鱼钩后把它放生了。后来武帝又到池边游玩，得到一对明月珠，感叹地说："这不就是那条鱼给我的回报吗！"

打草惊蛇　王鲁为当涂令，黩货为务。会部民连状诉主簿贪贿，鲁判曰："汝虽打草，吾已惊蛇。"

【译文】王鲁担任当涂县令时，只把聚敛财物当作要事。正好遇到百姓联名状告主簿贪污受贿，王鲁判决说："你们虽然只是打草，我这条蛇却已经受到惊吓了。”

干蟹愈疟　《笔谈》：关中无蟹，有人收得一干蟹，土人怪其形以为异，每人家有疟者，借去悬于户，其病遂痊。是不但人不识，鬼亦不识矣。

【译文】《梦溪笔谈》记载：关中地区没有螃蟹，有人收到一只干螃蟹，当地人觉得螃蟹形状怪异，便把它当作了神异之物，每次有人家中有患疟疾的病人时，都会把干螃蟹借走悬挂在门上，病便痊愈了。这螃蟹不但人不认识，连鬼都不认识呢。

鱼婢蟹奴　《尔雅》：鱼婢，小鱼也，亦曰妾鱼。大蟹腹下有数十小蟹，名蟹奴。

【译文】《尔雅》记载：鱼婢就是小鱼，也叫妾鱼。大螃蟹的腹下有几十只小蟹，名叫蟹奴。

画蛇添足　陈轸对楚使曰：三人饮酒，约画地为蛇，先成者饮。一人先成，举酒而起，曰：“吾先成，且添为之足。”其一人夺酒饮，曰：“蛇无足，汝添足，非蛇也。”

【译文】陈轸对楚国的使者说：三个人喝酒时，约定一起在地上画蛇，先画好的人才能喝酒。其中一人先画完，举起酒说：“我先画成，而且为它添上了脚。”另一个人夺过酒就喝，喝完后说：“蛇本来就没有脚，你却给它添上脚，你画的已经不是蛇了。”

髯蛇　长十丈，围七八尺。常在树上伺鹿兽过，便低头绕之，有顷，鹿死，先濡令湿，便吞食之，头角骨皆钻皮自出。

【译文】髯蛇长达十丈，粗七八尺。经常在树上趁着鹿和其他野兽经过时，便低头缠住它们，一会儿工夫鹿就死了，髯蛇先用唾液把它濡湿，再整个吞下，鹿的头、角和骨都会从蛇皮中自动钻出。

珠鳖　广东电白海中出珠鳖，状如肺，有四眼六脚而吐珠。一曰“文魮”，鸟头鱼尾，鸣如磬而生玉。

【译文】广东电白的海中出产珠鳖，外形和肺很像，有四只眼睛、六只脚，能吐出珠子。还有一种叫“文魮”的动物，长着鸟头鱼尾，叫声如同敲磬，能够产出玉石。

鯈鱼 建昌修水出鯈鱼。郭璞云：有水名修，有鱼名鯈。天下大乱，此地无忧。俗呼西河。

【译文】建昌的修水中出产鯈鱼。郭璞说：有一条叫修水的河，河中有一种叫鯈的鱼。天下大乱时，这里不会受到侵扰。俗称西河。

墨龙 抚州学有右军墨池。韩子苍《杂记》：池中忽时水黑，谓之墨龙。此物见，则士子应试者得人必多。屡验。

【译文】抚州的州学中有一座右军墨池。韩子苍在《杂记》中说：有时候池中的水忽然变黑，称为墨龙。墨龙出现时，参加考试的士子，一定有很多人能够考中。这个说法多次应验。

飞鱼 晋吴隶筑鱼塞于湖，忽闻空中云："晚有大鱼攻塞，勿杀！"须臾，大鱼果至，群鱼从之。隶误杀大鱼，是夕风雨横作，鱼悉飞树上。

【译文】晋朝的吴隶在湖中建造阻挡鱼类的鱼塞，忽然听到空中有人说："一会儿有一条大鱼冲击鱼塞，不要杀死它！"片刻之后，果然有一条大鱼到来，还有一群鱼跟着它。吴隶不小心杀了大鱼，这天夜里风雨大作，鱼都飞到树上去了。

咒死龙 石勒时大旱，佛图澄于石井冈掘一死龙，咒而祭之，龙腾空而上，雨即降。今有龙冈驿。

【译文】石勒时期天下大旱，佛图澄在石井冈挖到一条死龙，念咒来祭祀它，那龙突然腾空而起，雨立刻从天而降。现在那里还有龙冈驿。

四蛇卫之 开州鲋山。《山海经》云：颛顼葬其阳，九嫔葬其阴，四蛇卫之。

【译文】开州有一座鲋山。《山海经》中说：颛顼埋葬在山的南面，他的九个嫔妃埋葬在山的北面，有四条蛇守卫在那里。

白帝子 汉高祖微时，见白蛇当道，挥剑斩之。后有老妪泣曰："吾子，白帝子也，化蛇当道，为赤帝子所杀。"

【译文】汉高祖身份低微时，曾经遇到一条白蛇挡道，便挥剑把它杀了。后来有个老妇人哭着说："我的儿子，乃是白帝之子，变成蛇挡在路上，竟然被赤帝的儿子斩杀了。"

唤鱼潭　青神中岩有唤鱼潭，客至，抚掌，鱼辄群出。

【译文】青神县的中岩有座唤鱼潭，游客到达那里，只需要拍一下手掌，鱼就一群一群地出来。

斩蛟　隋赵昱为嘉川守，犍为潭中有老蛟作虐，昱持刀入水，顷之潭水尽赤，蛟已斩。一日，弃官去。后嘉陵水涨，见昱云雾中骑白马而下，宋太宗赐封“神勇”。

【译文】隋朝赵昱任嘉川太守时，犍为潭中有一条老蛟为害百姓，赵昱拿着刀跳入水中，顷刻之后潭水就全都变成了红色，老蛟便被斩杀了。一天，赵昱辞官离去。后来嘉陵江水位上涨，有人看到赵昱在云雾中骑着一匹白马从天而降，宋太祖赐予他封号“神勇”。

孩儿鱼　磁州出鱼，四足长尾，声如婴儿啼，因名“孩儿鱼”，其骨燃之不灭。

【译文】磁州出产一种鱼，有四足和长尾，声音像婴儿的啼哭，因此得名“孩儿鱼”，它的骨头点燃之后不会灭。

黄雀鱼　出惠州。八月化为雀，十月后入海化为鱼。

【译文】黄雀鱼产自惠州。八月就会变成雀鸟，十月之后再次入海化成鱼。

五色鱼　陇州鱼龙川有鱼，五色，人不敢取。杜甫诗“水落鱼龙夜”，即此。

【译文】陇州鱼龙川有一种鱼，身上有五种颜色，人们都不敢捕捞。杜甫的诗中有“水落鱼龙夜”的句子，说的就是这种鱼。

视龙犹蝘蜓　禹南巡狩，会诸侯于涂山，执玉帛者万国。禹济江，黄龙负舟，舟中人惧。禹仰天叹曰：“吾受命于天，竭力以劳万民。生寄也，死归也，余何忧于龙焉？”视龙犹蝘蜓，颜色不变。须臾，龙俯首低尾而逝。

【译文】大禹向南视察各地，在涂山大会诸侯，带着玉帛前来进贡的有上万个国家。大禹渡江时，水中有一条黄龙托起了船，船上的人都很害怕。大禹仰天长叹说：“我受命于天，竭尽全力为天下百姓辛劳。活着像寄居，死后像回家，我又怎么会害怕一条龙呢？”他看着龙就像看见一条壁虎一样，面不改色。过了一会儿，那条龙便低下头，垂着尾巴离开了。

双鲤 萧山县之城山，山颠有泉，嘉鱼产焉。阖闾侵越，勾践退保此山，意其乏水，馈以米盐。勾践取双鲤报之，吴兵夜遁。

【译文】萧山县有一座城山，山顶有一眼泉水，出产品质上好的鱼。吴王阖闾进攻越国时，勾践退守此山，阖闾想着山上缺乏水源，就把米和盐当作礼物送到山上。勾践从泉水中取出一对鲤鱼作为回礼，吴国便连夜撤兵了。

石蟹 生于崖（海南岛）之榆林，港内半里许，土极细腻，最寒，但蟹入则不能运动，片时即成石矣。人获之，则曰石蟹。置之几案，能明目。

【译文】石蟹生于崖山（海南岛）的榆林，海港内有半里多的一块地方，土质极为细腻，也极为寒冷，螃蟹一旦进入就无法活动，片刻就会冻成石头。人们获取之后，称之为石蟹。放在桌子上，能起到明目的作用。

鲥鱼 一名箭鱼。腹下细骨如箭镞，此渊材有"鲥鱼多骨之恨"也。其味美在皮鳞之交，故食不去鳞。肋鱼似鲥而小，身薄骨细，冬月出者名"雪肋"，味最佳。至夏，则味减矣。

【译文】鲥鱼又名箭鱼。鱼腹下的细骨如同箭镞一样，这就是东坡所说的"鲥鱼多骨之恨"。这种鱼美味的地方都在皮和鳞相交的地方，所以食用时不能刮去鳞片。肋鱼和鲥鱼相似但体型较小，身体薄而骨骼细，冬季产出的叫作"雪肋"，味道最好。到夏季，味道就会逊色不少。

龟历 陶唐之世，越裳国献千岁神龟，方三尺余，背上有文，皆蝌蚪书，记开辟以来事。帝命录之，谓之龟历。

【译文】尧帝时期，越裳国进献了一只千年神龟，有三尺多大，背上有字，都是用蝌蚪文书写的，记录着开天辟地以来的往事。尧帝让人把这些字抄录下来，称为龟历。

元绪 孙权时，永康有人入山，遇一大龟，载入吴，夜泊越里，缆舟于大桑树。宵中，树呼龟曰："劳乎元绪，奚事尔耶！"因呼龟为"元绪"。

【译文】孙权时期，永康有个人在进山时，碰到一只大龟，把它放在船上载到吴国，夜晚停泊在越里时，他把船绑在一棵大桑树上。大半夜时，大桑树呼叫大龟说："辛苦了元绪，你这是出了什么事啊！"因此把龟叫作"元绪"。

河豚　状如蝌蚪，腹下白，背上青黑，有黄文，眼能开闭，触物便怒，腹胀如鞠，浮于水上，人往取之。河豚毒在眼、子、血三种。中毒者，血麻、子胀、眼睛酸，芦笋、甘蔗、白糖可以解之。

【译文】河豚的样子和蝌蚪很像，腹部下面是白色的，背上是青黑色的，有黄色花纹，眼睛能够睁开与闭合，碰到东西就会发怒，把肚子鼓胀得像皮球一样，漂浮在水面上，人这个时候就能捕捞了。河豚的毒分别在眼睛、鱼子和血中三处。中毒的人，血麻，子胀，眼睛酸，用芦笋、甘蔗、白糖可以解毒。

集鳣　杨震聚徒讲学，有雀衔三鳣，集讲堂前。皆曰："鳣者，卿大夫服之象也。数三者，三台也。先生自此升矣。"果如其言。

【译文】杨震把学生聚集在一起讲学，有鸟雀衔着三条鳝鱼，聚集在讲堂前面。学生们都说："鳝鱼是卿大夫官服上的图案。数量三的意思是三台。先生从此之后恐怕要高升了。"后来果然和他们说的一样。

子鱼　宋显仁太后谓秦桧妻曰："子鱼大者绝少。"桧妻曰："妾家有大者。"桧闻，责其失言，乃以青鱼百尾进。太后笑曰："我道这婆子村，果然！"

【译文】宋朝显仁太后对秦桧的妻子说："鲻鱼中很少有个头大的。"秦桧的妻子说："臣妾家里就有大的。"秦桧听说这件事后，斥责妻子说了不该说的话，就进献给太后一百条青鱼。太后笑着说："我就说这婆子没见过什么世面，看来果然如此！"

蜡鱼　长二丈，皮可镳物。其子旦从口出，暮从脐入，腹里两洞肠，贮水以养子。肠容二子，两则四焉。

【译文】蜡鱼长两丈，皮可以用来打磨物品。它的孩子早上从口中出去，晚上从脐部进入，肚子里两副肠子，肠子中贮藏水用来养孩子。一根肠子中可以容纳两个孩子，两根肠子就可容纳四个。

岩蛇　龟身、蛇尾、鹰嘴、鼍甲，下有四足，足具五爪，大如癞头鼋，硬似穿山甲，其壳极坚，其爪极利，茅竹青柴到口即碎，着人之肌肤，咬必透骨。台温山下，此物极多。

【译文】岩蛇长着龟身、蛇尾、鹰嘴、鼍甲，下面有四只脚，每只脚上有五个爪子，大小和癞头鼋一样，硬度堪比穿山甲，它的壳极其坚硬，爪子十分锋利，茅竹和青柴一咬就碎，一旦咬中人的肌肤，必然会咬穿骨头。台州和温州的山下有很多这种动物。

懒妇鱼 江南有懒妇鱼，即今之江豚是也。鱼多脂，熬其油可点灯。然以之照纺绩则暗，照宴乐则明，谓之“馋灯”。

【译文】江南有一种懒妇鱼，就是现在的江豚。这种鱼有很多油脂，熬出油后可以用来点灯。然而用这种灯照明进行纺织会很暗，用它照明进行宴会则会很亮，因此被称为“馋灯”。

脆蛇 无胆，畏人，出昆仑山下。闻人声，身自寸断，少顷自续，复为长身。凡患色痨者，以惊恐伤胆，服此可以续命，兼治恶疽、大麻疯及痢。腰以上用首，以下用尾。

【译文】脆蛇胆子小，很怕人，产自昆仑山下。听到人声后，它的身体就会自己断成小段，片刻后又会自己接续起来，恢复成长身。凡是患结核病的，或者因为惊恐而伤到胆的人，服用脆蛇都可以延长寿命，还可以治疗毒疮、大麻疯和痢疾。病在腰以上的部位服用蛇头，腰以下的部位服用蛇尾。

瓦楞蚶 宁海沿海有蚶田，用大蚶捣汁，竹筅帚洒之，一点水即成一蚶，其状如荸荠，用缸砂壅之，即肥大。

【译文】宁海的沿海有蚶田，用里面的大蚶捣成汁，再用竹子制成的刷帚洒出，一点水就能变成一只蚶，样子和荸荠很像，之后用缸砂把它们围堵在里面，就会变得肥大。

蝤蛑 陶穀出使吴越，忠懿王宴之，因食蝤蛑。询其名类，忠懿王命自蝤蛑以至彭蜞，罗列十余种以进。穀视之，笑谓忠懿王曰：“此谓一蟹不如一蟹也。”

【译文】陶穀出使吴越时，忠懿王设宴款待，请他吃蝤蛑。陶穀询问它的名字和品类，忠懿王命人从蝤蛑一直到彭蜞，罗列了十几种给他看。陶穀看完后，笑着对忠懿王说：“这就是所谓的一蟹不如一蟹啊。”

牡蛎 一名蠔山。《本草》：牡蛎附石而生，磈礧相连如房。初生海岸，身如拳石，四面渐长，有一二丈者。一房内有蠔肉一块，肉之大小，随房所生。每潮来，则诸房皆开，有小虫入，则合之，以充饥腹。

【译文】牡蛎又名蠔山。《本草衍义》记载：牡蛎附着在石头上生长，重重叠叠地连接在一起就像房子一样。刚刚出生在海岸时，身形如同拳头大小，往四面慢慢生长后，有的能长到一两丈。一个壳中有一块蠔肉，肉的大小，随壳的大小而定。每次潮水到来时，牡蛎的贝壳都会打开，有小虫钻入时就会合上，用来填饱肚子。

绿毛龟　蕲州出。龟背有绿毛，长尺余，浮水中，则毛自泛起。压置壁间，数年不死，能辟飞蛇。

【译文】绿毛龟产自蕲州。龟背上长着绿毛，有一尺多长，绿毛龟浮在水中时，背上的毛就会自动漂起。把它压在墙壁下面，几年都不会死，能够驱除飞蛇。

蛤　隋帝嗜蛤，所食以千万计。忽有一蛤置几上，一夜有光。及明，肉自脱，中有一佛二菩萨像，帝自是不复食蛤。

【译文】隋炀帝非常喜欢吃蛤蜊，吃掉的数量成千上万。忽然有一只蛤蜊出现在桌子上，一夜都在发光。等到天亮之后，里面的肉自己脱去了，中间有一尊佛像和两尊菩萨像，隋炀帝从此再也不吃蛤蜊了。

蚌　沈宫闻戏于栖水，获一蚌。煮食时，中有一珠，长半寸，俨然大士像，惜煮熟失光，为徽人售去。

【译文】沈宫闻在栖水游玩时，获得一个蚌。煮熟食用时，在里面发现一颗珍珠，长半寸，俨然就是观音大士的雕像，可惜煮熟后失去光泽，后来被一个徽州人买去了。

舅得詹事　燕文贞公女嫁卢氏，尝为舅求官。公下朝，问焉。公但指支床龟示之。女拜而归，告其夫曰："舅得詹事矣。"

【译文】燕文贞公张说的女儿嫁给卢家的儿子后，曾经为自己的公公求官。张说下朝后，女儿前来询问这件事。张说只指着支床的龟让她看。女儿跪拜之后就回去了，告诉她的丈夫说："公公得到了詹事官职。"

三足鳖　黄庭宣知太仓，民有食三足鳖而化地上，止存发一缕、衣服等物，如蜕形者，人以其妇杀夫报官。庭宣令捕三足鳖，召妇依前烹治，出重囚食之，亦尽化去。

【译文】黄庭宣任太仓知府时，有个百姓吃了三足鳖后就化在地上了，只剩下一缕头发和衣服等物品，就像蜕皮一样，人们认为他的妻子杀害丈夫，便把这件事报到官府。黄庭宣命人捕了一只三足鳖，让那个妇人按照之前的方法烹饪，再让死囚吃掉，那囚犯也化掉了。

鱼羹荆花 许襄毅官山左，有民布田，其妇馌之，食毕而死。襄毅询其所馌物，及所经道路。妇曰："鱼汤米饭，度自荆林。"公乃买鱼作饭，投荆花于中，试之狗彘，无不死者。

【译文】襄毅公许进在山左任职时，有个百姓在耕田，吃了妻子送来的饭，吃完后便死了。许进询问她送去的食物以及经过的道路。妇人说："鱼汤和米饭，从荆林路过。"许进便买来鱼做饭，再把荆花放进去，用猪狗试吃，没有不死的。

毒鳝 铅山卖薪者性嗜鳝。一日，市归，烹食，腹痛而死。张昺治其狱。召渔者捕鳝，得数百斤，中有昂头出水二三寸者七条，烹与死囚食，亦腹痛而死。

【译文】铅山卖柴的人特别喜欢吃鳝鱼。有一天，他卖柴回到家，煮熟鳝鱼吃完之后，因为腹痛死了。张昺审理这件案子。他召来渔夫捕捞鳝鱼，得到几百斤，其中昂起头露出水面两三寸的有七条，煮熟后给死囚吃，全都腹痛而死。

两头蛇 孙叔敖幼时遇两头蛇于路，杀而埋之。相传见此者必死，归泣告于母。母曰："蛇今安在？"对曰："恐害他人，已杀而埋之矣。"母曰："汝有利人心，天必祐之！"果无恙。

【译文】孙叔敖小时候在路上碰到一条两头蛇，杀死之后埋了。相传见到这种蛇的人必死，孙叔敖回去后哭着把这件事告诉了母亲。母亲说："现在蛇在哪里？"孙叔敖回答说："我怕它伤害别人，已经杀死埋了。"母亲说："你有帮助别人的心，老天必然会保佑你的！"后来他果然无恙。

筝弦化龙 唐刺史韦宥，于永嘉江浒沙上获筝弦，投之江中，忽见白龙腾空而去。

【译文】唐朝刺史韦宥，在永嘉江的沙滩上得到一根筝弦，扔进江中之后，忽然看到一条白龙腾空飞去。

牒蚌珠之仇　夏原吉治浙西水患，宿湖州慈感寺，夜有妪携一女来诉曰："久窟于潮音桥下，岁被邻豪欲夺吾女，乞大人一字为镇。"公书一诗与之。公至吴淞江，有金甲神来告曰："聘一邻女已久，无赖赚大人手笔，抵塞不肯嫁，请改判。"公张目视之，神逡巡畏避。公忆曰："是慈感蚌珠之仇也。"牒于海神。次日，大风雨，震死一蛟于钱溪之北。

【译文】夏原吉治理浙西水灾时，住在湖州慈感寺，夜里有个老妇人带着一个女子前来告状说："我们一直住在潮音桥下的洞窟中，每年都被邻居豪族逼迫要夺走我的女儿，请求大人写一个字来震慑他。"夏原吉便写了一首诗送给她。夏原吉到吴淞江时，有个身穿金甲的神人来告状说："我很久之前就和邻家的女儿定了亲事，那无赖却骗取大人的手笔，抵赖不肯把女儿嫁给我，请您改判。"夏原吉瞪眼看着他，只见他目光游移，畏惧躲避。夏原吉回忆说："这就是慈感寺蚌珠的仇人。"于是给海神写了一封文书。第二天，风雨大作，钱溪的北边震死一条蛟。

与蛇同产　窦武产时，并产一蛇，投之林中。后母卒，有大蛇径至丧所，以头击柩，若哀泣者，少间而去。时谓窦氏之祥。

【译文】窦武出生时，一条蛇也和他一起出生，被扔到了树林里。后来窦武母亲去世，有一条大蛇径直来到灵堂，用头撞击棺材，发出悲伤哭泣一样的声音，没过多久又离开了。当时的人都说这是窦氏的祥瑞。

得鱼忘筌　《庄子》："筌者所以得鱼，得鱼而忘筌。"比受恩而不知报也。

【译文】《庄子》记载："竹笼是用来捕鱼的，有人得到了鱼却忘了竹笼。"得鱼忘筌，比喻人不能知恩图报。

鱼游釜中　广陵张婴泣告张纲曰："荒裔愚民，相聚偷生，若鱼游釜中，知其不可久。今见明府，乃更生之辰也。"

【译文】广陵张婴哭着告诉张纲说："我们本是蛮荒之地的愚昧百姓，聚集在一起苟且偷生，就像鱼在锅中游荡一样，知道不能长久。今天见到大人，就是我们的重生之日。"

巴蛇　《山海经》："巴蛇食象，三岁而出其骨。"

【译文】《山海经》记载："巴蛇吞食大象，三年之后吐出它的骸骨。"

虫豸

鞠通 孙凤有一琴能自鸣，有道士指其背有蛀孔，曰："此中有虫，不除之，则琴将速朽。"袖中出一竹筒，倒黑药少许，置孔侧，一绿色虫出，背有金线文，道人纳虫于竹筒竟去。自后琴不复鸣。识者曰："此虫名鞠通，有耳聋人置耳边，少顷，耳即明亮。喜食古墨。"始悟道人黑药，即古墨屑也。

【译文】孙凤有一把琴能够自己演奏，有个道士指着琴背上虫蛀的小孔说："这里面有条虫，如果不除掉的话，琴很快就朽坏了。"他从袖子中拿出一个竹筒，倒了一点黑色药粉，放置在孔的旁边，引出一条绿色的虫子，背上还有金线一样的花纹，道士把虫子放在竹筒中就径直离开了。从此之后这把琴就再也不能自己弹奏了。有认识的人说："这虫子名叫鞠通，耳聋的人把虫子放在耳朵边上，只需要片刻工夫，耳朵就会马上恢复。这种虫子喜欢吃古墨。"孙凤这才醒悟过来，原来那道士的黑药，正是古墨的碎屑啊。

蝗 有四种：食心曰螟，食叶曰蟊，食根曰蟊，食节曰贼。赵抃守青州，蝗自青、齐入境。遇风退飞，堕水而死。马援为武陵守，郡连有蝗，援赈贫羸，薄赋税，蝗飞入海，化为鱼虾。孙觉簿合肥，课民捕蝗若干，官以米易之，竟不损禾。宋均为九江守，蝗至境辄散。贞观二年，唐太宗祝天吞蝗，蝗不为祟。

【译文】蝗虫有四种：以花心为食的叫作螟，以叶子为食的叫作蟊，以根茎为食的叫作蟊，以枝干为食的叫作贼。赵抃任青州太守时，蝗虫从青州和齐州两地入境。遇到大风便向后飞，落在水中死了。马援任武陵太守时，郡中接连发生蝗灾，他赈济贫弱的人，轻徭薄赋，蝗虫便飞入海中，化为鱼虾。孙觉任合肥主簿时，规定百姓杀死多少蝗虫，就能到官府换成同等重量的米，蝗灾竟然连禾苗都没有损害。宋均任九江太守时，蝗虫到达境内就自己散去了。贞观二年（627年），唐太宗祈求上天消灭蝗虫，蝗虫便无法为祸了。

水母 东海有物，状如凝血，广数尺，正方圆，名曰水母，俗名海蜇，一名虾蛇（音射）。无头目，所处则众虾附之，盖以虾为目也。色正淡紫。《越绝书》云："水母以虾为目，海镜以蟹为肠。"

【译文】东海中有一种动物，样子像血块一样，长几尺，正圆形，名叫水母，俗称海蜇，又名虾蛇（音射）。没有头和眼睛，所到之处很多虾都会依附在上面，大概是用虾来作为眼睛吧。颜色为淡紫色。《越绝书》记载："水母把虾当作眼睛，海镜把螃蟹当作肠子。"

海镜　广中有圆壳，中甚莹滑，照如云母。壳内有少肉如蚌，腹中有小蟹。海镜饥，则蟹出拾食，蟹饱归腹，海镜亦饱。迫之以火，蟹即走出，此物立毙。

【译文】广东的海中有一种圆壳动物叫作海镜，中间十分晶莹润滑，被光照射之后就像云母一样。壳里有一点肉和蚌肉很像，腹中还有小螃蟹。海镜饥饿之后，螃蟹就会出去帮它拾取食物，螃蟹吃饱后就会回到腹中，这时候海镜也就饱了。用火去烧它，螃蟹就会从壳里走出，海镜也会立刻死亡。

百嘴虫　温会在江州观鱼，见渔子忽上岸狂走。温问之，但反手指背，不能言。渔子头面皆黑，细视之，有物如荷叶，大尺许，眼遍其上，咬住不可取。温令以火烧之，此物方落，每一眼底有嘴如钉。渔子背上出血数升而死，莫有识者。

【译文】温会在江州赏鱼，看见一个渔夫突然上岸狂奔。温会问他原因，那渔夫反手指着自己的背，不能说话。渔夫的头、脸和背都是黑色的，温会仔细一看，见有个像荷叶的东西，一尺多大，身上遍布眼睛，咬住渔夫无法取下。温会令人用火去烧，这东西才掉落下来，每个眼底都有如同钉子一样的嘴。渔夫背上流出几升血后死了，没有人认识这种东西。

自缢虫　汉光武六年，山阴有小虫千万，皆类人形，明日皆悬于树枝，自缢死之。

【译文】东汉光武帝建武六年（30年），山阴有上千万的小虫，都长得像人，第二天都悬挂在树枝上，上吊自尽。

螟蛉　诗曰："螟蛉有子，蜾蠃负之。"螟蛉，桑虫也。蜾蠃，蒲芦也。蒲芦窃取桑虫之子，负持而去，养以成子。故世之养子，号曰螟蛉也。蜾蠃负螟蛉之子，祝曰："类我，类我！"七日夜化为己也，故又谓之"速肖"。

【译文】《诗经》中有"螟蛉有子，蜾蠃负之"的句子。螟蛉就是桑虫。蜾蠃就是蒲芦蜂。蒲芦蜂偷去桑虫的幼虫，背着离开，养成自己的孩子。所以世人在说养子时，也称为螟蛉。蜾蠃背负螟蛉的孩子后，还会祈祷说："像我，像我！"七天七夜之后就会变成自己的样子，所以又有"速肖"的说法。

萤火 腐草所化。隋炀帝于景华宫，征求萤火，得数斛，盛以大囊，夜出游，如散火光遍于山谷。

【译文】萤火虫是草腐烂后生成的。隋炀帝在景华宫时，征收萤火虫，得到几斛，放在大纱袋中，夜里出游时，就像山谷中布满火光一样。

怒蛙 越王既为吴辱，思以报复。一日出游，见怒蛙而式之，左右问其故，王曰："有气如此，何敢不式！"战士兴起，皆助越反矣。

【译文】越王被吴国羞辱之后，想要报复。有一天出游时，他看到一只鼓足气的青蛙，便向它敬礼，左右的人问他原因，越王说："青蛙有这样大的勇气，怎么能不向它表示敬意呢！"士兵们听到这句话后备受鼓舞，都帮助越王反抗吴国。

守宫 蜥蜴。以器养之，喂以丹砂，满七斤，捣治万杵，以点女子体，终身不灭，若有房室之事则灭矣。言可以防闲淫佚，故谓之"守宫"。

【译文】把蜥蜴养在容器中，用丹砂喂养，养到七斤后，用杵捣一万下，用来点在女子的身体上，终身都不会消失，除非有房事之后才会消失。因为用它可以防止女子淫乱，所以称为"守宫"。

绿螈 《二酉余谈》：一人为蛇伤，痛苦欲死。见一小儿曰："可用两刀在水相磨，磨水饮之，神效。"言毕，化为绿螈走入壁孔中。其人如方服之，即愈。因号绿螈为"蛇医"。又云：蛇医形大色黄，蛇体有伤，此虫辄衔草傅之，故有医名。

【译文】《二酉余谈》记载：有个人被蛇咬伤后，痛苦得想死。他看到一个小孩儿说："可以用两把刀在水中互相摩擦，再把磨刀的水喝下，会有神奇的效果。"说完之后变成绿螈走进了墙壁的小孔中。那个人按照小孩儿说的方法服下水，立刻就好了。因此把绿螈称为"蛇医"。又有人说：蛇医的体型很大，通体黄色，其他蛇的身上如果有伤，蛇医就会衔来草药敷在伤口上，所以叫作蛇医。

蜥蜴噏油 钱镠王宫中，使老媪监更。一夕，有蜥蜴沿银釭吸油，既竭，而倏然不见。次日王曰："吾昨夜梦饮麻膏而饱。"更媪骇异。

【译文】钱镠王的宫里，让老妇人负责守更。一天晚上，有一只蜥蜴沿着灯盏喝油膏，喝完后突然不见了。第二天钱镠王说："我昨天晚上梦到喝麻油喝饱了。”守更的老妇人十分惊骇。

寄居虫　形似蜘蛛，而足稍长。本无壳，入空螺壳中载以行。触之，缩足如螺，火炙之乃出。

【译文】寄居虫的外形很像蜘蛛，足部稍长。它本来没有壳，进入空的螺壳中载着前进。如果用手去碰它，它就会像螺一样把脚缩回去，用火烤才会出来。

螝虫　有螝虫者，一身两口，争相啮也，遂相食，因自杀。人臣之争事，而亡其国者，皆螝类也。

【译文】有一种叫螝虫的动物，一个身体两张嘴，互相争斗撕咬，于是互相吃对方，因而自杀了。臣子们互相争斗，从而导致国家灭亡，全是螝虫之类。

螳臂　螳螂，一名刀螂。前二足如刀而多锯齿，能捕蝉。见物欲以二足相搏，遇车辙而亦当之。故曰：“螳臂当车”。

【译文】螳螂又名刀螂。前面两足像刀一样有很多锯齿，能够捕蝉。见到东西就想用两只脚相斗，就算碰到车轮也要阻挡。所以有“螳臂当车”的说法。

蚬　一名缢女。长寸许，头赤身黑，喜自经死。云是齐东郭姜所化。

【译文】蚬又名缢女。长一寸多，红头黑身，喜欢上吊自尽。传说是齐国的东郭姜死后变成的。

恙　毒虫也，能伤人。古人草居露处，故早起相见问劳，必曰：“无恙乎？”又曰：恙，忧也。又：猛，食人兽。

【译文】恙是一种毒虫，能够伤人。古人露天居住在草地上，所以早起相见问候，必然会说：“没有恙吧？”还有人说恙是担忧的意思。又有人说猛是一种吃人的野兽。

泥　南海有虫，无骨，名曰“泥”。在水中则活，失水则醉，如一堆泥。故时人讥周泽曰“一日不斋醉如泥”。

【译文】南海有一种虫子，没有骨头，叫作“泥”。在水中就能活，失去水就会烂醉，像一堆烂泥。所以后汉时有人讽刺周泽，说他“一天不斋戒就会烂醉如泥”。

蜮 一名“短狐”。处于江水，能含沙射人，所中者头痛发热，剧者至死。一名“射影”。凡受射者，其疮如疥。四月一日上弩，八月一日卸弩，人不能见，鹅能食之。一曰以鸡肠草捣涂，经日即愈。

【译文】蜮又名短狐。生于江水中，能够含着沙子射人，被射中的人会头痛发烧，严重的可以致死。又叫“射影”。凡是被射中的人，身上会起疥疮。四月一日开始含沙射人，八月一日就停止了，人无法看见它，只有鹅能吃它。有人说用鸡肠草捣烂涂抹在患处，一天就可以痊愈。

蚁斗 殷仲堪父病疟，悸闻床下蚁动，谓是牛斗。

【译文】殷仲堪父亲得了疟疾，听到床下有蚂蚁在爬动感到十分害怕，说是有牛在打斗。

书押 米芾守无为州，池中蛙声聒人，芾取瓦片书“押”字投之，遂不鸣。上有芾书“墨池”二字为额。

【译文】米芾治理无为州时，池塘里青蛙的叫声十分烦人，米芾便取来瓦片在上面写了个“押”字投入池塘，青蛙便不叫了。池塘上有米芾写的“墨池”两个字作为匾额。

白虾 赵抃镇蜀时，以白虾寄余氏，放之池中，生息不绝；或畜他所，虾色辄变白。虾池在开化。

【译文】赵抃镇守蜀地时，把白虾寄给余氏，这些虾放在池子里，就能生生不息；如果养在其他地方，颜色就会变白。虾池位于开化县。

西施舌 似车螯而扁，生海泥中，常吐肉寸余，类舌。俗甘其味，因名“西施”。

【译文】西施舌像车螯却有些扁，生长在海泥中，经常吐出一寸多的肉，像舌头一样。人们觉得这种肉十分甜美，因而用西施给它命名。

蛛鹰 方宽守淮安，有盗杀，无名。适蛛堕于几，鹰下于庭。宽曰：“杀人者岂朱英乎？”按籍捕之，果然。

【译文】方宽任淮安太守时，有个强盗杀了人，却不知道他的姓名。这时正好有只蜘蛛落在桌子上，一只鹰从空中飞下落在院子里。方宽说：“杀人的难道叫朱英吗？”按照户籍抓到人之后，果然如此。

五蜂飞引　万鹏举为万安丞，有民妇诉其夫及五子为盗所杀，不知其尸者。一日，有五蜂旋绕行。万曰：“汝若真魂，宜前飞引。”蜂遥临掩骸处，得衣带上所系买布数人名姓，推鞫之，遂雪其冤。

【译文】万鹏举任万安县丞时，有一个民妇状告自己的丈夫和五个儿子被强盗所杀，连尸体都找不到了。有一天，有只蜂绕着万鹏举盘旋飞行。万鹏举说：“你们如果真的是鬼魂，就在前面飞行引路。”那些蜂便带着他找到了掩埋尸骸的地方，找到了衣带上系着的买布的几个人姓名，于是便把他们抓捕审问，冤情才得以昭雪。

水虎　沔水中有物曰“水虎”，如三四岁小儿，鳞甲如鲮鲤，射之不可入。七八月间好在碛上曝。膝头似虎，掌爪常没入水中，露出膝头。小儿不知，欲取戏弄，便杀人。

【译文】沔水中有一种叫作水虎的怪物，体型和三四岁的小孩一样大，鳞甲如同穿山甲一样，弓箭无法射入。水虎七八月间喜欢在石头上晒太阳。膝盖如同老虎，爪子经常藏在水中，只露出膝盖。小孩不知道它的厉害，想要拿来玩弄时，就会被它杀死。

商蚷　《庄子》曰：“是犹使蚊负山，商蚷驰河也，必不胜任也。”（商蚷，马蚿也。）

【译文】《庄子》记载：“这就像让蚊子背负大山，商蚷渡过大河一样，必然无法胜任。”（商蚷就是马蚿。）

偃鼠　《庄子》曰：“鹪鹩巢于深林，不过一枝；偃鼠饮河，不过满腹。”

【译文】《庄子》记载：“鹪鹩在深林中筑巢，不过占用一根树枝而已；偃鼠在河中饮水，不过喝饱肚子而已。”

谢豹　虢郡有虫名“谢豹”，见人时，以前脚交覆其首，如羞状。故得罪于人，曰“负谢豹之耻”。

【译文】虢郡有一种叫谢豹的虫子，看到人时，就把前脚交叉遮住脸，如同害羞一样。所以在得罪别人时，会说“负谢豹之耻”。

玄驹 蚁也。河内人见人马数万，大如黍米，来往奔驰，从朝至暮。家人以火烧之，人皆成蚊蚋，马皆成大蚁，故今人呼蚊蚋曰“黍民”，名蚁曰“玄驹”。

【译文】玄驹就是蚂蚁。河内有个人见到有几万兵马，大小和黍米一样，来回奔跑，从早上一直持续到晚上。家里人用火去烧，人都变成了蚊子，马都变成了大蚂蚁，所以现在人把蚊子叫作“黍民”，把蚂蚁称为“玄驹”。

鼫鼠五技 《荀子》：“鼫鼠五技而穷。”谓能飞，不能上屋；能缘，不能穷木；能游，不能渡谷；能穴，不能掩身；能走，不能先人。

【译文】《荀子》中说：“鼫鼠有五种技能却经常陷入窘迫的情况。”说的是它能飞，却不能飞上屋顶；能攀爬，却不能爬到树顶；会游泳，却不能渡过河谷；能打洞，却藏不住身体；能跑，却连人都跑不过。

飞蝉集冠 梁朱异为通事舍人，后除中书郎。时秋日始拜，有飞蝉集于异冠上，或谓蝉珥之兆。

【译文】梁代朱异任通事舍人，后来又升任中书郎。当时任命的文书要在秋季才出来，有飞蝉聚集在朱异的帽子上，有人说这是要当中书郎的征兆。

群蚁附膻 卢垣书：“今之人奔尺寸之禄，走丝毫之利，如群蚁之附膻腥，聚蛾之投爝火，取不为丑，贪不避死。”

【译文】卢垣在信中写道：“现在的人为了追求尺寸大小的俸禄而奔波，为了一丁点好处而奔走，就像一群蚂蚁附着在一小块肉上，一群飞蛾扑向小火一样，巧取而不怕出丑，贪婪而不怕死亡。”

萤丸却矢 萤，一名“宵烛”，一名“丹凤”，《类聚》曰：务成子曰：以萤为丸能却矢。汉武威太守刘子南得其方，合而佩之，尝与虏战，为其所围，矢下如雨，离数辄堕地，不能中伤。虏以为异，乃解围去。

【译文】萤，也叫宵烛、丹凤。《类聚》记载：务成子说把萤做成弹丸能够抵挡箭矢。汉朝武威太守刘子南知道这种方法后，就把萤合成弹丸佩戴在身上，曾经在与胡人交战时，被敌军包围，箭矢像雨点一样落下，却在距离他一段距离的地方全部落地，无法伤害他分毫。胡人以为他有神异，这才解围退去。

丈人承蜩 《庄子》：痀瘘者承蜩，犹掇之也。仲尼曰：“子巧乎？有道邪？”曰：“我有道也。五六月累丸二而不坠，则失者锱铢；累三而不坠，则失者什一；累五而不坠，犹掇之也。”仲尼曰：“用志不分，乃凝于神。”

【译文】《庄子》记载：有个驼背的人用竿子粘蝉，就像在地上拾取一样简单。孔子说：“先生的方法如此巧妙，有什么技巧吗？”那人回答说：“我有自己的办法。经过五六个月的练习，在杆上叠起两个弹丸不坠落，那么失手的情况就会非常少；叠起三个弹丸不坠落，那么失手的情况就只有十分之一；叠起五个弹丸不坠落，就会像捡东西一样轻松了。”孔子说：“运用心志时不分散，才能做到精神高度凝聚。”

以蚓投鱼　陈使傅縡聘齐，齐以薛道衡接对之。縡赠诗五十韵，衡和之，南北称美。魏收曰：“傅縡所谓以蚓投鱼耳。”

【译文】南朝陈派傅縡出使北齐，北齐派薛道衡接待他。傅縡送给他一首五十韵的诗，薛道衡也和了一首，南北之地都交口称赞。魏收说：“傅縡的做法就是人们所说的用蚯蚓来钓鱼啊。”

投鼠忌器　贾谊策：“谚曰：‘欲投鼠而忌器。’鼠近于器，尚惮而不投，况贵臣之近主乎！”

【译文】贾谊在策文中写道：“谚语说：‘想要打老鼠又怕打坏了旁边的器物。’老鼠接近器物，尚且因为有所忌惮而不敢打，何况是接近君主的宠臣呢！”

蝶庵　李愚好睡，欲作蝶庵，以庄周为开山第一祖，陈抟配食，宰予、陶潜辈祀之两庑。

【译文】李愚喜欢睡觉，想要建造一座蝶庵，把庄周奉为开山鼻祖，陈抟配飨，再把宰予、陶潜等人放在两个侧殿中祭祀。

箕敛蜂窠　皇甫湜常命其子松，录诗数首，一字少误，诟詈且跃，手杖不及，则啮腕血流。尝为蜂螫手指，乃大噪，散钱与里中小儿及奴辈，箕敛蜂窠于庭，命捶碎绞汁以偿其痛。

【译文】皇甫湜曾经命令儿子皇甫松抄录几首诗，抄错一个字，他便跳起来大骂儿子，来不及拿手杖，就用牙把儿子的手腕咬得鲜血直流。皇甫湜曾经有一次被蜜蜂螫到手指，大为狂躁，他给乡里的小孩和奴仆发钱，让他们收集了很多蜂巢放在院子里，下令将这些蜂巢捣成汁液，以抵偿自己被螫的疼痛。

石中金蚕 丹阳人采碑于积石之下，得石如拳。破之，中有一虫，似蛴螬状，蠕蠕能动，人莫能识，因弃之。后有人语曰："若欲富贵，莫如得石中金蚕，畜之则宝货自至。"询其状，则石中蛴螬耳。

【译文】丹阳有个人在乱石堆里寻找碑石，得到一块拳头大小的石头。打破之后，里面有一条虫，样子和蛴螬一样，正在蠕动，没有人认识，于是就把它丢弃了。后来有人对他说："想要富贵，莫过于得到石头中的金蚕，蓄养它财宝自然就来了。"那人询问金蚕的特征，正是他在石头中得到的蛴螬。

凤子 大蝶，一名凤子，见韩偓诗。《异物志》：昔有人渡海，见一物如蒲帆，将到舟，竞以篙击之，破碎堕地，视之，乃蝴蝶也。海人去其翅足，秤肉得八十斤，啖之，极肥美。

【译文】大蝴蝶也叫凤子，见于韩偓的诗中。《异物志》记载：以前有个人渡海，看到有个东西像蒲草编织的船帆一样，将要到达船上时，船中人争相用篙击打，那东西被打碎后落在地上，仔细一看，竟然是只蝴蝶。海上的渔民去掉它的翅膀和脚，称了一下肉，总共得到八十斤，吃起来十分肥美。

蜈蚣 葛洪《遐观赋》：蜈蚣大者长百步，头如车箱，屠裂取肉，白如瓠。《南越志》曰：蜈蚣大者其皮可以鞔鼓，其肉曝为脯，美于牛肉。

【译文】葛洪在《遐观赋》中写道：蜈蚣中体型大的能够有百步长，头像马车的车厢一样大，屠宰之后取出里面的肉，像冬瓜瓤一样洁白。《南越志》记载：大蜈蚣的皮可以用来蒙鼓，肉可以晒成肉脯，比牛肉还要美味。

蝶幸 唐明皇春宴宫中，使妃嫔各插艳花，帝亲捉粉蝶放之，随蝶所止者幸之，谓之蝶幸。后贵妃专宠，不复作此戏。

【译文】唐明皇春天在宫中设宴，让嫔妃们各自插上鲜艳的花朵，明皇亲自捕捉粉蝶放出，蝴蝶落在哪朵花上就临幸哪个妃子，称其为蝶幸。后来杨贵妃得到专宠，明皇就再也不玩这个游戏了。

蠋 《埤雅》：蠋，大虫，如指似蚕，一名"厄"。《韩非子》：鳣似蛇，蚕似蠋，人见蛇则惊骇，见蠋则毛起。然妇人拾蚕，而渔者握鳣，故利之所在，皆为贲育。

【译文】《埤雅》记载：蠋是一种体型较大的虫子，外形像手指又像蚕，也叫"厄"。《韩非子》记载：鳝鱼像蛇，蚕像蠋，人们看到蛇后就会惊慌害怕，看到蠋则会毛骨悚然。然而妇人敢于拾蚕，渔夫也敢握鳝鱼，所以在利益的驱使下，人人都可以成为勇士孟贲和夏育。

蠁　《广雅》云：蠁，虫之知声者也。《埤雅》：蠁，善令人不迷。故从“嚮”。太冲“景福肸蠁而兴作”，言福如虫群起。

【译文】《广雅》记载：蠁是虫子中懂得声乐的。《埤雅》记载：蠁善于让人不迷路，所以从“嚮”。左思的“景福肸蠁而兴作”，意思是福祉如同蠁的叫声一样纷纷到来。

蟋蟀　贾秋壑《促织经》曰：白不如黑，黑不如赤，赤不如青麻头。青项、金翅、金银丝额，上也；黄麻头，次也；紫金黑色，又其次也。其形以头项肥、脚腿长、身背阔者为上。顶项紧，脚瘦腿薄者为上。虫病有四：一仰头，二卷须，三练牙，四踢脚。若犯其一，皆不可用。促织者，督促之意。促织鸣，懒妇惊。袁瓘《秋日诗》曰：“芳草不复绿，王孙今又归。”人都不解，施荫见之曰：“王孙，蟋蟀也。”

【译文】贾似道在《促织经》中说：蟋蟀白色的不如黑色的，黑色的不如红色的，红色的不如青麻头。其中青色脖颈、金色翅膀、额头有金银丝的是上品；其次是黄麻头，再次是紫金黑色。蟋蟀的体型以头项肥、腿脚长、身背阔的为上品。顶部和项部紧实，脚瘦腿薄的也是上品。有缺陷的蟋蟀有四类：第一是仰头，第二是卷须，第三是练牙，第四是踢脚。如果有其中一个缺点，就无法使用。促织就是督促的意思。蟋蟀鸣叫，懒惰的妇人就会惊觉。袁瓘在《秋日诗》中说：“芳草不复绿，王孙今又归。”人们都不理解这句诗的意思，施荫看到后说：“王孙就是蟋蟀啊。”

虱　苏隐夜卧，闻被下有数人齐念杜牧《阿房宫赋》，声紧而小，急开被视之，无他物，惟得大虱十余。

【译文】苏隐夜里躺在床上，听到被子下面有几个人齐声吟诵杜牧的《阿房宫赋》，声音快速而微弱，急忙打开被子查看，没有其他东西，只有十几只大虱子。

蠛蠓　一名醯鸡，蜉蝣之类。郭璞曰：“蠓飞硙则风，舂则雨。”

【译文】蠛蠓，也叫醯鸡，是蜉蝣一类。郭璞说：“蠛蠓像研磨一样来回旋转就会刮风，像舂米一样上下翻飞就会下雨。”

虮虱 《东汉记》：马援击寻阳山贼，上书曰："除其竹木，譬如婴儿头多虮虱，而剃之荡然，虮虱无所复附。"书奏，上大悦，出小黄门头有虱者皆剃之。

【译文】《东观汉记》记载：马援剿灭寻阳山贼，上书说："要先砍去山上的竹子和树木，就像婴儿头上有很多虱子，剃光头发之后虱子就没有可以依附的东西了。"奏书上报之后，皇帝大为高兴，于是把头上有虱子的小宦官全都剃光了头。

蚊 旧传有女子过高邮，去郭三十里，天阴，蚊盛，有耕夫田舍在焉。其嫂欲共止宿，女曰："吾宁死，不可失节。"遂以蚊嘬死，其筋见焉。人为立祠，曰"露筋庙"。

【译文】旧时传闻有个女子经过高邮，距离县城还有三十里，当时天阴蚊子多，路边正好有个农夫居住的田间小屋。农夫妻子想请女子和她一起睡，女子说："我就是死也不能失去贞节。"于是被蚊子咬死，连筋都露了出来。人们为她立了祠庙，命名为"露筋庙"。

当蚊 展禽者，少失父，与母居，佣工膳母；天多蚊，卧母床下，以身当之。

【译文】展禽很小就失去了父亲，和母亲住在一起，给人当佣工奉养母亲；到了蚊子很多的时节，他就睡在母亲的床下，让蚊子咬自己。

为官为私 晋惠帝尝在华林园，闻虾蟆，谓左右曰："此鸣者为官乎？为私乎？"

【译文】晋惠帝曾经在华林园听到蛤蟆的叫声，对左右的人说："蛤蟆在这里叫是为了公事，还是为了私事呢？"

卷十八　荒唐部

鬼神

伯有为厉　郑子皙杀伯有，伯有为厉。赵景子谓子产曰：“伯有犹能为厉乎？”子立曰：“能。人生始化曰魄。既生魄，阳曰魂。用物精多，则魂魄强，是以有精爽至于神明。匹夫匹妇强死，其魂魄犹能凭依于人，以为淫厉，况良宵三世执其政柄而强死，其能为鬼，不亦宜乎！”

【译文】郑国的子皙杀害伯有之后，伯有化为厉鬼。赵景子对子产说：“伯有真能化作厉鬼吗？”子产说：“当然可以。人死之后先是变成魄，然后生魂，魂是人的阳气所化。生前衣物精致、饭食讲究的人，魂魄就强大，可以现形，甚至能达到类似于神明的境界。普通的男人和女人不能善终，魂魄尚且能够附在他人身上，以大肆惑乱，何况是伯有这样三代官宦的贵族被人杀害，不得善终，死后能化为厉鬼，不也是合理的吗？”

豕立人啼　齐侯田于贝丘，见大豕，从者曰：“公子彭生也。”豕人立而啼。

【译文】齐襄公在贝丘打猎时，看见一只巨大的野猪，随从对他说：“这是公子彭生所化的精怪。”那野猪居然像人一样直立起来，大声叫喊。

披发搏膺　晋侯杀赵同、赵括，及疾，梦大厉鬼披发搏膺而踊，曰：“杀予孙，不义。余得请于帝矣！”

【译文】晋侯杀害赵同和赵括之后，生了很严重的病。晚上睡觉时，他梦到一个厉鬼披头散发，捶胸顿足地大骂：“你杀害我孙儿，是不义之举，我已经向天帝申冤了。”

何忽见坏 王伯阳于润州城东僦地葬妻，忽见一人乘舆导从而至，曰：“我鲁子敬也，葬此二百余年。何忽见坏？”目左右示伯阳以刀，伯阳遂死。

【译文】王伯阳在润城东边租了一块地方，想要把妻子埋在那里，忽然看到有一个人坐着马车带着随从前呼后拥地赶了过来，说：“我是鲁子敬，已经在这里埋了二百多年，你为什么要破坏我的坟墓？”说完之后，鲁子敬命令随从拿出刀让王伯阳看，王伯阳便突然死了。

墓中谈易 陆机初入洛，次河南，入偃师。夜迷路，投宿一旅舍。见主人年少，款机坐，与言《易》理，妙得玄微，向晓别去。税骖村居，问其主人，答曰：“此东去并无村落，止有山阳王家冢耳。”机乃怅然，方知昨所遇者，乃王弼墓也。

【译文】陆机第一次去洛阳时，途经河南，来到偃师。夜里迷了路，投宿到一家旅店中。旅店的主人是个少年，邀请陆机入座，一起谈论《周易》的义理，深得其中的玄微奥妙，两人彻夜长谈，一直到早上陆机才与他告别。陆机在租马时向当地的村民打听那位主人的来历，村人回答说：“这里向东并没有村落，只有山阳郡王家的坟墓。”陆机很是惆怅，原来昨天晚上投宿的旅店，居然是王弼的坟墓。

生死报知 王坦之与沙门竺法师甚厚，每论幽明报应，便约先死者当报其事。后经年，师忽来，云：“贫道已死，罪福皆不虚。惟当勤修道德，以升跻神明耳。”言讫，不见。

【译文】王坦之和僧人竺法师有很深的交情，两人经常在一起谈论因果报应，约定先死的人要给另一个人报告因果是否应验。几年之后，竺法师突然来找王坦之，对他说：“贫道已经死了，罪责和福报全都应验，分毫不差。只有更加勤奋地修养道德，才能飞升成为神明。”说完之后，竺法师便消失了。

乞神语 赵普久病，将危，解所宝双鱼犀带，遣亲吏甄潜谒上清宫醮谢。道士姜道玄为公叩幽都，乞神语。神曰：“赵普开国勋臣，奈冤对不可避。”姜又叩乞言冤者为谁。神以淡墨书四字，浓烟罩其上，但识末“火”而已。道玄以告普。曰：“我知之矣，必秦王廷美也。”竟不起。

【译文】赵普病了很久，弥留之际，他解下自己珍爱的双鱼犀带，派遣身边的亲信送到上清宫祭神谢罪。道士姜道玄为他请示上天，请求神明指示，神说："赵普是宋朝的开国元勋，无奈冤家不愿意饶恕他。"姜道玄再次叩拜，请求神灵指示冤家姓名，神灵便用淡淡的墨水写了四个字。只是浓烟滚滚，笼罩墨迹，只能看到末尾一个字是"火"。姜道玄便把这件事告诉了赵普，赵普说："我知道了，必定是秦王赵廷美。"说完便去世了。

无鬼论　昔阮瞻素执无鬼论，自谓此理可以辨正幽明。忽有客通名谒瞻，瞻与言鬼神之事，辨论良久。客乃作色曰："鬼神古今圣贤所共传，君何得独言无耶？仆便是鬼！"于是变为异形，须臾消灭。

【译文】从前东晋名士阮瞻素来主张无鬼论，他认为自己的理论可以辨明阴阳之事。一天，忽然有个客人通报姓名前来拜访阮瞻，阮瞻和他谈论鬼的事，与他辩论了很久。客人突然脸色一变说："鬼神之事，自古以来圣贤也在传扬，你怎敢说没有呢？我就是鬼。"说完就变作鬼物，片刻就消失不见了。

魑魅争光　嵇中散灯下弹琴。有一人入室，初来时，面甚小，斯须转大，遂长丈余，颜色甚黑，单衣革带。嵇熟视良久，乃吹火灭，曰："耻与魑魅争光！"

【译文】嵇康在灯下弹琴时，有个人来到他的房间，刚来的时候，他的脸很小，片刻后就变大了，长到一丈多长，颜色非常黑，只穿着单衣系着皮带。嵇康仔细看了很久，于是吹灭灯说："和魑魅争夺光亮是我的耻辱！"

厕鬼可憎　阮侃尝于厕中见鬼，长丈余，色黑而眼大，着皂单衣，平上帻，去之咫尺。侃徐视，笑语之曰："人言鬼可憎，果然！"鬼惭而退。

【译文】阮侃曾经在厕所中碰见一个鬼，身高一丈多，肤色漆黑，眼睛很大，穿着一件黑色单衣，戴着平的头巾，和他只有咫尺的距离。陶侃淡定地看着他，笑着对他说："人们都说鬼十分丑陋，现在一看果然如此！"那鬼便惭愧地走了。

大书鬼手　少保冯亮少时，夜读书，忽有大手自窗入，公即以笔大书其押。窗外大呼："速为我涤去！"公不听而寝。将晓，哀鸣，且曰："公将大贵。我戏犯公，何忍致我于极地耶！公不见温峤燃犀事耶？"公悟，以水涤之，逊谢而去。

【译文】少保冯亮小的时候，有天在夜里读书，突然有一只大手从窗户伸了进来，冯亮马上用笔在手上画了一个大大的押。窗外大声呼喊道：“赶紧给我洗去！”冯亮没有理他就去睡觉了。天快要亮时，窗外传来哀鸣声，并且说：“大人马上就要大贵了。我就算开玩笑冒犯了您，您怎么忍心置我于死地呢！大人难道不知道温峤燃犀照水而死的事吗？”冯亮这才醒悟，用水洗去了字，鬼谢罪后离开了。

司书鬼 名曰长恩。除夕呼其名而祭之，鼠不敢啮，蠹鱼不生。

【译文】司书鬼名叫长恩。除夕的时候大声呼喊他的名字进行祭祀，老鼠就不敢咬家里的书，也不会生出蠹鱼。

上陵磨剑 汉武帝崩，后见形，谓陵令薛平曰：“吾虽失势，犹为汝君。奈何令吏卒上吾陵磨刀剑乎？自今以后，可禁之。”平顿首谢，因不见。推问陵傍，果有方石可以为砺，吏卒尝盗磨刀剑。霍光欲斩之，张安世曰：“神道茫昧，不宜为法。”乃止。

【译文】汉武帝驾崩了，后来又突然出现，对守陵的官员薛平说：“我如今虽然失势了，却仍然是你的君主。你怎么敢让官兵在我的陵上磨刀剑呢？从今往后，这样的事情一定要禁止。”薛平叩头谢罪，汉武帝便不见了。追究审问守陵的官兵后，果然发现有一块方石可以做磨刀石，有个士兵曾经偷偷地在那里磨过刀剑。霍光想要斩杀那个士兵，张安世说：“神道模糊不清，不应该当作法令使用。”霍光这才作罢。

见奴为祟 石普好杀人，未尝惭悔。醉中缚一奴，命指使投之汴河。指使怜而纵之。既醒而悔。指使畏其暴，不敢以实告。居久之，普病，见奴为祟，自以必死。指使呼奴至，祟不复见，普病亦愈。

【译文】石普喜欢杀人，从来没有感觉到羞愧和后悔。有一次他喝醉酒绑了一个奴仆，命令使者把他扔到汴河里。使者可怜他就把他放了。石普酒醒后十分后悔。使者害怕他的残暴，不敢告诉他实情。过了很久，石普患病，见到那个奴仆变成了鬼，以为自己必死。使者便叫来那个奴仆，鬼魂便不再出现，石普的病也好了。

再为顾家儿 顾况丧一子，年十七，其子游魂，不离其家。况悲伤不已，因作诗哭之：“老人苦丧子，日夜泣成血。老人年七十，不作多时别。”其子听之，因自誓曰：“若有轮回，当再为顾家儿。”况果复生一子，至七岁不能言，其兄戏批之，忽曰："我是尔兄，何故批我？"一家惊异。随叙平生事，历历不误。

【译文】顾况死了一个儿子，才十七岁，这个儿子化作游魂，不愿离开家里。顾况悲伤不已，于是作诗哭着说："老人苦丧子，日夜泣成血。老人年七十，不作多时别。"他的儿子听到后，暗暗发誓说："如果真有轮回，我还要再做顾家的儿子。"后来顾况果然又生了一个儿子，到七岁还不会说话，兄长开玩笑用手打他，那孩子忽然说："我是你的兄长，为什么无缘无故地打我？"一家人都十分惊异。那孩子随后便叙说了生平所做的事，竟然分毫不差。

鬼揶揄　襄阳罗友。人有得郡者，桓温为席饯别，友至独后，温问之，答曰："旦出门，逢一鬼揶揄云：'我但见汝送人作郡，不见人送汝作郡。'友惭。"温愧却。

【译文】襄阳有个叫罗友的人。有人获得了郡守的职位，桓温为他设宴饯行，只有罗友来得最晚，桓温问他原因，罗友回答说："我早上出门，碰到一个鬼打趣说：'我只见你送别人做郡守，却没见过别人送你做郡守。'我听后觉得十分惭愧。"桓温羞愧而去。

鬼之董狐　晋干宝兄尝病气绝，积日不冷。后遂悟，见天地间鬼神事如梦觉，不自知死。遂撰古今神祇灵异人物变化，名为《搜神记》，以示刘惔。惔曰："卿可谓鬼之董狐。"

【译文】晋代干宝的兄长曾经因病身亡，尸体好多天都没有凉下来。后来竟然又醒了过来，说自己见到了天地间的鬼神之事，就像做了一场梦睡醒了一样，不知道自己已经死了。干宝于是把古今神祇、灵异和人物变化的事情搜集成书，命名为《搜神记》，拿去给刘惔看。刘惔说："你算得上是记录鬼怪之事的董狐了。"

昼穿夜塞　孙皓凿直渎，昼穿夜复塞，经数月不就。有役夫卧其侧，夜见鬼物来填，因叹曰："何不以布囊盛土弃之江中，使吾辈免劳于此！"役夫晓白有司，如其言，乃成，渎长十四里。

【译文】孙皓要开凿一条水渠，白天开通之后晚上又堵塞，连续几个月还不能完工。有一个工人夜里睡在水渠旁边，看见有鬼来填土，还叹息说："你们为什么不用布袋装土扔进江里，这样可以使我们免去夜里来填土的劳苦！”工人第二天早上把这件事上报官府，然后按照他所说的去做，才凿成十四里长的水渠。

舌根生莲 西晋时，地产青莲两朵，闻之所司，掘得瓦棺。开，见一老僧，花从舌根顶颅出。询及父老，曰：“昔有僧诵《法华经》万，临卒遗言，命以瓦棺葬此。”今造为瓦棺寺。

【译文】西晋时期，有一个地方产出两朵青莲，有人把这件事上报给官府，官府在那里挖出一副瓦棺。打开之后，看到里面有一个老僧，青莲原来是从他的舌根顶破颅骨长出的。询问当地百姓，他们说：“曾有一个老僧诵读《法华经》上万遍，临终前留下遗言，让人用瓦棺把他葬在这里。”现在这里已经被建成了一座瓦棺寺。

卞壶墓 卞壶父子死难，葬于金陵。盗尝开墓，面如生，爪甲环手背。晋安帝赐钱十万封之。后明高祖将迁之，夜见白衣妇人据井而哭，已复大笑曰：“父死忠，子死孝，乃不能保三尺墓乎？”言已，遂跃于井。高祖感而遂止。

【译文】卞壶父子二人殉难之后，被葬在金陵。有盗贼曾经打开墓穴，发现他们脸色像活人一样，手上的指甲环绕手背。晋安帝赏赐十万钱又把墓穴封住了。后来明太祖想要迁移这座坟墓，夜里见到穿着白衣的妇人守在井边哭泣，又忽然大笑说：“父亲死于尽忠，儿子死于尽孝，难道也不能保住三尺墓穴吗？”说完之后，她便跳入井中。明太祖十分感动，便放弃了迁墓的想法。

酒黑盗唇 李克用墓金时为盗所发，郡守梦克用告曰：“墓中有酒，盗饮之，唇皆黑，可验此捕之。”明日，获盗，寺僧居其半。

【译文】李克用墓中的金钱被盗贼盗走了，当地郡守梦到李克用对他说：“我的墓中有酒，盗贼喝了之后，嘴唇都会变成黑色，可以察验嘴唇抓捕。”第二天，官府就抓获了盗贼，其中有一半都是寺里的僧人。

为医所误 颜含兄畿客死，其妇梦畿曰：“我为医所误，未应死，可急开棺。”含时尚少，力请父发棺，余息尚喘。含旦夕营视，足不出户者十三年，而畿始卒。嫂目失明，含求蚺蛇胆不得。忽童子授一青囊，开视之，乃蛇胆也。童子即化青鸟去。

【译文】颜含的兄长颜畿客死他乡，他的妻子梦到颜畿说：“我被庸医误诊，本来不应该死，赶紧打开棺材。”颜含当时还小，坚持请求父亲打开棺材，发现兄长还有呼吸。颜含早晚照看，连续十三年足不出户，颜畿这才去世。后来嫂子双目失明，颜含到处寻找蚺蛇胆一直没有找到。忽然有个童子送给他一个青色口袋，打开一看，里面正是蛇胆。童子立即化成青鸟飞走了。

柳侯祠　韩文公《碑记》：柳宗元与部将欧阳翼辈饮驿亭，曰：“明岁吾将死，死而为神，当庙祀我。”及期死，翼等遂立庙。过客李仪醉酒，慢侮堂上，得疾，扶出庙门，即不起。

【译文】韩愈在《柳州罗池庙碑》中写道：柳宗元与部将欧阳翼等人在驿亭饮酒，柳宗元说：“明年我就要死了，死后会成为神，我死后你们要立庙祭祀我。”到了时间柳宗元就去世了，欧阳翼等人便为他立了祠庙。有个路过的人李仪喝醉了酒，在庙里轻慢侮辱，便得了病，被人搀扶着走出庙门，之后便倒地不起。

义妇冢　四明梁山伯、祝英台二人，少同学，梁不知祝乃女子。后梁为鄞令，卒葬此。祝氏吊墓下，墓裂而殒，遂同葬。谢安奏封义妇冢。

【译文】四明的梁山伯和祝英台两人，小时候是同学，梁山伯不知道祝英台是女子。后来梁山伯做了鄞县县令，死后葬在那里。祝英台到墓前吊丧，因坟墓开裂而掉进去死了，于是便把他们葬在一起。谢安把这件事奏报朝廷请求封这座墓为义妇冢。

三年更生　梁主簿柳苌卒，葬于九江。三年后，大雨，冢崩，其子褒移葬。启棺，见父目忽开，谓褒曰：“九江神知我横死，遣地神以乳饲我，故得更生。”褒迎归，三十年乃卒。

【译文】梁代主簿柳苌去世后葬在九江。三年之后，天降大雨，坟墓塌陷，他的儿子柳褒便想把坟墓迁到其他地方。打开棺材时，他见到父亲的眼睛突然睁开，对他说：“九江神知道我死于非命，便派地神用乳汁喂养我，我因此得以重生。”柳褒把父亲迎回家里，父亲三十年后才去世。

开圹棺空　米芾书碑云：颜真卿之使贼也，谓饯者曰：“吾昔江南遇道士陶八，八受以刀圭碧霞，服之可不死。且云七十后有大厄，当会我于罗浮。此行几是。”后公葬偃师北山。有贾人至南海，见道士弈，托书至偃师颜家。及造访，则茔也。守冢苍头识公书，大惊。家人卜日开圹，棺已空矣。

【译文】米芾在《颜鲁公碑阴记》中写道：颜真卿将要出使敌营，对饯行的人说："我曾经在江南遇到道士陶八，陶八送给我仙丹，服用后可以不死。他还告诉我七十岁后会有大难，会在罗浮山与我相会。此行大概就是他所说的大难了。"后来颜真卿被葬在偃师北山。有个商人到南海，看到两个道士正在下棋，托他送信去偃师颜家。等他去拜访的时候，才发现是座坟墓。守陵的仆人认识颜真卿的字，十分惊讶。家人占卜选好日期打开坟墓，发现棺材已经空了。

婢伏棺上 干宝父有嬖人，宝母妒甚。因葬父，推入墓中。数年而母丧，开墓，其婢伏棺上，微有息，舆还，遂苏。问其状，言宝父为之通嗜欲，家中事纤悉与之说知，与平时无异。

【译文】干宝的父亲有个宠妾，他的母亲十分爱忌妒。于是在埋葬干宝父亲时，把那个小妾一起推进墓穴埋了。几年之后母亲出葬，打开墓穴，只见那个小妾趴在棺材上，还有微弱的呼吸，抬回去之后，那小妾居然苏醒了。问她在墓中的情况，那小妾说干宝父亲供给她食物，家里的大小事也都说给她听，跟平时没有什么区别。

海神 秦始皇于海中作石桥，海神为之竖柱。始皇求与相见。神曰："我形丑，莫图我形，当与帝相见。"乃入海四十里，见海神。左右杂画工于内，潜以脚画其形状。神怒曰："帝负约，速去！"始皇转马还，前脚犹立，后脚即崩，仅得登岸，画者溺死于海。又云：文登召山，始皇欲造桥度海观日出处。有神人召巨石相随而行。石行不驶，鞭之见血。今山下石皆赤色。

【译文】秦始皇在海里建造石桥，海神为他竖起桥柱。始皇请求与他相见。海神说："我的相貌丑陋，你答应不要给我画像，就可以与你相见。"始皇于是向海中走了四十里，见到了海神。随行的人员中夹杂了一些画工，偷偷用脚画海神的样子。海神愤怒地说："皇帝你有违约定，赶紧走吧！"始皇于是调转马头返回，马的前脚还站在桥上，后脚的桥面就崩塌了，勉强回到岸上，画工溺死在海中。还有人说：文登的召山，是始皇想要建造大桥渡海观日出的地方。有个神人召唤巨石跟着自己前进。如果石头不往前走，就会被鞭打出血。现在山下的石头都是红色的。

黄熊入梦 晋侯有疾，梦黄熊入梦。于时子产聘晋。晋侯使韩子问子产曰："何厉鬼乎？"对曰："昔尧殛鲧于羽山，其神化为黄熊，入于羽渊，实为夏郊，三代祀之。今为盟主，其未祀乎？"乃祀夏郊，晋侯乃间。

【译文】晋侯患病，梦到一头黄熊。当时子产正好来晋国出使。晋侯派韩子问子产说："为什么会梦到厉鬼呢？"子产回答说："昔日尧在羽山杀死鲧，他的灵魂化为黄熊，进入羽渊，实际上就是夏朝的郊外，夏商周三代都在这里祭祀。现在您做了盟主，难道从来没有祭祀过吗？"于是在夏郊祭祀，晋侯的病这才好了。

辇沙为阜　秦始皇至孔林，欲发其冢。登堂，有孔子遗瓮，得丹书曰："后世一男子，自称秦始皇，入我室，登我堂，颠倒我衣裳，至沙丘而亡。"怒而发冢。有兔出，逐之，过曲阜十八里没，掘之不得，因名曰兔沟。乃达沙丘，令开别路。见一群小儿辇沙为阜，问，曰"沙丘"。从此得病，遂死。

【译文】秦始皇到达孔林，想要挖开孔子的坟墓。进入屋子之后，看到一个孔子留下的瓮，得到一封丹书写着："后世会有一个自称秦始皇的男子，进入我的房间，登上我的厅堂，颠倒我的衣裳，到沙丘他就会死亡。"始皇愤怒地挖开了孔子墓。墓中跳出一只兔子，始皇派人追逐，一直追到曲阜十八里后便消失了，挖地三尺都没有找到，于是给那里取名兔沟。后来秦始皇到达沙丘，命人重新开辟一条道路。见到一群小孩把沙子堆成小丘，问这是什么地方，孩子们说这是"沙丘"。秦始皇从此患病，后来便去世了。

钟馗　唐明皇昼寝，梦一小鬼，衣绛犊鼻，跣一足，履一足，腰悬一履，搢一筠扇，盗太真绣香囊。上叱问之，小鬼曰："臣乃虚耗也。"上怒，欲呼力士，俄见一大鬼，顶破帽，衣蓝袍，系角带，靸朝靴，径捉小鬼。先刳其目，然后劈而食之。上问："尔为谁？"奏云："臣终南进士钟馗也。"

【译文】唐明皇白天睡觉，梦到一个小鬼，穿着红色的围裙，一只脚光着，另一只脚穿着鞋，腰间挂着一只鞋，插着一把竹扇，来偷杨贵妃所绣的香囊。唐明皇大声责问他，小鬼说："小臣是虚耗。"唐明皇大怒，想要呼叫高力士，突然又看到一个大鬼，戴着一顶破帽子，穿着蓝色长袍，腰间系着鱼带，拖着朝靴，径直捉住了小鬼。先挖去他的眼睛，然后把他劈开吃掉了。唐明皇问他："你又是谁？"那大鬼说："我是终南的进士钟馗。"

藏璧　永平中，钟离意为鲁相，出私钱三千文，付户曹孔䜣，治夫子车。

身入庙，拭几席剑履。男子张伯，除堂下草，土中得玉璧七枚。伯怀其一，以六枚白意。意令主簿安置几前。孔子寝堂床首有悬瓮，意召孔䜣，问："何等瓮也？"对曰："夫子遗瓮。内有丹书，人弗敢发也。"意发之，得素书曰："后世修吾书，董仲舒。护吾车，拭吾履，发吾笥，会稽钟离意。璧有七，张伯藏其一。"即召问，伯果服焉。

【译文】永平年间，钟离意任鲁国宰相，拿出自己的钱财三千文，送给户曹孔䜣，让他修理孔夫子的车。他又进入孔庙，亲自擦拭桌子、席子、宝剑和鞋子。男子张伯负责清理堂下的杂草，从土中挖到七枚玉璧。张伯偷偷拿了一枚，把其余六枚告诉了钟离意。钟离意把它们安置在桌子前面。孔子寝室的床头悬挂着一个瓮，钟离意召来孔䜣问道："这是什么瓮？"孔䜣回答说："这是孔子留下的瓮。里面有丹书，人们都不敢打开。"钟离意打开瓮，从里面得到一封素书，上面写着："后世整修我著作的人是董仲舒。维护我的车，擦拭我的鞋，打开我瓮的人，是会稽郡的钟离意。玉璧共有七枚，张伯偷偷藏了一枚。"钟离意马上召来张伯追问，张伯果然承认了。

灶神　姓张名单，字子郭，一名隗。又云祝融主火化，故祀以为灶神。郑玄以灶神祝融是老妇，非。灶神于己丑日卯时上天，白人罪过，此日祭之得福。《五行书》云："五月辰日，猪首祭灶，治生万倍。"

【译文】灶神姓张名单，字子郭，又名张隗。还有人说祝融掌管世间万火，所以把他当作灶神祭祀。郑玄认为灶神祝融是个老妇人，这是错误的。灶神会在己丑日卯时上天，向天庭报告人的罪过，在这一天祭祀他可以得到福报。《五行书》记载："五月辰日，用猪头祭祀灶神，经营家业会有万倍的收益。"

祠山大帝　父张秉，武陵人，一日行山泽间，遇仙女，谓曰："帝以君功在吴分，故遣相配。长子以木德王其地。"且约逾年再会。秉如期往，果见前女来归，曰："当世世相承，血食吴楚。"后生子，为祠山神。神始自长兴自疏圣泽，欲通津广德，便化为狶，役使阴兵。后为夫人李氏所见，工遂辍，故避食狶。

【译文】祠山大帝的父亲张秉是武陵人，有一天他在山野间行走，遇到一位仙女，仙女对他说："天帝因为大人有功于吴地，所以派我来做你的妻子。我们的长子会因木德在这里做君主。"并约定几年后再来相会。张秉按照约定的时间前往，果然见到了前来的仙女，对他说：“我们的后人会代代相传，享受吴楚两地人的祭祀。”后来两人生下儿子，成为祠山神。这位山神一开始从长兴开始自己疏通河流，想要和广德通航，后来又变成猪，差遣鬼兵一起来挖。后来他的样子被夫人李氏看到，工事便停了下来，所以当地人不吃猪肉。

泷冈阡表 欧阳修作《泷冈阡表》碑，雇舟载回，至鄱阳湖，舟泊庐山下。夜有一叟率五人来舟，揖而言曰：“闻公之文章盖世，水府愿借一观。”赍碑入水，遂不见焉。修惊悼不已。黎明，泰和县令黄庭坚至，言其事，庭坚为文檄之。方投湖中，忽空中语曰：“吾乃天丁也，押骊龙往而送至永丰也。”修归家扫墓，但见水洼中云雾濛蔽，有大龟负碑而出，倏然不见，惟碑上龙涎宛然在焉。

【译文】欧阳修刻好《泷冈阡表》碑后，雇了一条船载回家乡，到鄱阳湖时，把船停泊在庐山下。夜里有个老人带着五个人登上船，作揖后说道：“听说先生的文章冠绝当世，水府想要借去看一下。”说完便带着石碑进入水中，消失不见了。欧阳修又惊恐又惋惜。到黎明时分，泰和县令黄庭坚到来，欧阳修把这件事告诉了他，黄庭坚为他写了一封文书讨要。刚刚把文书扔进湖里，忽然听到空中有人说：“我是天兵，正押解骊龙把石碑送到永丰。”欧阳修回家扫墓时，只见水洼中云雾弥漫，有一只大龟背负着石碑从水中出现，忽然间就不见了，只有石碑上龙的唾液还清晰可见。

五百年夙愿 张英过采石江，遇一女子绝色，谓英曰：“五百年夙愿，当会于大仪山。”英叱之。抵仪陇任半载，日夕闻机声。一日，率部逐机声而往，忽至大仪山，洞门半启，前女出迎，相携而入，洞门即闭。见圆石一双，自门隙出，众取归。中道不能举，遂建祠塑像，置石于腹。

【译文】张英经过采石江时，遇见一个绝美女子，她对张英说：“我们五百年前结下夙愿，应该在大仪山相会。”张英大声斥责她。在到达仪陇任职半年的时间里，他日夜都能听到机杼声。有一天，张英带着部下追寻机杼声，忽然来到大仪山，见到有个山洞的门半开着，前面见过的那个女子出来相迎，拉着他的手一起进入山洞，洞门便关了。只见一对圆石从门缝中出来，众人便带着回去了。走到一半石头就拿不动了，于是在那里建造了祠堂，为张英设立了塑像，把石头放在雕像的肚子里。

芙蓉城主 石曼卿卒后，其故人有见之者，恍惚如梦中言："我今为仙也，所主芙蓉城，欲呼故人共游。"不诺，忿然骑一素驴而去。

【译文】石曼卿去世后，有个老朋友还见过他，恍惚间如同在梦中说："我现在已经是仙人了，掌管芙蓉城，想要找故人一起游玩。"老朋友没有答应，石曼卿便生气地骑着一头白色毛驴走了。

文山易主 赵弼作《文山传》：既赴义，其日大风扬沙，天地尽晦，咫尺不辨，城门昼闭。自此连日阴晦，宫中皆秉烛而行，群臣入朝，亦爇炬前导。世祖问张真人而悔之，赠公"特进金紫光禄大夫、太保、中书令平章政事、庐陵郡公"，谥"忠武"。命王积翁书神主，洒扫柴市，设坛以祀之。丞相孛罗行礼初奠，忽狂飙旋地而起，吹沙滚石，不能启目。俄卷其神主于云霄，空中隐隐雷鸣，如怨怒之声，天色愈暗。乃改"前宋少保右丞相信国公"，天果开霁。按正史文集皆不载此事，传疑可也。信公至明景泰中，赐谥"忠烈"，人多不知，附记之。

【译文】赵弼所写的《文山传》记载：文天祥就义后，当天大风扬起沙子，天昏地暗，咫尺间都无法看清，城门白天关闭。从此连续几天都非常昏暗，宫中的人都要拿着蜡烛才能前行，百官上朝时，也要点燃火把作为前导。元世祖问过张真人之后感到十分后悔，赠送文天祥"特进金紫光禄大夫、太保、中书令平章政事、庐陵郡公"，加谥号"忠武"。又命令王积翁写了灵牌，洒扫柴市，设立祭坛来祭祀他。丞相孛罗行礼初次祭奠时，忽然有狂风卷地而起，飞沙走石，吹得人眼睛都睁不开。片刻之后把灵牌卷到云霄，空中隐约有打雷的声音，就像怨恨愤怒的声音一样，天色也更加昏暗了。于是改封为"前宋少保右丞相信国公"，天气果然放晴。按：正史和各种文集中都没有记载这件事，这里只把这件有疑问的事情记录下来就可以了。到明代景泰年间，信国公又被赐谥号"忠烈"，很少有人知道，所以也附加在这里记录下来。

杜默哭项王 和州士人杜默，累举不成名，性英傥不羁。因过乌江，谒项王庙。时正被酒沾醉，径升神座，据王颈，抱其首而大恸曰："天下事有相亏者，英雄如大王而不得天下，文章如杜默而不得一官！"语毕，又大恸，泪如迸泉。庙祝畏其获罪，扶掖以出，秉烛检视神像，亦泪下如珠，揾拭不干。

【译文】和州有个叫杜默的读书人，多次科举都没有考中，性格洒脱豪放，不受拘束。过乌江的时候，前去拜谒项羽庙。当时他正好喝醉，径直坐上神座，搂着项羽的脖子，抱着他的头大哭道："天下之事就是这样不公平啊，大王这样的英雄却没有得到天下，我杜默文章写得这样好却得不到一官半职！"说完之后，又大哭起来，泪如雨下。庙祝怕他得罪神灵，就扶着他出去了，拿着蜡烛检查神像，发现神像也泪如雨下，怎么也擦不尽。

天竺观音 石晋时，杭州天竺寺僧，夜见山涧一片奇木有光，命匠刻观音大士像。

【译文】石晋时期，杭州天竺寺有个僧人，在夜里看到山涧中有片奇木大放光华，于是找匠人把木头刻成了观音大士的雕像。

弄潮 吴王既赐子胥死，乃取其尸，盛以鸱夷之皮，浮之江上。子胥因流扬波，依潮来往。或有见其乘素车白马在潮头者，因为立庙。每岁八月十五潮头极大，杭人以旗鼓迎之，弄潮之戏，盖始于此。

【译文】吴王赐死伍子胥后，取来他的尸体，装进了鸱夷的皮中，并扔到了江中。伍子胥随波逐流，跟随潮水往来。有人看见他乘着白马拉着的素车立在潮头，于是给他立了祠庙。每年八月十五潮头非常大，杭州人便用旌旗和鼓乐迎接他，弄潮戏就是源于此事。

黄河神 黄河福主金龙四大王，姓谢名绪，会稽人，宋末以诸生死节，投苕溪中。死后水高数丈。明太祖与元将蛮子海牙厮杀，神为助阵，黄河水望北倒流，元兵遂败。太祖夜得梦兆，封为黄河神。

【译文】黄河的福主金龙四大王，姓谢名绪，会稽人，宋代末年以诸生的身份跳进苕溪，尽忠而死。死后水位抬高了几丈。明太祖和元将蛮子海牙厮杀，此神灵为他助阵，黄河水朝北倒流，元兵于是战败。明太祖夜里在梦中得到征兆，封他为河神。

木居士 韩昌黎《木居士庙》诗：偶然题作木居士，便有无穷求福人。

【译文】韩愈在《木居士庙》诗中写道："偶然之间被人题成木制神像，就会有无数人前来祈福。"

显忠庙 《吴史》：孙皓病甚，有神凭小黄门云："金山咸塘风潮为害，海盐县治几陷。我霍光也，常统众镇之。"翌日，皓疾愈，遂立庙。

【译文】《吴国备史》记载：吴主孙皓病得很严重，有个神附在小黄门身上说："金山的咸塘发生了风潮灾害，海盐县城差点都被淹没。我就是霍光，经常带着众人前往镇压。"第二天，孙皓的病就痊愈了，于是建造了霍光庙。

毛老人 南京后湖，一名玄武湖。明朝于湖上立黄册库，户科给事中、户部主事各一人掌之，烟火不许至其地。太祖时有毛老人献黄册，太祖言库中惟患鼠耗，喜老人姓毛，音与猫同，活埋于库中，命其禁鼠。后库中并不损片纸只字。太祖命立祠，春秋祭之。

【译文】南京的后湖，也叫玄武湖。明朝在湖中建了黄册库，命令户科给事中、户部主事各出一人掌管，这个地方严禁烟火。太祖时期有个姓毛的老人前来进献黄册，太祖说黄册库中正好有鼠患，很高兴这个老人也姓毛，读音与"猫"相同，便把他活埋到了库中，让他防治老鼠。后来库中便没有损失一片纸和一个字。太祖命人为他立祠庙，在春天和秋天祭祀他。

怪异

贰负之骸 《山海经》："贰负之臣曰危，与贰负杀窫窳。帝乃梏之疏属之山，桎其右足，反接两手与发，系石。"汉宣帝时，尝发疏属山，得一人，徒裸，被发反缚，械一足。因问群臣，莫能晓。刘向按此言之，帝不信，谓其妖言，收向系狱。向子歆自出救父，云："以七岁女子乳饮之，即复活。"帝令女子乳之，复活，能言语应对，如向言。帝大悦，拜向为中大夫、歆为宗正。

【译文】《山海经》记载："贰负有个叫危的大臣，和贰负一起杀死了窫窳。天帝便把他禁锢在疏属山，铐住他的右脚，两只手和头发反绑在一起，再绑在石头上。"汉宣帝时曾经搜寻过疏属山，找到一个人，全身赤裸，披头散发地被反绑着，脚上还有个枷锁。宣帝问群臣，没有人知道他是谁。刘向按照《山海经》的说法禀报，宣帝不信，说他这是妖言惑众，还把他关到了监狱中。刘向的儿子刘歆亲自出来拯救父亲，他说："只要用七岁女子的乳汁给他喝，就能立即复活。"宣帝命令女子去喂他，那人果然复活，能够说话应答，跟刘向所说的一样。宣帝十分高兴，拜授刘向为中大夫、刘歆为宗正。

旱魃 南方有怪物如人状，长三尺，目在顶上，行走如风。见则大旱，赤地千里。多伏古冢中。今山东人旱则遍搜古冢，如得此物，焚之即雨。

【译文】南方有一种怪物长得很像人，身高三尺，眼睛长在头顶，行走如风。它出现时就会引起大旱，千里之地都会颗粒无收。这种怪物经常藏在古墓中。现在山东人遇到干旱就会遍寻古墓，如果找到这种怪物，把它焚烧之后就会马上下雨。

两牛斗 李冰，秦昭王使为蜀守，开成都两江，溉田万顷。神岁取童女二人为妇。冰以其女与神为婚，径至神祠，劝神酒，酒杯恒澹澹。冰厉声以责之，因忽不见。良久，有两牛斗于江岸旁。有间，冰还，流汗谓官属曰："吾斗疲极，当相助也。南向腰中正白者，我绶也。"主簿刺杀北面者，江神遂死。

【译文】李冰被秦昭王任命为蜀地太守，他开凿成都两江，灌溉了上万顷农田。当时有个江神每年都要娶两个童女作妻。李冰便派自己的女儿去与河神结婚，径直送到神祠，劝江神喝酒，杯子里的酒却一直都静止不动。李冰厉声斥责江神，江神就忽然不见了。过了很久，有两头牛在江岸边相斗。过了一会儿，李冰汗流浃背地回去对下属官员说："我斗得非常疲乏，你们快帮帮我。头朝南腰间正白色的，那是我的绶带。"主簿于是刺杀了头朝北的那头牛，江神这才被杀死。

随时易衣 卢多逊既卒，许归葬。其子察护丧，权厝襄阳佛寺。将易以巨榇，乃启棺，其尸不坏，俨然如生。遂逐时易衣，至祥符中亦然。岂以五月五日生耶！彼释氏得之，当又大张其事，若今之所谓无量寿佛者矣。

【译文】卢多逊去世后，朝廷允许把他葬在家乡。他的儿子卢察护送遗体，暂停在襄阳的一座佛寺中。卢察想给父亲换个大棺材，于是打开棺盖，看到卢多逊的尸体并没有腐坏，就像活着的时候一样。于是家人便时时给他换衣服，一直到大中祥符年间还是这样。这难道是因为卢多逊是五月五日出生的吗！如果这件事让僧人们听到了，他们肯定又会到处宣扬这件事，就像现在他们所说的无量寿佛吧。

钱镠异梦 宋徽宗梦钱武肃王讨还两浙旧疆，甚恳，且曰："以好来朝，何故留我？我当遣第三子居之。"觉而与郑后言之。郑后曰："妾梦亦然，果何兆也？”须臾，韦妃报诞子，即高宗也。既三日，徽宗临视，抱膝间甚喜，戏妃曰：“酷似浙脸。”盖妃籍贯开封，而原籍在浙。岂其生固有本，而南渡疆界皆武肃版图，而钱王寿八十一，高宗亦寿八十一，以梦谶之，良不诬。

【译文】宋徽宗梦到钱武肃王向他讨要两浙地区的故土，非常恳切，并且说：“我因为两国交好才来朝见，为什么要羁押我？我会派自己的三儿子夺回故地的。”徽宗睡醒后把这个梦告诉了郑皇后。郑皇后说：“我也梦到了这件事，这是什么样的征兆呢？”没过一会儿，有人奏报韦妃生了儿子，就是宋高宗。过了三天，徽宗前去查看，非常高兴地把孩子抱在膝间，跟韦妃开玩笑说：“这孩子长得真像浙江人。”因为韦妃是开封人，原籍浙江。难道这个孩子的出生是命中注定的吗？宋朝南渡之后，疆域都是钱武肃王原来的版图，而钱王活到八十一岁，宋高宗也活到八十一岁，托梦预言这件事，应该是真的。

马耳缺 欧公云：丁元珍尝夜梦与予至一庙，出门见马只耳。后元珍除峡州倅，予亦除夷陵令。一日，与元珍同溯峡，谒黄牛庙。入门，惘然皆如梦中所见，门外石马，果缺一耳，相视大惊。

【译文】欧阳修说：丁元珍曾经在夜里梦到和我来到一座庙中，出门后见到一匹只有一只耳朵的马。后来丁元珍被任命为峡州通判，我也做了夷陵令。有一天，我和丁元珍一起沿着峡谷走，去拜谒黄牛庙。进入庙门后，恍惚间像是梦中所见到的场景，庙门外的石马，果然少了一只耳朵，我们互相看了一眼，都感到十分惊讶。

见怪不怪 宋魏元忠素正直宽厚，不信邪鬼。家有鬼祟，尝戏侮公，不以为怪。鬼敬服曰：“此宽厚长者，可同常人视之哉？”

【译文】宋代魏元忠向来正直仁厚，从不相信鬼怪。有一次他家里有个鬼作祟，曾经戏弄轻侮他，魏元忠也不觉得奇怪。那鬼恭敬而佩服地说：“这样的仁厚长者，怎能当成一般人看待呢？”

苌弘血化碧 苌弘墓在偃师。弘，周灵王贤臣，无罪见杀。藏其血，三年化为碧。

【译文】苌弘的墓在偃师。苌弘是周灵王的贤臣，没有犯罪而被杀。有人把他的血藏了起来，三年之后变成了碧玉。

二尸相殴 贞元初，河南少尹李则卒，未殓。有一朱衣人申吊，自称苏郎中。既入，哀恸。俄顷，尸起，与之相搏，家人惊走。二人闭门殴击，及暮方息。则二尸共卧在床，长短、形状、姿貌、须髯、衣服一无异也。聚族不能识，遂同棺葬之。

【译文】贞元初年，河南少尹李则死了，还没有埋葬。有一个穿着红色衣服的人前来吊丧，自称苏郎中。他进入灵堂之后，哭得十分伤心。过了一会儿，李则的尸体突然坐了起来，和苏郎中开始打斗，家人都被吓跑了。两人关上门打斗，一直到晚上才停止。家人进去后发现两具尸体一起躺在床上，身高、体型、相貌、胡须和衣服一模一样。全族的人都无法分辨，最后只能把他们放在同一个棺材里下葬。

冢中箭发沙射　刘宴判官李邈有庄客，开一古冢，极高大，入松林二百步，方至墓。墓侧有碑断草中，字磨灭，不可读。初掘数十丈，遇一石门，因以铁汁计，累日方得开。开则箭雨集，杀数人，众怖欲出。一人曰："此机耳。"则投之以石，石投则箭出，投石十余，则箭不复发。遂列炬入，开第二门，有数十人，张目挥剑，又伤数人。众争击之，则木人也，兵仗悉落。四壁画兵卫，森森欲动。中以铁索悬一大漆棺，其下积金玉珠玑不可量。众方惧，未即掠取。棺两角飒然风起，有沙迸扑人面，则风转急，沙射如注，而便没膝。众皆遑走，甫得出墓，门塞矣，一人则已葬中。

【译文】刘宴的判官李邈有个庄客，打开了一座古墓，非常高大，走入松林二百步才能到达墓前。陵墓旁边的断草中有块石碑，上面的字迹已经磨灭无法辨认了。起初挖掘了几十丈，遇到一个石门，因为那门是用铁水浇筑的，几天后才打开。打开之后马上有箭雨密集射来，杀死了几个人，众人十分害怕想要出去。其中一个人说："这不过是机关罢了。"说完便往里面扔了块石头，石头一扔进去马上就有箭射出，一直扔了十几块石头，箭才不再射出。众人于是举着火把进入，打开第二道门后，里面有几十个人，瞪大眼睛挥舞着长剑，又伤了几个人。众人奋力反击，发现原来是木头人，兵器也全都掉在了地上。墓室四面墙壁上画着卫兵，阴气森森的像是要活过来一样。中间用铁锁悬挂着一个大漆棺，下面堆积着无数的金玉和珠宝。众人都很害怕不敢立即去掠夺。棺材的两边突然吹起了风，有沙子向众人脸上扑来，随后风速加快，沙子像下雨一样射出，片刻工夫就淹没了众人的膝盖。众人全都吓得惊惶逃走，刚刚走出陵墓，门就立刻堵上了，其中一个人已经被埋在里面了。

公远只履　罗公远墓在辉县。唐明皇求其术，不传，怒而杀之。后有使自蜀还，见公远曰："于此候驾。"上命发冢，启棺，止存一履。叶法善葬后，期月，棺忽开，惟存剑履。

【译文】罗公远的墓在辉县。唐明皇向他请教法术，罗公远没有传给他，唐明皇一怒之下便杀了他。后来有个使者从蜀地回来，看见罗公远说："我在这里等候皇上。"唐明皇便命人挖开他的坟墓，打开棺材一看，里面只剩下了一只鞋。叶法善埋葬之后，经过几个月，棺材突然开了，里面只剩下了剑和鞋。

鹿女　梁时，甄山侧，樵者见鹿生一女，因收养之。及长，令为女道士，号鹿娘。

【译文】梁代时，甄山旁边有个樵夫看到一只鹿生下一个女婴，于是便收养了她。那孩子长大后，樵夫让她做了女道士，称为鹿娘。

风雨失柩　汉阳羡长袁玘常言："死当为神。"一夕，痛饮卒，风雨失其柩。夜闻荆山有数千人啖声，乡民往视之，则棺已成冢。俗呼铜棺山。

【译文】汉代阳羡县令袁玘经常说："我死后会变成神。"一天晚上，他大醉一场后去世了，入葬时棺材在风雨中消失了。夜里有人听到荆山上有几千人吃饭的声音，乡里人前去察看，只见棺材已经安葬了。世人便把荆山称为铜棺山。

留待沈彬来　沈彬有方外术，尝植一树于沈山下，命其子葬己于此。及掘，下有铜牌，篆曰："漆灯犹未灭，留待沈彬来。"

【译文】沈彬有仙术，他曾经在沈山下种了一棵树，让儿子把自己埋葬在那里。后来挖墓穴时，下面有个铜牌，铜牌上用篆文写着："漆灯犹未灭，留待沈彬来。"

辨南零水　李秀卿至维扬，逢陆鸿渐，命一卒入江取南零水。及至，陆以杓扬水曰："江则江矣，非南零，临岸者乎？"既而倾水，及半，陆又以杓扬之曰："此似南零矣。"使者蹶然曰："某自南零持至岸，偶覆其半，取水增之。真神鉴也！"

【译文】李秀卿到达扬州时遇到了陆鸿渐，他命令一个士兵进入江中取南零水。那士兵回来后，陆鸿渐用勺子扬水说："江水确实是江水，却不是南零水，是在岸边打的水吗？”说完后便开始倒水，倒到一半时，陆鸿渐又用勺子扬水说：“这才像南零水啊。”取水的人惊讶地说：“我取了南零水，快到达岸边时，不小心倒了一半，只好在岸边取江水补充。您真是神鉴啊！”

试剑石　徐州汉高祖庙旁有石高三尺余，中裂如破竹不尽者寸。父老曰：“此帝之试剑石也。”又漓江伏波岩洞旁，悬石如柱，去地一线不合。相传为伏波试剑。

【译文】徐州汉高祖庙旁边有块三尺多高的石头，中间裂开就像竹子裂开寸许一样。当地百姓说：“这是汉高祖的试剑石。”另外，漓江的伏波岩洞旁边，悬着一块像柱子一样的石头，离地面只有一条缝隙。相传这是伏波将军马援试剑的地方。

妇负石　在大理府城南。世传汉兵入境，观音化一妇人，以稻草縻此大石，背负而行，将卒见之，吐舌曰：“妇人膂力如此，况丈夫乎！”兵遂却。

【译文】妇负石在大理府城南。世人传说汉兵进入这里时，观音菩萨变成一个妇人，用稻草捆住这块大石，背负前行，兵将们看到之后，都咂舌说：“这里的妇人都有这样大的力气，何况是男人呢！”于是就退兵了。

燃石　出瑞州，色黄白而疏理，水灌之则热，置鼎其上，足以烹。雷焕尝持示张华，华曰：“此燃石也。”

【译文】燃石产自瑞州，颜色黄白，有稀疏的纹理，用水浇灌后就会发热，把鼎放在上面，可以煮熟食物。雷焕曾经拿着一块石头让张华看，张华说：“这是燃石。”

他日仗公主盟　隋末温陵太守欧阳祐耻事二姓，拉夫人溺死。后人立庙，祈梦极灵。宋李纲尝宿庙中，梦神揖上座，纲固辞，神曰：“他日仗公主盟。”及拜相，值神加封，果署名额次。

【译文】隋朝末年，温陵太守欧阳祐耻于投降，便拉着夫人跳水自杀了。后来人们为他立了祠庙，在此祈求十分灵验。宋代李纲曾经在庙里借宿，梦到有个神仙邀请自己上座，李纲坚决推辞，那神仙说：“以后还要靠大人来主盟。”等李纲拜相后，正值庙里的神被加封，果然让李纲来为这座庙题写匾额。

天河槎 横州横槎江有一枯槎，枝干扶疏，坚如铁石，其色类漆，黑光照人，横于滩上。传云天河所流也。一名槎浦。

【译文】横州横槎江有个破木筏，制成木筏的枝干十分紧密，硬如铁石，颜色像漆一样，黑光照人，横放在沙滩上。据传这是天河中流出的。又名槎浦。

愿留一诗 陆贾庙在肇庆锦石山下，宋梁竑舣舟于此，梦一客自称陆大夫，云："我抑郁此中千岁余矣，君幸见过，愿留一诗。"竑遂题壁。

【译文】陆贾庙在肇庆的锦石山下，宋代梁竑坐船停泊在这里，梦到有个客人自称陆大夫，那人说："我已经在这里抑郁无聊了上千年，幸好有你从这里经过，希望您能为我留下一首诗。"梁竑便在墙壁上题了一首诗。

请载齐志 元司马于钦[①]尝梦有赵先生者谓钦曰："闻君修齐志，仆一良友葬安丘，其人节义高天下，今世所无也，请载之以励末俗。"钦觉而异之，及阅《赵岐传》，始悟为孙嵩也。岐处复壁中著书以名世，固奇男子，非嵩高谊，其志安得伸也？钦之梦，不亦可异哉！

【译文】元代兵部侍郎于钦曾经梦到有个赵先生对他说："我听说先生正在修撰齐地的地方志，小人有个好友葬在安丘，他的节操和义举冠绝天下，现在世上已经没有这样的人了，请先生把他写到书中用来勉励世俗的人。"于钦睡醒后觉得十分奇怪，等到读《赵岐传》时，才知道那个人说的是孙嵩。赵岐逃亡时被孙嵩藏在墙壁的夹层里著书而名留青史，固然是一位奇男子，但如果不是孙嵩的崇高友谊，他的志向能够顺利完成吗？于钦所做的梦，不也令人感到奇异吗！

三石 永安州伪汉时，有兵入靖江过此。黎明遇猎者牵黄犬逐一鹿，兵以枪刺鹿，徐视之，石也。已而，人犬与鹿皆化为石，鼎峙道傍。今一石尚有枪痕。

【译文】永安州在伪汉时期，有个士兵要去靖江从这里经过。黎明时分，他遇到一个猎人牵着黄狗在追一头鹿，那士兵用枪刺中了鹿，仔细一看，居然是块石头。之后，猎人、黄狗和鹿都化为石头，立在路边。现在一块石头上还

① 元代于钦曾任山东廉访司照磨，官至兵部侍郎，故称"司马"，著名方志编纂家，著《齐乘》。底本为"元于司马钦"，应为笔误。——编者注

能看到枪刺的痕迹。

悟前身　焦竑奉使朝鲜，泊一岛屿间，见茅庵岩室扃闭，问旁僧，曰："昔有老衲修持，偶见册封天使过此，盖状元官侍郎者，叹羡之，遂逝。此其塔院耳。"竑命启之，几案经卷宛若素历，乃豁然悟为前身。

【译文】焦竑奉命出使朝鲜，把船停在一座岛屿中，看见有座茅庵，大门紧闭，就问旁边的僧人，那僧人说："昔日有个老和尚在这里修行，偶然间看见有个皇上派来册封的使者从这里经过，原来是状元被封为侍郎，十分赞叹羡慕，之后便去世了。这里就是他修行的寺院。"焦竑命人打开大门，见桌子上的经书和卷轴十分眼熟，这才恍然大悟，原来那和尚竟是自己的前世。

告大风　宋陈尧佐尝泊舟于三山矶下，有老叟曰："来日午大风，宜避。"至期，行舟皆覆，尧佐独免。又见前叟曰："某江之游奕将也，以公他日贤相，故来告尔。"

【译文】宋代陈尧佐曾经在三山矶下泊船，有个老人说："明天中午会有大风，你应该躲避一下。"到了第二天，在水上行驶的船全都被吹翻了，只有陈尧佐得以幸免。他又看见了先前见到的那个老人，老人说："我是江中的游奕将，因为大人以后要做贤相，所以前来告诉你。"

追魂碑　叶法善尝为其祖叶国重求刺史李邕碑文，文成，并求书，邕不许。法善乃具纸笔，夜摄其魂，使书毕，持以示邕，邕大骇。世谓之"追魂碑"。

【译文】叶法善曾经为他的祖上叶国重请求刺史李邕写一篇碑文，碑文写成之后，他又请求李邕写在碑上，李邕没有答应。叶法善于是准备了纸笔，夜里摄来李邕的魂魄，令他写完之后，拿着字让李邕看，李邕大惊失色。世人称之为"追魂碑"。

牛粪金　东吴时，有道士牵牛渡江，语舟人曰："船内牛溲，聊以为谢。"舟人视之，皆金也。后名其地曰金石山。

【译文】东吴时期，有个道士牵牛渡江，对船工说："用船上的牛粪，来聊表谢意。"船工一看，原来全是黄金。后来那个地方便被称为金石山。

谓琯前身　房琯，桐庐令，邢真人和璞尝过访。琯携之野步，遇一废寺，松竹萧森，和璞坐其下，以杖叩地，令侍者掘数尺，得一瓶，瓶中皆娄师德与永公书。和璞谓琯曰："省此否？"盖永公即琯之前身也。

【译文】房琯任桐庐令时，邢和璞真人曾经来拜访他。房琯带着他出去郊游，遇到一座废弃的寺庙，寺里松竹茂盛，邢和璞坐在树下，用手杖敲击地面，命令侍从挖掘了几尺，得到一个瓶子，瓶中都是娄师德写给永公的信。邢和璞对房琯说："你还记得这些吗？"原来永公就是房琯的前世。

木客 兴国上洛山有木客，乃鬼类，形颇似人。自言秦时造阿房宫采木者，食木实，得不死，能诗，时就民间饮食。

【译文】兴国的上洛山有一种叫作木客的鬼怪，外貌和人很像。他们自称是秦代建造阿房宫时的伐木工，因为吃了树上的果实得以长生不老，会作诗，有时候会到民间找吃的。

铜钟 宋绍兴间，兴国大乘寺钟，一夕失去，文潭渔者得之，鬻于天宝寺，扣之无声。大乘僧物色得之，求赎不许，乃相约曰："扣之不鸣，即非寺中物。"天宝僧屡击无声。大乘僧一击即鸣，遂载以归。

【译文】宋代绍兴年间，兴国大乘寺里的钟，一夜之间就不见了，文潭有个渔夫得到之后，把它卖给了天宝寺，怎么敲都没有声音。大乘寺的僧人找到之后，想要把钟买回去，天宝寺的僧人却不肯卖，于是双方约定："如果敲击之后没有鸣响，那就不是寺里的东西。"天宝寺的僧人敲了好多次都没有声音。大乘寺的僧人一敲就响了，于是载着钟回去了。

驱山铎 分宜晋时，雨后有大钟从山流出，验其铭，乃秦时所造。又渔人得一钟，类铎，举之，声如霹雳，草木震动。渔人惧，亦沉于水。或曰此秦驱山铎也。

【译文】分宜县在晋朝时，雨后有一座大钟从山中流出，查看上面的铭文，原来是秦代铸造的。另外，有个渔夫也得到一口钟，样子和铎很像，举起来之后就会发出像打雷一样的声音，连草木都被震动。渔夫十分害怕，就把它扔进了水中。有人说这就是秦代的驱山铎。

旋风掣卷 王越举进士，廷对日，旋风掣其卷入云表。及秋，高丽贡使携以上进，云是日国王坐于堂上，卷落于案，阅之异，因持送上。

【译文】王越考进士时，廷对那天，有一阵旋风把他的考卷吹入云端。等到秋天，高丽前来进贡的使者拿着这封试卷进献给皇帝，说是有一天高丽国王坐在堂上，这张试卷掉落在桌上，国王读后十分惊异，于是拿着它进献给皇帝。

风动石 漳州鹤鸣山上，有石高五丈，围一十八丈，天生大盘石阁之，风来则动，名“风动石”。

【译文】漳州鹤鸣山上，有块高达五丈的石头，周长十八丈，天然就有一块大盘石在它下面，风一吹就会动，名为“风动石”。

去钟顶龙角 宋时灵觉寺钟，一夕飞去，既明，从空而下。居人言江湾中每夜有钟声，意必与龙战。寺僧削去顶上龙角，乃止。

【译文】宋朝灵觉寺中有一口钟，一天晚上突然飞走了，等到天亮之后，又从空中落下。当地人说江湾中每天夜里都有钟声传来，想必是和龙在战斗。寺中的僧人削去钟顶上的龙角，钟这才不再飞走了。

投犯鳄池 《搜神记》：扶南王范寻尝养鳄鱼十头，若犯罪者，投之池中，鳄鱼不食，乃赦之。诖误者皆不食。

【译文】《搜神记》记载：扶南王范寻曾经养了十条鳄鱼，如果有人犯罪就把他扔到池子中，如果鳄鱼不吃，那人就会被赦免。被连累的人，它们都不会吃。

雷果劈怪 熊翀少业南坛，夕睹一美女立于松上，众错愕走，翀略不为意，以刀削松皮，书曰：“附怪风雷折，成形斧锯分。”夜半，果雷劈之。

【译文】熊翀少年时在南坛求学，晚上看到一个美女站在松树上，众人都受惊逃走，只有熊翀不以为意，用刀削松树皮，并在树上写道：“附怪风雷折，成形斧锯分。”到了半夜，那棵树果然被雷劈了。

飞来寺 梁时峡山有二神人化为方士，往舒州延祚寺，夜叩真俊禅师曰：“峡据清远上流，欲建一道场，足标胜概，师许之乎？”俊诺。中夜，风雨大作，迟明启户，佛殿宝像已神运至此山矣。师乃安坐说偈曰：“此殿飞来，何不回去？”忽闻空中语曰：“动不如静。”赐额飞来寺。

【译文】梁代的时候，峡山有两个神人变成方士，前往舒州延祚寺，夜里敲真俊禅师的门说：“峡山占据清远上流，我们想在那里建一座寺庙，以突出那里的盛景，不知道大师是否允许？”真俊禅师听完便答应了。到了半夜，风雨大作，等天亮打开门一看，佛寺和雕像都已经被神仙运到峡山了。真俊禅师便从容坐下说了一句偈语：“此殿飞来，何不回去？”忽然听到空中有人说：“一动不如一静。”于是给这座寺庙赐匾额“飞来寺”。

橘中二叟 《幽怪录》：巴邛人剖橘而食，橘中有二叟奕棋。一叟曰：“橘中之乐，不减商山。”一叟曰：“君输我洲玉尘九斛，龙缟袜八緉，后日于青城草堂还我。”乃出袖中一草，食其根，曰：“此龙根脯也。”食讫，以水喷其草，化为龙，二叟骑之而去。

【译文】《幽怪录》记载：巴邛有个人剥开橘子正要吃，看见橘子中有两个老人正在下棋。一个老人说：“橘子中的快乐，丝毫都不比商山来得少。”另一个老人说：“你输给我瀛洲的玉尘九斛，龙缟袜八双，后天在青城草堂还给我。”于是从袖子中拿出一根草，吃掉草根说：“这是龙根做成的肉脯。”吃完之后，又对着草喷水，草变化为龙，两个老人骑着龙飞走了。

牛妖 天启间，沅陵县民家牸牛生犊，一目二头三尾，剖杀之，一心三肾。

【译文】天启年间，沅陵县有个人家里的母牛产下牛犊，牛犊有一只眼睛，两个头和三根尾巴，杀死剖开一看，有一颗心和三个肾。

猪怪 民家猪生四子，最后一子，长嘴、猪身、人腿、只眼。

【译文】有个百姓家里的猪生了四个猪崽，最后一个猪崽长着长嘴、猪身、人腿、只有一只眼睛。

陕西怪鼠 天启间，有鼠状若捕鸡之狸，长一尺八寸，阔一尺，两旁有肉翅，腹下无足，足在肉翅之四角，前爪趾四，后爪趾五，毛细长，其色若鹿，尾甚丰大，人逐之，其去甚速。专食谷豆，剖腹，约有升黍。

【译文】天启年间，有一种老鼠长得很像抓鸡吃的黄鼠狼，长一尺八寸，宽一尺，身体两侧长着一对肉翅，腹部下面没有脚，脚长在肉翅的四个角上，前爪有四个脚趾，后爪有五个脚趾，毛又细又长，颜色和鹿很像，尾巴很大，有人追逐时，它逃得很快。专门以谷物和豆类为食，剖开肚子，里面大约有一升黍。

支无祁 大禹治水，至桐柏山，获水兽，名支无祁，形似猕猴，力逾九象，人不可视。乃命庚辰锁于龟山之下，淮水乃安。唐永泰初，有渔人入水，见大铁索锁一青猿，昏睡不醒，涎沫腥秽不可近。

【译文】大禹治水时，来到桐柏山，捕获了一头水兽，名叫支无祁，外形和猕猴很像，力气比九头大象还要大，人们都不敢看它。大禹便命令庚辰把它锁在龟山下，淮水这才不再泛滥。唐朝永泰初年，有一个渔夫潜入水中，看到大铁索锁着一只青色猿猴，猿猴昏迷不醒，唾液腥臭污秽，使人无法靠近。

饮水各醉 沉酿堰在山阴柯山之前，郑弘应举赴洛，亲友饯于此。以钱投水，依价量水饮之，各醉而去。因名其堰曰“沉酿”。

【译文】沉酿堰在山阴的柯山前面，郑弘去洛阳参加科举考试时，亲友们曾经在这里为他饯行。他们把钱扔到水中，再按照价格等量取水来喝，各自大醉而去。因此用“沉酿”给这座堰命名。

林间美人 罗浮飞云峰侧有梅花村，赵师雄一日薄暮过此，于林间见美人淡妆素服，行且近，师雄与语，芳香袭人，因扣酒家共饮。少顷，一绿衣童来，且歌且舞。师雄醉而卧。久之，东方已白，视大梅树下，翠羽啾啾，参横月落，但惆怅而已。

【译文】罗浮山飞云峰旁边有个梅花村，赵师雄有一天黄昏从这里路过，看到树林间有一个化着淡妆、穿着朴素的美女，慢慢向他走来，赵师雄跟她说话，只觉得芳香扑鼻，于是把她邀请到酒家一起喝酒。过了一会儿，有个穿着绿衣的童子进来，载歌载舞。赵师雄喝醉之后便睡着了。过了很久，天亮了，赵师雄看到大梅树下只有翠鸟啾啾鸣叫，参星横空，月亮已落，只能惆怅不已。

变蛇志城 晋永嘉中，有韩媪偶拾一巨卵，归育之，得婴儿，字曰“橛”。方四岁，刘渊筑平阳城不就，募能城者。橛因变为蛇，令媪举灰志后，曰：“凭灰筑城，可立就。”果然。渊怪之，遂投入山穴间，露尾数寸，忽有泉涌出成池，遂名曰“金龙池”。

【译文】晋朝永嘉年间，有一个姓韩的老妇人偶然捡到一枚巨蛋，回去之后用心抚育，得到一个婴儿，取名为韩橛。孩子刚刚四岁时，刘渊建造平阳城怎么也建不好，便招募擅长建城的人。韩橛于是变成蛇在前面爬行，让老妇人拿着灰在后面做标记，并且告诉她："按照灰撒下的轨迹建城，很快就能建好。"后来果然如此。刘渊觉得十分怪异，便把他扔到了山上的洞穴中，只露出几寸尾巴，忽然有泉水涌出成为水池，于是被命名为"金龙池"。

有血陷没 硕顶湖在安东，秦时童谣云："城门有血，当陷没。"有老姆忧惧，每旦往视。门者知其故，以血涂门。姆见之，即走。须臾大水至，城果陷。高齐时，湖尝涸，城尚存。

【译文】硕顶湖在安东，秦朝时有童谣唱道："城门有血时就会陷没。"有个老妇人十分害怕，每天早上都要去看一下。门吏知道了她前来查看的原因后，故意把血涂在门上。老妇人看见后，马上逃走了。片刻之后洪水到来，城果然被淹没了。北齐时期，这湖里的水曾经干涸，还能看到城的遗址。

张龙公 六安龙穴山有张龙公祠，记云：张路斯，颍上人，仕唐，为宣城令，生九子。尝语其妻曰："吾，龙也，蓼人。郑祥远亦龙也，据吾池，屡与之战，不胜，明日取决。令吾子射系鬣以青绡者郑也，绛绡者吾也。"子遂射中青绡者，郑怒，投合肥西山死，即今龙穴也。

【译文】六安的龙穴山有座张龙公祠，里面的记文写道：张路斯，颍上人，在唐朝为官，任宣城令，生了九个儿子，他曾经对妻子说："我本是神龙，蓼地人。郑祥远也是龙，他占据了我的水池，我多次和他战斗，都不能取胜，明天我要和他决一死战。你让儿子们射那条胡须上系着青绡的龙，那就是郑祥远，系着红绡的是我。"儿子们于是射中系着青绡的龙，郑祥远大怒，逃到合肥的西山而死，就是现在的龙穴山。

城陷为湖 巢湖在合肥，世传江水暴涨，沟有巨鱼万斤，三日而死，合郡食之，独一姥不食。忽过老叟，曰："此吾子也，汝不食其肉，吾可亡报耶？东门石龟目赤，城当陷。"姥日往窥之。有稚子戏以朱傅龟目。姥见，急登山，而城陷为湖，周四百余里。

【译文】巢湖在合肥，世间传闻有一次江水暴涨，沟里有一条重达上万斤的大鱼，三日后死了，整个郡的人都来食用，只有一个老妇人不吃。忽然过来一个老人说："这是我的儿子，你不吃他的肉，我又怎能不报答你呢？城东门外的石龟眼睛变红时，这座城将会塌陷。"老妇人每天都前去查看。有个孩子戏弄她，把石龟的眼睛涂成了红色。老妇人看到之后，急忙登到山上，这时城已经陷入地下成为湖泊，占据了方圆四百多里。

人变为龙 元时，兴业大李村有李姓者，素修道术。一日，与妻自外家回，至中途，谓妻曰："吾欲过前溪一浴，汝姑待之。"少顷，风雨骤作，妻趋视之，则遍体鳞矣。嘱妻曰："吾当岁一来归。"欻然变为龙，腾去。后果岁一还。其里呼其居为李龙宅。

【译文】元朝时，兴业的大李村有个姓李的人，一直在修炼道术。有一天，他与妻子从丈人家返回，走到半路时，他对妻子说："我想要到前面的溪水中洗个澡，你先等我一下。"过了一会儿，突然风雨大作，妻子小跑着前去查看，只见自己的丈夫身上布满鳞片。他嘱咐妻子说："我每年都会回家一次。"说完便忽然变身为龙，腾空飞去。后来果然每年回家一次。乡里人把他居住的地方叫作李龙宅。

妇女生须 宋徽宗时，有酒家妇朱氏，年四十，忽生须六七寸。诏以为女道士。

【译文】宋徽宗时期，有个酒家的妻子朱氏，四十岁那年，忽然长出六七寸的胡须。徽宗下诏让她做了女道士。

男人生子 宋徽宗时，有卖菜男人怀孕生子。

【译文】宋徽宗时期，有个卖菜的男人怀孕生子。

童子暴长 元枣阳民张氏妇生男，甫四岁，暴长四尺许，容貌异常，皤腹臃肿，见人嬉笑，如俗所画布袋和尚云。

【译文】元朝枣阳百姓张氏的妻子生下一个男孩，男孩刚刚四岁时，突然暴长四尺多，相貌也十分异常，肚子十分臃肿，看到人就嬉笑，如同世俗所画的布袋和尚一样。

男变为妇 明万历间，陕西李良雨忽变为妇人，与同贾者苟合为夫妇。其弟良云以事上所司奏闻。

【译文】明朝万历年间，陕西人李良雨忽然变成了妇人，与一起做生意的人私自结为夫妻。他的弟弟李良云把这件事上报给了官府。

卷十九　物理部

物类相感

磁石引针。

【译文】磁石能吸引针。

琥珀摄芥。

【译文】琥珀能吸住芥子。

蟹膏投漆，漆化为水。

【译文】把蟹膏扔进漆里，漆就会变成水。

皂角入灶突烟煤坠。

【译文】把皂角扔进灶上的烟囱里，烟囱中的煤灰就会脱落。

胡桃带壳烧红，其火可藏数日。

【译文】把带壳的核桃烧红，里面的火可以保存几天不灭。

酸浆入盂，水垢浮。

【译文】把醋倒进坛子里，可以去除水垢。

灯芯能碎乳香。

【译文】灯芯可以使乳香破碎。

撒盐入火，炭不爆。

【译文】把盐撒进火中，炭就不会爆裂。

用盐擂椒，椒味好。

【译文】碾花椒时加入盐，花椒的味道会更好。

川椒麻人，水能解。

【译文】四川的花椒很麻口，可以用水解除。

带壳胡桃煮臭肉，肉不臭。

【译文】用带壳的核桃煮臭肉，肉就不臭了。

瓜得白梅则烂。

【译文】瓜和白梅放在一起就会腐烂。

栗得橄榄则香。

【译文】栗子和橄榄放在一起会更香。

猪脂炒榧，皮自脱。

【译文】用猪油炒榧子，外皮会脱落。

芽茶得盐，不苦而甜。

【译文】在芽茶中放入盐，味道就不会苦而是甜。

井水蟹黄沙淋而清。

【译文】用井水洗螃蟹可以把沙子洗干净。

石灰可藏铁器。

【译文】石灰可以用来储藏铁器。

草索可祛青蝇。

【译文】草绳可以用来驱除苍蝇。

烰炭可断蚁道。

【译文】木炭可以阻断蚂蚁的道路。

香油杀诸虫。

【译文】香油可以杀死各种虫子。

狗粪之中米，鸽食则死。

【译文】鸽子吃了狗粪中的米就会死。

桐油杀荷花。

【译文】桐油能杀死荷花。

江茶枯菱。

【译文】江茶会让菱角枯萎。

粉蝥畏椒。

【译文】蜘蛛害怕花椒。

蜈蚣畏油。

【译文】蜈蚣怕油。

松毛可杀米虫。

【译文】松毛可以杀死米虫。

麝香祛壁虱。

【译文】麝香可以去除蜱虫。

马食鸡粪，则生骨眼。

【译文】马如果吃了鸡粪，会长出骨眼。

苍蝇叮蚕，生肚虫。

【译文】苍蝇叮蚕之后，就会生出肚虫。

三月三日收荠菜花茎置灯檠上，则飞蛾蚊虫不投。

【译文】三月三日那天收取荠菜花茎放置在灯盏上，飞蛾和蚊虫就不会扑过来。

五月五日收虾蟆，能治疟，又治儿疳。

【译文】五月五日那天抓取蛤蟆，能治疗疟疾，还能治疗儿童疳病。

香油抹龟眼，则入水不沉。

【译文】把香油抹在乌龟眼睛上，入水之后就不会沉。

唾沫蝶翅，则当空高飞。

【译文】把唾沫抹在蝴蝶翅膀上，就能够在空中高飞。

乳香久留，能生舍利。

【译文】乳香放置的时间长了，能够生出舍利。

羚羊角能碎佛牙。

【译文】羚羊角能够打碎佛牙。

柿煮蟹不红。

【译文】用柿子煮螃蟹，螃蟹就不会发红。

橙合酱不酸。

【译文】放些橙子一起酿造酱，酱就不会酸。

麸见肥皂则不就。

【译文】麸子和肥皂放在一起就无法贮存。

荆叶辟蚊，台葱辟蝇。

【译文】荆叶可以驱蚊子，台葱可以驱苍蝇。

唾津可溶水银，茶末可结水银。

【译文】唾液可以溶解水银，茶叶末可以凝结水银。

薄荷去鱼腥。

【译文】薄荷可以去除鱼腥。

荸荠煮铜则软，甘草煮铜则硬。

【译文】荸荠放在铜器中煮就会变软，甘草放在铜器中煮则会变硬。

蝎畏蜗牛。

【译文】蝎子怕蜗牛。

磬畏慈菇，斧怕肥皂。

【译文】磐石害怕慈菇，斧子害怕肥皂。

螺蛳畏雪，蟹怕雾。

【译文】螺蛳怕下雪，螃蟹怕起雾。

河豚杀树，狗胆能生。

【译文】河豚会杀死树，狗胆能够使其再生。

灯芯能煮江鳅。

【译文】灯芯可以煮江中的泥鳅。

麻叶可辟蚊子。

【译文】麻叶可以驱除蚊子。

酒火发青，布衣拂即止。

【译文】酒点的火会发青，用布衣扇一下就会熄灭。

琴瑟弦久而不鸣者，以桑叶捋之，则响亮如初。

【译文】琴瑟的弦时间长了不能发声，用桑叶抹过之后，声音就会响亮如初。

黑鲤鱼乃老鼠变成，鳜鱼乃虾蟆变成，鳝鱼乃人发变成。

【译文】黑鲤鱼是老鼠变成的，鳜鱼是虾蟆变成的，鳝鱼是人的头发变成的。

燕畏艾，雀衔艾而夺其巢。

【译文】燕子害怕艾草，麻雀便衔着艾草夺取它们的巢穴。

骡马蹄曝干为末，放酒中即成水。

【译文】骡马的蹄子晒干之后研成粉末，放进酒中酒就会变成水。

柳絮经宿，即为浮萍。

【译文】柳絮经过一晚，就会变成浮萍。

杜大黄嫩子掷水化为萍。

【译文】杜大黄的嫩子扔进水中就会变成浮萍。

庚午、癸卯二日舂米，不蛀。

【译文】在庚午日、癸卯日舂米，米中不会生蛀虫。

柳叶入水，即化为杨叶丝鱼。

【译文】柳叶落入水中，马上就会变成杨叶丝鱼。

人参与细辛同贮则不坏。

【译文】人参和细辛贮藏在一起就不会腐坏。

槿树叶和石灰捣烂，泥酒醋缸则不漏。

【译文】槿树叶掺些石灰一起捣烂，用来封酒缸和醋缸就不会漏气。

寻泉脉，以竹火循地照有气冲炎起，下必有泉。

【译文】寻找泉脉时，用竹子做火把在地上照，如果有气体把火焰冲起来，下面必然有泉水。

试盐卤，以石莲子十个投卤中，浮起五个为五成，六个六成，七个七成。五成以下，味薄无盐矣。

【译文】试验卤的盐味时，可以把十个石莲子放进卤中，如果浮起五个就是五成，六个就是六成，七个就是七成。五成以下，就证明味道太薄盐少。

以锈钉磨醋写字，浓墨刷纸背，名顷刻碑。

【译文】用生锈的钉子加醋磨墨写字，再把浓墨刷在纸的背面，称为顷刻碑。

取乌贼鱼墨，书文券，岁久脱落成白纸。

【译文】用乌贼的墨汁书写文书，时间长了字迹就会脱落而成为白纸。

灯盏中加少许盐，则油不速干。

【译文】在灯盏里面加一点盐，里面的油就不会很快烧干。

油一斤，以胡桃一个捣烂投之，则省油。

【译文】把一个核桃捣烂放进一斤油里，可以省油。

造油烛，先以麻油浇其芯，则过霉不霉。

【译文】制造油烛时，先用麻油浸泡灯芯，就算经过梅雨季节也不会发霉。

蜡烛风吹有泪，以盐少许实缺处，泪即止。

【译文】蜡烛被风吹得流下烛泪，用一点盐补在缺口处，烛泪就会停止。

烧蜡有缺，嚼藕渣补之，即不漏。

【译文】点蜡烛时如有缺口，嚼一点藕渣补上，就不漏了。

写绢上字，以姜汁代水磨墨，则不沁。

【译文】在绢上写字时，用姜汁代替水来磨墨，写字时就不会沁过绢的另一面。

蒲花和石灰泥壁及缸坛，胜如纸筋。

【译文】用蒲花掺石灰来泥墙和缸、坛，比纸筋好用。

蓖麻子水研写字，只如空纸付去，以灶煤红丹糁之，字即现。

【译文】用蓖麻子加水研磨后写字，看起来就像送出去一张白纸一样，用煤灰或红丹来染一下，字就会出现。

鸡子清调石灰粘瓷器，甚妙。

【译文】用鸡蛋清调石灰粘接瓷器，效果非常好。

粘缀山石，以生羊肝研调面缀之，即坚牢。

【译文】用生羊肝研磨之后和到面里粘连山石，会很牢固。

池水浑浊，以瓶入粪，用箬包投水中则清。

【译文】池水浑浊，在瓶中装粪，再用箬竹叶包裹扔进水中，就会变清。

金遇铅则碎。

【译文】金遇到铅就会破碎。

核桃与铜钱同嚼，则钱易碎。

【译文】把核桃仁和铜钱一起放进嘴里嚼，铜钱比较容易碎。

水银撒了，以青石引之，皆上石。

【译文】如果水银撒了，可以用青石去吸引，水银都会吸附到石头上。

伏中不可铸钱，汁不消，名炉冻。

【译文】伏天不能铸造钱币，因为铁汁无法融化，这种现象称为炉冻。

菟丝无根而生，蛇无足而行，鱼无耳而听，蝉无口而鸣。龙听以角，牛听以鼻。

【译文】菟丝没有根却能生长，蛇没有脚却能行走，鱼没有耳朵却能听声音，蝉没有嘴却能鸣叫。龙用角听，牛用鼻子听。

石脾入水则干，出水则湿。独活有风不动，无风自摇。

【译文】石脾是含矿物质的咸水蒸发后凝结成的，进入水中就会变干，出了水则会变湿。独活这种植物有风时不动，没风时却会自己摇动。

鸺鹠昼暗夜明。鼠夜动昼伏。南倭海滩蚌泪着色，昼隐夜显。沃山石滴水着色，昼显夜隐。

【译文】鸺鹠白天看不见，晚上能看见。老鼠昼伏夜出。倭国南部海滩的蚌泪可以用来染色，这种颜色白天看不到，晚上才能看到。

睡莲昼开，夜缩入水底。蔓草昼缩入地，夜即复出。

【译文】睡莲在白天开放，夜里就会缩入水底。蔓草会在白天缩入地下，夜里会再次出现。

以形化者牛哀为虎。以魄化者望帝为鹃，帝女为精卫。以血化者苌弘为碧，人血为磷。以发化者梁武宫人为蛇。以气化者蜃为楼台。以泪化者湘妃为斑竹。无情化有情者，腐草为萤，朽麦化蝶，烂瓜为鱼。有情化无情者，蚯蚓为百合，望夫女为石、燕为石、蟹为石。物相化者，雀为蛤，雉为蜃，田鼠为鴽，鹰为鸠，鸠为鹰，蛤仍为雀。松化为石。人相化者，武都妇人为男子，广西老人为虎。

【译文】用身形变化的例子是牛哀变成老虎。用魂魄变化的例子是望帝化为杜鹃，炎帝的女儿化为精卫鸟。用血变化的例子是苌弘的血化为碧玉，人血化为磷。用头发变化的例子是梁武帝的宫女头发变为蛇。用气变化的例子是蜃气化为亭台楼阁。用泪变化的例子是湘妃的眼泪化为斑竹。无情化为有情的例子，有腐草化为萤火虫，腐朽的麦子化为蝴蝶，烂瓜化为鱼。有情化为无情的例子，有蚯蚓化为百合，望夫女化为石头、燕子化为石头、螃蟹化为石头。物质之间相互变化，有麻雀化为蛤，野鸡化为蜃，田鼠化为鴽，鹰化为鸠，鸠化为鹰，蛤又化为麻雀，松树化为石头。人之间相互变化的例子，有武都的妇人化为男子，广西有个老人变成虎。

人食矾石而死，蚕食之不饥。鱼食巴豆而死，鼠食之而肥。

【译文】人吃了矾石会死，蚕吃了却可以充饥。鱼吃了巴豆会死，老鼠吃了却会变肥。

风生兽得菖蒲则死。鳖得苋则活。蜈蚣得蜘蛛则腐。鸱鸮得桑椹则醉。猫得薄荷则醉。虎得狗则醉。橘得糯米则烂。芙蕖得油则败。番蕉得铁则茂。金得翡翠则粉。犀得人气则碎。漆得蟹则败。

【译文】风生兽被菖蒲塞住鼻子会死。鳖有苋菜就会活。蜈蚣遇到蜘蛛会腐烂。鸱鸮吃了桑葚会醉。猫吃了薄荷会醉。虎吃了狗会醉。橘子和糯米放在一起会烂。荷花沾上油会枯萎。香蕉树遇到铁会更加茂盛。金子可以被翡翠粉碎。犀角沾染人气就会破碎。漆碰到蟹黄就会掉落。

萱草忘忧，合欢蠲忿。仓鹒疗妒，鹌鹑治魇，橐蜚治畏。

【译文】萱草可以使人忘记忧愁，合欢花可以使人平息愤怒。仓鹒可以治疗忌妒，鹌鹑可以治疗梦魇，橐蜚可以治疗胆小。

金刚石遇羚羊角则碎。龙漦遇烟煤则不散。

【译文】金刚石遇到羚羊角就会碎。龙的唾沫遇到烟煤就不会流散。

雀芋置干地多湿，置湿地反干。飞鸟触之堕，走兽遇之僵。

【译文】把雀芋放置在干燥的地方它就会显得潮湿，放在潮湿的地方反而显得干燥。飞鸟碰到它就会坠落，走兽碰到它就会僵硬。

终岁无乌，有寇。

【译文】如果一整年都没有看到乌鸦，就会有强盗出现。

鸡无故自飞去，家有蛊。

【译文】如果鸡无缘无故地自己飞走，那家中一定被人下了蛊。

鸡日中不下树，妻妾奸谋。屋柱木无故生芝，白为丧，赤为血，黑为贼，黄为喜。

【译文】如果到中午鸡还没从树上下来，妻妾就一定在谋划奸计。屋里的木柱如果无缘无故地生出芝草，白色代表有丧事，红色代表要见血光，黑色代表有贼人，黄色代表有喜事。

鸡来贫，狗来富，猫儿来后开质库。

【译文】鸡若进门一定会贫穷，狗若进门一定富贵，猫若进门会开当铺。

犬生独，家富足。

【译文】狗如果只生下一个幼崽，家里就会富足。

鸦风鹊雨。

【译文】乌鸦叫会起风，喜鹊叫会下雨。

猫子生，值天德月德者，无不成。忌寅生人及子令生人见。

【译文】猫产崽时，如果正好有天德或者月德贵人在，就能心想事成。忌讳寅年出生的人看，也忌讳让陌生人看。

鼠咬巾衣，明日喜至。

【译文】如果有老鼠咬了手巾和衣服，代表第二天会有喜事发生。

鹳忽移巢，必有火灾。

【译文】鹳鸟忽然迁移巢穴，必然会有火灾发生。

鸡上窠作啾声，来日必雨。

【译文】鸡飞到巢上啾啾地叫，第二天必定会下雨。

凡鸡归栖蚤，则明日晴；归栖迟，则明日雨。

【译文】只要鸡早早回到窝里，第二天就会是晴天；如果鸡回巢晚，那么第二天就会下雨。

乌夜啼，主米贱。

【译文】乌鸦在夜里啼叫，预示米价会下跌。

鸦慢叫则吉，急叫则凶。一声凶，二声吉，三声酒食至。或动头点尾向人叫者，口舌灾患多凶。

【译文】乌鸦缓慢地叫就会吉祥，急速叫就会凶险。叫一声代表凶险，叫两声代表吉祥，叫三声代表有酒席吃。有时候它们会摇头点尾地对着人叫，预示会有口舌之祸，大多凶险。

鸡生子多雄，家必有喜。

【译文】鸡孵出的小鸡如果公的比较多，家里必然会有喜事发生。

夜半鸡啼，则有忧事。

【译文】如果鸡在半夜啼叫，会有令人忧愁的事情发生。

燕巢人家，巢户内向，及长过尺者，吉祥。

【译文】燕子在家里筑巢，如果巢穴口朝向家中，而且长度超过一尺，吉祥。

雨时鸠鸣，有应者即晴，无应者即雨。

【译文】下雨的时候如果有鸠鸟鸣叫，有其他鸠鸟应和天气就会放晴，没有应和就会继续下雨。

无故蚁聚及移窠者，天必暴雨。蚯蚓出，亦然。

【译文】如果蚂蚁无缘无故地聚集或迁徙巢穴，天上必然会下暴雨。蚯蚓出来也是这样。

白蚁虫，是日必吉辰。凡见蛇交，则有喜。

【译文】如果有白蚁出现，这一天必然是良辰吉日。见到蛇交配，就会有喜事发生。

遇蛇会，急拜，求富贵必如意。

【译文】碰到蛇集会，赶紧下拜求富贵，必然会称心如意。

遇蛇蜕壳，急脱衣服盖之，凡谋大吉。

【译文】遇到蛇蜕皮时，赶快脱下衣服把蛇盖上，凡是谋划的事情都会大吉。

生鳖甲寸锉，以红苋覆之，尽成小鳖。

【译文】把活鳖的壳分割成一寸见方的小块，再用红苋菜盖在上面，这些小块就全都会变成小鳖。

虾多，年必荒。蟹多，年多乱。

【译文】虾多时，这一年必然饥荒。螃蟹多时，这一年必然有很多动乱。

绩麻骨插竹园，四围竹不沿出。芝麻骨亦可。

【译文】用麻秆来插竹园，四周的竹子不会长出去。用芝麻秆也可以。

梓木作柱，在下首，则木响叫，云争坐位。

【译文】用梓木做柱子，如果放在下首，梓木就会发出响声，说是争座位。

杉木烰炭为末，安门臼中，则能自响。

【译文】把杉木烧制成的木炭磨成粉末，放在门臼里面，就会自己发出声响。

钉楼板，用寋漆树削钉，以米泔浸之，待干，钉板易入，其坚如铁。

【译文】钉楼板时，用寋漆树削制成钉子，再用淘米水浸泡，等到晾干之后，用它来钉板十分容易，并且坚硬如铁。

荷花梗塞鼠穴，则鼠自去。

【译文】用荷花梗塞住老鼠的洞穴，老鼠就会自己离开这个洞穴。

黄蜡与果子同食，则蜡自化去。

【译文】黄蜡和果子一起吃，那么黄蜡就会自己化掉。

萝卜提硝，则硝洁白而光润。

【译文】用萝卜提炼硝，那么硝就会洁白光润。

灯芯蘸油，再蘸白矾末，能粘起炭火。

【译文】灯芯蘸油之后，再蘸白矾粉末，能够粘起炭火来。

鸡蛋开顶上一小窍，倾出黄白，灌入露水，又以油纸糊好其窍，日中晒之，可以自升，离地三四尺。

【译文】在鸡蛋顶部开一个小孔，倒出蛋黄和蛋白，把露水灌进去，再用油纸把小孔糊好，中午放在太阳下暴晒，鸡蛋可以自己升起来，升到离地面三四尺的高度。

伏中收松柴，劈碎，以黄泥水中浸至皮脱，晒干，冬月烧之，无烟。竹青亦可。

【译文】伏天收集松柴，劈碎，在黄泥水中浸泡到脱皮，然后晒干，冬季烧时不会有烟。竹青也可以。

竹篾以石灰水煮过，可代藤用。

【译文】竹篾用石灰水煮过之后，可以代替藤条使用。

身体

身上生肉丁，芝麻花擦之。

【译文】身上起肉丁时，可以用芝麻花来擦。

飞丝入眼而肿者，头上风屑少许揩之。一云珊瑚尤妙。

【译文】如果有飞丝进入眼中使眼睛红肿，可以用一点头皮屑擦拭。还有人说用珊瑚效果最好。

人有见漆生疮者，用川椒三四十粒，捣碎，涂口鼻上，则漆不能害。

【译文】有的人见到漆会生疮，用三四十粒川椒，捣碎之后涂抹在口鼻上，就不会再被漆所害了。

指甲有垢者，白梅与肥皂同洗则净。

【译文】如果指甲中有污垢，用白梅与肥皂一起洗就能洗干净。

弹琴指甲薄者，僵蚕烧烟熏之则厚。

【译文】弹琴的人如果指甲太薄，用僵蚕烧烟熏过之后就会变厚。

染头发，用乌头、薄荷入绿矾染之。

【译文】染头发，可以用乌头、薄荷加入绿矾来染。

食梅牙软。吃藕则不软，一用韶粉擦之。

【译文】吃梅子时牙会软。吃藕时牙就不会软，又说用韶粉擦过之后就好了。

油手以盐洗之，可代肥皂。一云将顺手洗，自落。

【译文】油手用盐清洗，可以代替肥皂。有人说顺着水洗手，油会自己脱落。

脚根厚皮，用有布纹瓦或浮石磨之。

【译文】脚跟上的厚皮，可以用有布纹的瓦或者浮石去磨。

干洗头，以蒿本、白芷等分为末，夜擦头上，次早梳之，垢秽自去。

【译文】干洗头发时，用等份的蒿本、白芷，研成粉末，夜里擦在头上，第二天早上一梳，污秽就会自己去除。

狐臭，以白灰、陈醋和，傅腋下，一方以煅过明矾擦之尤妙。

【译文】有狐臭的话可以把白灰、陈醋和在一起涂在腋下，还有一种方法是用烧过的明矾擦拭，更加有效。

女儿缠足，先以杏仁、桑白皮入瓶内煎汤，旋下硝、乳香，架足瓶口熏之。待温，倾出盆中浸洗，则骨软如绵。

【译文】女孩缠脚，先把杏仁、桑白皮放在瓶子里熬汤，然后加入硝、乳香，把脚架在瓶口熏蒸。等到水变温之后，将水倒进盆中泡脚，这时候脚骨就会变得软绵绵的。

洗浴去身面浮风，以芋煮汁洗之，忌见风半日。

【译文】洗浴时要去除身上和面部的风尘，可以用芋头煮汁清洗，洗完后半天之内不能见风。

梳头令发不落，用侧柏叶两大片，胡桃去壳两个、榧子三个，同研碎，以擦头皮，或浸水常搽亦可。

【译文】梳头时想让头发不掉落，可以用两大片侧柏叶，去掉壳的核桃两个、榧子三个，放在一起研碎，再用来擦拭头皮，或者泡在水中经常擦拭也可以。

取黡方：桑灰、柳灰、小灰、陈草灰、石灰五灰，用水煎浓汁，入酽醋点之。

【译文】去除黑痣的方法：取来桑灰、柳灰、小灰、陈草灰、石灰这五种灰，放在水中煎成浓汁，再加入浓醋，用来点在黑痣上就可以了。

人鼻中气，阳时在左，阴时在右，候其时则气盛，交代时则两管皆微。

【译文】人鼻子中的气息，阳气旺时在左边，阴气旺时在右边，等到那个时间对应的气息就会旺盛，在阴阳交替时两个鼻孔中的气息都会比较微弱。

妇人月信断三五日交接者是男，二四日交接者是女。

【译文】妇人在月经停止后第三天或者第五天同房，生下的就是男孩；如果是第二天或第四天同房，生下的就是女孩。

夏月面最热，扇面则身亦凉。冬月足最冷，烘足则身亦暖。

【译文】夏天面部最热，用扇子扇面部，身体也会感到凉爽。冬天脚最冷，烘烤脚时身体也会感到温暖。

善睡者以淡竹叶晒干为细末，用二钱水一盏调服，则终夜不寐，可以防贼。如以热汤调服，则睡至晓。

【译文】嗜睡的人可以用淡竹叶晒干研成粉末，取二钱，用一杯凉水调和之后服下，一整夜都不会犯困，可以防贼。如果用热水调和服下，就会一觉睡到天亮。

附子末数钱，用水两碗煎数沸濯足，远行足不痛。

【译文】用几钱附子粉末，再用两碗水煮沸几次后用来洗脚，走远路脚不会疼痛。

宣州木瓜治脚气，煎汤洗之。

【译文】宣州的木瓜可以治脚气，用它煮沸之后洗脚就可以。

面上生疮，疑是漆咬者，以生姜擦之，热则是，不热即非。

【译文】脸上长疮，疑似是漆过敏造成的，可以用生姜擦拭，如果发热就是漆过敏造成的，不发热就不是。

患咳逆，闭气少时即止。

【译文】因为气逆而咳嗽时，闭气片刻就会马上停止。

脚麻，以草芯贴眉心，左麻贴右，右麻贴左。

【译文】脚麻时，可以把草芯贴在眉心，左脚麻就贴在右眉，右脚麻就贴在左眉。

蹉气筋骨牵痛则正坐，随所患一边，以足加膝上立愈。

【译文】岔气导致的筋骨疼痛可以先坐正，然后在疼痛的身体一侧，把脚放在膝盖上立刻就会好。

脚筋抠，左脚操起右阴子，右脚操起左阴子，即止。

【译文】脚抽筋时，左脚抽筋则抓住右睾丸，右脚抽筋则抓住左睾丸，抽筋马上就会停止。

身上疖毒初起，以中夜睡觉未语时唾津涂之，涂数十次，渐消。

【译文】身上的疖毒刚刚生出来时，可以用半夜睡觉时还没有说话前的唾沫涂在患处，涂抹几十次之后，疖毒就会慢慢消除。

左边鼻衄，用带子缚七里穴。

【译文】左边鼻子出血时，可以用带子绑住七里穴。

脚转筋，款款攀足大拇指少顷，立止。

【译文】脚抽筋时，可以慢慢扳动脚的大拇指片刻，马上就会停止。

新为僧道，熬猪油涂网巾痕，数日后即一色。

【译文】新成为僧人和道士的人，熬猪油涂抹头上戴网巾留下的痕迹，几天之后头皮就会变成同一种颜色。

衣服

夏月衣霉，以东瓜汁浸洗，其迹自去。

【译文】夏季衣服发霉，可以用冬瓜汁浸泡之后清洗，霉迹就能洗掉。

北绢黄色者，以鸡粪煮之即白，鸽粪煮亦好。

【译文】北绢如果发黄，用鸡粪水煮过之后就能变白，用鸽粪水煮也很好。

墨污绢，调牛胶涂之，候干揭起，则墨与俱落，凡绢可用。

【译文】墨水弄脏绢布，可以调制牛胶涂在上面，晾干之后把牛胶揭起来，墨迹就会和牛胶一起脱落，只要是绢布就可以用这个办法。

血污衣，用溺煎滚，以其气熏衣，隔一宿以水洗之，即落。

【译文】血迹弄脏衣服，把尿液煮沸，再用蒸汽熏衣服，隔一夜再用水洗，就能洗干净了。

绿矾百草煎污衣服，用乌梅洗之。

【译文】绿矾或者草汁弄脏了衣服，可以用乌梅清洗。

鞋中着樟脑，去脚气。用椒末去风，则不疼痛。

【译文】在鞋子中放置樟脑，可以除脚气。用椒末祛除风邪，就不会痛了。

洗头巾，用沸汤入盐摆洗，则垢自落。一云以热面汤摆洗，亦妙。

【译文】洗头巾时，在沸水中加入盐摆洗，污垢就会脱落。还有一种说法是用热面汤来摆洗，效果也非常好。

槐花污衣，以酸梅洗之。

【译文】槐花弄脏衣服，可以用酸梅清洗。

绢作布夹里，用杏仁浆之，则不吃绢。

【译文】用绢布来做里料时，先用杏仁浆洗，缝制时绢布就不会脱丝。

伏中装绵布衣，无珠；秋冬则有。以灯芯少许置绵上，则无珠。

【译文】在伏天缝制棉衣不会起球；在秋、冬缝制则会起球。在棉花上放一点灯芯，就不会起球了。

茶褐衣缎，发白点，以乌梅煎浓汤，用新笔涂发处，立还原色。

【译文】茶渍把缎衣染成褐色，生出白点，用乌梅煮成浓汤，再用新笔蘸汤涂在白点上，马上就会恢复原来的颜色。

酒醋酱污衣，藕擦之则无迹。

【译文】酒、醋和酱弄脏衣服，用藕擦拭就可以去除痕迹。

霉霉衣，以枇杷核研细为末，洗之，其斑自去。

【译文】衣服发霉，可以用枇杷核研成的粉末来洗，霉斑自然就会去除。

毡袜以生芋擦之，则耐久而不蛀。

【译文】用生芋擦拭毡袜，就会耐穿而不被虫蛀。

红苋菜煮生麻布，则色白如苎。

【译文】用红苋菜煮生麻布，布的颜色就会像苎麻一样白。

杨梅及苏木污衣，以硫黄烟熏之，然后水洗，其红自落。

【译文】杨梅或苏木弄脏衣服，可以用硫黄烧出的烟熏，再用水洗，上面的红色污渍自然就会脱落。

油污衣，用蚌粉熨之，或以滑石，或以图书石灰熨之，俱妙。

【译文】油弄脏衣服，可以用蚌粉来熨，或者用滑石或者用图书、石灰熨，效果都很好。

膏药迹，以香油搓洗自落，后用萝卜汁去油。

【译文】衣服上膏药的痕迹，用香油搓洗自然就会掉落，然后用萝卜汁去除油渍。

墨污衣，用杏仁细嚼擦之。

【译文】被墨水弄脏衣服，可以把杏仁细细嚼碎之后擦拭。

洗毛衣及毡衣，用猪蹄爪汤乘热洗之，污秽自去。

【译文】洗毛衣或毡衣时，用猪蹄汤趁热洗，污秽自然就会去除。

葛布衣折好，用蜡梅叶煎汤，置瓦盆中浸拍之，垢即自落，以梅叶揉水浸之，不脆。

【译文】葛布衣服折好，用蜡梅叶煮水，把衣服放在瓦盆里浸泡并拍打，污垢自然就会脱落，再用梅叶揉水后浸泡衣服，衣服就不会那么生硬了。

油污衣，用白面水调罨过夜，油即无迹。

【译文】被油污的衣服，把白面水涂在油渍上放置一夜，油渍就去除了。

去墨迹，用饭粘搓洗，即落。

【译文】衣服上有墨迹时，用白饭粘在上面搓洗，墨迹就脱落了。

罗绢衣垢，折置瓦盆中，温泡皂荚汤洗之，顿按翻转，且浸且拍，垢秽尽去。弃前水，复以温汤浸之，又顿拍之，勿展开，候干折藏之，不浆不熨。

【译文】罗绢质地的衣服脏了之后，折叠好放置在瓦盆中，用温水浸泡之后再用皂荚汤清洗，揉搓翻转，边浸泡边拍打，污垢就会全部去除。倒掉脏水，再用温水浸泡，再次搓洗、拍打，不要展开，晾干之后就这样折叠收藏起来，不用浆洗也不用熨。

颜色水垢，用牛胶水浸半日，温汤洗之。

【译文】衣服上沾染了有颜色的脏污，先用牛胶水浸泡半天，再用温水清洗。

洗白衣，白菖蒲用铜刀薄切，晒干作末，先于瓦盆内用水搅匀，将衣摆之，垢腻自脱。

【译文】洗白衣服时，把白菖蒲用铜刀切成薄片，晒干研成粉末，先放入瓦盆里用水搅拌均匀，提着衣服摆洗，污垢就会脱落。

洗紬绢衣，用萝卜汁煮之。

【译文】洗绸、绢的衣服时，可以用萝卜汁煮。

洗皂衣，浓煎栀子汤洗之。

【译文】洗黑色的衣服时，可以用栀子煎成浓汤清洗。

黄泥污衣，用生姜汁搓了，以水摆去之。

【译文】黄泥弄脏衣服，可以用生姜汁搓一遍，在水中摆洗就能去除。

洗油污衣，滑石天花粉不拘多少为末，将污处以炭火烘热，以末糁振去之。如未净，再烘，再振，甚者不过五次。

【译文】洗油污的衣服，用滑石粉和天花粉不用管比例，混合成粉末，把有污渍的地方用炭火烘热，再把粉末撒在上面抖去。如果没有干净，就再烘，再抖，最多不会超过五次。

漆污衣，杏仁、川椒等分研烂揩污处，净洗之。

【译文】漆弄脏衣服，可以用等量的杏仁、川椒分别研磨烂之后抹在污渍上，用水清洗。

墨污衣，用杏仁去皮尖茶子等分为末糁上，温汤摆之。洗字则压去油，罗极细，末糁字上，以火熨之。又法：以白梅捶洗之。

【译文】墨水弄脏衣服，用去掉尖和皮的杏仁与等量的茶子一起研磨成粉末敷在上面，再放到温水中摆洗。要洗去衣服上的字，先把粉末中的油压出去，用娟罗筛成极细的粉末，再把粉末撒在字上面，用火熨烫。还有一种办法：用白梅捶洗。

蟹黄污衣，以蟹脐擦之即去。

【译文】蟹黄弄脏衣服，用蟹脐擦拭就能去除。

血污衣，即以冷水洗之即去。

【译文】血弄脏衣服，马上用冷水清洗就能去除。

洗油帽，以芥末捣成膏糊上，候干，以冷水淋洗之。

【译文】洗帽子上的油渍时，用芥末捣成膏糊在上面，等晾干之后，再用冷水淋着清洗。

饮食

炙肉，以芝麻花为末，置肉上，则油不流。

【译文】烤肉时，把芝麻花研磨成粉末，撒在肉上，油脂就不会流出。

糟蟹久则沙，见灯亦沙，用皂角一寸置瓶下，则不沙。

【译文】糟蟹时间久了就会变沙，放在灯下也会变沙，用一寸长的皂角放在瓶子下面，就不会变沙。

煮老鸡，以山楂煮即烂，或用白梅煮，亦妙。

【译文】煮老鸡时，加些山楂来煮很快就会变烂，或者用白梅煮也很不错。

枳实煮鱼则骨软，或用凤仙花子。

【译文】用枳实煮鱼骨头都会变软，或者用凤仙花子也可。

酱内生蛆，以马草乌碎切入之，蛆即死。

【译文】酱里面生蛆时，把马草乌切碎放到里面，蛆就会死掉。

糟茄入石绿，切开不黑。

【译文】糟茄子时放入石绿，切开不会发黑。

糟姜，瓶内安蝉壳，虽老姜亦无筋。

【译文】糟姜时，在瓶内放入蝉壳，就算是老姜也不会有筋。

食蒜后，生姜、枣子同食少许，则不臭。

【译文】吃蒜之后，把生姜、枣子一起吃一点，就不会有口臭。

煮饭以盐硝入之，则各自粒而不粘。

【译文】煮饭时加入盐硝，饭就会粒粒分离，不会粘在一起。

米醋内入炒盐，则不生白衣。

【译文】米醋内加入炒过的盐，就不会生出白花。

用盐洗猪脏肚子则不臭。

【译文】用盐清洗猪的内脏就不会发臭。

腌鱼，用矾盐同腌，则去涎。

【译文】腌鱼时，放入矾盐一起腌，可以去除鱼腥味。

凡杂色羊肉入松子，则无毒。

【译文】在杂色羊肉中加入松子，就没有毒性了。

藕皮和菱米同食，则甜而软。

【译文】藕皮和菱米一起食用，又甜又软。

芥辣，用细辛少许与蜜同研，则极辣。

【译文】芥末是辣的，加一点细辛和蜂蜜放在一起研磨，就会非常辣。

晒胡芦干，以藁本汤洗过，不引蝇子。

【译文】晒胡芦干时，用藁本熬成的汤清洗，就不会引来苍蝇。

杨梅核与西瓜子，用柿漆拌，晒干，则自开，只拣取仁。

【译文】杨梅核与西瓜子，用柿漆搅拌，晒干之后就会自己裂开，就可以拣取果仁了。

鸭蛋以硇砂画花写字，候干，以头发灰汁洗之，则花直透内。

【译文】在鸭蛋上用硇砂画花写字，晾干之后，再用头发灰汁清洗，花纹就会渗透到蛋壳内部。

炒白果、栗子，放油纸撚在内，则皮自脱。

【译文】炒白果、栗子时，放些油纸捻在里面，壳就会自动脱落。

夏月鱼肉放香油，耐久不臭。

【译文】夏季在鱼肉中加入香油，放很久都不会发臭。

萝卜梗同煮银杏，则不苦。

【译文】萝卜梗和银杏在一起煮，就不会发苦。

煮芋，以灰煮之则酥。

【译文】煮芋头时加入灰就会酥。

煮藕，以柴灰煮之，则糜烂，另换水放糖。

【译文】用柴灰煮藕就会软烂，另外换水后放糖再煮。

榧子与甘蔗同食，其渣自软，与纸一般。

【译文】榧子与甘蔗一起吃，甘蔗渣就会变得像纸一样软。

晒肉脯，以香油抹之，不引蝇子。

【译文】晒肉脯时，把香油抹在上面，不招苍蝇。

食荔枝，多则醉；以壳浸水饮之则解。

【译文】荔枝吃多了就会醉，用荔枝壳泡水喝就能解。

腌鸭蛋，月半日做，则黄居中。一云日中做。

【译文】腌鸭蛋时，在每个月的中旬制作，蛋黄就会在正中间。也有人说在中午制作。

韶粉去酒中酸味，赤豆炒热入之，亦好。

【译文】韶粉可以去除酒中的酸味，把红豆炒热后加入，也很好用。

荷花蒂煮肉，精者浮，肥者沉。

【译文】用荷花蒂煮肉，瘦肉就会浮上来，肥肉则会沉下去。

鸭蛋以金刚根同煮，白皆红。

【译文】鸭蛋和金刚根一起煮，蛋白都会变成红色。

天落水做饭，白米变红，红米变白。

【译文】用天上降下的水做饭，白米会变成红色，红米会变成白色。

饮酒欲不醉，服硼砂末。

【译文】想要喝酒不醉，可以服用硼砂末。

吃栗子，于生芽处咬破气，一口剥之，皮自脱。

【译文】吃栗子时，在长芽那里咬破放气，一口剥下，皮自然就会脱落。

竹叶与栗同食，无渣。

【译文】竹叶和栗子在一起吃，就没有渣子。

茄干灰可腌海蜇。

【译文】茄秧表面的灰可以用来腌制海蜇。

寸切稻草可煮臭肉，其臭皆入草内。

【译文】把稻草切成一寸的小段来煮臭肉，臭味就会被煮进稻草里面。

煮老鹅，就灶边取瓦一片同煮，即烂。

【译文】煮老鹅时，在灶台边取一片瓦一起煮，很快就能煮烂。

吃蟹后，以蟹脐洗手，则不腥。

【译文】吃螃蟹后，用蟹脐洗手，可以去除腥味。

豆油煮豆腐有味。

【译文】用豆油煮豆腐味道很好。

篱上旧竹篾缚肉煮，则速糜。

【译文】用篱笆上的旧竹篾绑肉煮，肉很快就能煮烂。

馄饨入香蕈在内不嗳。

【译文】馄饨中加入香菇，吃完后不打嗝。

食河豚罢，以萝卜煎汤涤器皿，即去其腥。

【译文】吃完河豚后，用萝卜煮水洗涤器皿，能够去除腥味。

灯草寸断，收糖霜重间之为佳。

【译文】把灯草剪成一寸长的小段，保存白糖时用灯草把白糖层层隔开放置最好。

糖霜用新瓶盛贮，以竹箬纸包好，悬于灶上，两三年不溶。

【译文】白糖用新瓶子盛放，再用竹箬纸包好，悬挂在灶上，两三年都不会溶化。

糟姜入瓶中，糁少许熟栗子末于瓶口，则无滓。

【译文】糟姜放进瓶子中时，在瓶口撒上一点熟栗子粉末，就不会有滓。

糟姜时，底下用核桃肉数个，则姜不辣。

【译文】糟姜时，在底部放几个核桃仁，姜就不会辣。

糟茄，须旋摘便糟，仍不去蒂萼为佳。

【译文】糟茄子时，必须摘下来马上就糟，而且最好不要去除蒂萼。

干蓼草上下覆铺，以贮糯米，则不蛀。

【译文】把干蓼草铺在下面并盖住上面，用来贮藏糯米，就不会被虫蛀。

豆黄和松叶食之，甚美，可作避地计。

【译文】豆黄和松叶一起吃，十分美味，可以作为隐居的食物。

沙糖调水洗石耳，极光润。

【译文】用沙糖调水洗石耳，可洗得极其光滑圆润。

食梅齿软，以梅叶嚼之，即止。

【译文】吃梅子牙齿会发软，在嘴里咀嚼梅叶就好了。

生甜瓜以鲞鱼骨刺之，经宿则熟。

【译文】用腌鱼的骨刺扎一下生甜瓜，过一夜就熟了。

伏中合酱与面，不生蛆。

【译文】伏天做酱和面，不会生蛆。

收椒，带眼收，不带叶收，不变色。

【译文】收花椒时，带着花椒籽摘下来，不带叶子，花椒就不会变色。

日未出及已没下酱，不引蝇子。

【译文】太阳还没有出来时或者太阳落山后做酱，不会招苍蝇。

醉中饮冷水，则手颤。

【译文】喝醉时喝冷水，手就会打战。

造酱之时，缸面用草乌头四个置其上，则免蝇蚋。

【译文】做酱时，把四个草乌头放在缸面上，就没有苍蝇、蚊子之类的。

器用

商嵌铜器以肥皂涂之，烧赤后，入梅锅烁之，则黑白分明。

【译文】把肥皂涂在有镶嵌装饰的铜器上面，烧红之后再放入梅锅里烧，就会黑白分明。

黑漆器上有朱红字，以盐擦则作红水流下。

【译文】黑色的漆器上有红色的字，用盐擦拭就会变成红水流下来。

油笼漆笼漏者，以马屁浡塞之，即止。肥皂围塞之，亦妙。

【译文】油笼漆笼如果漏了，用马勃菌塞上之后就不漏了。用肥皂围塞效果也很好。

柘木以酒醋调矿灰涂之，一宿则作间道乌木。

【译文】用酒、醋调制矿灰涂抹在柘木上，一夜就会变成有间道的乌木。

漆器不可置莼菜，虽坚漆亦坏。

【译文】漆器中不能放置莼菜，如果放了，就算再坚固的漆都会被破坏。

热碗足烫漆桌成迹者，以锡注盛沸汤冲之，其迹自去。

【译文】碗因为太热而在漆桌上烫下痕迹时，用小锡壶盛沸水一冲，痕迹就会消失。

铜器或石上青，以醋浸过夜，洗之自落。

【译文】铜器或者石上有青斑的，泡在醋里经过一夜，用水清洗之后就会脱落。

针眼割线者，用灯烧眼。

【译文】针眼如果会割断线，只要用灯烧一下针眼就好了。

锡器上黑垢，用鸡鹅汤之热者洗之。

【译文】锡器上有黑色污垢，可以用煮鸡、鹅的热汤清洗。

酒瓶漏者，以羊血擦之则不漏。

【译文】如果酒瓶漏了，用羊血一擦就不漏了。

碗上有垢，以盐擦之。

【译文】碗上有污垢，可以用盐擦拭。

水㶸炭缸内，夏月可冻物。

【译文】在木炭缸中倒入水，夏天也可以冷冻物品。

刀锈，木贼草擦之。

【译文】刀生锈后，可以用木贼草擦拭。

皂角在灶内烧烟，锅底煤并烟突煤自落。

【译文】把皂角放在灶里烧烟，锅底和烟囱中的煤灰就会自己掉落。

肉案上抹布，以猪胆洗之，油自落。

【译文】肉案上的抹布，用猪胆清洗，上面的油自然就会掉落。

㶸炭瓶中安猫食，不臭，虽夏月亦不臭。

【译文】在木炭瓶中放置猫食，不会发臭，即使夏季也不会变臭。

藁本汤布拭酒器并酒桌上，蝇不来。

【译文】用蘸有藁本汤的布擦拭酒器和酒桌，苍蝇就不会来。

香油蘸刀则不脆。

【译文】用香油蘸刀，刀就不会发脆。

琉璃用酱汤洗油自去。

【译文】用酱汤清洗琉璃，上面的油自然就会去除。

铁锈以炭磨洗之。刀钝以干焊炭擦之则快。

【译文】铁锈可以用炭磨洗。刀钝之后用干木炭摩擦就会变锋利。

泥瓦火锻过，作磨刀石。

【译文】泥瓦用火锻过之后，可以做磨刀石。

洗刀洗铁皮，松木、杉木、铁艳粉为细末，以羊脂炒干为度，用以擦刀，光如皎月。

【译文】洗刀和铁皮时，把松木、杉木、铁艳粉研成细末，用羊脂炒干后，用来擦刀，可以使刀光洁如同明月。

洗缸瓶臭，先以水再三洗净却，以银杏捣碎，泡汤洗之。

【译文】洗过的缸和瓶子发臭，先用水再三清洗去味，再把银杏捣碎，泡在水里清洗就可以了。

荷叶煎汤，洗锡器极妙。

【译文】荷叶煮汤，用来清洗锡器效果非常好。

釜内生锈，烧汤，以皂荚洗之如刮。

【译文】锅里生锈，在烧水时，用皂荚清洗就像刮过一样干净。

松板作酒榨，无木气。

【译文】把松板作为酒榨，酿出的酒没有木气。

镀白铜器，用萱草根及水银揩之如新。

【译文】镀了白铜的器皿，用萱草根及水银擦拭就会焕然一新。

锡器以木柴灰煮水，用木贼草洗之如银。或用腊梅叶，或用肥皂热水，亦可。

【译文】用木柴灰烧水，再用木贼草清洗锡器，就会像银器一样光亮。或者用腊梅叶，或者用热肥皂水也可以。

瓷器记号，以代赭石写之，则水洗不落。

【译文】在瓷器上做记号时，可以用代赭石写，用水洗也不会掉落。

竹器方蛀，以雄黄、巴豆烧烟熏之，永不蛀。

【译文】竹器刚刚被虫蛀时，马上用雄黄、巴豆烧烟去熏，永远都不会再被虫蛀。

凡竹器蛀，以萵苣煮汤，沃之。

【译文】凡是竹器被虫蛀之后，用萵苣烧水浸泡就会复原。

定州瓷器一为犬所舐，即有璺纹。

【译文】定州的瓷器只要一被狗舔舐，就会有裂纹。

漆器以覆苋菜，便有断纹。

【译文】用漆器来盖苋菜，就会有断纹。

雨伞、油衣、笠子雨中来，须以井水洗之；不尔，易得脆坏。

【译文】穿着雨伞、油衣、斗笠从雨中回来后，需要用井水清洗；不然就会变脆损坏。

铜器不得安顿米上，恐霉，坏其声。

【译文】铜器不能放置在米上，这是怕发霉而影响它的声音。

手弄地栗，不可弄铜器，击之必破。

【译文】手中在把玩荸荠时，就不能把玩铜器，不然两者撞击的话铜器必然会破损。

新锅先用黄泥涂其中，贮水满，煮一时，洗净，再干烧十分热，用猪油同糟遍擦之，方可用。

【译文】新锅要先用黄泥涂在里面，贮满水后，煮一个小时，洗干净之后，再烧到十分热，用猪油和糟擦拭一遍，才能够使用。

漆污器物，用盐干擦。

【译文】漆弄脏器物，可以用盐干擦。

酒污衣服，用藕擦。

【译文】酒弄脏衣服，可以用藕擦拭。

器旧，用酱水洗。

【译文】器物旧了，可以用酱水清洗。

藤床椅旧，用豆腐板刷洗之。

【译文】藤床和藤椅旧了，可以用豆腐板洗刷。

鼓皮旧，用橙子瓤洗之。

【译文】鼓皮旧了，可以用橙子里面的白瓤清洗。

汤瓶生碱，以山石榴数枚，瓶内煮之，碱皆去。

【译文】热水瓶中生水垢，可以用几枚山石榴放在瓶里煮，水垢都会被去除。

桐木为轿杠，轻复耐久。

【译文】用桐木制作轿杠，轻便耐久。

瓷器捐缺，用细筛石灰一二钱、白芨末二钱，水调粘之。

【译文】瓷器上有缺口，可以用细细筛出来的石灰一两钱、白芨粉末两钱，和水调制后粘连。

铁器上锈者，置酸泔中浸一宿取出，其锈自落。

【译文】铁器生锈，可以放在酸泔里浸泡一晚取出，上面的铁锈就会自己脱落。

松杓初用当以沸汤；若入冷水，必破。

【译文】松木勺子刚开始用时要用来盛沸水；如果放入冷水中，必然会破损。

试金石，以盐擦之，则磨痕尽去。

【译文】试金石，可以用盐擦拭，表面的磨痕就会全部去除。

文房

研墨出沫，用耳膜头垢则散。

【译文】研墨时有泡沫，用耳屎和头皮上的污垢放进去泡沫就散了。

蜡梅树皮浸水磨墨，有光彩。

【译文】用蜡梅树皮泡水后磨墨，墨水就会很有光彩。

矾水写字令干，以五棓子煎汤浇之，则成黑字。

【译文】用矾水写字晾干后，再用五棓子熬成的汤浇在上面，字就会变成黑色。

肥皂浸水磨墨，可在油纸上写字。

【译文】肥皂在水里浸泡后磨墨，可以在油纸上写字。

肥皂水调颜色，可画花烛上。

【译文】用肥皂水调颜色，可以在蜡烛上画花。

磨黄芩写字在纸上，以水沉去纸，则字画脱在水面上。

【译文】研磨黄芩在纸上写字，把纸沉在水里，字和画就会脱在水面上。

画上若粉被黑或硫烟熏黑，以石灰汤蘸笔，洗二三次，则色复旧。

【译文】画上的水粉如果被黑色或者硫烟熏黑，用石灰汤蘸笔，洗上两三次，颜色就会恢复。

蓖麻子油写纸上，以纸灰撒之，则见字。一云杏仁尤妙。

【译文】用蓖麻子油在纸上写字，再把纸灰撒在上面，字就会出现。还有人说用杏仁效果更好。

冬月以酒磨墨，则不冻。

【译文】冬季用酒磨墨，墨水不会冻住。

盐卤写纸上，烘之，则字黑。

【译文】用盐卤在纸上写字，烘干之后，字就会变成黑色。

冬月以杨花铺砚槽，则水不冰。

【译文】冬季把杨花铺在砚槽里，水就不会冻住。

花瓶中入火烧瓦一片，则不臭。

【译文】在花瓶中放一片火烧瓦，就不会发臭。

收笔，东坡用黄连煎汤，调轻粉蘸笔，候干收之。

【译文】收笔时，苏轼用黄连烧水，再调制轻粉来蘸笔，晾干之后才会收起来。

擦金扇油，用绵子渍鹿血，藏久擦之，甚妙。

【译文】擦金扇上的油时，用棉花浸一些鹿血，收藏久一些之后用来擦拭，效果非常好。

补字，以新面巾一个，用石灰少许投入，即化为粘水，贴上，悠久又无迹。

【译文】补字的办法：在一个新面巾中放入少量石灰，马上就会化成胶水，贴到要补的地方上之后，能维持很长时间，而且没有痕迹。

洗字，扇头绫轴上讹字，用陈酱调水笔蘸，照字写上，须臾擦去，无痕。

【译文】洗字的办法：扇头或绫轴上写错了字，用笔蘸陈酱调制的水，照着字的痕迹写上去，片刻后擦去，便没有痕迹了。

取错字法，蔓荆子二钱，龙骨一钱，相子霜五分，定粉少许，同为末，点水字上，以末糁之，候干即拂去。

【译文】去除错字的方法：用两钱蔓荆子，一钱龙骨，五分相子霜，少量定粉，和在一起研成粉末，把水点在字上，再把粉末撒在上面，晾干之后擦去即可。

砚不可汤洗。

【译文】砚台不能用热水洗。

真龙涎香烧烟入水，假者即散。夷使到本朝，本朝烧之，使者曰："此真龙涎香也，烧烟入水。"果如其言。

【译文】真正的龙涎香燃烧的烟能够进入水中，假的遇水马上就会散去。外国使者来到本朝，朝廷烧了龙涎香，使者说："这是真的龙涎香，烧的烟可以进入水中。"果然和他所说的一样。

裱褙打糊，入白矾、黄蜡、椒末和之，褙书画，虫鼠不敢侵。

【译文】制作裱褙用的浆糊时，加入白矾、黄蜡、椒末调和在一起，用来裱褙书画，虫子和老鼠都不敢啃咬。

裱褙书画，午时上壁，则不瓦。又云日中晒多日，亦不瓦。一云用萝卜汁少许打糊，则不瓦。

【译文】裱褙书画时，在正午时挂到墙上，表面不会不平。还有人说在中午晒几天，也不会不平。还有一种说法是用一点萝卜汁打成糊裱褙，就不会不平。

打碑纸，先以胶矾水湿过，方用。

【译文】拓碑用的纸，要先用胶矾水浸湿之后才能用。

新刻书画板，临印时，用糯米糊和墨，印两三次，即光滑分明。

【译文】新刻的书画雕板，将要印刷时，用糯米糊和墨汁混合在一起，印刷两三次，板就会光滑分明。

打碑，挼皂荚水滤去滓，以水磨墨，光彩如漆。

【译文】拓碑时，先从皂荚中揉出水滤去残渣，再用皂荚水磨墨，拓出来墨色光彩如漆。

鹿角胶和墨，最佳。和墨一两，入金箔两片，麝香三十文，则墨熟而紧。

【译文】用鹿角胶和墨，效果最好。和一两墨，加入两片金箔，三十文麝香，调出来的墨又熟又紧致。

造墨，用秋水最佳。

【译文】制作墨，用秋天的水最好。

蓖麻子擦研，滋润。

【译文】用蓖麻子擦拭砚台，十分滋润。

洗油污书画法，用海漂硝、滑石各二分，龙骨一分半，白垩一钱，共为细末，用纸如污衣法熨之，大凡污多已干者，仍以油渍之，迹大，不妨。否则以水浸一宿，绞干，用药亦可。

【译文】洗去书画上油污的方法：用海漂硝、滑石各二分，龙骨一分半，白垩一钱，放在一起研成细末，再像熨脏衣服一样去熨纸，如果污渍大多数已经干了，便仍用油滴在污渍上，油渍大了也不妨事。不这样的话，就用水浸泡一晚上，拧干之后用药也可以去除。

瓶中生花，用草紧缚其枝，插在瓶中，可以耐久。

【译文】在瓶中养花时，先用草把枝条绑紧，再插到瓶子里，这样可以养很久。

试墨点黑漆器中，与漆争光者，绝品也。

【译文】试墨时可以把墨水点在黑色的漆器中，如果比漆器更有光泽，就是极品。

金珠

珍珠经年油浸，及犯尸气色昏者，团饭中以喂鸡或鸭或鹅，俟其粪下，收洗如新。

【译文】珍珠泡在油中多年，以及被尸气所冲犯而变得气色昏暗的，把它放进饭团中喂给鸡、鸭或者鹅，等到它们排便后，取出里面的珍珠清洗，便可光亮如新。

鹅鸭粪晒干烧灰，热汤澄汁，以油珠绢袋盛洗之光净。

【译文】鹅、鸭的粪晒干之后烧成灰，倒进水里煮沸后沉淀成清水，把油珠放进绢袋里再放在水里清洗，珍珠就会光亮洁净。

银丝器不可用杉木作盝盛，久之色黑。

【译文】银丝器物不能用杉木做成的匣子盛放，时间长了颜色就会发黑。

代赭石作末和盐煮金器，颜色鲜明。

【译文】代赭石研成末加盐之后用来煮金器，颜色就会光鲜明亮。

玉器如打破，以白矾火上熔化，粘之，补瓷器亦妙。

【译文】玉器如果被打破，可以把白矾在火上熔化后粘连，用来补瓷器也很好用。

象牙如旧，用水煮木贼令软，洗之。再以甘草煮水，又洗之，其色如新。

【译文】象牙如果旧了，可以用水把木贼草煮软后清洗。再用煮过甘草的水清洗，颜色就会和新的一样。

多年玉灰尘，以白梅汤煮之，刷洗即洁。

【译文】玉上沉积了很多年的灰尘，放在白梅汤中煮，刷洗之后就会洁净。

珠子用乳汁浸一宿，洗出鲜明。

【译文】珠子用乳汁浸泡一晚，拿出清洗后就会变得十分光鲜明亮。

象牙笏曲者，用白梅汤煮绵，令热，裹而压即直。旧象牙箸煮木贼草令软，擦之，再以甘草汤洗之。又法：以白梅洗之，插芭蕉树中，二三日出之，如新。

【译文】象牙笏如果弯曲，可以先用白梅汤煮热棉花，裹住象牙笏压直就可以了。旧象牙箸可以先用水把木贼草煮软进行擦拭，再用甘草汤清洗。还有一种办法：先用白梅清洗，插在芭蕉树中，两三天之后拿出，就会焕然一新。

洗赤焦珠，木槵子皮热汤泡洗之。研萝卜汁，浸一宿即白。

【译文】洗赤焦珠时，可以用木槵子皮煮成的热汤泡洗。榨萝卜汁浸泡一晚也会变白。

煮象牙，用酢酒煮之，自软。

【译文】煮象牙时，用醋酒来煮，自然就会变软。

果品

收枣子，一层稻草一层枣，相间藏之，则不蛀。

【译文】贮藏枣子时，铺一层稻草放一层枣，间隔收藏，就不会被虫蛀。

藏栗不蛀，以栗蒲烧灰淋汁，浸二宿出之，候干，置盆中，以沙覆之。

【译文】贮藏栗子时想要不被虫蛀，把栗蒲烧成的灰放进水中，把栗子放入浸泡两夜后取出，晾干之后，放置在盆中，再把沙子盖在上面。

藏西瓜，不可见日影，见之则芽。

【译文】贮藏西瓜时，不能见到阳光，见到阳光就会长芽。

收鸡头，晒干入瓶，箬包好，埋之地中。

【译文】贮藏鸡头米时，晒干放在瓶子中，再用竹叶包好埋在地下。

藏金橘于绿豆中，则经时不变。

【译文】把金橘贮藏在绿豆中，经过很长时间都不会变质。

藏柑子，以盆盛用干潮沙盖。木瓜同法。

【译文】贮藏柑子时，用盆盛放，再用干的潮沙盖在上面。贮藏木瓜的方法也是这样。

收湘橘，用汤煮过瓶收之，经年不坏。

【译文】贮藏湘橘时，用开水煮过的器皿收藏，过很多年都不会坏。

藏胡桃，不可焙，焙则油。

【译文】贮藏核桃时，不能烘焙，一烘焙就会出油。

藏梨子，用萝卜间之，勿令相着，经年不坏。

【译文】贮藏梨子时，用萝卜把梨子分开，不要让梨子挨在一起，这样才能过了一年都不坏。

梨蒂插萝卜内，亦不得烂。藏香团，同法。

【译文】把梨蒂插在萝卜里，也不会烂。贮藏香团也可以用同样的方法。

栗子与橄榄同食，作梅花香。

【译文】栗子与橄榄一起吃，有梅花的香味。

炒栗子、白果，拳一个在手，勿令人知，则不爆。

【译文】炒栗子、白果时，在手中握一个，不要让人知道，栗子和白果就不会爆裂。

水杨梅入烰炭，不烂。

【译文】在水杨梅中加入木炭，就不会腐烂。

以缸贮细沙，藏柑橘、梨、榴之属于其中，久而不坏。

【译文】在缸中放入细沙，里面贮藏柑橘、梨、石榴之类的水果，很长时间都不会坏。

如柑橘顿近米处，便速烂。

【译文】如果柑橘放在靠近米的地方，很快就会腐烂。

梨子纸裹入新瓶，可藏至二月。

【译文】用纸包裹梨子放进新瓶中，可以藏到来年二月份。

石榴煎米泔百沸汤，焯过晾干，可至来年夏，不损坏。

【译文】石榴在久沸的淘米水中淖过之后晾干，贮存到来年夏天也不会腐坏。

梨子藏北枣中，可以致远。

【译文】梨子藏到北枣中，可以寄到远方。

榧子用盛茶瓶贮之，经久不坏。

【译文】榧子放在装茶叶的瓶子里贮藏，很长时间都不会坏。

藏生枣子用新沙罐，一层淡竹叶枝，古老铜钱数个，白矾少许，浸水井内，经年不坏。

【译文】贮藏生枣子时要用新的沙罐，铺一层淡竹叶枝，放几个古老的铜钱，加一点白矾，浸泡在水井里，几年都不会坏。

藏桃、梅之属于竹林中，拣一大竹，截去上节，留五尺，通之，置果于竹中，以箬封泥涂之，隔岁如新撷。

【译文】桃和梅子之类的水果可以贮藏在竹林中，先挑选一棵大竹子，截去上面的枝节，留下五尺长，凿通之后把水果放在竹子中，再用竹叶封口并用泥涂抹，存放一年还像刚摘下的一样。

摘银杏，以竹篾箍其根，过一宿，击篾则实尽落。

【译文】摘银杏时，用竹篾箍住树根，经过一夜，只需要打竹篾树上的果实就会全部掉落。

鸡头子连蒲元水藏于新瓷器内，供时旋剥，甚妙。

【译文】鸡头米和蒲元水一起贮藏到新瓷器里，随时可以剥来吃，非常好用。

蜜饯夏月多酸，可用大缸盛细沙，时以水浸湿，置瓶其上，即不坏。

【译文】蜜饯在夏季经常会变酸，可以在大缸中盛细沙，时时用水浸湿，再把蜜饯瓶子放在上面，就不会腐坏。

梨子怕冻，须用沙瓮着稻糠拌和藏之，以草塞瓶口，使其通气，可留过春。

【译文】梨子怕冻，需要用沙瓮加入稻糠搅拌之后贮藏，最后用草塞住瓶口，让里面通气，可以存到第二年春天。

松子用防风数两置裹中，即不油。

【译文】松子用几两防风一起放置在包裹中，就不会出油。

梨子每个以其柄插萝卜中，藏漆盒内，可以久留。

【译文】把每个梨子的柄都插入萝卜中，贮藏在漆盒里，可以保存很久。

风栗，以皂荚水浸一宿，取出晾干，篮盛挂当风，时时摇之。

【译文】风干栗子时，先用皂荚水浸泡一夜，再取出晾干，盛放在篮子里迎风悬挂，还要经常摇晃。

收柑橘，用黄砂坛，以晒燥松毛拌之，则不烂。松毛湿，则又晒燥换之。无松毛，早稻草铡断，亦好。

【译文】贮藏柑橘时使用黄砂坛，再把晒干的松毛拌在里面，柑橘不会腐烂。松毛如果湿了，就要拿出来晒干后更换。如果没有松毛，可以把早稻草铡断代替，效果也很好。

闽中藏生荔枝，六七分熟者，用蜜一瓮浸之，密扎，令水不入，投井中，用时取出，其色如鲜。

【译文】福建地区贮藏生荔枝时，选取六七分熟的，浸泡在一瓮蜜中，将瓮口扎紧密封，不要让水进去，然后放进井里，等用的时候取出，颜色和新鲜的一样。

收胡桃松子，以粗布作袋，挂当风中。

【译文】贮藏胡桃和松子时，用粗布做成的袋子装起来，迎风悬挂。

收桃子，以麦麸作粥，先入少盐，盛盆内，候冷，以桃子纳其中，冬月取以侑酒极佳。桃不可太熟，须择其颜色青红可爱者。

【译文】贮藏桃子时，先用麦麸做成粥，加入少量盐，盛放在盆里，等到冷却之后，再把桃子放到里面，冬季取出用来下酒非常好。桃子不能太熟，要选择其中颜色青红好看的。

凡果品皆忌酒，酒气熏即损坏。

【译文】所有的水果都忌酒，酒气一熏很快就会腐坏。

葡萄方熟，用蜡纸裹紧，扎封以蜡，可留到冬。

【译文】葡萄刚刚成熟时，用蜡纸裹紧，再用蜡把缝隙处密封，可以保留到冬季。

栗蒲安在壳中，可以久留。

【译文】栗蒲安放在壳中，可以存放很长时间。

食胡桃多者，令人吐血。

【译文】核桃吃得太多会让人吐血。

黄蜡同栗子嚼，成水。

【译文】黄蜡和栗子一起嚼，会变成水。

栗子同橄榄嚼，其味甘清，名曰“风流脯”。

【译文】栗子和橄榄一起嚼，味道甘甜清爽，名叫“风流脯”。

菜蔬

收芥菜子，宜隔年者则辣。

【译文】收芥菜子时，最好收取隔年的，那才会比较辣。

生姜，社前收无筋。

【译文】生姜在社日前收取没有筋。

茄子以淋汁过柴灰藏之，可至四五月。

【译文】茄子洒上水放在柴灰里贮藏，可以放到第二年的四五月。

小满前收腌芥菜，可交新。

【译文】小满前收芥菜腌制，可以一直吃到新菜长出。

葫芦照水种，则多生。或三四株，微去其薄皮，用肥土包作一株，麻皮扎好，其藤粗大生出者，止留一二个养老，其大如斗，可作器用。

【译文】葫芦朝着水种植，能够长出很多葫芦。选择三四株幼苗，稍微去掉一点薄皮，用肥土包成一株，再用麻皮扎好，其中藤蔓粗壮长出葫芦的，只留下一两个养到老，能长到斗那么大，可以作为容器使用。

花木

冬青树接梅花，则开洒墨梅。

【译文】在冬青树上嫁接梅花，能开出洒墨梅。

石榴树以麻饼水浇，则多生子。

【译文】用麻饼水浇石榴树，能结出很多果实。

养石菖蒲，无力而黄者，用鼠粪洒之。

【译文】养石菖蒲时，如果植株生长无力发黄，可以把鼠粪洒在上面。

花树虫孔，以硫磺末塞之。

【译文】花树上的虫洞，可以用硫磺粉末塞住。

木樨蛀者，用芝麻梗带壳束悬树上。

【译文】桂花树如果被虫蛀了，可以用带壳的芝麻秆绑成一束悬挂在树上。

竹多年生米，急截去，离地二尺通去节，以犬粪灌之，则余竹不生米矣。

【译文】竹子生长多年就会长出竹米，这时候要马上把有竹米的那段截去，再把离地两尺的竹节打通，把犬粪灌进里面，这样其他的竹子就不会生出竹米了。

海棠花以薄荷水浸之，则开。

【译文】海棠花用薄荷水浸泡后就会开放。

银杏不结子，于雌树凿一孔，入雄树一块，以泥涂之，便生子。

【译文】银杏树不结果实，可以在雌树上凿一个孔，放入雄树上的一块木头，再用泥封涂，就能重新结出果实。

草木花枝羊食，并不发。

【译文】草、树和花枝如果被羊吃了，都再也不会萌发了。

芝麻秆挂树上，无蓑衣虫。

【译文】把芝麻秆挂在树上，就不会有蓑衣虫。

牡丹花根下放白术，诸般颜色皆是腰金。

【译文】在牡丹花的根部放置白术，开放的各色花朵都会带有腰金。

冬瓜蔓上，午时用茗帚打之，则多生。

【译文】中午用箬帚打冬瓜蔓，可以结出更多冬瓜。

天道尚左，星辰左旋。地道尚右，瓜瓠右累。

【译文】天道以左为尊，所以星辰都向左旋转。地道以右为尊，所以瓜类大多结在右边。

牡丹花每一朵十二瓣，闰月十三瓣。

【译文】牡丹花每朵有十二个花瓣，有闰月的话则有十三个花瓣。

凡果皆从下生上，惟莲子根从上生下。

【译文】所有的果子都是由下面给上面供应养分生长，只有莲子根是由上面给下面供应养分。

贯仲与柏叶同嚼，无苦味。

【译文】贯仲与柏叶一起嚼，就不会有苦味。

蜀葵枯枝烧灰，可藏火。以干竹缚作火把，雨中不灭。茄秆灰藏火，亦妙。

【译文】把蜀葵的枯枝烧成灰，可以收藏火。把干竹子绑在一起做成火把，就算在雨中也不会熄灭。茄秆烧成灰用来藏火，效果也非常好。

皂荚树有刺，不可上。每至秋实时，以大篾箍束木身，用木砧砧之令急，一夕自落。

【译文】皂荚树有刺，不能攀爬。每到秋天结果时，可以用大竹条箍住树身，再用木砧板敲击来催促它，一夜之间果实就会自己掉落。

油纸灯入荷花池，叶即腐烂。

【译文】把油纸灯放入荷花池，荷叶就会腐烂。

杏接梅花，即成台阁梅。

【译文】把杏树嫁接到梅花上，就会成为台阁梅。

桑树接梨树，生梨，甘脆。

【译文】把桑树嫁接到梨树上，结出的梨又甜又脆。

红梨花接海棠成西府。樱桃树接海棠成垂丝。

【译文】把红梨花嫁接到海棠上就会成为西府海棠。把樱桃树嫁接在海棠上就会成为垂丝海棠。

麻骨插椑柿，一夕即熟。

【译文】把麻骨插在油柿中，一夜就能成熟。

枸橘树可接诸色佳橘佳柑。

【译文】枸橘树可以嫁接各种品种好的橘树和柑树。

柳树可接桃，桃树可接梅。

【译文】柳树可以嫁接桃树，桃树可以嫁接梅树。

冬青树可接木樨。

【译文】冬青树可以嫁接木樨。

鸟兽

小犬吠不绝声者，用香油一蚬壳灌入鼻中，经宿则不吠。

【译文】小狗如果一直叫，可以把一蚬壳香油灌到它的鼻子里，一夜都不会再叫了。

乌骨鸡舌黑者，则骨黑；舌不黑者，但肉黑。

【译文】乌鸡的舌头如果是黑色的，那么它的骨头也是黑色的；如果舌头不是黑色的，就只有肉是黑的。

鸡未髿者，以苕帚赶之，则翼毛倒生。

【译文】还没有长翅膀的小鸡，如果用笤帚赶它，它翅膀上的毛就会倒着长。

母鸡生子，与青（一作续）麻子吃，则长生，不抱子。

【译文】母鸡产下鸡蛋后，把青麻子（也有说续麻子）和在鸡食中给它吃，就会一直生蛋，但是不去孵小鸡。

竹鸡叫，可去壁虱并白蚁。

【译文】竹鸡的叫声，可以驱除壁虱和白蚁。

鹘带帽飞去，立唤则高扬去；伏地叫则来。

【译文】鹘鸟如果叼着帽子飞走，站着叫它，它就会高飞而去；如果趴在地上叫它，它就会返回。

鸡黄双者，生两头及三足。

【译文】鸡下的双黄蛋，孵出的小鸡就会有两个头和三只脚。

猫眼知时候，有歌曰："子午线，卯酉圆，寅申巳亥银杏样，辰戌丑未侧如钱。"

【译文】猫眼能够知道时间，有首歌是这样唱的："子时和午时，眯成一条线；卯时和酉时，瞪得溜溜圆；寅申和巳亥，眼珠像银杏；辰戌和丑未，侧看像铜钱。"

香狸有四个外肾。

【译文】香狸有四个外肾。

鹰无肶而有肚，食肉故也。飞禽吃谷者有肶。

【译文】鹰没有鸟类的胃却有兽类的胃，这是它吃肉的原因。吃谷物的飞禽才有鸟类的胃。

鸡吃猫饭，能啄人。

【译文】鸡吃了猫饭能够啄人。

胡麻面啖犬，则黑光而骏。

【译文】用胡麻面喂狗，狗毛就会黑亮而神骏。

虎至人家盗犬豕食，闻刀刮锅底声则去，盖闻声则齿酸故也。

【译文】老虎到人的家里偷狗或猪吃，听到用刀刮锅底的声音就会离开，因为听到这种声音后它的牙齿会酸。

牛尾短者寿长，尾长者寿短。

【译文】牛尾巴短的寿命长，尾巴长的寿命短。

猫鼻惟六月六日一次热。

【译文】猫的鼻子只有六月六日会发热。

杏仁末与犬食之，即死。

【译文】把杏仁的粉末给狗吃，狗马上就会死。

狗欲褪毛，饲以糟，则易褪。

【译文】狗想要褪毛时，用糟来饲喂，毛比较容易褪去。

鹿群夜宿，大者角向外，小者在内，圈匝如寨。行兵者仿之，作鹿角寨。

【译文】鹿群在晚上睡觉时，体形较大的鹿会犄角冲着外面，小鹿在里面，一圈一圈地围在一起就像营寨一样。行兵的人模仿它们，发明了鹿角寨。

虎豹皮只可焙，不可晒。

【译文】虎豹的毛皮只能用火烘干，不能晒。

猢狲病，吃壁上蟢子，即愈。

【译文】猴子生病后，吃墙壁上的蜘蛛，很快就会痊愈。

狗身上发癞，虫蝇百部汁涂之，即除。

【译文】狗身上长癞子，用虫蝇百部汁涂抹患处，很快就能消除。

马背鞍卷破脊梁，以渠中淤泥涂之，即愈。

【译文】马背如果被马鞍磨破脊梁，用车辙里的淤泥涂抹伤口，很快就能好。

辨牛黄真假，牛黄如鸡子大，重重叠叠，取置人指甲上磨之，其黄透甲，拭不落者，即真也。

【译文】辨别牛黄真假的方法：牛黄像鸡蛋一样大，重重叠叠，取一点放在人的指甲上磨，如果黄色穿透指甲，擦拭后没有掉落，那就是真牛黄。

猫癞，以柏油擦之。再发，再擦。至三次，即除。猪癞，以猪油擦之，即好。

【译文】猫身上的癞子可以用柏油擦拭。如果再次长出，就再次擦拭。反复三次之后，癞子就会消除。猪身上的癞子，用猪油擦拭，很快就会好。

猫洗面过耳，必有客至。

【译文】猫洗脸时如果洗到超过耳朵，必然会有客人前来拜访。

人家燕雀顿绝者，必有火灾。

【译文】如果家里的燕子、麻雀忽然都消失了的话，就必然会有火灾发生。

鹳仰鸣则晴，俯鸣必雨。

【译文】鹳鸟抬头鸣叫就会是晴天，低头鸣叫必然会下雨。

鹊巢低，其年大水。

【译文】喜鹊的巢穴如果筑得很低，这一年就会发大水。

鹘初声，或卧闻之，则一年安乐。

【译文】鹘第一次发出鸣叫，如果有人正好躺着听到，那么他这一年都会平安喜乐。

猫犬所生皆雄者，其家必有喜事。

【译文】猫和狗生的幼崽如果都是雄性的，家中必然会有喜事发生。

犬死，以葵根塞其鼻，良久活。

【译文】狗若死了，用葵根塞住它的鼻子，过一段时间就会复活。

孔雀毛入眼，损人眼；胆大毒，杀人。

【译文】孔雀毛进入人眼，会损伤眼睛；它的胆有剧毒，可以杀人。

狗虱，用朝脑擦毛内，以大桶或箱内闷盖之，虱即堕落，急令人掐杀之。

【译文】狗身上有虱子，用樟脑擦拭狗毛里面，再用大桶或者箱子把狗闷盖在里面，虱子就会掉落，然后赶快让人把掉下的虱子全部掐死。

猫狗虱癞，用桃叶捣烂，遍擦其皮毛，隔少顷洗去之，一二次即除。

【译文】猫狗身上有虱子和癞疮，可以用桃叶捣烂之后擦拭全身皮毛，隔一会儿再洗去，一两次就能去除。

鸡病，以真麻油灌之。鸡哮，用白菜叶包鼠屎、香油拯之，即好。

【译文】鸡生病时，可以用真麻油灌它。鸡患哮喘，可以用白菜叶包裹老鼠屎和香油喂它，很快就能好。

鸡瘟，以猪肉切碎喂之。又将雄黄为末，拌饭喂之，立愈。

【译文】鸡染上瘟疫，可以用切碎的猪肉喂它。再把雄黄研磨成末，拌在鸡食里饲喂，很快就能痊愈。

猪瘟，以萝卜菜连根喂之愈。

【译文】猪染上瘟疫，可以用萝卜菜连根一起喂它，很快就能痊愈。

牛马疥癞，用荞麦秆烧成灰，淋灰汁，浇之愈。

【译文】牛马身上长疥癞，可以用荞麦秆烧成灰，浇水调成灰汁，浇在它们身上就能痊愈。

牛马瘟，用酒加麝香末些须在内，灌之。

【译文】牛马染上瘟疫，可以在酒中加入少量麝香末来灌它们。

牛马疥癞，用藜芦为末，水调涂之。

【译文】牛马身上长疥癞，用藜芦研成的粉末，在水中调制后涂在患处。

鹤病，用蛇或鼠或大麦煮熟喂之。

【译文】鹤如果病了，可以用蛇、鼠或者大麦煮熟后喂它。

鹿病，用盐拌豆料喂之。常食豌豆则无病。

【译文】鹿如果病了，可以用盐拌豆料喂它。如果经常吃豌豆就不会生病。

煨灶猫，用猪肠或鱼肠，入些须雄黄在内，煨熟饲之。

【译文】猫如果怕冷，可以用猪肠或鱼肠，加入少量雄黄在里面，煨熟之后喂它。

牛中暑，用胡麻苗捣汁灌之，即好。无苗，即用麻子二三两捣烂，和井水调匀，灌之。

【译文】牛中暑后，可以用胡麻苗捣汁后灌它，马上就会好。如果没有胡麻苗，就用二三两麻子捣烂，加井水搅拌均匀后灌它。

牛马猪驴瘟，用狼毒、牙皂各一两，黄连一两五钱，雄黄、朱砂各五钱为末。猪擦入眼中，牛马驴吹入鼻中。

【译文】牛、马、猪、驴如果染上瘟疫，可以用狼毒、牙皂各一两，黄连一两五钱，雄黄、朱砂各五钱研成粉末。猪要擦进眼睛里，牛、马和驴则要吹进鼻子中。

凡鸡鹅鸭欲其速肥，胡麻子拌饭，加硫磺少许，喂七日，其膘壮异常。

【译文】想让鸡、鹅、鸭快速变肥，可以用胡麻子拌饭，加少量硫磺，喂养七天，就会异常壮实。

虫鱼

鱼瘦而生白点者，名虱，用枫树皮投水中，即愈。

【译文】鱼如果太瘦身上还生出白点，就是有虱子了，把枫树皮放到水里就能治愈。

鳖与蝤蛑被蚊子一叮，即死。

【译文】鳖与蝤蛑被蚊子叮一口，很快就会死。

水中浮萍晒干，熏蚊子则死。

【译文】水中的浮萍晒干之后，可以熏死蚊子。

马蚁畏肥皂。

【译文】蚂蚁怕肥皂。

蛇畏姜黄。

【译文】蛇怕姜黄。

稻草索悬数条于壁上，则蝇不来。

【译文】把稻草编成的绳索挂在墙壁上，苍蝇就不会来。

蚕畏雷，亦畏鼓，闻鼓声，则伏而不起。

【译文】蚕怕雷声，也怕鼓声，听到鼓声后，它就会趴着不起来。

令蛙不鸣，三五日以野菊花为末，顺风吹之。

【译文】想让青蛙不叫，要在十五日那天把野菊花的粉末顺风吹散。

辟蝇，腊月猪油以瓶悬厕壁上。

【译文】把腊月的猪油装在瓶中悬挂在厕所墙壁上面，可以驱除苍蝇。

麻叶烧烟，能辟蚊子。

【译文】麻叶烧出的烟可以驱走蚊子。

陈茶末烧烟，蝇速去。

【译文】用陈茶的粉末烧烟，苍蝇很快就会离开。

治壁虱，荞麦秆作荐，可除。

【译文】消灭壁虱，可以用荞麦秆做草垫，驱除它们。

五月五日，取田中紫萍晒干，取伏翼血渍之又晒，又渍数次，为末作香烧之，大去蚊蚋。一云烧蝙蝠屎，可辟蚊子。

【译文】五月五日，从田里取紫萍晒干，再取蝙蝠血浸泡之后晒干，反复浸泡几次后，研成末制成香来烧，驱除蚊虫的效果非常好。还有说烧蝙蝠屎也可以驱除蚊子。

蛟蜃之属，得飞燕食之，则能变化。蜃之吐气成楼台，所以诱燕也。

【译文】蛟蜃这类动物，捕到飞燕后吃掉，就能够变化。蜃之所以吐气化成亭台楼阁，就是为了诱捕飞燕。

凡鱼、虾、蟮，入夜皆朝北方。

【译文】凡是鱼、虾、蟮，到了夜晚都会朝向北方。

蜜蜂桶用黄牛粪和泥封之，能辟诸虫，蜜有收，蜂亦不他去，极妙。

【译文】用黄牛粪和泥封住蜜蜂桶，能够驱除各种虫类，就算是把蜜收了，蜂也不会去其他地方，非常有效。

收蜜蜂，先以水洒之，蜂成一团，遂嚼薄荷，以水喷之。再以薄荷涂手，徐徐拂拭，赶入桶中安干燥处。盖蜂畏薄荷，不螫人。

【译文】收蜜蜂时，先用水洒，蜂会聚集成一团，然后嚼薄荷，含水喷洒。再把薄荷涂在手上，慢慢擦抹，把蜂赶到桶中干燥的地方。因为蜂怕薄荷，所以不会蜇人。

蚕食而不饮，二十二日而化蝉；饮而不食，三十日而蜕。蜉蝣不食不饮，三日而死。

【译文】蚕只吃东西不喝水，二十二天就会变成蝉；只喝水不吃东西，三十天就会蜕变。蜉蝣不吃不喝，三天就会死。

辟蚊及诸虫，以苦楝子、柏子、菖蒲为末，慢火烧之，闻者即去。

【译文】驱除蚊子和其他虫子，可以把苦楝子、柏树子、菖蒲研成粉末，再用小火来烧，虫子闻到这种味道就会马上离开。

辟蚊蚋，以干鳗鲡骨烧之，令化为水。

【译文】驱除蚊虫，可以用干鳗鲡骨来烧，使它变成水。

干菖蒲切片，置床褥下，可除壁虱。

【译文】将干菖蒲切成片放在床褥下，可以驱除壁虱。

头上虱，藜芦为末，糁擦其发中，经宿，虱皆干死自落。

【译文】头上有虱子，可以把藜芦研成粉末，洒在头发中擦拭，一夜之后，虱子就会干死掉落。

去头上虱，轻粉少许，糁头上一二日，自死。

【译文】去除头上的虱子，可以取一点轻粉洒在头发上，一两天后虱子自己就死了。

八角虱，多在阴毛上，用轻粉敷之，脱去。

【译文】八角虱多生在阴毛上，把轻粉敷在上面就能驱除。

象粪能去壁虱，取其所食余草打荐，永无壁虱。

【译文】象粪能够驱除壁虱，把象吃剩的草做成垫子，永远都不会有壁虱。

辣蓼晒干铺席上，除壁虱。

【译文】把辣蓼晒干后铺在席子上，可以驱除壁虱。

芸香置于帙中，辟蠹鱼；置席下，去壁虱。

【译文】芸香放在包书的套子中，可以驱除蠹鱼；放在席子下，可以驱除壁虱。

虱入耳，以猪毛蘸胶卷入，粘出之。

【译文】虱子进入耳朵后，用猪毛蘸胶塞进耳朵，可以把虱子粘出来。

断毡中蛀虫，鳗鱼骨烧烟熏之；置其骨于衣箱中，断白鱼诸虫咬衣服。烧烟熏屋舍，免竹木生蛀虫。

【译文】想要根治毛毡里的蛀虫，可以用鳗鱼骨烧烟去熏；把鳗鱼骨放在衣箱中，可以断绝白鱼等虫子咬衣服的现象。用鳗鱼骨烧烟熏房屋，可以避免竹木生蛀虫。

人为山中大蚁伤，急以地上土擦伤处，则不痛。

【译文】人被山中的大蚂蚁咬伤后，马上用地上的土擦拭伤处，就不会痛。

治厕中蛆，以莼菜一把投厕缸中，即无。

【译文】治理厕所里的蛆，将一把莼菜扔到厕缸里，蛆就没有了。